"十三五"国家重点图书出版规划项目

《中国兽医诊疗图鉴》丛书

丛书主编　李金祥　陈焕春　沈建忠

鸡病图鉴

刁有祥　主编

中国农业科学技术出版社

图书在版编目（CIP）数据

鸡病图鉴 / 刁有祥主编 . -- 北京：中国农业科学技术出版社，2023.2
（中国兽医诊疗图鉴 / 李金祥，陈焕春，沈建忠主编）
ISBN 978－7－5116－5798－5

Ⅰ . ①鸡⋯ Ⅱ . ①刁⋯ Ⅲ . ①鸡病－诊疗－图解
Ⅳ . ① S858.31-64

中国版本图书馆 CIP 数据核字（2022）第 107168 号

责任编辑 闫庆健 张诗瑶
责任校对 李向荣
责任印制 姜义伟 王思文

出 版 者 中国农业科学技术出版社
北京市中关村南大街 12 号 邮编：100081
电 话 （010）82106625（编辑室）（010）82109702（发行部）
（010）82109703（读者服务部）
网 址 https://castp.caas.cn
经 销 者 各地新华书店
印 刷 者 北京地大彩印有限公司
开 本 210 mm×297 mm 1/16
印 张 41
字 数 1 109 千字
版 次 2023 年 2 月第 1 版 2023 年 2 月第 1 次印刷
定 价 485.00 元

《中国兽医诊疗图鉴》丛书

编委会

出版顾问　夏咸柱　刘秀梵　张改平　金宁一　翟中和

主　　编　李金祥　陈焕春　沈建忠

副 主 编　殷　宏　步志高　童光志　林德贵　吴文学

编　　委　(按姓氏拼音排序)

毕飞飞　褚　怡　戴　银　刁有祥　丁　铲

高凤鸣　郭爱珍　何晓芳　侯宏艳　胡晓苗

金　苹　李　雪　李　杨　李冠桥　李秀波

李志平　林聚家　刘　曦　刘　赟　刘秀霞

马维玲　潘孝成　阮俊平　沈学怀　施　骏

施振声　孙　敏　陶　莲　王桂军　王思文

王惟萍　王云平　夏云飞　熊章琴　徐　毅

薛家宾　闫庆健　闫若潜　杨汉春　殷　宏

游桂芹　俞　洁　张　玲　张大丙　张丹俊

张国锋　张宁宁　张志转　赵瑞宏　郑丹丹

周学利　朱　安　朱　绯　朱　淼　朱永和

项目策划　李金祥　闫庆健　朱永和　林聚家

《鸡病图鉴》
编委会

主　编　刁有祥

副主编　唐　熠　提金凤　刁有江　陈　浩　李　伟

编　者　刁有祥　唐　熠　提金凤　刁有江　陈　浩

李　伟　杨　晶　姜晓宁　贺大林　于观留

杨金保　颜　赟

序

目前，我国养殖业正由千家万户的分散粗放型经营向高科技、规模化、现代化、商品化生产转变，生产水平获得了空前的提高，出现了许多优质、高产的生产企业。畜禽集约化养殖规模大、密度高，这就为动物疫病的发生和流行创造了有利条件。因此，降低动物疫病的发病率和死亡率，使一些普遍发生、危害性大的疫病得到有效控制，是养殖业继续稳步发展、再上新台阶的重要保证。

“十二五”时期，我国兽医卫生事业取得了良好的成绩，但动物疫病防控形势并不乐观。重大动物疫病在部分地区呈点状散发态势，一些人兽共患病仍呈地方性流行特点。为贯彻落实原农业部发布的《全国兽医卫生事业发展规划(2016—2020年)》，做好“十三五”时期兽医卫生工作，更好地保障养殖业生产安全、动物产品质量安全、公共卫生安全和生态安全，提高全国兽医工作者业务水平，编撰《中国兽医诊疗图鉴》丛书恰逢其时。

“权”“新”“全”“易”是该套丛书的主要特色。

“权”即权威性，该套丛书由我国兽医界教学、科研和技术推广领域最具代表性的作者团队编写。作者团队业界知名度高，专业知识精深，行业地位权威，工作经历丰富，工作业绩突出。同时，邀请了5位兽医界的院士作为出版顾问，从专业知识的准确角度保驾护航。

“新”即新颖性，该套丛书从内容和形式上做了大量创新，其中类症鉴别是兽医行业图书首见，填补市场空白，既能增加兽医疾病诊断准确率，又能降低疾病鉴别难度；书中采用富媒体形式，不仅图文并茂，同时制作了常见疾病、重要知识与技术的视频和动漫，与文字和图片形成良好的互补。让读者通过扫码看视频的方式，轻而易举地理解技术重点和难点。同时增强了可读性和趣味性。

“全”即全面性，该套丛书涵盖了猪、牛、羊、鸡、鸭、鹅、犬、猫、兔等我国主要畜种及各畜种主要疾病内容，疾病诊疗专业知识介绍全面、系统。

“易”即通俗易懂，该套丛书图文并茂，并采用融合出版形式，制作了大量视频和动漫，能大大降低读者对内容理解与掌握的难度。

该套丛书汇集了一大批国内一流专家团队，经过5年时间，针砭时弊，厚积薄发，采集相关彩色图片20 000多张，其中包括较为重要的市面未见的图片，且针对个别拍摄实在有困难的和未拍摄到的典型症状图片，制作了视频和动漫2 500分钟。其内容深度和富媒体出版模式已超越国内外现有兽医类出版物水准，代表了我国兽医行业高端水平，具有专著水准和实用读物效果。

《中国兽医诊疗图鉴》丛书的出版，有利于提高动物疫病防控水平，降低公共卫生安全风险，保障人民群众生命财产安全；也有利于兽医科学知识的积累与传播，留存高质量文献资料，推动兽医学科科技创新。相信该套丛书必将为推动畜牧产业健康发展，提高我国养殖业的国际竞争力，提供有力支撑。

值此丛书出版之际，郑重推荐给广大读者！

中国工程院院士
军事科学院军事医学研究院　研究员　夏咸柱

2018年12月

前　言

我国现代养鸡业经过几十年的不断发展，正在向规模化、集约化、自动化、信息化方向发展。目前我国已成为世界上养鸡生产和消费大国，鸡存栏总量居世界前列。根据国家现代农业产业技术体系统计，2021 年我国白羽肉鸡出栏量 58.1 亿只，产肉量 1 147 万 t；黄羽肉鸡出栏量 40.4 亿只，产肉量 512 万 t；小型白羽肉鸡出栏量 19.1 亿只，产肉量 224 万 t；蛋鸡存栏量 10.5 亿只，鸡蛋产量 1 852.49 万 t，养鸡业为我国肉、蛋供应和外贸出口作出了重要贡献，已成为农业和农村经济的重要支柱产业。但鸡病的发生始终制约养鸡业的健康发展，且随着集约化养鸡业不断发展，鸡病的发生出现新的特点，给我国养鸡业造成严重的经济损失。为适应当前我国鸡病防控的需要，总结国内外鸡病防控的新技术、新成果，保护和促进养鸡业的健康发展，我们编写了《鸡病图鉴》一书。

本书收集了国内外鸡病研究的最新资料，在总结教学、科研和生产实践的基础上，全面系统地介绍了鸡的生理特点与生物学特性、鸡场生物安全措施、鸡病诊断技术、鸡传染病、鸡寄生虫病、鸡代谢病、鸡中毒病和鸡普通病，详细介绍了这些疾病的病原、病因、流行特点、症状、病理变化、诊断及预防和控制措施等。本书内容全面，图片清晰，图文并茂，具有系统性、科学性、先进性、实用性和可操作性强等特点，是广大从事鸡病教学、科研、养鸡生产和鸡病防控人员的重要参考书。

本书在编写过程中，得到了国家现代农业产业技术体系和中国农业科学技术出版社的大力支持。本书彩色图片共 1 027 幅，除个别图片由其他同行提供外，其余均为作者多年来在教学、科研和社会服务中积累的图片。山东农业大学禽病学研究室历届研究生为该书的出版作出了重要贡献，在编写过程中参考了已发表的资料，因篇幅有限在参考文献中没能一一列出，在此一并致谢。由于我们水平有限，书中不足之处在所难免，恳请广大读者批评指正。

编 者

2022 年 4 月

目 录

第五章　鸡寄生虫病

第六章　鸡代谢病

第七章　鸡中毒病

第八章　鸡普通病

参考文献

索引

第一章

鸡的解剖与生物学特性

“鸡声茅店月，人迹板桥霜”“平生不敢轻言语，一叫千门万户开”，无一不表现了鸡对人类生活的重要性。对于鸡的起源，达尔文曾首次提出，鸡最早起源于公元前2000年印度大峡谷中的红色原鸡，然后从那里扩散至全球。当前，从地域分布上来看，红色原鸡分布也是最广的，从帕米尔高原到印巴次大陆，从南太平洋诸岛直至我国的云南、广西等地均有红色原鸡的存在。由此可见，红色原鸡也是我国家鸡的祖先。由于人类对原鸡的长期驯化和培育，使家鸡能够在短短的一生中产200～300个蛋或几千克肉。生产性能如此之大，是因为鸡具有与哺乳动物不同的生物学特点与习性。因此，了解鸡的解剖结构、生理特点与生物学特性，掌握其生长发育规律，将有助于为它们创造一个良好的环境条件，施以精心的饲养管理，充分发挥其繁殖率高、生长快速的潜力，从而提高生产效益。

第一节　鸡的解剖与生理特点

一、鸡的解剖特点

鸡属于禽类，在动物学分类上属于鸟纲、鸡形目、雉科、鸡属。由于人类2 000余年的驯养，鸡体重增加，翅膀退化，已经不能远距离飞翔。所以，鸡在解剖上与其他鸟纲科动物有着明显的不同。

（一）运动系统

1. 骨骼

为适应飞翔，鸡的骨骼发生了重要变化，骨骼中空而含气，重量轻。骨骼中钙盐含量高，骨质坚硬。颅面骨愈合度高，腰荐椎愈合成一块综荐骨，尾椎形成尾综骨，相邻肋间有钩突连接。胸骨发达，腹侧正中有胸骨嵴。肩带骨包括肩胛骨、锁骨、乌喙骨，与臂骨形成关节。骨盆底开放，利于母鸡产蛋。

2. 肌肉

无脂肪沉积，分为红肌和白肌。白肌颜色较淡，血液供应较少，肌纤维较粗，线粒体和肌红蛋白较少，糖原含量较多，收缩快，作用时间短。红肌呈暗红色，血液供应丰富，肌纤维较细，线粒体和肌红蛋白含量高，收缩缓慢，作用相对持久。鸡的肌肉以白肌为主。

（二）消化系统

鸡的消化器官主要包括口腔、咽、食管、嗉囊、肌胃、腺胃、小肠、大肠、泄殖腔、泄殖道、肝脏、胰脏等。

1. 口腔

与咽腔直接相通，无软腭、唇、齿、颊，但有上下角质喙。

2. 食管

管腔宽大，壁薄，易扩张，与气管并行，可分为颈段和胸段。食管壁由黏膜层、肌层和外膜构成，在黏膜层有食管腺，分泌黏液，颈部食管后部的黏膜层内含有淋巴组织，形成淋巴滤泡。

3. 嗉囊

食管中段膨大成袋状，位于胸前口处，不能分泌消化液，没有消化作用，只有暂存和软化食物的作用，嗉囊收缩使食物由嗉囊进入腺胃。

4. 胃

鸡有两个胃，分为腺胃和肌胃。腺胃呈纺锤形，在肝的两叶之间，腺胃体积较小，黏膜有腺体，表面有许多乳头。腺胃黏膜浅层形成许多隐窝，隐窝内有单管状腺，能分泌黏液，为前胃浅腺。前胃深腺分布于黏膜的肌层之间，以集合管开口于黏膜乳头上，分泌盐酸和胃蛋白酶。家禽的腺胃黏膜缺乏主细胞，胃液（胃蛋白酶原和盐酸）由其壁细胞分泌。另外，由于腺胃体积小，食物在腺胃停留的时间较短，胃液的消化作用主要是在肌胃内进行。混有胃液的食物在肌胃内除了充分发挥胃液的消化作用外。肌胃也叫砂囊，呈椭圆形，胃壁厚，内有腺体，分泌物形成一层角质膜，在胃壁的内表面，也称鸡内金，对胃壁和黏膜有保护作用。肌胃中大小不一的砂粒、小石子等，有机械磨碎作用。

5. 小肠

小肠分为十二指肠、空肠和回肠。十二指肠弯曲成“U”形，空肠呈肠袢形弯曲，回肠短，有卵黄囊憩室。

6. 大肠

大肠分为盲肠和直肠，无结肠。盲肠有两条，在基部黏膜内由淋巴组织分布，称为盲肠扁桃体。直肠短，也叫结直肠，后部扩大为泄殖腔。

7. 泄殖腔

呈球形囊，是消化、泌尿、生殖系的共同通道，即直肠连接泄殖腔、输尿管、输卵管或输精管都开口于泄殖腔。

8. 泄殖道

包括粪道（前部）、泄殖道（中部，其顶壁有输尿管、输精管或输卵管的开口）、肛道（后部，其顶壁有腔上囊的开口）。

（三）呼吸系统

鸡的呼吸系统主要包括鼻腔、喉、鸣管、气管和肺等。

1. 鼻腔

鸡的鼻腔短狭，呈尖端向前的非正锥体形，软骨性鼻中隔与后方的眶间隔相连。鼻腔底壁大部分是软组织，其前上方由上颌骨和颌前骨的腭突所支撑，后方由细长的腭骨和纤细的犁骨支撑。鼻腔顶壁前方是颌前骨和鼻骨，后方是泪骨。鼻腔侧壁的骨性支架是鼻骨和泪骨。每侧鼻腔几乎被三个覆有黏膜的软骨性鼻甲骨所占据。

2. 喉

鸡有两个喉，即前喉（喉头）和后喉（鸣管）。前喉是由环状软骨和勺状软骨构成的支架，环状软骨相当于哺乳动物的环状软骨与甲状软骨的合并体，无会厌软骨和甲状软骨，无声带，不能发音。

3. 鸣管

位于胸前口、气管分叉处，是鸡的发声器官，由中间的鸣骨和内外侧的鸣膜构成。

4. 气管

气管前接喉，后连鸣管。气管由许多软骨环组成，鸡的气管较长，可伸缩，以保证颈的灵活运动。另外，气管是依靠蒸发散热从而调节体温的重要部位。鸡的气管与哺乳动物一样，从气管开始，不断分支为初级支气管、二级支气管、三级支气管、毛细气管等多级支气管。

5. 肺

鸡的左、右肺不分叶，为粉红色的海绵样结构，嵌入肋间隙内，不形成支气管树。鸡肺缺乏弹性，是借助肋骨运动缩张进行呼吸。家禽缺乏哺乳动物的肺泡，家禽的气体交换主要在毛细气管管壁上的肺房进行。

（四）泌尿系统

鸡的泌尿系统由肾脏和输尿管组成，没有像哺乳动物一样所具有的肾盂、膀胱以及尿道。鸡的肾脏位于综荐骨两侧的凹窝内，无肾门，分前、中、后三叶，以后叶为最大。肾脏呈褐色，豆荚状，质地柔软，难以摘取。两肾内侧伸出直而细的输尿管，与输精管平行。

鸡的肾脏由许多肾小叶构成，肾小叶中分布着许多肾单位。肾单位是肾脏的结构和功能单位，由肾小体和肾小管组成。肾单位分皮质型肾单位和髓质型肾单位。肾小管包括近曲小管、远曲小管和连接小管组成。髓质型肾单位中还有髓袢。近曲小管是肾小管中最长的一段，连接小管是远曲小管和集合小管之间的连接部。集合小管是肾的排泄部的收集管道系统，将尿液从肾单位运送到输尿管，也是尿重吸收的部位。

输尿管是输送尿液的肌质性管道，左右输尿管分别从两侧肾的中部发出，且两侧对称，均起自髓质集合管，可分为肾部和骨盆部。输尿管骨盆部从肾后方直达腹盆腔，开口于泄殖道背侧。

鸡的尿液呈淡黄色，并含有一种白色糊状物，其主要成分为尿酸。尿酸是鸟类氮代谢的最终产物，难溶于水，在泄殖腔与粪便相遇时则附于其上，致使鸟粪表现出特有的白色表征。因此，通常只看见鸡排粪，而不见排尿。

（五）生殖系统

鸡没有发情周期，卵泡排卵后不能形成黄体；卵中含有大量卵黄以及其他丰富的营养物质；胚胎在母体外经孵化发育；没有妊娠期，可每天连续地排卵；母鸡只有左侧的卵巢和输卵管发育，而公鸡缺乏真正的阴茎和一些附属生殖腺。

1. 雌性

仅左侧生殖系统发育成熟，右侧退化。

（1）卵巢。左侧发达，右侧退化。左卵巢位于左肾前半部腹侧，可见不同发育阶段的卵泡，内含卵细胞。

（2）输卵管。输卵管是输送卵子、形成蛋以及受精和暂时储存精子的场所。其分为漏斗部（受精处）、膨大部（卵白分泌部）、峡部（形成鞘膜）、子宫部（形成卵鞘）、阴道部（形成卵外膜）。

2. 雄性

睾丸光滑、卵圆形，位于肾的前下方、最后两肋骨上端。幼禽睾丸米粒大，淡黄色；成禽睾丸大如鸽子蛋、白色。输精管沿脊柱两侧、肾腹侧面与输尿管并行开口于泄殖道。阴茎极短，刚出壳的雏鸡，阴茎体明显，外翻用以鉴别雌雄。

3. 交配与受精

交配前，公鸡先有求偶行为，然后公鸡的泄殖腔紧贴母鸡泄殖腔进行交配。靠精子本身的游动，一部分精子越过子宫阴道连接处，再借助输卵管肌肉的活动，通过输卵管到达漏斗部，储存在褶皱中。卵子排入漏斗部时与储存在褶皱中的精子发生受精。

（六）心血管系统和淋巴系统

1. 心血管系统

心血管系统包括心脏、血管和血液。

（1）心脏。鸡的心脏为圆锥形的肌质性器官，位于胸腔前下部的心包内，上部为心基，下部为心尖。且分为左右两个心房和心室，有两条前腔静脉注入右心房。

（2）鸡翼部的尺深静脉是前肢最大的静脉，是鸡采血和静脉注射的常用部位。

（3）血液是由血细胞和血浆组成。对于血液在鸡体内的容量大小，雏鸡血液占体重的 5%，成年鸡为 9%。鸡的血细胞包括红细胞、白细胞和血小板。

2. 淋巴系统

淋巴系统分为初级淋巴器官、次级淋巴器官和淋巴组织。

（1）初级淋巴器官主要包括胸腺和腔上囊，其中，鸡的胸腺位于颈部两侧皮下，每侧 7 叶；腔上囊，又称法氏囊，位于泄殖腔背侧，开口于泄殖道，呈球形，白色，性成熟后退化。

（2）次级淋巴组织包括脾脏，其为棕红色，球形，位于腺胃和肌胃交界处的右腹侧。

3. 淋巴组织

淋巴组织分为孤立淋巴小结和集合淋巴小结。其中，孤立淋巴小结包括消化道壁、脉管壁和神经干等。集合淋巴小结包括食管扁桃体、盲肠扁桃体。

（七）内分泌系统

鸡的内分泌系统主要包括甲状旁腺、甲状腺、脑垂体、肾上腺、胰岛等。

1. 甲状旁腺

甲状旁腺位于甲状腺的后方，呈黄色、圆形。其功能是分泌甲状旁腺激素，调节钙磷代谢。

2. 甲状腺

甲状腺位于胸腔入口处，气管两侧，左右各一，呈暗红色，卵圆形。甲状腺的大小，随鸡的生理状况、外界环境（如季节、气温等）的变化而变化。

3. 脑垂体

脑垂体位于脑底部，分前叶和后叶两部分，前叶与后叶间由结缔组织鞘将其隔开，前叶分泌的激素有以下 5 种。

（1）促卵泡激素。对于母鸡，其具有刺激卵巢内卵泡的生长，分泌雌激素的作用。对于公鸡，其具有刺激睾丸细管生长和精子产生的作用。

（2）促黄体素。具有刺激睾丸分泌雄性激素和引起排卵的作用。

（3）促甲状腺素。调节甲状腺的功能。

（4）催乳素。促进鸡抱窝和换羽的作用。

（5）生长激素。具有促进生长的作用。

垂体后叶又称为神经垂体，分泌加压素和催产素。其中，加压素具有升高血压，减少尿分泌的作用。催产素可刺激输卵管平滑肌收缩，促进排卵和促进子宫收缩引起产蛋。

4. 肾上腺

肾上腺位于肾脏前叶内侧，左右各一枚，肾上腺皮质分泌皮质激素，其功能为调节体内蛋白质、脂肪与碳水化合物的代谢。髓质分泌肾上腺素，其主要功能是增强心血管系统的活动，抑制内脏平滑肌收缩，增强血糖含量。

（八）神经系统

鸡的神经系统主要包括以下三部分。

1. 中枢神经系统

中枢神经系统包括脑和脊髓。脑又分为大脑和小脑，大脑较大，分成两半球，表面光滑无沟纹。小脑很发达，表面有很多沟壑，小脑下方还有与脊髓相连的延脑。脊髓呈圆筒形，白色，自延脑开始一直伸展至尾椎部，并有许多分支，扩展至全身各部分组织中。大脑是调节机体感觉和运动的高级中枢，小脑主要协调和平衡运动，脊髓属于低级中枢，主要调节一些较低级的活动，如前后肢的运动等。

2. 外周神经系统

鸡的外周神经系统与哺乳动物的基本类似，分为脑神经、脊神经和植物性神经。其中，脑神经有 12 对，如视神经、嗅神经、听神经、动眼神经、滑车神经、三叉神经、外展神经、面神经、迷走神经、舌下神经等。它们大都分布于头部，并与头部的感觉和运动有关。

脊神经是由脊髓两侧发出的背部和腹部两根神经，其又可分为颈神经、胸神经、腰荐神经和尾神经；到翼部的脊神经形成臂神经丛，其中支配前肢活动的腋神经、桡神经、尺神经和正中神经等都属于臂神经丛。到腿部的脊神经形成腰荐神经丛，支配臀部、后肢肌肉和盆腔内脏的活动。

鸡粗大的神经相对较少，因此，神经传导速度较慢。脊神经支配皮肤感觉和肌肉运动，均具有较明显的阶段性排列特点。

鸡的羽毛具有较复杂的平滑肌系统，有的平滑肌使羽毛平伏，有的平滑肌使羽毛竖立，二者又都可以使羽毛旋转。二者均受交感神经支配，刺激交感神经可引起收缩，导致羽毛平伏或竖起。

3. 自主神经系统

自主神经系统分为交感神经和副交感神经。交感神经由一对交感神经干构成，沿脊柱两侧下行，分支到胸腹腔内脏器官、全身血管、头部及骨盆部腺体和内脏之中。副交感神经中最重要的是迷走神经，它从延髓出发，沿脊柱两侧后行，经颈部、胸部到腹腔。从荐部脊髓发出的副交感神经，主要分布在骨盆部的生殖器官和泄殖腔内。植物性神经的基本功能是调节内脏、腺体和血管的活动，保持整体功能的正常运行。

二、鸡的生理特点

（一）体温高，代谢旺盛

鸡生长迅速，繁殖能力高。因此，其基本生理特点为新陈代谢旺盛。具体表现为以下几方面。

1. 体温高

成年鸡的体温为41.5 ℃左右，比哺乳动物高5 ℃左右，每分钟呼吸22 ～ 25次，心率150 ～ 200次 /min，代谢十分旺盛。在饲养过程中，为确保鸡的代谢需要，必须给予丰富的营养物质，鸡的饲料配方应尽量达到全面、平衡。另外，对通风换气和其他环境条件也有较高的要求。初生雏鸡体温调节能力差，初生雏鸡的体温略低，约39.6℃，最低时可达33℃，10 d以后体温调节系统趋于完善，维持在41 ～ 42℃的水平。因此，1周龄的雏鸡要求环境温度为30 ～ 34℃，2周龄时要求为25 ～ 30℃，3周龄时要求为20 ～ 25℃。因此，对鸡而言，生长过程中最适宜的环境温度为15 ～ 25℃。

2. 心率高

鸡的平均心率为150 ～ 200次 /min。一般体形小的比体形大的心率高，幼龄鸡的心率比成年鸡高，并随着年龄的增长而有所下降。鸡的心率还有性别差异，母鸡和阉鸡的心率通常比公鸡高。心率还受环境的影响，噪声、惊扰以及高温等均可导致鸡的心率增高。

3. 呼吸频率高

鸡的呼吸频率波动很大，其正常范围为22 ～ 25次 /min，主要与环境的温湿度和环境的安静状况有关。此外，同一品种中，雌性呼吸频率较雄性高。鸡对氧气不足很敏感，鸡的单位体重的耗氧量为其他家畜的2倍。

（二）没有膀胱，肾脏结构简单

鸡没有膀胱，也不存在单独的尿道，只有一个共用泄殖腔，且直肠相对较短。尿在肾脏中生成后，经输尿管直接输送到泄殖腔与粪便一起排出。

鸡的肾脏肾小球体积较小，毛细血管分支少，结构较为简单，有效滤过压低，滤过的面积也小，对以原形经过肾脏排泄的药物易在血液中积累，对中枢系统造成不可逆的损伤，尤其是链霉素、安普霉素等氨基糖苷类药物。另外，鸡体内不存在鸟氨酸循环，含氮物无法最终代谢为尿素外排，而是转变为尿酸，尿酸在肾小管和输尿管中呈现酸性，pH值为6.22 ～ 6.7，很容易导致某些药物在酸性条件下结晶析出而引发药物中毒，最常见的就是磺胺类药物，如磺胺喹噁啉钠、磺胺氯吡嗪钠、磺胺嘧啶等，临床使用时一定要配合小苏打一起使用，用以碱化尿液而降低毒副作用。

（三）无汗腺，怕热和潮湿环境

鸡与其他恒温动物一样，依靠产热、隔热和散热来调节体温。产热除直接利用消化道吸收的葡萄糖外，还利用体内储备的糖原、体脂肪或在一定条件下利用蛋白质通过代谢过程产生热量，供机体生命活动包括调节体温需要。隔热主要靠皮下脂肪和覆盖贴身的绒毛和紧密的表层羽片，可以维持比外界环境高很多的体温。散热也像其他动物，依靠传导、对流、辐射和蒸发。

鸡有羽毛紧密覆盖，构成非常有效的保温层，当环境温度低于26.7℃时，家禽主要以辐射、对流、传导为散热方式；当温度高于26.7℃时，则以呼吸蒸发散热为主，因而当环境温度高于26.7℃时，辐射、传导和对流的散热方式就会受到限制，其必须靠呼吸排出水蒸气的方式来散发热量以调节体温。但是若鸡的体温升高至42.5℃以上时，则出现张嘴喘气，翅膀下垂、咽喉颤动等症状。当温度升高到45℃时，就会出现晕厥死亡。

家禽的温度感受器主要在喙和胸腹部，当温度感受器受到刺激后，将神经冲动传到体温调节中枢丘脑前区——视前区，通过控制皮肤血管、呼吸和羽毛等运动，以及引起行为的变化来维持体温恒定。另外，家禽下丘脑含有较多的去甲肾上腺素和5-羟色胺等神经递质，它们对产热和散热过程有一定的影响，但其作用与哺乳动物正好相反。去甲肾上腺素能加强散热过程，使体温明显下降，而5-羟色胺则促进产热过程，使鸡体温升高；相反，当温度低于7.8℃时，一方面会影响鸡的生长发育和生产性能发挥，另一方面会增加饲料消耗，降低经济效益。

鸡的肺和气囊在体温调节方面起着重要作用。由于高湿会妨碍呼吸蒸发散热，因此，适当的空气流通，有利于家禽耐受高温。因此，只有在最适宜的环境温度和湿度下，才能保证鸡生产潜力的正常发挥。所以这就要求养殖者在高温季节采取适当的方法防暑降温，如适当地补充钙、饲料中添加维生素、提高饲料的营养价值、调整饲喂时间等。

（四）喜群居，好争斗

鸡的模仿能力和合群性很强，一般不单独行动，刚出壳几天的鸡，就会找群，一旦离群就叫声不止。公、母鸡都有很强的认巢能力，能很快适应新的环境、自动回到原处栖息。同时，拒绝新鸡进入，一旦新鸡到来，便会争斗不止，直到有一方斗败，公鸡尤甚。公鸡有互斗性，母鸡有啄癖性，因此要适时断喙。在集约化饲养过程中，若营养水平、饲养管理技术跟不上，因鸡群密度大，常会造成啄肛、啄羽的发生，其他鸡会纷纷效仿，如不及时采取措施，会有大批鸡啄死的危险。

（五）生殖功能特异，繁殖力高

禽类要飞翔就要减轻体重，因而繁殖方式表现为卵生，胚胎在体外发育。现在鸡的人工孵化技术使得一次性出雏数量可达万只以上，为集约化养鸡提供了雏鸡来源。

鸡的繁殖力高主要表现在公鸡和母鸡两个方面。例如，1只精力旺盛的公鸡，1 d可以自然交配40次以上，少者也有10次，都可以获得较高的受精率。1只公鸡配10～15只母鸡可以获得高受精率。鸡的精子不像哺乳动物的精子那样容易衰老死亡，其可以在输卵管内存活5～10 d，精子保持受精活力时间长，30～50 d仍有一定的受精率。另外，公鸡的交配动作快，所以笼养和网上养种鸡的地板要坚固，有利于提高受精率。

母鸡虽然仅左侧卵巢与输卵管发育和机能正常，但繁殖能力高。高产蛋鸡的年产蛋量可达300个以上。母鸡卵巢上用肉眼可见有很多卵泡，在显微镜下可以看到上万个卵泡，每个蛋就是一个巨大的卵细胞。

在统一的饲养管理条件下，鸡的生长发育整齐，鸡活动范围小，喜群居，爱模仿，通过控制光照时间与强度能够控制鸡的开产时间和整齐度，使得大批量散养或笼养都成为可能，这种高密度饲养方式提高了鸡舍利用率。养鸡笼具日臻完善，一栋成鸡舍可饲养蛋鸡上几万只，节省了劳动力，从而实现高产、高效的养殖新目标。

（六）有气囊，没有横膈膜

鸡有9个气囊，是由薄而透明的膜组成，分别为一对颈气囊、一对胸前气囊、一个锁骨气囊、一对胸后气囊和一对腹气囊。除腹气囊是初级支气管的直接延续外，其他气囊都是与二级支气管相连。正是由于家禽这种独特的结构，决定了家禽独特的呼吸生理；每呼吸一次，在肺内进行二次气体交换。家禽吸气时，外界空气进入支气管和侧支气管，其中的一部分气体继续经副支气管、细支气管到达毛细气管气体通道区，与其周围的毛细血管直接进行气体交换；另一部分气体则经二级支气管进入大多数的气囊内。在呼吸周期中，气体运行在肺内的同时，气囊中的部分气体返回支气管进入肺的细支气管，最后也到达毛细气管气体通道区进行气体交换。

鸡在炎热的环境中发生热喘呼吸，常使三级支气管区域的通气显著增大，导致二氧化碳分压偏低，出现呼吸性碱中毒而死亡，因此，夏季要做好鸡舍的防暑通风工作。

气囊与肺相通，很容易经肺呼吸而使病原体侵入全身各处，感染各种疫病，如新城疫、禽流感、曲霉菌病等。所以要重视鸡场的生物安全，树立“养重于防，防重于治，养防结合”的观念。

家禽没有像哺乳动物那样明显而完善的膈，因此胸腔和腹腔在呼吸机能上是连续的。家禽的呼吸运动主要通过呼吸肌的收缩和舒张交替进行而实现，其中吸气肌主要为肋间外肌和肋胸肌，呼气肌主要为肋间内肌和腹肌。胸腔内不保持负压状态，即使造成气胸，也不会出现像哺乳动物那样的肺萎缩。由于没有膈肌，所以鸡不会咳嗽，发生呼吸道感染时，使用镇咳药无效，可以使用氯化铵帮助排出痰液，并及早使用抗菌药物控制炎症。在发生感染时可以通过气雾法给药。因气囊扩大了呼吸面积，既有利于散热，也有利于吸收药物。接种预防呼吸系统疾病的疫苗，如传染性支气管炎疫苗、新城疫疫苗时，最好使用气雾法。由于没有膈肌，鸡也不会呕吐，所以鸡在内服药物或其他药物产生中毒时，不能使用催吐的药物来救治，可实施嗉囊切开术，及时排出未被吸收的毒物。

（七）免疫系统不发达，抗病力差

免疫系统是指分布于动物机体内具有免疫功能的初级、次级免疫器官、组织、细胞乃至分子等所组成的用于抵御外界病原感染的生理结构。与其他动物相比，鸡的免疫系统不发达。鸡有淋巴管而无淋巴结，仅在消化道壁上存有淋巴小结的分布。因此，缺少阻止病原菌在体内通行的关卡，进而导致鸡的抗病力低。

此外，鸡的肺脏体积较小，连接气囊，而且体内各个部位包括骨腔内都存在着气囊，彼此连通，从而使某些经空气传播的病原体很容易通过呼吸道进入肺、气囊和体腔、血液、肌肉、骨骼之中。所以，鸡的各种传染病大多经呼吸道传播，发病迅速，死亡率高，损失大。鸡的生殖道与排泄孔共同开口于泄殖腔，产出的蛋很容易受到粪尿污染，也易患输卵管炎症。

（八）消化功能的特异性

鸡没有牙齿、软腭和颊，在啄食和饮水时，靠仰头将食物送入食道。在颈食道和胃之间有一暂存食物的嗉囊，嗉囊下方有两个胃，一个是腺胃，另一个是肌胃。肌胃内层是坚韧的角质膜，鸡采食饲料时主要依靠肌胃内一定数量的沙砾以及其有节律性的收缩及蠕动磨碎食物。因此，在鸡饲料中要加入适当大小的石粒，以帮助其消化食物。鸡的味觉机能很差，对苦味健胃药，如龙胆末，不能起到反射性的健胃作用。对咸味也无鉴别能力，故配制饲料时应严格控制食盐的供给量，以免引起食盐中毒。

另外，由于鸡体重小，消化道短，肠道的长度只有体长的 5 ～ 6 倍。除盲肠可以消化少量的纤维素外，其他的消化道不能消化纤维素，因此，鸡不适于喂粗饲料。鸡的消化道短，相应地，食物通过消化道的时间也短，有些氨基酸在鸡体内不能有效合成，大多是依靠饲料供给，所以在配制饲料时一定要满足鸡对各种必需氨基酸的需要。

鸡的消化液多偏酸性，且一般不受食物的影响，通常情况下肠道的 pH 值为 5.6 ～ 7.0，酸性环境对于某些药物的使用是有利的，如阿莫西林在酸性环境下较为稳定，口服使用相对生物利用度较高，在 1 h 之内就能被肠道完全吸收，可以治疗全身感染性疾病。益生菌类产品耐酸性较强，口服后非常适合在酸性肠道内生存，如乳酸菌、酵母菌、丁酸梭菌、枯草芽孢杆菌、地衣芽孢杆菌等，酸性环境有利于这类益生菌的定植，进而促进肠道微生态平衡。

（九）缺乏胆碱酯酶贮备

鸡的体内胆碱酯酶含量低，对抗胆碱酯酶药如有机磷酸酯类都非常敏感，故家禽驱线虫时应慎用敌百虫，禁用敌敌畏，可选用左旋咪唑、苯并咪唑类（如阿苯达唑）较好。在用敌百虫驱虫时应忌喂含有小苏打的饲料添加剂，因为在碱性环境中敌百虫可生成毒性较强的敌敌畏而引起严重的中毒。

第二节 鸡的行为特点

鸡的行为是鸡的动作及鸡对一定刺激动态适应的表现。掌握鸡的行为特点，对于加强饲养管理，提高经济效益，具有十分重要的作用。

鸡的活动空间要适中。鸡的个体矮小，其活动空间一般在 0.5 m 高度以内，对地面平养的鸡群来说这一高度的环境对其影响最大，网上平养或笼养应根据网面或笼具的高度而定。

鸡的体温高，基础代谢旺盛。炎热夏季，集约化饲养模式条件下的鸡舍温度易过高，从而导致鸡群出现热应激现象。因此，在鸡舍设计时更应注意通风管理，科学降温。

鸡有合群性，适宜群饲。鸡的合群性很强，一般不单独行动。刚出壳的幼鸡就会找群，一旦离群就叫声不止。鸡的辨认力不超过 120 只，若鸡群过大，鸡只相互不熟悉，易啄斗。因此，饲养密度要适宜，否则会引起互啄癖现象，使生产受损。

鸡较易患传染病、寄生虫病和营养缺乏病。尤其以高密度、集约化养殖模式中更易发生。因此，除严格履行科学免疫程序和防疫制度外，还需要在鸡舍设计方面加以注意。

鸡易受惊，抗敌害能力差。鸡的神经类型较活跃，鸡舍内外的突然异响极易引起鸡群骚动不安，影响生产力甚至造成死亡。因此，在集约化的鸡养殖过程中，要求保持安静的饲养环境。

鸡对光线敏感。鸡舍无光线便停止进食，因此育成期控料必须与控光相结合，以防采食失衡。例如，产蛋初期可适当延长补光时间，促进光线对鸡脑垂体后叶的刺激，促进卵巢机能活动，有利于提高产蛋率。另外，鸡舍内光照强度和光照时间安排不当都会对鸡产生不良影响，应通过鸡舍的科学设计最大限度地调节光照对鸡健康生长的影响。

第三节 鸡的生理常数

生理常数是畜禽生长发育规律的总结，是用来衡量畜禽健康状况的标准。正常情况下，鸡的体温为（肛门温度）40.5 ～ 42.0℃，心跳频率为 150 ～ 200 次 /min，呼吸频率为 22 ～ 25 次 /min，舒张压为 73.38 ～ 147.2 mmHg，收缩压为 123.91 ～ 226.61 mmHg。

鸡的性成熟时间为 5 ～ 8 月龄，蛋用鸡性成熟早些，肉用鸡性成熟晚些。所谓性成熟，是指公鸡能产生成熟的精子，母鸡开始产生第一枚蛋的生理状态。正常饲养管理情况下，种蛋的受精率与孵化率在 90% 左右。种蛋的孵化期平均为 3 周。鸡的繁殖性能，与品种、营养水平、管理条件、季节、气候等因素有关。

第四节 鸡的血液生化指标

血液是机体内环境的重要组成部分，是机体与外环境联系的媒介，其成分的变化不仅能反映机体代谢情况，还可作为疾病诊断及治疗的重要依据，因此在研究动物适应性和生产性能等方面具有重要的参考意义。

血液中的细胞主要包括红细胞、白细胞及血小板。家禽的红细胞呈卵圆形、具有较大的细胞核。红细胞的组成主要有血红蛋白、水及构成细胞膜的蛋白质、磷酸、游离胆固醇等。血红蛋白的重要生理作用，在于它能够运输氧和二氧化碳。当血流经肺毛细血管时，血红蛋白就可与肺房中的氧结合，生成氧合血红蛋白。当到达机体组织毛细血管时，它又把氧放出，供组织细胞所需，同时血红蛋白又可与组织细胞所产生的二氧化碳相结合，将其运送到肺以便呼出体外。白细胞包括嗜中性粒细胞、嗜酸性粒细胞、嗜碱性粒细胞、单核细胞和淋巴细胞。白细胞依靠其具有的游走、趋化性和吞噬作用，实现对机体的保护功能。血小板为扁平不规则的圆形小体，由骨髓巨核细胞的细胞质断裂而成。血小板主要参与凝血、止血及纤维蛋白溶解。此外，血液还能调节机体组织中的水含量，并转运由内分泌腺所产生的激素，积极参与机体新陈代谢。

血液中各项生理生化指标常常也会因性别、年龄、生理状态以及营养水平和外界环境的不同而存在一定差异。鸡的生理常数的正常参考值如表 1-4-1 所示。

表 1-4-1 徐海鸡（40 周龄）血液生化指标（李尚民，2016）

项目	公鸡	母鸡	平均值
红细胞计数（RBC，10^{12} 个 / L）	3.31 ± 0.26	2.34 ± 0.15	2.82 ± 0.53
白细胞计数（WBC，10^{9} 个 / L）	437.24 ± 50.44	302.16 ± 25.18	369.70 ± 79.07
血小板计数（PLT，10^{9} 个 / L）	283.93 ± 32.46	213.87 ± 29.35	248.90 ± 45.40
血红蛋白浓度（HGB，g/L）	121.53 ± 10.27	78.33 ± 3.54	99.93 ± 23.23
血细胞比容（HCT，%）	41.54 ± 3.25	27.99 ± 1.42	34.77 ± 7.32
平均红细胞体积（MCV，fL）	125.65 ± 4.06	119.97 ± 3.40	122.81 ± 4.67
红细胞分布宽度（RDW，%）	45.62 ± 4.68	42.16 ± 3.55	43.89 ± 4.45
平均红细胞血红蛋白（MCH，pg）	36.77 ± 1.62	33.59 ± 1.34	35.18 ± 2.18
平均红细胞血红蛋白浓度（MCHC，g/L）	292.47 ± 8.08	280.13 ± 7.67	286.30 ± 9.96
总胆红素（TBIL，μmol/L）	1.26 ± 0.43	1.16 ± 0.28	1.21 ± 0.36
谷草转氨酶（AST，U/L）	307.67 ± 59.97	207.87 ± 20.19	257.77 ± 67.15
碱性磷酸酶（ALP，U/L）	396.20 ± 172.36	297.40 ± 173.32	346.80 ± 177.11

续表

项目	公鸡	母鸡	平均值
乳酸脱氢酶（LDH，U/L）	798.27±292.06	749.87±233.21	774.07±260.85
肌酸激酶（CK，U/L）	1 596.2±331.57	1 037.8±240.83	1 317.0±402.14
羟丁酸脱氢酶（HBD，U/L）	253.33±80.13	196.15±83.89	224.74±85.69
总胆固醇（CHO，mmol/L）	2.89±0.44	2.83±0.77	2.86±0.62
甘油三酯（TG，mmol/L）	0.49±0.16	8.85±4.03	4.67±5.09
尿酸（UA，μmol/L）	238.21±100.91	196.64±58.95	217.42±83.91
胆碱酯酶（CHE，U/L）	100.20±13.76	112.87±17.18	106.53±16.60
低密度脂蛋白（LDL，mmol/L）	0.61±0.16	0.11±0.04	0.36±0.28
高密度脂蛋白（HDL，mmol/L）	1.60±0.25	0.26±0.22	0.93±0.72
葡萄糖（GLU，mmol/L）	11.88±1.59	9.57±2.05	10.72±2.15
镁（Mg，mmol/L）	0.97±0.07	1.28±0.22	0.93±0.72
钾（K，mmol/L）	3.68±0.84	4.35±0.50	4.02±0.76
钠（Na，mmol/L）	149.38±2.15	145.21±1.90	147.30±2.91
氯（Cl，mmol/L）	111.98±2.00	111.98±3.15	111.98±2.59
钙（Ca，mmol/L）	2.82±0.08	4.99±0.50	3.91±1.16

第二章

鸡场生物安全措施

生物安全是指将可传播的传染性疾病、寄生虫和害虫排除在外的安全措施，包括防止有害生物进入和感染鸡群应采取的一切措施。这些有害生物包括病毒、细菌、真菌、寄生虫、昆虫、啮齿动物和野生鸟类等。鸡场生物安全体系是系统化的管理，可减少外界疾病因素进入养鸡场或在养鸡场内鸡群之间传播，使鸡群远离致病因素。

第一节　鸡场的选址与布局

通过良好的选址、建筑及设施设备，防止病原微生物进入养鸡场是生物安全的重要组成部分。将动物限制饲养于一个安全可控的空间内，并在其周围设立围栏或者隔离墙，防止其他动物和人员进入，减少传染病传入的机会，可使动物充分发挥其自身的生产性能。涉及的内容包括鸡场的选址、鸡场布局与建设、房屋建设和周围环境的控制。

一、鸡场的选址

在鸡场选址时，从防疫角度上通常需要考虑具体地区的生态环境、周围各场区的关系和生物安全综合性服务等问题，养鸡场的选址应合理利用地势、气候条件、风向以及天然屏障等。从保护人与动物安全的角度出发，鸡场的地址选择既要考虑鸡场生产对周围环境的要求，包括尽量避免鸡场产生的气味、污物对周围环境的影响；也应考虑周围环境对鸡群安全的影响，降低周围环境所带来的生物安全隐患和风险。

（一）地形地貌

鸡场的场地应地势高燥而平坦、向阳背风、排水良好，以利于鸡场布局、光照、通风和污水、废气的排放。不宜选择低凹潮湿之处建场，因潮湿环境中病原微生物易滋生繁殖，鸡群容易发生疫病；鸡场应位于居民区的下风处，地势低于居民区，防止鸡场对居民区造成污染。选址时还应注意当地的气候条件变化，不能建在昼夜温差过大的山顶，以半山腰区较为理想（图2-1-1）。

图 2-1-1　鸡场外观（李伟　供图）

（二）地理和交通

鸡场宜建在城市远郊区，离市区 20 ～ 50 km，与居民点、其他家禽所在地 15 km 以上，且附近无水泥厂、钢铁厂、化工厂等产生噪声和化学气味的工厂，以防止病原污染、有害化学物质污染与噪声干扰等，使其具有一个安全的生态环境。

远离铁路、交通要道、车辆来往频繁的地方，一般要求距主要公路 400 m 以上，次要公路 100 ～ 200 m，但应交通方便、接近公路，自修公路能直达场内，以便运输原料和产品，且场地最好靠近消费地和饲料来源地。

（三）土壤和水源

鸡场的土壤应具有一定的卫生条件，不被鸡的致病细菌、病毒和寄生虫所污染，透气性和透水性良好，以便保证地面干燥。对于采用机械化装备的鸡场还要求土壤压缩性小而均匀，以承担建筑物和将来使用机械的重量。

场址要求水源充足，水质良好，水源中不能含有致病菌和毒物，尤其是大肠杆菌含量不能超标，清新透明无异味，符合饮用水标准。最好是城市供给的自来水；水的酸碱度不能过酸或过碱，即 pH 值不能低于 4.6，不能高于 8.2，最适宜的 pH 值范围为 6.5 ～ 7.5；硝酸盐含量不能超过 45 mg/kg，硫酸盐不能超过 250 mg/kg。

（四）电源

由于鸡场的设备运转必须有电力供应，鸡场中要求电力 24 h 供应，同时必须具备备用电源，如双线路供电或发电机等，以防线路故障或停电检修，电力容量要保证鸡场的正常运转。

二、鸡场布局与建设

鸡场布局时应从人和动物的安全角度出发，建立最佳的生产联系和生物安全条件。布局时，均以有利于防疫、生产、生活和排污为原则，并根据地势和风向合理安排各个功能区的位置，通过鸡场各建筑物的合理布局，减少疫病的发生和有效控制疫病。

（一）防疫区划分及依据

根据对防疫要求的严格程度不同，将同一场（厂）区不同的区域划分为三个区域（图 2–1–2），即行政管理区，与鸡间接接触，距离较远；生产区，与鸡间接接触，距离较近；鸡舍，与鸡直接接触。废污处理区，主要用于病死鸡剖检、诊断、处理，粪污的处理。不同防疫区，防疫侧重点不同，所要求的布局及硬件设施标准亦不同。

首先，行政管理区可设置于鸡场之外或在风向上与生产区相平行，距离生产区有一定的距离，否则如果隔离措施不严，会造成生物安全上的重大隐患，可能造成各种疫病不间断发生。

其次，生产区是鸡场布局中的核心，应慎重对待。该区域要根据生产规模确定，生产规模不同的，其内部类型、不同日龄段的鸡群分开饲养。相邻鸡舍间有一定的安全距离和隔离措施（图 2–1–3），如围墙或沙沟等。鸡场内道路布局应分为净道和污道，各舍有入口连接清洁道，各舍出口连接污道，污道主要用于运输鸡粪、死鸡及鸡舍内需要外出清洗的脏污设备，净道和污道不能交叉，以免污染。生产区内布局还应考虑风向，小日龄鸡群在上风向，大日龄鸡群在下风向，无疫病风险的鸡群在上风向，有疫病风险的鸡群在下风向，这样有利于保护鸡群的安全。

最后，疫病处理区一般处于生产区的下风向，与鸡舍有绝对的安全距离，并有严格的生物安全措施，如消毒、洗澡、更衣等严格的防疫措施。

图2-1-2 鸡场布局（李伟 供图）

图2-1-3 鸡舍布局（李伟 供图）

（二）行政管理区硬件设施配置

行政管理区主要控制人员、物品和车辆，以切断病原在人与鸡、物品与鸡及车辆与鸡之间的传播，因此要求人员、物品和车辆在进入行政管理区时，有人员、物品和车辆的消毒设施。

1. 场外隔离

场区周围围墙高度在2.5 m以上，底部至少80 cm处是实体墙砖硬化（图2–1–4），围墙内侧建议抹平，不留缝隙，便于冲洗消毒（鸡舍进风口和水帘一侧的围墙距鸡舍30 m范围内的高度应高于水帘上沿20～30 cm）。

2. 场内隔离

行政管理区与生产区之间有砖墙或者房间进行完全隔离，并在生产区的入口处设置生产区的标牌。

3. 场区入口

场区入口必须具备人员、车辆消毒通道，人员车辆停车场（图2–1–5）。

图2-1-4 鸡场场区围墙（李伟 供图）

图2-1-5 鸡场停车场（李伟 供图）

4. 车辆消毒通道

消毒通道的长度、宽度以消毒池长度为最低标准；而消毒池的长度应满足进入场区最大车辆的车轮周长，高度则需要满足进入场区最大车辆的车轮直径的1/3，消毒池下坡度不能超过30°；另外，需要注意消毒通道及消毒池都应防风、防冻，以确保冬季、大风的环境下的消毒效果（图2–1–6）。

5. 人员消毒通道

人员消毒通道采用喷雾消毒（图2–1–7），为了保证人员消毒通道的消毒效果，消毒通道的密闭性要好，以保证气雾消毒剂含量；另外，通道的长度最好在3 m以上，宽度达到2 m以上，通道上方每间隔 2 m 设置一个紫外线灯管，以确保每立方米紫外线强度不少于 1.5 W；消毒通道的地面设置消毒垫凹槽，消毒垫厚度低于凹槽上沿 0.5 cm。

图 2-1-6　车辆消毒通道（李伟　供图）

图 2-1-7　人员喷雾消毒通道（盖云飞　供图）

6. 一次浴室

每个独立的生产小区需要配备浴室，每个浴室里要有足够数量的喷头、足够的水压、适宜的水温、更衣柜、排风扇、取暖设备、电吹风和消毒设备等。喷头的数量必须保证在上下班高峰期时，至少每 3 人一个喷头，每 2 个喷头之间的间隔至少为 1 m。每间浴室配备内、外 2 间更衣室，每人在内外更衣室分别配备 1 个更衣柜，内外衣服分开放置；为保证更衣柜的熏蒸消毒效果，更衣柜上还应留有孔隙。每 36 m^2 浴室至少配备 1 台排风扇，功率至少 200 W，排风扇的位置应在常年风向的下风向。水温保证在 40℃以上，热水供应需保证足够的水压，喷头出水量大，每个淋浴喷头的出水压力达到 1.5 ～ 2.0 Pa，总水量能够保证高峰期间每人 30 L 的用水量，能够保证在上下班高峰期洗澡的水量和水温。每间更衣室应设置电吹风，保证至少每 5 人 1 台吹风机。浴池配备熏蒸消毒设备、消毒药，每天有专人进行清洗、熏蒸消毒。

7. 物品熏蒸间

消毒间内应设置物品熏蒸间，并配备熏蒸设备，以保证进入生产区的物品完成熏蒸消毒处理。

（三）生产区硬件设施配置

生产区与鸡群的距离更近，因此要重点做好净道门和污道门的管控，尤其是污道中粪道、清粪系统的硬件设施的配置；另外，因为粪便是疾病传播的重要传染源之一，因此生产区的生物安全配置除车辆消毒、浴室和物品熏蒸间与行政管理区相同外，还需要增加清粪系统和无害化处理系统等。

1. 道路

净道（图 2-1-8、图 2-1-9）、污道（图 2-1-10、图 2-1-11）严格分开，路面使用水泥硬化，并能够防冻；道路宽度至少 3 m；道路两边禁止出现绿植类隔离带。

2. 二次更衣室

二次更衣室分内更衣室及外更衣室，每个更衣室保证至少每人一个更衣柜。

3. 二次浴室

同一次浴室配置。

4. 洗衣房

每 12.5 万套规模的小区应至少配备 30 m^2 的洗衣房，洗衣房内分别设置待洗区、清洗区及洁净

图 2-1-8　鸡场净道（刁有祥　供图）

图 2-1-9　鸡场净道（刁有祥　供图）

图 2-1-10　鸡场污道（李伟　供图）

图 2-1-11　鸡场污道（刁有祥　供图）

区，待洗区设置置物柜 1 个；清洗区设置洗衣机 1 台，烘干机 1 台；洁净区设置置物柜 1 个，桌子 1 张。

（四）鸡舍硬件设施配置

鸡舍在建造时，需考虑其耐用性，一方面能够保证正常生产过程中生产所需与鸡群安全，另一方面可以延长使用年限，以降低房舍的折旧费用。鸡舍在设计时应充分考虑人员在舍内的生产操作，便于供水供料、鸡蛋、鸡粪的收集。鸡舍在建设时，应保证内墙表面光滑平整，墙面不易脱落，耐磨损和不含有毒有害物质，配备防鼠、防虫和防鸟设施。饮水应达到卫生标准和饮用标准。根据鸡舍与外界环境的隔离程度，将鸡舍分为开放式鸡舍和密闭式鸡舍。

1. 鸡舍类型

（1）开放式鸡舍。这种鸡舍适用于广大农村地区，我国大部分养鸡场尤其是农村养鸡户均采用此种鸡舍。开放式鸡舍是采用自然通风和自然光照 + 人工光照的鸡舍，鸡舍内温度、湿度、光照、通风等环境因素控制得好坏，取决于鸡舍设计、鸡舍建筑结构的合理程度。另外，鸡舍内养鸡的品种、数量的多少、笼具的安放方式（如阶梯式、平置式、叠放式或平养）等均会影响舍内通风效果和温度、湿度及有害气体的控制等。因此，在设计开放式鸡舍时充分考虑到以上因素。

（2）封闭式鸡舍。这种鸡舍因建筑成本昂贵，要求 24 h 能提供电力等能源，技术条件也要求较高，故我国农村鸡场及一般专业户都不采用此种鸡舍。封闭式鸡舍无窗、完全封闭，顶盖和四周墙壁隔热性能良好（图 2–1–12），舍内通风、光照、温度和湿度等都靠人工通过机械设备进行控制。这种鸡舍能给鸡群提供适宜的生长环境，鸡群成活率高，可较大密度饲养，但维持成本较高。

一般适宜于大型机械化养殖场和育成场。

2. 鸡舍面积

鸡舍面积的大小直接影响鸡群的饲养密度，合理的饲养密度可使鸡群获得足够的活动范围，足够的饮水、采食位置，有利于鸡群的生长发育。密度过大会限制鸡群活动，诱发啄肛、啄羽等现象；同时，由于拥挤，弱鸡经常吃不到饲料，体重不达标，造成鸡群均匀度过低。当然，密度过小，会增加设备和人工费用，保温也较困难；通常，雏鸡、中鸡 1 ～ 2 周龄饲养密度为 20 ～ 30 只 /m^2、3 ～ 4 周龄为 12 ～ 15 只 /m^2、5 ～ 8 周龄为 9 ～ 10 只 /m^2。商品肉鸡饲养密度一年四季不同，一般为 8 ～ 10 只 /m^2。鸡舍宽度为 8 ～ 10 m，高度（屋檐高度）为 2.5 ～ 3 m，虽然增加高度有利于通风，但会增加建筑成本，冬季增加保温难度，故鸡舍高度不需太高。

3. 屋顶形状

大多数鸡舍采用三角形屋顶（图 2-1-13），坡度值一般为 1/4 ～ 1/3。屋顶材料要求绝热性能良好，以利于夏季隔热和冬季保温。

图 2-1-12　密闭式鸡舍（李伟 供图）

图 2-1-13　三角形屋顶（盖云飞 供图）

4. 鸡舍墙壁和地面

开放式鸡舍要求墙壁保温性能良好，并有一定数量可开启、可密闭的窗户，以利于调整通风。敞开式一般敞开 1/3 ～ 1/2，敞开的程度取决于气候条件和鸡的品种类型。敞开式鸡舍在前、后墙壁进行一定程度的敞开，但在敞开部位沿纵向装上塑料薄膜等材料做成的布帘，这些布帘可关、可开，根据气候条件和通风要求随意调节。开窗式鸡舍则是在前后墙壁上安装一定数量的窗户调节室内温度和通风。鸡舍地面应高出舍外地面 0.3 ～ 1 m，舍内应设排水孔，以便舍内污水的顺利排出。地基应为混凝土地面，保证地面结实、坚固，便于清洗、消毒。在潮湿地区修建鸡舍时，混凝土地面下应铺设防水层，防止地下水湿气上升，保持地面干燥。为了方便舍内清洗消毒时排水，中间地面与两边地面之间应有一定的坡度。

5. 通风设计

在炎热的夏季，当气温超过 30℃时，鸡群会感到极不舒适，生长发育和产蛋性能会严重受阻，此时除采取其他抗热应激和降温措施外，加强舍内通风是主要的手段之一。鸡舍设计时应将通风设计考虑在内，包括电源供给，设备的型号、大小、数量、安装位置等，以便预留安装位。国内通风设备一般采用风扇送风和排风方式（图 2-1-14）。安装位置应安放在使鸡

图 2-1-14　鸡舍侧窗（盖云飞 供图）

舍内空气纵向流动的位置，这样通风效果才最好，风扇的数量可根据风扇的功率、鸡舍面积、鸡群数量的多少、气温的高低来进行计算得出。

6. 防疫设计

进入鸡舍后，与鸡群有了近距离的接触，如果病原被带入将对鸡群造成直接威胁。因此对切断人与鸡、物品与鸡、动物与鸡及空气与鸡的生物安全标准配置要更完善。

（1）脚踏消毒盆。每栋鸡舍配备 1 个，置于在鸡舍入口处，消毒盆高至少 15 cm，内放一塑料蛋托，消毒药以高出塑料蛋托 1 cm 为佳。

（2）休息间。每栋鸡舍配备 2 间，每栋 1 个可冲水的便池，以保证卫生间随时保持干净。每栋鸡舍入口处应具备更换舍内的防疫服及防疫鞋的更衣室，更衣室面积为 8 m^2。每栋鸡舍内应设置洗手消毒盆，以便于工作人员在捡鸡蛋、输精前或过程中的洗手消毒。

（3）消毒设施。每栋鸡舍内配备消毒泵，压力以能够达到顶棚为最低压力标准。

（五）废污处理区

1. 病死鸡暂存桶

每栋鸡舍后方应设置一个密闭式病死鸡暂存桶，用来存放栋内的病死鸡，每天由专人专车负责清理。

2. 清粪系统

高台式或下陷式清粪台（图 2–1–15），要求全部硬化，能够完全将内外清粪车及人员彻底分开，不交叉，并能够防雨雪、防冻；每天清粪后必须进行清扫。

3. 病死鸡无害化处理系统

每个场区应在粪道的周边无害化处理区设置死鸡回收暂存冰柜（图 2–1–16），保证病死鸡无害化处理的同时，应符合环境需求。

4. 鸡粪的无害化处理系统

鸡粪携带多种病原微生物，若处理不当，会散发臭味，使病原微生物污染空气、水源和土壤，造成疾病的传播与蔓延。因此，为防止疫病传播，规模化养殖场需配备无害化处理设施，如发酵罐、生物降解池等，无害化处理设施要距离鸡舍 100 m 以上。

5. 污水处理系统

鸡场会产生大量污水，污水直接排放会引起水体的污染，同时也会给鸡场的疫病防控带来困难。因此，应建造污水处理系统，污水经过处理后进行循环使用。

图 2–1–15　下陷式清粪台（李伟 供图）

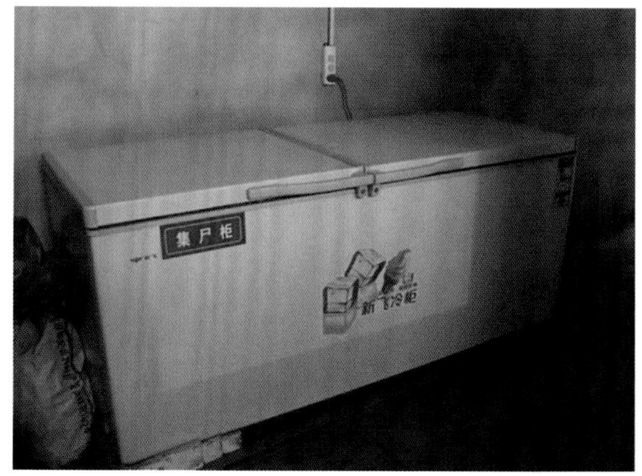

图 2–1–16　死鸡回收暂存冰柜（刁有祥 供图）

第二节 鸡场的卫生与消毒

一、鸡场的隔离

隔离就是采取措施使发病鸡只及可疑发病鸡只不能与健康鸡只接触，单独控制在一个有利于防疫和生产管理的环境中进行单独饲养和防疫处理。其目的是控制传染源，防止鸡只继续受到传染，控制传染病蔓延，以便将疫情控制在最小范围内加以就地扑灭。隔离多用于疫病发生的时候，但平时也不可忽视。例如，从外地购入的种鸡要隔离观察一定时间，确实无病方可合群。

鸡只多数是群饲，同群的鸡只接触密切，病原体很容易通过空气、饲料、饮水、粪便和用具等迅速传播。因此，在一般情况下，隔离应以鸡群或鸡舍为单位，把已经发生传染病的鸡群内所有鸡只视为病鸡及可疑病鸡，不得再与健康鸡只接触。视作隔离群或隔离舍的地域，应专人管理，禁止无关人员进入或接近，工作人员出入应遵守严格的消毒制度，用具、饲料、粪便等未经消毒处理，不得运出场外。对病鸡及可疑病鸡，应加强饲养管理，及时从饲料或饮水中投药治疗。如为新城疫、传染性喉气管炎等应使用弱毒疫苗进行紧急免疫。鸡群应同时进行紧急消毒，每天 1 次，连用 6 ～ 7 d，或直至病鸡完全恢复。病死鸡只要进行无害化处理，禁止在鸡舍内及场内随便丢弃或堆放死淘鸡只。

为了使传染病发生时鸡舍能达到较好的隔离状态，鸡场在设计时就应做好规划。鸡场应远离村庄（1 000 m 以上）、主干道路（1 000 m 以上）、养殖场（1 000 m 以上）、孵化场（1 000 m 以上）、畜禽交易市场（3 000 m 以上）和屠宰场（3 000 m 以上）；按鸡场代次和生产分工做好隔离区划，合理布局，实行人鸡分离。在父母代种鸡场周围，要避开商品代肉鸡场和蛋鸡场；在商品代肉鸡场周围，要避开蛋鸡场、农贸市场和屠宰场。鸡场有院墙隔离，避免病原入侵和场间交叉感染。鸡舍与鸡舍之间不能距离太近，前后排之间不应少于 15 m，较大的鸡场，应该把鸡舍分为若干单元，每个单元以林地围绕，使与其他鸡舍隔离。各单元有各自的出入路线，保持相对独立，每个独立单元只养一个日龄的鸡只，实行全进全出，防止不同周龄鸡只之间相互水平传播，定期清洁和消毒，并注意周围鸡场的疫情，以便及时采取控制措施。所有的建筑物都必须能阻止老鼠、害虫或野鸟进入，并实施害虫和老鼠控制计划。

二、鸡场的卫生与管理

（一）鸡场的空场管理

全进全出即一个场区内所有鸡群为相同或接近日龄，一般最多不要超过 2 周，所有鸡群同时转入并同时转出，鸡群转出后，进行严格的移、扫、冲、干、消五步空舍整理流程，做好空场管理，确保上批鸡遗留的病原全部消灭，避免上下批次的疾病传播。

全进全出是对本场病原有效清除的最好手段，全进全出是一个清零的过程，通过全进全出，进行彻底的空场管理，将历史遗留病原彻底清除干净，使老场变新场，才能摆脱老场养鸡疾病不断的窘境。非全进全出场区，历史疾病加外界流行疾病约等于本批次鸡群的疾病。而全进全出的场区，消除了历史疾病，外界流行疾病约等于本批次流行疾病。全进全出的具体要求如下。

实施全进全出制度，从最后一栋鸡舍熏蒸后到鸡群转入之前，空场时间不少于 2 个月；在空场期间做好外环境以及内环境的消毒。内环境的消毒应注意饮水管的卫生，可以采取先用除垢剂除垢，再用消毒液浸泡，根据饮水管的干净程度决定浸泡的时间长短，之后做微生物检测，查看饮水管中细菌数。若不合格则继续浸泡，延长浸泡时间，直到合格为止。舍内、工作间及休息间要进行熏蒸消毒，保证空场期间的微生物达标。在下批鸡群到来之前舍内微生物必须达标。外环境进行清扫和消毒。将场区内的野草、垃圾和上批鸡饲养期间的遗留物必须彻底清理干净，尽量达到每养一批鸡的场区都是新场区。育雏场实施全进全出制度更为严格，育雏人员在育雏期间不得走出场区，外来人员一律不允许进入育雏场区，直到转群。转出以后，要对场区进行彻底的清扫、消毒。清扫时要彻底，不留死角；消毒时粪沟用火碱，鸡舍用甲醛与高锰酸钾熏蒸。种蛋鸡场实施区域全进全出制度，空场时间不少于 20 d；在进鸡前对舍内外进行微生物采样检验，做到微生物达标。

全场或整个区域全进全出的养殖场区需要严格的空场操作。

空场管理操作流程：包括冲洗鸡舍前准备（移、扫）、鸡舍冲洗（冲）、鸡舍消毒（烧、消、干）、场区治理、设备检修、育雏物品准备、鸡舍熏蒸（喷、熏）、开封与消毒效果评估。

空舍管理基本遵循：移、扫、冲、烧、消、干、喷、熏的流程；场区环境治理遵循大鸡舍概念，做到无死角、无遗漏。

（二）鸡场的卫生与管理

1. 三级防疫区管理

（1）人员管理。本场员工进入生活区大门需先进入员工消毒通道，并在换鞋间换上三级防疫鞋，然后进入三级防疫区。外来人员谢绝入内，如需要进入者，必须经过相关领导批准，并经紫外线消毒后使用一次性鞋套或在换鞋间换上公用防疫鞋方可进入场区。

（2）物品管理。凡需带进三级防疫区内的所有工具及物品，都必须在入口处用高压喷枪冲洗消毒；不能冲洗消毒的工具和物品必须在熏蒸房或熏蒸箱内经过福尔马林熏蒸至少 15 min 后，方可带进生产区。

（3）车辆管理。允许进入三级防疫区的车，必须在大门口处对车身、轮胎进行全面彻底的喷洒消毒后方可进入，消毒时间为大车 40 s、小车 30 s。

2. 生产区管理

进入生产区，与鸡群的距离更近，重点要把好入口关，即在生产入口和粪道入口，对进入的人员、物品、车辆、动物进行控制，同时要对空气进行消毒。

（1）生产入口的管理。

①人员管理：员工由生活区进入生产区，需在浴室的外更衣室脱掉自己的衣物鞋帽，放入指定柜子，然后进入淋浴室，用香皂、洗发液彻底淋浴，再到内更衣室，换上经过清洗消毒过的专用生产服和防疫鞋，方可进入生产区。

②物品管理：物品必须进行紫外线或熏蒸消毒，较小或不能熏蒸的物品如手机、办公用品等，

必须放在专门的紫外线消毒箱内消毒 15 min，有些物品（如饲料、遮光罩、种蛋托、种蛋筐等），则需要清洗消毒后方可进入。同时，每间鸡舍前门设置垃圾桶，切断可能的物品与鸡传播途径。

③车辆管理：运送饲料、商蛋、种蛋、淘汰鸡或其他物品车辆进出生产区大门时必须对车身、车轮进行彻底消毒；并且在运输过程中，时刻保持车辆的清洁卫生（无鸡毛、无粪便）；同时，司机要更换衣服、鞋（或使用鞋套）。运送鸡粪的车辆必须固定，不得到其他场区拉粪；车辆进出污道大门必须对车身、车轮进行彻底消毒；车轮和车身外壁不能有粪便污染。进出生产区的消毒车必须经过消毒池，运送完死鸡后，对车辆自身进行全面彻底的消毒。

④动物管理：鼠类、鸟类、蚊蝇及各种昆虫会传播疾病等，因此在鸡舍周围禁种高大绿植、杜绝鸟类栖息；对于老鼠和野猫要定期灭鼠驱猫；对于蚊蝇及各种昆虫，要搞好鸡舍内外环境卫生，控制杂草生长，定期喷洒杀虫剂。

⑤外环境消毒管理：消毒可以极大地减少鸡场外环境中的病原微生物，降低疫病的发生率。为消除外环境中的病原微生物，要对防疫关键点进行全面消毒，确保消毒覆盖率达到 100%；在消毒过程中为避免病原微生物对消毒剂产生耐药性，还需要合理地选择消毒剂种类、剂量等，以保证消毒后消毒剂的消毒作用能 100% 发挥；另外，外环境的消毒次数不是越多越好，每天的次数要随着不同季节、不同天气条件而改变。

（2）粪道入口管理。

①人员管理：每个场区的清粪人员是固定的，不同场区的清粪人员不得到其他场区进行清粪工作；入场时只许从污道大门进入，在浴室洗澡更换专用工作服、工作鞋才能进入生产区，清粪人员专用工作服每天清洗 1 次。进入生产区后只能走污道，不得走净道，严禁到生产区内其他区域活动。非清粪人员从浴室进入生产区，进入生产区后必须走净道，不得走污道；饲养人员不能与清粪人员接触，不能到粪道去，特殊情况下需要更衣、换鞋。

②粪便管理：由于粪便中含量大量的病原微生物，因此对粪场中的粪便要日清日洁；同时为保证粪便在运输中不对生产区造成二次污染，特设置粪道大门，将污道与净道严格区分开，由专人负责；另外，为解决内外拉粪车辆和人的接触，需采用清粪台装置。

③动物管理：病死鸡由栋舍内生产人员每天及时拣出舍外，并装入塑料袋中存于规定的地点或放于死鸡存放箱内，然后由专人专车运送到指定地点（每天至少 1 次），同时还要对死鸡存放区域进行消毒；最后将死鸡放入病死鸡暂存间处理。

（三）鸡舍的卫生与管理

进入鸡舍内，与鸡群有了近距离的接触，如果病原被带入将对鸡群造成直接威胁，因此，对进入一级防疫区的鸡群、人员、物品、动物及鸡舍空气要进行更为严格的控制。

1. 鸡的管理

鸡与鸡之间的病原传播是疫病传播途径中最重要的、也是影响最大的。通过全进全出和空场管理控制上下批次之间的病原传播。而在鸡群饲养过程中，要控制鸡群流动，非本场、本栋鸡群严禁进入，避免场间、栋间病原的传播。如果鸡群必须要流动，要遵循由高代次向低代次、由日龄小向日龄大、由健康鸡群向非健康鸡群的流动原则。

同时，对于本栋鸡群也要严格管理，每天巡视鸡群挑出弱鸡和死鸡，将弱鸡放置于鸡舍后方的空笼中进行个体治疗或单独饲喂，而对没有保留价值的弱鸡则需及时淘汰；对于死鸡要装袋密封，并放入本栋专用的死鸡暂存桶内；病死鸡每天都要集中焚烧处理。

2. 人员管理

饲养员在栋舍门口更换舍内鞋，在操作间或缓冲间换一级防疫服；舍内鞋每周洗 1 ～ 2 次。不同栋舍的饲养人员不能串舍，以防疫病的传播或交叉感染。兽医人员检查鸡群情况时，必须脚踏消毒垫、更换公用防疫服、换鞋。检查应该从健康鸡到病鸡、从小鸡到大鸡，而对于电工、修理工等非本栋人员进鸡舍，也必须脚踏消毒垫、更换鸡舍内的公用防疫服、换鞋后方可进入。

3. 物品管理

个人物品禁止带入鸡舍，但手机和钥匙经紫外线消毒后可带入休息室；对于鸡用的蛋托、兽药、疫苗等物品进入鸡舍前必须经过熏蒸或喷洒消毒，而废弃的疫苗瓶应由免疫人员包装好后才能送出鸡舍进行无害化处理（焚烧），严禁将疫苗瓶丢弃在鸡舍内。对于鸡舍所使用的扫帚、消毒泵、消毒管等物品必须经过浸泡或喷洒消毒后方能带入鸡舍。

4. 动物管理

为控制鼠类传播疾病，应由专业的灭鼠公司负责灭鼠工作，每 2 ～ 3 个月灭 1 次，此外还要定期监视各场区的鼠密度，并依据鼠密度来确定灭鼠计划。而对于鸟类和野猫，则对栋舍所有出入风口、前后门、窗户等均要安装防护网或插上挡风板，防止直接进入鸡舍内。对蚊蝇及各种昆虫的控制，只需定期在鸡舍内喷洒灭蝇药和杀虫剂即可；夏季每周灭 1 ～ 2 次，可与二级防疫区的灭蚊蝇工作同时进行。

5. 空气管理

为防止病原微生物随空气中的颗粒物进入鸡舍及鸟类在小窗上安家，需要在小窗上安装 2 层网孔大小不同的防护网和 1 层太空棉。同时，为保持鸡舍空气新鲜，鸡舍应保持良好的通风换气，地面要每天清扫，饲槽、水槽要定期清洗除垢。而对于笼养的种蛋鸡，在带鸡消毒时可以顺便对鸡笼及鸡舍空间空气进行消毒。

三、鸡场的消毒

消毒是指通过物理、化学或生物学方法杀灭或清除环境中病原体的技术或措施。通过消毒，及时杀灭外界环境中的各种病原微生物，切断传播途径，预防和控制疫病的传播和蔓延，是鸡场安全生产的重要措施。鸡场管理工作者应当树立预防为主，防重于治，消毒重于投药的观念。

消毒的特点：第一，不影响鸡只，可使用大剂量高效的药物；第二，费用较低，可节省开支，降低成本；第三，减少药物残留，一般消毒剂不会造成蛋、肉内药物残留。

根据消毒的目的不同，可以把消毒分为预防性消毒、临时消毒和终末消毒。预防性消毒是在正常情况下，为了预防鸡只传染病的发生所进行的定期消毒。临时消毒是在传染病发生时，为了及时消灭由病鸡排到外界环境中的病原体而进行的紧急消毒措施。终末消毒是在传染病扑灭后，为消灭疫区内可能残留的病原体所进行的全面消毒。

消毒的方法很多，不同的消毒方法适用于不同的消毒目的和对象。根据消毒方法的不同，可分为机械性清除、物理消毒法、化学消毒法及生物消毒法。在实际工作中，应根据具体情况，选择最佳的消毒方法。

（一）机械性清除

用机械的方法，如清扫、冲洗、洗擦、通风等手段清除病原体，是最常用的一种消毒方法，它也是日常卫生工作之一。机械清除并不能杀灭病原体，但可使环境中病原体的量大大减少，这种方法简单易行，而且使环境清洁、舒适。从病鸡体内排出的病原体，无论是从呼吸排出的，还是从分泌物、排泄物及其他途径排出的，一般都不单独存在，而是附着于尘土及各种污染物上，通过机械清除，环境内的病原体会大大减少。

（二）物理消毒法

物理消毒常用的方法有高温、干燥、紫外线等。

高温是最常用且效果最确实的物理消毒法，它包括巴氏消毒、煮沸消毒、蒸汽消毒、火焰消毒、焚烧等，在鸡只消毒工作中，应用较多是煮沸消毒及蒸汽消毒。煮沸消毒就是将要消毒的物品置于容器内，加水浸没，然后煮沸。煮沸消毒是一种经济方便、应用广泛、效果良好的消毒法。一般细菌在 100℃开水中 3 ～ 5 min 即可被杀死，煮沸 2 h 以上，可以杀死一切传染病的病原体。如能在水中加入 0.5% 氢氧化钠或 1% ～ 2% 小苏打，可加速蛋白质、脂肪的溶解脱落，并提高沸点，从而增加消毒效果。

蒸汽具有较强的渗透力，高温的蒸汽透入菌体，使菌体蛋白变性凝固，造成微生物死亡。饱和蒸汽在 100℃时经过 5 ～ 15 min，就可以杀死一般芽孢型细菌。蒸汽消毒按压力不同可分为高压蒸汽消毒和流通蒸汽消毒两种。高压蒸汽消毒主要用于实验室玻璃器皿的消毒。

紫外灯照射也是鸡场常用的消毒方法。在紫外线照射下，使病原微生物的核酸和蛋白发生变性。应用紫外线消毒时，室内必须清洁，最好能先洒水后再打扫，人离开现场，消毒的时间要求在 30 min 以上。

（三）化学消毒法

化学消毒法指用化学药物把病原微生物杀死或使其失去活性。能够用于消毒的化学药物称为消毒剂。理想的消毒剂应对病原微生物的杀灭作用强大，而对人和鸡只的毒性很小或无，不损伤被消毒的物品，易溶于水。消毒能力不因有机物存在而减弱，价廉易得。

1. 常用化学消毒方法

（1）浸泡法。将一些小型设备和用具放在消毒池内，用药物浸泡消毒，如蛋盘、饮水盘、试验器材等的消毒。

（2）喷撒（洒）法。主要用于地面的喷撒（洒）消毒。进鸡前对鸡舍周围 5 m 以内的地面可用 2% 氢氧化钠或 0.2% ～ 0.5% 过氧乙酸喷洒消毒。水泥地面一般常用消毒药品喷洒，如用 2% 氢氧化钠。如果有芽孢污染，可用 10% 氢氧化钠喷洒。含芽孢杆菌的粪便、垃圾的地面，铲除地表土 20 ～ 30 cm，按 1∶1 的比例与漂白粉混合后深埋，地面再撒上 5 kg/m^2 漂白粉，并以水润湿。大面积污染的土壤和运动场地面，可翻地，在翻地的同时撒上漂白粉，用量为 0.5 ～ 5 kg/m^2，混合后加水湿润压平。

（3）熏蒸法。将消毒药经过物理或化学处理后，使其产生杀菌性气体，用它来消灭一些死角中的病原体。适用于密闭的鸡舍和其他建筑物。这种方法简单易行，对房屋结构无损，消毒全面，经常用于进鸡前的熏蒸消毒。常用的药物为福尔马林、过氧乙酸水溶液等。例如，按照每立方米使用福尔马林 30 mL、高锰酸钾 15 g 配比进行消毒，消毒完毕后封闭鸡舍 2 d 以上。

（4）气雾法。气雾是消毒液倒进气雾发生器后喷射出的雾状颗粒，是消灭空气中病原微生物的有效方法。鸡舍经常用的主要是带鸡喷雾消毒，如 0.3% 过氧乙酸或 0.1% 次氯酸钠溶液，用压缩空气雾化，喷头在上方距鸡体 60 ～ 80 cm 进行喷雾消毒。此种方式能及时有效地净化空气，创造良好的鸡舍环境，抑制氨气产生，有效地杀灭鸡舍内环境中的病原微生物，消除疾病隐患，达到预防疾病的目的。

2. 常用化学消毒剂及其使用方法

化学消毒剂包括多种酸类、碱类、重金属、氧化剂、酚类、醇类、卤素类、挥发性烷化剂等。它们各有特点，在生产中应根据具体情况加以选用，下面介绍几种养鸡生产中常用的消毒剂。

（1）碱类。用于消毒的碱类制剂有氢氧化钠、氢氧化钾、石灰、草木灰、苏打等。碱类消毒剂的作用强度决定于碱溶液中 OH^- 浓度，浓度越高，杀菌力越强。

碱类消毒剂的作用机理是高浓度的 OH^- 能水解蛋白质和核酸，使细菌酶系统和细胞结构受损。碱还能抑制细菌的正常代谢机能，分解菌体中的糖类，使菌体死亡。碱对病毒有强大的杀灭作用，可用于许多病毒性传染病的消毒；也有较强的杀菌作用，对革兰氏阴性菌比阳性菌有效，高浓度碱液也可杀灭芽孢。

由于碱能腐蚀有机组织，操作时要注意不要用手接触，佩戴防护眼镜、手套，穿工作服，如不慎溅到皮肤上或眼里，应迅速用大量清水冲洗。

①氢氧化钠：也称苛性钠或火碱，是很有效的消毒剂，2% ～ 4% 氢氧化钠溶液可杀死病毒和繁殖体，常用于鸡舍及用具的消毒。氢氧化钠对金属物品有腐蚀作用，消毒完毕必须及时用水冲洗干净，对皮肤和黏膜有刺激性，应避免直接接触人和鸡只。用氢氧化钠消毒时常将溶液加热，加热并不增加氢氧化钠的消毒力，但可增强去污能力，而且热本身就是消毒因素。

②石灰：石灰是价廉易得的良好消毒药，使用时应加水使之生成具有杀菌作用的氢氧化钙。石灰的消毒作用不强，1% 石灰水在数小时内可杀死普通繁殖型细菌，3% 石灰水经 1 h 可杀死沙门菌。

在实际工作中，一般用 20 份石灰加 100 份水配成石灰乳，涂刷墙壁、地面，或直接加石灰于被消毒的液体中，撒在阴湿地面、粪池周围及污水沟等处进行消毒，消毒粪便可加等量 2% 石灰乳，至少接触 2 h。石灰必须在有水分的情况下才会游离出的 OH^-，发挥消毒作用。在鸡场、鸡舍门口放石灰干粉并不能起消毒鞋底的作用，相反由于人的走动，使石灰粉尘飞扬，当石灰粉吸入鸡只呼吸道或溅入眼内后，石灰遇水生成氢氧化钙而腐蚀组织黏膜，结果引起鸡群气喘、甩鼻和红眼病。较为合理的应用方式是在门口放浸透 20% 石灰乳的湿草包，饲养管理人员进入鸡舍时，从草包上通过。石灰可以从空气中吸收二氧化碳，生成碳酸钙，所以不宜久存，石灰乳也应现用现配。

（2）氧化剂。氧化剂是使其他物质失去电子而自身得到电子，或供氧而使其他物质氧化的物质。氧化剂可通过氧化反应达到杀菌目的，其原理为氧化剂直接与菌体或酶蛋白中的氨基、羧基等发生反应而损伤细胞结构，或使病原体酪蛋白中巯基氧化变为—S—S—而抑制代谢机能，病原体因而死亡。或通过氧化作用破坏细菌代谢所必需的成分，使代谢失去平衡而使细菌死亡。也可通过氧化反应，加速代谢过程，损害细菌的生长过程，从而使细菌死亡。常用的氧化剂类消毒剂有高锰酸钾、过氧乙酸、过硫酸氢钾等。

①高锰酸钾：高锰酸钾遇有机物、加热、加酸或碱均能释放出原子氧，具有杀菌、除臭、解毒作用。其抗菌作用较强，但在有机物存在时作用显著减弱。在发生氧化反应时，本身还原成棕色的 MnO_2，并可与蛋白质结合成蛋白盐类复合物，在低浓度时有收敛作用，高浓度时有刺激和腐蚀作用。

各种微生物对高锰酸钾的敏感性差异较大。一般来说 0.1% 的浓度能杀死多数细菌的繁殖体，2% ～ 5% 高锰酸钾溶液在 24 h 内能杀灭芽孢，在酸性溶液中，它的杀菌作用更强。如含 1% 高锰酸钾和 1.1% 盐酸的水浴能在 30 s 内杀灭芽孢。它的主要缺点是易被有机物分解，还原成无杀菌能力的 MnO_2。

②过氧乙酸：又名过醋酸，是强氧化剂，纯品为无色澄明的液体，易溶于水，性质不稳定。其高浓度溶液（大于 45%）经剧烈碰撞或高热（60℃以上）能引起爆炸，20% 以下的低浓度溶液无此危险。市售成品一般为 20%，盛装在塑料瓶中，必须密闭避光贮放在低温处（3 ~ 4℃），有效期为半年，过期浓度降低。它的稀释液只能保持药效数天，应现用现配，配制溶液时应以实际含量计算，例如，配 0.1% 的消毒液，可在 995 mL 水中加 20% 过氧乙酸 5 mL 即成。

过氧乙酸是广谱高效杀菌剂，作用快而强。它能杀死细菌、真菌、芽孢及病毒，0.05% 过氧乙酸溶液 2 ~ 5 min 可杀死金黄色葡萄球菌、沙门菌、大肠杆菌等一般细菌，1% 的溶液 10 min 可杀死芽孢，在低温下它仍有杀菌和杀芽孢的能力。

过氧乙酸的原液对鸡只的皮肤和金属有腐蚀性，稀溶液对呼吸道、眼结膜有刺激性，对有色纺织品有漂白作用。在生产中，可用 0.1% ~ 0.2% 过氧乙酸溶液浸泡耐腐蚀的玻璃、塑料、白色工作服，浸泡时间 2 ~ 120 min。用 0.1% ~ 0.5% 过氧乙酸溶液以喷雾器喷雾，覆盖消毒物品表面，喷雾时消毒人员应戴防护眼镜、手套和口罩，喷后密闭门窗 1 ~ 2 h。也可用 3% ~ 5% 过氧乙酸溶液加热熏蒸，用量每立方米用 1 ~ 3 g 过氧乙酸，熏蒸后密闭门窗 1 ~ 2 h。熏蒸和喷雾的效果与空气的相对湿度有关，相对湿度以 60% ~ 80% 为好，若湿度不够可喷水增加湿度。

③过硫酸氢钾：指过硫酸氢钾复合物，是一种无机酸性氧化剂，稳定性优于过氧乙酸。常用其复配制剂过硫酸氢钾复合物粉，由过硫酸氢钾复合物（$2KHSO_5 \cdot KH\ SO_4 \cdot K_2SO_4$）、十二烷基苯磺酸钠、氯化钠与有机酸配制而成，含有效氯不少于 10.0%。过硫酸氢钾复合物粉在水中经过链式反应连续产生次氯酸、新生态氧，氧化和氯化病原体，干扰病原体的 DNA 和 RNA 合成，使病原体的蛋白质凝固变性，进而干扰病原体酶系统的活性，影响其代谢，增加细胞膜的通透性，造成酶和营养物质丢失、病原体溶解破裂，进而杀灭病原体。主要用于鸡舍、空气和饮用水等的消毒。

过硫酸氢钾复合物粉以 1∶200 浓度稀释，通过浸泡或喷雾，用于鸡舍环境、孵化场、饮水设备及空气消毒。饮用水消毒以 1∶1 000 浓度稀释 。

（3）卤素类。卤素和易放出卤素的化合物均具有强大的杀菌能力。卤素的化学性质很活泼，对菌体细胞原生质及其他某些物质有高度亲和力，易渗入细胞与原浆蛋白的氨基或其他基团相结合，或氧化其活性基因，而使有机体分解或丧失功能，呈现杀菌能力。在卤素中氟、氯的杀菌力最强，依次为溴、碘。

①氯与含氯化合物：氯和含氯化合物的强大的杀菌作用，是由于氯化作用引起菌体破坏或改变细胞膜的通透性，或由于氧化作用抑制各种含巯基的酶类或其他对氧化作用敏感的酶类，引起细菌死亡。有效氯能反映含氯消毒剂氧化能力的大小，有效氯越高，消毒能力越强。

由于氯是气体，其溶液不稳定，杀菌作用不持久，应用很不方便，因此在实际应用中常使用能释放出游离氯的含氯化合物，在含氯化合物中最重要的是含氯石灰及二氯异氰尿酸盐。

含氯石灰：又名漂白粉，为消毒工作中应用最广的含氯化合物，化学成分较复杂，主要是次氯酸钙。新鲜漂白粉含有效氯 25% ~ 36%，但漂白粉有亲水性，易从空气中吸湿而成盐，使有效氯散失，所以保存时应装于密闭、干燥的容器中，即使在妥善保存的情况下，有效氯每月要散失 1% ~ 2%。由于杀菌作用与有效氯含量密切相关，当有效氯低于 16% 时不宜用于消毒，因此在使用漂白粉之前，应测定其有效氯含量。漂白粉杀菌作用快而强，0.5% ~ 1% 漂白粉溶液在 5 min 内可杀死多数细菌、病毒、真菌，主要用于鸡舍、水箱、料槽、粪便的消毒。0.5% 的澄清溶液可浸泡无色衣物。漂白粉对金属有腐蚀作用，不能用作金属笼具的消毒。

漂白粉的制剂除漂白粉外，还有漂白精及次氯酸钠溶液。漂白精以氯通入石灰浆制得，含有效氯 60% ～ 70%，一般以 $Ca(ClO)_2$ 来表示其成分，性质较稳定，使用时应按有效氯比例减量，0.2% 溶液喷雾，可作空气消毒。对新城疫病毒很有效，消毒作用能维持半小时，甚至 2 h 后仍有作用。次氯酸钠溶液是次氯酸钠的水溶液，用漂白粉、碳酸钠加水配制而成，性质不稳定，见光易分解，有强大的杀菌作用。常用于水、鸡舍、水槽、料槽的消毒，也可用于冷藏加工厂鸡只胴体的消毒。

二氯异氰尿酸钠：亦称优氯净，为白色结晶粉末，有氯臭，含有效氯 60% ～ 64%，性质稳定，室内保存半年后有效氯含量仅降低 0.16%。易溶于水，水溶液呈弱酸性，稳定性较差，应在临用前现配。二氯异氰尿酸钠的杀菌力强，对细菌繁殖体、芽孢、病毒、真菌孢子均有较强的杀灭作用。可用于水槽、料槽、笼具、鸡舍的消毒，也可用于带鸡消毒。0.5% ～ 1% 溶液可用作杀灭细菌和病毒，5% ～ 10% 溶液可用作杀灭芽孢，可采用喷洒、浸泡、擦拭等方法消毒。干粉可用作消毒鸡只粪便，用量为粪便的 20%；消毒场地，每平方米场地用 10 ～ 20 mg；消毒饮水，每毫升水用 4 mg，作用 30 min。

稳定二氧化氯：无色、无臭，性质稳定。目前，它的杀菌消毒机理尚无定论，一般认为强氧化性是它杀菌消毒的主要因素。二氧化氯渗入微生物的外膜，氧化其蛋白活性基团，使蛋白质中氨基酸氧化分解而达到杀灭细菌、真菌和病毒的作用。稳定二氧化氯杀菌效率高，杀菌谱广，作用速度快，持续时间长，用量小，反应产物无残留、无致癌性，对高等动物无毒，被世界卫生组织（WHO）列为 A 级安全消毒剂。可广泛用于鸡舍消毒、水质净化、除臭、防霉等方面。

②碘与碘化物：碘有强大的杀菌作用，抗菌谱广，不仅能杀灭各种细菌，而且也能杀灭真菌、病毒和原虫。它的 0.005% 溶液在 1 min 内能杀死大部分致病菌，杀死芽孢约需 15 min，杀死金黄色葡萄球菌的作用比氯强。碘难溶于水，在水中不易水解形成次碘酸，而主要以分子碘（I_2）的形式发挥作用。

碘在水中的溶解度很小且有挥发性，但在有碘化物存在时，因形成可溶性的三碘化合物，溶解度增高数百倍，又能降低其挥发性，因此在配制碘溶液时常加适量的碘化钾。在碘水溶液中含碘（I_2）、三碘化物的离子碘（I_3^-）、次碘酸（HIO）、次碘酸根离子（IO^-）、碘酸根离子（IO_3^-），它们的相对浓度因 pH 值、溶液配制时间及其他因素而不同。HIO 杀菌作用最强，I_2 次之，离解的 I_3^- 仅有极微弱的杀菌能力。

碘可作饮水消毒，0.000 5% ～ 0.001% 的浓度在 10 min 内可杀死各种致病菌、原虫和其他微生物，它的优点是杀菌作用不取决于 pH 值、温度和接触时间，也不受有机物的影响。

在碘制剂中，目前应用较多的是聚维酮碘。聚维酮碘为碘的有机复合物，含有效碘 10% ～ 20%，可杀灭细菌、芽孢、病毒、真菌和部分原虫，杀菌力比碘强，主要用于环境、鸡舍、饲养用具、种蛋及皮肤消毒等。按 1∶200 稀释用于环境、笼具等的喷雾消毒；按 1∶（100 ～ 200）稀释，可用于局部皮肤消毒；按 1∶800 稀释，带鸡喷雾消毒；按 1∶4 000 稀释，可用于饮水消毒。聚维酮碘不宜与碱性溶液合用。

（4）酚类。酚类是以羟基取代苯环上的氢而生成的一类化合物，包括苯酚、煤酚、六氯酚等。酚类化合物的抗菌作用是通过它在细胞膜油水界面定位的表在性作用而损害细菌细胞膜，使细胞质物质损失和菌体溶解。酚类也是蛋白质变性剂，可使菌体蛋白质凝固而呈现杀菌作用。此外，酚类还能抑制细菌脱氢酶和氧化酶的活性，而呈现杀菌作用。

酚类化合物的特点为在适当浓度下，几乎对所有不产生芽孢的繁殖型细菌均有杀灭作用，但对病毒、芽孢作用不强；对蛋白质的亲和力较小，它的抗菌活性不易受环境中有机物和细菌数目的影响，因此在生产中常用作消毒粪便及鸡舍消毒池消毒；化学性质稳定，不会因贮存时间过久或遇热改变药效。它的缺点是对芽孢无效，对病毒作用较差，不易杀灭排泄物深层的病原体。

酚类化合物常用肥皂作乳化剂配成皂溶液使用，可增强消毒活性。其原因是肥皂可增加酚类的溶解度，促进穿透力，而且由于酚类分子聚集在乳化剂表面可增加与细菌接触的机会。但是所加肥皂的比例不能太高，碱性过高会降低活性。新配的乳剂消毒效果最好，贮放一定时间后，消毒活性逐渐下降。

①苯酚：为无色或淡红色针状结晶，有芳香臭，易潮解，溶于水及有机溶剂，见光颜色逐渐变深。苯酚的羟基带有极性，氢离子易离解，呈微弱的酸性，故又称石炭酸。0.2% 溶液可抑制一般细菌的生长，杀菌需 1% 以上的浓度，芽孢和病毒对它的耐受性很强。生产中多用 3% ～ 5% 溶液消毒鸡舍及笼具。由于苯酚对组织有刺激性，所以苯酚不能用于带鸡消毒。

②煤酚：为无色液体，接触光和空气后变为粉红色，逐渐加深，最后呈深褐色，在水中约溶解 2%。煤酚为对位、邻位、间位三种甲酚异构体的混合物，抗菌作用比苯酚大 3 倍，毒性大致相等，由于消毒时用的浓度较低，相对来说比苯酚安全，而且煤酚的价格低廉。煤酚的水溶性较差，通常用肥皂来乳化，50% 肥皂液称煤酚皂溶液，即来苏尔，它是酚类中最常用的消毒药。煤酚皂溶液对一般繁殖型病原菌而言是良好的消毒液，对芽孢和病毒的消毒并不可靠。常用 3% ～ 5% 溶液在空舍时消毒鸡舍、笼具、地面等，也用于环境及粪便消毒。由于酚类消毒剂对组织、黏膜都有刺激性，所以煤酚也不能用来带鸡消毒。

③复合酚：亦称农乐、菌毒敌。含酚 41% ～ 49%、醋酸 22% ～ 26%，为深红褐色黏稠液，有特臭，是国内生产的新型、广谱、高效消毒剂。可杀灭细菌、真菌和病毒，对多种寄生虫虫卵也有杀灭作用。0.35% ～ 1% 溶液可用于鸡舍、笼具、饲养场地、粪便的消毒。喷药 1 次，药效维持 7 d。对严重污染的环境，可适当增加浓度与喷洒次数。

（5）挥发性烷化剂。挥发性烷化剂在常温常压下易挥发成气体，化学性质活泼，其烷基能取代细菌细胞的氨基、巯基、羟基和羧基的不稳定氢原子发生烷化作用，使细胞的蛋白质、酶、核酸等变性或功能改变而呈现杀菌作用。挥发性烷化剂有强大的杀菌作用，能杀死繁殖型细菌、真菌、病毒和芽孢。而且与其他消毒药不同，对芽孢的杀灭效力与对繁殖型细菌相似，此外对寄生虫虫卵及卵囊也有毒杀作用，它们主要用作气体消毒，消毒那些不适于液体消毒的物品，如不能受热、不能受潮、多孔隙、易受溶质污染的物品。常用的挥发性烷化剂为甲醛和戊二醛。从杀菌力的强度来看，戊二醛高于甲醛。

①甲醛：甲醛为无色气体，易溶于水，在水中以水合物的形式存在。其 40% 水溶液称为福尔马林，是常用的制剂。甲醛是最简单的脂肪族醛，有极强的化学活性，能使蛋白质变性，呈现强大的杀菌作用。不仅能杀死繁殖型细菌，而且能杀死芽孢、病毒和真菌。广泛用于各种物品的熏蒸消毒，也可用于浸泡消毒或喷洒消毒。甲醛对人和鸡只的毒性小，不损害消毒物品及场所，在有机物存在的情况下仍有高度杀灭力。缺点是容易挥发，对黏膜有刺激性。

常用浓度：浸泡消毒为 2% ～ 5%；喷洒消毒为 5% ～ 12%；熏蒸消毒时，视消毒场所的密闭程度及污染微生物的种类而异，对密闭程度较好，很少有芽孢污染的场所，每立方米空间用福尔马林溶液 15 ～ 20 mL。密闭程度较差的场所，如孵化机、孵化室、出雏室等，每立方米空间用福尔马林 40 ～ 50 mL。为了使甲醛气体迅速逸出，短时间内达到所需要的浓度，熏蒸时可在福尔马林中加入高锰酸钾（比例是每 2 mL 福尔马林加 1 g 高锰酸钾），也可以将福尔马林加热。采用加高锰酸钾的方法时，容器应该大些，一般应为两种药物体积总和的 5 倍，以防高锰酸钾加入后产生大量泡沫，使液体溢出。采用加热蒸发时，容器也应相对较大，以防沸腾时溢出。而且甲醛气体在高温下易燃，因此加热时最好不用明火。甲醛的杀菌能力与温度、湿度有密切关系，温度越高，湿度越大，杀菌力越强。据检测在温度 20℃、相对湿度 60% ～ 80% 时消毒效果最好。为增加湿度，熏蒸时，可在福尔马林溶液中加等量的清水。熏蒸所需要的时间视消毒对象而定，种蛋熏蒸时间 2 ～ 4 h，延长至 8 h 效果更好，鸡舍消毒以 12 ～ 24 h 为好。熏蒸前应把门窗关好，并用纸条将缝隙密封。消毒后迅速打开门窗排出剩余的甲醛，或者用与福尔马林等量的 18% 氨水进行喷洒中和，使之变成无刺激性的六甲烯胺。

福尔马林长期贮存或水分蒸发，会出现白色的多聚甲醛沉淀，多聚甲醛无消毒作用，需加热才能解聚。禽舍熏蒸消毒时也可用多聚甲醛，每立方米用 3 ～ 5 g，加热后蒸发为甲醛气体，消毒完毕后密闭 10 h。

②戊二醛：戊二醛是酸性油状液体，易溶于水，在酸性溶液中较稳定。戊二醛的碱性水溶液具有较好的杀菌作用，如加 0.3% 碳酸氢钠作缓冲剂，使 pH 值调整至 7.5 ～ 8.5，杀菌作用显著增强，但溶液的稳定性也因而变差，常温下两周后即失效。2% 碱性戊二醛溶液在 10 min 内可杀死腺病毒、呼肠孤病毒及痘病毒，3 ～ 4 h 杀死芽孢，且不受有机物的影响，刺激性也较弱。常用其 2% 溶液，用于鸡舍、笼具、粪便的消毒，也可用于浸泡消毒。其 10%水溶液用于空间熏蒸消毒，每立方米空间蒸发 10%溶液 1 mL，密闭过夜即可。

（6）表面活性剂。表面活性剂是一类能降低水溶液表面张力的物质，通过改变界面的能量分布，从而改变细菌细胞膜的通透性，并可使菌体蛋白变性，灭活菌体内多种酶系统。这类消毒剂又分为阳离子表面活性剂、阴离子表面活性剂。常用的为阳离子表面活性剂，它们无腐蚀性、无色透明、无味，对皮肤无刺激性，是较好的去臭剂，并有明显的去污作用。这类消毒剂抗菌谱广，显效快，能杀死多种革兰氏阳性菌和革兰氏阴性菌，对多种真菌和病毒也有作用。阳离子表面活性剂不宜与肥皂等阴离子表面活性剂配合使用，常用的阳离子表面活性剂有季铵盐类和双胍类。

①新洁尔灭：又称苯扎溴铵，为季铵盐类表面活性剂，无色或淡黄色胶状液体，易溶于水，水溶液为碱性，性质稳定，可保存较长时间效力不变，对金属、橡胶、塑料制品无腐蚀作用。新洁尔灭有较强的消毒作用，对多数革兰氏阳性菌和阴性菌接触数分钟即能杀死，对病毒和真菌的效力差。可用 0.1% 溶液洗涤种蛋、消毒孵化室的表面、孵化器、出雏盘、场地、饲槽、饮水器和鞋等。浸泡消毒时，如为金属器械可加入 0.5% 亚硝酸钠，以防生锈。该品不适于消毒粪便、污水等。

②醋酸洗必泰：该品为双胍类阳离子表面活性剂，白色结晶粉末，味苦。溶于乙醇，微溶于水。对革兰氏阳性菌、阴性菌及真菌均有较强的杀灭作用，对铜绿假单胞菌也有效。抗菌作用较新洁尔灭强，无刺激性，主要用于鸡舍、仓库、化验室消毒、饲养人员泡手及创伤冲洗消毒。0.02% ～ 0.04% 溶液用于饲养人员泡手；0.05% 溶液用于鸡舍、仓库、化验室、孵化室等的喷雾或擦拭消毒以及创伤冲洗；0.1% 溶液用于饲养器具及器械的消毒。

③癸甲溴铵溶液：指双癸基二甲基溴化铵，为双链季铵盐类表面活性剂。该品无色、无臭味、无刺激性、无腐蚀性，安全高效，对大肠杆菌、葡萄球菌等多种革兰氏阳性菌和阴性菌有较强的杀灭作用，对病毒的杀灭效果也较好，可用于鸡舍、笼具、用具及带鸡喷雾消毒。0.15% ～ 0.05% 癸甲溴铵溶液可用于鸡舍、笼具、器具及带鸡喷雾消毒；0.002 5% ～ 0.000 5% 癸甲溴铵溶液可用于饮水消毒。

3. 影响化学消毒剂作用的因素

（1）浓度。任何一种消毒剂的抗菌活性都取决于其与微生物接触的浓度。消毒剂的应用必须用其有效浓度，有些消毒剂如酚类在用其低于有效浓度时不但无效，有时还有利于微生物生长，消毒药的浓度对杀菌作用的影响通常是一种指数函数，因此浓度只要稍微变动，比如稀释，就会引起抗菌效能大大下降。一般说来，消毒剂浓度越高抗菌作用越强，但由于剂量–效应曲线常呈抛物线的形式，达到一定程度后效应不再增加。因此，为了取得良好灭菌效果，应选择合适的浓度。

（2）作用时间。消毒剂与微生物接触时间越长，灭菌效果越好，接触时间太短往往达不到杀菌效果。被消毒物品上微生物数量越多，完全灭菌所需时间越长。各种消毒剂灭菌所需时间并不相同，如氧化剂作用很快，所需灭菌时间很短。因此，为充分发挥灭菌效果，应用消毒剂时必须按各种消毒剂的特性，达到规定的作用时间。

（3）温度。温度与消毒剂的抗菌效果成正比，也就是温度越高杀菌力越强。一般温度每增加10℃，消毒效果增加 1 ～ 2 倍。但以氯和碘为主要成分的消毒剂，在高温条件下，有效成分消失。

（4）有机物的存在。基本上所有的消毒剂与任何蛋白质都有同等程度的亲和力。在消毒环境中存在有机物时，后者必然与消毒剂结合成不溶性的化合物，中和或吸附掉一部分消毒剂而减弱作用，而且有机物本身还能对细菌起机械性保护作用，使药物难以与细菌接触，阻碍抗菌作用的发挥。

酚类和表面活性剂在消毒剂中是受有机物影响最小的药物。为了使消毒剂与微生物直接接触，充分发挥药效，在消毒时应先把消毒场所的外界垃圾、脏物清扫干净。此外，还必须根据消毒的对象选用适当的消毒剂。

（5）微生物的特点。不同种的微生物对消毒剂的易感性有很大差异，不同消毒剂对同一类的微生物也表现出很大的选择性。比如芽孢和繁殖型微生物之间，革兰氏阳性菌和阴性菌之间，病毒和细菌之间所呈现的易感性均不相同。因此，在消毒时，应考虑到致病菌的易感性和耐药性。例如，病毒对酚类有抗药性，但对碱却很敏感；结核杆菌对酸的抵抗力较强。

（6）相互拮抗。生产中常遇到两种消毒剂合用时会降低消毒效果的现象，这是由于物理性或化学性的配伍禁忌而产生的相互拮抗现象。因此，在重复消毒时，如使用两种化学性质不同的消毒剂，一定要在前次使用的消毒剂完全干燥后，经水洗干燥再使用另一种消毒药，严禁将两种化学性质不同的消毒剂混合使用。

（四）生物消毒法

生物消毒法是指对粪便、污水和其他废弃物的生物发酵处理，简便易行，适于普遍推广。在粪便和土壤中有大量的嗜热菌、噬菌体及土壤中的某些抗菌物质，它们对于微生物有一定的杀灭作用。在养鸡生产中，常利用嗜热菌参与粪便的生物发酵过程来消灭其中各种非芽孢型菌、寄生虫幼虫及虫卵。原理：嗜热菌可以在高温下发育，在堆肥开始阶段，一般嗜热菌的发育可使堆肥内的温度高达 30 ～ 35℃，此后堆肥的温度逐渐提高到 60 ～ 75℃，在此温度下大多数抵抗力不强的病原菌、寄生虫幼虫和虫卵在几天或 3 ～ 6 周死亡。

鸡只粪便的生物消毒可采用堆沤法。堆沤粪便的场地应距离住房及鸡舍、水池、水井 100 ～ 200 m。堆沤粪便前，应先在地面挖一条浅沟，深度约 25 cm，宽 1.5 ～ 2 m，长度视粪便多少而定，为了防止苍蝇幼虫爬出，可于两侧各挖一条深、宽各 30 cm 的小沟，沟的底面最好砌砖并抹以水泥，以防渗漏及便于清理。堆沤时，底层先放厚 25 ～ 30 cm 的稻草或干草，后堆放欲消毒的粪便、垫料，使高度与宽度相当，然后于粪堆外面铺上 10 cm 左右的稻草，并覆盖 10 cm 的泥沙，堆沤时间一般为 3 周至 2 个月。

第三节　鸡的种源疫病净化

一、种源疫病的种类与危害

鸡的种源性疫病是指能通过种鸡、种蛋传给下一代的疾病。当种鸡感染某一种垂直传播性疫病时，病原会通过曾祖代—祖代—父母代—商品代而传播，每只祖代鸡会繁殖 70 ～ 80 套父母代，父母代再将疫病传播到商品代，随着传代疫病波及范围不断扩大，形成 1∶24 万倍放大效应，后果越来越严重。加强对种源性疫病净化是鸡场生物安全的重要组成部分，是防止通过引种导致病原进入鸡场的重要防御措施。

（一）种源垂直传播性疫病分类

1. 垂直传播的细菌性疫病

垂直传播的细菌性疫病包括鸡沙门菌病、大肠杆菌病、奇异变形杆菌病等。

2. 垂直传播的病毒性疫病

垂直传播的病毒性疫病包括禽白血病（AL）、禽网状内皮组织增殖病（RE）、鸡传染性贫血（CIA）、呼肠孤病毒病、禽传染性脑脊髓炎、腺病毒感染等。

（二）种源性疫病的危害

1. 种鸡的死淘率增加

种鸡感染白血病、禽网状内皮组织增殖病、传染性贫血、呼肠孤病毒病、禽传染性脑脊髓炎、腺病毒感染、鸡沙门菌病、大肠杆菌病、奇异变形杆菌病、支原体病等疫病后，会导致种鸡本身的死淘率增加。如种鸡感染白血病后，鸡的病死率高达 50% 以上；而鸡传染性贫血能使 1 ～ 7 日龄鸡发生贫血，并引起淋巴组织和骨髓肉眼可见病变，死亡率可达 30%。种鸡感染鸡白痢后，产蛋期每月死淘率高达 5% ～ 10%，严重影响种鸡场的经济效益。

2. 种鸡生产性能下降

垂直传播性疾病感染种鸡后，可引起生殖系统、泌尿系统发生病理变化，造成消化功能和泌尿功能紊乱。由于机体生理结构遭到破坏，使消化和吸收能力降低，饲料不能充分被消化、吸收，摄入的蛋白质、脂肪、钙和磷等营养物质不足，肝脏和肾脏发生病理变化，导致机体的物质代谢障碍。表现为生长速度降低，产蛋率下降。种鸡感染鸡白痢后造成鸡群的均匀度大大降低，至成年鸡时，造成蛋鸡开产推迟 1 ～ 2 周，产蛋率降低 10% ～ 30%，达不到产蛋高峰，破壳蛋、软壳蛋增多。支原体感染造成弱雏增加 5% ～ 10%，死淘率上升 10% ～ 20%，蛋鸡的产蛋率下降 10% ～ 20%，种蛋孵化率降低 5% ～ 10%，饲料转化率降低，肉鸡的体重降低 10% ～ 20%。

3. 免疫功能下降

白血病病毒、禽网状内皮组织增殖病病毒、传染性贫血病毒、呼肠孤病毒、腺病毒等病原感染鸡后，均会导致脾脏、法氏囊、胸腺等免疫器官萎缩，淋巴细胞崩解、坏死，导致机体细胞免疫、体液免疫功能下降。当机体免疫系统受到损害时，各种免疫细胞也会受到影响，免疫应答能力自然也会降低，机体就不能产生正常的免疫反应，也无法产生理想的抗体滴度，导致疫苗保护率降低，而且很易出现接种疫苗后呼吸道反应强烈、屡治不愈的现象。鸡受到免疫抑制时，机体的防御屏障被打破，一些条件致病和弱致病性病原自然而然地引起较严重的病状，如支原体病、大肠杆菌病等易发，且发病严重，同时药物治疗效果很差。

4. 影响雏鸡质量

垂直传播性疾病病原（如白血病病毒、禽网状内皮组织增殖病病毒、传染性贫血病毒、呼肠孤病毒）会通过种鸡、种蛋传给下一代。导致雏鸡出壳后胸腺、法氏囊、脾脏大小与鸡体比例失常，萎缩。雏鸡 1 周内死淘率明显升高，也间接影响疫苗免疫效果，导致养殖后期易感染各种疾病。

5. 病原扩散

有病毒血症的母鸡通过种蛋将病毒传给雏鸡，带毒雏鸡常产生免疫耐受，长期排毒，成为重要的传染源。鸡白痢阳性鸡所产的蛋一部分可保有该菌，大部分保菌蛋的胚胎在孵化中途死亡或停止发育，少部分可呈保菌状态孵出，使鸡群反复感染，循环发病，代代相传，商品代传播过程中逐代放大，具有重要的流行病学意义。

6. 引发食品安全问题

沙门菌可通过卵巢、输卵管污染鸡蛋，在肠道内定植的沙门菌，在加工胴体时污染鸡肉，沙门菌进入人类食物链，已成为各国引起人食物中毒致死亡的重要病原。2010 年，美国 3 000 多人因为食用感染沙门菌的鸡蛋而发病，美国因此召回 5.5 亿枚问题鸡蛋进行销毁。

二、种源疫病的净化

（一）选择无垂直传播疾病污染的种源

现代规模化养鸡生产中，不论是蛋用型还是肉用型鸡，分别有商品代、父母代、祖代和曾祖代（及其核心群）不同类型的鸡群和鸡场。为了预防垂直传播疾病，必须从无垂直传染疾病的育种公司引进雏鸡。如果是从无垂直传播疾病的育种公司引进雏鸡，只需在疫苗使用以及鸡舍环境的生物安全上采取严格有效的措施，就能保证本场无垂直传染疾病，并为下游客户提供无垂直传染疾病的种源。

（二）定期进行检疫与净化

在所有垂直传染疾病中，禽白血病与鸡白痢对鸡群的影响最大，除了从引进种源上进行防控，还需对鸡群进行有程序的检测，确保不出现横向感染。

1. 鸡白痢的净化

按照《鸡伤寒和鸡白痢诊断技术》（NY/T 536—2017）中采用平板凝集试验检测血清或全血，以在 2 min 内被检血清或全血出现 50%（++）以上凝集者判为鸡白痢抗体阳性。抽检比例为 100%，后备鸡阶段和开产前各检测 1 次抗体。要求血清学抽检，原种场全部为阴性，祖代种鸡场阳性率低于 0.2%，父母代种鸡场阳性率低于 0.5%，种公鸡全部为阴性；连续两年以上无临床病例，为合格种鸡场（图 2-3-1）。

图 2-3-1　鸡白痢检疫（盖云飞 供图）

2. 鸡白血病的净化

净化种群的样本采集数量为祖代母鸡 5%，父母代母鸡 2% ～ 3%，种公鸡 100%。种鸡抽检时间为 25 ～ 30 周龄检测种蛋或血清，种公鸡为正式采精前检测 1 次。按照《禽白血病诊断技术》（GB/T 26436—2010）、《J-亚群禽白血病防治技术规范》进行检测，发现阳性鸡立即进行淘汰和无害化处理。要求病原学抽检，原种场全部为阴性，祖代场和父母代场阳性率低于 1%。血清学抽检，A/B、J 抗体原种场全部为阴性，祖代场、父母代场阳性率低于 1% 为合格种鸡场。

（三）避免使用污染疫苗

对于鸡群禽白血病、网状内皮组织增殖病、腺病毒感染防控来说，种鸡群使用的所有疫苗中不允许外源性病原的污染。如果接种了被外源性病原污染的疫苗，不仅感染的种鸡群有可能发生相应的症状或对生产性能有不良影响，更重要的是会造成一些带毒鸡，它们可将病原垂直传播给后代，从而会在下一代雏鸡中诱发更高的感染率和发病率。如果发生在核心种鸡群时，则危害更大。为了预防由于疫苗污染带来的感染，要关注用鸡胚或鸡胚来源的细胞作为原材料生产的疫苗。对使用的疫苗进行有效的检测，检测合格后入场使用，是避免使用污染疫苗的有效措施。

（四）做好免疫抑制病防控

加强免疫抑制性疾病的防控工作。对于传染性法氏囊病、马立克病、呼肠孤病毒病，进行疫苗免疫接种是控制疾病的主要方法，特别是种群免疫，能将母源抗体提供给它们的后代，使子代鸡在低日龄内得到被动保护，防止鸡群出现早期的免疫抑制感染，有效防控疾病的发生。

第四节 鸡的营养与环境控制

一、鸡的营养需要与饲料品质控制

鸡的体温高、生长快、产蛋多，物质代谢旺盛，因而需要更多的能量、蛋白质、矿物质和维生素。如果某种成分不足或过多，会对鸡的生长发育产生影响，从而使鸡的抵抗力降低，易患各种疾病。所以，应根据鸡的营养需要合理配制日粮。

（一）鸡的营养需要

1. 能量

鸡的一切生理过程，包括运动、呼吸、循环、吸收、排泄、神经活动、产蛋、体温调节等均需要能量。饲料的主要能量来源是碳水化合物及脂肪，蛋白质也可以分解产生能量。

（1）碳水化合物。碳水化合物在动物体内的主要作用是氧化供能，而且在通常情况下是主要的供能物质。同等重量的碳水化合物产热虽然低于脂肪所产生的热能，但它在植物饲料中含量丰富，易被动物吸收利用。

碳水化合物包括淀粉、糖类和纤维素等。对家禽有用的碳水化合物为己糖、蔗糖、麦芽糖和淀粉。自然界中主要的己糖为葡萄糖、果糖、半乳糖、甘露糖。家禽不能利用乳糖，因为家禽的消化液中不含有消化乳糖所必需的乳糖酶。纤维素和淀粉都是以葡萄糖为基本单位而合成的多糖，但家禽消化道中只含有水解淀粉的酶，不含破坏植物细胞壁的酶类，因此家禽对纤维素的消化能力低，饲料中纤维素的含量不可过多，但粗纤维过少时肠蠕动不充分，易发生啄羽、啄肛等不良现象，一般饲粮中的粗纤维含量应在 2.5% ～ 5%。

（2）脂肪。脂肪包括中性脂肪和类脂肪，它是广泛存在于动植物体内的一类化合物。脂肪的主要功能是供给机体热能。脂肪与碳水化合物二者虽然都由碳、氢、氧三种元素所组成，但是在脂肪的化学组成中，氢的比例相对较大，而氧的比例相对较少，因此脂肪可比同等重量的碳水化合物产生更多的能量，其发热量为碳水化合物的 2.25 倍。在肉用仔鸡或产蛋鸡饲粮中添加 1% ～ 5% 的脂肪，可提高饲料的能量水平，对肉鸡的生长和成鸡的产蛋，特别是对提高饲料效率有较好的效果。

鸡的饲粮中淀粉含量较高，淀粉可转化为脂肪，而且大部分脂肪酸在体内均能合成，一般不存在脂肪缺乏的问题，唯有亚油酸在家禽体内不能合成，必须从饲料中提供。亚油酸缺乏时雏鸡生长不良，成鸡产蛋少，孵化率低。以玉米为主要谷物的饲料通常含有足够的亚油酸，而以高粱、麦类为主要谷物的饲粮则可能出现缺乏现象。脂肪不是家禽日粮的主要成分，脂肪过多会引起消化不良和腹泻。

2. 蛋白质

蛋白质是含有碳、氢、氧、氮和硫的复杂的有机化合物，由 20 种以上的氨基酸构成，是鸡体细胞和鸡蛋的主要成分。肌肉、皮肤、羽毛、神经、内脏器官及酶类、激素、抗体等均含有大量蛋白质。蛋白质来源为动物性与植物性饲料。动物性蛋白质主要存在于骨肉粉、鱼粉、羽毛粉、蚕蛹、乳类和其他动物性饲料中。植物性蛋白质主要存在于豆类、油饼、酵母中。谷类、糠麸和其他青绿饲料中也含有蛋白质，但含量不高，只用这类饲料喂鸡，通常不能满足鸡的营养需要。饲料中蛋白质品质的优劣，常以含氨基酸的种类和数量去衡量。

日粮中蛋白质和氨基酸不足时，雏鸡生长缓慢，食欲减退，羽毛生长不良，性成熟晚，产蛋量少，蛋重小。日粮中蛋白质和氨基酸严重缺乏时，采食停止，体重下降，卵巢萎缩，严重者衰竭死亡。

3. 矿物质

矿物质是一类无机营养物质，除碳、氢、氧和氮主要以有机化合物的形式出现外，其余各种元素无论其含量多少，统称为矿物质或矿物元素。矿物质在家禽的营养中具有调节渗透压、保持酸碱平衡等作用；矿物质又是骨骼、血红蛋白、甲状腺激素的重要成分，因而是鸡正常活动、生产所不可缺少的重要物质。但任何成分喂量过多，都会引起营养成分间的不平衡，甚至发生中毒，因此必须合理搭配日粮。

在矿物质中，鸡对钙和磷的需要量最多。钙是骨骼的主要成分，鸡蛋钙的含量也较高，特别是蛋壳主要由碳酸钙组成。钙对于凝血以及与钠、钾在一起保持正常的心脏机能都是必需的。雏鸡缺钙则易患软骨病，成年鸡缺钙时蛋壳变薄，产蛋减少，甚至产无壳蛋。钙在一般谷物和糠麸中含量很少，必须注意补充。因产蛋鸡体内保留钙的能力有限，粉状的钙质饲料很快被吸收利用，所以产蛋鸡最好喂一部分碎块贝壳。但饲料中钙量不宜过高，否则影响雏鸡生长，以及对镁、锰、锌的吸收，甚至会因钙盐过多而致痛风，造成死亡。

磷也是骨骼的主要成分，体组织和脏器含磷也较多。磷与钙二者共同以羟磷灰石形式构成家禽的骨骼。骨骼中的磷约占体内总磷量的 80%。其余的磷存在于软组织和体液中，主要以磷蛋白、核酸和磷脂的形式发挥作用。磷还是碳水化合物代谢形成的已糖磷酸盐、二磷酸腺苷和三磷酸腺苷的重要组成部分。此外，磷酸盐从尿中排出数量和形式，对于机体酸碱平衡的调节亦具有重要作用。鸡缺磷时，食欲减退，生长缓慢，严重时关节硬化，骨骼易碎。谷物和糠麸中含磷较多，但鸡对植酸磷利用的能力低，雏鸡对植酸磷的利用率大约为 30%，成年鸡对植酸磷的利用率为 50%。

饲养鸡时，除注意满足钙和磷的需要量外，还应按饲料标准注意钙、磷的正常比例，一般情况下雏鸡以 1.2:1 为宜，产蛋鸡 4:1 或钙稍高一些为合适。二者的比例适当有助于钙、磷的正常利用，保持血液和其他体液的中性。若钙、磷比例不合适，即使钙的含量或磷的含量很高，也会出现钙、磷缺乏等症状。

食盐在血液、胃液和其他体液中含量较多，在鸡生理上起着重要的作用。食盐中的氯可生成胃液中的盐酸，保持胃液的酸性；钠在肠道中保持消化液的碱性，有助于消化酶的活性。饲养鸡时必须补给少量的食盐，食盐不足则鸡消化不良，食欲减退，生长发育迟缓，容易出现啄肛、啄羽等恶癖，产蛋鸡体重减轻、蛋重减轻，产蛋率下降。

还有一些矿物质在维持鸡的正常生理作用上是很重要的，如钾、镁、硫、铁、铜、锰、锌、碘和硒等。但大部分在鸡饲料中并不缺乏，只有少数微量元素需要额外补充，主要是锰、锌和铜，有时也需补充铁、碘和硒。

4. 维生素

维生素是一类维持生物正常生命过程不可缺少的低分子有机化合物，其化学结构各不相同，生理功能各有所异。鸡对维生素的需要量甚微，但它们在鸡的物质代谢中起着重要作用。由于鸡消化道内微生物少，大多数维生素在体内不能合成，因而不能满足需要，必须从饲料中摄取。缺乏时则造成物质代谢紊乱，影响鸡的生长、产蛋和健康。不同生长阶段的鸡对维生素的需要量不同，因此，应根据营养需要，补充各种维生素。已知鸡必须从饲料中摄取的维生素有 13 种，其中脂溶性维生素有维生素 A、维生素 D、维生素 E、维生素 K 4 种，水溶性维生素有维生素 B_1、维生素 B_2、烟酸、吡哆醇、泛酸、生物素、胆碱、叶酸和维生素 B_{12} 9 种。其中最易缺乏的是维生素 A、维生素 B_2、维生素 D_3，而维生素 B_1 和吡哆醇在饲料中含量丰富，无须特别补充，维生素 C 在鸡体内可以合成，只需在高温逆境时补充。

5. 水

水是鸡体内最重要的组成成分，雏鸡体内水分占 85%，成年鸡体内水分占 55% ～ 60%，鸡蛋中水分占蛋重的 65%。水在鸡体内有许多重要功能，如促使饲料在消化系统中移动，促进消化和吸收营养物质，是血液的主要组成部分，将营养输送到各器官；在形成蛋和肉的各种必要的体内化学反应中，以及在通过肾脏排出体内废物和毒素时，水也是必不可少的；关节的润滑需要水；在保持体温的过程中，尤其是在热的环境中，水是极为重要的。鸡在丧失 98% 体脂或 50% 体蛋白后仍可存活，但如体内水分丧失 10% 即会造成严重的生理失调，生长和产蛋下降；水分丧失 20% 就会死亡。鸡的饮水量依季节、产蛋水平而异，一只鸡的饮水量为 150 ～ 250 g/d，气温高时饮水量增加，产蛋量高时饮水量也增加，笼养比平养饮水多，限制饲养时饮水量增加。一般来说，成年鸡的饮水量约为采食量的 1.6 倍，雏鸡的比例更大些。

水质对鸡的生产性能影响很大，劣质水中含大量细菌和毒素会影响鸡体内正常的生理过程，从而造成鸡的生产性能降低，导致鸡发病。此外，劣质水中含大量的矿物质会使饮水器堵塞而造成鸡断水并影响生产性能，或使饮水器溢水造成鸡舍地面潮湿而引起鸡的腿部疾病以及肉鸡胸部囊肿。一般要求鸡饮用水的质量标准应与人的饮用水质量标准一致。

（二）鸡的饲料品质控制

饲料品质的优劣影响鸡生产性能的发挥，优质的饲料可以充分发挥鸡的生产性能，增强鸡的抵抗力，达到该品种应有的体重及产蛋率，而低劣的饲料使鸡的生产性能及抵抗力下降，严重的可导致鸡的大量发病和死亡。所以，应加强对饲料从原料到成品全过程的管控。饲料质量的控制主要包括原料质量管理、饲料配方设计、加工过程控制和成品管理等方面。

1. 原料质量管理

原料品质的好坏直接影响饲料品质的优劣，只有原料品质良好，才能够生产出高品质的饲料。饲料原料品种多，包括玉米、豆粕、鱼粉等大宗原料和磷酸氢钙、碳酸钙、微量元素、维生素、氨基酸、食盐等原料。

（1）原料接收。原料接收是饲料生产的关键点，把好原料接收关极为重要，要有完整的原料质量验收标准，原料进厂应对包装、产品外观、生产日期、保质期、有效成分等进行检验，以保证原料的基本质量。必须做到严格按质量标准验收，对进厂原料按规定办法取样，进行水分及感观指标的验收，不符合标准的拒收，合格的方可入库。同时，根据不同原料还要做相应的营养指标检测，不符合标准的予以退货。

（2）原料储存。原料入库必须按规定的要求进行堆放，做好防潮、防霉、通风、防鼠等措施。同时，在储存过程中，每月定期抽检存料质量，及时剔除不合格的原料。库存的各种原料要清楚标识名称与进货日期，遵循先进先出、推陈储新的原则，避免久存使原料品质下降，当库存原料超出保质期时，应将其废弃或作他用。

2. 饲料配方设计

饲料配方设计是饲料生产管理中影响饲料品质的关键环节，是保障饲料质量的重要步骤。配方设计不合理便会造成饲料质量低下，而饲料配方是饲料生产的主要生产依据，按照鸡不同品种、不同阶段的营养需要设计符合相应规定的饲料配方，并符合国家饲料卫生标准，满足工艺要求。合理的配方设计能进一步提高饲料产品质量，进而降低成本，成为提高饲料报酬的重要方式。

3. 加工过程控制

（1）设备管理。一流的设备，才能生产出一流的产品，加强设备管理对生产出高质量的饲料极为重要，规范设备操作程序，做好设备的维护保养，定期检修，有助于减少设备的各种问题发生，使设备始终保持正常运行状态，确保生产正常进行。

（2）投料管理。投料是生产过程中一个很重要的环节，原料投用必须遵守先进先出原则，由库房发出的原料应挂签，标明原料品种、进货日期、产地，生产前要进行原料的核对及检查，剔除不良原料，去除杂物，在确认所入原料种类、数量、质量无误后方可投料。

（3）配料控制。在检查核对配方无误后，方可进行正常配料，并监督检查各种添加剂及添加料配制是否正确，定期校验各种配料秤，确保配料计量准确。此外，要随时检查配料仓的进料情况，不得换错仓。

（4）粉碎粒度控制。粉碎粒度在决定饲料消化率、混合和制粒性能方面起着重要作用。因此，必须根据鸡不同品种、不同生长阶段消化生理特点确定不同粉碎细度。

（5）混合均匀度控制。不论生产何种料都必须严格按照规定的混合时间进行混合生产，不得随意缩短混合时间，同时定期进行混合均匀度的测定，以保证混合时间准确无误，确保混合均匀。

（6）打包控制。对产品进行感观监督，检查粒度、色泽、气味等感观质量。同时抽包检查，检查缝口、生产日期、批号等，如发现不符合要求应及时处理。

4. 成品管理

（1）成品检测。成品入库前，必须进行感观检查，无异常的方可入库，入库的成品每批次必须随机抽样进行相应的营养指标及水分检测，不符合标准的要及时处理。每批产品需按规定留样，样品要注明产品名称、生产批号和生产日期，产品留样应保存满一年，半成品留样应保存满一个月。

（2）成品保管。入库的成品，必须按品种及生产日期分区堆放，货物堆放要整齐，标示要清楚，并保证通风、干燥，以保证饲料其新鲜度及不发生霉变。同时遵守先进先出、推陈储新的原则。

二、鸡的饲养模式与环境控制

（一）鸡的饲养模式

1. 地面平养

地面平养是世界各国普遍采用的饲养模式，多采用加垫料地面平养（图 2–4–1）。地面垫料平养具有简便易行、投资较少的优点。肉仔鸡生长迅速，不喜活动，适合地面饲养。由于垫料比较松软，垫料平养的肉鸡胸囊肿和腿病等发病率低，屠宰过程出成率高。常用的垫料有稻壳、木屑、刨花、谷壳、碎麦秸、破碎的玉米芯、花生壳、干杂草及稻草等。要求垫料质地优良，干燥松软，吸水性强，清洁干燥无污染，无发霉变质。垫料平养成功的关键是垫料的管理，首先进鸡前垫料必须经过彻底熏蒸消毒，其次在饲养过程中要保持垫料干燥是垫料平养成败的关键。

但垫料平养时易出现鸡舍内空气质量差、垫料潮湿、结块等问题，鸡直接接触粪便，容易感染由粪便传播的各种疾病，舍内空气中的尘埃也较多，容易发生慢性呼吸道病和大肠杆菌病等疾病。

2. 网上平养

网上平养是在离地面 50 ～ 60 cm 高处搭设网架，架上再铺设金属、塑料或竹木制成的网、栅片，鸡群在网、栅片上生活，鸡粪通过网眼或栅条间隙落到地面（图 2-4-2）。网眼或栅缝的大小以鸡爪不能进入且鸡粪能落下为宜。网上平养时肉鸡与粪便不接触，从而降低了球虫病、沙门菌病和大肠杆菌病的发病率，提高了肉鸡的成活率。

网上平养鸡舍冲洗困难，鸡粪处理难；虽然配备有自动供水、给料和清粪等机械设备，由于不便于操作，自动化程度偏低。

图 2-4-1　肉鸡地面平养（刁有祥　供图）

图 2-4-2　肉鸡网上平养（刁有祥　供图）

3. 笼养

蛋鸡和大部分肉鸡采用笼养模式，蛋鸡多采用 H 型多层笼养，一般 4 ～ 6 层居多，也有的 8 ～ 12 层；肉鸡多采用 3 ～ 4 层重叠式鸡笼（图 2-4-3、图 2-4-4）。笼养完全采用自动化操作，供料、供水、清粪、出鸡、环境均自动控制，因而大大降低了人力成本的支出。笼养鸡粪漏在鸡笼下面，鸡只不与粪便接触，有利于控制球虫病和肠道病的发生。鸡粪可及时被清理，降低鸡舍内有害气体含量，提高了舍内空气质量，为鸡提供了适宜的环境，降低了疾病发生风险，大大提高了鸡

图 2-4-3　肉鸡三层笼养（刁有祥　供图）

图 2-4-4　蛋鸡四层笼养（刁有祥　供图）

的成活率，如白羽肉鸡采用笼养后成活率可提高到 98% 以上，药费控制在 0.5 元 / 只左右。节约了土地资源，笼养肉鸡采用三层重叠式鸡笼，饲养量是传统平养的 1.5 ～ 2 倍，四层重叠式鸡笼可达到平养的 2.7 倍，从而大幅度提高单位建筑面积的饲养密度，节省建筑投资。平养肉鸡饲养密度为 12 ～ 14 只 /m^2，而笼养每平方米笼底面积国产笼可饲养 18 ～ 20 只。

（二）鸡的饲养环境控制

鸡的饲养环境是指鸡处在一定范围的小气候环境。鸡的健康与生产性能无时无刻不受环境条件的影响，特别是现代化养鸡生产，在全舍饲、高密度条件下，环境问题变得更加突出。如果饲养环境不良，将对鸡的生长、发育、繁殖、生产等产生明显影响。所以，提供良好的饲养环境，使其健康得以维护，经济性状的遗传潜力得以充分发挥。在鸡所处的小气候中，产生影响的主要环境有温度、相对湿度、通风、光照等。

1. 温度

温度对鸡的生长、产蛋、蛋重、蛋壳品质、受精率与饲料转化率都有明显的影响。高温引起产蛋率下降，蛋形变小，蛋壳变薄、变脆、表面粗糙；低温特别是气温突然下降或持续低温，亦使产蛋率下降。在一般条件下，鸡的产蛋最适温度为 13 ～ 23℃，持续 29℃以上则不利，31℃以上蛋壳厚度开始变薄。4 周龄至出售的肉用仔鸡，18℃增重最快，每单位增重的饲料利用率以 24℃为最高。此外，在高温环境中鸡的体重减轻，体脂大量丧失。体脂含量较少，而合成脂类的能力下降，使含脂肪很多的蛋黄变小，比蛋白减少更为严重，所以蛋重减轻。高温使公鸡繁殖力衰退，种蛋受精率和孵化率下降。若环境温度超过 37℃，鸡有发生热衰竭的危险，超过 40℃时，环境温度越高，鸡存活的时间越短。若温度过低会导致鸡群采食量增加，正常情况下，气温逐渐下降时，每下降 3℃，应给鸡加料 5 g 左右，即可使鸡得到足够的热量，以维持体温和生产水平。否则会使产蛋鸡均匀度降低，产蛋高峰不明显。一般鸡群开产时均匀度在 80% 左右，当开产时均匀度低于 60% 时，就会导致产蛋增幅不稳，种蛋均匀度差，浪费饲料。

2. 相对湿度

相对湿度是指空气中当时实际的水蒸气含量与同温度下饱和水蒸气量之比，相对湿度说明空气中水蒸气的饱和程度。对鸡而言，适宜的相对湿度为 60% ～ 70%，低于 40% 为低湿，高于 80% 为高湿。

刚孵出的雏鸡，体内约含水分 76%。育雏初期，舍内温度较高，此时若出现相对湿度过低的情况，就容易造成机体脱水，出现卵黄吸收不良、羽毛发干、死亡等情况，因此，育雏期的相对湿度应保持在 60% ～ 70%。成鸡也会因舍内相对湿度过低，而羽毛生长不良，发生啄羽。低湿时，空气干燥，鸡只裸露的皮肤和黏膜发生干裂，从而减弱了皮肤黏膜对病原微生物的防御能力，容易诱发呼吸道病。

在夏季或多雨季节、舍内通风不足的条件下易出现湿度过高。空气湿度高，能促进某些病原微生物和寄生虫的繁殖，发生相应的疾病。

相对湿度对鸡的影响是与温度相结合共同起作用的，在适温时，相对湿度与机体的热调节机能没有大的影响，因而对生产性能影响不大，只有在高温或低温时，高湿度影响最大。

高温时，鸡主要靠蒸发散热，如空气中水蒸气多、湿度大，阻碍其蒸发散热，易使体内积热，鸡采食量减少，饮水量增加，运动量减少，生产性能大大下降。若体温上升，机体难以耐受，最终中暑而死。高温高湿时，饲料、垫草易于腐败，可使雏鸡发生曲霉菌病，还可促进球虫病的发生。

在低温高湿环境下，鸡主要通过辐射、传导、对流散热，高湿环境空气中水汽量大，其热容量和导热性均高，并能吸收机体的长辐射，因而散热较多，同时，潮湿空气导致鸡羽毛湿度加大，亦增大其散热量。总之，低温高湿环境，机体失热过多，鸡采食量加大，饲料消耗增多，严寒时，既降低生产性能，还易发生各种呼吸道疾病。

鸡适宜的相对湿度为60%～70%，但在40%～72%范围，甚至更高些，只要环境温度不偏高或偏低也能适应。为防止鸡舍潮湿，在饲养管理过程中应尽量减少用水，及时清扫粪便，保持舍内通风良好。

3. 通风

现代化养鸡生产，饲养密度较大，鸡体产生的热量和水分较多，舍内空气污浊、粉尘飞扬。做好鸡舍的通风管理不仅能提供充足氧气，排出舍内多余有害气体，减少呼吸道疾病和腹水症的发生，还可以将粪便和垫料中的水分排出去，降低舍内温度，控制球虫病暴发，为鸡群的健康生长提供保障。

（1）鸡舍空气状况。大气的各种气体组成成分相当稳定，其主要成分是氮气占容积的78.09%，氧气为20.95%，二氧化碳为0.03%，氨气为0.001 2%。舍内由于鸡的呼吸、排泄以及粪便、饲料等有机物的分解，使这种成分比例有所变化，同时还增加了一些气体，如氨气、硫化氢、甲烷、硫醇、粪臭素等。在舍内由于生产工作的进行也使空气中的灰尘、微生物等比舍外大气中的浓度大大增加。

①氨气（NH_3）：舍内氨气主要由含氮物质，如粪便、饲料、垫草等腐烂，由厌氧菌分解而产生，温热、潮湿环境会加速其产生过程。过量的氨气对鸡群危害较大，氨吸附在眼结膜上，会刺激该处产生痛感，并产生保护性反射流泪等，氨气会刺激眼结膜、气管、支气管黏膜使之发生水肿、充血、疼痛，分泌黏液充塞气管；氨气还可麻痹呼吸道纤毛或损害其黏膜上皮，使病原微生物易于侵入，从而对疾病的抵抗力下降，增加了对禽流感、新城疫、传染性支气管炎、大肠杆菌病等呼吸道病的易感性。氨气的浓度越大，危害也越大，所以要求鸡舍内的氨气浓度不能超过0.002%。

②硫化氢（H_2S）：鸡舍空气中的硫化氢由含硫有机物分解而来，破蛋腐败或鸡消化不良时均可产生大量硫化氢。由于硫化氢比重大，因而地面附近浓度较高。硫化氢毒性很强，与鸡呼吸道黏膜接触后，与组织中的碱化合生成硫化钠。组织中碱的失去与硫化钠的生成，都使黏膜受到刺激。硫化钠进入血液又水解放出硫化氢，刺激神经系统，引起瞳孔收缩、心脏衰弱以及急性肺水肿。硫化氢还可与血红素中的铁结合，使血红素失去结合氧的能力，导致组织缺氧。在较低浓度硫化氢的长期作用下，鸡的体质变弱，抵抗力下降，同时易发生结膜炎、呼吸道疾病等。所以，要求鸡舍内硫化氢浓度不能超过0.001%。

③二氧化碳（CO_2）：鸡舍中的二氧化碳主要由鸡体呼出，还有一部分由好气菌分解粪便等有机物而产生。低浓度的二氧化碳并无毒性，只有在空气中浓度过高，持续时间过长时会造成缺氧。鸡舍中一般不会达到此等危害程度，其卫生学意义在于舍内二氧化碳含量过高，表明舍内空气比较污浊，其他有害气体也较多。一般认为如果舍内二氧化碳在空气总量中含量不超过0.2%，则舍内的有害气体不会超过卫生标准的要求。因此通常规定舍内二氧化碳含量以不超过0.015%为宜。

④微生物和尘埃：鸡舍中的灰尘有饲料、垫料与土壤微粒和羽毛、皮肤的碎屑，直径0.1～10 μm。在这些灰尘中附着大量的微生物，这些微生物主要为大肠杆菌、小球菌以及一些霉菌等，在某些情况下，也载有新城疫病毒与马立克病病毒等。这些灰尘重量极微，可长期飘浮在空气中，被鸡吸入后进入支气管深处和细末支气管，对鸡危害较大。

（2）通风模式。良好的通风可以降低舍内有害气体、粉尘的含量，现代化养鸡生产应注重通风，将舍内污浊废气排出去，确保舍内空气质量达到指标。在保证鸡群生长温度适宜情况下尽量加大通风量；在感觉到鸡舍发闷和有氨气味道时应增加排风时间，加大通风量；如果鸡舍垫料潮湿发生板结时，应适当提高鸡舍温度，同时增加通风量；鸡舍饲养密度增加时也应加大通风量；而冬季鸡舍舍内灰尘较大时，要开启加湿器增加湿度，同时降低通风量。鸡舍的通风模式有 3 种。

①横向通风：从侧风口进风和侧风机排风，主要目的是保持鸡舍温度和更换新鲜空气，将舍内污浊空气排出去、新鲜空气引进来。通常用于冬季鸡舍通风和小日龄的鸡群通风，舍内负压保持为 0.08 ～ 0.10 Pa。采用时间控制 + 温度控制的方法控制侧风机排风。

②过渡式通风：从侧风口进风，进风口开启的大小通常是排风口面积的 2 倍。使用纵向风机排风，主要目的是保温和通风，保证鸡舍拥有充足的新鲜空气，用于较大日龄（3 周后）鸡群和春秋季通风，建议鸡舍负压保持为 0.06 ～ 0.07 Pa，采用时间控制方法来控制纵向风机。

③纵向通风：从湿帘进风、纵向风机排风，将鸡舍所有侧风口封闭严实，主要目的是降低鸡舍温度，用于大日龄（5 周后）鸡群和炎热夏季的通风，建议鸡舍负压保持为 0.05 Pa。根据白天和夜晚温度差异确定风机开启时间，通常白天长时间开启纵向风机，晚上外界湿度较大或温度较低时应减少开启风机数量。

鸡舍通风管理是否有效，鸡只是否舒服，不能只依据温度计和温控器所显示的温度，必须关注鸡只的体感温度。特别提示：判断鸡舍内环境温度是否适宜，鸡群是否健康、舒适的最好方法是观察鸡群行为及状态，即根据鸡群采食、饮水、鸣叫、精神状态等各方面是否正常来判断鸡群的舒适程度。因此，场区管理人员应掌握鸡群正常或异常的区别，通过经常进鸡舍观察、评估、感受鸡舍的气味和温度是否适宜（尤其是早晨开灯前后），来判断通风是否合适。温度、湿度和风速与体感温度的对应值见表 2-4-1。

表 2-4-1　温度、湿度和风速与体感温度的对应值

显示温度 /℃	体感温度 /℃											
	相对湿度 50% 风速 /（m/s）						相对湿度 70% 风速 /（m/s）					
	0	0.5	1	1.5	2	2.5	0	0.5	1	1.5	2	2.5
35	35+	32.2	26.6	24.4	23.3	22.2	38.3	35.5	30.5	28.8	26.1	24.4
32.2	32.2+	29.4	25.5	23.8	22.7	21.1	35.5	32.7	28.8	27.2	25.5	23.3
29.4	29.4+	26.6	24.4	22.8	21.1	20	31.6	30	27.2	25.5	24.4	23.3
26.6	26.6	24.4	22.2	21.1	18.9	18.3	28.3	26.1	24.4	23.3	20.5	19.4
23.9	23.9	22.8	21.1	20	17.7	16.6	25.5	24.4	23.3	22.2	20	18.8
21.1	21.1	18.9	18.3	17.7	16.6	16.1	23.3	20.5	19.4	18.8	18.3	17.2

4. 光照

光照作为重要的环境因子，对鸡的营养物质代谢、生长发育、生产性能及免疫机能等生长、发育、繁殖等生命活动产生重要的影响，合理的光照能够最大限度地发挥鸡的遗传潜力，保障鸡健康水平，提高生产性能。此外，合理的光照还可以减少光照时间、降低光照强度、提高光照效率，达到节能减排的目的。光刺激可以通过刺激视网膜上的光受体产生光信号，传递到视觉中枢，也可以直接通过颅骨刺激视网膜外光受体而产生神经冲动，刺激下丘脑分泌促性腺激素释放激素，将光信息转化为生物信号，进而影响垂体–性腺轴释放激素来调节机体的各项代谢活动。

在鸡的某个时期或整个生长期间，系统进行人工光照或补充照明的具体规定称为光照制度。实行人工控制光照或补充照明是现代化养鸡生产中不可缺少的重要技术措施之一。光照制度不合理，将严重影响鸡的生长发育、性机能和生产性能，因此必须高度重视。光照制度的制定要根据鸡的生长发育情况而定，蛋鸡因为生产周期长且光照对其生产性能的影响较大。育雏育成阶段以保证正常饮水、采食为核心，实现高饲料转化率为目标，为避免光照刺激性早熟，在育雏育成期以“光照时长不延长、光照强度不增加”为原则制定光照制度；产蛋阶段为获得最大的光照刺激，以“光照时长不缩短，光照强度不减弱”为原则制定光照制度。

蛋雏鸡及育成期均处于生长阶段，这阶段光照制度是促进雏鸡健康成长，但要防止母鸡过早性成熟。母雏 10 周龄后，光照时间长会刺激其性器官的加速发育，过早的性成熟会对其产蛋不利。因此，这阶段的光照时间宜短或逐渐缩短，不宜逐渐延长，光照强度宜弱。产蛋期光照时间逐渐增加到一定小时数后保持恒定，切勿减少，强度也不可减弱。有利于使母鸡适时开产并达到高峰，充分发挥其产蛋潜力。高峰期的光照时间不得少于 14 h，刺激次数不少于 8 次，最多不超过 16 h。对肉用仔鸡的光照可采用间歇式光照，以减少死亡，促使其生长。

光照强度对鸡的生长发育、产蛋影响也较大。光照强度过大，鸡群易兴奋，鸡易发生啄癖；光照强度过弱，鸡性成熟时间晚，影响产蛋。一般仅在 1 ～ 3 日龄采用 30 lx 的光照强度。随着日龄的增加而逐渐减弱至 5 lx，弱光可减少鸡群活动，减少热量和饲料的消耗，因而饲料利用率高且不容易产生啄癖。而对于产蛋鸡群，10 lx 的光照强度可获得最大的产蛋率，实际生产中可采用 10 ～ 20 lx 的光照强度。

第五节　鸡场免疫程序的制定

免疫是鸡群依靠接种疫苗所产生的抗体或细胞因子而产生的特异性免疫力，使易感鸡群转为非易感鸡群，是预防疾病的重要措施之一。为了保护易感鸡群，必须制定合理的免疫程序、采用有效的免疫方法，并进行必要的免疫效果检测，及时了解群体免疫的免疫效果。

一、免疫程序的制定

根据当地或养殖场不同传染病的流行情况、鸡群抗体水平以及现有疫苗的性能，为特定的鸡群选用适当的疫苗，选用恰当的接种途径并在适当的时间给鸡群进行免疫接种，制定本场的免疫计划。

适宜的免疫程序确定依据主要包括发病史、品种、饲养期长短、饲养季节、国内外家禽疫病流行动态和群体的母源抗体水平等，且做好以下问题的调研工作。

1. 发病史

制定免疫程序时必须考虑本场的发病史和周围的发病情况，包括疾病种类、发病日龄、发病频率等信息，以此确定疫苗免疫的种类和免疫时机。

2. 养殖场原有的免疫程序和免疫使用的疫苗

免疫后某一疫病仍有发生，这时应考虑原来的免疫程序是否合理或疫苗毒株的株型是否相符。

3. 母源抗体

了解母源抗体的水平、抗体的整齐度和抗体的半衰期及母源抗体对疫苗不同接种途径的干扰，有助于确定首免时间。如传染性法氏囊病（IBD）母源抗体的半衰期是 6 d。新城疫（ND）为 4 ～ 5 d。对呼吸道类传染病首免最好是滴鼻、点眼和气雾免疫，这样既能产生较好的免疫应答又能避免母源抗体的干扰。

4. 疫苗接种日龄与机体易感性的关系

如传染性喉气管炎，成年鸡最易感，且发病典型，所以该病的免疫反应在 7 周龄以后免疫才可获得好的效果。禽脑脊髓炎（AE）必须在 10 ～ 15 周龄免疫，10 周龄以前免疫，有时能引起发病，15 周以后免疫，可能发生蛋的带毒。马立克病（MD）的免疫必须在出壳 24 h 内，因为雏鸡对 MD 的易感染性最高，并且随着日龄增长，对 MD 易感性降低。

5. 免疫途径

不同疫苗或同一疫苗使用不同的免疫途径，可以获得截然不同的免疫效果。如新城疫滴鼻、点眼明显优于饮水免疫。还有些疫苗病毒亲嗜部位不同，也应采用特定的免疫程序，如 IBD 和 AE 亲嗜肠道，即病毒易在肠道内大量繁殖，所以最佳的免疫途径是饮水或喷雾免疫。鸡痘亲嗜表皮细胞，必须采用刺种免疫。

6. 季节与疫病发生的关系

有许多病受外界影响很大，尤其季节交替、气候变化较大时常发。肾型传染性支气管炎、慢性呼吸道病，免疫程序必须随着季节有所变化。如鸡痘免疫，在夏季雨季育雏建议 20 ～ 25 日龄首免，过 2 ～ 3 周再加强免疫 1 次。

7. 掌握疫病流行状况

对当地和附近鸡场暴发传染病时，除采取常规措施外，必要时进行紧急接种。

父母代种鸡推荐的免疫程序见表 2-5-1。

表 2-5-1　父母代种鸡推荐的免疫程序

日龄 /d	疫苗	免疫方法
1	鸡马立克疫苗（CVI988）	颈部皮下注射
7	新城疫-传染性支气管炎二联活疫苗（La Sota+H120）	点眼或滴鼻
	新城疫-禽流感（H9N2）二联灭活疫苗	颈部皮下注射
14	传染性法氏囊病活疫苗	滴口
35	新城疫-传染性支气管炎二联活疫苗（La Sota+H120）	点眼或滴鼻
	鸡痘活疫苗	刺种或皮下注射
30	传染性法氏囊病活疫苗	饮水
35	禽流感 H5+H7 二联灭活疫苗	颈部皮下注射
42	传染性鼻炎灭活疫苗	颈部皮下注射

续表

日龄 /d	疫苗	免疫方法
50	传染性喉气管炎弱毒疫苗	单侧点眼
60	新城疫–传染性支气管炎二联活疫苗（La Sota+H120）	点眼或滴鼻
	新流二联灭活疫苗	肌内注射
70	传染性鼻炎灭活疫苗	颈部皮下注射
80	禽流感 H5+H7 二联灭活疫苗	肌内注射
90	传染性喉气管炎弱毒疫苗	单侧点眼
100	鸡痘–脑脊髓炎二联活疫苗	刺种
110	新城疫–传支–减蛋综合征三联灭活疫苗	肌内注射
	新城疫Ⅳ系（La Sota）弱毒疫苗	肌内注射
120	禽流感 H9N2 亚型灭活疫苗	肌内注射
130	禽流感 H5+H7 二联灭活疫苗	肌内注射

注：开产后根据疫病流行情况适当加免禽流感灭活疫苗、新城疫和传染性支气管炎活疫苗。

二、免疫接种的途径和方法

常用的免疫方法有滴鼻、点眼、饮水、气雾、注射、刺种、涂肛等，各种免疫方法优缺点不同，需要根据当时的鸡群状况、人员技术熟练程度、疫苗剂型、免疫设备的配置情况等现场条件选择适宜的免疫方法。

（一）滴鼻点眼

将要接种的鸡头固定在水平状态，用滴嘴向眼内滴 1 滴疫苗（图 2–5–1），当疫苗扩散后放开接种鸡；紧闭鸡嘴，盖住一侧鼻孔，向另一侧鼻孔滴入疫苗液，吸入后放开接种鸡。滴鼻时遇有鸡的鼻孔堵塞，疫苗不易吸进鼻孔内时，可换滴另一侧鼻孔。

（二）饮水免疫

饮水免疫适合于传染性法氏囊病、新城疫等弱毒疫苗的免疫，饮水免疫前，需停水 2 ～ 4 h，然后根据鸡的日龄计算出所需饮水量；在水中打开疫苗瓶，使瓶内的疫苗全部溶解，倒入水中，搅拌均匀，然后将疫苗溶液加入饮水器中，立即让鸡饮用，要求在 1 h 之内全部的鸡都能饮到足够量的疫苗溶液。

（三）气雾免疫

气雾免疫适合于新城疫、传染性支气管炎（IB）等弱毒疫苗的免疫，气雾免疫时压缩机压力为 6 ～ 8 倍标准大气压（101.3 kPa），速度标准为 200 mL 的疫苗，在 1 min 喷完比较适宜。大雾滴免疫法（40 ～ 60 μm）适用于雏鸡，小雾滴免疫法（8 ～ 10 μm）适用于育成鸡和产蛋鸡。前者免疫部位主要在眼和鼻，副作用小；后者疫苗能吸入气管的深部，副作用较大，易引起慢性呼吸道病。

（四）刺种免疫

刺种免疫适合于鸡痘、传染性脑脊髓炎弱毒疫苗的免疫，接种时抓鸡人员一只手将鸡的双脚固定，另一只手轻轻展开鸡的翅膀，拇指拨开羽毛，露出三角区，免疫人员用特制的疫苗刺种针蘸取疫苗，垂直刺入翅翼内侧（图 2–5–2）。

图 2-5-1　疫苗点眼（李伟　供图）

图 2-5-2　刺种免疫（盖云飞　供图）

（五）注射免疫

注射免疫适合于弱毒疫苗、灭活疫苗的免疫，注射部位可根据需要，选择胸部皮下注射、颈部皮下注射和腿部皮下注射。所用注射器有针头和无针头两种。无针头注射器用超级强力特殊弹簧将疫苗通过安瓿瓶形成极细的液束压入皮肤，注射持续时间约为 0.25 s/ 只，安全快捷且应激小。

1. 胸部皮下注射

抓鸡人员一只手抓住双翅，另一只手抓住双腿，将鸡固定，胸部向上，平行抓好，注射人员用手将胸部羽毛拨开，针头呈 15° 刺入皮下将疫苗注入（图 2-5-3），同时用拇指按压注入部位，使疫苗扩散，防止漏出。

图 2-5-3　胸部皮下注射（李伟　供图）

2. 颈部皮下注射

用拇指和食指捏起颈背部下 1/3 皮肤，针头平行刺入捏起的皮肤，注入疫苗。

3. 腿部皮下注射

从大腿内侧皮下进针，注入疫苗。

三、疫苗的选择及使用

（一）疫苗的选择

依据以上所述，确定一个适合本场的免疫程序，选择合适的疫苗。

（1）选择正规厂家生产的疫苗，注意包装、生产日期以及失效期。

（2）对需要两次以上免疫的疫苗，所用的疫苗的血清型要尽量不一样。如传染性支气管炎疫苗免疫，第一次用 MA5，第二次用 VHH120 或其他类型的疫苗，增加疫苗免疫的覆盖性。

（3）疫苗使用剂量。多数疫苗不需要加倍，如鸡痘、传染性喉气管炎、禽脑脊髓炎等。考虑到疫苗在冻干、运输、保存中失活和使用方法的损失，使用时适当增加剂量，如传染性支气管炎、新城疫等疫苗。

（二）有效疫苗的保障措施

1. 疫苗的采购

应到兽医行政部门批准的兽医生物制品定点经销点购买疫苗。购买时，应认真检查核对疫苗的产品名称、批号、生产日期、有效期、物理性状、贮存条件等是否与说明书相符。对一些无批号、有效期已过、贮存条件不符合要求、物理性状异常、标签模糊不清以及来源不明的疫苗，绝对不能购买，以免影响免疫效果。

2. 疫苗的保存和运输

疫苗属于生物制品，受温度的影响较大，疫苗的保存和运输应在冷链系统支持下完成，应按照使用说明书保存，避免反复冻融、恒温下保存，避免丧失真空，禁止振荡和产生气泡，应以轻转的方式溶解疫苗，再定量到一定数量。同时注意潮解，无真空和潮解的疫苗禁止使用。

3. 疫苗使用前的检查

使用前应认真阅读，严格按照说明书上的用途、方法等使用。活苗稀释前做好疫苗的肉眼鉴定和检查。有下列情形之一均不得使用：没有瓶签或瓶签上批号、检验号、生产日期等模糊不清；瓶塞不紧或瓶子破裂的；装量不准确，封口不严密；制剂内有异物、发霉和有臭味的；疫苗的质量与说明书不符者，如色泽、沉淀有变化，冻干苗的冻干饼不能充分混悬（冻干制品，为海绵状疏松物，呈微白、微黄或微红色，加入溶剂后在 5 min 内即溶解成均匀的悬浮液）、变质等；超过保存期的；灭活疫苗破乳或超过规定量分层（水相析出超出 1/10）；没有按规定方法保存的。

4. 活疫苗的稀释

用于稀释疫苗的所有器具都应该清洁，不能带有对病毒活性有影响的重金属离子和消毒剂。稀释应按说明书进行，先用少量的稀释液溶解疫苗（图 2-5-4），但必须注意不能含有对疫苗有损坏的物质。

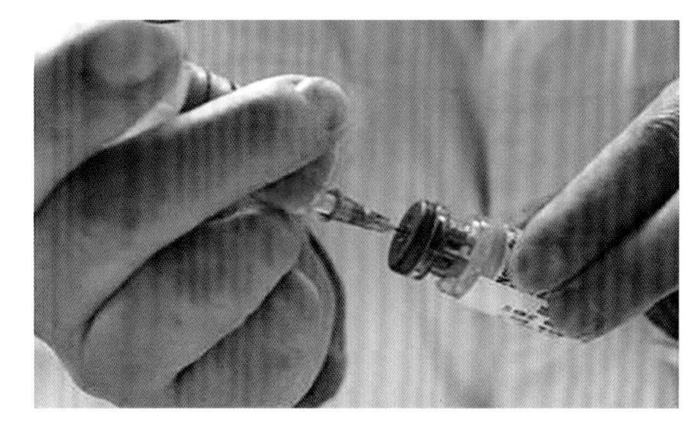

图 2-5-4　疫苗的稀释（李伟　供图）

5. 疫苗使用

疫苗免疫必须在良好的饲养管理前提下进行，保证良好的环境卫生和有效的隔离消毒，尤其是对 MD、IB 的控制更要做好早期的隔离，避免早期感染。同时，启封的疫苗应一次性用完，用不完的疫苗应销毁。细胞性疫苗，如 MD 疫苗，在注射过程中，应将疫苗放在冰水中。使用其他活疫苗也要尽量将稀释好的疫苗液放置冰箱 4℃冷藏室或疫苗冷藏箱，滴鼻、点眼时每次吸取 10 mL 稀释好的疫苗液放置稀释瓶中，用完后再吸取。

6. 添加防应激类药物

免疫接种对鸡群是一种应激，这种应激往往表现得非常强烈，如鸡群在产蛋期接种疫苗，应激反应可能会使家禽的产蛋率下降；再如雏鸡感染慢性呼吸道疾病时，若采用点眼、滴鼻接种，应激反应可能会导致雏鸡暴发慢性呼吸道疾病而造成大批雏鸡死亡。因此，为防范或减轻鸡群免疫接种后的应激反应，可在免疫接种前后 3 d 内，给鸡群补饲或饮用抗应激类药物，如提倡用亚硒酸钠维生素E粉剂拌料，电解多维、速补或维生素C饮水等。

四、免疫接种时注意事项

（一）滴鼻点眼

（1）滴嘴与鸡眼睛或鼻孔的距离为0.5～1 cm，一次只免疫一只鸡。

（2）稀释好的疫苗液需在30 min内用完。

（3）50日龄前的鸡，由免疫人员固定鸡只，固定时需固定鸡的背部，不允许抓鸡的两条腿，免疫完成后，轻轻将鸡只放入笼内。

（二）饮水

（1）避免使用金属器具，饮水器在用前不宜消毒，用清水充分洗刷干净。

（2）疫苗水要现用现配，不可事先配制备用。

（3）水中不应含有氯及其他消毒剂，一般按每只鸡每天饮水量的40%计算。

（4）稀释疫苗前，按水量的2‰加入脱脂奶粉，可以对疫苗起到一定的保护作用。

（5）为了判断鸡的干渴程度以决定是否开始免疫，可放入饮水器，观察鸡争水情况。

（6）饮水器应清洁，无洗涤剂、消毒剂残留，并备有足够的饮水器，保证每只鸡都有足够的饮水位置。

（三）气雾

（1）疫苗需用灭菌蒸馏水稀释，而不能用含盐类溶液，为防止喷出的雾滴迅速被蒸发掉，可在蒸馏水中加入5%甘油。

（2）气雾前应将风机、门、窗和灯关闭。

（3）喷出雾团距离鸡1 m左右，让雾滴自由下落，让每只鸡都能吸到疫苗，气雾完成后先开灯，经过15～20 min，再开风机、门窗。

（4）气雾时较适宜的温度是15～20℃，温度再低些也可以，但高于25℃以上则效果不好，易蒸发，达不到鸡的呼吸道内，高温时需要高湿度，湿度低则免疫效果不好。

（四）刺种

（1）稀释疫苗时，必须使疫苗完全溶解，稀释后的疫苗要在1 h内用完。

（2）刺种针的针槽内必须充满药液。

（3）刺种时，应保证刺种部位无羽毛，防止药液吸附在羽毛上，造成剂量不足。

（4）刺种部位在鸡翅翼膜内侧中央，而不能在其他部位，防止伤及肌肉、关节、血管。

（5）接种后5～7 d，检查接种部位是否出现谷粒大小的结节（图2-5-5），如有说明免疫成功。

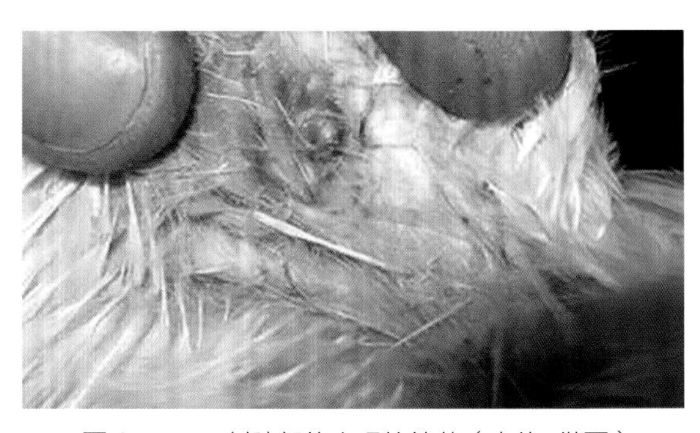
图2-5-5　刺种部位出现的结节（李伟　供图）

（五）注射

（1）注射人员与抓鸡人员禁止动作粗鲁，马虎操作。

（2）注射器与针头要严格消毒，并在免疫前校对注射器剂量是否准确。

（3）免疫注射前，将疫苗瓶上下晃动 2 min，将疫苗温度预温至室温（冬春季节）。

（4）为避免交叉感染，每 500 只鸡换 1 次针头。区分不同代次，高代次应更为严格。

（5）注射器的校准。免疫前校准、免疫过程中每 500 只鸡校准 1 次。

五、免疫接种引起的反应

疫苗作为抗原接种后，都会刺激机体引起一定的反应。但不同种类的疫苗所引起的反应轻重不同，有些无可见的症状，有些则症状较明显。在正常的情况下，新城疫弱毒疫苗、传染性支气管炎 H120 弱毒疫苗、马立克病的火鸡疱疹病毒疫苗接种一般不会出现明显的反应，但有时可见食欲降低。新城疫Ⅳ系疫苗滴鼻后可引起轻微的呼吸道症状，用于产蛋鸡可引起暂时的产蛋量下降。

新城疫弱毒疫苗、传染性喉气管弱毒疫苗、传染性支气管炎弱毒疫苗用于点眼免疫时，可引起不同程度的眼结膜炎及食欲稍减，但很快康复。若传染性喉气管炎强毒疫苗用于点眼或滴鼻，可引起严重发病，表现为伸颈、张口呼吸、结膜炎、眼鼻分泌物增加。

鸡痘疫苗于刺种后 3 ～ 4 d，接种部位会出现潮红、肿胀，随后形成结痂，并于 2 ～ 3 周脱痂，但不出现全身症状。若刺种部位没有反应，应视作无效，需重新接种。灭活疫苗接种后，在注射部位会较长时间有一肿块，此肿块会逐渐消退。个别鸡注射后反应较重，可能与鸡的健康状况、疫苗质量、接种数量、操作方法等有关，尤其在注射过程若不注意消毒，会引起感染，导致严重的反应。

六、免疫失败的原因

免疫是控制传染病的重要手段，然而有时鸡群经免疫接种后，不能抵御相应特定疫病的流行，造成免疫失败。导致这一现象的因素是多方面的，在实际工作中应全面考虑，周密分析，找出失败原因。为了便于分析，拓展思路，现将常见原因归纳如下。

（一）母源抗体的影响

由于种鸡各种疫苗的广泛应用，使雏鸡母源抗体水平可能很高，若接种过早，当疫苗病毒注入雏鸡体内时，会被母源抗体所中和，从而影响了疫苗免疫力的产生。如有同源母源抗体存在时，可使马立克病火鸡疱疹病毒疫苗的保护力下降 38.8%。

（二）疫苗的质量

1. 疫苗保存不当导致疫苗失效

疫苗从出厂到使用中间要经过许多环节，如果某一环节未能按要求贮藏、运输疫苗，或由于停电使疫苗反复冻融，就会使疫苗微生物死亡而使疫苗失效。

2. 疫苗过期失效

微生物在保藏过程中，部分微生物会发生死亡，而且随着时间的延长死亡会越来越多，所以疫苗过期后，大部分病毒或细菌死亡，而使疫苗失效。

（三）疫苗选择不当

在疫病严重流行的地区，仅选用安全性好，但免疫力较低的疫苗品系。有的疫苗有几个不同的品系，不同的品系其毒力不同，若首免时选用毒力较强的品系，不但起不到免疫保护的作用，而且

接种后就会引起发病，导致免疫失败。

（四）疫苗使用不当

疫苗在使用过程中，各种因素均可影响疫苗的效价。

1. 稀释剂选择不当

多数疫苗稀释时可用生理盐水、蒸馏水，个别疫苗需专用稀释剂。若需专用稀释剂的疫苗用生理盐水或蒸馏水稀释，则疫苗的效价就会降低，甚至完全失效。有的养鸡场在饮水免疫时用井水直接稀释疫苗，由于工业污水、农药、畜禽粪水、生活污水等渗入井水中，使井水中的重金属离子、农药、含菌量严重超标，用这种井水稀释疫苗，疫苗就会被干扰、破坏，使疫苗失活。

2. 同时使用抗菌药物

活疫苗免疫的同时使用抗菌药物，影响免疫力的产生。表现为用疫苗的同时饮服消毒水；饲料中添加抗菌药物；舍内喷洒消毒剂；紧急免疫时同时用抗菌药物进行防治。上述现象的结果是鸡体内同时存在疫苗成分及抗菌药物，造成活菌苗被抑杀、活毒苗被直接或间接干扰，灭活苗也会因药物的存在不能充分发挥其免疫潜能，最终疫苗的免疫力和药物的防治效果都受到影响。

3. 盲目联合应用疫苗

主要表现在同一时间内以不同的途径接种几种不同的疫苗。如同时用新城疫疫苗滴眼、传染性支气管炎疫苗滴鼻、传染性法氏囊疫苗滴口、鸡痘疫苗刺种，多种疫苗进入体内后，其中的一种或几种抗原成分产生的免疫成分，可能被另一种抗原性最强的成分产生的免疫反应所遮盖，另外疫苗病毒进入体内后，在复制过程中会产生相互干扰作用，从而导致免疫失败。

4. 免疫剂量不准确

免疫剂量原则上必须以说明书的剂量为标准，剂量不足，不能激发机体产生免疫反应；剂量过高，产生免疫麻痹而使免疫力受到抑制。目前在生产中多存在宁多勿少的偏见，接种时任意加大免疫剂量，造成负效应。

5. 免疫途径不当

免疫接种的途径取决于相应疾病病原体的性质及入侵途径。全嗜性的可用多渠道接种，嗜消化道的多用滴口或饮水，嗜呼吸道的用滴鼻或点眼等。若免疫途径错误也会影响免疫效果，如传染性法氏囊病的入侵途径是消化道，该病毒是嗜消化道的，所以传染性法氏囊疫苗的免疫应采用饮水。

6. 疫苗稀释后用完的时间过长

从零下几十摄氏度的冰箱中取出的冻干苗，应该放置室温一定时间，尽可能缩小与稀释剂的温差再进行融化，以免由于温度的骤升使疫苗中致弱的微生物死亡。疫苗稀释后要在 30 ～ 60 min 用完。因为疫苗稀释后除温度升高外，浓度也降低了，使微生物抗原与外界的光线、水更广泛地接触。由于外界物理因素的突然刺激，这种抗原易于死亡、破坏。根据试验，疫苗稀释后的用完时间与免疫力产生的保护率存在负相关性。已知多数稀释的疫苗超过 3 h 再接种，对机体的保护率为零。

7. 免疫接种工作不细致

例如，采用饮水免疫时饮水不足，进行疫苗稀释时计算错误或稀释不均匀，没有把应该接种的鸡只全部接种。

（五）早期感染

接种时鸡群内已潜伏有强毒病原微生物，或由于接种人员及接种用具消毒不严带入强毒病原微生物。

（六）应激及免疫抑制因素的影响

饥渴、寒冷、过热、拥挤等不良因素的刺激能抑制机体的体液免疫和细胞免疫，从而导致疫苗免疫保护力的下降。传染性法氏囊病病毒不仅侵害法氏囊，而且损害脾脏和胸腺，导致长时间 B 淋巴细胞免疫抑制和短期的 T 淋巴细胞免疫抑制，降低了对疫苗的免疫应答，从而导致免疫失败。有试验表明由于传染性法氏囊病病毒的感染，可使马立克病火鸡疱疹毒疫苗的免疫力下降 20% ～ 40%，已接种马立克病疫苗的鸡群感染了传染性法氏囊病病毒后，再发生马立克病的比率超过没有感染传染性法氏囊病病毒鸡群的 7 倍以上。网状内皮组织增殖症病毒和淋巴细胞白血病病毒，也能降低 T 淋巴细胞、B 淋巴细胞的活性，引起对各种疫苗的免疫应答降低。鸡传染性贫血因子的感染也可导致免疫抑制。

（七）血清型不同

有的病原微生物有多个血清型，如果疫苗的血清型与感染的病毒或细菌血清型不同，则免疫后起不到保护作用。

（八）超强毒株感染

例如，马立克病病毒的超强毒株，用火鸡疱疹病毒苗对其免疫效果很差；传染性法氏囊病病毒也出现了超强毒株。

第六节　鸡病的药物防控

一、药物的选择

兽药的使用要求安全、有效、经济、简便。治疗某种疾病时，应针对鸡群的具体病情，正确诊断，对症下药，选用药效可靠、不良反应少、使用方便、价廉易得、残留低、休药期短的药物及其制剂，最大限度地发挥药效，降低其不良影响，减少用药成本。

为科学、正确、合理地使用兽药，规范养殖环节用药行为，鸡场应严格按照适应证、用法与用量、休药期等兽药安全使用规定使用兽药，严格按照规定凭执业兽医师开具的处方购买、使用处方药。

二、常用药物的种类及应用

（一）鸡场常用药物的分类

鸡场兽医临床使用的药物根据其来源可分为三种。一是天然药物，如植物性药物、动物性药物、矿物性药物和抗生素；二是合成药物，如人工合成的化学药物、抗菌药物等；三是生物技术药物，即通过细胞工程和基因工程等分子生物学技术生产的药物。

此外，还可以根据药物的作用与用途对常用药物进行分类，如消毒药、抗微生物药、抗寄生虫药、消化系统用药、呼吸系统用药、泌尿系统用药、生殖系统用药、循环系统用药、神经系统用药、抗组织胺药、水盐代谢调节药、调节组织代谢药物、解毒药、生物制品等。

根据鸡只的发病特点，本节主要介绍常用的抗微生物药（抗生素、化学合成抗菌药、抗真菌药）、抗寄生虫药。

1. 抗生素

抗生素是细菌、真菌、放线菌等微生物在生长、繁殖过程中产生的次级代谢产物，在很低的浓度下即能选择性抑制或杀灭病原微生物。目前使用的抗生素主要采用微生物发酵的方式进行生产，有些品种可以用化学方法合成。另外，对天然抗生素进行结构改造或以微生物发酵产物为前体，获得了大量的半合成抗生素。除具有抗微生物作用外，有的抗生素主要具有抗寄生虫作用，如阿维菌素类、离子载体类抗生素等。

用于鸡病防治的抗生素，根据其化学结构，主要分为以下几类。

β-内酰胺类：包括青霉素类和头孢菌素类，如阿莫西林、头孢噻呋等。

氨基糖苷类：如链霉素、新霉素、卡那霉素、安普霉素等。

多肽类：如多黏菌素 E、杆菌肽等。

大环内酯类：如红霉素、泰乐菌素、替米考星等。

林可胺类：如林可霉素。

酰胺醇类抗生素：如甲砜霉素、氟苯尼考等。

四环素类：如土霉素和多西环素等。

截短侧耳素类：如泰妙菌素。

多烯类：如制霉菌素。该类抗生素用于抗真菌，在本节抗真菌药另述。

抗生素一般以游离碱的重量为效价单位计算，如红霉素、新霉素和庆大霉素等，以 1 μg 为一个效价单位，即 1 g 为 100 U。但某些抗生素的效价有特别规定，如 0.6 μg 青霉素钠盐为 1 U，1 μg 多黏菌素 E 为 30 U。

（1）青霉素类抗生素。青霉素类为β-内酰胺类抗生素，其结构中含有β-内酰胺环。青霉素类抗生素的基本化学结构系由母核 6-氨基青霉烷酸和侧链组成。青霉素类的作用机制主要是作用于青霉素结合蛋白（PBPs），抑制细菌细胞壁黏肽的合成，使细菌细胞壁缺损，菌体膨胀裂解，还可触发细菌自溶酶的活化，对革兰氏阳性菌作用强大。青霉素类抗生素为快效杀菌性抗生素，主要影响正在繁殖的细菌细胞，故称其为繁殖期杀菌剂。

青霉素类抗生素具有杀菌力强、毒性低、价格低廉、使用方便等优点，迄今仍是处理敏感菌所致各种感染的首选药物。但是多数青霉素类药有不耐酸、不耐青霉素酶、抗菌谱窄和容易引起过敏反应等缺点，在临床应用受到一定限制。鸡只常用的青霉素类抗生素主要有青霉素 G、氨苄西林和阿莫西林。

① 青霉素 G（苄青霉素）：有机酸，性质稳定，略溶于水。其钾盐或钠盐为白色结晶性粉末，无臭或微有特异性臭，有吸湿性；遇酸、碱或氧化剂等迅速失效，其水溶液在室温放置易失效；在水中极易溶解，在乙醇中溶解。青霉素 G 的抗菌效价按国际单位表示时，青霉素 G 钠，1 mg 相当于 1 667 IU；青霉素 G 钾，1 mg 相当于 1 595 IU。

该药为青霉素类窄谱杀菌性抗生素，主要对革兰氏阳性菌、部分革兰氏阴性球菌、螺旋体、梭状芽孢杆菌、放线菌等有强大的杀灭作用。青霉素对处于繁殖期正大量合成细胞壁的细菌作用强，对处于静止期的细菌作用弱。主要用于防治革兰氏阳性菌引起的鸡葡萄球菌病、链球菌病、坏死性肠炎等。

青霉素钠盐或钾盐不耐酸，内服易被胃酸破坏，仅有少量吸收。当鸡只内服剂量达到 8 万～ 10 万 IU 时，能够达到有效的血药浓度。肌内注射吸收较快，一般 15 ～ 30 min 达到血药峰浓度。常用剂量维持有效血药浓度 4 ～ 6 h。青霉素吸收后在体内分布广泛，以肾脏、肝脏、肺脏、肌肉、小肠和脾脏等的浓度较高。青霉素在鸡只体内的半衰期不超过 2 h。吸收进入血液循环后，在体内不易被破坏，主要以原形经肾脏排出。

青霉素 G 钠（或钾）在水溶液中降解迅速，用于鸡病防治时一般不宜自由混饮用药；治疗鸡坏死性肠炎、溃疡性肠炎等局部感染时，如采用饮水给药，用前应该适当控水，让鸡只在 1 ～ 2 h 饮完，1 次量为每千克体重 8 万～ 10 万 IU。肌内注射，注射用青霉素 G 钠（钾）在临用前以注射用水或灭菌生理盐水溶解，配成每毫升含 10 万～ 20 万 IU 的溶液供肌内注射，1 次量为每千克体重 5 万 IU，每天 2 ～ 3 次，连用 2 ～ 3 d。

② 氨苄西林（氨苄青霉素）：游离酸为白色结晶性粉末，无臭或微臭，味微苦，微溶于水，不溶于乙醇；其钠盐为白色或类白色粉末，有吸湿性，易溶于水，略溶于乙醇。

氨苄西林为半合成广谱青霉素，对革兰氏阳性菌的抗菌活性较青霉素略差，对多数革兰氏阴性菌如大肠杆菌、沙门菌、变形杆菌、巴氏杆菌等的作用较强，对铜绿假单胞菌不敏感。主要用于治疗鸡大肠杆菌病、传染性鼻炎、鸡白痢、禽伤寒、禽霍乱、葡萄球菌病、输卵管炎、腹膜炎以及坏死性肠炎等。

氨苄西林耐酸不耐酶，内服或肌注均易吸收。内服时，氨苄青霉素在血中浓度达到高峰需 1 ～ 2 h。肌内注射吸收迅速而完全，血药浓度达峰需 30 min，生物利用度大于 80%。吸收后广泛分布到各组织，其中以肝脏、胆汁、肾脏等浓度较高。肌内注射较内服血液和尿中的浓度高。主要经肾脏排泄，少量经胆汁排泄。氨苄西林的肾脏清除率较青霉素略缓，部分通过肾小球滤过，部分通过肾小管分泌。给药后 24 h，大部分自尿中排出。

临床使用时以氨苄西林计。混饮，每升水 60 ～ 120 mg，连用 3 ～ 5 d；混饲，每千克饲料 120 ～ 240 mg，连用 3 ～ 5 d。

注意：不得在蛋鸡的产蛋期使用。

③ 阿莫西林（羟氨苄青霉素）。为白色或类白色结晶性粉末，无臭或微臭，味微苦。在水中微溶，在乙醇中几乎不溶。

该药为半合成广谱青霉素，其抗菌谱和抗菌活性与氨苄西林相似。该药耐酸不耐酶，其耐酸性较氨苄西林强。内服或肌内注射均易吸收，饲料会影响吸收速率，但不影响吸收量。内服吸收比氨苄西林好，内服相同的剂量后，阿莫西林的血药浓度一般比氨苄青霉素高 1.5 ～ 3 倍。该药主要用于治疗鸡大肠杆菌病、传染性鼻炎、鸡白痢、禽伤寒、禽霍乱、葡萄球菌病、输卵管炎、腹膜炎、坏死性肠炎以及细菌性呼吸道病。

阿莫西林与 β-内酰胺酶抑制剂克拉维酸联合用于鸡大肠杆菌感染，克拉维酸对 β-内酰胺酶有不可逆的抑制作用，可以阻断 β-内酰胺酶对阿莫西林的破坏，合用后可以发挥协同抗菌作用，使阿莫西林的最低抑菌浓度明显下降，使临床效果提高。

临床使用时以阿莫西林计。混饮，每升水 60 ～ 120 mg，连用 3 ～ 5 d；混饲，每千克饲料 120 ～ 240 mg，连用 3 ～ 5 d。

注意：不得在蛋鸡的产蛋期使用。

（2）头孢菌素类抗生素。头孢菌素类抗生素，又称为先锋霉素类抗生素，与青霉素类一样，其结构中含有 β-内酰胺环，属于 β-内酰胺类抗生素，是一类广谱半合成抗生素。头孢菌素类的作用机制与青霉素类似，其作用机制主要是作用于青霉素结合蛋白（PBPs），抑制细菌细胞壁的合成，菌体失去渗透屏障而膨胀裂解，同时借助细菌的自溶酶溶解而产生杀菌作用。头孢菌素类抗生素为快效杀菌性抗生素，主要影响正在繁殖的细菌细胞，为繁殖期杀菌剂。该类抗生素抗菌谱广，抗菌作用强，耐 β-内酰胺酶，是一类高效、低毒、临床应用广泛的抗生素。头孢菌素类抗生素在控制各类细菌感染中占有十分重要的地位。目前，在鸡病临床中常用的品种主要为头孢噻呋。

头孢噻呋为类白色至淡黄色粉末，在水中不溶。其钠盐在水中溶解，其盐酸盐在水中不溶。

该药为专门用于动物的第三代头孢菌素，抗菌谱广，杀菌力强，对革兰氏阳性菌和革兰氏阴性菌均有效，敏感菌主要有葡萄球菌、链球菌、大肠杆菌、沙门菌等。临床主要用于治疗鸡大肠杆菌、沙门菌和葡萄球菌感染。该药对 β-内酰胺酶有良好的稳定性。口服不易吸收，肌内注射或皮下注射吸收迅速，能广泛分布于大多数体液和组织中，但不易透过血脑屏障。血液和组织中药物浓度高，该药半衰期较长，在鸡只体内半衰期为 6.8 h，有效血药浓度维持时间较长，主要从尿和粪中排泄。

临床使用时以头孢噻呋计。皮下注射，1 日龄鸡，每只 0.1 ～ 0.2 mg。

（3）氨基糖苷类抗生素。氨基糖苷类抗生素是临床上常用的一类抗生素，是由氨基糖与氨基环醇以苷键结合而成的碱性抗生素。氨基糖苷类抗生素为杀菌性抗生素，对静止期细菌的杀灭作用较强，为静止期杀菌药。该类抗生素经主动转运，通过细菌细胞膜，与细菌核糖体 30S 亚单位结合，抑制细菌蛋白质的合成，使细菌细胞膜通透性增加，使细胞内物质外漏导致细菌死亡。氨基糖苷类抗生素性质稳定，抗菌谱广，对需氧革兰氏阴性杆菌如大肠杆菌、沙门菌等具有高度抗菌活性，对支原体亦有较强作用，对革兰氏阳性菌作用较弱，但对金黄色葡萄球菌作用较强。由于氨基糖苷类抗生素在发挥抗菌作用时必须有氧的参与，该类抗生素对厌氧菌无效。该类药物内服吸收差，多从粪便排出；注射给药后吸收迅速，大部分以原形经肾脏排泄。临床应用时应注意该类药物有较强的耳、肾毒性和神经肌肉阻滞作用。

虽然由于氨基糖苷类抗生素对耳和肾的毒性、耐药菌的出现以及 β-内酰胺类抗生素的广泛使用，限制了氨基糖苷类抗生素的大量使用，但是氨基糖苷类抗生素仍然是治疗危及生命的革兰氏阴性菌严重感染的一类重要药物。在鸡病临床上常用品种主要有卡那霉素、庆大霉素、硫酸庆大-小诺霉素、新霉素、大观霉素和安普霉素等。

①单硫酸卡那霉素：为白色或类白色粉末，无臭，有吸湿性。易溶于水，在乙醚中几乎不溶。按干燥品计算，每毫克的效价不少于 760 U 卡那霉素。该药为氨基糖苷类抗生素，属窄谱抗生素。该药对大多数革兰氏阴性杆菌，如大肠杆菌、变形杆菌、沙门菌、多杀性巴氏杆菌等有强大抗菌作用，金黄色葡萄球菌和结核杆菌对该药也较敏感；铜绿假单胞菌、革兰氏阳性菌（金黄色葡萄球菌除外）、立克次氏体、厌氧菌、真菌等对该药通常不敏感。临床常用于敏感菌引起的肠道感染。内服很少吸收，大部分以原形由粪便排出。

临床使用时以卡那霉素计。混饮，每升水 60 ～ 120 mg，连用 3 ～ 5 d；混饲，每千克饲料

120 ～ 240 mg，连用 3 ～ 5 d。

注意：该药具有耳毒性、肾毒性，连续用药可因药物积累而加重损害；剂量过大可导致神经肌肉阻断作用，引起瘫痪等症状；红霉素可能会增加该类药物的毒性；Ca^{2+}、Mg^{2+}、Na^{+}、K^{+} 等阳离子可抑制氨基糖苷类的抗菌活性。

②硫酸庆大霉素：为白色或类白色结晶性粉末，有吸湿性。易溶于水，不溶于乙醇。按干燥品计算，每毫克的效价不少于 590 U 庆大霉素。该药为氨基糖苷类抗生素，抗菌谱较广，在该类抗生素中抗菌活性最强。该药对多种革兰氏阴性菌（如大肠杆菌、变形杆菌、铜绿假单胞菌、巴氏杆菌、沙门菌等）和金黄色葡萄球菌均有抗菌作用。多数链球菌、厌氧菌、结核杆菌、立克次氏体和真菌对该药耐药。该药对支原体也有一定作用。主要用于治疗鸡由敏感菌引起的革兰氏阴性菌和阳性菌感染。

内服不易吸收，大部分以原形从粪便排出。肌内注射吸收迅速，生物利用度可达 95%，0.5 ～ 1 h 血药浓度达高峰，有效药物浓度可维持 6 ～ 8 h。主要分布于细胞外液，易透入胸腹腔、心包、胆汁及滑膜液，也可进入肌肉组织。在鸡只体内的半衰期为 3.38 h，吸收后主要经肾小球滤过而排出。

临床使用时以庆大霉素计。混饮，每升水 50 ～ 100 mg，连用 3 ～ 5 d；肌内注射，1 次量为每千克体重 5 ～ 7.5 mg/kg，每天 2 次，连用 3 d。

注意：不得在蛋鸡的产蛋期使用；其他注意事项参见单硫酸卡那霉素。

③硫酸庆大–小诺霉素：为类白色或淡黄色疏松结晶性粉末，有吸湿性。易溶于水，在乙醇中几乎不溶。按干燥品计算，每毫克的效价不少于 850 U 庆大 – 小诺霉素。该药为氨基糖苷类抗生素，对多种革兰氏阴性菌，如大肠杆菌、变形杆菌、铜绿假单胞菌、巴氏杆菌、沙门菌等，有抗菌作用；对革兰氏阳性菌金黄色葡萄球菌也有良好的抗菌作用。多数链球菌、厌氧菌、结核杆菌、立克次氏体和真菌对该药耐药。主要用于防治大肠杆菌、铜绿假单胞菌、巴氏杆菌、沙门菌和金黄色葡萄球菌等引起的感染。

该药肌内注射吸收良好，0.5 ～ 2 h 达血药峰浓度，在常量下，血中有效浓度一般可维持 6 ～ 12 h。主要分布于细胞外液，存在于体内各个脏器，以肾脏中浓度最高，肺脏及肌肉含量较少，脑组织中几乎测不出，也可到达胆汁、腹水和干酪样组织中，蛋白结合率 20% ～ 30%。该药在体内绝大部分以原形经肾小球滤过排出，尿中浓度高，少量从胆汁排出。

临床使用时以庆大–小诺霉素计。肌内注射，1 次量为 1 kg 体重 2 ～ 4 mg，每天 2 次，连用 3 d。

注意：长期或大量应用可引起耳毒性、肾毒性。

④硫酸新霉素：为白色或类白色结晶性粉末，易吸湿。该药在水中极易溶解，在乙醇中几乎不溶。按干燥品计算，每毫克的效价不少于 650 U 新霉素。该药为氨基糖苷类抗生素，抗菌谱与卡那霉素类似。该药对大多数革兰氏阴性杆菌，如大肠杆菌、变形杆菌、沙门菌和多杀性巴氏杆菌有强大抗菌作用，对金黄色葡萄球菌也较敏感。铜绿假单胞菌、革兰氏阳性菌（金黄色葡萄球菌除外）、立克次氏体、厌氧菌和真菌等对该药耐药。在氨基糖苷类抗生素中，新霉素毒性最大，一般禁用于注射给药。内服后只有总量的 3% 从尿液排出，大部分不经变化从粪便排出。肠黏膜发炎或有溃疡时可使吸收增加。临床常用于鸡大肠杆菌和沙门菌等革兰氏阴性菌所致的大肠杆菌病、鸡白痢等。

临床使用时以新霉素计。内服，1 次量为每千克体重 10 ～ 15 mg，每天 2 次；混饮，每升水 50 ～ 75 mg，连用 3 ～ 5 d；混饲，每千克饲料 77 ～ 154 mg，连用 3 ～ 5 d。

注意：新霉素在氨基糖苷类中毒性最大，但内服给药或局部给药很少出现毒性反应；红霉素可能会增加该类药物的毒性；Ca^{2+}、Mg^{2+}、Na^{+}、K^{+} 等阳离子可抑制氨基糖苷类的抗菌活性；不得在蛋鸡的产蛋期使用。

⑤硫酸安普霉素：为微黄色或黄褐色粉末，有吸湿性。在水中易溶，微溶于乙醇。按干燥品计算，每毫克的效价不少于 550 U 安普霉素。该药为氨基糖苷类抗生素，抗菌谱广。该药对多种革兰氏阴性菌如大肠杆菌、沙门菌、变形杆菌、铜绿假单胞菌等有效，对支原体及革兰氏阳性菌葡萄球菌也有较好的抗菌作用。安普霉素独特的化学结构可抗有多种质粒编码钝化酶的灭活作用，因而革兰氏阴性菌对其较少耐药。临床主要用于治疗革兰氏阴性敏感菌感染，如鸡的大肠杆菌病、鸡白痢等。

内服吸收不良（<10%），吸收量同剂量有关，并随鸡只年龄增长而减少。吸收后主要经肾小球滤过而排出。在鸡只体内的半衰期为 1.7 h。

临床使用时以安普霉素计。混饮，每升水 250 ～ 500 mg，连用 3 ～ 5 d；混饲，每千克饲料 100 mg，连用 3 ～ 5 d。

注意：该药遇铁锈易失效；长期或大量应用可引起耳毒性、肾毒性和神经肌肉阻断作用；不得在蛋鸡的产蛋期使用。

⑥盐酸大观霉素（盐酸壮观霉素）：为白色或类白色结晶性粉末，易溶于水，在乙醇中几乎不溶。按干燥品计算，每毫克的效价不少于 779U 大观霉素。该药为氨基糖苷类抗生素，对革兰氏阳性菌、阴性菌及支原体均有效，对大肠杆菌、巴氏杆菌、沙门菌等有中度抑制作用，对葡萄球菌及支原体有较强的作用，铜绿假单胞菌通常耐药，肠道菌对大观霉素耐药较广泛。临床主要用于治疗革兰氏阴性菌及支原体感染。

内服后仅吸收 7%，但在胃肠道内保持较高浓度。药物吸收后主要以原形经肾小球滤过而排出。

该药常与盐酸林可霉素联合，用于鸡大肠杆菌与败血支原体引起的混合感染。

临床使用时以大观霉素计。混饮，每升水 500 ～ 1 000 mg。

注意：该药对动物毒性相对较小，很少引起肾毒性和耳毒性，但同其他氨基糖苷类一样，长时间或大剂量使用可引起神经肌肉阻断作用；不得在蛋鸡的产蛋期使用。

（4）多肽类抗生素。多肽类抗生素是具有多肽结构特征的一类抗生素。目前，在兽医临床上应用的多肽类抗生素，根据抗菌作用，可以将其分为以抗革兰氏阳性菌为主的抗生素和以抗革兰氏阴性菌为主的抗生素。多肽类抗生素内服不易被吸收。一般毒性较大，主要是神经毒性和肾脏毒性。由于易引起对肾脏和神经系统的毒性反应，现多内服用于肠道感染。一般而言，细菌对多肽类抗生素的耐药性产生较慢，细菌对多肽类抗生素和其他抗生素之间没有交叉耐药性。常用的品种主要有硫酸黏菌素和杆菌肽。

①硫酸黏菌素（多黏菌素 E）：为白色或微黄色粉末，有吸湿性。在水中易溶，在乙醇中微溶。其溶液在酸性条件下稳定，pH 值超过 6 时不稳定。按干燥品计算，每毫克的效价不得少于 19 000 U 黏菌素。

该药为碱性阳离子表面活性剂，通过与细菌细胞膜内的磷脂相互作用，引起细胞膜通透性发生变化，导致细菌死亡。该药为窄谱杀菌剂，对革兰氏阴性杆菌作用强大，对铜绿假单胞菌、大肠杆菌、沙门菌、弧菌等有较强的抗菌活性，对黏菌素敏感的细菌很少产生耐药性，主要用于革兰氏阴性杆菌引起的肠道感染。内服不易吸收，大部分从粪便排出。吸收后主要以原形经肾小球滤过而排出。

临床使用时以黏菌素计。混饮，每升水 20 ~ 60 mg，连用 5 d；混饲，每千克饲料 75 ~ 100 mg，连用 3 ~ 5 d。

注意：黏菌素类在内服或局部给药时动物能很好耐受，全身应用可引起肾毒性、神经毒性和神经肌肉阻断效应；超剂量内服可引起肾功能损伤；一般不作注射给药；连续使用不宜超过 1 周；不得在蛋鸡的产蛋期使用。

② 亚甲基水杨酸杆菌肽：为白色至淡黄色粉末，无臭。在水中易溶，在无水乙醇中极微溶解。按干燥品计算，每毫克的效价不得少于 40 U 杆菌肽。该药为多肽类抗生素，通过非特异性地阻断磷酸化酶反应，抑制细菌细胞壁的黏肽合成而产生抗菌作用。该药对大多数革兰氏阳性菌，如金黄色葡萄球菌、链球菌、肠球菌、梭状芽孢杆菌等均有良好的抗菌活性，对放线菌和螺旋体也有效。细菌对该药不易产生耐药性。临床主要用于治疗产气荚膜梭菌所引起的肉鸡坏死性肠炎。内服难吸收，大部分在 2 d 内经粪便排出。

临床应用时以杆菌肽计。混饮，肉鸡治疗用量为每升水 100 mg，连用 5 ~ 7 d。

（5）大环内酯类抗生素。大环内酯类抗生素是一类具有 12 ~ 16 个碳骨架的大环内酯环和糖通过氧桥连接而成的碱性抗生素。大环内酯类抗生素为快效抑菌型抗生素，通过作用于细菌核糖体 50S 亚单位，阻碍细菌肽链的延长和蛋白质的合成而达到抑菌作用。大环内酯类抗生素的抗菌谱和抗菌活性基本相似，对多数革兰氏阳性菌、部分阴性球菌、厌氧菌、支原体、衣原体和立克次氏体等有良好的抑菌作用。林可胺类抗生素和酰胺醇类抗生素在细菌核糖体 50S 亚基上的结合点与大环内酯类相同或相近，故合用时可能发生拮抗作用，也易使细菌产生耐药性。

大环内酯类抗生素毒性低，口服方便，是治疗鸡只革兰氏阳性菌感染和支原体、衣原体等非典型病原体感染的主要药物，在鸡病临床中占有重要地位。鸡只常用的品种主要有红霉素、泰乐菌素、替米考星、泰万菌素、北里霉素等。

①硫氰酸红霉素：为白色或类白色结晶或结晶性粉末，无臭，味苦，微有吸湿性。在乙醇中易溶，在水中微溶。按干燥品计算，每毫克的效价不少于 750 U 红霉素。

该药为大环内酯类抗生素，对革兰氏阳性菌的抗菌活性与青霉素类似，但其抗菌谱较青霉素广，对金黄色葡萄球菌、链球菌、李斯特菌、丹毒杆菌、梭状芽孢杆菌等作用较强。对支原体、衣原体和多杀性巴氏杆菌也良好的作用。在碱性溶液中的抗菌活性增强，当 pH 值从 5.5 上升到 8.5 时，抗菌活性逐步增加。细菌极易通过染色体突变对硫氰酸红霉素产生高水平耐药，由细菌质粒介导的红霉素耐药也较普遍。临床主要用于治疗鸡的革兰氏阳性菌和支原体引起的感染性疾病，如鸡的葡萄球菌病、链球菌病、慢性呼吸道病和传染性鼻炎。

内服能吸收，但部分可被胃酸破坏，胃肠道的酸度和胃中的食物均阻碍其生物利用度。吸收后广泛分布于全身各组织和体液，但很少进入脑脊液。该药在肝脏、胆汁中浓度最高。血浆蛋白结合率为 73%～81%。鸡只患脑膜炎时可渗入脑脊液。该药小部分在肝内代谢为无活性的 N-甲基红霉素，主要以原形从胆汁排泄，部分可经肠重吸收，只有 2%～5%经肾脏排出。

临床使用时以红霉素计。混饮，每升水 125 mg，连用 3 ~ 5 d；混饲，每千克饲料 250 mg，连用 3 ~ 5 d。

注意：该药在干燥状态或碱性溶液中较稳定，pH 值在 4 以下时易失效；不得在蛋鸡的产蛋期使用。

②酒石酸泰乐菌素：为白色至浅黄色粉末，在水中溶解。按干燥品计算，每毫克的效价不少于 800 U 泰乐菌素。该药为动物专用大环内酯类抗生素，为大环内酯类抗生素中对支原体作用最强的药物之一。抗菌谱与红霉素相似，敏感菌有金黄色葡萄球菌、链球菌、产气荚膜梭菌和巴氏杆菌等。敏感菌对该药可产生耐药性，金黄色葡萄球菌对该药和红霉素有部分交叉耐药现象。临床主要用于治疗鸡的支原体及敏感细菌感染，如鸡的慢性呼吸道病和传染性鼻炎等。

内服可从胃肠道吸收，皮下或肌内注射吸收迅速。吸收后能广泛分布于各个组织，在脏器中的分布以肝脏、肾脏、肺脏中较多，在肺脏中的药物浓度最高，在脑及脑脊液中浓度最低。注射给药时药物在组织中的浓度比内服高 2 ～ 3 倍。该药主要以原形经肾脏和胆汁排泄。

临床使用时以泰乐菌素计。混饮，治疗革兰氏阳性菌及支原体感染，每升水 500 mg，连用 3 ～ 5 d；治疗产气荚膜梭菌引起的鸡坏死性肠炎，每升水 50 ～ 150 mg，连用 7 d。皮下或肌内注射，每千克体重 5 ～ 13 mg。

注意：该药可引起人接触性皮炎；具有刺激性，肌内注射可引起剧烈的疼痛；动物内服后常表现剂量依赖性胃肠道功能紊乱；不得在蛋鸡的产蛋期使用。

③ 替米考星：为白色或类白色粉末。在乙醇、丙二醇中溶解，在水中不溶。按无水物计算，含替米考星不少于 85%。其磷酸盐为类白色至淡黄色粉末，溶于水，按无水物计算，含替米考星不少于 75%。

该药为动物专用大环内酯类抗生素。该药系泰乐菌素衍生物，抗菌谱与泰乐菌素相似，对巴氏杆菌及支原体的活性强于泰乐菌素。临床主要用于治疗鸡慢性呼吸道病和禽霍乱。

内服或皮下注射后吸收快，但不完全，组织穿透力强，表观分布容积大，肺组织中浓度高，有效血药浓度维持时间长，半衰期可长达 1 ～ 2 d。感染和炎症可提高组织渗透性。替米考星主要在肝脏代谢，在鸡只体内代谢后产生的部分代谢产物活性增强。该药主要以原形经粪便排出，其次经肾脏排出。

临床使用时以替米考星计。混饮，每升水 75 mg，连用 3 ～ 5 d；混饲，每千克饲料 150 mg，连用 3 ～ 5 d。

注意：该药对动物的毒性作用主要是心血管系统，可引起心动过速和收缩力减弱；动物内服后常表现剂量依赖性胃肠道功能紊乱；该药对眼睛有刺激性，应避免接触；禁止马属动物接触含有替米考星的饲料或饮水；不得在蛋鸡的产蛋期使用。

④酒石酸泰万菌素（酒石酸乙酰异戊酰泰乐菌素）：为黄色或淡黄色粉末，易溶于乙酸乙酯、丙酮和酸性水。按干燥品计算，每毫克的效价不少于 780 U 乙酰异戊酰泰乐菌素。该药为动物专用大环内酯类抗生素。该药系泰乐菌素衍生物，抗菌谱与泰乐菌素相似，对败血支原体和滑液支原体有很强的抗菌活性。细菌对该药不易产生耐药性。临床主要用于鸡支原体感染。

内服给药后吸收迅速。30 min 后血药浓度达到高峰。药物及其代谢产物分布于全身，主要组织器官的药物浓度高于血药浓度，在肝脏、胆汁和肾脏中浓度最高。该药主要通过胆汁排泄，经粪便和尿液排出。

临床使用时以泰万菌素计。混饮，每升水 200 mg，连用 3 ～ 5 d；混饲，每千克饲料 100 ～ 300 mg，连用 3 ～ 5 d。

注意：操作人员应注意防护，避免眼睛和皮肤直接接触；不得在蛋鸡的产蛋期使用。

⑤酒石酸吉他霉素（酒石酸北里霉素）：为白色或微黄色结晶性粉末，易溶于水和乙醇。按无水物计算，每毫克的效价不少于 1 100 U 吉他霉素。

该药为大环内酯类抗生素，抗菌谱、抗菌活性均与红霉素相似，但细菌对该药产生的耐药性要比红霉素慢。对革兰氏阳性菌、革兰氏阴性菌、支原体、螺旋体及衣原体均有作用，对支原体作用较强，对耐药性金黄色葡萄球菌的效力强于红霉素。临床主要用于防治鸡慢性呼吸道病及革兰氏阳性菌感染。

内服后吸收迅速，吸收后在体内分布广泛，在脏器中的分布以肝脏、胆汁中浓度最高，在肾脏、肺脏、肌肉中的药物浓度也较血药浓度高。鸡经饲料服用 300 mg/kg 的吉他霉素，达峰时间为 1.76 h，消除半衰期为 11.84 h。该药主要经胆汁排泄。

临床使用时以吉他霉素计。内服，1 次量为每千克体重 20 ～ 50 mg，每天 2 次，连用 3 ～ 5 d；混饮，每升水 250 ～ 500 mg，连用 3 ～ 5 d；混饲，每千克饲料 100 ～ 300 mg，连用 5 ～ 7 d。

注意：动物内服后常表现剂量依赖性胃肠道功能紊乱；不得在蛋鸡的产蛋期使用。

（6）林可胺类抗生素。又称为林可酰胺类抗生素。该类药物化学结构中含有氨基酸和糖苷部分，并通过肽键相连而成，主要包括林可霉素、克林霉素和盐酸吡利霉素。林可胺类抗生素为快效抑菌型抗生素，对细菌的作用机制与大环内酯类抗生素相似，通过作用于细菌核糖体 50S 亚单位，阻碍细菌肽链的延长和蛋白质的合成而达到抑菌作用。其抗菌谱与大环内酯类相似而窄。对葡萄球菌、链球菌等革兰氏阳性菌作用强，对支原体也有抗菌作用。林可胺类最主要特点是对各类厌氧菌有强大抗菌作用。大多数细菌对林可霉素和克林霉素存在完全交叉耐药性，也与大环内酯类抗生素存在交叉耐药性，同时，它们的耐药机制也相同。

林可胺类抗生素主要用于葡萄球菌、链球菌等革兰氏阳性需氧菌和厌氧菌的感染。目前，在鸡病临床上应用的主要为林可霉素。

盐酸林可霉素（盐酸洁霉素）为白色结晶性粉末，味苦，在水中易溶，在乙醇中略溶。按无水物计算，含林可霉素不少于 82.5%。该药为林可胺类抗生素，抗菌谱与大环内酯类相似，主要抗革兰氏阳性菌，对支原体作用与红霉素相似，对产气荚膜梭菌和破伤风梭菌有抑制作用。该药在通常情况下为抑菌剂，但在高浓度时，对高度敏感的细菌也具有杀菌作用。临床主要用于治疗鸡坏死性肠炎和支原体感染。

内服吸收迅速但不完全。内服后约 50% 在肝脏代谢，代谢产物仍具有活性。吸收后在体液和组织中分布广泛，以肝脏和肾脏中的组织药物浓度最高，不易透过血脑屏障。原药以及代谢产物经胆汁和尿中排泄。

临床使用时以林可霉素计。混饮，每升水 150 ～ 300 mg，连用 5 ～ 7 d；混饲，每千克饲料 300 mg，连用 5 ～ 7 d。

注意：该药具有神经肌肉阻断作用；已感染念珠菌的动物禁用；不得在蛋鸡的产蛋期使用。

（7）酰胺醇类抗生素。酰胺醇类抗生素又称为氯霉素类抗生素，属广谱抗生素，主要包括甲砜霉素和氟苯尼考。其中，氟苯尼考为动物专用抗生素。该类药物为快效抑菌型抗生素，通过作用于细菌核糖体 50S 亚单位，阻碍细菌肽链的延长和蛋白质的合成而达到抑菌作用。该类药物对革兰氏阴性菌的作用较革兰氏阳性菌强，对沙门菌高度敏感，对厌氧菌、衣原体、支原体也有抑制作用。细菌对该类药物产生耐药性比较慢，主要通过质粒介导而获得耐药性，产生乙酰转移酶使 α–甲基位上的羟基乙酰化而使药物失活。目前在兽医临床上允许使用的品种为甲砜霉素和氟苯尼考。

① 甲砜霉素：为白色结晶性粉末，味微苦，微溶于水及乙醇，易溶于二甲基甲酰胺。该药为酰胺醇类抗生素，具有广谱抗菌作用，对大多数革兰氏阳性菌和革兰氏阴性菌均有抑制作用，对革兰氏阴性杆菌作用较强，如大肠杆菌、沙门菌等。革兰氏阳性菌中的葡萄球菌、链球菌对该药较敏感。此外，该药对厌氧菌、支原体、衣原体和立克次氏体也有作用。临床主要用于禽伤寒、禽副伤寒、大肠杆菌病、禽霍乱及葡萄球菌病。内服吸收良好。在体内广泛分布，以肾脏、脾脏、肝脏和肺脏等处的浓度较高。在肝脏不与葡萄糖醛酸结合，因而在体内抗菌活性较高。主要以原形经胆汁和肾脏排泄。

临床应用时以甲砜霉素计。内服，1 次量为每千克体重 5 ～ 10 mg，每天 2 次，2 ～ 3 d；混饮，每升水 50 mg，连用 3 ～ 5 d；混饲，每千克饲料 100 mg，连用 3 ～ 5 d。

注意：该药不产生再生障碍性贫血，但可抑制血细胞的生成，程度比氯霉素轻；该药有较强的免疫抑制作用，疫苗接种期或免疫功能严重缺损的动物应避免同时使用；不得在蛋鸡的产蛋期使用。

② 氟苯尼考：为白色或类白色粉末。在二甲基甲酰胺中极易溶解，在水中几乎不溶。抗菌谱和抗菌活性略强于甲砜霉素，对多种革兰氏阳性菌、革兰氏阴性菌有较强抗菌活性。多杀性巴氏杆菌、大肠杆菌、沙门菌及嗜血杆菌等对该药均敏感。细菌对该药可产生耐药性，并与甲砜霉素交叉耐药。对氯霉素耐药的细菌对该药仍然敏感。临床主要用于鸡白痢、禽伤寒、副伤寒、大肠杆菌病、禽霍乱、传染性鼻炎及葡萄球菌病等。

内服和注射吸收迅速。吸收后在体内广泛分布，在肝脏不与葡萄糖醛酸结合，血药浓度高，半衰期长，因而在体内抗菌活性较高。主要以原形经肾脏排泄。

临床应用时以氟苯尼考计。混饮，每升水 100 mg，连用 3 ～ 5 d；混饲，每千克饲料 200 mg，连用 3 ～ 5 d；肌内注射，1 次量为每千克体重 20 ～ 30 mg，每隔 48 h 使用 1 次，连用 2 次。

注意：该药不引起骨髓抑制或再生障碍性贫血，但有较强的免疫抑制作用；疫苗接种期或免疫功能严重缺损的动物应避免同时使用；不得在蛋鸡的产蛋期使用。

（8）四环素类抗生素。四环素类抗生素为一类具有共同十二氢化并四苯母核基本结构的衍生物，该类药物有共同的 A、B、C、D 四个环的母核，仅在 5 位、6 位、7 位上有不同的取代基。它们对革兰氏阳性菌、革兰氏阴性菌、螺旋体、立克次氏体、支原体、衣原体、原虫等均可产生抑制作用，故称为广谱抗生素。该类药物属于快效广谱抑菌剂，可逆性地与细菌核糖体 30S 亚单位的受体结合，阻碍细菌肽链的延长和蛋白质的合成而达到抑菌作用。四环素类药物抗菌谱很广，对革兰氏阳性菌如金黄色葡萄球菌、链球菌、梭状芽孢杆菌、破伤风梭菌等作用较强；对革兰氏阴性菌如大肠杆菌、沙门菌、巴氏杆菌等也较敏感；对立克次氏体、衣原体及支原体也有效；甚至对鸡艾美耳球虫也有一定作用。该类药为酸碱两性的化合物，饲料中含钙、镁、铁等离子能与该类药物形成络合物而妨碍吸收。细菌通过对药物的主动转运和增强主动外排而对该类药物耐药，还可通过核糖体保护因子在蛋白质合成过程中保护核糖体而耐药。天然的四环素之间存在交叉耐药性，但与半合成的四环素类药物之间交叉耐药性不明显。

目前，鸡病临床上常用的四环素类品种有多西环素、金霉素、土霉素、四环素。抗菌作用的强弱顺序依次为多西环素＞金霉素＞四环素＞土霉素。多用于治疗非典型性致病菌引起的感染，如衣原体感染、支原体感染等。

① 盐酸多西环素（盐酸强力霉素）：为淡黄色至黄色结晶性粉末，味苦，易溶于水，微溶于乙醇。按无水物与无乙醇物计算，含多西环素为88% ～ 94%。抗菌谱与其他四环素类药物相似，但体内、体外抗菌活性较金霉素、土霉素强。细菌对该药与土霉素、金霉素等存在交叉耐药性。临床用于防治鸡慢性呼吸道病、传染性滑膜炎、大肠杆菌病、沙门菌病、禽霍乱、衣原体病及螺旋体病等。

内服后吸收良好，生物利用度高。有效血药浓度维持时间较长，因多西环素脂溶性高，对组织渗透力较强，分布广泛，易进入细胞内。部分在肝脏内代谢灭活，原形药大部分经胆汁排入肠道，被重吸收，存在明显的肝肠循环。经肾脏排出时，因脂溶性较强，易被肾小管重吸收。

临床使用时以多西环素计。内服，1 次量为每千克体重 15 ～ 25 mg，每天 1 次，连用 3 ～ 5 d；混饮，每升水 100 ～ 300 mg，连用 3 ～ 5 d。

注意：不得在蛋鸡的产蛋期使用。

② 盐酸金霉素：为金黄色或黄色结晶，在日光下颜色渐变深，味苦，在水或醇中微溶。按干燥品计算，含盐酸金霉素不少于 91.0%。该药为四环素类抗生素，抗菌谱与土霉素相似，但抗菌作用较土霉素、四环素强。对葡萄球菌和梭状芽孢杆菌等革兰氏阳性菌以及大肠杆菌、沙门菌等革兰氏阴性菌有效，对支原体、衣原体、螺旋体、球虫也有抑制作用。临床主要用于防治慢性呼吸道病和大肠杆菌病。

内服吸收率低，为 1% ～ 3%。胃肠道内的镁、钙、铁、锌等多价金属离子能与该药形成难溶的螯合物，而使药物减少吸收。因吸收率低，主要经粪便排泄。

临床使用时以金霉素计。混饮，每升水 200 ～ 400 mg，连用 3 ～ 5 d。

注意：长期服用可导致肠道菌群紊乱，重者出现二重感染；肝脏和肾脏功能严重不良的鸡群禁用该药；避免与含钙量较高的饲料同服；不得在蛋鸡的产蛋期使用。

③ 土霉素：为淡黄色或暗黄色结晶性粉末或无定性粉末，在日光下颜色变暗。该药在乙醇中微溶，在水中极微溶解。按无水物计算，含土霉素不少于 95.0%。其盐酸盐为黄色结晶性粉末，易溶于水，略溶于乙醇。盐酸盐按无水物计算，含土霉素不少于 88.0%。

该药为四环素类广谱抗生素，对葡萄球菌和梭状芽孢杆菌等革兰氏阳性菌以及大肠杆菌、沙门菌等革兰氏阴性菌有效，对支原体、衣原体、螺旋体、球虫也有抑制作用。临床可用于防治慢性呼吸道病、沙门菌病、大肠杆菌病、葡萄球菌病、坏死性肠炎等。

内服吸收不规则、不完全，主要在小肠上段被吸收。胃肠道内的镁、钙、铁、锌等多价金属离子能与该药形成难溶的螯合物，而使药物减少吸收。内服后，2 ～ 4 h 血药浓度达到峰值。肌内注射后达峰时间为 30 min 至数小时，取决于注射部位和容积。吸收后在体内分布广泛，对正在发育的骨组织渗透性较强，在常规剂量下不易透过血脑屏障。主要经肾小球滤过排泄。有相当一部分经胆汁排入肠道后，被重吸收，形成肝肠循环。

临床使用时以土霉素计。内服，1 次量为每千克体重 25 ～ 50 mg，每天 2 ～ 3 次，连用 3 ～ 5 d；混饮，每升水 150～250 mg，连用 3～5 d；混饲，每千克饲料 200～600 mg，用于治疗，连用 3～5 d，预防量减半。

注意：长期服用可导致肠道菌群紊乱，重者出现二重感染。肝脏和肾脏功能严重不良的鸡群禁用该药；避免与含钙量较高的饲料同服。

（9）截短侧耳素类抗生素。又称为二萜烯类抗生素，截短侧耳素及其衍生物的主体骨架是由五元、六元和八元环拼合而成。该类药物的抗菌谱与抗菌作用机制与大环内酯类相似，属于快效抑菌剂，可与细菌核糖体 50S 亚基结合，抑制细菌蛋白质的合成，对多数革兰氏阳性菌及支原体感染有独特疗效。该类药物中的泰妙菌素与沃尼妙林均为动物专用的抗生素。目前泰妙菌素在鸡病临床上使用。

延胡索酸泰妙菌素为白色或类白色结晶性粉末。在水中溶解，在乙醇中易溶。按无水物计算，含延胡索酸泰妙菌素应不少于 98.0%。

该药对多种支原体、革兰氏阳性菌及某些螺旋体等有较强抗菌作用，但对大肠杆菌、沙门菌等革兰氏阴性菌作用较弱。该药与金霉素合用有协同作用。临床主要用于慢性呼吸道病、传染性滑膜炎。

内服吸收良好，85% 以上被肠管吸收，2 ～ 4 h 可达血药浓度高峰。吸收后在体内广泛分布，组织中的药物浓度高于血清浓度数倍，以肝脏中含量最高。在体内被肝脏代谢后，其代谢产物主要经胆汁排泄，经粪排出体外，部分经肾脏排泄。泰妙菌素与金霉素按 1∶4 联合使用，用于治疗鸡只支原体感染。

临床使用时以延胡索酸泰妙菌素计。混饮，每升水 125 ～ 250 mg，连用 3 ～ 5 d。

注意：该药与莫能菌素、盐霉素等聚醚类抗生素同用，可影响上述聚醚类抗生素的代谢，使鸡生长缓慢、运动失调、麻痹瘫痪，甚至死亡；与能结合细菌核糖体 50S 亚基的其他抗生素（如大环内酯类、林可胺类抗生素）合用，由于竞争相同作用位点，可能导致药效降低；使用者避免药物与眼及皮肤接触。

2. 合成抗菌药

抗菌药除了上述抗生素以外，还有许多人工合成的药物，在防治鸡病方面起着重要的作用。常用合成抗菌药可分为六类：磺胺类、二氨基嘧啶类、喹诺酮类、喹噁啉类、硝基呋喃类和硝基咪唑类。这六类药物中，硝基呋喃类如呋喃他酮、呋喃唑酮由于具有致癌作用，而喹噁啉类的卡巴氧、喹乙醇则具有潜在的致癌作用，我国已禁止在食品动物中使用。目前，我国尚未批准喹噁啉类中的其他药物用于鸡病防治。硝基咪唑类的甲硝唑、地美硝唑，由于发现有致癌作用，世界上大多数国家包括我国均已禁止作为促生长添加剂使用。

（1）磺胺类。磺胺类抗菌药是通过化学合成产生的一类药物，是对氨基苯磺酰胺的衍生物。该类抗菌药为慢效抑菌药，通过竞争性抑制微生物的二氢叶酸合成酶，使二氢叶酸合成受阻而发挥抗菌作用。对磺胺类敏感的微生物不能直接从外源利用叶酸。高等动物因能直接利用外源叶酸，故其代谢不受磺胺药干扰。磺胺类药物抗菌谱广，对大多数革兰氏阳性菌和部分阴性菌有效。对其较敏感的有链球菌、大肠杆菌、沙门菌、副鸡禽杆菌等；一般敏感的有葡萄球菌、变形杆菌、巴氏杆菌和铜绿假单胞菌等。磺胺类对某些原虫如球虫、住白细胞虫亦有较强抑制作用，但对螺旋体、立克次体无效。

各种磺胺药的抗菌谱基本相似，但不同的磺胺药抗菌作用强度有所差异。一般来说，从强到弱依次顺序为磺胺间甲氧嘧啶 > 磺胺甲噁唑 > 磺胺嘧啶 > 磺胺对甲氧嘧啶 > 磺胺二甲嘧啶。

除抗菌谱广外，磺胺类药物还具有可内服、吸收较快、性质稳定、使用方便等优点。但磺胺类药物抗菌作用较弱、用量偏大、不良反应较多、细菌易产生耐药性。

磺胺类药物的不良反应一般不太严重。使用磺胺类药物能造成骨髓造血机能减弱、免疫器官抑制、肾脏和肝脏功能障碍及碳酸酐酶的活性降低等。大剂量应用磺胺类药物，可引起急性中毒，主要表现为兴奋不安、摇头、厌食、腹泻、惊厥、麻痹等症状。慢性中毒系剂量偏大、长期用药引起，表现为羽毛松乱，沉郁，食欲减退或不食，饮水增多，腹泻或便秘，增重缓慢，严重贫血，面部、可视黏膜苍白或黄染，有出血现象。产蛋鸡产蛋量下降，产软壳蛋，蛋壳粗糙。

为提高磺胺类药物的临床应用效果，使用该类药物时应注意以下事项。

一是由于敏感菌对磺胺药易产生耐药性，用药时应给予足够的剂量，通常首次用量加倍，并应有足够的疗程。磺胺药与抗菌增效剂合用时，抗菌活性大大增强，可延缓耐药性的产生，并可减少用量，故一般应与增效剂同时应用。

二是磺胺药可引起菌群失调，影响肠道微生物对维生素 K 和 B 族维生素的合成，长期使用宜补充相应的维生素。

三是磺胺类药物影响碳酸盐的形成和分泌，导致母鸡产蛋率、蛋壳质量下降，其中磺胺喹噁啉对产蛋的影响较为严重。除治疗鸡传染性鼻炎、住白细胞虫病外，一般应禁用于产蛋鸡群。

四是磺胺药的代谢产物乙酰化磺胺在尿中的溶解度低，易在泌尿道析出结晶，对泌尿道造成损害。在应用磺胺药时，应注意配伍碳酸氢钠，并增加饮水，以提高磺胺类及其代谢产物的溶解度，促进其从尿中排出，减少或避免其对泌尿道损害。

虽然 20 世纪 40 年代以后，抗生素不断发现和发展，在临床上不断取代了磺胺类，但由于磺胺类抗菌药具有抗菌谱广、性质稳定、使用方便、易于生产、不消耗粮食等优点，在临床治疗畜禽感染性疾患中，仍占有重要地位。常用品种主要有磺胺间甲氧嘧啶、磺胺甲噁唑、磺胺嘧啶、磺胺对甲氧嘧啶、磺胺二甲嘧啶、磺胺氯哒嗪等。

① 磺胺间甲氧嘧啶（磺胺-6-甲氧嘧啶，SMM）：为白色或类白色结晶性粉末，遇光色渐变暗。在水中不溶，在乙醇中略溶。其钠盐易溶于水。

磺胺间甲氧嘧啶是体外抗菌活性最强的磺胺药，对大多数革兰氏阳性菌和革兰氏阴性菌有抑制作用。对球虫、住白细胞虫也有较强作用。与抗菌增效剂合用时，抗菌活性增强。主要用于防治鸡传染性鼻炎、球虫病及住白细胞虫病；也可用于治疗由其他敏感菌引起的败血症及消化道、呼吸道感染，如葡萄球菌病、链球菌病、禽霍乱、大肠杆菌病、禽伤寒和副伤寒等。

内服吸收良好。吸收后分布于全身各组织和体液，以血液、肝脏、肾脏含量较高，神经、肌肉及脂肪中含量较低。该药主要在肝脏代谢，乙酰化率低，乙酰物在尿中溶解度较大。主要经肾脏排泄，经肾脏排出的药物，部分以原形排出，部分以乙酰化物和葡萄糖醛酸结合物的形式排出。大部分经肾小球滤过，小部分由肾小管分泌，到达肾小管内的药物部分被重吸收。该药可经输卵管排泄入卵。

临床使用时以磺胺间甲氧嘧啶计。混饮，每升水 250 ～ 500 mg，连用 3 ～ 5 d；混饲，每千克饲料 500 ～ 1 000 mg，连用 3 ～ 5 d。

与抗菌增效剂合用时，按 5∶1 的比例与甲氧苄啶等抗菌增效剂配合使用，即由该药 5 份与相应的抗菌增效剂（甲氧苄啶、二甲氧苄氨嘧啶等）1 份配合而成。以磺胺间甲氧嘧啶计。混饮，每升水 100 ～ 200 mg，连用 3 ～ 5 d；混饲，每千克饲料 200 ～ 400 mg，连用 3 ～ 5 d。

注意：应用该药时，应注意其适应证，并严格控制用药剂量及用药时间，一般用药不得超过 1 周。使用时应同时服用碳酸氢钠，其剂量为该药剂量的 1 ～ 2 倍，以防止结晶尿和血尿的发生；在用药期间，应给予充足的饲料和饮水，同时增加饲料中维生素的含量；在生长速度较快的雏鸡，要精确计算饲料和饮水的消耗量，以便通过饲料和饮水给药时使鸡只得到正常的日剂量，而且饲料和药物一定要混合均匀；发生中毒时，应立即停药，并尽量让鸡只多饮水，重症病鸡可饮用 1% ～ 2%

碳酸氢钠溶液，以防结晶尿的出现，为提高机体的耐受及解毒能力，也可饮服车前草水或5%葡萄糖，均具有一定的疗效。该药不得在蛋鸡的产蛋期使用。其他参见磺胺类药概述的有关内容。

② 磺胺甲噁唑（新诺明，SMZ）：为白色结晶性粉末，味微苦，在水中不溶，其钠盐易溶于水。

该药为磺胺类药，抗菌活性较强，抗菌作用与磺胺间甲氧嘧啶相似或略弱。与甲氧苄啶合用后，抗菌作用明显增强。对葡萄球菌、链球菌、巴氏杆菌、副鸡禽杆菌、沙门菌等有效。临床用于治疗敏感菌引起感染，如葡萄球菌病、链球菌病、禽霍乱、传染性鼻炎、大肠杆菌病、禽伤寒及副伤寒等。

内服吸收良好。吸收后分布于全身各组织和体液，以血液、肝脏、肾脏含量较高，神经、肌肉及脂肪中含量较低。该药蛋白结合率高，有效血药浓度维持时间较长。该药主要在肝脏代谢，乙酰化率高，且溶解度低，易在酸性尿中析出结晶造成泌尿道损害。主要经肾脏排泄，大部分经肾小球滤过，小部分由肾小管分泌，到达肾小管内的药物部分被重吸收。该药可经输卵管排泄入卵。蛋鸡以2 000 mg/kg浓度混饲，停药10 d后，蛋中药物浓度才能降至0.1 μg/g。

临床使用时以磺胺甲噁唑计。混饮，每升水200～500 mg，连用3～5 d；混饲，每千克饲料500～1 000 mg，连用3～5 d。

与抗菌增效剂合用时，按5∶1的比例与甲氧苄啶等抗菌增效剂配合使用，即由该药5份与相应的抗菌增效剂（甲氧苄啶、二甲氧苄啶等）1份配合而成。以磺胺甲噁唑计。混饮，每升水100～300 mg，连用3～5 d；混饲，每千克饲料200～600 mg，连用3～5 d。

注意事项参见磺胺间甲氧嘧啶。

③ 磺胺嘧啶（SD）：为白色或类白色结晶或粉末，遇光色渐变暗。在水中几乎不溶，在乙醇中微溶；其钠盐易溶于水。该药为磺胺类药，抗菌活性较强，抗菌作用较磺胺甲噁唑弱。对葡萄球菌、链球菌、巴氏杆菌、沙门菌、李斯特菌等有效。对球虫、弓形虫及住白细胞虫也有作用。与甲氧苄啶合用后，抗菌作用明显增强。主要用于敏感菌引起的全身感染，如禽霍乱、大肠杆菌病、禽伤寒、副伤寒、李斯特菌病、葡萄球菌病、球虫病及住白细胞虫病。该药内服吸收迅速，血浆蛋白结合率低，可通过血脑屏障进入脑脊液，药物在脑脊液中的浓度是磺胺类药中最高的一种，是治疗脑部细菌感染的有效药物。

临床使用时以磺胺嘧啶计。混饮，每升水1 000 mg，连用3～5 d；混饲，每千克饲料2 000 mg。

与抗菌增效剂合用时，按5∶1的比例与甲氧苄啶等抗菌增效剂配合使用，即由该药5份与相应的抗菌增效剂（甲氧苄啶、二甲氧苄啶等）1份配合而成。以磺胺嘧啶计。混饮，每升水100～200 mg，连用3～5 d；混饲，每千克饲料200～400 mg，连用3～5 d。

注意事项参见磺胺间甲氧嘧啶。

④ 磺胺对甲氧嘧啶（磺胺-5-甲氧嘧啶，SMD）：为白色或微黄色结晶或粉末，味微苦。在水中几乎不溶，在乙醇中微溶；其钠盐易溶于水。该药抗菌作用比磺胺间甲氧嘧啶和磺胺甲噁唑弱。对葡萄球菌、链球菌、巴氏杆菌、副鸡禽杆菌、沙门菌、李斯特菌以及球虫和住白细胞虫均有效。与抗菌增效剂联合使用，增效较其他磺胺药显著。主要用于防治鸡传染性鼻炎、球虫病及住白细胞虫病；也可用于治疗由其他敏感菌引起的败血症及消化道、呼吸道感染，如葡萄球菌病、链球菌病、禽霍乱、大肠杆菌病、禽伤寒和副伤寒等。

内服后吸收迅速，血浆蛋白结合率较低，乙酰化率较低，排泄较慢，不易引起结晶尿。有效血药浓度可维持 24 h。

临床使用时以磺胺对甲氧嘧啶计。混饮，每升水 250 ～ 1 000 mg，连用 3 ～ 5 d；混饲，每千克饲料 500 ～ 2 000 mg，连用 3 ～ 5 d。

与抗菌增效剂合用时，按 5∶1 的比例与甲氧苄啶等抗菌增效剂配合使用，即由该药 5 份与相应的抗菌增效剂（甲氧苄啶、二甲氧苄啶等）1 份配合而成。以磺胺对甲氧嘧啶计。混饮，每升水 100 ～ 200 mg，连用 3 ～ 5 d；混饲，每千克饲料 200 ～ 400 mg，连用 3 ～ 5 d。

注意事项参见磺胺间甲氧嘧啶。

⑤ 磺胺二甲嘧啶（SM_2）：为白色或微黄色结晶或粉末，遇光色渐变深，味微苦。在水中几乎不溶，在热乙醇中溶解；其钠盐易溶于水。该药抗菌作用较磺胺嘧啶弱。对沙门菌、巴氏杆菌及球虫有效。与抗菌增效剂合用时，抗菌活性增强。主要用于禽伤寒、副伤寒、禽霍乱及球虫病等。内服后吸收迅速，排泄较慢，乙酰化物的溶解度高，不易出现结晶尿。肉鸡以 1 000 mg/kg 的浓度饮水，72 h 后，血液及肌肉中药物均消失，肝脏和肾脏中也仅检出微量。

临床应用时以磺胺二甲嘧啶计。内服，1 次量为每千克体重 70 ～ 100 mg，每天 2 次；混饮，每升水 1 000 mg，连用 3 ～ 5 d；混饲，每千克饲料 2 000 mg，连用 3 ～ 5 d。

与抗菌增效剂合用时，按 5∶1 的比例与甲氧苄啶等抗菌增效剂配合使用，即由该药 5 份与相应的抗菌增效剂（甲氧苄啶、二甲氧苄啶等）1 份配合而成。以磺胺二甲嘧啶计。混饮，每升水 500 mg，连用 3 ～ 5 d；混饲，每千克饲料 1 000 mg，连用 3 ～ 5 d。

注意事项参见磺胺间甲氧嘧啶。

⑥ 磺胺氯哒嗪钠：为白色或淡黄色粉末，易溶于水，在甲醇中溶解，在乙醇中略溶。该药抗菌作用与磺胺间甲氧嘧啶相似，抗菌作用比磺胺间甲氧嘧啶稍弱。对葡萄球菌、链球菌、巴氏杆菌、副鸡禽杆菌、大肠杆菌、沙门菌等有效。与抗菌增效剂合用时，抗菌活性增强。临床主要用于治疗巴氏杆菌、大肠杆菌等引起的感染。

临床应用时以磺胺氯哒嗪钠计。内服，1 次量为每千克体重 100 mg，每天 1 次；混饮，每升水 250 ～ 500 mg，连用 3 ～ 5 d；混饲，每千克饲料 1 000 mg，连用 3 ～ 5 d。

与抗菌增效剂合用时，按 5∶1 的比例与甲氧苄啶等抗菌增效剂配合使用，即由该药 5 份与相应的抗菌增效剂（甲氧苄啶、二甲氧苄啶等）1 份配合而成。以磺胺氯哒嗪钠计。混饮，每升水 100 ～ 200 mg，连用 3 ～ 5 d；混饲，每千克饲料 200 ～ 400 mg，连用 3 ～ 5 d。

注意事项参见磺胺间甲氧嘧啶。

（2）二氨基嘧啶类。二氨基嘧啶类抗菌药通过抑制细菌的二氢叶酸还原酶，阻断四氢叶酸的合成而产生抗菌作用。它们与磺胺药相似，为慢效抗菌剂。磺胺类抗菌药抑制二氢叶酸合成酶，二氨基嘧啶类抗菌药抑制二氢叶酸还原酶，两类药联用时，可双重阻断细菌合成四氢叶酸，产生协同杀菌作用，还可延缓细菌产生耐药性，减少磺胺药用量。该类药还可增强青霉素、庆大霉素等多种抗生素的抗菌作用。但单独使用时，细菌易产生耐药性，一般不单独作抗菌药使用。

二氨基嘧啶类的应用，对磺胺药的应用发挥了重要的促进作用。该类药临床常用的品种有甲氧苄啶和二甲氧苄啶。

① 甲氧苄啶：为白色或淡黄色结晶性粉末，味微苦，在水中几乎不溶，在乙醇中微溶，在冰醋酸中易溶。该药为广谱抗菌药，对多数革兰氏阳性菌和阴性菌均有抑制作用，其中较敏感的菌有葡萄球菌、大肠杆菌和沙门菌等，对球虫、住白细胞虫也有抑制作用。常与磺胺药配伍，用于防治

鸡球虫病、住白细胞虫病、葡萄球菌病、大肠杆菌病及禽霍乱等。

内服或注射后吸收迅速，1 ～ 2 h 血药浓度达到高峰。该药脂溶性高，广泛分布于各组织和体液中，并超过血药浓度，血浆蛋白结合率 30% ～ 40%。维持时间较短，在鸡只体内的消除半衰期约为 2 h。主要经肾脏排泄，3 d 内排出剂量的 80%，少量以原形排出。

临床使用时，该药按 1∶5 的比例与磺胺药配合使用，即由甲氧苄啶 1 份与相应的磺胺药 5 份配合而成。以磺胺药计，复方磺胺药物的用法、用量大致如下。内服，1 次量为每千克体重 20 ～ 30 mg，每天 1 ～ 2 次；混饮，每升水 100 ～ 300 mg，连用 5 d；混饲，每千克饲料 200 ～ 600 mg，连用 5 d。

注意：易产生耐药性，不宜单独应用；该药长期大剂量使用，可影响叶酸代谢，引起造血机能受到抑制。

② 二甲氧苄啶（二甲氧苄氨嘧啶，DVD）：为白色或淡黄色结晶性粉末，味微苦。在水、乙醇中不溶，在盐酸中溶解。

该药抗菌作用和抗菌范围与甲氧苄啶相似，但比甲氧苄啶弱。内服吸收少，在肠道保持较高浓度。常与磺胺药配伍，用于防治鸡肠道细菌感染及球虫病。

临床使用时，该药按 1∶5 的比例与磺胺药配合使用，即由二甲氧苄啶 1 份与相应的磺胺药 5 份配合而成。以磺胺药计，复方磺胺药物的用法、用量大致如下。内服，1 次量为每千克体重 20 ～ 30 mg，每天 1 ～ 2 次；混饮，每升水 100 ～ 300 mg，连用 5 d；混饲，每千克饲料 200 ～ 600 mg，连用 5 d。

注意：该药长期大剂量使用，可影响叶酸代谢，引起造血机能受到抑制。

（3）喹诺酮类。喹诺酮类抗菌药是一类具有 4-喹诺酮环结构的药物。喹诺酮类是一类静止期杀菌性药物，通过抑制 DNA 回旋酶，阻断 DNA 的复制而产生抗菌作用。喹诺酮类抗菌药抗菌谱广，对革兰氏阳性菌和阴性菌、对支原体和衣原体等均有抗菌作用；杀菌力强，在体外很低浓度即可显示高度抗菌活性；口服、注射均易吸收，半衰期较长，血药浓度较高，组织分布较广，适用于多系统感染。对革兰氏阴性菌和革兰氏阳性菌都有一定程度的抗生素后效应。临床用药时，应避免与利福霉素类抗生素、酰胺醇类药物配伍使用，以免疗效下降。镁、铝等重金属离子可与该类药物发生螯合，影响吸收。

近年来，随着喹诺酮类药物在临床的广泛应用，耐药菌株逐渐增加。细菌产生耐药性的机理主要是由于 DNA 回旋酶 A 亚单位多肽编码基因的突变，使药物失去作用靶点；药物还可引起细菌膜孔道蛋白改变，阻碍药物进入体内，还能通过药物外排系统将药物排出。喹诺酮类药物也存在由质粒介导的耐药性。细菌对喹诺酮类的耐药机制可单独或协同作用，使细菌发生对氟喹诺酮类药物耐药。该类药物之间存在交叉耐药性。

喹诺酮类药物作为化学合成抗菌药，通过对其结构的不断改造，使其具有越来越强大的抗菌活性，应用前景广阔。目前临床应用的氟喹诺酮类药物主要有氟甲喹、环丙沙星、恩诺沙星、沙拉沙星、达氟沙星等，广泛用于鸡只细菌与支原体感染的防治。

① 氟甲喹：为白色结晶性粉末，在水中不溶于水，溶于氢氧化钠溶液。该药为喹诺酮类抗菌药，主要对革兰氏阴性菌有效，敏感菌包括大肠杆菌、沙门菌、巴氏杆菌等，对支原体也有一定作用。体外抗菌活性与环丙沙星相近。临床主要用于鸡大肠杆菌、沙门菌等革兰氏阴性菌引起的感染。

内服吸收良好，在体内代谢广泛，仅有 3% ～ 6% 的药物以原形经肾脏排泄，部分药物经输卵管排泄。停药后 6 d，鸡蛋中才无药物残留。

临床应用时以氟甲喹计。内服，1 次量为每千克体重 3 ～ 6 mg，每天 2 次；混饮，每升水 30 ～ 60 mg，连用 3 ～ 5 d，首次剂量加倍；混饲，每千克饲料 60 ～ 120 mg，连用 3 ～ 5 d，首次剂量加倍。

注意：对幼年动物可引起软骨组织损害；长期用药易发生光敏反应；不得在蛋鸡的产蛋期使用。

② 恩诺沙星：为微黄色结晶性粉末，味微苦，难溶于水，可溶于氢氧化钠溶液。其盐酸盐、钠盐溶于水。该药为动物专用氟喹诺酮类广谱抗菌药，对革兰氏阴性菌、阳性菌和支原体均有效，其抗菌作用有明显的浓度依赖性，对支原体的作用比泰乐菌素、泰妙菌素强。临床主要用于鸡慢性呼吸道病、大肠杆菌病、沙门菌病、传染性鼻炎、葡萄球菌病、禽霍乱等。

内服吸收迅速而较完全，在体内分布广泛，0.5 ～ 2 h 血药浓度达到高峰。鸡内服该药的生物利用度为 60% ～ 80%，消除半衰期为 9 ～ 14 h。给药后 24 h，组织中的药物浓度最高。鸡以每千克体重 10 mg 的剂量内服该药，连用 4 d 后，在休药第 6 天，肌肉、肝脏和肾脏的药物残留量为 0.003 ～ 0.03 μg/g。用药后，除中枢神经系统外，几乎所有组织的药物浓度都高于血浆。有 15% ～ 50% 的药物以原形通过尿排出体外。恩诺沙星在动物体内的主要代谢方式是脱去乙基而成为环丙沙星，其次为氧化及葡萄糖醛酸结合，环丙沙星还可进一步代谢。

临床应用时以恩诺沙星计。内服，1 次量为每千克体重 5 ～ 7.5 mg，每天 2 次；混饮，每升水 50 ～ 75 mg，连用 3 ～ 5 d；混饲，每千克饲料 100 ～ 150 mg，连用 3 ～ 5 d。

注意：对幼年动物可引起软骨组织损害；长期用药易发生光敏反应；不得在蛋鸡的产蛋期使用。

③ 环丙沙星：为白色或微黄色结晶性粉末，味苦，在乙酸中溶解，在水中几乎不溶。常用其盐酸盐或乳酸盐，为微黄色结晶性粉末，味苦，溶于水。该药为氟喹诺酮类抗菌药，其抗菌谱、抗菌活性与恩诺沙星类似，对多数革兰氏阴性菌、阳性菌、支原体和某些厌氧菌有较强杀灭作用。对某些细菌的体外抗菌活性优于环丙沙星。临床主要用于鸡大肠杆菌病、沙门菌病、传染性鼻炎、葡萄球菌病、禽霍乱及慢性呼吸道病等。

内服和肌内注射吸收迅速但不完全。吸收后在体内分布广泛，1 ～ 3 h 血药浓度达到高峰。鸡内服该药的生物利用度为 70%。主要以原形通过尿排出体外。

临床应用时以环丙沙星计。内服，1 次量为每千克体重 5 ～ 10 mg，每天 2 次；混饮，每升水 80 mg，连用 3 ～ 5 d；混饲，每千克饲料 100 ～ 200 mg，连用 3 ～ 5 d；肌内注射，1 次量为每千克体重 5 mg，每天 2 次。

注意：对幼年动物可引起软骨组织损害；长期用药易发生光敏反应；不得在蛋鸡的产蛋期使用。

④ 甲磺酸达氟沙星（甲磺酸单诺沙星）：为白色至微黄色结晶性粉末，味苦，易溶于水。该药为动物专用氟喹诺酮类广谱抗菌药，抗菌谱与恩诺沙星相似。对鸡呼吸道致病菌抗菌活性高，肺组织中的药物分布浓度高，对支原体或细菌所引起的呼吸道感染疗效突出。主要用于治疗鸡慢性呼吸道病、传染性鼻炎、沙门菌病、大肠杆菌病、鸡奇异变形杆菌病、禽霍乱、铜绿假单胞菌病及葡萄球菌病等。

内服吸收迅速，吸收后在体内分布广泛，在肺组织中的药物浓度较高。鸡以每千克体重 5 mg 的剂量内服该药，0.5 h 血药浓度达到高峰。消除半衰期为 7 h，生物利用度高。主要通过尿排出体外，其次通过胆汁。鸡以每千克体重 5 mg 的剂量内服该药，连用 3 d 后，在休药第 3 天，肺脏的药物残留量为 0.008 μg/g，血浆中未检出。

临床应用时以达氟沙星计。内服，1 次量为每千克体重 2.5 ～ 5 mg，每天 1 次；混饮，每升水 25 ～ 50 mg，连用 3 ～ 5 d；混饲，每千克饲料 50 ～ 100 mg，连用 3 ～ 5 d。

注意：对幼年动物可引起软骨组织损害；长期用药易发生光敏反应；不得在蛋鸡的产蛋期使用。

⑤ 盐酸沙拉沙星：为微黄色结晶性粉末，味微苦，微溶于水，在氢氧化钠溶液中溶解。该药为动物专用氟喹诺酮类广谱抗菌药，抗菌谱与恩诺沙星相似，抗菌活性略低于恩诺沙星，对肠道细菌感染疗效突出。主要用于治疗鸡慢性呼吸道病、传染性鼻炎、沙门菌病、大肠杆菌病、鸡奇异变形杆菌病、禽霍乱、铜绿假单胞菌病及葡萄球菌病等。

混饮较混饲吸收迅速，生物利用度高。混饮后吸收迅速，在体内分布广泛，组织中的药物浓度常高于血浆浓度，消除半衰期为 3.6 h，生物利用度为 76%。主要以原形经肾排泄。

临床应用时以沙拉沙星计。内服，1 次量为每千克体重 5 ～ 10 mg，每天 2 次；混饮，每升水 50 ～ 100 mg，连用 3 ～ 5 d；混饲，每千克饲料 100 ～ 200 mg，连用 3 ～ 5 d；肌内注射，1 次量为每千克体重 2.5 ～ 5 mg，每天 2 次，连用 3 d。

注意：对幼年动物可引起软骨组织损害；长期用药易发生光敏反应；不得在蛋鸡的产蛋期使用。

（4）硝基咪唑类。硝基咪唑类药物是一类具有 5-硝基咪唑环结构的药物，具有抗原虫和抗菌活性，同时具有很强的抗厌氧菌作用。该类药物在无氧或少氧环境下，其硝基易被还原成具有细胞毒作用的氨基，抑制细胞 DNA 的合成，破坏 DNA 的双螺旋结构或阻断其转录复制，从而使细胞死亡。由于发现该类药物有致癌作用，我国已禁止作为促生长添加剂使用。兽医临床常用的药物为二甲硝咪唑。

二甲硝咪唑（地美硝唑）为类白色或微黄色粉末，遇光色渐变黑。该药在乙醇中溶解，在水中微溶。

该药为抗原虫药和抗菌药。对鸡组织滴虫、毛滴虫、梭状芽孢杆菌有显著抑制作用，对球虫也有一定效果；此外，对链球菌、葡萄球菌也有抑制作用。主要用于防治鸡组织滴虫病、毛滴虫病和坏死性肠炎等。

内服吸收迅速，体内分布广泛，能透过血脑屏障，存在肝肠循环过程，经代谢后排出体外。该药生物利用度为 80% 左右。

临床应用时以二甲硝咪唑计。混饮，每升水 40 ～ 250 mg，连用 5 ～ 7 d；混饲，每千克饲料 80 ～ 500 mg，连用 5 ～ 7 d。

注意：鸡对该药敏感，大剂量可引起鸡只平衡失调，肝肾功能损伤；连续应用不超过 10 d；硝基咪唑类药物对细胞有致突变作用；不得在蛋鸡的产蛋期使用；所有动物食品中均不得检出该药及其代谢产物羟基地美硝唑。

3. 抗真菌药

真菌对于健康的机体而言通常属于条件性致病菌，当机体抵抗力下降或外部因素不良时，就有可能出现真菌感染。真菌感染分为浅部真菌感染和深部真菌感染。鸡浅表真菌感染主要为冠癣，深部真菌感染主要有曲霉菌病和念珠菌病。近年来，广谱抗菌药物的大量使用以及免疫抑制病的增加导致鸡真菌病的发病率明显升高。鸡病临床上使用的抗真菌药物主要有多烯类抗生素及化学合成的唑类抗真菌药以及硫酸铜等。

（1）多烯类抗生素。多烯类抗生素为广谱抗真菌药，通过选择性地与真菌细胞膜上麦角固醇结合，增加细胞膜的渗透性，使真菌细胞内重要物质渗漏而导致真菌细胞死亡。该类抗生素内服不易吸收。该类抗生素主要包括两性霉素 B 和制霉菌素。两性霉素 B 口服易被破坏，在兽医临床上很少使用。

制霉菌素为黄色或棕色粉末，有吸湿性，不溶于水，对光、空气、酸、碱均不稳定。按干燥品计算，每毫克的效价不少于 4 500 U 制霉菌素。多聚醛制霉菌素钠盐可溶于水。该药为广谱抗真菌抗生素，对念珠菌属的抗菌活性最为明显，对曲霉菌、毛癣菌也有效，对鸡球虫和毛滴虫也有一定作用。主要用于消化道真菌感染，如鸡念珠菌病，也可用于长期应用广谱抗菌药所引起的真菌性二重感染；对烟曲霉引起的雏鸡肺炎，喷雾吸入有效。

内服难吸收，主要经粪便排出体外。

内服：1 d 用量为每千克体重 5 万～ 10 万 U，分 2 次给药；混饮，每升水 25 万～ 50 万 U，连用 7 d；混饲，每千克饲料 50 万～ 100 万 U，连用 7 d。喷雾，每立方米 150 万 U，吸入 45 min。

（2）合成抗真菌药。鸡病临床上常用的合成抗真菌药主要为唑类和硫酸铜。唑类抗真菌药为广谱抗真菌药物，对深部真菌和浅表真菌均有效。唑类药物主要通过作用于细胞色素 P450 羊毛固醇 14-α-去甲基酶而抑制麦角固醇的合成。这一过程导致麦角固醇的耗竭和 C-14 甲基化固醇的堆积，最终导致膜功能受损。目前在鸡病临床上常用的唑类主要品种有克霉唑、酮康唑。此外，硫酸铜常用于治疗鸡曲霉菌感染。

①克霉唑：为白色或微黄色结晶性粉末。几乎不溶于水，易溶于乙醇，稍有吸湿性。该药为唑类广谱抗真菌药，对白色念珠菌、烟曲霉菌等有抑制作用，对浅表真菌如毛癣菌也有效。主要用于治疗白色念珠菌病、烟曲霉菌病及真菌性败血症。

内服易吸收，但不规则，在器官和组织内分布良好，代谢产物大部分自胆汁排出，小部分由肾脏排泄。

临床应用时以克霉唑计。内服，1 d 用量为每千克体重 30 ～ 60 mg，分 2 次给药；混饲，每千克饲料 300 ～ 600 mg，连用 5 ～ 7 d。

② 酮康唑：为白色粉末，不溶于水。该药为唑类广谱抗真菌药，对白色念珠菌、曲霉菌及毛癣菌均有抑制作用。用于治疗鸡白色念珠菌病及曲霉菌病，外用治疗鸡冠癣。

内服易吸收，体内分布广泛，不易透过血脑屏障。经肝脏代谢，主要经胆汁排泄。

临床应用时以酮康唑计。内服，1 d 用量为每千克体重 10 mg，分 2 次给药；混饮，每升水 50 mg，连用 5 ～ 7 d；混饲，每千克饲料 100 mg，连用 5 ～ 7 d。

注意：常见消化道反应，表现为腹痛或腹泻；长期用药可致肝功能不良。

③ 硫酸铜：为深蓝色的三斜晶系结晶，或蓝色的结晶性颗粒或粉末；无臭；有风化性。该药在沸水中极易溶解，在水中易溶，在乙醇中几乎不溶。按干燥品计算，含 $CuSO_4 \cdot 5H_2O$ 不少于 98.0%。从水溶液中或体内解离出铜离子起作用。铜离子具有广谱抗微生物作用，对细菌和病毒的抑制作用较弱，对曲霉菌、白色念珠菌等真菌和某些寄生虫的活性较强。硫酸铜的作用机制主要是铜离子能与病原体细胞内蛋白质的巯基等有机官能团结合，干扰酶的活性，使病原体的呼吸代谢受到抑制。此外，铜离子能够破坏病原体的细胞壁，使细胞形态的稳定性受到破坏。主要用于鸡曲霉菌病、白色念珠菌病和鸡毛滴虫病的防治。

内服吸收不完全，主要在十二指肠吸收。吸收后，主要经胆汁排泄，少量经肾脏排泄。未被吸收的经粪便排出体外。

临床应用时以 $CuSO_4 \cdot 5H_2O$ 计。混饮，每升水 250 ～ 500 mg，自由饮用，连用 3 d，停 2 d，

再用 3 d；混饲，每千克饲料 500 ～ 1 000 mg，自由采食，连用 3 d，停 2 d，再用 3 d。

注意：该药对局部黏膜及胃肠道有刺激性，硫酸铜溶液浓度 2% 以上对鸡只消化道有强烈刺激作用，剂量过大或服用时间太长，可引起肠胃溃疡，可造成严重肾损害和溶血，出现黄疸、贫血、肝脏肿大、血红蛋白尿、急性肾功能衰竭；该药对金属有腐蚀性，不能用金属器皿盛装；禁止集中投药，用药时，以正常治疗浓度自由饮水为宜；一旦发现中毒，要保证鸡群安静，及时更换饮水，给予牛奶、蛋清、豆浆等水溶液饮用，以保护胃肠黏膜，减少硫酸铜的吸收。也可饮用 5% 葡萄糖，以提高机体的解毒能力。

4. 抗寄生虫药物

抗寄生虫药物是指用于抑制、杀灭或驱除动物体内、外寄生虫的一类药物，可分为抗原虫药、抗蠕虫药、杀虫药。目前，在世界范围内防治动物寄生虫病的主要方法是使用抗寄生虫药物。由于寄生虫具有群发性特点，在规模化养鸡生产中，理想的给药途径是通过饲料或饮水给药，以达到群防群治的目的。

（1）抗原虫药物。

①抗球虫药：当前，鸡球虫病的防治主要有免疫控制法和化学药物防治。由于采用免疫控制法仍受各种条件限制，因此防治鸡球虫仍以化学合成药物或抗生素为主。常用的抗球虫药物可分为合成抗球虫药和抗球虫抗生素。合成抗球虫药主要有二硝基类（二硝托胺、尼卡巴嗪）、磺胺类（磺胺喹噁啉、磺胺氯吡嗪、磺胺二甲嘧啶）、三嗪类（地克珠利、托曲珠利）、硫胺拮抗剂（盐酸氨丙啉）以及氯苯胍、常山酮、癸氧喹酯等。目前，对多数抗球虫药的作用机制了解不多。硫胺拮抗剂的化学结构与硫胺相似，可竞争性抑制球虫的硫胺代谢而发挥抗球虫作用。抗球虫抗生素主要有聚醚类离子载体抗生素，该类药物对金属离子有特殊的选择性，易与钠、钾等金属阳离子形成复合物，这些复合物脂溶性强，容易使大量的离子通过细胞膜进入细胞，进而影响渗透压，使大量水分进入球虫细胞，引起细胞肿胀而死亡。常用的聚醚类抗球虫药主要有马度米星、莫能菌素、盐霉素、拉沙洛西、海南霉素、甲基盐霉素及赛杜霉素等。

抗球虫药的作用峰期（药物对球虫发育起作用的主要阶段）各不相同。作用于第一代无性增殖的药物，如离子载体抗生素、癸氧喹酯等，预防性强，但不利于鸡只形成对球虫的免疫力，多用于肉鸡，蛋鸡和肉用种鸡不宜长时间应用。作用于第二代裂殖体的药物，如磺胺氯吡嗪、尼卡巴嗪、托曲珠利、二硝托胺，既有治疗作用又对鸡只抗球虫免疫力的形成影响不大，可用于蛋鸡和肉用种鸡。掌握抗球虫药的作用峰期对合理选择和使用药物具有指导意义。

二硝托胺（二硝苯甲酰胺，球痢灵）为淡黄色或淡黄褐色粉末，不溶于水，在丙酮中溶解，微溶于乙醇。该药为二硝基类抗球虫药，为硝基苯酰胺化合物。主要抑制无性周期的裂殖体增殖阶段，其作用峰期为感染后第 3 天。该药对鸡多种艾美耳球虫有抑制作用，尤其对毒害艾美耳球虫和柔嫩艾美耳球虫作用较强。球虫对该药产生耐药速度较慢，用于鸡球虫病的预防和暴发性球虫病的控制。推荐量不影响鸡对球虫产生免疫力，故适用于蛋鸡和肉用种鸡。该药内服后，吸收较少，在体内代谢迅速。

临床应用时以二硝托胺计。混饲，每千克饲料预防 125 mg，可连续使用；治疗 250 mg，连用 3 ～ 5 d。

注意：不得在蛋鸡的产蛋期使用；停药过早，常致球虫病复发，因此肉鸡宜连续应用；饲料中添加量超过 250 mg/kg 时，连续饲喂超过 15 d，可抑制雏鸡增重。

尼卡巴嗪为黄色或黄绿色粉末，不溶于水和乙醇。该药为二硝基类抗球虫药，为二硝基均二苯脲和羟基二甲基嘧啶复合物，二者以 1∶1 的比例混合。该药对鸡柔嫩、毒害、堆型、巨型、布氏等艾美耳球虫有较强活性。其作用峰期为感染后的第 4 天为第二代裂殖体。球虫对该药产生的耐药速度较慢。尼卡巴嗪对蛋的质量和孵化率有一定影响。主要用于鸡球虫病的预防。该药能在消化道吸收，并广泛分布于机体组织及体液中，药物从组织中消除缓慢。

临床应用时以尼卡巴嗪计。混饲，每千克饲料 125 mg，可连续使用。

注意：该药可引起蛋鸡产蛋量下降，蛋重减轻，蛋壳厚度变薄，以及蛋黄出现杂色；引起孵化率下降和蛋壳颜色变浅；不得在蛋鸡的产蛋期使用；有潜在的生长抑制和增加热应激反应的作用，高温季节慎用；每千克饲料 250 mg 可引起鸡只生长抑制。

盐酸氨丙啉为白色结晶性粉末，有吸湿性，易溶于水。该药为抗硫胺类抗球虫药，主要抑制第一代球虫裂殖体的生长与繁殖，其作用峰期在感染后的第 3 天。此外，对有性繁殖阶段和子孢子也有抑制作用。对鸡柔嫩艾美耳球虫作用较强，对毒害、布氏、巨型艾美耳球虫作用稍差。临床上常与其他抗球虫药联合使用，以扩大抗虫谱。

临床应用时以盐酸氨丙啉计。混饮，每升水 60 ～ 240 mg，连用 5 ～ 7 d；混饲，每千克饲料预防量 125 mg，连续使用 7 ～ 14 d；治疗量 250 mg，连用 5 ～ 7 d。

注意：使用该药期间，每千克饲料中维生素 B_1 的添加量在 10 mg 以上时，抗球虫效力降低；不得在蛋鸡的产蛋期使用。

盐酸氯苯胍（罗本尼丁）为白色或微黄色结晶性粉末，难溶于水，微溶于乙醇。该药为高效、广谱、低毒抗球虫药。该药干扰虫体内质网，影响蛋白质代谢，使内质网和高尔基体肿胀，氧化磷酸化反应和 ATP 被抑制。主要作用于球虫第一代裂殖体，对第二代裂殖体也有作用，其作用峰期为感染后的第 3 天。对柔嫩、毒害、堆型、巨型等多种鸡艾美耳球虫有较强的活性。用于鸡球虫病的预防和治疗。内服用药后部分被吸收，产蛋鸡饲喂含氯苯胍的饲料，可转移到鸡蛋中。

临床应用时以盐酸氯苯胍计。混饲，每千克饲料预防量 30 mg，可连续使用，治疗量 60 mg，连用 5 d。

注意：长期使用，可使肉、蛋出现氯臭味；不得在蛋鸡的产蛋期使用；长期或高浓度（每千克饲料 60 mg）混饲，可引起鸡肉、鸡蛋出现氯臭味，低浓度（每千克饲料 <30 mg）不会产生上述现象；应用该药防治某些球虫病时停药过早，常导致球虫病复发，应连续用药。

磺胺喹噁啉为淡黄色粉末。几乎溶于水，极微溶于乙醇；其钠盐易溶于水。该药为磺胺类抗球虫药。抗球虫活性为磺胺甲噁唑的 3 ～ 4 倍。主要作用于球虫第二代裂殖体。作用峰期为感染后第 4 天。对鸡巨型、布氏、堆型艾美耳球虫作用较强，对柔嫩、毒害艾美耳球虫作用较弱。因此，该药对盲肠球虫感染的疗效较小肠球虫差。常与抗菌增效剂合用，增强抗球虫效果。临床主要用于治疗鸡球虫病。该药内服吸收迅速，血药浓度高，消除缓慢。

临床应用时以磺胺喹噁啉或其钠盐计。混饮，每升水 300 ～ 500 mg，连用 3 d，隔 2 d，再用 3 d；混饲，每千克饲料 600 ～ 1 000 mg，连用 3 d，隔 2 d，再用 3 d。

与抗菌增效剂合用时，按 5∶1 的比例与甲氧苄啶等抗菌增效剂配合使用，即由该药 5 份与相应的抗菌增效剂（甲氧苄啶、二甲氧苄啶等）1 份配合而成。临床应用时以磺胺喹噁啉或其钠盐计。混饮，每升水 150 ～ 300 mg，连用 3 ～ 5 d；混饲，每千克饲料 300 ～ 600 mg，连用 3 ～ 5 d。

注意：较大剂量延长给药时间可引起食欲下降，肾脏出现磺胺喹噁啉结晶，并干扰血液正常凝固；不得在蛋鸡的产蛋期使用；连续饲喂不得超过 5 d。其他参见磺胺间甲氧嘧啶。

磺胺氯吡嗪为白色或淡黄色粉末。难溶于水，微溶于乙醇；常用其钠盐，易溶于水。该药为磺胺类抗球虫药、抗菌药。该药抗球虫作用强，主要作用于球虫第二代裂殖体，对第一代裂殖体也有作用。抗菌作用也较强，对巴氏杆菌、沙门菌、副鸡禽杆菌有效。临床主要用于治疗鸡球虫病及禽霍乱、传染性鼻炎等。内服后迅速吸收，3 ～ 4 h 血药浓度达到峰值，并迅速经肾脏排泄。

临床应用时以磺胺氯吡嗪钠计。混饮，每升水 300 mg，连用 3 ～ 5 d；混饲，每千克饲料 600 mg，连用 3 ～ 5 d。

与抗菌增效剂合用时，按 5∶1 的比例与甲氧苄啶等抗菌增效剂配合使用，即由该药 5 份与相应的抗菌增效剂（甲氧苄啶、二甲氧苄啶等）1 份配合而成。临床应用时以磺胺氯吡嗪钠计。混饮，每升水 100 ～ 200 mg，连用 3 ～ 5 d；混饲，每千克饲料 200 ～ 400 mg，连用 3 ～ 5 d。

注意：长期或大剂量使用可发生磺胺药中毒症状，增重减慢，蛋鸡产蛋率下降；不得在蛋鸡的产蛋期使用；按推荐剂量连续用药不得超过 5 d；不得作饲料添加剂长期使用，16 周以上鸡群禁用。其他参见磺胺间甲氧嘧啶。

磺胺二甲嘧啶（SM_2）见本节磺胺类药物。

氢溴酸常山酮为白色或灰白色结晶性粉末，味苦，略溶于水。该药为抗球虫药，是从中药常山中提取的生物碱，已人工合成。对侵入上皮的子孢子和第一、第二代裂殖体均有抑制作用，还能控制球虫卵囊的排出。对鸡柔嫩艾美耳球虫、毒害艾美耳球虫、堆型艾美耳球虫、巨型艾美耳球虫、毒害艾美耳球虫、布氏艾美耳球虫等 6 种艾美耳球虫均有可靠的杀灭作用。其抗球虫指数超过某些聚醚类抗球虫药。用药量较小，与其他抗球虫药之间无交叉耐药性。该药内服吸收后，能迅速代谢，并由粪便排出体外。

临床应用时以氢溴酸常山酮计。混饲，每千克饲料 3 mg。

注意：该药安全范围较窄，较高浓度（高于 2 倍推荐给药剂量）混饲可引起鸡不同程度的采食下降，饲料中超过 9 mg/kg 时大部分鸡拒食；混料时必须充分拌匀；不得在蛋鸡的产蛋期使用；对鱼类、水禽及其他水生动物毒性较大，禁止使用；对皮肤和眼睛有刺激，应注意工作人员的个人防护；对鸽子、鹌鹑有毒副作用，禁止使用；对鸭、鹅等水禽可以引起厌食反应，不能使用。

托曲珠利（妥曲珠利、甲苯三嗪酮）为白色或类白色结晶性粉末；在水中不溶，在乙酸乙酯中溶解。该药为三嗪类广谱抗球虫药。该药通过干扰球虫细胞核的分裂和线粒体的呼吸及代谢功能，并使内质网膨大，出现空泡，从而使球虫死亡。主要作用于球虫裂殖生殖和配子生殖阶段，对球虫两个无性生殖周期均有作用，如抑制裂殖体、小配子体的核分裂和小配子体的壁形成体。不影响鸡对球虫产生免疫力，可用于治疗和预防鸡球虫病。该药安全范围大，鸡只可耐受 10 倍以上的推荐剂量。鸡只内服后，50% 以上被吸收。吸收后药物主要分布于肝脏和肾脏，且迅速被代谢成砜类化合物，在雏鸡体内的半衰期约为 2 d。

临床应用时以托曲珠利计。混饮，每升水 25 mg，每天 1 次，连用 2 d。

注意：稀释后的药液超过 48 h，不宜给鸡饮用；应避免接触皮肤和眼睛；连续用药易产生耐药性，与地克珠利之间存在交叉耐药性；过量服用会导致饮用水摄入减少，在超过 10 倍以上推荐剂量时，曾观察到此现象；不得在开产前 4 周及产蛋期使用。

地克珠利（氯嗪苯乙腈）为类白色或淡黄色粉末，在水或乙醇中不溶，在二甲基甲酰胺中略溶。该药为三嗪类广谱抗球虫药。该药对球虫发育的各个阶段都有作用，作用峰期在子孢子和第一代裂殖体的早期阶段。对鸡的柔嫩、毒害、堆型、巨型和布氏艾美耳球虫均有明显效果。用药量小，毒性低。长期用药易诱导耐药性的产生。主要用于预防鸡的球虫病。内服后在鸡体内排泄迅速，半衰期短，停药 2 d 后作用消失。

临床应用时以地克珠利计。混饮，每升水 0.5 ～ 3.5 mg；混饲，每千克饲料 1 ～ 2 mg。

注意：该药的溶液剂的饮水液稳定期仅为 4 h，因此应现配现用；该药的药效期短，停药 1 d，抗球虫作用明显减弱，2 d 后作用基本消失，因此，必须连续用药，以防球虫病再度暴发；由于该药较易引起球虫的耐药性，甚至交叉耐药性（托曲珠利），因此，连用不得超过 6 个月；轮换用药不宜应用同类药物，如妥曲珠利；不得在蛋鸡的产蛋期使用；应避免接触皮肤和眼睛。

乙氧酰胺苯甲酯（衣索巴）为白色或类白色粉末，在水中不溶，在乙醇中溶解。该药为抗球虫增效剂，多与氨丙啉、磺胺类药物制成复方制剂使用。其作用机理与抗菌增效剂相似，能抑制球虫四氢叶酸的合成。作用峰期为感染后第 4 天。对巨型、布氏及其他小肠球虫有较强作用。与氨丙啉配伍有互补作用，抗球虫范围扩大，效果增强。常与氨丙啉等配伍，用于鸡球虫病的防治。

临床应用时以乙氧酰胺苯甲酯计。混饲，每千克饲料 4 ～ 8 mg。与氨丙啉、磺胺类药物等制成复方制剂使用。

癸氧喹酯为类白色或微黄色结晶性粉末，在水、乙醇中不溶。该药为喹啉类广谱抗球虫药。该药能够阻碍球虫子孢子的发育，通过干扰 DNA 的合成，抑制球虫卵囊的早期发育，作用峰期为感染后的第 1 天。对鸡柔嫩、毒害、巨型、堆型艾美耳球虫的抑制作用显著。该药能抑制机体对球虫产生免疫力，在肉鸡这个生长周期内都应该连续用药。球虫对该药易产生耐药性，应定期轮换用药。该药的抗球虫作用与颗粒大小有关，颗粒越小，抗球虫作用越强，主要用于鸡球虫病的预防。

临床应用时以癸氧喹酯计。混饮，每升水 15 ～ 30 mg，连用 7 d；混饲，每千克饲料 30 mg，连用 7 ～ 14 d。

注意：不能用于含皂土的饲料；不得在蛋鸡的产蛋期使用。

莫能菌素钠为白色结晶性粉末，稍有特殊臭味。该药在水中几乎不溶，在乙醇中易溶。按干燥品计算，每毫克效价不少于 800 U 莫能菌素。该药为单价聚醚类离子载体抗球虫药，具有广谱抗球虫作用。该药可干扰钠、钾等单价阳离子，使大量钠离子进入细胞，使大量水分进入球虫细胞，引起细胞肿胀而死亡。对子孢子和第一代滋养体具有抗球虫活性，作用峰期为感染后第 2 天。对鸡的毒害、柔嫩、堆型、布氏、巨型、变位等艾美耳球虫均有较强活性。此外，对金黄色葡萄球菌、链球菌和产气荚膜梭菌等革兰氏阳性菌也有较强的抗菌作用，有改善饲料报酬及改善增重作用。主要用于预防鸡球虫病。该药内服几乎不被吸收，绝大部分随粪便排出。

临床应用时以莫能菌素计。混饲，肉鸡、育成期蛋鸡，每千克饲料 90 ～ 110 mg。

注意：浓度过高（添加量超过 120 mg/kg），可以引起采食量下降、体重减轻、共济失调和腿无力；发生中毒时，应立即停止饲喂含该药的饲料，以 5% 葡萄糖饮水，或在水中加入维生素 C；口服或注射抗氧化剂维生素 E 和亚硒酸钠溶液，能降低聚醚类抗生素的毒性作用；超过 16 周龄的鸡只禁用；不得在蛋鸡的产蛋期使用；禁与泰妙菌素、泰乐菌素、竹桃霉素同时应用；混料时应注意防护，避免眼睛、皮肤与药物接触。

马度米星铵（马杜霉素铵）为白色结晶性粉末，微有臭味。该药在水中几乎不溶，在乙醇中易溶。按干燥品计算，含马度米星不少于 90%。该药为单价聚醚类广谱高效抗球虫药物，抗球虫谱广。对鸡的毒害、巨型、柔嫩、堆型、布氏、变位等艾美耳球虫有高效，而且对其他聚醚类抗球虫药耐药的虫株也有效。该药能干扰球虫生活史的早期阶段，即球虫发育的子孢子期和第一代裂殖体，不仅能抑制球虫生长，且能杀灭球虫，抗球虫活性较其他聚醚类抗生素强，作用峰期在感染后 1 ～ 2 d。主要用于预防鸡球虫病。该药内服后，绝大部分直接随粪便排出体外。只有很少一部分吸收进入体内，主要在肝脏代谢。马度米星铵给鸡混饲（每千克饲料 5 mg），在肝脏、肾脏、肌肉、皮肤、脂肪等组织中的消除半衰期约为 24 h。

临床应用时以马度米星计。混饲，每千克饲料 5 mg；混饮，每升水 1.25 mg，连用 5 ～ 7 d。

注意：该药毒性较大，安全范围窄，饲料浓度超过 6 mg/kg，可对鸡产生不良影响，7 mg/kg 混饲即可引起鸡不同程度的中毒甚至死亡；发生中毒时可引起采食量下降、体重减轻、共济失调和腿无力、脱羽等症状，应立即停止饲喂含该药的饲料，以 5% 葡萄糖饮水，或在水中加入维生素 C；口服或注射抗氧化剂维生素 E 和亚硒酸钠溶液，降低聚醚类抗生素的毒性作用；用药时必须精确计量，并使含药饲料充分混匀，混饮时宜自由饮水，勿随意加大使用浓度；鸡喂马杜霉素后的粪便切不可再加工作动物饲料，否则会引起动物中毒，甚至死亡；禁与泰妙菌素、泰乐菌素、竹桃霉素、甲硝唑、地美硝唑等同时应用；不得在蛋鸡的产蛋期使用。

盐霉素钠为白色或淡黄色结晶性粉末。该药在水中不溶，在乙醇中溶解。该药为单价聚醚类广谱抗球虫药，抗球虫效应与莫能霉素相似。该药可干扰钠、钾等单价阳离子，使大量钠离子进入细胞，使大量水分进入球虫细胞，引起细胞肿胀而死亡。对子孢子和第一代和第二代裂殖子具有抗球虫活性，作用峰期在感染后最初 2 d。对鸡的毒害、柔嫩、堆型、布氏、巨型、变位等艾美耳球虫均有较强活性，尤其对布氏及巨型艾美耳球虫效果最强。此外，对金黄色葡萄球菌、链球菌和产气荚膜梭菌等革兰氏阳性菌也有较强的抗菌作用，有改善饲料报酬及改善增重作用。主要用于预防鸡球虫病。该药内服吸收较少，大部分经粪便排出。

临床应用时以盐霉素计。混饲，每千克饲料 60 mg。

注意：浓度过高，可以引起采食量下降、体重减轻、共济失调和腿无力；禁与泰妙菌素、泰乐菌素、竹桃霉素同时应用；对成年火鸡和马毒性大，禁用；安全范围较窄，应严格控制混饲浓度；混料时应注意防护，避免眼睛、皮肤与药物接触；不得在蛋鸡的产蛋期使用。

拉沙洛西钠（拉沙菌素钠）为白色或类白色结晶性粉末。该药在水中极微溶解，在乙酸乙酯中溶解。该药为二价聚醚类抗球虫药，可捕获和释放二价阳离子，对子孢子、第一代、第二代裂殖子均有抑制和杀灭作用。除对堆型艾美耳球虫稍差外，对鸡柔嫩、毒害、巨型和缓艾美耳球虫的作用较强，抗球虫效力超过莫能菌素，并具有改善饲料报酬、促进生长的作用，主要用于预防鸡球虫病。该药安全范围较广，是聚醚类离子载体抗生素中毒性最小的一种，可与泰妙菌素合用。

临床应用时以拉沙洛西计。混饲，每千克饲料 75 ～ 125 mg。

注意：该药在饲料中浓度超过 150 mg/kg，会导致生长抑制和中毒；浓度过高，可以引起采食量下降、体重减轻、共济失调和腿无力；在湿度较大的鸡舍，高浓度混料还可增加热应激反应；不得在蛋鸡的产蛋期使用；混料时，应注意防护，避免该药与眼睛、皮肤接触。

海南霉素钠为白色或类白色粉末。在水中不溶，在乙醇中极易溶解。该药为单价聚醚类广谱抗球虫药。对鸡的毒害、柔嫩、堆型、布氏、巨型、变位等艾美耳球虫均有明显的抗球虫活性。主要用于预防鸡球虫病。此外，海南霉素还能促进增重和提高饲料转化率。连续服用无明显的蓄积性。

临床应用时以海南霉素计。混饲，每千克饲料 5 ～ 7.5 mg。

注意：该药毒性较大，鸡使用海南霉素后的粪便切勿作其他饲料，不能污染水源；不得在蛋鸡的产蛋期使用；仅用于鸡，其他动物禁用；浓度过高，可以引起采食量下降、体重减轻、共济失调和腿无力。

甲基盐霉素钠为白色或类白色粉末。在水中不溶，在乙醇中极易溶解。该药为单价聚醚类广谱抗球虫药。抗球虫效应与盐霉素类似。对鸡的毒害、堆型、布氏、巨型等艾美耳球虫的抗球虫活性有明显差异。对堆型、巨型艾美耳球虫感染，饲料中含量以 40 mg/kg 为佳；对毒害艾美耳球虫感染，宜用 60 mg/kg；对布氏艾美耳球虫则需要 80 mg/kg。主要用于预防鸡球虫病。

临床应用时以甲基盐霉素计。混饲，每千克饲料 60 ～ 80 mg。

注意：该药毒性较盐霉素强，对鸡安全范围窄，浓度过高，可以引起采食量下降、体重减轻、共济失调和腿无力；该药对鱼类毒性较大，喂药后的鸡粪及接触过药品的用具，不可污染水源；不得在蛋鸡的产蛋期使用；禁与泰妙菌素、竹桃霉素合用。

赛杜霉素钠预混剂为赛杜霉素钠、碳酸钠与米糠等配制而成。该药为单价聚醚类抗球虫药，对子孢子、第一代、第二代裂殖子均有抑制和杀灭作用。对鸡毒害、柔嫩、巨型、布氏、变位、和缓、堆型艾美耳球虫均呈高效，作用强于盐霉素和莫能霉素。并能改善增重，提高饲料利用率，增加皮肤色素沉着。安全性好，可与泰妙菌素合用。主要用于预防鸡球虫病。

临床应用时以赛杜霉素计。混饲，每千克饲料 25 mg。

注意：浓度过高，可以引起采食量下降、体重减轻、共济失调和腿无力；仅用于鸡；不得在蛋鸡的产蛋期使用。

② 抗住白细胞虫药：常用于防治住白细胞虫病的药物有磺胺间甲氧嘧啶、磺胺对甲氧嘧啶、磺胺喹噁啉等及其复方制剂，参见本节磺胺类药和抗球虫药。

③ 抗滴虫药：鸡的滴虫病主要有毛滴虫病和组织滴虫病。毛滴虫寄生于鸡的上消化道，主要危害 1 ～ 3 周龄的雏鸡，发病率低。组织滴虫寄生于鸡只的盲肠和肝脏内，8 周龄至 4 月龄鸡易感。异刺线虫是组织滴虫病传播的重要因素。应用左旋咪唑、阿苯达唑等驱线虫药驱除鸡体内的异刺线虫，是控制组织滴虫病的重要措施。常用于治疗滴虫病的药物主要为二甲硝咪唑和硫酸铜等。

二甲硝咪唑参见本节硝基咪唑类药物；硫酸铜参见本节合成抗真菌药。

（2）抗蠕虫药。抗蠕虫药又称驱虫药，是指能驱除、杀灭或抑制危害鸡只的各种寄生蠕虫的药物。蠕虫包括线虫、绦虫和吸虫，根据寄生于鸡的蠕虫种类的不同，可以将驱蠕虫药分为驱线虫药、驱绦虫药和驱吸虫药。各种药物的抗虫谱和作用特点各不相同，应在确定病原的基础上，有针对性地合理选用。

① 驱线虫药：常用的抗线虫药，根据化学结构特点，可将这些药分为苯并咪唑类、咪唑并噻唑类、四氢嘧啶类、哌嗪类、大环内酯类和氨基糖苷类等。其中大环内酯类和氨基糖苷类属于抗生素。

在鸡病临床上常用的驱线虫药物如下。苯并咪唑类为阿苯达唑、芬苯达唑；咪唑并噻唑类为左旋咪唑；哌嗪类为哌嗪；氨基糖苷类为越霉素 A。

阿苯达唑（丙硫苯咪唑）为白色或类白色粉末，无臭无味；不溶于水，在冰醋酸中溶解。该药为苯并咪唑衍生物，为广谱、高效、低毒的驱虫药。其驱虫机制主要是通过与蠕虫的微管蛋白结合发挥作用。阿苯达唑与 β-微管蛋白结合后，阻止其与 α-微管蛋白进行多聚化组装成微管。阿苯达唑对蠕虫微管蛋白的亲和力，显著高于对高等动物微管蛋白的亲和力，因此对鸡的毒性较小。该药对鸡蛔虫、赖利绦虫、戴文绦虫、棘口吸虫等具有良好的驱除作用，对鸡异刺线虫、毛细线虫和前殖吸虫效果较差。主要用于治疗鸡的蛔虫病、绦虫病。给药后吸收较好，吸收后很快代谢为活性代谢产物阿苯达唑亚砜。

临床应用时以阿苯达唑计。内服，1 次用量为每千克体重 10 ～ 20 mg，每天 1 次，连用 7 d；混饲，每千克饲料 100 ～ 200 mg，连用 7 d。

注意：该药为苯并咪唑类药物中毒性较大的一种，超剂量使用可导致厌食，引起严重的中毒反应。

芬苯达唑（硫苯咪唑）为白色或类白色粉末，无臭无味；不溶于水，在冰醋酸中溶解。

该药为苯并咪唑衍生物，为广谱高效驱线虫药物。其作用机制同阿苯达唑。作用较阿苯达唑略强，但抗虫谱不如阿苯达唑广。对鸡比翼线虫、毛细线虫、蛔虫、异刺线虫、绦虫等有效。主要用于治疗鸡的蛔虫病、绦虫病。该药内服只有少量被吸收，吸收后的芬苯达唑代谢成亚砜和砜，部分以原形代谢。

临床应用时以芬苯达唑计。内服，1 次用量为每千克体重 10 ～ 15 mg，每天 1 次，连用 6 d；混饲，每千克饲料 100 mg 连用 6 d。

奥苯达唑（氧苯达唑）为白色或类白色粉末，无臭无味；不溶于水，在冰醋酸中溶解。该药为苯并咪唑衍生物，为高效低毒驱线虫药物。其作用机制同阿苯达唑。该药毒性极低，但驱虫谱较窄，仅对胃肠道线虫有效。内服不易吸收。

临床应用时以奥苯达唑计。内服，1 次用量为每千克体重 35 ～ 40 mg。

盐酸左旋咪唑为白色或类白色针状结晶或结晶性粉末，无臭，味苦。在水中易溶解，在乙醇中易溶。该药为咪唑并噻唑类广谱、高效驱虫药。其驱虫作用机理是兴奋敏感蠕虫的副交感和交感神经节，总的表现为烟碱样作用，高浓度时左旋咪唑通过阻断延胡索酸还原和琥珀酸氧化作用，干扰线虫的糖代谢，最终对蠕虫起麻痹作用，使活虫体排出。对鸡的多种线虫如蛔虫、异刺线虫、毛细线虫、比翼线虫等有效。该药除具有驱虫活性外，能明显提高免疫反应，可恢复由外周 T 淋巴细胞介导的细胞免疫功能，兴奋单核细胞的吞噬作用，对免疫受损的鸡只作用更明显。该药主要用于治疗鸡蛔虫病、异刺线虫病、比翼线虫病、毛细线虫病等；并可作免疫增强剂，用于免疫功能低下鸡只的辅助治疗和提高免疫效果。该药内服可吸收，吸收后大部分在肝脏、肾脏中被代谢，代谢物主要在尿中排泄，少量在粪便中排泄。

临床应用时以盐酸左旋咪唑计。内服，1 次用量为每千克体重 25 mg，每天 1 次，用于驱虫；混饲，每千克饲料 100 ～ 200 mg，用于驱虫；每千克饲料 50 mg，用于增强免疫；混饮，每升水 50 ～ 100 mg，用于驱虫；每升水 25 mg，用于增强免疫。

注意：该药对鸡只安全范围较大；中毒时，可采用阿托品和其他对症治疗措施解救。

哌嗪常用其枸橼酸盐或磷酸盐。枸橼酸哌嗪为白色结晶性粉末或半透明结晶性颗粒；味酸，微有吸湿性，易溶于水，不溶于乙醇。磷酸哌嗪为白色鳞片状结晶或结晶性粉末；在水中略溶，在乙醇中不溶。该药为哌嗪类高效、低毒驱线虫药物。哌嗪对线虫产生箭毒样作用，通过阻断神经肌肉接头处的乙酰胆碱作用，诱导迟缓性麻痹，并可干扰虫体能量代谢。对鸡蛔虫有良好的驱除作用。主要用于治疗鸡的蛔虫病。该药内服易吸收，大部分在组织中代谢，其余从尿中排出。给药后 1 ～ 8 h 为排泄高峰期，24 h 内几乎排完。

内服，以枸橼酸哌嗪计，1 次用量为每千克体重 0.25 g，每天 1 次，连用 3 d；以磷酸哌嗪计，1 次用量为每千克体重 0.2 ～ 0.5 g，每天 1 次，连用 3 d。

注意：高剂量可出现排稀粪现象。

越霉素 A 为黄色、黄褐色粉末。溶于水，略溶于乙醇。按干燥品计算，1 mg 不少于 700 U 越霉素 A。该药为氨基糖苷类驱线虫抗生素，为动物专用抗生素。可驱除鸡体内的蛔虫、异刺线虫和毛细线虫。其作用机理是使寄生虫体壁、生殖器官壁、消化管壁变薄和脆弱，导致虫体运动性削弱而被排出体外；同时，对寄生虫的排卵具有抑制作用。此外，该药对某些革兰氏阳性菌、阴性菌，甚至真菌亦有一定的抑制作用。主要用于驱蛔虫及促生长。该药内服后极少吸收，主要经粪便排出。

临床应用时以越霉素 A 计。混饲，每千克饲料 5 ～ 10 mg，连续使用。

注意：不得在蛋鸡的产蛋期使用。

② 驱绦虫药与驱吸虫药：绦虫与吸虫都属于扁形动物。寄生于鸡的绦虫主要是赖利绦虫和戴文绦虫，吸虫主要有前殖吸虫、棘口吸虫、背孔吸虫和后睾吸虫。其中，赖利绦虫和戴文绦虫对养鸡业危害较大。临床常用的驱绦虫药与驱吸虫药，除抗线虫药苯并咪唑类某些品种兼有较好的抗吸虫、抗绦虫作用外，还有水杨酸酰苯胺类（氯硝柳胺）、吡嗪并异喹啉类（吡喹酮）等，其中吡喹酮对绦虫和吸虫都有较好的作用，氯硝柳胺对绦虫有效。

氯硝柳胺（灭绦灵）为淡黄色粉末，无味；在水中几乎不溶，在乙醇中微溶。该药为水杨酸酰苯胺类高效灭绦虫药，对鸡赖利绦虫和戴文绦虫效果显著。该药能阻断绦虫对葡萄糖的摄取，抑制绦虫线粒体内氧化磷酸化过程，妨碍三羧酸循环的正常进行，导致乳酸蓄积而致绦虫死亡。主要用于鸡各种绦虫病的防治。该药内服后吸收极少，在肠道保持较高浓度，主要经粪便排出。被吸收后的药物在肝脏代谢为无活性的氨基氯硝柳胺，经肾脏排出。

临床应用时以氯硝柳胺计。内服，1 次用量为每千克体重 50 ～ 60 mg。

注意：对鱼类毒性较强。

吡喹酮为白色或类白色结晶性粉末。在水中不溶，在乙醇中溶解。该药为广谱驱虫药，对鸡赖利绦虫和戴文绦虫有明显效果，对鸡前殖吸虫、棘口吸虫、背孔吸虫、后睾吸虫等有效。主要用于防治鸡绦虫病及吸虫病。该药内服后几乎完全吸收，但有显著的首过效应。进入体内的药物迅速经肝脏代谢为无活性的羟化代谢物，主要在尿中排泄。

临床应用时以吡喹酮计。内服，1 次用量为每千克体重 10 ～ 20 mg。

（3）杀虫药。杀虫药是指驱除或杀灭鸡体外寄生虫，如螨、蜱、虱、蚤、蚊、蝇、蚋、蠓等，所用的药物。常用的有拟除虫菊酯类、有机磷类及其他杀虫药三类。在应用杀虫药前，应熟悉药物的抗虫谱和作用特点，了解其对人和动物的毒性和中毒后的解救措施。在群防群治时，应该搞好预试，严格掌握用药剂量和正确的使用方法。

① 拟除虫菊酯类：拟除虫菊酯类是对天然除虫菊酯进行结构改造而得到的一类杀虫剂，具有广谱、高效、速效、残效长、对人和鸡毒性低等特点。其作用机理是作用于昆虫神经系统，通过特异性受体或溶解于膜内，选择性作用于膜上钠离子通道，延迟钠离子通道关闭，造成钠离子持续内流，引起神经系统过度兴奋、痉挛，最后麻痹而死。拟除虫菊酯类对蚊、蝇、蜱、虱、螨等均有毒杀作用。临床常用的拟除虫菊酯类为氰戊菊酯。

氰戊菊酯（速灭杀丁）为淡黄色结晶性粉末，在水中几乎不溶，在丙酮或乙酸乙酯中易溶，碱性条件下不稳定。常用 20% 氰戊菊酯溶液为淡黄色澄明液体。该药为拟除虫菊酯类广谱、高效杀虫药，对昆虫以触杀为主，兼有胃毒和驱避作用。对多种吸血昆虫及外寄生虫如蚊、蝇、虻、蠓、蚋、螨、虱、蚤、蜱等，均有很强的杀灭效果。有害昆虫接触后，药物迅速进入虫体神经系统，表现为强烈兴奋、抖动，很快转入全身麻痹、瘫痪，最后击倒而死亡。螨、虱、蚤等用药 10 min 后中毒，经过 4 ～ 12 h 虫体死亡。有一定残效作用，可将孵化后的虫卵再次杀死。一般用药 1 次即可。主要用于杀灭吸血昆虫、鸡体外寄生虫。该药安全系数较大，在体内外均能较快被降解。

临床应用时以氰戊菊酯计。喷雾，氰戊菊酯 20% 溶液，加水以 1 :（1 000 ～ 2 000）倍稀释；氰戊菊酯 5% 溶液，加水以 1 :（250 ～ 500）倍稀释。

注意：稀释时宜用 12℃温水，水温超过 25℃时会降低药效，水温超过 50℃时易分解失效；避免使用碱性水，并忌与碱性药物合用，以防药液分解失效；该药对蜜蜂、家蚕、鱼、虾毒性较强，使用时勿将残余药液倾入河流、池塘、桑园、养蜂场所。

② 有机磷类：有机磷化合物是传统的杀虫药，包括有机磷酸酯类和硫代有机磷酸酯类。有机磷杀虫药杀虫力强，杀虫谱广，残效期短。其主要机理是抑制昆虫胆碱酯酶的活性，使乙酰胆碱在虫体内蓄积，使昆虫神经系统过度兴奋，引起虫体痉挛、麻痹而死亡。有机磷杀虫药对人和动物毒性较大，鸡对有机磷杀虫药敏感，应用时应严格注意使用浓度、使用方法，使用时应慎重。发生中毒时，可选用阿托品、胆碱酯酶复活剂解救。常用的有机磷杀虫药为甲基吡啶磷。

甲基吡啶磷（蝇必净）为白色或类白色结晶性粉末，有特臭。在二氯甲烷中易溶，在甲醇中溶解，在水中微溶。该药为高效、低毒的有机磷杀虫药。主要以胃毒为主，兼有触杀作用，残效期长。对苍蝇的杀灭作用较强。按 200 : 1 与外源性诱蝇剂顺-9-二十三碳烯复合，可增加诱杀苍蝇能力，可杀灭苍蝇、蟑螂、蚂蚁及部分其他昆虫的成虫，如跳蚤、臭虫等。一次性喷雾，苍蝇的减少率可达 84% 以上。该药残效期长，将其涂于纸板，悬挂于舍内或贴在墙壁上，残效期可达 10 ～ 12 周，喷洒于墙壁、天花板上，残效期可达 6 ～ 8 周。主要用于鸡舍灭蝇。

该药被鸡只食入后，几乎被全部吸收，主要经尿排出，在体内残留较低。

涂布，每 100 ～ 200 m^2，取 250 g 甲基吡啶磷可湿性粉剂-10（或按实际含量进行换算，用糖调节至含甲基吡啶磷 10%）加温水 200 mL，调成糊状，涂 30 点于苍蝇聚集处。

注意：使用时避免与皮肤、黏膜和眼睛接触；喷雾时，不可喷到鸡体、鸡蛋的表面，不可喷到饲料和饮水中；出现中毒时用阿托品及特效解毒药如解磷定等解救，皮下注射阿托品，每千克体重 0.1 ～ 0.25 mg；肌内注射解磷定，每千克体重 10 ～ 20 mg；蜂群密集处禁用；废弃包装物不能污染河流、池塘、下水道及环境。

③ 其他杀虫药：包括环丙氨嗪、双甲脒等。

环丙氨嗪为白色结晶性粉末，无臭或几乎无臭。在水或甲醇中略溶。该药为昆虫生长调节剂。可抑制双翅目幼虫的蜕皮，特别是第一期幼虫蜕皮，使蝇蛆繁殖受阻致死。鸡内服该药后，在消化道不被吸收和降解，在粪便中药物含量极低即可彻底杀灭蝇蛆。当饲料中浓度为 5 mg/kg 时，可控制各种蝇蛆的繁殖。临床通过混饲或饮水喂服，控制苍蝇幼虫在鸡粪内生长，或溶于水外用浇灌或喷洒，用于鸡舍及粪池内杀灭蝇蛆。一般用药后 6 ～ 24 h 发挥药效，可持续 1 ～ 3 周。鸡内服该药后吸收较少，其体内代谢物为三聚氰胺。主要以原形从粪便排出。由于环丙氨嗪脂溶性低，很少在组织残留。对鸡的生长、产蛋率、受精率和孵化率无不良影响。

临床应用时以环丙氨嗪计。混饲，每千克饲料 5 mg，连用 4 ～ 6 周；喷洒，按每 20 m^2 面积，5 g 溶于 15 L 水中，喷洒在舍内幼虫繁殖的地方；喷雾，按每 20 m^2 面积，5 g 溶于 5 L 水中。

注意：超剂量或长期使用，可影响动物食欲。

双甲脒为白色或浅黄色结晶性粉末。该药在丙酮中易溶，在水中几乎不溶，在乙醇中缓慢分解。该药为广谱杀虫药，对各种螨、蜱、蝇、虱均有效。主要为接触毒，兼有胃毒和内吸毒作用。

该药的作用机理在某种程度上与其抑制单胺氧化酶有关，而单胺氧化酶是参与螨、蜱、虱、蝇等虫体神经系统胺类神经递质的代谢酶，使虫体兴奋性过度亢进，口器麻痹失去吸附能力，并能影响雌虫的产卵功能和虫卵的发育。双甲脒产生作用较慢，一般在用药 24 h 内才能使虱、蜱等解体，48 h 可使螨从患部自行脱落。一次用药可维持药效 6 ～ 8 周，保护鸡只不再受外寄生虫的侵袭。该药可用于各种螨、蜱、蝇、虱等外寄生虫的驱杀，对人和鸡只安全，对蜜蜂也相对无害。

药浴、喷洒或涂擦，以双甲脒计，配成 0.025% ～ 0.05% 溶液。严重病例可以在 1 周后再给药 1 次。

注意：该药对皮肤有刺激作用，使用时防止药液沾污皮肤和眼睛；马对该药敏感，慎用；该药对鱼有剧毒，切勿使残留有药物的包装物污染河流、池塘。

（二）药物的剂型

为了便于使用、保存和运输，将原料药制成一定形态和规格的制剂，剂型则是药物经过加工后的物理形态。根据药物形态，鸡场常用兽药可分为以下 3 类。

1. 液体剂型

包括溶液剂、流浸膏剂、注射剂、乳剂等。

2. 固体剂型

包括散剂、颗粒剂、片剂、丸剂、胶囊剂等。

3. 雾化剂型

包括气雾剂和烟雾剂。

三、药物的使用方法

药物的作用与用药剂量、疗程及给药途径密切相关。在防治疾病时，用药剂量、疗程及给药途径不同，其发挥作用的快慢、大小也有不同，有时药物作用甚至发生变化。在临床实践中，应根据病鸡病因、病情、发病年龄、药物的作用特点和体内代谢过程确定合适的用药剂量、给药途径以及足够的疗程，并在用药后注意观察疗效，按治疗的需要加以调整，以达到预期的治疗目的。

（一）给药方法

1. 群体给药法

对于大型鸡场而言，除不适宜于饮水接种的疫苗需要单独给药外，鸡群在防治疾病时一般不单独给药。混饮给药节省人力物力，且可以避免因捉鸡、灌药或注射等刺激对鸡群造成的干扰。所以大群用药时，提倡通过饲料或饮水添加药物的方式给药。

（1）混饮给药。在防治疾病时，将药物溶解到水中，让鸡只通过饮水摄取药物。在疾病发展过程中，病鸡食欲常减少，而饮欲一般较强，故水溶性好的药物制剂以饮水方式给药较混料给药更为有利。难溶于水的药物在混饮给药时，应采取适当的措施，提高溶解度，以保证疗效。同时使用两种以上药物饮水给药时，必须注意它们之间的配伍禁忌。

在水中不易破坏的药物，如磺胺类药物、氟喹诺酮类药物，其药液可以让鸡只全天自由饮用。对于在水中容易破坏或失效的药物，药液量不宜太多，药物混水量以鸡只在 1 ～ 2 h 内集中饮完为宜，以保证药效，一般把全天投药量集中投到 1/5 ～ 1/4 全天饮水量中，供鸡只在短时间内饮完。集中混饮给药时，为取得较高的血药浓度，用药前应适当控水，寒冷季节可控水 2 ～ 3 h，夏季为避免出现热应激，一般控水 1 h。毒性大的药物尽量采用全天自由饮用，以免发生中毒。

（2）混饲给药。把治疗药物均匀地混入饲料中，让鸡只在自由采食的同时摄入药物。混饲给药适合用于难溶于水的药物，在鸡群尚有食欲时可以采用。混饲给药时，药物应逐级稀释拌匀，可先用少量的饲料预混，然后再扩充到全部饲料中混匀，特别是对一些用量小或毒性大的药物，一定要与饲料逐级混匀。

（3）气雾给药。采用气雾发生器，使药物雾化，以一定直径的液体小滴或固体微粒弥散到空气中，用于鸡只呼吸道吸入给药或舍内带鸡消毒。用药期间鸡舍应按规定时间密闭。喷头高度应高于鸡背部 50 ～ 70 cm 并离开鸡只一定距离。药液喷洒量为 15 ～ 20 mL/m^3。

① 吸入给药：药物雾化后，悬浮于空气中，进入呼吸道及肺内，不仅作用于局部，而且作用于全身，因为肺有较强的吸收能力。雾化吸入给药时，气雾向肺部的渗透量，随微粒直径的减小而增多，过小又易被气流呼出，微粒较大则大部分落在呼吸道黏膜表面，不易进入肺部。气雾的粒径一般应控制在 1 ～ 10 μm。吸入给药要求药物对呼吸道黏膜无刺激性，且药物能溶解于呼吸道分泌物中，以免发生呼吸道炎症。吸入给药对鸡呼吸道疾病的治疗效果高于其他群体给药方法。

② 带鸡喷雾消毒：在鸡只整个饲养期内，为控制疫病流行，鸡场应定期进行带鸡喷雾消毒。带鸡消毒应选择广谱、高效、低毒、无刺激性、无腐蚀性的消毒剂。带鸡消毒可杀灭空气和体表的病原体，净化空气，创造良好的鸡舍环境。带鸡消毒一般在 10 日龄以后进行。气雾的粒径一般控制在 80 ～ 120 μm。育雏期每周消毒 2 次，育成期每周消毒 1 次，成年鸡每 2 ～ 3 周消毒 1 次，发生疫情时每天消毒 1 次。炎热夏季适当加大带鸡消毒的密度，还可以起到防暑降温的作用。活疫苗免疫接种前后 3 d 内停止带鸡消毒。喷雾时应按由上至下、由内至外的顺序进行。

2. 个体给药法

主要有内服、注射、点眼、滴鼻等，以内服、注射给药法最为常用。

（1）内服给药。个体内服给药是将片剂、丸剂、胶囊剂、粉剂或溶液剂直接经口投服的给药方法。该法剂量准确，操作麻烦，不适于大群给药。

（2）注射给药。

① 皮下注射：将药物注入鸡颈部、胸部或腿部的皮下组织中。皮下组织血管少，吸收较慢。刺激性强的药物不宜作皮下注射，否则可引起局部发炎或坏死。

② 肌内注射：将药物注入鸡血管丰富的胸部或大腿肌肉组织中。肌内注射时，药物吸收快，药效迅速。刺激性较强的药物必须作肌内注射时，应作深层肌注。

③ 静脉注射：将药液直接注入静脉血管，药物随血流快速分布全身，作用最快，适用于急救或某些刺激性强而必须静注使用的药物。

此外，尚有腹腔注射、气管注射、鸡胚注射等，可根据用药目的选用。

（二）用药剂量

用药剂量是指防治疾病时所用药物的数量。药物的作用与用药剂量有密切关系，剂量的大小可以确定药物在血浆中的浓度和作用强度。在一定范围内，剂量大小与药物的作用强度成正比。防治疾病时，药物必须达到一定的量，才开始出现疗效，这个量称为最小有效量。在最小有效量以上，药量增加到一定限度时，药物的治疗作用最强，而对机体不出现毒害反应，这个量称为极量。药物的常用量介于最小有效量和极量之间。极量是治疗剂量的最大限度，超过了极量，药物的作用就会发生质的变化，对机体产生毒害作用。

药物的剂量常以动物个体每千克体重，用药量计算。采用混饲、混饮给药法时，用药剂量常以药物在每千克饲料或饮水中的用药量来表示。气雾给药时，则以药物在每立方米空间中的用药量来表示。

（三）给药次数与间隔

为了维持药物在体内的有效浓度以达到治疗目的，多数药物需要在一定的时间内重复给药，这个期限一般以天数来表示，称为疗程。抗菌药物一般以 3 ～ 5 d 为一个疗程。一个疗程不能奏效时，应分析原因，以确定是否改变治疗方案或更换药物。为了维持药物在体内的有效浓度，避免出现毒性反应，需要注意给药次数与给药间隔。药物的给药次数与给药间隔需要参考药物的半衰期（$t_{1/2}$）。半衰期通常是指药物在体内分布达到平衡状态后血浆药物浓度下降一半所需的时间，是表述药物在体内消除快慢的重要参数，它是决定给药间隔、次数的主要依据。一般来讲，1 次用药后经过 4 ～ 5 个半衰期，体内药量消除 95%；每隔 1 个半衰期用药 1 次，经过 4 ～ 5 个半衰期，体内药量可达稳态水平。肝肾功能不全的病鸡，药物消除速度慢，半衰期会相对延长。

四、用药注意事项

在预防、治疗疾病的过程中，根据鸡群生理、病理状况和药理学理论，安全、有效、经济、适当地使用药物及其制剂，制订或调整给药方案，以达到有效防治疾病的预期目的。

（一）选择适当的给药方法

给药方法的选择应根据病情的缓急、感染部位、用药目的以及药物本身的性质等来决定。现代养鸡生产由于采用集约化饲养方式，用药时一般应采取群体给药法，以减少人力、物力的使用，减轻应激反应，对于危重的病例可以采取注射、滴口等个体给药法。治疗肠道大肠杆菌或沙门菌感染时，宜采用混饮或混饲；治疗败血支原体引起的呼吸系统感染，采用气雾给药的效力显著高于混饮或混饲。除根据治疗需要选择给药方法外，还应该考虑到药物的作用性质，如氨基糖苷类抗生素内服吸收差，适于治疗细菌性肠炎，作全身感染治疗时应采用注射给药或气雾给药。

（二）正确掌握用药剂量和疗程

药物的剂量是决定药效的重要因素，一般以国家颁布的《中国兽药典》《兽药质量标准》等法定标准为依据，按规定的用药量、时间间隔和次数用药。但是，药物的剂量不是一成不变的。用药过程中，应根据鸡群的年龄、体重、病因、病情，在治疗剂量范围内适当增减，并在用药后注意观察疗效，按治疗的需要加以调整，充分发挥药物的治疗作用。对安全范围小的药物，不可随意加大剂量。

为了维持药物在体内的有效浓度以达到预期的治疗目的，多数药物需要在一定的时间内按疗程重复给药。在防治疾病时，尤其对传染病和寄生虫病，一定要有足够的疗程。如果疗程不足，往往疗效不好或出现疾病反复，甚至使病原体产生耐药性。如果一个疗程后疾病尚未治愈，应分析原因，增加疗程或更换药物、改变治疗方案。在集约化养鸡生产过程中，控制感染性疾病的药物疗程一般为 3 ～ 5 d。治疗某些慢性疾病时，如败血支原体引起的慢性呼吸道病，用药时间可适当延长。

（三）联合用药

联合用药是指在疾病的治疗过程中，同时使用或序贯使用两种或两种以上的药物。联合用药由来已久，在临床治疗中占有重要地位。联合用药的可行性取决于药物之间的相互作用。

药物相互作用是指同时或间隔一定时间使用两种或多种药物所发生的药动学、药效学或体外相互作用。药物的相互作用是临床联合用药的药理学基础。

药物的相互作用按其药效的增强或减弱，可以分为协同和拮抗两个方面。协同作用又分为相加作用和增强作用。相加作用指两药合用时的作用等于单用时的作用之和。增强作用指两药合用时的作用大于单用时的作用之和。拮抗作用又分为相减作用和抵消作用。相减作用指两药合用时的作用小于单用时的作用。抵消作用指两药合用时的作用完全消失。两药合用时造成药物的性状发生异常变化、疗效降低、毒副作用增强以及治疗作用过度增强，导致治疗失败或引起严重不良反应，称为配伍禁忌。

药物在体内的相互作用，主要发生在药动学和药效学两个方面的一些环节，使药效或不良反应增强或减弱。药动学的相互作用机制主要是一种药物能使另一种药物的吸收、分布、代谢和排泄等环节发生变化，从而影响另一种药物的血浆浓度，进一步改变其作用强度。如环丙沙星可使代谢茶碱的药酶受到抑制，使茶碱代谢缓慢，血药浓度提高，药效增强。药效学的相互作用机制主要是两种以上的药物合用时，由于药物效应或作用机制的不同，使总的效应发生了改变。如磺胺类和抗菌增效剂合用时，可以提高疗效几倍到几十倍。

药物在体外的相互作用，是指给药前将药物混合在一起发生的物理或化学反应，使外观性状发生异常、疗效减弱甚至对机体产生毒性。某些药物在体外的相互作用已经明确列为配伍禁忌。

联合用药的目的是提高疗效，消除或减轻不良反应，减少病原体耐药性的产生。联合用药时通过药动学的相互作用提高某药的血药浓度或通过药效学的相互作用获得协同作用，在临床实践中可以提高疗效，另一方面应该注意调整药物用量，降低药物的毒副作用。

（四）鸡对药物的感受性差异

1. 种属差异

禽类与哺乳动物相比较，在解剖结构、生理机能、生物代谢等方面都有自己的特点。禽类对药物的反应和代谢方式，在药物动力学、药效学、毒理学等方面可表现出很大差异。对鸡只感染性疾病的防治，除考虑病原对药物的敏感性外，还必须考虑药物的生物利用度、药物的代谢特点和药物的消除特点，注意某些药物对禽类的特别毒性。

动物的味觉敏感度与味蕾总数相关，鸡的味蕾数很少，对苦味、咸味不敏感，一般药物的苦味并不影响其进食和饮水。发生消化不良、食欲减少时，使用苦味健胃剂效果极差。鸡的消化道 pH 值为 3 ～ 7，肠道 pH 值比哺乳动物要低，除肌胃和腺胃外，大部分 pH 值为 5 ～ 6.5，有利于药物吸收，但肠道长度与体长比值比哺乳动物的小，药物从胃进入肠后，在肠内停留时间短，不利于药物的吸收。而鸡的肝脏重量与体重比值比哺乳动物大，代谢旺盛，药物在体内代谢转化较快，药效维持时间短。鸡肝脏药物代谢酶系与哺乳动物也有较大差异，对同一药物的反应可表现出较大差异。如蛋白质在哺乳动物体内代谢的终产物是尿素，在鸡则为尿酸。鸡对抗胆碱酯酶药物敏感，而对抗胆碱药物有较强的耐受性。此外，鸡对乙酰甲喹、双氯芬酸钠等表现出特异的敏感性。

鸡的肾脏重量与体重的比值也比哺乳动物大，对经肾脏排泄的药物的能力较强。但鸡的肾小球结构比哺乳动物简单，有效滤过面积小，对容易在肾小管溶酶体内积聚的氨基糖苷类抗生素如链霉素、新霉素等较敏感。鸡的尿液，一般呈弱酸性，产蛋鸡开产以后尿液呈弱碱性。磺胺类药物的代谢产物乙酰化磺胺在酸性尿中溶解度降低，容易对鸡的肾脏造成损伤。使用磺胺类药物时，要注意剂量和疗程，可与抗菌增效剂或其他药物配合使用以减少用药量，也可在饲料或饮水中添加碳酸氢钠，以碱化尿液，减轻对肾脏的损害。

2. 生理差异

不同生理状态下的动物对同一种药物的反应差别很大。幼雏、老年鸡一般对药物比较敏感。幼雏的肝肾功能、中枢神经系统、内分泌系统尚未发育完善，对药物的感受性比成年鸡高。老年鸡生理功能衰退，对药物的代谢、排泄功能降低。性别不同也会影响到药物的作用，对产蛋母鸡的用药应该慎重。产蛋受到多方面因素的制约，许多药物对产蛋机能有不良影响。如磺胺类药物、硫酸链霉素、尼卡巴嗪、拟胆碱类药物、巴比妥类药物等。有些药物可经输卵管排泄到蛋中引起药物残留。机体的机能状况、病理状态不同，对药物的反应也有所不同。肝脏是药物转化的主要器官，肾脏是药物排泄的主要器官，当它们的生理机能发生障碍，药物的代谢和排泄就会受到影响，药物的作用就会延长或加强，甚至发生药物蓄积中毒。胃肠功能失调时，药物的吸收和生物利用度也能发生改变。机体营养不良、体质衰弱时，对药物的感受性一般增高。

3. 个体差异

同种动物的不同个体对药物的感受性也常存在差异。高敏性个体对药物的敏感性特别高，应用小剂量即可引起剧烈反应，而耐受性个体对药物特别不敏感，必须给予大剂量才能产生应有的疗效。

（五）遵守休药期规定，防止肉、蛋中药物残留

休药期，是指动物从停止给药到允许屠宰或它们的产品允许上市前的间隔时间。动物在应用药物或化学物质后，药物或化学物质及其代谢物的残留可蓄积或贮存在动物细胞、组织或器官内。在集约化动物生产中，由于兽药及饲料添加剂的广泛应用，动物源性食品中药物和化学物质残留已对环境及公众健康构成威胁，还影响到动物源性食品的对外出口。对食品动物组织中药物和化学物质的管理和监测越来越受到各国农业及卫生部门的重视。许多国家对用于食品动物的兽药和饲料添加剂规定了允许残留量标准和休药期。为了减少或避免药物在鸡源性食品中的超量残留，应遵守休药期规定，科学合理地使用兽药。

（六）防止药物的不良反应

药物在治疗疾病的过程中，常可产生其他与治疗目的无关的或有害的作用，称为药物的不良反应。不良反应主要包括副作用、毒性作用、过敏反应和继发性反应等。在选择和使用药物时要科学合理，避免不良反应的发生。

1. 副作用

指药物在治疗剂量时出现的与治疗目的无关的作用，如用水合氯醛作动物全身麻醉时，有唾液分泌增加的副作用。

2. 毒性作用

指药物对机体的损害性作用。毒性作用多数是由于剂量过大、疗程过长或给药方法不当引起，如乙酰甲喹用量过大可引起鸡只中毒。

3. 过敏反应

由于机体接触了小分子半抗原物质，如抗生素、磺胺药等，与体内蛋白质结合形成完全抗原，产生抗体，当再次用药时，机体发生的反应不是保护性的免疫，而是不同形式的免疫病理损伤过程，甚至可以导致疾病的发生。这种反应只发生在少数个体，与剂量无关。

4. 继发性反应

由于药物的治疗作用而间接引起的不良后果。如动物胃肠道有许多微生物寄生，正常情况下菌群之间维持平衡的共生状态，如果长期使用广谱抗生素，对药物敏感的菌株受到抑制，菌群间相对

平衡受到破坏，以至于一些不敏感的细菌或真菌大量繁殖，引起消化紊乱、腹泻、继发性肠炎、消化道真菌病或全身感染。这种继发性感染特称为“二重感染”。

第七节　鸡场废弃物的处理措施

人类社会对防止环境污染越来越重视，而大规模集约化的鸡群生产又产生大量易于形成公害的各种废弃物，因此，鸡场的废弃物处理就变得越来越重要。可以采用适当的处理措施，使这些废弃物既不对场内形成危害，也不对环境造成污染，这是鸡场的一项重要任务。

鸡场废弃物主要包括鸡粪、病死鸡、污水、气体等，可能造成大气、土壤、水源以及农田生态系统的污染，并对养殖业带来风险，因此，鸡群的废弃物需要妥善合理的处理措施。对于鸡场废弃物的处理，必须按照开发与利用相结合，变害为利、变废为宝的原则，不但能提高养鸡业的社会效益，而且可以增加经济效益，使鸡场废弃物向无害化、资源化方向发展。

一、鸡粪的异味处理

1. 减少臭气的产生

通过合理配制日粮，提高饲料消化率，从而减少粪便的排出量，增加饲料中蛋白质的消化吸收，减少因有害气体的排放而产生的臭气。可采用三种不同的方法，一是调节鸡饲料中氨基酸的平衡；二是通过改进饲料的加工工艺或添加蛋白酶等方法达到提高蛋白质消化率的目的；三是在饲料中加入臭气吸附剂，如蛭石、膨润土等。

2. 控制鸡粪臭味的有效措施

（1）使用遮蔽剂。即用一种混合型芳香化合物遮蔽粪臭味。

（2）使用中和剂。应用芳香性油与产生臭气的化合物发生化学反应，减少臭气的浓度。

（3）应用生物除臭剂。其原理是通过饲料中加入某种微生物，利用微生物产生的酶类降解产生臭气的化合物。

（4）使用吸附剂。如泥炭、沸石等化合物。

（5）使用化学除臭剂。应用一些具有强氧化作用的化学物质氧化气味物质或添加杀菌剂，减少粪便堆积过程中产气微生物的繁殖。

（6）作为农家肥。根据土壤的消纳能力，将其直接施于农田，既给土壤提供了丰富的有机质，又通过土壤中微生物发酵，改善了土壤结构，使农作物产量得以提高。在使用前，应对鸡粪进行腐熟处理。

二、鸡粪的处理措施

充分利用鸡粪可以带来较好的经济效益、生态效益和社会效益，其方式主要有以下 3 种。

1. 制作有机肥

堆肥是最常见的一种处理方式。经过 4 ～ 6 周堆积发酵（需氧）的鸡粪，可制成高档优质有机肥料；或经过烘干处理，进一步制成有机无机生物配方肥，并可以商业出售。堆肥的主要缺点在于堆积过程中由于氨气挥发导致氮损失，同时加重了空气和水体的污染。过度使用这种肥料会造成土壤、水体富集营养，地表水的硝酸盐超标。

2. 制作饲料

鸡粪是廉价的低能蛋白饲料，用鸡粪可代替部分蛋白料。鸡粪经过预处理如青贮、干燥、发酵、热喷、膨化、添加化学物质等，可以加工成饲料。在加工的过程中也可添加一些其他物质（如能量饲料），一方面可以提高营养价值，另一方面可以提高适口性。厌氧发酵也是一种可行的方式，发酵条件控制好，接种乳酸菌进行发酵，能很好地保存产物中的总氮，挥发氮也得到消除，在产蛋鸡饲料中添加 40%发酵产物，对产蛋没有影响。如果把产生的鸡粪全部作为饲料，全国每年可节省 300 多万吨精料，折合人民币 30 多亿元。所以，将鸡粪制成饲料，不仅能大大提高养殖效益，更重要的是能减少污染，美化净化环境，形成生态产业链。目前，已经有“发酵助剂”面市，能将鸡粪发酵成肥料或饲料。

3. 作为能源

鸡粪通过厌氧发酵等处理后，生成甲烷，可以为生产或生活提供清洁能源。常见的是将鸡粪和草或秸秆按一定比例混合进行发酵，或与其他家畜的粪便（如猪粪）混合，同时发酵后产生的废液和废渣是很好的肥料。另外，无论是风干样还是湿样均可进行燃烧，产生的热能可进行发电。因此，以大型鸡场产生的高浓度有机废水和有机含量高的废弃物为原料，建立沼气发酵工程，得到清洁能源，发酵残留物还可多级利用，可以大大改善生态环境，是未来的发展趋势。

三、病死鸡的无害化处理

对于病死鸡一般根据不同的情况采取以下方法。将死鸡进行高温处理、焚烧或深埋处理；进行深埋处理时可能会对地下水造成污染，所以在有些国家被禁止；目前已有专业部门进行病死鸡处理，精炼动物油或经过高温处理后制成高蛋白饲料，同时也要保障病死鸡清运用具消毒。

四、废水的无害化处理

目前，规模化鸡场一般采用乳头饮水系统，已大大减少了水的外溢和污染，但仍不能忽视冲洗、消毒、废水及生活用污水的无害化处理工作。废水可经过机械分离、生物过滤、氧化分解、滤水沉淀等环节处理后循环使用（图2-7-1），既减少了对环境的污染，节约了开支，又有利于疫病的预防和控制。此外，及时清粪、防潮降湿、通风换气、绿化环境、控制饲养密度等，也是无臭饲养的重要技术措施。

图 2-7-1　废水沉淀池（李伟 供图）

第三章

鸡病诊断技术

及时而准确的诊断是控制和治疗疾病的重要前提，盲目治疗、无效投药，会导致疫情扩大，进而造成巨大的经济损失。对鸡病进行快速而准确的诊断，需要运用各种诊断方法，进行综合分析。鸡病的诊断方法包括现场诊断、流行病学诊断、病理学诊断、实验室诊断。各种疾病的发生都有其自身的特点，只要抓住这些疾病的特点，运用恰当的诊断方法就可以对疾病作出正确的诊断。

第一节　现场诊断

亲临发病现场进行实地检查是鸡病诊断最基本的方法之一。通过对鸡群的精神状态、饮食、粪便、运动与呼吸情况的观察，可对某些鸡病作出初步诊断。现场诊断时采用群体检查和个体检查相结合的方法，首先对发病鸡进行群体检查，然后再对发病鸡进行详细的个体检查。

一、群体检查

进行群体检查时，可在鸡舍的一角或运动场在不惊扰鸡群的情况下，观察鸡群的精神状态、采食、饮水、粪便、产蛋、运动、呼吸等情况有无异常。对疑似患病的鸡，挑出进行详细的个体检查。

（一）精神状态

健康鸡精神活泼，反应敏锐，两眼明亮而有神，鼻、口腔及咽喉洁净，冠、髯鲜红发亮，食欲旺盛，叫声响亮，全身羽毛丰满整洁，紧贴体表而有光泽，泄殖孔周围与腹下绒毛清洁而干燥，翅膀收缩有力，紧贴躯干，周围稍有惊扰便伸颈四顾，甚至飞翔跳跃（图 3–1–1 至图 3–1–3）。发病鸡则表现为精神沉郁，体温升高，食欲下降甚至废绝，两眼半闭，缩颈垂翅，尾羽下垂，羽毛蓬松等（图 3–1–4、图 3–1–5）。

（二）采食和饮水

健康鸡勤采食、勤饮水，料与水的比为 1∶（2 ～ 3），夏季饮水增多，一般为 1∶3，其他季节为 1∶2，鸡发病后一般采食量降低，饮水减少。

（三）粪便

刚出壳且尚未采食的幼雏，粪便为白色或深绿色稀薄液体。采食后的雏鸡粪便呈细长的圆柱形，深褐色（图 3–1–6）。成年健康鸡的粪便呈柱形或像海螺样，下大上小螺旋状，表面有少量白色的尿酸盐，多表现为黑褐色（图 3–1–7）；家禽有发达的盲肠，早晨会排出稀软糊状的棕褐色盲肠粪。鸡群发病后，粪便的颜色和性状均会发生改变，表现为粪便稀薄，呈绿色、白色、黄色、红色、黄白色、黄绿色等（图 3–1–8）。当鸡群感染禽流感、新城疫时，因胆汁不能在肠道内充分代谢而随肠道内容物排出形成绿色粪便；鸡群感染鸡白痢、鸡肾型传染性支气管炎、鸡传染性法氏囊病、磺胺类药物中毒时，粪便中尿酸盐增多，粪便呈白色；鸡群因肠道出血，排红色粪便时，常见于鸡球虫病、坏死性肠炎；当粪便呈黄色，多由于肠壁发生炎症、吸收功能下降而引起，见于堆型、巨型艾美耳球虫病同时继发厌氧菌或大肠杆菌感染；鸡群排硫黄样粪便，常见于鸡组织滴虫病；鸡群排黑褐色粪便，见于鸡小肠球虫病、鸡肌胃糜烂症、上消化道的出血性肠炎。

图 3-1-1　健康种鸡，精神活泼（刁有祥　供图）

图 3-1-2　健康肉鸡，精神活泼（刁有祥　供图）

图 3-1-3　健康鸡，精神活泼，冠髯鲜红（刁有祥　供图）

图 3-1-4　发病鸡，精神沉郁，闭眼嗜睡（刁有祥　供图）

图 3-1-5　发病鸡，精神沉郁，闭眼嗜睡，张口气喘（刁有祥　供图）

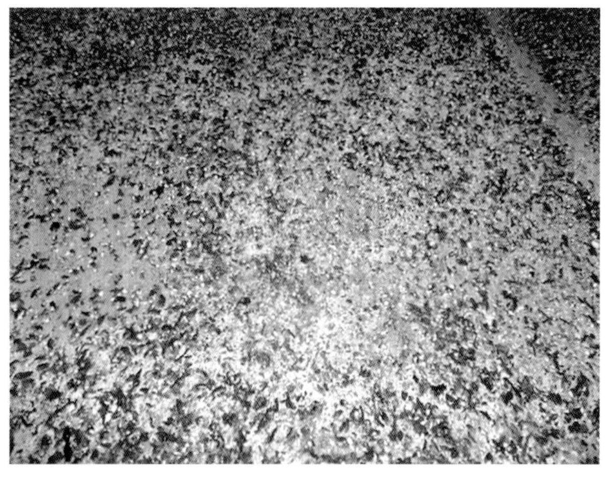

图 3-1-6　健康雏鸡粪便，细长、干燥（刁有祥　供图）

（四）产蛋情况

对产蛋鸡，了解鸡群的产蛋情况，有无产蛋下降，软壳蛋、薄壳蛋、褪色蛋、无壳蛋、砂壳蛋等畸形蛋是否增多（图 3-1-9）。减蛋综合征、钙磷不足或比例失调、维生素 A 和维生素 D 缺乏、禽流感、传染性支气管炎、传染性喉气管炎等均可出现产蛋下降或畸形蛋增多等现象。

（五）呼吸情况

在鸡群安静的情况下，听鸡群有无异常呼吸音。健康鸡呼吸自如，呼吸频率为每分钟 20 ～ 35 次。发生呼吸道疾病后，病鸡则会出现摇头、伸颈、张口气喘、呼吸困难、呼吸频率加快等症状（图 3-1-10）。

图 3-1-7　健康成年鸡粪便，呈柱状，干燥（刁有祥 摄）

图 3-1-8　发病鸡粪便，稀薄，呈白色、绿色（刁有祥 供图）

图 3-1-9　病鸡所产薄壳蛋和褪色蛋（刁有祥 供图）

图 3-1-10　病鸡呼吸困难，张口气喘（刁有祥 供图）

（六）运动情况

轻轻驱赶，观察鸡群的运动情况。健康鸡运动自如，姿势自然、行走稳健。鸡发生马立克病、病毒性关节炎、维生素 B_1 缺乏和维生素 B_2 缺乏均可见瘫痪、腿麻痹等症状（图 3-1-11、图 3-1-12）。若鸡群出现“劈叉”姿势，表现为腿麻痹，不能站立，见于鸡马立克病；出现“观星”姿势，表现为两腿不能站立，仰头蹲伏，见于鸡维生素 B_1 缺乏症；出现“趾蜷曲”姿势，表现为趾爪蜷缩、瘫痪、不能站立，见于维生素 B_2 缺乏症；出现向一侧倒伏，伴随头部震颤、抽搐，见于禽传染性脑脊髓炎；出现“鸭式”步态，表现为像鸭走路一样，行走摇晃，步态不稳，常见于鸡前殖吸虫病、球虫病、严重的绦虫病和球虫病。

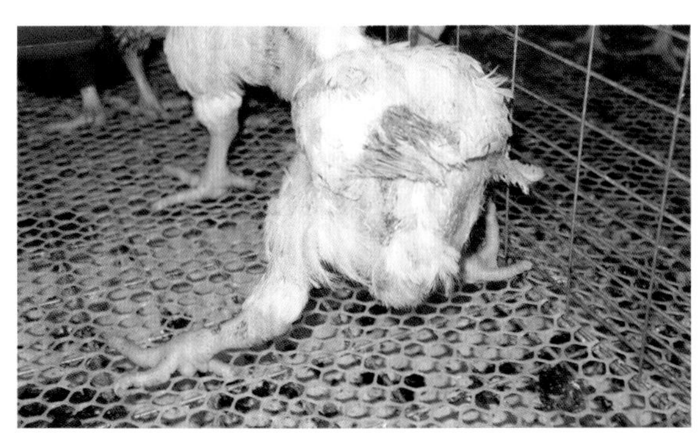

图 3-1-11 病鸡瘫痪，腿伸向一侧（刁有祥 供图）

图 3-1-12 病鸡瘫痪，腿前伸（刁有祥 供图）

二、个体检查

个体检查是在群体检查中对发现的具有代表性发病鸡进行详细检查，检查时可右手握持鸡的两翅，从头至尾观察鸡体的全身状况。

（一）头部检查

观察头部冠、髯和无毛皮肤的色泽，有无苍白、发绀和出血；眼睛、鼻孔、口腔有无异常分泌物；有无痘斑，用右手拇指和食指压迫鸡的两颊部，使鸡张口，查看口腔黏膜有无出血、充血、肿胀（图 3-1-13、图 3-1-14）。

鸡冠、髯有变化时，如鸡冠、脸面苍白，可见于营养不良或寄生虫病；如鸡冠的颜色由红转紫，可能与鸡霍乱、新城疫、鸡伤寒或中毒有关；鸡冠的颜色由红色转为苍白色，可疑为慢性鸡伤寒、淋巴细胞白血病或链球菌病、球虫病、维生素 A 缺乏症；如鸡冠苍白，肉髯肿胀较严重时，可能是鸡结核病；如鸡冠表面和脸部无毛处由灰色麸皮样转为粟粒状硬结节，可能是鸡痘；如脸部肿胀，可能是流感或传染性鼻炎；如眼肿胀时，可能患有霍乱、鸡痘或传染性喉气管炎；当眼结膜充血、眼内有干酪样渗出物时，要注意传染性喉气管炎；如口腔黏液分泌增多，常见于急性传染病（如新城疫等）或有机磷农药中毒等。

（二）呼吸道检查

检查时附耳于鸡的上颈部，听诊其呼吸有无水泡音或狭窄音等。随即用手捏压鸡的喉头与气管，可观察到喉气管的变化（图 3-1-15）。喉头黏膜充血、出血、水肿及分泌黏稠的液体，多见于鸡新城疫；感染鸡传染性喉气管炎时，喉部常有干酪样渗出或栓子；感染鸡痘时，在喉头部常有黄白色纤维蛋白渗出；鸡的呼吸状况异常时，如鸡张口气喘，可能是黏膜型鸡痘、传染性支气管炎、传染性喉气管炎、传染性鼻炎、支原体病、禽流感、新城疫等。

（三）体躯检查

观察体表被毛是否清洁、紧密，有无光泽，注意肛周羽毛有无粪便沾污等现象；检查皮肤有无充血、出血、淤血、坏死以及异常变化。

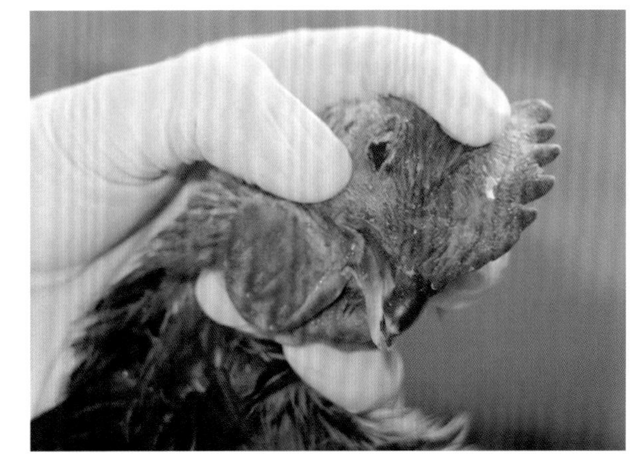

图 3-1-13 眼的检查（刁有祥 供图）

如皮肤局部有溃烂，可能与葡萄球菌、产气荚膜梭状芽孢杆菌感染有关；观察嗉囊是否肿胀及内容物的性质，如嗉囊肿胀，如面团样，嗉囊松弛则提醒有马立克病的可能；触摸胸腹部肌肉，判断其营养状况，当胸骨两侧肌肉消瘦，胸骨突出多见于鸡马立克病、白血病和结核等，腹围增大见于白血病、卵黄性腹膜炎和腹水症等；观察腿、关节和骨骼的形态和状态（图 3–1–16、图 3–1–17），当趾关节、跗关节、肘关节的关节发生肿胀时，则提示为巴氏杆菌病、病毒性关节炎、滑液囊支原体病、沙门菌病、大肠杆菌病或葡萄球菌病等。

图 3-1-14　头部的检查（刁有祥　供图）

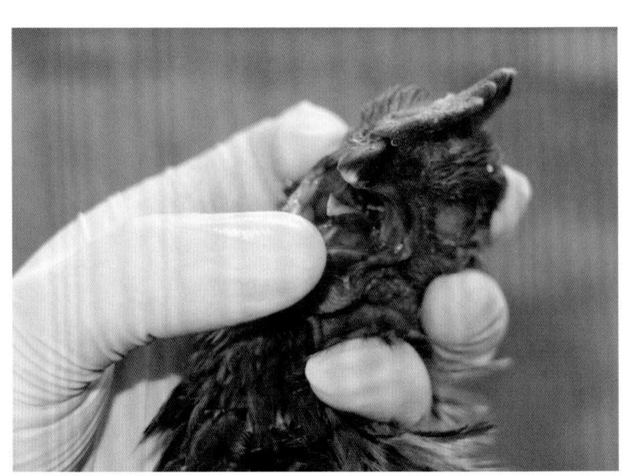

图 3-1-15　口腔黏膜、喉头的检查（刁有祥　供图）

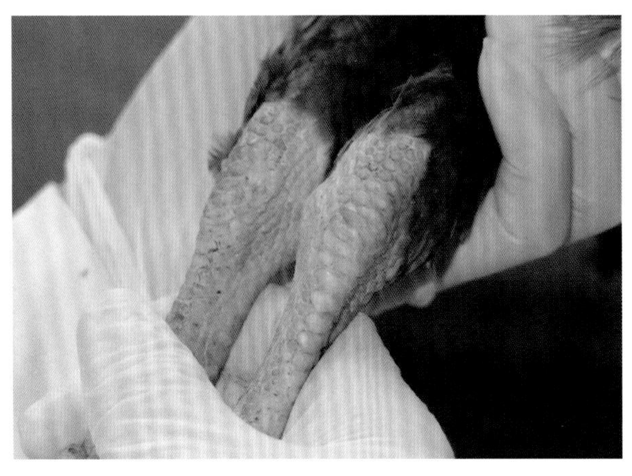

图 3-1-16　关节、骨骼的检查（刁有祥　供图）

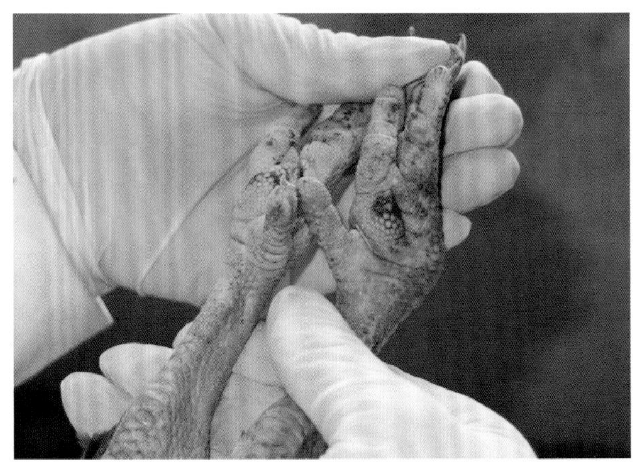

图 3-1-17　脚趾及关节的检查（刁有祥　供图）

第二节　流行病学诊断

流行病学诊断常与现场诊断结合起来进行，在现场诊断的同时，对疾病流行的各个环节进行详细的调查和观察，最后作出初步判断。进行流行病学诊断时，一般从以下几个方面进行。

一、疫病的发生、发展状况

每种疾病均有各自的流行特点，流行病学调查时应考虑鸡群发病的日龄、发病季节以及疾病传播速度等。

1. 发病日龄

有些疾病发生于各种日龄的鸡，如慢性呼吸道病、传染性支气管炎等；有些疾病只发生于雏鸡或只有雏鸡症状明显，如鸡白痢、脑脊髓炎、脑软化症；有些疾病只发生于成年鸡，如减蛋综合征等。了解发病日龄，有助于缩小可疑疾病的范围。

2. 发病季节

某些疾病具有明显的季节性，若在非发病季节出现症状相似的疾病，可少考虑或不予考虑该病。如住白细胞虫病只发生于夏秋季节。

3. 疾病的传播速度

如果一栋鸡舍内的少数鸡发病后，在短时间内传播到整个鸡舍或相邻鸡舍，在短时间内导致大批鸡发病、死亡，可能是急性传染病；若疾病仅在一栋鸡舍内发生，可考虑非传染性疾病的可能。

二、鸡群免疫与用药状况

1. 鸡群免疫情况

了解鸡群免疫疫苗的时间、疫苗的种类、剂量、免疫接种的途径及疫苗的配制方法、疫苗的生产厂家等。

2. 鸡群用药情况

了解鸡群使用药物的种类、剂量、疗程、使用药物的途径与方法，配伍情况，药物有效期，生产厂家等。

三、饲养管理状况

了解鸡群饲养方式、饲料组成、饲料贮存及水质情况，以及管理制度、卫生消毒制度，同时，还要了解鸡舍的温度、湿度、通风情况与鸡场周围野生动物和节肢动物的分布和活动情况等。

1. 养鸡场构造及环境

如鸡舍布局（鸡舍、水源、排污设施等的布局）、养鸡场的地理位置（与居民区及其他养殖场的距离）。

2. 饲料情况

了解饲料的配制情况、存放条件、饲喂量，有无霉变，使用的是全价饲料还是预混料，饲料的生产厂家等。

3. 卫生防疫制度执行情况

疾病发生之前是否从外地引进种鸡、种蛋、鸡苗、饲料等；消毒设施是否安装，隔离、消毒、卫生等综合性防疫措施是否完善以及落实情况；消毒药的种类及其使用方法；人员进出鸡场（舍）和来人、车辆进出情况等。这些对鸡群疾病的发生都会产生影响，有助于判断疾病是否与外源引入有关。

4. 鸡群的饲养管理

了解鸡群的通风、饲养密度、温度、湿度等。了解水的来源、水的质量、水源供给是否充足、饮水采食用具是否卫生等。如饲养密度大、环境不卫生，鸡群容易感染球虫、大肠杆菌与曲霉菌。鸡舍粉尘过大、通风不良，容易引发鸡的呼吸道疾病。如饮水不卫生，常为大肠杆菌和沙门菌等细菌病的发生创造条件。

根据上述有关情况，进行归纳分析，再结合临床表现，为进一步确定诊断找到依据。

第三节　病理学诊断

病理学诊断包括病理剖检和病理组织学检查。患各种疾病死亡的鸡，一般都有一定的病理变化，通过病理学检查从中发现具有代表性的有诊断意义的示病性病变，依据这些病变即可作出初步诊断。对缺乏特征性病变或急性死亡的病例，需配合其他诊断方法，进行综合分析。

一、病理剖检

鸡的病理剖检对鸡病诊断具有重要的指导意义，因此在养鸡场内应制定常规的病理剖检制度，对鸡场出现的病死鸡进行病理剖检，以便及时作出诊断，防止疾病的暴发和蔓延。

1. 病死鸡的剖检技术及方法

对尚未死亡的病鸡，采用颈动脉或颈静脉放血的方法致死。将病死鸡或宰杀后的鸡用消毒液将其尸体表面及羽毛完全浸湿，然后将其移入解剖盘中进行剖检。

①剪断大腿和腹壁之间的皮肤和筋膜，用手用力下压两侧腿骨，直至股骨头和髋臼分离，目的是让两腿外展，使尸体平稳不翻转，便于剖检操作（图 3–3–1）。

②沿腹正中线、胸、颈纵行切开皮肤，剥离皮肤，暴露颈、胸、腹部和腿部的肌肉，观察皮下脂肪、皮下血管、胸腺、甲状腺、甲状旁腺、肌肉、嗉囊等有无出血、水肿、坏死、肿瘤等（图 3–3–2）。

③用剪刀在胸骨和肛门之间，横向切开腹壁，沿切口的两侧向前用剪刀剪断胸肋骨、乌喙骨和锁骨，然后移去胸骨，充分暴露体腔。观察各脏器的大小、颜色变化、脏器表面是否有胶冻样或干酪样渗出物，检查体腔内积液的多少和性质，如色泽、黏稠度、纤维蛋白沉积、干酪样块状物、蛋黄散落物。再看胸膜、腹膜和气囊，观察胸腹膜是否光亮以及是否存在出血、充血、粘连、化脓、纤维蛋白沉着及结节等病变（图 3–3–3）。

④消化系统检查：在心脏与肝脏之间剪断食道，向后牵引腺胃，剪断肌胃与背部的系膜，再顺序地剪断肠道与肠系膜的连接，在泄殖腔的前端剪断直肠，取出腺胃、肌胃和肠道，观察肠管、胰腺是否肿胀、出血、液化等（图 3–3–4）。剪开腺胃，检查内容物的性状、黏膜和腺胃乳头有无充血和出血，胃壁是否增厚，有无肿瘤。观察肌胃浆膜上有无出血，检查肌胃的弹性，肌胃内容物

及角质膜的情况，剥离角质膜，检查角质膜下无出血和溃疡（图 3–3–5 至图 3–3–7）。检查肠系膜有无出血、肿瘤结节等，检查小肠、盲肠和直肠，观察各段肠管有无充气和扩张，盲肠腔中有无出血或土黄色干酪样的栓塞物，横向切开栓塞物，观察其切面情况（图 3–3–8）。在肝门处剪断血管，再剪断胆管、肝脏与肠道之间的系膜，取出肝脏，观察肝脏的大小、形态、色泽有无异常，触摸肝脏的弹性、硬度和脆性，观察肝脏表面有无充血、出血、淤血、坏死、肿瘤等，观察胆囊的大小和胆汁的性质有无异常等（图 3–3–9）。

⑤呼吸系统检查：沿下颌骨从一侧剪开口角，再剪开喉头、气管，观察喉头、支气管内膜和管腔的性状（图 3–3–10、图 3–3–11）。从肋骨间取出肺脏，检查肺脏的色泽和质地，触摸肺脏，注意其弹性，观察肺脏有无出血、水肿、实变、坏死、结节，观察切面上支气管及肺房囊的性状（图 3–3–12）。

⑥免疫系统检查：剪开颈部皮肤，检查胸腺是否肿胀、出血、萎缩（图 3–3–13）。剪断脾动脉，取出脾脏，检查脾脏的大小、色泽、表面有无出血点和坏死点，有无肿瘤结节，切开脾脏，检查淋巴滤泡及脾髓状况（图 3–3–14）。检查法氏囊是否肿大，弹性、色泽如何，囊腔中有无脓性分泌物，皱褶有无出血、坏死等变化。检查肠道淋巴滤泡及盲肠扁桃体，注意淋巴滤泡及盲肠扁桃体有无出血、溃疡（图 3–3–15）。用剪刀纵向切开骨骼，观察骨髓的色泽是否变浅。

⑦生殖系统检查：检查睾丸的大小和色泽，观察有无出血、肿瘤，两侧是否一致。检查卵巢发育情况，卵泡大小、色泽、形态、有无萎缩、坏死和出血，是否发生肿瘤，剪开输卵管，检查黏膜情况，有无出血和渗出物（图 3–3–16）。

⑧循环系统检查：剪断进出心脏的动、静脉，取出心脏，纵行剪开心包膜，检查心包液的性状，心包膜是否增厚和浑浊；观察心脏外纵轴和横轴的比例，心外膜是否光滑，有无出血、渗出物、结节和肿瘤，检查心冠脂肪有无出血点，心肌有无出血和坏死，剖开左右两心室，注意心肌切面的色泽和质地，观察心内膜有无出血（图 3–3–17）。

⑨泌尿系统检查：检查肾脏的色泽、质地、有无出血和花斑状条纹，肾脏和输尿管有无尿酸盐沉积（图 3–3–18）。

⑩神经系统检查：切开头顶部的皮肤，将其剥离，露出颅骨，用剪刀从两侧眼眶后缘之间剪断额骨，再剪开顶骨至枕骨大孔，掀开脑盖骨，暴露大脑、丘脑和小脑，观察脑膜、脑组织的变化（图 3–3–19）。将肾脏剔除，即可暴露腰荐神经丛；在大腿的内侧，剥离内收肌，暴露坐骨神经；在肩胛和脊柱之间切开皮肤，可暴露臂神经；在颈椎的两侧可找到迷走神经；观察两侧神经的粗细、横纹、色泽和光滑度。

⑪运动系统检查：检查胸骨、肋骨、胫骨是否肿胀弯曲，用剪刀剪开关节腔，观察关节内部的病理变化（图 3–3–20）。

2. 常见的病理变化

（1）皮下组织和肌肉。皮下组织水肿，有蓝绿色黏液，胸肌有灰白色条纹，常见于维生素 E 和硒缺乏症；黄曲霉素中毒可见胸部皮下组织和肌肉出血；急性禽霍乱有时也可见到皮下组织和脂肪有小出血点。

（2）胸腹腔。胸腹腔胸腹膜有出血点，常见于败血症；腹腔内有血液或凝血块，常见于慢性鸡白痢、脂肪肝等；腹腔内有大量黄绿色渗出液，见于维生素 E 和硒缺乏症；腹腔内有淡黄色、黏稠的渗出物附着在内脏表面，常为卵黄破裂引起的卵黄性腹膜炎，可能是大肠杆菌病、慢性鸡白痢、禽霍乱等；腹腔中有针尖及小米粒大小的灰白或淡黄色结节，则可见于黄曲霉菌病。

（3）呼吸系统。鼻腔渗出物增多见于鸡传染性鼻炎、鸡毒支原体病，也见于禽霍乱和禽流感。气管管壁增厚，黏液增多，常见于传染性支气管炎、新城疫、传染性鼻炎和鸡毒支原体病等；喉头、气管黏膜充血、出血，有黏液等渗出物，主要见于传染性支气管炎、传染性喉气管炎；而气管环黏膜有出血点，为新城疫病变；气管内有伪膜，常见于黏膜型鸡痘、传染性喉气管炎；气囊附有纤维素性渗出物，常见于大肠杆菌病；气囊壁肥厚并有干酪样渗出物，见于传染性鼻炎、传染性喉气管炎、传染性支气管炎和新城疫；雏鸡肺上有灰白色或黄白色的小结节，常见于曲霉菌病、鸡白痢；肺脏呈灰红色，表面有纤维素渗出物，常见于鸡大肠杆菌病。

（4）心脏。心包中蓄积含有纤维素凝片的渗出物，常见于禽霍乱、大肠杆菌病和鸡沙门菌病；心外膜上的灰白色坏死点见于鸡白痢和鸡伤寒；心内膜上有出血点是一般急性败血性传染病的表现；心肌肿瘤见于鸡马立克病。

（5）肝脏。肝脏表面有坏死点或坏死灶，常见于禽霍乱、鸡白痢，鸡伤寒、大肠杆菌病、螺旋体病等；肝脏出现灰白色结节，常见于马立克病、鸡结核、鸡白痢、白血病、慢性黄曲霉毒素中毒等；肝脏被膜增厚并有渗出物附着，可见于肝硬化、大肠杆菌病和组织滴虫病。

（6）脾脏。脾脏表白有灰白色斑纹或大小不等的肿瘤结节，见于马立克病或淋巴细胞白血病；表面有白色或淡黄色、切面干酪样的结节，则是结核病的表现。

（7）消化道。食管、嗉囊有散在小结节，见于维生素 A 缺乏症；腺胃黏膜及乳头出血，多发生于鸡新城疫和禽流感；肌胃角质层表面溃疡，在成鸡多见于饲料中鱼粉和铜含量太高，雏鸡常见于营养不良；腺胃与肌胃交界处黏膜出血，多见于传染性法氏囊病、螺旋体病；小肠黏膜呈急性卡他性或出血性炎症，且表面散在覆盖伪膜的出血性溃疡是新城疫的特征性病变；小肠黏膜有大量灰白色斑点，常见于球虫病；肠壁出现大小不等的肿瘤结节，常见于鸡结核、白血病、马立克病以及严重的绦虫病；盲肠肿大，内有干酪样物栓塞是球虫病或组织滴虫病的特征。

（8）胰腺。雏鸡胰脏坏死多发生于维生素 E 和硒缺乏症；胰腺液化、水肿常见于禽流感。

（9）肾脏与输尿管。肾脏显著肿大，呈灰白色，常见于马立克病或淋巴细胞白血病；肾脏表面有白色尿酸盐沉积，输尿管沉着白色尿酸盐，见于肾型传染性支气管炎、维生素 A 缺乏症、内脏型痛风。

（10）法氏囊。法氏囊出血、水肿，见于传染性法氏囊病的发病初期；出现萎缩，常见于马立克病；法氏囊有稀疏的小肿瘤，见于淋巴细胞白血病。

（11）卵巢与输卵管。卵巢变形、萎缩，见于沙门菌感染；卵巢水泡样肿大多见于急性马立克病和淋巴细胞白血病；卵巢实质变性见于禽流感；输卵管出现渗出物，常见于大肠杆菌和沙门菌病；输卵管萎缩见于鸡传染性支气管炎和减蛋综合征；输卵管有脓性分泌物多见于禽流感。

3. 病理剖检的注意事项

①在进行病理剖检时，必须采取严格的卫生防疫措施。剖检人员在剖检前换上工作服、胶靴、佩戴优质的橡胶手套、帽子、口罩等。

②在进行剖检时应注意所剖检的病（死）鸡应具有代表性。若病鸡已死亡，则应立即剖检，时间过长，尸体易腐败，病理变化变得模糊不清，失去剖检意义。一般要在病鸡死后 24 h 内剖检，夏季剖检时间应相应缩短。如当时不能剖检的病死鸡，可暂时存放在−20℃冰箱内。

③剖检前用消毒药液将病（死）鸡的尸体和剖检的台面完全浸湿，剖检后的场地要进行严格消毒，避免因剖检造成二次污染。

④剖检时必须按剖检顺序观察，遵循从无菌到有菌的程序，对未经仔细检查且粘连的组织不可随意切断，更不可将腹腔内的管状器官切断，以免造成其他器官的污染，给病原分离带来困难。

⑤剖检诊断时，应结合流行病学调查结果，对剖检所见的病变进行具体分析，着重抓住主要病变和特殊病变。进行现场诊断时，尽量多解剖病死鸡，根据不同个体表现的病理变化，找出它们共有的特征性病变，综合分析判断，有助于作出正确的诊断。

⑥剖检时应认真检查病变情况，做到全面细致、综合分析，切勿主观片面、马马虎虎、草率行事。剖检时对各器官组织的病理变化进行记录，必须做到客观、真实、准确。

⑦在剖检工作完成后，所用的工作服和剖检用具要清洗干净，消毒后保存。

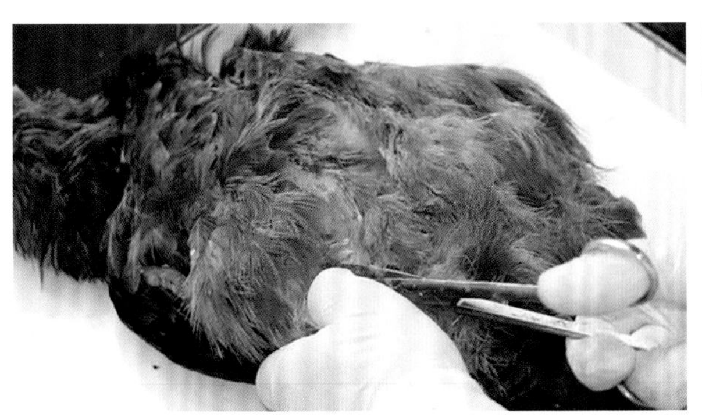

图 3-3-1　剪断大腿和腹壁之间的皮肤和筋膜（刁有祥　供图）

图 3-3-2　胸、腹部肌肉的检查（刁有祥　供图）

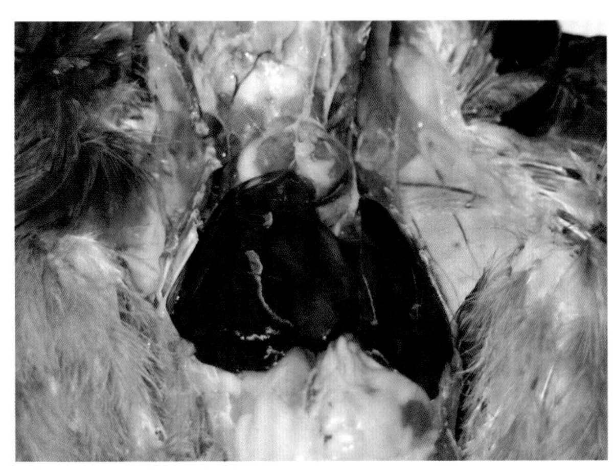

图 3-3-3　内脏器官大小、色泽的检查（刁有祥　供图）

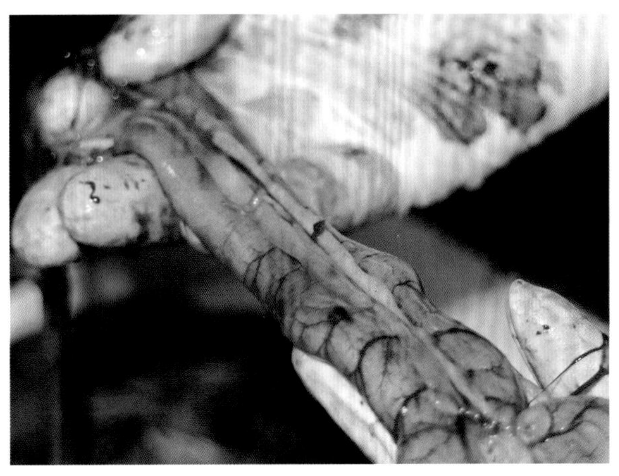

图 3-3-4　胰腺、肠管的检查（刁有祥　供图）

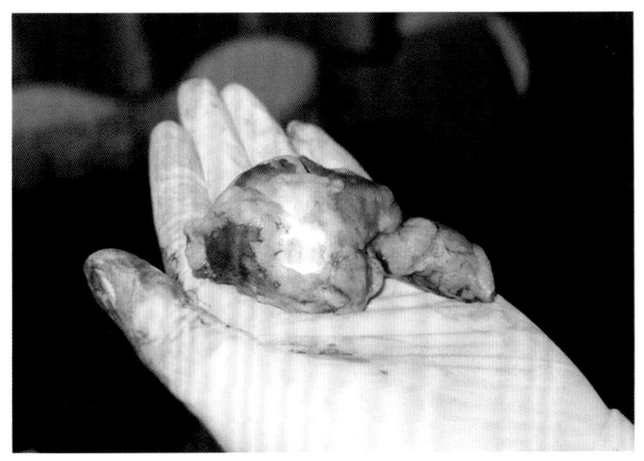

图 3-3-5　肌胃、腺胃外观的检查（刁有祥　供图）

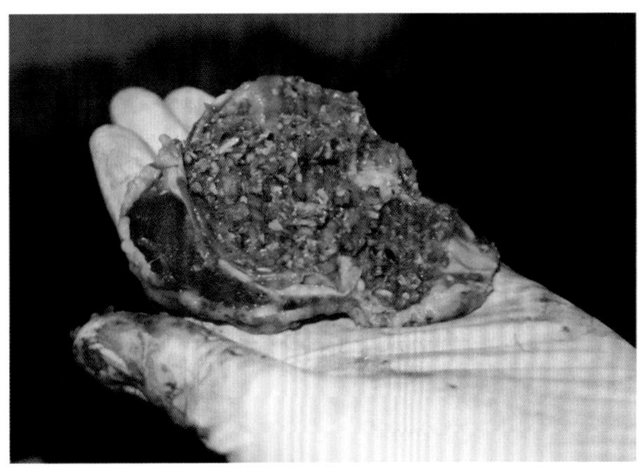

图 3-3-6　肌胃、腺胃内容物性状的检查（刁有祥　供图）

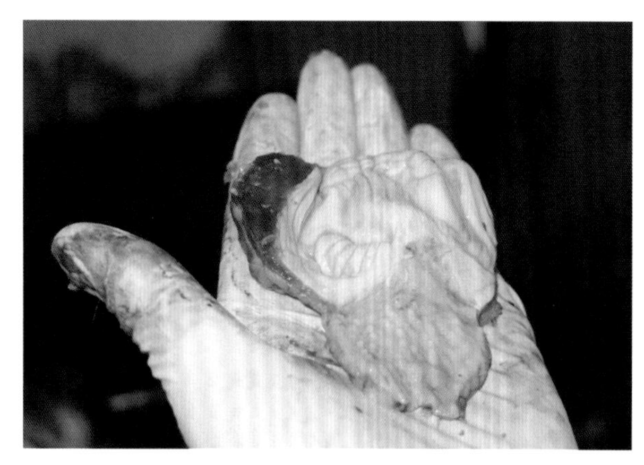

图 3-3-7　腺胃黏膜、肌胃角质膜下的检查（刁有祥　供图）

图 3-3-8　肠黏膜的检查（刁有祥　供图）

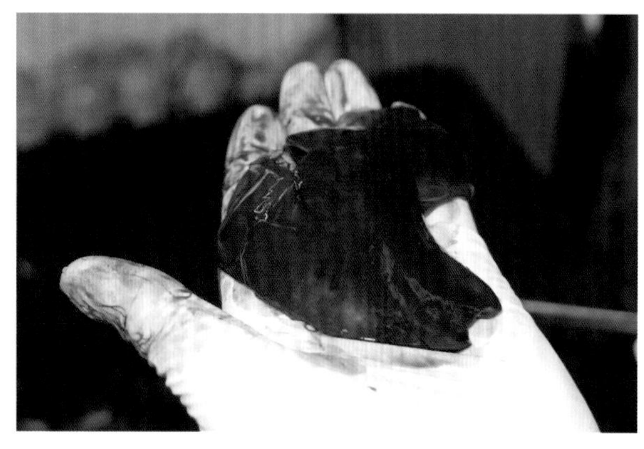

图 3-3-9　肝脏的检查（刁有祥　供图）

图 3-3-10　喉头的检查（刁有祥　供图）

图 3-3-11　气管的检查（刁有祥　供图）

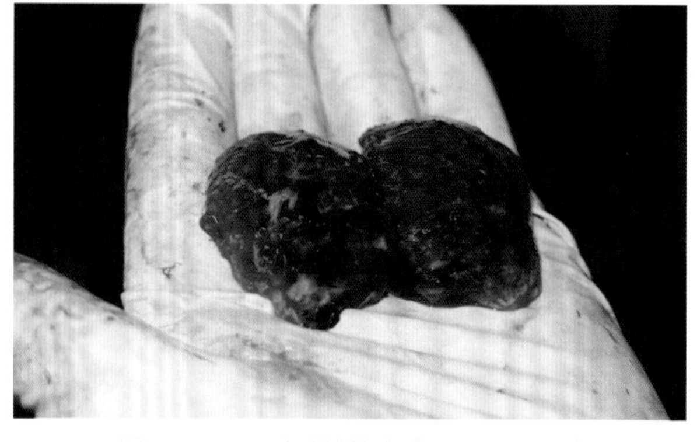

图 3-3-12　肺脏的检查（刁有祥　供图）

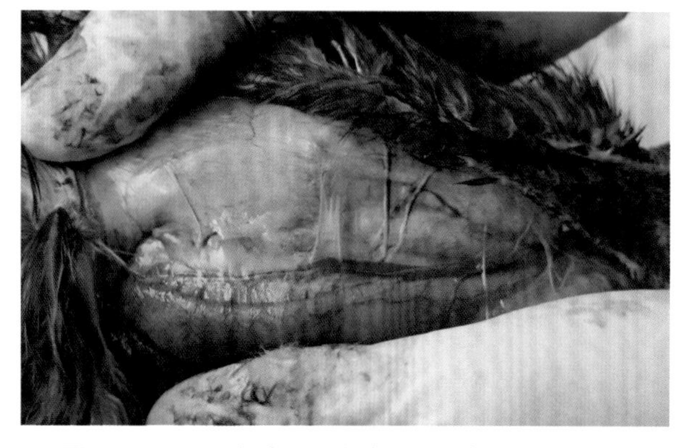

图 3-3-13　颈部皮下和胸腺的检查（刁有祥　供图）

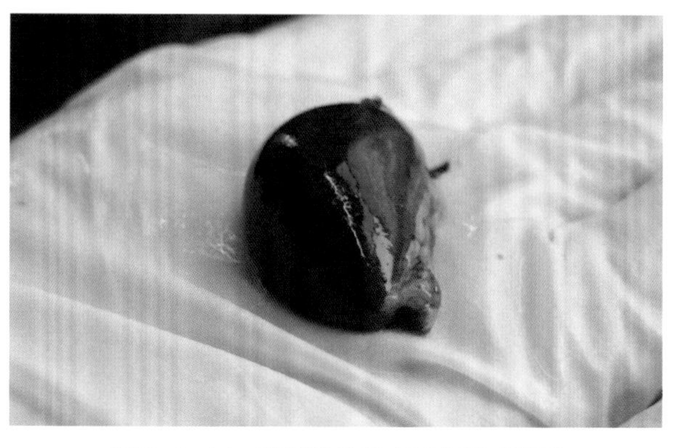

图 3-3-14　脾脏的检查（刁有祥　供图）

图 3-3-15　盲肠扁桃体的检查（刁有祥　供图）

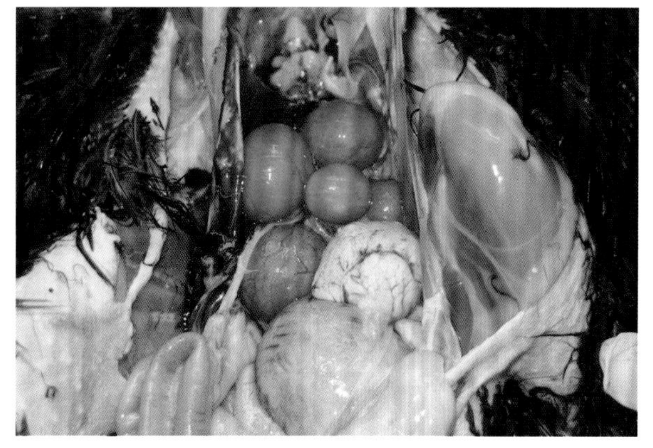

图 3-3-16　卵泡的检查（刁有祥　供图）

图 3-3-17　心脏的检查（刁有祥　供图）

图 3-3-18　肾脏和睾丸的检查（刁有祥　供图）

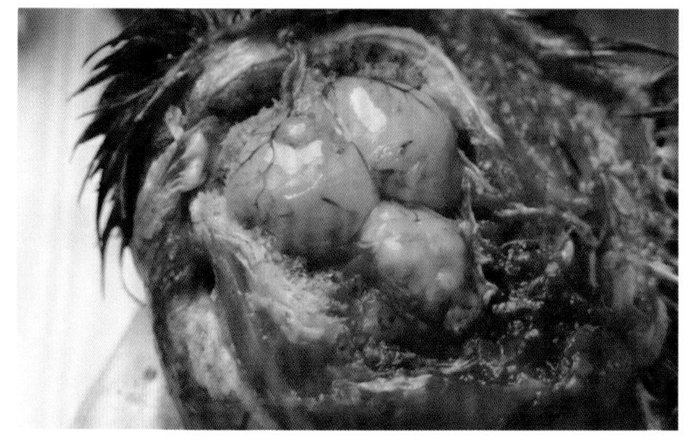

图 3-3-19　大脑、小脑的检查（刁有祥　供图）

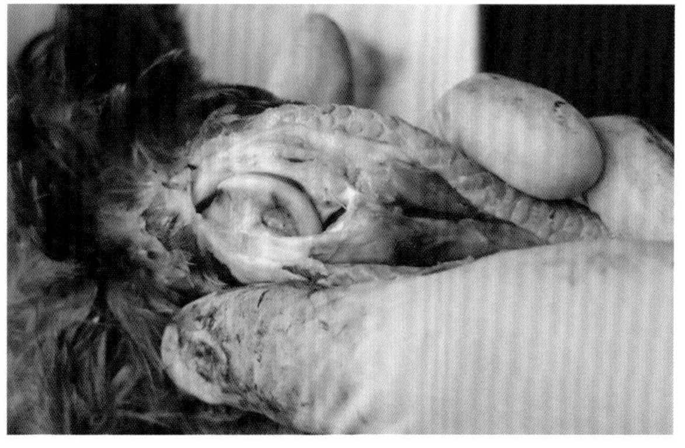

图 3-3-20　关节腔的检查（刁有祥　供图）

二、病理组织学检查

病理组织学检查包括组织块的采取、固定、冲洗、脱水、包埋以及切片、染色、封固和镜检等一系列过程。通过对病变组织的形态观察，确定疾病的发生、发展和转归的规律，为疾病的正确诊断提供依据。

要使病理组织学检查结果准确可靠，关键的一步是组织标本的选取和固定。为此，必须注意以下几项。

一是组织块切取时必须迅速、准确，切勿使组织受挤压或损伤，保持组织完整，避免人为病变。

二是选取病变显著部分或可疑病灶，切取的组织中，既要包括病灶及周围的正常组织，又要包括器官的重要结构部分。

三是切取的组织块大小为 1.5 cm × 1.5 cm × 0.5 cm，如做快速切片，则厚度不能超过 0.2 cm。

四是切取的组织块要立即投入固定液中，固定的组织越新鲜越好。

五是固定液的种类很多，最常用的是 10% 福尔马林液或酒精福尔马林液（福尔马林液 100 mL 与 95% 酒精 900 mL 混合）。固定时间需要 12 ～ 24 h。固定液的量要相当于组织块总体积的 5 ～ 10 倍。容器底部可垫脱脂棉，以防组织块粘贴瓶底。

六是做好待检标本的记录。说明组织块的来源、剖检时肉眼所见的病变、器官组织名称，必要时可将组织块贴上标签，以免混淆。

第四节　实验室诊断

在鸡病诊断中，通过现场诊断、流行病学诊断、病理学诊断对大多数疾病可作出初步诊断，但确诊需进行实验室诊断，尤其对某些疑难病症，特别是传染病，必须配合实验室诊断。

进行实验室诊断时，病料的采集和送检对诊断的准确性具有决定性的意义。病料采集或送检不当，不但不能检出真正的病原体，还可能由于病料污染其他病原体而造成误诊。

一、病料的采集

1. 病料采集、送检的注意事项

（1）取材时间。病鸡死后要立即进行内脏病料的采取，时间最好不要超过 6 h，时间过长，尸体易腐败，不利于病原菌的检出。

（2）器械的消毒。剪刀、镊子、器皿等用具要高温高压灭菌，或放于 0.5% ～ 1% 的碳酸氢钠水溶液中煮沸 30 min，剪刀、镊子在使用前用酒精擦拭，并在火焰上灼烧。注射器和针头放于清洁水中煮沸 30 min 即可。

（3）送检材料要有详细的说明。包括鸡的品种、性别、日龄、病料的种类、数量。并附临床病例的情况说明（发病时间、症状、死亡情况、免疫及用药情况等）。

2. 病料的采集方法

（1）脓汁或渗出液。用灭菌注射器或吸管抽取脓肿深部的脓汁，置于灭菌的离心管中。若为开口的化脓灶或鼻腔时，可用无菌的棉签浸蘸后，放在灭菌离心管中。也可以直接用无菌接种环插入病变部位，提取病料直接接种于培养基上。

（2）口、鼻分泌物。用灭菌棉拭子从口腔、鼻腔和咽部擦取渗出物或分泌物，立即装入灭菌离

心管中待检。

（3）内脏。将内脏器官有病变的部位采取 1 ～ 2 cm^2 的小方块，置于灭菌离心管或平皿中。若采集病理组织切片的材料，应将典型病变部位与相连的健康组织一同切取，组织块的大小每边 2 cm 左右，同时避免使用金属容器，尤其是当病料供色素检查时，更应注意。此外，若有细菌分离条件，也可以用烧红的刀片烫烙脏器的表面，用灭菌接种环从烫烙部位插入组织中，缓慢转动接种环，取少量组织或液体，进行涂片镜检或直接接种培养基。培养基可根据不同病原特性进行选择。

（4）全血。根据检测所需血液量的多少，可选择鸡的不同部位采血。以无菌操作吸取血液，置于含有 5% 柠檬酸钠的灭菌试管中，使其充分混匀。

（5）血清。无菌操作吸取血液后，置于灭菌离心管中，待血液凝固析出血清后，吸出血清置于另一灭菌离心管中待检。

（6）胆汁。用烧红的刀片或铁片烫烙胆囊表面，再用灭菌吸管或注射器刺入胆囊内吸取胆汁，置于灭菌离心管中。也可直接用接种环经消毒部位插入，提取病料直接接种于培养基。

（7）肠道。用烧红的刀片或铁片在肠道表面烫烙后穿一小孔，持灭菌棉签插入肠内蘸取肠道黏膜及其内容物后，置于灭菌离心管内；也可将肠道两端用线扎紧后，切断，置于灭菌离心管中。

（8）粪便。用消毒液或酒精擦拭肛门周围污染物，再用灭菌的棉拭子通过肛门蘸取直肠内容物，置于装有少量灭菌生理盐水或培养基的试管内。

（9）皮肤。取一块大小约为 10 cm × 10 cm 的皮肤，保存于 30% 甘油缓冲液或 10% 福尔马林溶液中。

（10）脑部、脊髓。若采取脑、脊髓进行病毒学检查，可将其浸入 50% 甘油盐水液中；也可将整个头部取下，装入浸过 0.1% 升汞液的纱布或油布中送检。

二、病原学诊断

病原学诊断就是运用兽医微生物学或寄生虫学的方法对病毒、细菌及寄生虫进行检查，这是确诊传染病或寄生虫病的重要方法之一。但要注意，虽然从病鸡体内检查出了病原体，也应考虑健康鸡体的带菌或带虫现象，其结果要与临床诊断结合，进行综合分析。

（一）细菌的分离与鉴定

细菌是单细胞生物，虽个体微小，但其有完整的结构和形态特征。细菌的基本形态分为球状、杆状和螺旋状三种。除有细胞壁、细胞膜、细胞质和核质等基本结构外，还有鞭毛、菌毛、芽孢、荚膜、质粒等附属结构。根据不同细菌的染色反应、细菌分离培养以及细菌的生化试验，可作为鉴别细菌种类的依据。

1. 细菌抹片的制备及染色

选择清晰透明，洁净而无油渍的载玻片，滴上水后，能均匀展开，附着性好。材料不同，抹片方法也有所差异：液体材料（如血液、渗出液等）可直接用灭菌接种环蘸取，于玻片的中央均匀地涂布成适当大小的薄层；非液体材料（如菌落、粪便等）先用灭菌接种环蘸取少量生理盐水于玻片中央，再用接种环蘸取少量材料，在液滴中混合，均匀涂布成适当大小的薄层；病变的组织脏器材料先用镊子夹持中部，然后用无菌剪刀取一小块，将其新鲜切面在玻片上涂抹成一薄层。上述玻片于室温让其自然干燥后，使涂抹面向上，背面在酒精灯外焰上来回加热数次（以不烫手为度）进行固定，固定好的抹片就可以进行各种方法的染色。染色后不同的细菌或物体，或者细菌构造的不同部分可以呈现不同颜色，有鉴别细菌的作用，又可称为鉴别染色，如革兰氏染色法、抗酸染色法和瑞氏染色法等。

2. 细菌分离培养

在细菌诊断中，分离培养是不可缺少的步骤。分离培养的目的主要是在含有多种细菌的病料或培养物中挑选出某种细菌。平板画线分离培养是最为常用的细菌分离培养法。

3. 细菌的生化试验

不同种类的细菌，由于其细胞内新陈代谢的酶系不同，对营养物质的吸收利用、分解排泄及合成产物的产生等有很大差别，生化试验就是确定细菌合成和分解代谢产物的特异性，借此来鉴定细菌的种类。常用的生化试验方法有糖类分解试验、吲哚试验、甲基红试验、VP 试验、硫化氢试验、氧化酶试验等。

4. 致病性试验

虽然分离到了细菌，但其是否具有致病性，还需要进行动物试验后才能得到确定。通常选择对该种病菌最为敏感的实验动物进行人工感染试验，然后根据病菌对实验动物的致病力、症状和病理变化特点进行分析。常用的实验动物有小白鼠、豚鼠、家兔等，也可直接用敏感鸡进行人工感染试验，以测定分离细菌的致病力。

（二）病毒的分离与鉴定

1. 病料处理

根据微生物在组织器官中的分布情况来决定采取病料的种类，以禽流感为例，气管、肺脏、脑组织，应优先采集。另外，肝脏和脾脏也可作为病毒分离的材料。按照 1 g 组织加入 5 ～ 10 mL 无菌生理盐水进行研磨，反复冻融 3 次，向研磨液中加入青霉素和链霉素各 1 000 U/ mL。37℃处理 1 h 或 4℃冰箱作用 2 ～ 4 h，以 1 500 r/min 离心 10 min，取上清液作为接种材料。

2. 无菌检验

对接种材料应进行无菌检验。接种营养肉汤或血液琼脂平板，观察有无细菌生长。如有细菌，应对材料进行过滤除菌或加入敏感抗菌药物进行处理。

3. 病毒的分离与鉴定

病毒自身没有完整的酶系统，不能在无生命的培养基中生长。细胞培养、鸡胚接种和动物接种是最常用的病毒分离检查方法。

（1）细胞培养。用于病毒分离培养的细胞有原代细胞和传代细胞系。根据可疑病毒的特性选择生长旺盛的敏感细胞用于病毒分离。长成单层的细胞即可进行病毒接种。接种时，先倾倒细胞瓶中的培养液，加入接种物，通常将接种物进行稀释，每个接种材料接种 2 ～ 3 个细胞培养孔，接种量以能使接种液覆盖细胞单层为宜。37℃感作 30 ～ 60 min，吸弃含接种物的细胞培养液，加入维持液继续培养，每天观察细胞病变。对未出现细胞病变者，通常盲传 3 代，如仍不出现病变，可用血清学或分子生物学方法进行检测，结果呈阴性者，终止培养。

（2）鸡胚接种。鸡胚是正在发育中的生命体，组织分化程度低，细胞幼嫩，有利于病毒的感染与增殖。但由于鸡的一些细菌病和病毒病可经胚胎垂直传播，同时卵黄又含有母源抗体，从而给病毒分离带来一定的干扰。因此，应选用 SPF 鸡胚进行病毒分离培养。鸡胚接种分为绒毛尿囊腔内接种、绒毛尿囊膜接种、卵黄囊接种和羊膜腔接种等方法，其中绒毛尿囊腔内接种与绒毛尿囊膜接种方式最为常用。

①绒毛尿囊腔内接种：选择 9 ～ 12 日龄的鸡胚，画出气室和鸡胚位置，先用碘酒棉球、后用酒精棉球涂擦消毒接种位置及其周围。在胚胎面和气室交界的边缘上方 1 ～ 2 mm 处，避开血管作一标记，以此为接种点。用灭菌粗针头或钢锥在接种处钻一小孔，用注射器接种 0.1 ～ 0.2 mL 接种物，然后用蜡封口。接种后的鸡胚气室向上置于 37℃孵化箱内孵育。

②绒毛尿囊膜接种：选取 9 ～ 12 日龄的鸡胚，画出气室和胚体，在胚胎面靠近胚胎而无大血管处作一标记，作为接种部位。将胚胎横放于蛋盘上，先用碘酒棉球、后用酒精棉球涂擦消毒接种位置及其周围，用灭菌镊子在接种部位戳一裂痕，小心挑去蛋壳，造成卵窗，另外在气室中央也钻一小孔，随后在卵窗的壳膜上滴一滴生理盐水，用灭菌针头挑破卵窗中心的壳膜，但不可损坏绒毛尿囊膜，然后用橡皮吸球紧贴气室小孔中央吸气，造成气室内负压，使卵窗部位的绒毛尿囊膜下陷，与壳膜分离，形成人工气室，此时可见滴加在壳膜上的生理盐水迅速渗入。用注射器抽取 0.05 ～ 0.1 mL 接种液接种于绒毛尿囊膜，将胚体轻轻旋转，使接种液扩散到人工气室下的整个绒毛尿囊膜，最后用蜡密封卵窗及气室中央小孔，将接种鸡胚横放于蛋盘上，在 37℃孵化箱内进行孵育，不可翻动，保持卵窗向上。

接种后每隔 6 h 照蛋一次，24 h 内死亡鸡胚应丢弃并做无害化处理。其余鸡胚培养 3 ～ 5 d，放入 4℃下经 6 ～ 12 h 取出，使胚体血液凝固，在超净工作台中收获尿囊液，进一步进行病毒鉴定，同时应检查胚体的大体病变情况。

（3）动物接种。动物接种是最原始的病毒培养方法，也可以用来进行病毒回归鉴定。常用的实验动物有家禽、家兔、大鼠、小鼠等。接种时要根据疑似病毒的特性，选择相应的实验动物和适宜的接种途径，如皮下、肌内、腹腔、脑内和静脉等。接种后，观察实验动物的发病情况、病理变化及抗体水平，据此作出诊断。

（三）寄生虫的检查和鉴定

有些鸡的寄生虫病症状和病理变化比较明显和典型，具有初诊的意义，但大多数鸡寄生虫病生前缺乏典型特征，往往需要通过实验室检查才能确诊。

1. 粪便中寄生虫的检查

鸡的许多寄生虫，特别是蠕虫类，多寄生于宿主的消化系统或呼吸系统。虫卵或某一发育阶段的虫体，常随宿主的粪便排出。吸取蒸馏水或 50% 甘油水溶液，滴于载玻片上，挑取少许被检新鲜粪便，与水滴混匀，除去粪渣，盖上玻片，镜检。通过对粪便的检查，可发现某些寄生虫病的病原体。

2. 体表寄生虫的检查

寄生于鸡体表的寄生虫主要有蜱、螨、虱等，对于这些种类的寄生虫检查，可采用肉眼观察和显微镜检查相结合的方法。对较小的虫体，常需刮取毛屑、皮屑，于显微镜下寻找虫体或虫卵。

3. 其他组织寄生虫的检查

有些原虫可在鸡的不同组织器官内寄生。一般在剖检时，取一小块组织，以其切面在洁净载玻片上做成抹片、触片，或将小块组织固定后制成组织切片再染色镜检。抹片或触片可用吉姆萨或瑞氏染色液染色，用油镜检查。

4. 虫卵的检查方法

可用直接涂片检查或集虫检查。直接涂片检查是最简便和最常用的方法。但检查时若体内寄生虫数量不多，致使被检粪便中虫卵含量少，可能造成检出率较低。可在载玻片上滴一些甘油和水的等量混合液，再用牙签挑取少量粪便加入水中混匀，去掉粪渣，最后在玻片上留有一层均匀的粪液，在显微镜下检查虫卵。

集虫检查是利用各种方法将分散在粪便中的虫卵集中起来进行检查，以提高检出率。吸虫卵比较大，常用清水沉淀集虫法检查；线虫和绦虫卵比较小，可用饱和生理盐水漂浮集虫法进行检查，球虫卵囊的检查也可用本方法进行。

三、免疫学诊断

免疫学诊断是利用抗原和抗体特异性结合的免疫学反应进行诊断，可以用已知抗原来测定被检鸡体内血清中的特异性抗体，也可以用已知抗体来测定被检病料中的抗原。抗体和抗原结合并发生反应，需要一定的量和适当的比例，因此，血清学反应不仅可以用来定性诊断，而且可以对抗原和抗体进行定量检测。血清学反应因具有敏感性高、特异性强、简便快速等特点，在实验室诊断中被广泛应用。常用的免疫学诊断方法有琼脂扩散沉淀试验、凝集试验、中和试验、酶联免疫吸附试验、免疫荧光抗体检测技术和免疫胶体金技术等。

（一）琼脂扩散沉淀试验

琼脂凝胶免疫扩散试验是指抗原抗体在琼脂凝胶内扩散，特异性的抗原抗体相遇后，在凝胶内的电解质参与下出现沉淀，形成肉眼可见的沉淀线，这种反应简称琼脂扩散沉淀反应。本试验既可用已知抗体检测样品中的抗原，也可用已知抗原检测血清样品中的抗体。本方法简便、微量、快速、准确，常用于禽流感的诊断。

1. 琼脂板制备

用 pH 值为 7.4 的 0.01 mol/L PBS 或其他缓冲液配制成 1% 琼脂，水浴煮沸融化。用纱布包脱脂棉过滤 3 次，至溶液无色透明，然后加入 1% 硫柳汞（终浓度为 1/10 000）。趁热将琼脂倒入平皿内，厚度以 2 ～ 3 mm 为宜，自然冷却。

2. 打孔

打孔器用薄金属片制成，孔径为 4 mm 和 6 mm，在坐标纸上画好 7 孔形图案。将坐标纸放在带有琼脂的平皿下方，照图案用打孔器打孔，外孔径为 6 mm，中央孔径为 4 mm，孔间距为 3 mm。挑出孔内琼脂，注意不要挑破孔的边缘。在火焰上缓缓加热，使孔底琼脂凝胶微微融化，或在孔底再加入少量 1% 琼脂液，以防止孔底边缘渗漏。

3. 加样

打孔后，向孔内加入抗原及抗体。用已知抗原测定待检抗体时，中央孔加已知抗原，周围孔加血清。其中外周孔按顺时针方向在 1、4 孔内加入阳性血清，其余孔加入被检血清；用阳性血清测定未知抗原时，中央孔加入阳性血清，1、4 孔加入已知抗原，其余孔加入被检抗原材料。加毕，盖上平皿盖，10 min 后再将平皿翻过来，置湿盘中，37℃自由扩散 24 ～ 48 h，观察、记录结果。

4. 结果判定

当标准阳性血清孔与抗原孔之间只有一条明显致密的沉淀线时，受检血清孔与抗原孔之间形成一条沉淀线，或者阳性血清的沉淀线末端向毗邻的被检血清孔内侧弯曲者，被检血清判定为阳性；若被检血清与抗原之间不形成沉淀线，或者阳性血清沉淀线向毗邻的被检血清孔直伸或向外弯曲者，被检血清判定为阴性。在观察结果时，最好从不同角度仔细观察平皿上抗原与被检血清孔之间有无沉淀线。为了便于观察，可在与平皿有适当距离的下方，放置一黑色纸片。

（二）凝集试验

当颗粒性抗原与其相应抗血清混合时，在有一定浓度的电解质环境中，抗原凝集成大小不等的凝集块，称为凝集反应。凝集反应广泛地应用于疾病的诊断和各种抗原性质的分析。即可用已知免疫血清来检测未知抗原，亦可用已知抗原检测特异性抗体。

1. 平板凝集试验

平板凝集反应是一种定性试验。将含有已知抗体的诊断血清（适当稀释）与待检悬液各滴一滴在玻片上，充分混合数分钟后，如出现颗粒体或絮状凝集，即为阳性反应。也可用已知的抗原悬液，检测待检血清中是否存在相应的抗体。如鸡白痢全血（或血清）平板凝集试验。

2. 试管凝集试验

试管凝集为一种定量试验，用于测定被检血清中有无某种抗体及其滴度，以辅助现场诊断或进行流行病学调查。如鸡支原体病的试管凝集试验检测抗体。

操作时，先将被检血清用生理盐水稀释，然后加入已知抗原，作用一定时间后，呈现明显凝集现象的稀释血清的最高稀释度，即为该血清的效价或滴度。判断结果时，应考虑鸡体内正常的抗体水平，有无预防接种史。用于试管凝集试验的待检血清必须新鲜、不溶血、没有明显的蛋白凝块，否则会影响结果的判定。

3. 病毒的血凝试验与血凝抑制试验

某些病毒如禽流感病毒、新城疫病毒，由于具有血凝素，能够凝集某些动物的红细胞（如鸡、鹅、豚鼠和人的红细胞），这种现象称为病毒的血凝性。但病毒种类不同，凝集红细胞的种类和程度不同，这种凝集红细胞的能力又可被特异性血清所抑制。因此，利用这种现象可以进行血凝试验（HA）和血凝抑制试验（HI），借此检查、鉴定病毒，进行抗体滴度的测定。当前，血凝试验和血凝抑制试验已成为诊断禽流感病毒、新城疫病毒感染的重要方法之一。具体操作方法如下。

（1）制备 1% 红细胞。将采集的正常鸡红细胞（最好是几只鸡红细胞的混合液）用生理盐水反复洗涤 5 次，最后用生理盐水将其稀释至 1% 浓度备用。

（2）血凝试验（HA）。取一块洁净的 96 孔“V”形微量血清反应板，用微量移液器在一列孔中加入生理盐水，每孔 50 μL；取 50 μL 待检病毒液加入第 1 孔中，充分混合后取 50 μL 加入第 2 孔，如此直至第 11 孔，混合后吸取 50 μL 弃掉，第 12 孔不加病毒作为对照孔；更换移液器前端的塑料吸头，每孔加 1% 的鸡红细胞各 50 μL；将反应板置于微型混合器上，混匀后，在室温静置 15 min 后开始观察，每 5 min 观察 1 次，至 60 min 判断并记录结果。

（3）血凝抑制试验（HI）。取一块洁净的 96 孔“V”形微量血清学反应板，每孔加入 50 μL 生理盐水（每份血清加一列）；取 50 μL 被检血清加入第 1 孔，充分混合后，取 50 μL 加入第 2 孔，如此稀释直至第 11 孔，第 12 孔不加血清作为对照；根据血凝试验测定的病毒效价，配制 4 个血凝单位的病毒稀释液。例如，上述血凝效价为 256 倍时，将原病毒稀释至 64 倍，即为 4 个血凝单位的病毒稀释液，每孔加入 50 μL 4 个血凝单位的病毒稀释液；将反应板混匀后，在室温下静置 10 min，每孔加入 50 μL 1% 鸡红细胞，混合均匀后，在室温静置 15 min 后开始观察，至 60 min 判定并记录结果。

（三）中和试验

中和试验是免疫学和病毒学中常用的一种研究抗原抗体反应的试验方法，用以测定抗体中和病毒的感染性或细菌毒素的生物学效应。凡能与病毒结合，使其失去感染力的抗体称为中和抗体；能与细菌外毒素结合，中和其毒性作用的抗体称为抗毒素。中和试验可以在敏感动物体内（包括鸡胚）、体外组织（细胞）培养或试管内进行，以观察特异性抗体能否保护易感的实验动物免受死亡、能否抑制病毒的细胞病变效应或中和毒素对细胞的毒性作用以及测定抗体的其他生物学效应。

（四）酶联免疫吸附试验

酶联免疫吸附试验（ELISA）是结合酶的高效催化活性与抗原-抗体特异性反应于一体的一种生物应用技术。其原理是用化学的方法将辣根过氧化物酶或碱性磷酸酶标记到抗体或抗原上，这种标记了酶的抗体或抗原仍能与相应抗原或抗体发生特异性结合。通过酶与底物作用呈现颜色的深浅，进行定量或定性分析。由于酶的催化效率很高，间接地放大了免疫反应的结果。ELISA 以其检测成本低、高通量、特异性强等优势，被广泛研究。ELISA 技术主要包括间接 ELISA、双抗体夹心 ELISA 和竞争 ELISA，在具体应用时可以根据需求不同选择最适宜的 ELISA 方法。

1. 间接 ELISA

将已知抗原吸附在固相载体上，孵育后洗去未吸附的抗原，随后加入含有特异性抗体的被检血清，感作后洗去未起反应的物质，加入酶标记的同种球蛋白，作用后再洗涤，加入酶的底物。底物被分解后出现颜色反应，用酶标仪测定其吸光值（OD 值）。

2. 双抗体夹心 ELISA

本方法用于检测抗原。将特异性免疫球蛋白吸附于固相载体表面，再加入被检抗原溶液，使抗原和抗体在固相载体表面形成复合物。洗去多余的抗原，再加入酶标记的特异性抗体，感作后冲洗，加入酶底物，颜色变化与待测样品中抗原量成正比。

3. 竞争 ELISA

用酶标记抗原和未标记抗原共同竞争有限量的抗体的原理，测定样品中的抗原。同时用只加酶标记抗原的系统作为对照。将抗体吸附于固相载体表面，感作后冲洗，加入待检抗原和酶标记抗原，对照只加入酶标记抗原，感作后冲洗，加入酶底物溶液，含酶标抗原的对照出现颜色反应。而待检系统中，由于样品中未标记抗原的竞争作用，相应地抑制了颜色反应。当待检抗原含量高时，其对抗体的竞争能力强，形成的不带酶的抗原-抗体复合物量多，带酶的复合物形成量减少，产生的有色产物也少；反之，待检抗原量低时，不带酶的复合物少，带酶的复合物量相对增多，最后有色产物的量增多。

（五）免疫荧光抗体检测技术

免疫荧光抗体检测技术的原理是用化学或物理的方法将荧光素标记到抗体或抗原上，这种标记荧光素的抗体或抗原仍能与相应抗原或抗体发生特异性结合。通过已知的荧光抗体或抗原，检测样本中相应的抗原或抗体，从而进行疾病的诊断和对抗原抗体的分析。

1. 直接免疫荧光试验

用荧光素直接标记抗体后，对样本中的抗原进行检测，针对所要检测的每种抗原均需要制备荧光抗体。滴加荧光抗体于待检抗原样本上，经一定时间，洗去未着染的染色液，干燥后，在荧光显微镜下观察。标本中若有相应抗原存在，即与荧光抗体结合，在镜下可见有荧光抗体围绕在受检抗原的周围。

2. 间接免疫荧光试验

在待检抗原标本上滴加特异性抗体，作用一定时间后，再用荧光素标记的抗球蛋白抗体作用一定时间，水洗、镜检，若为阳性，则形成抗原–抗体–荧光抗抗体的复合物。间接法无须针对每种抗原制备相应的荧光标记抗体。

在鸡病诊断中，荧光抗体技术主要通过对病原进行检测，从而实现对疾病的快速诊断。利用特异性抗体，可以对分离培养的细菌、组织触片或切片中的病原进行快速检测，从而对疾病进行诊断。

（六）免疫胶体金技术

免疫胶体金技术属于免疫标记技术的一种，是以胶体金标记抗体或抗原，以检测未知抗原或抗体的方法。胶体金是在某些特定还原剂作用下形成的特定大小的金颗粒，在弱碱性环境下其带负电荷，可与蛋白正电荷牢固结合，从而可以对抗体或抗原进行标记。目前常见的胶体金试纸条是依据胶体金免疫层析技术研制而成，其主要原理是以硝酸纤维素膜为载体，将特异性抗体固定在膜的某一区带，当把硝酸纤维素膜一端浸入样本后，由于微孔膜的毛细管作用，样本中的抗原沿着膜向另一端渗移。当移动到抗体区域时发生抗原抗体的特异性结合，免疫金聚集可使该区域形成红色区带。在鸡病诊断领域，该技术主要用于检测特定病原来实现对疾病的快速诊断。

四、分子生物学诊断

近年来分子生物学技术迅速发展，并逐步形成了诊断分子生物学。诊断分子生物学是在核酸、蛋白质分子水平上研究病因、病理损害机制，从而进行疫病的诊断、疗效及预后的监测。现代分子生物学技术如聚合酶链式反应技术（PCR）、环介导等温扩增技术（LAMP）、限制性片段长度多态性分析（RFLP）、重组酶聚合酶扩增（RPA）技术、荧光定量 PCR 技术、基因芯片技术和第二代（高通量）测序技术等，在鸡病快速、准确诊断过程中扮演了重要的角色，得到了广泛的应用。

（一）PCR

PCR 的实质就是一种简化条件下的体外 DNA 复制，在体外特异性的将 DNA 某个特殊区域扩增出来的技术，与传统的检测方法相比，PCR 具有快速、准确和灵敏度高等优点。反应体系包括模板 DNA、引物、热稳定 DNA 聚合酶、dNTP 和反应缓冲液。一个 PCR 反应包括了 3 个步骤，即高温变性、低温退火和中温延伸。在 94℃下模板 DNA 因热变性而解开双链，继而降低温度使 DNA 复性，则引物链可以和互补的模板链特定区域碱基配对形成杂交分子，在 72℃保温一定时间，其间由 DNA 聚合酶催化从引物 3' 端不断合成模板链的互补链。新合成的产物可以作为下一个反应的模板。经过连续地重复反应，就可以对模板 DNA 上与双引物结合的序列之间的片段进行指数式扩增，将皮克（pg）水平的 DNA 特异性扩增 10^6 ～ 10^7 倍，达到微克水平，最终达到检测诊断的目的。

在对特异性基因进行扩增时，核苷酸的错配率可低于万分之一，其操作过程可在几个小时内实现，有效缩短了诊断时间，从而在鸡病毒、细菌、寄生虫、支原体等病原体感染的研究中得到广泛应用。此外，利用针对不同病原的特异性引物建立的多重 PCR 能同时进行不同病原的检测，适用于对多种病原混合感染的快速诊断。近年来，PCR 又与其他方法组合成了许多新的方法，如基于荧光标记能量转换技术和实时荧光定量 PCR 快速诊断技术、抗原捕获 PCR、数字 PCR 等，进一步提高了 PCR 的简便性、敏感性和特异性。

（二）LAMP

LAMP 是 Notomi T 等于 2000 年首次提出的一种新型、简便、灵敏度高的恒温核酸扩增方法。利用 4 条特异性引物和链置换型 DNA 聚合酶在恒温 65℃左右，使得靶 DNA 合成不停地循环延伸，从而实现快速扩增，可在 1 h 内实现对目标序列 10^9 ～ 10^{10} 倍扩增。反应结束后可利用肉眼直接观察扩增结果或使用浑浊仪测定沉淀浊度或添加荧光染料进行结果的判断。但 LAMP 依然存在一些不够完善的地方，如开管琼脂糖凝胶电泳的观察结果方式容易引起气溶胶污染，其超高的检测灵敏度在实际应用中更容易造成假阳性结果。

（三）RFLP

每种基因型的 DNA 对某些限制性内切酶有固定的酶切位点。经酶作用后，在凝胶电泳图谱上产生固定的片段图谱，如果该病原有不同的血清型或基因型发生变化，则酶切位点或数目可能会有所差异，产生的电泳图谱也会有差异；反之，根据酶切电泳图谱的差异，也可判定病原的血清型，从而对该疫病及病原流行情况作出准确诊断。常规诊断方法如中和试验等免疫诊断技术难以满足临床诊断的需要，RFLP 只需要 1 ～ 2 d 就可以对其毒株的基因进行分型鉴定，因而比常规方法更加省时省力。

（四）RPA

RPA 技术，经过 10 多年时间的发展与应用，已在病原检测等领域发挥了重要作用。它是一种新型的、可以代替 PCR 的等温扩增技术，以 T4 噬菌体核酸复制机理为主要反应原理，利用重组酶、单链结合蛋白和 DNA 聚合酶的催化作用，实现目的基因在室温条件下和恒温条件（25 ～ 42℃）下的快速扩增，20 min 即可得到扩增产物，是一种无须其他仪器设备支撑的等温扩增技术，为现场检测开辟了新思路。RPA 具有敏感性高、特异性强、检测时间短、结果判读多元化等优点，具有较好的可操作性，尤其适用于基层使用。

（五）荧光定量 PCR 技术

常规 PCR 技术在临床检验应用中大多是用于定性分析，检测病原体的特异性核酸片段存在与否。近年来，随着生命科学研究的深入以及医学检验的发展，在许多情况下需要对目的基因进行定量分析，如患病鸡血清中病毒载量的确定、基因表达水平的改变等。荧光定量 PCR 则是基于检测 PCR 扩增周期每个时间点上的扩增产物的量，通常是检测每个循环结束后的产物量，从而实现对 PCR 扩增反应过程的动力学监测。其基本方法是，在 PCR 反应体系中引入一种荧光物质，随着 PCR 反应的进行，荧光信号强度也按一定的关系增加，每经过一个循环，记录一个荧光强度信号，这样就可以通过荧光强度的变化监测产物量的变化，进而实现对起始模板的定量。针对产生荧光信号的原理不同，荧光定量 PCR 有多种形式，目前最为常用的是 TaqMan 探针法和 SYBR Green 染料法。

荧光定量 PCR 技术，因其具有简便快速、特异性强、灵敏度高、重复性好、无扩增后处理步骤、易于实现自动化等优点，荧光定量 PCR 技术目前已成为主流分子诊断方法，弥补了一般技术对疾病亚临床或潜伏感染状态无法确诊的缺点，为动物疫病诊断技术提供了新的模式，具有巨大的发展潜力和广阔的应用前景。

（六）基因芯片技术

基因芯片，常被称为 DNA 微阵列或 DNA 芯片，是将大量的特定寡核苷酸或 DNA 片段作为探针，有规律、高密度地固定排列在支持物（玻璃片、硅片或纤维膜等）上制成阵点，然后与染料标记的待测 DNA 按照碱基配对原则进行杂交，再通过检测系统对芯片进行扫描，并借助计算机对各阵点信号进行检测和比较，从而迅速获得所需要的信息。借助基因芯片技术，人们可同时在一张芯片上检测上万个基因甚至整个基因组的表达情况，并进一步做 RNA 表达丰度分析和 DNA 序列同源比对分析。与传统技术相比，基因芯片不仅提高了效率，还有利于统一标准，减少系统误差。

基因芯片的工作原理与经典的核酸分子杂交方法是一致的，都是应用已知核酸序列作为探针与互补的靶核苷酸序列杂交，通过随后的信号检测进行定性和定量分析。主要流程包括芯片的设计与制备、靶基因的标记、芯片杂交与杂交信号的检测。在感染性疾病中，基因芯片也可用于检测病原菌的耐药性，为合理用药提供依据。现在基因芯片以其可同时、快速、准确地分析数以千计的基因组信息而显示出了巨大的应用潜力。

（七）第二代（高通量）测序技术

第二代测序技术又称下一代测序技术，主要包括罗氏 454 公司的 CS FLX 测序平台、Illumina 公司的系列测序平台和 ABI 公司的 SOLiD 测序平台。第二代测序技术最显著的特征是通量高、速度快、成本低，在病原体检测及未知病原体发现方面具有重要的意义。第二代测序技术可以实现一次对几十万到几百万条 DNA 分子进行序列测定；其覆盖面广，能检测样品中全部遗传信息；准确性高，准确率可达 99.99%，为鸡病的诊断提供了重要的手段。

第二代测序技术适用于对病原体进行快速、精确地检测，并且此技术在发现未知病原体研究上已显示了技术先进性。当前我国鸡病流行呈现出病原混合感染、持续感染、症状不明显、新发疫病增多等特点，给疫病诊断带来了难题。该技术在鸡病检测领域的应用，将极大地提高对样品中混合感染及未知病原的全面认识，给鸡病检测、诊断水平带来极大的提升。

五、毒物学诊断

某种物质进入鸡体后，在组织和器官内发生作用，侵害机体组织和器官，破坏机体正常生理功能，导致机体产生机能性或器官性的病理过程，这种物质被称为毒物。由毒物引起的疾病称为中毒。因毒物进入机体的量和速度不同，中毒的发生有快有慢。毒物短时间内大量进入机体后突然发病，是急性中毒。毒物长期少量地进入机体，则会引起慢性中毒。

毒物主要来自饲料、药物、有害气体。根据毒物性质的不同，用于毒物测定的实验室常用检测方法主要有层析分析法和免疫分析法。

（一）层析分析法

层析法又称色谱分析法，是一种物理或物理化学分离分析方法。是将混合物中各组分分离，而后逐个分析。其分离原理是利用混合物中各组分在固定相（吸附剂）和流动相（溶剂）中溶解、解析、吸附、脱附或其他亲和作用性能的微小差异，当两相作相对运动时，使各组分随着移动在两相中反复受到上述各种作用而得到分离。

1. 薄层层析法（TLC）

TLC 是一种吸附薄层层析分离法，利用各成分对同一吸附剂吸附能力不同，使在流动相流过固定相的过程中，连续地产生吸附、解吸附、再吸附、再解吸附，从而达到各成分的互相分离目的，是应用最早最广的分离分析技术。其优点是所用的试剂、设备简单，费用低廉，容易掌握，适用大

量样品的分离、筛选，属于定性和半定量检测。为了提高薄层层析法的精度，还用薄层扫描等方法来确定。

2. 高效液相层析法（HPLC）

以液体为流动相，采用高压输液系统，将具有不同极性的单一溶剂或不同比例的混合溶剂、缓冲液等流动相泵入装有固定相的层析柱，在柱内各成分分离后，进入检测器进行检测，从而实现对试样的分析。高效液相层析法具有高效、快速、准确性好、灵敏度高、重复性好、检测限度低、定量准确等特点，操作简便，适用于大批量样品的分析。

3. 气相层析法（GC）

GC 是利用气体作流动相的色层分离分析方法。汽化的试样被载气（流动相）带入层析柱中，柱中的固定相与试样中各组分分子作用力不同，各组分从层析柱中流出时间不同，组分彼此分离。采用适当的鉴别和记录系统，制作标出各组分流出层析柱的时间和浓度的层析图。根据层析中出峰时间和顺序，可对化合物进行定性分析，根据峰的高低和面积大小，可对化合物进行定量分析。具有效能高、灵敏度高、选择性强、分析速度快、应用广泛、操作简便等特点。适用于易挥发有机化合物的定性、定量分析。

（二）免疫分析法

免疫化学分析法是以抗原抗体免疫化学反应为基础，进行抗原抗体含量测定的方法。该法具有高度的特异性与灵敏性，快速简便，分析费用低，重复性好，短时间内能处理大量样品。

1. 免疫亲和柱（IAC）–荧光光度法

免疫亲和柱是以单克隆免疫亲和柱为分离手段，根据载体蛋白偶联后，将其填柱形成 IAC，并与毒物抗原产生一一对应的特异性吸附关系制作而成。随着抗原抗体一一对应的特异性吸附关系的增强，IAC 只能高选择性地吸附毒物，而让其他杂质通过柱子，同时，这种吸附又可被极性有机溶剂洗脱，用荧光计、紫外灯定量检测。

2. 免疫亲和柱–HPLC 法

将免疫亲和柱与高效液相层析法结合应用，是目前采用较多的一种方法。该方法更加安全、可靠，提高了灵敏度和准确度，达到了定量准确又快速简便的要求，可以有效地将毒物分离出来，分离效率和回收效率较高。

3. ELISA 法

ELISA 法是应用抗原抗体特异性反应和酶的高效催化作用来测定毒物的免疫分析方法。ELISA 测定方法的基本模式有 3 种特定的试剂，即固相抗原、酶标记单克隆抗体、酶作用底物。常用的方法有 4 种，即反向直接竞争 ELISA、直接竞争 ELISA、间接竞争 ELISA 和生物素–亲和柱 ELISA。该方法具有特异性强、干扰小、样品预处理简便快速、灵敏高效等特点，而且回收率高，提取方法简单，可以进行定性和定量测定。

六、营养学诊断

因营养物质摄入不足或过剩、营养物质吸收不良、营养物质需求增加、参与物质代谢的酶缺乏和内分泌机能障碍所致的一类群发病。营养代谢病包括营养物质摄入不足或需求增加造成的营养缺乏病；营养物质的吸收、利用和代谢异常造成的代谢障碍病。

营养物质摄入不足，其中以脂肪、蛋白质、维生素、微量元素缺乏最为常见。根据营养物质性质的不同，实验室常用的测定方法如下。

（一）光谱分析法

一般用于成分结构复杂，具有紫外吸收或荧光的物质。光谱分析法包括紫外分光光度法、荧光分光光度法、红外分光光度法和原子吸收分光光度法。

1. 紫外分光光度法

紫外分光光度法是通过测定被测物质在特定波长或一定波长范围内光的吸收度，对该物质进行定性和定量分析的方法。具有灵敏度高、操作简便、快速等优点。

2. 荧光分光光度法

荧光分光光度法是根据物质的荧光谱线位置及其强度进行物质鉴定和含量测定的方法。由于不同的物质其组成与结构不同，所吸收的紫外–可见光波长和发射光的波长也不同，同一种物质应具有相同的激发光谱和荧光光谱，将未知物的激发光谱和荧光光谱图的形状、位置与标准物的光谱图进行比较，即可对其进行定性分析。荧光分析法的特点是灵敏度高、选择性好、样品用量少和操作简便。

3. 红外分光光度法

当物质分子选择性地吸收一定波长的光能，能引起分子振动和转动能级跃迁，产生的吸收光谱一般在 2.5 ～ 25 μm 的中红外光区，称为红外光谱。利用红外光谱对物质进行定性分析或定量测定的方法称为红外分光光度法。该方法应用最广泛的是对未知物质的结构分析、纯度鉴定。

4. 原子吸收分光光度法

简称原子吸收法，是利用被测元素基态原子蒸气对其共振辐射线的吸收特性进行元素定量分析方法。该方法灵敏度高、紧密度好、应用范围广、干扰少、试样用量少、快速简便。

（二）层析分析法

常用的层析法包括薄层层析法、高效液相层析法和气相层析法。

（三）质谱分析法

根据物质分子量、断裂碎片质量大小及结构特征信息的质谱法及多级色质联用法。该方法借助同位素离子的丰度比来推断化合物的元素组成（分子式），通过一级、二级谱库的匹配也能够对复杂基质中的痕量组分进行确证和筛选。

在鸡病的诊断中，综合现场诊断、流行病学诊断、病理学诊断和实验室检测结果，作出最终诊断结论，明确导致疾病的病原、病因，根据疾病的性质，及时采取相应的治疗和控制措施，使损失降到最低。但在诊断中应注意，切忌以偏概全、以点概面，否则会导致诊断结论不正确，贻误最佳治疗和控制时机。

第四章

鸡传染病

第一节　新城疫

新城疫（Newcastle disease，ND）又称亚洲鸡瘟或伪鸡瘟，是由新城疫病毒（*Newcastle disease virus*，NDV）引起鸡、火鸡及其他禽类的一种急性、高度接触性传染病，常呈败血症经过。该病发病率高、死亡率高，造成的经济损失严重，世界动物卫生组织（OIE）将其列为法定报告的动物疫病，我国将其列为一类动物疫病。

一、历史

该病于1926年首先发现于印度尼西亚的爪哇，同年发生于英国的新城。我国于1928年12月在《浙江农业》中记载了金华、松阳、浦江等地的发病情况。1935年我国河南报道了新城疫病例，当时认为是鸡瘟流行。1946年，梁英、马闻天等首次分离鉴定新城疫病毒，证实我国流行的鸡瘟是新城疫。之后在四川、上海、广西等地相继发现鸡新城疫的流行，20世纪50年代该病在全国范围内流行。现在我国各地普遍开展强化免疫的措施，有效控制了新城疫的发生和流行。

二、病原

新城疫病毒（NDV）属于单负链病毒目、副黏病毒科、禽腮腺炎病毒亚科、正禽腮腺炎病毒属。成熟的病毒粒子呈球形，多数呈蝌蚪形，直径为100～250 nm。病毒粒子的表面有囊膜，囊膜表面覆盖着纤突，纤突长8～12 nm，宽2～4 nm，间距8～10 nm，由两种表面糖蛋白组成，一种是血凝素-神经氨酸酶（Hemagglutinin-neuraminidase，HN），一种是融合蛋白（Fusion protein，F）。囊膜内包裹着病毒的基因组核酸和核衣壳蛋白（Nucleocapsid protein，NP）构成的核衣壳，磷蛋白（Phosphoprotein，P）和聚合酶（Large polymerase protein，L）与之结合构成RNP复合物。

NDV含有一条单股负链不分节段的基因组RNA，由15 186个、15 192个或15 198个核苷酸组成，分子量约为57 kDa，其基因组结构为3' —NP—P—M—F—HN—L—5'，可编码6种结构蛋白和2种非结构蛋白。6种结构蛋白分别为核衣壳蛋白（NP）、磷蛋白（P）、基质蛋白（M）、融合蛋白（F）、血凝素-神经氨酸酶（HN）和大分子量聚合酶蛋白（L）；2种非结构蛋白为P基因经过RNA编辑产生的V蛋白和W蛋白。HN糖蛋白具有与细胞受体结合、破坏受体活性的作用。F蛋白介导病毒与细胞的融合，参与病毒的穿入、细胞融合、溶血等过程，在病毒穿过细胞膜的过程中发挥重要作用。因此，F蛋白是决定病毒毒力的主要因素，也是毒株的重要分类依据。

新城疫病毒的致病能力与F蛋白裂解位点的氨基酸序列和多数细胞蛋白酶对新城疫病毒的F蛋白裂解能力紧密相关。NDV在被感染的细胞内进行复制产生无活性的前体蛋白F_0，F_0只有裂解成F_1和F_2才能具备感染性。强毒株F蛋白在112～117位点有多个碱性氨基酸，易被器官和组织内的蛋白酶所裂解成F_1和F_2。HN蛋白主要成分为糖蛋白，具有血凝（HA）功能，能够特异性地识别宿主的唾液酸受体，所以在NDV感染过程中起到主导作用HN特异性抗体能抑制融合，说明病毒吸附是病毒融合的一种前提，这样病毒的穿透才能进行。HN蛋白还具有神经氨酸酶活性，水解病毒粒子，分解宿主细胞的唾液酸，最终防止病毒粒子在宿主细胞表面聚合。

根据F基因序列，NDV可分为两个大的谱系，即Ⅰ类（Class Ⅰ）和Ⅱ类（Class Ⅱ）。Ⅰ类毒株基因组全长均为15 198 nt；而Ⅱ类病毒的基因组长度有15 186 nt和15 192 nt两种。与Ⅱ类毒株相比，Ⅰ类病毒的P基因阅读框内多出了12 nt。由于Ⅰ类毒株是NDV的原始病毒库，由此推测Ⅰ类病毒在鸡群内广泛传播后产生了Ⅱ类的毒株，在此过程中P基因丢失了12 nt。Ⅰ类病毒分为9个基因型，大部分分离自家禽和野生水禽，主要是弱毒。Ⅱ类中的NDV毒株可分为18个基因型，包括以前报道的10个基因型（Ⅰ～Ⅸ和Ⅺ），以及8个NDV的新基因型（Ⅹ、Ⅻ～ⅩⅧ），当前在我国流行的NDV主要为基因Ⅶ型，属于强毒。早期分离的Ⅰ～Ⅳ型NDV毒株的基因组长度为15 186 nt，新出现的基因型Ⅴ～ⅩⅧ的长度为15 192 nt。目前，NDV强毒株和所用的疫苗毒株均属于Ⅱ类。

病毒存在于病鸡的血液、粪便、肾脏、肝脏、脾脏、肺脏、气管等，其中脑、脾脏、肺脏中含毒量最高，因此进行实验室诊断采集病料时可以重点地采集这些病毒含量高的组织器官。通过绒毛尿囊腔接种9～11日龄的SPF鸡胚，病毒能在鸡胚中迅速增殖。接种病毒后鸡胚死亡的时间，随病毒毒力和接种剂量的不同而有所差异，强度株对鸡胚的致死时间一般为28～72 h，弱毒株的致死时间一般为5～6 d。死亡胚体全身充血、出血，头部和足趾出血最明显，胚体和尿囊液中含有大量病毒。病毒能在多种细胞中生长繁殖，如鸡胚、猴肾和HeLa细胞，使细胞产生病变，即感染的细胞形成空斑。强度株感染后形成的细胞空斑大，低毒力毒株或弱毒株感染细胞时如果不加入镁离子和乙二胺四乙酸二钠（DEAE）则不形成空斑。NDV含有血凝素，能与某些动物红细胞表面的受体结合，使红细胞发生凝集。NDV能凝集禽类（鸡、火鸡、鸭、鹅、鸽子、鹌鹑等）、所有两栖类、爬行类以及人（O型血）的红细胞，因此实验室中可利用血凝-血凝抑制实验（HA-HI）来鉴定该病毒。

新城疫病毒的毒力很难通过血清学方法如血凝-血凝抑制试验（HA-HI）及流行病学、症状和病理变化来判定，目前主要根据世界动物卫生组织（OIE）制定的标准来判定。最小致死量病毒致死鸡胚的平均时间（MDT）；1日龄雏鸡脑内注射的致病指数（ICPI）；6周龄鸡静脉注射的致病指数（IVPI）；病毒凝集红细胞后解脱速率；病毒血凝素对热的稳定性。按照以上标准NDV的毒力可分为3种类型。低毒力型毒株，即弱毒株（Lntogric）；中等毒力型毒株（Mesogenic）；强毒力型毒株（Velogenic）。强毒力型毒株对各种日龄的易感鸡都是致死性感染，中等毒力型毒株对易感的幼龄鸡是致死性感染，低毒力型毒株对各种日龄的易感鸡都表现轻微的呼吸道症状或无症状的肠道感染。

病毒的抵抗力不强，如60℃作用30 min、55℃作用45 min即可死亡，37℃可存活7～9 d。对干燥、日光等敏感。在新城疫暴发2～8周，仍可从鸡舍的污染物、蛋壳、羽毛中分离到病毒。病毒在酸性或碱性溶液中易被破坏，对乙醚、氯仿等有机溶剂敏感。对一般消毒剂的抵抗力不强，常用消毒剂如2%氢氧化钠、5%漂白粉、70%乙醇可在20 min内杀死该病毒。病毒在阴暗、潮湿、寒冷的环境中能存活很久，病毒在冷冻的尸体上能存活6个月以上；组织或尿囊液中的病毒在0℃

环境中至少能存活 1 年以上，在-35℃冰箱中至少能存活 7 年。青霉素、链霉素、0.02% 硫柳汞对 NDV 无作用。

三、流行病学

鸡、火鸡、珠鸡、鸭、鹅及野鸡对该病均有易感性，其中鸡最易感，其次是火鸡。不同品种、年龄的鸡对该病的易感性存在差异，来航鸡和杂种鸡比本地鸡易感，幼雏和中雏鸡的易感性比老龄鸡高，死亡率也高。其他禽类和鸟类也能感染，火鸡和珠鸡比鸡易感性低。从孔雀、鹦鹉、燕八哥、乌鸦、鹌鹑等野禽体内也能分离到 NDV。

该病的传染源主要是病鸡和带毒鸡，鸡感染病毒后在出现症状前 24 h，其口、鼻分泌物和粪便中就有病毒排出，潜伏期感染的鸡群产的蛋带毒。康复鸡多数在症状消失后 5 ～ 7 d 就停止排毒。带毒鸡常呈慢性经过，多是遗留有神经症状的病鸡，保留它们是造成该病继续流行的原因。带毒野鸟、麻雀、鸽子等也能成为该病的传播者。

该病主要通过呼吸道和消化道传播，鸡感染后 2 d 或出现症状前 1 d 便能经呼吸道排毒，易感鸡吸入病毒污染的空气后就会发生感染。通过呼吸道造成的病毒传播，速度快、传播范围广，这是该病大范围发生、流行的重要原因之一。病鸡和带毒鸡的分泌物或排泄物污染饲料、饮水、垫料、用具、孵化器等，易感鸡通过消化道可引起感染。病毒还能通过损伤的皮肤和黏膜感染，也能通过活的媒介物传播，如蚊虫的叮咬，饲养员和兽医人员串舍也可引起该病的传播。易感鸡通过与病鸡直接接触可感染该病，自然感染情况下，与病鸡同群的易感鸡，很少能幸免感染。

该病一年四季均可发生，但春秋两季发生较多。不良的环境因素如鸡舍通风不良、空气污浊、氨气浓度高，温度、湿度过高或过低等容易导致机体抵抗力下降，鸡群易感染该病。污染的环境和带毒的鸡群是造成该病流行的常见原因。近年来，由于免疫程序不当，或存在其他疾病抑制 ND 抗体产生，这样免疫鸡群就可能发生非典型新城疫。流行病学调查表明，NDV 一旦在鸡群建立感染，通过疫苗免疫的方法难以从鸡群中清除，当鸡群免疫力下降时，就可能表现出症状。目前，我国 NDV 的优势流行毒株是基因Ⅶ型，如果使用经典疫苗株 La Sota（基因Ⅱ型）免疫，在抗原上存在较大的差异，鸡群疫苗免疫的抗体水平高时，流行株感染不引起死亡和症状，但一旦抗体滴度下降或参差不齐时，就会出现一定比例的死亡和明显的症状，如产蛋鸡产蛋率下降、雏鸡呼吸道症状等，这就是非典型新城疫。

四、症状

（一）典型的新城疫症状

自然感染的潜伏期一般为 3 ～ 5 d，人工感染为 2 ～ 5 d，自然感染病例和人工感染病例表现出的症状相同。根据症状和病程的长短，可将新城疫分为最急性、急性、亚急性或慢性型。

1. 最急性型

突然发病，常无特征症状而迅速死亡。多见于流行初期和雏鸡。

2. 急性型

病初体温达 43 ～ 44℃，食欲减退或废绝，有渴感，精神萎靡，不愿走动，垂头缩颈或翅膀下垂，眼半闭或全闭，呈昏睡状（图 4-1-1、图 4-1-2），鸡冠、肉髯呈暗红或暗紫色（图 4-1-3）。产蛋鸡产蛋下降，褪色蛋、砂壳蛋、软壳蛋、无壳蛋增多（图 4-1-4、图 4-1-5），鸡冠萎缩（图 4-1-6）。随着病程的发展，病鸡出现典型症状，病鸡有黏液性鼻漏，呼吸困难，伸颈张口呼吸（图 4-1-7、图 4-1-8），发出"咯咯"的喘鸣声或尖锐的叫声。嗉囊中充满稀薄的内容物，倒提时从口腔内流出酸臭的液体（图 4-1-9、图 4-1-10）。病鸡腹泻，粪便稀薄，呈绿色、黄绿色或黄白色，有时混有少量血液，后期排出蛋清样排泄物（图 4-1-11 至图 4-1-13）。有的病鸡出现神经症状，如翅、腿麻痹，站立不稳，共济失调或做转圈运动，头颈向后仰、呈观星状，有时头颈扭转于背部等。最后体温下降，不久在昏迷中死亡，病程 2 ～ 5 d。1 月龄内的雏鸡病程较短，症状不明显，病死率高。

3. 亚急性或慢性型

初期症状与急性型相似，不久后减轻，但同时出现神经症状，病鸡翅、腿麻痹，跛行，站立困难（图 4-1-14、图 4-1-15），头颈向后或一侧扭转（图 4-1-16、图 4-1-17）。常常伏地旋转，动作不协调，反复发作，最后瘫痪或半瘫痪（图 4-1-18），一般经 10 ～ 20 d 死亡。该种类型多发生在疫病流行后期的成年鸡，病死率较低。有的病鸡能康复，有的病鸡遗留有特殊的神经症状，如翅、腿麻痹或头颈歪斜，若受到惊扰刺激或抢食时，会突然后仰倒地，全身抽搐或就地旋转，数分钟后

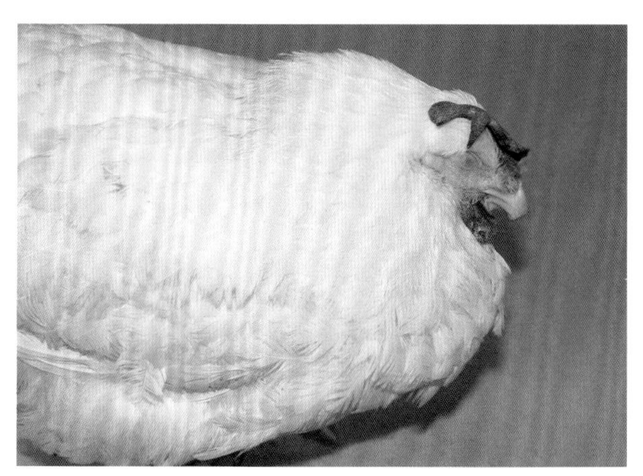

图 4-1-1　病鸡精神沉郁，嗜睡，鸡冠萎缩（刁有祥 供图）

图 4-1-2　病鸡精神沉郁，羽毛蓬松（刁有祥 供图）

图 4-1-3　鸡冠呈暗紫色（刁有祥 供图）

图 4-1-4　病鸡所产砂壳蛋和软壳蛋（刁有祥 供图）

图 4-1-5　病鸡所产褪色蛋和软壳蛋（刁有祥　供图）

图 4-1-6　病鸡精神沉郁，鸡冠萎缩（刁有祥　供图）

图 4-1-7　病鸡呼吸困难，张口气喘（杨金保　供图）

图 4-1-8　病鸡伸颈，张口气喘（杨金保　供图）

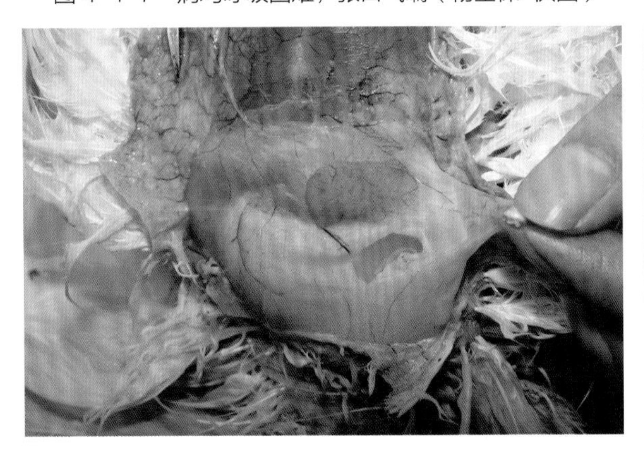
图 4-1-9　嗉囊中充满大量液体（刁有祥　供图）

图 4-1-10　病鸡从口腔中流出大量黏液（刁有祥　供图）

图 4-1-11　病鸡腹泻，肛门附近的羽毛沾有大量粪便（刁有祥　供图）

图 4-1-12　病鸡排绿色和白色稀便（刁有祥　供图）

图 4-1-13 病鸡排黄白色稀便（刁有祥 供图）

图 4-1-14 病鸡精神沉郁，瘫痪（刁有祥 供图）

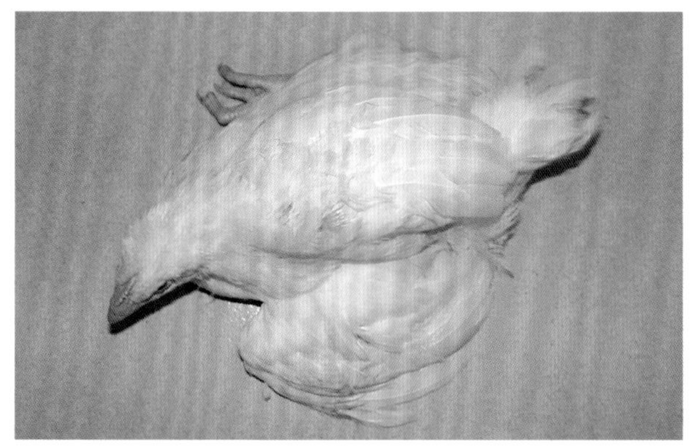

图 4-1-15 病鸡瘫痪，翅麻痹（刁有祥 供图）

图 4-1-16 病鸡精神沉郁，头颈向后或向一侧扭转（刁有祥 供图）

图 4-1-17 病鸡羽毛蓬松，头颈扭转（刁有祥 供图）

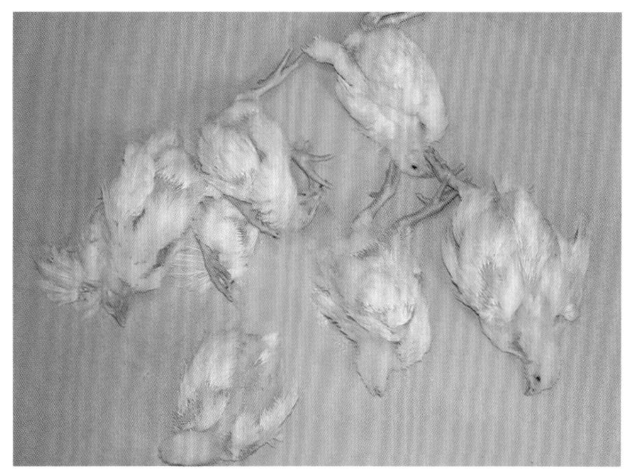

图 4-1-18 病鸡瘫痪，不能站立（刁有祥 供图）

正常。

（二）非典型的新城疫症状

近年来，免疫鸡群中常发生非典型新城疫，症状不典型。雏鸡主要表现为呼吸道症状，如气喘、伸颈张口呼吸，口中有黏液，有摇头、吞咽动作。有的病鸡表现神经症状，安静时正常，遇到刺激或惊扰时神经症状发作，发病率和死亡率低。成年鸡症状轻微，主要表现为产蛋率下降，下降的幅度一般为 10% ～ 30%，软壳蛋、小蛋、砂壳蛋增多，排黄白色、黄绿色稀粪，有时伴有轻微的呼吸道症状，但神经症状少见，病死率低。

五、病理变化

（一）剖检变化

新城疫的主要病变是全身浆膜、黏膜出血，淋巴器官肿胀、出血、坏死，尤其是消化道和呼吸道最明显。嗉囊囊壁水肿，有时附着一层米糠样渗出物，嗉囊内充满酸臭的液体和气体。腺胃乳头出血，黏膜有出血点，腺胃与肌胃交界处的皱褶出血或有溃疡（图 4-1-19、图 4-1-20）；肌胃角质膜下出血（图 4-1-21、图 4-1-22），有时形成粟粒状不规则的溃疡。小肠黏膜在淋巴滤泡集中处有枣核状（局灶性）出血或枣核状纤维素性坏死，病灶表面有黄色和灰绿色纤维素性伪膜覆盖，伪膜脱落后形成溃疡（图 4-1-23 至图 4-1-25）。盲肠扁桃体肿胀、出血、坏死或这种坏死呈岛屿状隆起于黏膜表面（图 4-1-26、图 4-1-27），直肠黏膜出血（图 4-1-28）。喉、气管有黏液，黏膜充血、出血（图 4-1-29），肺脏出血、水肿（图 4-1-30）。心冠脂肪有大小不一的出血点（图 4-1-31），脑膜充血或出血（图 4-1-32）；肝脏、脾肿大呈紫红色或紫黑色。

产蛋鸡卵泡充血、出血，有时卵泡膜破裂卵黄散落在腹腔中形成卵黄性腹膜炎（图 4-1-33、图 4-1-34）。输卵管充血、水肿。

非典型新城疫的病变不典型，仅见黏膜卡他性炎症，喉头和气管黏膜充血，腺胃乳头出血很少见，但剖检数只，有时可见病鸡腺胃乳头有少数出血点，直肠黏膜条纹状出血，盲肠扁桃体出血。当鸡场发生非典型新城疫疫情时，尽可能多解剖病死鸡，总会发现腺胃乳头和黏膜有少量出血点的病例，可作为综合诊断的补充。

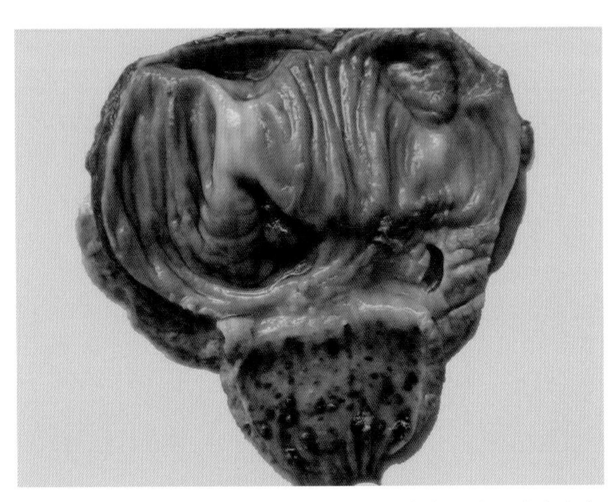

图 4-1-19　腺胃与食道交界处皱褶有溃疡，腺胃乳头出血（刁有祥　供图）

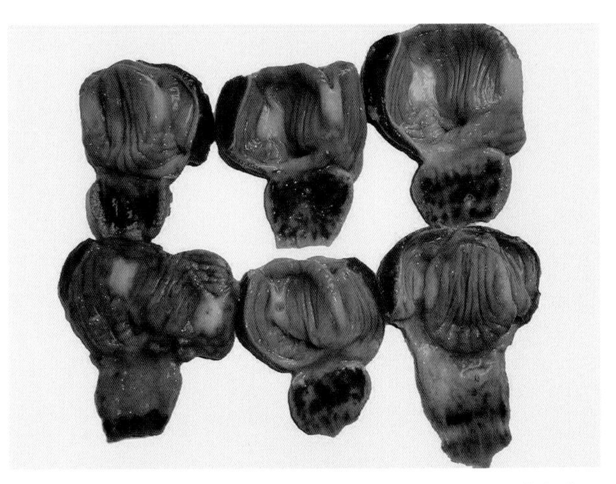

图 4-1-20　腺胃与食道交界处有出血带，腺胃乳头出血（刁有祥　供图）

图 4-1-21　肌胃角质膜下出血（刁有祥　供图）

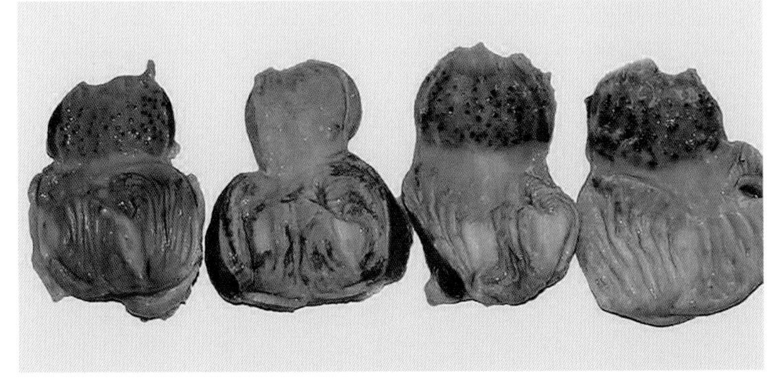

图 4-1-22　腺胃乳头出血，肌胃角质膜下出血（刁有祥　供图）

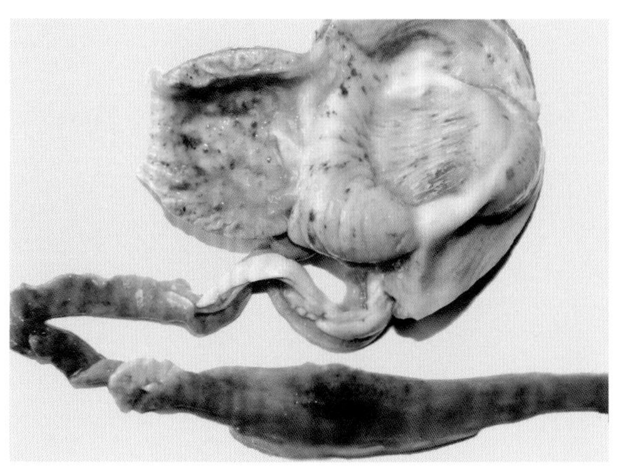

图 4-1-23　腺胃乳头出血，肌胃角质膜下出血，肠黏膜有枣核状出血（刁有祥　供图）

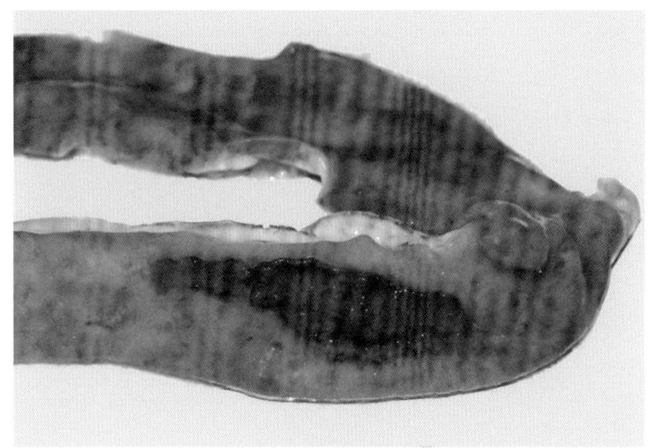

图 4-1-24　肠黏膜有枣核状纤维素性坏死（刁有祥　供图）

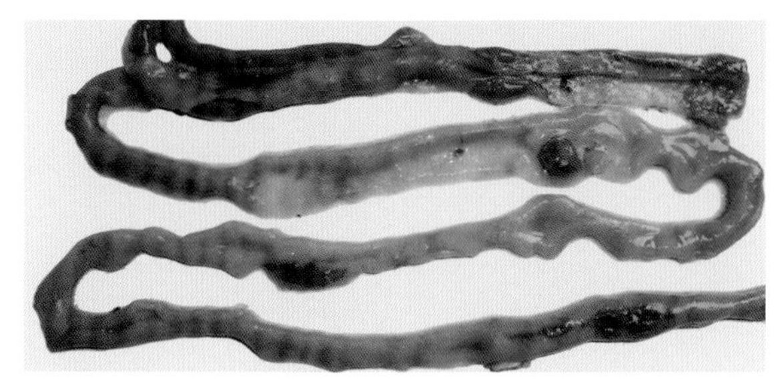

图 4-1-25　肠黏膜有枣核状出血和纤维素性坏死（刁有祥　供图）

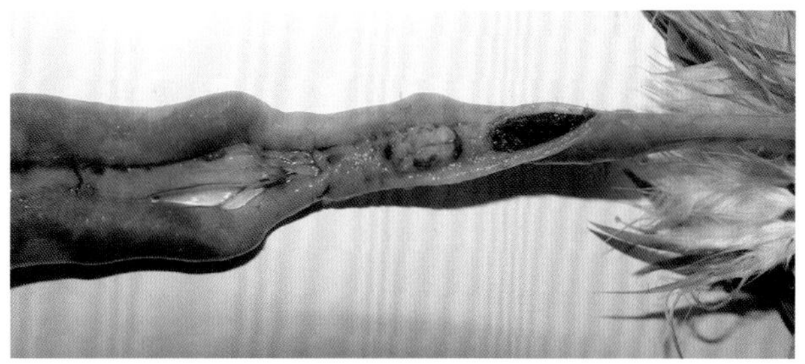

图 4-1-26　盲肠扁桃体肿胀、出血（刁有祥　供图）

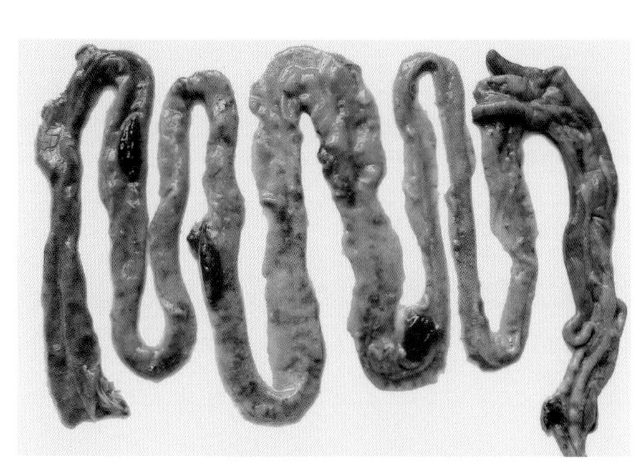

图 4-1-27　肠黏膜有枣核状纤维素性坏死，盲肠扁桃体出血（刁有祥　供图）

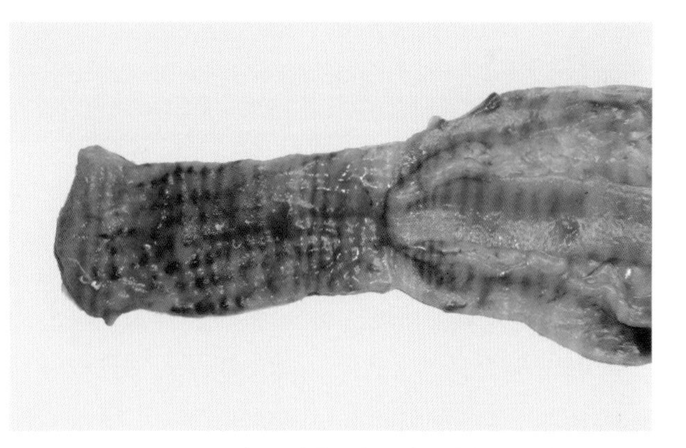

图 4-1-28　直肠黏膜出血，盲肠扁桃体出血（刁有祥　供图）

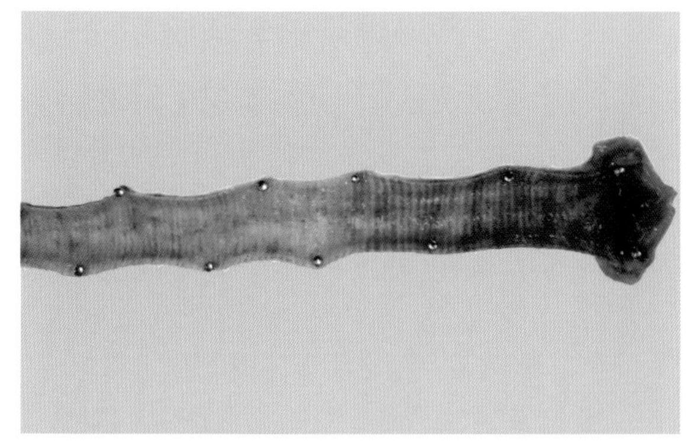

图 4-1-29　喉头、气管出血（刁有祥　供图）

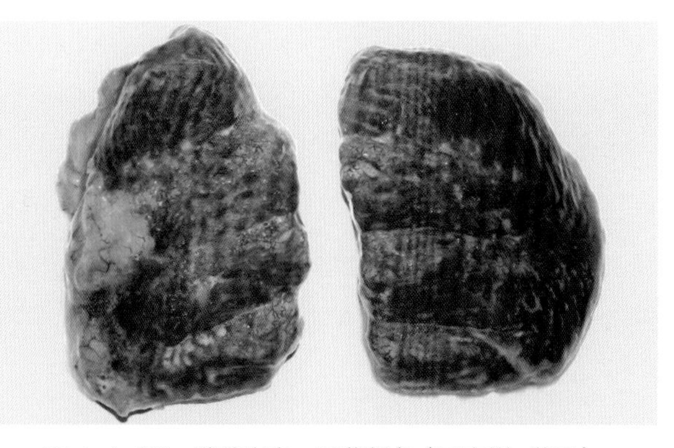

图 4-1-30　肺脏出血，呈紫红色（刁有祥　供图）

图 4-1-31　心冠脂肪有大小不一的出血点（刁有祥 供图）

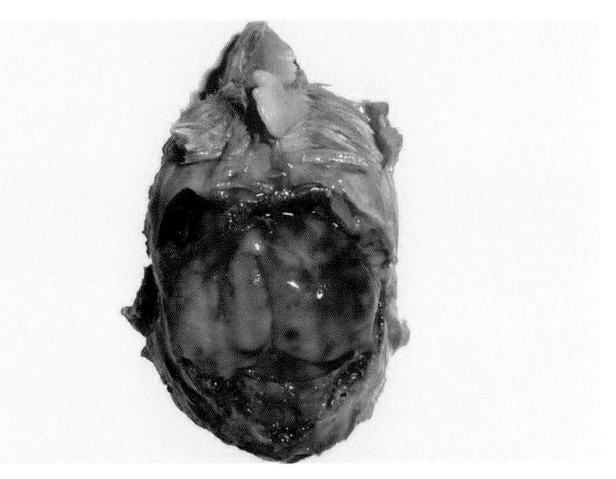

图 4-1-32　脑膜出血（刁有祥 供图）

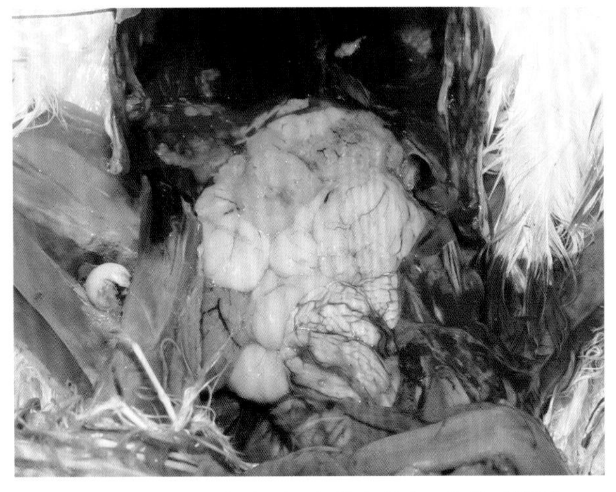

图 4-1-33　卵泡变形，卵黄变稀（刁有祥 供图）

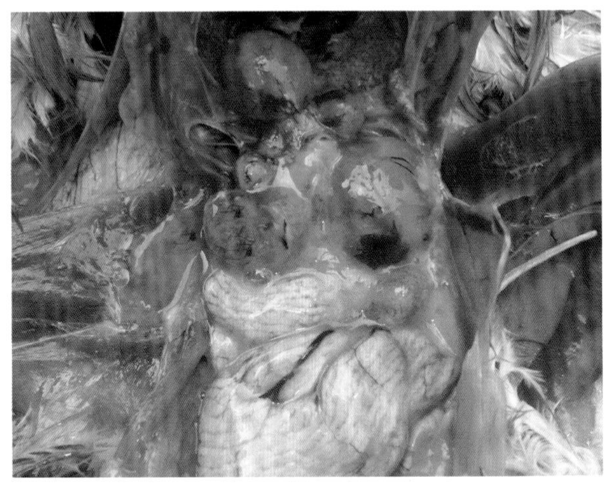

图 4-1-34　卵泡变形，卵泡破裂，卵黄散落在腹腔中（刁有祥 供图）

（二）组织学变化

组织学变化表现为不同器官中可见充血、水肿和出血等病变，有的还出现坏死变性。消化系统表现为消化道黏膜充血、水肿和细胞浸润，这种细胞以淋巴细胞为主，而且充满黏膜层。呼吸系统上呼吸道黏膜充血、水肿，喉气管、支气管黏膜纤毛脱落，有大量的淋巴细胞和巨噬细胞浸润。嗜内脏型 NDV 还可引起明显的肺脏病变，气囊水肿、细胞浸润，气囊壁增厚和密度增加。中枢神经系统表现为非化脓性脑炎、神经元变性、胶质细胞局灶化、血管周淋巴细胞浸润、内皮细胞肥大。病变一般发生于小脑、延脑、中脑、脑干和脊髓，但大脑很少出现病变。脑血管局灶性充血，小静脉中形成血栓，血管周围有淋巴细胞和胶质细胞集聚，形成血管套。脾脏有坏死病变，脾脏和胸腺皮质区和生发中心的淋巴细胞被破坏和局灶性空泡变性。法氏囊髓质部的淋巴细胞发生明显变性。肠道淋巴组织出血。许多脏器的血管出现充血、水肿和出血。血管中层水肿变性、毛细血管和微动脉玻璃样变、小血管内形成透明栓塞和血管内皮细胞坏死。输卵管蛋壳形成部位的功能性损伤严重，卵泡闭锁，有炎性细胞浸润形成淋巴样集结，输卵管也有类似的集结。肝脏出现局灶性坏死，有时胆囊和心脏出血。胰腺有淋巴细胞浸润。

六、诊断

根据流行病学、症状和病理变化进行综合分析可以作出初步诊断。典型新城疫可根据其特征性症状和病理变化进行诊断，如病鸡表现呼吸道症状，排稀粪，有的出现神经症状等；病理变化特点主要是腺胃乳头出血，小肠黏膜有枣核状（局灶性）出血和坏死等。而非典型新城疫由于缺乏典型新城疫的症状和病变，难以作出临床诊断，因此需要通过病原学和血清学试验来进行确诊。

1. 病毒的分离

无菌采集病死鸡脑、脾脏、肺脏、气管等病变组织，活鸡可采集泄殖腔拭子和口腔拭子。先称量病料，再按 1∶4 的比例加入生理盐水，置于匀浆器或研钵中制成组织悬液，拭子样品可放在盛有 0.5 ～ 1.0 mL 生理盐水的离心管中，充分浸泡，挤压干净。12 000 r/min 离心 5 min，取上清液，加入青霉素（1 000 U/ mL）和链霉素（2 mg/mL），4℃作用过夜或 37℃作用 30 min，备用。也可通过细菌滤器除菌。

取 0.2 mL 上清液接种 9 ～ 11 日龄鸡胚的尿囊腔中，接种后鸡胚置于 37℃温箱中继续培养，每天照胚 1 次。收集 24 h 后死亡鸡胚的尿囊液。采用 HA–HI 试验、血清中和试验、荧光抗体技术、反转录–聚合酶链式反应（RT–PCR）等方法对分离的病毒进行鉴定。死亡胚体全身充血、出血，头、翅和跖部尤为明显。

2. 病毒的鉴定

（1）HA–HI 试验。NDV 具有凝集禽类及某些哺乳动物红细胞的特性，通过血凝试验（HA）可以检测收集的尿囊液是否具有血凝性，但不能确定尿囊液中的病毒是否为新城疫病毒，因为禽流感病毒、禽腺病毒等也能凝集禽类的红细胞。若收集的尿囊液具有血凝性，还需要与已知的新城疫病毒的抗体进行血凝抑制试验（HI），若在 HI 试验中，病毒能被新城疫病毒的抗体所抑制，那么该病毒即为新城疫病毒。

（2）血清中和试验。血清中和试验可在鸡胚、细胞及易感鸡中进行。方法是在 NDV 阳性血清中加入一定量的待检病毒，两者均匀混合后，接种 9 ～ 11 日龄 SPF 鸡胚或鸡胚成纤维细胞，或易感鸡，并设立不加血清的病毒对照组。若接种病毒和血清混合物的鸡胚或易感鸡不死亡或鸡胚成纤维细胞无病变，病毒对照组鸡胚或易感鸡死亡或鸡胚成纤维细胞出现病变，则可以确定待检病毒为新城疫病毒。

（3）荧光抗体技术。标记了荧光性染料的抗体与相应的抗原相遇后会发生特异性结合，形成抗原–抗体复合物。这种复合物在紫外灯照射下会激发产生荧光。这种免疫荧光法对新城疫病毒的检测具有高度特异性和敏感性，而且具有快速的特点。具体方法为采集病死鸡的脾脏、肺脏或肝脏，用冷冻切片制成标本，将新城疫荧光抗体稀释成工作浓度，加到固定后的切片标本上，37℃染色 30 mim，然后用 PBS（pH 值为 8.0）冲洗 3 次，滴加 0.1% 的伊文思蓝，作用 2 ～ 3 s，PBS 冲洗后用 9∶1 的缓冲甘油封固，然后镜检。荧光显微镜下发出荧光的位置即为新城疫病毒所在的部位。

（4）RT–PCR。采用 RT–PCR 方法，可以确定分离的病原体是否为新城疫病毒，并对能其毒力进行测定。采用通用引物的 PCR 可以鉴定新城疫病毒，采用强毒和弱毒特异性引物的 PCR 可以用来区分新城疫病毒的毒力。目前，分子生物学检测方法已经非常成熟，可以取代常规的检测方法。核苷酸测序可自动化且快速，在对新城疫病毒进行分子评价时为首选技术。

对于新城疫病毒的毒力，可以采用国际上规定的NDV毒力的判定标准对其进行评价，即最小致死量致死鸡胚的平均死亡时间（MDT）、1日龄雏鸡脑内接种致死指数（ICPI）和6周龄非免疫鸡静脉接种致病指数（IVPI）。

七、类症鉴别

鸡新城疫与禽流感、禽霍乱、传染性支气管炎在症状、病理变化方面相似，容易混淆，需要进行类症鉴别。

（一）新城疫与禽流感

禽流感的症状为头部和颈部肿大，皮下水肿，鸡冠、肉髯肿胀、出血和坏死，腿部皮肤鳞片出血。病理变化主要表现为全身的浆膜、黏膜出血，组织器官广泛性出血。头部皮下有胶冻样渗出物和出血点，全身性脂肪出血，胰腺边缘出血或玻璃样坏死。而鸡感染新城疫病毒后不会出现上述变化。实验室方法HA–HI、RT–PCR也可鉴别。

（二）新城疫与禽霍乱

禽霍乱是由禽多杀性巴氏杆菌引起的，主要发生于青年鸡、成年鸡。病鸡肝脏有散在性或弥漫性针尖大小的坏死点，肝脏触片，亚甲蓝染色后镜检可见两极着色的卵圆形小杆菌。鸡感染新城疫病毒后无上述特点。

（三）新城疫与传染性支气管炎

鸡传染性支气管炎的特征是雏鸡多发，气管、支气管中有浆液性、黏液性或干酪样渗出物，有时形成栓塞。而鸡感染新城疫病毒后不会出现上述病变。实验室方法RT–PCR也可鉴别。

八、预防

（一）实行综合性预防措施

采取严格的生物安全措施，建立、健全科学的卫生防疫制度及饲养管理制度，以控制该病的发生和流行。加强饲养管理，提高鸡群的抵抗力；执行严格的卫生和消毒制度，进出人员、车辆、用具、鸡舍及外周环境等严格消毒，防止一切带毒动物和污染物品进入鸡群；饲料来源安全，严禁从疫区引进种蛋和雏鸡；新购进的鸡必须经严格检疫，严格隔离2周以上，并免疫新城疫疫苗，方可合群；有条件的鸡场可自繁自养，加强种鸡群疫病的监测，实行全进全出的饲养管理制度。目前鸭、鹅群中也有基因Ⅶ型NDV的流行，应严禁鸡群与鸭、鹅群混养，防止病毒的互相传播。

（二）免疫接种

免疫接种是控制该病的重要措施，目前我国生产的新城疫疫苗主要包括两大类，一类是活苗，另一类是灭活苗（油苗）。

1. 活苗

（1）Ⅰ系苗。中等毒力活苗，适用于2月龄以上的鸡，由于该疫苗毒力较强，存在散毒风险，现已停止使用。中国农业科学院哈尔滨兽医研究所从Ⅰ系苗中采用空斑技术挑选出1株小空斑，制成了克隆化疫苗克隆–83，该疫苗保持了Ⅰ系苗的免疫原性，但对雏鸡的毒力降低，滴鼻免疫最高HI效价可达7 log_2～8 log_2，免疫期达7个月左右。

（2）Ⅱ系苗（HB1 系或 B1 系）。该疫苗毒力较弱，安全性好，各日龄的鸡均可使用，可采用滴鼻、点眼、饮水、气雾等免疫方式。雏鸡滴鼻免疫后，HI 抗体上升较快，但是 HI 抗体下降也较快。在雏鸡母源抗体高的情况下，仅进行一次免疫其免疫保护时间不长。在雏鸡母源抗体低的情况下，免疫效果良好，母源抗体高时会影响其免疫效果。

（3）Ⅲ系苗（F 株）。该疫苗也是自然弱毒株，许多方面与Ⅱ系疫苗相似，各日龄的鸡均可使用，可采用滴鼻、点眼、饮水、气雾等免疫方式，免疫效果与Ⅱ系苗相似。

（4）Ⅳ系苗（La Sota 株）。该疫苗的毒力比Ⅱ系苗和Ⅲ系苗稍高些，各日龄的鸡均可使用，可采用滴鼻、点眼、饮水、气雾等免疫方式。Ⅳ系疫苗的免疫力和免疫持续期都比Ⅰ系疫苗好，免疫效果良好。

（5）V4 弱毒苗。具有耐热和嗜肠道的特点，适用于热带、亚热带地区农村养鸡。

（6）Clone30。新城疫 La Sota 株克隆弱化 30 代得到该疫苗株，毒力比Ⅳ系苗弱，在突破母源抗体、免疫效果方面优于Ⅳ系苗，各日龄的鸡均可使用，可采用滴鼻、点眼、饮水、气雾等免疫方式。

2. 灭活苗

灭活苗包括 La Sota 毒株油乳剂灭活苗和基因Ⅶ型重组油乳剂灭活苗，可刺激机体产生体液免疫，不受母源抗体干扰，使用安全，一般采用注射途径免疫。灭活苗的质量取决于所含的抗原量和佐剂，因此不同灭活苗差异较大。

母源抗体对 ND 免疫应答影响很大，母鸡免疫后，可通过卵黄将抗体传给雏鸡，雏鸡 3 日龄抗体滴度最高，以后逐渐下降，每天大约下降 13%。具有母源抗体的雏鸡有一定的免疫保护力，但对疫苗免疫有干扰作用，因此最好在母源抗体完全消失前的 7 日龄时进行首次免疫。有条件的鸡场应根据抗体水平监测结果确定免疫程序，没有监测条件的鸡场可参考以下免疫程序进行。

（1）蛋鸡或种鸡。7 ～ 8 日龄用新城疫Ⅳ系疫苗或 Clone30 点眼或滴鼻；同时颈部皮下注射新城疫灭活油乳剂疫苗。30 日龄用新城疫Ⅳ系疫苗或 Clone30 点眼或滴鼻。 50 日龄用新城疫Ⅳ系疫苗或 Clone30 气雾免疫。90 日龄用新城疫Ⅳ系疫苗或 Clone30 气雾或饮水免疫。120 日龄用新城疫Ⅳ系疫苗或 Clone30 气雾免疫。同时肌内注射新城疫灭活油乳剂疫苗。产蛋后，每隔 1 个月左右，用新城疫Ⅳ系疫苗或 Clone30 饮水加强免疫 1 次。

（2）白羽肉鸡。7 ～ 8 日龄新城疫Ⅳ系疫苗或 Clone30 点眼或滴鼻，皮下注射新城疫灭活油乳剂疫苗。21 ～ 22 日龄新城疫Ⅳ系疫苗或 Clone30 饮水。

（3）黄羽肉鸡或土杂鸡。7 ～ 8 日龄新城疫Ⅳ系疫苗或 Clone30 点眼或滴鼻，皮下注射新城疫灭活油乳剂疫苗。24 ～ 25 日龄新城疫Ⅳ系疫苗或 Clone30 饮水。50 ～ 55 日龄用新城疫Ⅳ系疫苗或 Clone30 饮水。

九、控制

一旦发生该病，首先对病鸡、可疑感染鸡、假定健康鸡实施隔离饲养，报告兽医检查，经确诊为新城疫后，及时报告县级或县级以上兽医主管部门或当地的动物卫生监督机构，划定疫区进行封锁，采取捕杀、封锁、隔离和消毒等严格的防疫措施。采取严格的消毒措施，对鸡舍、运动场及用具等用 5% ～ 10% 漂白粉、2% 火碱溶液等彻底消毒，消毒后 30 min 清扫。垃圾、粪便和剩余饲料进行无害化处理。疫区内的病死鸡及排泄物等应焚烧深埋，进行无害化处理，尸体和内脏经高温处理后用作肥料。当疫区内最后一只病鸡死亡或扑杀后 2 周，对被污染的区域实施严格的终末消毒后，方可解除封锁。

对假定健康鸡群用新城疫弱毒苗进行紧急免疫，一般可用新城疫Ⅳ系疫苗或 Clone30 4 ～ 5 倍量饮水免疫。实践证明，即使是病鸡群及时用疫苗进行紧急接种，也能减少部分病鸡的死亡。

第二节　禽流感

禽流感（Avian influenza，AI）是由 A 型流感病毒引起禽类的一种感染和疾病综合征，该病发病急、死亡快、死亡率高，A 型流感病毒不仅对养禽业造成严重的危害，而且具有重要的公共卫生学意义。

一、历史

Perroncito 于 1878 年首次报道了意大利鸡群中发生高致病性禽流感（High pathogenic avian influenza，HPAI），当时称为鸡瘟（Fowl plague），这是最早的高致病性禽流感记录。由于该病常与禽霍乱混淆，后来 Rivolto 和 Delprato 从症状和致病特征上将这两种疾病进行了区分。1901 年，Gentannic 和 Sarunozzi 认为该病是由可以滤过的病原引起的，直到 1955 年，才将此病原进行鉴定并划归为流感病毒。1981 年在美国马里兰州 Beetsville 召开的首届禽流感国际研讨会上，正式采用高致病性禽流感来代替“鸡瘟”“高毒力禽流感”等。

1949 年至 20 世纪 60 年代中期，家禽中出现了较温和的禽流感，这种类型的禽流感名称很多，如低致病性、温和型、非高致病性禽流感等，对家禽养殖和对外贸易的影响比高致病性禽流感小。2002 年召开的第 15 届禽流感国际研讨会上，正式采用低致病性禽流感（Low pathogenic avian influenza，LPAI）来命名低毒力的禽流感。

世界动物卫生组织（Office International des Epizooties，OIE）负责制定动物疾病的卫生和健康标准，OIE 规定法定上报的禽流感有法定高致病禽流感（HP notifiable AI，HPNAI）和法定低致病禽流感（LP notifiable AI，LPNAI）。HPNAI 包括所有高致病性禽流感，LPNAI 只包括低致病性 H5 和 H7。2004 年以前，OIE《陆生动物卫生法典》中只包括 HPAI，HPAI 属于 A 类疫病。2005 年版《陆生动物卫生法典》中 A 类疫病和 B 类疫病体系取消了，HPAI 改为 AI，并将 AI 分为 HPNAI、LPNAI、LPAI（非 H5 和 H7 亚型且毒力低的禽流感）。

到目前为止，该病几乎遍布于世界各个养禽的国家和地区。该病能引起人的感染，但这种感染通常不会在人与人之间引起传播。

二、病原

禽流感病毒（*Avian influenza virus*，AIV）属于正黏病毒科、A 型流感病毒属。AIV 为有囊膜的病毒，完整的病毒粒子由核衣壳和囊膜组成。AIV 病毒的基因组大小为 10 ～ 13.6 kb，为单股负链 RNA，共分成 8 个片段，每个片段都是以不同的核糖核酸蛋白复合体形式存在。8 个片段共编码 10 种蛋白，包括碱性聚合酶 1（PB1）、碱性聚合酶 2（PB2）、酸性聚合酶（PA）、血凝素（HA）、核蛋白（NP）、神经氨酸酶（NA）、基质蛋白 1（M1）、基质蛋白 2（M2）、非结构蛋白 1（NS1）、非结构蛋白 2（NS2）。其中片段 1–6 分别编码 AIV 的结构蛋白，依次为 PB2、PB1、PA、HA、NP 和 NA；片段 7 编码基质蛋白 M1 和 M2；片段 8 编码非结构蛋白 NS1 和 NS2。根据流感病毒核蛋白（Nucleoprotein，NP）和基质蛋白（Matrix protein，MP）抗原性的差异，将流感病毒分为 A（甲）、B（乙）、C（丙）和 D（丁）4 个型。所有的禽流感病毒（AIV）均属于 A 型流感病毒；B 和 C 型流感病毒主要感染人，偶尔感染猪；D 型流感病毒主要感染牛。

AIV 在形态上具有多形性，有的呈球形，也有其他形状，如丝状等。丝状病毒粒子在鸡胚中传代适应后会演变成球形。实验室中多次传代后的病毒粒子一般为球形，从新鲜的临床样品中分离的病毒一般为丝状。球形病毒粒子直径为 80 ～ 120 nm，丝状病毒粒子可长达数百纳米。病毒表面有囊膜，囊膜由 3 层结构组成，内层是基质蛋白；中层是脂双层，来自感染宿主的细胞膜；外层是病毒编码的两种不同形状的糖蛋白纤突，一种纤突是血凝素（Hemagglutinin，HA），另一种是神经氨酸酶（Neuraminidase，NA）。在病毒粒子的核心，各基因片段与核蛋白紧密缠绕形成螺旋状的核衣壳，由 PB2、PB1 和 PA 蛋白组成 RNA 聚合酶，与核衣壳结合形成 RNP 复合物。

HA 和 NA 具有型特异性和多变性，在病毒感染过程中发挥着重要作用。HA 含 566 个氨基酸，是决定病毒致病性的主要抗原，在病毒吸附及穿膜过程中发挥着关键作用，能诱发机体产生具有保护作用的中和抗体。HA 在感染过程中会水解为 HA1 和 HA2 两条肽链，这是病毒感染细胞的先决条件。NA 编码 453 个氨基酸，是 AIV 粒子表面第二种糖蛋白，NA 诱发产生的抗体虽然没有病毒中和作用，但在一定程度上能抑制病毒的复制和改变病程。流感病毒的基因组很容易发生变异，尤其是 HA 基因的变异频率最高，其次是 NA 基因。HA 基因及其产物的特异性是 A 型流感病毒分型的重要依据。目前已分离到的 AIV，可区分为 16 种特异的 HA 抗原（H1 ～ H16）和 9 种特异的 NA 抗原（N1 ～ N9）。根据 HA 和 NA 的不同，可将禽流感病毒分为许多血清亚型，各亚型之间无交叉保护作用，目前，世界各地分离的禽流感病毒亚型有 100 多种。

禽流感病毒的命名规则为病毒型 / 宿主来源 / 地域来源 / 毒株编号 / 分离年份 / 病毒亚型等，如 A/Goose/Guangdong/1/1 996（H9N2），分别表示 A 型流感病毒、分离自鹅、分离地点为广东、毒株编号为 1、分离自 1996 年、病毒亚型为 H9N2。

不同分离毒株的致病性不同，根据 AIV 毒株致病性强弱的不同，可将禽流感病毒分为非致病性毒株（Non–pathogenic avian influenza virus，NPAIV）、低致病性毒株（Lowly pathogenic avian influenza virus，LPAIV）和高致病性毒株（High pathogenic avian influenza virus，HPAIV），高致病性流感病毒常见的为 H5、H7。有关 HPAIV 鉴定的标准目前仍主要依据美国动物卫生协会家禽和其他禽类可传染性疾病委员会制定的标准。一是无菌的感染性鸡胚尿囊液作 1∶10 稀释后静脉接种 8 只 4 ～ 8 周龄易感鸡，0.2 mL/ 只，接种后 10 d 内致死超过 6/8。二是毒株为 H5 或 H7 亚型 AIV，虽然不能致死 6/8 或以上的鸡，但 HA 切割位点氨基酸序列与 HPAIV 相一致。HPAIV 在 HA 的裂解位点含 4 个以上的精氨酸，易裂解为 HA1 和 HA2，HA1 和 HA2 的受体分布在全身，而低致病性毒株仅含 1 个精氨酸，对禽体内的蛋白酶敏感性较低，不容易被切割。三是病毒非 H5 或 H7 亚型 AIV，但能造成 1/8 ～ 5/8 的鸡死亡，而且能在无胰蛋白酶的细胞培养物中生长繁殖，产生细胞病变或蚀斑。符合以上 3 个条件中任何 1 条，均可判定为 HPAIV。

由于流感病毒 RNA 聚合酶不具有校正功能，在指导合成 RNA 时容易出现差错，从而使氨基酸的序列改变，并且积累到一定程度或突变氨基酸正好使抗原决定簇发生改变，会引起抗原性的改变。流感病毒抗原变异的主要方式有两种，抗原漂移（Antigenic drift）和抗原转变（Antigenic shift）。抗原漂移主要是引起血凝素或神经氨酸酶的次要抗原发生改变，是由基因突变引起的，包括碱基的插入、缺失、替换；抗原转变主要是引起血凝素或神经氨酸酶的主要抗原发生改变，是由病毒基因组片段发生重组引起的，可产生新的病毒亚型。AIV 有 8 个基因片段，当两种不同的 AIV 同时感染时，病毒基因片段发生重组，理论上可产生 256 种新的子病毒，因此，抗原转变直接影响禽流感的发生和流行规模。

禽流感病毒能在鸡胚及其成纤维细胞中增殖，有些毒株也能在家兔、牛及人的细胞中生长。病毒有血凝性，能凝集鸡、火鸡、鸭、鹅、鸽子等禽类以及某些哺乳动物的红细胞，因此实验室中常利用血凝-血凝抑制试验（HA-HI）来检测、鉴定病毒。

禽流感病毒在环境中的稳定性相对较差。对热敏感，56℃作用 30 min、60℃作用 10 min、72℃作用 2 min 灭活；与其他有囊膜病毒一样，对乙醚、氯仿、丙酮等有机溶剂敏感；对含碘消毒剂、次氯酸钠、氢氧化钠等消毒剂敏感；对低温抵抗力强，如病毒在-70℃可存活两年，粪便中的病毒在 4℃的条件下 1 个月不失活。若紫外线直射，可迅速破坏其感染性。紫外线直射可依次破坏禽流感病毒的感染力、血凝素活性和神经氨酸酶活性。

三、致病机理

禽流感病毒的致病力表现多种多样，有温和型或不明显的、一过性的综合征，也有高发病率和高死亡率的疾病。该病毒的致病性主要取决于病毒血凝素（HA）蛋白裂解位点附近的氨基酸组成。流感病毒感染必须经过两个过程，一是 HA 吸附细胞膜上的受体，二是通过 HA2 氨基端的作用使病毒脱壳。要完成这两个过程，蛋白酶必须将 HA 切割为 HA1 和 HA2，因此，HA 的裂解性是流感病毒组织嗜性和流感病毒毒力的主要决定因子，蛋白酶在组织中分布的不同和 HA 对这些酶的敏感性决定了病毒的感染性。由于蛋白酶广泛存在于禽类体内，HA 的裂解会导致 AIV 的致病能力增强，AIV 在体内扩散而造成全身感染。NA 可以清除细胞表面的唾液酸，防止病毒粒子聚集，对病毒的毒力也有重要影响，同时 NA 有助于新形成的病毒颗粒被释放。此外，细菌的蛋白酶在 HA 的裂解中也起着重要作用。鸡群感染低致病性禽流感，如果有细菌与 AIV 混合感染，细菌的蛋白酶会间接地作用于流感病毒的 HA，最终促进了 AIV 在机体内的增殖，引起更严重的感染。

流感病毒对宿主的感染性与细胞受体和 HA 受体结合位点的结构密切相关，A 型流感病毒的细胞受体是位于细胞膜上的唾液酸糖脂或唾液酸糖蛋白，而相应上皮细胞中的唾液酸寡糖的唾液酸-半乳糖链（α-Gal）也因不同宿主而异。家禽上呼吸道细胞中含有唾液酸 α-2,3-Gal 受体，人上呼吸道细胞中含有 α-2,6-Gal 受体，禽流感病毒和人流感病毒具有很强的受体识别特异性，禽流感病毒与唾液酸 α-2,3-Gal 受体结合，人流感病毒与 α-2,6-Gal 受体结合，因此，通常禽流感病毒只感染家禽，人流感病毒只感染人。

禽流感病毒可以通过以下方式导致机体病变，一是病毒直接在细胞、组织和器官中复制，导致细胞的崩解、坏死，组织器官损伤。二是通过细胞因子等介导的间接效应，在免疫应答初期，细胞因子会帮助宿主抵抗病毒感染，但长期的持续感染会导致相关信号通路被激活，引起多种炎症因子级联放大，形成细胞因子风暴，从而导致急性肺损伤。三是脉管栓塞导致的缺血，四是凝血或弥漫性血管内凝血导致心血管功能衰退。此外，非结构蛋白 NS1 和 NEP/NS2 的存在为病毒在宿主体内复制定植创造了基础条件，其中 NS1 能对抗宿主天然免疫反应，抑制干扰素产生；NEP/NS2 则参与拮抗宿主抗病毒反应。低致病性禽流感病毒通常局限在呼吸道和肠道中复制，发病和死亡主要是由于呼吸道的损伤引起的。

四、流行病学

在我国家禽中感染和流行较早、较普遍的禽流感病毒的亚型有 H5N1、H9N2。我国 H5N1 亚型高致病性禽流感最早发生于 1996 年，在广东省发病鹅体内分离并鉴定了该病毒。1997 年 8 月，我国香港发生 H5N1 禽流感病毒感染人病例，这是世界上首次明确记录的由禽流感病毒感染导致人类呼吸道疾病和死亡的疫情。1994 年，H9N2 亚型禽流感在我国广东省某鸡场首次发生，病鸡表现为产蛋率下降，有一定的死亡率。之后 H9N2 亚型禽流感在我国鸡群中持续而广泛地流行，给养禽业造成严重的危害。1998 年和 2003 年，在中国内地和香港出现了 H9N2 LPAI 由禽直接感染人的病例，3 例表现呼吸道症状，5 例表现流感症状。2003 年，荷兰发生 H7N7 引发的高致病性禽流感，89 人感染，1 人死亡。2004 年，东南亚暴发了 H5N1 高致病性禽流感，韩国、日本、中国大陆和中国台湾地区也有发生；东南亚各国中，以越南出现的 N5N1 流感病毒感染人的病例最多、最严重，至少引起 21 人死亡。禽流感病毒由禽直接传染给人的特点引起了世界各国的高度重视。2013 年 3 月，我国长三角地区首次报道了 H7N9 亚型禽流感病毒感染人病例，基因组研究表明，该病毒是由鸡源 H9N2 病毒、野鸟源–鸭源 H7 及 N9 禽流感病毒重排而来。此后该病毒逐渐扩散到全国多个省市，截至 2015 年 1 月，确诊病例达 500 多例，其中 185 例死亡，引发人们的恐慌，给中国的养禽业造成了前所未有的巨大损失。除 H7N9 流感病毒外，2013 年又出现了另一种新型重排病毒 H10N8，H10N8 也能感染人。基因组分析表明，多种新型重排的 AIV 都含有 H9N2 流行毒株的内部基因片段。因此，既要高度重视新型 AIV 的出现和流行，也要高度关注家禽中 H9N2 亚型低致病性禽流感的防控。H5N8、H5N5、H5N6、H10N8 等亚型禽流感病毒感染病例的出现，使禽流感的防控工作变得更为复杂。

至今，世界各地已从不同禽体内分离出上千株禽流感病毒，从迁徙水禽，尤其是鸭中分离得最多。HPAI 一旦感染禽群，发病率、死亡率高，对养禽业的危害非常严重。禽流感备受国际关注，全球范围出现了禽流感热，在 1981 年、1986 年、1992 年、1997 年、2002 年和 2006 年召开了多次国际性研讨会来解决禽流感问题。禽流感已成为一个国际性问题，需要各国的努力和合作来解决。

家禽（包括火鸡、鸡、珠鸡、石鸡、鹌鹑、雉、鹅、鸭、鸽子等）对流感病毒的易感性较强，其中鸡、火鸡引起的疾病最严重。野禽主要以带毒为主，感染后大多数不表现明显的症状，但有的野禽也能感染发病。随着禽流感病毒的变异，其宿主谱已经不再局限于各种禽类，猪、马、犬、猫、部分海洋生物、人等也能感染。家禽中发生的大部分流感病毒感染主要是由禽流感病毒引起的，H1N1、H1N2、H3N2 亚型的猪流感病毒也曾经感染过火鸡，尤其是种火鸡发病严重。

患病或携带病毒的鸡及其他禽类是主要的传染源。病禽所有组织、器官、体液、分泌物、排泄物、禽卵中均含有病毒，流感病毒能从病禽或带毒禽的呼吸道、口腔、眼结膜及泄殖腔中排放到外界环境，污染空气、饲料、饮水、器具、地面、笼具等。易感鸡群通过呼吸、饮食或与病毒污染物接触可以感染该病毒，也能通过与病禽直接接触感染该病毒，引起发病。哺乳动物、昆虫、运输车辆等可以机械性传播该病毒。研究表明，禽流感病毒也可以通过种禽、种蛋垂直感染。

禽流感一年四季均能发生，主要以冬春季节多发，尤其以秋末冬初和冬末春初季节交替时最易发生。温度过低、温度忽高忽低、通风不良、湿度过低、寒流、大风、雾霾、鸡群拥挤、营养不良等因素均可促使该病的发生。

五、症状

该病的潜伏期一般较短，通常为 3 ～ 5 d。感染病毒后病禽表现出的症状也因病禽种类、日龄及病毒毒力不同而不同。根据病毒的致病性，分为高致病性禽流感和低致病性禽流感。

（一）高致病性禽流感

由高致病性禽流感毒株引起，如 H5N1、H5N6、H5N8、H7N7、H7N9 等，通常发病急、死亡快、发病率和死亡率高。病鸡常不表现明显的前驱症状，发病后迅速死亡，死亡率可达 90% ～ 100%（图 4-2-1、图 4-2-2）。病鸡表现为精神高度沉郁，食欲废绝，羽毛松乱（图 4-2-3），体温升高，一般升高到 43℃以上。有明显的呼吸道症状，如甩头、呼吸困难等（图 4-2-4），眼肿胀（图 4-2-5）、流泪。头部、面部、颈部浮肿，鸡冠和肉髯肿胀、发绀、出血、坏死（图 4-2-6、图 4-2-7），胸腹部皮肤出血（图 4-2-8），腿皮肤鳞片出血（图 4-2-9、图 4-2-10）。病鸡排黄白色、黄绿色稀便，病程长者可见神经症状，如头颈和腿麻痹、抽搐，共济失调等（图 4-2-11）。产蛋鸡产蛋率下降甚至停止，软壳蛋、无壳蛋、砂壳蛋、褪色蛋增多（图 4-2-12）。

图 4-2-1　因高致病性禽流感死亡的肉鸡（刁有祥　供图）

图 4-2-2　因高致病性禽流感死亡的种鸡（刁有祥　供图）

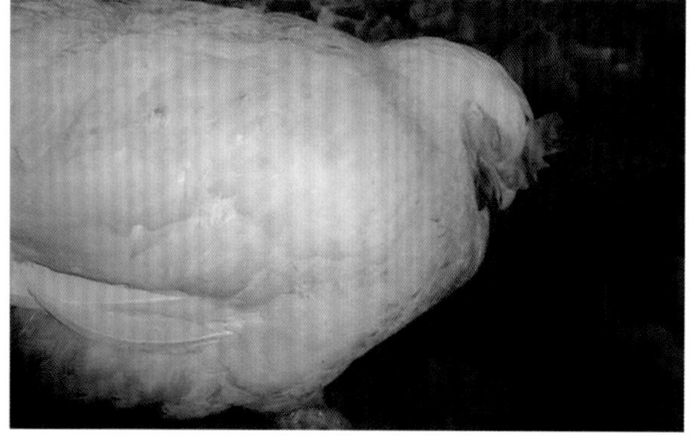
图 4-2-3　病鸡精神沉郁，缩颈，闭眼嗜睡（刁有祥　供图）

图 4-2-4　病鸡呼吸困难，张口气喘（刁有祥　供图）

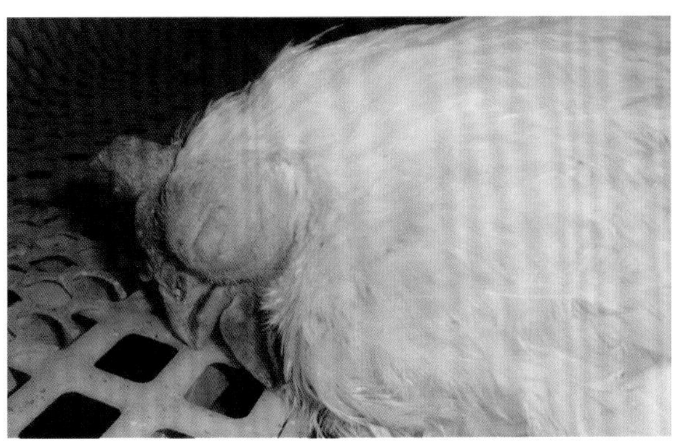

图 4-2-5　病鸡眼肿胀，精神沉郁，缩颈（刁有祥 供图）

图 4-2-6　鸡冠、肉髯呈紫黑色（刁有祥　供图）

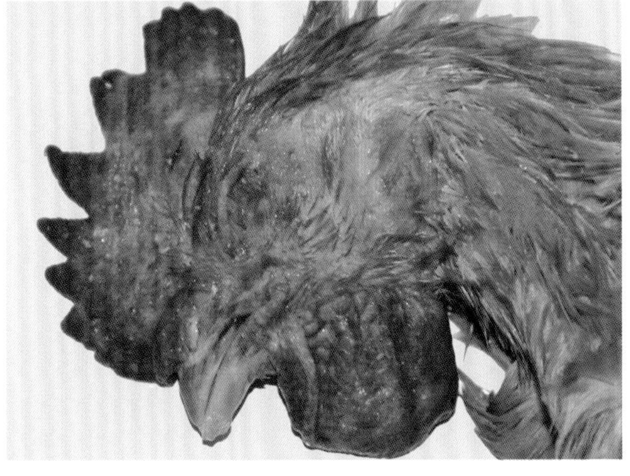

图 4-2-7　鸡冠、肉髯呈紫黑色，坏死（刁有祥　供图）

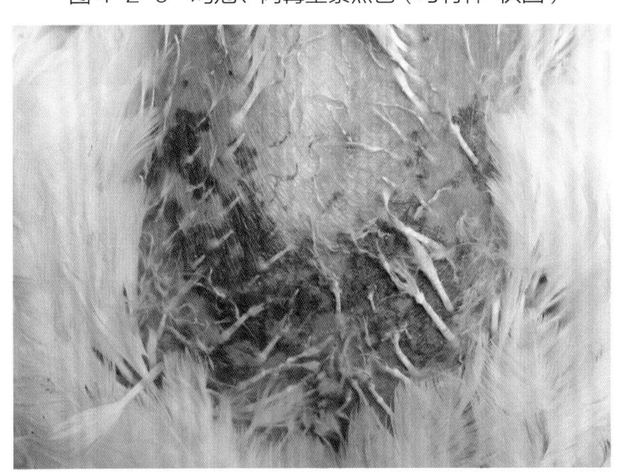

图 4-2-8　胸部皮肤出血（刁有祥　供图）

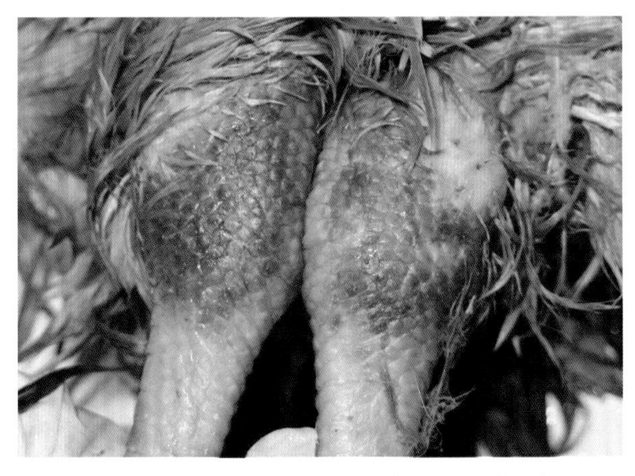

图 4-2-9　腿皮肤鳞片出血（刁有祥　供图）

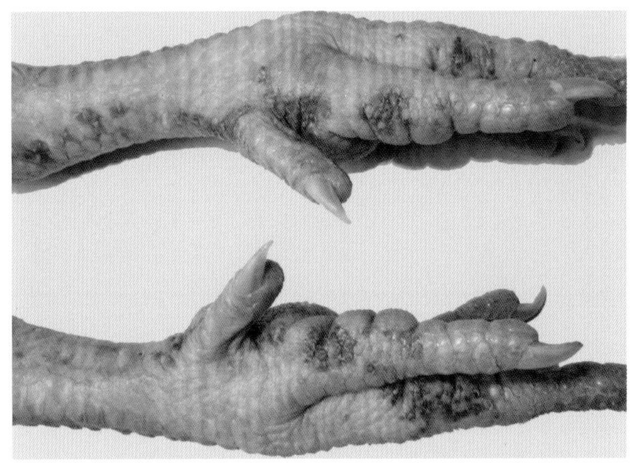

图 4-2-10　腿、爪皮肤鳞片出血（刁有祥　供图）

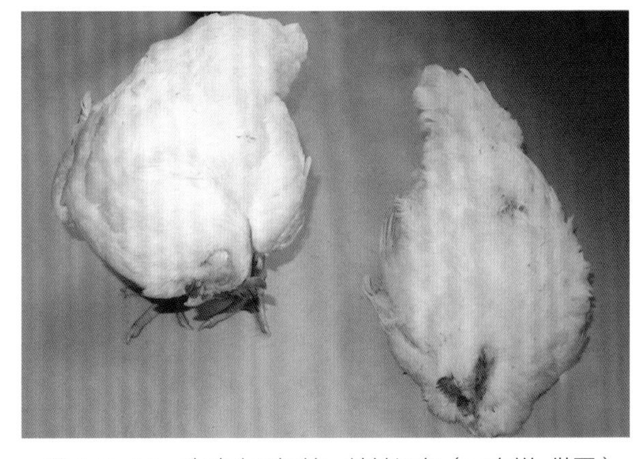

图 4-2-11　病鸡头颈扭转，精神沉郁（刁有祥　供图）

图 4-2-12　产蛋鸡产褪色蛋（刁有祥　供图）

（二）低致病性禽流感

由低致病性禽流感毒引起，如 H9N2，通常发病缓和，病鸡表现出的症状较轻或无症状的隐性感染，高发病率、低死亡率是其主要特征。鸡感染后出现精神沉郁、羽毛蓬乱、垂头缩颈，闭眼嗜睡（图 4–2–13、图 4–2–14），采食、饮水减少，病鸡排绿色、黄白色或白色稀便（图 4–2–15、图 4–2–16）。随着病情的发展，病鸡出现明显的呼吸道症状，如甩头、呼吸啰音、怪叫（图 4–2–17、图 4–2–18）；眼肿胀、眼泪，结膜潮红（图 4–2–19、图 4–2–20），初期流浆液性眼泪，后期流黄白色脓性分泌物（图 4–2–21 至图 4–2–23）。肉髯肿胀、增厚，变硬，向两侧开张，呈“金鱼头”状（图 4–2–24）。产蛋鸡感染后，2 ～ 3 d 产蛋量即开始下降，产蛋下降的幅度与低致病性流感病毒抗体水平有关，抗体水平越高产蛋下降的幅度越小，抗体水平越低产蛋下降的幅度越大，如血凝抑制抗体水平低于 4 $\log_2$，鸡群 7 ～ 14 d 内可使产蛋率由 90% 以上降到 5% ～ 10%（图 4–2–25），严重的将会停止产蛋；同时软壳蛋、无壳蛋、褪色蛋、砂壳蛋增多（图 4–2–26）。持续 1 ～ 5 周产蛋率逐步回升，但恢复不到原有的水平，一般经 1.5 ～ 2 个月逐渐恢复到下降前产蛋水平的 70% ～ 90%。由于目前鸡群普遍接种低致病性禽流感疫苗，且抗体水平较高，鸡群感染低致病性禽流感病毒后，大群鸡精神较好，粪便基本正常。采食稍有下降，产蛋量轻度下降，但白壳蛋、软壳蛋增多。种鸡感染后，除上述症状外，可使受精率、孵化率下降，鸡胚在孵化后期死亡增加，死亡的鸡胚表现为能啄壳而不能出壳（图 4–2–27 至图 4–2–29），出壳后雏鸡弱雏增多（图 4–2–30）。出壳后的雏鸡在 1 周内死亡率较高（图 4–2–31），且易感染大肠杆菌病，死亡的雏鸡剖检变化表现为卵黄吸收不良（图 4–2–32），肺脏出血（图 4–2–33），心包炎、肝周炎、气囊炎（图 4–2–34），有的雏鸡在剖检时腺胃、肝脏、脾脏呈黑褐色（图 4–2–35、图 4–2–36）。

感染低致病性禽流感病毒后，鸡的死亡率一般不高，但该病发生后，易继发大肠杆菌感染，引起鸡出现心包炎、肝周炎、气囊炎，也易与传染性支气管炎病毒混合感染，导致鸡的死亡率升高。

图 4–2–13　病鸡精神沉郁，闭眼嗜睡（刁有祥　供图）

图 4–2–14　病鸡精神沉郁，闭眼嗜睡，羽毛蓬松（刁有祥　供图）

图 4–2–15　病鸡精神沉郁，羽毛蓬松，排绿色稀便（刁有祥　供图）

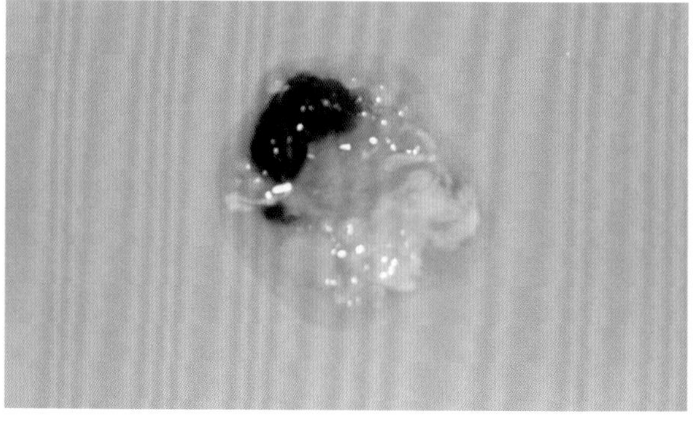

图 4–2–16　病鸡排白色稀便（刁有祥　供图）

图 4-2-17　病鸡呼吸困难，张口气喘（刁有祥　供图）

图 4-2-18　病鸡闭眼，张口气喘（刁有祥　供图）

图 4-2-19　病鸡精神沉郁，缩颈，眼肿胀（刁有祥　供图）

图 4-2-20　眼肿胀，结膜潮红（刁有祥　供图）

图 4-2-21　病鸡眼肿胀，流清亮的眼泪（刁有祥　供图）

图 4-2-22　病鸡流清亮带泡沫的眼泪（刁有祥　供图）

图 4-2-23　病鸡眼肿胀，流脓性分泌物（刁有祥　供图）

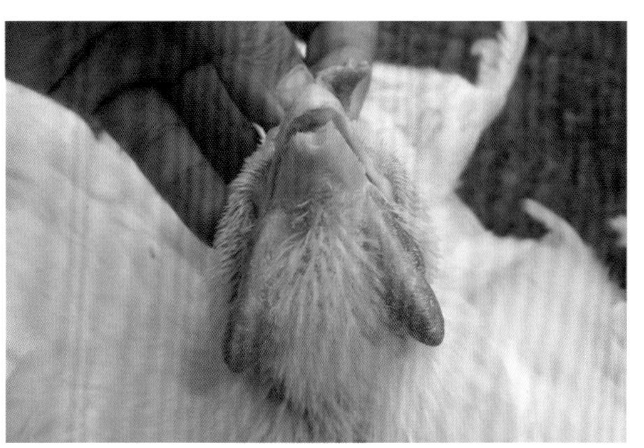
图 4-2-24　肉髯肿胀，呈“八”字形（刁有祥　供图）

图 4-2-25　产蛋高峰期蛋鸡感染禽流感后，1 d 所产的蛋（刁有祥　供图）

图 4-2-26　蛋鸡感染禽流感后所产的软壳蛋、无壳蛋、褪色蛋（刁有祥　供图）

图 4-2-27　孵化后期死亡的鸡胚（刁有祥　供图）

图 4-2-28　孵化后期死亡的鸡胚，能啄壳但不能出壳（刁有祥　供图）

图 4-2-29　死亡的鸡胚胚胎发育不良（刁有祥　供图）

图 4-2-30　出壳后的弱雏（刁有祥　供图）

图 4-2-31　死亡的雏鸡（刁有祥　供图）

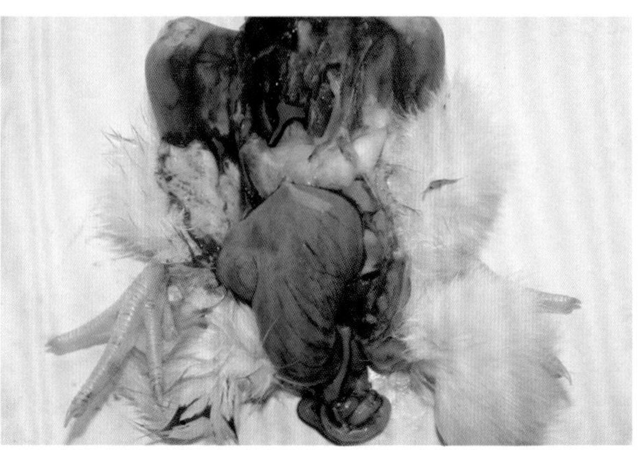

图 4-2-32　死亡的雏鸡卵黄吸收不良（刁有祥　供图）

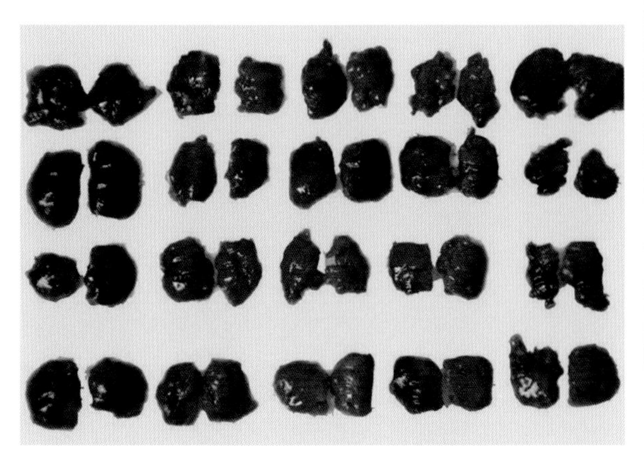

图 4-2-33 肺脏出血（刁有祥 供图）

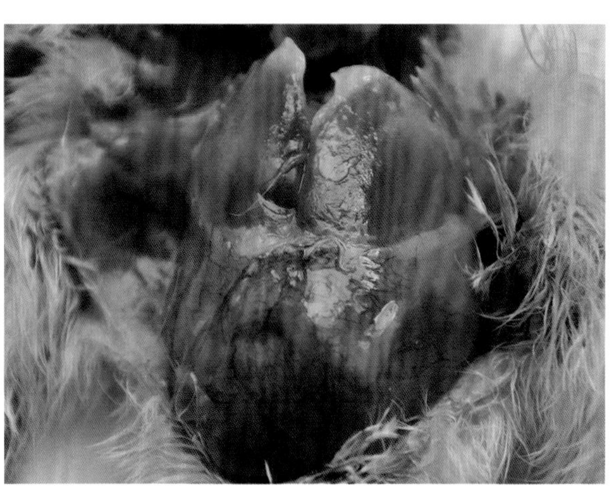

图 4-2-34 雏鸡继发大肠杆菌感染，引起心包炎、肝周炎（刁有祥 供图）

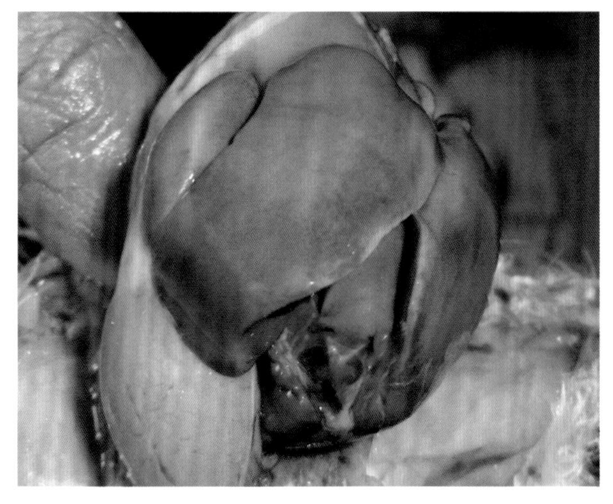

图 4-2-35 腺胃呈黑褐色，肝脏肿大呈黑褐色（刁有祥 供图）

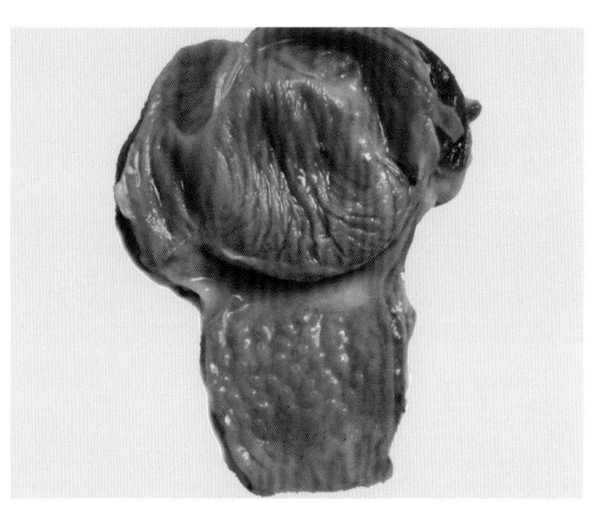

图 4-2-36 腺胃黏膜呈黑褐色（刁有祥 供图）

六、病理变化

（一）剖检变化

1. 高致病性禽流感

鸡感染高致病性禽流感主要表现为全身浆膜、黏膜和脂肪出血。头颈、胸腹部、腿皮下出血、水肿，有淡黄色胶冻样渗出物（图 4-2-37 至图 4-2-41）。喉头、气管弥漫性出血（图 4-2-42）；肺脏出血、水肿，呈紫红色或紫黑色（图 4-2-43、图 4-2-44）。心冠脂肪、心外膜有大小不一的出血点，心内膜出血（图 4-2-45、图 4-2-46），有的病鸡心肌有灰白色条纹状坏死（图 4-2-47）。胸腔、腹腔脂肪出血（图 4-2-48 至图 4-2-51）。腺胃乳头出血（图 4-2-52），腺胃与肌胃交界处出血，肌胃角质层下出血（图 4-2-53、图 4-2-54）；胰腺液化、出血、坏死（图 4-2-55）；十二指肠、空肠、直肠、泄殖腔黏膜出血（图 4-2-56），盲肠扁桃体出血（图 4-2-57），内脏器官表面脂肪、肠系膜脂肪出血（图 4-2-58、图 4-2-59），肝脏肿大、出血。脾脏肿大，有灰白色斑点状坏死。产蛋鸡卵泡变形、出血，有的甚至破裂，形成卵黄性腹膜炎（图 4-2-60、图 4-2-61）；输卵管黏膜水肿，管腔中有大量黄白色渗出物（图 4-2-62）。

2. 低致病性禽流感

低致病性禽流感的病变主要在呼吸道，尤其是鼻窦。主要表现为鼻窦中出现卡他性、纤维素性、黏液脓性或干酪性炎症。心脏心冠脂肪有大小不一的出血点（图 4-2-63）。气管、支气管黏膜水肿、出血（图 4-2-64），有浆液性或干酪性渗出物，严重者出现栓塞（图 4-2-65、图 4-2-66）；肺脏充血、出血，呈浅红色（图 4-2-67）；气囊壁增厚，有纤维素性或干酪样渗出物附着。腺胃黏膜轻度出血，肠黏膜弥漫性出血，胰脏出血、液化（图 4-2-68）。产蛋鸡卵巢退化、出血和卵泡变形、萎缩和破裂（图 4-2-69、图 4-2-70）。输卵管黏膜充血、水肿，管腔中有白色黏稠渗出物，似蛋清样（图 4-2-71、图 4-2-72）。发生低致病性禽流感病毒感染后常继发大肠杆菌感染，剖检时，常见有心包炎、肝周炎、气囊炎等病变。

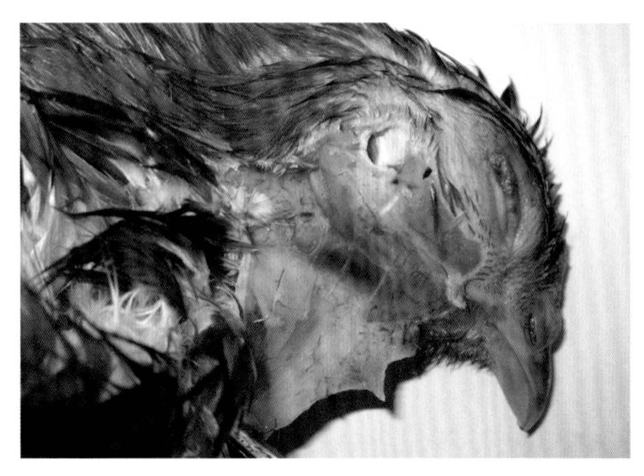

图 4-2-37　头颈部皮下有淡黄色胶冻样渗出（刁有祥　供图）

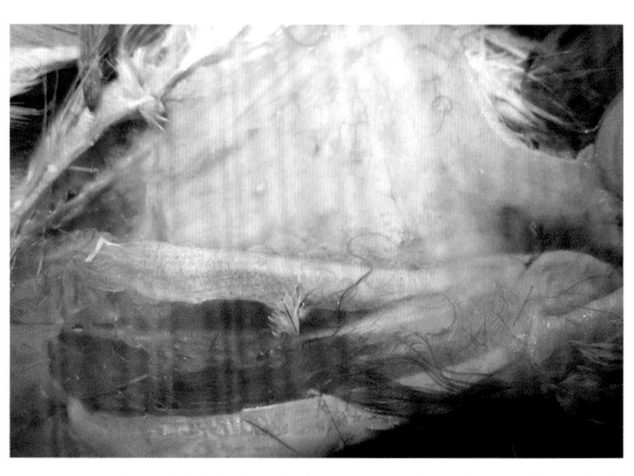

图 4-2-38　大腿皮下有淡黄色胶冻样渗出（刁有祥　供图）

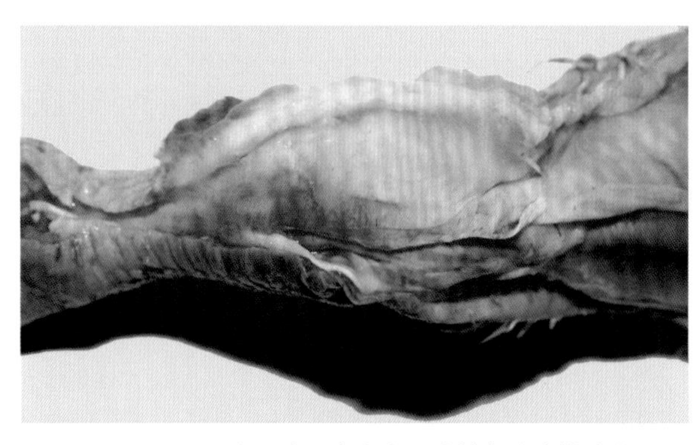

图 4-2-39　小腿皮下有出血和淡黄色胶冻样渗出（刁有祥　供图）

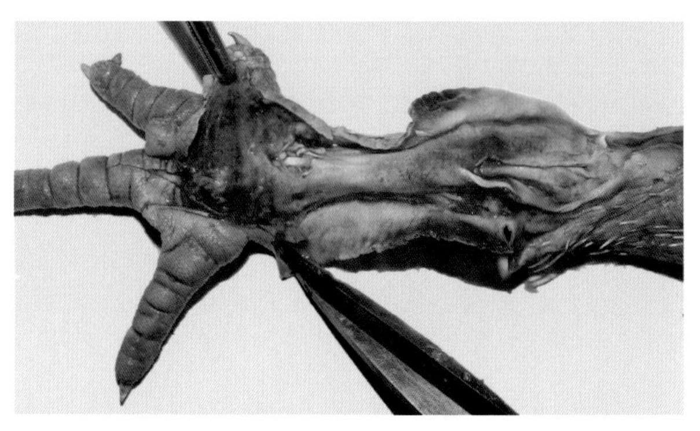

图 4-2-40　小腿、爪皮下出血（刁有祥　供图）

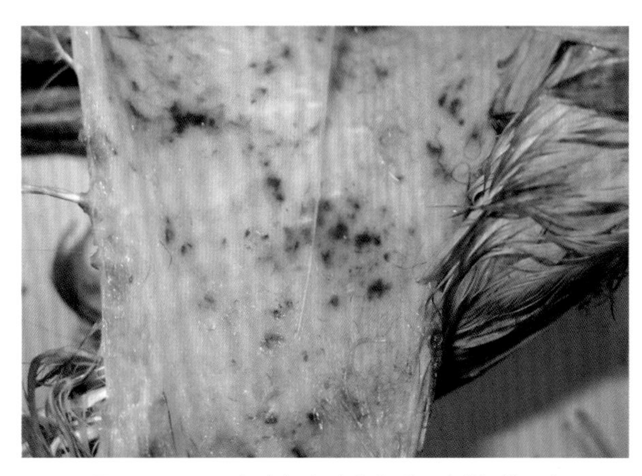

图 4-2-41　胸腹部皮肤出血（刁有祥　供图）

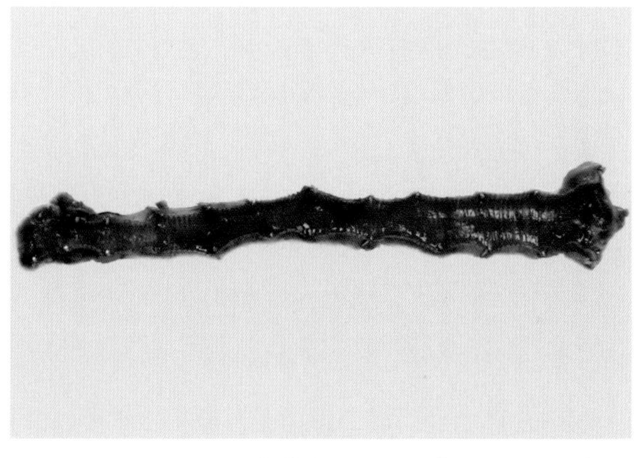

图 4-2-42　喉头、气管弥漫性出血（刁有祥　供图）

图 4-2-43　肺脏出血呈紫红色，表面脂肪出血（刁有祥　供图）

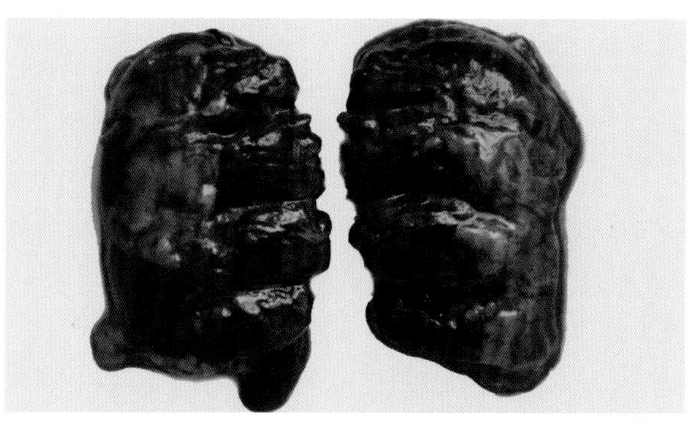

图 4-2-44　肺脏出血、水肿呈紫黑色（刁有祥　供图）

图 4-2-45　心冠脂肪、冠状沟脂肪有大小不一的出血点（刁有祥　供图）

图 4-2-46　心内膜出血（刁有祥　供图）

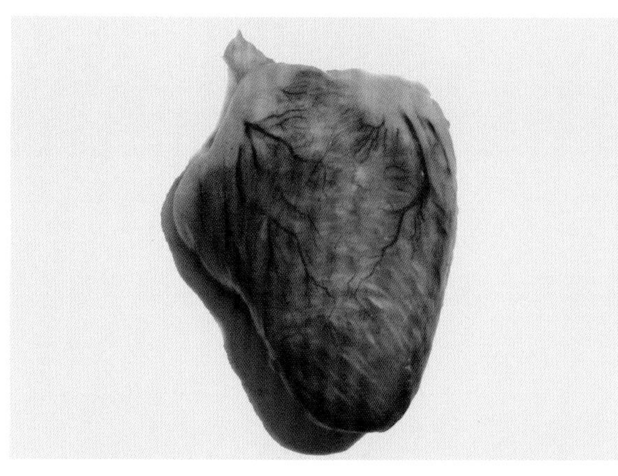

图 4-2-47　心肌条纹状坏死（刁有祥　供图）

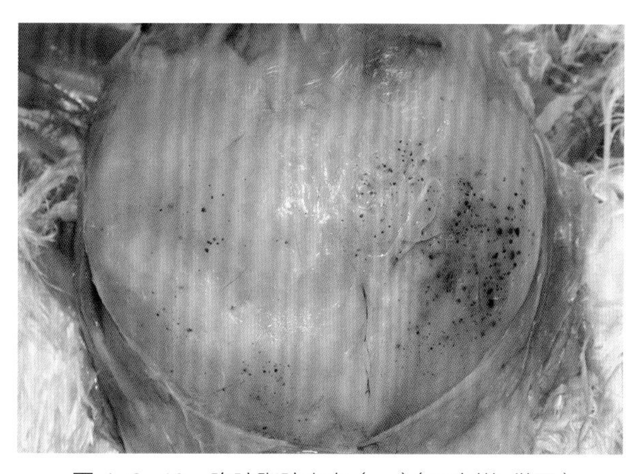

图 4-2-48　腹腔脂肪出血（一）（刁有祥　供图）

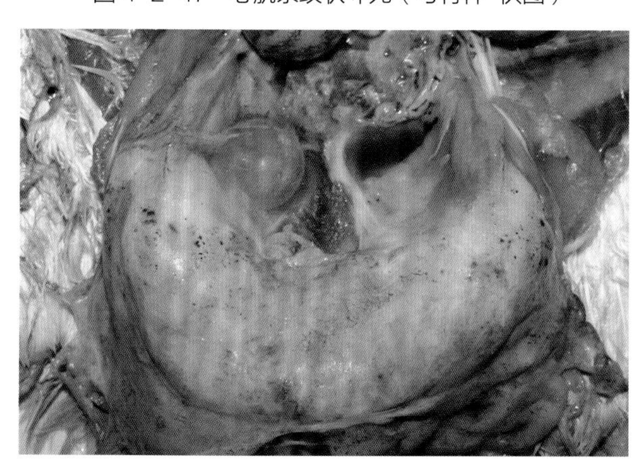

图 4-2-49　腹腔脂肪出血（二）（刁有祥　供图）

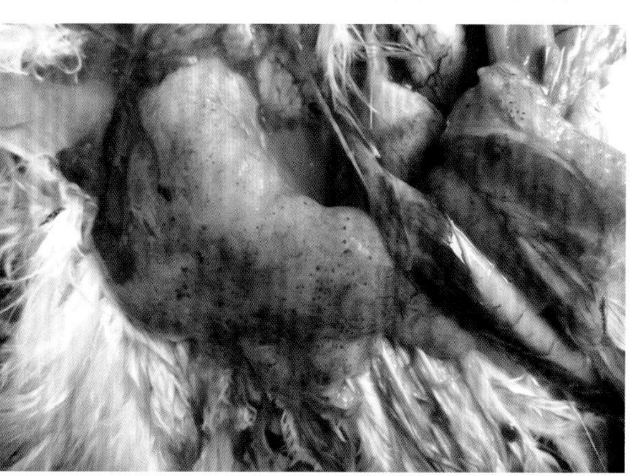

图 4-2-50　腹腔脂肪有大小不一的出血点（刁有祥　供图）

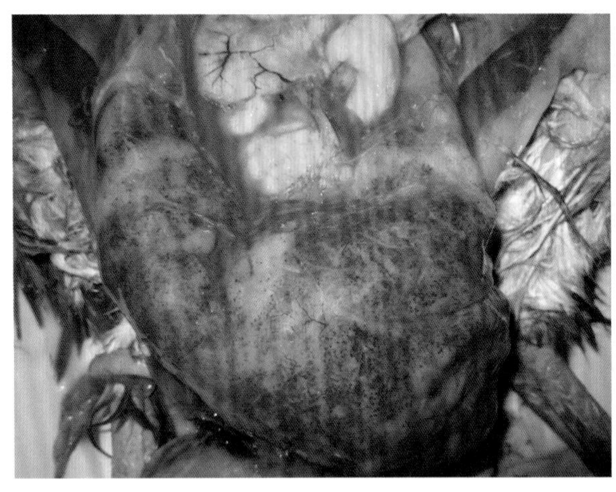

图 4-2-51　腹腔脂肪弥漫性出血（刁有祥　供图）

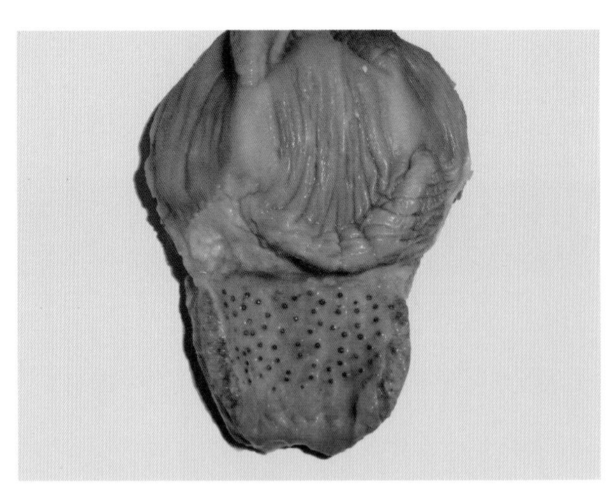

图 4-2-52　腺胃乳头出血（刁有祥　供图）

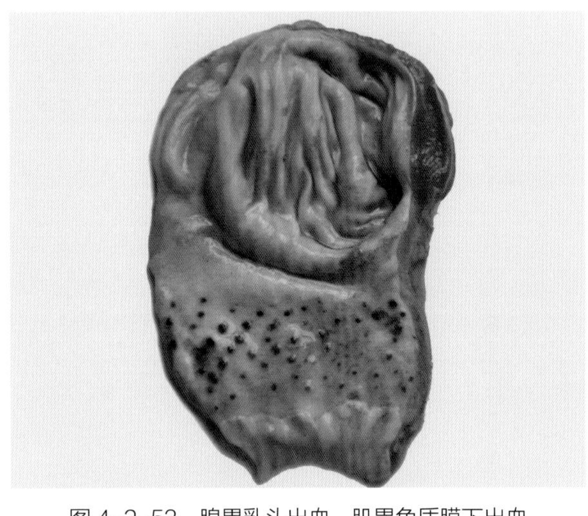

图 4-2-53　腺胃乳头出血，肌胃角质膜下出血（刁有祥　供图）

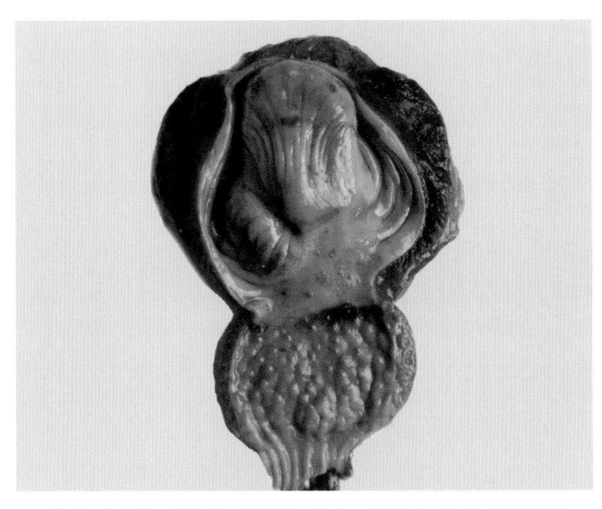

图 4-2-54　肌胃角质膜下出血，腺胃与肌胃交界处有出血带（刁有祥　供图）

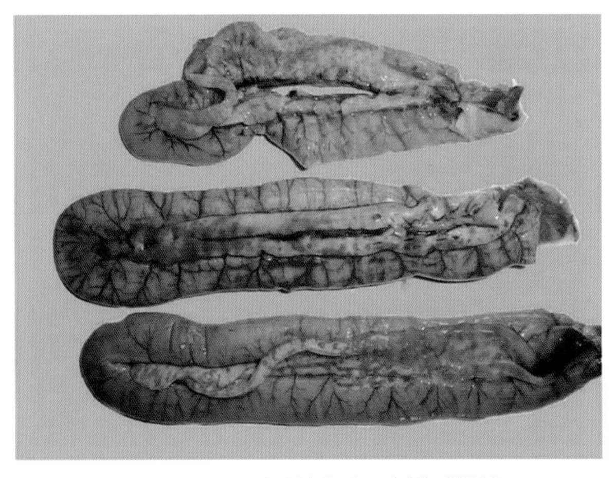

图 4-2-55　胰腺液化（刁有祥　供图）

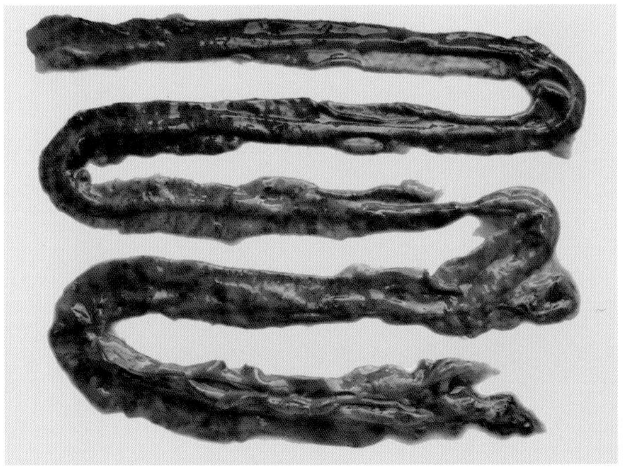

图 4-2-56　肠黏膜弥漫性出血（刁有祥　供图）

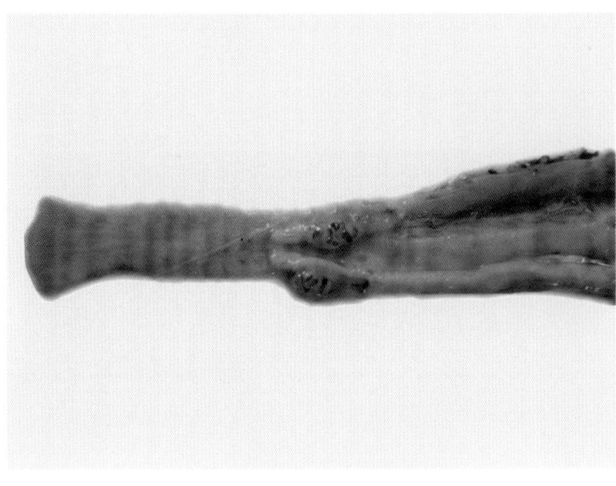

图 4-2-57　盲肠扁桃体出血
（刁有祥　供图）

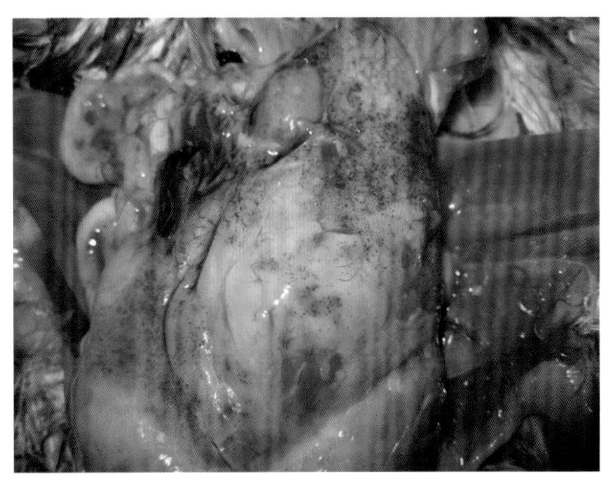

图 4-2-58　腺胃、肌胃表面脂肪弥漫性出血
（刁有祥　供图）

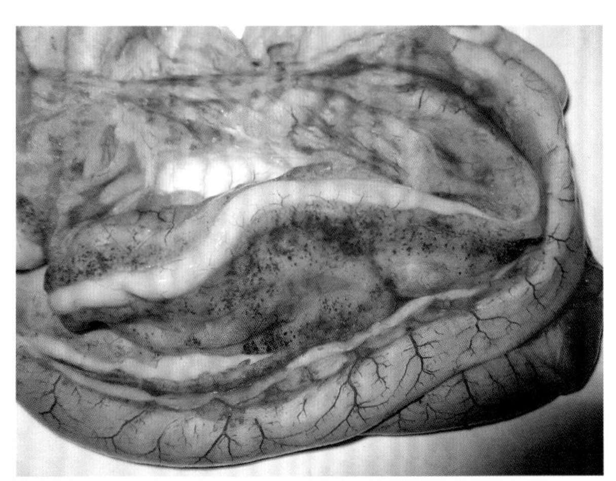

图 4-2-59　肠系膜脂肪弥漫性出血（刁有祥　供图）

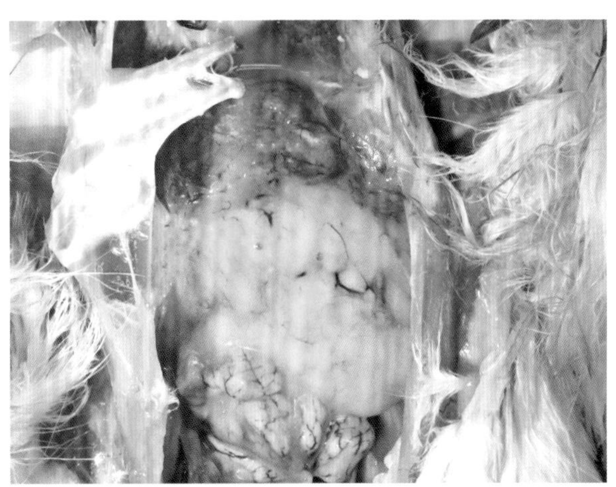

图 4-2-60　卵泡变形，卵泡破裂（刁有祥　供图）

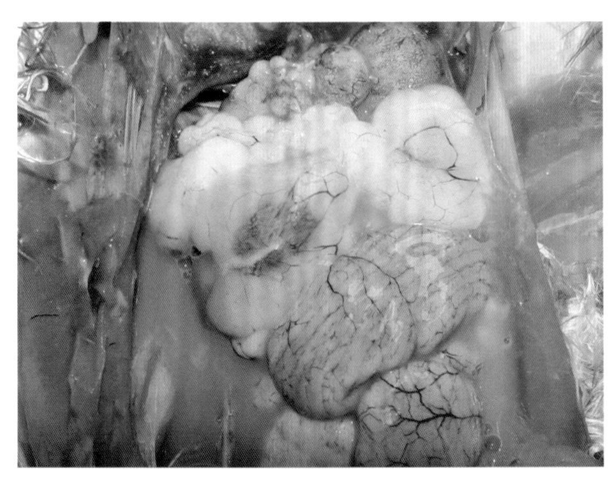

图 4-2-61　卵泡变形，腹腔中充满稀薄的卵黄，输卵管水肿
（刁有祥　供图）

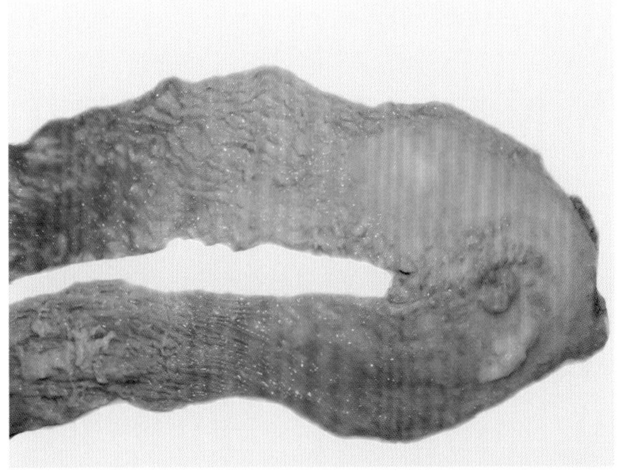

图 4-2-62　输卵管黏膜水肿，管腔中有黄白色黏液渗出
（刁有祥　供图）

图 4-2-63　心冠脂肪有大小不一的出血点（刁有祥 供图）

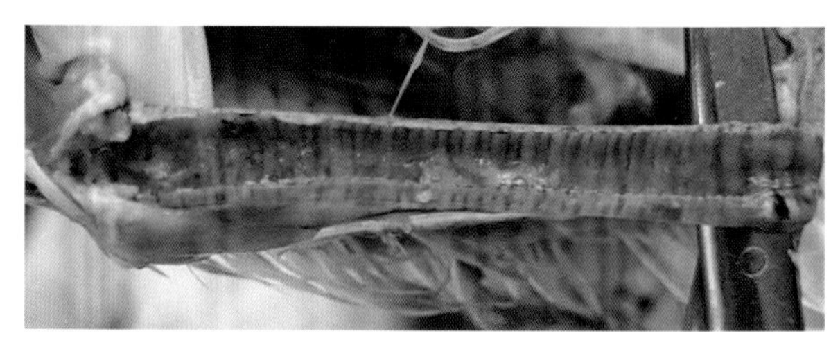
图 4-2-64　气管黏膜出血，管腔中有黄白色渗出物（刁有祥 供图）

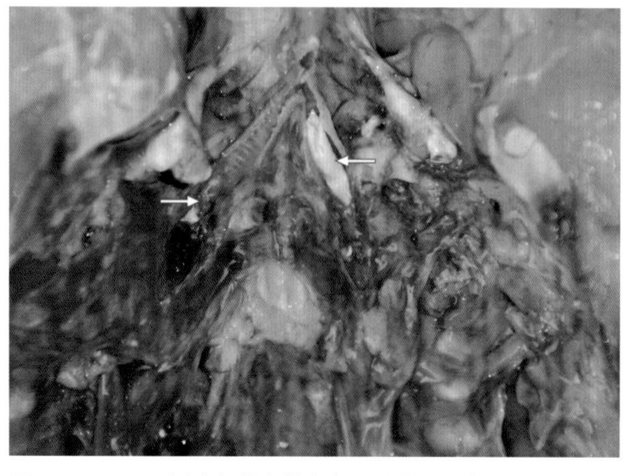
图 4-2-65　两侧支气管有黄白色干酪样栓塞（刁有祥 供图）

图 4-2-66　气管、支气管有黄白色干酪样栓塞（刁有祥 供图）

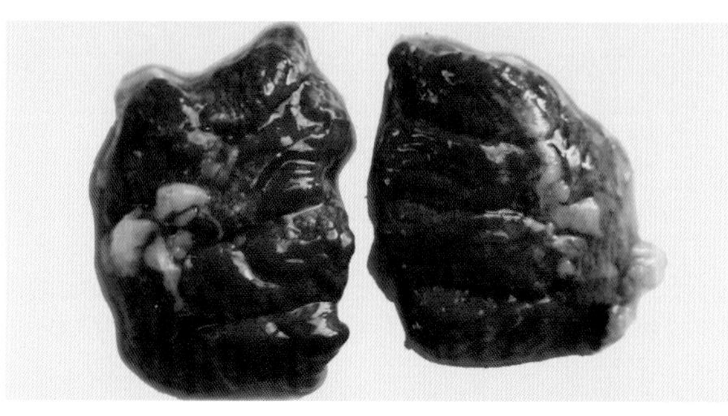
图 4-2-67　肺脏出血，呈浅红色（刁有祥 供图）

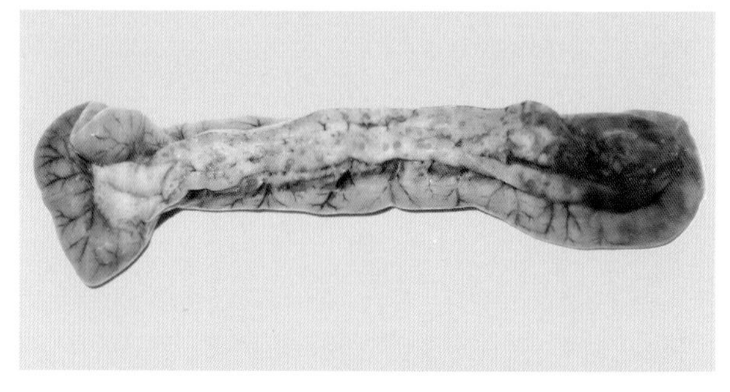
图 4-2-68　胰腺液化（低致病性禽流感）（刁有祥 供图）

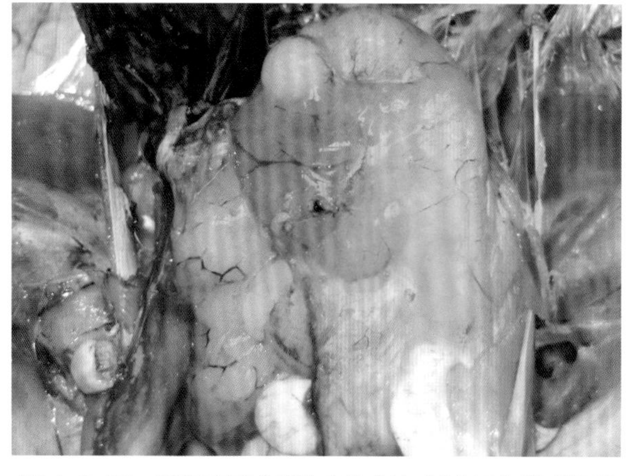
图 4-2-69　卵泡变形（低致病性禽流感）（刁有祥 供图）

图 4-2-70　卵泡破裂，腹腔中充满凝固的卵黄（刁有祥 供图）

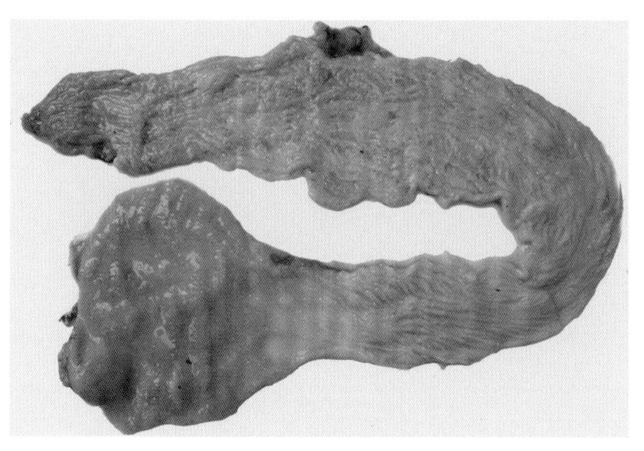

图 4-2-71　输卵管黏膜水肿
（刁有祥　供图）

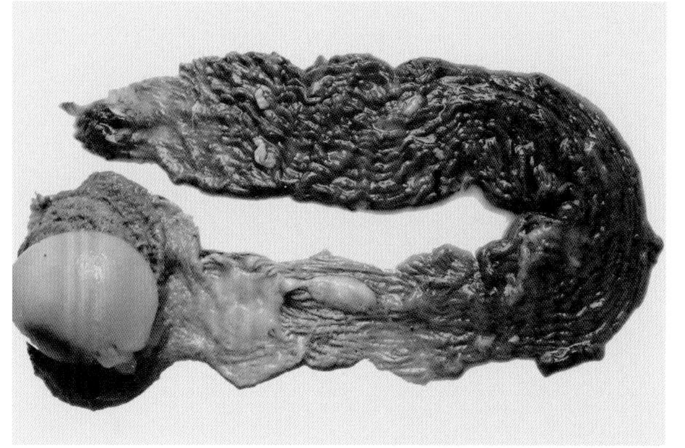

图 4-2-72　输卵管黏膜水肿，管腔中有白色黏稠渗出物
（刁有祥　供图）

（二）组织学变化

1. 高致病性禽流感

鸡感染高致病性禽流感的主要病理组织学变化主要表现为水肿、出血、充血和坏死性病变。肝脏、脾脏和肾脏有实质性变化。

（1）脑。淋巴细胞性脑膜脑炎，伴有局灶性神经胶质细胞增生、神经元坏死和嗜神经细胞作用，有的出现水肿和出血（图 4-2-73）。

（2）心脏。血管内皮细胞肿大，心肌纤维间红细胞、淋巴细胞和巨噬细胞增多（图 4-2-74）；心肌纤维断裂、溶解。心外膜下有大量淋巴细胞、巨噬细胞以及浆液-纤维素性渗出物。

（3）肺脏。肺脏血管扩张，含有大量红细胞；血管内皮细胞肿胀，血管外可见淋巴细胞、巨噬细胞及嗜酸性粒细胞浸润；支气管上皮中出现中性粒细胞浸润，副支气管、肺房壁和毛细血管上皮细胞肿胀，淋巴细胞浸润，嗜酸性颗粒浸润。

（4）肝脏。肝细胞肿胀，细胞质内有大小不等、数量不一的空泡；细胞核深染、浓缩，呈月牙形或圆形，肝细胞及吞噬细胞内可见圆形嗜酸性颗粒（图 4-2-75）。多数肝血窦扩张，红细胞增多，血管内皮细胞及窦壁细胞肿胀，部分血管周围及窦状隙中有淋巴细胞浸润。

（5）胰腺。血管扩张，充满红细胞，间质内有少量红细胞、巨噬细胞、淋巴细胞和嗜酸性粒细胞浸润（图 4-2-76）。外分泌部腺泡细胞肿胀，细胞内有大小不一的空泡；部分腺泡细胞核浓缩、破裂、溶解、消失；胰岛中部分细胞核浓缩、破裂、溶解、消失，细胞数量减少。

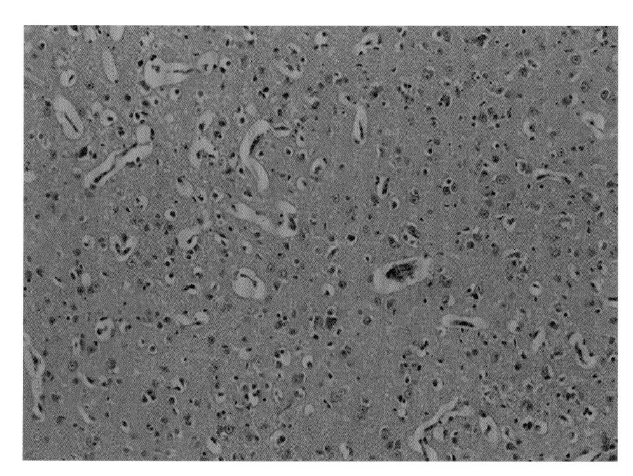

图 4-2-73　脑胶质细胞增生（刁有祥　供图）

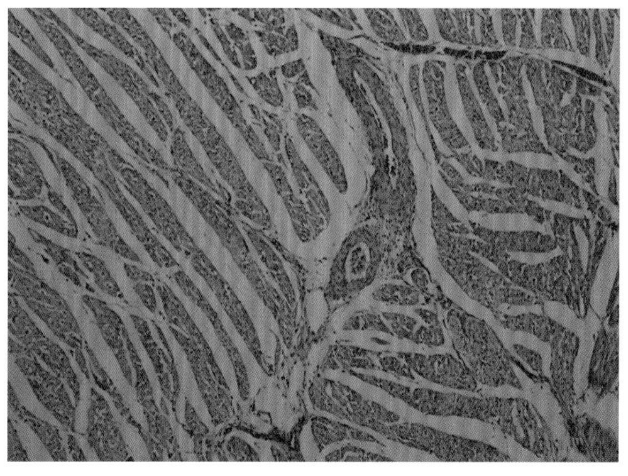

图 4-2-74　心肌纤维断裂，淋巴细胞浸润（刁有祥　供图）

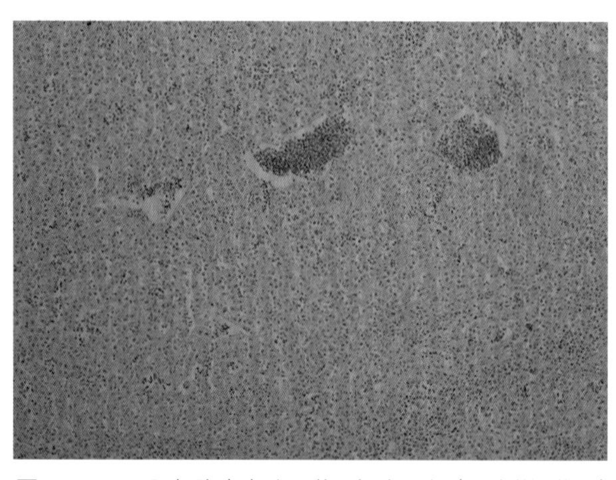

图 4-2-75　肝细胞索紊乱，淋巴细胞浸润（刁有祥　供图）

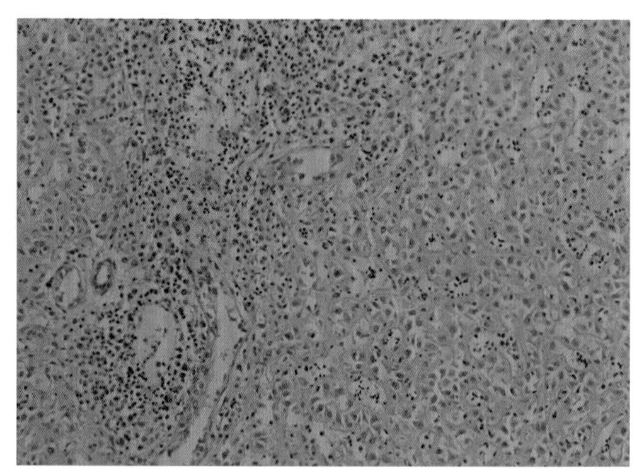

图 4-2-76　胰腺间质淋巴细胞浸润

2. 低致病性禽流感

鸡感染低致病性禽流感的主要病理组织学变化表现为气管炎、支气管炎、气囊炎和肺炎。异嗜性或淋巴细胞性气管炎和支气管炎较普遍。严重病例出现弥散性肺炎，并伴有毛细血管水肿。病死鸡的法氏囊、胸腺、脾脏、鼻腔和气管等出现淋巴细胞缺失、坏死和凋亡。

七、诊断

根据该病的症状、流行病学、病理变化特点，可以作出初步诊断。由于该病在临床特征与很多病相似，且血清型较多，因此确诊需要进行实验室诊断。

（一）病原学诊断

根据病毒的分离、培养、鉴定，确定病毒的亚型。

1. 病毒的分离

取病死鸡的气管、泄殖腔拭子或病变组织，称量后放入研钵或匀浆器中，加入适量生理盐水研磨或匀浆，研磨或匀浆后的组织悬液冻融 1 ～ 2 次，然后离心取上清液，上清液中加入适量青霉素和链霉素，37℃作用 30 min 或 4℃作用过夜。经处理后的上清液接种至 9 ～ 11 日龄鸡胚的尿囊腔中，37℃温箱继续培养，弃掉 24 h 以内死亡的鸡胚，收集 24 h 以后死亡鸡胚的尿囊液。

2. 病毒的鉴定

（1）HA-HI 试验。HA-HI 试验是目前临床及实验室中常用的禽流感病毒鉴定方法，通过 HA 试验可以确定尿囊液中的病毒是否具有血凝特性，再通过 HI 试验（选择已知的不同血清型禽流感病毒的血清）确定病毒是否为禽流感病毒以及禽流感病毒的血清亚型。

（2）分子生物学方法。分子生物学方法由于具有较强的特异性、敏感性，快速方便等特点，被广泛应用于该病毒的鉴定。设计不同血清型禽流感病毒的特异性引物，通过反转录多聚酶链式反应（RT-PCR）、巢式 PCR、实时荧光定量 PCR（Real-time quantitative PCR）、核苷酸序列测定等方法可以从培养的病毒尿囊液或采集的病料样品中直接检测禽流感病毒的核酸。其中，实时荧光定量 PCR 检测只需要 2 ～ 3 h，其敏感性和特异性与病毒分离相当。巢式 PCR 的扩增具有非常强的特异性，在进行临床样品检测及鉴别诊断方面具有非常重要的应用价值。

（二）血清学鉴定

血清学试验可以通过检测发病鸡群体内的禽流感抗体水平来确定是否感染禽流感病毒。常用的血清学试验有血凝-血凝抑制试验（HA-HI）、琼脂扩散试验（AGP）、酶联免疫吸附试验等。琼脂扩散试验是目前常用的血清学检测方法，可以采集发病初期和康复期（发病后 14 ～ 18 d）的血清进行检测，若康复期的血清抗体效价比发病初期升高 4 倍以上，则可以证实发生了禽流感。

八、类症鉴别

高致病性禽流感易与新城疫、禽霍乱相混淆，低致病性禽流感易与非典型新城疫、传染性支气管炎相混淆，需要进行类症鉴别。

（一）高致病性禽流感与典型新城疫

高致病性禽流感与典型新城疫的相似之处在于高死亡率和腺胃乳头出血。典型新城疫的呼吸困难和神经症状比禽流感显著，肠道有枣核样病变。高致病性禽流感病鸡的鸡冠、肉髯出血、坏死，头颈部水肿，皮下水肿胶样浸润，黏膜、浆膜出血比新城疫严重，但肠黏膜无枣核状出血、溃疡或坏死。

（二）低致病性禽流感易与非典型新城疫

低致病性禽流感易与非典型新城疫混淆，二者都主要引起雏鸡和产蛋鸡发病，而且症状相似。雏鸡感染低致病性禽流感后，气管、支气管中有浆液性或干酪性渗出物，严重者出现栓塞。而感染非典型新城疫的雏鸡不出现该病变。产蛋鸡感染低致病性禽流感输卵管中有黏稠的蛋清样分泌物，而感染非典型新城疫一般不出现该病变。两种疾病还可通过 HA-HI 试验、RT-PCR 试验进行鉴别。

（三）禽流感与禽霍乱

鸡感染禽霍乱后，表现的特征性病变为肝脏上有散在或弥漫性、针尖大小、灰白色或灰黄色的坏死灶，应用抗生素类药物能紧急预防和治疗。而鸡感染禽流感后肝脏只有肿大、出血的变化，无坏死灶，应用抗生素类药物治疗对禽流感无效。对于这两种疾病，通过实验室检测方法如涂片镜检也可以进行鉴别，禽霍乱是由巴氏杆菌引起，镜检能看到两极着色的小杆菌，而禽流感则观察不到任何细菌。

九、预防

（一）加强饲养管理和卫生消毒工作，提高环境的控制水平

加强标准化、现代化养殖场的建设，提高鸡群的管理水平，根据不同用途、不同品种鸡群在不同日龄对环境的需要，实现温度、湿度、通风、光照、喂料、饮水、粪便清理等的自动化管理，是控制禽流感及其他传染性疾病的关键。实行全进全出的饲养管理模式，控制人员及外来车辆的出入，建立严格的卫生和消毒制度；避免鸡群与野鸟接触，防止水源和饲料被污染；不从疫区引进雏鸡和种蛋；禁止鸡、鸭、鹅等混养，鸡场与其他养禽场应间隔 3 km 以上，且不用同一水源；做好灭蝇、灭鼠工作；加强消毒工作，鸡舍周围的环境、地面等要严格消毒，饲养管理人员、技术人员消毒后才能进入鸡舍。

（二）加强诊断、监测和监督工作

快速准确的诊断是及早成功控制该病的前提，依靠实验室进行病毒的分离与鉴定或进行病毒核酸的检测是诊断禽流感的关键。加强对禽类饲养、运输、交易等活动的监督检查，落实屠宰加工、运输、储藏、销售等环节的监督检查，严格产地检疫和屠宰检疫，禁止经营和运输病禽及产品。

（三）做好粪便的处理

鸡场的粪便、污物等需要进行无害化处理。

（四）免疫预防

根据《国家中长期动物疫病防治规划（2012—2020 年）》，高致病性禽流感应执行强制免疫计划。我国《2021 年国家动物疫病强制免疫计划》要求，对全国所有鸡、水禽（鸭、鹅）、人工饲养的鹌鹑、鸽子等，进行 H5 亚型和 H7 亚型高致病性禽流感免疫。高致病性禽流感的群体免疫密度应常年保持在 90% 以上，其中应免家禽免疫密度应达到 100%。高致病性禽流感免疫抗体合格率应常年保持在 70% 以上。

规模养殖场按免疫程序进行免疫，对散养家禽实施春秋集中免疫，每月对新补栏的家禽要及时补免。高致病性禽流感的免疫程序如下（参考）。

（1）种鸡、商品蛋鸡。首免在 7 ～ 8 日龄，每只颈部皮下注射禽流感（H5+H7）灭活疫苗 0.3 mL；二免在 30 日龄左右，每只接种禽流感（H5+H7）灭活疫苗 0.5 mL；三免在 70 ～ 80 日龄，每只接种禽流感（H5+H7）灭活疫苗 0.5 mL，四免在开产前 2 ～ 3 周每只接种禽流感（H5+H7）灭活疫苗 0.5 mL。

（2）肉鸡。7 ～ 8 日龄颈部皮下注射禽流感（H5+H7）灭活疫苗 0.3 mL。黄羽肉鸡由于饲养时间较长，可在 30 日龄左右加免 1 次，每只颈部皮下注射禽流感（H5+H7）灭活疫苗 0.5 mL。

疫苗接种后应加强对 HI 抗体水平的监测，当 HI 抗体水平达 6.0 $\log_2$ 及以上时，对人工接种禽流感病毒具有完全抵抗能力，不排毒。因此，对 H5、H9、H7 亚型禽流感病毒具完全抵抗力的 HI 抗体水平的临界保护滴度为 6.0 $\log_2$，生产中一般要求 HI 抗体水平达 8.0 $\log_2$ 以上。

H9N2 低致病性禽流感的免疫接种可与高致病性禽流感灭活疫苗的免疫同时进行。

十、处理

（一）高致病性禽流感

一旦发现疫情，应按照农业农村部的《高致病性禽流感疫情处置技术规范》进行疫情处置，做到“早发现、早诊断、早报告、早确认”，确保禽流感疫情的早期预警预报。对疑似高致病性禽流感疫情，要及时上报当地兽医行政管理部门，同时对疑似疫点采取严格的隔离措施。一旦确诊，立即在有关兽医行政管理部门的指导下划定疫点、疫区和受威胁区，严格封锁。以疫点为中心，周围 3 km 以内所有的家禽应全部扑杀，死亡的禽只、相关产品及污染物必须做无害化处理。受威胁地区，尤其是 3 ～ 5 km 范围内的家禽实施紧急免疫，形成免疫隔离带。接种原则是由远及近，先接种健康鸡群，后接种假定健康鸡群。同时要对疫点、疫区受威胁地区彻底消毒，消毒后 21 d，如受威胁地区的禽类不再出现新病例，可解除封锁。

（二）低致病性禽流感

在严密隔离病鸡的基础上，可以进行对症治疗，减少损失。对症治疗可采用以下方法。

（1）采用抗病毒中药，如板蓝根、大青叶等。每天板蓝根 2 g/ 只或大青叶 3 g/ 只，粉碎后拌料使用。也可用黄芪多糖饮水，连用 4 ～ 5 d。

（2）添加适当的抗菌药物，防止大肠杆菌或支原体等继发或混合感染。如可在饮水中添加阿莫西林或环丙沙星、安普霉素、强力霉素，连用 4 ～ 5 d。

（3）饲料中可添加 0.1% 蛋氨酸、0.05% 赖氨酸，饮水中可添加 0.03% 维生素 C 或 0.1% ～ 0.2% 的电解多维，缓解症状，抵抗应激。特别是增加维生素 E、维生素 A 的用量，可促进产蛋性能的恢复和蛋壳质量的改善。

第三节　传染性支气管炎

传染性支气管炎（Infectious bronchitis，IB）是由传染性支气管炎病毒（*Infectious bronchitis virus*，IBV）引起鸡的一种急性、高度接触性呼吸道和泌尿生殖道疾病。特征是气喘、呼吸困难和气管啰音，产蛋鸡产蛋减少，蛋的质量下降；若出现肾型，主要表现为肾肿大，有尿酸盐沉积，呈现“花斑肾”等。有的感染鸡因呼吸道症状、肾脏病变而死亡。该病传染性强，对不同日龄的鸡危害不同，是危害我国养禽业的重要传染病之一。

IB 呈世界性分布，OIE 将其列为法定报告的动物疫病，我国农业农村部将其列为二类动物疫病。对该病的防控目前主要以疫苗免疫为主，“H”系疫苗是我国防控 IB 的主要疫苗。由于疫苗的大量使用，IBV 出现了不同程度的变异，导致该病在临床上不断出现新变化。

一、历史

IB 于 1930 年最早在美国北达科他州发现。1931 年，Schalk 和 Hawn 首次报道了该病的症状和初步研究结果。1936 年，Beach 和 Schalm 首次确定了该病的病原。1937 年，Beaudete 和 Hudson 利用鸡胚对 IBV 传代得到 Beaudete 分离株，并证明 IBV 经连续传代能改变对雏鸡的致病性。1941 年，美国麻省大学（马萨诸塞大学）分离到 Massachusets 株（Mass 株）。1955 年荷兰分离到 H 株。Beaudete 株、Mass 株和 H 株属同一血清型，都能引起呼吸系统病变，后被称为呼吸型毒株，为“H”系疫苗的研发奠定了基础。1956 年，Jungherr 等报道了 Conn 株和 Mass 株，虽然它们也能引起相似呼吸道症状，但与上述血清型之间不能形成交叉保护作用。之后，不同危害形式的 IBV 陆续被发现。中国首例 IB 于 1958 年发生在中国台湾地区，随后 1972 年广东报道了 IB，目前，全国各地均有该病的发生。

二、病原

传染性支气管炎病毒（IBV）属于冠状病毒科 γ 冠状病毒属，是冠状病毒科的代表毒株。病毒粒子呈球形，直径为 80 ～ 120 nm（图 4-3-1），在蔗糖溶液中的浮密度 1.15 ～ 1.18 g/mL。IBV 的病毒粒子包括囊膜和核衣壳两个部分，囊膜上包含 IBV 的两种糖蛋白，纤突蛋白（Spike，S）和膜蛋白（Membrane，M）；核衣壳主要是由正链基因组 RNA 和核衣壳蛋白（Nucleocapsid，N）组成。棒状纤突长为 12 ～ 24 nm，纤突间有较宽的间隙，从病鸡体内分离的 IBV 纤突齐全，而体外传代后的病毒纤突部分缺失；核衣壳呈螺旋形，呈直径为 1 ～ 2 nm 的索状结构或 10 ～ 15 nm 的卷曲结构。

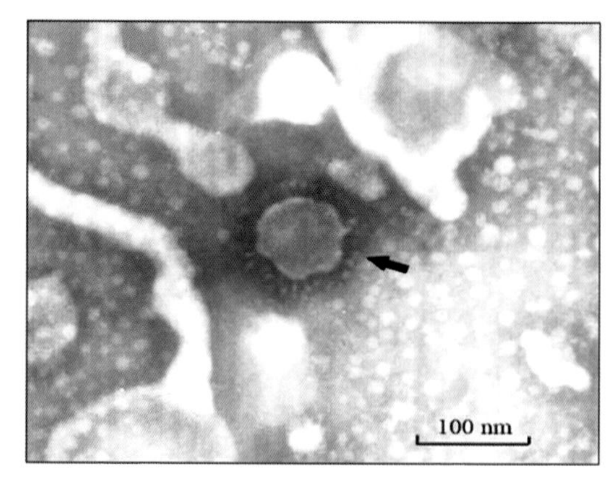

图 4-3-1　传染性支气管炎病毒粒子形态
（刁有祥　供图）

IBV 是单股正链 RNA 病毒，其基因组大小约为 27.5 kb，其基因组结构为：5'UTR-1a/1ab-S-3a-3b-E-M-5a-5b-N-3'UTR。IBV 侵入宿主细胞后，从基因组 5' 端翻译合成复制酶，通过不连续转录机制生成 6 条亚基因组。这 6 条亚基因组分别编码 15 种非结构蛋白（nsp2-16），4 种主要结构蛋白。结构蛋白分别由纤突蛋白（Spike，S）、膜蛋白、小包膜蛋白（Small envelope，E）和核衣壳蛋白组成。IBV 的非结构蛋白为 PP1a 和 PP1b 两个多聚蛋白，在体内由 IBV 编码的蛋白酶裂解为 15 个功能蛋白，这些非结构蛋白功能的改变会影响 IBV 的进化。基因组具有感染性，可通过反向遗传技术构建感染性克隆研究该病毒。IBV 在复制过程中很容易发生基因突变、缺失和重组，这与该病毒的套式转录方式及其 RNA 聚合酶不具有校正功能有关。此外，IBV 转录过程不连续的特点使其在复制时更容易出现较高频率的基因插入、基因缺失和基因重组。

M 蛋白是最主要的跨膜蛋白，通过与病毒核衣壳蛋白和纤突蛋白的相互作用在冠状病毒的装配过程中发挥重要作用。E 蛋白占比很小，并且含有高度疏水性的跨膜 N 末端和细胞质 C 末端结构域，研究表明，E 蛋白定位于 IBV 感染细胞中的高尔基复合体，与病毒包膜的形成、组装、出芽、离子通道活性、促进细胞凋亡等有密切关系。与冠状病毒家族其他成员相似，IBV 的 N 蛋白与基因组 RNA 紧密结合形成螺旋的核糖核蛋白复合物，从而在复制时协助病毒基因组复制、转录、翻译和组装。

S 蛋白翻译后裂解为两种糖蛋白，即 S1 和 S2 蛋白。S1 蛋白构成纤突蛋白的大部分头部，与 IBV 的致病性密切相关，主要诱导产生病毒中和抗体和血凝抑制抗体，具有免疫保护作用。不同 IBV 毒株 S 蛋白的氨基酸变异大多数发生在 S1 蛋白，S1 蛋白基因的变异是 IBV 不断进化的原因。S2 与 S1 连接，将 S1 锚定于膜上，通过细胞间的融合来传播病毒。

IBV 对宿主细胞吸附主要与 S 蛋白有关。pH 值接近中性时，IBV 的 S 蛋白介导病毒和靶细胞膜上特异性受体结合，吸附到细胞表面，病毒粒子通过细胞内吞进入细胞质，通过膜融合释放病毒基因组。细胞质内，病毒基因组 RNA 与细胞核糖体结合，随后 5' 端翻译出病毒特异性的 RNA 聚合酶，将病毒基因组转录成全长互补链。冠状病毒和其他有囊膜的病毒一样，装配和出芽过程是在细胞内质网高尔基体中间室完成。在病毒组装和释放过程中，结构蛋白发挥主导作用。

IBV 不含血凝素糖蛋白，未经处理的 IBV 不凝集红细胞，部分病毒经 1% 胰蛋白酶或 1 型磷脂酶 C 在 37℃ 作用 3 h 后可凝集鸡的红细胞。有的 IBV 毒株即使经过处理也不具备血凝性。IBV

能干扰 NDV 在雏鸡、鸡胚及鸡胚肾细胞的增殖。1975 年 Raggi 和 Thornton 等证实，IBV 对 NDV 在鸡胚中增殖的干扰现象是特异的，这两种病毒的弱毒苗直接存在干扰，往往先接种的干扰后接种的。

病毒能在 9 ～ 11 日龄鸡胚中生长良好，一般野毒株需要在鸡胚中多次传代（3 代以上），尿囊腔中才能达到较高的病毒滴度，对鸡胚的致病力也逐渐增强。胚体发育受阻、矮小并蜷缩，爪卷曲畸形并压在头上，呈“蜷缩胚”或“侏儒胚”。随着病毒传代次数的增加，胚胎死亡率增加，“侏儒胚”病变更加明显。

IBV 毒株的分类方法有很多，一般以 S 蛋白为基础进行血清型和基因型的划分。传统意义上的血清分型是通过病毒中和试验和血凝交叉抑制试验确定的。该病毒容易发生变异，已发现至少有 30 多种血清型，而且新的血清型和变异株还在不断出现。不同血清型之间没有或仅有部分交叉免疫力，这给诊断和预防带来很大困难。IBV 主要血清型包括 M 株、Conn 株、4/91 株等，其中 M41 株来自美国马萨诸塞州，是最早发现的 IBV 代表株。我国广泛使用的 IBV 活疫苗主要是 H120、H52、D41 等均属于 M 血清型，Conn 株与 M 血清学交叉保护性差，4/91 株 1991 年首次分离于英国，目前在多个国家流行。

病毒对外界环境抵抗力不强，在 56℃、15 min 或 45℃、90 min 可被灭活，病毒在 50% 甘油盐水中保存良好。该病毒在-20℃保存容易失活，但在-30℃以下可存活数年。该病毒对强酸、强碱耐受力不同，一些毒株可耐受 pH 值 2.0 或 pH 值 12 环境。IBV 对一般消毒剂敏感，1%甲醛溶液、0.01%高锰酸钾溶液、1%来苏尔溶液及 70%乙醇中 3 ～ 5 min 可将其灭活。

三、流行病学

自然感染该病的只有鸡，各个月龄的鸡均可感染，但雏鸡和产蛋鸡发病较多，尤其 1 ～ 4 周龄的雏鸡发病最严重，死亡率一般为 20% ～ 30%。该病的传染源主要是病鸡和带毒鸡，病鸡带毒时间长，康复后 49 d 仍可排毒，可带毒数周。病鸡和带毒鸡主要从呼吸道排毒，经空气中的飞沫和尘埃传给易感鸡。此外，也可从泄殖腔排毒，通过污染的饲料、饮水等经消化道感染，该病一般不垂直传播。

该病一年四季都能发生，冬春寒冷季节发生多、发病严重。过热、拥挤、温度过低、通风不良、饲料中的营养成分配比失当及维生素、矿物质、微量元素等的缺乏都可促进该病的发生。

四、症状

IB 属于高度接触性传染病，在鸡群中传播速度快，2 周内可波及全群，潜伏期短。与感染鸡群同处一栋鸡舍，易感鸡通常 1 ～ 2 d 内可出现症状。该病的临床表现比较复杂。这一方面是由于 IBV 本身变异快、血清型多造成的，另一方面也与环境中的其他致病因子如大肠杆菌、支原体等混合感染以及不良饲养管理因素如滥用抗生素、饲料配比失当等有关。根据临床表现，通常分为呼吸型、肾型和肠型。

（一）呼吸型

多发生于4周龄内雏鸡，其特点为全群雏鸡几乎同时发病，特征性症状是呼吸道症状，主要表现为病鸡精神沉郁，羽毛蓬松（图4-3-2），气喘、伸颈张口呼吸、气管啰音，流鼻涕，呼吸时有“咕噜、咕噜”的特殊叫声（图4-3-3、图4-3-4）。

6周龄以上的鸡呼吸道症状较轻，但因气管内有分泌物造成气管啰音，夜间最清晰，很少流鼻液，死亡率比幼雏低（图4-3-5）。3周龄以内雏鸡感染IBV可导致输卵管永久性损伤，输卵管发育不良，短而闭塞，不能产蛋，成为“假母鸡”。这种早期感染对产蛋造成的影响随鸡日龄增大而降低。较大日龄鸡感染IBV输卵管病变较轻，产蛋鸡感染更少出现。

产蛋鸡感染后一般出现轻微的呼吸道症状，主要表现为产蛋率和蛋的品质下降，发病后第2天产蛋率开始下降，2周左右降到50%～60%，甚至更低，同时软壳蛋、无壳蛋、褪色蛋、砂壳蛋、小蛋等畸形蛋增多（图4-3-6），蛋清稀薄如水，蛋黄与蛋清分离，蛋白粘于蛋壳膜上，蛋内容物质量下降是该病区别产蛋下降综合征的重要依据。一般需6～8周产蛋率逐渐回升，但康复后蛋鸡的产蛋量很难恢复到患病前的水平。

（二）肾型

多发生于20～40日龄雏鸡，主要表现精神沉郁，羽毛松乱，闭目嗜睡（图4-3-7），食欲下降，饮欲增加，排白色石灰乳样稀粪，内含大量尿酸盐，肛门周围羽毛被污染（图4-3-8）。病鸡因脱水而体重减轻，胫部皮肤干燥、无光泽，重者鸡冠、面部及全身皮肤颜色发暗，呼吸道症状轻微。病程长，一般为12～21 d，发病10～12 d达到死亡高峰，21 d后停止死亡，死亡率为20%～30%，是各种传染性支气管炎类型中死亡率最高的。与呼吸型传染性支气管炎症状相同，蛋雏鸡感染肾型传染性支气管炎病毒后，亦引起输卵管永久性损伤，出现“假母鸡”，发病鸡到开产后，鸡冠和肉髯的发育正常，鸡群的精神状态和采食量、粪便正常（图4-3-9），但产蛋率不高，一般在40%～50%，甚至绝产（图4-3-10），个别鸡腹部下垂，站立时呈直立状态（图4-3-11）。

（三）肠型

摩洛哥分离株Moroccan-G/83感染引发嗜肠型IB病型，病鸡主要表现为腹泻，稀便中含大量黏液和尿酸盐，消瘦，脱水死亡，有呼吸道症状。

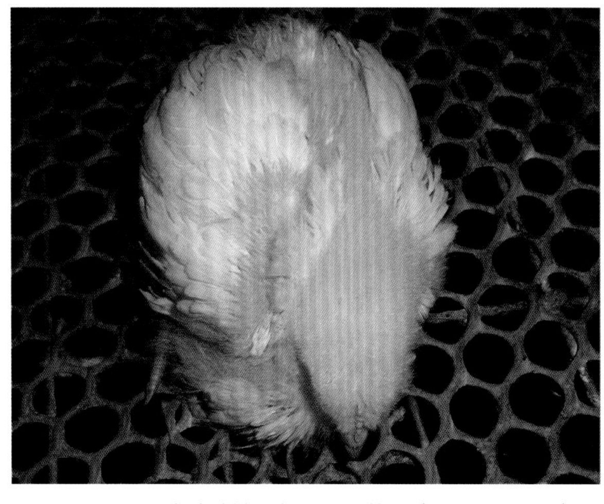
图4-3-2　病鸡精神沉郁，羽毛蓬松（刁有祥 供图）

图4-3-3　雏鸡呼吸困难，张口气喘（刁有祥 供图）

图 4-3-4　雏鸡精神沉郁，张口气喘（刁有祥 供图）

图 4-3-5　6 周龄以上病鸡呼吸困难，张口气喘（刁有祥 供图）

图 4-3-6　病鸡所产小蛋（刁有祥 供图）

图 4-3-7　病鸡精神沉郁，闭眼嗜睡（刁有祥 供图）

图 4-3-8　病鸡精神沉郁，排白色稀便（刁有祥 供图）

图 4-3-9　产蛋鸡鸡冠、体形发育正常（刁有祥 供图）

图 4-3-10　产蛋高峰期产蛋率低（刁有祥 供图）

图 4-3-11　鸡腹部下垂，站立时呈直立状态（刁有祥 供图）

五、病理变化

（一）剖检变化

1. 呼吸型

鼻腔、气管、支气管中有浆液性、黏液性或干酪样渗出物。气管黏膜出血、增厚、肿胀，肺脏出血（图 4–3–12），窒息死亡者往往在气管和支气管分叉处有干酪样栓子。

幼龄阶段感染该病，产蛋鸡出现输卵管发育异常，成年后输卵管呈节段不连续，或不发育如幼鸡般细小，有的卵巢退化，导致部分鸡不产蛋。

图 4–3–12　气管环出血，肺脏出血（刁有祥　供图）

2. 肾型

肾脏肿大，颜色苍白，肾小管和输尿管内充满白色的尿酸盐，充盈扩张，外观红白相间呈斑驳状，形成“花斑肾”（图 4–3–13、图 4–3–14），在输尿管中有白色尿酸盐沉积（图 4–3–15）。严重者肝脏、腺胃、心脏表面等也有尿酸盐沉积。有时还可见法氏囊黏膜充血、出血，囊腔内积有黄色胶冻状物；肠黏膜呈卡他性炎变化，全身皮肤和肌肉发绀，肌肉失水。蛋雏鸡或育成期感染后，开产后的鸡卵泡发育正常，但输卵管不发育呈细线状，或表现为输卵管囊肿，粗细不一（图 4–3–16、图 4–3–17），有的患病鸡输卵管极度膨大，呈大囊状，膜薄如透明纸，囊腔内充满清亮液体（图 4–3–18）。

3. 肠型

肠道肿胀，肠壁变薄，有的肠黏膜出血、脱落。

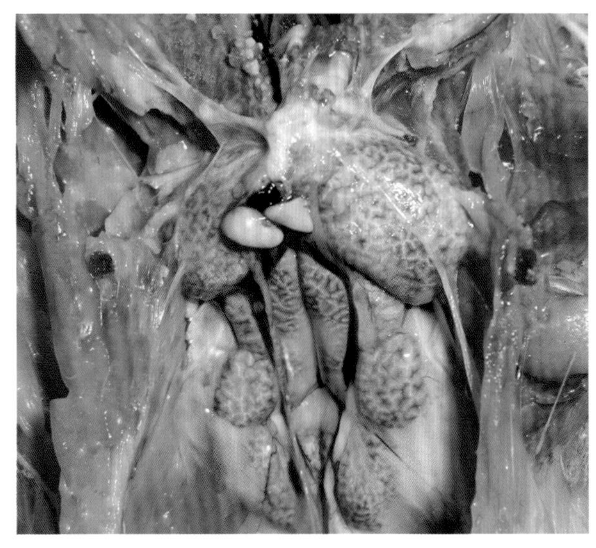

图 4–3–13　肾脏肿胀，呈红白相间的花斑状（刁有祥　供图）

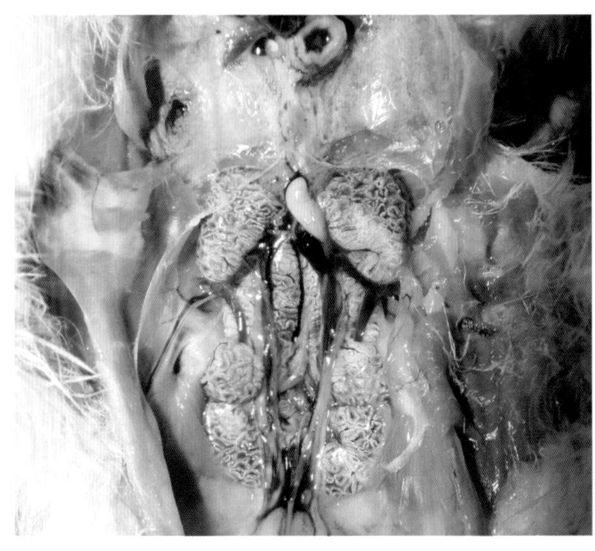

图 4–3–14　肾脏肿胀，有白色尿酸盐沉积（刁有祥　供图）

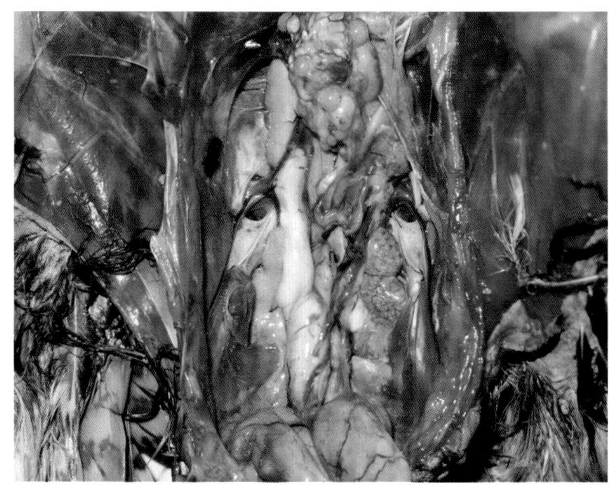

图 4-3-15　肾脏肿胀，输尿管有白色尿酸盐沉积（刁有祥 供图）

图 4-3-16　卵泡发育正常，输卵管囊肿（刁有祥 供图）

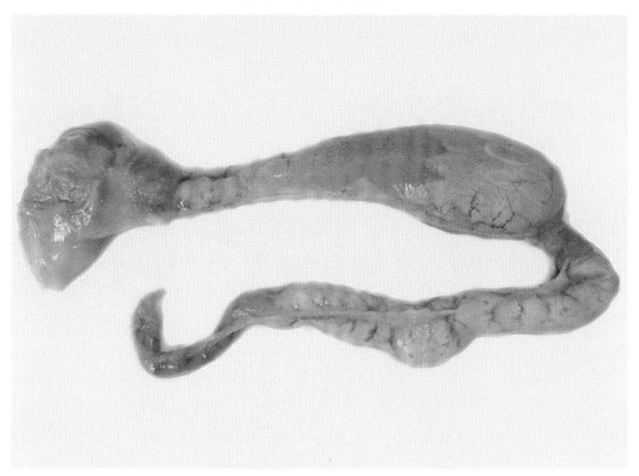

图 4-3-17　输卵管粗细不一（刁有祥 供图）

图 4-3-18　输卵管囊肿，充满大量透明液体（刁有祥 供图）

（二）组织学变化

1. 呼吸型

气管黏膜上皮细胞脱落坏死、脱落，固有膜层增厚、充血、出血、水肿，有淋巴样细胞和嗜酸性粒细胞浸润。支气管管腔内嗜酸性粒细胞、淋巴样细胞和脱落的上皮细胞。肺小叶结构变得浑浊不清，肺房内有大量红细胞和少量炎性细胞浸润。

2. 肾型

肾小管上皮颗粒变性、坏死，集尿管和部分肾小管腔扩张，上皮变扁或呈空泡状，管腔中充积已破碎的异嗜性粒细胞及大量的淋巴细胞和浆细胞。有的病例正常结构消失，肾小管上皮细胞坏死钙化。产蛋鸡卵巢间质淤血、出血，有淋巴细胞浸润，卵巢生殖上皮细胞脱路，卵泡颗粒细胞空泡变性。输卵管黏膜上皮部分或完全脱落，固有层淤血、结构疏松，黏膜下层淤血、水肿、淋巴细胞浸润。有的输卵管出现囊肿，输卵管充水部管腔扩张、黏膜皱褶消失、黏膜层变薄。

3. 肠型

肠组织特别是直肠组织，以淋巴细胞、巨噬细胞及偶尔嗜异染性细胞的局灶性浸润为特征的炎症变化。

六、诊断

根据流行病学、症状和病理变化可作出初步诊断，确诊需要进行实验室综合诊断，如病毒的分离鉴定、血清学鉴定、分子生物学诊断技术等。

（一）病毒分离鉴定

取病鸡的气管、肺、肾、输卵管或气管拭子等，加入适量生理盐水制成组织悬液，0.22 μmol/L 细菌滤器过滤后获得的组织滤液接种 9 ～ 11 日龄鸡胚。鸡胚接种剂量为 0.2 mL/ 枚，接种的鸡胚放 37℃培养箱孵育 36 ～ 48 h，IBV 滴度达到最大值，将鸡胚置于 4℃致死后收集接种鸡胚尿囊液，并进行盲传，至少盲传 3 ～ 5 代，如能引起典型的“侏儒胚”病变或死亡，则为 IBV，如仍不出现鸡胚典型病变才判为阴性。

也可将处理好的无菌滤液接种气管环，即使观察到气管纤毛运动停滞，也不能确诊，还需要结合通过其他方法才能确诊。

分离后的 IBV 可通过多种方法进行鉴定，如电子显微镜直接观察病原、病原核酸检测、血清学试验等。目前，分子病原学诊断比较常用。

（二）血清学鉴定

对发病前后鸡群抗体水平的变化进行横向和纵向比较，从而判定鸡群是否发生感染。由于该病毒血清型多，不同型间抗原性有差异，因此选择合适的血清学方法十分重要。

（1）病毒中和试验。该方法是对 IBV 进行血清型鉴定的最重要方法，鉴定结果具有很强的实际意义，可以在鸡胚、细胞、气管环上进行。该方法敏感性高、特异性强，但费时、费力、费用高，一般需要在专业检测实验室才能进行。能使 50% 鸡胚获得保护的最高血清稀释度即为该血清中和效价。病变判定标准：观察鸡胚是否有胚体小、蜷缩胚、鸡胚发育受阻等，24 h 以后死亡鸡胚一般记为病变，最终判定还应根据鸡胚是否具有特征性病变来判断。

（2）血凝抑制试验。IBV 本身不能使红细胞凝集，但经过胰酶或 I 型磷脂酶 C 处理后能够凝集鸡红细胞且这种凝集作用可被特异性的血清所抑制。该法能够区分不同血清型 IBV 诱导产生的抗体，具有成本低、简单快速等优点。目前已有商品化的 IBV 血凝抗原，方法有两种：白瓷板法是用未经稀释的血清在 20 ～ 25℃条件下，2 min 可判定结果；微量板法是对血清进行二倍系列稀释，室温 2 h 判定结果。

（3）酶联免疫吸附试验。间接 ELISA 是最常用的 IBV 抗体检测方法，目前已有多种商品化抗体检测试剂盒，可广泛应用于鸡群 IBV 感染、免疫状况的检测评估。ELISA 方法可以用来检测抗原，也可用来检测抗体，灵敏性高、操作方便、所需时间短。但商品化 ELISA 试剂盒检测的是群特异性抗体，不能区分血清型，也不能区分 IBV 野毒感染或疫苗免疫产生的抗体。

（4）间接免疫荧光试验。间接免疫荧光试验（IFA）是利用单克隆或多克隆抗体检测 IBV 抗原组织定位的一种方法。该法特异性高，但敏感性低，需要荧光显微镜观察。

（三）分子生物学诊断方法

（1）RT-PCR 检测方法。从病料样品直接抽提 RNA，反转录后进行 PCR 扩增；或者先从病料样品中分离 IBV，然后接种鸡胚扩增病毒，收集鸡胚尿囊液并提取病毒 RNA，反转录后进行 PCR 扩增。根据 IBV 基因组中保守序列设计通用引物，可选取 N 基因保守序列设计引物，快速检测

IBV。利用RT-PCR的方法不仅可以检测IBV感染，还可基因分型。S1序列分析与病毒中和试验的血清分型结果具有一致性。

RT-PCR方法用时短，操作简便，敏感性高。但生产中IBV活疫苗使用广泛，仅仅靠PCR阳性结果有时并不能确诊IBV感染，还应将PCR产物测序结果与疫苗株序列进行比对。

（2）基因测序。S基因测序是目前最有效的IBV鉴别技术，也是实验室中IBV基因分型和流行病学调查的主要手段。不同血清型的IBV毒株，S1氨基酸序列差异较大，通过对S基因测序，可对未知毒株进行基因分型。

七、类症鉴别

该病应与新城疫、传染性喉气管炎、传染性鼻炎、传染性法氏囊病等进行鉴别。

（一）传染性支气管炎与新城疫

新城疫呼吸道症状比IB严重，并出现神经症状和大批死亡，有腺胃乳头出血。

（二）传染性支气管炎与传染性喉气管炎

传染性喉气管炎在鸡群中传播速度比IB慢，呼吸道症状严重，气管分泌物中有带血分泌物，气管黏膜出血，气管中有血凝块。

（三）传染性支气管炎与传染性鼻炎

传染性鼻炎眼部明显肿胀，流泪，用敏感的抗菌药物治疗有一定疗效。IB眼部肿胀不明显。

（四）传染性支气管炎与传染性法氏囊病

传染性法氏囊病肾脏肿大，伴有法氏囊出血、肿大，胸肌、腿肌出血。肾型IB缺乏胸肌和腿肌出血。

八、防治

（一）预防

1. 加强饲养管理，减少诱发因素

鸡舍应注意通风换气，防止拥挤，注意保温，补充维生素和矿物质，增强鸡群抵抗力。

2. 免疫接种

疫苗接种是目前预防该病的主要措施，但由于该病毒变异频繁，血清型多样，各型间交叉保护力弱，用单一血清型疫苗株有时免疫效果不理想，应选择适宜血清型或多价疫苗。IB疫苗包括活苗和灭活苗，活苗可用于雏鸡免疫及种鸡、蛋鸡的局部黏膜免疫，灭活油苗主要用于蛋鸡和种鸡开产前免疫。

弱毒活苗主要包括Mass型疫苗（H120、H52、MA5、28/86、W93等）、4/91型、类4/91型、QX型、LDT3、新城疫-传染性支气管炎二联弱毒疫苗等。H120毒力弱，用于雏鸡首次免疫，主要预防呼吸型IB，对异源血清型之间具备交叉保护力。H52毒力较强，多用于雏鸡的二次免疫和成年鸡免疫，主要预防呼吸型IB，对异源血清型之间具备交叉保护力。MA5毒力与H120相当，可用于任何日龄的鸡群，对呼吸型和肾型IB都有较好的预防作用。28/86毒力低，可用于任何日龄的鸡，对肾型病变保护率高，毒力稳定。W93，我国发病鸡群中分离的，主要预防肾型IB的疫苗株。

4/91 型疫苗毒力较强，是一株变异传染性支气管炎毒株，用来预防种鸡发生深层肌肉病变、产蛋率下降、有呼吸道症状及腹泻等问题。多用于雏鸡的二次免疫和成年鸡免疫，对我国流行的 QX 型 IBV 有一定的保护作用。类 4/91 型疫苗如 NNA，2018 年由勃林格殷格翰上市，用于预防我国流行的类 4/91 基因型 IBV。QX 型疫苗，如 LDT3、QXL87 弱毒苗，我国自主研发用于预防我国广泛流行的 QX 基因型 IBV。新城疫–传染性支气管炎二联苗是 NDV 活苗和 IBV 活苗联合使用，常用的有新城疫（La Sota）–传染性支气管炎（H120）、新城疫（La Sota）–传染性支气管炎（H52）、新城疫（Clone30）–传染性支气管炎（28/86）、新城疫（Clone 30）–传染性支气管炎（MA5）、新城疫（La Sota）–传染性支气管炎（QXL87）、新城疫（Clone 30）–传染性支气管炎（H120）等。

M41 广泛地用于灭活苗的生产，该毒株毒力较强，灭活后加入矿物油后制备。灭活苗诱导的抗体对内脏、肾脏、生殖道有保护作用，对呼吸道保护效果不如活苗。

弱毒活疫苗一般选择滴鼻、点眼、饮水、气雾等方式免疫，灭活苗选择肌内或皮下注射。参考免疫程序：1 日龄可用 H120 喷雾或点眼免疫，5 ～ 7 日龄可用 IBV H52 点眼、滴鼻，25 ～ 30 日龄可用 IBV 流行疫苗株饮水，开产前可用 IBV 灭活苗注射免疫，280 ～ 300 日龄可用 IBV 灭活苗注射免疫。

（二）治疗

该病没有特异性治疗方法。发病鸡群应及时隔离，注意改善饲养管理条件，降低鸡群密度，加强鸡舍消毒。呼吸型 IB 可在饮水中添加抗病毒中药，如黄芪多糖、双黄连等，添加抗生素，防治大肠杆菌和支原体继发感染。还可添加平喘的中药，如板蓝根、大青叶、黄芩、贝母、桔梗、金银花和连翘等。肾型 IB 可选择保肾通肾的中药保守治疗，如五皮散、五苓散等，若机体脱水可添加 2% ～ 4% 葡萄糖或电解多维。若肾脏损伤严重，可用电解多维等饮水，促进肾脏尿酸盐排出，改善机体状况，保肝护肾。同时要注意降低饲料中蛋白质的含量。

由于 IBV 可造成生殖系统的永久损伤，对幼龄时发生传染性支气管炎的种鸡或蛋鸡群需慎重处理，必要时可及早淘汰。

第四节　传染性喉气管炎

传染性喉气管炎（Infectious laryngotracheitis，ILT）是由传染性喉气管炎病毒（*Infectious laryngotracheitis virus*，ILTV）引起鸡的一种急性、高度接触性呼吸道传染病。该病的典型症状为呼吸困难、气喘，甩出血样分泌物，剖检变化主要表现为喉部和气管黏膜肿胀、出血、糜烂和坏死。该病已遍布世界许多养鸡国家和地区，对养鸡业危害严重。传染性喉气管炎不感染人和哺乳动物，OIE 将其列为 B 类疾病，我国将其列为二类动物疫病。

一、历史

1925 年，美国人 May 和 Titsler 首次报道鸡传染性喉气管炎。随后，美国、加拿大、澳大利亚、德国，新西兰、荷兰、英国、瑞典等国家出现发病和流行。1930 年，Beaudette 首次证明该病是一种滤过性病毒引起的。美国兽医协会禽病特别委员会于 1931 年将其定名传染性喉气管炎，病原为传染性喉气管炎病毒。1963 年，Cruickshank 证明该病的病原形态结构与单纯疱疹病毒一致，明确了 ILTV 属于疱疹病毒。

我国于 1959 年首次报道该病，20 世纪 80 年代末曾在很多省份流行，成为地方流行性疾病。

二、病原

传染性喉气管炎病毒（ILTV）属于疱疹病毒科、α 型疱疹病毒亚科、传染性喉气管炎病毒属的禽疱疹病毒 I 型。ILTV 病毒颗粒呈球形，为二十面立体对称，核衣壳由 162 个壳粒组成，与其他疱疹病毒颗粒形态基本相似，具有囊膜、核衣壳和核心，成熟的病毒颗粒在细胞核内呈散在或结晶状排列。该病毒分成熟和未成熟病毒 2 种，细胞质内带囊膜成熟病毒颗粒分子直径 195 ～ 350 nm，核衣壳直径 85 ～ 105 nm，有囊膜和许多短纤突。在核衣壳的外周绕以不规则囊膜，囊膜表面的分界膜含有纤维突出；未成熟的病毒颗粒直径约为 100 nm。病毒大量存在于病鸡的气管组织及其渗出物中，其他组织脏器（如肝脾和血液）中很少能分离到病毒或检测到病毒抗原。

ILTV 基因组是双股线性 DNA 分子，基因组大约 155 kb，含有 76 个开放阅读框，编码 11 种糖蛋白，由一个长独特区（UL，120 kb）和一个短独特区（US，17 kb），以及 US 区两侧的反向重复序列（IRS 和 TRS，约为 18 kb）组成。UL 片段和 US 片段上存在着不同的编码基因，它们编码不同的蛋白。其中，最主要的编码基因是 UL 片段上的 *gB*、*TK*、*gC*、*P*40 基因以及 US 片段上的 *gX*、*gK*、*gD*、*gP*60 基因。*TK* 基因编码胸腺嘧啶激酶，是病毒复制非必需的酶，缺失 TK 基因，病毒毒力减弱，死亡率降低，作为疫苗研究具有重要意义。*gB* 基因长 2 619 bp，包含完整的阅读框，可编码一个 100 kDa 的具有跨膜作用的蛋白，gB 蛋白能诱导体液免疫和细胞免疫，与病毒吸附和穿入宿主细胞有关，是病毒感染性所必需的。*gC* 基因位于一个大约 6 kb 的 ILTV 核苷酸还原酶基因的下游，可编码一个特征性的膜糖蛋白，且含有一个 N 末端疏水的信号序列，gC 蛋白存在于病毒感染的细胞质和细胞膜上，可介导病毒吸附的起始，诱导细胞免疫。gD 蛋白是病毒主要糖蛋白，对病毒的吸附、穿入以及复制是必需的，gD 糖蛋白是病毒的主要保护性抗原，能够诱导机体产生细胞和体液免疫应答。gX 蛋白不是病毒粒子结构的组成成分，是分泌到组织培养液中的分泌蛋白，具有免疫原性，属于 gG 糖蛋白家族，是病毒的非必需糖蛋白。*P*40 基因所编码的蛋白质的 C 端和 N 端均非常保守，此蛋白完全存在于病毒衣壳中，它在 DNA 包装中起作用，形成前核衣壳。*gP*60 基因所编码的蛋白称为 gP60，因它与其他 α-疱疹病毒无同源性，所以对传染性喉气管炎病毒而言十分特别。gP60 是传染性喉气管炎病毒感染鸡之后，存在于鸡血清中的主要识别蛋白。

ILTV 主要在鸡呼吸道上皮细胞中复制。病毒进入细胞以滚环模式复制，包括病毒的吸附、穿入、衣壳脱落、蛋白合成、DNA 复制、衣壳装配、囊膜组装、病毒释放等过程。囊膜蛋白和细胞膜受体相互识别完成病毒吸附，随后和细胞膜融合，核衣壳中释放出的病毒 DNA 进入核质，通过信号转导机制，切断宿主细胞大分子合成，完成病毒 DNA 的转录、复制和核衣壳组装。核衣壳从内层核膜获得囊膜，通过胞吐或细胞崩解进行释放。

ILTV 有一个血清型，不同毒株的致病力不同，强、弱毒株在全球范围内广泛存在，给该病控制带来一定困难。病毒具有高度宿主特异性，一般只在鸡胚及其细胞培养物中增殖良好，最佳接种途径是绒毛尿囊膜接种。病鸡的气管组织及其渗出物中病毒含量最高，采集病料无菌处理后接种 9 ～ 11 日龄鸡胚绒尿膜，4 ～ 5 d 鸡胚死亡，绒毛尿囊膜上形成散在、边缘突起、中心凹陷的灰白色痘斑（图 4-4-1），尿囊膜增厚（图 4-4-2）。

图 4-4-1　尿囊膜上形成白色痘斑（刁有祥　供图）

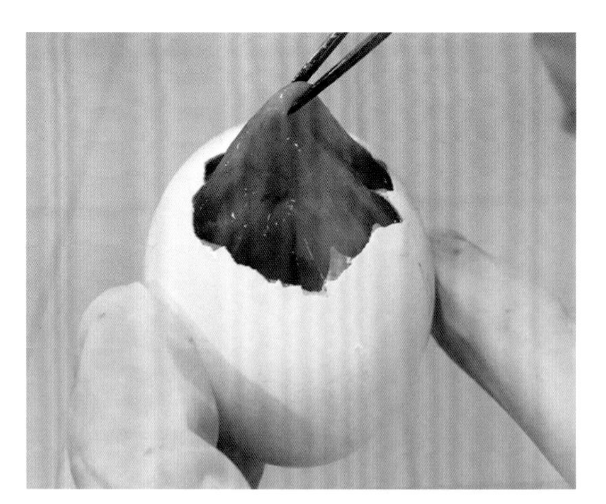
图 4-4-2　尿囊膜增厚（刁有祥　供图）

该病毒对外界环境的抵抗力较弱，55℃存活 10 ～ 15 min，37℃存活 22 ～ 24 h，生理盐水中的病毒在室温下 90 min 可灭活，煮沸立即死亡。气管黏膜中的病毒阳光直射 6 ～ 8 h 死亡，但在黑暗禽舍中可存活 110 d。3%来苏尔、1%苛性钠溶液、3%过氧乙酸等 1 min 内可使病毒迅速灭活。甲醛、过氧乙酸等也有很好的消毒效果。5% 过氧化氢喷雾能完全抑制病毒的活性。低温条件下，病毒存活时间长，如在 -60 ～ -20℃条件下可存活数月到数年。

三、致病机制

一般情况下，ILTV 可经眼结膜，眶下窦，喉和气管等侵入机体。滴鼻、点眼、喉头气管滴注或气管注射等多种途径都可诱发典型的喉气管炎症状，喉头和气管是 ILTV 最重要的靶器官。病毒通过不同途径进入鸡体内，首先与喉头气管黏膜上皮细胞表面受体结合、相互作用，病毒在气管、喉头、眼结膜、呼吸道黏膜、肺脏等上皮细胞中增殖。ILTV 对上述组织具有溶细胞作用，尤其气管上皮组织细胞会出现严重损伤和出血。临床可见气管充血、出血，黏膜表层黏液带血，后期可在病鸡喉头及气管出现干酪样渗出物，甚至形成栓塞。

成年鸡感染 ILTV 后第 4 天可在气管或其分泌物中分离到病毒，感染后第 10 天，气管或其分泌物中仍然存在低水平病毒，之后病毒进入潜伏状态。三叉神经节是疱疹病毒共同的潜伏感染位点。无论是 ILTV 强毒株、弱毒株还是疫苗株，病毒感染后，都不能完全清除，病毒潜伏在三叉神经节处，终生存在。一旦鸡群免疫力下降，潜伏的病毒发生激活，疾病再次发生，造成反复感染。

四、流行病学

该病主要侵害鸡，各种年龄的鸡均可感染，育成鸡和成年鸡多发，症状最典型。褐羽褐壳蛋鸡发病较为严重，来航白、京白等白壳蛋鸡有一定的抵抗力。幼龄火鸡、野鸡、鹌鹑和孔雀也可感染，鸭、鹅、鸽子、珠鸡、乌鸦、麻雀等不易感。

病鸡和康复后带毒鸡是主要传染源，康复鸡可带毒2年。病鸡通过呼吸道、消化道向外排毒，污染空气、饲料、饮水、垫料等，健康鸡经呼吸道、眼结膜、消化道等途径感染，病毒长期存在于喉头、气管黏膜上皮细胞中。三叉神经节是ILTV潜伏感染的主要部位，受到应激的潜伏感染鸡ILTV被激活，并大量复制和排出，应激状态下排毒量增加。ILTV不能垂直传播。

该病一年四季均可发生，秋冬季节、春季多发，特别是寒冷的冬季和早春交替时节更易发生。鸡群拥挤、通风不良、饲养管理不良、缺乏维生素以及寄生虫感染等都可促进该病的发生和传播。该病在易感鸡群内传播很快，严重流行时发病率可达高达90%～100%，高产的成年鸡病死率较高，从5%到70%不等，平均为10%～20%，慢性或温和型死亡率一般低于5%。产蛋鸡感染后，产蛋率下降。

五、症状

该病潜伏期的长短与ILTV毒株的毒力有关，自然感染的潜伏期为6～12 d，人工感染潜伏期较短，一般为2～4 d。突然发病和传播迅速是该病发生的特点。根据病鸡感染毒株毒力和症状的不同，该病可分为喉气管型（急性型）和眼结膜型（温和型）。

（一）喉气管型

成年鸡多发，发病初期，常有数只鸡突然死亡，病鸡主要表现为体温升高到43℃左右，精神沉郁，食欲减退或废绝，流半透明状鼻液（图4–4–3）。随后表现为特征性的呼吸道症状，呼吸时有湿性啰音、喘鸣音。严重者出现呼吸困难，伸颈、张口呼吸（图4–4–4），甩头，甩出带血的分泌物（图4–4–5）。若分泌物不能甩出而堵住气管，会引起窒息死亡（图4–4–6）。有的病鸡还排出绿色粪便，产蛋鸡产蛋率迅速下降，可达35%，康复后1～2个月才能恢复产蛋。

（二）眼结膜型

多由毒力较弱的毒株引起，流行较缓和，症状较轻，病鸡主要表现为体温升高，初期眼结膜潮红，眼充血，眼睑红肿，流泪，眼角积聚泡沫性分泌物，上下眼睑粘在一起，眼睑肿胀，不断用爪抓眼（图4–4–7、图4–4–8）；部分鸡眼睑内有黄白色干酪样分泌物，多数鸡一侧眼睛发病，个别鸡两侧眼睛发病，有的半侧颜面肿胀。病后期角膜浑浊、溃疡，鼻腔有分泌物，严重的失明。病鸡生长迟缓，偶见呼吸困难，病程持续时间较长，可达2～3个月，病鸡死亡率较低，为5%～10%，若有细菌继发感染时，死亡率则会增加。

图4-4-3　病鸡精神沉郁（刁有祥　供图）

图4-4-4　病鸡精神沉郁，伸颈张口气喘（刁有祥　供图）

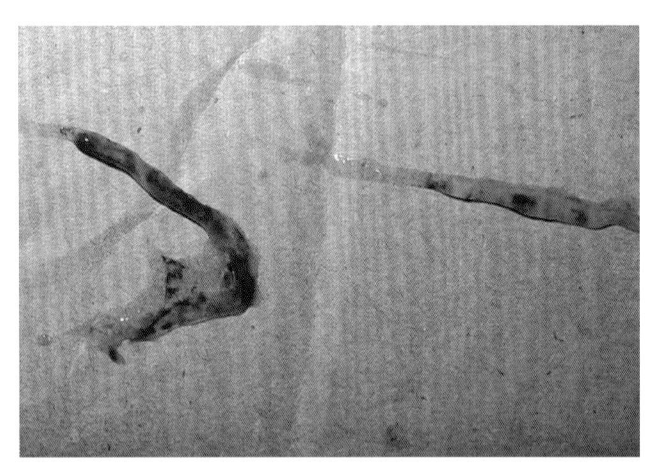

图 4-4-5　病鸡甩出的带血分泌物（刁有祥　供图）

图 4-4-6　因传染性喉气管炎死亡的蛋鸡（刁有祥　供图）

图 4-4-7　病鸡眼肿胀，流带泡沫的流泪（刁有祥　供图）

图 4-4-8　病鸡眼流脓性分泌物，上下眼睑粘在一起（刁有祥　供图）

六、病理变化

（一）剖检变化

1. 喉气管型

主要病变在喉部和气管。病初喉头、气管黏膜充血肿胀，有黏液，黏膜发生出血（图 4-4-9）、变性和坏死，气管中含有带血黏液或血凝块（图 4-4-10），气管管腔变窄，环状出血。病程稍长者，喉部和气管中有黄白色纤维素性伪膜或黄白色干酪样物（图 4-4-11），并形成栓塞，堵塞喉头（图 4-4-12、图 4-4-13），病鸡多窒息死亡。严重者，炎症可扩散到支气管、肺、气囊或眶下窦。十二指肠、空肠、回肠面慢性出血（图 4-4-14）。产蛋鸡卵泡变形、破裂，形成卵黄性腹膜炎（图 4-4-15）。

2. 眼结膜型

主要表现为浆液性结膜炎或纤维素性结膜炎。鼻腔和眶下窦黏膜肿胀、充血，并散在小点状出血。口腔黏膜，尤其是在口角、舌根以及咽喉处有黄白色伪膜。眼结膜充血、水肿（图 4-4-16），并有少量点状出血，眼睑水肿，有时出现纤维素性结膜炎。

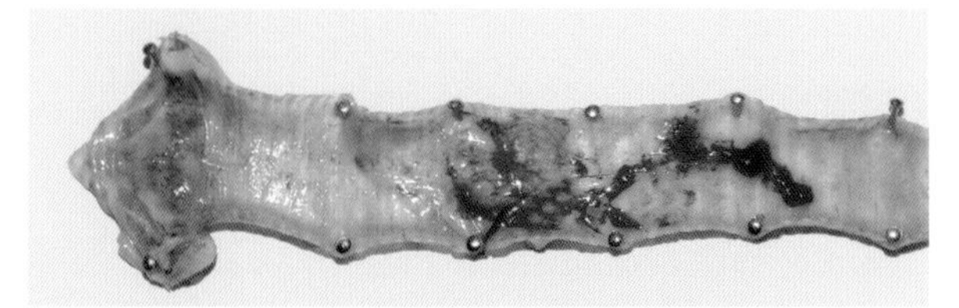

图 4-4-9　喉头出血，气管中有血凝块
（刁有祥　供图）

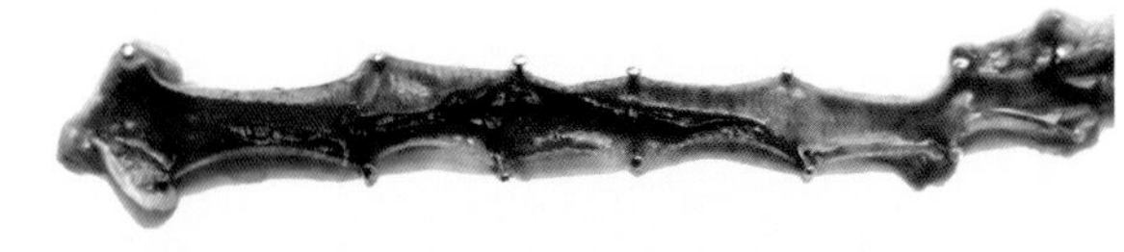

图 4-4-10　喉头、气管出血，管腔中有血凝块
（刁有祥　供图）

图 4-4-11　喉头有黄白色渗出物，气管环出血
（刁有祥　供图）

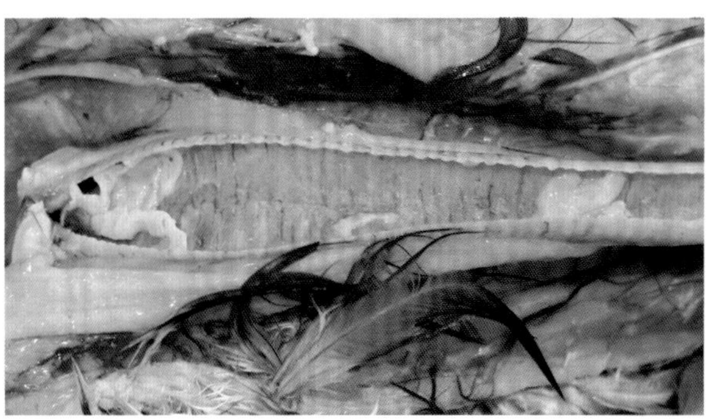

图 4-4-12　喉头、气管中有黄白色渗出物
（刁有祥　供图）

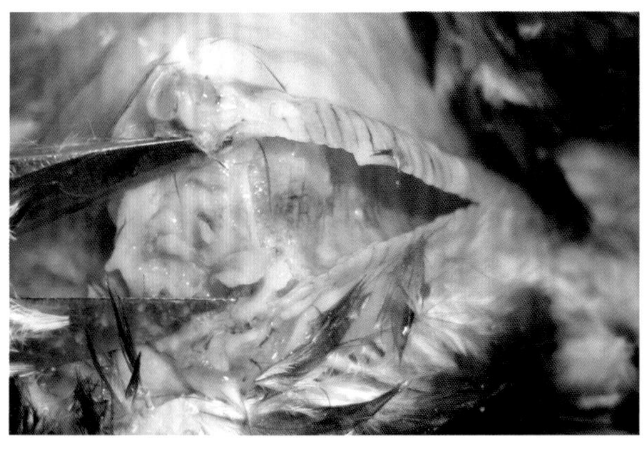

图 4-4-13　喉头有黄白色渗出物，堵塞喉头（刁有祥　供图）

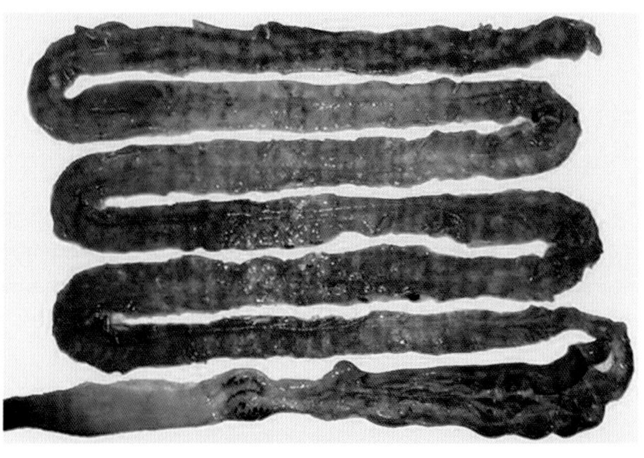

图 4-4-14　肠黏膜弥漫性出血（刁有祥　供图）

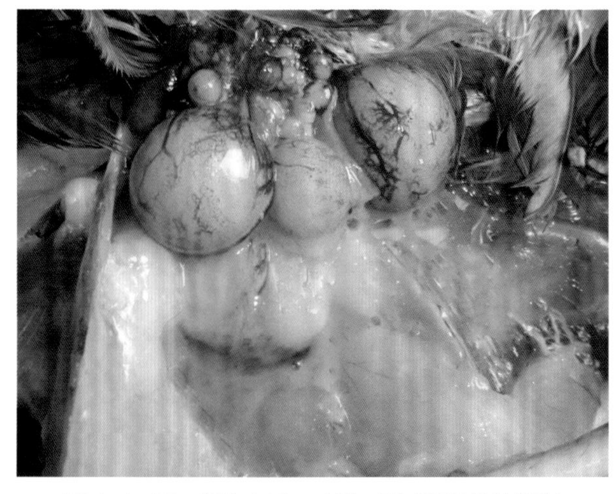

图 4-4-15　卵泡变形、破裂，形成卵黄性腹膜炎
（刁有祥　供图）

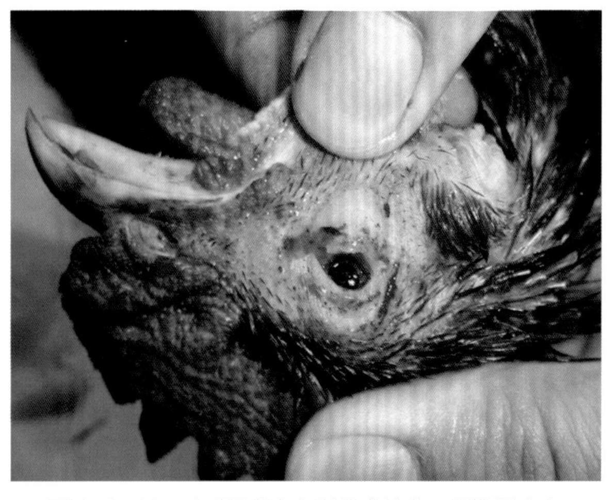

图 4-4-16　病鸡流黄白色脓性分泌物，眼结膜充血
（刁有祥　供图）

（二）组织变化

鸡传染性喉气管炎的病理组织学变化随病程发展而变化，病初主要表现为呼吸道上皮细胞水肿，纤毛脱落，黏膜及黏膜下层炎性细胞浸润，杯状细胞消失，小血管出血。随着病程发展，气管黏膜和黏膜下层可见淋巴细胞、组织细胞和浆细胞浸润，黏膜细胞变性、崩解。在病毒感染 12 h 后，气管和喉头黏膜上皮细胞核内有典型的嗜酸性包涵体，48 ～ 96 h 内包涵体数量最多，核内包涵体因上皮细胞的坏死脱落而消失。电子显微镜观察显示病毒衣壳能在细胞质中聚集成团，这与病毒感染后上皮细胞内浑浊有关。

七、诊断

该病的诊断要点：喉气管型发病急，传播快，成年鸡多发，严重病例出现伸颈张口呼吸、喘气、呼吸道啰音，甩头时可甩出带血的黏液，呼吸困难的程度比鸡的其他呼吸道传染病明显、严重。剖检病死鸡可见气管出血，有黏液、血凝块或干酪样物，易于剥离。温和型病例只表现轻度的结膜炎和眶下窦炎。确诊需要借助实验室诊断方法。

（一）病毒的分离培养

无菌采集病死鸡的气管、喉头、眼结膜等，置于含抗生素的 PBS 缓冲液（pH 值为 7.0 ～ 7.4）中，研磨或匀浆器匀浆，12 000 r/min 离心 10 min，取上清液，细菌滤器过滤后通过绒毛尿囊膜途径接种 9 ～ 11 日龄鸡胚进行 ILTV 的分离培养，观察 24 ～ 168 h 内的死亡鸡胚是否有特征性痘斑形成，以及 7 d 未死亡的鸡胚绒毛尿囊膜上有无痘斑形成，若无痘斑形成且盲传 3 代后仍无病变，判为 ILTV 阴性。有痘斑的鸡胚，可选择 PCR 鉴定或包涵体检测进行确诊。

此外，病料也可接种于鸡胚肝细胞或鸡胚肾细胞进行病毒分离。细胞吸附病毒后继续培养，观察是否出现包涵体。

（二）分子生物学检测

（1）PCR 检测方法。黄利梅等（2012）根据 GenBank 已发表的 ILTV 基因序列，选取保守区域设计 1 对特异性引物，建立了检测 ILTV 的 PCR 方法，该方法具有灵敏、特异、操作简单等优点。

（2）LAMP 检测方法。谢志勤等（2012）根据 ILTV 的 *TK* 基因序列，设计并合成 6 对特异性引物，成功建立了 LAMP 检测方法，该方法只检出 ILTV。最低检测浓度为 100 fg 的 DNA 模板，比常规的 PCR 检测灵敏度高 10 倍。该方法有简便、快速和特异性高的优点，可用于临床上对鸡传染性喉气管炎的快速检测。

（3）荧光定量 PCR 检测方法。王楷宬等（2020）根据 ILTV *gB* 基因序列保守区域，设计 1 对特异性引物和 1 条特异性探针，建立了实时荧光 PCR 检测方法，该方法与其他禽类常见病毒无交叉反应，检测下限达到 100 个拷贝 / 反应；与常规 PCR 检测结果符合率为 100%。该方法特异性强，灵敏度高、耗时少，可用于鸡传染性喉气管炎的快速检测。

（4）地高辛标记探针检测方法。吴红专等（1998）应用地高辛标记 ILTV 的 *TK* 基因制备探针，经斑点杂交显色后，探针同以 ILTV 北京株为模板的 *TK* 基因 PCR 产物及北京株核酸均呈阳性紫色斑点，而与正常尿囊液、新城疫病毒和火鸡疱疹病毒、传染性支气管炎病毒无反应，2 株确诊为 AILTV 的野外分离毒也呈阳性。该 *TK* 基因探针是敏感和特异的，可用于传染性喉气管炎和其他呼吸道疾病的鉴别诊断。

（三）血清学检测

（1）琼脂凝胶扩散试验。利用ILTV感染的鸡胚绒毛尿囊膜或敏感细胞培养物，纯化后制备AGP抗原，该方法可以检测血清样品是否存在ILTV抗体，特异性好、快速、方便，但敏感性较低。

（2）酶联免疫吸附试验。ELISA用于ILTV抗体监测，该法具有敏感、快速、操作简便等优点，可用于常规检测和大批量检测，成为实验室检测ILTV抗体的首选方法。

八、类症鉴别

该病应与白喉型鸡痘、传染性支气管炎、传染性鼻炎、新城疫、禽流感等进行区别，鉴别要点如下。

（一）白喉型鸡痘

白喉型鸡痘气管黏膜增厚，有痘斑，不易剥离。而传染性喉气管炎的气管中含有带血黏液或血凝块，喉部和气管中有黄白色纤维素性伪膜或黄色干酪样物，并形成栓塞。

（二）传染性支气管炎

传染性支气管炎主要侵害6周龄以内的雏鸡，6周龄以上鸡群一般不感染或症状轻微，产蛋鸡感染后出现产蛋率下降，产蛋品质下降，无呼吸道症状。发病雏鸡鼻腔、气管、支气管中有浆液性渗出物，严重者形成支气管栓塞。

（三）传染性鼻炎

传染性鼻炎多发生于育成鸡和产蛋鸡，传播迅速，面部肿胀和鼻、眼分泌物增多，结膜炎。鼻分泌物涂片，瑞氏染色后镜检可见两极浓染的杆菌，使用抗菌药物效果良好。

（四）新城疫

新城疫有呼吸道症状，气管充血或出血，但气管内无黄白色干酪样渗出物，腺胃乳头出血，肠道有局灶性出血或溃疡灶，死亡率高。发病后期病鸡出现扭头、后仰、瘫痪等神经症状。

（五）禽流感

禽流感病鸡流泪、头和颜面部水肿，冠和肉髯发紫，浆膜和黏膜广泛出血，皮下有胶冻样水肿。

（六）鸡毒支原体感染

鸡毒支原体感染病鸡主要症状是呼吸困难，一侧或者两侧眶下窦肿胀，鼻孔因存在黏稠的鼻液而发生堵塞。剖检可见鼻窦、鼻孔、气管、肺脏存在较多黏性、浆性的分泌物。

九、防治

（一）预防

严格执行兽医卫生防疫制度，加强鸡群饲养管理，施行“全进全出”制度。该病大多由带毒鸡感染，因此应严格控制易感鸡与康复鸡或接种疫苗鸡接触。平时保持鸡舍、饲料以及环境卫生，严格消毒，防止有潜在污染的动物、饲料、设备、人员等进入鸡舍。鸡舍内氨气过浓时，易诱发该病，要改善鸡舍通风条件，降低鸡舍内有害气体的含量。严防病鸡和带毒鸡引入易感鸡群。

免疫接种是预防该病发生、保护易感鸡群的有效方法。一般情况下，从未发生过该病的鸡场不主张接种疫苗，该病流行地区和受威胁地区，应考虑接种传染性喉气管炎弱毒疫苗。一般首免40～50日龄，二免在70～90日龄进行，免疫途径多采用点眼。该疫苗毒力较强，免疫后的鸡群可能出现轻重不同反应。一般鸡群接种疫苗3～4 d，会出现轻度眼结膜反应，个别鸡只出现眼肿，甚至眼盲，可用含1 000～2 000 U/mL庆大霉素或其他抗生素滴眼。也可以直接在疫苗液中加入青霉素、链霉素各500 U/只，以防止鸡群出现眼结膜炎。疫苗免疫期可达半年至1年。

（二）治疗

对发病鸡群目前尚无特效治疗方法，但该病常继发大肠杆菌感染导致病情加重，因此抗生素治疗效果良好。

鸡群一旦发病，应迅速隔离。尚未发病鸡群可用弱毒疫苗点眼，接种后5～7 d可控制病情。康复鸡在一定时间内可带毒和排毒，需严格控制康复鸡与易感鸡群接触，最好淘汰。群体治疗可用0.01%强力霉素饮水，连用3～5 d或0.01%环丙沙星饮水，连用3～5 d。中药治疗以清热解毒、祛痰平喘、消炎为主。可用金银花、贝母、鱼腥草、白芷、黄芩、麻黄、甘草等药物进行综合治疗，口服牛黄解毒丸、喉症丸或其他清热解毒利咽喉的中成药等，可明显缓解呼吸道炎症，减少死亡。对发病鸡只还可用镊子除去喉部和气管上端的干酪样渗出物，肌内注射青霉素5万～10万U/只，每天2次，连用3 d。

第五节　传染性法氏囊病

传染性法氏囊病（Infectious bursal disease，IBD）是由传染性法氏囊病病毒（*Infectious bursal disease virus*，IBDV）引起的一种严重危害雏鸡的高度接触性病毒病，可导致机体免疫抑制。该病发病率高、病程短，其特征性病变表现为法氏囊肿大、出血，肾脏肿胀、有尿酸盐沉积，腿肌和胸肌出血，腺胃与肌胃交界处出血。雏鸡早期感染该病会引起严重的免疫抑制，从而使病鸡对大肠杆菌、腺病毒、沙门菌和鸡球虫等更易感，对马立克疫苗、新城疫疫苗等接种的反应能力降低，鸡只死亡率、淘汰率增加。近年来，由于超强毒株或变异株的出现，又使该病的发生和流行出现了新特点，加重了对养鸡业的危害。

一、历史

1957年秋，传染性法氏囊病首次在美国特拉华州甘保罗镇（Gumboro）的肉鸡群中暴发，因此又称甘保罗病（Gumboro disease）。1962年，Cosgrove首次对该病进行了全面描述，当时因该病死亡的鸡肾脏极度肿大，因而称之为“禽肾病”，随后很快传遍世界各主要养禽国家和地区。同年，Hitchner成功分离到病原，称为“传染性腔上囊因子”。1970年，在世界禽病会议上，该病的病名和病原得到公认，确定该病的病原为传染性法氏囊病病毒。在亚洲，日本于1965年首先报道该病，随后印度、泰国、菲律宾、印度尼西亚等国都有发生。我国在 1979 年首次发现该病，1980 年分离出毒株，之后逐渐蔓延至全国，给我国养鸡业造成巨大经济损失。

二、病原

传染性法氏囊病病毒（IBDV）属于双 RNA 病毒科、双 RNA 病毒属，该病毒无囊膜、二十面体对称，单层核衣壳，衣壳由 32 个直径为 12 nm 的壳粒组成，病毒粒子直径为 55 ～ 65 nm，无红细胞凝集特性。

IBDV 基因组是由 A、B 两个 RNA 片段构成。A 片段 3.3 ～ 3.4 kb，A 片段编码 VP2、VP3、VP4、VP5 蛋白。VP2 是 IBDV 的主要结构蛋白和保护性抗原成分，并可诱导哺乳动物细胞凋亡，能诱导机体产生保护性中和抗体，具有血清型特异性；VP3 也是 IBDV 比较重要的结构蛋白，含有群特异性的抗原决定簇，具有一定的免疫保护性，但是由其抗原决定簇诱导产生的抗体只有微弱的病毒中和能力。VP4 的主要作用在于对多聚蛋白的加工，释放出 VP2 和 VP3 这两个主要的结构蛋白。VP5 与病毒的致病性有关，参与病毒的释放和传播。B 片段 2.8 ～ 2.9 kb，编码蛋白 VP1，VP1 是病毒 RNA 依赖的 RNA 聚合酶，与病毒 RNA 复制有关。

目前已知 IBDV 有两个血清型，即血清Ⅰ型（鸡源性毒株）和血清Ⅱ型（火鸡源性毒株），两种血清型有相同的抗原成分，但相互间的交叉保护性差。血清Ⅰ型只对鸡致病，韦平等证实，我国至少流行 3 种不同血清亚型。

IBDV 通过绒毛尿囊膜途径接种 9 ～ 11 日龄 SPF 鸡胚，病毒增殖效果最好，鸡胚接种 3 ～ 5 d 死亡，绒毛尿囊膜中病毒含量高。尿囊腔、卵黄囊接种病毒增殖量低。病毒也能在鸡胚成纤维细胞、鸡胚法氏囊细胞、鸡胚肾细胞中增殖。

病毒对外界理化因素的抵抗力极强，耐热，56℃、3 h 病毒的效价不受影响，60℃、90 min 病毒仍有抵抗力，70℃、30 min 病毒被灭活，在鸡舍中可存活 2 ～ 4 个月。病毒耐冻融，反复冻融 5 次毒价不下降。超声波裂解病毒不被灭活。病毒耐阳光及紫外线照射，对低温耐受强，-58℃可存活 18 个月。对乙醚、氯仿、胰酶、吐温-80 有耐受性，对甲醛、过氧化氢、氯胺、复合碘胺类消毒剂敏感。1% 煤酚皂溶液、石炭酸、福尔马林，70% 酒精 30 min 内不能灭活病毒，60 min 后能灭活。3% 煤酚皂溶液、0.2% 过氧乙酸、2% 次氯酸钠、5% 漂白粉、3% 石炭酸、3% 福尔马林、0.1% 升汞溶液 30 min 内灭活病毒。

三、流行病学

鸡、火鸡、鸭、鹅均可感染，但自然宿主是鸡和火鸡。所有品系的鸡均可发病，主要发生于 2 ～ 15 周龄的鸡，3 ～ 6 周龄的鸡最易感，小于 3 周龄的鸡感染后能导致严重的免疫抑制。近年来，该病发病日龄范围扩大，小至 10 日龄左右，大到临开产的鸡群均能发生。成年鸡法氏囊已退化，多呈隐性感染，火鸡也呈隐性感染。

病鸡和带毒鸡是该病的主要传染源，病鸡粪便中含有大量 IBDV，可通过粪便持续排毒 1 ～ 2 周。该病可通过直接接触传播，也可通过病毒污染的各种媒介物如饲料、饮水、尘土、器具、垫料、人员、衣物、昆虫、车辆等间接接触传播。感染途径包括消化道、呼吸道和眼结膜等，目前尚无垂直传播的证据。

集约化饲养的鸡一年四季均可发生，但以夏季高温时发病较多。该病往往突然发生，传播迅速，当鸡舍发现有被感染鸡时，在短时间内该鸡舍所有鸡都可被感染，发病率为100%，但死亡率一般为10%～30%。发病鸡通常在感染后第3天开始死亡，5～7 d达到高峰，以后很快停息，表现为高峰死亡和迅速康复的曲线。IBD超强毒株感染，鸡群的死亡率可达70%以上。

四、症状

潜伏期一般为2～3 d，根据临床表现可分为典型感染和非典型感染（亚临床感染）。

（一）典型感染

多见于新疫区和高度易感鸡群，常呈急性暴发。病初可见个别鸡突然发病，精神不振，1～2 d可波及全群，病鸡表现精神沉郁，食欲降低，羽毛蓬松，翅下垂，闭眼嗜睡，有些病鸡有自行啄肛现象（图4-5-1）。病鸡很快出现腹泻，排出白色石灰渣样稀便（图4-5-2），泄殖孔周围羽毛严重污染；病鸡畏寒、挤堆，严重者垂头、伏地，严重脱水，脚爪干燥，对外界刺激反应迟钝或消失。后期体温下降，常在发病后2～3 d死亡。整个鸡群的死亡高峰在发病后5～7 d，其后迅速下降和恢复，呈尖峰式的死亡曲线和迅速平息，群体病程一般不超过2周。耐过的鸡往往发育不良，消瘦、贫血，生长缓慢。

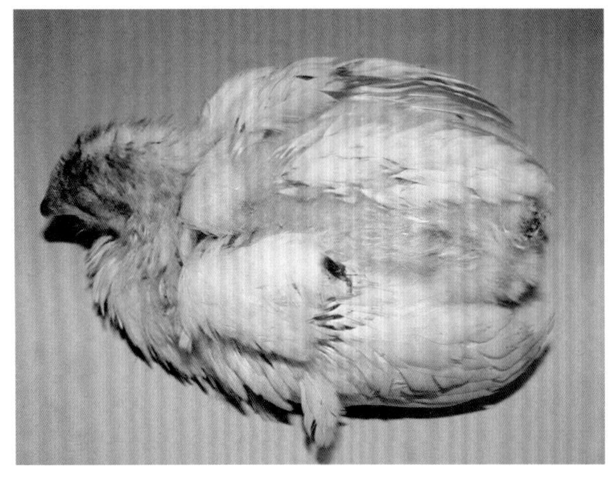

图4-5-1　病鸡精神沉郁，羽毛蓬松（刁有祥　供图）

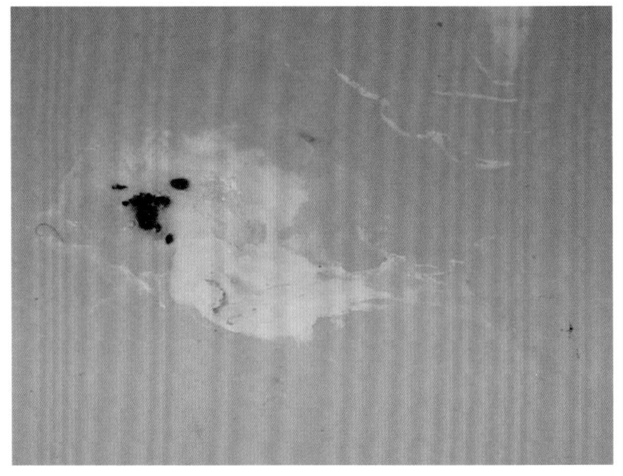

图4-5-2　病鸡排白色石灰渣样粪便（刁有祥　供图）

（二）非典型感染

主要见于老疫区和具有一定免疫力的鸡群，或感染低毒力毒株的鸡群。该病型感染率高，发病率低，症状不典型。主要表现为少数鸡精神不振，食欲减退，轻度腹泻，死亡率一般在3%以下。病程较长，且常在一个鸡群中反复发生。非典型感染主要引起免疫抑制，感染鸡群对其他疫苗的免疫接种效果甚微或根本无效，鸡群对新城疫、禽流感、传染性支气管炎、鸡支原体感染及大肠杆菌病等多种疾病的易感性增加。

五、病理变化

（一）剖检变化

法氏囊是 IBDV 侵害的靶器官，其病变具有示病意义。在感染早期，法氏囊由于充血、水肿而肿大。感染 2 ～ 3 d 法氏囊的水肿和出血变化更为明显，其体积和重量增大到正常的 2 倍左右，此时法氏囊的外形变圆，浆膜覆盖有淡黄色胶冻样渗出物，表面的纵行条纹显而易见（图 4-5-3），法氏囊本身由正常的白色变为奶油黄色；严重时法氏囊出血，呈紫葡萄状。切开囊腔后，常见黏膜皱褶有出血点或出血斑，囊腔中有脓性分泌物。感染 5 d 后，法氏囊开始缩小。第 8 天后仅为原来重量的 1/3 左右，此时法氏囊呈纺锤状，因炎性渗出物消失而变为深灰色。有些病程较长的慢性病例，法氏囊的体积虽增大，但囊壁变薄，囊内积存干酪样渗出物（图 4-5-4）。胸肌、腿肌常见条纹状或斑块状出血（图 4-5-5、图 4-5-6）。腺胃、肌胃交界处黏膜有条状出血带或溃疡（图 4-5-7）。盲肠扁桃体出血、肿胀。肾脏肿大明显、颜色苍白，肾小管和输尿管中有尿酸盐沉积，使肾脏呈现红白相间的花斑状（图 4-5-8）。肝脏肿大，呈浅黄色（图 4-5-9），鸡死亡后因肋骨压痕肝脏呈红黄相间条纹状（图 4-5-10）。非典型感染病例常见法氏囊萎缩，皱襞扁平，囊腔内有干酪样物质。有时可见胸肌、腿肌轻度出血。

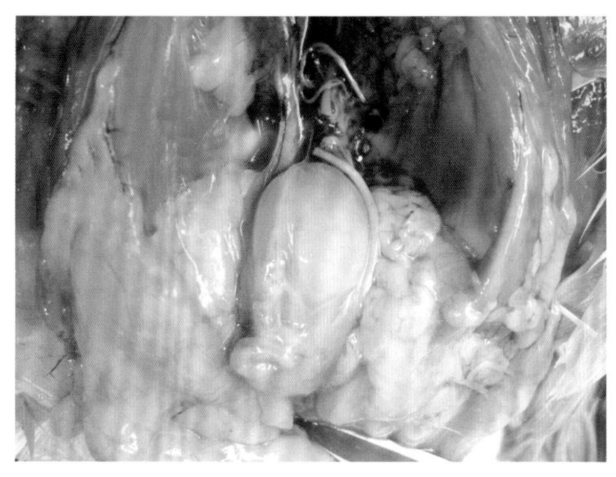

图 4-5-3　法氏囊肿大，表面有黄白色胶冻状渗出物（刁有祥　供图）

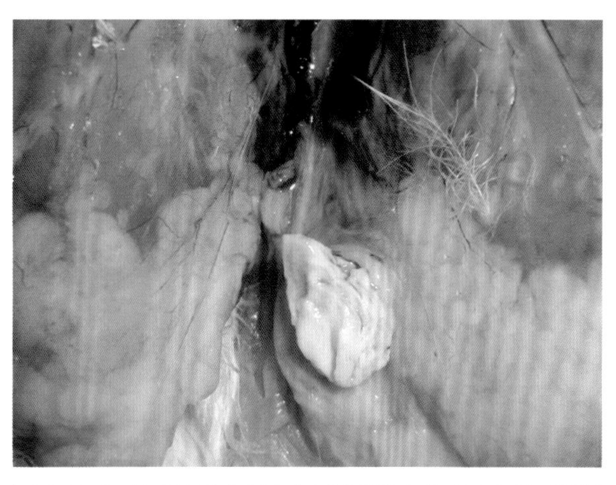

图 4-5-4　法氏囊中有黄白色干酪样渗出物（刁有祥　供图）

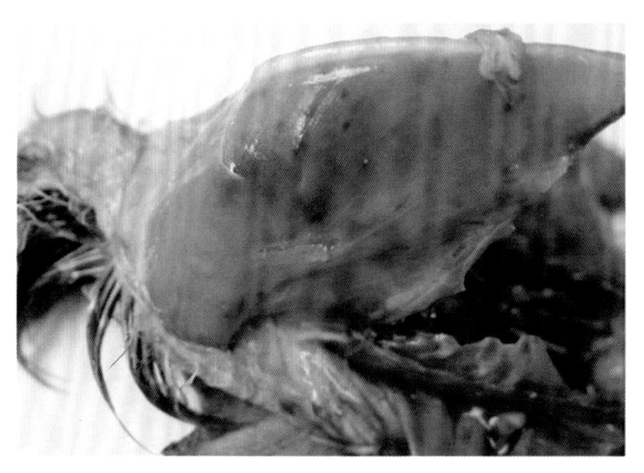

图 4-5-5　胸肌条纹状出血（刁有祥　供图）

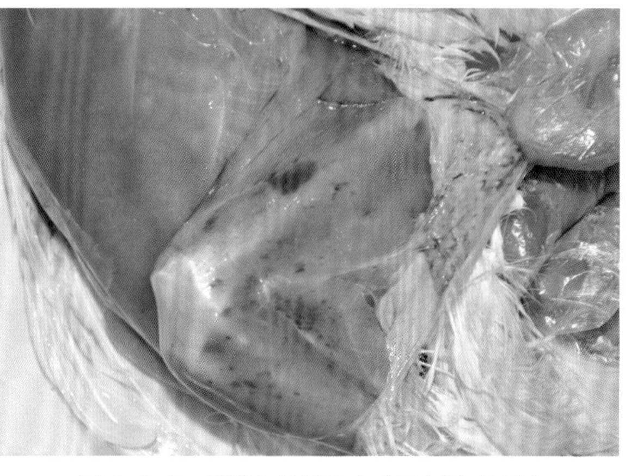

图 4-5-6　腿肌条纹状出血（刁有祥　供图）

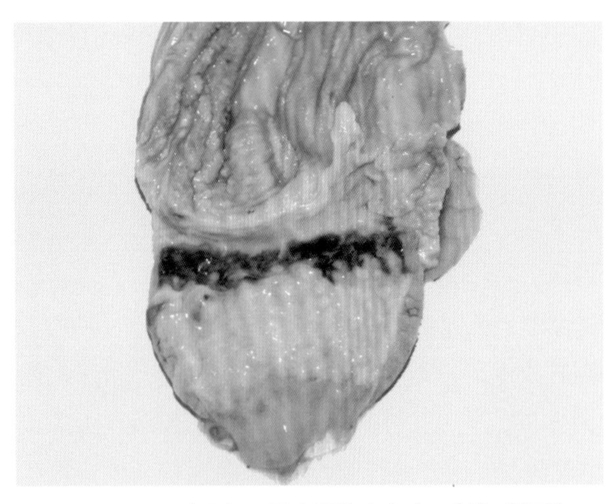

图 4-5-7　腺胃与肌胃交界处出血（刁有祥　供图）

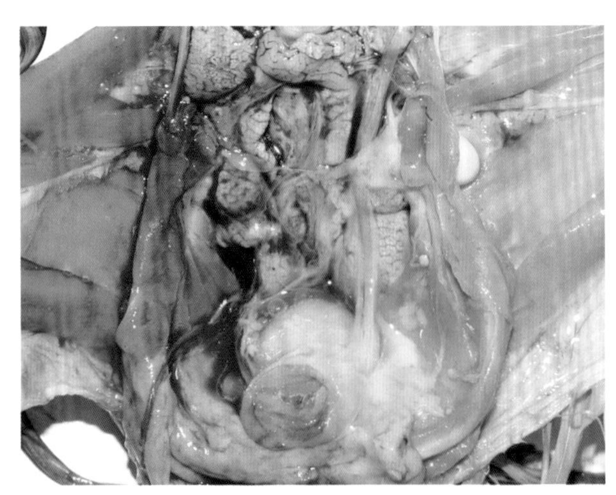

图 4-5-8　法氏囊肿胀，肾脏肿胀有尿酸盐沉积（刁有祥　供图）

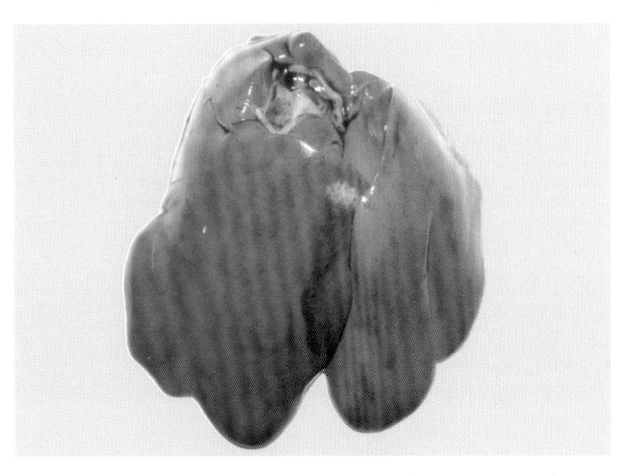

图 4-5-9　肝脏肿大，呈浅黄色（刁有祥　供图）

图 4-5-10　肝脏肿大呈红黄相间条纹状（刁有祥　供图）

（二）组织学变化

组织学变化表现为法氏囊黏膜上皮细胞变性，轻度脱落，黏膜固有层中的淋巴小结、小梁和黏膜下层明显充血、水肿伴发出血和异染性细胞浸润，淋巴小结髓质部淋巴细胞变性坏死，常被异染细胞、坏死的核碎屑、增生的网状细胞和未分化的上皮细胞所取代，或因坏死的细胞崩解后形成囊状空腔。病的后期，可见固有层的结缔组织增生，淋巴小结缩小，甚至消失，而黏膜上皮细胞明显增生。脾脏鞘动脉周围可见网状细胞增生，后期脾白髓和中央动脉周围的淋巴细胞发生坏死，但脾病变恢复较快，其生长中心通常不表现永久性损害。胸腺和盲肠扁桃体的淋巴组织中仅呈现轻微的细胞反应。肾脏肾小管上皮细胞变性，管腔扩张，管腔内有异染细胞和均质性物质构成的管型；间质有单核细胞浸润，轻度充血。

六、诊断

根据该病的流行特点、症状及剖检变化可作出初步诊断。确诊需要进行实验室诊断。

1. 病毒的分离

无菌采集病死鸡的法氏囊、脾等研磨后制成悬液，离心后取上清液，加抗生素 4℃作用过夜后接种 9 ～ 11 日龄 SPF 鸡胚绒毛尿囊膜，37℃培养 4 ～ 6 d 观察结果。感染胚多在 3 ～ 5 d 死亡，死亡胚体有水肿、出血等病变。收集死亡鸡胚尿囊液和尿囊膜。细胞培养常用鸡胚成纤维细胞（CEF），可产生细胞病变。一般是先将野毒通过鸡胚适应后，再接种鸡胚成纤维细胞，经过 2 ～ 3 代盲传之后可出现细胞病变。细胞培养物冻融 1 ～ 2 次，离心后取上清液。

2. 病毒的鉴定

（1）琼脂扩散试验。快速简便，可检测抗原，也可检测抗体以进行流行病学调查和监测免疫效果。通常用病死鸡的法氏囊悬液或分离培养的病毒作为被检抗原，与标准阳性血清进行琼脂扩散反应，在感染后 3 d 抗原量达高峰。用已知抗原与被检鸡血清反应，检查特异性沉淀抗体，感染鸡的血清抗体效价于感染后 4 周达高峰，并保持数月不会消失。

（2）免疫荧光抗体技术。可用于检测法氏囊组织中的病毒抗原，一般采取法氏囊组织做成冰冻切片，用特异性荧光抗体进行染色，镜检。

（3）易感鸡感染试验。取病死鸡的法氏囊磨碎后制成悬液或分离培养的病毒，经滴鼻或口服感染 20 ～ 34 日龄易感鸡，在感染后 48 ～ 72 h 出现症状，死后剖检法氏囊有特征性病理变化。

（4）分子生物学检测技术。分子生物学检测技术具有快速、特异性强、准确性和灵敏度高等特点，广泛应用于各种禽类疾病的检测。在 IBDV 检测方面，目前已成功建立反转录套式 PCR、原位 RT–PCR、反转录 / 聚合酶链式反应限制性酶切片段长度多形性、实时 RT–PCR 等检测方法。韦平等针对 *VP*2 基因高变区设计了 2 对引物，建立了套式 PCR，结合 RFLP 技术，实现了对 IBDV 强弱毒株的区分。引物序列如下。外引物 pts 为 5'—CAACACCCAACATCAACG —3'，pta 为 5'—AGCTCGAAGTTGCTCACC —3'；内引物 IBDs 为 5'—CCCAGAGTCTACACCATA —3', IBDa 为 5'—TCCTCTTGCCACTCTTTC —3'，扩增片段为 471 bp。该方法敏感性比常规 PCR 高 100 倍以上，对不新鲜或感染早期、晚期或因保存不当等原因导致病毒量减少的病料均可进行检测，尤其是对早期感染的诊断在该病早期防控中发挥重要作用。

七、类症鉴别

该病需与肾型传染性支气管炎、新城疫、鸡传染性贫血和鸡中毒病相鉴别。

（一）传染性法氏囊病与肾型传染性支气管炎

肾型传染性支气管炎雏鸡常见肾肿大，有时输尿管扩大沉积尿酸盐，有时见法氏囊充血和轻度出血，但法氏囊无黄色胶冻样水肿，耐过鸡的法氏囊不萎缩。腺胃和肌胃交界处无出血。

（二）传染性法氏囊病与传染性贫血和鸡中毒病

传染性法氏囊病的肌肉出血，与鸡传染性贫血及磺胺类药物中毒和真菌毒素引起的出血相似，但以上病鸡都缺乏法氏囊肿大和出血的病变。

（三）传染性法氏囊病与新城疫

传染性法氏囊病的腺胃出血要与新城疫相区别，关键区别点是新城疫没有法氏囊的肿大出血病变，并且多有呼吸困难和扭颈的神经症状。

八、防治

（一）预防

传染性法氏囊病的发生主要是通过接触感染，首先应注意环境的清洁、卫生和消毒，同时搞好疫苗接种。

1. 加强环境卫生和消毒工作

IBDV 对各种理化因素有较强的抵抗力，患病鸡舍的病毒可较长时间存在，因此彻底做好消毒工作和保证鸡场的卫生是控制该病的关键措施，常用的消毒剂有 0.2% 过氧乙酸、2% 次氯酸钠和 3%福尔马林等。首先对要消毒的鸡舍、笼具、食槽、饮水器具等喷洒消毒药，经 4 ～ 6 h，进行彻底的清扫，用高压水枪冲洗整个鸡舍、笼具和地面等；经 2 ～ 3 次消毒，再用清水冲洗，然后经消毒干净的用具等放回鸡舍，再用福尔马林熏蒸消毒 10 h，进鸡前通风换气，经过以上消毒措施，可将 IBDV 的污染量降低到最低程度。

2. 疫苗接种

目前我国常用的疫苗主要有活疫苗和灭活疫苗两大类，活疫苗现有三种类型，一是弱毒活疫苗，主要有 Lukert、BVM、IZ、Burrcsll、CH–IM、PWG–98 和 LID228 等毒株，可经喷雾、饮水、滴鼻或点眼内接种，对法氏囊现组织无损伤，但是容易受到母源抗体的干扰，对有母源抗体水平鸡和肉鸡免疫效果较差。二是中等毒力疫苗主要包括 B87、LKT、ca89、BJ836、D–78、S–706 和 NF8 等，可用于一定母源抗体的雏鸡，接种后有轻微反应，但免疫原性良好，不破坏法氏囊，对其他疫苗免疫没有影响，可经过滴口和饮水免疫。三是毒力偏强的活疫苗，这类疫苗对法氏囊损伤严重，且不可逆，造成免疫鸡的法氏囊严重萎缩。选用活苗接种时，应严格按要求使用，如某些中毒型疫苗，过早应用不仅不能起到免疫作用，反而还可能损伤法氏囊，引起免疫抑制。灭活疫苗是用细胞毒或鸡胚毒经灭活后制成的油佐剂灭活疫苗，主要用于经过两次活疫苗免疫后的种鸡。种鸡在 18 ～ 20 周龄和 40 ～ 42 周龄接种 2 次油佐剂灭活苗，其后代可获得较整齐和较高的母源抗体，在 2 ～ 3 周龄得到较好的保护，能防止早期感染和免疫抑制。

以火鸡疱疹病毒（HVT）为载体，插入 IBDV 的 *VP*2 基因，制备的 HVT–VP2 载体疫苗也具有较好的免疫效果。此外，抗原–抗体复合物疫苗也在一些地区使用。

弱毒疫苗对雏鸡的母源抗体比较敏感，母源抗体过高可干扰主动免疫，可通过测定雏鸡母源抗体水平确定首免日龄。雏鸡出壳后，用琼脂扩散试验测定其母源抗体，当鸡群的抗体阳性率低于 50% 时为最佳首免日龄，首免后经 10 ～ 14 d 进行二免。

有母源抗体（种鸡注射过传染性法氏囊病灭活苗）雏鸡，多在 2 周龄左右用中等毒力苗首免，10 ～ 14 d 二免；无母源抗体（种鸡未注射过传染性法氏囊病灭活苗）的雏鸡，于 10 ～ 14 日龄用弱毒力苗首免，1 ～ 2 周用中等毒力苗二免。为了确保新城疫疫苗的免疫效果，避免中等毒力疫苗对法氏囊的损伤影响免疫反应，应在新城疫加强免疫 3 ～ 4 d 接种法氏囊中等毒力活疫苗。以上免疫程序供参考。

（二）治疗

发病早期全群肌内注射高免血清或高免卵黄抗体，这是目前有效的治疗方法。因患病鸡的免疫机能下降，抵抗力降低，为防止继发大肠杆菌病等，饲料中应添加抗生素防止继发感染。对鸡舍和养鸡环境进行彻底消毒。改善饲养管理条件，降低病鸡饲料中蛋白质含量，降至 15% 为宜。饮水中可加入 2% ～ 3% 葡萄糖、电解多维等，供应充足饮水，减少应激。

第六节　马立克病

马立克病（Marek’s disease，MD）是由马立克病病毒（*Marek’s disease virus*，MDV）引起鸡的一种淋巴组织增生性疾病，以外周神经、性腺、虹膜、各种内脏器官、肌肉和皮肤发生淋巴样细胞浸润及形成肿瘤为特征。该病传染性强，可导致高病死率、免疫抑制以及进行性衰退，造成严重的经济损失，是危害养禽业常见传染病之一。

一、历史

马立克病于 1907 年由匈牙利 Jozef Marek 最先报道，曾采用过多种名称命名，如多发性神经炎、神经淋巴瘤病、牧场麻痹症等。1961 年 Biggs 建议使用马立克病这个名称，得到全世界认同。20 世纪 60 年代建立了马立克病感染试验，证实了该病的可传染性。1967 年英国和美国分别报道从接种病鸡细胞的培养物中分离到了疱疹病毒，并用从羽囊中获得的细胞游离性病毒进行感染试验，证实了该病的病原是病毒，很快马立克病弱毒疫苗和火鸡疱疹病毒疫苗问世。

马立克病在全世界各养鸡的国家和地区都有发生，分为急性型和古典型。20 世纪 50 年代以前，主要发生以多发性神经炎为特征的古典型，20 世纪 50 年代以后，随着集约化养鸡业发展，主要发生以多种内脏器官、肌肉、皮肤的淋巴肿瘤为特征的急性型马立克病。我国 20 世纪 70 年代发现有急性型马立克病，发病率可达 25% ～ 30%，甚至 60%，随着火鸡疱疹病毒疫苗的使用，到 20 世纪 80 年代马立克病基本得到了控制。20 世纪 90 年代以来，有些地方使用了火鸡疱疹病毒疫苗，仍出现马立克病不断发生的情况，甚至呈上升趋势，从发病鸡群中分离到了超强马立克病病毒。随着 1 型马立克病液氮苗的使用，该病在我国得到了有效控制。

二、病原

根据国际病毒学分类委员会（ICTV）最新分类，马立克病病毒（MDV）属疱疹病毒科、α 疱疹病毒亚科、马立克病病毒属。马立克病病毒有 3 个血清型，均属于马立克病病毒属的成员，即血清 1 型（鸡疱疹病毒 2 型）、血清 2 型（鸡疱疹病毒 3 型）、血清 3 型（火鸡疱疹病毒 1 型）。血清 1 型 MDV 能引起肿瘤，而血清 2 型和 3 型 MDV 均不致瘤，可以用作疫苗预防血清 1 型 MDV 的致瘤作用。按照毒力不同，血清 1 型 MDV 包括以下几个致病型，温和型马立克病病毒（mMDV）、强毒型马立克病病毒（vMDV）、超强毒型马立克病病毒（vvMDV）和特超强毒型马立克病病毒（vv+MDV）。

马立克病病毒有两种存在形式，即裸体粒子（核衣壳）和有囊膜的完整病毒粒子。前者病毒核衣壳呈六角形，直径为 85 ～ 100 nm，有严格的细胞结合性，离开细胞致病性会显著下降和丧失，在外界环境中生存活力很低，主要见于肾小管、法氏囊、神经组织和肿瘤组织中。大多数裸体病毒粒子存在于细胞核中，偶见于细胞质或细胞外液中。完整的病毒粒子主要存在于细胞核膜附近或者核空泡中，在细胞质中也有少量的病毒。病毒粒子在超薄切片中的大小为 130 ～ 170 nm。在溶解羽毛囊上皮的负染标本中，病毒粒子都是带囊膜的，直径为 273 ～ 400 nm。有囊膜的完整病毒粒子是非细胞结合性，可脱离细胞而存在，对外界环境抵抗力强，在该病的传播方面起重要作用。

MDV 基因组由线性的双股 DNA 组成，长约 175 kb，分别由末端长重复序列（TRL）、长独特区（UL）、内部长重复序列（IRL）、内部短重复序列（IRS）、短独特区（US）和末端短重复序列（TRS）组成，其中 TRL、IRL、IRS、TRS 为倒置重复序列。MDV 基因根据在抗原和功能上的作用分为三大类，一是与致肿瘤相关基因，*meq*、*pp*38/*pp*24、*v-IL*8 等；二是糖蛋白基因，*gB*、*gC*、*gD*、*gE*、*gM*、*gI*、*gK*、*gL*；三是其他基因，包括 *UL*36、*UL*45、*UL*46、*UL*47、*UL*48、*UL*49 及 *US*1、*US*2、*US*10 等衣壳蛋白类基因，*UL*12、*UL*13、*UL*23、*UL*30 等具有调控活性或者酶活性的蛋白质基因。

MDV 通常可在组织培养、新生雏鸡、鸡胚中繁殖和测定，来自 MD 淋巴瘤的成淋巴样细胞系也是重要的实验室宿主系统。不同血清型 MDV 在细胞培养中显示不同的生物学特性。1 型毒株初次分离时可在鸭胚成纤维细胞（DEF）和雏鸡肾细胞（CKC）单层上繁殖，适应后可在鸡胚成纤维细胞（CEF）上生长。2 型和 3 型病毒在 CEF 上生长最好。MDV 各个血清型也可在发育鸡胚和雏鸡体内繁殖。接种 4 日龄鸡胚卵黄囊、18 日龄左右可看到绒尿膜上有白色痘斑，从针尖大到直径 1 ～ 2 mm 不等。1 型 MDV 强毒株对刚出壳的雏鸡致病力强，腹腔接种 2 ～ 4 周，外周神经和某些内脏就可观察到明显的组织学变化。成淋巴细胞样细胞系是从马立克病淋巴瘤中建立的，现已建立很多细胞系。MD 细胞系可用于分析肿瘤抑制基因和细胞肿瘤基因之间的相互作用。

马立克病病毒的抵抗力较强，自感染鸡的羽毛囊浸出的病毒于-65℃很稳定，保存 210 d，滴度下降不明显，于-20℃保存 28 d，滴度下降到原有的 50.6%，保存 14 周及 16 周存留的病毒只有 5.5% 及 2.4%。4℃保存 4 d 残留原有的病毒量约 20%，7 d 后只残存百分之几。22 ～ 25℃保存 48 h 病毒量接近于零，37℃保存 18 h、56℃保存 30 min、60℃保存 10 min 全部死亡。反复冻融 4 次变化不大。pH 值 7.0 时稳定，pH 值 4.0 以下以及 pH 值 10.0 以上时活力迅速消失。

在自然条件下，从羽毛囊上皮排出的病毒因其具有保护性物质，在鸡舍的尘埃中能长时间存在，在室温下生存 4 周以上。病鸡鸡粪与垫草在室温下可以保持传染性达 16 周之久，在温度较低的条件下，其生存时间更长。

三、致病机制

MDV 属于疱疹病毒，以引起淋巴组织增生性病变，在内脏器官、肌肉、皮肤、外周神经、虹膜等处出现大量单核细胞浸润为特征，但它的基因组则与 α-疱疹病毒更为相似，在自然状态下，病鸡毛屑、灰尘中具有完全感染性的囊膜 MDV 主要经呼吸道侵害易感鸡群；病毒进入体内后，被吞噬细胞吞噬通过共价吸附和渗透进入敏感细胞，20 h 左右病毒粒子的合成达到高峰；带有新合成病毒的细胞可由细胞间桥接触感染其他细胞，或将病毒释放到细胞外，再以上述方式进入新的靶细胞内进行繁殖。目前已确证鸡的羽毛囊上皮细胞以及带 la 抗原的 T 淋巴细胞、B 淋巴细胞和巨噬细胞、成纤维细胞等都是 MDV 适宜的靶细胞。不同血清型的 MDV 可感染不同的靶细胞，出现各具特点的4个感染阶段：早期的生产性限制病毒感染；潜伏感染；第二期生产性感染和转化感染；淋巴样细胞大量增殖，在组织器官形成淋巴瘤。

（一）早期溶细胞感染

MDV进入体内不久，就可在脾脏、法氏囊、胸腺检测到病毒的复制，3～6 d时达到高峰期。上皮细胞、网状内皮细胞和B淋巴细胞等被侵害后发生变性、坏死，造成急性炎症反应，激发巨噬细胞、淋巴细胞、中性粒细胞等聚集浸润；静止的T细胞则能抵抗感染。动物此期可呈细胞结合病毒血症，法氏囊和胸腺萎缩，胸腺激素（如胸腺肽等）分泌减少，T淋巴细胞、B淋巴细胞功能减弱，发生早期免疫抑制。不同品系和年龄的鸡对MDV均易感，致病力较强的毒株更易造成严重的细胞溶解、坏死和淋巴组织器官明显萎缩，引起早期死亡综合征。

（二）潜伏感染期

在感染后6～7 d时，由于免疫应答的出现特别是细胞免疫的作用，溶细胞感染转变为潜伏感染。潜伏感染是持续性的，可伴随宿主终生。绝大部分潜伏感染的细胞为T淋巴细胞，少部分为B淋巴细胞，但B淋巴细胞的坏死性感染又激活T淋巴细胞反应。这一反应导致了大量T细胞的聚集，为肿瘤转化提供了靶细胞。

（三）第二次溶细胞感染

易感鸡在MDV感染后2～3周发生第二次溶细胞性感染。淋巴组织器官因MDV的再度生产性感染遭受严重损害，呈现明显的淋巴细胞溶解、坏死，4周左右出现第二次病毒血症高峰，致使病毒大量播散至全身各组织，正常T淋巴细胞、B淋巴细胞数量减少和机能障碍，导致后期较持久的免疫抑制，为转化淋巴细胞异常增殖和形成病灶创造条件。此期肾脏、神经等器官组织的病变等与其沉着大量抗原-抗体复合物（它含有中和抗体和抗核体等），发生自身免疫反应密切相关。羽毛囊上皮细胞在感染后产生细胞质包涵体和传染性的病毒颗粒；皮肤组织内也发生淋巴细胞浸润，并可发展为淋巴性肿瘤。周围神经组织的病变较为复杂，以瘤性淋巴细胞增殖和原发性的细胞介导的髓鞘变性为主要特征。

（四）肿瘤细胞增生期

被病毒感染的淋巴细胞绝大部分为非生产性感染，最终结果是产生淋巴性肿瘤。淋巴瘤的细胞成分较复杂，其中主要为T淋巴细胞（60%～80%）。余者多数是B淋巴细胞（10%～20%），还有小部分裸细胞和巨噬细胞等；有的还存在退化的MD成淋巴细胞。通过原位核酸杂交技术发现，肿瘤细胞内均含有病毒基因组。

四、流行病学

该病最易感的动物是鸡，火鸡、野鸡、鸽子、鹌鹑也可自然感染并发病。非禽类品种动物不易感。马立克病病毒对初生雏鸡的易感性高，1日龄雏鸡的易感性比成年鸡高1 000～10 000倍，比50日龄鸡高12倍，病鸡终身带毒排毒，母鸡的发病率比公鸡高。自然感染MD发病一般多在12～30周龄；蛋鸡常在16～20周龄并持续至24～30周龄，最早3周龄就能发病，最迟至60周龄还有发生。肉仔鸡多在40日龄之后发病。MD发病率为5%～30%，病死率可达100%。

马立克病的发病率与鸡的品种，病毒毒力以及饲养管理的方式有关。有些鸡的品种对该病高度敏感，而另一些品种有明显的抵抗力。若饲养管理条件差、饲养密度高，感染的机会就增加。该病不经蛋内传染，但若蛋壳表面残留有含病毒的尘埃、皮屑又未经消毒就可造成马立克病的传染。

该病具有高度接触传染性，直接或间接接触都可传染。病毒主要随空气经呼吸道进入体内，其次是消化道。病毒进入机体后，首先在淋巴系统，特别是法氏囊和胸腺细胞中增殖，然后在肾脏、毛囊和其他器官的上皮中增殖，同时出现病毒血症。其结果可以出现症状，也可能保持潜伏性感染，这随病毒的毒力、宿主的抵抗力及外界其他应激因素的影响而定。因此，病毒一旦侵入易感鸡群，其感染率几乎可达 100%，但发病率却差异很大，可从百分之几到 70% ～ 80%，发病鸡都以死亡为转归，只有极少数能康复。

五、症状

该病是一种肿瘤性疾病，从感染到发病有较长的潜伏期。1 日龄雏鸡接种后第 2 或第 3 周开始排毒，3 ～ 4 周出现症状及眼观病变，这是最短的潜伏期。病毒毒株、剂量、年龄及品种等因素对潜伏期长短有很大关系。马立克病多发生于 2 ～ 3 月龄鸡，但 1 ～ 18 月龄鸡均可致病。根据其病变发生部位和症状不同，可分为内脏型、神经型、眼型和皮肤型，其中以内脏型发病率最高。

（一）内脏型

病鸡呆钝，精神萎靡，羽毛松乱，无光泽（图 4-6-1、图 4-6-2）。行动迟缓，常缩颈蹲在墙角下。病鸡脸色苍白，常排绿色稀便，消瘦。但病鸡多有食欲，往往发病半个月左右死亡。

（二）神经型

由于病变部位不同，症状有很大区别。当支配腿部运动的坐骨神经受到侵害时，病鸡开始只见走路不稳，逐渐看到一侧或两侧腿麻痹，严重时瘫痪不起（图 4-6-3 至图 4-6-5）。典型症状是一腿向前伸一腿向后伸的“大劈叉”姿势，病侧肌肉萎缩，有凉感，爪多弯曲（图 4-6-6）。当支配翅膀的臂神经受侵害时，病侧翅膀松弛无力，有时下垂，如穿“大褂”（图 4-6-7）。当颈部神经受侵害时，病鸡的头颈常斜向一侧，有时见大嗉囊及病鸡蹲在一处呈无声张口气喘的症状。

（三）眼型

主要侵害虹膜，单侧或双眼发病，视力减退，甚至失明。可见虹膜增生褪色，呈浑浊的淡灰色（俗称灰眼或银眼）。瞳孔收缩，边缘不整呈锯齿状。

（四）皮肤型

多见于颈部、翅膀、胸腹部皮肤，毛囊肿大，体表的毛囊腔形成结节及小的肿瘤状物，肿瘤结节呈灰黄色，突出于皮肤表面，有时破溃（图 4-6-8 至图 4-6-10）。

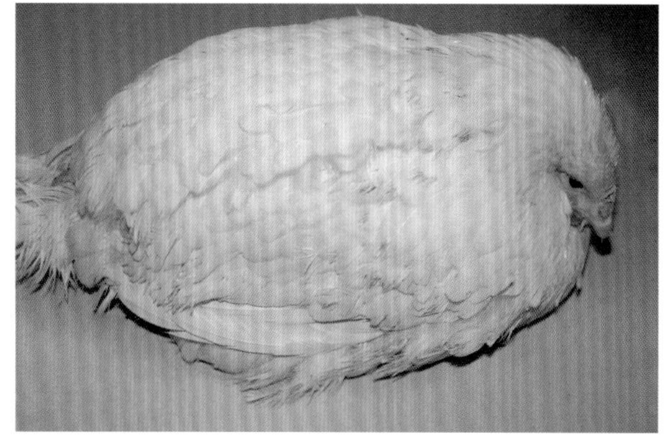

图 4-6-1　病鸡精神沉郁，羽毛蓬松，消瘦（一）
（刁有祥　供图）

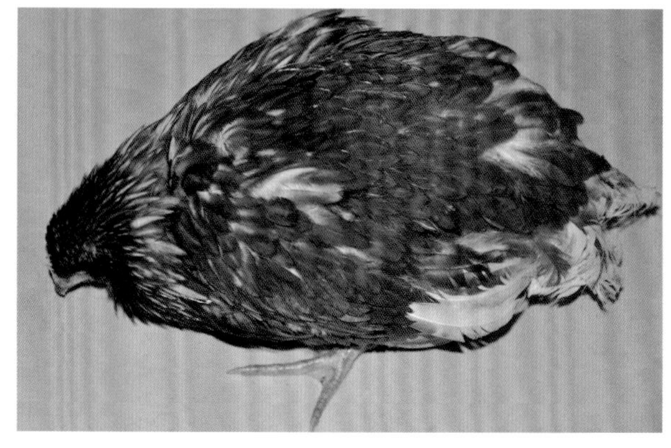

图 4-6-2　病鸡精神沉郁，羽毛蓬松，消瘦（二）
（刁有祥　供图）

图 4-6-3　病鸡一侧腿麻痹，瘫痪，消瘦（刁有祥　供图）

图 4-6-4　病鸡腿麻痹，腿伸向一侧（刁有祥　供图）

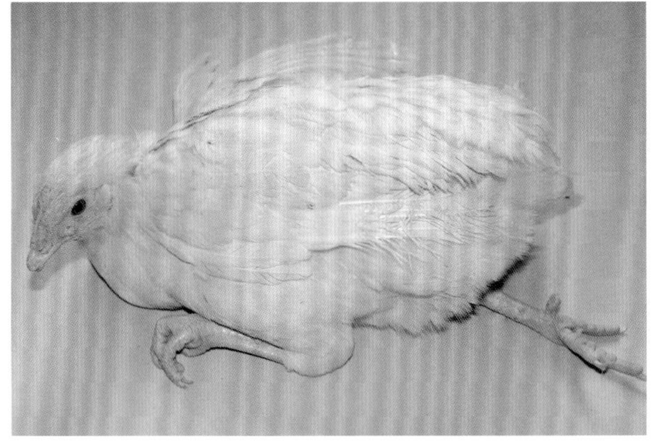

图 4-6-5　病鸡腿麻痹，腿伸向后侧（刁有祥　供图）

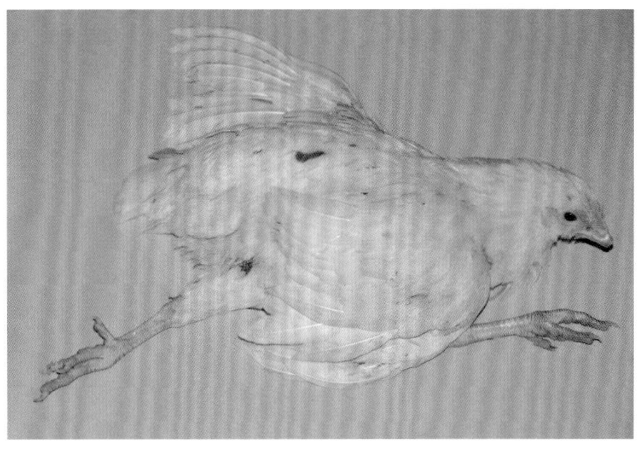

图 4-6-6　病鸡腿一前一后呈大劈叉姿势（刁有祥　供图）

图 4-6-7　翅麻痹下垂，呈穿“大褂”姿势（刁有祥　供图）

图 4-6-8　皮肤上大小不一的肿瘤结节（刁有祥　供图）

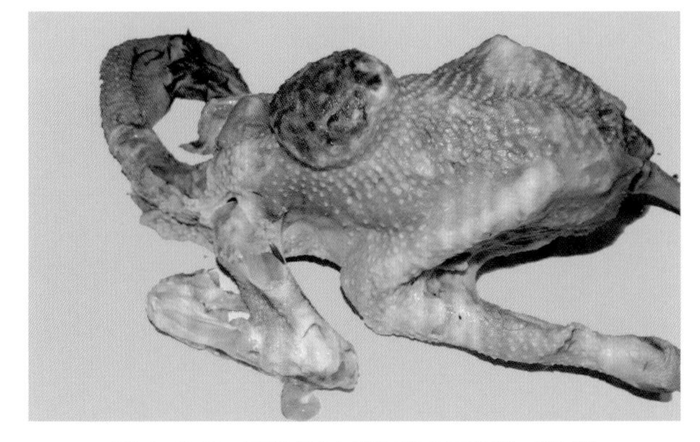

图 4-6-9　皮肤的肿瘤结节（刁有祥　供图）

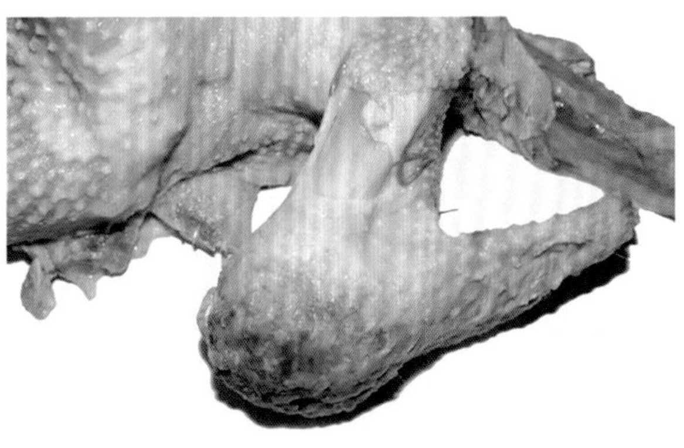

图 4-6-10　皮肤、关节的肿瘤结节（刁有祥　供图）

六、病理变化

（一）剖检变化

1. 内脏型

肿瘤多发生于肝脏、腺胃、心脏、卵巢、肺脏、肌肉、脾脏、肾脏，其中以肝脏、脾脏、腺胃发生肿瘤的概率最高。

（1）肝脏。肿大、质脆，有时为弥漫型的肿瘤，有时见粟粒大至黄豆大的灰白色瘤，几个至几十个不等。这些肿瘤质韧，稍突出于肝表面，有时肝脏上的肿瘤如鸡蛋黄大小（图 4–6–11 至图 4–6–13）。

（2）脾脏。肿大 3 ～ 7 倍不等，表面可见呈针尖大小或米粒大的肿瘤结节（图 4–6–14、图 4–6–15）。

（3）胃肠道。腺胃肿大、增厚、质地坚实，浆膜苍白，切开后可见黏膜出血或溃疡（图 4–6–16、图 4–6–17）。肠道、肠系膜、腹膜有大小不一的肿瘤结节，胰腺肿胀，有大小不一的肿瘤（图 4–6–18 至图 4–6–23）。

（4）心脏。在心外膜见黄白色肿瘤，常突出于心肌表面，米粒大至黄豆大、蚕豆大（图 4–6–24 至图 4–6–26）。

（5）卵巢。肿大 4 ～ 10 倍不等，呈菜花状（图 4–6–27）。

（6）肾脏。肾脏弥漫性肿大，或表面有大小不一的肿瘤结节（图 4–6–28 至图 4–6–30）。

（7）肺脏。在一侧或两侧见大小不一的灰白色肿瘤，严重的肺脏完全实变，质硬（图 4–6–31 至图 4–6–34）。

（8）肌肉。肌肉的肿瘤多发生于胸肌，呈白色条纹状（图 4–6–35、图 4–6–36）。

2. 神经型

多见于坐骨神经、臂神经、迷走神经，受损的神经失去光泽，颜色变暗或淡黄，横纹消失，局部肿胀增粗 2 ～ 3 倍，神经周围的组织水肿（图 4–6–37、图 4–6–38）。

3. 眼型

眼部大体病变包括虹膜失去色素沉着，呈灰眼，瞳孔形状不规则，这是虹膜发生单核细胞浸润的结果。有的出现结膜炎，或发生多灶性出血，并可看到角膜水肿。

4. 皮肤型

以皮肤毛囊形成小结节或肿瘤为特征。最初见于颈部及两翅皮肤，以后遍及全身皮肤。

（二）组织学变化

马立克病的病理组织学特征表现各组织、器官的血管周围有淋巴细胞、浆细胞、网状细胞、淋巴母细胞以及少量巨噬细胞等多形态细胞的增生、浸润。外周神经的病变包括轻度的重度的炎性细胞浸润，有时伴有水肿，髓鞘变性和神经膜细胞增生。病变部的浸润细胞常为多种细胞的混合物，其中有小淋巴细胞、中淋巴细胞、浆细胞及淋巴母细胞，有时还可见到一种体积很大、细胞质嗜碱性并嗜派洛宁性和有空泡的马立克病细胞，它是一种变性的胚型细胞，电镜观察在其细胞核内含有疱疹病毒粒子，这是诊断该病的一种特征性细胞。

含肿瘤脏器的组织学变化与外周神经的变化相似，由小型和中型淋巴细胞、成淋巴细胞、马立克病细胞以及活化了的原始网状细胞所组成。在生长缓慢的肿瘤中，细胞形态较为多样，生长比较快的肿瘤以成熟的细胞占优势。淋巴样器官（法氏囊、脾脏和胸腺）中，法氏囊可出现皮质、髓质的萎缩、坏死、囊状形成和滤泡间的淋巴样细胞浸润。胸腺也常见萎缩，但有些病例可见淋巴样细胞增生区。脾脏在急性病例中常见淋巴瘤样变化。

眼睛的特征性病变是虹膜和睫状肌的单核细胞浸润，有时出现骨髓样变细胞。

图 4-6-11　肝脏肿大，表面有大小不一的肿瘤结节（一）（刁有祥　供图）

图 4-6-12　肝脏肿大，表面有大小不一的肿瘤结节（二）（刁有祥　供图）

图 4-6-13　肝脏肿大，表面有大小不一的肿瘤结节（三）（刁有祥　供图）

图 4-6-14　脾脏肿大（刁有祥　供图）

图 4-6-15　脾脏肿大，表面有大小不一的肿瘤结节（刁有祥 供图）

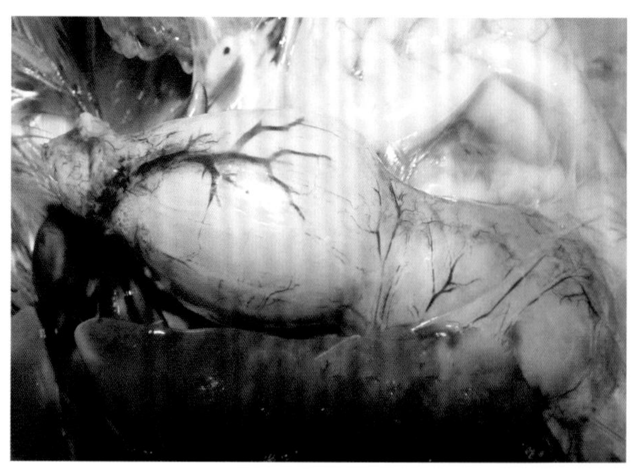

图 4-6-16　腺胃肿大（刁有祥 供图）

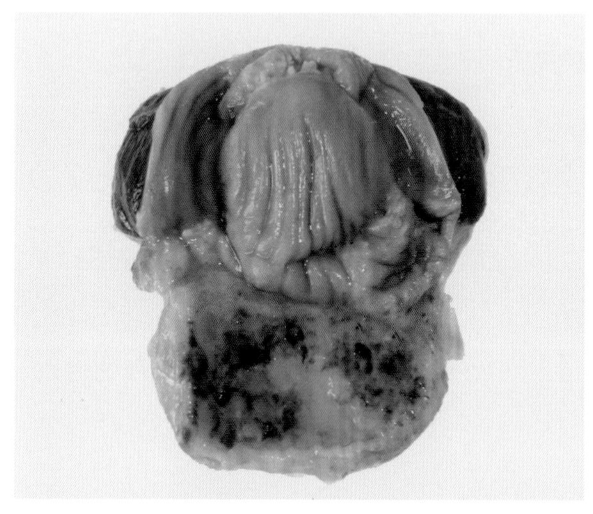

图 4-6-17　腺胃肿大，胃壁增厚，腺胃黏膜溃疡（刁有祥 供图）

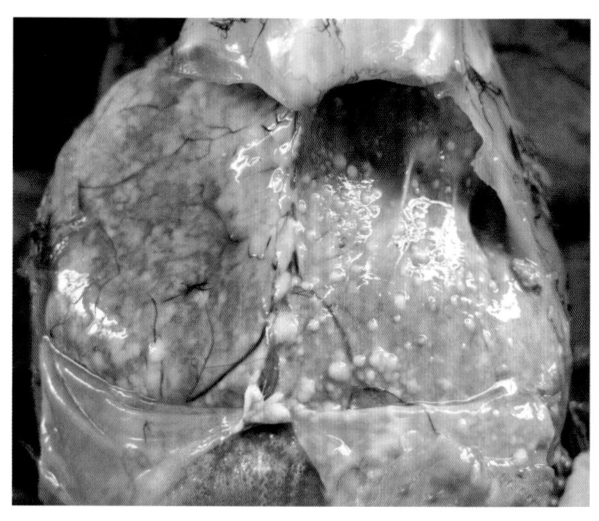

图 4-6-18　腹膜上大小不一的肿瘤结节（刁有祥 供图）

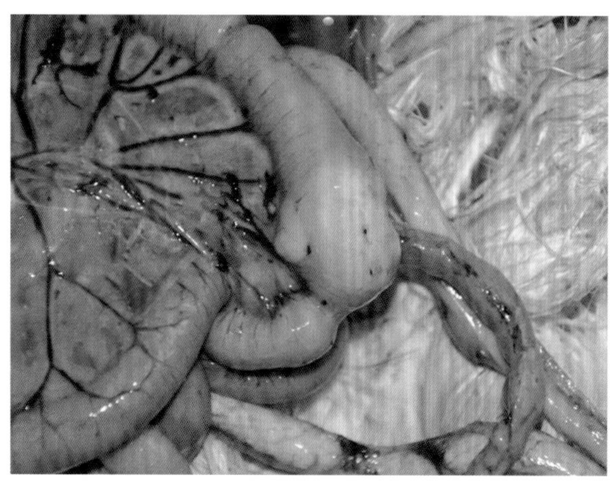

图 4-6-19　肠道的肿瘤结节（刁有祥 供图）

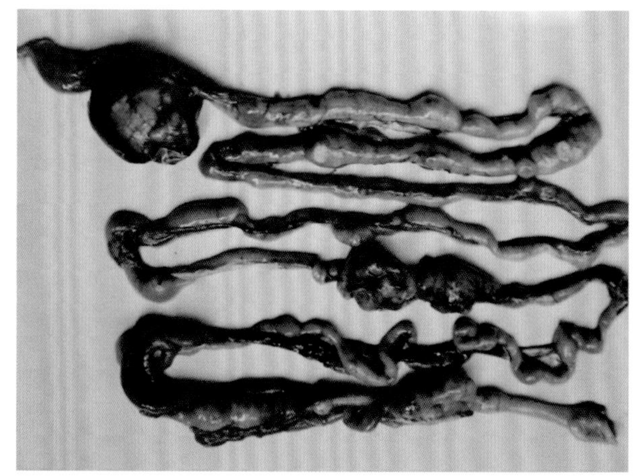

图 4-6-20　肠道上大小不一的肿瘤结节（刁有祥 供图）

图 4-6-21　肠系膜上大小不一的肿瘤结节
（刁有祥　供图）

图 4-6-22　肠系膜上大小不一的肿瘤结节，胰腺肿胀
（刁有祥　供图）

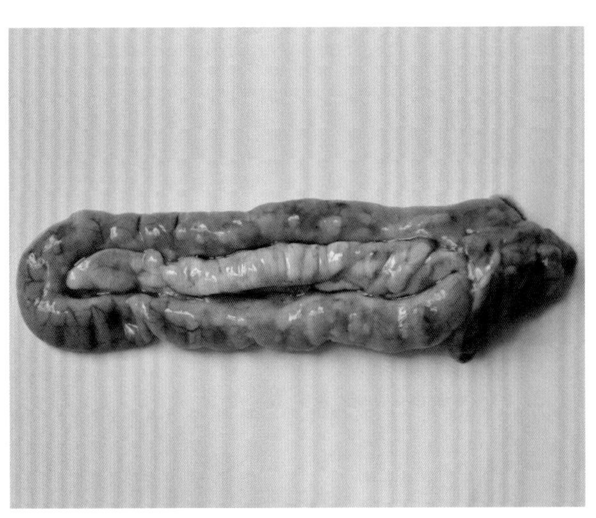

图 4-6-23　胰腺的肿瘤（刁有祥　供图）

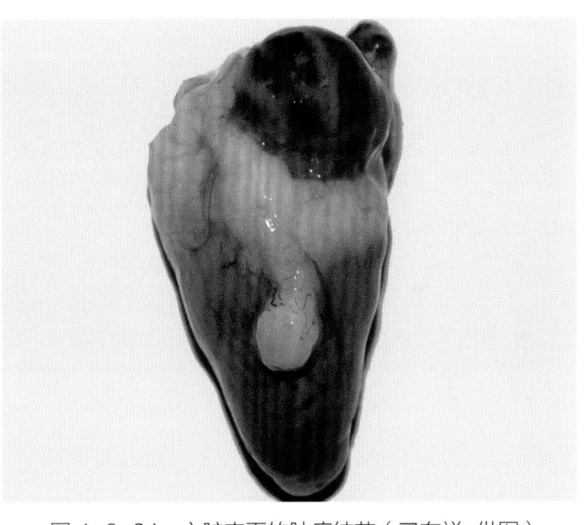

图 4-6-24　心脏表面的肿瘤结节（刁有祥　供图）

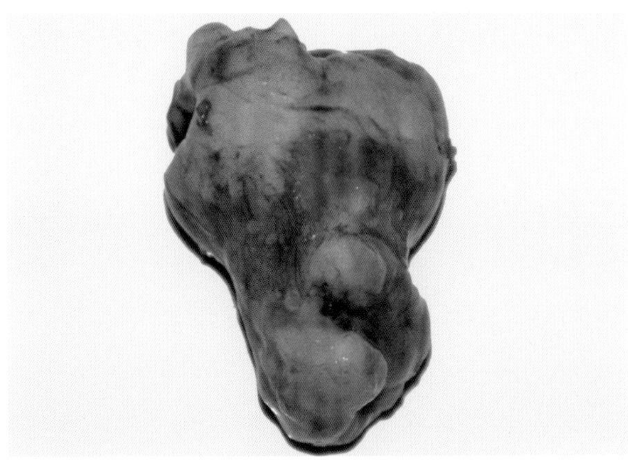

图 4-6-25　心脏表面有大小不一的肿瘤结节，
心脏变形（一）（刁有祥　供图）

图 4-6-26　心脏表面有大小不一的肿瘤结节，
心脏变形（二）（刁有祥　供图）

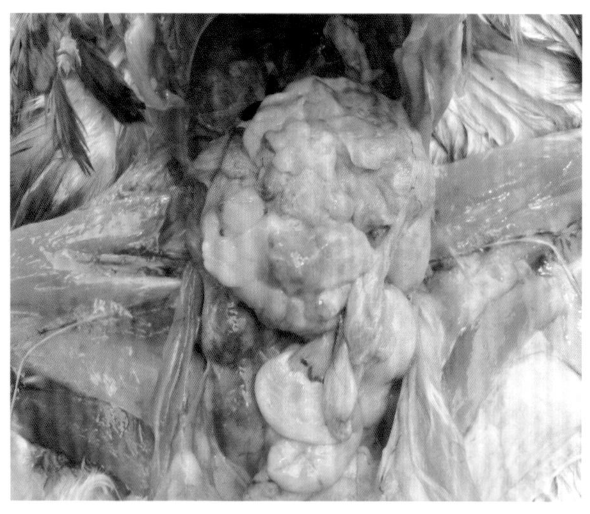

图 4-6-27　卵巢肿瘤，呈菜花状（刁有祥　供图）

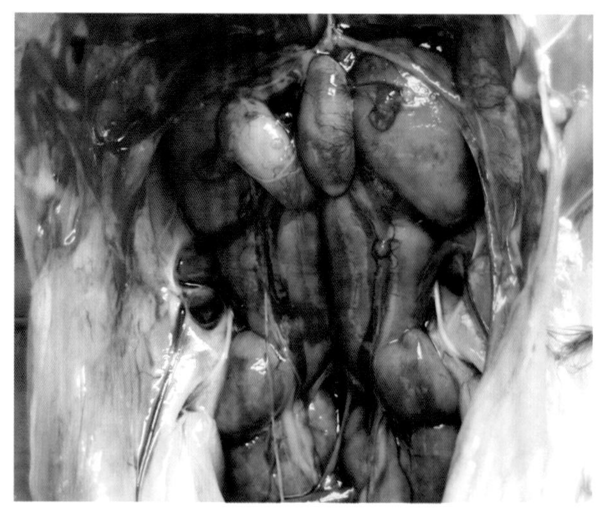

图 4-6-28　肾脏肿胀，有弥漫性肿瘤（刁有祥　供图）

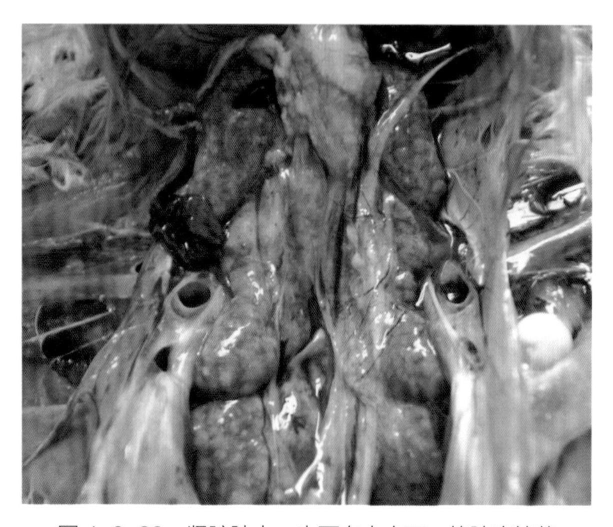

图 4-6-29　肾脏肿大，表面有大小不一的肿瘤结节（刁有祥　供图）

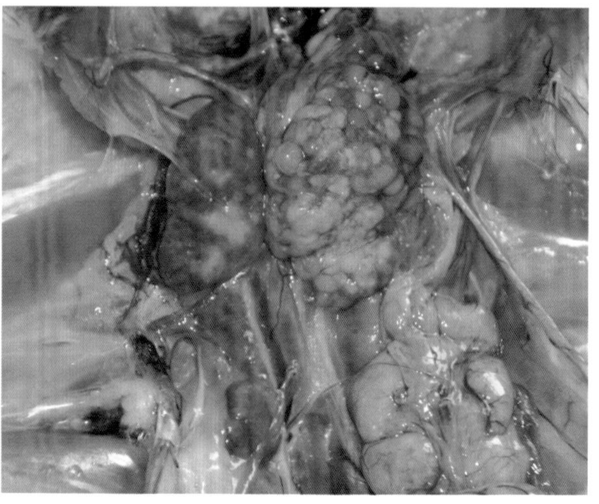

图 4-6-30　肾脏肿大，表面有大小不一的肿瘤结节，卵巢有菜花状肿瘤（刁有祥　供图）

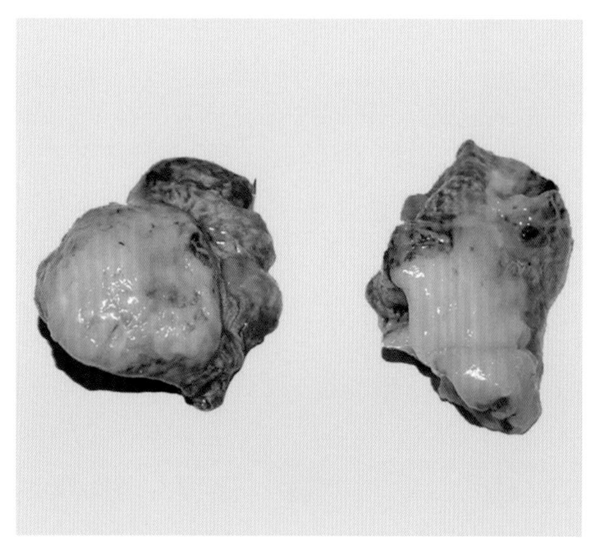

图 4-6-31　肺脏表面的肿瘤结节（刁有祥　供图）

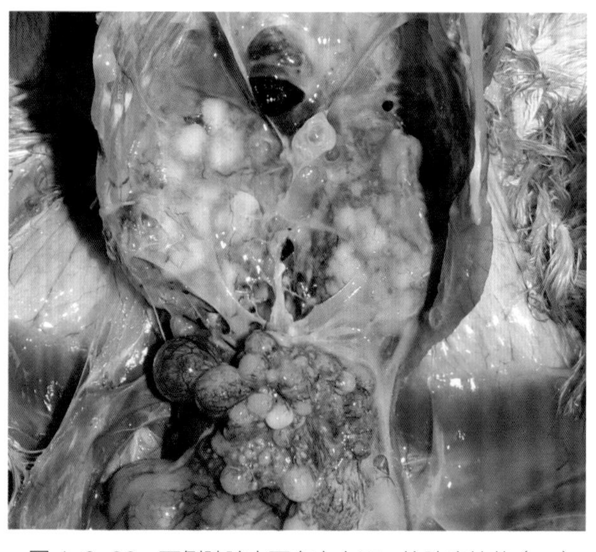

图 4-6-32　两侧肺脏表面有大小不一的肿瘤结节（一）（刁有祥　供图）

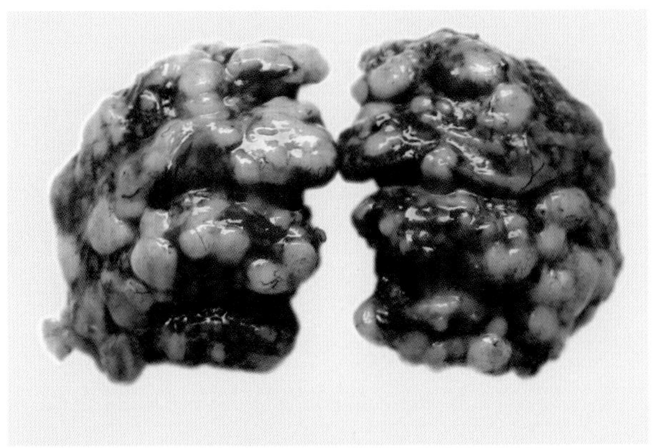

图 4-6-33　两侧肺脏表面有大小不一的肿瘤结节（二）（刁有祥　供图）

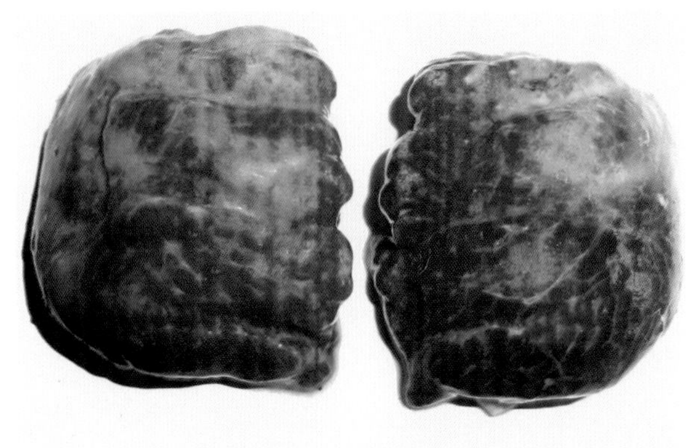

图 4-6-34　肺脏弥漫性的肿瘤，肺脏实变（刁有祥　供图）

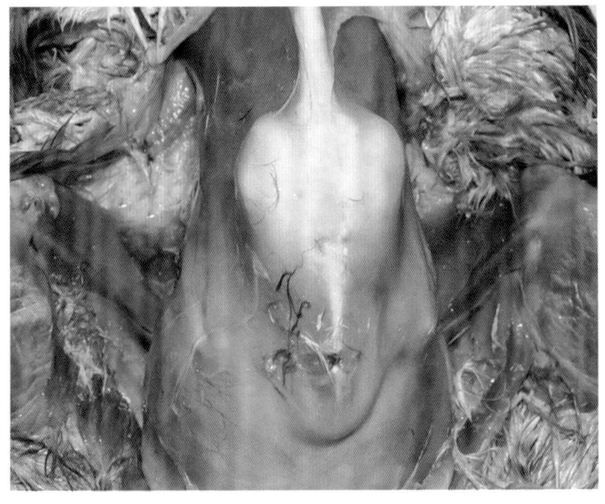

图 4-6-35　胸肌肿瘤（一）（刁有祥　供图）

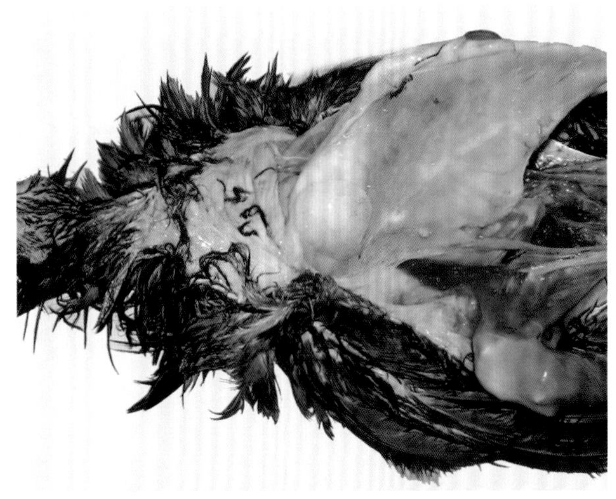

图 4-6-36　胸肌肿瘤（二）（刁有祥　供图）

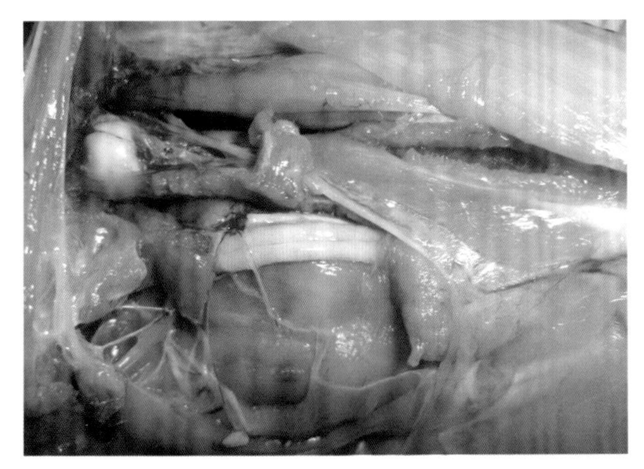

图 4-6-37　坐骨神经肿胀，纹理消失（刁有祥　供图）

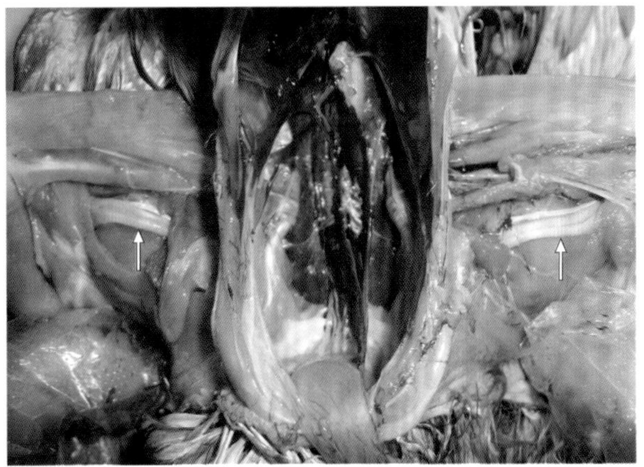

图 4-6-38　两侧坐骨神经肿胀，纹理消失（刁有祥　供图）

七、诊断

该病一般发生于 1 月龄以上的鸡，2 ～ 5 月龄为发病高峰时间，呈零星发病或死亡。病鸡常有典型的肢体麻痹症状和消瘦；出现外周神经受害、内脏肿瘤等病变。根据以上特征，一般可作出初步诊断，确诊需要进行实验室诊断。

（一）PCR 检测方法

在Ⅰ型 MDV 的 DNA 中的长独特区（UL）和短独特区（US）之间存在着一段 132 bp 的重复序列，其重复序列的多少似乎可以作为区别强毒株和弱毒株的标志。一般在 MDV 强毒株或 vv+MDV 的 DNA 中这段重复序列为 2 ～ 3 个，而弱毒株如 CVI988 或Ⅰ型 MDV 人工致弱疫苗株的重复序列为 9 个左右。根据这一特征建立的 PCR 检测方法，可以根据 PCR 产物的大小鉴别强弱毒。吕红超等（2016）选择 MDV 血清 1 型（*MDV*–1）基因组中 2 个特有的、强弱毒株存在序列差异的基因片段 132 bp 重复序列（132*bpr*）和 *meq* 基因作为靶基因，建立了 MDV 的 PCR 检测方法。特异性试验和敏感性试验表明该 PCR 方法特异性强、敏感性高，132*bpr* 和 *meq* 基因两对引物对阳性重组质粒的检测下限分别为 1.0×10^3 个拷贝 /μL 和 1.0×10^2 个拷贝 /μL。该检测方法特异性强、灵敏度高，具有良好的实用性，可以用于 MD 的临床诊断。

（二）琼脂扩散试验

用含 8%氯化钠的溶液配制 1%琼脂，倒板凝固后，于平板中央打 1 个孔，同时在其四周打孔，在中央孔内滴加定量的抗血清，而其他孔内则滴加等量的生理盐水。然后拔下病鸡的羽毛，从根部尖端剪取一段，长度在 2 cm 左右，除中央孔外都放入一根羽毛，接着将其置于室温条件下进行 2 ～ 3 d 孵育，该过程中必须保持平板湿润，最后将其取出进行观察，如果滴加血清的中央孔与放入羽毛的四周孔之间存在一条白色的不透明沉淀线，即可判定呈阳性。

八、预防

接种疫苗是预防该病的主要措施，但必须结合综合卫生防疫措施，特别是防止出雏和育雏阶段的早期感染。而对 MD 的有效控制应包括以下措施。

（一）加强饲养管理和卫生消毒工作，提高鸡体的抗病力

加强孵化管理，重视种蛋的收集和保管工作，及时筛选种蛋，并进行消毒，按照孵化室的各项规章制度操作，孵化室内外和所有孵化设备都要经过彻底消毒，孵化区禁止无关人员进入，避免雏鸡在早期发生感染。育雏舍应远离其他鸡舍，入雏前应彻底清扫和消毒。鸡群要采取严格的隔离饲养制度，特别是育雏期间，工作人员出入鸡舍时都要进行消毒，不允许无关人员进入舍内。要求对不同年龄的鸡采取分群饲养，并安排同一工作人员对同一批鸡进行消毒、免疫以及给药预防等工作。减少应激因素和免疫抑制疾病如传染性法氏囊病、鸡传染性贫血等的出现。

（二）抗病育种

培养选育对该病有遗传抵抗力的鸡群，也是防治该病的途径之一，国外已选育成功若干抗 MD 的品系鸡群。尽管培育出具有 MD 抗性的鸡群其抗性与生产性能可能不一致，但其开辟了预防 MD 的新策略，具有较为重要的意义。

（三）疫苗接种

疫苗接种是预防鸡 MD 的关键措施。雏鸡在出壳 24 h 内，需接种马立克病疫苗，免疫途径为皮下注射。有条件的鸡场可在鸡胚 18 日龄用专用设备进行鸡胚接种。接种后的 2 周内必须加强卫生和消毒管理，杜绝疫苗发生作用前感染野毒。

目前 MD 疫苗主要有单价苗、二价苗、三价苗及基因工程重组疫苗四大类。根据保存条件不同，疫苗又可分为两类，一是鸡马立克病细胞结合性疫苗，又称液氮疫苗；二是脱离细胞的疫苗，

又称冻干疫苗。养鸡生产中主要使用以下 3 种 MD 疫苗毒株制备 MD 的单价和多价疫苗。

第 1 种为人工致弱的血清 1 型毒株，如 CVI988 株、MD_{11}/75/R2、K 株等；第 2 种为血清 2 型自然弱毒株，如 SB1、301B/1 及国内的 Z4 株；第 3 种为血清 3 型 MDV（HVT），如 FC126 是已知最好的 HVT 疫苗毒株。由于 HVT 和 MDV 具有共同抗原，两者有交叉免疫作用，对鸡和火鸡均不致瘤，接种后能诱发阻止肿瘤形成的抗体，从而阻止马立克病的发病与死亡，但它阻止不了 MDV 的感染，在同一鸡体中 HVT 和 MDV 两者共存，无任何临床症状，由于 MDV 在鸡体中继续繁殖并向体外排毒，造成环境的严重污染。

1. 单价疫苗

单价疫苗主要有 HVT 冻干苗，因为生产成本低，便于保存（4℃）和价廉，是使用最广泛的单价疫苗。CVI988 是从国外引进的细胞结合性单价疫苗，需液氮保存，其免疫效果优于火鸡疱疹病毒疫苗，能抵抗超强 MDV 的攻击。

2. 多价疫苗

多价疫苗主要有血清 2 型和血清 3 型组成的二价苗及血清 1 型、血清 2 型、血清 3 型组成的三价苗，这些疫苗均需要在液氮中保存和运输，但免疫效果比单价苗好。

为了克服母源抗体的干扰，可采取在鸡的不同代次交替使用不同血清型的疫苗。如父母代用 HVT，则子代用 SB–1 或 CVI988 与 HVT/SB–1 双价苗交替使用，效果更佳。更好的方法是使用细胞结合苗，尤其是 2 型、3 型双价苗及 1 型、2 型、3 型组成的三价苗。

3. MDV 载体疫苗

MDV 有些复制非必需部位可供插入和表达外源基因及特定的 MDV 基因。这种以 MDV 为载体的疫苗能够为 MD 和其他病原体同时提供保护作用。由于 MDV 具有细胞结合特性，因此 MDV 载体疫苗可能比其他活载体疫苗抗母源抗体干扰的能力好，但是表达外源基因的启动子不能采用外源强启动子。以 Fc126 疫苗株和 CVI988 为载体的 MDV 载体疫苗已有很多报道，有的已注册上市。

近年来在有些用 HVT 疫苗免疫的鸡群仍发生马立克病，其原因是多方面的。影响疫苗效价的因素包括疫苗本身的质量问题，疫苗贮存和运输时的管理，疫苗的稀释、溶解及接种技术和接种剂量等。鸡免疫系统的功能包括早期感染免疫抑制病、母源抗体的干扰、应激反应等。环境卫生不良、超强毒 MDV 感染等导致出雏和育雏期早期感染，这是免疫失败最常见的原因。

第七节 禽白血病 / 肉瘤群

禽白血病（Avian leukosis，AL）的病原是禽白血病病毒，由于禽白血病病毒与禽肉瘤病毒在理化特性、病毒形态以及致病性等方面具有许多相同的特征，因此常统称为禽白血病 / 肉瘤群病毒（Avian leukosis/Sarcoma group）。该病最常见的是淋巴细胞白血病（Lymphoid leukosis），其次是成红细胞白血病（Erythroblastosis，EB）、成髓细胞白血病（Myeloblastosis，MB）、J–亚型白血病

（Avian leukosis-J）、内皮瘤、肾母细胞瘤、肝癌、纤维肉瘤和骨化石病（Osteopetrosis）等。

一、历史

Roloff 于 1868 年首次报道淋巴细胞白血病，Peyton Rous 在 1911 年首先报道了将自然发生的鸡肉瘤滤过液再接种鸡后可诱发同样的肿瘤。1991 年，Panyne 等首次报道分离到一种新型淋巴细胞白血病病毒（J 亚群），20 世纪 90 年代末世界各国肉种鸡和肉仔鸡均遭到 J 亚群淋巴细胞白血病病毒侵袭，造成了巨大经济损失。我国于 20 世纪 50 年代在甘肃首次发现淋巴细胞白血病，很快蔓延到大部分省份，1999 年杜岩等在国内首次从肉鸡及肉种鸡场肿瘤病鸡中分离检出 J 亚群禽白血病病毒。目前世界各地都有发生，成为严重危害养禽业的重要疫病之一。

二、病原

禽白血病 / 肉瘤群病毒（*Avian leukosis/Sarcoma viruses*，ALV）属逆转录病毒科、正逆转录病毒亚科（Orthoretrovirinae）、甲型逆转录病毒属（*Alpharetrovirus*）。

白血病 / 肉瘤群病毒为 RNA 病毒，病毒粒子形态不规则，直径是 80 ～ 130 nm，平均 90 nm。其结构和形态与其他动物的致瘤性 RNA 病毒相似。病毒粒子经负染呈球形，在干燥条件易扭曲成精子状、弦月状或其他形状。病毒在蔗糖中的浮密度为 1.15 ～ 1.17 g/cm^3。ALV 病毒粒子可以分为 3 层：外层是源于宿主细胞膜的类脂质囊膜，表面分布有特征性的放射状突起即纤突，直径约 8 nm；中层是病毒的内膜，为二十面体衣壳，直径约为 60 nm；最内层是致密的核心，直径为 35 ～ 45 nm，核心结构由二倍体 RNA 和核衣壳、反转录酶、整合酶、蛋白酶组成。中层和最内层构成内部结构，直径为 35 ～ 45 nm，病毒以出芽方式从包膜释放。

ALV 的基因组是单股、正链、线性 RNA 的二聚体，单体长为 7 ～ 11 kb。病毒粒子中的 RNA 不具有感染性，两分子的 RNA 在各自的 5' 端通过氢键相连接。一分子的基因组 RNA 还与一分子特异来源的宿主 t RNA 相连，成为病毒 RNA 反转录过程中生成 DNA 的引物。每个基因组分子有 3 个主要编码基因，即衣壳蛋白基因（*gag*）、聚合酶基因（*pol*）和囊膜蛋白基因（*env*），在基因组上的排列为 5' 端至 3' 端顺序为 *gag-pol-env*，分别编码病毒结构蛋白（p19、p10、p27、p12 和 p15）、RNA 依赖的 DNA 聚合酶（p68、p32）和囊膜糖蛋白（gp85、gp37）。其中 gp85 为外膜蛋白，负责识别靶细胞膜上的特异性病毒受体，且能刺激机体产生中和抗体，具有亚群特异性，是 ALV 亚群分类的主要依据；p27 为主要的群特异性抗原，在 ALV 的诊断和净化方面具有重要的生物学意义。结构基因两侧的长末端序列（Long terminal repeats，LTR），与病毒 RNA 的复制和翻译有关，急性转化型 ALV 还带有病毒性肿瘤基因。

ALV 必须在特定的易感细胞中复制。但是，ALV 在复制过程中，在病毒吸附到易感细胞、其病毒囊膜与细胞膜融合将基因组 RNA 转入细胞质后，其病毒基因组必须有一个从基因组 RNA 反转录为前病毒 cDNA、前病毒 cDNA 整合进细胞染色体基因组、从染色体基因组上转录产生 ALV 基因组 RNA 的过程。然后才能像其他病毒一样编码产生病毒蛋白质，并由此装配成病毒粒子，再释放到细胞外。

根据病毒中和反应形式、宿主范围、囊膜特性及其他标准将禽白血病病毒划分为 A ～ K 11 个亚群。从鸡群分离到的有 A、B、C、D、E、J、K 7 个亚群。A、B 亚群是常见的外源性病毒，主要感染轻型商品蛋鸡，引起鸡的淋巴白血病；C、D 亚群是极少报道的外源性病毒；E 亚群普遍存在的低致病性或无致病性的内源性病毒；J 亚群于 1988 年由 Payne 及其同事首次从商品代肉用鸡中分离得到，ALV–J 是一外源性白血病病毒与内源性 E 亚群病毒囊膜基因的重组体，可通过垂直和水平传播在鸡群中广泛散播，主要引起肉鸡的髓细胞瘤，蛋鸡也可感染 ALV–J，其他亚群是发生于其他禽类的内源性病毒。ALV 分为内源性病毒和外源性病毒，两种病毒的主要差别在于长末端重复序列（LTR）区的序列不同。外源性病毒是以传染性病毒粒子形式存在，既能经蛋垂直传播也能水平传播。外源性病毒可以是全基因型的病毒粒子，也可以是缺陷型病毒基因组和辅助病毒囊膜组成的伪型。内源性病毒即整合于宿主细胞染色体中的完整或缺失的前病毒 DNA 序列，具有很低或没有致瘤性。内源性病毒一般不以病毒粒子的形式存在，只作为鸡基因组的一部分进行代次间传递，具有很低或没有致瘤性，但内源性病毒具有某些生物功能。一是保护效应，某些感染内源性病毒的细胞，对相应外源性病毒的感染不敏感，这可能是由于内源性病毒表达的蛋白（如 env）干扰外源性病毒和细胞受体结合，而引起免疫耐受，使免疫系统不能识别感染细胞，弱化了免疫病理过程。二是病理效应，鸡在胚胎期感染内源性病毒，则特异性体液免疫受到抑制，若继发感染外源性 ALV，则会诱发强烈的持续性病毒血症，产生严重的肿瘤。三是可能影响蛋鸡的生产性能。

ALV 的多数毒株在 11 ～ 12 日龄鸡胚中生长良好，许多毒株在绒毛尿囊膜上产生外胚层增生性病灶。静脉接种于 11 ～ 13 日龄鸡胚时，40% ～ 70% 的鸡胚在孵化阶段死亡。火鸡、鹌鹑、珠鸡和鸭的胚胎也可被感染。ALV 可在鸡胚成纤维细胞培养物中增殖，在接毒后培养 7 d，达到最高的病毒滴度。

ALV 对外界环境的抵抗力很弱，在外界环境存活时间比较短。病毒对热不稳定，高温条件下很快失活，只有在-60℃以下时，病毒才能存活数年并保持感染力。在 pH 值为 4.5 ～ 9 时，能保持稳定，超出这一范围，灭活率显著升高；对脂溶性、去污剂和甲醛敏感，蛋白酶能够去除病毒粒子表面的部分糖蛋白，十二烷基磺酸钠可裂解病毒，释放出 RNA 和核心蛋白，对紫外线的抵抗力相当强。

三、致病机制

ALV 感染细胞后，大多数情况下不会对细胞造成损害，而是成为隐性感染。但某些情况下或某些种类的 ALV 感染会导致细胞转化或引起细胞病变，进而引起免疫抑制。

（一）细胞转化

根据 ALV 对细胞的转化将 ALV 分为慢性和急性转化病毒。慢性转化病毒不带致癌基因，它是将前病毒 DNA 整合入细胞基因组，通过 LTR 启动子激活细胞原癌基因或前病毒插入细胞抑癌基因使之失活，从而引起白血病。急性转化病毒携带病毒癌基因，在动物体细胞内迅速诱发肿瘤，并引起恶性转化。

（二）ALV 引起免疫抑制

经典型 ALV 的天然靶细胞是法氏囊 B 淋巴细胞，ALV 感染后，可使 B 淋巴细胞发生转化，形成肿瘤细胞并不断增生，转化的 B 淋巴细胞失去了产生 IgG 的能力。ALV–J 的靶细胞是髓细胞，正常的骨髓干细胞在 ALV–J 作用下，不断增生恶变，形成骨髓瘤。淋巴器官及骨髓变性，导致功能性 IL–2 的合成受到干扰，影响到 T 淋巴细胞和 B 淋巴细胞的成熟及分化，从而导致了免疫抑制。

四、流行病学

鸡是该群病毒的自然宿主，人工接种雉、珠鸡、鸭、鸽子、火鸡和鹌鹑也可引起肿瘤。病鸡和带毒鸡是该病的传染源，有病毒血症的母鸡产出的鸡蛋常带毒，孵出的雏鸡也带毒，这种先天性感染的雏鸡常有免疫耐受现象，它不产生抗肿瘤病毒抗体，长期带毒排毒，是重要传染源，且在饲养过程中，育雏期死淘率较高，有的可达 5% ～ 10%。后天接触感染的雏鸡带毒排毒现象与接触感染时雏鸡的年龄有很大关系。雏鸡在 2 周龄以内感染这种病毒，发病率和感染率很高，残存母鸡产下的蛋带毒率也很高。外源 ALV 有两种传播途径，垂直传播和水平传播。垂直传播是主要的传播方式，在流行病学上很重要，决定了感染的延续性、持续性；水平传播则保证了传播得以维持，濒死鸡通过水平传播使得垂直传播有了充分的感染源。成年鸡感染 ALV 有四种血清表现形式。

一是无病毒血症、无抗体（V^-A^-）。非感染鸡群和易感鸡群中有遗传抵抗力的鸡属于该类型。感染鸡群中易感鸡则属于以下另外三种类型之一。

二是无病毒血症、有抗体（V^-A^+）。大多数鸡属该类型，该类型母鸡传播病毒比率较小且有周期间歇性。

三是有病毒血症、有抗体（V^+A^+）。感染鸡中病毒和抗体同时存在，这样进入鸡卵中的病毒被卵黄中的抗体所中和，就出现了间断性的垂直扩散。

四是有病毒血症、无抗体（V^+A^-）。孵化有病毒的卵时，胚胎发育的同时病毒也在胚细胞中增殖，但不完全破坏细胞，因此绝大部分不杀死胎儿，而在胚不断发育成雏鸡，乃至成鸡时，病毒可不间断地增殖，宿主鸡已把病毒作为自身的一部分，结果使鸡体终身失去了对白血病毒免疫反应的能力，这种现象叫免疫耐受，产生 V^+A^- 鸡群，血液中病毒含量高，无抗体。感染的雏鸡不一定全部发病，感染越早，发病率越高。免疫耐受鸡（V^+A^-）又称保毒鸡，其发病死亡率比其他有抗体鸡群（V^-A^+）要高，有时可高 6 ～ 10 倍。

禽白血病病毒在雏鸡中广泛感染传播，而宿主鸡对病毒存在遗传抵抗性，即使感染，发病也较少，对商业鸡群调查表明，各地鸡感染率多在 50% 以上，但是发病率仅 3% 左右，个别群可多达 10% 以上，感染鸡可成为病毒携带者、传播者。而鸡群发病死亡常在鸡只性成熟开产之后，剖检见多种器官肿瘤。此外，能引起免疫抑制的疾病如鸡传染性法氏囊病、鸡传染性贫血、禽网状内皮组织增殖病等均能增加 ALV 的传播。

五、症状与病理变化

（一）症状与剖检变化

1. 淋巴细胞白血病

淋巴细胞白血病是禽白血病中最常见的一种，该病的潜伏期长，用标准毒株接种易感鸡胚或 1 ～ 14 日龄的易感雏鸡后，于 14 ～ 30 日龄出现该病。自然发病的鸡都在 14 周龄以上，到性成期后的发病率最高。病鸡表现食欲不振，精神萎靡，鸡冠苍白，消瘦（图 4–7–1 至图 4–7–3），排灰白色稀粪，腹部膨大，肝脏、法氏囊或肾脏肿大，常可触觉出来。肿瘤主要见于肝脏、脾脏及法氏囊，也可侵害肾脏、肺脏、性腺、心脏等组织。肿瘤病变外观柔软、平滑而有光泽，呈灰白色或淡灰黄色，切面均匀如脂肪样。根据肿瘤病变的形态和分布，可分为结节型、粟粒型、弥漫型和混合型4种形式。

（1）结节型。淋巴细胞瘤的直径从0.5 mm到5 cm，单个存在或大量分布，结节一般呈球形，但也可能为扁平形。肝脏肿大，表面有大小不一的肿瘤结节（图4-7-4至图4-7-7），脾脏的变化与肝脏相同，体积增大，呈灰棕色，表面和切面也有许多灰白色的肿瘤病灶（图4-7-8）。肾脏体积增大，颜色变淡，有时也形成肿瘤结节（图4-7-9、图4-7-10）。其他器官如心脏、肺脏、肠壁、肠系膜（图4-7-11）、卵巢（图4-7-12）和睾丸等，也可有灰白色肿瘤结节。

（2）粟粒型。以肝脏最明显，多数结节的直径不到2 mm，均匀分布于整个器官的实质中（图4-7-13）。在其他内脏器官，如脾脏、肾脏等也有大小不一的肿瘤结节。

（3）弥漫型。淋巴细胞瘤可使整个器官弥漫性增大，如肝脏可比正常增大数倍，色泽呈灰白色，质地脆弱，有时几乎整个腹腔被肝脏充满，所以该病也称为大肝病（图4-7-14、图4-7-15）。脾脏、肾脏、腺胃、腹壁、肠系膜、肺脏等肿大，有弥漫性肿瘤（图4-7-16至图4-7-22）。

（4）混合型。结节型、粟粒型或弥漫型同时发生。

图4-7-1　病鸡精神沉郁，消瘦（刁有祥　供图）

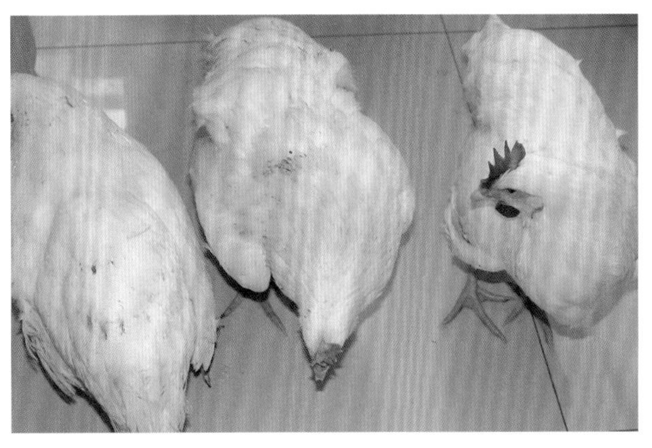

图4-7-2　病鸡精神沉郁，消瘦，鸡冠发育不良（刁有祥　供图）

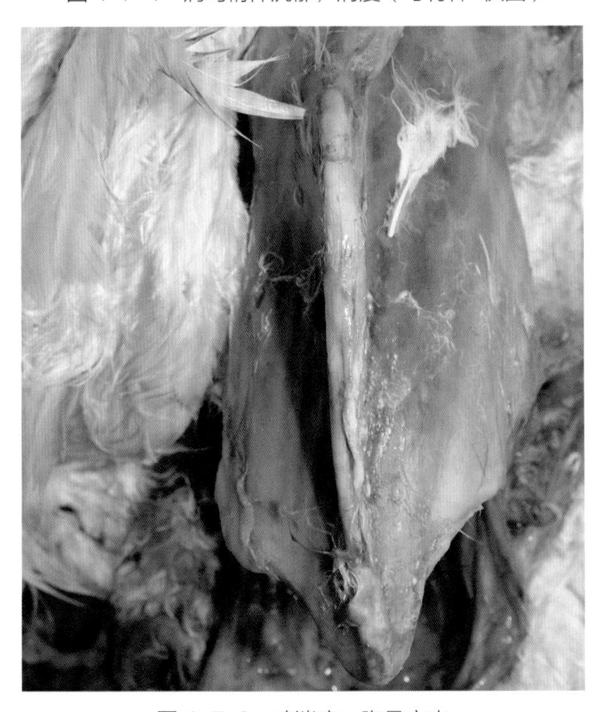

图4-7-3　鸡消瘦，胸骨突出（刁有祥　供图）

图4-7-4　肝脏肿大，表面有大小不一的肿瘤结节（一）（刁有祥　供图）

图 4-7-5　肝脏肿大，表面有大小不一的肿瘤结节（二）
（刁有祥　供图）

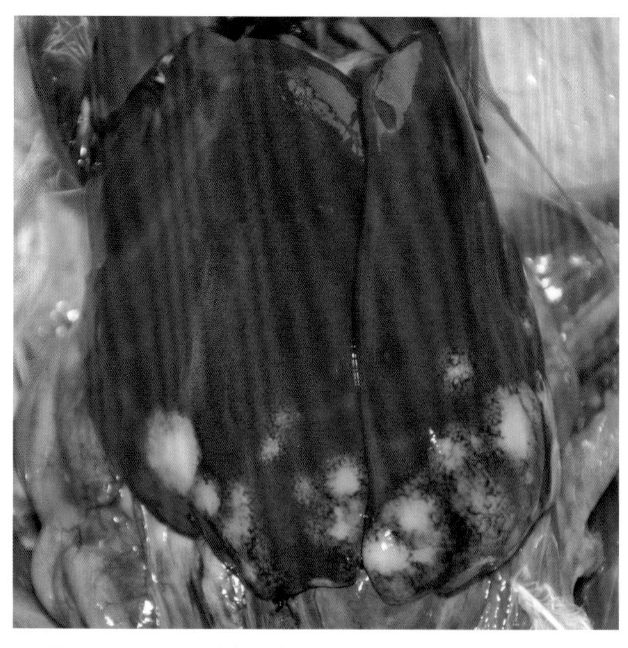

图 4-7-6　肝脏肿大，表面有大小不一的肿瘤结节（三）
（刁有祥　供图）

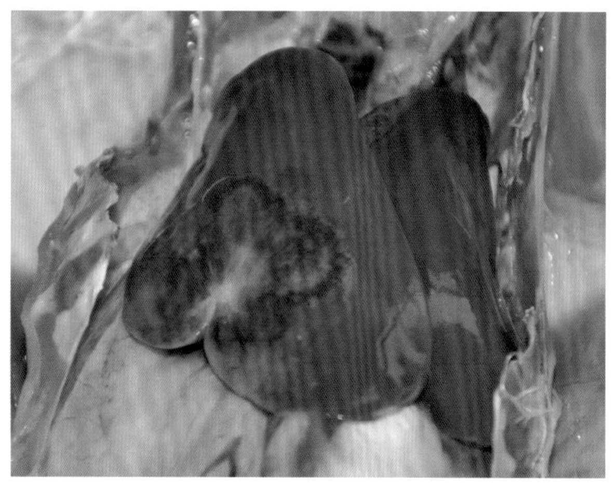

图 4-7-7　肝脏表面有大的肿瘤结节
（刁有祥　供图）

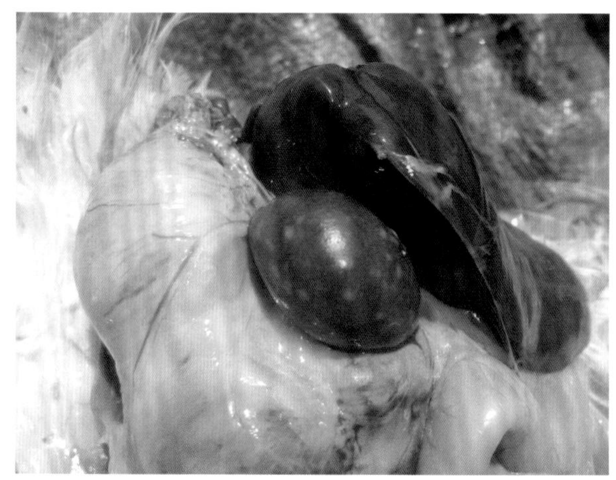

图 4-7-8　脾脏肿大，表面有大小不一的肿瘤结节
（刁有祥　供图）

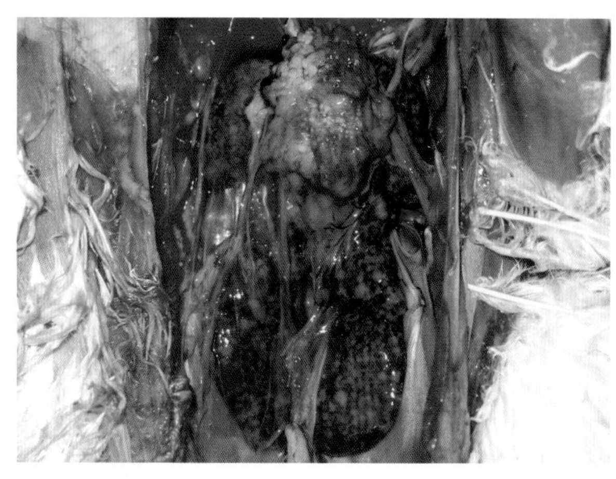

图 4-7-9　肾脏肿大，表面有大小不一的肿瘤结节
（刁有祥　供图）

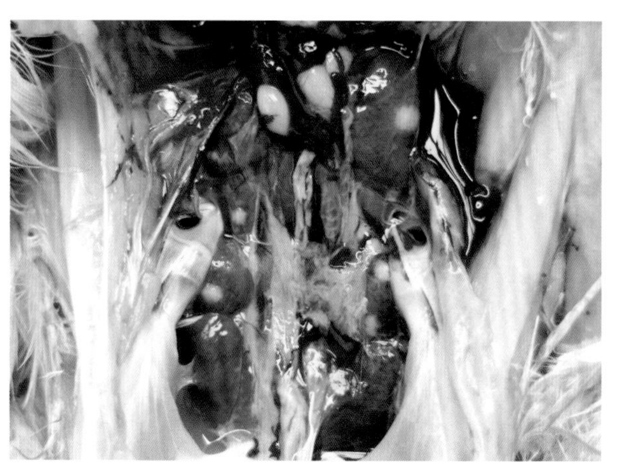

图 4-7-10　肾脏表面有大小不一的肿瘤结节
（刁有祥　供图）

图 4-7-11　肠系膜上有大小不一的肿瘤结节（刁有祥 供图）

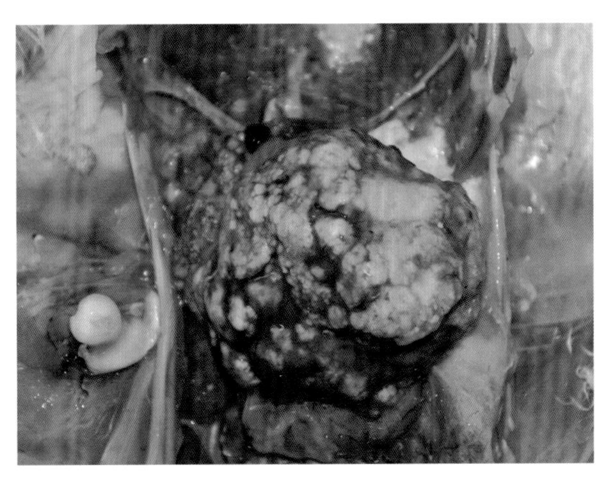

图 4-7-12　卵巢肿瘤（刁有祥 供图）

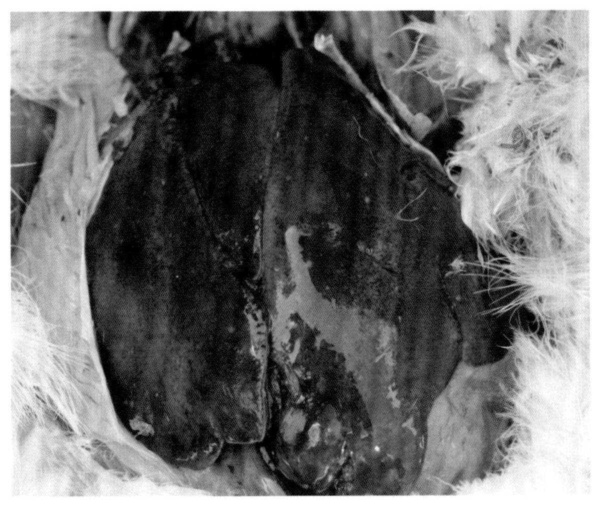

图 4-7-13　肝脏肿大，表面有米粒大小的肿瘤结节（刁有祥 供图）

图 4-7-14　肝脏肿大，充满整个腹腔，表面有弥漫性肿瘤（一）（刁有祥 供图）

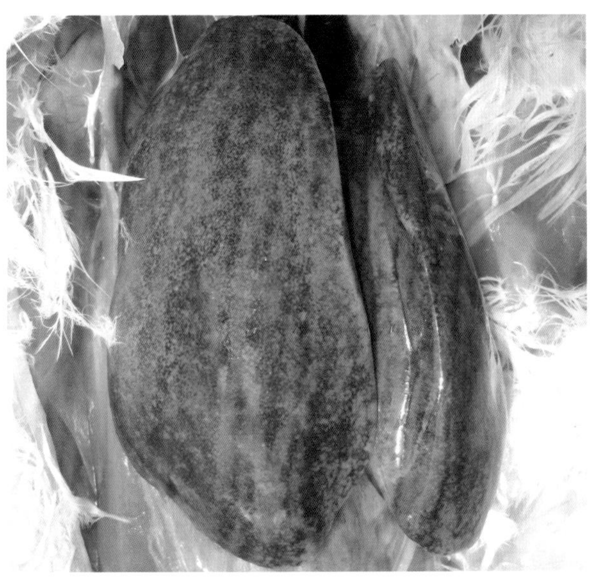

图 4-7-15　肝脏肿大，充满整个腹腔，表面有弥漫性肿瘤（二）（刁有祥 供图）

图 4-7-16　脾脏肿大，右为同日龄正常脾脏（刁有祥 供图）

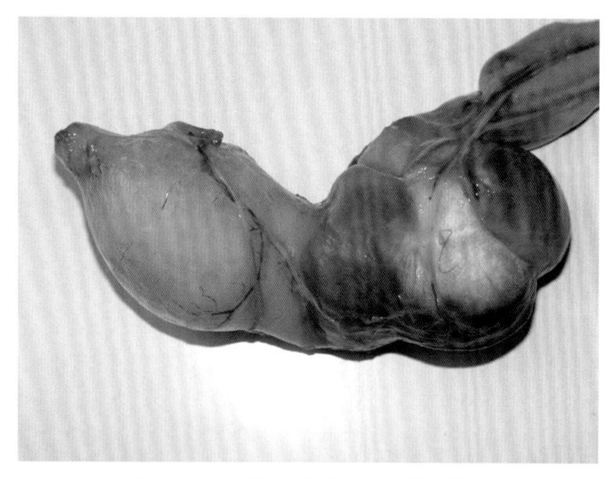

图4-7-17 腺胃肿大（刁有祥 供图）

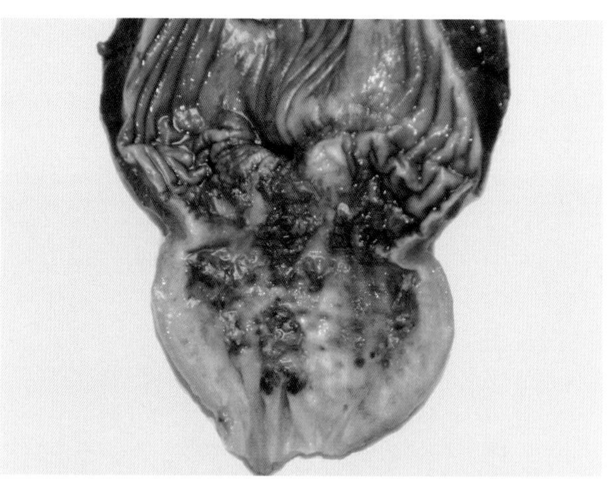

图4-7-18 腺胃肿大，胃壁增厚，腺胃黏膜溃疡（刁有祥 供图）

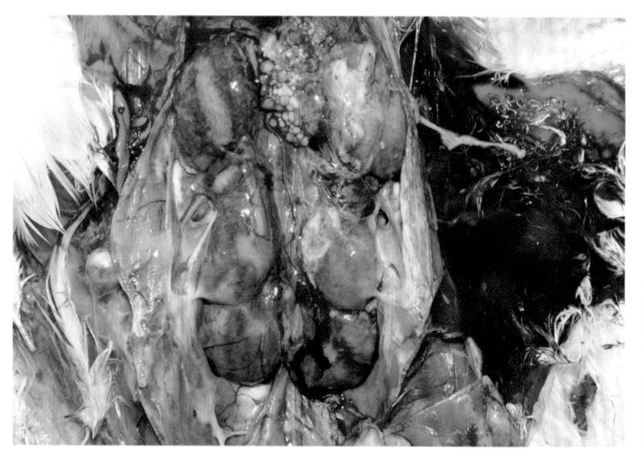

图4-7-19 肾脏肿大（刁有祥 供图）

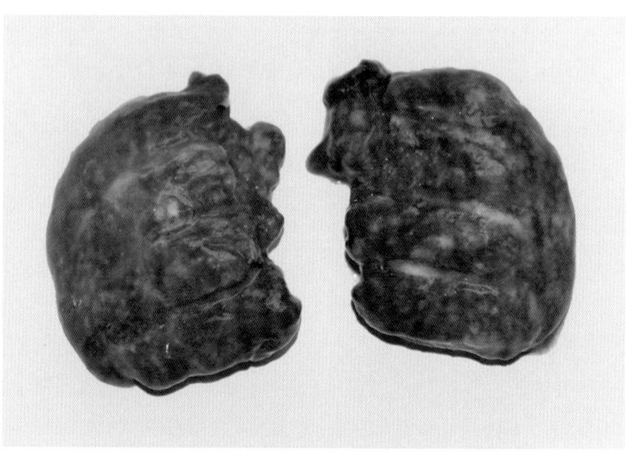

图4-7-20 肺脏弥漫性肿瘤，肺脏实变（刁有祥 供图）

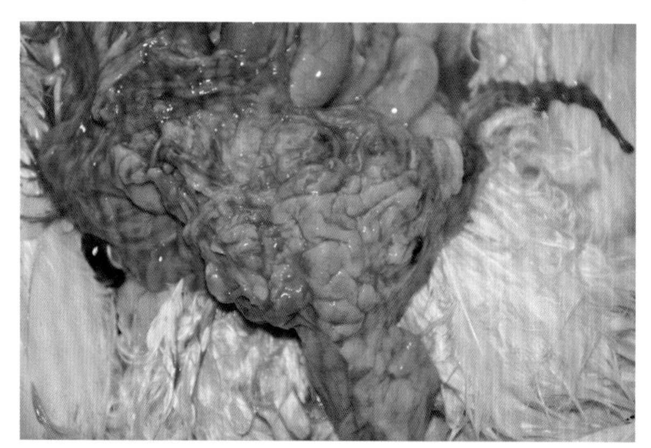

图4-7-21 腹壁肿瘤（刁有祥 供图）

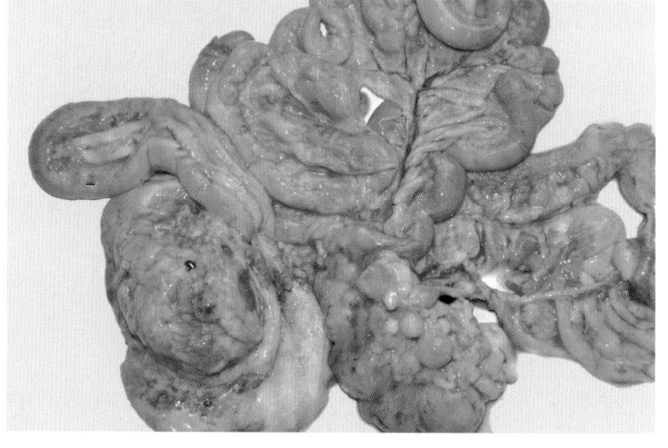

图4-7-22 肠系膜弥漫性肿瘤（刁有祥 供图）

2. 成红细胞白血病

该病分为增生型和贫血型两种类型。增生型的特征是血液中出现许多幼稚的成红细胞；贫血型的特征是发生严重贫血，血液中只有比较少的未成熟红细胞。但此两种类型则有密切的病原学关系。病鸡表现鸡冠苍白、消瘦、腹泻、精神不振、全身性贫血，有一个或多个羽毛囊出血。

两种类型病鸡剖检都有全身性贫血变化，血液稀薄呈血水样。鸡冠苍白，皮肤羽毛囊出血。皮下组织、肌肉和内脏器官常有出血点。肝脏、脾脏可见血栓形成、梗死和破裂。肺胸膜下水肿，心包积水、腹水以及肝脏表面有纤维素沉着。

增生型的特征变化为肝脏、脾脏显著肿大，肾脏亦呈弥漫性肿大，呈桃红色到暗红色，质脆而软。肝脏常由于小叶的中央静脉周围变性，而呈纤细的斑影。骨髓呈暗红色或樱桃红色，柔软或呈水样。贫血型的特征性变化是内脏器官萎缩，尤其是脾脏。骨髓色淡，呈胶冻状，骨髓空隙大多被海绵状骨质所代替。

3. 成髓细胞白血病

该病的自然病例很少见，其临床表现与成红细胞白血病相似。剖检通常呈现贫血，各实质器官肿大，质地脆弱；在肝脏，偶然也在其他器官出现灰白色、弥漫性肿瘤结节。骨髓常变坚实，呈灰红色或灰白色。严重的病例，在肝脏、脾脏和肾脏有弥漫性肿瘤组织浸润，使器官的外观呈斑纹状或颗粒状。

4. J–亚型白血病

J–亚型白血病又称为骨髓性白血病，是由 ALV–J 引起的一种肿瘤性疾病。

ALV–J 在我国各个品种鸡群中均有存在，包括肉种鸡和商品代肉鸡、蛋用型鸡、地方品种鸡，火鸡对 ALV–J 也易感。其他禽类则可能对 ALV–J 有一定程度的抵抗力。所有品系的肉用型鸡对 ALV–J 均易感，但不同品系的鸡感染 ALV–J 后其肿瘤的发生和发展情况有明显的差异。

鸡发病后主要症状表现为食欲不振，消瘦，精神萎靡。胫骨、跗关节肿胀，有的胸部、额骨、肋骨异常凸起，死亡率一般在 1% ～ 3%，有时更高（图 4–7–23、图 4–7–24）。剖检变化表现为额骨凸起（图 4–7–25），胸骨、肋骨等有大小不一的肿瘤（图 4–7–26）。肝脏明显肿大，甚至肿大数

图 4–7–23　因 J–亚型白血病死亡的肉种鸡（刁有祥　供图）

图 4–7–24　因 J–亚型白血病死亡的地方品种鸡（刁有祥　供图）

图 4–7–25　额骨凸起（刁有祥　供图）

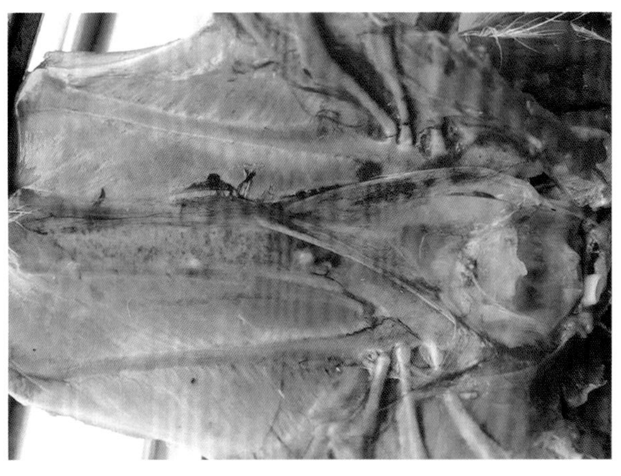

图 4–7–26　胸骨有大小不一的肿瘤（刁有祥　供图）

倍，可充满整个腹腔，肉眼可见肝脏表面有弥漫性、白色小结节状肿瘤（图 4-7-27、图 4-7-28）。脾脏（图 4-7-29）、肾脏、心脏、卵巢、睾丸、腺胃、胸腹部皮下（图 4-7-30、图 4-7-31），有时也可见到明显的黄白色结节状肿瘤，大小从针尖至黄豆大的灰白色或灰黄色结节，平滑而有光泽。严重者在腹腔内可看到从骨盆或脊柱两侧延伸至腹腔内的圆形、黄白色、大小不一的肿瘤结节。骨骼肿瘤通常为弥漫性或结节状分布，颜色呈黄白色或者灰白色，质地脆弱似奶酪样。

血管瘤为 J-亚型白血病的一种，是血管内皮细胞恶性增生造成的，主要包括毛细血管瘤、海绵状血管瘤、血管内皮瘤等。鸡群中发病的鸡主要为母鸡，临床表现发育迟缓、消瘦、贫血、鸡冠萎缩、羽毛粗乱，在开产前体表出现大小不等的血管瘤，血管瘤可出现在全身各个部位，如皮肤、各内脏器官等，但爪部发生的比例较高，血管瘤破溃后血流不止而死亡（图 4-7-32、图 4-7-33）。剖检可见肝脏肿大，表面有大小不一的血管瘤，血管瘤破裂后，导致肝脏出血，肝脏表面常覆盖一层凝血块，腹腔中有大量血液（图 4-7-34 至图 4-7-39），脾脏肿大（图 4-7-40、图 4-7-41），肾脏、胰腺、肠管等内脏器官有大小不一血管瘤。通常死亡率在 1% ～ 5%，有的病例高峰期可达 30%。种鸡开产后死淘率增高，鸡群产蛋率一般比正常鸡群低 10% ～ 15%，所产种蛋出壳后的雏鸡前期死淘率较高，有的病例可达 5% ～ 10%（图 4-7-42）。

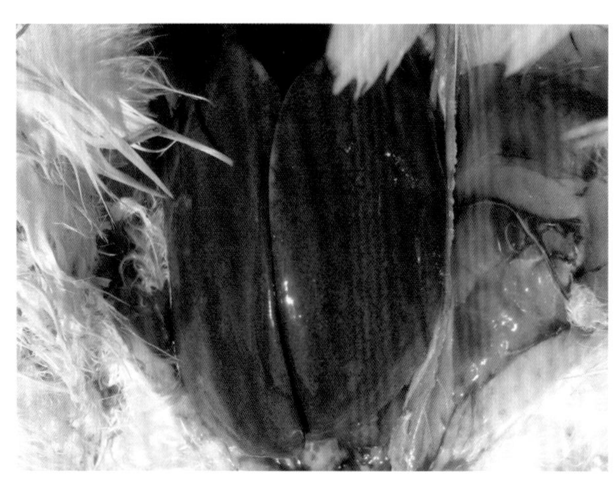

图 4-7-27　肝脏肿大，充满整个腹腔（刁有祥　供图）

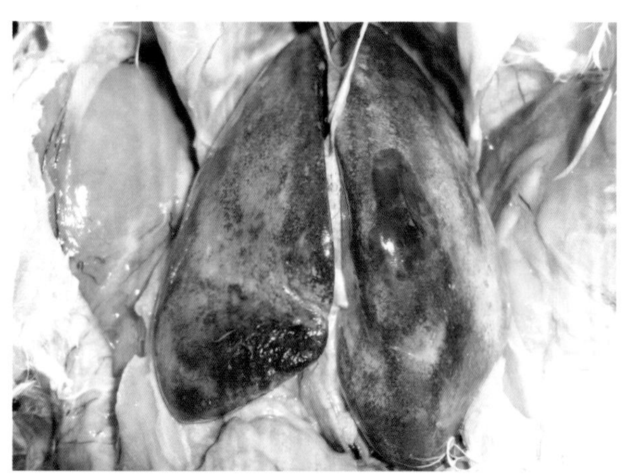

图 4-7-28　肝脏肿大，表面有大小不一的肿瘤（刁有祥　供图）

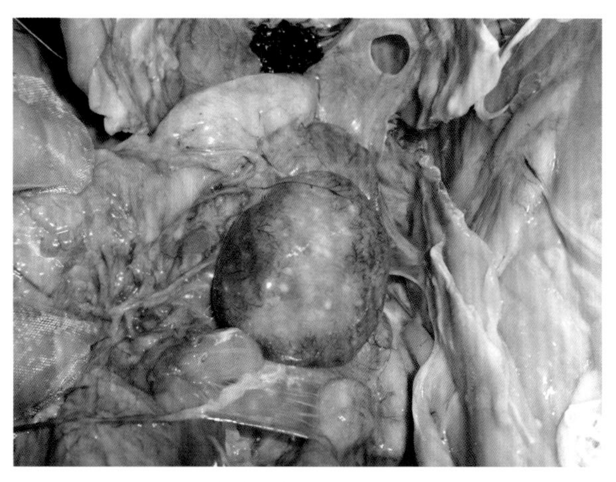

图 4-7-29　脾脏肿大，表面有大小不一的肿瘤（刁有祥　供图）

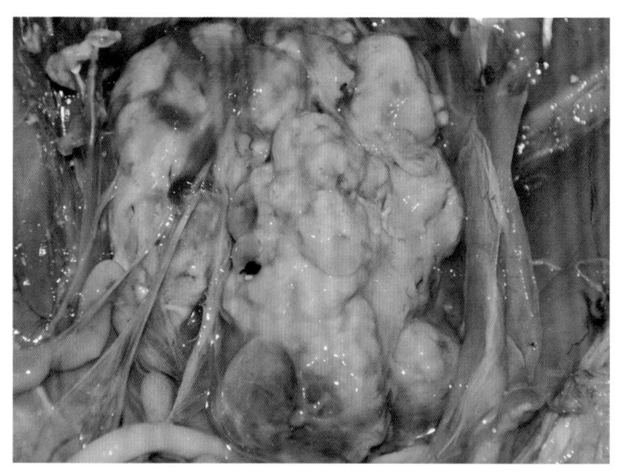

图 4-7-30　肾脏、卵巢表面有大小不一的肿瘤（刁有祥　供图）

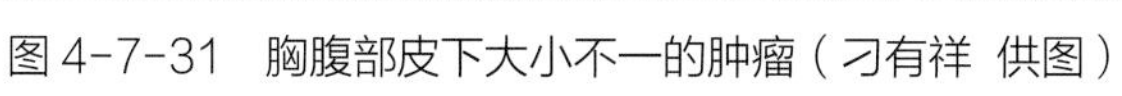

图 4-7-31　胸腹部皮下大小不一的肿瘤（刁有祥　供图）

图 4-7-32　鸡爪部血管瘤破裂，流血（杨金保　供图）

图 4-7-33　鸡爪部皮肤的血管瘤（刁有祥　供图）

图 4-7-34　肝脏破裂，表面覆盖一层凝血块（一）（刁有祥　供图）

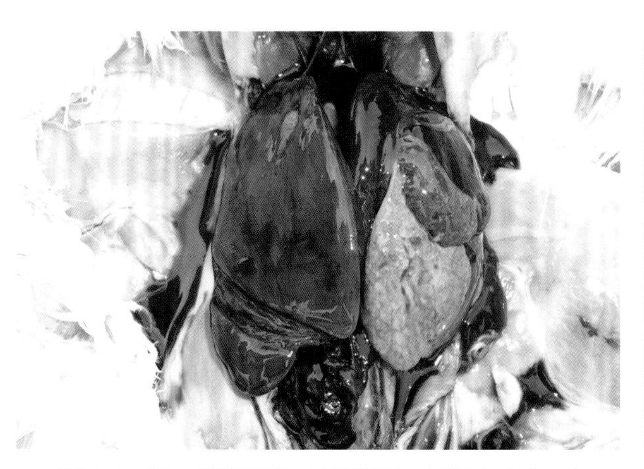

图 4-7-35　肝脏破裂，表面覆盖一层凝血块（二）（刁有祥　供图）

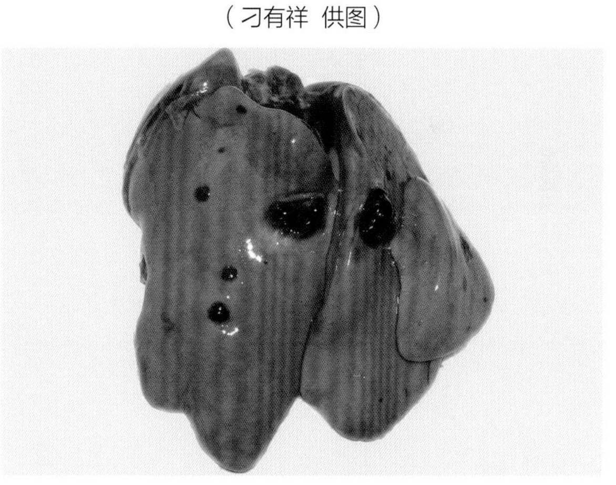

图 4-7-36　肝脏肿大，表面有大小不一的血管瘤（一）（刁有祥　供图）

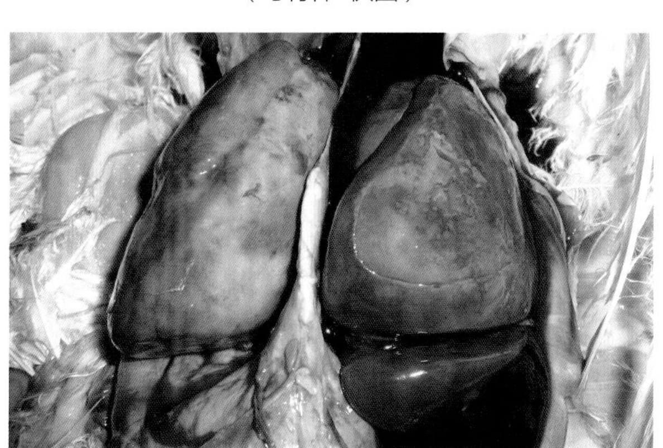

图 4-7-37　肝脏肿大，表面有大小不一的血管瘤（二）（刁有祥　供图）

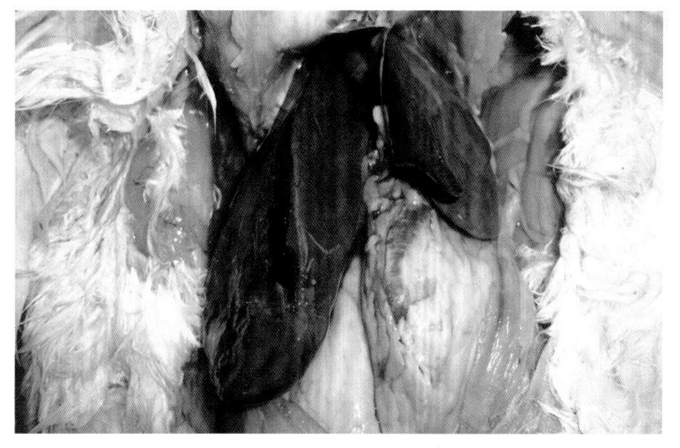

图 4-7-38　肝脏肿大，出血（刁有祥　供图）

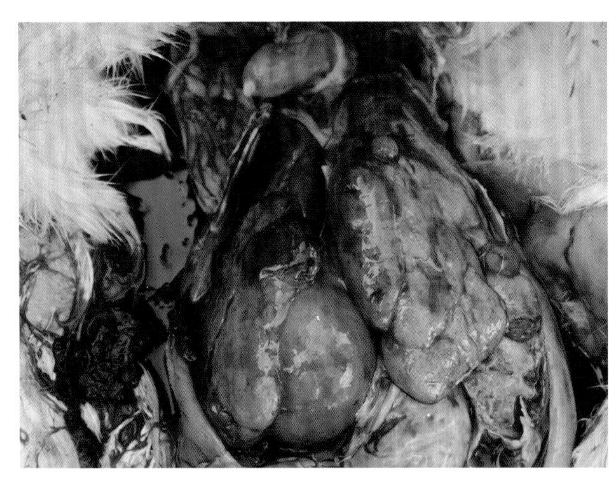

图 4-7-39　肝脏肿大，破裂，出血（刁有祥　供图）

图 4-7-40　肝脏、脾脏肿大，表面有大小不一的血管瘤（刁有祥　供图）

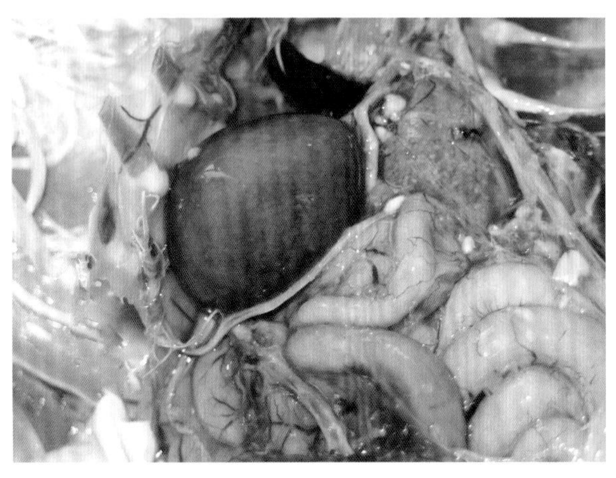

图 4-7-41　脾脏肿大（刁有祥　供图）

图 4-7-42　死亡的雏鸡（刁有祥　供图）

5. 结缔组织性肿瘤

结缔组织性肿瘤是由病毒引起并有传染性的结缔组织肿瘤，包括纤维瘤和纤维肉瘤、黏液瘤和黏液肉瘤、组织细胞瘤、软骨瘤、骨瘤和成骨肉瘤、软骨肉瘤。这些肿瘤可能为良性，也可能为恶性。在肿瘤变得非常大影响器官机能或转移前对宿主的健康没有影响。内脏器官的有些肿瘤可侵害肌肉或皮肤，侵害肌肉或皮肤的绝大多数肿瘤可以触摸到。病鸡可能死于继发性的细菌感染、毒血症、出血或肿瘤侵害器官的机能丧失。良性肿瘤不引起死亡，而恶性肿瘤病程很快，可在几天内死亡。

6. 肾瘤和肾胚细胞瘤

已经发现一些白血病病毒可引起肾脏肿瘤，包括肾瘤和肾胚细胞瘤，这些病毒是 BAI-A、ES4、MH2 以及 MC29 和 MPRS-103 毒株。在无并发症的病例中，当肿瘤小时不表现症状。随着肿瘤的增大，常出现消瘦和全身虚弱。当肿瘤压迫坐骨神经时，可导致瘫痪。

7. 骨硬化病

长骨最常受到侵害。 在骨干或干骺端区有均一的或不规则的增厚，病区异常温热。 晚期病鸡的跖骨呈特征性的“长靴样”。病鸡一般发育不良，跛行。

（二）组织学变化

组织学检查往往可见骨骼肿瘤病灶内间质很少，只见有少量血管，瘤细胞呈紧密排列，瘤细胞形态基本一致，体积较大，核较大，空泡化、色淡，常位于一侧，常有 1 个明显的核仁，细胞质内充满嗜酸性红染颗粒。骨髓的原有结构破坏，瘤细胞呈灶状或弥漫性增生，瘤细胞形态与上述相同。肝脏瘤细胞沿血管呈灶状或条索状分布，一般病灶很多，大小不等，周界不清，瘤细胞向周边浸润性生长，瘤细胞形态同骨骼肿瘤病灶的瘤细胞。脾脏鞘动脉周围有灶状瘤细胞浸润，红髓内的瘤细胞多呈弥漫性浸润，脾脏内的淋巴细胞多见坏死崩解，数量明显减少。睾丸被膜下常有结节状增生的肿瘤病灶，曲细精管间有灶状或弥漫性瘤细胞浸润，曲细精管内生精细胞及精子间有明显的变性坏死。腺胃瘤细胞最早出现于腺体中央，呈灶状浸润性生长。心脏瘤细胞呈灶状浸润生长，瘤细胞所到之处心肌纤维萎缩消失。肺脏某些小叶内常见有弥漫性浸润增生的瘤细胞。肌肉瘤细胞在肌纤维间呈灶状或弥漫性浸润增生。法氏囊常见滤泡萎缩，淋巴细胞坏死消失，滤泡间也常见有浸润增生的瘤细胞。

六、诊断

根据流行病学和病理学检查，鸡发病在 16 周龄以上，病鸡渐进性消瘦，内脏器官发生肿瘤可作出初步诊断，确诊需要进行实验室诊断。

（一）病原的分离

无菌采集全血、血浆、血清、鸡体的多数软组织、泄殖腔棉拭子、口腔冲洗物、蛋清、鸡胚、肿瘤、新鲜蛋的蛋清或 10 日龄鸡胚，通过皮下、肌肉或腹腔途径接种 1 日龄易感鸡，可以用于病毒的初次分离。也可以通过接种单层鸡胚成纤维细胞分离培养病毒。

（二）血清学检测方法

（1）酶联免疫吸附试验。Smith（1979）用兔抗禽白血病衣壳蛋白 p27 IgG 建立了检测 ALV 抗原的双抗夹心 ELISA 法。该方法具有敏感、高效、简便、快捷及适用于大面积检测的优点，缺点是同时检测到内源性 ALV 病毒，常使检测结果出现假阳性。 但研究表明蛋清中由于内源性 ALV 的 ELISA 反应假阳性结果很少，不足以影响禽白血病的检测，因此可作为理想的检测材料。

（2）间接免疫荧光技术。秦爱建等（2001）通过制备 ALV–J 特异性单克隆抗体建立了免疫荧光检测 ALV–J 抗原和抗体的方法，且能够保证检测方法均具有高度特异性。应用免疫荧光技术适用于样品数量较少时，免疫荧光技术在检测 ALV–J 疑似病例及鸡体器官肿瘤方面起到了重大作用。

（三）分子生物学检测方法

（1）PCR 检测方法。PCR 是最常用的检测和鉴别包括 E 亚群在内的病毒 DNA 的方法，绝大部分设计引物的区域位于 env 和 LTR 区域。研究者所建立的 PCR 方法从 *pol* 基因片段选取一段作为下游引物，这种方法避免了内源性 EAV 序列发生非特异性反应，它可以用于 A、B、C、D、J 亚群外源性 ALV 的检测。

（2）RT–PCR 检测方法。RT–PCR 能够检测鸡群组织、血液、细胞培养物及禽用活疫苗等样品中的 ALV 的 RNA。通常提取待检测样品中的 RNA，反转录后，检测方法同 PCR。与 PCR 相比，RT–PCR 敏感性更高。

（3）荧光定量 RT–PCR 检测方法。张在平（2010）根据 *pol* 基因序列相对保守的特点，在其保守区内设计了 1 对引物，建立了 SYBR Green I Real–time PCR 检测 ALV 的方法，与普通 RT–PCR 相比，该方法灵敏性高、特异性强、重复性好，而且临床样品检测证实其稳定可靠，适用于

ALV 的大规模检测，为 ALV-J 早期快速诊断及种鸡场净化、淘汰带毒的鸡提供了一种灵敏、特异、稳定的检测方法。

（4）核酸斑点杂交试验。核酸斑点杂交试验是将获得的 DNA 点于尼龙膜上变性固定，最后与用地高辛标记的探针对 ALV 各个亚群的特异性探针杂交，通过是否着色进行检测样品当中的病毒基因序列，进而判断是否感染。该方法不仅区分外源性病毒和内源性病毒，还可以区分 A、B 和 J 亚群。其利用的是特异性核酸探针交叉斑点试验具有方法简便快速、特异、灵敏、结果直观等特点，在诊断 ALV 中具有重要意义。

七、类症鉴别

该病易与马立克病混淆，应注意鉴别。马立克病是由疱疹病毒感染引起，8 ～ 16 周龄鸡群发病，病鸡常表现劈叉、轻瘫，病鸡眼睛虹膜有时出现病变，皮肤有时出现肿瘤，剖检病鸡法氏囊萎缩。而禽白血病由禽白血病病毒引起，16 周龄以上鸡多发，呈慢性经过，不出现劈叉、轻瘫、皮肤肿瘤，剖检病鸡法氏囊有结节状肿瘤。

八、预防

目前，白血病尚无有效的疫苗用于免疫预防，可采取以下综合性措施。

（一）避免外源性 ALV 的垂直传播

ALV 的传播方式分为垂直传播及水平传播，其中经卵垂直传播是 ALV 的主要传播方式，ALV 的垂直传播导致先天感染鸡产生了免疫耐受并成为重要传染源，这也是 ALV 扩散迅速难以控制的最主要原因。母鸡在该病传播中起的作用更大，鸡胚的先天感染主要原因是母鸡将白血病病毒排入卵清或母鸡的泄殖腔中存在病毒。据报道已感染的公鸡显然不影响后代的先天感染率，经研究观察，ALV 不在公鸡的生殖细胞中增殖。因此，公鸡仅是病毒携带者和通过接触或交配传染给其他的鸡，而人工授精则避免了公鸡同母鸡直接接触的机会，也减少了由种公鸡传播 ALV 的概率。

（二）避免外源性 ALV 的水平传播

首先，做好鸡舍孵化、育雏等环节的综合管理和消毒工作，并实行全进全出制，避免人为原因造成病原的机械传播；其次，生物制品生产过程中的生物安全问题也是 ALV 净化必须考虑的问题，2006 年国外学者报道了在商业化的马立克疫苗中污染外源性 ALV 的报道，且分离的 ALV 人工诱导发病可以引起肿瘤。目前国产禽用活疫苗所用的鸡胚，未能完全使用 SPF 鸡胚进行，非净化鸡胚中的 ALV 随接种病毒的扩增同时得到扩增，成为目前我国 ALV 扩散的另一根源，也是我国 ALV 防控中一个被忽视的地方。因此，选用质量良好、利用 SPF 鸡胚生产的活毒疫苗是 ALV 种群净化时的必然选择。目前我国对于禽用疫苗生产的生物安全问题也给予了高度的重视，正逐步要求相关疫苗的生产均使用 SPF 鸡胚。

（三）种群净化

通过病原检测，对祖代、父母代种鸡进行净化是该病主要的预防措施。种群的净化需要有准确、灵敏、操作便捷的检测方法作为保障，以防止误检造成重复感染。 实验室经典的鉴别诊断方法包括病毒分离、利用免疫学方法检测特异性抗原（或抗体）、肿瘤组织的病理学观察、PCR 等分子生物的快速检测方法。目前，适用于种群净化筛选的检测方法是酶联免疫吸附试验，它具有敏感性高、简便快捷、适用于高通量检测的特点，是监测鸡群的感染程度、建立无禽白血病鸡群必不可少的检测手段。核衣壳蛋白 p27 是所有亚群 ALV 的共同抗原（Group specific antigen，GSA），也是目前 ELISA 检测 ALV 的靶抗原，但 p27 蛋白不能区分内源性 ALV 病毒，使检测结果可能存在假阳性，比较可靠的方法是将待检样品用原代 SPF 鸡胚成纤维细胞或 DF-1 继代细胞培养 7 ～ 9 d，再用 ELISA 检测细胞培养物中是否有 p27 蛋白的存在。但这样做十分耗时耗力，且受实验室条件的限制，不可能应用于大规模的临床样品的检测。研究表明在某些样品中（如蛋清），由于内源性 ALV 引起 ELISA 假阳性的结果很少，不足以影响禽白血病的检测，因此应用 p27 的 ELISA 法可作为理想的种群净化检测方法。

种群净化标准如下。

病原学抽检，原种场全部为阴性，祖代场、父母代场阳性率低于 1%；血清学抽检，A 亚型、B 亚型、J 亚型白血病病毒抗体及蛋清 p27 抗原检测，原种场全部为阴性，祖代场、父母代场阳性率低于 1%；连续 2 年以上无临床病例。

1. 1 日龄胎粪检测

母鸡感染病毒后，病毒在输卵管的膨大部大量复制，随刚出壳雏鸡的粪便中排出病毒。收集 1 日龄雏鸡的胎粪，检测 p27 抗原。有一只雏鸡为阳性，则同一种鸡来源的雏鸡均判为阳性，不作种用，同时淘汰相应种母鸡。

2. 6 周龄采集血浆分离、检测病毒血症

育雏期结束时，对后备鸡进行性状观察，淘汰不合格个体。对保留的鸡逐只采血，接种 DF-1 细胞分离病毒。培养 9 d 后用 ALV 的 p27 抗原 ELISA 检测试剂盒检测 p27 抗原。淘汰阳性后备鸡。在同一母鸡的同一饲养笼中，只要有一只阳性就应淘汰同笼中的其他后备鸡。

3. 23 ～ 25 周龄产初期检测

初产期是鸡群白血病病毒排毒高峰，逐只取初生蛋 3 个，编号。选择每只种鸡开产最初的 2 ～ 3 枚蛋，取蛋清的混合样品，用 ELISA 方法检测蛋清中的 p27 抗原，淘汰抗原阳性鸡。其余鸡采集血浆接种 DF-1 细胞分离病毒，用 ELISA 方法检测 p27 抗原，淘汰阳性鸡。公鸡可采集精液检测 p27 抗原，淘汰阳性鸡。

4. 40 ～ 45 周龄留种前检测净化

取每只鸡的 2 ～ 3 枚蛋对蛋清进行 p27 抗原检测，淘汰阳性鸡。其余鸡采集血浆接种 DF-1 细胞分离病毒，用 ELISA 方法检测 p27 抗原，淘汰阳性。

5. 公鸡的净化

孵化室 1 日龄雏鸡检测，同母鸡（先收集胎粪 1 次，再鉴别雌雄）。第 1 次挑选公鸡时，采集血浆进行病毒分离检测。在开始供精之前，至少经过病毒分离检测 1 次，淘汰阳性鸡。在生产阶段采血浆进行病毒分离检测 1 次。采集精液后，检测精液 p27 抗原及接种 DF-1 细胞分离病毒，淘汰阳性鸡。

孵化器、出雏器、运输箱、育雏室和所有设备在每次使用后应彻底清洗和消毒，孵化的雏鸡分成小群（25 ～ 50 只）隔离饲养，避免人工泄殖腔雌雄鉴别，接种疫苗时不共用针头，人工授精时每次更换输精管，以避免任何残余感染的机械传播；杜绝使用卵黄抗体，可避免由未净化卵黄液造成 ALV 水平传播的可能。

禽白血病的净化是一项费时、费力且花费巨大的工作，需要几年坚持不懈的努力，但从长期深远的影响来看，ALV 的净化对于养禽业的发展是十分有益和必要的。

第八节　禽脑脊髓炎

禽脑脊髓炎（Avian encephalomyelitis，AE），又称流行性震颤（Epidemic tremor），是由禽脑脊髓炎病毒（*Avian encephalomyelitis virus*，AEV）引起的一种主要侵害雏禽中枢神经系统的病毒性传染病，雏鸡感染发病后表现为共济失调、头颈震颤、两肢轻瘫或不完全麻痹、站立不稳等，产蛋鸡出现一过性产蛋下降，孵化率降低。病理变化主要为非化脓性脑脊髓炎。该病能通过种蛋垂直传播，危害大，在世界大多数养鸡地区均有发生，尤其是 20 世纪 60 年代疫苗未推广应用之前，该病给养禽业造成了严重经济损失。

一、历史

1930 年 5 月美国 Jones 首次报道一个商品鸡群中 2 周龄洛岛红小鸡头颈震颤的疾病，之后传至美国东部多个州。1934 年，Jones 等利用自然发病鸡的脑组织病料脑内接种易感雏鸡，首次分离出禽脑脊髓炎病毒，人工感染的雏鸡表现头颈震颤、共济失调等症状。1938 年，Van Roekel 等将该病定名为“禽脑脊髓炎”。1958 年，Schaaf 首次报道通过免疫接种成功控制了该病。1962 年，Calnek 等研制出口服疫苗，较好地控制了该病在世界商品鸡群中的发生。

1980 年张泽纪等报道我国广东地区首次发现疑似禽脑脊髓炎的病例；1982 年李心平等通过病理组织学等方法对该病作出确诊报道；1983 年毕英佐等通过流行病学、病理组织学和动物回归试验等确诊该病。随着疫苗的使用，该病在集约化养禽场得到较好控制，养殖条件落后地区该病偶有发生。

二、病原

禽脑脊髓炎病毒（AEV）属于微 RNA 病毒科（Picornaviridae）、震颤病毒属（*Tremovirus*）。AEV 粒子直径为 24 ～ 32 nm，具有六边形轮廓，无囊膜，呈五重对称，含 32 个或 42 个壳粒，在氯化铯中浮密度为 1.31 ～ 1.32 g/mL，沉降系数为 148S。病毒基因组为单分子线状正链单股 RNA，全长 7 055 nt，基因组结构由 5' 端非编码区域、开放阅读框和 3' 端非编码区域组成，位于基因组编码区的开放阅读框长度为 6 402 nt，编码 2 143 个氨基酸。病毒基因组编码 VP1、VP2、VP3 三种结构蛋白和 2A、2B、2C、3A、3B、3C、3D 七种非结构蛋白。复制时病毒 RNA 可直接作为 mRNA 使用，先翻译一个多聚蛋白，再进而裂解成 11 个蛋白，复制部位在细胞质中。

AEV 野毒株和鸡胚适应毒均属于同一个血清型，但不同毒株致病性和组织嗜性不同。可分为两种不同的致病型，一种是嗜肠道型，易通过口服途径感染并从粪便排毒，以自然野毒为代表，一般不致病；另一种是高度嗜神经型，主要是鸡胚适应毒，口服不感染（除大剂量外）。通过垂直传播或出壳早期水平传播可引起易感雏鸡神经症状。两种致病型病毒均能在 SPF 鸡胚中复制，自然野毒株一般不引起可见的鸡胚病变，鸡胚适应毒对 SPF 鸡胚有致病性，可引起肌肉营养不良和骨骼肌运动抑制。

目前，AEV 的增殖传代均是通过卵黄囊接种 6 日龄鸡胚来实现的，病毒在鸡胚中增殖，收集病胚的脑组织经研磨后获得病毒液。该病毒还可在鸡胚肾、鸡胚成纤维细胞和鸡胚胰细胞中增殖，一般见不到致细胞病变现象。多次传代后将失去其毒力，在鸡胚神经细胞中复制可获得较高滴度的病毒，产生少许细胞病变。因此可为血清学试验和疫苗制备提供高纯度病毒。鸡胚适应毒株，通过非胃肠途径接种，可引起各种年龄鸡出现症状。用鸡胚适应毒株接种易感鸡胚出现特征性病变，如胚胎萎缩，爪卷曲，肌营养不良、萎缩和脑软化等，接种 3 ～ 4 d 鸡胚脑中可检出病毒，高峰滴度出现于接种后 6 ～ 9 d。

病毒的抵抗力强，对氯仿、乙醚、酸、胰蛋白酶、去氧胆酸盐、去氧核酸酶等有抵抗力，在 1 mol/L 氯化镁溶液中对 50℃也有抵抗力。

三、流行病学

自然感染见于鸡、雉、鹌鹑和火鸡，鸡对该病最易感。各种日龄均可感染，但 3 周龄以内雏鸡易感性最高，有明显的临床症状，日龄越大，症状越轻，有明显的日龄抵抗性。成年蛋鸡可引起产蛋率下降和孵化率降低，雏鸭、雏火鸡、雏鹌鹑、雏鸽子、珠鸡等均可被人工感染，但豚鼠、小白鼠、兔、猴等对该病毒脑内接种有抵抗力。

禽脑脊髓炎病毒具有很强的传染性，能通过接触水平传播和经卵垂直传播。无论是自然感染还是人工感染的鸡，均可通过直接或间接接触传播该病。在自然条件下，禽脑脊髓炎主要通过肠道感染，病鸡通过粪便排毒，持续时间为 5 ～ 14 d，幼雏排毒时间 2 周以上，3 周龄雏鸡排毒时间仅为 5 d。病毒在粪便中可存活 4 周以上，容易通过人员流动、污染物而发生水平传播，易感鸡接触到被污染的饲料、饮水等便可发生感染。垂直传播是该病很重要的一种传播方式，产蛋鸡感染后 3 周内所产的种蛋均带有病毒，这些种蛋可能在孵化过程中死亡，或者能孵化出壳，但孵出的雏鸡在 1 ～ 20 日龄内发病死亡。因此，种鸡是否感染了脑脊髓炎病毒，往往通过其后代才能表现出来。感染后的种鸡会逐渐产生循环抗体，种鸡的带毒和排毒情况也随之减轻，一般感染后 3 ～ 4 周种蛋内的母源抗体就可以保护雏鸡顺利出壳，不再出现该病的任何症状。

该病发生无明显的季节性，一年四季均可发生。雏鸡发病率一般为 40%～ 60%，死亡率为 10%～ 25%，甚至更高。

四、症状

垂直传播的雏鸡潜伏期 1 ～ 7 d，经水平传播感染的雏鸡，最短潜伏期为 11 d。该病主要见于 3 周龄以下的雏鸡，虽然在出雏时有较多的弱雏并可能有一些病雏，但有典型神经症状的病鸡大多在 1 ～ 2 周龄时才陆续出现。

病雏早期症状是反应迟钝，随后出现共济失调，驱赶时很易发现，共济失调加重时，雏鸡斜坐在跗部、瘫痪（图 4-8-1 至图 4-8-3）。驱赶时病鸡可以勉强运动，但不能控制速度和步态，摇摇摆摆或向前猛冲，最终倒向一侧不起。有些鸡不愿走动或者用跗关节行走。肌肉震颤大多是在共济失调之后出现，头颈部有明显的阵发性震颤，震颤频率较高，受到刺激或骚扰时震颤更加明显。后期病鸡营养不良、衰竭，最终死亡。

病雏在发病早期仍能采食和饮水，随着病情加重就不能走动和站立，以后往往因不能及时饮水或饮食而迅速衰竭，加上同群鸡的践踏，死亡率增加。少数出现症状的鸡可存活，但部分病雏因一侧或两侧眼球的晶状体浑浊变蓝而失明（图 4-8-4），若保留这样的鸡作为种鸡，其后代可能发生眼球增大、晶状体浑浊等眼病。

1 月龄以上的鸡群受到感染后，除表现阳性血清学反应外，无任何其他明显的症状和病理变化。产蛋鸡受感染后，除血清学出现阳性反应外，唯一可观察到的异常就是 1 ～ 2 周的产蛋率轻度下降，下降幅度大多为 10%～ 20%。由于引起产蛋率下降的因素很多，所以产蛋鸡感染后出现的这种异常很容易被人们忽视。

图 4-8-1　雏鸡瘫痪，腿伸向一侧（刁有祥　供图）

图 4-8-2　雏鸡瘫痪，以一侧腿支撑，另一侧呈伸展状态（刁有祥　供图）

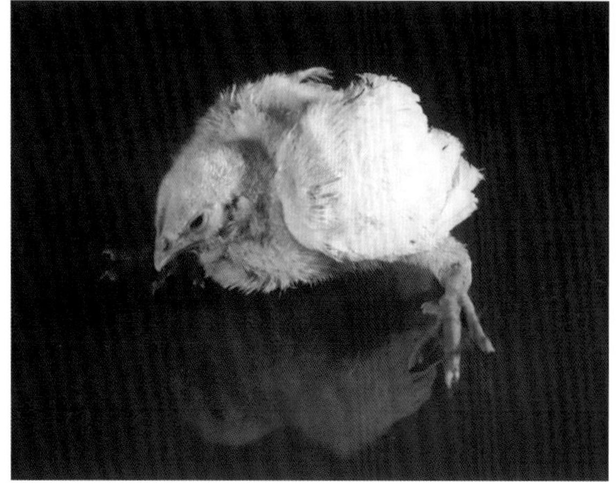

图 4-8-3　腿伸向两侧（刁有祥　供图）

图 4-8-4　晶状体浑浊（刁有祥　供图）

五、病理变化

（一）剖检变化

病雏剖检可见腺胃的肌层中有细小的灰白区（图 4-8-5），需要细心观察才能发现。个别病雏可见脑部轻度充血、水肿（图 4-8-6）。

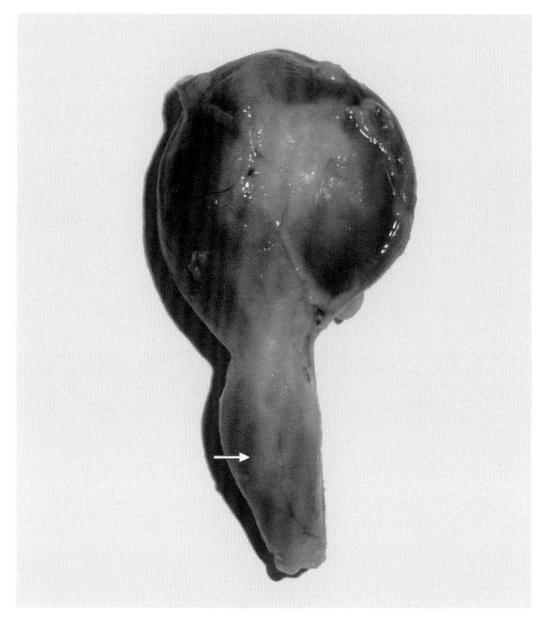

图 4-8-5　腺胃表面有灰白色区（刁有祥　供图）

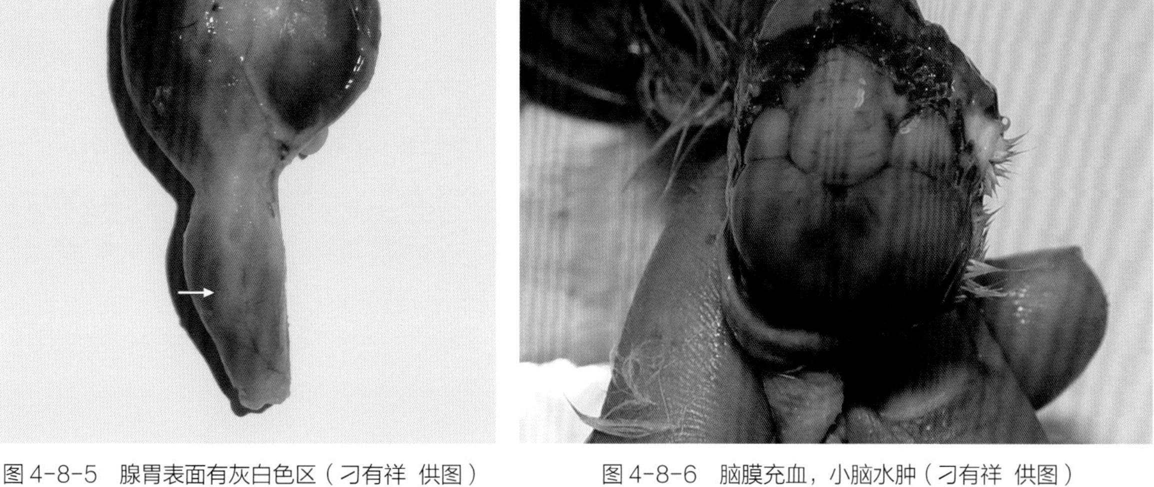

图 4-8-6　脑膜充血，小脑水肿（刁有祥　供图）

（二）组织学变化

组织学变化主要见于中枢神经系统和腺胃、肌胃、胰腺等脏器，周围神经系统一般无病变，这是一个重要的鉴别诊断要点。中枢神经系统主要表现为病毒性脑炎，如神经元变性、胶质细胞增生和血管套等。延脑和脊髓灰质中可见神经元中央染色质溶解，神经元胞体肿大，细胞核膨胀，细胞核移向细胞体边缘等变化，整个细胞呈均质化或空洞状。大多数神经元细胞核消失。有时还可见到以神经元细胞核固缩、细胞染色较深为特征的渐进性坏死。在中脑的圆形核和卵圆核、小脑的分子层、延脑和脊髓中可见有胶质细胞的增生灶。在大脑、视叶、小脑、延脑、脊髓中容易见到以淋巴细胞浸润为主的血管套。腺胃的黏膜肌层以及肌胃、肝脏、肾脏、胰腺中有密集的淋巴细胞增生灶。以上特征性病理变化，对该病具有诊断意义。

六、诊断

根据雏鸡出壳后陆续出现瘫痪、早期食欲尚好、剖检无明显的特征性肉眼病变，种鸡群有短暂的产蛋下降，在一段时间内连续孵出的多批雏鸡发病，均出现麻痹、震颤和死亡等情况，结合组织病理学特征性变化，即可作出初步诊断。确诊需要进行实验室检查。

1. 病原分离

无菌采集发病雏鸡的脑组织、胰脏、十二指肠等，按照 1 : 4 比例加入生理盐水或 PBS 研磨或匀浆，冻融 1 ～ 2 次，12 000 r/min 离心 10 min，取上清液加入青霉素和链霉素后 4℃过夜，备用。

2. 病原鉴定

（1）雏鸡接种试验。将处理好的无菌上清液，脑内或皮下接种 7 日龄无 AEV 母源抗体或 SPF 雏鸡，每只接种 0.03 mL，接种后 1 ～ 4 周内可出现典型症状。

（2）鸡胚接种试验。将处理好的无菌上清液经卵黄囊接种 5 ～ 6 日龄 SPF 鸡胚，如有鸡胚死亡，可见鸡胚肌肉萎缩、脑水肿等异常变化。

（3）琼脂扩散试验。利用 AEV 鸡胚适应株或野毒株分别接种 SPF 鸡或鸡胚，收集发病鸡或鸡胚的脑、胃肠和胰腺等制成琼扩抗原，用已知禽脑脊髓炎病毒的阳性血清检测病毒。

（4）荧光抗体技术（FA）。将发病鸡的脑、胰腺、腺胃等病料制成 6 ～ 7 μm 冷冻切片，丙酮固定后，用抗 AEV 特异性荧光抗体室温下染色 30 min，PBS（pH 值为 7.4）冲洗 20 min，50% PBS 甘油溶液覆盖玻片，荧光显微镜下观察，阳性鸡的病料组织中可见黄绿色荧光。

（5）RT–PCR。Xie 等（2005）建立了检测 AEV 的 RT–PCR 方法，具有较强的特异性、敏感性，检测限为 10 pg AEV 的 RNA。

（6）荧光定量 RT–PCR 检测方法。薄智勇等（2019）根据 AEV 的 *VP1* 基因序列设计 1 对特异性引物，通过对反应体系条件的确定和阳性质粒标准曲线的建立，建立用于快速检测 AEV 的荧光定量 RT–PCR 方法。该方法能特异性地检测 AEV，且与其他禽类病毒无交叉反应；最低能检出 10 个拷贝 AEV 的 RNA 模板，为普通 PCR 的 100 倍，重复性试验的变异系数均小于 4%。

七、类症鉴别

该病雏鸡发病后的特征性症状为瘫痪和头颈震颤，产蛋鸡出现产蛋下降，应注意与新城疫、病毒性关节炎、马立克病、维生素缺乏、产蛋下降综合征相鉴别。

（一）禽脑脊髓炎与新城疫

鸡感染新城疫头颈歪斜、震颤等症状，与禽脑脊髓炎症状相似。但新城疫时，腺胃乳头出血，肠道有枣核状出血或坏死，而禽脑脊髓炎没有上述剖检变化。

（二）禽脑脊髓炎与病毒性关节炎

病毒性关节炎与禽脑脊髓炎均会出现瘫痪，但病毒性关节炎会引起跗关节肿大，关节腔有脓性渗出、腓肠肌腱断裂等变化，而禽脑脊髓炎没有上述变化。

（三）禽脑脊髓炎与马立克病

马立克病病毒会侵害坐骨神经，引起病鸡出现“劈叉”等神经症状，与禽脑脊髓炎症状相似。但鸡发生马立克病时，发病日龄较大，剖检可见患病鸡的内脏器官出现肿瘤。而禽脑脊髓炎雏鸡易感，内脏器官不出现肿瘤病变。

（四）禽脑脊髓炎与维生素缺乏引起的营养代谢性疾病

维生素 B_1、维生素 B_2 缺乏时，病鸡也表现腿部麻痹和行走困难。但维生素 B_1 缺乏时，病鸡常出现颈部伸肌痉挛、头向背后极度弯曲，呈“观星”姿势；维生素 B_2 缺乏时，病鸡的趾爪向内蜷缩，剖检可见坐骨神经和臂神经肿胀。硒和维生素 E 缺乏时病鸡由于脑软化出现共济失调和肌肉痉挛。

（五）禽脑脊髓炎与产蛋下降综合征

产蛋下降综合征在蛋鸡开产前不会表现出任何症状，只有在蛋鸡逐渐发育至性成熟时才会出现产蛋量急剧下降、出现大量畸形蛋等现象，一旦发病恢复较慢。

八、预防与控制

（一）实行综合性预防措施

加强卫生消毒工作，不从发病的种鸡场引进种蛋和雏鸡，种鸡感染后 1 个月内的种蛋不用于孵化。

（二）免疫接种

由于该病可垂直传播，通过种鸡免疫接种可被动使雏鸡获得免疫保护力。目前疫苗有活苗和灭活苗两类，活苗包括两种，一种是弱毒活疫苗，这是一种温和的野毒株，一般饮水免疫，适用于10～16周龄的种母鸡，疫苗免疫后1周即可产生抗体，3周后达到较高水平，免疫期1年，母源抗体可保护子代6周内不受病毒感染。该活疫苗具有一定的毒力，接种疫苗后1～2周仍然能排出病毒，因此小于8周龄的鸡不能使用此苗，以免引起发病。产蛋鸡接种该疫苗后会出现产蛋量下降10%～15%，且种蛋中携带病毒，持续时间达10～14 d。另一种活苗是禽脑脊髓炎-鸡痘二联弱毒苗，育成鸡一般于10周龄以上至开产前4周之间通过翼膜刺种免疫。

目前已有多种灭活疫苗投入使用，包括禽脑脊髓炎单苗、多联疫苗等，在生产中均取得了较好的预防效果。油乳剂灭活疫苗安全性好，免疫后不排毒、不带毒，特别适合于疫区种鸡群免疫。一般种鸡开产前1个月肌内注射免疫，通常免疫1次，可保护终生，为雏鸡提供较高的母源抗体。

推荐免疫接种程序：10～12周龄饮水或滴眼免疫1次弱毒疫苗，开产前1个月免疫1次油乳剂灭活疫苗。

（三）发病后的处理

目前该病尚无特异性药物治疗，若种鸡群感染，立即用0.2%过氧乙酸与0.2%次氯酸钠带鸡喷雾消毒，交替使用。产蛋下降期所产的蛋不能作为种蛋使用，自产蛋下降之日算起，在1个月左右，种蛋只可作商品蛋处理，不可用于孵化，产蛋量恢复后所产的蛋应在严格消毒后孵化。雏鸡一旦发病，出现症状的雏鸡应立即淘汰、焚烧或深埋。若发病率高，可考虑全群淘汰，彻底消毒后，重新进鸡。

第九节　病毒性关节炎

鸡病毒性关节炎（Viral arthritis）又称病毒性腱鞘炎或滑液囊炎，是由禽呼肠孤病毒（*Avian reovirus*，ARV）感染引起的鸡或火鸡的重要传染病，以鸡跛行、关节炎、腱鞘炎、腓肠肌断裂等为主要特征。该病传播速度快、发病范围广，不同日龄、不同品种的鸡均可感染，但对商品肉鸡的危害最为严重。该病属免疫抑制类疾病，能损伤鸡体免疫器官，造成免疫功能低下，从而增加其他病原的易感性，给我国养鸡业造成严重经济损失。

一、历史

1954年Fahey和Crawley首次从有慢性呼吸道疾病的鸡呼吸道内分离到ARV，随后研究人员在南非、法国、以色列、英国、美国、意大利等国家也发现了ARV感染。1972年Walker确定ARV为病毒性关节炎的病原。1985年王锡堃报道了我国鸡病毒性关节炎的发生，目前，该病在中国鸡场普遍存在。

二、病原

禽呼肠孤病毒（ARV）属于呼肠孤病毒科（Reoviridae）、刺突呼肠孤病毒亚科（Spinareovirinae）、正呼肠孤病毒属（*Orthoreovirus*）。其病毒粒子呈球形，直径为 70 ～ 80 nm，在感染细胞的细胞质内呈晶格状排列，在氯化铯中的浮密度为 1.36 ～ 1.37 g/mL。病毒粒子呈二十面体对称，有双层核衣壳（外衣壳和内衣壳），但无囊膜，由 10 个分节段的线性双股 RNA（dsRNA）组成，大小约为 23 kb。根据其在聚丙烯酰胺琼脂糖凝胶电泳上迁移速率的大小，10 个基因片段被分为 3 组，即 *L*（*L*1、*L*2、*L*3）、*M*（*M*1、*M*2、*M*3）、*S*（*S*1、*S*2、*S*3、*S*4），至少编码 12 个主要蛋白，由 *L* 基因编码的蛋白命名为 λ 蛋白，*M* 基因编码的命名为 μ 蛋白，*S* 基因编码的命名为 σ 蛋白，12 种主要蛋白中有 8 种为结构蛋白（λA、λB、λC、μA、μB、σA、σB、σC），4 种非结构蛋白（μNS、σNS、P10、P17）。σB 蛋白 N 末端及 C 末端各含一个功能域，前者起稳定作用，后者能诱导细胞融合及特异性中和抗原决定簇的产生。σB 蛋白通过与 σC 蛋白相互作用，可提高 ARV 感染细胞的能力。σC 蛋白是 ARV 外衣壳的次要成分，是一种细胞黏附蛋白，能够与宿主细胞膜表面受体相互作用介导病毒对细胞的吸附。另外，σC 蛋白携带有 ARV 特异性中和反应的表面抗原，能够诱导机体产生型特异性中和抗体（Type-specific neutralizing antibodies）。在持续性免疫选择压力下，该编码基因极易发生变异以适应较大的进化压力，这使疫苗免疫防控陷入恶性循环，但由此，σC 蛋白也成为分离鉴定不同 ARV 毒株，分析序列差异、毒株致病力、免疫原性关系，研究不同毒株之间交叉保护性的重要因子，可为基因工程疫苗的制备提供重要依据。此外，σA 有抑制天然免疫基因表达的作用，可抑制宿主细胞产生 Ⅰ 型干扰素，在 ARV 的感染繁殖中也起到了重要作用。

同禽流感病毒一样，ARV 是分节段的 RNA 病毒，易于发生基因重配，产生种及血清型的变异。近年来，ARV 变异株不断出现，毒力不断增强，呈现多基因型共流行的趋势，目前，在我国鸡场中，基因 Ⅰ 型～Ⅵ型 ARV 均有流行，不同基因型的 ARV 致病力有差异。通过序列比对发现，除点突变和重排方式外，以重组方式导致变异毒株出现也是一个重要因素，这种变异导致商品疫苗的免疫效果下降。

ARV 可感染 7 ～ 10 日龄 SPF 鸡胚，卵黄囊接种法和尿囊腔接种法均可成功增殖，但初代病毒分离采用卵黄囊接种方式最佳。鸡胚在接种后 3 ～ 6 d 出现死亡，死亡鸡胚表现为胚体发育不良、出血、绒毛膜增厚及卵黄破裂等，经绒毛尿囊膜接种的鸡胚，绒毛膜增厚，膜上有痘斑样病灶。此外，ARV 还可在 Vero 细胞，来航鸡肝脏癌细胞（LMH）以及常用的禽原代细胞，包括鸡胚成纤维细胞、肝、肺、肾、巨噬细胞和睾丸细胞及巨噬细胞（HD11）中增殖，其中以 LMH 细胞和鸡胚肝细胞最为敏感，接种 24 ～ 48 h 出现以细胞融合为特征的典型细胞病变（CPE）。ARV 在细胞上的病变主要表现为细胞拉网变圆，融合形成合胞体，随后融合的合胞体变性形成巨细胞，悬浮于培养液中，留下空洞。ARV 毒株经适应可在部分哺乳动物细胞内生长，但大多不产生细胞病变。

ARV 对环境的抵抗力较强，能够耐受 60℃条件下 8 ～ 10 h、56℃条件下约 24 h、37℃条件下 15 ～ 16 周、22℃条件下 48 ～ 51 周，4℃条件下能够存活 3 年以上、-20℃条件下存活 4 年以上、-63℃条件下存活 10 年以上。半纯化的病毒稳定性也较高，在 60℃条件下 5 h 后依然具有活性。另外，添加 $MgCl_2$ 可提高该病毒的耐热稳定性。ARV 对有机溶剂具有抵抗力，该病毒对乙醚溶液不敏感，对氯仿轻度敏感。对 2% 来苏尔、3% 福尔马林、DNA 代谢抑制物等有抵抗力。对 pH 值 3.0

的环境有一定抵抗力，室温条件下过氧化氢作用 1 h 不能使其灭活。但 2% ～ 3% 氢氧化钠溶液、70% 乙醇和 0.5% 有机碘可使病毒失活。ARV 不同于哺乳动物呼肠孤病毒，无血凝性，不能凝集火鸡、鸡、鸭、兔、绵羊、鼠的红细胞。不同 ARV 毒株对胰蛋白酶的敏感性也是不同的，但是对胰蛋白酶敏感的毒株普遍表现出经口感染后在肠道内复制较差。

三、致病机制

据钟泽篪（2012）报道，肌腱是禽呼肠孤病毒最常侵害的部位，发生病变的肌腱呈现明显的水肿、坏死，周围有大量的异嗜性粒细胞、淋巴细胞、浆细胞和巨噬细胞浸润，有炎性的网状细胞增生区域，最后腱鞘壁增厚、发生纤维变性及肉芽肿。跗关节软骨溃烂，伴发肉芽组织增生，最终形成外生骨瘤。其中以异嗜细胞浸润为特征的心肌炎、肌腱水肿或坏死是具有诊断意义的特征之一。此外，禽呼肠孤病毒还能造成胸腺和法氏囊体积的萎缩、脾脏肿胀、白髓萎缩或消失。这些损伤将引起机体免疫水平下降，使机体更容易遭受其他病原的侵害而加重病情。

细胞凋亡是禽呼肠孤病毒造成组织损伤的主要机制。现已证明，禽呼肠孤病毒引起细胞凋亡的途径主要有两个，分别是细胞凋亡的死亡受体通路和线粒体通路。禽呼肠孤病毒能激活原癌基因的磷酸化，引导细胞发生线粒体通路的凋亡。此外，P10 蛋白也能诱导细胞的凋亡。P10 蛋白是一种能诱导合胞体形成的病毒蛋白，它能使细胞膜通透性的增加，当其大量聚集在细胞膜时便能引起细胞融合和细胞凋亡。

四、流行病学

该病一年四季均可发生，卫生条件差、饲养密度过大、气温骤变等应激因素可促进该病的发生。该病传播速度快，发病范围广，遍及世界各地，不同品种、不同日龄的鸡均可感染。腱鞘炎在肉用型或肉蛋兼用型等体积较大的鸡中最为流行，成年商品蛋鸡感染后可导致败血症。鸡群的发病率可达 80% ～ 100%，腱鞘炎病例的死亡率为 1%，但发生败血症的成年鸡死亡率可达 5%。感染率和发病率亦因鸡日龄不同而有差异，1 日龄雏鸡最易感，鸡日龄越大，易感性逐渐下降，16 周龄后感染情况明显降低。雏鸡感染后发病率和死亡率显著高于青年鸡和成年鸡。自然病例主要发生于 4 ～ 6 周龄，也有 8 ～ 10 周龄发病的报道。日龄大的鸡感染后潜伏期较长，有的可耐过。

病鸡、带毒鸡是主要传染源。该病主要通过消化道和呼吸道方式水平传播，也可经卵垂直传播，但垂直传播率通常较低。刚孵出的雏鸡对该病最易感，通常垂直传播后可迅速发生水平传播。病初，病毒存在于病鸡血液中，此时也可通过吸血昆虫传播，以后病毒局限于腱膜组织和关节部位。

五、症状

该病潜伏期为 1 ～ 11 d。多数病鸡呈隐性经过，饲料转化率降低，受精率下降，严重影响生产性能。病初，病鸡精神沉郁，食欲减退，卧地倦动（图 4-9-1），出现不同程度的跛行，行走时呈蹒跚步态，跗关节肿胀（图 4-9-2 至图 4-9-4），随后患病关节上方腱鞘肿胀加重，触之有波动感

（图 4-9-5）。严重时病鸡完全不能站立，瘫痪（图 4-9-6），胫跗关节上方腱索肿大，趾屈腱鞘和趾伸肌腱肿胀，继而出现生长停滞、贫血、消瘦，日龄小的严重病例逐渐衰竭死亡。成年鸡有时可见腓肠肌腱断裂，腿变形。

败血症型蛋鸡死亡率增高、产蛋率下降，但关节疾病不显著。随着疾病的发展，病鸡全身发绀、脱水、精神沉郁、营养不良，鸡冠软、呈紫色，最后死亡。产蛋鸡感染后还会引起产蛋量下降（10% ~ 15%）。种鸡感染后，因运动功能障碍而影响正常交配，使种蛋受精率下降。

图 4-9-1　病鸡精神沉郁，瘫痪（刁有祥　供图）

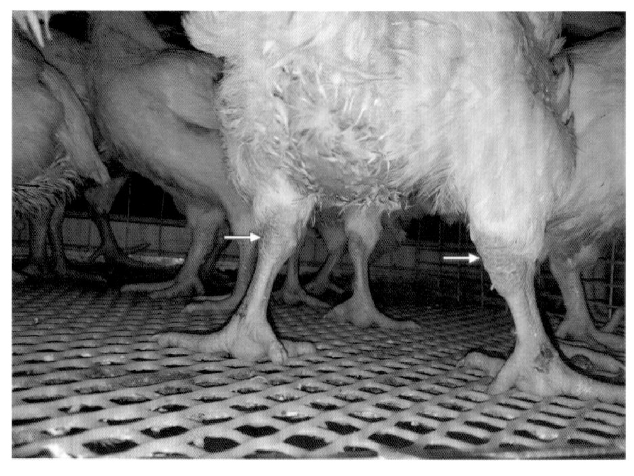

图 4-9-2　病鸡跗关节肿胀呈青紫色（刁有祥　供图）

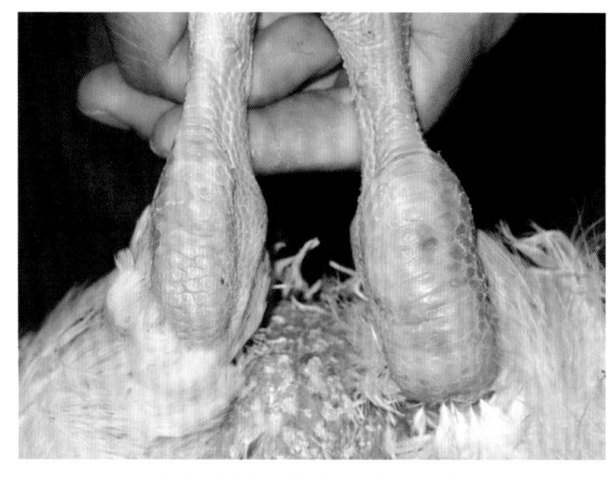

图 4-9-3　病鸡两侧跗关节肿胀呈青紫色（刁有祥　供图）

图 4-9-4　病鸡跗关节肿胀（刁有祥　供图）

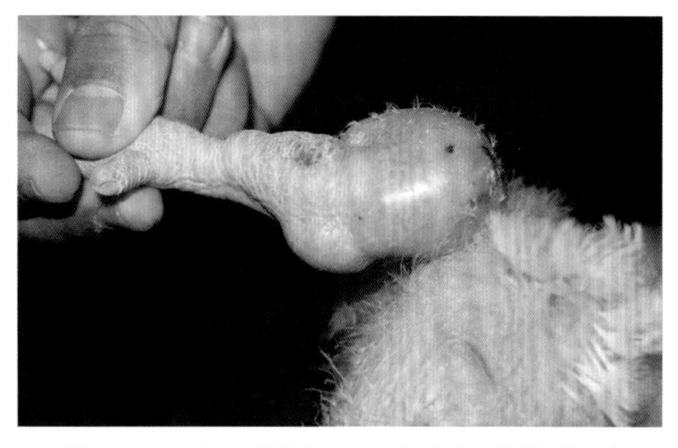

图 4-9-5　病鸡跗关节肿胀、化脓（刁有祥　供图）

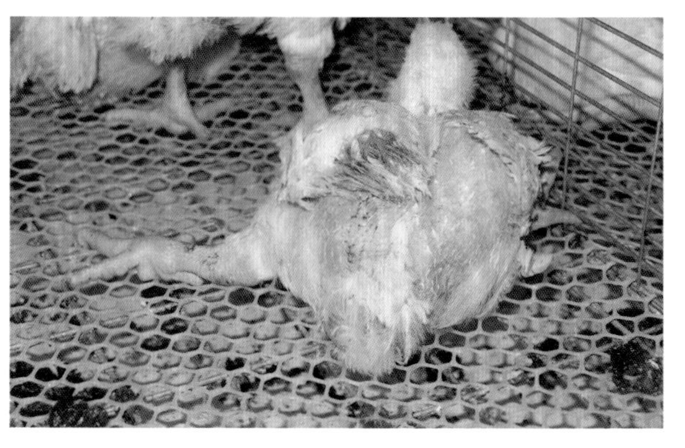

图 4-9-6　病鸡跗关节肿胀、瘫痪（刁有祥　供图）

六、病理变化

（一）剖检变化

剖检可见跗关节皮下出血（图 4–9–7）或有淡黄色胶冻样渗出（图 4–9–8）或有出血性、黄白色纤维蛋白渗出物（图 4–9–9 至图 4–9–11），肌腱、腱鞘水肿，胫骨骨骼肿胀，关节腔内含有棕黄色、黄白色或棕色血染的脓性分泌物（图 4–9–12），时间稍长的形成黄白色干酪样渗出物（图 4–9–13），跗关节上方腱鞘内有黄白色干酪样渗出物，严重的可见腓肠肌断裂（图 4–9–14）。当腱部炎症转为慢性时，则见腱鞘硬化与粘连，关节软骨糜烂（图 4–9–15），烂斑增大、融合并可延展到下方骨质，并伴发骨膜增厚。病鸡还可见胫骨质脆，极易折断。除上述变化外，肝脏、脾脏、肾脏发生肿大（图 4–9–16、图 4–9–17），伴有卡他性肠炎，盲肠扁桃体发生出血，卵巢破裂出血或者皱缩，有时还会发生心外膜炎，肝脏、脾脏、心肌出现坏死灶。

（二）组织学变化

组织学变化表现为发生病变的肌腱呈现明显的水肿、坏死，周围有大量的异嗜性粒细胞、淋巴细胞、浆细胞和巨噬细胞浸润（图 4–9–18）；有炎性的网状细胞增生区域，最后腱鞘壁增厚、发生纤维变性及肉芽肿。跗关节软骨溃烂，伴发肉芽组织增生。其中以异嗜细胞浸润为特征的心肌炎、肌腱水肿或坏死是具有诊断意义的特征之一。后期可见滑膜形成绒毛样突起并有淋巴细胞性结节形成，淋巴细胞、巨噬细胞、网状细胞以及纤维组织增生。此外，心肌纤维水肿、疏松，有炎性细胞浸润，部分病例出现心肌水肿，间质变宽，心肌纤维断裂（图 4–9–19）。此外，呼肠孤病毒还能造成胸腺和法氏囊萎缩、脾脏肿胀、白髓萎缩或消失，法氏囊、脾脏淋巴细胞大量崩解、坏死，数量急剧降低（图 4–9–20）；胰腺中有红细胞浸润，胰腺细胞崩解（图 4–9–21）；这些损伤将引起机体免疫水平下降，使机体更容易遭受其他病原的侵害而加重病情。十二指肠绒毛融合，肠腺管崩解。肾脏肾小球严重肿胀，肾小囊囊腔变窄（图 4–9–22）；肝细胞呈现空泡变性，颗粒变性，肝细胞索紊乱，肝窦状隙变大（图 4–9–23）。腺胃腺管周围有大量淋巴细胞浸润；十二指肠绒毛融合，肠腺管崩解（图 4–9–24）。

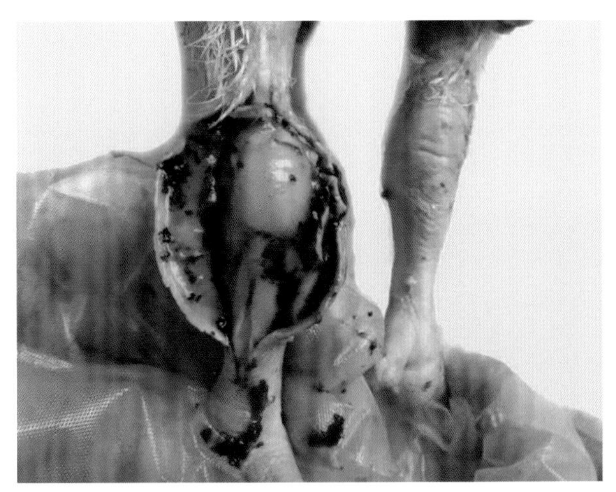

图 4–9–7　跗关节肿胀，皮下出血（刁有祥　供图）

图 4–9–8　跗关节皮下有淡黄色胶冻样渗出（刁有祥　供图）

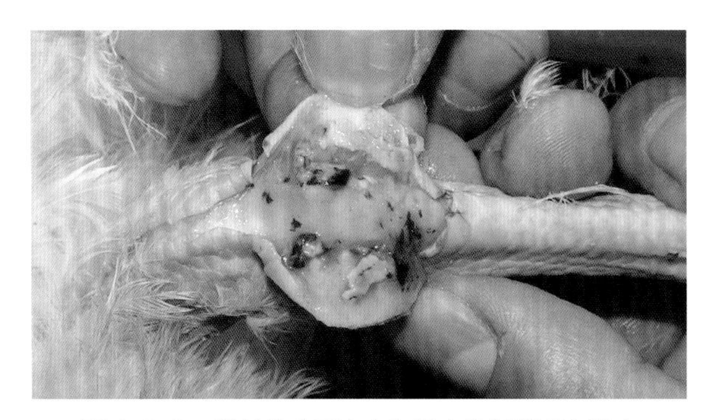

图 4-9-9　跗关节皮下出血和黄白色纤维蛋白渗出
（刁有祥　供图）

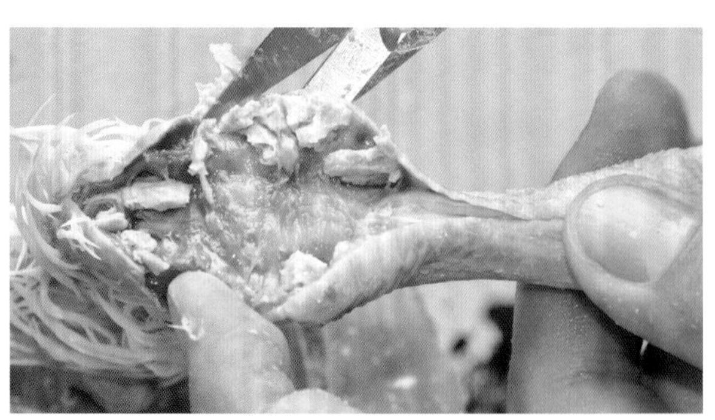

图 4-9-10　跗关节皮下有黄白色纤维蛋白渗出物
（刁有祥　供图）

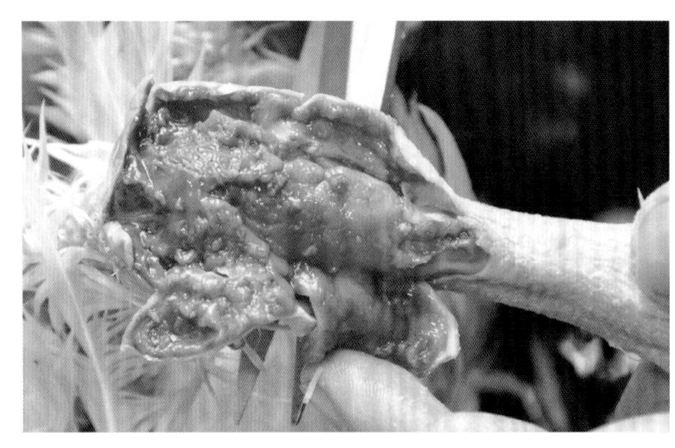

图 4-9-11　跗关节皮下有出血性纤维蛋白渗出物
（刁有祥　供图）

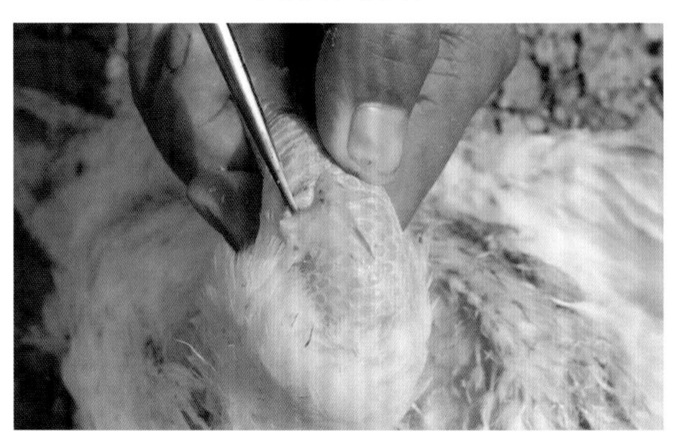

图 4-9-12　关节腔中有黄白色脓性渗出物
（刁有祥　供图）

图 4-9-13　关节腔糜烂，有黄白色干酪样渗出物
（刁有祥　供图）

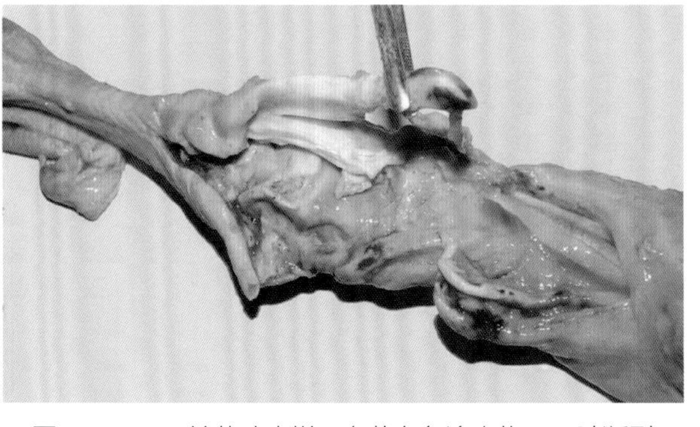

图 4-9-14　关节腔糜烂，有黄白色渗出物，肌腱断裂
（刁有祥　供图）

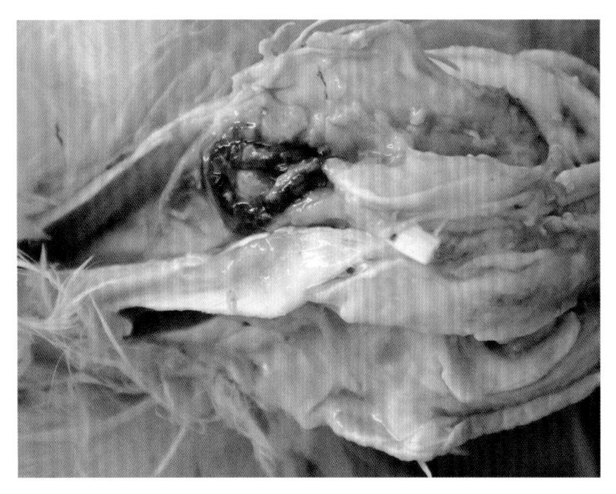

图 4-9-15　皮下有黄白色胶冻样渗出，关节软骨糜烂、出血（刁有祥　供图）

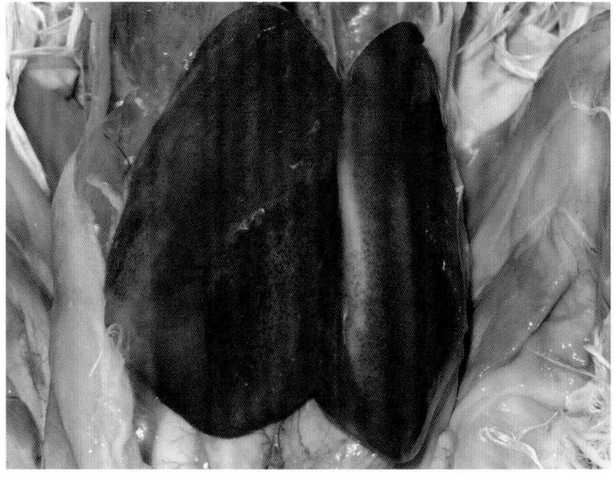

图 4-9-16　肝脏肿大（刁有祥　供图）

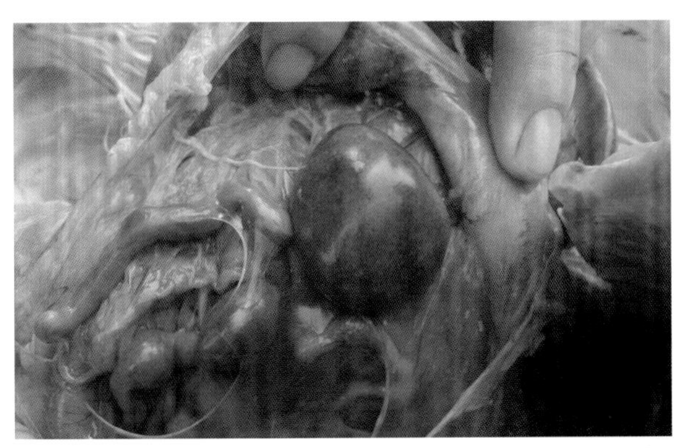

图 4-9-17　脾脏肿大（刁有祥　供图）

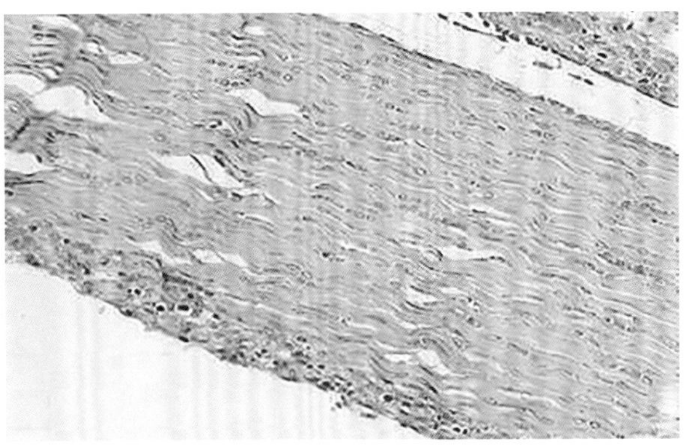

图 4-9-18　肌纤维水肿，间质轻微出血，细胞核肿大（刁有祥　供图）

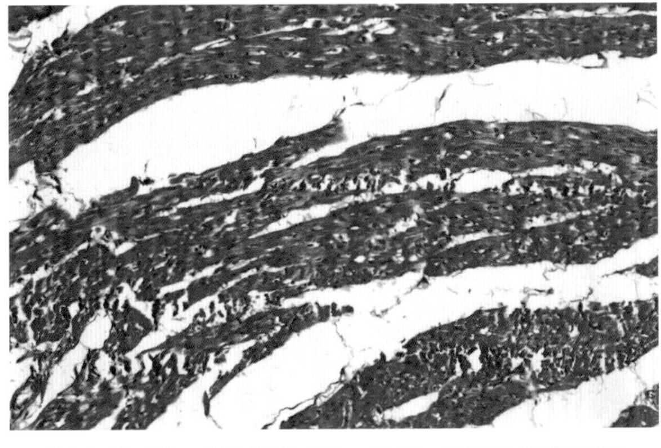

图 4-9-19　心肌纤维水肿、疏松，有炎性细胞浸润（刁有祥　供图）

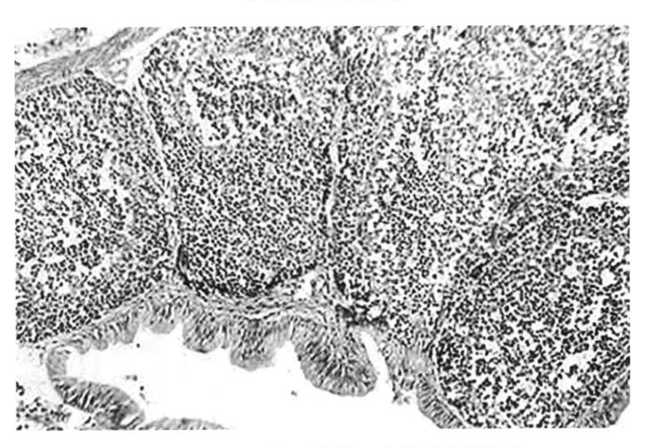

图 4-9-20　法氏囊淋巴细胞崩解坏死（刁有祥　供图）

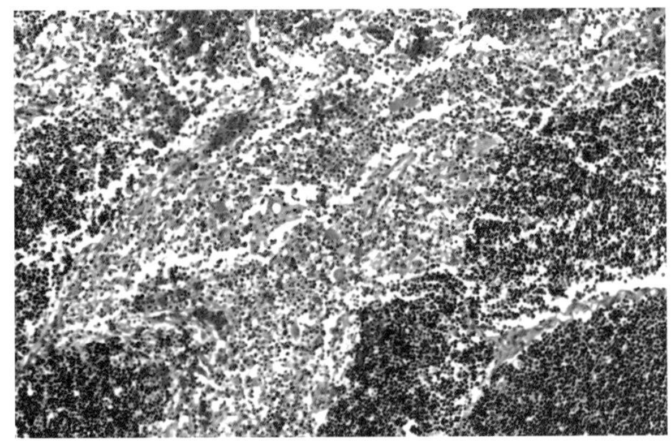

图 4-9-21　胰腺出血，胰腺细胞崩解坏死（刁有祥　供图）

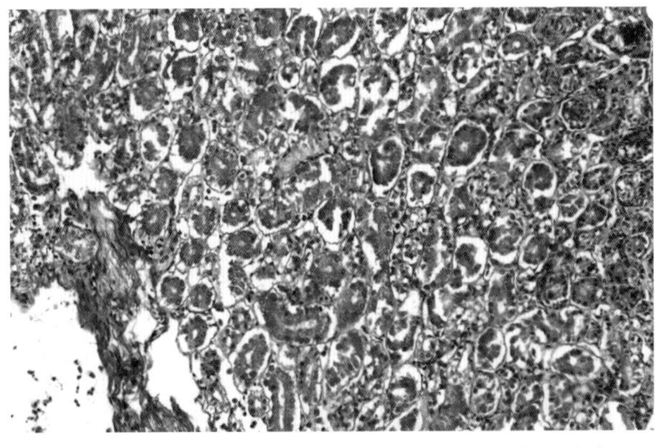

图 4-9-22　肾脏肾小球严重肿胀，肾小囊囊腔变窄（刁有祥　供图）

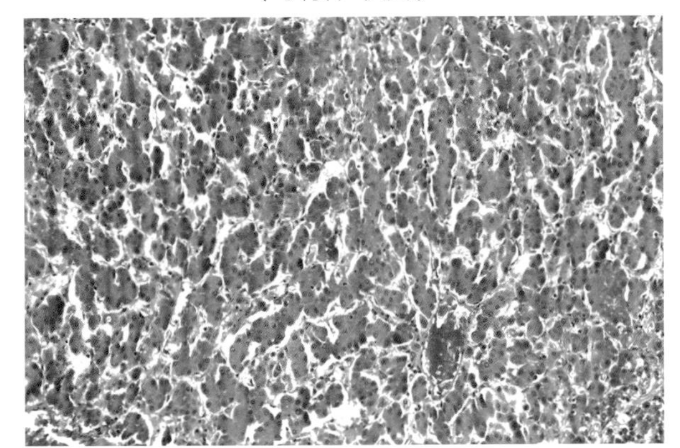

图 4-9-23　肝细胞索紊乱，肝细胞颗粒变性（刁有祥　供图）

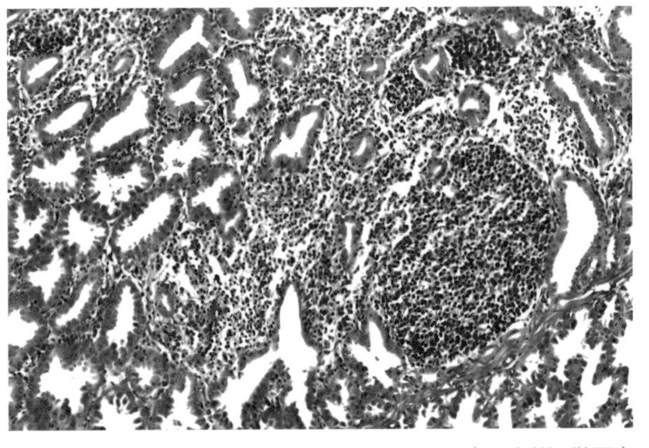

图 4-9-24　腺管周围有大量淋巴细胞浸润（刁有祥　供图）

七、诊断

根据该病的流行特点、症状以及病理变化特点可作出初步诊断，确诊需要进行实验室诊断。

（一）病毒学诊断

1. 病毒的分离

（1）SPF 鸡胚接种。无菌采集病死鸡的肝脏、脾脏或肌腱病料等，按 1∶4 比例加入无菌生理盐水匀浆制成组织混悬液，12 000 r/min 离心 10 min，上清液经无菌处理后，通过尿囊腔或卵黄囊途径接种于 9 日龄 SPF 鸡胚，每胚 0.2 mL，置于 37℃孵化箱内继续孵化，每天照胚 2 次，观察 5 d，弃掉 24 h 内死亡鸡胚。收集接种 24 h 后死亡鸡胚，检查胚体病变。感染鸡胚的死亡时间主要集中在接种后 72 ～ 96 h，死亡鸡胚尿囊膜增厚，卵黄破裂，胚体全身出血并且发育不良。

（2）细胞接种。无菌采集病死鸡的肝脏、脾脏或肌腱病料等，按 1∶4 比例加入无菌生理盐水匀浆制成组织混悬液，12 000 r/min 离心 10 min，上清液经无菌处理后，接种 CEF 或 LMH 细胞。每天观察有无细胞病变（CPE），CPE 特征为细胞缩小、变圆，呈合胞体样。

（3）雏鸡接种。病死鸡肝脏、脾脏或肌腱病料等制备的病毒分离材料、鸡胚尿囊液或细胞上清液接种于 1 日龄雏鸡，每只鸡经脚垫接种途径接种上述材料 0.4 mL，观察 15 d。雏鸡一般感染后 6 ～ 7 d 发病，其症状及病理变化应与自然感染病例一致。

2. 病毒鉴定

目前主要采用分子生物学方法对病毒核酸进行鉴定，采用血清学方法对抗原、抗体进行检测鉴定。RT-PCR、荧光定量 PCR 和环介导等温扩增法等是常用的核酸鉴定方法，RT-PCR 方法是从收集的病毒尿囊液或者采集的病料组织中提取核酸，采用特异性引物扩增目的基因，对 PCR 产物进行电泳，并通过序列测定、分析进行鉴定。

（二）血清学诊断

（1）琼脂扩散试验。AGP 是最常用的诊断鸡病毒性关节炎的方法，主要是用标准抗原去检测未接种疫苗的鸡群中的特异性抗体。该检测方法敏感性低，不适合用在低滴度抗体的检测，但实用性强、易于推广、操作简单，既可用于鸡病毒性关节炎的诊断，又可用于鸡群流行病学调查。

（2）酶联免疫吸附试验。ELISA 检测方法既可以检测抗原，也可以用于检测抗体。此方法具有特异性强、敏感度高、重复性好、检测快速、易于标准化等优点，目前已在血清学鉴定和临床诊断等方面得到广泛应用。用 ELISA 方法对呼肠孤病毒抗体进行检测时，更适用于群体呼肠孤病毒抗体水平的分析。周雨洁等（2021）从疑似感染的病鸡中分离鉴定出一株 ARV 变异野毒株，原核表达其主要结构蛋白 σC，制备 ARV 阳性和阴性血清，建立了检测 ARV 抗体的竞争 ELISA 方法。通过方阵法确定蛋白最佳包被浓度为 1∶400，单抗最佳稀释浓度为 1∶500；血清最佳稀释浓度为 1∶50，羊抗鼠 IgG-HRP 酶标二抗最佳稀释浓度为 1∶4 000，封闭液选择为 5% 脱脂奶粉，最佳包被温度和时间为 4℃过夜，最佳封闭时间为 2 h，血清、单抗最佳孵育时间为 1 h，二抗最佳孵育时间为 1 h，显色液最佳时间为 20 min。将本研究建立的方法初步应用于临床检测，效果良好。

（三）分子生物学诊断

（1）RT-PCR 检测方法。RT-PCR 检测法具有灵敏度高、特异性强的特点，可诊断血清、感染组织中的 ARV。谢芝勋等（2001）根据 ARV S1133 株的 *S1* 基因序列，建立了套式 RT-PCR 检测方法，该方法第一次扩增可以检测出 100 pg RNA 模版，第二次扩增可以检测出 1 fg RNA 模版，第二次比第一次扩增的敏感性高 10^5 倍，建立的半套式 RT–PCR 检测方法的敏感性为 1 fg 核酸。

（2）荧光定量 RT–PCR 检测方法。姜晓宁等（2018）根据 ARV 全基因序列设计 1 条特异性探针及引物，扩增长度为 93 bp。将扩增的目的片段连接到 pMD18–T 载体上构建重组质粒，经筛选、鉴定纯化后，倍比稀释质粒作为标准品，用优化的反应条件构建标准曲线，建立检测 ARV 的 TaqMan 探针荧光定量 RT–PCR 方法。该方法特异性良好，仅能检测 ARV，无交叉反应现象；最小检出模板浓度约为 10 个拷贝 /μL，是普通 PCR 的 1 000 倍；重复性良好，批内、批间变异系数均小于 0.5%。该方法的灵敏度高、特异性强、重复性好，可用于 ARV 的临床检测。

（3）地高辛标记探针检测方法。刘赫等（2020）根据 ARV 的 *S*1 基因序列，设计特异性的引物，通过 RT–PCR 扩增得到 229 bp 的基因片段，将纯化后的胶回收产物利用地高辛进行标记，制备核酸探针，建立了地高辛标记的核酸探针检测 ARV 的方法。特异性试验结果表明，H9N2 亚型禽流感病毒（H9–AIV）、传染性支气管炎病毒（IBV）、传染性法氏囊病病毒（IBDV）、Ⅰ型禽腺病毒（FAV）、新城疫病毒（NDV）的核酸不与探针杂交显色，只有 ARV 与该探针杂交结果为阳性；标记探针最低检出量为 50 pg/μL。对临床采集的 13 份疑似感染病料进行检测，与 RT–PCR 检测结果的符合率为 100%。制备的探针保存在–20℃冰箱中 90 d 后仍可继续用于检测，稳定性较好。

（4）LAMP 检测方法。相对于常规 PCR，该方法不需要高温变性、循环扩增以及核酸电泳等过程，操作简单、灵敏度高、成本低廉，被广泛应用于疾病的检测。马利等（2014）针对 ARV 的 P10 基因设计 6 条 LAMP 引物，建立了检测 ARV 的 LAMP 检测方法，该方法最低可检出 10^2 个拷贝的病毒，敏感性是普通 PCR 的 100 倍。

八、类症鉴别

该病与关节炎型葡萄球菌病、大肠杆菌内毒素导致的股骨头坏死、滑液囊支原体引起的滑液囊炎及关节炎型痛风在临床上相类似，需要进行鉴别。

（一）关节炎型葡萄球菌病

病鸡胫跗关节腱鞘发生肿胀，并伴有热痛感，关节坏死，囊腔有脓性物质或黄色干酪物；形成趾瘤，脚垫出现脓性破溃，但腓肠肌腱无断裂情况。

（二）大肠杆菌导致的关节炎

病鸡股骨头软骨坏死、脱落，出现跛行，常趴卧在地，但跗关节无肿胀情况，腓肠肌腱未出现断裂。

（三）滑液囊支原体感染

病鸡跗关节肿大，内有奶油样分泌物，并伴有呼吸道疾病，但不会导致腓肠肌腱断裂，并且该病多表现为脚垫肿胀和胸囊肿。

（四）关节炎型痛风

病鸡关节中存在大量尿酸盐沉积，同时出现肿胀和变形，最后发生瘫痪，但无腓肠肌腱肿胀、断裂情况。

九、防治

（一）预防

（1）加强饲养管理，注意舍内温度、湿度、通风及饲养密度，采取严格的生物安全措施，加强环境卫生消毒工作，减少病原污染。鸡场应采用全进全出的饲养方式，不从有该病的鸡场引进雏鸡和种蛋。对鸡舍彻底清洗并采用碱溶液、0.5% 有机碘液彻底消毒，可杜绝病毒的水平传播。健康鸡群尤应警惕防止引进带毒鸡胚或污染病毒的疫苗。

（2）疫苗接种是一种有效的预防措施。目前常用的疫苗有灭活苗和弱毒疫苗。常用的弱毒疫苗有 S1133、1733、2408 和 2177。赵希雅（2020）报道，近几年鸡病毒性关节炎呈新的流行趋势，腱鞘炎临床病例大幅度增加，具体表现为免疫后肉种鸡出现免疫失败的情况愈加频繁。其原因可能是 ARV 的 σC 蛋白表现出高度的抗原异质性，引起病毒抗原发生变异。此外，ARV 毒株间存在血清型的差异，不同血清型之间交叉保护差也是免疫失败的原因之一。例如，S1133 对 1733 的保护只有 60%，1 733 对 1 733 同型的型内保护也只有 75%；因此，当多种 ARVs 在鸡群中共同传播时，难以通过鉴定选择合适的灭活疫苗或弱毒疫苗以防控病毒性关节炎。目前更多采用不同型的组合，来为种鸡以及商品肉鸡提供保护。例如，1733+2408 或者 S1133+1733 等不同的组合，且在现场都取得了很好的保护效果。

常用的灭活疫苗除单价苗外，还有多联灭活疫苗，灭活疫苗适用于加强免疫，可使鸡群在产蛋期受该病毒感染的可能性减小，以保证一定的产蛋量，且灭活疫苗诱导产生的特异性抗体经卵黄囊传递，加强了母源抗体，使雏鸡在幼龄时能够抵抗该病的感染。我国研制的鸡病毒性关节炎、传染性支气管炎和新城疫三联苗，给 3 ～ 4 周龄的鸡接种，每只胸肌或者颈部皮下注射 0.6 mL，成年鸡每只用量为 1 ～ 1.2 mL，经过 10 d 就会产生免疫力，保护率能够高达 90% ～ 100% ，免疫期可持续至少 5 个月。灭活疫苗主要用于种鸡，对种鸡进行灭活苗免疫不仅能防止呼肠孤病毒导致的产蛋下降，还能阻止病毒经蛋垂直传播，雏鸡的母源抗体也能保证雏鸡在一段时间内抵抗呼肠孤病毒的侵害。制定合适的免疫程序并选用合适疫苗是有效免疫的关键，对于种鸡群，一般 1 ～ 7 日龄、4 周龄时各接种 1 次弱毒疫苗，18 周龄时接种 1 次灭活疫苗。对于商品肉鸡群，多在 1 日龄时接种 1 次弱毒疫苗。同时应加强对鸡群的免疫监测，确保鸡群在易感期体内确有保护性母源抗体。需要注意的是弱毒疫苗对马立克病疫苗的免疫有一定的影响，所以两种疫苗的接种时间应当有一定的间隔。

（二）治疗

该病尚无特效药可以治疗，一旦发病，应及时淘汰发病鸡，立即清理粪便、消毒，同时采取针对性措施，由于呼肠孤病毒可导致机体免疫机能下降，可在饲料中或饮水中添加多糖类药物，以提高机体的抵抗力，同时使用抗生素药物防止继发感染。

第十节　禽腺病毒感染

按照国际病毒分类委员会（The international committee on taxonomy of viruses，ICTV）的最新分类，腺病毒科（Adenoviridae）包括5个病毒属：富AT腺病毒属（*Atadenovirus*）、禽腺病毒属（*Aviadenovirus*）、唾液酸酶腺病毒属（*Siadenovirus*）、哺乳动物腺病毒属（*Mastadenovirus*）和美洲白鲟腺病毒属（*Ichtadenovirus*）。目前所有的禽源腺病毒均来自富AT腺病毒属、禽腺病毒属和唾液酸酶腺病毒属这3个属。对家禽有致病性的腺病毒可分为Ⅰ、Ⅱ、Ⅲ 3个亚群，分别来自不同的腺病毒属，Ⅰ群来自禽腺病毒属，Ⅱ群来自唾液酸酶腺病毒属，Ⅲ群来自富AT腺病毒属。不同群的病毒引起的疾病不同，Ⅰ群禽腺病毒可引起包涵体肝炎（Inclusion body hepatitis，IBH）、心包积水-肝炎综合征（Hydropericardium hepatitis syndrome，HHS）和肌胃糜烂症（Adenoviral gizzard erosion，AGH）；Ⅱ群腺病毒可引起火鸡出血性肠炎和鸡脾脏肿大；Ⅲ群腺病毒可引起减蛋综合征（Egg drop syndrome 1976，EDS-76）。当前对养鸡业危害较大为Ⅰ群禽腺病毒引起的包涵体肝炎、心包积水-肝炎综合征和Ⅲ群腺病毒引起的减蛋综合征。

一、Ⅰ群禽腺病毒感染

（一）历史

1963年Helmbold等在美国首次报道了由Ⅰ群禽腺病毒引起的包涵体肝炎，1973年Fadly等分离到鸡包涵体肝炎病毒（IBHV），1975年Fadly等报道该病毒属禽腺病毒。我国于1976年首先在中国台湾地区发现该病，1980年以后我国辽宁、河北、山东、内蒙古先后有该病发生的报道。1987年在巴基斯坦卡拉奇的安哥拉报道了心包积水-肝炎综合征，又称“安卡拉病”（Angrara disease），1989年在墨西哥，其后在伊拉克、印度的几个邦、厄瓜多尔、秘鲁、智利、中南美洲、俄罗斯和孟加拉国等地相继发现该病。我国于2014年江苏省暴发该病，死亡率高达50%，2015年以来，河北、河南、山东等地区频繁出现，目前已呈全国性流行趋势。1993年日本报道了由Ⅰ群禽腺病毒引起的肌胃糜烂症，到目前为止，报道均来自日本，且除确诊一例血清8型的感染外，多数分离株为血清1型。

（二）病原

禽腺病毒为无囊膜的双股DNA病毒，呈球形，病毒粒子的大小为70～90 nm，基因组全长40～45 kb，DNA的分子质量达3×10^4 kDa，占整个病毒粒子11.3%～13.5%，其余部分为蛋白，在氯化铯中的浮密度为1.32～1.37 g/mL，病毒在核内复制，产生嗜碱性包涵体，超微结构研究证明病毒颗粒很容易在细胞核中堆积，呈晶格网状排列。病毒粒子呈顶点间距约100 nm的二十面体对称结构，表面由252个直径为8～10 nm的壳粒组成，壳粒呈每边6个排列在三角形的面上，中间包裹着直径为60～65 nm的髓芯。表面不在顶点的壳粒（六邻体，Hexon）有240个，直径为8～9.5 nm；位于顶点的壳粒（五邻体，Penton）有12个；顶点壳粒上的纤突，长度为9～77.5 nm

（图 4-10-1）。在每个五邻体上都有两根纤丝（Fiber）。五邻体蛋白、六邻体蛋白和纤突蛋白是禽腺病毒的主要结构蛋白，构成了病毒的核衣壳。

病毒六邻体是主要的衣壳蛋白，含有型、群和亚群特异性抗原决定簇，因而鸡感染禽腺病毒后可产生型特异性、群特异性和亚群特异性抗体，所有的Ⅰ群禽腺病毒都具有群特异性抗原决定簇，而Ⅱ群和Ⅲ群没有，六邻体蛋白可以诱导机体产生中和抗体。五邻体为二十面体的顶点颗粒，由 5 个多肽相互作用而成，负责病毒结构的组装及维持，五邻体基底在结构与生物学功能上与纤维蛋白密切相关。纤突蛋白含有尾区、杆区和头节区三个部分，是前体蛋白水解后经过糖基化修饰形成。其尾区的氨基酸组成较为保守；杆区由 22 个重复的亚单位组成，主要包括蛋氨酸和一些疏水性的氨基酸；头节区主要介导病毒与受体的识别，是主要功能区。纤突蛋白的头节区还含有腺病毒的血凝素，可凝集某些动物的红细胞。五邻体周围蛋白是包围在五邻体蛋白周围的壳粒，对组装及维持病毒的结构具有重要意义，在病毒侵染细胞的过程中发挥重要作用。

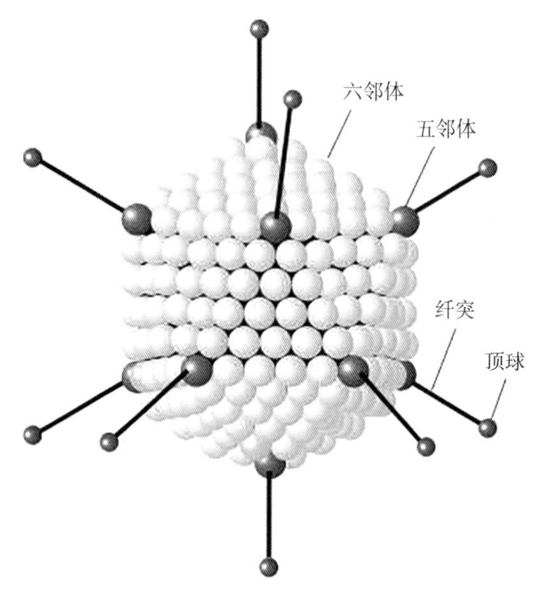

图 4-10-1　腺病毒衣壳结构（Chiocca et al.，1996）

根据限制性内切酶片段图谱以及核酸序列的不同，Ⅰ群禽腺病毒（*Fowl adenovirus I*，FAdV-Ⅰ）可分为 A ～ E 5 个种，12（1 ～ 7、8a、8b、9 ～ 11）个血清型，A 种仅有 FAdV-1，代表毒株为鸡胚致死孤儿病毒（CELOV），B 种仅有 FAdV-5，C 种包括 FAdV-4 和 FAdV-10，D 种包括 FAdV-2、FAdV-3、FAdV-9 和 FAdV-11，E 种包括 FAdV-6、FAdV-7、FAdV-8a 和 FAdV-8b。

病毒可在鸡胚、鸡肾细胞、鸡胚肾细胞、鸡胚肝细胞、鸡肝癌细胞、鸡胚肺细胞及鸭胚成纤维细胞培养物内增殖，在鸡肾细胞上生长时可形成蚀斑。用原代鸡胚肝细胞培养禽腺病毒时，一般 3 ～ 4 d 内出现遮光性减弱、细胞皱缩变圆成葡萄状、细胞间隙距离增大、最终脱落死亡等特征。病毒感染细胞时，首先通过其纤维突起吸附在细胞膜上，进入细胞质内后，衣壳解体，释放出病毒 DNA；DNA 进入细胞核内，复制病毒 DNA，而病毒结构蛋白则由细胞质运回细胞核内参与子代病毒的装配。当宿主细胞崩解时，释放出子代病毒。

禽腺病毒的病毒粒子不含有脂质的囊膜，因此对酚类、乙醚、脱氧胆脂酸、氯仿、胰蛋白酶及 5% 的乙酸等试剂均不敏感。该类病毒具有一定的耐热性，室温下可存活 6 个月左右，干燥情况下 25℃可存活 7 d，60℃条件下加热 30 min 或 50℃加热 1 h 均可存活，但是，于 60℃下加热 1 h、80℃下加热 10 min 和 100℃下加热 5 min 可以灭活该病毒。用一般灭活腺病毒的氯仿（5%）和乙醚（10%）处理可以消除该病毒的感染力。但当有双价阳离子存在时，可明显降低禽腺病毒的耐热性。腺病毒对强酸强碱不耐受，耐受范围为 pH 值 3 ～ 9，且最适 pH 值为 5 ～ 6，该 pH 值条件下最适宜病毒复制。此外，在 1∶1 000 的甲醛溶液中不稳定，丙酮也可以使其失去活性。Ⅰ群禽腺病毒不能凝集禽类红细胞，但在 30℃，pH 值 6 ～ 9 的条件下血清 4 型禽腺病毒可凝集大鼠红细胞。

（三）致病机制

据报道，禽腺病毒对禽的肝脏、脾脏、胸腺等器官有亲嗜性，可以攻击免疫组织，影响淋巴器官的正常功能，造成淋巴细胞数量减少，机体免疫系统失常，机体发生免疫抑制时病毒致病性更强。禽腺病毒可使易感宿主细胞圆缩，继而细胞染色体浓缩并边缘化，最终出现细胞核内包涵体，病毒粒子通过细胞的崩解释放。部分病例骨髓造血系统异常，机体内幼红细胞和成熟红细胞数量减少，出现贫血和再生障碍性贫血。

（四）流行病学

自然感染的或经口感染的潜伏期为 7 ～ 15 d；人工接种潜伏期为 2 ～ 5 d。肉鸡对禽腺病毒十分敏感，特别是 3 周龄以后，易感性随着母源抗体的消失开始逐渐增高。禽腺病毒在家禽体内普遍存在，常呈隐性感染，病毒在禽消化道和呼吸道的上皮细胞内复制，在禽的口腔黏液、粪便及肝脏、肺脏、肾脏等组织中均能检测到病毒。禽腺病毒既可垂直传播，也可水平传播，病鸡和带毒鸡是主要的传染源。病毒可在粪便、气管和鼻黏膜以及肾脏中存在。因此，病毒可经各种排泄物传播，通常经直接接触粪便，也可在短距离内通过空气缓慢传播；病毒通过孵化过程进行垂直传播，从感染鸡的鸡胚或制备的细胞培养物中可检测到病毒。此外，病毒可通过污染的运输工具、饲喂器械和人员等进行间接传播，引发区域性流行。该病一年四季均可发生，多流行于炎热的夏季和秋季。各个品种、日龄的鸡均可发生，肉鸡 1 ～ 6 周龄多发，蛋鸡 3 ～ 12 周龄多发，发病死亡率为 20% ～ 75%，最高可达 80%，蛋鸡和育成鸡的发病死亡率为 8% ～ 11%。禽腺病毒病的发生与机体的免疫抑制有关，病鸡常伴发传染性法氏囊病毒与传染性贫血病毒继发感染。传染性贫血病毒继发感染可增强某些腺病毒引起的肝炎症状和致死力。此外，当禽腺病毒与传染性法氏囊病毒共同感染时，腺病毒的感染性增强。另外，饲料中的黄曲霉毒素也可加剧禽腺病毒病的发生。

（五）症状

1. 心包积水–肝炎综合征

心包积水–肝炎综合征主要由血清 4 型和血清 10 型 I 群禽腺病毒引起。其特征为无明显先兆而突然倒地，两脚划空，数分钟内死亡。发病稍慢的，病鸡出现精神沉郁，食欲减退或废绝，翅膀下垂，羽毛蓬乱（图 4–10–2），屈腿蹲立、伏卧不起，鸡冠和肉髯苍白，临死前鸣叫、挣扎，并出现角弓反张等神经症状。发病鸡群多于 3 周龄开始出现死亡，4 ～ 5 周龄达到死亡高峰，高峰期持续 4 ～ 8 d，5 ～ 6 周龄时死亡减少，整个病程为 8 ～ 15 d。死亡率为 20% ～ 75%，最高可达 80%。

2. 包涵体肝炎

除血清 4 型和血清 10 型 I 群禽腺病毒主要引起心包积水–肝炎综合征外，其他血清型 I 群禽腺病毒均可引起包涵体肝炎。感染该病的鸡群，初期见不到明显的症状，个别鸡会突然死亡，并多为体况良好的鸡。经 2 ～ 3 d 少数鸡精神沉郁，食欲不振，嗜睡（图 4–10–3），有的鸡颜面苍白，鸡冠褪色，皮肤呈黄色，并可见到皮下出血。有的鸡出现一过性水样便，病鸡多停立在鸡舍一角，呈蜷曲姿势，羽毛粗乱，贫血，48 h 内死亡或康复，病鸡临死前呈挣扎状态，死后角弓反张（图 4–10–4、图 4–10–5）。耐过鸡体重减轻，饲料利用率降低。该病在鸡群中流行可持续 1 ～ 2 周，发病鸡死亡率可达 10%，偶尔达到 30%。典型的发病鸡群，死亡率在发病后 3 ～ 5 d 增加，每天的死亡率为 0.5%～ 1%，可持续 3 ～ 5 d，以后逐渐停止。发病鸡白细胞数、红细胞数、血红蛋白量和血细胞压积显著低于正常值，呈明显的贫血状态。

3. 肌胃糜烂

Ⅰ亚群腺病毒还可引起肉鸡肌胃糜烂症，近年许多肉鸡肌胃糜烂就是Ⅰ亚群腺病毒感染引起的，自然发病时除导致幼龄肉鸡死亡外，病鸡多无症状。个别鸡精神沉郁，采食下降，羽毛蓬松，嗉囊呈黑褐色，排黑褐色稀便，口腔中流出黑褐色黏液。

图 4-10-2　病鸡精神沉郁，闭眼嗜睡（刁有祥　供图）

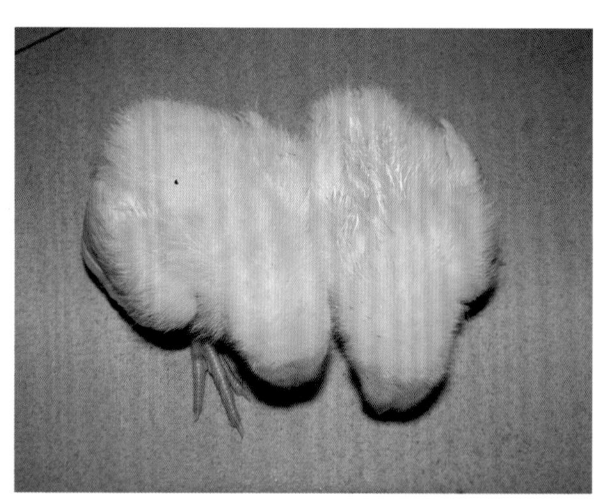

图 4-10-3　病鸡精神沉郁，垂头缩颈（刁有祥　供图）

图 4-10-4　病鸡挣扎，呈划水状（刁有祥　供图）

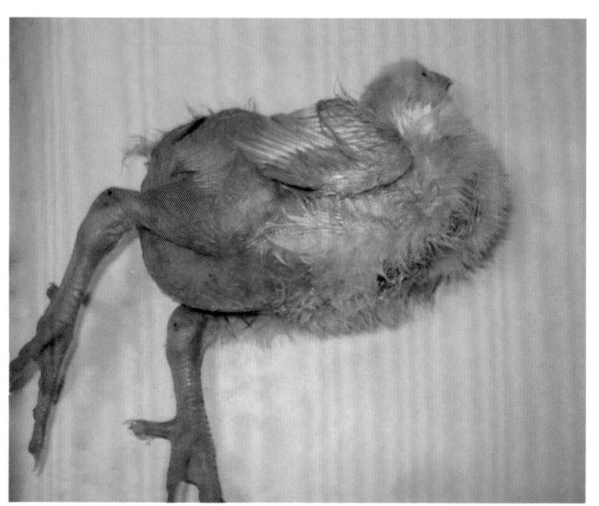

图 4-10-5　死后角弓反张，头颈后仰（刁有祥　供图）

（六）病理变化

1. 心包积水–肝炎综合征

（1）剖检变化。死亡鸡鸡冠、肉髯呈紫黑色（图 4–10–6），皮下脂肪呈浅黄色，病变见于病死鸡的心脏、肝脏、肾脏和肺脏。死亡鸡 90% 以上有明显的心包积水，积水可达 20 ～ 30 mL，心包呈水囊状，颜色淡黄而澄清（图 4–10–7），100 mL 积液中的蛋白质含量为 0.8 ～ 1.5 mg，心脏畸形、松弛柔软无弹性，心肌纤维水肿，心冠脂肪有大小不一的出血点（图 4–10–8）。肝脏肿大，呈浅黄色至深黄色，表面有大小不一的坏死点或出血点，质地较脆（图 4–10–9 至图 4–10–13）。腺胃与肌胃交界处有出血带，肌胃糜烂（图 4–10–14），肠黏膜弥漫性出血（图 4–10–15）。气管环出血（图 4–10–16），肺脏出血、水肿，呈紫红色或紫黑色（图 4–10–17、图 4–10–18）。肾脏肿大易碎，呈浅黄色，严重的肾脏出血（图 4–10–19、图 4–10–20）。胸腺肿大、出血（图 4–10–21），脾脏肿大（图 4–10–22），骨髓颜色变淡（图 4–10–23）。

（2）组织学变化。组织学变化表现为心脏间质水肿增宽，并有大量淋巴细胞浸润，心肌纤维颗粒变性、坏死、出血（图 4–10–24）；肝脏中央静脉和窦状隙广泛淤血、肝细胞严重脂肪变性（图 4–10–25），局灶性肝细胞坏死，同时细胞质和细胞核内可见嗜碱性包涵体；脾脏出血，小动脉壁增生，白髓部淋巴细胞坏死减少（图 4–10–26、图 4–10–27），肺脏支气管内均有渗出物及炎性细胞，且毛细血管充血；肺脏充血、淤血严重，肺房上皮细胞脱落，肺房内有大量渗出液，淋巴细胞浸润，弥散性含铁血黄素沉着（图 4-10-28）；肾间质出血，有大量炎性细胞浸润，肾小管上皮细胞变性（图 4-10-29），胸腺髓质部淋巴细胞大量崩解、坏死（图 4-10-30），法氏囊淋巴细胞减少（图 4-10-31）。

图 4-10-6　鸡冠、肉髯呈紫黑色（刁有祥　供图）

图 4-10-7　心包腔充满大量淡黄色透明液体（刁有祥　供图）

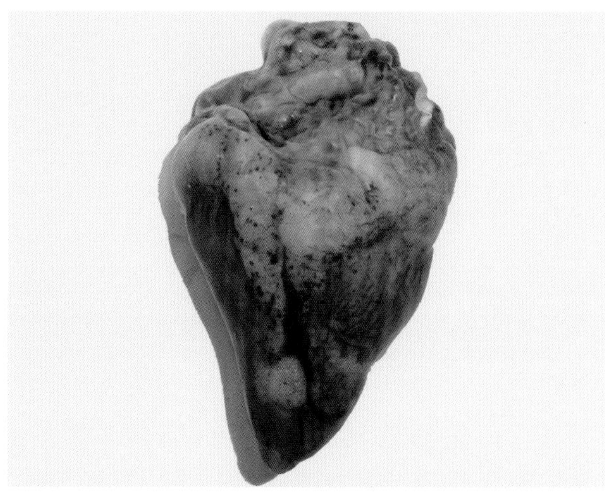

图 4-10-8　心冠脂肪、冠状沟脂肪有大小不一的出血点（刁有祥　供图）

图 4-10-9　肝脏肿大、出血，呈深黄色（刁有祥　供图）

图 4-10-10　肝脏肿大，呈浅黄色，表面有大小不一的出血点、坏死点（刁有祥　供图）

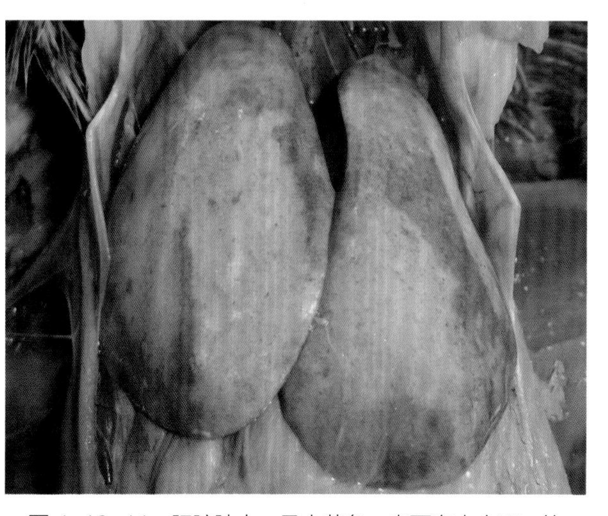

图 4-10-11　肝脏肿大，呈土黄色，表面有大小不一的出血点（刁有祥　供图）

图 4-10-12　肝脏肿大，表面有大小不一的出血斑点（刁有祥　供图）

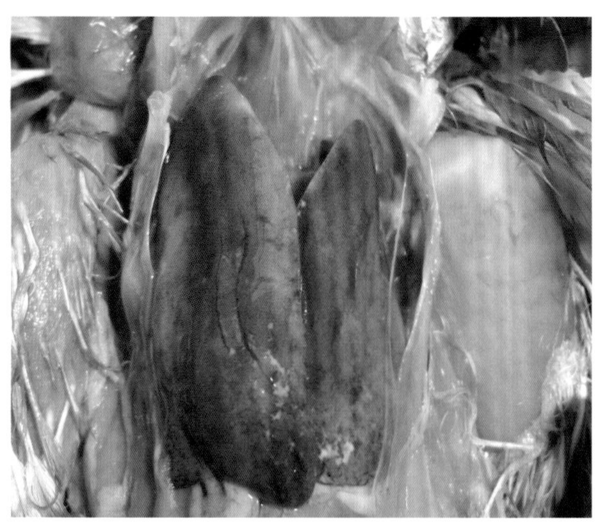

图 4-10-13　肝脏肿大，表面有大小不一的坏死斑点，心包积液（刁有祥　供图）

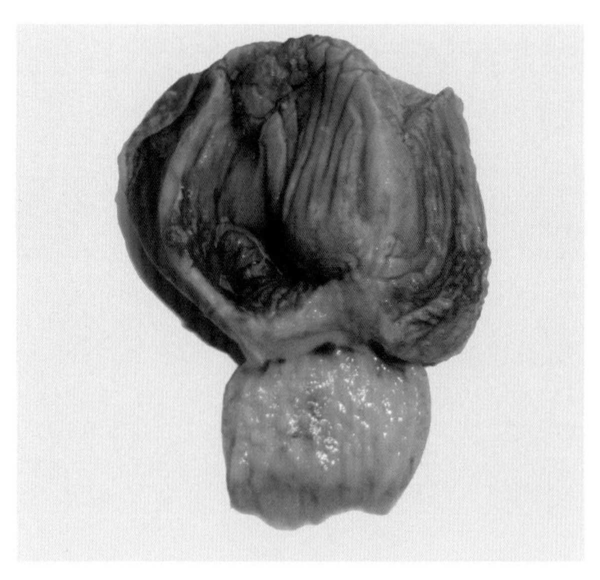

图 4-10-14　腺胃与肌胃交界处有出血带，肌胃糜烂（刁有祥　供图）

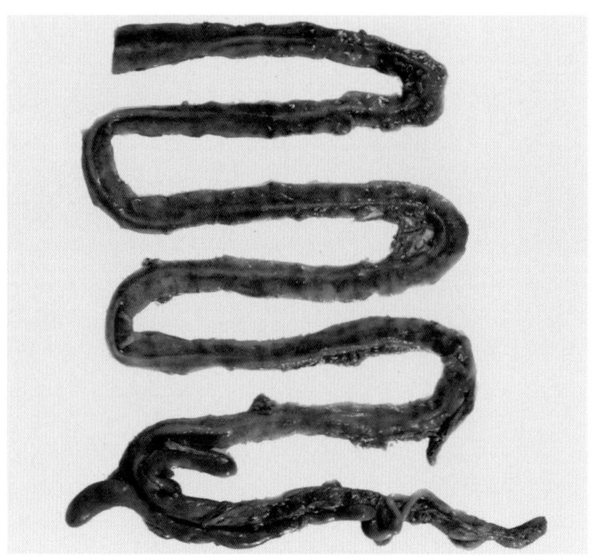

图 4-10-15　肠黏膜弥漫性出血（刁有祥　供图）

图 4-10-16　气管环弥漫性出血（刁有祥　供图）

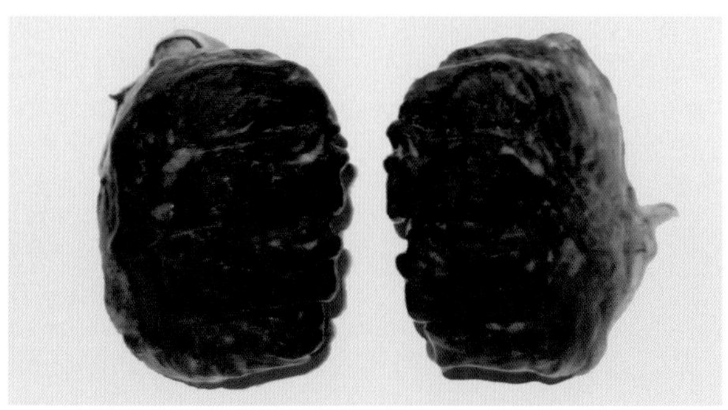

图 4-10-17　肺脏出血，呈紫黑色（刁有祥　供图）

图 4-10-18　肺脏出血、水肿，呈紫黑色（刁有祥　供图）

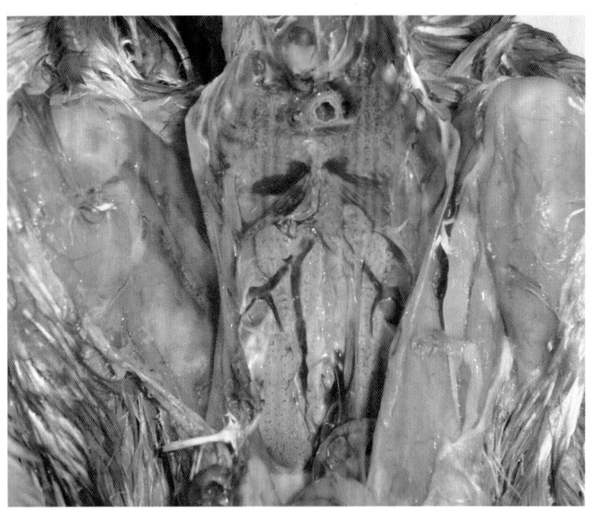
图 4-10-19　肾脏呈浅黄色，心包积液（刁有祥　供图）

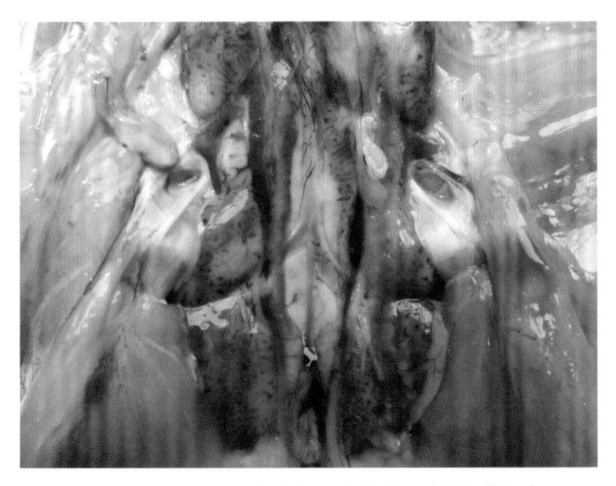
图 4-10-20　肾脏肿大、出血（刁有祥　供图）

图 4-10-21　胸腺肿大，呈紫红色（刁有祥　供图）

图 4-10-22　脾脏肿大，呈紫红色（刁有祥　供图）

图 4-10-23　胫骨骨髓呈浅黄色（刁有祥　供图）

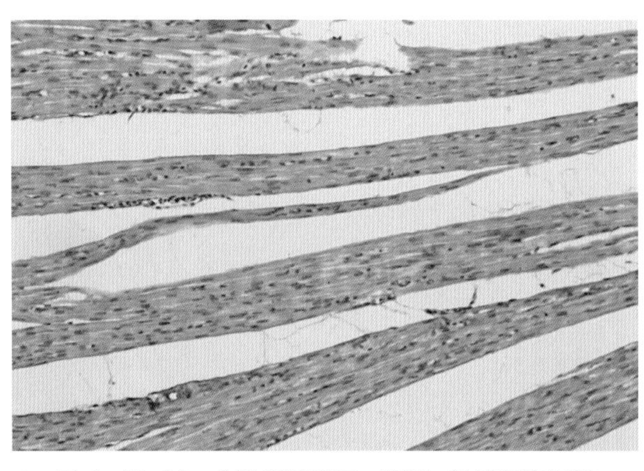

图 4-10-24　心肌纤维增宽、断裂，淋巴细胞浸润（刁有祥　供图）

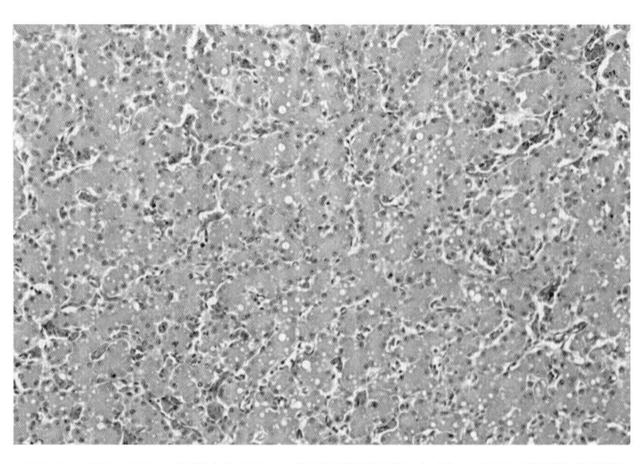

图 4-10-25　肝脏出血，肝细胞脂肪变性，淋巴细胞浸润（刁有祥　供图）

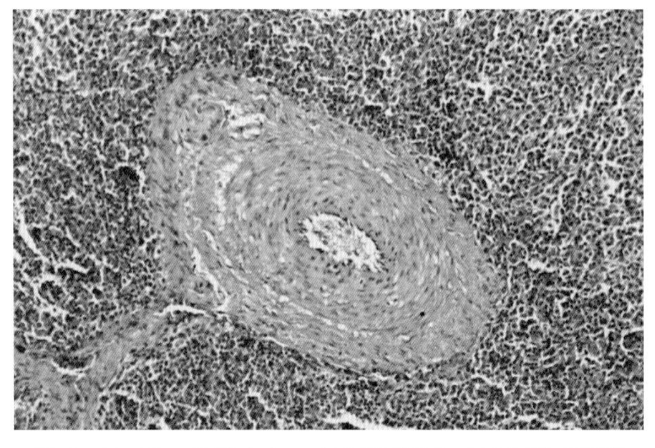

图 4-10-26　脾脏出血，小动脉壁增生（刁有祥　供图）

图 4-10-27　脾脏白髓淋巴细胞减少（刁有祥　供图）

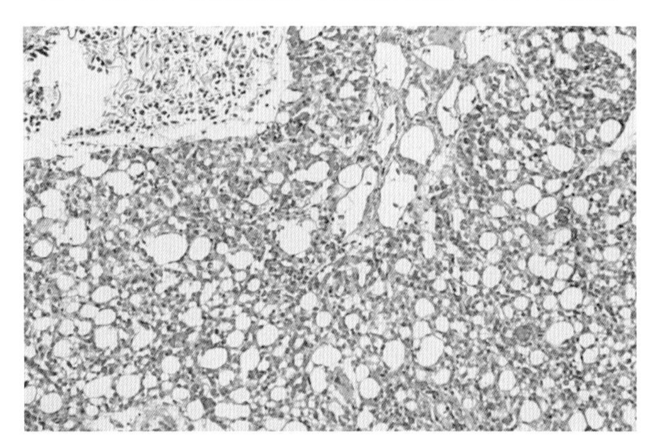

图 4-10-28　肺脏出血，肺房壁淋巴细胞浸润（刁有祥　供图）

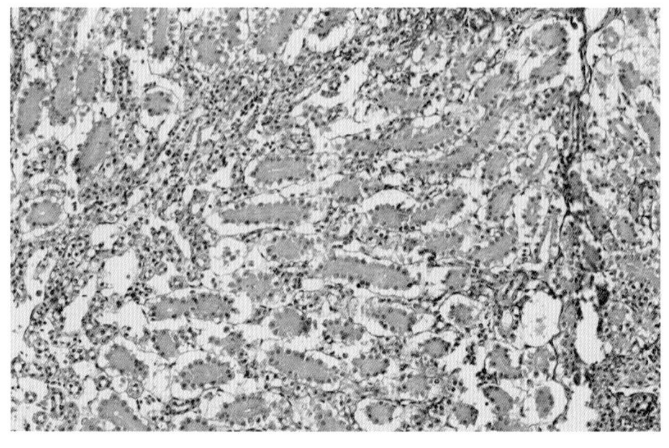

图 4-10-29　肾小管上皮细胞崩解、坏死，肾间质炎性细胞浸润（刁有祥　供图）

图 4-10-30　胸腺白髓淋巴细胞减少（刁有祥　供图）

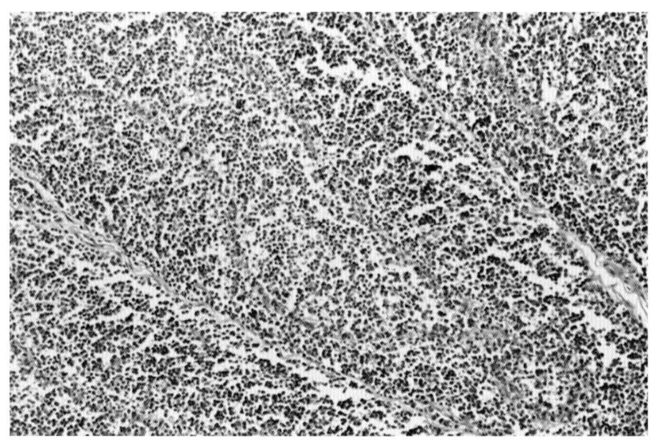

图 4-10-31　法氏囊淋巴细胞减少（刁有祥　供图）

2. 包涵体肝炎

（1）剖检变化。该病特征性的病理变化在肝脏。肝脏肿大，表面有不同程度的出血点和出血斑，肝褪色呈淡褐色至黄色，质脆（图 4–10–32、图 4–10–33）。有的肝脏可见到大小不等的坏死灶，有时坏死灶和出血混合出现。腺胃与肌胃交界处出血，肠黏膜弥漫性出血（图 4–10–34）。气管环出血，肺脏出血、水肿，呈紫红色或紫黑色（图 4–10–35）；肾脏肿大，质脆，呈浅黄色（图 4–10–36）。法氏囊肿大，切面无光泽；胸腺肿大、色深且表面有出血点，脾脏肿大，呈紫红色（图 4–10–37）；骨髓呈淡红色至淡黄色（图 4–10–38）。皮下出血（图 4–10–39），胸肌、腿肌出血（图 4–10–40），内脏的脂肪组织可见到明显的出血，皮下组织及肌纤维稍显黄色。

（2）组织学变化。组织学变化表现为肝脏充血、出血，肝细胞脂肪变性，伴发局灶性坏死和胆汁淤积，在肝细胞核内可发现嗜碱性或嗜酸性的包涵体，边缘较大而清晰，呈圆形或形状不规则（图 4–10–41 至图 4–10–43）。有时在肝小叶和汇管区可见含有少量异染性细胞的淋巴细胞聚集状，或肉芽肿性反应，并伴发小胆管增生和胆管的纤维化。在脾脏的脾窦和纺锤状细胞团有活化的巨噬细胞，在脾窦有噬红细胞作用。肺部有凝结的多灶性坏死区域、单核细胞及中性粒细胞浸润、肺脏充血、水肿、白细胞浸润和肾脏管状上皮细胞变性（图 4–10–44）。在肺叶间隔有明显水肿，副支气管的毛细血管区有许多黄染的巨噬细胞。用免疫过氧化物酶技术对变性的肝细胞核内包涵体染色，其对腺病毒 I 群抗原呈阳性反应。超微结构观察显示，在肝细胞包涵体有大量的病毒颗粒。

图 4–10–32　肝脏肿大、出血，呈土黄色（刁有祥　供图）

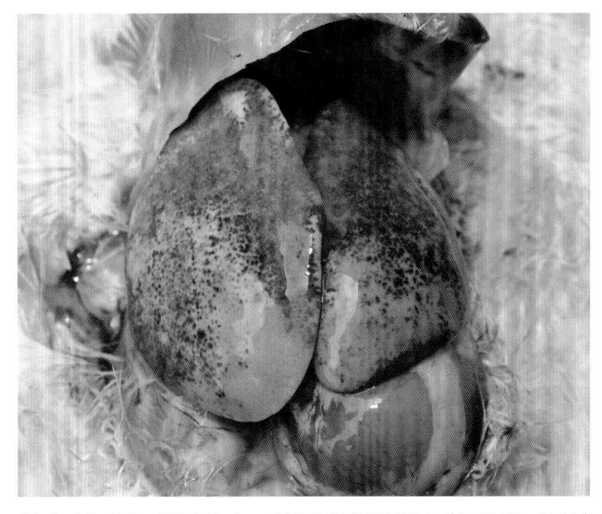

图 4–10–33　肝脏肿大，表面有弥漫性出血（刁有祥　供图）

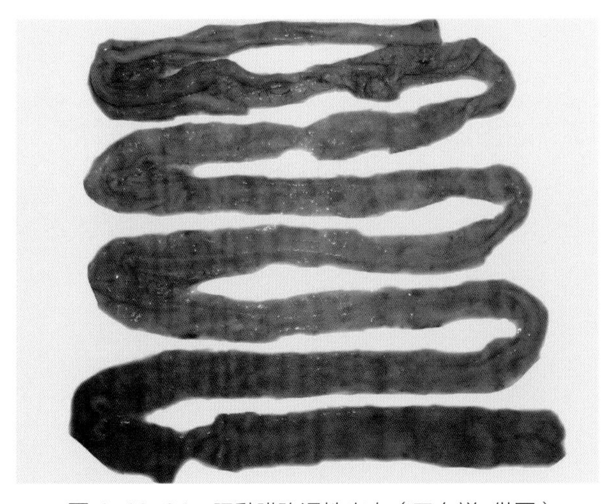

图 4–10–34　肠黏膜弥漫性出血（刁有祥　供图）

图 4–10–35　肺脏出血、水肿，呈紫黑色（刁有祥　供图）

3. 肌胃糜烂

（1）剖检变化。剖检可见肌胃扩张，内有出血性液体，角质层出现多个黑色糜烂斑（图 4–10–45）。肝脏肿大，胰腺肿胀，肠黏膜出血。

（2）组织学变化。组织学变化表现为胰腺上皮细胞内有嗜碱性包涵体，肠黏膜出血、坏死，黏膜固有层、黏膜下层和肌层有巨噬细胞和淋巴细胞浸润。

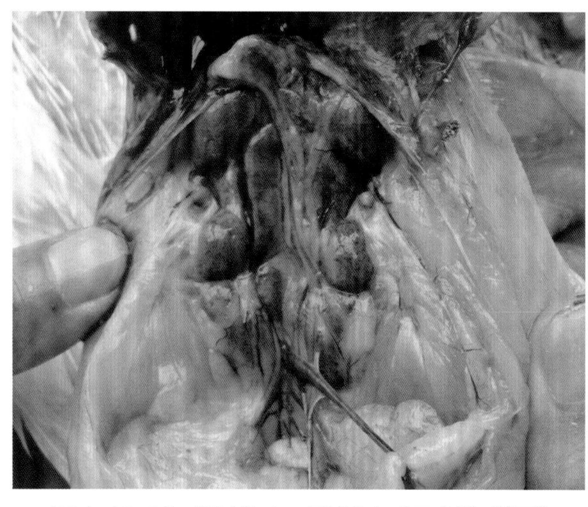

图 4-10-36　肾脏肿大，呈浅黄色（刁有祥　供图）

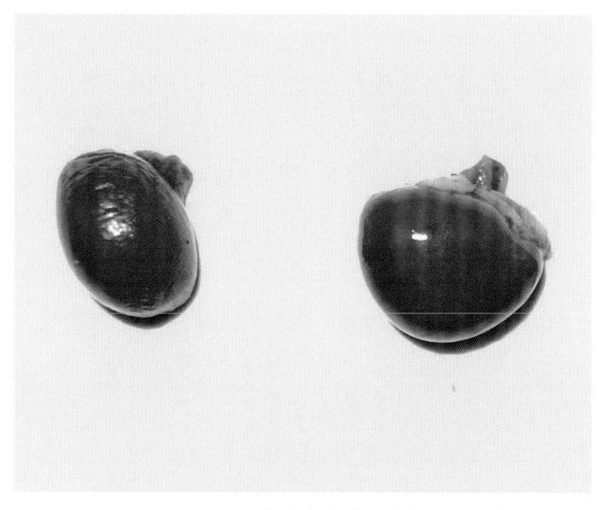

图 4-10-37　脾脏肿大（刁有祥　供图）

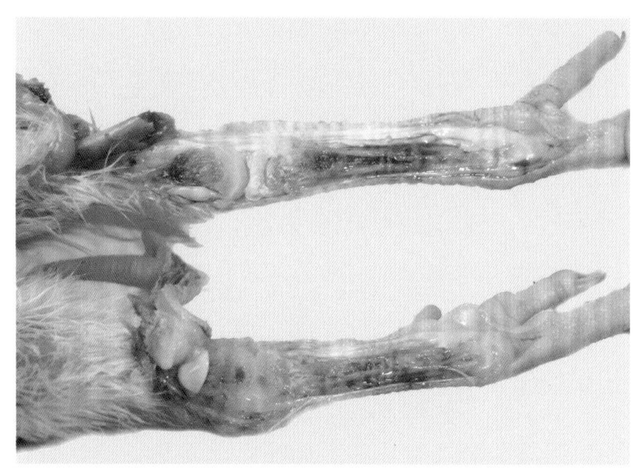

图 4-10-38　骨髓呈浅黄色（刁有祥　供图）

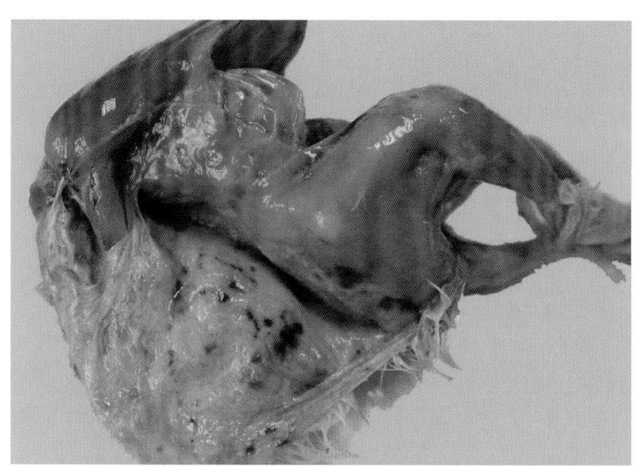

图 4-10-39　皮下出血（刁有祥　供图）

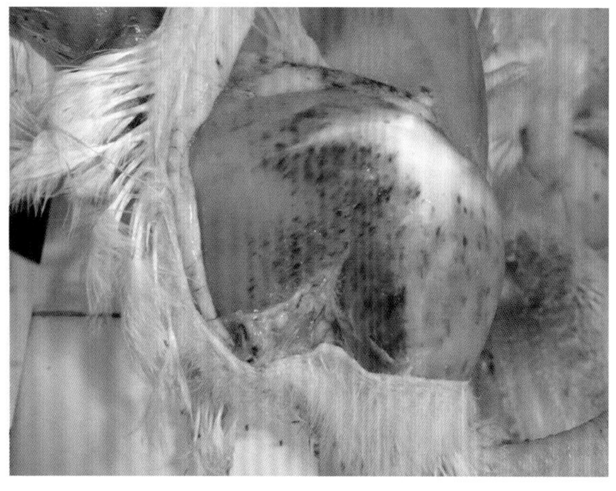

图 4-10-40　腿肌有条纹状出血（刁有祥　供图）

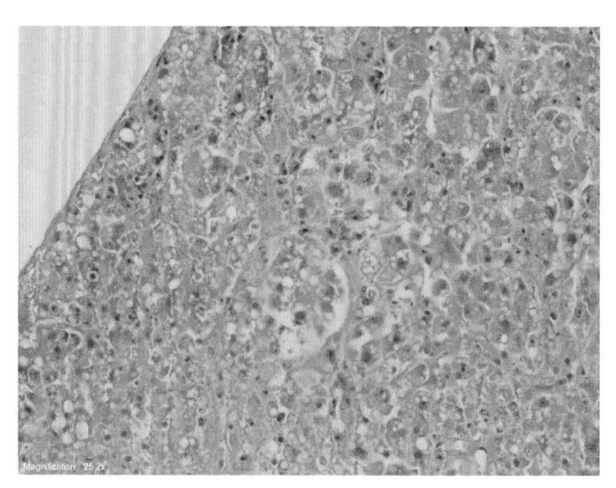

图 4-10-41　肝细胞脂肪变性（刁有祥　供图）

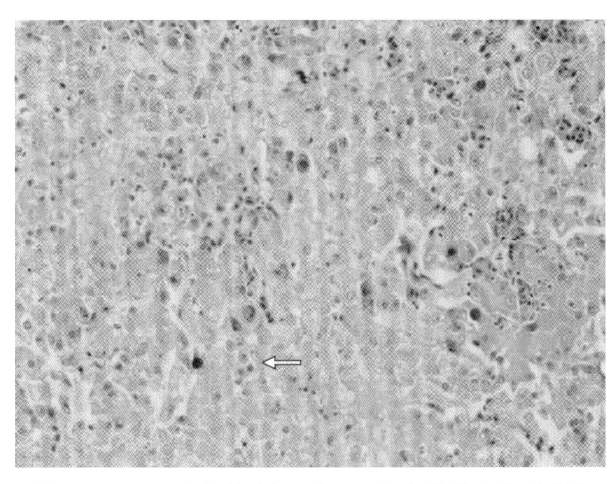

图 4-10-42 肝细胞崩解、坏死，肝细胞核内有嗜碱性包涵体（刁有祥 供图）

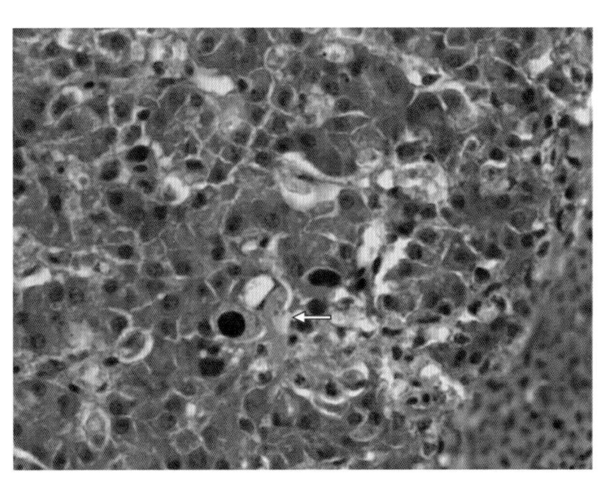

图 4-10-43 肝细胞核内有嗜碱性包涵体（刁有祥 供图）

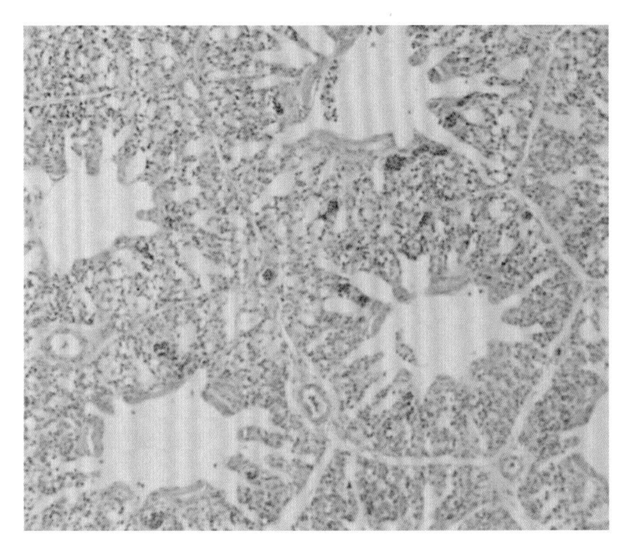

图 4-10-44 肺脏出血，肺间质有炎性细胞浸润（刁有祥 供图）

图 4-10-45 肌胃呈褐色糜烂（刁有祥 供图）

（七）诊断

根据发病鸡的症状、病理变化可作出初步诊断，确诊需进行实验室检查。

1. 病毒的分离与鉴定

病毒在肝脏、胰腺及肠管中的含量最高，病鸡的肝脏是分离病毒最好的材料。取肝脏研磨后，用生理盐水制成 1∶10 的组织悬液，反复冻融 3 次后，3 000 r/min 离心 30 min，取最上层水相加入青霉素、链霉素各 10 000 U/mL，置于 4℃冰箱感作 4 h 后即可作为肝乳剂上清液接种物。

一般采用禽类细胞来培养该病毒，如鸡胚肾细胞、鸡胚肝细胞、雏鸡肾细胞等。病毒感染的细胞可出现明显的细胞病变表现，细胞变圆，折光性增强，最后脱落。FAdV–I 能在鸡胚中增殖，但并非都能引起可见的病变。经卵黄囊或绒毛尿囊膜途径接种鸡胚，鸡胚表现为死胚、胚体矮小、发育迟缓、胎儿卷曲、肝炎、脾脏肿大、胚胎充血、肾脏尿酸盐沉积及肝细胞内出现嗜碱性或嗜酸性核内包涵体。

2. 血清中和试验

血清中和试验是根据抗体能否中和病毒，使其失去感染性而建立的免疫学试验。既可固定病毒滴度等量倍比稀释血清，也可固定血清用量，与等量系列对数稀释的病毒混合。鸡感染 FAdV 后

2 ～ 3 d 可产生中和抗体，病毒中和试验特异性和敏感性较强，可用于病原鉴定、确定血清型、检测血清中抗体。

3. PCR 检测方法

FAdV 是 DNA 病毒，利用 PCR 方法可以快速、敏感地进行诊断，通常取病鸡的肝脏或心包积水，提取基因组后进行 PCR。由于不同血清型病毒的 *Hexon* 基因高度保守，因此根据 *Hexon* 基因设计引物建立的 PCR 诊断技术具有很高的敏感性和特异性。该方法只能确定是 I 群禽腺病毒，但不能确定是哪个血清型的禽腺病毒。

4. 限制性片段长度多态性聚合酶链反应技术（PCR–RFLP）

限制性片段长度多态性聚合酶链反应技术，其基本原理是用 PCR 扩增目的 DNA，扩增产物再用特异性内切酶消化切割成不同大小片段，直接在凝胶电泳上分辨。不同等位基因的限制性酶切位点分布不同，产生不同长度的 DNA 片段条带。此项技术大大提高了目的 DNA 的含量和相对特异性，而且方法简便，分型时间短。I 群禽腺病毒包含 12 个血清型，各血清型病毒基因组间的酶切图谱存在差异。因此，可以用 PCR–RFLP 对 I 群禽腺病毒进行区分。

5. 实时荧光定量 PCR

实时荧光定量 PCR 是在 PCR 的反应基础上加入荧光探针或荧光染料，利用产生的荧光信号实时监测整个 PCR 扩增过程，最后通过建立的标准曲线对监测模板进行定量或定性分析的分子生物学技术。

（八）防治

1. 预防

①加强饲养管理，注重生物安全。加强饲养管理，消除各种不利因素，提高机体抵抗力；加强消毒，从而有效阻断水平传播；避免从 FAdV 污染鸡群引进雏鸡或育成鸡，对引进的种蛋和种鸡进行 FAdV 检测；FAdV 污染的活疫苗可能是其传播的一种非常重要的方式，从而致使更多区域鸡场接触 FAdV，使用 SPF 鸡胚生产的活疫苗产品，杜绝引进 FAdV 野毒。

②做好传染性法氏囊病、鸡传染性贫血等疫病的免疫防控。传染性法氏囊病病毒、鸡传染性贫血病毒均能与 FAdV 协同发病，做好传染性法氏囊病、鸡传染性贫血等免疫抑制性疾病的有效防控对控制 FAdV 感染意义重大。

③做好免疫接种。因 I 群 FAdV 血清型较多，不同血清型之间交叉保护较弱，所以，FAdV 疫苗株需与其使用区域所流行的血清型所匹配，为此需做好 FAdV 的调查工作，以准确把握当地 FAdV 流行血清型。可根据调查情况使用 I 群 FAdV 多价灭活疫苗进行免疫接种，种鸡、蛋鸡可在 7 ～ 8 日龄、40 ～ 50 日龄和 110 ～ 120 日龄免疫接种 3 次，每只颈部皮下接种 0.3 ～ 0.5 mL。饲养周期短的白羽肉鸡、黄羽肉鸡、肉杂鸡可根据鸡的饲养时间在 7 ～ 8 日龄，30 ～ 40 日龄接种 1 ～ 2 次，每只颈部皮下注射 0.3 ～ 0.5 mL。

2. 治疗

对发病鸡群可对症治疗，减少病鸡因心脏、肝脏、肾脏、肺脏等重要脏器损伤而造成的死淘。

①用 I 群 FAdV 多价卵黄抗体肌内注射，每只 0.5 ～ 1.0 mL。

②用 2% ～ 3% 葡萄糖、0.01% 维生素 C 饮水，连用 4 ～ 5 d，同时，使用黄芪多糖、紫锥菊多糖等植物多糖饮水，以护肝解毒，提高机体的抵抗力。

③为了防止继发感染，可用阿莫西林或恩诺沙星饮水，连用 4 ～ 5 d。

二、减蛋综合征

减蛋综合征（Egg drop syndrome 1976，EDS-76）是腺病毒科富 AT 腺病毒属Ⅲ群具有血凝性的腺病毒引起的一种急性传染病。其特点是在饲养正常的情况下，鸡群产蛋量达到高峰时，产蛋量急剧下降，并出现大量无硬壳软蛋、薄壳蛋、破壳蛋或蛋壳颜色变浅，可使鸡群产蛋率下降 20%～30%，给养禽业带来巨大经济损失。

（一）历史

1976 年，荷兰学者 Van Eck 首次报道了此病。1977 年，Meferran 在爱尔兰分离到病原。到目前为止，荷兰、爱尔兰、英国、法国、德国、意大利、匈牙利、波兰、奥地利、比利时、希腊、西班牙等国家发生。随后在英国及欧洲其他一些养鸡业发达的地区也发现了减蛋综合征，因为该病是 1976 年首次发现，为了区别于其他产蛋量下降的疾病，特定名为减蛋综合征（EDS-76）。我国于 20 世纪 80 年代末在肉用种鸡群中发现减蛋综合征以来，许多地区均有该病发生的报道。

（二）病原

引起减蛋综合征的Ⅲ群腺病毒（EDSV-76）病毒粒子大小为 70～80 nm，呈对称的二十面体，具有典型的腺病毒形态，核衣壳由 252 个壳粒组成，每基底壳粒上只有一个纤突，中间包围着心髓，位于二十面体顶角的壳粒称五邻体共 12 个，病毒粒子在感染细胞内呈结晶状排列。其 DNA 的分子质量为 22.6×10^3 kDa。EDSV-76 的基因组全长为 33 kb，碱基组成 A∶G∶C∶T 为 27.2∶20.7∶22.3∶29.8。编码容量大于 60 个氨基酸的开放读码框架（ORF）在 EDSV-76 全基因组上的分布已基本明确。已知在正链上有编码蛋白表达的基因片段为 25 个（R1～R25），在负链上有蛋白表达的基因片段为 22 个（L1～L22）。EDSV-76 病毒只有 1 个血清型，但用限制性酶切图谱分析发现不同地区分离的毒株间的 DNA 序列有不同。

EDSV 基因组编码的结构蛋白主要有 52/55k、Ⅲa、五邻体、pⅦ、六邻体、PVl、DNA 结合蛋白、纤维蛋白、DNA 多聚合酶、末端蛋白、100k、pⅧ、lvall 等。它们或为装配成熟病毒粒子所必需的，或在病毒复制、转化和关闭宿主蛋白合成方面起着重要作用。其中，六邻体蛋白是 EDSV-76 的主要结构蛋白，它与五邻体蛋白和纤维蛋白一起构成腺病毒的外壳。其中含有主要的属和亚属特异抗原决定簇和次要的抗原决定簇。

EDSV-76 能凝集鸡、鸭、鹅的红细胞，不凝集哺乳动物的红细胞，故可用于血凝试验及血凝抑制试验，血凝抑制试验具有较高的特异性，可用于检测鸡的特异性抗体。EDSV-76 有抗醚类的能力，在 50℃条件下，对乙醚、氯仿不敏感。抗 pH 值范围较广，如在 pH 值为 3～10 的环境中能存活。加热至 56℃可存活 3 h，加热至 60℃保持 30 min，可使其丧失致病力；加热至 70℃保持 20 min，可杀死该病毒，在室温条件下病毒至少可存活 6 个月以上。0.3%甲醛 24 h、0.1%甲醛 48 h 可完全杀死该病毒。该病毒能在鸭肾细胞、鸭胚成纤维细胞、鸡胚肝细胞、鸡肾细胞和鹅胚成纤维细胞上生长，增殖良好。鸭胚是分离 EDSV-76 病毒和大量增殖病毒制备疫苗的良好实验培养宿主，EDSV-76 虽然能在鸡胚中增殖并传代，但不致死鸡胚，而且鸡胚液中的 HA 滴度比鸭胚液中的低 2^5 以上。接种在 7～10 胚龄鸭胚中生长良好，并可使鸭胚致死，其尿囊液具有很高的血凝滴度，接种 5～7 胚龄鸡胚卵黄囊，则胚体萎缩。在雏鸡肝细胞、鸡胚成纤维细胞、火鸡细胞上生长不良，在哺乳动物细胞中培养不能生长。

（三）发病机理

EDSV-76 侵入鸡的生殖系统后分布于卵巢和输卵管的膨大部、漏斗部、峡部及阴道，病毒使输卵管黏膜上皮细胞变性、坏死，管性腺结构变化和肌肉层透明样变化。输卵管内液体的 Na^+ 升高，K^+、Ca^{2+}、Mg^{2+} 含量降低，健康鸡输卵管漏斗部和峡部黏膜的 pH 值为 6.5 ± 0.3，病鸡则为 6.0 ± 0.3，子宫黏膜 pH 值的变化导致了蛋壳形成受阻，由于酸度变化，溶解了大量的钙质，使得钙离子运转和色素分泌量减少，在酸性环境中蛋壳腺分泌的碳酸钙可被溶解。

（四）流行病学

不同品种、不同日龄的鸡均可感染，幼龄鸡感染后不表现任何症状，血清中也查不出抗体，只有到开产以后，血清才转为阳性。病毒的毒力在性成熟前的鸡体内不表现出来，产蛋初期的应激反应，致使病毒活化而使产蛋鸡患病。在家鸭、家鹅等也可产生不同程度的抗体和排出病毒，鸭感染后也能引起发病，长期带毒，带毒率可达 80% 以上。EDS-76 可以水平传播，也可以经卵垂直传播，水平传播是经过口、鼻、结膜等接触受污染的鸡粪或鼻分泌物而发生，被污染的蛋、盛蛋工具、鸡场、饲料、用具等是常见的传播媒介。垂直传播是此病的主要传播途径，被病毒感染的精液和有胚胎的种蛋可以传播该病，由受感染的种蛋孵出的雏鸡的肝脏可回收到有感染性的病毒，从受感染鸡的输卵管、泄殖腔、粪便、咽黏膜和白细胞中也可分离到病毒。EDS 的流行一般发生在产蛋率为 50% ～ 95%，即 25 ～ 35 周龄的蛋鸡群。该病造成的产蛋下降幅度一般为 10% ～ 25%，有的高达 30% ～ 50%，通常持续 4 ～ 10 周，然后恢复到原来的产蛋水平，产蛋曲线呈现马鞍形。

（五）症状

24 ～ 41 周龄的产蛋鸡突然出现群体产蛋下降，产蛋率比正常下降 10% ～ 75% 不等，与此同时可见薄壳蛋、软壳蛋、无壳蛋、畸形蛋和小蛋，蛋壳表面粗糙，呈白灰及灰黄粉样，褐色蛋的颜色变浅，蛋白水样，蛋黄色淡（图 4-10-46）。研究者对 EDS-76 发病鸡群进行了统计，发病第 1 周正常蛋占产蛋量 66.1%，而变形蛋占 33.9%；第 2 周正常蛋占 50.6%，变形蛋占 49.4%；第 3 周正常蛋为 60.4%，变形蛋占 39.6%，第 4 周正常蛋上升到 73.9%，变形蛋减少到 26.1%；第 5 周开始渐渐恢复。病鸡所产正常蛋受精率和孵化率一般不受影响。对自然感染的鸡群观察发现，流行主要发生在 26 ～ 32 周龄，病鸡受精率正常，但孵化率则明显下降，并出现大量生命力弱的雏鸡，死胚率由正常 6% ～ 8% 增至 10% ～ 12%。产蛋下降持续 4 ～ 6 周又恢复到正常水平，持续时间可能与病毒传播速度有关。患病鸡群的部分鸡，可能出现精神差、厌食、羽毛蓬松、贫血、腹泻等症状。

（六）病理变化

1. 剖检变化

卵巢萎缩、变小，或伴随出血症状，卵泡有变形、充血、软化、发育不良等现象。病鸡的输卵管和子宫黏膜出现水肿，颜色苍白，体积增大，严重的还伴随有出血、溃疡、分泌乳白色分泌物等（图 4-10-47）。

2. 组织学变化

组织学变化表现为子宫输卵管腺体水肿，单核细胞浸润，黏膜上皮细胞变性、坏死，子宫黏膜及输卵管固有层出现浆细胞、淋巴细胞和异嗜细胞浸润，输卵管上皮细胞核内有包涵体，核仁、核染色质偏向核膜一侧，包涵体染色有的呈嗜酸性、有的呈嗜碱性。人工感染 SPF 鸡后，子宫黏膜出现淋巴滤泡，其他器官无明显变化。

图 4-10-46　病鸡产软壳蛋、褪色蛋
（刁有祥　供图）

图 4-10-47　输卵管黏膜水肿，有脓性分泌物
（刁有祥　供图）

（七）诊断

多种因素可造成集约化鸡群发生产蛋下降，因此，在诊断时应注意综合分析和判断。EDS-76 可根据发病特点、症状、病理变化、血清学及病原分离和鉴定等方面进行分析判定。

1. 症状和病理变化

在饲养管理正常情况下，在产蛋鸡产蛋高峰时，突然发生不明原因的群体性产蛋下降，同时伴有畸形蛋、蛋质下降；剖检可见生殖道病变，临床上也无特异的表现时，可怀疑为该病。

2. 病毒分离与鉴定

从病鸡的输卵管、变形卵泡、无壳软蛋、泄殖腔、鼻咽黏膜、肠内容物、粪便等采集病料，经过常规的灭菌处理后，接种于鸭肾或鸡肾细胞上，孵育数天后观察细胞病变及核内包涵体，并用血凝及血凝抑制试验进行鉴定。接种 5 ～ 10 胚龄鸭胚尿囊腔，可使鸭胚致死，尿囊液有高的凝集滴度。

3. 血凝抑制试验

EDSV-76 可凝集鸡、鸭、鹅的红细胞，其凝集作用可被相应的抗血清所抑制。HI 试验可用于鸡群感染调查、抗体监测和病毒鉴定。HI 试验多采用微量法，试验用的抗原用鸭肾或鸡肾细胞培养制备，也可用鸭胚尿囊液制备。抗原采用 4 个血凝单位，用 pH 值为 7.1 的 PBS 配制 1% 鸡红细胞，采用常规术式进行。

4. PCR 检测方法

尽管各地 EDSV 分离株间存在不同程度的变异，但病毒的六邻体蛋白基因和蛋白酶基因具有很高的保守性，可在区域设计引物，建立 PCR 检测方法。PCR 可方便地应用于临床或环境样品的直接检测，极大地提高了诊断速度。有研究者根据已报道 EDSV-76 的 DNA 序列，设计合成了 1 对引物，建立了 EDSV-76 的 PCR 诊断方法。该方法对 EDSV-76 长春株、河南株和广东株扩增结果均为阳性；而对致死鸡胚孤儿病毒、鸡病毒性关节炎病毒、鸡传染性支气管炎病毒、鸡传染性法氏囊病病毒和鸡新城疫病毒的扩增结果均为阴性。可检测 EDSV-76 DNA 为 0.3×10^{-4} pg。结果表明该方法特异且敏感高。

5. LAMP 检测方法

利用链置换反应和环介导，在等温条件下可高效、快速、高特异性地进行基因扩增，其扩增效率可达到 10^9 ～ 10^{10} 个拷贝数量级。研究者根据 GenBank 登录的 EDSV-76 六邻体基因的保守区，设计了3对环介导等温基因扩增引物，优化反应体系，建立了环介导等温扩增方法。该方法阳性反应显色反应呈绿色荧光，检测EDSV–76的灵敏度高，是普通PCR检测的10倍，可检测到60个拷贝的基因组DNA，特异性强，与其他常见病毒无交叉反应，该方法重复性好，稳定性高，可准确快速地进行减蛋综合征病毒的检测。

（八）类症鉴别

诊断该病时必须与鸡新城疫、传染性喉气管炎、脂肪肝综合征、传染性脑脊髓炎及钙、磷缺乏症等引起的产蛋下降相区别。

1. EDS–76与传染性喉气管炎

传染性喉气管炎除产蛋下降外，有呼吸道症状、气管啰音等。

2. EDS–76与新城疫

新城疫也能引起产蛋下降、产软壳蛋，但鸡群中同时出现病死鸡，当检测抗体时，抗体很低或很高。死鸡剖检时，鸡的腺胃、肠道黏膜有出血。

3. EDS–76与脂肪肝综合征

脂肪肝综合征是鸡的一种代谢病，以肝异常脂肪变性，产蛋突然下降，死亡率高，鸡冠苍白为特征。主要发生于肥胖鸡，剖检可见肝脏肿大、易碎，呈黄褐色，肝破裂出血。

4. EDS–76与钙、磷、维生素缺乏症

钙、磷、维生素A、维生素D缺乏症也可引起产蛋下降，产无壳蛋、软壳蛋等，当饲料中添加钙、磷和维生素A、维生素D后很快恢复。

5. EDS–76与应激因素引起产蛋下降

天气突变、饲料变更、惊吓等应激因素皆可引起产蛋下降，但这时一般无软壳蛋，产蛋下降幅度小。

（九）预防

1. 加强卫生管理

由于该病主要通过垂直传播，因此应避免种源污染。当从国外或外地引进种鸡或种蛋时，必须严格检疫，淘汰隐性感染的病鸡。引进的鸡种需要隔离观察一段时间，并抽样做血清学检测，在确定无感染后才可进入鸡场养殖。鸡场内感染和未感染鸡需要严格隔离，及时淘汰病鸡。由于该病也可水平传播，要做好卫生管理工作。鸡舍、场地、用具，尤其应加强对鸡粪的管理和消毒。减少外来人员往来，同时严格消毒孵化器、运输工具及针头等器械。由于鸭和鹅是该病毒的天然宿主，因此养鸡场不宜同时饲养鸭、鹅。应尤其值得注意病鸡群所产的蛋严禁作种用。为防止水平传播，场内鸡群应隔离，通过血清学或病理学检测，按时淘汰隐性感染鸡。在此基础上，加强鸡群的营养供给，喂给营养平衡的配合日粮，特别是保证必需氨基酸、维生素和微量元素的平衡，以增强鸡群对疾病的抵抗力。

2. 免疫预防

应用EDSV–76油佐剂灭活苗可起到良好的保护作用。商品蛋鸡在14～16周龄时注射1次，可使整个产蛋期内获得免疫保护，种鸡可在35周龄时再注射1次。种鸡场发生该病时，无论是病鸡群还是同一鸡场其他鸡生产的雏鸡，都不能否定垂直感染的可能，即使这些雏鸡在开产前抗体阴性，也不能作没有垂直感染的证明，因为开产前病毒才开始活动，使鸡发病，才有抗体产生。所以这些鸡必须注射疫苗，在开产前4～10周进行初次接种，产前3～4周进行第2次接种。

第十一节　鸡传染性贫血

鸡传染性贫血（Chicken infectious anemia，CIA），是由鸡传染性贫血病毒（*Chicken infectious anemia virus*，CIAV）引起雏鸡的一种免疫抑制性传染病。其特征是精神委顿，发育受阻，再生障碍性贫血和全身淋巴组织萎缩。

一、历史

Yuasa 等 1979 年在日本首次报道并分离该病原，现已呈世界性广泛分布。1992 年，我国学者从发病鸡群中分离到鸡传染性贫血病毒，证实了我国存在该病原。目前，鸡传染性贫血病毒在我国广泛存在，且鸡群感染率高，自然感染率可高达 70% ～ 100%。鸡传染性贫血病毒造成感染鸡群处于免疫抑制状态，使鸡群对其他病原的易感性增高，对 MD、IBD 等疾病疫苗保护力降低，从而导致鸡群易继发感染其他病原，死亡率升高，对于肉鸡产业和 SPF 鸡蛋的生产造成严重经济损失。

二、病原

该病的病原为鸡传染性贫血病毒，国际病毒分类委员会采用的名称是鸡贫血病毒。CIAV 在分类上属圆环病毒科，环形病毒属，该病毒只有一个血清型。病毒为二十面体对称，平均直径为 25 ～ 26.5 nm，无囊膜，电镜下呈球形或六角形，氯化铯中的浮密度为 1.35 ～ 1.37 g/mL。病毒核酸为单股环状 DNA，基因组 2 319 bp 或 2 298 bp，两者的差别为前者在启动子增强子区域中多出一组同向重复序列。基因组分为编码区和非编码区两部分。编码区包含 3 个部分重叠的开放阅读框。分别为 ORF1、0RF2 和 ORF3，其中 ORF3 位于 ORF2 内，ORF2 与 ORF1 部分重叠，这 3 个开放阅读框分别编码 VP2、VP3 和 VP1 蛋白，其中 VP1 和 VP2 对病毒粒子的复制是必需的。VP1 蛋白是病毒的衣壳蛋白，含有中和抗原表位。VP2 蛋白具有双重特异性蛋白磷酸酶活性，参与病毒中和抗原表位的形成，对病毒的复制及感染细胞的病理学变化影响较大。VP3 蛋白又称为凋亡素，通过诱导感染细胞凋亡能导致病鸡胸腺皮质细胞快速耗竭。

CIAV 能在 1 日龄雏鸡或鸡胚内增殖。常用的哺乳动物细胞系及鸡胚原代细胞无法用于该病毒的体外繁殖，只能在由 MDV 和 LLV 转化的某些淋巴瘤细胞上生长，如 MDCC-MSBI 和 MDCC-JP2 细胞系（来源于 MD 脾淋巴瘤细胞和卵巢淋巴瘤细胞）、LSCC-1104B1 细胞系（来源于 LL 腔上囊肿瘤）。研究发现，MDCC-CU147 细胞系比其他细胞更适用于 CIAV 的体外培养。

CIAV 的病毒粒子较小，对物理或化学处理具有很强抵抗力。病毒耐受乙醚、丙酮和氯仿等脂溶性溶剂的处理。pH 值为 3.0 条件下作用 3 h 后仍然稳定，56℃或 70℃作用 1 h 及 80℃作用 15 min 病毒仍有感染力，80℃作用 30 min 可使病毒部分失活，100℃热处理 15 min 可完全灭活。病毒对酚敏感，5% 酚中作用 5 min 后失去活性，5% 次氯酸处理可使病毒失去感染力。福尔马林熏蒸消毒 24

h 灭活效果不彻底。多数季铵盐类化合物、中性皂、邻二氯苯的 5% 溶液均不能使其完全灭活。pH 值为 2.0 的酸性消毒剂对 CIAV 的灭活十分有效。

三、发病机制

鸡传染性贫血病毒的靶器官是骨髓和淋巴组织，造成胸腺等处淋巴细胞和骨髓造血细胞大量丢失。据研究，骨髓及淋巴组织的变性、坏死、萎缩与鸡传染性贫血病毒的基因组结构有关。在鸡传染性贫血病毒基因组包含的 3 个主要阅读框架中，VP1、VP2 与免疫应答有关，而 VP3 与病毒的毒力有关，后者可作为一种刺激因子激活细胞程序性死亡过程，导致细胞破碎死亡。细胞程序性死亡包含在细胞特殊的发展阶段，它促成器官的形态发生，许多不同种类的细胞都能够经受这种过程，但未成熟的 T 淋巴细胞、B 淋巴细胞对细胞的程序性死亡特别敏感。因此雏鸡一旦感染了鸡传染性贫血病毒，病毒很容易刺激机体各处正在发育中的淋巴组织，造成 T 淋巴细胞、B 淋巴细胞对自己进行否定性选择，引起死亡，进而引起胸腺、法氏囊及其他弥散淋巴组织的萎缩和免疫抑制。骨髓中生红系统细胞发生死亡也可能基于上述原因，导致骨髓不能产生红细胞而发生贫血，严重贫血可引起组织缺血、缺氧。

四、流行病学

该病只感染鸡，主要发生在 2 ～ 4 周龄的雏鸡，1 ～ 7 日龄雏鸡最易感染，其中肉鸡，尤其公鸡最易感染。该病有明显的年龄抗性，随着鸡日龄的增长，对该病易感性、发病率和死亡率逐渐降低。自然情况下，CIA 的发病率为 20% ～ 60%，病死率为 5% ～ 10%，严重时可高达 60% 以上。

该病既可水平传播，又可垂直传播，主要感染途径是消化道，其次是呼吸道。垂直传播具有重要的临床意义，成年种鸡感染 CIAV 后，可经卵垂直传播，引起新生雏鸡发病。

病鸡和带毒鸡是主要传染源。感染 CIAV 的鸡及其排泄物，被污染的器具、饲料、饮水等都可作为该病的传染源。CIAV 与其他病原如 MDV、IBDV 及 REV 等混合感染时，其致病性增强，并突破年龄及母源抗体的保护，引起疾病的暴发和造成重大的经济损失。在有些情况下，被 CIAV 污染的疫苗也能造成该病的传播。

五、症状

自然条件下，该病的潜伏期不很明确，但最早 12 d 可表现症状，3 ～ 4 周死亡增加。

贫血是该病的特征性症状。病鸡感染后 14 ～ 16 d 贫血最严重，血细胞压积值降到 20% 以下。病鸡表现精神沉郁、羽毛蓬松（图 4–11–1），采食下降，衰弱、消瘦、体重减轻，喙、鸡冠（图 4–11–2）、肉髯、可视黏膜、皮肤苍白（图 4–11–3）。全身皮下出血或头颈部、翅膀皮下出血，时间稍长皮肤呈蓝紫色（图 4–11–4、图 4–11–5），所以，该病也称为“蓝翅病”，腿、爪部皮肤也会出血（图 4–11–6）。血液稀薄（图 4–11–7、图 4–11–8），血凝时间延长，红细胞、白细胞数量显著减少，可分别下降到 1×10^9 个 /L 和 5×10^6 个 /L 以下。发病后 5 ～ 6 d，病鸡大量死亡，呈急性经过，死亡率通常不超过 30%，感染后 20 ～ 28 d 存活的鸡逐渐恢复健康，但大多生长迟缓，成为僵鸡。若继发细菌、真菌或病毒感染，可加重病情，延迟康复，死亡增多。

由于 CIAV 主要侵害雏鸡骨髓、胸腺、法氏囊，可造成免疫抑制，故感染鸡常继发产气荚膜梭菌和金黄色葡萄球菌感染，引起肌肉和皮下组织坏疽性皮炎。鸡群对大肠杆菌、腺病毒、IBDV、MDV 和呼肠孤病毒等易感性增强。有些鸡群在第一个死亡高峰 2 周后出现第二个死亡高峰，究其原因，除水平传播外，往往是由继发感染所致。

图 4-11-1　病鸡精神沉郁，羽毛蓬松（刁有祥　供图）

图 4-11-2　病鸡消瘦，鸡冠苍白（刁有祥　供图）

图 4-11-3　病鸡贫血，皮肤苍白（刁有祥　供图）

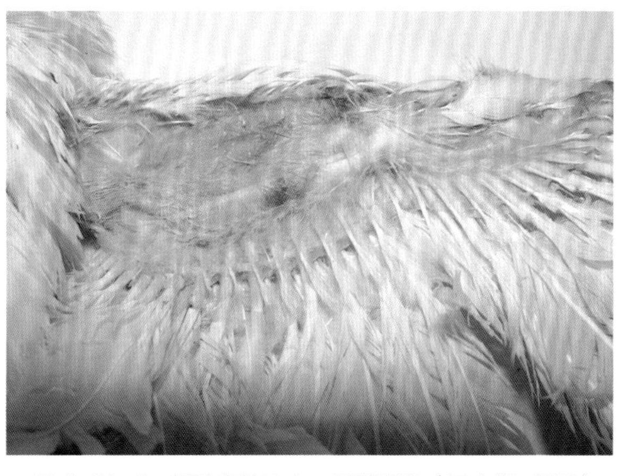

图 4-11-4　翅膀皮肤出血，呈蓝紫色（刁有祥　供图）

图 4-11-5　两侧翅膀皮肤出血，呈蓝紫色（刁有祥　供图）

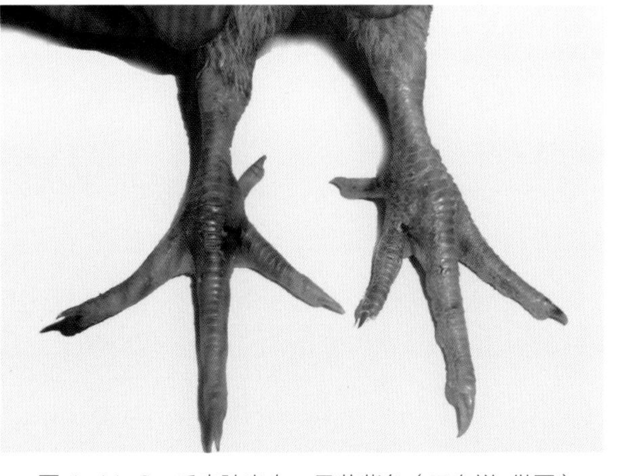

图 4-11-6　爪皮肤出血，呈蓝紫色（刁有祥　供图）

图 4-11-7　血液稀薄（刁有祥 供图）

图 4-11-8　血液稀薄（右侧两管为正常血液）（刁有祥 供图）

六、病理变化

（一）剖检变化

病鸡骨髓萎缩是特征性的病理变化，股骨、胫骨骨髓脂肪化呈黄白色（图 4-11-9），导致再生障碍性贫血。肝脏肿大，呈浅黄色，斑驳状（图 4-11-10）。肾脏肿大，褪色或呈淡黄色（图 4-11-11）；血液稀薄，凝血时间延长。胸腺萎缩，呈红褐色（图 4-11-12），可导致其完全退化，随着日龄的增加，胸腺萎缩比骨髓的萎缩更为明显。部分病例出现法氏囊萎缩。骨骼肌出血（图 4-11-13），腺胃黏膜出血，严重贫血的鸡可见肌胃黏膜糜烂或溃疡，肠黏膜弥漫性出血（图 4-11-14、图 4-11-15），心脏出血（图 4-11-16），皮下有出血点。翅膀皮下常见出血，呈蓝紫色，若继发感染则导致严重的皮肤坏死。

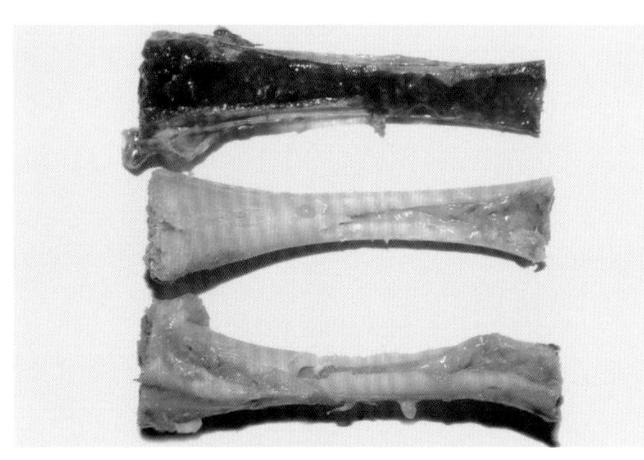

图 4-11-9　骨髓呈黄白色（上为同日龄鸡正常骨髓）（刁有祥 供图）

图 4-11-10　肝脏肿大，呈浅黄色，斑驳状（刁有祥 供图）

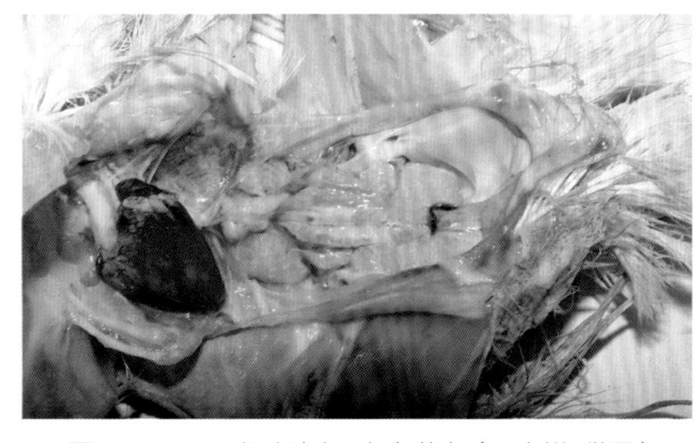

图 4-11-11　肾脏肿大，颜色苍白（刁有祥 供图）

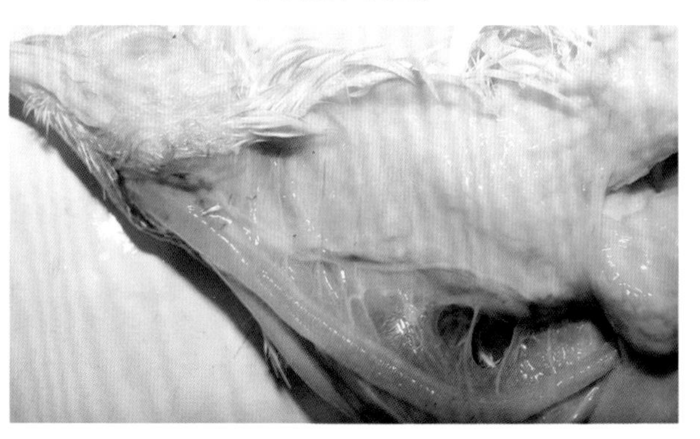

图 4-11-12　胸腺萎缩（刁有祥 供图）

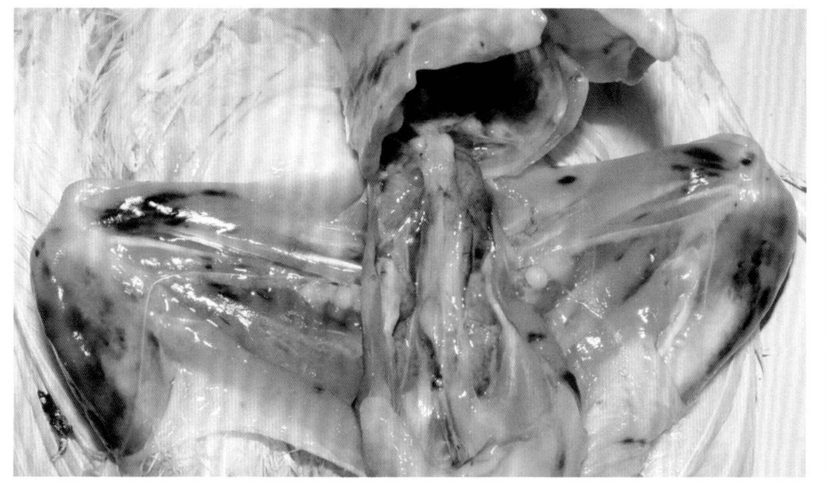

图 4-11-13　胸肌、腿肌出血（刁有祥　供图）

图 4-11-14　腺胃黏膜出血，肠黏膜弥漫性出血（刁有祥　供图）

图 4-11-15　肠黏膜弥漫性出血（刁有祥　供图）

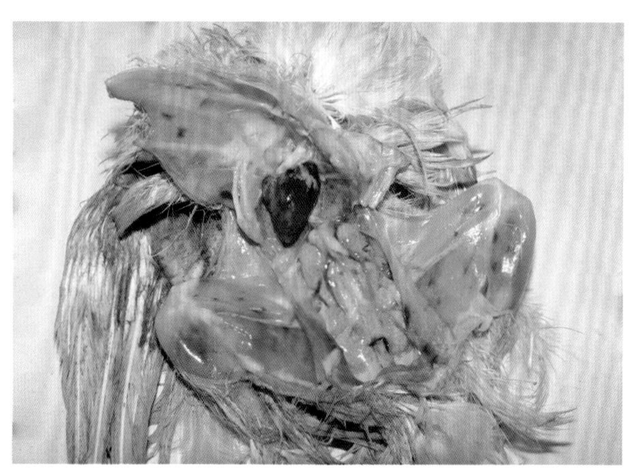

图 4-11-16　心脏出血，肾脏苍白，肌肉出血（刁有祥　供图）

（二）组织学变化

骨髓造血细胞严重减少，被脂肪组织或增生的基质细胞代替，造成再生性贫血障碍。胸腺皮质淋巴细胞数量显著减少，细胞水肿变性。全身淋巴组织萎缩，法氏囊、脾脏、盲肠扁桃体及其他器官的淋巴细胞缺失严重，网状细胞代偿性增生。感染后随着康复鸡群日龄增大，骨髓出现再生区域且胸腺内淋巴细胞数量逐渐增多，趋于恢复正常。

七、诊断

根据流行病学特点、症状和病理变化可作出初步诊断，血常规检查有助诊断，但最终的确诊需要进行病原学和血清学等方面的工作。

（一）病原学诊断

1. 病毒分离培养

病毒的分离培养是 CIAV 鉴定中最常用的方法。肝脏含有高滴度病毒，是分离 CIAV 最好材料。将肝脏匀浆，离心后取上清液，70℃加热 5 min 或用氯仿处理去除或灭活污染物，用于雏鸡、鸡胚或细胞培养接种。

1 日龄 SPF 雏鸡是初次分离 CIAV 最可靠的动物实验方法。用肝脏病料 1∶10 稀释肌肉或腹腔接种 1 日龄 SPF 雏鸡，每只 0.1 mL，观察典型症状和病理变化。

用肝脏病料卵黄囊接种 4 ～ 5 日龄鸡胚，无鸡胚病变，孵出小鸡发生贫血和死亡。

用病料接种 MDCC-MSBI 细胞，经 1 ～ 6 次继代培养或直到观察到有细胞死亡，表明有 CIAV 感染。每隔 2 ～ 4 d 传代 1 次，以区分病毒诱导的细胞凋亡和非特异性的细胞退化。

2. 病毒的核酸检测

与病毒分离相比，利用聚合酶链式反应（PCR）检测病毒 DNA 的方法特异和灵敏性更强。根据病毒基因组编码区中的保守区域设计引物，建立 PCR 检测方法，可满足日常检测需要。在此基础上可进一步利用巢式 PCR、竞争性引物 PCR 和 DNA 探针等方法增加检测的特异性，还可以对病毒进行定量分析。

（二）血清学检测

目前已建立的 CIAV 血清学诊断技术有血清中和试验、ELISA 等，可用于检测感染鸡血清中的抗体。ELISA 是检测 CIAV 抗体的一种良好的血清学方法，敏感性高，操作简便、快速，所需血样少，可以同时检测大量样品，利于大规模普查。

八、类症鉴别

该病应该与成红细胞引起的贫血、MD、IBD、包涵体肝炎、球虫病以及黄曲霉毒素中毒及磺胺药中毒进行区别。

对 6 周龄以下的鸡，通过临床症状、血液学变化、病变和鸡群病史的综合分析，可提示为感染鸡传染性贫血病毒。血液涂片镜检可区分成红细胞病毒引起的贫血。MD 与 IBD 均可引起淋巴组织萎缩，并有典型的组织学变化，但自然感染发病鸡不出血贫血，急性 IBD 会发生再生障碍性贫血，但比鸡传染性贫血病毒诱发的贫血消失早。包涵体肝炎常发生于 5 ～ 10 周龄。球虫病引起的贫血可见到血便与明显的肠道出血，传染性贫血没有血便，肠道没有点状出血。磺胺类药物与真菌毒素中毒可引起再生障碍性贫血，肌肉与肠道有点状出血，鸡群有使用磺胺类药物的病史。

九、预防和控制

（一）预防

1. 加强饲养管理

加强和重视鸡群的日常饲养管理和兽医卫生措施，防止由环境因素及其他传染病导致的免疫抑制，及时接种鸡传染性法氏囊病疫苗和马立克病疫苗。引进种鸡时，应加强检疫和监测，防止从外引入带毒鸡而将该病传给健康鸡群。在 SPF 鸡场应及时进行检疫，剔除和淘汰阳性感染鸡。

2. 疫苗接种

目前有两种商品疫苗可供使用，一是由鸡胚生产的有毒力的活疫苗，可通过饮水免疫途径对 13 ～ 15 周龄种鸡进行接种，可有效地防止其子代发病。值得注意的是，该疫苗不能在产蛋前 3 ～ 4 周免疫接种，以防止通过种蛋传播病毒。二是减毒的活疫苗，可通过肌肉、皮下或翅膀对种鸡进行接种，有良好的免疫保护效果。如果后备种鸡群血清学呈阳性，则不宜进行接种。

（二）发病后的处理

该病目前尚无特异的治疗方法，对发病鸡群，可用广谱抗生素控制细菌性继发感染。

第十二节　禽痘

禽痘（Fowl pox，FP）是由禽痘病毒（*Fowl pox virus*，FPV）引起的一种急性、接触性传染病。其特征是家禽无毛或少毛的皮肤上发生痘疹，称为皮肤型禽痘，或口腔、咽喉黏膜形成纤维素性坏死和增生性病灶，称为黏膜型（白喉型）禽痘。禽痘传播较慢，危害时间较长，易发生继发感染，尤其是幼鸡患病严重，成年鸡能影响其产蛋性能。禽痘流行于世界各地，已经从250多种鸟中分离到病毒，是危害养禽业的重要传染病之一。

一、病原

禽痘病毒属于痘病毒科（Poxvirinae）、脊椎动物痘病毒亚科（Chordopoxviridae）、禽痘病毒属（*Avipoxvirus*）中的成员。所有的禽痘病毒形态相似，成熟的病毒粒子呈卵圆形或砖形，有囊膜包裹，表面呈桑椹样。砖形，是最大的动物病毒，大小约330 nm×280 nm×200 nm，结构复杂。病毒外膜由随机排列的小管或球状蛋白组成，中心为电子致密的双凹核或拟核，每侧凹陷中有两个侧小体，外面包裹囊膜。

除金丝雀痘病毒外，禽痘病毒基因组一般比其他痘病毒基因组都大。禽痘病毒包括鸡、鸽子、火鸡、金丝雀等痘病毒，自然情况下每种病毒只对同种宿主有易感性，不同种禽痘病毒之间有一定的交叉保护作用。如鸡痘与鸽痘病毒两者在抗原性上很相似，鸽痘病毒对鸡的致病力低，但具有较强的免疫原性，因此可将鸽痘病毒制成疫苗用来预防鸡痘。

禽痘病毒是在感染细胞的细胞质内合成DNA并包装成感染性病毒粒子。在双链DNA病毒复制中，只有禽痘病毒是在宿主细胞质中进行。禽痘病毒的复制过程是相同的，但由于宿主细胞和毒株不同，其复制的时间和产生的病毒量也稍有不同。禽痘病毒复制主要形成两类子代病毒，一类是细胞内裸病毒，另一类是释放到细胞外有囊膜的病毒，只有后者才能在培养的细胞和宿主动物体内感染增殖，又称感染性病毒。病毒感染鸡胚绒毛尿囊膜2 h内就会被绒毛尿囊膜的外胚层细胞吞饮，48 h后形成未成熟的病毒粒子，2 h后细胞质中出现紧密排列的微管结构，96 h后形成包涵体，包涵体中含有成熟的病毒粒子。120～140 h病毒粒子脱离包涵体，从细胞表面出芽。

鸡痘病毒基因组为双股线状DNA，全基因组长为288 kb，编码260个假定基因，氨基酸长度为60～1 949个。FPV基因组中不存在内含子，两条链都编码蛋白。裸DNA不具有感染性，结构组成与其他痘病毒科成员类似。开放阅读框呈首尾串联排列，基因组A+T含量在70%左右，均匀分布在基因组中。不同种禽痘病毒的基因组大小差异很大，但都包含一个中央编码区和两个末端反向重复区。中央编码区的中央区域较为保守，主要编码与病毒复制、转录翻译、蛋白修饰和病毒结构相关的蛋白；两端区域变异大，主要编码与病毒毒力和宿主范围相关的蛋白。

图 4-12-1　尿囊膜增厚（刁有祥 供图）

鸡痘病毒可在鸡胚成纤维细胞、鸡胚真皮细胞、鸡肾细胞和鸭胚成纤维细胞进行增殖，并产生细胞病变，并在感染细胞的细胞质中形成包涵体。接种鸡痘病毒后 3 d 内，鸡胚绒毛尿囊膜增厚，膜上形成白色隆起的痘斑，随后痘斑中心坏死，色泽变深（图 4-12-1）。

鸡痘病毒对外界的抵抗力强，特别是对干燥的耐受力更强，可在痂皮中存活数月至数年，但对热、阳光、酸、碱及氧化剂敏感。鸡痘病毒对氯仿敏感，但能耐受乙醚，这是痘病毒分类的重要标准之一。病毒能耐受 1% 石炭酸和 1∶1 000 福尔马林超 9 d 以上。2% 氢氧化钾或氢氧化钠对病毒有灭活作用，50℃作用 30 min 或 60℃作用 8 min 即可灭活病毒。病毒在鸡粪和泥土中活力可保持几周，阳光照射数周不失活。鸡痘病毒能在冷冻干燥的环境中和 50% 甘油盐水中长期保持活力。

二、流行病学

家禽中鸡的易感性最高，不同日龄、性别和品种的鸡均可感染，但雏鸡和青年鸡最常发病，病情严重，死亡率高，其次是火鸡，鸭、鹅也可发生。鸟类如金丝雀、麻雀、鸽子、鹌鹑等也常发痘疹，但病毒的类型均不同，一般不发生交叉感染。

病鸡是主要传染源。该病可经直接接触传播，脱落的痘痂是散播病毒的主要形式，病毒也可随病鸡的唾液、鼻液、眼泪等排出，易感家鸡通常经损伤的皮肤和黏膜感染。多见于头部、冠和肉髯等皮肤外伤，口腔、食道和眼结膜等黏膜破损。蚊子、体表寄生虫如鸡皮刺螨等也可传播该病。研究表明，该病不能垂直传播，病毒不能经健康皮肤和黏膜入侵机体，也不能经口感染。

该病一年四季均可发生，以秋冬季节和蚊子活跃的季节最易流行。夏秋季节多发皮肤型鸡痘，冬季多发黏膜型（白喉型）鸡痘。拥挤、通风不良、阴暗、潮湿、体表寄生虫、维生素缺乏、饲养管理不当等可使病情加重，特别是继发葡萄球菌感染可造成大批鸡群死亡。

三、症状

（一）皮肤型鸡痘

皮肤型鸡痘的特征是上皮增生，主要发生在鸡体无毛或少毛部位，如鸡冠、肉髯、眼睑、喙角、耳叶、脚趾，也可出现于泄殖腔周围（图 4-12-2 至图 4-12-9）。成年鸡多见于冠、髯，雏鸡多见于喙角、眼睑、耳叶、脚趾等形成结节病灶。起初出现细薄的灰色麸皮状覆盖物，随即长出小结节，初呈灰色，后变为灰黄色，逐渐增大如豌豆，表面凹凸不平，呈干而硬的结节。有时结节很多，相互融合，产生干燥、粗糙、黄白色的厚痂，突出皮肤表面，有时扩大到眼皮，使眼睑闭合，影响采食。一般无明显的全身症状。严重病例，尤其是幼龄鸡发病，可见精神萎靡、食欲减失、体重减轻、甚至死亡。产蛋鸡产蛋减少或停产，生产性能严重下降。

（二）黏膜型鸡痘

黏膜型鸡痘又称白喉型鸡痘，多发于幼龄鸡，病死率高，严重时可达 50%。病鸡主要特征是在口腔、咽喉处出现溃疡或者覆盖黄白色的伪膜（图 4–12–10）。初期为黄色的小结节，随后快速扩大，相互融合，形成一层豆腐渣样的黄白色伪膜，并覆盖于黏膜表面，较难被剥离，人为强行剥离会出现出血的溃疡面。气管前部有灰白色的隆起痘疹，严重时会导致喉裂被干酪样渗出物堵塞。随着病情的发展，伪膜变厚而成黄白色痂块，有时延伸至喉部，引起吞咽和呼吸困难，严重时嘴无法闭合，病鸡往往张口呼吸（图 4–12–11），发出"嘎嘎嘎"的声音，严重时窒息死亡。尤其是继发感染其他疾病时，病死率会明显提高。若眼和鼻腔受到侵害，发病初期，病鸡眼鼻有稀薄液体流出，之后流淡黄色的黏稠的脓液。眼肿胀流泪，初期流清亮的眼泪（图 4–12–12），后期流黄白色脓性分泌物，上下眼睑粘在一起，眼结膜和眶下窦肿胀（图 4–12–13 至图 4–12–15），且用手能够挤出干酪样的凝固物，角膜溃疡，甚至导致单侧或者双侧眼睛失明。

（三）混合型鸡痘

皮肤型鸡痘和黏膜型鸡痘同时发生，病情较严重，死亡率较高（图 4–12–16）。

（四）败血型鸡痘

在发病鸡群中，个别鸡无明显的痘疹，只是表现为下痢、消瘦、精神沉郁，逐渐衰竭而死，病鸡有时也表现为急性死亡（图 4–12–17）。

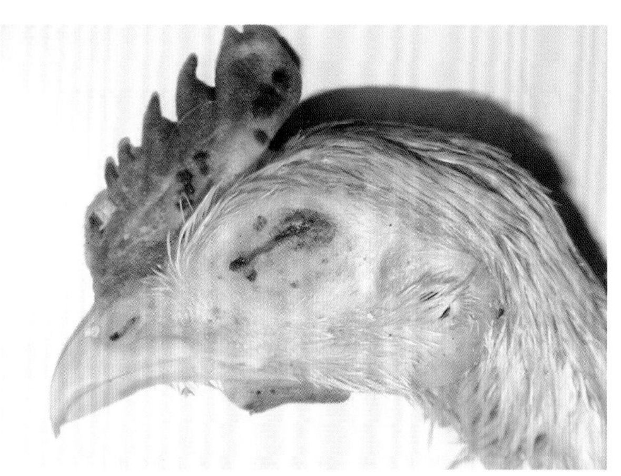

图 4–12–2　皮肤型鸡痘，鸡冠表面大小不一的痘疹（一）（刁有祥　供图）

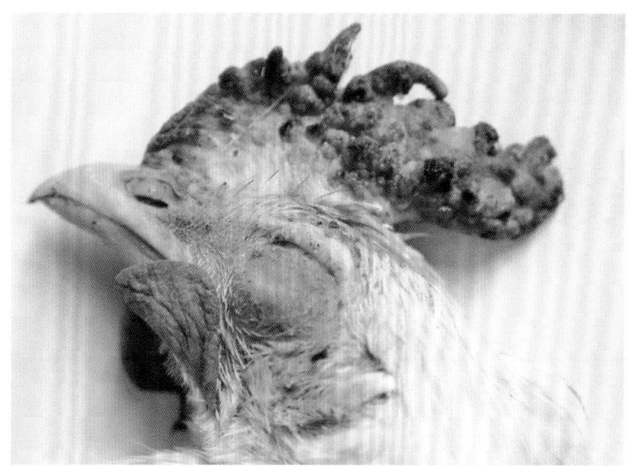

图 4–12–3　皮肤型鸡痘，鸡冠表面大小不一的痘疹（二）（刁有祥　供图）

图 4–12–4　皮肤型鸡痘，嘴角的痘疹（刁有祥　供图）

图 4–12–5　皮肤型鸡痘，上下眼睑的痘疹（刁有祥　供图）

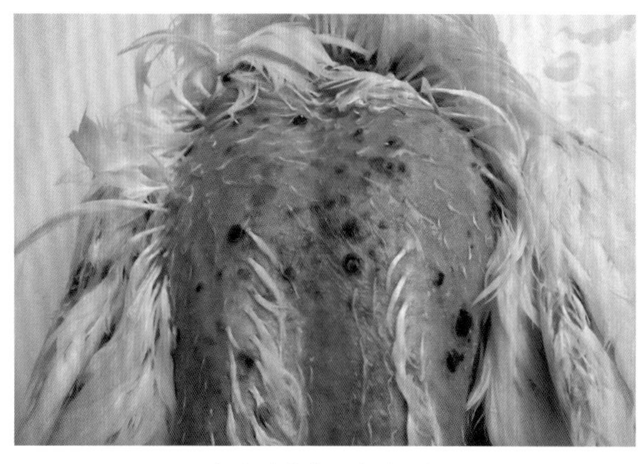

图 4-12-6　皮肤型鸡痘，皮肤上大小不一的痘疹（刁有祥　供图）

图 4-12-7　皮肤型鸡痘，鸡冠、嘴角及眼睑大小不一的痘疹（刁有祥　供图）

图 4-12-8　皮肤型鸡痘，头部、腿部皮肤大小不一的痘疹（刁有祥　供图）

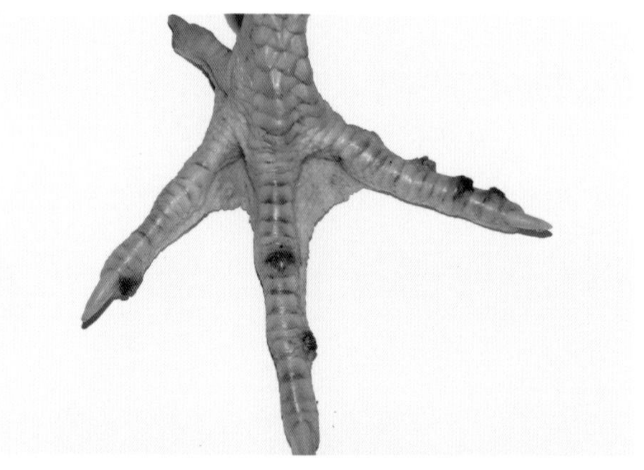

图 4-12-9　皮肤型鸡痘，脚趾大小不一的痘疹（刁有祥　供图）

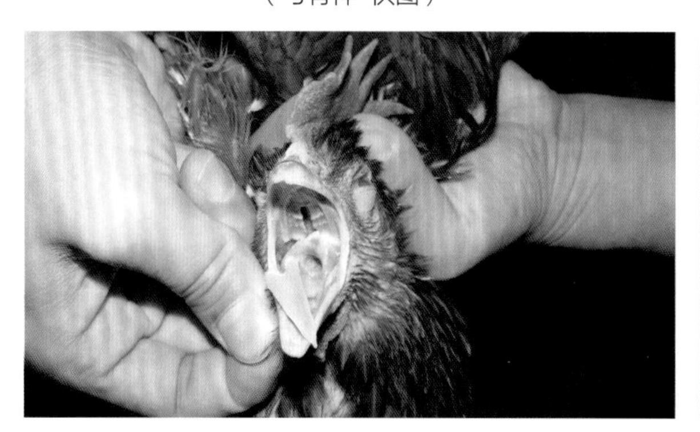

图 4-12-10　黏膜型鸡痘，喉头周围有黄白色伪膜（刁有祥　供图）

图 4-12-11　黏膜型鸡痘，病鸡呼吸困难，张口气喘（刁有祥　供图）

图 4-12-12　黏膜型鸡痘，病鸡眼肿胀流泪（刁有祥　供图）

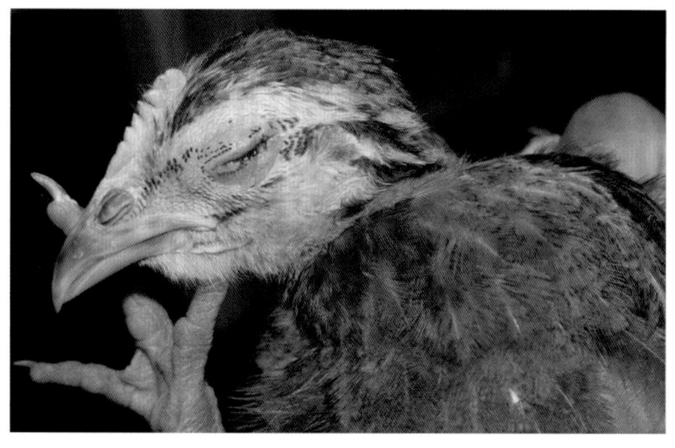

图 4-12-13　黏膜型鸡痘，上下眼睑粘在一起（刁有祥　供图）

图 4-12-14　黏膜型鸡痘，眼肿胀，上下眼睑粘在一起（刁有祥　供图）

图 4-12-15　黏膜型鸡痘，眶下窦肿胀，上下眼睑粘在一起（刁有祥　供图）

图 4-12-16　混合型鸡痘，眼肿胀，皮肤有大小不一的痘疹（刁有祥　供图）

图 4-12-17　败血型鸡痘，病鸡羽毛蓬松，消瘦，缩颈（刁有祥　供图）

四、病理变化

（一）剖检变化

1. 皮肤型鸡痘

皮肤型鸡痘特征性病变是局灶性表皮和其下层的毛囊上皮增生，形成结节。结节起初表现湿润，后变为干燥，外观呈圆形或不规则形，皮肤变得粗糙，呈灰色或暗棕色。结节干燥前切开切面出血、湿润，结节结痂后易脱落，出现瘢痕，严重者，皮下出血，皮肤溃烂，呈紫红色（图 4-12-18、图 4-12-19）。

2. 黏膜型鸡痘

黏膜型鸡痘病变出现在口腔、鼻、咽、喉、眼或气管黏膜上。口腔、舌黏膜表面稍微隆起白色凸起，以后迅速增大，并常融合而成黄白色渗出物（图 4-12-20、图 4-12-21），将其剥去可见出血糜烂，眶下窦肿胀有黄白色渗出物。喉头、气管出血，时间稍长的有黄白色渗出，严重的堵塞喉头（图 4-12-22 至图 4-12-24）。病毒也可侵害内脏器官，在内脏器官形成溃疡、痘斑（图 4-12-25 至图 4-12-30）。

3. 败血型鸡痘

败血型鸡痘的剖检变化表现为病鸡消瘦（图 4-12-31），内脏器官萎缩，肠黏膜脱落，若继发引起网状内皮细胞增殖症病毒感染，则可见腺胃肿大，肌胃角质膜糜烂、增厚（图 4-12-32、图 4-12-33）。

（二）组织学变化

鸡痘的病理组织学变化特征为上皮增生、细胞肿大及炎性反应。气管黏膜起初是分泌黏液的细胞肥大和增生，随后是含嗜酸性包涵体的上皮细胞出现肿胀。包涵体可占据几乎整个细胞质，并伴有细胞坏死。光学显微镜下可观察到典型的嗜酸性 A 型细胞质包涵体（Bollinger 氏体）。

图 4-12-18　皮下大小不一的出血斑点（刁有祥　供图）

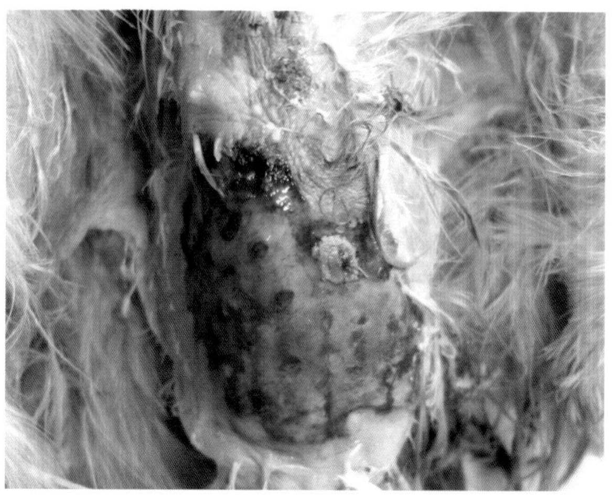

图 4-12-19　皮肤溃烂，皮下出血（刁有祥　供图）

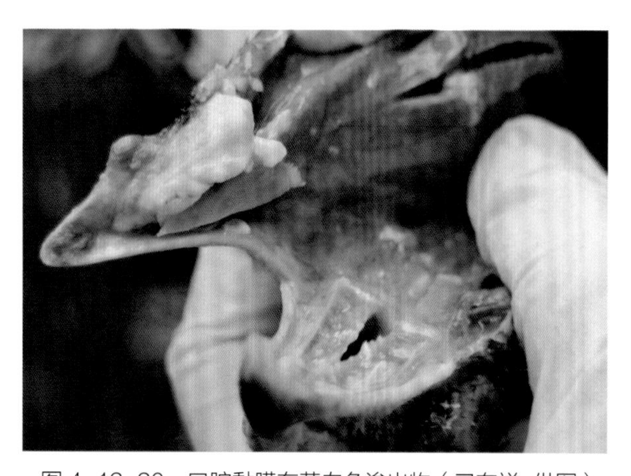

图 4-12-20　口腔黏膜有黄白色渗出物（刁有祥　供图）

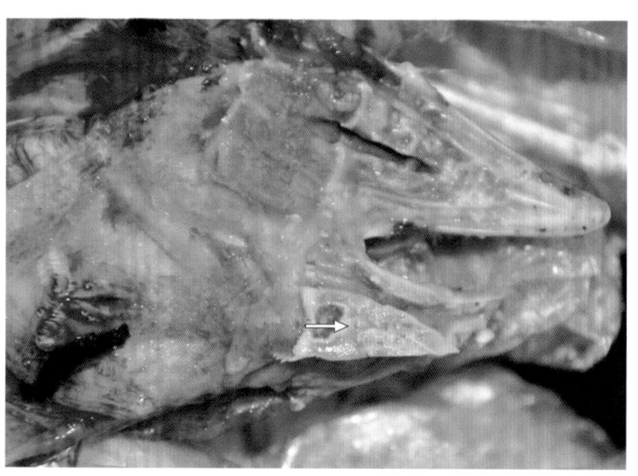

图 4-12-21　舌黏膜有大小不一溃疡（刁有祥　供图）

图 4-12-22　喉头、气管出血，管腔中有黄白色渗出物（刁有祥　供图）

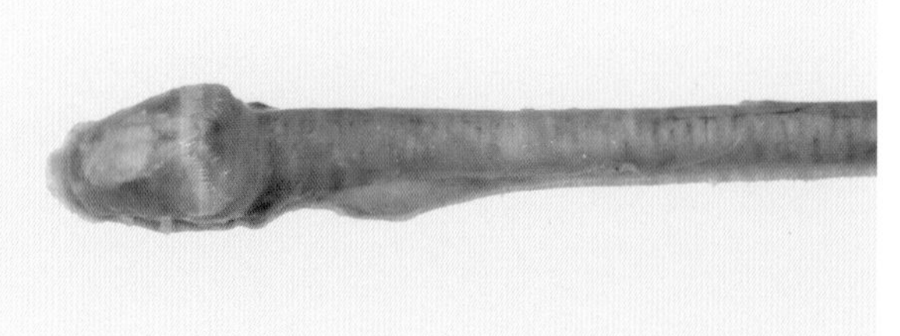

图 4-12-23　喉头被黄白色渗出堵塞（刁有祥　供图）

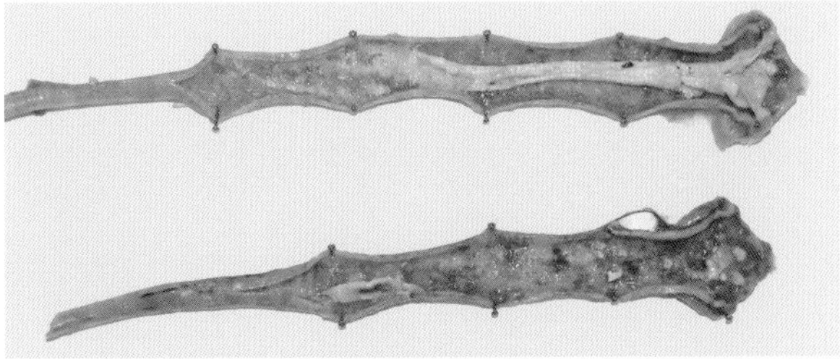

图 4-12-24　气管有黄白色渗出物，气管环出血（刁有祥 供图）

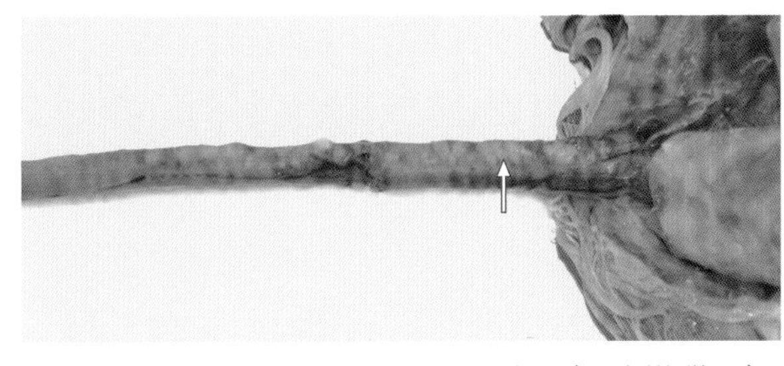

图 4-12-25　气管表面大小不一的痘斑（刁有祥 供图）

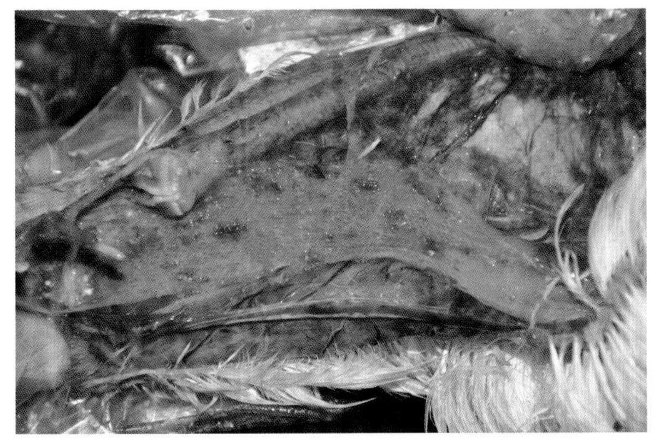

图 4-12-26　食道黏膜溃疡、出血（刁有祥 供图）

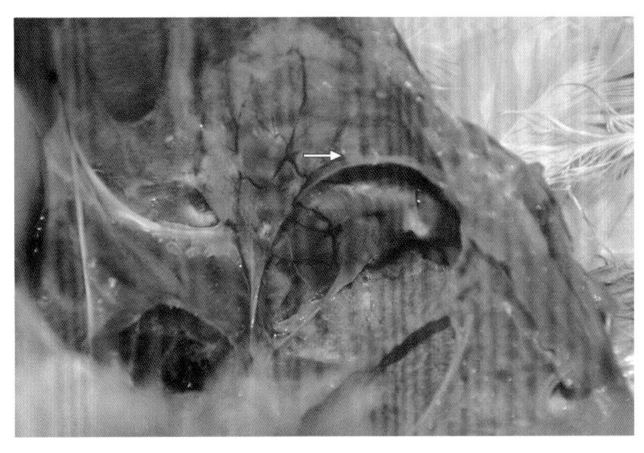

图 4-12-27　气囊表面大小不一的痘斑（刁有祥 供图）

图 4-12-28　肺脏表面大小不一的痘斑（刁有祥 供图）

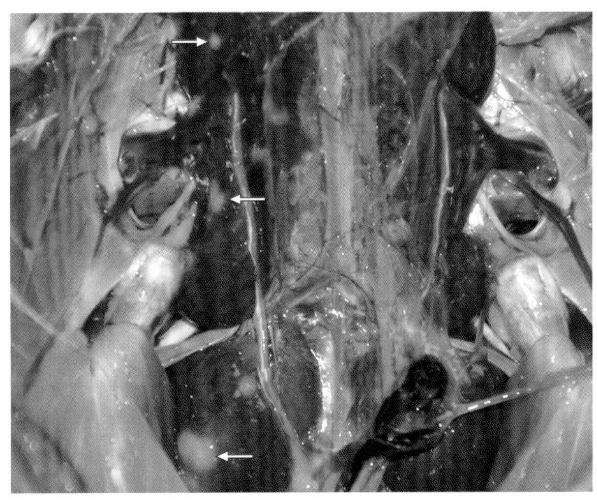

图 4-12-29　肾脏表面大小不一的痘斑（刁有祥 供图）

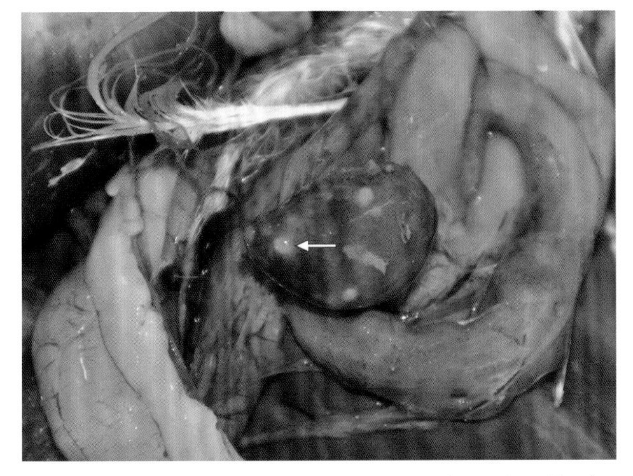

图 4-12-30　脾脏表面大小不一的痘斑（刁有祥 供图）

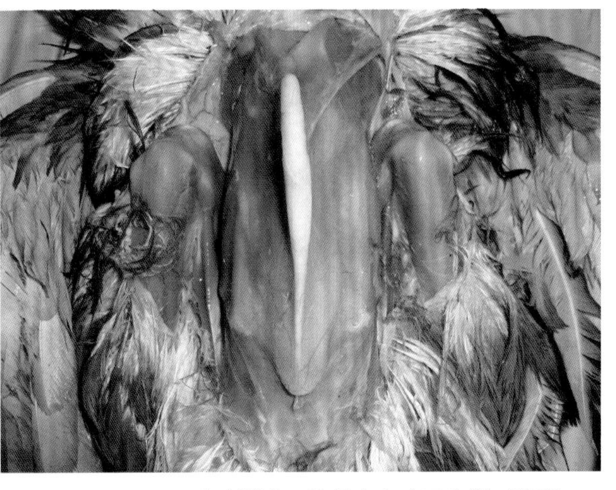

图 4-12-31　病鸡消瘦，胸骨突出（刁有祥 供图）

图 4-12-32　肝脏萎缩，腺胃肿大（刁有祥　供图）

图 4-12-33　腺胃肿大（刁有祥　供图）

五、诊断

皮肤型禽痘的症状比较典型，通常根据流行特点和症状可作出诊断，确诊需要进行实验室诊断。

（一）病毒分离鉴定

用灭菌的剪刀切取痘病变部，深达上皮组织，以新形成的痘疹最好。将痘病变组织剪碎，置于灭菌乳钵内，充分研磨，并加入 Hanks 液或生理盐水（每毫升含青霉素、链霉素 2 000 U），反复冻融 3 次，作成 10% 乳剂。室温 1 ～ 2 h 低速离心沉淀，取上清液，接种鸡胚、幼鸡、鸡胚成纤维细胞或鸡胚肾细胞，根据鸡胚或细胞病变，初步确定是否为痘病毒。

（二）血清学检测

（1）琼脂凝胶免疫扩散试验。即用已知抗原或阳性血清对未知抗体或抗原进行检验。琼脂凝胶一般由 1% 优质琼脂、8% NaCl 和 0.01% 硫柳汞配制而成。将痘疹、痘疱、白喉型伪膜或感染的绒毛尿囊膜作成乳剂后与抗鸡痘免疫血清作琼脂扩散试验，常可在 24 ～ 48 h 出现 1 ～ 2 条沉淀线。如将上述病料乳剂先作超声波处理，随后加入 1/2 量的氟碳（Fluorocarbon），匀浆化后，离心沉淀，吸取上层水相。再加 1/2 量的氟碳重复如上处理，用其上层水相作抗原，可以明显提高阳性检出率。免疫扩散试验可以用于鸡痘和鸽痘病毒的鉴别，也可以用于鉴别鸡痘和其他禽类病毒引起的抗体。

（2）酶联免疫吸附试验。研究者建立了检测鸡痘病毒抗体的间接 ELISA 方法。应用该方法检测鸡痘阳性血清，经优化抗原最佳稀释度为 1∶1 600，37℃包被 1 h，用含有 10% FCS（胎牛血清）的 PBS 37℃封闭 3 h；待检血清 1∶100 稀释，37℃作用 1.5 h；酶标抗体 1∶15 000 稀释，37℃ 作用 1 h；显色为 37℃ 10 min。该具有特异性强、敏感性高、操作简便、快速等特点，便于大批量检测。

（三）分子生物学检测

（1）PCR 检测方法。根据已发表的鸡痘病毒核心蛋白基因的核苷酸序列设计合成了 2 对引物，通过对影响 PCR 扩增因素的优化，2 对引物在同一反应条件下，以抽提病毒 DNA 或直接用其毒液制备的模板均能分别扩增出预期的 549 bp、1 361 bp 的片段。该方法对痘病毒疫苗毒及临床分离株均能扩增出相应特异性片段，而对马立克病病毒、传染性喉气管炎病毒、鸡胚成纤维细胞扩增均为阴性。该方法能检测到 10^{-2} fmol、10^{-3} fmol 的痘病毒 DNA 和 $10^{0.5}$ $TCID_{50}$（半数组织培养感染剂量）、$10^{-0.5}$ $TCID_{50}$ 的病毒。PCR 检测法具有较高的特异性和敏感性，模板制作简单，完全可用于鸡痘病毒的检测。

（2）地高辛标记探针方法。郭建顺等（2007）利用 PCR 方法扩增鸡痘病毒 4b 核心蛋白基因 549 bp 片段，制备地高辛标记的 DNA 探针，建立了鸡痘病毒地高辛标记探针检测方法。该探针对同源 DNA 的检出限量为 10 pg；对鸡痘病毒检测结果均呈阳性，而鸡马立克病病毒、传染性喉气管炎病毒核酸提取物检测均呈阴性，可用于鸡痘病毒的检测。

六、类症鉴别

（一）黏膜型鸡痘与传染性喉气管炎

鸡痘伪膜是痘疹形成的，难剥离，而传染性喉气管炎是纤维素性或干酪样渗出物形成的，易于剥离。黏膜型鸡痘发病的同时，鸡群中往往可同时发现皮肤型鸡痘。

（二）黏膜型鸡痘与传染性鼻炎

传染性鼻炎时上下眼睑肿胀明显，用磺胺类药物治疗有效，黏膜型鸡痘时上下眼睑多粘在一起，眼肿胀明显，用磺胺类药物治疗无效。

（三）皮肤型鸡痘与生物素缺乏

生物素缺乏时，因皮肤出血而形成痘痂，其结痂小，而鸡痘结痂较大。

七、防治

（一）预防

1. 加强饲养管理

做好养鸡场生物安全管理工作，加强环境卫生和消毒。在蚊子等吸血昆虫活跃的夏、秋季节应加强鸡舍内昆虫驱杀工作，以防感染。加强通风，饲养密度不宜过大，饲料应全价，避免各种原因引起的啄癖和机械性外伤。新引进的家禽应经过隔离饲养观察，证实无禽痘的存在方可合群。

2. 免疫接种

接种禽痘疫苗是预防该病最有效的方法，目前使用最广泛的是鸡痘鹌鹑化弱毒疫苗和鸽痘疫苗，用双锋接种针蘸取稀释的疫苗液，于鸡翅膀内侧无血管翼膜处刺种，肌内注射效果不好，饮水无效。首次免疫多在 25 ～ 30 日龄，夏季可提前到 15 ～ 20 日龄，第二次免疫在 70 ～ 80 日龄。为有效预防该病发生，应根据各地情况在蚊虫季节到来之前做好免疫工作。鸡痘接种后 4 ～ 6 d 要进行抽检，90% 以上的鸡在接种部位出现痘肿或结痂才为接种合格，否则重新接种。规模大的养殖场抽检比例不低于 10%。

（二）治疗

一旦发病，应立即隔离病鸡。鸡舍、用具及外周环境严格消毒，病死鸡进行无害化处理，尚未发病鸡群进行紧急接种。目前尚无特效治疗药物，主要采取对症治疗，减轻症状。可剥除痂皮，伤口涂擦紫药水或碘酊；口腔、咽喉处可用镊子除去伪膜，涂以碘甘油；眼肿胀的可先清理眼中分泌物，再用 2% 硼酸溶液洗净，然后滴 1 ～ 2 滴环丙沙星眼药水。剥离的鸡痘结痂或分泌物等不要随便乱丢，应集中销毁，避免污染环境。为防止继发感染细菌，可投喂抗菌药物，该病常继发葡萄球菌感染，大群鸡使用广谱抗生素如 0.01% 环丙沙星或恩诺沙星或 0.01% 氟甲砜霉素拌料或饮水，连用 4 ～ 5 d。饮水中可添加维生素 C、维生素 A、鱼肝油等，增强鸡群的抵抗力。

第十三节　禽偏肺病毒病

禽偏肺病毒病（Avian metapneumovirus disease）是由禽偏肺病毒（*Avian metapneumovirus*，aMPV）引起的以肉鸡肿头、火鸡鼻气管炎为特征的一种传染性疾病，也称为鸡肿头综合征（Swollen head syndrome，SHS）、火鸡鼻气管炎（Turkyr hinotracheits，TRT）。该病病原早期称为禽肺病毒（*Avian pneumovirus*，APV），又称为火鸡鼻气管炎病毒（*Turkyr hinotracheits virus*，TRTV），随着从人群中分离到相似的病毒后，被重新分类为禽偏肺病毒。该病毒感染产蛋鸡可导致产蛋率下降、孵化率降低等。

一、历史

1978 年 Buys 首次报道在南非发现该病，随后，英国、法国、意大利、以色列、德国、荷兰、西班牙等国家陆续有该病发生的报道。1998 年我国学者沈瑞忠首次从肿头综合征肉鸡中分离到 aMPV，目前 aMPV 在我国鸡群中感染率较高。

二、病原

aMPV 属副黏病毒科、肺病毒亚科、偏肺病毒属，含有一条不分节段的单股负链 RNA，基因组长度约为 14 kb。病毒粒子呈多形性，多呈椭圆形，直径 80 ～ 200 nm，核衣壳大小约为 15 nm，偶尔也见有圆形或长丝状粒子；有囊膜，其表面纤突长 13 ～ 14 nm，螺旋形的核衣壳直径 14 nm，螺旋中孔直径 7 nm。

aMPV 核酸为单股负链 RNA，编码 8 种主要结构蛋白，其 3' 端有 1 个前导区，5' 端有 1 个尾部区。从 3'—5' 依次被定义为核衣壳蛋白（N）、磷酸化蛋白（P）、膜蛋白（M）、融合蛋白（F）、第二膜蛋白（M2）、小疏水蛋白（SH）、附属糖蛋白（G）和 RNA 聚合酶（L）。无血细胞凝集素和神经氨酸苷酶，因此该病毒不能凝集红细胞。前导区在基因转录和翻译过程中起至关重要作用，尾部区在 mRNA 转录、翻译和稳定性中起调控作用。同副黏病毒科的其他病毒一样，由于 aMPV 是单股负链病毒，因此不能直接以病毒基因组 RNA 作为转录和复制的模板，必须由病毒 RNA 的 N 蛋白 P 蛋白、M2-1 蛋白及 L 蛋白结合形成核衣壳复合物（RNP），并且被 RNA 聚合酶识别之后，才能作为转录与复制的模板。G 蛋白和 F 蛋白为 aMPV 的主要抗原结构蛋白，都具有吸附作用；N 蛋白是 RNA 结合蛋白，包裹全病毒的基因组和反基因组 RNA，形成螺旋状核衣壳模板；这是病毒

RNA 唯一的生物活性形式。P 蛋白是副黏病毒合成 RNA 所必需的蛋白，可与多种蛋白相互作用，主要在氨基末端调控丝氨酸和苏氨酸残基高度磷酸化。M 蛋白是 aMPV 病毒粒子中最基本的蛋白，具有一定的疏水性，可与感染的细胞膜结合，是病毒粒子形成出芽的推动力。L 蛋白是副黏病毒核糖核蛋白体不可缺少的亚单位，可促进病毒 RNA 的合成。

根据编码附属蛋白 G 基因的不同将 aMPV 分为 A、B、C、D 4 个亚型，A 和 B 亚型分别在英国和欧洲占据主导地位，其中欧洲同时流行 A 和 B 两种亚型的 aMPV，但以 B 亚型为主；C 亚型病毒在韩国、美国及加拿大被发现及报道，而 D 亚型目前只在法国报道过，中国主要流行 A、B 和 C 3 种血清亚型。

适合的病毒培养物首选为鸡或火鸡胚的气管环，一般在感染 1 周内后纤毛活动停滞，但 C 亚型 aMPV 不能使纤毛运动停止；通过卵黄囊途径接种 6 日龄 SPF 鸡胚，盲传 4 ～ 6 代可出现胚体发育受阻，部分鸡胚死亡；细胞培养病毒一般用 Vero 细胞、鸡胚成纤维细胞（CEF）和鸡胚肝细胞（CEL）。aMPV 在禽源细胞上进行初期培养时，攻毒一段时间后能够观察到有些细胞不能吸附在瓶壁上，而是悬浮于细胞培养液中，此时可能观察不到 aMPV 典型的细胞病变。继续传 1 ～ 2 代，可以观察到以合胞体细胞为特征的细胞病变。Vero 细胞攻毒后可以观察到细胞变圆，而且细胞病变随着培养时间的延长而逐渐扩散，最终导致合胞体的形成。

aMPV 对乙醚敏感，对热敏感，56℃、30 min 即可灭活。aMPV 对低温有极大的耐受性，12 次连续冻融仍可存活，–70℃条件下 26 周和 4℃条件下 12 周仍保留活性，50℃能存活 6 h，pH 值为 3 ～ 9 时稳定。实验室条件下，次氯酸钠溶液、10% 乙醇、季铵盐类消毒剂 10 min、1∶256 稀释的酚类消毒剂能灭活该病毒。

三、流行病学

该病可发生于各日龄的鸡和火鸡。另据报道，用感染 aMPV 的火鸡分离到的病毒接种珠鸡，可出现鼻气管炎症状。Gough 等证明，鸡、火鸡和雉对该病易感且有临床症状，鸽子、鸭和鹅对病毒有抵抗性。肉鸡发病高峰一般在 4 ～ 7 周龄，商品蛋鸡常发生于育成期、产蛋高峰期，病程持续 1 ～ 3 周，通过改善饲养环境，使用抗病毒及抗细菌药物可缩短病程。该病传播途径目前尚不完全清楚，但已证实易感火鸡可通过直接接触、接种过滤或未过滤的黏液、鼻液或感染禽呼吸道其他成分而感染 aMPV。该病既可通过间接接触不同媒介而发生水平传播，禽与禽之间的直接接触传播，也能够通过空气传播，如转群、运输、饲料等，同时也不排除垂直传播的可能性。尽管可以在产蛋鸟类的生殖道中检测到高含量的病毒，然而仍未有明确的研究报道能够证实该病毒可垂直传播。

aMPV 传播迅速，具有极高的传染性，但发病率不等，致死率不一，发病率一般为 10% ～ 50%，病死率为 1% ～ 20%。免疫抑制性病原如传染性法氏囊病病毒、鸡传染性贫血病毒、呼肠孤病毒等能使鸡对 aMPV 的易感性升高，进而削弱鸡体对大肠杆菌和其他细菌的抵抗力。某些地方肿头综合征的发生具有季节性，表明恶劣的环境应激在该病的发生上有某种作用。不正确地接种呼吸道疾病活毒疫苗，过于频繁地接种或喷雾免疫接种不当，均可诱发 aMPV 感染。

四、症状

雏火鸡和成年火鸡感染后主要表现为呼吸有啰音，鼻腔内黏液增多，鼻窦肿胀，内有干酪物，气管内黏液增多；下颌、头等部位出现水肿；部分病鸡发病早期可能会出现结膜炎。

种火鸡的典型症状为采食量下降和产蛋率下降，产蛋率可下降70%，并引起腹泻以及腹膜炎，同时蛋壳质量变差，并伴有轻度呼吸紊乱。症状包括啰音、流涕、泡沫状结膜炎、眶下窦肿胀和下颌浮肿。呼吸困难和头部震颤总是特征性出现在成年家禽。在商品火鸡中有轻微呼吸道症状。一旦发病，任何年龄的禽类通常是100%感染。发病率为0.4%～50%，轻微感染通常在10～14 d恢复。

肉鸡感染2 d后出现典型的肿头综合征，首先出现甩头，1 d内发生结膜潮红，泪腺肿胀，面部、眼睑及鸡冠肿胀，并伴有轻度的精神沉郁，迅速蔓延到全群。症状出现2～3 d，病鸡出现的典型症状为头部和鸡冠严重皮下水肿，始见于眼部周围，继而发展到头部，再波及下颌组织、肉髯和颈部；眼睑因水肿全部闭合（图4-13-1），眼结膜潮红，两眼角间呈现卵圆形。病鸡通常以爪搔抓面部，有的伴有呼吸症状；有的出现神经症状，表现为角弓反张、斜颈、转圈、共济失调等（图4-13-2）。肉仔鸡感染后，呼吸道症状较为严重，发病率和死亡率都较高。产蛋鸡发病时死亡率较低，大多数肉用种鸡的发病日龄为30周龄左右，其特征为产蛋量或多或少下降，以及数量不一的病鸡出现斜颈、定向障碍和精神沉郁等神经症状。约有10%精神沉郁的病鸡在48 h内出现面部明显浮肿，肿胀从眼眶周围扩展到整个头部，并可向下蔓延到下颌间的肉髯。病鸡用爪搔抓面部和将头在肩部摩擦，羽毛被眼、鼻和耳的分泌物所污染，粪便可能出现恶臭气味。不同鸡群的患病率在30%～80%，但死亡率通常小于15%。

图4-13-1　病鸡闭眼嗜睡，眼肿胀（刁有祥　供图）

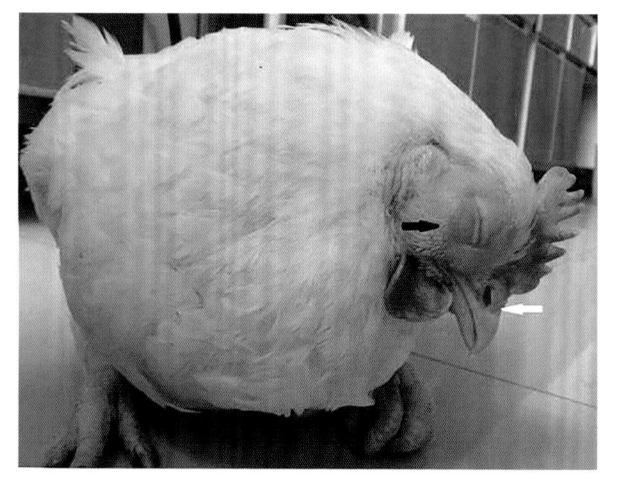

图4-13-2　病鸡眼肿胀，头颈歪斜（刁有祥　供图）

五、病理变化

（一）剖检变化

有呼吸困难症状的病鸡剖检可看到鼻甲黏膜有细小斑点，继而该黏膜出现严重而广泛的从红到紫的色变。结膜充血，鸡冠皮下、面部组织以及喉头周围组织发生严重水肿，眼窝内有蜂窝织炎，气管上有小出血点。许多鸡还出现支气管肺炎、气囊炎和败血症。肠系膜肿胀，有胶冻样浸润。肉种鸡死亡后有卵黄性腹膜炎，将水肿头部的皮肤剪开，可见黄色水肿和皮下化脓。

（二）组织学变化

组织学变化表现为支气管黏膜出血，黏膜上皮杯状细胞增生、纤毛脱落（图 4–13–3），表面附有少量黏液，肺高度充血、出血（图 4–13–4），动脉呈透明样变。鼻黏膜上皮细胞核空泡化，黏膜层充血和水肿，大量异嗜性粒细胞浸润，血管周围尤为明显，浸润细胞在鼻中隔黏膜下呈带状分布。眼眶和耳周围皮肤表皮层的部分细胞核肿大、空泡化、乳头层水肿，多处形成较大不规则的水肿腔。在排列疏松的结缔组织之间见有淋巴细胞和异嗜性粒细胞灶状浸润。真皮层结缔组织排列疏松并见有大小不等、处于不同发生阶段的坏死灶。坏死灶的周围有上皮样细胞、多核巨细胞环绕，并见有异嗜性粒细胞和淋巴细胞浸润。坏死灶的周围水肿。皮下脂肪组织内也见有大量淋巴细胞和异嗜性粒细胞浸润。头盖骨气室内有大量浆液纤维素性渗出物，且有肉芽肿形成。肝细胞索排列紊乱，窦内有少量异嗜性粒细胞浸润，肝细胞发生颗粒变性，少数呈脂肪变性或坏死性变化。肾脏淤血，肾小管上皮细胞颗粒变性。

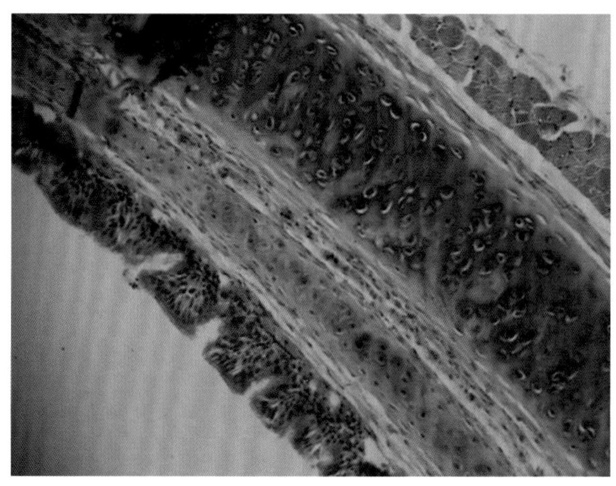

图 4–13–3　气管上皮纤毛脱落，固有层有炎性细胞浸润（刁有祥　供图）

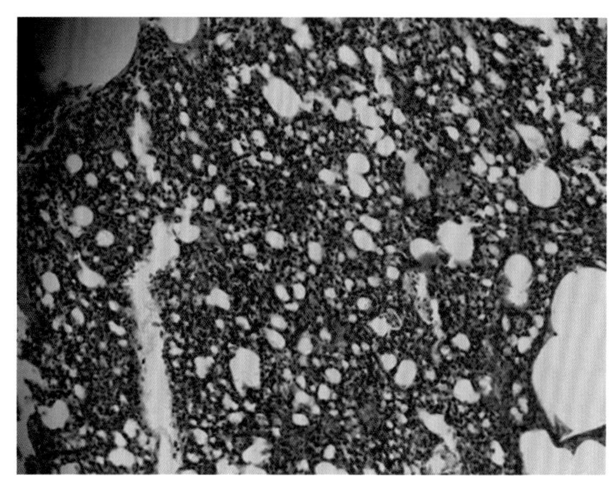

图 4–13–4　肺脏出血，肺间质有炎性细胞浸润（刁有祥　供图）

六、诊断

根据以眼睛周围为中心的整个头部肿胀，皮下水肿、胶状浸润、干酪样渗出物，肉仔鸡短时间集中发病和死亡，种鸡产蛋率降低等症状可作出初步诊断。但确诊需要进行实验室检查。

（一）病毒的分离鉴定

从感染鸡的气管、肺脏和其他内脏器官均可分离到病毒。但含毒量最多的是鼻腔分泌物和从窦刮下的组织。分离的步骤为取发病初期的鼻腔分泌物 / 渗出物和窦组织悬液 1 份，放入 4 份含有抗生素的磷酸盐缓冲液中，置于室温 1 ～ 2 h，5 000 r/min 离心 10 min，上清液用 450 nm 滤器过滤，然后接种于 6 ～ 7 日龄 SPF 鸡胚的卵黄囊内。对感染后 10 d 的尿囊羊膜液或感染后 7 d 的气管培养物上清液应该进行盲传。病毒引起胚胎生长停滞，经过 4 ～ 5 次传代后可引起胚胎死亡。气管器官培养中的病毒经过 2 ～ 3 次传代可导致上皮纤毛停止运动。

导致胚胎死亡或引起迅速的纤毛停止运动已适应的病毒，其滴度仍然很低。在此阶段病毒能够在鸡胚成纤维细胞（CEF）培养中生长，病毒经进一步传代后，具有产生完全细胞病变的能力。适应鸡胚成纤维细胞培养的病毒，其滴度较高，可用抗血清对纤毛停止运动抑制作用的中和试验来鉴定病毒。

（二）血清学检测

中和试验、免疫荧光可用于 aMPV 的检查，而酶联免疫吸附试验是检查 aMPV 抗体最常用的方法。将构建的 aMPV 重组质粒转入 Rosetta（DE3）感受态细胞进行诱导表达，获得重组 G 蛋白。利用亲和层析法对表达产物进行纯化，并用 Western blot 对表达产物进行鉴定。以纯化后的重组 G 蛋白作为诊断抗原，对 ELISA 反应条件进行优化，建立了检测 B 亚型 aMPV 抗体的间接 ELISA 诊断方法。

（三）分子生物学检测

（1）RT–PCR 检测方法。根据 GenBank 中已经发表的 B 亚型禽偏肺病毒（aMPV）F 基因的保守序列，设计并合成 1 对引物，利用 RT–PCR 可以扩增出 1 条 725 nt 的片段，进行特异性试验和敏感性试验，建立了禽偏肺病毒病的 RT–PCR 检测方法。特异性试验表明，建立的 RT–PCR 检测方法能够从禽偏肺病毒疫苗毒株 VIR 115–B 中扩增到 725 nt 的特异性片段，而对 H9N2 亚型禽流感病毒、新城疫病毒、传染性支气管炎病毒的扩增结果均为阴性；敏感性试验表明，该方法最低检出量的 cDNA 质量浓度为 1.45 pg/μL。

（2）地高辛核酸探针检测法。根据 GenBank 中已经发表的 B 亚型禽偏肺病毒 F 基因的保守序列设计并合成 1 对引物，利用 RT–PCR 扩增出 1 条与目的片段大小一致的 725nt 基因片段。PCR 产物经回收、纯化，并用地高辛标记，制备出了地高辛标记的 aMPV 核酸探针。应用制备的探针对采集的 605 份商品肉鸡和 122 份商品肉鸭进行了核酸探针检测，阳性检出率分别为 36.59% 和 34.51%。

七、防治

（一）预防

1. 加强饲养管理

预防该病必须加强对禽类的饲养管理，改善禽舍的通风条件，调整饲养密度，注意环境卫生，做好日常环境消毒工作，以减少感染该病的机会，同时避免不同日龄禽类的混养。野禽可能是病毒的携带者，所以应阻止野禽进入禽场；应对接触家禽的人员、器械和饲养用具进行定期消毒。

2. 免疫预防

使用 aMPV 弱毒苗和灭活苗可有效减少或控制该病的发生。南非使用疫苗 1 年后，该病得到较好的控制。在欧洲各国也有弱毒苗和灭活苗使用。据报道，英国研制的用于火鸡的鸡胚及气管培养的弱毒苗，经点眼或喷雾接种，对预防幼火鸡感染 aMPV 有效。活疫苗可在孵房中对 1 日龄雏鸡实施喷雾免疫；也可通过喷雾或饮水在养鸡场里对鸡群进行免疫接种。近年来，由于有了特制的禽用疫苗喷雾设备，可保证获得均一的疫苗粒子使家禽获得均匀的喷雾效果。研究资料表明，aMPV 活疫苗对传染性支气管炎活疫苗免疫有干扰作用。美国利用 aMPV 的 F 蛋白或 N 蛋白基因表达产物研制了 aMPV 的 DNA 疫苗，证明 F 蛋白基因具有较高的保护作用。

（二）治疗

可选用阿莫西林或喹诺酮类药物如环丙沙星拌料或饮水，连用 4 ～ 5 d，控制继发感染。在全进全出制的饲养管理中，当感染鸡清群后，进行禽舍的彻底清扫和消毒，可有效地阻断该病在两群间的传播机会。像预防其他疾病一样，良好的饲养管理和环境卫生有助于 aMPV 的预防。

第十四节 禽戊型肝炎

禽戊型肝炎（Hepatitis E）是由禽戊型肝炎病毒（*Hepatitis E virus*，HEV）引起的以肝脾肿大为特征的传染性疾病（Big liver and spleen disease，BLS）。该病主要感染 30 ～ 72 周龄的蛋鸡和肉种鸡，引起鸡的死淘率升高和产蛋率下降，部分鸡腹部充血，卵巢退化，偶有肝脾肿大。澳大利亚、美国、加拿大和欧洲等都有禽戊型肝炎暴发的报道，给养禽业带来了严重的经济损失。

一、历史

1988 年，澳大利亚报道了鸡的大肝大脾病，在同一时间，加拿大和美国也有类似该病症状的疾病的报道。直到 1999 年，Payne 等研究者才从患有 BLS 的病鸡中分离获得了 BLS 病毒（*Big liver and spleen disease virus*，BLSV），并通过一小段病毒的核酸序列分析发现，该序列与戊型肝炎病毒的核酸序列有着较高的同源性。2001 年，Haqshenas 等从患有肝脾肺肿大（Hepatitis-splenomegaly，HS）综合征的病鸡中分离并详细描述了禽 HEV，通过序列分析发现，BLSV 与禽 HEV 可能是同一病毒的不同变异株。此后欧洲的许多国家的鸡群都有该病毒感染的相关报道。我国杨德吉等（1997）利用琼扩试验证实了 BLSV 抗体在我国鸡群中的存在，直到 2010 年，我国研究人员从患有 HS 的 35 周龄肉种鸡中被分离得到 HEV，命名为 CaHEV，并获得了其全基因组序列，通过序列分析发现，CaHEV 与欧洲分离株的同源性最高（98%），同属于禽 HEV 基因 3 型。

二、病原

禽 HEV 属于戊肝病毒科（Hepeviridae）、戊肝病毒属（*Hepevirus*），为无囊膜，单股正链 RNA 病毒，病毒粒子呈二十面体对称，直径为 30 ～ 35 nm。该病毒在 CsCl 中的浮密度为 1.39 ～ 1.40 g/L，沉降系数为 183S，对低温较为敏感，而对酸性和弱碱性环境具有一定的抵抗力。

禽 HEV 的基因组全长约为 6.6 kb，比哺乳动物 HEV 基因组全长少 600 个碱基左右，包含 5' 帽子和 3'PolyA 结构，含有 3 个开放阅读框，分别为 ORF1、ORF2 和 ORF3，ORF3 与 ORF2 部分重叠，和人、猪 HEV 不同的是不与 ORF1 重叠。其中 ORF1 最大，编码病毒的非结构蛋白，包括甲基化转移酶、解螺旋酶和 RNA 依赖的 RNA 聚合酶等几个功能区域；ORF2 编码病毒的主要结构蛋白–衣壳蛋白，含有病毒主要的抗原表位；ORF3 编码一个小的磷酸化蛋白，在病毒的复制与感染过程中可能起着非常关键的作用。

根据 HEV 全基因组序列，该病毒可分为 5 个基因型：1 型和 2 型仅感染人，3 型和 4 型感染人和动物，禽 HEV 为基因 5 型。不同基因型的全基因组序列同源性为 80% 左右，同一基因型的同源性达 90% 以上，不同分离株 ORF2 的氨基酸序列同源性都达 98% 以上，这表明禽 HEV 可能只存在一个血清型。

三、流行病学

多种动物可感染戊型肝炎病毒。猪、野猪和野鹿被认为是 HEV 基因 3 型和 4 型主要的储存宿主。除猪外，在鼠、犬、猫、猫鼬、牛、绵羊、山羊、兔、鸡和马等动物体内也检测到了 HEV 抗体。我国健康鸡禽 HEV 抗体阳性率为 28.5%，而患有肝脾肿大综合征鸡的禽 HEV 抗体阳性率为 43.3%。美国鸡群中禽 HEV 血清抗体阳性率分别为 70% 和 30%，不同年龄组其抗体阳性率不同（18 周龄以下为 17%，成年鸡为 36%）。禽 HEV 的水平传播可能也是由于紧密接触，通过污染的饲料和水经过粪口途径传播。生产中当一个鸡群感染禽 HEV 后，2 ～ 3 周同一鸡场的其他鸡群也相继感染。而实验室条件下，将健康的鸡与人工感染禽 HEV 的 SPF 鸡混合饲养，2 周后健康的鸡也被感染，并通过粪便不断向体外排毒，研究者也成功通过口腔途径人工感染 60 周龄的 SPF 鸡。现有的结果证明禽 HEV 不能垂直传播。用禽 HEV 通过翅静脉人工感染 SPF 鸡后，从这批鸡产的鸡蛋蛋清中检测到了禽 HEV，并用含有禽 HEV 的蛋清成功感染了 SPF 鸡，这说明禽 HEV 可以在蛋清中存在，并且蛋清中的病毒具有感染力。但是，随后孵化一批感染后 1 ～ 5 周的受精卵，却没有在雏鸡中检测到该病毒。另外，通过静脉接种 9 日龄的鸡胚发现，该病毒可以在鸡胚中繁殖，并且可以在孵化后 2 ～ 3 日龄的雏鸡肝脏和胆汁中检测到该病毒。因此结合上述分析，禽 HEV 并不能完成垂直传播一个完整的循环。

四、症状

禽戊型肝炎的潜伏期至少有几个月，一般在夏季或秋季使 35 ～ 50 周龄的肉用种鸡群发病，1 ～ 2 周会散布到整个鸡群。禽戊型肝炎病毒感染后可以见到摄食时间延长，精神沉郁，厌食，鸡冠和肉髯苍白，有 5% ～ 10% 母鸡产蛋率下降。禽戊型肝炎没有比较典型和特异的症状。感染鸡群的发病率和死亡率有差异。死亡率常在 0.1% ～ 1%，且持续几周。在冬季或春季，可能区别不出与禽戊型肝炎感染有关的死亡率增加，并且可能被其他疾病的死亡率所掩盖。严重感染时，精神沉郁，厌食，鸡冠和肉髯苍白，肛门积粪，嗜睡，伴有腹膜炎和肠炎。肉用种鸡感染后不仅推迟产蛋，产蛋高峰不明显，而且对蛋重、1 日龄雏鸡的活力及体重产生明显影响。

五、病理变化

（一）剖检变化

最明显的病理变化是肝脏、脾脏异常肿大。病鸡的肝脏肿胀为正常体积的 2 ～ 3 倍，呈黄褐色，斑驳状，质脆（图 4-14-1、图 4-14-2），部分肝脏表面有芝麻大且不突出表面的灰白色斑点；

脾脏肿大，为正常体积的 3 ～ 4 倍，呈暗红色或紫黑色（图 4–14–3），表现有大量大小不均的灰白色斑点，质脆，切面可见大量粟粒大灰白色小点；肾肿胀、出血；偶见肠淤血、水肿，腹膜炎，心内膜出血。

图 4-14-1　肝脏肿大，斑驳状（刁有祥　供图）

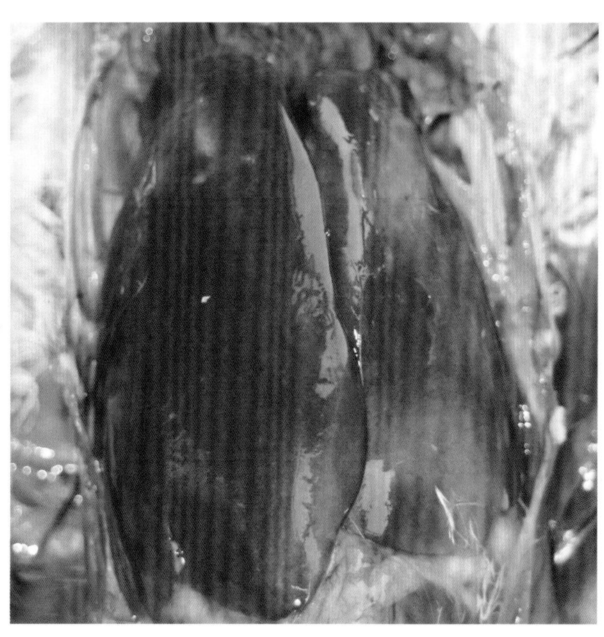

图 4-14-2　肝脏肿大，呈黄褐色（刁有祥　供图）

（二）组织学变化

组织病理学特征表现为肝和脾组织变性、坏死以及大量淋巴细胞、浆细胞和巨噬细胞呈围管性、结节状或弥漫性增生。人工接种病例显示，禽戊型肝炎的动态发展过程中，肝细胞从颗粒变性、脂肪变性发展为坏死。在疾病的不同阶段出现不同的细胞增生，初期以淋巴细胞、浆细胞增生为主，中期以巨噬细胞增生为主，稍后又出现淋巴细胞为主的增生反应，最后细胞增生停止。脾脏在细胞增生方面与肝脏一致。结果表明，禽戊型肝炎的早期以体液免疫为主，后期的细胞免疫和体液免疫均增强，这两种免疫在此病的发生和发展过程中均起重要作用。

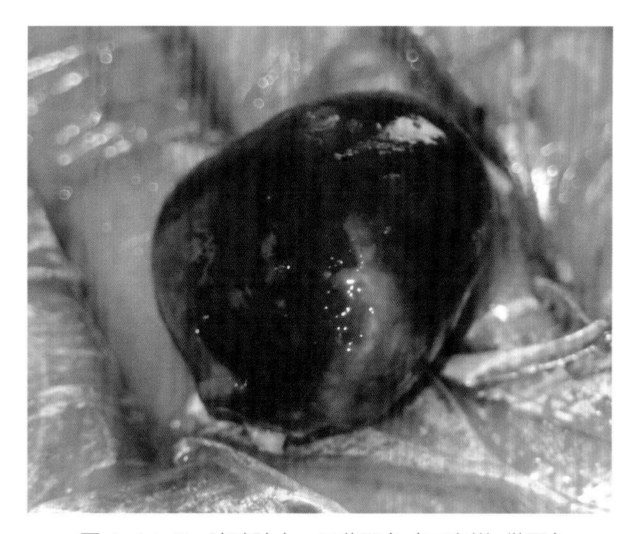

图 4-14-3　脾脏肿大，呈紫黑色（刁有祥　供图）

六、诊断

根据鸡群的周龄、产蛋量下降的季节，结合病理变化可作出初步诊断。实验室诊断方法如下。

（一）病毒抗原的检测

利用免疫电镜（IEM）技术可以检测出潜伏期和急性期的禽戊型肝炎感染动物的粪便及胆汁标

本中的 HEV 颗粒。标记的抗 HEV 抗体可以检测到肝细胞组织中的 HEV 特异性抗原。

（二）病毒抗体的检测

酶联免疫吸附试验是目前用于检测血清 HEV 抗体最常用的方法，其中以间接 ELISA 用途最广。用于检测 HEV 抗体的抗原有组织培养全病毒抗原、合成肽抗原和表达抗原。将 7 种重组蛋白等量混合后作为抗原，检测动物血清 HEV 抗体，研究证实，适用于在各种动物中进行血清流行病学调查，敏感性高、特异性好。

（三）RT-PCR 检测

RT-PCR 法是目前检测病毒 RNA 的常用方法，有很高的敏感度和特异性。在基因 3 型、4 型未确定之前，根据 HEV 基因 1 型的序列设计 PCR 引物，该引物扩增 1 型的特异性很好，但不能有效扩增其他基因型。针对国内流行的 HEV 基因 1 型、4 型，在这两型序列的保守区域设计一套 RT-nPCR 引物，检测结果初步表明，对于在国内流行的基因 1 型、4 型 HEV，该引物的检测灵敏度要高于目前常用的通用引物。

七、预防和控制

加强饲养管理，避免各种应激因素对鸡的影响，提高鸡的抵抗力。严格消毒，杀灭蚊虫，防止通过蚊虫叮咬传播该病。严格隔离禽戊型肝炎抗原或抗体阳性鸡；新引进的鸡群应进行检疫，防止带入该病。由于 HEV 在细胞培养中扩增效率低，已有的疫苗研究主要采用分子生物学手段，研究设计基因工程亚单位疫苗，但目前尚未在生产中得到应用。

第十五节　轮状病毒感染

轮状病毒感染（Rotavirus infection）是由轮状病毒（*Rotavirus*，RV）引起的，以腹泻为特征的一种传染性疾病，轮状病毒与多种动物的腹泻有关，包括人、畜、鸡和其他鸟类。1977 年，美国学者首先在幼火鸡的水样粪便和肠道内容物中发现了与轮状病毒形态极为相似的病毒颗粒。以后英国、日本、意大利、比利时等地相继发表了有关轮状病毒感染家禽或其他鸟类的报告。我国用电泳、电镜及琼扩试验从患腹泻的雏鸡肠内容物和粪便中也发现了鸡轮状病毒。

一、病原

轮状病毒在分类学上属于呼肠孤病毒科（Reoviridae）、轮状病毒属，病毒粒子呈圆形，具有双层衣壳，直径为 70 ～ 75 nm，外层衣壳的丢失可以产生无感染性或感染性很低的单层衣壳病毒颗粒，似环状病毒，但较完整病毒粒子小 10 nm 左右。感染细胞培养物的氯化铯梯度密度离心表明，存在 3 种不同密度的病毒颗粒，即浮密度为 1.34 g/mL 的双壳颗粒、1.36 g/mL 单壳颗粒和大于

1.40 g/mL 的核心颗粒。轮状病毒的壳粒排列呈立体对称，数目尚未取得一致的意见，有人认为内层衣壳有 32 个、180 个、320 个或 132 个壳粒，这一不同结果可能系标本制作方法不同所致。轮状病毒的基因组为双链 RNA，分为 11 个片段。禽轮状病毒 RNA 与哺乳动物轮状病毒 RNA 的不同之处在于：第 5 片段较大、两个最小的 RNA 片段极为接近。双层衣壳的轮状病毒至少有 8 种结构多肽，5 个位于内层，3 个或 4 个位于外层。禽轮状病毒的形态学发生研究表明，病毒于细胞质内复制，形成无定形的毒浆（Viroplasm）。发育中的病毒粒子在内质网的无核糖体区、核糖体区获得囊膜。病毒通过破裂细胞来释放。病毒颗粒可见有完整的病毒粒子（或光滑型，即 S 颗粒）、无外衣壳的病毒粒子（或粗糙型，即 R 颗粒）、空衣壳等。禽轮状病毒分为 4 个不同的血清群。有人推测，禽轮状病毒与哺乳类轮状病毒可能有组共同抗原。但是，对 6 株火鸡轮状病毒与两株参考禽轮病毒 Ty–1 和 Ch–2 的蚀斑减少中和试验表明，它们之间有密切的抗原关系。

轮状病毒基因组编码 6 种结构蛋白（VP1 ～ VP4、VP6 ～ VP7）和 5 种非结构蛋白（NSP1–NSP5/6），与 RV 抗原性有关的主要结构蛋白是 VP4、VP6 和 VP7。VP6 为群和亚群的特异性抗原，根据 VP6 抗原性的不同，目前将 RV 分为 A ～ G 7 个群。从哺乳动物和鸟类中已分离到 A 群轮状病毒，但 B、C 和 E 群轮状病毒只见于哺乳动物，而 D、F 和 G 群则仅在鸟类中发现。根据表面中和抗原 VP7 和 VP4 的抗原性不同分 l4 个 G 血清型（G1、G2、G3、G4 因最常见而被用于制备疫苗）和 19 个 P 血清型。

病毒粒子表面有 3 种抗原，即群抗原、中和抗原和血凝素抗原。群抗原与多种结构蛋白有关，主要是由第 6 节段编码的内壳蛋白 VP6 决定；中和抗原主要由第 7、第 8 或 第 9 节段编码的外壳糖蛋白 VP7 决定；血凝素抗原由第 4 节段编码的外壳蛋白 VP4 决定，不是所有的轮状病毒都有血凝素抗原。VP4 和 VP7 是病毒的主要识别因子，均为病毒独立的中和靶位，介导血清型特异性。内壳蛋白 VP6 含有基因组的蛋白核心，约占病毒蛋白量的 51%，全长基因为 1 356 bp，它在病毒的复制装配过程中起着重要作用。

RV 主要感染宿主小肠绒毛的成熟上皮细胞，被感染的细胞的内质网中有增大池，同时微绒毛减少、缩短。上皮细胞死亡后脱落造成绒毛发育不良，从而吸收功能减弱引起腹泻。在脱落上皮处的腺管上皮细胞代偿性增生并伴有分泌过多，进一步造成腹泻。此外，微循环的改变造成局部缺血引起宿主肠绒毛结构改变。轮状病毒在肠细胞中增殖，诱导渗透性腹泻；轮状病毒增加细胞内 Ca^{2+} 浓度，破坏细胞骨架和紧密连接，增加细胞旁通透性；轮状病毒的非结构蛋白 NSP4 为一种肠毒素和分泌受体激动剂，诱导产生依赖年龄和病毒剂量的腹泻，通过磷化酶 C 依赖性机制使 Ca^{2+} 从内质网中流出，导致电解质紊乱和分泌性腹泻。

禽轮状病毒的分离最常采用细胞培养，敏感细胞如鸡肾细胞，鸡胚肝细胞，MAC145 细胞等并可产生细胞病变（CPE）。禽轮状病毒的分离与哺乳动物轮状病毒相似，有 3 个关键条件，敏感细胞、胰酶、适当的培养方式（如旋转培养）。初次分离时无 CPE，但随着传代次数的增加，CPE 愈加明显。

二、流行病学

禽轮状病毒的自然感染宿主包括鸡、火鸡、鸭、珠鸡、鸽子、鹌鹑等，鸡、珠鸡还可用作实验宿主。大多数自然发病的禽均小于 6 周龄，即这一年龄最为敏感。在北爱尔兰，轮状病毒颗粒最常见于约6日龄的雏火鸡和14日龄的雏肉鸡的粪便中。但是，有的报道又似乎不存在年龄抗感染的问题，因为32～92周龄的商品蛋鸡也存在与轮状病毒感染有关的腹泻现象。

轮状病毒对外界的抵抗力很强，经粪便大量外排的病毒可存活数月之久。水平感染可发生于禽间的直接或间接接触。垂直传染发生虽然没有证实蛋的传递作用，但轮状病毒感染的流行病学说明病毒可在蛋内及蛋壳表面传递。我国还发现了尚未采食的新生鹌鹑肠内容物中可检出轮状病毒。有关禽类或生物载体的带毒状态的存在尚未得到证实。

禽轮状病毒感染的发病率很高，若发病期采集样本作电镜检查会发现大多标本中存在病毒。死亡率很低，一般为4%～7%，但此病出现的腹泻可影响雏禽的生长发育，并且死亡率高低与有关诱因或伴因有关。

三、症状

禽轮状病毒感染的潜伏期很短，经实验感染的珠鸡，48 h即自粪便中排毒，第5天达到高峰。在感染的鸡中，约在实验感染后3 d出现症状并伴随排毒高峰。症状温和并且无死亡发生，感染后1～7 d粪便中可以检测到病毒。

在自然条件下，禽轮状病毒感染的主要症状为腹泻，有时伴有其他症状，取决于感染宿主的种类、年龄等；病毒的毒力差异；以及其他因素如传染性因子的存在，环境应激等。因此，禽轮状病毒感染具有明显的症状多样化，可导致鸡水样下痢、脱水、泄殖腔炎，发生啄肛而导致贫血，精神食欲不振，体重减轻，死亡率不一。研究发现，肉用鸡可见亚临床感染，也可见暴发腹泻和伴有脱水，生长发育缓慢及持续增高的死亡。雏火鸡的症状也有差异。有报道第1周内发现极为轻微的腹泻，只有在发生啄肛时才致明显死亡。也有研究者描述发生在12～21日龄雏火鸡的严重疾病，其特征是烦躁不安，采食垫草，排水样便，病死率为4%～7%。2～5周龄的火鸡出现严重腹泻，聚集成堆引起窒息死亡，幸存者生长缓慢。

四、病理变化

（一）剖检变化

剖检最常见的病变是小肠和盲肠内有大量的液体和气泡，其次病变是脱水、泄殖腔炎症、由啄肛流血而致的贫血，肌胃内有垫草，及爪部粪便污染而致的炎症和结痂。

（二）组织学变化

实验感染鸡的免疫荧光（IF）研究证实，病毒复制的初始部位在小肠成熟绒毛吸收性上皮细胞的细胞质内。感染细胞多位于绒毛远端的1/3处。不同的毒株可能对小肠的某一区段有嗜性，研究表明，一株病毒在十二指肠生长最佳，而另一株更适于空肠和回肠，在盲肠上皮也可检测到少量感染细胞，但在腺胃、肌胃、脾、肝、肾等未见免疫荧光。在感染后6 d左右，小肠可见清晰的轮状病毒抗原。感染鸡小肠的主要组织病理学变化：绒毛出血，增厚、融合，腺窝扩张及单核-巨噬细胞增生。

有研究者观察到自然感染轮状病毒的雏火鸡并无组织病理学变化。而也有报道患轮状病毒性肠炎的雏火鸡的十二指肠、空肠绒毛变性和炎性反应，其他肠段或器官无异常。

五、诊断

电镜检查直观快速，对轮状病毒的诊断具有一定的价值，IgM 测定可能具有较大的诊断意义。确定诊断应进行病毒的分离与鉴定。

（一）电镜检查

直接电镜检查粪便或肠道内容物中的病毒是最直观方法。处理病料的方法很多，现介绍一个标准方法。用 PBS 悬浮粪便成 15%，与等量的氟碳混合抽提，3 000 r/min 离心 15 ～ 30 min，使水相与氟碳相分离，吸取水相，100 000 r/min 离心 1 h，沉淀物用水悬浮成数滴以备检查。依据轮状病毒的形态学特征，有经验的电镜技术人员不难确定所见到的病毒颗粒。这一方法由于经过了初步浓缩提纯，检出率较高，但较为复杂。另有一种较为简便但敏感性较差的电镜检查法。先将腹泻粪便悬液进行 3 000 r/min 离心沉淀 30 min，吸取上清；加等量的氯仿，充分振荡混合再次离心吸取上清进行负染镜检。

（二）细胞培养

如前所述，轮状病毒的分离有 3 个关键条件，胰酶是促进病毒增殖和 CPE 出现的重要因素，但是即便应用了胰酶处理，也不能分离到电镜证实的样品中的轮状病毒，大多分离物在初代分离时并不出现 CPE，必须应用免疫荧光技术来监测病毒的增殖与否。应该指出的是，大多病例中见到 CPE，并不一定是由轮状病毒增殖所致，而可能来自呼肠孤病毒或腺病毒。

离心沉淀法可以提高轮状病毒的阳性分离率。具体方法是用无血清培养液制成 15% 的粪便悬液，与最终深度为 5 mg/mL 的胰酶在 37℃作用 1 h，接种在已长成单层的盖玻片上，室温 2 500 r/min 离心 1 h，随后放入 37℃培养，维持液中加入 5 mg/mL 的胰酶。24 ～ 48 h 培养后收获并用 IF 染色检查。鉴于双重感染（Dual infection）的可能性，最好使用 2 个抗原亚群的禽轮状病毒的抗血清。为了有效地筛去大多的腺病毒及呼肠孤病毒感染的可能性，宜采用快速培养和 IF 检查。另外，抗血清的制备应该使用 SPF 鸡，以防其他病毒抗原所导致的非特异性免疫荧光的出现。

（三）血清学检查

诊断上应用价值不高，因为其抗体普遍存在。但是，间接 IF、ELISA、对流免疫渗透电泳和中和试验曾对多种禽类进行了血清普查，均证实了轮状病毒抗体。测定禽类轮状病毒抗体，必须应用同源禽轮状病毒抗原。

六、预防和控制

禽轮状病毒感染尚无特异性的治疗方法。病鸡可以对症治疗，如给予复方氯化钠饮水补液以防机体脱水，促进疾病的恢复。

鉴于对轮状病毒感染的流行病学尚不完全清楚，尤其是病毒能否通过鸡蛋传递，所以，唯一的建议是加强鸡舍及器具的清扫和消毒以防感染的散播。

预防禽轮状病毒感染的疫苗尚未见成功的报道。哺乳动物轮状病毒疫苗已有成功的尝试和应用，如美国有犊牛轮状病毒的弱毒冻干苗。禽轮状病毒疫苗的研制无论采用什么方法，但经口服建立肠道的局部免疫是预防该病的关键。相信随着禽轮状病毒研究的深入和人们的关注，必将会出现成功的预防疫苗。

第十六节　禽网状内皮组织增殖病

禽网状内皮组织增殖病（Reticuloendotheliosis，RE）是由反转录病毒科、丙型逆转录病毒属、网状内皮组织增殖病病毒（*Reticuloendotheliosis virus*，REV）引起的鸡、鸭、火鸡和其他禽类的一组症状不同的综合征，包括免疫抑制、急性网状细胞肿瘤、生长抑制综合征、淋巴组织和其他组织的慢性肿瘤。

一、历史

REV 最初分离株 T 毒株是 1957 年从患有内脏淋巴肿瘤的火鸡体内分离而来，Twiehaus 等用细胞和无细胞接种在火鸡和鸡连续传代达 300 次以上。Sevoian 从 Twiehaus 发现了这一高代次分离株的急性致瘤作用，接种 6 ～ 21 d 可引起雏鸡死亡。Theilen 等证实了 T 毒株对雏鸡、火鸡和日本鹌鹑的急性致瘤特性，首次将这一疾病称为"网状内皮组织增殖症"，现在称为急性网状内皮细胞瘤。Bose 等将 T 毒株定义为网状内皮组织增殖症病毒。Purchase 发现 T 株与以前鉴定的非致瘤性的鸡合胞体病毒、脾坏死病毒和鸭传染性贫血病毒之间存在抗原关系，因此建立了病毒群的概念，即该群病毒株具有各种生物学特性。我国于 1986 年在南京地区首次从鸡分离到 REV，经鉴定属于非缺陷型 REV。目前 REV 在我国大部分养鸡场都已经分离到，抗体阳性率较高。

二、病原

网状内皮组织增殖病病毒（REV）为反转录病毒科、正反转录病毒亚科、丙型反转录病毒属。REV 病毒粒子呈球形，有壳粒和囊膜，直径约为 100 nm，表面突起长约 6 nm，直径约 10 nm。病毒粒子在蔗糖密度梯度中的浮密度为 1.16 ～ 1.18 g/mL。根据病毒中和试验等方法，将 REV 分成 3 种不同的抗原亚型，即Ⅰ型、Ⅱ型和Ⅲ型，其中Ⅰ型含 A、B、C 3 个抗原表位，Ⅱ型含有 B 型抗原表位，Ⅲ型含有 A、B 抗原表位。

REV 的基因组为单股 RNA，是由含有 2 个 30S 至 40S RNA 亚单位的 60S 至 70S 复合体组成。完全复制的 REV 基因组约为 9.0 kb，不完全复制的 T 株基因组约有 5.7 kb。此基因组 RNA 的两端为非编码区，中间部分为编码区，基因组主要由 *gag*、*pol*、*env* 基因以及两端的长末端重复序列（LTR）组成。*env* 基因编码 gp90 和 gp20 两种糖蛋白，其中 gP90 蛋白含有顺式构象表位，是病毒的免疫原性蛋白。*gag* 基因编码 p12、pp18、pp20、p30 和 p10 等 5 种结构蛋白，其中 p30 是群特异性抗原，在病毒粒子的装配中发挥重要作用。

REV 分为完全复制型和不完全复制型两种病毒群。完全复制型的 REV 可在许多或全部禽类细胞中很好地复制，鸡、火鸡和鹌鹑的成纤维细胞培养物被广泛地用于病毒的繁殖。完全复制型的

REV 的复制像其他典型逆转录病毒一样，是通过染色体整合 DNA 中间产物。病毒感染后，病毒粒子在细胞质中组装成核糖核蛋白复合物，通过细胞膜出芽获得囊膜。释放出的病毒颗粒约 20% 是未成熟的，这表明病毒核衣壳的发育相对较慢。病毒颗粒生成最早见于感染后 24 h，感染后 2 ～ 4 d 病毒生成量最高。

不完全复制型的 REV（Strain–T）的复制需要一个完全复制的 REV 辅助病毒。这主要是因为 *gag-pol* 区基因大段缺失和 *env* 区少部分缺失所致。复制缺陷型 T 株基因组的 *env* 区含有一个 0.8 ～ 1.5 kb 具有转化基因作用的替代片段，称为 *v-rel* 基因。非缺陷型 REVs 或其他禽类和哺乳动物的反转录病毒不存在 *v-rel* 基因。正常禽类包括火鸡细胞 DNA 中的相关序列（*c-rel*）的致癌基因，极有可能由此序列转导来的，在宿主 DNA 中没有发现内源性 REV 序列。长末端重复序列（LTRs）长为 569 个碱基，是多种细胞中的高效启动因子。

在活体传代或在感染的造血细胞中培养的 T 株仍保持致瘤作用，但在纤维细胞培养物和胸腺细胞中传代则迅速失去致瘤性，这种明显的致弱作用是由于不完全复制的急性致瘤病毒的丧失，而 REV 辅助病毒却可以连续复制。但是急性致瘤性 T 株在转化的鸡胚成纤维细胞系（对 T 株转化作用易感性不高的一型细胞）中可以持续存在。感染病毒的细胞培养物中可见到合胞体的形成，某些病毒能引起禽细胞轻度变性病变，急性细胞死亡期在感染后持续 2 ～ 10 d，之后变成慢性感染状态，其特征是细胞病变消失而病毒持续生成。

REV 可被脂溶剂如乙醚、5% 氯仿和消毒剂破坏，不耐酸（pH 值为 3.0）。表面糖蛋白可被蛋白水解酶部分破坏。对紫外线有相当的抵抗力。从感染 REV 鸡的组织或细胞培养物液体中可以获得不含宿主细胞的 REV，它可以在 -70℃长期保存而不降低活性，在 4℃下病毒比较稳定，在 37℃下 20 min 后传染力丧失 50%，1 h 后丧失 99%。感染的细胞加入二甲基亚砜后可以在 -196℃下长期保存，$MgCl_2$ 对病毒没有保护作用。

三、致病机制

REV 不同毒株的致病性也不尽相同。如不完全型 REV 主要引起急性肿瘤，完全型 REV 首先引起非肿瘤疾病，后期则可形成淋巴瘤。

REV 转化的细胞与毒株有关。如 REV–T 转化的靶细胞是表达 B 淋巴细胞决定子的不成熟淋巴细胞，REV–CS 的主要靶细胞在法氏囊。REV–T 和 REV–CS 的混合物的靶细胞可能是源于法氏囊的 IgM 阳性细胞。而 REV–T 和 REV–A 引起的肿瘤靶细胞为 T 淋巴样细胞和髓样细胞。此外其他细胞也可能参与了转化。

急性网状细胞肿瘤形成中的肿瘤转化是由不完全复制型 REV–T 株病毒中所含 *v-rel* 致病基因介导的。当前病毒 *v-rel* 整合入宿主 DNA 中即可能转化靶细胞；以细胞 *c-rel* 取代 *v-rel* 的重组病毒也具有致病性。完全型 REV 基因组无 *v-rel*，但其末端重复序列（LTR）具有启动子作用，当前病毒 DNA 整合到宿主癌基因 *c-myc* 附近时，就可启动其肿瘤基因的表达和细胞转化。

由于 REV 以淋巴细胞或网状内皮细胞为靶细胞，严重损害了免疫器官的功能，因而诱发明显的细胞和体液免疫抑制，降低机体对其他病原或抗原的免疫应答，特别是幼龄鸡感染时，可引起明显的免疫抑制，NK 细胞活性也受显著影响。免疫抑制可能是 REV 感染引起的最重要的经济问题，它有助于非致瘤病变的发生，并可能加强病毒的致瘤作用。而且，多数感染鸡不表现典型症状，与其他病毒或细菌混合感染时疾病严重，且使大多数病毒性和细菌性感染的症状和病变不典型，继发性感染也显著增加。

四、流行病学

REV 感染的自然宿主有鸡、火鸡、鸭、鹅和日本鹌鹑，其中鸡和火鸡发病最常见。鸡在接种意外污染 REV 的疫苗后也能发病。REV 感染鸡胚或低日龄鸡，特别是新孵出的雏鸡，引起严重的免疫抑制或免疫耐受。而大日龄鸡免疫机能完善，感染后不出现或出现一过性病毒血症。

REV 有水平传播和垂直传播两种方式。从口腔、泄殖腔拭子及其他体液中可检出 REV。接触感染可因禽的种类、日龄以及 REV 毒株不同而不同，人员、器械等也可机械性地传播该病。另外，吸血昆虫在该病的传播中也有一定作用。REV 的垂直传播在鸡、火鸡和鸭都已有报道，而且雌雄鸡在传播中都有重要作用。已从母鸡生殖道、公鸡的精液及火鸡、鸡、鸭胚中分离到该病毒。通常传播率很低。

另外，污染 REV 的商业禽用疫苗也是其传播的一个重要因素。给鸡接种 REV 污染的马立克病疫苗、禽痘疫苗、鸡新城疫疫苗，亦可引起人工传播。目前已在痘病毒的基因组中发现了完整的 REV 基因组。这种意外事件常造成很高比例的矮小病或肿瘤形成，因为群内全部鸡在幼龄时接受了大剂量的病毒。

五、症状及病理变化

RE 包括急性网状细胞肿瘤形成、矮小病综合征、淋巴组织和其他组织的慢性肿瘤形成。

（一）急性网状细胞肿瘤形成

急性网状细胞肿瘤形成主要由不完全复制的 REV–T 株引起，潜伏期最短 3 d，通常在接种后 6 ～ 21 d 出现死亡，很少有特征性临床表现，但新出雏鸡或雏火鸡接种后死亡率可达到 100%。

病理变化是肝脏、脾脏肿大（图 4–16–1），有时有局灶性灰白色肿瘤结节或呈弥漫性肿大，胰脏、心脏、肌肉、小肠、肾脏及性腺有时也可见肿瘤；偶尔引起火鸡、鸡的外周神经肿大；法氏囊常见萎缩。组织学变化见肝脏、脾脏等器官其实质组织发生变性坏死，并以发生多灶性同型网状细胞或原始间质细胞浸润或增生为特征，有的病灶中也含有中等到大量较小的淋巴样细胞。血液中异嗜性粒细胞减少，淋巴细胞数增多。外周神经发生淋巴样细胞浸润。

（二）矮小病综合征

矮小病综合征又称生长抑制综合征，或僵鸡综合征，是由完全复制型 REV 毒株引起的几种非肿瘤疾病的总称。病鸡发育受阻，体格瘦小，其中羽毛发育异常是其明显特征（图 4–16–2、图 4–16–3）。病鸡的翼羽初级、次级飞羽变化更为明显。羽毛粘到局部的毛干上，羽干和羽支变细，透明感明显增强，邻近的羽刺脱落变稀。

病理学变化可见胸腺、法氏囊发育不全或萎缩、腺胃肿大，胃壁增厚、黏膜出血、溃疡，肠黏膜出血，肝脏、脾脏肿大（图 4–16–4、图 4–16–5），呈局灶性坏死；外周神经发生水肿，内有各型淋巴样细胞、浆细胞或网状细胞浸润；皮肤中间层、棘细胞层细胞发生局灶性或散在变性坏死；外形羽的羽髓中见有淤血、水肿、血管周围有中等程度弥漫性分布的淋巴细胞、大单核细胞和异嗜性细胞、在棘细胞层下或在羽鞘角质层和中间层细胞之间有明显可见的裂隙。

（三）慢性肿瘤形成

慢性肿瘤形成包括鸡法氏囊型淋巴瘤、鸡非法氏囊型淋巴瘤、火鸡淋巴瘤和其他淋巴瘤。

1. 鸡法氏囊型淋巴瘤

鸡法氏囊型淋巴瘤由完全复制型 REV 毒株（如鸡合胞体病毒）或完全型 REV-T 株（含有 RE 辅助病毒）引起。潜伏期较长。表现为肝脏、法氏囊呈肿瘤性生长，肿瘤细胞是 B 淋巴细胞样；法氏囊淋巴滤泡可发生转化，皮质和髓质分界不清，处于分裂期的细胞增多，表现为初级未成熟、大小一致的细胞形态。

2. 鸡非法氏囊型淋巴瘤

鸡非法氏囊型淋巴瘤由完全复制型 REV 毒株引起，潜伏期最短的 6 周。表现为法氏囊萎缩，脾脏、心脏、肝脏和胸腺肿大，表面有大小不一的肿瘤结节（图 4-16-6），外周神经肿胀，接近于矮小病综合征。

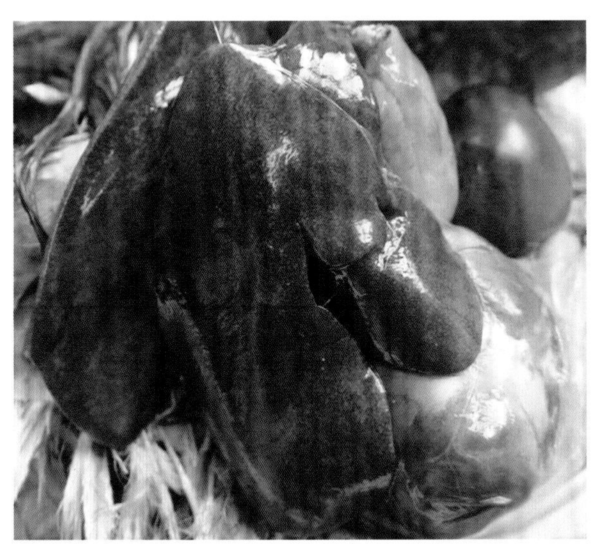

图 4-16-1　肝脏、脾脏肿大（刁有祥　供图）

图 4-16-2　病鸡精神沉郁，羽毛蓬松，消瘦（刁有祥　供图）

图 4-16-3　病鸡精神沉郁，闭眼缩颈，消瘦（刁有祥　供图）

图 4-16-4　腺胃肿大，脾脏肿大（刁有祥　供图）

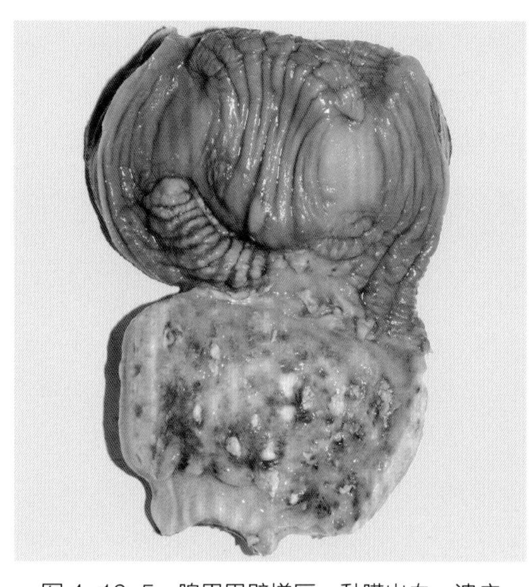

图 4-16-5 腺胃胃壁增厚，黏膜出血、溃疡（刁有祥 供图）

图 4-16-6 肝脏肿大，表面有大小不一的肿瘤结节（刁有祥 供图）

3. 火鸡淋巴瘤

火鸡淋巴瘤由完全复制型 REV 引起，自然感染时 15 ～ 30 周、试验感染时 8 ～ 11 周可见肝脏和其他内脏器官出现肿瘤。

4. 其他淋巴瘤

尽管 RE 可人为地分成以上几类，但有时又难以区分。即使在同一试验或同一只鸡，也可见到不同的病变类型。

六、诊断

由于 RE 缺乏特征性的症状和病变，并且疾病的表现多种多样，许多变化易与其他肿瘤病相混淆，可以进行实验室诊断。

（一）病毒分离鉴定

REV 病毒血症往往是一过性的，而且毒价相当低，但胚胎感染或发生免疫抑制时毒价则很高。可从不同的病变组织中分离到 REV，也可从血液中获得，血液中的白细胞、淋巴细胞是分离病毒的较好材料。将病料接种于鸡胚成纤维细胞，盲传 7 代，观察细胞病变，或用免疫荧光抗体试验、免疫过氧化物斑点试验测定培养物或血液中的 REV，ELISA 直接检测细胞中的病毒时，蛋清的敏感性最高，因此蛋清是检测 REV 感染的理想样品。应用单克隆抗体可提高检验的特异性。聚合酶链反应具有灵敏度高、特异性强的特点，即使血清抗体转阴，该方法也能检测出血液中的 REV 抗原。分离到病毒可用人工发病或病毒中和试验进行鉴定。

（二）血清学检测

（1）间接免疫荧光染色方法（IFA）。张志等（2005）以 REV 的单抗作为一抗，建立了从组织病理切片中检测 REV 的 IFA 方法。运用该方法对人工接种 REV 的肉鸡和疑似 REV 病鸡的肝脏、脾脏、心脏和肾脏等器官的组织切片进行了检测，并与病毒分离和斑点杂交试验的敏感性和特异性进行了比较。结果表明，在人工接种的感染肉鸡中，3 种方法均为阳性，在 30 份疑似 REV 的病料中，用 IFA 可以检测出 10 份阳性，而病毒分离只有 8 份样品为阳性。由此表明，IFA 的特异性和敏感性均较高，完全可以用于 REV 的检测。

（2）酶联免疫吸附试验。ELISA 直接检测组织中的病毒时，蛋清的敏感性最高，因此蛋清是检测鸡群 REV 感染的理想样品。应用单克隆抗体可提高检验的特异性，建立抗 REV 的单克隆抗体并进行单抗俘获 ELISA，结果表明，其特异性和敏感性高于 IFA，但用单抗包被，成本较高。

（三）分子生物学检测

（1）PCR 检测方法。研究者建立了 PCR 检测 REV 的方法，用该方法检测到 REV 的前病毒 DNA。PCR 方法一般用 REV 的 LTR 为引物进行扩增，也有用 REV 基因组中高度保守的 *gag* 区作为引物。用该方法不仅能检出组织中 REV 前病毒 DNA，而且可用于检测前病毒是否插入到 MDV、HVT 或禽痘病毒的序列中，因而也用于疫苗中污染 REV 的检测，有时 PCR 阳性鸡中分离不到 REV，因而该方法比组织培养更敏感。

（2）荧光定量 PCR 检测方法。赵丽青等（2006）基于 Light Cycler 平台，利用 SYBR Green I 染料能特异性与双链 DNA 结合而发出荧光的特性，建立的荧光定量 PCR 方法用于 REV 的检测。以前病毒基因组 DNA 为模板，荧光定量 PCR 可以一步完成扩增和产物分析的全部过程，减少了 PCR 扩增产物的污染。对 REV 病鸡各器官组织进行了荧光 PCR 检测，各脏器病毒含量从高到低依次是肝脏、脾脏、腺胃、肾脏、肌胃，肝脏中的病毒含量最高，肌胃中的病毒含量最少。

（3）斑点杂交试验。检测 REV 的另一种切实可行的方法。用非放射性地高辛标记 REV 的全基因组克隆或者某个特异性片段的克隆，可用来大规模临床检测和基层推广。

七、类症鉴别

RE 在病理学上与马立克病和淋巴细胞白血病十分相似，单纯依靠肉眼和病理组织学观察较难区分。应结合病毒抗原和抗体检测实验室技术加以区别。聚合酶链反应可准确诊断该病，只要有来源于 REV 感染组织的 DNA 就能扩增，且特异性非常强。此外，电镜技术也可进行鉴别诊断。

八、预防和控制

RE 在防治上至今没有行之有效的方法，虽然有一些商品化的疫苗，但对疫苗的使用还存在一定的争议。对该病的防控主要通过加强平时的饲养管理，严格相关禽用疫苗制品生产过程中的生物安全规程，杜绝疫苗中 REV 的污染。通过种源净化，切断其垂直传播途径。加强引种管理，防止引种过程中的水平传播。

第十七节　鸡传染性腺胃炎

鸡传染性腺胃炎（Transmissible proventriculitis，TP）是由病毒引起的以腺胃肿大为特征的传染性疾病。世界各地肉鸡普遍发生腺胃肿大的疾病中至少部分病例的病变与 TP 的病变一致，美国、荷兰和澳大利亚已有该病详细描述的报道。该病的其他特性包括全身苍白、生长迟缓、饲料转化率低、消化不良、粪便中可见未消化的饲料。

一、历史

1978 年荷兰学者 Kouwenhoven 报道在荷兰肉鸡场发生腺胃炎疾病，主要表现为生长缓慢、饲料转化率低等；剖检可见腺胃肿大。将腺胃组织匀浆处理后接种鸡，能够复制出上述腺胃炎疾病。因为该病原能够通过 100 nm 的滤器，因此怀疑这是一种病毒感染引起的腺胃炎疾病，然而该学者后续并未能分离到致病的病毒。此后，腺胃炎在世界各地陆续开始出现报道，包括北美、欧洲和亚洲等国家。1995 年，美国学者 GR 等表明，腺胃炎来源的鸡组织匀浆能够引起正常鸡的感染。1996 年王永坤报道了腺胃炎的病例。

二、病原

传染性腺胃炎的病原目前尚未确定。在传染性腺胃炎的病料中能分离到多种病毒，对其致病性也众说不一。1981 年，Wyeth 从感染鸡的肠道内容物中检测到了类嵌杯状病毒粒子，但在鸡胚、鸡胚成纤维细胞、鸡胚肾细胞和 Vero 细胞中均未分离出类嵌杯状病毒粒子。1983 年，McFer-ron 报道在患有矮小综合征的肉鸡粪便中检测到了大量微小的圆形类病毒粒子。1984 年，Kisary 证明在感染雏鸡的肠道中存在类细小病毒粒子。1984 年，McNulty 从感染鸡的肠道内容物中复苏了一株有细胞毒性的呼肠病毒，但尝试把病毒在细胞中复制未获成功，口腔接种含此病毒的病料可使 1 日龄商品肉鸡产生粪便异常、羽毛生长缓慢、全身生长停滞等症状，根据其病毒粒子的大小、形态、细胞质复制及对酸性 pH 值的抗性，把这种微小的病毒归为肠病毒。1991 年，Reece 提到类披膜病毒粒子在此病中的作用；1992 年，Reece 还提出把接种物经过过滤除菌、脂溶剂（如氯仿）灭活有囊膜的病毒后仍具有传染性，在感染鸡的肠道或粪便中已经分离到或观察到了多种病毒或病毒粒子，包括萼状病毒、肠病毒、细小病毒、呼肠孤病毒、非典型轮状病毒和类披膜病毒粒子；他们还认为鸡传染性贫血病毒（CIAV）也与此病有关，因为用 CIAV 感染可引起生长停滞及淋巴样器官萎缩。Goodwin 对该病的病因进行综述后指出，此病的病原为一种未分类的病毒。Page 从几个患该病的鸡场中均分离到了呼肠孤病毒，并将此病毒接种到带有低水平抗关节炎病毒的母源抗体的 1 日龄雏鸡可以复制出腺胃炎的类似症状及病变。

我国王永坤 1996 年报道了传染性腺胃炎的病例，当时在江苏省发现了以生长阻滞迟缓、消瘦脱水为症状；腺胃外观肿大、腺胃乳头水肿和（或）出血溃疡为典型剖检病变；腺胃固有层结构破坏、黏膜上皮坏死、腺体上皮结构破坏等组织切片病理变化的病例，在和国外的情况作了比对后，按症状将该病称作为鸡传染性腺胃炎。此后，国内学者对该病进行了病原分离鉴定，但分离的病原不尽相同，包括网状内皮增殖病病毒、传染性支气管炎病毒、禽呼肠孤病毒、腺胃坏死病毒、J–亚群禽白血病病毒、传染性法氏囊病病毒、传染性贫血病毒、幽门螺杆菌等。从表现为腺胃肿胀的尼克珊瑚粉商品代病鸡中分离到 ALV–J，挑选 10 只有腺胃肿胀的 140 日龄蛋鸡，把腺胃组织做成匀浆，进而形成病料，接种 CEF 细胞并连续培养 12 代，结果有 90% 分离到了 ALV–J。此外，上述 9

只检测出 ALV-J 的病鸡中 4 只还分离到 REV，证明不能排除多病因的混合感染。成子强等（2018）在患有传染性病毒性腺胃炎病鸡的肿大腺胃中首次分离了一种病毒，利用三代测序平台进行病毒宏基因组高通量测序鉴定，确定其为环形病毒 3 型，通过流行病学调查，对实验室保留的 336 份商品鸡样品进行 PCR 检测，检测出 42 份阳性样品，感染率达到 12.5%，认为环形病毒 3 型是引起鸡传染性腺胃炎的病原之一。

目前，用已分离鉴定的病毒都不能成功复制出其病变，而用感染鸡的腺胃组织匀浆经口途径在商品鸡和 SPF 来航鸡上成功地复制出与自然发病鸡相一致的病变。国内也报道用两重或多重病毒混合感染也可以成功复制出腺胃炎病变。对于透射电镜下观察到暂定名为传染性病毒性腺胃炎病毒，还处于分离和鉴定之中，所以对于引起腺胃炎的病因，大多数学者都比较倾向于是多种因子引起，而非是某一种单一病毒或因子所致。

另外，有一些病因也与此病有关，如日粮中所含的生物胺（组胺、尸胺、组氨酸等）、日粮原料如堆积的鱼粉、玉米、豆粕、维生素预混料、脂肪、禽肉粉和肉骨粉等含有高水平的生物胺，这些生物胺对机体有毒害作用。饲料营养不平衡，蛋白低、维生素缺乏等都是该病发病的诱因。霉菌毒素如镰孢霉菌产生的 T2 毒素具有腐蚀性，可造成腺胃、肌胃和羽毛上皮黏膜坏死；橘霉素是一种肾毒素，能使肌胃出现裂痕；卵孢毒素也能使肌胃、腺胃相连接的峡部环状面变大、坏死，黏膜被伪膜性渗出物覆盖；圆弧酸可造成腺胃、肌胃、肝脏和脾脏损伤，腺胃肿大，黏膜增生，溃疡变厚，肌胃黏膜出现坏死。

三、流行病学

该病可发生于不同品种的蛋鸡和肉仔鸡，其中以蛋用雏鸡和育成鸡发病较多、较为严重。该病流行广，发病地区鸡的发病率可达 100%，一般为 7.6% ～ 28%，死亡率可达 3% ～ 95%，一般为 30% ～ 50%，发病最早约为 21 日龄，25 ～ 50 日龄为发病高峰期，80 日龄左右的鸡较少发生该病。病程 10 ～ 15 d，死亡高峰期在发病后 5 ～ 8 d，有的鸡场病程可持续时间更长，可达 35 d 左右。

该病无季节性，一年四季均可发生，但以冬季最为严重，多散发。该病可通过空气飞沫传播或经污染的饲料、饮水、用具及排泄物传播，与感染鸡同舍的易感鸡通常在 48 h 内出现症状；也可经由种鸡、种蛋垂直传播。

四、症状

该病潜伏期的长短取决于病毒的致病力、宿主年龄和感染途径。人工感染潜伏期 15 ～ 20 d，自然感染的潜伏期较长，有母源抗体的幼雏潜伏期可达 20 d 以上。病鸡初期表现精神沉郁，畏寒，呆立，缩头垂尾，耷翅或羽毛蓬乱不整，羽毛发育与机体不成比例，主羽较长，身体瘦小（图 4-17-1、图 4-17-2），采食和饮水急剧减少；流泪，肿眼，严重者导致失明；排白色、绿色稀粪，张口呼吸、有啰音，有的甩头欲甩出鼻腔和口中的黏液；少数鸡可发生跛行，鸡群体重严重下降，可比正常体重下降 50%（图 4-17-3）。发病中后期，病鸡极度消瘦，皮肤苍白（图 4-17-4），最后因衰竭而死亡。部分病鸡逐渐康复，但体形瘦小，不能恢复生长，鸡群鸡只大小参差不齐。该病在鸡群中传播迅速，病程可达 15 ～ 20 d。

图 4-17-1　病鸡精神沉郁，羽毛蓬松，主羽长，消瘦（一）（刁有祥　供图）

图 4-17-2　病鸡精神沉郁，羽毛蓬松，主羽长，消瘦（二）（刁有祥　供图）

图 4-17-3　病鸡消瘦（右侧为挑出的发病鸡，左侧为健康鸡）（刁有祥　供图）

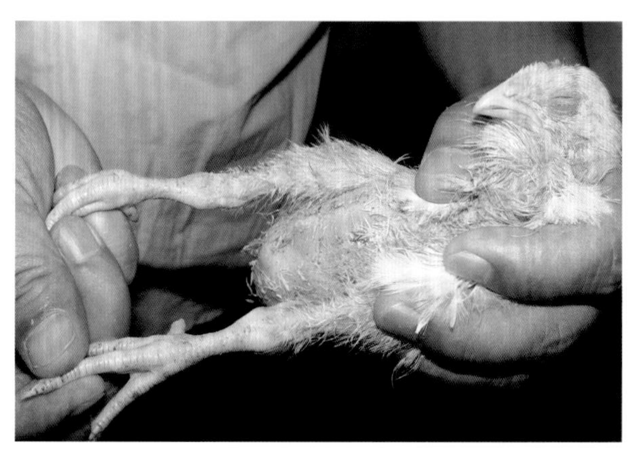

图 4-17-4　病鸡消瘦，皮肤苍白（刁有祥　供图）

五、病理变化

（一）剖检变化

病鸡极度消瘦（图 4-17-5），个体小，体表和腹腔内脂肪消失。腺胃肿大呈球形，为正常鸡的 2 ～ 5 倍（图 4-17-6、图 4-17-7），腺胃壁增厚，腺胃黏膜增厚或出血（图 4-17-8）、坏死、溃疡，有的腺胃与食管交界处有带状出血。肌胃角质膜松软、糜烂、脱落（图 4-17-9 至图 4-17-11）。肌肉松软，胰腺、胸腺、法氏囊明显萎缩。病鸡肠道内充满液体，肠黏膜有不同程度的肿胀、充血、出血、坏死（图 4-17-12）。盲肠扁桃体肿胀、出血，有的鸡肝脏呈古铜色。骨骼脆，易折断（图 4-17-13）。

（二）组织学变化

组织学变化表现为腺胃黏膜上皮细胞坏死脱落，固有层水肿，腺胃管扩张，炎性细胞浸润，腺腔中有大量黏液，腺细胞脱落、坏死、崩解（图 4-17-14）。病变严重的黏膜浅层组织发生凝固性坏死，常分离脱落。有的病鸡整个黏膜层完全发生坏死，坏死组织和炎性渗出物形成厚层伪膜。黏膜下浅层和深层的腺体均可见明显的炎症变化，很多腺管结构破坏，腺管间有大量炎性细胞浸润。国外报道病鸡腺胃的浆膜下层有不同程度的局灶增生性或弥漫性巨噬细胞炎性浸润，炎性浸润处有坏死的腺滤泡蛋白酶原和盐酸分泌细胞。自然感染或人工发病病例的腺胃有 80% 的分泌胃蛋白酶原和盐酸的腺滤泡细胞遭到破坏。肝脏实质变性和多发性坏死灶（图 4–17–15）。心肌纤维断裂和局灶性坏死，肌纤维间水肿扩张（图 4–17–16）。肾脏实质变性，肾小管上皮细胞广泛肿胀，有些成片脱落，肾小球的囊腔扩张。十二指肠绒毛上皮坏死、脱落，固有层充血、水肿，部分腺体结构破坏（图 4–17–17）。病鸡淋巴器官均见实质组织明显萎缩（图 4–17–18），法氏囊皱褶缩小，淋巴滤泡显著减少，网状细胞活化并大量增殖。胸腺的皮质萎缩，淋巴实质几乎完全消失不见。

图 4-17-5　病鸡消瘦，胸骨突出（刁有祥　供图）

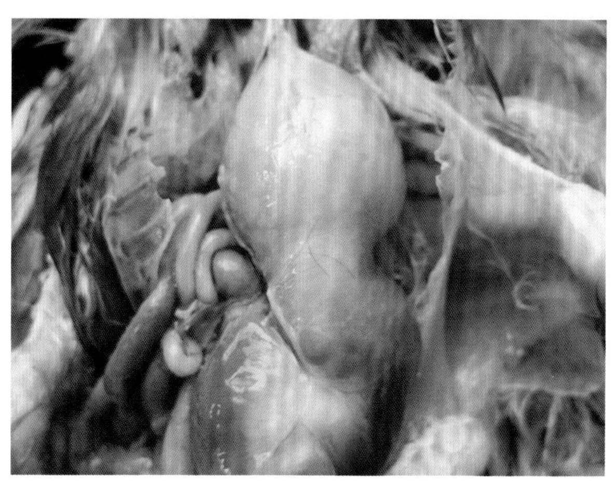

图 4-17-6　腺胃肿胀呈圆球状（一）（刁有祥　供图）

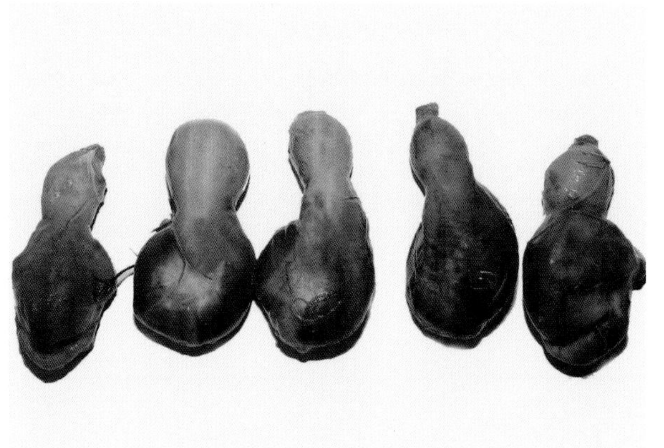

图 4-17-7　腺胃肿胀呈圆球状（二）（刁有祥　供图）

图 4-17-8　腺胃肿胀，胃壁增厚，黏膜出血（刁有祥　供图）

图 4-17-9　腺胃肿胀，肌胃角质膜糜烂（一）（刁有祥　供图）

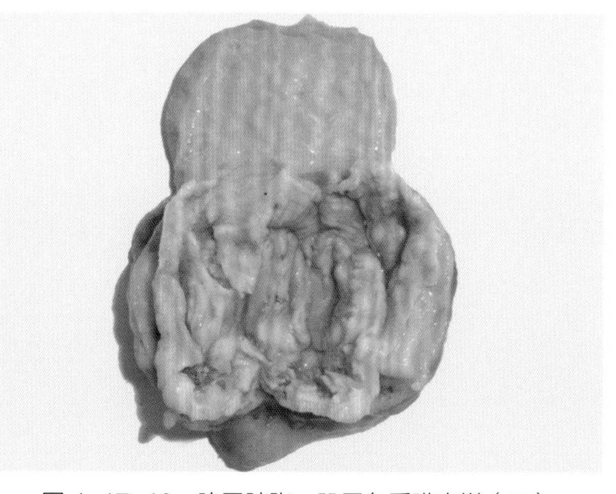

图 4-17-10　腺胃肿胀，肌胃角质膜糜烂（二）（刁有祥　供图）

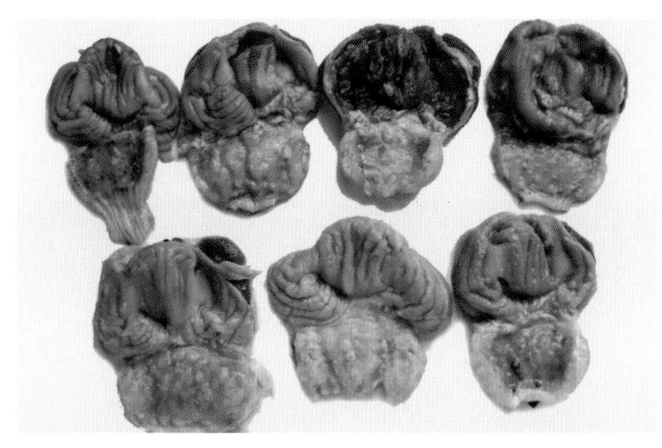

图 4-17-11　腺胃肿胀、出血，肌胃角质膜糜烂（刁有祥　供图）

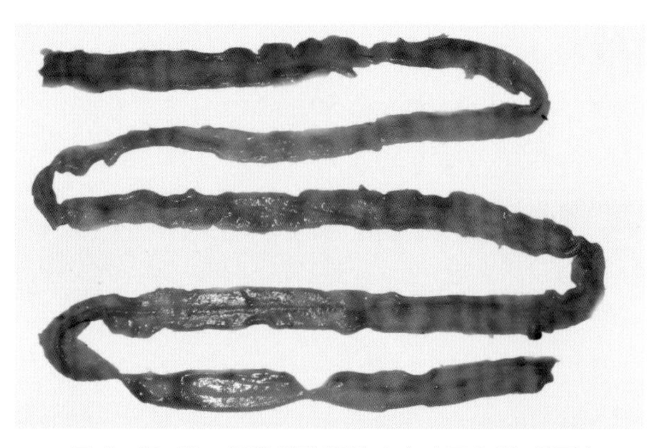

图 4-17-12　肠黏膜弥漫性出血（刁有祥　供图）

图 4-17-13　骨骼脆，易折断（刁有祥　供图）

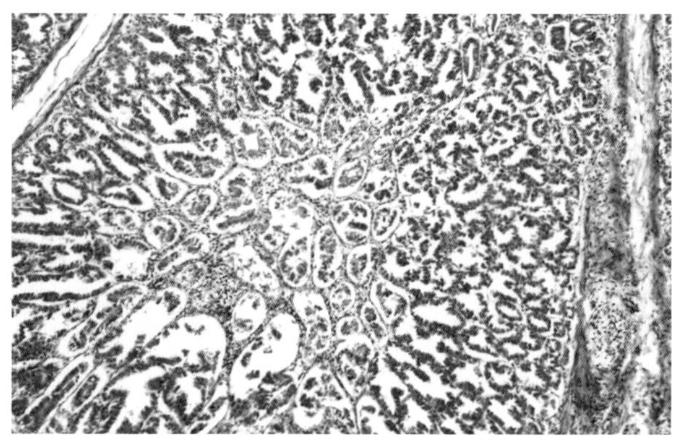

图 4-17-14　腺胃黏膜上皮细胞坏死脱落，固有层炎性细胞浸润（刁有祥　供图）

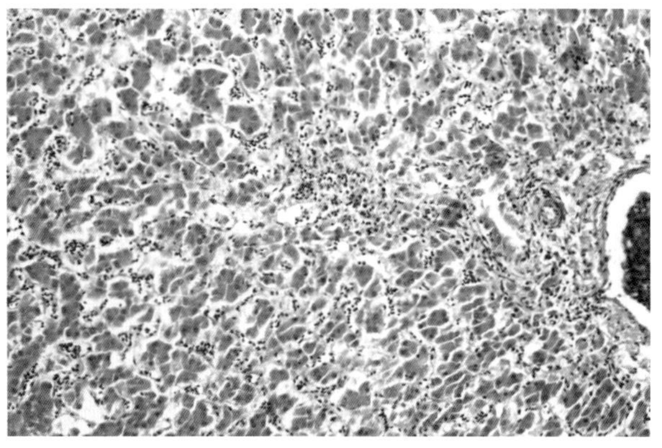

图 4-17-15　肝细胞变性、坏死，炎性细胞浸润（刁有祥　供图）

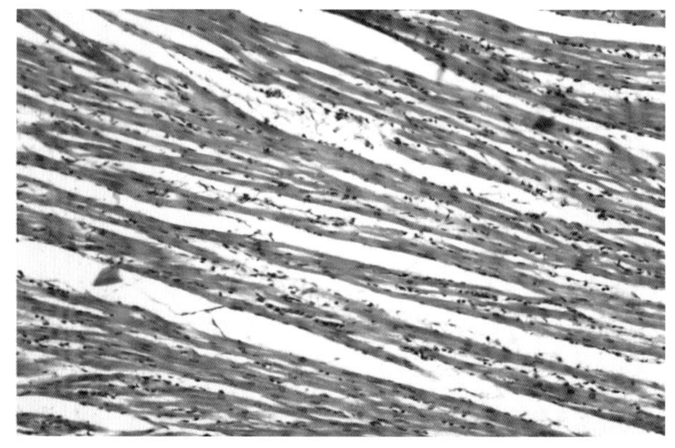

图 4-17-16　心肌纤维间水肿、扩张，纤维断裂（刁有祥　供图）

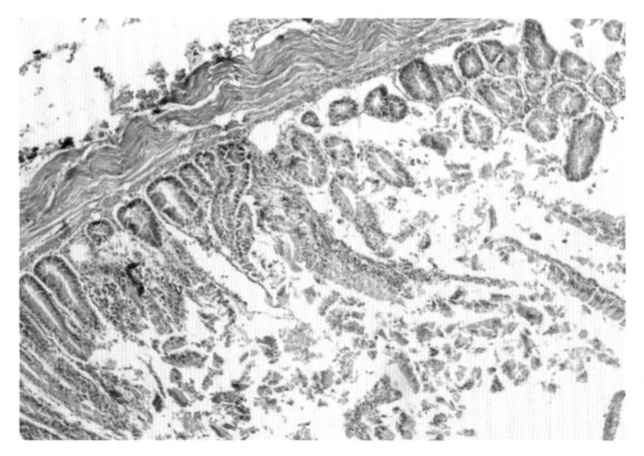

图 4-17-17　肠绒毛脱落，固有层水肿（刁有祥　供图）

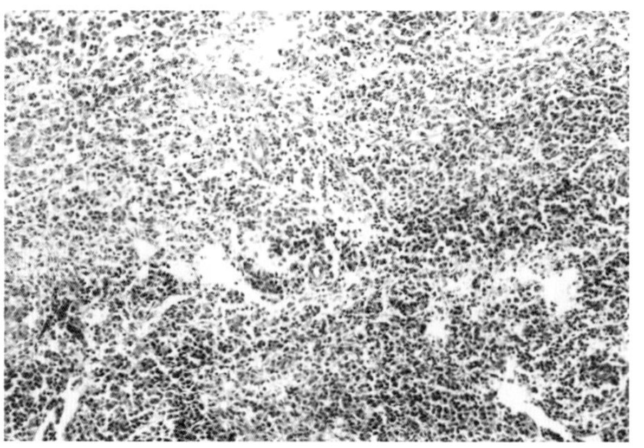

图 4-17-18　脾脏淋巴细胞崩解、坏死（刁有祥　供图）

六、诊断

根据流行病学调查，结合临床症状，剖检出现的肉眼病变和显微病变作出初步诊断。目前还没有血清学试验用于 TP 的诊断，所以新发病地区和有混合感染的鸡群很容易误诊，要特别注意鉴别诊断。

七、防治

（一）预防

搞好饲养管理，降低饲养密度，加强鸡群的卫生消毒，保证温度，合理通风。严格控制和检测种鸡群垂直传播的疫病，对种鸡群要净化鸡网状内皮增生症等重要垂直传染病。选择饲养管理良好的种鸡场引进雏鸡苗。加强对新城疫、传染性支气管炎等疾病的控制，消除饲料霉变、营养不良等发病诱因。使用没有被 REV 污染的马立克病疫苗和鸡痘疫苗。

（二）治疗

发病后可用健胃助消化、抑制胃酸分泌、抗菌药物配合对症治疗。可用阿莫西林按照 0.01% ～ 0.02% 饮水，连用 3 ～ 5 d；或用 0.01% 环丙沙星或恩诺沙星饮水，连用 4 ～ 5 d，同时配合维生素 B_1 拌料或饮水。

第十八节　肉鸡低血糖–尖峰死亡综合征

肉鸡低血糖–尖峰死亡综合征（Hypoglycemia spiking mortality syndrome of broiler，HSMS）是一种主要侵害肉仔鸡的疾病。10 ～ 18 日龄为发病高峰期，有报道称 42 日龄的商品代肉鸡也发生该病。临床表现为突然出现的高死亡率，至少持续 3 ～ 5 d，同时伴有低血糖症。病鸡头部震颤、运动失调、昏迷、失明、死亡。有些病鸡可以自然恢复，但常会出现生长发育不良、矮小和气囊炎。

一、历史

HSMS 最早报道于 1986 年，发生在美国的 Delmarva 半岛地区。1991 年报道了 41 个自然发病鸡群和 3 个实验感染鸡群。之后，该病向美国东南部地区发展。目前在加拿大、欧洲、马来西亚和南非均有该病发生。自 1998 年以来，我国华北地区多次发生肉鸡突发性高致死性疾病，现已证实是 HSMS。

二、病原

目前尚未确定该病病原，从临床分析可能是由多种致病因素共同作用引起发病。常见的传染性因素如沙粒病毒样颗粒、冠状病毒、轮状病毒、细小病毒、圆环病毒、腺病毒、呼肠孤病毒均可引发肠道病变，而损害肠道的吸收功能，出现下痢腹泻。常见的一些肠道性致病菌如沙门菌、大肠杆菌、坏死杆菌、产气荚膜梭菌、厌氧菌都可以导致下痢腹泻而影响消化吸收。寄生虫感染如小肠球虫，球虫在肠黏膜上大量生长繁殖，导致肠壁黏膜增厚变薄，严重脱落出血等病变，使饲料不能消化吸收，同时对水分、盐分的吸收也明显减少，随粪便排出体外。球虫在肠黏膜细胞里快速繁殖，耗氧量增大导致小肠黏膜组织产生大量乳酸，使肉鸡肠道 pH 值降低，使肠道内有益菌减少，有害菌在此条件下最适宜生长，大量生长繁殖，球虫与有害菌相互协同作用，导致肉鸡消化不良，肠道吸收出现障碍，电解质的吸收减少，使电解质大量丢失，大量的肠黏膜细胞迅速被破坏，出现生理消化障碍。

各种应激因素均可促进该病的发生。环境卫生、温度或高或低、饲养密度大、湿度太高或太低、饲料突然更换、噪声过大、长途运输、抓放、不合理用药、不合理免疫、分群、打雷闪电、饮水不卫生、孵化中出现停电等均可造成肉鸡生理机能改变，特别是造成肠黏膜损伤，黏膜上皮细胞变性、坏死等引起肉鸡发病。

三、症状

发病初期，鸡群无明显变化，采食、饮水、精神都正常，随着疾病的发展，病鸡出现食欲减退，大声尖叫，转圈，歪斜，头部震颤，共济失调，四肢外展，最后出现瘫痪，昏迷直至死亡（图 4–18–1、图 4–18–2）。饲养管理好的快速生长的肉公鸡最常受侵害，相同饲养条件下肉鸡公雏发病率约为母雏的 3 倍。发病早期的鸡下痢明显，排白色米汤样的稀便（图 4–18–3），晚期常因排便不畅使米汤样粪便留于泄殖腔，部分病鸡未出现明显的苍白色的下痢，但剖检时可见泄殖腔内潴留大量米汤样粪便。一般发病后 3 ～ 4 d 为死亡高峰，以后逐渐减少，但可持续 4 d（图 4–18–4）。鸡群中常有个别鸡转成僵鸡，生长缓慢，头部有震颤症状。在急性症状消失后常出现跛行。

四、病变理化

（一）剖检变化

剖检变化表现为心冠脂肪出血（图 4–18–5）；肝脏稍肿大，颜色呈黄白色（图 4–18–6），肝脏表面有弥漫性、针尖大小、黄白色坏死点。肺脏出血，呈紫红色或紫黑色（图 4–18–7、图 4–18–8）。胸腺萎缩，胰腺萎缩、苍白，有散在坏死点（图 4–18–9）。法氏囊出血并存在散在的坏死点。肠道淋巴集结萎缩，直肠和盲肠内积液，有个别鸡十二指肠黏膜出血。泄殖腔内积有大量米汤样白色液体。少数病鸡肾脏肿大（图 4–18–10），呈花斑状，输尿管内有尿酸盐沉积。病鸡常见脱水，血液稀薄，颜色发淡，凝固时间延长，而健康鸡血浆为金黄色。

（二）组织学变化

组织学变化表现为肝脏出现弥散性坏死灶，病灶中心肝细胞坏死，肝胆管上皮细胞溶解；胰腺细胞坏死、淡染（图 4-18-11）；小肠黏膜固有层出现肥大细胞、纤维细胞和巨噬细胞浸润；十二指肠黏膜上皮不完整；法氏囊髓质严重排空，残留的淋巴细胞坏死（图 4-18-12），胸腺皮质和脾白髓排空；肠道相关淋巴组织滤泡大小正常，但中心呈纤维素性坏死，肠绒毛脱落，固有层有淋巴细胞浸润（图 4-18-13）；肾小管上皮肿胀、脱落，管腔内充满尿酸盐颗粒。肺脏出血，肺房中充满浆液性渗出（图 4-18-14）。

图 4-18-1　病鸡精神沉郁（刁有祥　供图）

图 4-18-2　病鸡精神沉郁，瘫痪（刁有祥　供图）

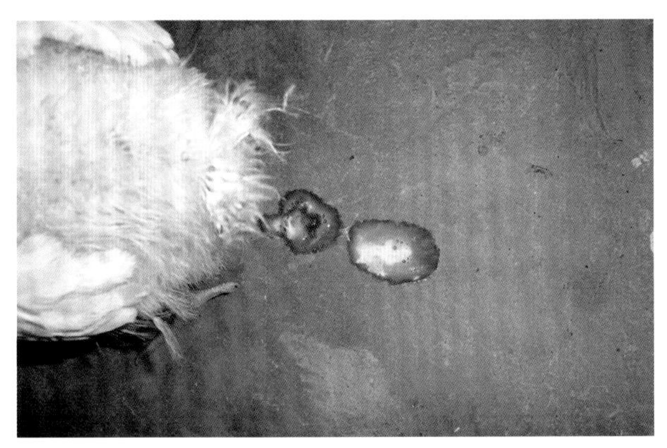
图 4-18-3　病鸡排白色米汤样稀便（刁有祥　供图）

图 4-18-4　发病死亡鸡（刁有祥　供图）

图 4-18-5　心冠脂肪出血（刁有祥　供图）

图 4-18-6　肝脏肿大，颜色变淡（刁有祥　供图）

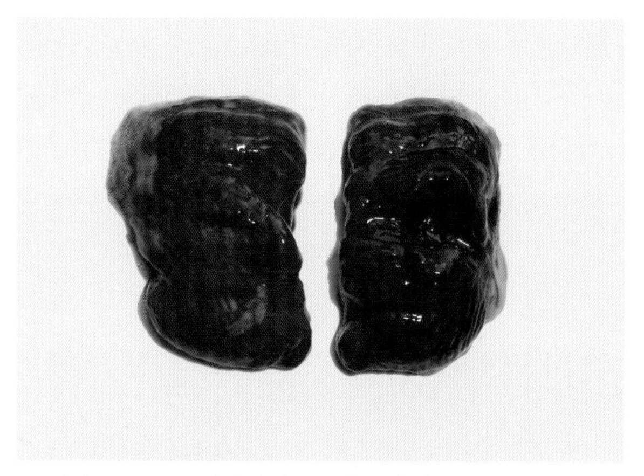

图 4-18-7　肺脏出血，呈紫黑色（刁有祥　供图）

图 4-18-8　肺脏出血，呈紫红色（刁有祥　供图）

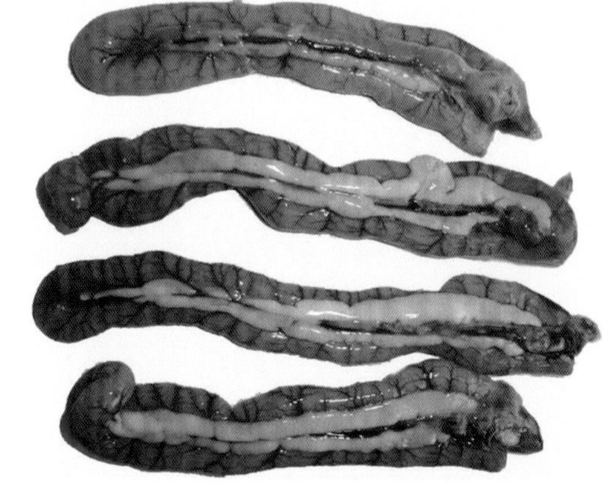

图 4-18-9　胰腺萎缩，颜色苍白（刁有祥　供图）

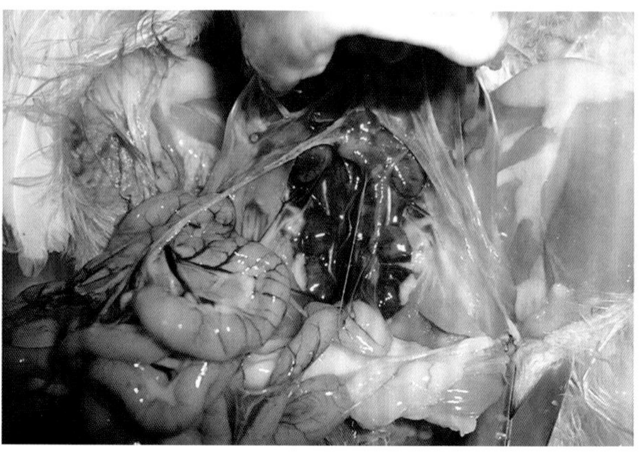

图 4-18-10　肾脏肿大（刁有祥　供图）

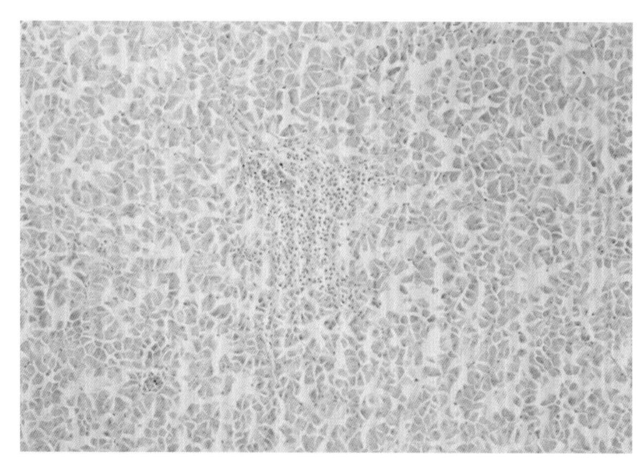

图 4-18-11　胰腺细胞坏死，淋巴细胞浸润（刁有祥　供图）

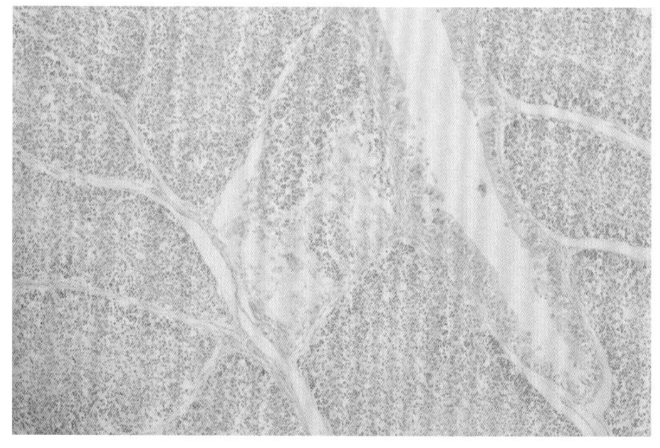

图 4-18-12　法氏囊淋巴细胞崩解、坏死（刁有祥　供图）

图 4-18-13　肠绒毛脱落（刁有祥　供图）

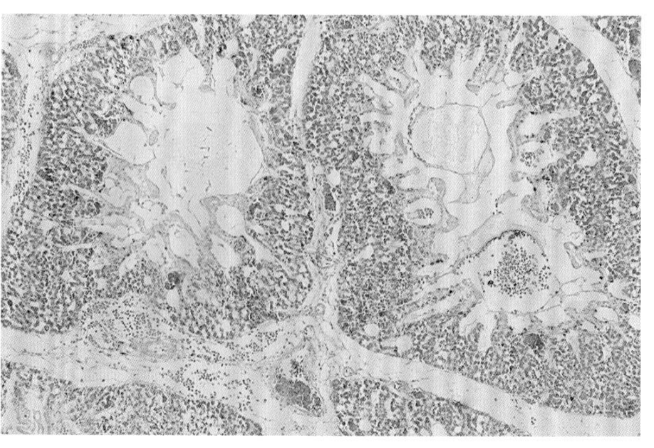

图 4-18-14　肺脏出血，肺房有浆液渗出（刁有祥　供图）

五、诊断

血糖测定：在正常情况下，机体糖的分解代谢与合成代谢保持动态平衡。鸡翅静脉采血，采用邻甲苯胺法测定血糖，健康鸡的血糖为 2 200 mg/L，但严重感染的病鸡血糖浓度仅为 200 ～ 800 mg/L。通过血糖测定，结合流行病学调查、症状、病理变化等综合分析，可确诊此病。

国际上诊断该病的主要依据：一是 8 ～ 18 日龄肉仔鸡发病（头部震颤、共济失调和瘫痪等），并出现尖峰死亡；二是感染严重鸡血糖水平介于 200 ～ 800 mg/L；三是肝脏有坏死点和米汤样白色腹泻。

六、预防和控制

（一）预防

国内外研究资料表明，HSMS 目前尚无特异性治疗方法，只有采取减少应激（过热、过冷、氨气过浓、通风不良、噪声、断料、停水）和加强糖原分解等辅助性手段减缓症状。在生产实践中可在鸡群饮水中添加葡萄糖、电解多维及免疫增强剂等以促进机体抵抗力增强。针对该病可能是由病毒引起或继发病毒性疾病，临床上要采取抗病毒治疗，可使用干扰素等来控制疾病，或使用白细胞介素–2（IL–2）等生物制剂，它能作用于机体的免疫系统，特异诱导机体细胞免疫、非特异作用于机体体液免疫，增进机体抗病和抗感染能力，同时也要使用一些有效的抗生素来防止其他细菌继发感染。

通过控制光照来防治 HSMS 的发生，对野外和实验感染的鸡，限制光照均可预防和减缓 HSMS 的发生，一般做法是光照时间由原来的 23 h 减少到 16 ～ 18 h，2 ～ 3 d 鸡群中的病鸡会明显减少。其生理学依据是在黑暗条件下的鸡可释放褪黑激素，使糖原生成转变为糖原异生，从而有效控制血糖的恶性下降。由于 HSMS 的一系列症状都是对低血糖的反应，因此，一旦控制了血糖水平就可能阻断 HSMS 的发生、发展，从而降低 HSMS 的发病率和死亡率。

由于 HSMS 病鸡体内既缺乏胰高血糖素，又缺少糖原，因此，在受应激或强制停料时极易形成低血糖，所以为了减轻 HSMS 的发生和损害，必须要加强饲养管理，杜绝或减少应激原的存在，特别是要避免过热、过冷、氨气过浓、通风不良、噪声、断料、停水等不应有的应激原。

（二）治疗

在大群鸡饮水中加入 2% ～ 5% 葡萄糖，连用 5 d，同时配合电解多维及免疫增强剂如黄芪多糖、紫锥菊多糖等以提高机体的抵抗力。

第十九节　禽沙门菌病

禽沙门菌病（Avian Salmonellosis）是由肠杆菌科沙门菌属中的一种或多种沙门菌引起的禽类疾病的总称。沙门菌有2 000多个血清型，它们广泛存在于人和多种动物的肠道内。在自然界中，家禽是最主要的贮存宿主。根据病原体的特征不同可将禽沙门菌病分为三类疾病：鸡白痢（Pullosis）、禽伤寒（Fowl typhoid）和禽副伤寒（Avian paratyphoid）。鸡白痢和禽伤寒沙门菌有宿主特异性，主要引起鸡和火鸡发病，禽副伤寒沙门菌则能广泛感染多种动物和人。禽沙门菌病不仅可造成从生产到销售各阶段的严重损失，而且受禽副伤寒沙门菌污染的家禽及其产品已成为人类沙门菌感染和食物中毒的主要来源之一，具有重要的公共卫生意义。

一、鸡白痢

（一）历史与分布

1899年，Rettger对鸡白痢的病原作了描述，将其称为雏鸡致死性败血症，后来又称为杆菌性白痢。该病可使雏鸡的死亡率高达10%，对育雏业形成了严重威胁。1900—1910年，该病被证实可经蛋传播。1913年，报告了一种常量试管凝集试验可检出该病的带菌者。1931年，研制出一种改良的全血凝集试验，采用染色抗原，由于该方法简便而被广泛应用。

鸡白痢分布很广，世界上几乎所有养鸡的国家和地区都有分布。在先进的养禽国家和地区，经过多年持续不断的防控和净化，鸡白痢阳性率已降到很低水平，1974—1975年，美国火鸡中白痢检测的阳性数下降为0，鸡群中白痢同期检测阳性率下降为0.000 006%。我国鸡白痢较为严重，20世纪50—60年代，兽医工作者采用全血玻板凝集试验对一些地区的种鸡进行鸡白痢检疫，阳性率较高。20世纪70—80年代以来，随着集约化养禽业的发展，很多地区的种鸡群通过检疫和淘汰白痢阳性鸡，同时结合其他综合性防控措施，逐渐建立起一批无白痢种鸡群。对于未严格执行检疫和淘汰阳性鸡制度的种鸡群，鸡白痢造成的经济损失严重，因此控制和净化鸡白痢仍然是我国养禽业面临的艰巨任务之一。

（二）病原

该病的病原为鸡白痢沙门菌（*Salmonella pullorum*），又称雏沙门菌，属于肠杆菌科沙门菌属，按照Kauffman White体系属于D血清群。《伯杰氏手册》曾经用鸡伤寒沙门菌命名鸡白痢和禽伤寒的病原，最近统一为鸡白痢-伤寒沙门菌（*S. gallinarum*-*S. pullorum*）。由于生化特性和流行病学的区别，在一些分类体系中，鸡白痢和禽伤寒的病原血清型不同，分别为肠道沙门菌肠道亚种鸡白痢血清型和肠道沙门菌肠道亚种伤寒血清型，以及肠道沙门菌禽伤寒血清型禽伤寒生物型和鸡白痢生物型。为方便起见，鸡白痢的病原称为鸡白痢沙门菌，禽伤寒的病原称为鸡伤寒沙门菌。

1. 形态及染色特点

鸡白痢沙门菌，无荚膜，不形成芽孢，无鞭毛，是少数不能运动的沙门菌之一。该菌为两端钝圆的细长杆菌，大小为（1.0 ～ 2.5）μm×（0.3 ～ 0.5）μm，革兰氏染色阴性，菌体多单个存在，抹片中偶尔可见到长丝状的大菌体（图 4–19–1）。

2. 培养特点

该菌为需氧或兼性厌氧菌，在普通营养琼脂培养基和麦康凯琼脂培养基上生长良好，形成细小、圆形、光滑、湿润、边缘整齐、半透明、灰白色或无色菌落；在 SS 琼脂上形成无色透明，圆形、光滑或略粗糙的菌落，少数产硫化氢气体的菌株会形成黑色中心（图 4–19–2）；在伊红–亚甲蓝琼脂上形成淡蓝色菌落，不产生金属光泽；在马丁肉汤琼脂（pH 值为 7.0 ～ 7.2）上生长良好，形成分散的光滑、闪光、均质、隆起、透明、形态不一菌落，呈圆形到多角形；在普通肉汤中生长呈均匀浑浊。由于该菌对煌绿、胆盐有抵抗力，故常将这类物质加入培养基中以抑制大肠杆菌的生长，有利于该菌的分离。

图 4-19-1　鸡白痢沙门菌染色特点（刁有祥　供图）

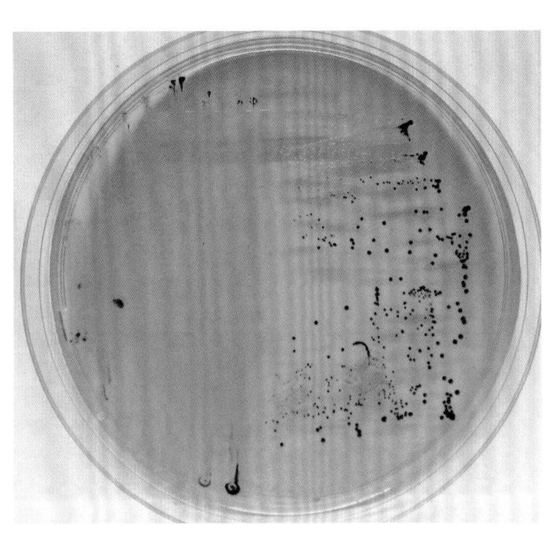

图 4-19-2　SS 琼脂培养基上鸡白痢沙门菌菌落特点（刁有祥　供图）

3. 生化特点

该菌能发酵阿拉伯糖、葡萄糖、半乳糖、果糖、甘露糖、甘露醇、鼠李糖和木糖，产酸产气或产酸不产气；不发酵乳糖、蔗糖、侧金盏花醇、糊精、卫矛醇、赤藓醇、甘油、肌醇、菊糖、棉籽糖、水杨苷、山梨醇及淀粉；石蕊牛乳不变色，吲哚和 VP 试验阴性，不能利用枸橼酸盐，尿素酶阴性，氧化酶阴性；该菌很少菌株能发酵麦芽糖。产生硫化氢比其他沙门菌慢，能还原硝酸盐。在三糖铁琼脂培养基上，37℃培养 24 h，斜面仍为红色，底层变为黄色，有或无气体产生（硫化氢阳性者呈黑色）。能使鸟氨酸迅速脱羧，这是该菌与鸡伤寒沙门菌在生化特性上的主要区别。

4. 抗原结构

该菌只有 O 抗原，无 H 抗原，其 O 抗原为 O1、O9、$O12_1$、$O12_2$、$O12_3$，抗原型变异涉及 $O12_2$ 和 $O12_3$。标准菌株含有大量的 $O12_3$ 和少量的 $O12_2$，变异株则相反。但某些标准菌株中有一小部分含大量 $O12_2$ 抗原。最初的野外分离物通常很不稳定，但变异型较稳定。为了确定培养物的抗原型需要广泛检查单个菌落，有时还需通过连续传代培养。大多数分离物在人工培养基继代过程中趋于稳定。标准抗原型培养物甚至在长期人工培养后仍有小部分 $O12_2$ 优势菌落。变异型培养物常为纯的或接近纯的 $O12_2$ 和 $O12_3$ 因子。中间型菌株的菌落通常为 $O12_2$ 和 $O12_3$ 的优势菌落混合物，或少数情况下是一致的，并在单个菌落含有一定量的 $O12_2$ 和 $O12_3$ 抗原。不同菌株 O1 的含量也有不同。

由于成年家禽类感染后 3 ～ 10 d 能检出相应的凝集抗体，因此临床上常用凝集试验检测隐性感染者和带菌者。需要指出的是，鸡白痢沙门菌与鸡伤寒沙门菌具有很高的交叉凝集反应性，可以采用一种抗原来检测这两种细菌。

5. 抵抗力

该菌对热和常规消毒剂的抵抗力不强，60℃、10 min 便可杀死，直接暴露于阳光下数分钟可死亡，1∶1 000 石炭酸、1∶20 000 的升汞或 1% 高锰酸钾可在 3 min 内将其杀死，2% 福尔马林 1 min 便可将其杀死。在鸡舍内，患病鸡粪便中的病原菌可存活 10 d 以上。肝脏中的细菌在–20℃条件下可存活 148 d 以上。

（三）致病机制

鸡白痢沙门菌通过肠道上皮细胞或淋巴组织侵入，入侵的沙门菌被巨噬细胞或树突状细胞吞噬并通过淋巴系统运输到肝脏和脾脏。通过沙门菌致病岛的Ⅲ型分泌系统存活于巨噬细胞内。Ⅲ型分泌系统将其效应蛋白注入宿主巨噬细胞的细胞质，干扰胞内运输并防止吞噬体与溶酶体融合以及调节主要组织相容性复合体和细胞因子表达来抑制抗微生物活性。在建立全身性感染之后，沙门菌在脾脏和肝脏中复制，导致明显的肝脏和脾脏肿大，形成这些器官的病变。由于感染，常导致贫血和败血症的发生，沙门菌脱落进入胃肠道引起出血和大量炎性浸润和肠壁溃疡。

（四）流行病学

鸡和火鸡是鸡白痢沙门菌的自然宿主，感染通常是终身的。该菌高度适应于自然宿主，而对其他动物的致病性差，感染程度轻，无长期意义。2 ～ 3 周龄的雏鸡发病率和死亡率最高，常呈流行性发生。新发病地区雏鸡的死亡率可高达 100%，老疫区一般为 20% ～ 40%。随着日龄增加，鸡的抵抗力也随之增强，3 周龄后的鸡发病率和死亡率显著下降。成年鸡感染后常呈局限性、慢性型或隐性感染。不同品种、性别以及不同饲养模式下鸡只对该病的易感性有差异。一般来说，重型品种鸡比轻型品种的鸡易感染，褐羽产褐壳蛋鸡敏感，母鸡比公鸡易感，地面平养的鸡群比网上饲养的鸡群易感性高。如来航鸡等轻型鸡的感染率比重型鸡高，这种遗传抵抗力与体温有关。根据出壳后 6 d 内的体温高低可选育出高抗病力和高易感性的纯系鸡。高体温的纯系鸡有很好的温度调节机理，在攻击后对死亡的抵抗力明显高于体温低的纯系鸡。近几年来，50 ～ 120 日龄鸡只也有发生鸡白痢的报道。

病鸡和带菌鸡是该病的主要传染源。该病可通过多种途径水平传播，也可垂直传播，经蛋垂直传播（包括蛋壳污染和内部带菌）是该病最重要的传播方式。带菌鸡所产的蛋一部分带菌，带菌率高达 33%，大部分带菌蛋的胚胎在孵化过程中死亡或停止发育，少部分能孵化出雏鸡，这种带菌的幼雏往往出壳后不久发病，成为重要传染源。病雏胎绒和粪便使孵化室及育雏室内的用具、饲料、饮水、垫料及其环境污染严重，感染同群雏鸡，感染后的雏鸡多数死亡，但有一部分带菌的雏鸡始终不表现症状，但长大后大部分成为带菌鸡，产带菌蛋，又孵出带菌的雏鸡或病雏，因此有鸡白痢的种鸡场每批孵出的雏鸡都有鸡白痢，常年受该病困扰。鸡场老鼠能携带鸡白痢沙门菌，在该病的传播中具有重要意义。饲养管理不当，环境卫生恶劣，鸡群过于密集，育雏温度偏低或波动过大，环境潮湿等都容易诱发该病。

（五）症状

雏鸡和雏火鸡发病严重，两者症状相似，成年鸡感染症状轻微。

1. 雏鸡

蛋内感染者大多在孵化过程中死亡，或孵出病弱雏，但多在出壳后 7 d 内死亡。出壳后感染的雏鸡，在 5 ～ 7 日龄开始发病死亡，7 ～ 10 日龄发病逐渐增多，通常在 2 ～ 3 周龄时达死亡高峰。病雏怕冷寒战，常成堆拥挤在一起，翅下垂，精神不振，不食，闭眼嗜睡（图 4–19–3）。突出的表现是下痢，排白色、糊状稀粪，肛门周围的绒毛常被粪便所污染，干后结成石灰样硬块，糊住泄殖腔（图 4–19–4），造成排便困难，因此，排便时发出尖叫声。侵害肺脏时，表现呼吸困难及气喘症状。侵害关节的，可见关节肿大，关节部位的皮肤有大小不一的水疱或脓疱（图 4–19–5、图 4–19–6），病鸡跛行，这种水疱或脓疱也能出现在其他部位的皮肤上（图 4–19–7）。脐炎者，表现为脐孔愈合不良（图 4–19–8）。病程一般为 4 ～ 10 d，死亡率 40%～ 70%或更高。3 周龄以上发病者较少死亡，但耐过鸡大多生长缓慢，成为带菌鸡。

2. 育成鸡

多发生于 40 ～ 80 日龄的鸡，地面平养的鸡群发生此病较网上和育雏笼育成的鸡要多。另外，育成鸡发病还受应激因素的影响，如鸡群密度过大，环境卫生条件恶劣，饲养管理粗放，气候突变，饲料突然改变或品质低劣等。该病发生突然，鸡群中不断出现精神、食欲差的鸡和下痢的鸡，常突然死亡。病程较长，为 20 ～ 30 d，每天有零星死亡，数量不一，死亡率可达 10%～ 20%。

图 4–19–3　雏鸡精神沉郁，羽毛蓬松（刁有祥　供图）

图 4–19–4　病鸡排白色稀便，泄殖腔被黏稠粪便糊住（刁有祥　供图）

图 4–19–5　肩关节有较大的水疱（刁有祥　供图）

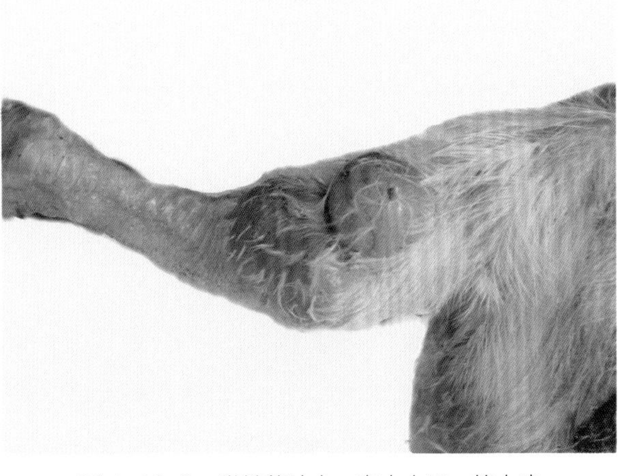

图 4–19–6　跗关节肿大，有大小不一的水疱（刁有祥　供图）

图 4-19-7　胸腹部皮肤上有大小不一的水疱
（刁有祥　供图）

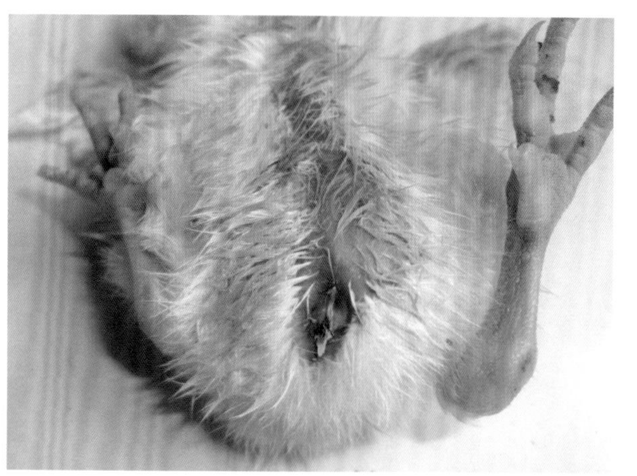

图 4-19-8　雏鸡脐炎，脐孔愈合不良，皮肤发生溃烂
（刁有祥　供图）

3. 成年鸡

成年鸡感染后一般呈慢性经过。病鸡表现精神不振，冠和眼结膜苍白，食欲下降，部分鸡排白色稀便。当鸡群感染比例较大时，可明显影响产蛋量，产蛋高峰不高，维持时间短，死淘率增高。有的鸡表现为鸡冠萎缩，有的鸡开产时鸡冠发育尚好，以后则表现为鸡冠逐渐变小，发绀。病鸡时有下痢。有的因卵巢或输卵管受到侵害而导致卵黄性腹膜炎，出现“垂腹”现象。种鸡所产的蛋，受精率、孵化率和健雏率均下降。

（六）病理变化

1. 雏鸡

急性死亡的雏鸡常无明显可见的肉眼变化，有时可见肝脏肿大、充血，并有条纹状出血。病程稍长的死亡雏鸡可见心脏、肺脏、肝脏、肌胃等出现大小不等的灰白色结节。肝脏是剖检变化出现频率最高的部位，依次是脾脏、肺脏、心脏、肌胃和盲肠。

肝脏肿大，呈土黄色或深紫色，表面有针尖大小到米粒大小的黄白色坏死点，或点状出血，胆囊充盈（图 4–19–9、图 4–19–10）。脾脏肿大，呈紫红色或深紫色，表面有针尖大到米粒大的黄白色坏死点（图 4–19–11）。肺脏出血，呈紫红色（图 4–19–12），时间稍长的，在肺脏上形成大小不一的黄白色坏死结节（图 4–19–13），严重的整个肺脏完全实变呈黄白色（图 4–19–14、图 4–19–15）。心脏表面、心内膜、心肌有大小不一的黄白色肉芽肿，心脏由于肉芽肿而变形（图 4–19–16、图 4–19–17）。在肌胃表面有大小不一的黄白色坏死（图 4–19–18、图 4–19–19），肠黏膜表面、胰脏等也有大小不一的黄白色肉芽肿（图 4–19–20 至图 4–19–22），盲肠内充满黄白色干酪样渗出物，形成所谓的“盲肠芯”，有时混有血液（图 4–19–23）。肾脏出血或贫血，有时输尿管充满尿酸盐而明显扩张。雏鸡卵黄吸收不良，卵黄稀薄（图 4–19–24 至图 4–19–26），内容物呈黄色的奶油状或干酪样，严重的卵黄破裂散落在腹腔中，形成卵黄炎。

2. 育成鸡

病鸡消瘦（图 4–19–27），突出的变化是肝脏明显肿大，是正常鸡的 2 ～ 3 倍，淤血呈暗红色，或略呈土黄色，表面散在或密布灰白色、灰黄色坏死点，有时为红色的出血点（图 4–19–28）。有的肝脏质地软易碎，被膜破裂，破裂处有血凝块，腹腔内有大量血凝块或血水（图 4–19–29、图 4–19–30）。脾脏肿大，呈紫红色或紫黑色（图 4–19–31）。心脏表面有大小不一的黄白色肉芽肿

（图 4-19-32）。

3. 成年鸡

慢性经过的成年鸡最常见的病变为卵泡变形、变色和变质。卵泡内容物变成油脂样或干酪样（图 4-19-33 至图 4-19-35），病变的卵泡常可从卵巢上脱落下来掉入腹腔中，造成卵黄性腹膜炎，并可引起肠管与其他内脏器官粘连。常有心包炎。公鸡的病变仅限于睾丸和输精管，睾丸极度萎缩，输精管扩张，充满黏稠的渗出物。急性死亡的成年鸡病变与鸡伤寒相似，可见肝脏明显肿大，呈黄绿色，胆囊充盈；心包积液；心肌偶见灰白色的小结节；肺淤血、水肿；脾脏、肾脏肿大及点状坏死；胰腺有时出现细小坏死灶。

组织学病理变化表现为雏鸡发病后，肝脏充血、出血、灶性变性和坏死，内皮白细胞积聚取代变性或坏死的肝细胞是鸡白痢沙门菌感染肝脏的特征性细胞反应（图 4-19-36）。其他显微变化广泛，但不是特异的，包括心肌灶性坏死，卡他性支气管炎，卡他性肠炎，肝、肺和肾间质性炎症（图 4-19-37、图 4-19-38），心包膜、胸腹膜、肠道和肠系膜等出现浆膜炎。炎性变化包括淋巴细胞、淋巴样细胞、浆细胞和异嗜细胞浸润，成纤维细胞和组织细胞增生，但不伴有渗出性变化。

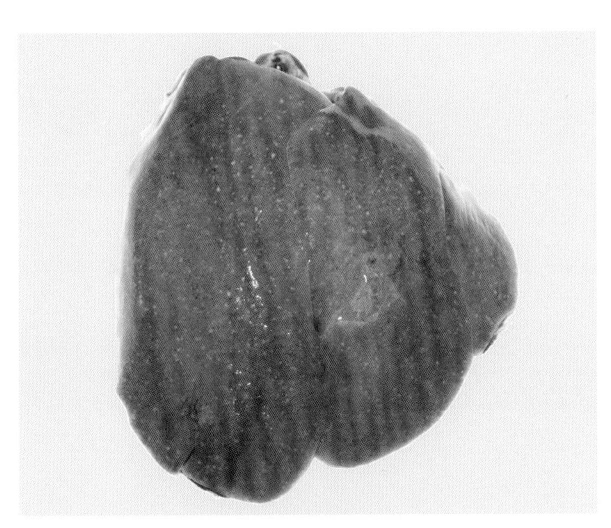

图 4-19-9　肝脏肿大，表面有针尖大的黄白色坏死点（刁有祥 供图）

图 4-19-10　肝脏肿大，呈浅黄白色，表面有大小不一的黄白色坏死点（刁有祥 供图）

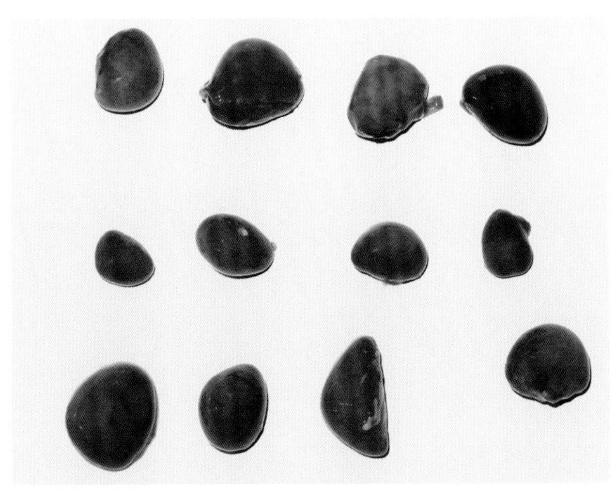

图 4-19-11　脾脏肿大，呈紫红色（刁有祥 供图）

图 4-19-12　肺脏出血，呈紫黑色（刁有祥 供图）

图 4-19-13　肺脏表面有大小不一的黄白色坏死灶
（刁有祥　供图）

图 4-19-14　肺脏布满黄白色坏死灶，肺脏实变
（刁有祥　供图）

图 4-19-15　肺脏黄白色坏死，肺脏实变（刁有祥　供图）

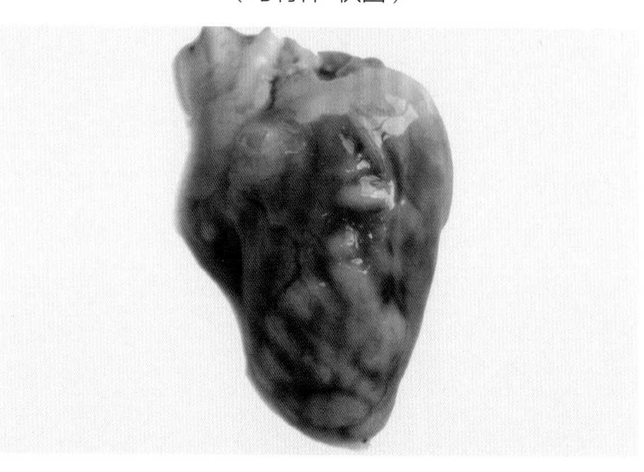

图 4-19-16　心脏表面有大小不一的黄白色肉芽肿
（刁有祥　供图）

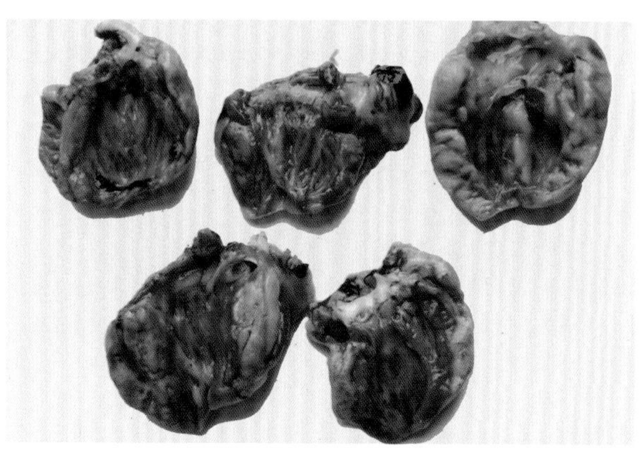

图 4-19-17　心内膜、心肌有大小不一的黄白色肉芽肿
（刁有祥　供图）

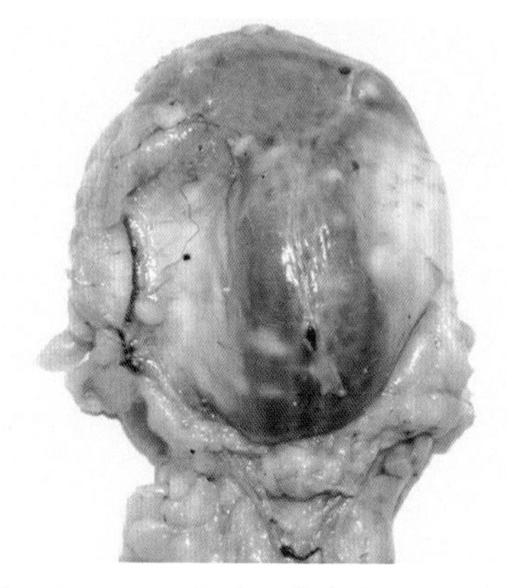

图 4-19-18　肌胃表面有大小不一的黄白色坏死灶
（刁有祥　供图）

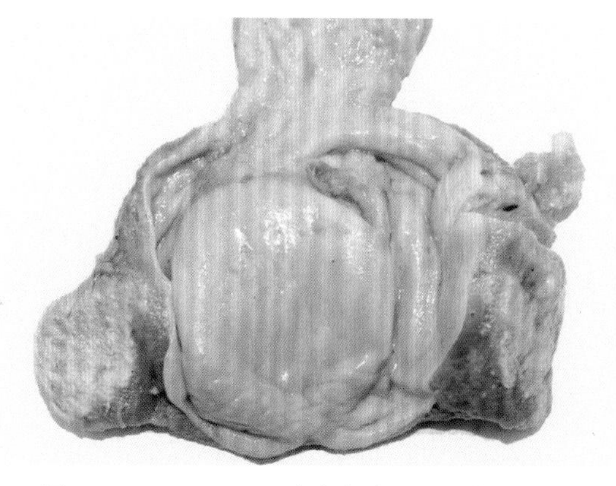

图 4-19-19　肌胃肌肉有大小不一的黄白色坏死灶
（刁有祥　供图）

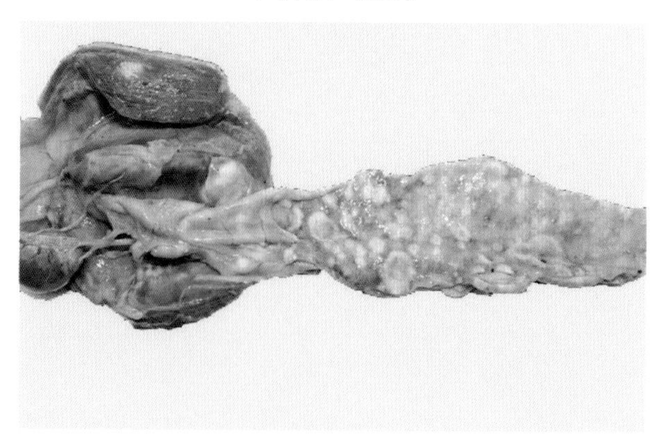

图 4-19-20　肠黏膜表面有大小不一的黄白色肉芽肿（一）
（刁有祥　供图）

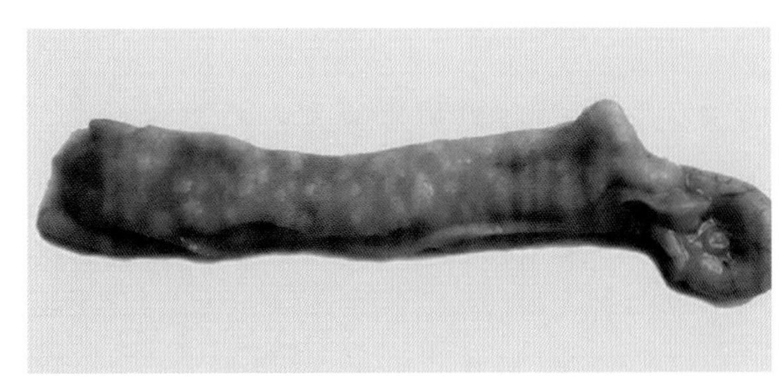

图 4-19-21 肠黏膜表面有大小不一的黄白色肉芽肿（二）（刁有祥 供图）

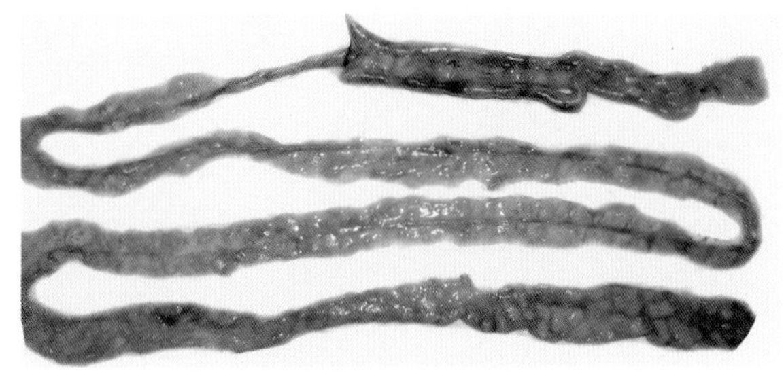

图 4-19-22 肠黏膜表面有大小不一的黄白色肉芽肿（三）（刁有祥 供图）

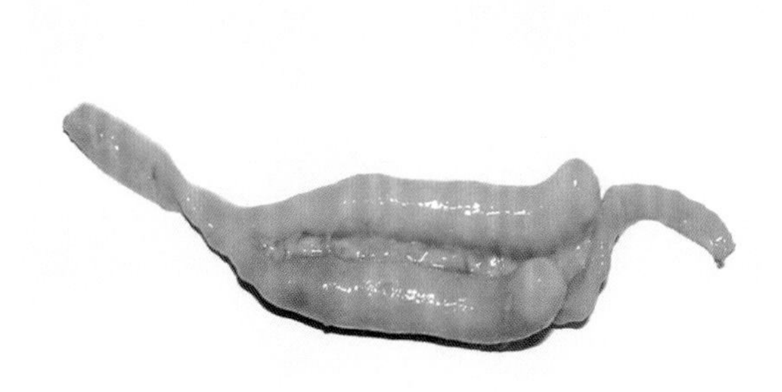

图 4-19-23 两侧盲肠充满黄白色干酪样渗出物（刁有祥 供图）

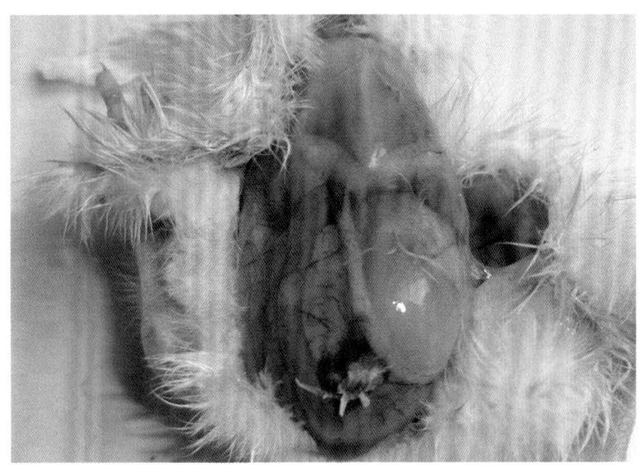

图 4-19-24 卵黄吸收不良（一）（刁有祥 供图）

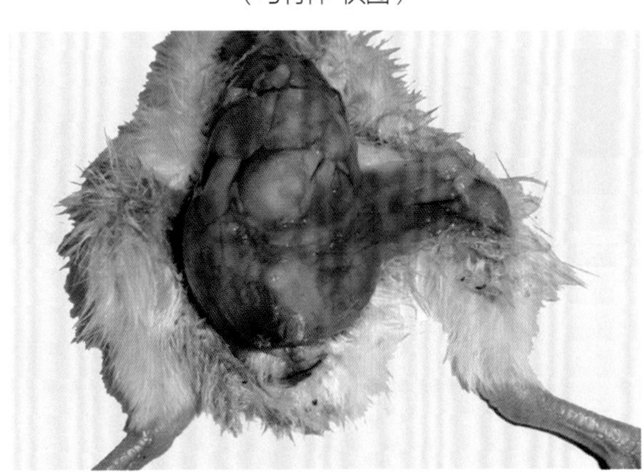

图 4-19-25 卵黄吸收不良（二）（刁有祥 供图）

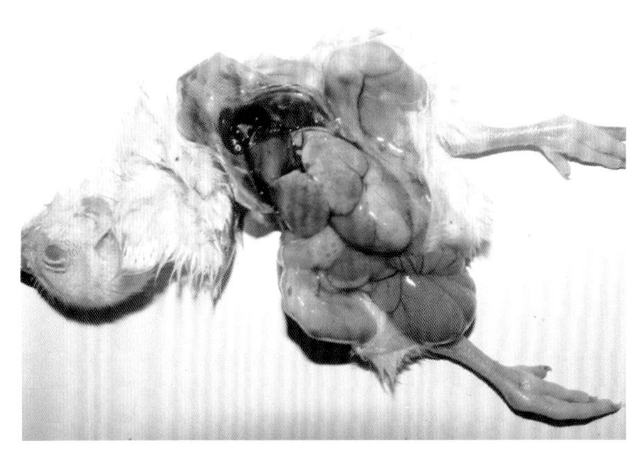

图 4-19-26 卵黄吸收不良，卵黄稀薄（刁有祥 供图）

图 4-19-27 病鸡消瘦，胸骨突出（刁有祥 供图）

图 4-19-28 肝脏肿大，表面有大小不一的黄白色坏死点（刁有祥 供图）

图 4-19-29　肝脏破裂，腹腔中充满大量血水
（刁有祥 供图）

图 4-19-30　肝脏质地软，易碎
（刁有祥 供图）

图 4-19-31　脾脏肿大，呈紫黑色（刁有祥 供图）

图 4-19-32　心脏表面有大小不一的黄白色肉芽肿
（刁有祥 供图）

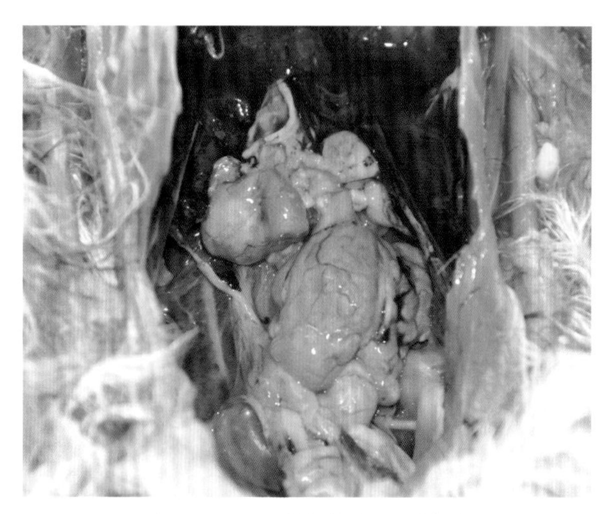

图 4-19-33　卵泡变形，呈黄褐色
（刁有祥 供图）

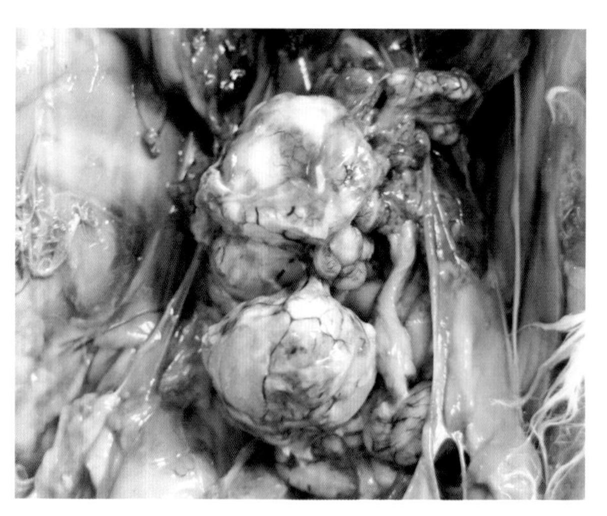

图 4-19-34　卵泡变形，卵黄凝固（一）
（刁有祥 供图）

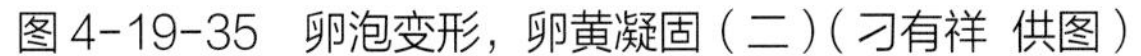

图 4-19-35 卵泡变形，卵黄凝固（二）（刁有祥 供图）

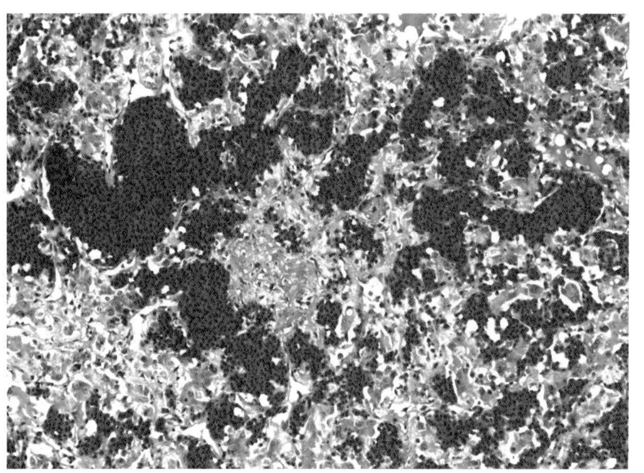

图 4-19-36 肝脏出血，肝细胞崩解坏死（刁有祥 供图）

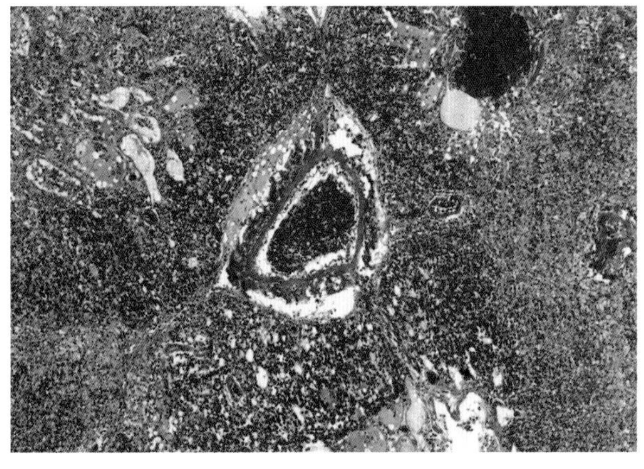

图 4-19-37 肺脏出血，肺房及肺间质有大量炎性细胞浸润（刁有祥 供图）

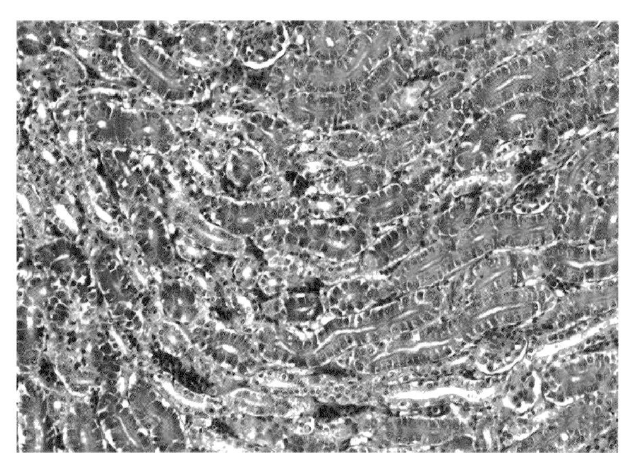

图 4-19-38 肾小管、肾小球上皮细胞崩解、坏死（刁有祥 供图）

（七）诊断

根据该病的流行病学、症状和病理变化可以作出初步诊断，确诊则需要进行实验室诊断。

1. 细菌的分离

无菌取病死鸡的肝、脾、未吸收的卵黄、病变明显的卵泡等作为病料，雏鸡取肝脏最好。一部分病料直接在 SS 琼脂平板或麦康凯琼脂平板上画线分离；另一部分接种于四硫磺酸钠煌绿增菌培养基或亚硒酸钠煌绿增菌液中，37℃培养 24 ～ 48 h。若在麦康凯或 SS 琼脂平板上出现细小、无色透明、圆形、光滑的菌落，可判定为可疑菌落。若在鉴别培养基上无可疑菌落出现时，应从增菌培养基中取菌液在鉴别培养基上画线分离，37℃培养 24 ～ 48 h，若有可疑菌落出现，则进一步鉴定。对于已用过大剂量抗生素治疗的病例，再取病料进行细菌分离鉴定，则往往分离不到细菌。

2. 细菌的鉴定

将可疑菌落穿刺接种三糖铁琼脂斜面并在斜面上画线，同时接种半固体培养基，37℃培养 24 h 后观察，若无运动性，并且在三糖铁琼脂培养基上出现阳性反应时，则进一步作血清学鉴定。

3. 血清学鉴定

常用血清学诊断方法有多种，如鸡白痢全血玻片凝集试验（SPA）、快速血清凝集试验（RS）、全血凝集试验（WA）和微量凝集试验（MA）等。成年鸡和育成鸡常为隐性感染，只能通过血清学方法来确定是否感染。

（1）全血玻片凝集试验。利用鸡白痢沙门菌标准菌和变异株进行SPA。这些抗原既可检出鸡白痢沙门菌，又可检出鸡伤寒沙门菌。SPA具有简便、快速、准确的优点，是净化白痢最常用的现场诊断方法。取一块干净的白瓷板，画出3 cm×3 cm的方格，可根据板的大小画出n个方格，在每个方格中心滴1滴结晶紫染色的抗原。一般采用三棱针在鸡静脉处采集新鲜鸡液，把血液滴在抗原旁边。利用一支细玻璃棒将抗原和血液混匀，轻轻摇动，室温下作用2 min观察结果。若抗原在2 min内形成凝集块则为阳性，不形成凝集块则为阴性。

（2）试管凝集试验。血清倍量递减稀释，加入等量抗原37℃放置18～24 h，若菌体紧密凝集成块状沉淀于管底，上清液清亮透明，为阳性反应，1∶32以上稀释呈阳性反应才具有诊断意义。

（3）快速血清凝集试验。快速血清凝集试验的操作方式与SPA基本相同，样品是血清，不是全血。血清不要冷冻保存，可4℃冷藏保存，否则，可能会出现假阳性。

（4）微量凝集试验。在微量反应板上，首先将20 μL血清加入180 μL生理盐水中，血清稀释1∶20。取100 μL，用生理盐水对血清倍比稀释，每孔再加等量标化过的染色液100 μL。将反应板封好，37℃放置18～24 h。阳性反应出现絮状沉淀，上清液清亮，阴性反应成纽扣状沉淀。滴度为1∶40通常认为阳性。对SPA、试管凝集试验、血清AGP和卵黄AGP进行比较观察，4种方法敏感度基本一致。

4. 分子生物学诊断

（1）PCR诊断方法。有学者建立了快速检测鸡白痢沙门菌的PCR方法，检测灵敏度达100 pg DNA，与常规检测方法符合率为94.3%。用鸡白痢沙门菌*fliC*基因序列建立特异性PCR诊断方法，该方法能检出50 pg以上的细菌DNA。采用煮沸法提取DNA作为模板，分别针对沙门菌属、鸡白痢沙门菌和肠炎沙门菌的特异性基因（*invA*、*fliC*、*sdfI*）设计引物，建立同时检测病死鸡中鸡白痢沙门菌和肠炎沙门菌的多重PCR，与传统细菌培养法结果比较，优化的多重PCR可同时对沙门菌种、属进行鉴定，灵敏度为4.6×10^2 CFU/mL，与传统细菌培养法检测结果的符合率分别为91.2%、90.5%和80.0%。

（2）LAMP检测方法。沙门菌LAMP快速检测方法是在反应前体系中加入优化后配制的钙黄绿素溶液作为指示剂，反应后可根据颜色变化用肉眼判定结果，避免了反应后开盖判定带来的假阳性结果。该方法快速、便捷，可在2 h内完成检测。

（八）类症鉴别

雏鸡白痢应与曲霉菌病鉴别，禽曲霉菌病的发病日龄、症状及病变与雏鸡白痢相似，均可见到肺部结节性病变，但禽曲霉菌病的肺部结节明显突出于肺脏表面，质地较硬，有弹性，切面可见有层状结构，中心为干酪样坏死组织，内含绒丝状菌丝体，肺脏、气囊等处有霉菌斑。

（九）防治

1. 预防

（1）严格检疫，净化种鸡群。鸡白痢主要是通过种蛋垂直传播，因此，淘汰种鸡群中的带菌鸡是控制该病的最重要措施。

血清学抽检要求：原种场全部为阴性，祖代种鸡场阳性率低于0.2%，父母代种鸡场阳性率低于0.5%，种公鸡全部为阴性，连续2年以上无临床病例。

检测方法如下。

①血清学检测：按照NY/T 536—2017标准，采用平板凝集试验检测血清或全血。

②病原学检测：按照 NY/T 536—2017 标准，采用病原分离方法分离和鉴定鸡白痢。

对发现的感染鸡应及时淘汰、扑杀，加强同舍鸡群监测。经净化，曾祖代及以上，后备鸡阶段检测 1 次，开产前检测 1 次，检测比例为 100%，连续 3 代血清学检测全部为阴性，祖代种鸡场鸡白痢血清学阳性率低于 0.2%。父母代种鸡场，后备鸡阶段检测 1 次，开产前检测 1 次，检测比例为 100%，阳性率低于 0.5%。种公鸡，后备鸡阶段检测 1 次，开产前检测 1 次，检测比例为 100%，鸡白痢血清学全部为阴性。连续 2 年以上无临床病例，即认为达到鸡白痢净化状态。

（2）加强饲养管理、卫生和消毒工作。采用全进全出和自繁自养的管理措施及生产模式；每次进雏前都要对鸡舍、用具等进行彻底消毒并至少空置 1 周；育雏室要做好保温及通风工作；消除发病诱因，保持饲料和饮水的清洁卫生。

（3）做好种蛋、孵化器、孵化室、出雏器的消毒工作。孵化用的种蛋必须来自鸡白痢阴性的鸡场，要求种蛋每天收集 4 次（即 2 h 内收集 1 次），收集的种蛋先用 0.1% 新洁尔灭消毒，放入种蛋消毒柜熏蒸消毒（40% 甲醛溶液 30 mL/m^3，高锰酸钾 15 g/m^3，30 min）然后再送入蛋库中贮存。种蛋放入孵化器后，进行 2 次熏蒸，排气后按孵化规程进行孵化。出雏 60% ～ 70% 时，用福尔马林（14 mL/m^3）和高锰酸钾（7 g/m^3）在出雏器对雏鸡熏蒸 15 min。

（4）药物和微生态制剂预防。对该病易发年龄及一周龄内的雏鸡使用敏感的药物进行预防可收到很好的效果。近年来，国内外利用一些微生态制剂预防沙门菌病，如利用健康鸡盲肠内的细菌群、乳酸杆菌、链球菌、酵母菌和酶等，获得了较好效果。利用分离自健康 SPF 鸡盲肠的乳酸杆菌和肠球菌制备复合菌制剂，给 1 日龄健康罗曼商品雏鸡服用，结果显示复合菌制剂人工感染鸡白痢沙门菌的保护率为 83.3%。试验表明，雏鸡 1 ～ 5 d 口服微生态制剂或 1 ～ 3 d 使用抗生素，4 ～ 8 d 口服微生态制剂，可有效保护雏鸡免遭鸡白痢沙门菌强毒株的攻击，保护率在 80% 以上。应注意的是，微生态制剂是活菌制剂，应避免与抗微生物制剂同时应用。

2. 治疗

氟喹诺酮类药物、氨苄青霉素、强力霉素、氟苯尼考、新霉素、安普霉素、头孢类药物等对该病具有很好的治疗效果。发病时可在饲料中加入 0.01%～ 0.02% 氟甲砜霉素，连用 4 ～ 5 d；或环丙沙星按 0.01% 饮水，连用 3 ～ 5 d；或替米考星每升水加 75 mg，连用 3 ～ 5 d。注意药物治疗可以减少发病率和死亡率，但痊愈后的鸡群仍然带菌。长期预防用药也容易导致细菌产生耐药性。

二、禽伤寒

禽伤寒（Fowl typhoid）是家禽的一种败血性疾病，呈急性或慢性经过。病原为鸡伤寒沙门菌（*Salmonella gallinarum*），主要发生于鸡、火鸡，特殊条件下可感染鸭、雉、孔雀、珠鸡等其他禽类。死亡率中等或较高，主要与鸡伤寒沙门菌的毒力及鸡群的健康状况和环境卫生管理等因素有关。

（一）历史

该病病原在 1888 年首次报道于美国，当时病原菌被称为禽伤寒杆菌，后来改名为血液杆菌，再后来改名为鸡伤寒沙门菌。在 20 世纪初，美国和其他国家已经有这种疾病多次暴发的报道，在 1939 年和 1946 年，该病在美国暴发率显著地增长，并成为家禽的主要疾病。在一些发展中国家，该病呈上升趋势，我国多年来一直存在该病，现在该病已分布于世界各地。

（二）病原

1. 形态与染色特性

鸡伤寒沙门菌属于肠杆菌科沙门菌属的细菌，是一种较短而粗的杆状菌，大小为（1.0 ～ 2.0）μm×1.5 μm，常单独散在或成对出现，革兰氏阴性，无芽孢，无荚膜，不运动。在普通琼脂上的菌落较小、灰色、湿润、圆形、边缘完整。不液化明胶，明胶上的菌落小呈灰白色形态完整，沿穿刺呈线状生长，肉汤中生长后呈浑浊絮状沉淀。

2. 培养特性

鸡沙门菌在 pH 值为 7.2 的肉浸液琼脂和其他培养基上都可生长，嗜氧兼厌氧，生长最适温度为 37℃。该菌在亚硒酸和四硫磺酸肉汤等选择性培养基上以及麦康凯、亚硫酸铋、SS、去氧胆酸盐和亮绿琼脂等鉴别培养基上都能生长。在含有 1% 麦芽糖和 0.1% 葡萄糖的双糖培养基上，使斜面和柱状部分全部形成深红色。

3. 生化特性

鸡伤寒沙门菌能发酵阿拉伯糖、甘露醇、葡萄糖、半乳糖、甘露糖、鼠李糖、木胶糖、果糖、麦芽糖和卫矛醇，产酸不产气，不发酵乳糖、蔗糖、甘油、山梨醇等。靛基质试验阴性，可还原硝酸盐为亚硝酸盐。鸡伤寒沙门菌可利用枸橼酸盐、D–山梨醇、D–酒石酸和盐酸半脱氨酸明胶。

4. 抗原结构

鸡伤寒沙门菌具有 O 抗原 O1、O9、O12，37℃肉汤培养 2 d 后，可产生一种耐热内毒素，该内毒素静脉注射家兔后可使其在 2 h 内死亡。能引起死亡的鸡伤寒沙门菌内毒素经静脉注射后，数小时内对机体造成体温、主要血液学参数、血清铁、转铁蛋白饱和度均严重下降，而非饱和铁结合力增加。

5. 抵抗力

鸡伤寒沙门菌的抵抗力不强，60℃、10 min 即被杀死。一般消毒药物如 0.1% 石炭酸、2% 福尔马林、1% 高锰酸钾在数分钟内即可杀死。在阳光照射下仅能生存数分钟，但在阴暗处的水中可生存 20 d，在蒸馏水中经 88 d 仍然存活；在自然患病的肝脏中，7℃可存活 2 周，–20℃可存活 148 d；在潮湿的垫料上可生存 3 周，在新垫料中可存活 11 周，发病的鸡舍空闲时，该菌在上述 2 种垫料上可生存 30 周以上；在鸡舍内，患病鸡粪便中的鸡伤寒沙门菌平均存活期为 10.9 d，而在露天，平均少活 2 d，自然干燥样本中的存活期比保持潮湿环境中的要长。

（三）流行病学

该病最初发生于鸡，在鸡、火鸡、珠鸡、孔雀、雏鸭以及鹌鹑、松鸡、雉等中都发现有自然暴发。虽然禽伤寒主要引起成年鸡发病，但也有许多关于雏鸡发生此病的报道。该病与鸡白痢相同，造成的损失常始于孵化期，与鸡白痢不同的是损失可持续到产蛋期。禽伤寒也有多种传播方式，受感染的鸡是该病蔓延与传播的最重要方式，这些鸡不仅通过水平传播将病原传给其他鸡，而且还可经卵传给下一代。饲养员、饲料商、购鸡者及参观者也是该病的传播者，他们穿梭于鸡舍之间以及鸡场之间，如果稍有消毒不严，就会导致疾病传播。卡车、板条箱和料包也能被污染。野鸟、动物和苍蝇可成为中间宿主，尤其是当它们吃过病死鸡的尸体或孵化室的鸡胚内脏时，则更加危险。

（四）症状

禽伤寒虽然较常见于成年鸡，但也可通过种蛋传播，在雏鸡中暴发。雏鸡的症状与鸡白痢相似。该病的潜伏期 4 ～ 5 d，根据细菌的毒力和鸡的健康状况而有不同，病程约为 5 d。在鸡群中，由此病引起的死亡可以延长至数周，然后逐渐恢复。如果种蛋带菌则在出雏器中可见到死雏和不能出壳的死胚。病雏体弱，发育不良，虚弱嗜睡，无食欲，泄殖腔周围粘有白色物，肺脏出现病灶时，呼吸困难。

中雏和成年鸡急性暴发该病时，饲料消耗减少，精神委顿，羽毛松乱，鸡冠和肉髯贫血，体温升高 1 ～ 3℃，渴欲增加，有黄绿色腹泻，病程约 1 周死亡，死亡率为 5% ～ 30%。成年鸡可能无症状而成为带菌鸡，有时还可发生慢性腹膜炎，鸡呈企鹅式站立。

（五）病理变化

最急性病例无剖检病变或甚轻微。雏鸡多发生肝、脾和肾的红肿，亚急性和慢性病例则肝脏肿大并呈铜绿色，有粟粒大灰白色或浅黄色坏死灶（图 4-19-39）。胆囊肿大并充满胆汁，脾肿大 1 ～ 2 倍，常有粟粒大小的坏死灶。在心肌或胰脏上有黄白色结节，心肌上的结节增大时能使心脏显著变形（图 4-19-40 至图 4-19-43），这种黄白色结节也能发生在肌胃、肠道（图 4-19-44）。肾肿大充血，肌胃角质膜易剥离，肠道外观贫血，肠黏膜有溃疡，以十二指肠较严重，卵黄囊变形，卵黄膜充血，呈灰黄或浅棕色，有时黑绿色，卵黄破裂后易引起卵黄性腹膜炎而死亡。发生慢性腹膜炎时，腹膜内有纤维素性渗出物，并造成内脏和肠壁粘连。输卵管内有大量的卵白和卵黄物质，睾丸肿胀并有大小不等的坏死灶。急性败血症死亡的鸡有心外膜出血，浆膜出血，有浆液性纤维素性心包炎，出血性肠炎，脾脏肿大。其他器官无异常变化。

图 4-19-39　肝脏肿大呈青铜色，表面有大小不一的黄白色坏死点（刁有祥　供图）

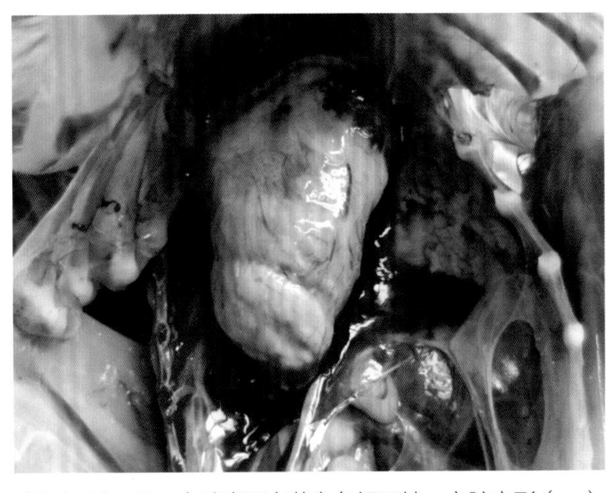

图 4-19-40　心脏表面有黄白色坏死灶，心脏变形（一）（刁有祥　供图）

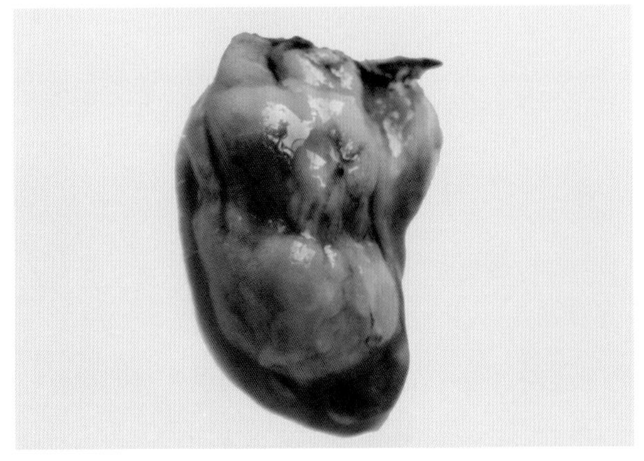

图 4-19-41　心脏表面有黄白色坏死灶，心脏变形（二）（刁有祥　供图）

图 4-19-42　心脏黄白色坏死，心脏变形（刁有祥　供图）

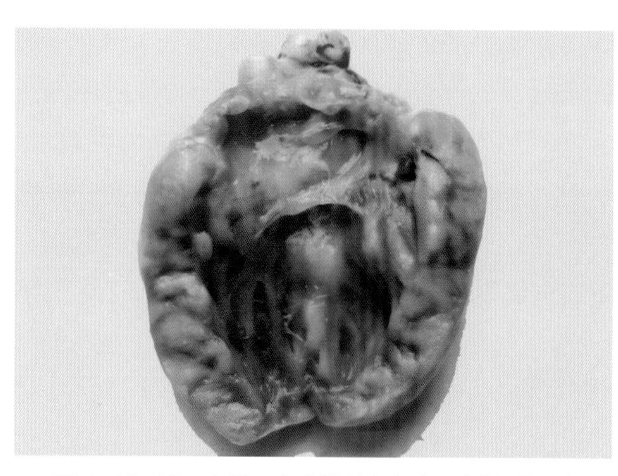

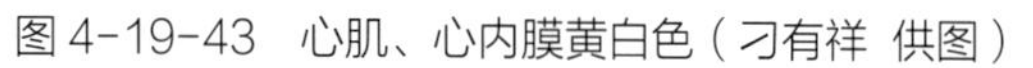

图 4-19-43　心肌、心内膜黄白色（刁有祥 供图）

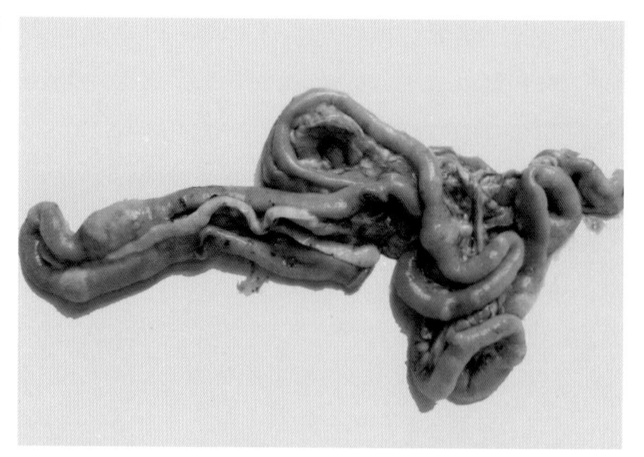

图 4-19-44　肠道有黄白色坏死灶（刁有祥 供图）

（六）诊断

鸡群的病史、症状和病变能为该病提供重要的诊断线索，但是要作出确切诊断，必须进行实验室检测。

1. 细菌分离鉴定

从急性死亡鸡的肝脏和脾脏可分离到细菌，慢性病例多为局部感染，需经血清学检查证实，被感染的部位可能没有可见病灶，因此，需要对内脏各器官作该菌的分离培养。卵黄囊培养、牛肉汁或浸液或胰胨琼脂都适于首次分离。如果组织已变质，则需用增菌培养基或选择性培养基培养。所得培养物若为纯培养物，则可用血清学和细菌学方法进行鉴定。若培养物不纯，可挑选单个菌落接种三糖铁琼脂斜面，培养后若斜面呈红色，底部变黄并产气，产生硫化氢则为鸡伤寒沙门菌可疑，可进一步进行生化鉴定和血清学鉴定。我国目前用于鉴定的抗原是鸡白痢和鸡伤寒沙门菌混合抗原，既可用于检查鸡白痢，也可用于检查鸡伤寒。

2. 血清学检查方法

常用的有细菌凝集试验、血凝试验、抗球蛋白血凝试验和间接血凝试验。

3. 分子生物学检测方法

许莹（2018）以鸡白痢沙门菌和鸡伤寒沙门菌中的 *SPUL*-2693、*SPUL*-2694 基因作为靶基因设计引物，分别建立快速检测鸡白痢 / 鸡伤寒沙门菌的一步 PCR 检测方法。对沙门菌属的 27 种血清型菌株以及 6 种非沙门菌菌株进行特异性检测，结果显示鸡白痢 / 鸡伤寒沙门菌可分别扩增出 2 160 bp、2 619 bp 单一目的条带，其他细菌均无特异性条带出现，表明两种 PCR 方法特异性良好。将两种 PCR 方法分别用于禽场临床样品检测，两种 PCR 方法均可直接从样品增菌液中检出鸡白痢沙门菌，PCR 结果与常规沙门菌分离鉴定结果一致。

（七）防治

1. 预防

（1）管理措施。为了有效地预防禽伤寒，应广泛实施管理制度，以防止鸡伤寒沙门菌及其他病原菌传入鸡群。

雏鸡应引自无鸡白痢和禽伤寒的种鸡场，同时置于能够清理和消毒环境中，以消灭上批鸡群残留的沙门菌。雏鸡饲料应最大限度地减少鸡伤寒沙门菌和其他沙门菌的污染。防止飞禽、鼠、兔、昆虫及其他动物（如犬和猫）进入禽舍。各种用水要符合卫生标准。对鞋帽、衣服、养鸡设备、运输车、盛蛋框等要严格消毒。对死亡鸡必须严格处理，最好焚烧或深埋。必须最大限度地减少外源沙门菌的传入。

（2）免疫预防。许多研究者对灭活苗与致弱活苗进行了评估，据报告用光滑型 9S 或粗糙型 9R 弱毒菌苗给鸡口服可产生良好的免疫力，9R 菌苗的免疫期大约为 12 周，9S 菌苗可维持 34 周。如果在免疫接种前 10 min 先给鸡使用碳酸氢钠或碳酸镁，然后再口服 9R 菌株，可产生抗强毒菌株攻击的巨大保护力。若将弗氏完全佐剂混入 9R 活菌苗中皮下接种，产生的保护力可持续至 32 周。虽然鸡伤寒的免疫工作已取得了一些成就，但由于一些国家都朝着扑灭该病建立清洁群的方向努力，通过检疫消灭带菌鸡而培育出健康鸡群，因此鸡伤寒免疫工作开展得较少。

2. 治疗

许多药物都可用于鸡伤寒的预防和治疗，如强力霉素、环丙沙星、新霉素、安普霉素、阿莫西林、黏杆菌素。可用 0.01% 环丙沙星饮水，连用 4 ～ 5 d；或替米考星每升水加 75 mg，连用 3 ～ 5 d；或新霉素每升水加 50 ～ 75 mg，连用 3 ～ 5 d。

三、禽副伤寒

禽副伤寒（Avian paratyphoid）不是单一病原菌引起的疫病，而是沙门菌属中除鸡白痢和鸡伤寒沙门菌外的众多血清型所引起的禽沙门菌病，统称为禽副伤寒。

（一）病原

1. 形态与染色特性

副伤寒沙门菌群中流行较多和危害较大的有 10 个血清型，即鼠伤寒沙门菌（*S. typhimurium*）、贝勒里沙门菌（*S. bareilly*）、加利福尼亚沙门菌（*S. california*）、伦敦沙门菌（*S. london*）、纽因吞沙门菌（*S. newington*）、莫斯科沙门菌（*S. moscov*）、都柏林沙门菌（*S. dublin*）、巴拿马沙门菌（*S. panama*）、乙型副伤寒沙门菌（*S. paratyphi* B）、肠炎沙门菌（*S. enteridis*）。它们都是革兰氏阴性、无芽孢、无荚膜的杆菌。大小一般为（0.4 ～ 0.6）μm×（1 ～ 3）μm，有周身鞭毛，能运动，但有时可见到不运动的变种。

2. 培养特性

在琼脂培养基上，典型的菌落为圆形、微隆起、闪光且边缘光滑，菌落直径为 1 ～ 2 μm。在新分离的菌株和保存在实验室的菌株中，有时可出现粗糙型菌落，菌落较大，边缘不整齐。光滑型菌株经 24 h 肉汤培养，呈现均匀浑浊生长，无菌膜；粗糙型菌株经肉汤培养后，有大量颗粒状沉淀，而且上清液澄清透明。

3. 生化特性

副伤寒群中的细菌都具有沙门菌的典型生化特性，能够发酵葡萄糖、甘露醇、麦芽糖、卫矛醇、山梨醇，并产气；不发酵乳糖、蔗糖、水杨苷、侧金盏醇等，甲基红试验、赖氨酸、精氨酸、乌氨酸脱羧酶试验均为阳性；VP 试验、氰化钾、苯丙氨酸脱氨酶试验均为阴性。

4. 抵抗力

禽副伤寒沙门菌群在自然条件下容易生存和繁殖，是该病易于传播和流行的一个重要因素。它们对热及常用消毒药物敏感，60℃加热 5 min 即死亡，一般消毒药物如来苏尔、石炭酸、新洁尔灭和福尔马林等对其都有效。在干燥粪便中能较长时间存活（28 个月），在垫料、饲料中可存活数月至数年，其存活时间的长短与湿度、pH 值及温度等因素有关。在湿垫料上可生存 1 个月左右，在干垫料上可生存 2 ～ 5 个月。贮存于室温条件下孵化场绒毛中的沙门菌能存活 5 年之久。这些特性为副伤寒的防控工作带来了相当大的困难。

（二）流行病学

禽副伤寒沙门菌群的自然宿主广泛，大多数温血动物和冷血动物都易感，家禽中以鸡、火鸡等易感性最强，特别是幼禽。由于禽副伤寒沙门菌群分布广泛，因此该病传播非常迅速。

禽副伤寒沙门菌群主要的传播方式有以下几种。

一是病禽卵巢受到感染后，直接经蛋传递。

二是病菌经蛋壳上的孔隙穿入卵黄内，经蛋传递。

三是孵化器、出雏器或育雏器被病菌污染。

四是鸡舍环境、垫料、粪便、饲料袋、用具、饲料等受到病菌污染。

五是成年鸡与雏鸡的直接或间接接触传播。

六是人和其他动物，包括鸽子、麻雀及其他一些野鸟的传播。

（三）症状

副伤寒感染的症状与鸡白痢、禽伤寒极为相似。成年鸡与火鸡感染后多不表现症状，成为慢性带菌者，肠道带菌时间可达 9 ～ 16 个月。各种幼禽（鸡、火鸡、鸭）对副伤寒均易感。急性暴发时，在孵化器内或孵出后的几天内即发生死亡，且不见症状。一般发病和死亡多在 10 ～ 25 日龄，25 日龄之后即减少，并随日龄的增加发病率逐渐下降。各种幼禽的发病症状很相似，表现精神沉郁，呆立，垂头，闭目，两翅下垂，羽毛松乱，食欲减少或消失，饮水量增加，呈水样腹泻，粪便附着于肛门附近，眼流泪，严重时引起失明，有时沙门菌侵犯关节引起关节炎。禽副伤寒的死亡率与饲养管理及卫生条件有关，一般为 2% ～ 30%。种蛋感染或在孵化早期感染时，则在孵化器内出现死胚或在啄壳后死亡，有时在出壳后数日内死亡。

（四）病理变化

雏鸡急性死亡时病变不明显，病程稍长时可见消瘦，脱水，卵黄凝固，肝脏、脾脏淤血并伴有条纹状出血或有针尖大灰白色坏死点，胆囊扩张并充满胆汁，肾脏淤血，心包炎，心包积液呈黄色，含有纤维素性渗出物。小肠有出血性炎症，盲肠膨大，内含有黄白色干酪样物质。雏火鸡常见出血性肠炎。

成年鸡发生副伤寒时，肝脏、脾脏、肾脏肿胀充血，出血性或坏死性肠炎，心包炎及腹膜炎，输卵管坏死性或增生性病变及卵巢坏死性病变。慢性经过病鸡消瘦，肠黏膜有坏死性溃疡呈糠麸样，肝脏、脾脏及肾脏肿大，心脏有坏死性小结节。

（五）诊断

根据发病症状、病理变化及流行病学即可初步诊断，进一步确诊需要细菌的分离鉴定。分离时，根据发病情况不同采样器官有所不同，急性败血症死亡的禽只可自各脏器中分离出副伤寒沙门菌。慢性病鸡以盲肠内容物及泄殖腔内容物检出率较高。雏鸡出壳后，自出雏器内取绒毛分离副伤寒沙门菌是一种有效的检测方法。另外，检查孵化末期（19 ～ 21 日龄）死亡胚的卵黄也是一种可行的方法。自慢性病鸡肠道中分离副伤寒沙门菌时，因有杂菌生长而需先将病料接种至四硫磺酸盐煌绿肉汤中，42℃培养 24 ～ 48 h，抑制非沙门菌生长，再接种 SS 或麦康凯培养基，即可分离到纯培养物，进一步通过生化鉴定及血清学鉴定确诊。血清学试验方法有常量试管凝集试验、快速血清平板试验、快速全血试验、间接血凝试验、微量凝集与微量抗球蛋白试验等。

禽副伤寒的发病症状和病理变化与鸡白痢、鸡伤寒很相似，不易区别。发生关节炎时要注意与病毒性关节炎或葡萄球菌性关节炎相区别。

（六）防治

1. 预防

（1）种蛋的卫生管理。种蛋应随时收集，蛋壳表面有污染时不能用作种蛋，收集种蛋人员的服装和手应消毒，装蛋用具应清洁和消毒。保存时蛋与蛋之间要尽量避免接触，以防止污染。种蛋的贮存温度以 10 ～ 15℃为宜，贮存时间最长不超过 7 d。种蛋孵化前应进行消毒，消毒以甲醛蒸气熏蒸较好。熏蒸时每立方米需要高锰酸钾 21.5 g 和 40%甲醛 43 mL，熏蒸时的温度需要在 21℃以上，密闭熏蒸的时间在 20 min 以上，最好使用电扇，保证气体循环。一般不采用消毒药物对种蛋浸泡消毒。

（2）育雏期间的卫生管理。为了防止在育雏期间发生副伤寒，进入鸡舍的人员需穿经消毒的衣服鞋帽，任何动物都不准入内。料槽、水槽、饲料和饮水等都应防止被粪便污染，地面用 3%～ 4%福尔马林消毒有一定的效果，每隔 3 d 可用季铵盐类消毒剂带鸡消毒。死亡的雏鸡应送往实验室进行细菌学检查，以查明有无沙门菌存在。

（3）种鸡群的卫生管理。种鸡舍的建筑需防止任何动物接近种鸡舍，饲料和饮水也必须无沙门菌污染，定期检查垫料是否有沙门菌存在。严格执行上述程序，才能消除种鸡被沙门菌感染的危险。

微生态制剂的预防作用：从健康鸡分离到的正常微生物区系，制剂主要有乳酸杆菌、蜡样芽孢杆菌及地衣芽孢杆菌等微生物制剂。雏鸡饲喂微生态制剂后，在鸡肠道中形成一个微生物区系，这个微生物区系成为优势菌群，抑制沙门菌等肠道致病菌的定居和生长，起到良好的预防作用。研究进一步发现，微生态制剂还能明显缩短已经感染沙门菌鸡群的发病期，减少死亡。

2. 治疗

对禽副伤寒有治疗作用的药物与鸡白痢相同。运用药物治疗可在急性副伤寒暴发期减少死亡，有助于控制该病的发生和传播。曾用过药物治疗的鸡群仍可能带有病原菌，所以药物治疗并不能自鸡群中消灭该病。为了避免因抗药性而影响治疗，在进行药物治疗之前，需要对分离的细菌进行药敏试验，从中选出最有效的药物用于治疗和预防。

第二十节　禽霍乱

禽霍乱（Fowl cholera）又称为禽出血性败血病、禽巴氏杆菌病（Pasterurellosis），是由多杀性巴氏杆菌（*Pasteurella multocida*）引起的鸭、鹅、鸡和火鸡的一种急性败血性传染病。临床上分为急性型和慢性型两种，急性型表现为败血症，发病率和致死率都很高，慢性型表现为肉髯水肿、关节炎，病死率都比较低。目前，该病在世界各国均有发生和流行，对养鸡业危害严重。在我国，尤其南方数省，禽霍乱仍然是危害养禽业的主要细菌性疫病之一，发病率为 10% ～ 70%，病死率为

30% ～ 80%，除可造成直接经济损失外，还可导致淘汰率增多、饲料转化率降低等不可估量的间接经济损失。

一、历史

18 世纪后期，欧洲发生了多起家禽发病死亡病例。法国学者 Chabert 和 Mailer 分别于 1782 年和 1836 年对该病进行了研究，并首次命名为禽霍乱。1851 年，Benjamin 对该病做了详细的描述，并证明该病可通过共栖传染。同一时期，Renault、Ruynal 和 Plafond 通过人工接种试验证明该病可以传播给不同的禽类。意大利学者 Perroncito 和俄罗斯学者 Summer 先后在感染禽类的组织中发现了单个或成对存在的圆形细菌。1879 年 Toussaint 分离出这种细菌，并证明它是该病的唯一病原。1880 年巴斯德分离到这种微生物，并在鸡肉汤中获得了纯培养物，在进一步的研究过程中，Pasteur 进行了使细菌毒力致弱，用于免疫反应的经典试验。此后该菌在多种动物身上得到分离，包括猪、牛、马、羊等。多杀性巴氏杆菌因 Pasteur 在微生物学方面的贡献而命名。1886 年，Huppe 称之为“出血性败血症”，1900 年 Lignieres 使用“鸡巴氏杆菌病”这一名称。

二、病原

（一）形态及染色特性

多杀性巴氏杆菌为巴氏杆菌科（Pasteurellaceae）、巴氏杆菌属（*Pasteurella*）。该菌是一种革兰氏阴性、无鞭毛、不运动、无芽孢的小球杆菌，单个或成对存在，偶尔可形成链状或丝状，大小为（0.25 ～ 0.4）μm×（0.5 ～ 2.5）μm（图 4–20–1、图 4–20–2）。具有橘红色荧光菌落的菌体有荚膜，蓝色荧光菌落的菌体无荚膜。在组织、血液和新分离培养物中的菌体用吉姆萨、瑞氏和亚甲蓝染色，可见菌体呈两极染色。

（二）培养特性

该菌需氧或兼性厌氧，对营养要求严格。在普通培养基上生长不良，在麦康凯培养基上不生长，在加有血液、血清或血红素的培养基上生长良好。多杀性巴氏杆菌的最适生长温度为 37℃，pH 值为 7.2 ～ 7.8，在含 0.1% 血红素的马丁琼脂培养基上，37℃培养 18 ～ 22 h，菌落呈圆形（直径 2 ～ 3 mm）、光滑、隆起、半透明、似奶油状，邻近的菌落互相融合，彼此无界限。在血琼脂平板上培养 24 h，长成水滴样小菌落，无溶血（图 4–20–3、图 4–20–4）。从慢性病例中分离到的有些菌株或在长期继代的菌株中的菌落较小（直径为 1 ～ 2 mm），光滑、微隆或扁平、半透明、奶油状，菌落之间有清楚的界限。多杀性巴氏杆菌可在肉浸汤中生长，当在培养基中加入蛋白胨、酪蛋白水解物或鸡血清时可促进其生长。含 5% 禽血清的葡萄糖淀粉琼脂是分离和培养多杀性巴氏杆菌的最佳培养基。

新从病料中分离到的强毒菌，在血清琼脂上生长的菌落于 45° 折光下观察时，在菌落表面可看到明显的荧光。根据有无荧光及荧光色彩，可将多杀性巴氏杆菌分为三型。一为 Fg 型，此型菌较小，呈蓝绿色带金光，边缘具有狭窄的红黄光带，对猪、牛、羊等家畜为强毒菌，对鸡等禽类的毒力弱。二为 Fo 型，此型菌落大，呈橘红色带金光，边缘有乳白色光带，对禽、兔等为强毒菌。三为 Nf 型，即上述二型菌经过多次传代后，毒力降低或转为无毒力时，则成为不带荧光也无毒力的菌落。

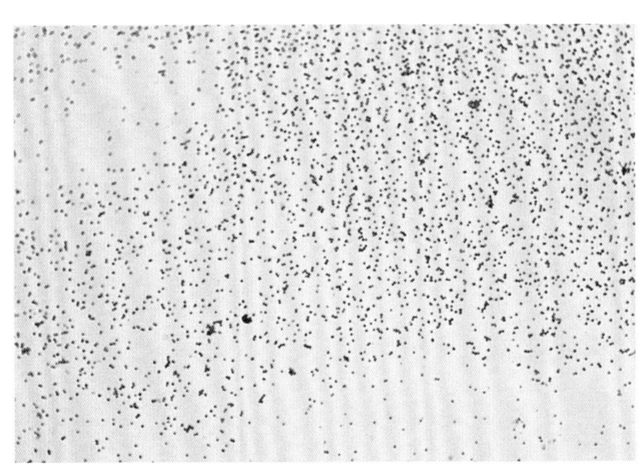

图 4-20-1　巴氏杆菌染色特点（一）（刁有祥　供图）

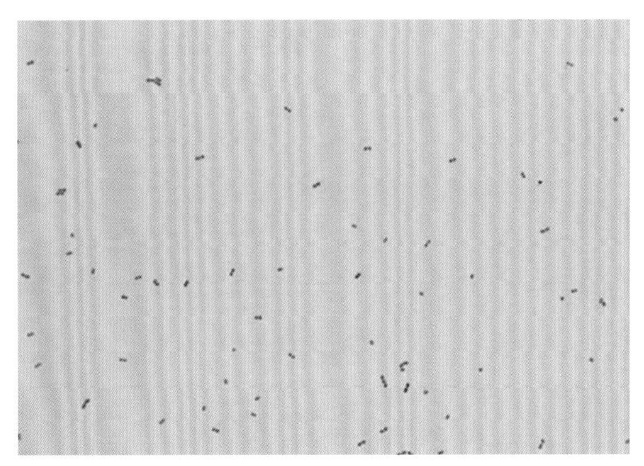

图 4-20-2　巴氏杆菌染色特点（二）（刁有祥　供图）

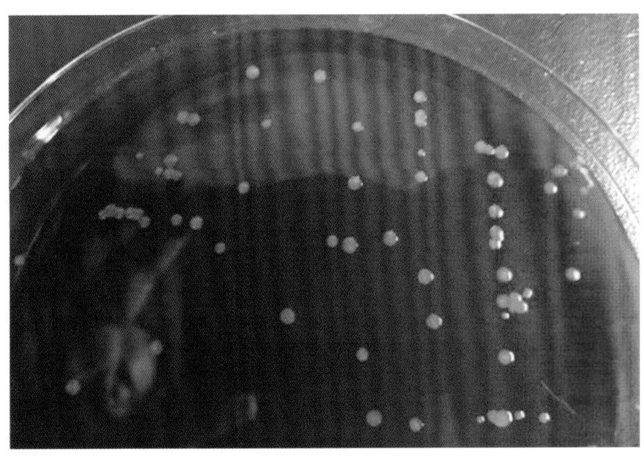

图 4-20-3　巴氏杆菌血液琼脂培养基菌落特点（一）（刁有祥　供图）

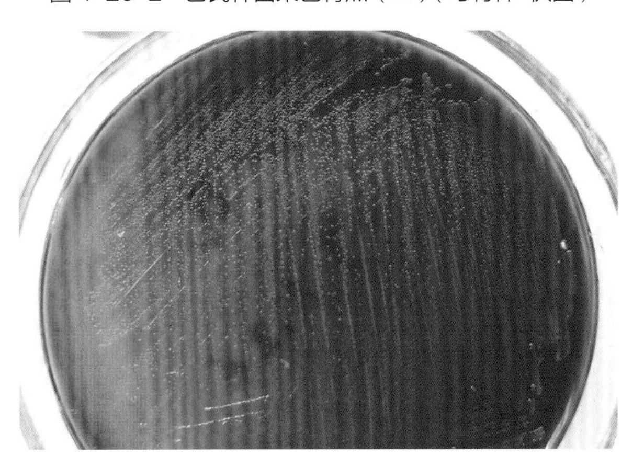

图 4-20-4　巴氏杆菌血液琼脂培养基菌落特点（二）（刁有祥　供图）

（三）生化特性

多杀性巴氏杆菌发酵果糖、甘露糖、葡萄糖、蔗糖，产酸不产气。不发酵肌醇、鼠李糖、水杨苷和菊糖。靛基质、过氧化氢酶、氧化酶阳性，能还原硝酸盐，尿素酶阴性，MR 试验和 VP 试验均为阴性，产生硫化氢和氨气，不液化明胶，不溶血。

（四）血清型

多杀性巴氏杆菌血清学分型方式为 Carter 和 Heddleston 提出的分型系统，该分型是根据其荚膜抗原和脂多糖抗原的不同分类的。根据荚膜多糖抗原的不同，可以分为 A、B、D、E、F 5 个血清群。根据脂多糖的不同，可以分为 1 ～ 16 个血清型。1984 年 Carter 提出两者相结合的血清型标准定名，以阿拉伯数字表示菌体抗原型，以大写英文字母表示荚膜抗原型。我国流行的禽源多杀性巴氏杆菌以 5:A 为主，其次为 8:A。

（五）毒力因子

毒力因子是多杀性巴氏杆菌在宿主体内存活、繁殖、致病的关键，对其致病性、在宿主体内的存活和繁殖能力都有重要作用。多杀性巴氏杆菌具有多种毒力相关因子，主要包括脂多糖（LPS）、荚膜（Capsula）、外膜蛋白（OMPs）、三聚体自转运蛋白、多杀性巴氏杆菌毒素、黏附相关因子、丝状血球凝集素蛋白、神经氨酸酶、超氧化物歧化酶、紧密黏附蛋白、透明质酸酶、菌毛亚单位蛋白、皮肤坏死毒素等。

其中，荚膜是分泌至菌体外的一类以多糖或多肽为主的物质，在细菌-宿主致病过程中起重要作用，如黏附、细菌扩散、抵抗宿主先天性和特异性免疫系统、细菌胞内生存和调节宿主细胞的细胞因子等。荚膜是躲避中性粒细胞和单核吞噬细胞吞噬作用的重要免疫逃避因子。荚膜的缺失会降低对抗补体介导的吞噬杀伤作用，导致致病力显著性降低。脂多糖是革兰氏阴性菌细胞壁外膜较厚的脂多糖类物质，是细菌重要的毒力因子之一，参与细菌-宿主间相互作用（如识别、定植和黏附中性粒细胞等）、膜屏障作用、发挥毒力作用和刺激宿主免疫反应等。外膜蛋白是主要的毒力因子之一，包括结构蛋白、外膜通道蛋白、脂蛋白和铁调节外膜蛋白转运蛋白、结合蛋白、黏附素、蛋白质组装器、孔蛋白和三聚体自转运蛋白等，多数 OMPs 具有抗吞噬作用。

（六）抵抗力

巴氏杆菌对外界不利因素的抵抗力不强。在干燥的空气中 2 ～ 3 d 死亡，在血液内保持毒力 6 ～ 10 d，冷水中能保持生活力达两周，于禽舍内可存活 1 个月。在直射阳光和干燥条件下，常迅速死亡；对热敏感，56℃加热 15 min、60℃加热 10 min 可被杀死。该菌对各种消毒药的抵抗力不强，5% ～ 10% 生石灰、1% 漂白粉溶液、1% ～ 2% 烧碱、3% ～ 5% 石炭酸、3% 来苏尔、0.1% 过氧乙酸、70% 酒精、0.000 1% ～ 0.000 5% 二氯异氰尿酸钠等，均可在数分钟到数十分钟将其杀死，密封试管内的肉汤培养物，在室温下可存活 2 年，在 2 ～ 4℃冰箱中可存活 1 年，在-30℃环境下可保存较长时间，巴氏杆菌在肉品组织中存活较久，尸体内可存活 1 ～ 3 个月，粪中可存活 1 个月。该菌易自溶，在无菌蒸馏水和生理盐水中迅速死亡。

三、流行病学

各种家禽包括鸡、鸭、鹅和火鸡对多杀性巴氏杆菌都有易感性。野鸭、海鸥和多种飞鸟都能感染。各种实验动物如小鼠、家兔、豚鼠等均可感染致死。该病常散发或呈地方性流行。鸡群多散发，产蛋鸡最易感，16 周龄以下的鸡具有较强的抵抗力，即使发生禽霍乱也常与其他病症合并发生。

该病的主要传染源是病禽和带菌的家禽。带菌的家禽外表无异常表现，但经常排出病菌污染周围环境、用具、饲料和饮水，构成重要的传播因素，尤其是混养在健康禽群中更容易引起流行。病禽的排泄物污染饲料、饮水，通过消化道感染健康家禽；或由于病禽的呼吸、鼻腔分泌物排出病菌，通过飞沫经呼吸道而传染。含有病菌的尘土，通过清扫、风吹而飘浮于空气中，吸入后即引起传染。犬、野鸟，甚至人都能成为机械带菌者。此外，一些昆虫如蝇类、蜱、鸡螨也是传播该病的媒介。此外，鸡群的饲养管理不良、内寄生虫病、营养缺乏、长途运输、天气突变、阴冷潮湿、鸡群拥挤、通风不良、营养缺乏等因素，均可促使该病的发生和流行。该病一年四季均可发生，但以夏秋季节多发，有的地区以春秋两季发病较多。

四、症状

自然感染的潜伏期一般 2 ～ 9 d，人工感染通常在 24 ～ 48 h 发病，有时在引进病鸡后 48 h 内也会突然发病。由于家禽的抵抗力和病菌的致病力强弱不同，在疾病流行时家禽所表现的症状亦有差异。一般根据其症状分为最急性、急性和慢性三种病型。

（一）最急性型

常发生于该病的流行初期，特别是成年高产蛋鸡易发生。该型生前不见任何症状，晚间一切正常，翌日发现死于鸡舍内。有时见病鸡精神沉郁，倒地挣扎，拍翅抽搐，迅速死亡。

（二）急性型

此型在流行过程中占较大比例，发病急，死亡快，有的鸡在死前数小时方出现症状（图 4–20–5）。病鸡表现精神沉郁，羽毛蓬松，缩颈闭目，头缩在翅下，不愿走动，离群呆立。病鸡体温升高达 43 ～ 44℃，少食或不食，饮水增多。呼吸困难，鸡冠及肉髯发紫，有的病鸡肉髯肿胀，有热痛感。口、鼻分泌物增加，常自口中流出浆液性或黏液性液体，挂于嘴角。病鸡腹泻，排黄白色或绿色稀便，产蛋鸡停止产蛋，最后发生衰竭，昏迷而死亡，死亡鸡，鸡冠、肉髯发绀（图 4–20–6）。病程短，2 d 左右死亡。

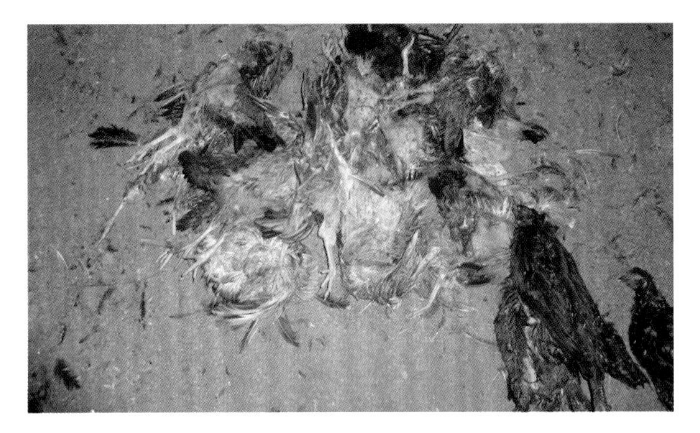
图 4-20-5 禽霍乱死亡的鸡（刁有祥 供图）

图 4-20-6 死亡鸡，鸡冠、肉髯发绀（刁有祥 供图）

（三）慢性型

一般发生于流行后期或该病常发地区，有的是由毒力较弱的菌株感染所致，有的则是由急性病例耐过而转成慢性。病鸡精神、食欲时好时坏，多表现局部感染，如一侧或两侧肉髯肿大，翅或腿关节肿胀、疼痛，脚趾麻痹，因而发生跛行，病鸡鼻孔常有黏性分泌物流出，鼻窦肿大，喉头积有分泌物而影响呼吸。病鸡经常腹泻，消瘦，精神委顿，鸡冠苍白。该病的病程可拖至 1 个月以上。

五、病理变化

（一）剖检变化

1. 最急性型

常见不到明显的变化，或仅表现为心外膜散布针尖大点状出血，肝脏有细小的坏死灶。

2. 急性型

急性型特征性变化在肝脏，表现为肝脏肿大，呈棕色或棕黄色，质地脆弱，在被膜下和肝实质中有弥漫性、数量较多密集的灰白色或黄白色针尖大小的坏死点（图 4–20–7 至图 4–20–9）。心脏扩张，心包积液，心脏积有血凝块，心肌质地变软。心冠脂肪、冠状沟脂肪有大小不一的出血点（图 4–20–10、图 4–20–11），心外膜、心内膜有出血点或块状出血，这种出血点也常见于病鸡的腹膜、皮下组织及腹部脂肪。小肠特别是十二指肠呈急性卡他性炎症或急性出血性炎症，肠管扩张，浆膜散布小出血点，透过肠浆膜见全段肠管呈紫红色。肠内容物为血样，十二指肠黏膜高度充血与出血（图 4–20–12）。喉头、气管出血（图 4–20–13、图 4–20–14），肺脏高度淤血和水肿，偶尔见实变区（图 4–20–15、图 4–20–16）。脾脏肿大，呈紫黑色，质地柔软（图 4–20–17）。产蛋鸡卵泡变形，严重的卵泡破裂，卵黄散落在腹腔中，形成卵黄性腹膜炎（图 4–20–18、图 4–20–19）。

3. 慢性型

因病原菌侵害的器官不同，所表现的病理变化而有差异。当以呼吸道症状为主时，其内脏特征性病变是纤维素性坏死性肺炎。肺炎为大叶性，一般两侧同时受害。肺组织由于高度淤血与出血，变为暗紫色。肺炎灶经常出现于背侧，病变范围大小不等，严重时可使大半肺组织实变，呈暗红色，局部胸膜上常有纤维素凝块附着。切面干硬，由于肺实质存在坏死灶，故切面呈灰白色的花纹状结构。鼻孔、鼻窦及喉头等处黏膜肿胀，积有纤维素性渗出物。胸腔经常含有淡黄色、干酪样化脓性纤维素性凝块。侵害关节的病例，常见足与翅各关节呈现慢性纤维素性或化脓性纤维素性关节炎。关节肿大、变形，关节腔内含有纤维素性或化脓性凝块。母鸡发生慢性霍乱时，炎症可波及卵巢引起卵泡坏死、变形或脱落于腹腔内。肝脏大多数仍见有小坏死点。少数病例，肝脏高度肿大，表面由红褐色与灰黄色的小结节相间组成，结节大小不一，肝脏表面高低不平，质地坚硬。鸡冠、肉髯在淤血的基础上发生结缔组织水肿，继之有纤维素渗出，致使冠和肉髯显著肿大、变硬，切面见各层组织间有纤维素性渗出物所构成的凝块，时间稍长可发生坏死。

图 4–20–7　肝脏肿大呈棕黄色，表面有大小不一的黄白色坏死点（一）（刁有祥　供图）

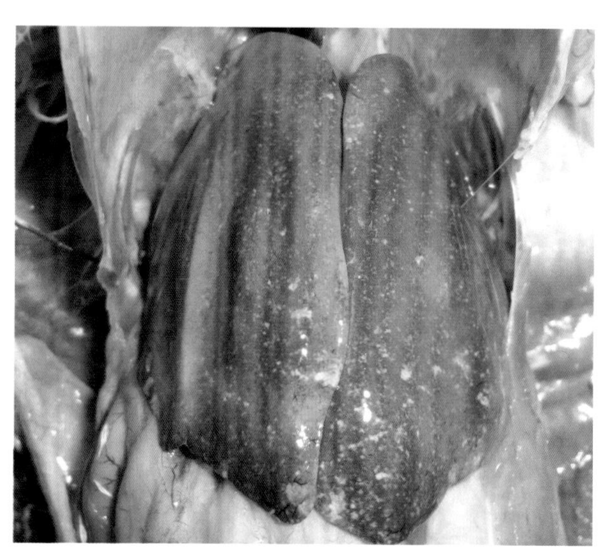

图 4–20–8　肝脏肿大呈棕黄色，表面有大小不一的黄白色坏死点（二）（刁有祥　供图）

图 4–20–9　肝脏肿大呈棕黄色，表面有大小不一的黄白色坏死点（三）（刁有祥　供图）

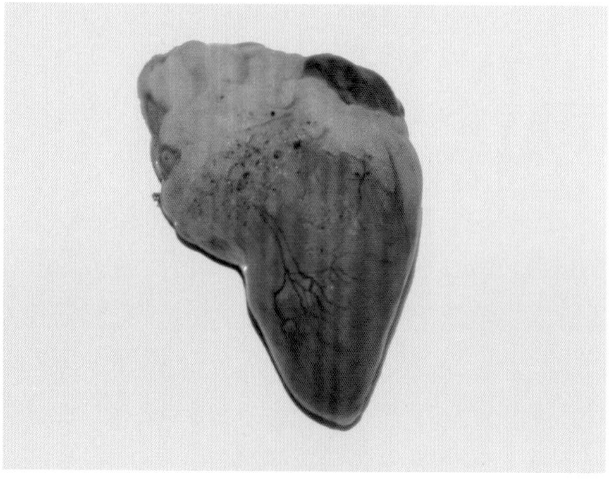

图 4–20–10　心冠脂肪有大小不一的出血点（一）（刁有祥　供图）

图 4-20-11　心冠脂肪有大小不一的出血点（二）（刁有祥 供图）

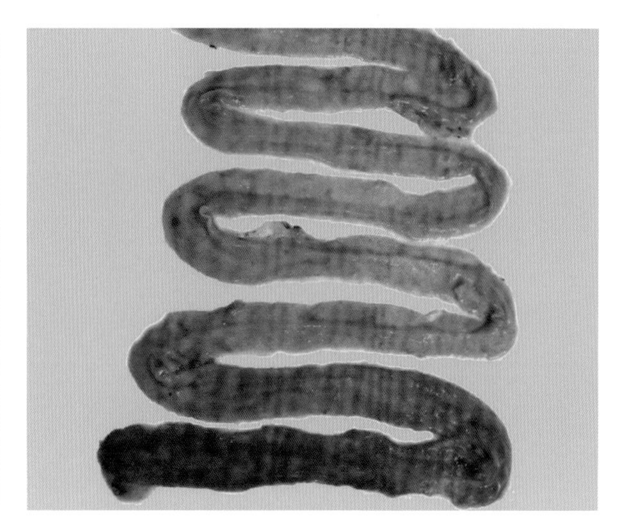

图 4-20-12　十二指肠黏膜出血（刁有祥 供图）

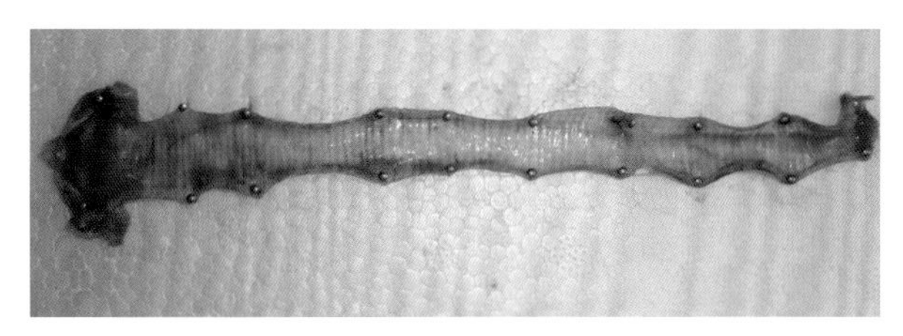

图 4-20-13　喉头、气管出血（一）（刁有祥 供图）

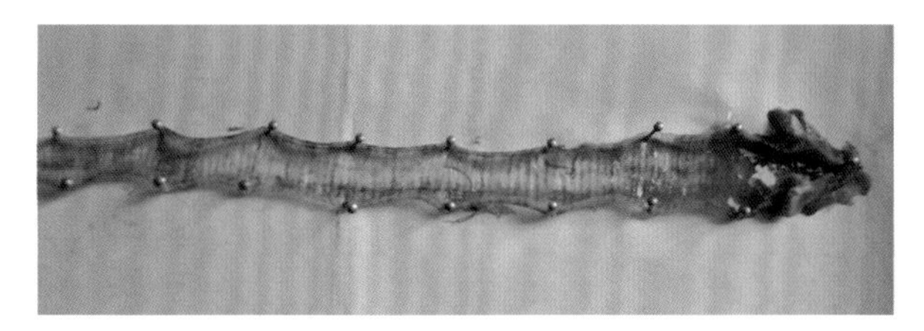

图 4-20-14　喉头、气管出血（二）（刁有祥 供图）

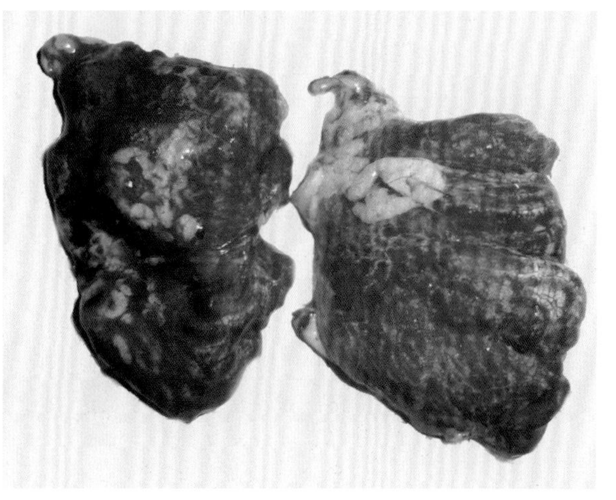

图 4-20-15　肺脏出血，呈紫红色（刁有祥 供图）

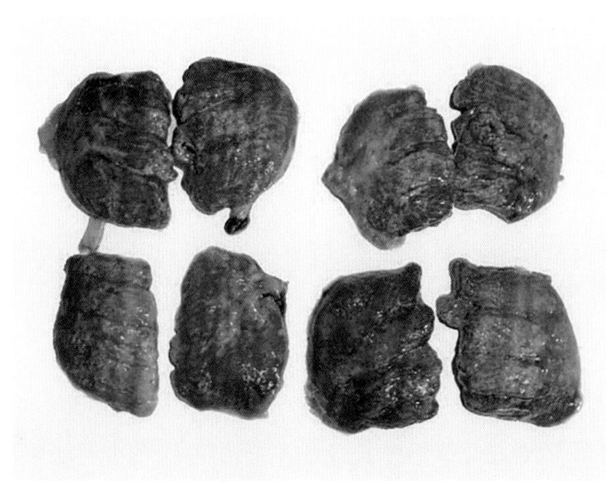

图 4-20-16　肺脏出血、水肿，呈紫红色（刁有祥 供图）

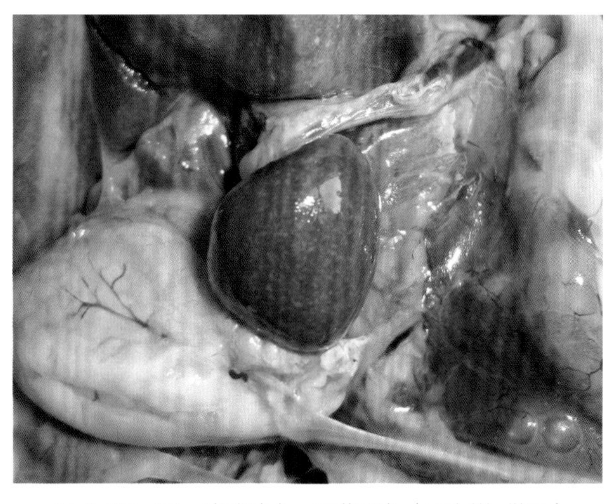

图 4-20-17　脾脏肿大，呈紫黑色（刁有祥 供图）

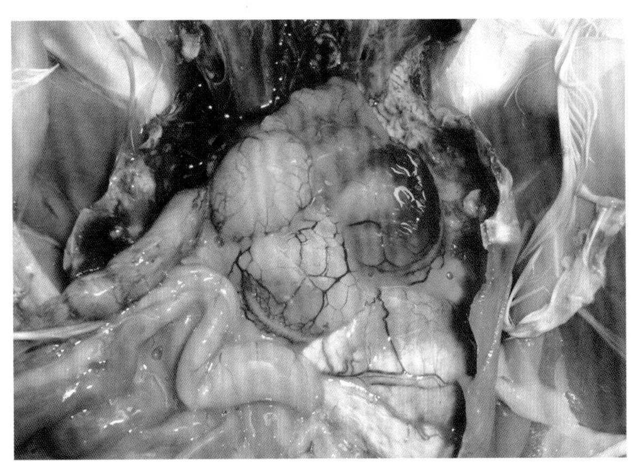

图 4-20-18　卵泡变形（一）（刁有祥　供图）

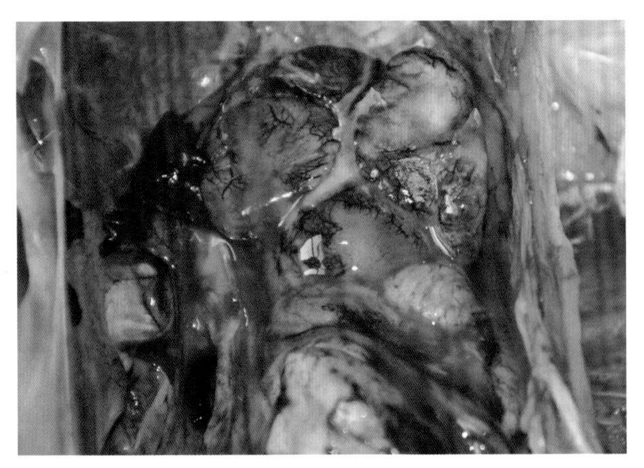

图 4-20-19　卵泡变形（二）（刁有祥　供图）

（二）组织学变化

病理组织学变化表现为肝脏呈不同程度的实质性肝炎变化。肝细胞发生颗粒变性、脂肪变性及坏死，窦状隙扩张充血，内含有大量异染性白细胞。肝小叶内有大小不等的坏死灶。肠道有急性卡他性炎症，其中以十二指肠的变化最明显。病变主要以黏膜表层为主。黏膜上皮间的杯状细胞肿胀、增数，黏液分泌亢进，黏膜上皮脱落，固有层由于充血、出血和水肿而增厚，绒毛变粗。肺脏表现为肺房充血，上皮细胞肿胀、脱落，肺房内有大量异染性白细胞浸润和不同数量纤维素渗出。心肌纤维变性，肌间有较多的白细胞浸润。

六、诊断

禽霍乱可以根据流行病学、发病症状及病理变化进行初步诊断，但确诊还需要结合细菌学检查结果来综合判定。

（一）镜检

采取新鲜病料（渗出液、心血、肝脏、脾脏等）制成涂片，以碱性亚甲蓝或瑞氏染色液进行染色，如发现典型的两极着色深的球杆菌，即可初步确诊。但在慢性病例或腐败材料不易发现典型菌，需要进行培养和动物试验。

（二）分离培养

最好用血液琼脂和麦康凯琼脂同时进行分离培养。此菌在麦康凯琼脂上不生长，在血液琼脂上生长良好，培养 24 h 后，可长成淡灰白色、圆形、湿润、露珠样小菌落，菌落周围不溶血。此时可钩取典型菌落制成涂片，进行染色检查，应为革兰氏阴性的球杆菌。同时需要进行生化试验。

（三）动物试验

可将病料乳剂或用分离培养菌对实验动物（小鼠、家兔、鸽子）进行皮下注射，动物多于 24 ～ 28 h 死亡，死后及时进行剖检，并做镜检和培养。

（四）血清学试验

血清学检查对慢性病鸡有较大意义，较常用的方法是酶联免疫吸附试验。利用戊二醛的偶联作用将禽多杀性巴氏杆菌的全细胞抗原在聚苯乙烯酶标板上进行干燥包被，酶标板以 2.5% 的戊二醛溶液预处理。通过直接和间接 ELISA 方阵滴定确定其包被的全菌抗原最适浓度为 10^8 个 /mL。通过特异性、重复性、稳定性检验，可建立应用于检测禽霍乱血清抗体的ELISA。

（五）分子生物学方法

根据多杀性巴氏杆菌*kmt*基因设计引物，扩增特异性核酸片段，对分离菌株或组织进行多杀性巴氏杆菌鉴定。

（1）PCR检测方法。宫强等（2014）根据GenBank中已发表的禽多杀性巴氏杆菌*ptfa*基因序列，设计与合成了1对特异性引物，建立了一种基于禽多杀性巴氏杆菌*ptfa*基因的PCR检测方法，该方法可成功扩增出禽多杀性巴氏杆菌*ptfa*基因片段，而鸡致病性大肠杆菌、鸡金黄色葡萄球菌和鸡白痢沙门菌均未扩增出相应片段。该方法可检测最低浓度为1 pg/μL的禽多杀性巴氏杆菌基因组DNA。

（2）LAMP检测方法。施少华等（2010）建立了禽多杀性巴氏杆菌LAMP检测方法，该方法在恒温65℃下，1 h内就可以检测到该菌，最低可检测100 pg/μL基因组DNA，该方法不需要精密的温度循环装置，有恒温加热设备就可以满足检测条件，适合基层临床应用。

（3）荧光定量PCR检测方法。许腾林等（2018）根据禽多杀性巴氏杆菌*kmt*1基因保守区设计特异性引物和TaqMan探针，建立了该菌的TaqMan荧光定量PCR检测方法，该方法可以特异性检测禽多杀性巴氏杆菌，而对鸭疫里默氏杆菌、支气管败血波氏杆菌等菌株检测结果均为阴性，表明该方法具有良好的特异性。该方法的检测灵敏度为17.5个拷贝/μL，优于常规PCR检测方法100倍；组内和组间重复性试验的变异系数均小于2%，具有良好的重复性。

七、类症鉴别

该病在临床上需要与禽伤寒、中暑相鉴别，禽伤寒时肝脏肿大，呈青铜色，表面有弥漫性针尖大的坏死点，质地易碎，脾脏肿大。而霍乱时，肝脏呈黄褐色，坏死点较大。中暑时家禽也会出现突然死亡，但这时可见胸腔淤血。而禽霍乱无此现象。涂片镜检是根本的鉴别措施，如为霍乱则可见两极浓染的巴氏杆菌。

八、防治

（一）预防

1. 管理措施

禽霍乱不能垂直传播，雏鸡在孵化场内没有感染的可能性。健康禽的发病是在鸡进入鸡舍之后，由于接触病禽或其污染物而感染的，因此，杜绝多杀性巴氏杆菌进入禽舍，对预防禽霍乱十分重要。新引进的后备鸡群应放在一个与老鸡群完全隔离的环境中饲养。老鸡群被淘汰后，鸡舍必须彻底地清洗消毒，然后才可以引进新鸡饲养，避免底细不清、来源不同的鸡群混合饲养。尽可能地防止饲料、饮水或用具被污染。谢绝参观，非鸡舍人员不得进入鸡舍或场区，饲养员进入鸡舍时应更换衣服、鞋帽，并消毒。防止其他动物如猪、犬、猫、野鸟进入鸡舍或接近鸡群。一旦鸡群发生禽霍乱，要及时采取药物治疗和疫苗接种措施，以减少损失。

2. 免疫预防

目前常用的霍乱疫苗主要有灭活苗、弱毒苗和亚单位苗，蛋鸡和种鸡需要开产前免疫2次。

（1）灭活苗。采用免疫原性好的强毒菌株（5:A）培养物，经福尔马林灭活制成。国内常用的有蜂胶灭活苗、灭活油乳剂苗和氢氧化铝胶苗，前两者优于后者。主要用于2个月以上的鸡，肌内注射1 mL/只，免疫期可达半年，但有时会出现注射局部形成坏死灶，影响肉质和生产力。

（2）弱毒苗。可用于制造弱毒苗的菌株有许多，如731株、833株、G190E40株、807株、1010株、G190-3株、PTR株、PC株、S36株等。这些菌株的来源和致弱方法各不相同，G190E40是鸡源通过豚鼠致弱，还有通过小白鼠及其他动物致弱的。弱毒苗的优点是产生免疫力强，免疫原性好，血清型间的交叉保护较大；缺点是免疫期短，菌株不够稳定，需要足够菌量才能产生可靠的免疫效果，而且要注意安全剂量。用弱毒苗免疫时，已发病的鸡群和产蛋鸡群不得使用；注射弱毒苗前后5 d不能使用抗菌药物；免疫方法最好采用气雾或饮水途径进行。

（3）亚单位苗。用浓盐水从多杀性巴氏杆菌提取的荚膜亚单位成分作为免疫原制成的疫苗，对鸡安全无毒，保护力良好，免疫期可达5个月以上。

（二）治疗

多种药物对禽霍乱都有治疗作用，实际疗效在一定程度上取决于治疗是否及时和药物是否恰当，长期使用某一种药物还会产生抗药性，影响疗效，因此，应结合药敏试验来选择药物。对于产蛋鸡或即将产蛋鸡，避免使用磺胺类药物，以免影响产蛋。一般连续用药不应少于5 d，之后可改换另一种药物，以防止复发，以上疗程结束后，每隔7～10 d或天气骤变时，应当用药2～3 d，以防止复发，1个月后可不再定期用药，但要注意鸡群动态，发现复发苗头应及时用药。

可用强力霉素或安普霉素按0.1%拌料，连用3～5 d，可收到满意的效果。群体较小时可使用青霉素、链霉素肌内注射，每只每天按每千克体重链霉素2万U、青霉素5万U注射，连用3 d。头孢类药物也有较好的治疗效果，可用0.005%头孢噻呋饮水，连用3～4 d，或按每1千克体重15 mg注射，连用3 d。也可用0.01%环丙沙星饮水，连用3～5 d。

第二十一节　大肠杆菌病

鸡大肠杆菌病（Chicken colibacillosis）是由禽致病性大肠杆菌（Avian pathogenic *Escherichia coli*）引起的不同类型疾病的总称。其特征是引起心包炎、肝周炎、气囊炎、腹膜炎、输卵管炎、滑膜炎、大肠杆菌性肉芽肿、败血症等病变。该病发病率高、死亡率高，给养鸡业造成了严重的经济损失。

一、历史

1894年Lignieres首先报道大肠杆菌可引起禽类大批死亡，并从心脏、肝脏、脾脏中分离出大肠杆菌。随后，1894—1922年，相继报道了大肠杆菌引起松鸡、鸽子、天鹅、火鸡、鹌鹑和鸡群等发病的情况。1907年首次报道大肠杆菌引起的鸡败血症。1923年报道了大肠杆菌引起的家禽传染性肠炎。1938 年报道了大肠杆菌引起的雏鸡心包炎和肝周炎，雏鸡死亡率较高。1938—1965 年，相继报道了大肠杆菌性肉芽肿和大肠杆菌引起的其他组织器官的病理损伤，如气囊炎、关节炎、脐炎、全眼球炎、腹膜炎及输卵管炎等。鸡蛋中发现大肠杆菌、疫苗接种后感染大肠杆菌及病毒感染后继发感染大肠杆菌等的病例也相继报道出现。该病在我国各鸡场普遍发生，危害严重。

二、病原

该病的病原为肠道杆菌科（Enterobacteriaceae）埃希菌属（*Escherichia*）的大肠埃希杆菌（*Escherichia coli*，*E. coil*），简称大肠杆菌。

（一）形态特征

该菌为两端钝圆的中等杆菌，宽约 0.6 μm，长 2 ～ 3 μm，有时近似球形。单独散在，不形成长链条。多数菌株有 5 ～ 8 根鞭毛，运动活泼。周身有菌毛，一般还具有可见的荚膜。对普通碱性染料着色良好，有时两端着色较深，革兰氏阴性（图 4–21–1）。

（二）培养特征

该菌需氧或兼性厌氧，对营养要求不严格，在普通培养基上均能良好生长，最适 pH 值为 7.2 ～ 7.4，若 pH 值低于 6.0 或高于 8.0 则生长缓慢。最适温度为 37℃，但能在 15 ～ 45℃的条件下生长。在普通营养琼脂上生长表现为 3 种菌落形态。一是光滑型，菌落边缘整齐，表面有光泽、湿润、光滑、呈灰色，在生理盐水中容易分散（图 4–21–2）；二是粗糙型，菌落扁平、干涩、边缘不整齐，易在生理盐水中自凝；三是黏液型，常为含有荚膜的菌株。在麦康凯琼脂上形成的菌落呈亮粉红色（图 4–21–3）；在伊红–亚甲蓝琼脂上产生紫黑色金属光泽的菌落（图 4–21–4）；在中国蓝玫瑰色酸琼脂上，因分解乳糖产酸，使呈淡粉红色的培养基变蓝，形成蓝色菌落。在普通肉汤中，呈均匀浑浊生长，极少见形成菌膜，当长期培养后，管底有黏性沉淀，培养物常有特殊的粪臭味。

（三）生化特性

该菌能分解葡萄糖、麦芽糖、甘露醇、木糖、甘油、鼠李糖、山梨醇和阿拉伯糖，产酸产气。但不分解糊精、淀粉和肌醇。少数菌株需 1 周才能发酵乳糖。甲基红试验阳性，VP 试验阴性。

（四）抗原结构与血清型

大肠杆菌的抗原构造复杂，是由菌体抗原（O）、鞭毛抗原（H）和荚膜抗原（K）三部分组成。菌体抗原是光滑型细菌自溶时释出的内毒素，为多糖磷脂的复合物。鞭毛抗原能刺激机体产生高效价的凝集素，一种大肠杆菌一般只有一种鞭毛抗原，没有鞭毛或失去鞭毛的大肠杆菌变种也就失去了 H 抗原。荚膜抗原位于细菌细胞表面，是含 2% 还原糖的聚合酸，这种抗原与细菌毒力有关。大肠杆菌血清型极多，已知大肠杆菌有菌体（O）抗原 180 种，表面（K）抗原 103 种，鞭毛抗原（H）60 种，对大肠杆菌抗原的鉴定，可用 O:K:H 表示菌株的血清型。对家禽有致病性的血清型常见的有 O1、O2、O35 和 O78。

（五）毒力因子

大肠杆菌的致病性与携带的毒力因子有关，毒力因子是由位于染色体或质粒的编码基因表达成的蛋白，主要包括黏附素、温度敏感血凝素、摄铁系统、侵袭因子、血清抗性蛋白、毒素、大肠杆菌素。此外，还有脂多糖、荚膜、肠细胞脱落位点毒力岛、溶血素等毒力因子，及毒力基因调控子、特异磷酸转运系统。黏附素是细菌表面一类具有黏附作用的结构蛋白的统称，通过与对应的特

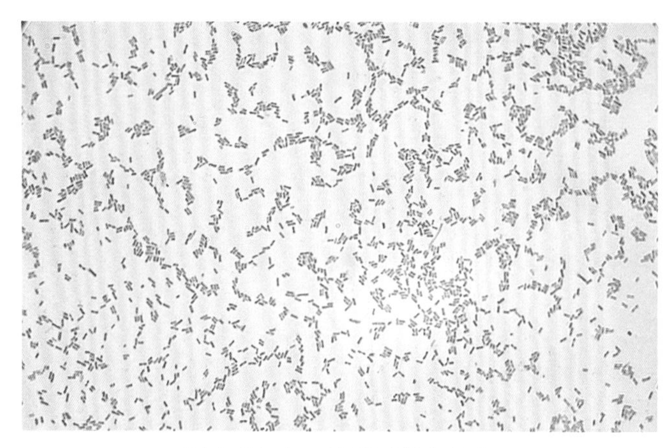

图 4-21-1　大肠杆菌染色特点
（刁有祥　供图）

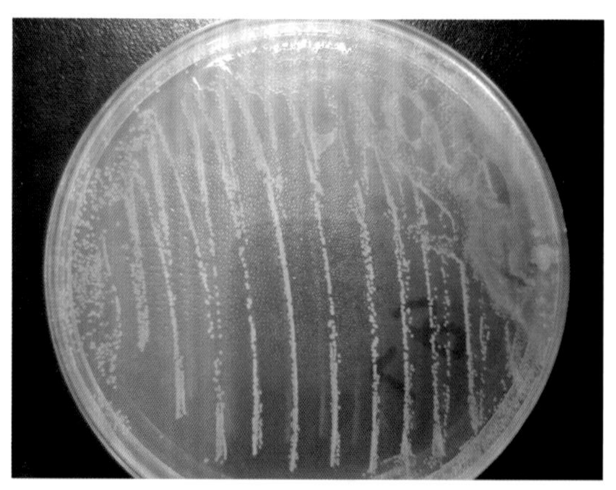

图 4-21-2　大肠杆菌在普通营养琼脂培养特点
（刁有祥　供图）

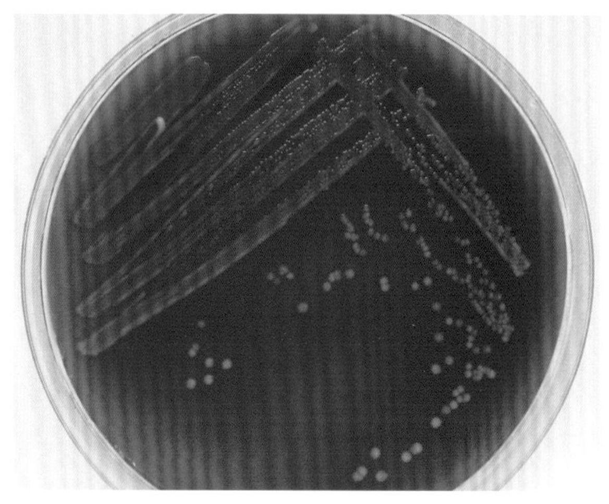

图 4-21-3　大肠杆菌在麦康凯琼脂上的培养特点
（刁有祥　供图）

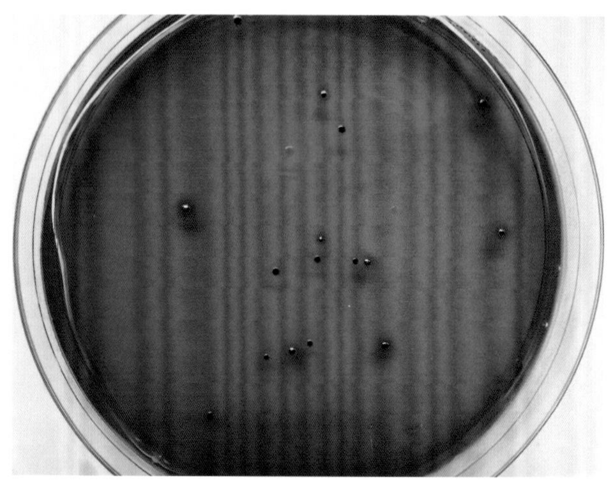

图 4-21-4　大肠杆菌在伊红-亚甲蓝琼脂上培养特点
（刁有祥　供图）

异性受体结合从而将细菌定植于宿主细胞表面。常见有 I 型菌毛和 P 型菌毛，其中 I 型菌毛主要是在 *E. coli* 致病的第一阶段起作用。病原菌通过 I 型菌毛黏附在宿主的黏膜和上皮表面，以抵抗机体的机械清除和胃肠黏膜的蠕动作用。而 P 型菌毛则是在细菌的进一步致病过程中起作用。温度敏感血凝素具有黏附功能，尤其是在禽呼吸道定植和繁殖早期，可导致气囊发生病变，促进气囊损伤的形成和纤维蛋白在气囊的沉积。血清抗性蛋白与细菌抗补体作用有关，可增强 *E. coli* 的血清抗性，使得 APEC 菌株能够在宿主体内迅速增殖，且能够保证 APEC 菌株毒力的完整性。大肠杆菌毒素包括志贺氏毒素、肠毒素和 Vero 毒素、空泡形成毒素，肠毒素和 Vero 细胞毒素可对宿主造成损害，Vero 细胞毒素具有神经毒、细胞毒和肠毒性。摄铁系统包括气杆菌素、耶尔森菌强毒力岛，气杆菌素可将运载的铁释放入细菌细胞内，在 APEC 的致病性和持续感染中，特别是在深部组织损伤中发挥重要作用。大肠杆菌素可协同其他致病因素参与致病过程。

（六）抵抗力

大肠杆菌具有中等抵抗力。60℃加热 30 h 可被杀死。在室温下可生存 1 ～ 2 个月，在土壤和水中可达数月之久。对氯十分敏感，水中若有 0.000 02% 游离氯存在，即能杀死该菌与各种肠道致病菌，所以可用漂白粉作饮水消毒。5% 石炭酸、3% 来苏尔等 5 h 内可将其杀死。对氟甲砜霉素、安普霉素、新霉素、多黏菌素、金霉素、头孢类药物等敏感。但该菌易产生耐药性，所以临床治疗时，应先进行抗生素敏感性试验，选择适当的药物治疗，以提高疗效。

三、流行病学

大肠杆菌是健康家禽肠道中的常在菌，所以大肠杆菌病是一种条件性疾病。在卫生条件好的鸡场，该病造成的损失很小，但在卫生条件差、通风不良、饲养管理不善的鸡场，可造成严重的经济损失。肠道中的大肠杆菌随粪便排出体外，污染周围环境、垫料、饲料、水源和空气。当鸡的抵抗力降低时，就会侵害机体引起大肠杆菌病。大肠杆菌可因粪便污染蛋壳或感染卵巢、输卵管而侵入蛋内，带菌蛋孵出的雏鸡为隐性感染，在某些应激或损伤的作用下发生显性感染，并以水平传播方式感染健康雏鸡。消化道、呼吸道是常见的感染门户，交配也可造成传染，环境不卫生（图 4–21–5）、通风不良、湿度过低或过高（图 4–21–6）、过冷、过热或温差大、饲养密度过大（图 4–21–7）、油脂变质（图 4–21–8）、饲料霉变（图 4–21–9）等都能促进该病的发生。球虫病、禽流感在该病的发生上具有重要意义。因为球虫破坏肠黏膜上皮细胞，使肠黏膜的完整性受到破坏，大肠杆菌极易通过受损的肠黏膜，侵入毛细血管，进入血液循环分布到全身，而引起大肠杆菌病。而禽流感病毒的神经氨酸酶通过激活机体 TGF–β 细胞因子（纤连蛋白和整合素），导致宿主细胞表面黏附分子表达增高，使黏附于肺中的细菌大量繁殖，所以，感染禽流感病毒后尤其易继发大肠杆菌感染。该病一年四季均可发生，但以冬夏季节多发，肉用仔鸡最易感染，蛋鸡有一定的抵抗力。

此外，慢性呼吸道病、禽霍乱、传染性支气管炎、新城疫、白血病、偏肺病毒感染、呼肠孤病毒感染等疾病，在发病上具有相互促进作用，一旦继发或并发感染，则死亡率升高。

四、症状

由于大肠杆菌侵害的部位不同，在临床上表现的症状也不一样。但共同症状表现为精神沉郁、食欲下降、羽毛粗乱、消瘦（图 4–21–10、图 4–21–11）。侵害呼吸道的会出现呼吸困难（图 4–21–12），黏膜发绀。侵害消化道后会出现腹泻，排绿色或黄绿色稀便。侵害关节后表现为跗关节或指关节肿大，病鸡跛行（图 4–21–13）。侵害眼时，眼肿胀（图 4–21–14），眼前房积脓，有黄白色的渗出物（图 4–21–15）。脑炎型大肠杆菌病则出现神经症状，表现为眼肿胀，头颈歪斜，头颈震颤，角弓反张，呈阵发性（图 4–21–16）。产蛋鸡发生输卵管炎时，病鸡腹部膨胀，站立时腹部下垂。

图 4–21–5　饮水器及水不卫生（刁有祥　供图）

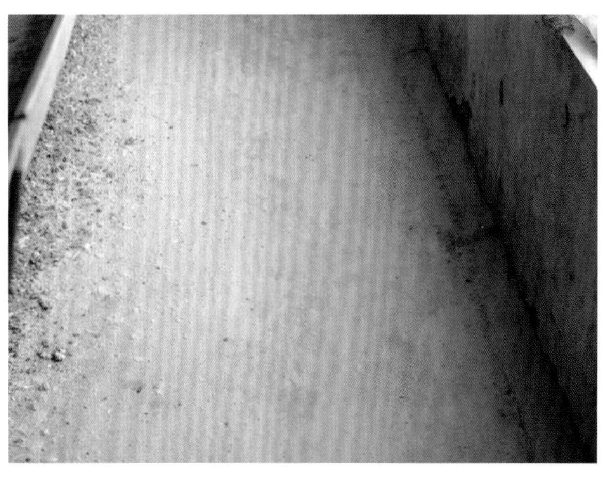

图 4–21–6　湿度过低，地面过于干燥（刁有祥　供图）

图 4-21-7　饲养密度过大（刁有祥　供图）

图 4-21-8　变质的油脂，呈深褐色（刁有祥　供图）

图 4-21-9　霉变的玉米（刁有祥　供图）

图 4-21-10　病鸡精神沉郁，闭眼嗜睡（刁有祥　供图）

图 4-21-11　病鸡精神沉郁，羽毛蓬松（刁有祥　供图）

图 4-21-12　病鸡呼吸困难，张口气喘（刁有祥　供图）

图 4-21-13　跗关节、趾关节肿大（刁有祥　供图）

图 4-21-14　病鸡眼肿胀，精神沉郁（刁有祥　供图）

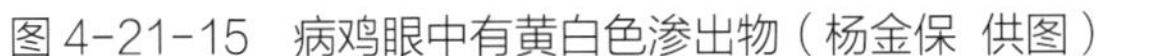

图 4-21-15　病鸡眼中有黄白色渗出物（杨金保　供图）

图 4-21-16　病鸡精神沉郁，头颈歪斜（刁有祥　供图）

五、病理变化

（一）剖检变化

因大肠杆菌侵害的部位不同，有不同的病理变化。

1. 大肠杆菌败血症

病鸡突然死亡，皮肤、肌肉淤血，血液凝固不良，呈紫黑色。肝脏肿大，呈紫红色或铜绿色，肝脏表面散布白色的小坏死灶。肠黏膜弥漫性充血、出血，整个肠管呈紫色。心脏体积增大，心肌变薄，心包腔充满大量淡黄色液体。肾脏体积肿大，呈紫红色。肺脏出血、水肿。发病时间稍长的可见多发性浆膜炎，具体病理变化如下。

（1）肝周炎。肝脏肿大，肝脏表面有一层黄白色的纤维蛋白附着（图 4-21-17 至图 4-21-19）。肝脏变形，质地变硬，表面有许多大小不一的坏死点。脾脏肿大，呈紫红色或紫黑色（图 4-21-20）。严重者肝脏渗出的纤维蛋白与胸壁、心脏、胃肠道粘连。

（2）气囊炎。若空气被大肠杆菌污染，吸入后即可发病，多侵害胸气囊，也能侵害腹气囊。表现为气囊浑浊，气囊壁增厚，气囊不透明，气囊内有黏稠的黄色干酪样分泌物（图 4-21-21 至图 4-21-23）。

（3）纤维素性心包炎。表现为心包膜浑浊，增厚，心包腔中有脓性分泌物，心包膜及心外膜上有纤维蛋白附着，呈黄白色（图 4-21-24），心包膜与心外膜粘连。严重者，气囊炎、肝周炎、心包炎均有发生（图 4-21-25、图 4-21-26）。

（4）纤维素性肺炎。在肺脏表面或肺脏背面有黄白色纤维蛋白渗出，肺脏出血，严重的肺脏坏死（图 4-21-27 至图 4-21-29）。

2. 大肠杆菌性肉芽肿

该病又名 Hjarre 病，主要侵害雏鸡与成年鸡，以心脏、肠系膜、胰脏、肝脏、肠管多发。眼观，在这些器官可见粟粒大的肉芽肿结节（图 4-21-30）。肠系膜除散发肉芽肿结节外，还常因淋巴细胞与粒性细胞增生、浸润而呈油脂状肥厚。结节的切面呈黄白色，略呈放射状、环状波纹。镜检结节中心部为含有大量核碎屑的坏死灶。由于病变呈波浪式进展，故聚集的核碎屑物呈轮层状。坏死灶周围环绕上皮样细胞带，结节的外围可见厚薄不等的普通肉芽组织，其中尚有异染性细胞浸润。

3. 关节炎

一般发生于雏鸡和青年鸡，呈少数零星发病。多见于跗关节和指关节，表现为关节肿大，关节腔中有纤维蛋白渗出或有浑浊的关节液，滑膜肿胀、增厚（图 4–21–31）。

4. 全眼球炎

典型症状是一侧眼睛出现眼前房积脓或失明。患病鸡畏光、流泪，单侧或双侧眼肿胀，浑浊不透明，脓性分泌物增多。表现为头部肿胀，眼睑水肿，闭眼，强行翻开后，可见眼前房蓄积有数量不等的脓性渗出物或黄白色干酪样物质，眼结膜潮红（图 4–21–32），病鸡精神、食欲较差，生长迟缓。病情严重者可导致失明。镜检见全眼都有异染性细胞和单核细胞浸润，脉络膜充血，视网膜完全破坏。

5. 输卵管炎

产蛋鸡感染大肠杆菌时，常发生慢性输卵管炎，其特征是输卵管高度扩张，内积异形蛋样渗出物，表面不光滑，切面呈轮层状，输卵管膜充血、增厚（图 4–21–33 至图 4–21–35）。幼龄鸡发生输卵管炎时，输卵管扩张，渗出物呈黄白色、柱状（图 4–21–36）。镜检上皮下有异染性细胞积聚，干酪样团块中含有许多坏死的异染性细胞和细菌。

6. 卵黄性腹膜炎

多见于产蛋鸡，尤其是人工授精的种鸡，多因在输精过程中消毒不严，操作不当而导致泄殖腔、输卵管感染，进一步发展成为广泛的卵黄性腹膜炎，故大多数病鸡往往突然死亡。剖开腹腔，见腹腔中充满淡黄色腥臭的液体和破坏的卵黄，腹腔脏器的表面覆盖一层淡黄色、凝固的纤维素性渗出物（图 4–21–37）。肠系膜水肿，使肠袢互相粘连，肠浆膜散布针尖大小的点状出血。卵巢中的卵泡变形，呈灰色、褐色或酱色等不正常色泽，有的卵泡皱缩。积留在腹腔中的卵泡，如果时间较长即凝固成硬块，切面成层状。破裂的卵黄则凝结成大小不等的碎片。输卵管黏膜潮红，有针尖状出血点和淡黄色纤维素性渗出物沉着，管腔中也有黄白色的纤维素性凝片。

7. 鸡胚与幼雏早期死亡

由于蛋壳被粪便沾污或产蛋母鸡患有大肠杆菌性卵巢炎或输卵管炎，致使鸡胚卵黄囊被感染，故鸡胚在孵出前，尤其是临出壳时即告死亡。受感染的卵黄囊内容物，从黄绿色黏稠物质变为干酪样物质，或变为黄棕色水样物。也有一些鸡胚在出壳后直至 3 周龄这段时间陆续死亡，除卵黄变化外，多数病雏还有脐炎（图 4–21–38），生活 4 d 以上的雏鸡经常伴发心包炎、肝周炎、气囊炎（图 4–21–39）。被感染的鸡胚或雏鸡也可以不死亡，则常表现卵黄不吸收与生长不良。

8. 脑炎型

幼雏及产蛋鸡多发。脑膜充血、出血，脑实质水肿，脑膜易剥离，脑壳软化。

9. 皮炎型

表现为在皮肤的羽毛囊上，有黄白色结痂（图 4–21–40）。

10. 皮下蜂窝织炎

胸腹部、腿部皮下有淡黄色、干酪样的渗出物（图 4–21–41 至图 4–21–43）。

（二）组织学变化

病理组织学变化表现为心包膜和心外膜水肿、增厚，血管充盈，异嗜性粒细胞增多，心外膜及心肌发生坏死。肝被膜常见纤维性炎，被膜表面附着厚度不同的纤维素膜，其内含有大量的异嗜性粒细胞和淋巴样细胞，包膜浆液性水肿，增厚，并有异嗜性粒细胞和巨噬细胞浸润，在包膜下的肝组织凝固性坏死，其中混有崩解的异嗜性粒细胞（图 4-21-44）。气囊早期的显微变化为水肿及异嗜细胞浸润，在干酪样渗出物中有大量成纤维细胞增生和大量的坏死异嗜细胞积聚。气囊壁肥厚、水肿和异嗜性粒细胞浸润，气囊表面坏死，血管内异嗜性粒细胞增多，血管外膜疏松，气囊充满浆液纤维性渗出液，其内含有大量崩解的异嗜性粒细胞。肺脏充血，血管周围和肺间质呈轻度浆液性水肿，血管中异嗜性粒细胞增多；脾淋巴细胞减少，异嗜性粒细胞浸润（图 4-21-45）；大脑充血，血管周围和细胞周围水肿以及神经细胞的变性、坏死，细胞变性和坏死变化最常见于延脑，基质中混有大量的坏死异嗜性粒细胞。肠黏膜脱落，黏膜下层疏松，有大量炎性细胞浸润（图 4-21-46）。

图 4-21-17　肝脏表面有黄白色纤维蛋白渗出（一）
（刁有祥　供图）

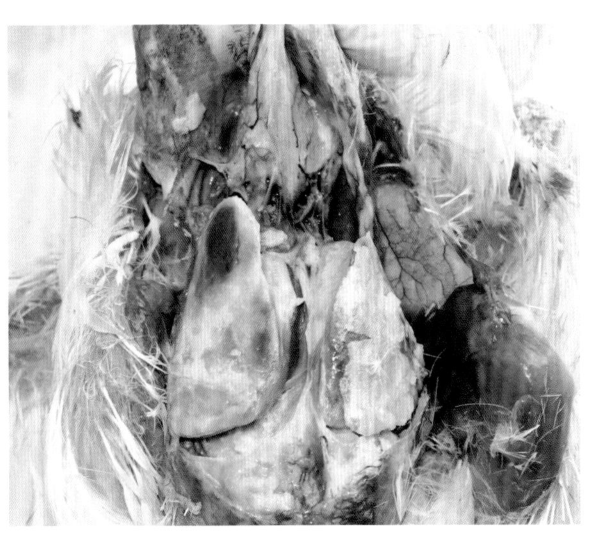

图 4-21-18　肝脏表面有黄白色纤维蛋白渗出（二）
（刁有祥　供图）

图 4-21-19　肝脏表面有黄白色纤维蛋白渗出（三）
（刁有祥　供图）

图 4-21-20　脾脏肿大，呈紫黑色
（刁有祥　供图）

图 4-21-21　气囊增厚，表面有黄白色纤维蛋白渗出物（刁有祥 供图）

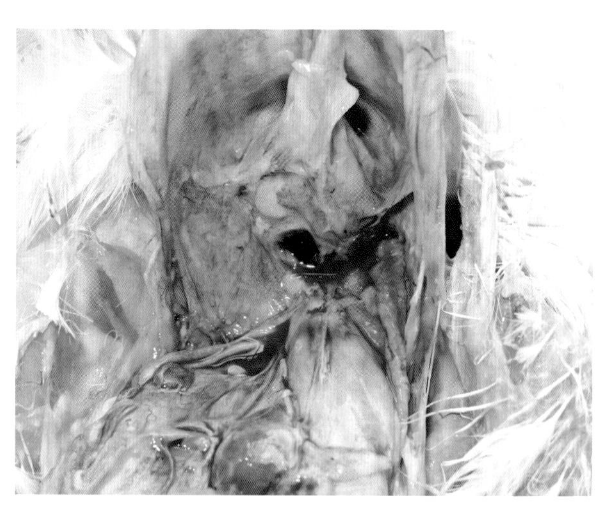
图 4-21-22　气囊增厚，不透明（刁有祥 供图）

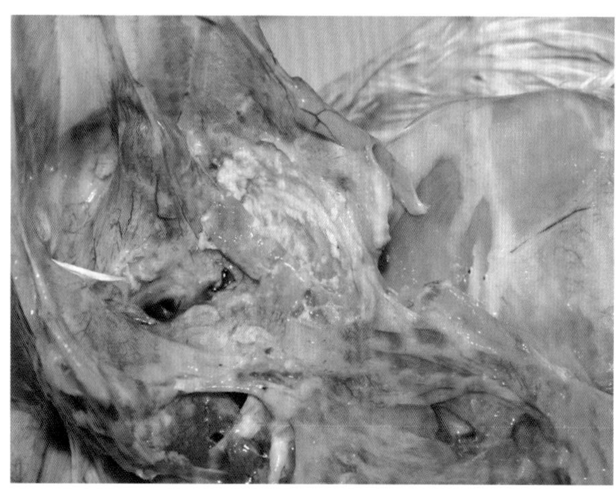
图 4-21-23　气囊增厚，囊腔中有黄白色渗出物（刁有祥 供图）

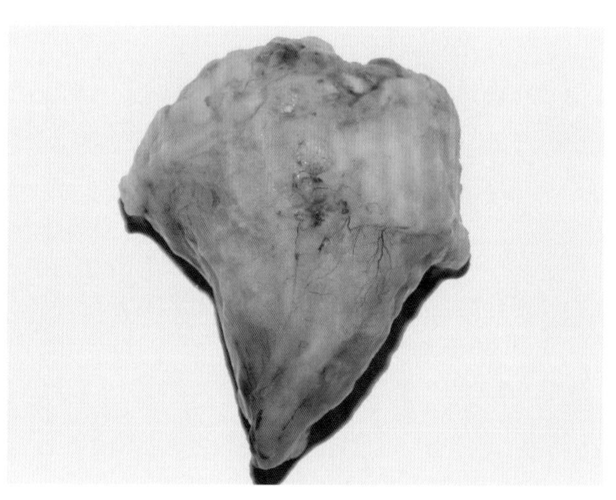
图 4-21-24　心脏表面有黄白色纤维素渗出（刁有祥 供图）

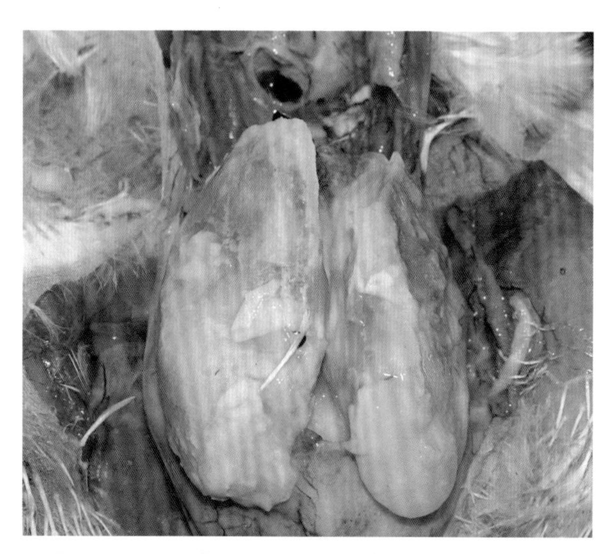
图 4-21-25　心脏、肝脏表面有黄白色纤维蛋白渗出（刁有祥 供图）

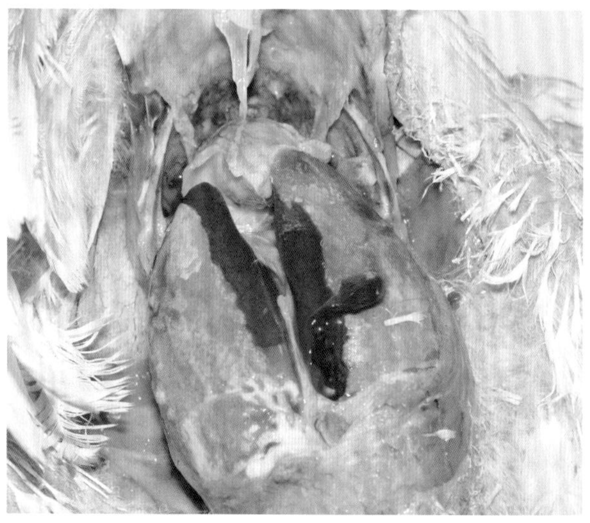
图 4-21-26　肝脏、心脏、气囊表面有黄白色纤维蛋白渗出（刁有祥 供图）

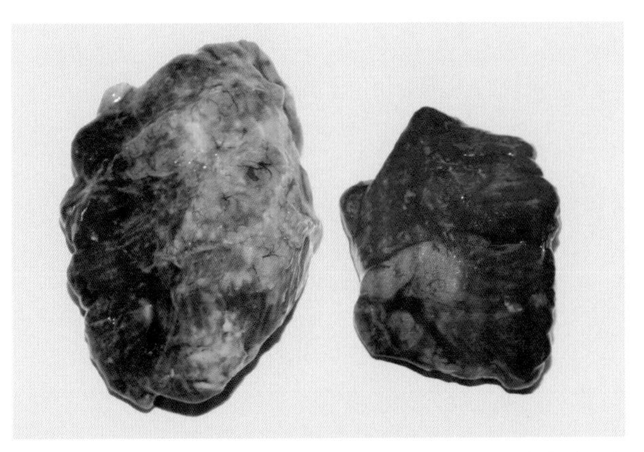

图 4-21-27　肺脏出血，表面有黄白色纤维蛋白渗出（一）
（刁有祥　供图）

图 4-21-28　肺脏出血，表面有黄白色纤维蛋白渗出（二）
（刁有祥　供图）

图 4-21-29　肺脏背面有黄白色纤维蛋白渗出
（刁有祥　供图）

图 4-21-30　胰脏、肠道黄白色肉芽肿
（杨金保　供图）

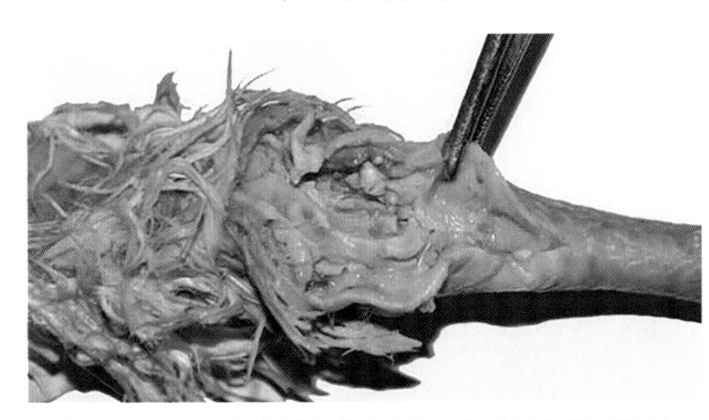

图 4-21-31　关节腔中黄白色渗出物（刁有祥　供图）

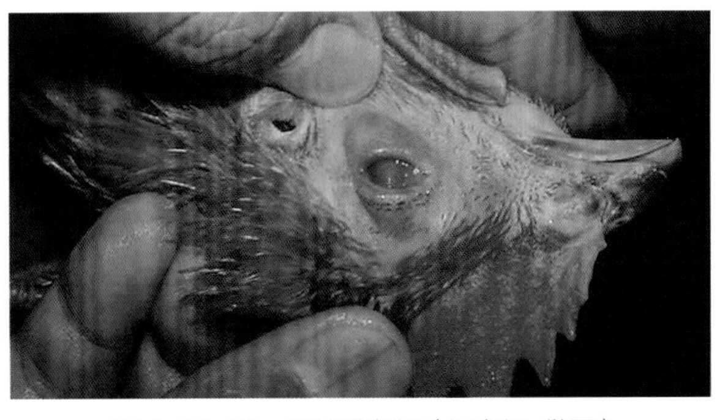

图 4-21-32　眼结膜潮红（杨金保　供图）

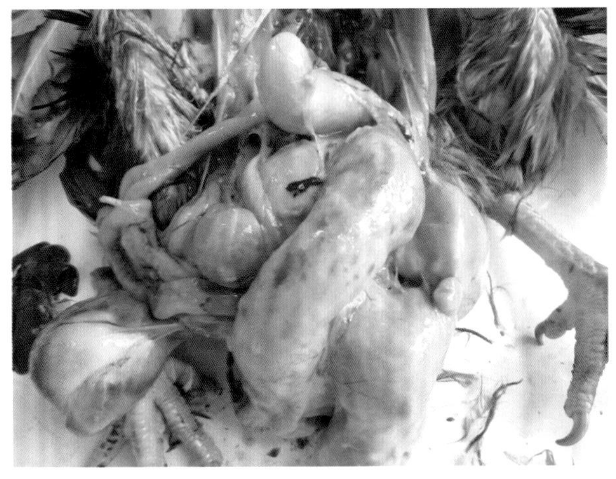

图 4-21-33　输卵管扩张（刁有祥　供图）

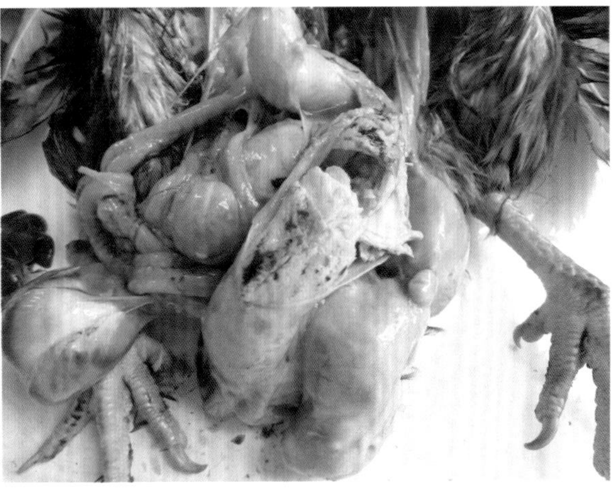

图 4-21-34　输卵管中有黄白色渗出物（刁有祥　供图）

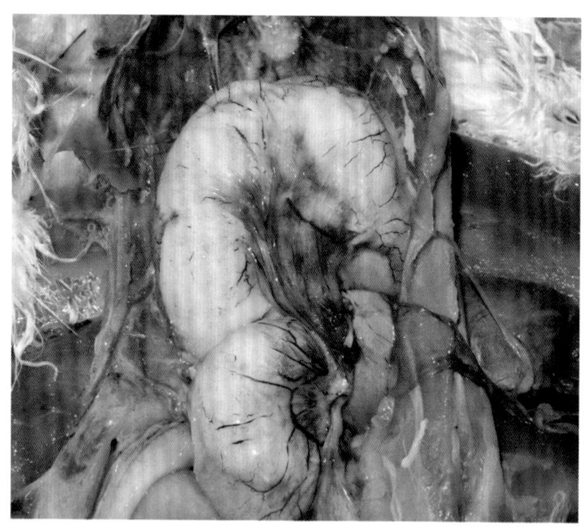

图 4-21-35　育成鸡输卵管炎，内有黄白色柱状渗出物（刁有祥 供图）

图 4-21-36　幼龄鸡输卵管炎，内有黄白色柱状渗出物（刁有祥 供图）

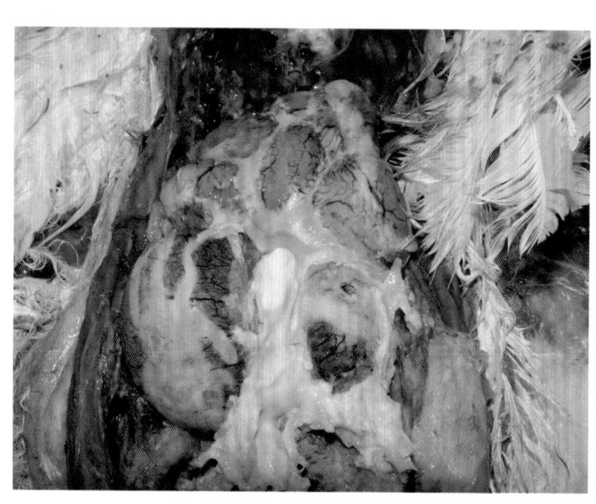

图 4-21-37　腹腔中充满黄白色凝固的卵黄（刁有祥 供图）

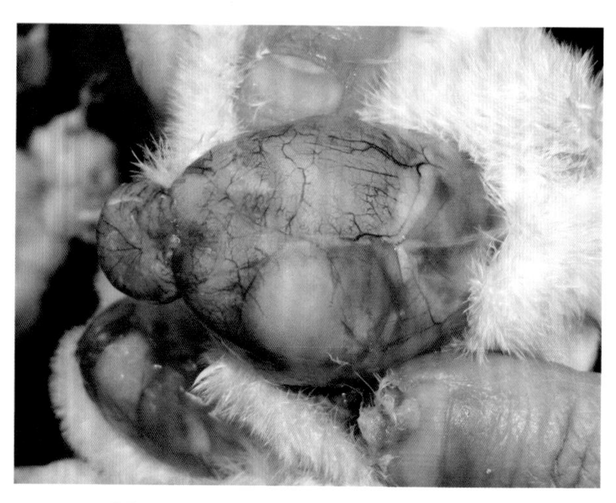

图 4-21-38　雏鸡脐炎（刁有祥 供图）

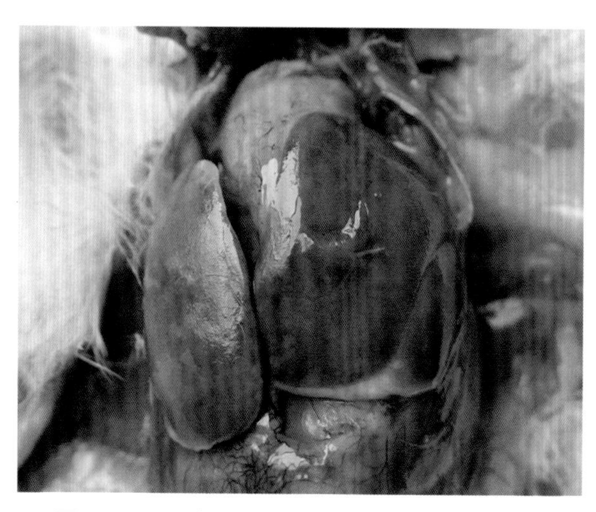

图 4-21-39　雏鸡心包炎、肝周炎（刁有祥 供图）

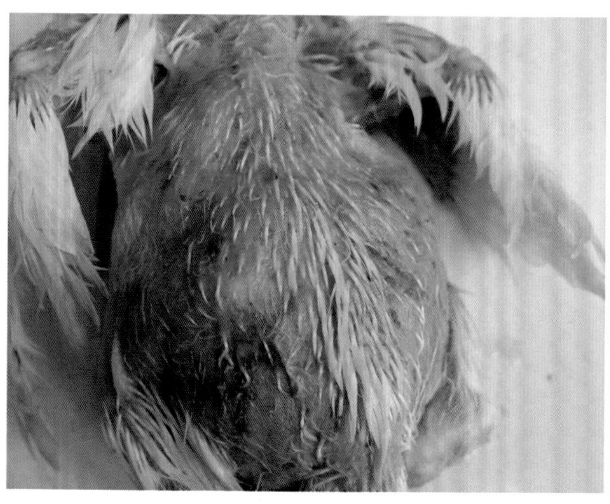

图 4-21-40　背部皮肤出血（刁有祥 供图）

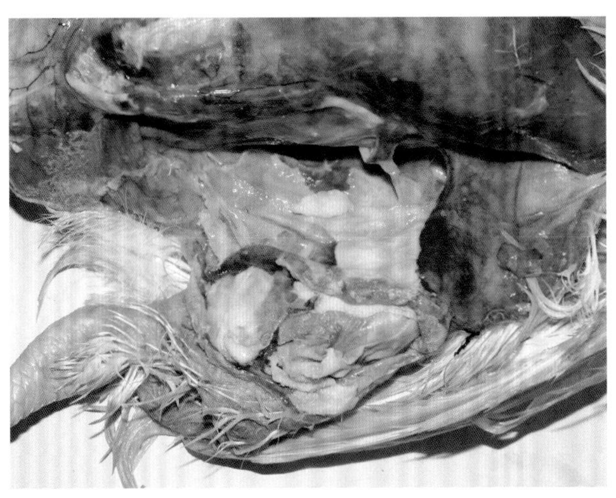

图 4-21-41　腿部皮下有黄白色纤维蛋白渗出
（刁有祥　供图）

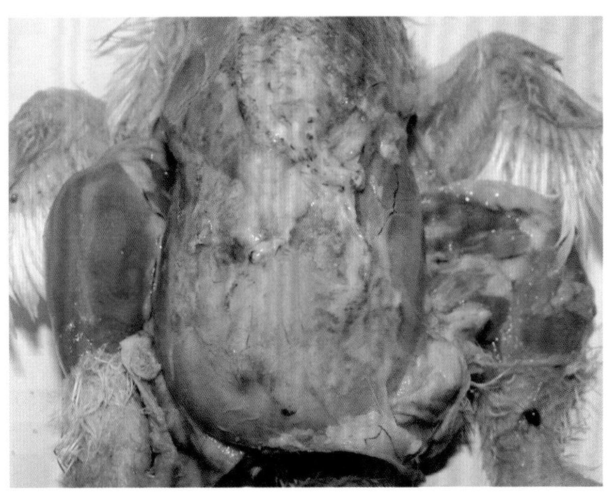

图 4-21-42　胸腹部皮下有黄白色纤维蛋白渗出
（刁有祥　供图）

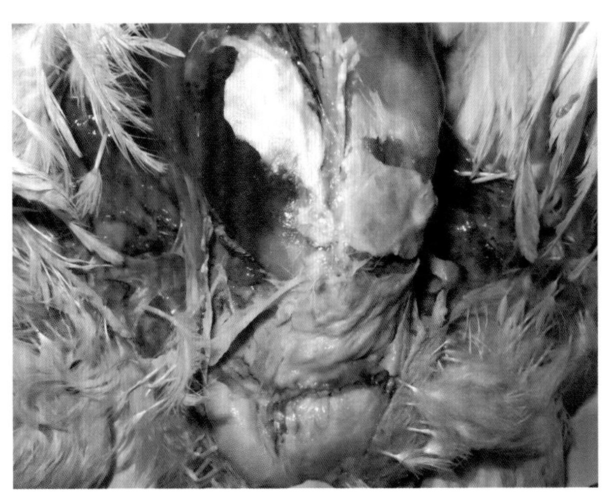

图 4-21-43　胸腹部皮下有黄白色纤维蛋白渗出
（刁有祥　供图）

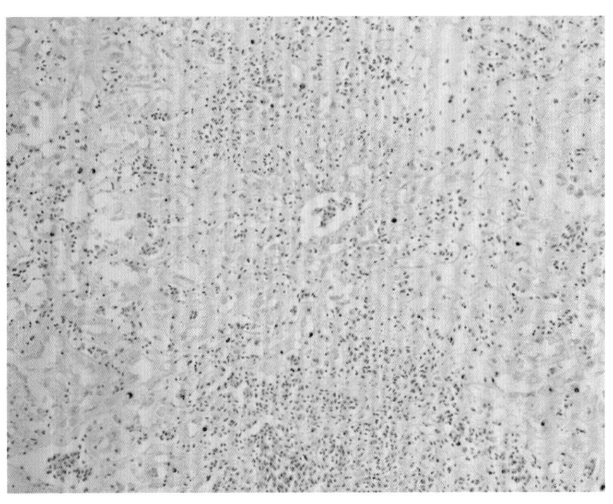

图 4-21-44　肝细胞崩解坏死，大量炎性细胞浸润
（刁有祥　供图）

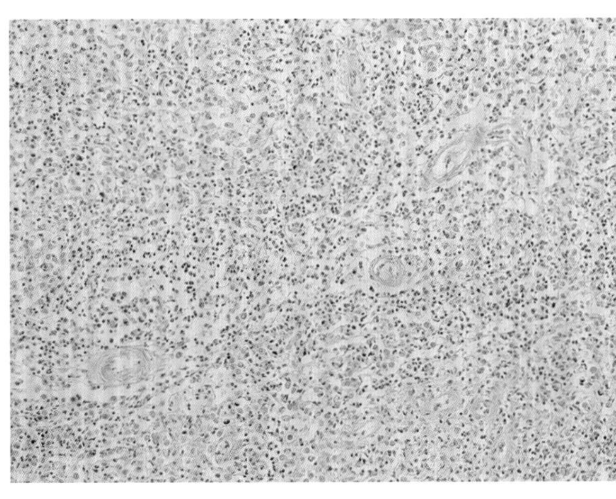

图 4-21-45　脾细胞崩解、坏死，大量炎性细胞浸润
（刁有祥　供图）

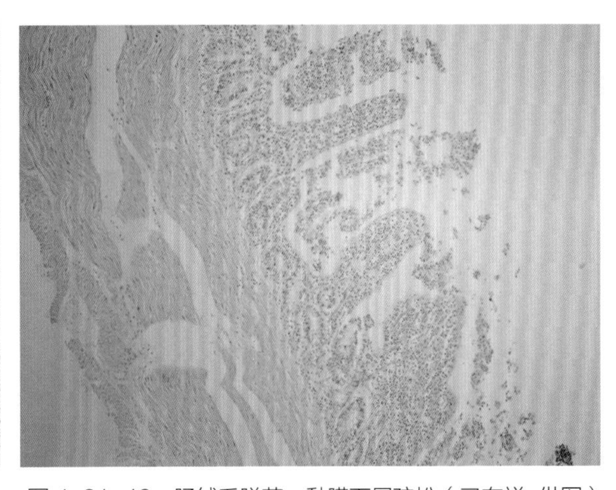

图 4-21-46　肠绒毛脱落，黏膜下层疏松（刁有祥　供图）

六、诊断

根据该病的流行特点、症状及病理变化可作出初步诊断，但确诊需要进行细菌的分离鉴定。

（一）病料的采集与处理

因病鸡死后，肠道内大肠杆菌易扩散到其他组织，故应从新鲜尸体中采样，若疑为急性大肠杆菌败血症，应无菌采集心血和肝脏样品，用注射器自心脏采血 1 mL，用于细菌分离培养和肉汤增殖（10 倍肉汤稀释）；用烧过的外科刀片烧烙肝被膜后，再用灭菌棉拭子或接种环刺入肝实质取样作分离培养。若见脓性纤维性渗出物，则用棉拭子从心包膜、气囊以及关节腔中取样作细菌分离，如果发病超过 1 周，一般分离不到细菌。对于死后剖检病变明显的病例，由于骨髓中不含非致病性肠道大肠杆菌，可采集骨髓作为分离样品。敏感药物投服后，往往也不易分离到大肠杆菌。

（二）分离鉴定

大肠杆菌在普通培养基上生长良好，对于初次分离的大肠杆菌，可用血液琼脂平板和麦康凯琼脂平板，在 37℃需氧培养 18 ～ 24 h。在麦康凯琼脂上，大多数大肠杆菌菌株可长出中央凹、直径 1 ～ 2 mm 的粉红色菌落，克雷伯氏菌和肠杆菌形成大的黏液性菌落。血液样品应接种于脑心浸出液肉汤或直接接种于血液琼脂平板。如果初次培养发现有大量优势菌落，从麦康凯平板中挑取几个菌落接种于三糖铁琼脂和血液琼脂平板上。血液琼脂平板上的大肠杆菌菌落作氧化酶试验阴性。大肠杆菌病的病原分离鉴定关键在于区别致病性大肠杆菌与非致病性大肠杆菌，采集样品的部位、尸体状况和病变性质与大肠杆菌的分离有一定的相关性。大肠杆菌分离株常用 0.1 mL、24 h 肉汤培养物，经气囊感染，可复制出无并发病的大肠杆菌性“气囊病”的病变，从而确定分离株的致病力，接种 48 h 后，病变最明显，最高死亡出现在前 5 d。也可经非肠道途径接种 3 周龄内的雏鸡来确定，致病性菌株在接种后 3 d 内，雏鸡表现出大肠杆菌的典型病变或死亡。

（三）凝集试验

大肠杆菌的血清型比较多，从禽体中分离到的致病性大肠杆菌 O 抗原多为 O78、O2、O1、O80、O36、O35、O18 等。如果有必要，在细菌分离鉴定的基础上，可进一步采用单因子血清进行血清型鉴定。

（四）免疫胶体金技术

胶体金免疫层析技术具有操作方便、结果准确、易于判读等优点。孙洋等（2008）建立的胶体金免疫层析试纸条，敏感性高，特异性强，检测速度快，10 min 即可出结果，操作简便，可用于现场大量样品的检测。

（五）分子生物学检测技术

分子生物学检测方法具有灵敏度高、特异性强、快速简便、重复性好的特点。常用的方法包括 PCR、荧光定量 PCR、核酸探针等检测方法。

（1）PCR 检测方法。根据大肠杆菌 16S rDNA 设计引物 [5'—AGAGTTT-GATC(C/A)TGGCTCAG—3' 和 5'—GGTTACCTT-GTTACGACTT—3']，对 DNA 提取物进行扩增，建立大肠杆菌的 PCR 检测方法。

（2）荧光定量 PCR 检测方法。利用某些荧光素能和双链 DNA 结合，结合后的产物具有强的荧光效应。该方法应用方便、快捷，灵敏度高，特异性强，提高了其应用价值。针对肠出血性大肠杆

菌 *Stx1*、*Stx2* 基因设计引物和探针，建立的 TaqMan 荧光定量 PCR 检测方法，比常规 PCR 方法的灵敏度高 10^6 倍，与常规 PCR 的阳性符合率为 100%，具有较好的重复性。

（3）核酸探针检测方法。检测各种大肠杆菌的核酸探针有多种，研究人员多采用生物素、荧光素、地高辛等非放射性物质进行标记，所利用的靶基因多为产毒素的基因。用地高辛标记鸡大肠杆菌 P 型菌毛结构基因（*PapA*）制备核酸探针，作斑点杂交试验，检测 28 个血清型鸡大肠杆菌 50 个菌株与该探针的同源性，结果表明有 5 个菌株被检测为阳性，阳性率为 10%。

七、类症鉴别

该病在临床上易与慢性呼吸道病相混淆，慢性呼吸道病尽管也会引起气囊炎、心包炎等变化，但其呼吸道症状较为突出，发病慢，病程长，多发生于 1 ～ 2 月龄的鸡。

八、防治

（一）预防

1. 加强饲养管理

加强对鸡群的饲养管理，做好环境控制工作，减少鸡群的应激反应，阻断病原的传播。保持鸡舍内的环境卫生，每天定时清扫舍内的粪便，并做好各个环节的卫生工作。鸡场要制定科学合理的消毒制度，配备健全的消毒设施，并认真执行，定期对鸡舍、工具、设备进行消毒，并且要注重带鸡消毒，给鸡群创造一个良好的饲养环境。另外，还要保持饲料以及饮用水的清洁与卫生，保证合适的饲养密度，在保温的同时要注意加强通风，不但可以减少舍内有害气体的浓度，还可保持舍内适宜的温度和湿度。做好鸡舍冬季防寒、夏季防暑的工作，但是要避免出现忽冷忽热的现象，避免各种应激因素的发生。实施全进全出的饲养方式，避免不同日龄、不同批次的鸡群之间发生交叉感染。加强种蛋的收集、存放和孵化室、孵化器的卫生消毒。鸡群要进行封闭式的饲养管理，禁止外来人员进入场区和鸡舍，以减少鸡群感染此病的机会。做好常见病的预防工作，避免诱发大肠杆菌病的流行与发生，特别是育雏期保持舍内的温度，防止空气及饮水的污染。重视对禽流感、呼肠孤病毒病、鸡传染性贫血、传染性法氏囊病等免疫抑制病的免疫防控。

2. 免疫接种

近年来国内外采用大肠杆菌多价氢氧化铝苗、蜂胶苗、多价油佐剂苗及亚单位疫苗，取得了较好的预防效果。从应用的实践来看，采用本地区发病鸡群的多个菌株、或本场分离菌株制成的疫苗使用的效果较好，这主要是与大肠杆菌血清型较多有关。实践证明，种鸡在 110 ～ 120 日龄接种大肠杆菌灭活疫苗，在整个产蛋周期内大肠杆菌病明显减少，种蛋受精率、孵化率、健雏率有所提高，大大降低了雏鸡阶段该病的发生率。国内现用的大肠杆菌灭活疫苗，有程度不同的疫苗反应，主要表现接种疫苗后精神沉郁，喜卧，采食减少等，一般 1 ～ 2 d 逐渐恢复，无须进行任何处理。

（二）治疗

鸡群发生大肠杆菌病后，可以用药物进行治疗，但大肠杆菌对药物极易产生抗药性，现在已经发现青霉素、链霉素、土霉素等抗生素几乎没有治疗作用。安普霉素、新霉素、黏杆菌素、磷霉素、恩诺沙星、头孢类药物有较好的治疗效果，但对这些药物产生抗药性的菌株已经出现并有增多的趋势。因此，采用药物治疗时，最好进行药敏试验，或选用过去很少用过的药物进行全群治疗，且要注意交替用药。给药时间要早，早期投药可控制早期感染的病鸡，促使痊愈，同时可防止新发病例的出现。某些患病鸡，已发生各种实质性病理变化时，治疗效果极差。在生产中可交替选用以下药物：0.01% ～ 0.02%氟甲砜霉素拌料，连用 3 ～ 5 d；0.01% 环丙沙星饮水，连用 3 ～ 5 d；0.01%安普霉素拌料，连用 3 ～ 5 d；新霉素饮水，每升水加 50 ～ 75 mg，连用 3 ～ 5 d；壮观霉素饮水，每升水加 500 ～ 1 000 mg，连用 3 ～ 5 d；磷霉素 250 mg/L，连用 3 ～ 5 d，或每千克饲料中添加 500 mg，连用 3 ～ 5 d。氟苯尼考与强力霉素配合使用，连用 5 d，也有较好的治疗效果。

中药也有较好的治疗效果，白头翁 150 g、滑石 100 g、藿香 150 g、雄黄 50 g、黄芩 100 g、黄连 100 g、双花 100 g、秦皮 100 g、甘草 50 g，全部粉碎细末，按每千克饲料添加 1 g 混饲，连续使用 3 ～ 5 d。或龙胆草 100 g、苦参 150 g、黄芩 100 g、黄柏 100 g、板蓝根 100 g、白芍 50 g、郁金 150 g、大黄 50 g、大青叶 100 g、车前子 50 g、甘草 50 g，全部粉碎细末，按每千克饲料添加 1 g 混饲，连续使用 3 ～ 5 d。

第二十二节　克雷伯菌病

鸡克雷伯菌病（Klebsiella disease）是由肺炎克雷伯菌（*Klebsiella pneumoniae*）引起的以危害雏鸡为主，以持续性腹泻和败血症为特征的疾病。该菌于 1883 年首先由 Friedlanderi 从死于肺炎患者的肺脏分离到，故又称为弗利得兰杆菌。

一、病原

（一）染色与形态特点

肺炎克雷伯菌是肠杆菌科（Enterobacteriaceae）、克雷伯菌属（*Klebsiella*）的细菌。该菌在培养基中为多形，但在病变标本中多为短粗卵圆形杆菌，宽 0.5 ～ 0.8 μm，长 1 ～ 2 μm，常成双排列，也有散在的。无鞭毛，无论在动物体内或培养基内均可形成肥厚的大荚膜，为菌体的 2 ～ 3 倍，经久培养后，则失去黏稠的大荚膜。有菌毛，革兰氏阴性，常呈两极着色。

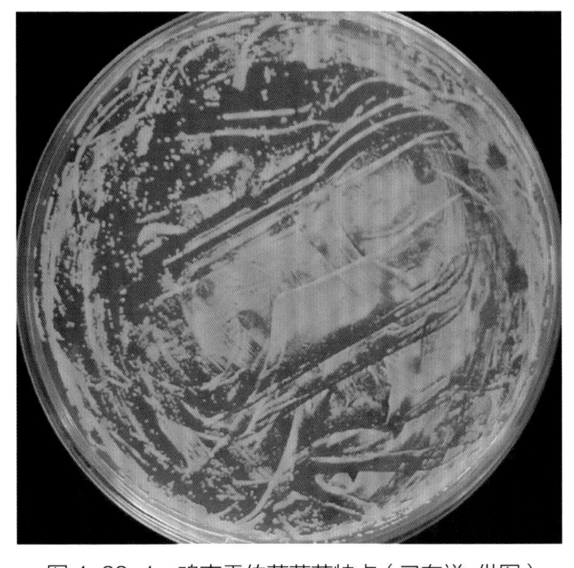

图 4-22-1　鸡克雷伯菌菌落特点（刁有祥 供图）

（二）培养特点

在普通培养基上形成乳白色、湿润、闪光、丰厚黏稠的大菌落（图 4-22-1），菌落相互融合，接种环挑取易呈长丝，此点是鉴别该菌的重要特征。在肉汤中培养数天，长成黏性液体。

（三）生化特点

该菌能发酵乳糖，在鉴别培养基上形成有色菌落。发酵蔗糖、杨苷、肌醇、侧金盏花醇、麦芽糖、葡萄糖、甘露醇，产酸产气，MR 试验阴性，VP 试验阳性，水解尿素，不产生硫化氢，一般不产生靛基质，不液化明胶。根据该菌的 O 抗原和荚膜抗原，可将克雷伯氏菌分为 72 个血清型，肺炎杆菌属于 3 型、12 型。该菌的致病因子包括外毒素、内毒素、肠毒素、荚膜等。实验动物中，对小鼠有高度的致病力，家兔的易感性小，江豚有抵抗力，麝鼠易感，发生全身性脓肿，并可致死。

二、流行病学

克雷伯菌在自然界广泛分布，常存在于正常人的粪便、口腔及鼻腔中，可以通过污染的食物、饮水而引起人类的腹泻性肠炎，在国外也曾报道该菌引起幼猴腹泻的病例。肺炎克雷伯菌对 30 日龄以内的小鸡有较强的致病力，通过污染的饮水、饲料经口和脐孔而使之感染，引发感染雏鸡腹泻和肠炎败血症。该病发病率和死亡率高，病程短，30 日龄以上的鸡感染后，虽也能产生一定的病症，但常可耐过自愈成为带菌者。存在于带菌母鸡输卵管或泄殖腔内的细菌常造成种蛋或蛋壳带菌。用污染种蛋孵化时，细菌通过蛋壳渗入蛋内增殖并可致死胚。幼雏带菌的垂直传播可造成幼雏急性死亡。

三、症状和病变

种蛋带菌常造成胚胎孵化后期死亡，死胚肿胀，蛋内囊液变稀变绿。孵出的带菌幼雏常表现为羽毛潮湿松乱，站立不稳，脐孔闭合不良，大腹和粘肛，不食或少食，1 ～ 2 d 死亡。出壳后经口腔、脐孔横向传播而感染的病雏，则见初期病鸡精神不振，食欲减退，或呆立鸡舍墙角。羽毛松乱，无光泽。低头缩颈，肿眼流泪，患眼上下眼睑肿胀，严重者肿胀蔓延至头颈部，使完全闭眼。流出浆液性或黏液脓性分泌物。喜饮水，排黄白色稀粪，粪便沾污肛门及其周围等，病程较长，常在发病后 3 ～ 5 d 衰竭死亡。剖检见肝肿胀，有出血点或黄白色坏死灶，胆囊肿胀，肠道前、后段炎症严重，并有斑点状出血。组织学病变见肝小叶局灶性变性，肾脏颗粒变性，脾脏灶性坏死，肠黏膜上皮坏死等病理变化。

四、诊断

该病没有特征性临床症状和病理变化，与常见的大肠杆菌病、葡萄球菌病、铜绿假单胞菌病及变形杆菌病等表现的症状很相似，对该病的诊断应以细菌分离、生化鉴定和细菌毒力测试为依据。具体诊断方法是将病鸡的脏器进行细菌分离后接种 SS 琼脂培养基，置于温箱培养，见有大且湿润、非常黏稠的桃红色菌落即可初步确定为克雷伯菌，但最后确诊还需要进行系统的生化鉴定和菌株对动物致病性试验。

五、防治

（一）预防

预防该病应重视种鸡群的管理，定期投放敏感药物以消灭带菌母鸡肠道、生殖道内的细菌，有条件的地方还可以应用分离到的本场菌株制备油乳剂灭活菌苗对种鸡进行接种，使出壳后的雏鸡带有母源抗体以抵御该菌的侵袭；另外，应对种蛋及时收集，清洗消毒；同时做好孵化室的卫生管理，减少种蛋污染而造成的垂直传播。

（二）治疗

克雷伯菌与其他肠道菌一样对药物能产生抗药性，因此对该病治疗应先分离细菌进行药敏试验，选择敏感药物进行治疗，可选用安普霉素拌料，连用 4 ～ 5 d，或 0.01% ～ 0.02% 氟甲砜霉素拌料，连用 4 ～ 5 d；或用 0.03% 复方磺胺-5-甲氧嘧啶拌料，连用 5 ～ 7 d；或 0.01% 环丙沙星饮水，连用 3 ～ 5 d。

中药也有较好的治疗效果，黄连 30 g、黄芩 30 g、大黄 20 g、穿心莲 30 g、苦参 20 g、夏枯草 20 g、龙胆草 20 g、连翘 20 g、双花 15 g、白头翁 15 g、车前子 15 g、甘草 15 g。用以上中药加水 12.5 kg，煎至 10 kg 后去掉药渣，将药液加水 40 kg 稀释后，供剩余患病鸡自由饮用，每天 1 次，连用 3 d。

第二十三节　葡萄球菌病

鸡葡萄球菌病（Chicken Staphylococcosis）主要是由金黄色葡萄球菌（*Staphylococcus aureus*）引起的各日龄和各品种鸡的一种急性或慢性传染病，以急性败血症、关节炎、脐炎、眼炎和肺炎为特征。金黄色葡萄球菌在自然界中分布很广，健康禽类的皮肤、羽毛、眼睑、黏膜、肠道均有葡萄球菌存在，同时该菌还是家禽孵化、饲养、加工环境中常见细菌。世界上多数养鸡国家和地区均有该病的发生，饲养管理条件差的鸡场多发。该病一旦发生，发病率高、死亡率高，对养鸡业危害严重。

一、历史

1892 年 Lucent 证明葡萄球菌是引起鹅关节炎的病因，1929 年 Volknan 从患脐炎的鸡和小火鸡中分离出葡萄球菌。随后 Hale 报道了从雉的关节中分离到葡萄球菌。Povar 等（1947）和 Carnaghan（1966）分别从细菌性心内膜炎的病例和脊椎炎的病例中分离到葡萄球菌，Salana 于 1964 年也报道了葡萄球菌引起的鸡气囊感染。Elsaid（1987）从多个农场的鸡体内分离出 708 株致病菌，其中 45.5% 为葡萄球菌。国内林维庆、甘孟侯等（1981）对鸡的葡萄球菌进行了分离鉴定和动物回归试验。

二、病原

（一）分类

金黄色葡萄球菌属于葡萄球菌科，葡萄球菌属。葡萄球菌属有 37 个种，根据噬菌体嗜性分为 22 个型。通常从发病家禽中最常分离到的是金黄色葡萄球菌，而导致禽类感染的也是金黄色葡萄球菌。

（二）形态和染色

金黄色葡萄球菌的致病力较强，典型的葡萄球菌为圆形或卵圆形，直径为 0.5 ～ 1 μm，常单个、成对或呈葡萄状排列（图 4–23–1）。在固体培养基上生长的细菌呈葡萄状，无芽孢、无荚膜、无鞭毛，但在脓汁或液体培养基的葡萄球菌常呈双球或短链排列。革兰氏染色阳性，但衰老、死亡或被嗜中性白细胞吞噬的菌体为革兰氏阴性。致病性菌株的菌体稍小，且各个菌体的排列和大小较为整齐。

（三）生化特性

葡萄球菌不同菌株生化特性不相同，多数能分解葡萄糖、麦芽糖、乳糖、蔗糖、甘露醇；产酸不产气，不产生靛基质和硫化氢，能还原硝酸盐；VP 试验阳性，磷酸盐酶试验阳性，过氧化氢酶阳性。一般认为凝固酶阳性的菌株有致病性，非致病菌株不能分解甘露醇。

（四）培养特性

金黄色葡萄球菌为需氧或兼性厌氧菌，对营养要求不高，在普通培养基上生长良好，若培养基中含有血液、血清或葡萄糖时生长更好。最适生长温度为 37℃，最适 pH 值为 7.4。在普通琼脂上形成湿润、表面光滑、隆起的圆形菌落，直径为 1 ～ 3 mm，菌落根据菌株不同形成不同颜色，初呈灰白色，继而为金黄色、白色或柠檬色（图 4–23–2）。金黄色葡萄球菌耐盐且能产生卵磷脂酶，高盐甘露醇琼脂平板形成的菌落周围有黄色晕圈，呈淡橙黄色菌落，在室温 20℃左右产生色素最好（图 4–23–3）。血液琼脂平板上生长的菌落较大，有些菌株的菌落周围还有明显的溶血环（β 溶血）（图 4–23–4），产生溶血环的菌株多为病原菌；普通肉汤中生长迅速，管底有少量沉淀，轻轻振荡，沉淀物上升，继而消散。

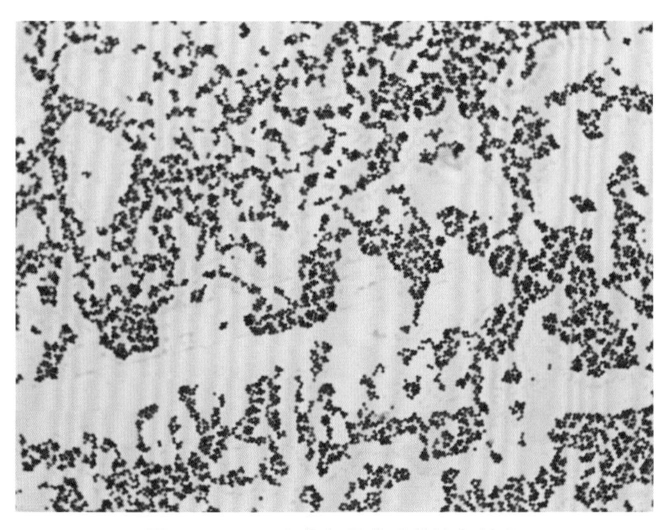

图 4–23–1　金黄色葡萄球菌染色特点（刁有祥 供图）

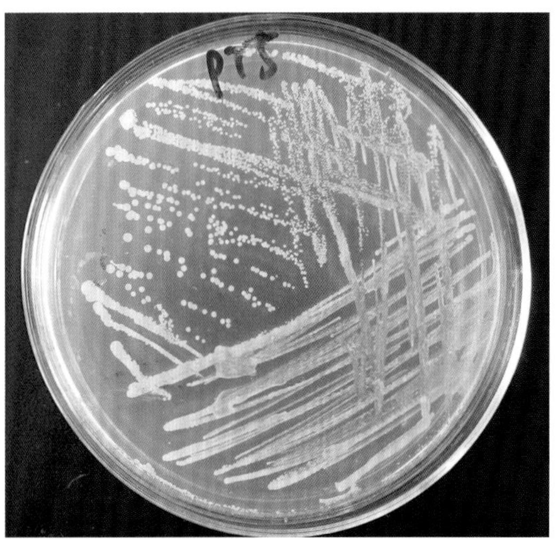

图 4–23–2　在普通琼脂培养基金黄色葡萄球菌菌落特点（刁有祥 供图）

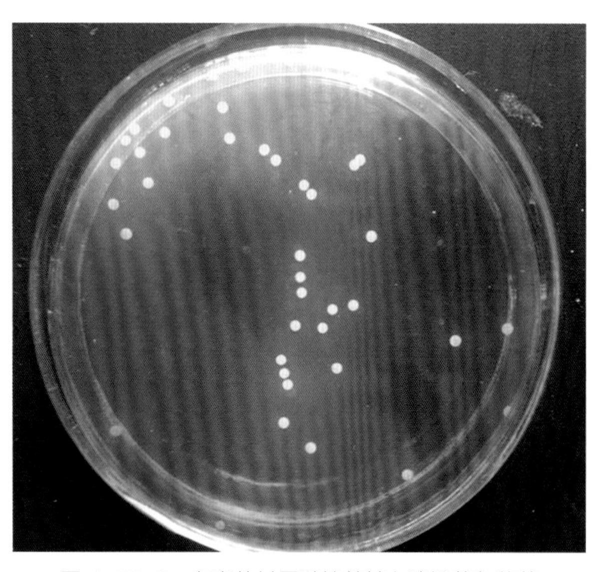

图 4-23-3　在高盐甘露醇培养基上淡橙黄色菌落（刁有祥 供图）

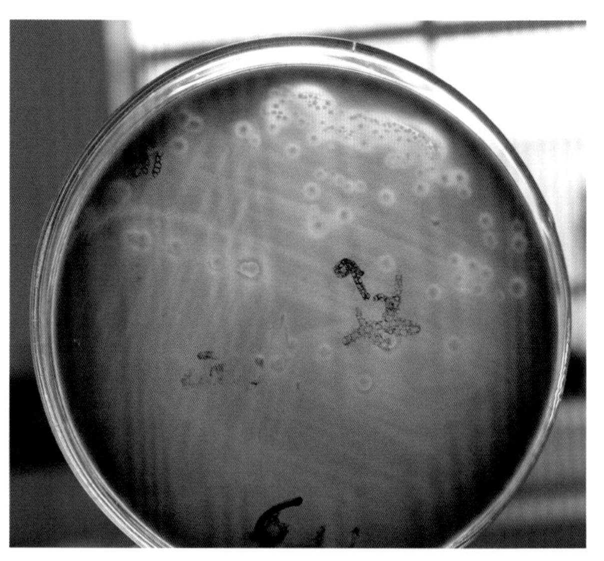

图 4-23-4　血液培养基上形成的溶血环（刁有祥 供图）

（五）抗原构造

葡萄球菌的抗原构造较为复杂，细胞壁经水解后用沉淀法可得到两种抗原，即蛋白质抗原和多糖类抗原。蛋白质抗原主要为葡萄球菌 A 蛋白（SPA），是一种表面沉淀抗原，具有种的特异性，无型的特异性，90% 以上的金黄色葡萄球菌具有该抗原。该抗原可与人及多种动物 IgG 分子 Fc 段发生非特异性结合，结合后的 IgG 分子 Fab 段仍能与相应抗原特异性结合，这一现象已经广泛应用于免疫学及诊断技术。

多糖类抗原为半抗原，存在于细胞壁上，具有型特异性，可用于葡萄球菌的分型。金黄色葡萄球菌的多糖抗原为 A 型，有些种的荚膜是由氨基葡萄糖醛酸、氨基甘露糖醛酸、溶菌素、谷氨酸、甘氨酸、丙氨酸等组成；有些菌株含葡萄糖胺，有的种细胞壁中含有一种能与免疫球蛋白 Fc 片段发生非特异性反应的蛋白 A（SPA），可能与毒力有关。

（六）分型方法

葡萄球菌的分型常用噬菌体分型法，60% ～ 70% 金黄色葡萄球菌可被相应噬菌体裂解。噬菌体是金黄色葡萄球菌的病毒，其感染具有株间特异性，可利用此性质鉴别菌株。用作分型的噬菌体有 22 型，可将金黄色葡萄球菌分为以下几群，Ⅰ群为 29、52、52A、79、80，Ⅱ群为 3A、3B、3C、55、71，Ⅲ群为 6、7、42E、47、53、54、75、77、83A，Ⅳ群为 42D。

根据特异性抗原可对禽源金黄色葡萄球菌进行血清分型，通过制备一系列特异性抗血清，与待测菌株进行凝集反应，根据不同凝集形式进行分型。金黄色葡萄球菌血清分型比较稳定，且能将常见的噬菌体 80/81 进一步分为不同血清型，抗菌谱和噬菌体分型的稳定性较差。葡萄球菌分型方法还有荚膜分型，但型别少、分辨率差，在菌株相关性分析时一般不用。新兴分子生物学分型有多种方法，如质粒分型法、染色体 DNA 脉冲电泳分型法、核酸分型法和全细胞蛋白图谱分型法，这些方法技术性强，需要特殊设备，结果判定需要国际标准化，较难普及。

（七）致病因子

金黄色葡萄球菌能产生多种毒素和酶，如溶血素、杀白细胞素、肠毒素、凝固酶和脂酶等，其毒力、致病力常与所产生的毒素和酶有密切关系。

1. 溶血毒素（Staphyloysin）

溶血毒素为多数致病性葡萄球菌所产生的一种毒素，不耐热，在血液平板上菌落周围有溶血环。溶血毒素是一种外毒素，可分为α、β、γ、δ四种，其中以α溶血毒素为主。α溶血素是一种胞外毒素，能损伤多种细胞和血小板，破坏溶酶体，使小血管收缩，造成局部缺血、坏死。该毒素经甲醛处理后，可制成类毒素，可用于葡萄球菌感染的预防和治疗。

2. 杀白细胞素（Leukocidin）

杀白细胞素由多数致病性葡萄球菌产生的，是一种蛋白质，不耐热，有抗原性，能破坏人或兔的白细胞和巨噬细胞，使其失去活力。杀白细胞素以八聚体形式在宿主细胞膜上形成孔道，损伤细胞膜，导致细胞溶解。

3. 肠毒素（Enterotoxin）

肠毒素为一种可溶性蛋白质，易溶于水和盐溶液，耐热，耐酸，100℃、30 min不被破坏，也不受胰蛋白酶的影响。葡萄球菌产肠毒素的最适温度为18～20℃，经36 h即能产生大量肠毒素。经典肠毒素可分为A、B、C、D、E五型，其中C型又分为C1、C2、C3三型。随着现代生物学技术的发展，新型肠毒素不断被发现，到目前为止，已知有A、B、C（C1、C2、C3）、D、E、G、H、I、J、K、L、M、N和O 14种血清型。

4. 凝固酶（Coagulase）

凝固酶是金黄色葡萄球菌的主要致病因子，它能使含有抗凝剂的家兔和人血浆发生凝固，多数病原性葡萄球菌（97%）均能产生凝固酶，非致病菌一般不产生，是鉴别葡萄球菌有无致病性的重要指标之一。凝固酶有两种，一种是分泌到菌体外的游离凝固酶，作用类似于凝血酶原物质，使液态纤维蛋白原变为固态纤维蛋白，从而使血浆凝固；另一种是结合在菌体表面的结合凝固酶或凝集因子，细菌混悬于人或兔血浆中，纤维蛋白原与菌体受体交联从而使细菌凝集。凝固酶耐热，100℃、30 min或高压消毒后，仍能保持部分活力，但蛋白分解酶可使其被破坏，凝固酶能刺激机体产生抗体。

5. DNA酶和耐热核酸酶（DNase and Thermonuclease）

葡萄球菌能产生DNA酶，可降解组织细胞崩解时释放的核酸，促进细菌在组织中扩散，是测定金黄色葡萄球菌致病性的指标之一。金黄色葡萄球菌还能产生耐热核酸酶，对热有很强的抵抗力，100℃作用1 min或60℃作用2 h不被破坏，是一种胞外酶，降解DNA的能力较强，利于病原菌扩散。现已知金黄色葡萄球菌恒定产生此种酶，已作为测定致病性金黄色葡萄球菌的重要指标之一。

6. 透明质酸酶（Hyaluronidase）

水解结缔组织细胞间透明质酸，有利于细菌和毒素在体内扩散，又称为扩散因子。这些毒素和酶常引起两大类疾病，一类是化脓性疾病，如创伤感染、脓肿、蜂窝织炎、关节炎败血症和脓毒败血症等。另一类是中毒性疾病，饲喂被该菌污染的饲料引起的中毒性肠炎等，生产中较少见。

7. 其他

有的葡萄球菌菌株还能产生溶纤维素蛋白酶、酯酶、蛋白酶、磷酸酶、卵磷脂酶及红疹毒素、表皮溶解毒素或剥脱性毒素等。

（八）抵抗力

金黄色葡萄球菌对外界环境抵抗力极强，在固体培养基上或脓性渗出物中可长时间存活。对干燥、热、高盐都有抵抗力，在干燥环境中可存活3～6个月，在干燥的脓汁或血液中可存活2～3

个月，反复冷冻 30 次仍能存活；70℃、1 h，80℃、30 min 才能杀死，但煮沸后可迅速死亡；在含 10% ～ 15% NaCl 培养基中可以生长，因此，可用 7.5% NaCl 高盐培养基从污染严重的临床病料中分离金黄色葡萄球菌。金黄色葡萄球菌对许多消毒药有抵抗力，一般消毒药需 30 min 方能奏效，但 3% ～ 5% 石炭酸处理 3 ～ 15 min，70% 乙醇数分钟，0.1% 升汞 10 ～ 15 s 可杀死该菌，0.3% 过氧乙酸也有较好的消毒效果。此外，金黄色葡萄球菌对碱性染料敏感，可应用 1% ～ 3% 龙胆紫溶液治疗葡萄球菌引起的化脓症；1∶20 000 的洗必泰、消毒净、新洁尔灭可在 5 min 内杀死该菌。金黄色葡萄球菌对抗生素容易产生耐药性。

三、流行病学

金黄色葡萄球菌在自然界分布广泛，土壤、尘埃、空气、水、饲料、地面、粪便及物体表面均有该菌存在。健康禽类皮肤、羽毛、眼睑、黏膜、肠道等都有葡萄球菌的存在，同时该菌还是家禽孵化、饲养、加工环境中的常在微生物。所有禽类如鸡、鸭、鹅、野鸡、火鸡、鸽子、鹌鹑等均易感，死亡率差异较大，一般在 2% ～ 5%，最高可达 80%；各个日龄的鸡都可感染，呈现不同症状，但以 40 ～ 60 日龄的鸡发病最多，多呈急性败血症，发病率可达 50%，通常为 1% ～ 15%。成年鸡发病较少，通常呈慢性经过，以关节炎和滑膜炎为主，1 周龄以内的雏鸡以脐炎为主；平养和笼养都有发生。

该病一年四季均可发生，雨季、潮湿的夏秋季节发生较多。创伤的皮肤和黏膜是主要的感染途径，但也可以通过消化道和呼吸道传播，雏鸡脐带感染也是常见的途径，凡是能够造成鸡只皮肤、黏膜完整性遭到破坏的因素均可成为发病的诱因，如断喙、刺种疫苗、划伤或啄伤、带翅号、网刺、刮伤和扭伤等都可引起该病的暴发；接种马立克疫苗、雏鸡雌雄鉴别，也都有可能造成该病的发生；该病还可继发于鸡痘，鸡痘造成的皮肤损伤，极易继发葡萄球菌感染，临床上见于鸡痘流行过程中或流行后期，鸡只病情恶化，死亡率升高，损失严重；免疫系统由于传染性法氏囊病、鸡传染性贫血或马立克病等病毒感染而遭到破坏，容易发生败血性葡萄球菌病，并导致感染鸡的急性死亡。该病的发生与饲养管理水平、环境污染程度、饲养密度等因素有直接关系，饲养管理不良如拥挤、通风不良、鸡舍氨气过浓，环境中葡萄球菌数量过多，饲料单一、缺乏维生素及矿物质等均可促进该病的发生。

病鸡是主要传染源，金黄色葡萄球菌可污染土壤、空气、尘埃、饮水、饲料等，当鸡群有外伤或机体抵抗力下降，或饲养管理不良时，接触到带菌鸡群或被金黄色葡萄球菌污染的环境便能感染发病，饲养人员也可能带菌，成为传染源。当孵化室不清洁时，细菌极易通过蛋壳空隙进入蛋内，从而感染胚胎。雏鸡出壳时易感染葡萄球菌发生脐炎，很快出现葡萄球菌败血症死亡。经消化道感染可引起食物中毒和胃肠炎，经呼吸道感染可引起气管炎、肺炎等，该病也常成为其他传染病混合感染或继发感染的病原。

四、症状

鸡感染葡萄球菌后可产生不同的疾病类型，病鸡表现的症状和病理变化也有很大差异。临床以急性败血型、慢性关节炎型、脐炎型、眼型和肺型为主，后两者较为少见。

（一）急性败血型

鸡葡萄球菌病的常见病型，多见于雏鸡和育成鸡。病鸡精神不振，饮水减少，食欲减退或废绝，嗉囊积食；不愿活动，常呆立一处或蹲伏，两翅下垂，缩颈，眼半闭呈嗜睡状；羽毛蓬松凌乱，无光泽；部分病鸡下痢，排出灰白色或黄绿色水样稀便。翼下部出现广泛的弥漫性浮肿，初期从翼根部开始，很短的时间扩散到整个翼下，从翼下扩展到胸腹部，患部呈暗红色，可伴发皮下或肌肉出血。在濒死期或死后可见较为特征的症状为胸腹部（甚至波及嗉囊周围）、大腿内侧、头部、下颌部和趾部湿润、肿胀、皮下疏松浮肿，潴留数量不等的血样渗出，外观呈紫色或紫褐色，有波动感，局部羽毛潮湿，易脱落，或用手一摸即可脱落，有的病鸡可见自然破溃，流出茶色或暗红色液体，周围羽毛被沾污（图 4–23–5 至图 4–23–9）。部分鸡翅膀背侧及腹面、翅尖、尾、脸、背及腿等不同部位的皮肤出现大小不等的出血、糜烂、炎性坏死，局部出现暗紫色的干燥结痂，羽毛脱落，鸡冠、肉髯呈紫黑色（图 4–23–10、图 4–23–11）。病鸡在 2 ～ 5 d 死亡，急性者 1 ～ 2 d 死亡，有的胸部出现浮肿后随即死亡。急性败血型的平均死亡率为 5% ～ 50%，少数急性暴发病例死亡率最高可达 60%。这种类型最为严重，造成的损失也最大。

（二）关节炎型

成年鸡和肉种鸡的育成阶段多发。除一般症状外，病鸡跖、跗、趾关节肿大（图 4–23–12），发热，触摸敏感，附近的肌腱、腱鞘也发生炎性肿胀，局部呈紫红色或紫黑色（图 4–23–13），有的可见破溃，流出血样和脓性分泌物，有的可见干酪样黄白色坏死物，并结为黑色痂皮。有的鸡出现趾瘤，脚掌肿大，切开可见趾瘤内含有浆液性或干酪样渗出物；有的趾尖发生坏死，呈黑紫色，较干涩（图 4–23–14），此型病程多为 10 余天或 1 个月以上，有的病鸡趾端坏疽，干脱。病鸡站立时频频抬脚，驱赶时运动障碍，跳跃式步行，跛行，瘫痪或侧卧，不喜站立，多卧伏，一般仍有饮、食欲，常因采食困难，而被其他鸡只踩踏，病鸡逐渐消瘦，最后衰弱死亡。如果发病鸡群是因鸡痘继发感染而引起的，部分病鸡还可见到鸡痘的症状。

（三）脐炎型

孵出不久的雏鸡感染葡萄球菌病的一种病型，1 ～ 3 日龄多发。鸡胚及新出壳的雏鸡脐孔闭合不全，葡萄球菌感染后，引起脐炎。病鸡精神沉郁，眼半闭无神，可见腹部膨大，脐孔发炎肿胀、潮湿，局部呈黄红、紫黑色，质地稍硬，间有分泌物，常称“大肚脐”。腹部皮下水肿，有波动感，穿刺有黄褐色液体流出。脐炎病鸡一般在出壳后 2 ～ 5 d 死亡。一旦发病，病程短，病死率较高，存活的雏鸡很少。

（四）眼病型

除在败血型后期出现外，也可单独出现。表现为上下眼睑肿胀、闭眼，有脓性分泌物。早期眼半开半闭，后期分泌物增多，眼睛完全闭合。用手掰开上下眼睑，可见眼结膜红肿，眼角有大量分泌物，并见有肉芽肿。病程长的病鸡，眼球下陷，有的失明，有的见眶下窦肿胀，最后病鸡被踩踏，衰竭死亡。

（五）肺型

多见于 50 ～ 70 日龄的鸡。主要表现为全身症状及呼吸障碍，以肺部淤血、水肿和肺实质变化为特征。该种病型较少见，死亡率约为 10%，常与败血型混合发生。

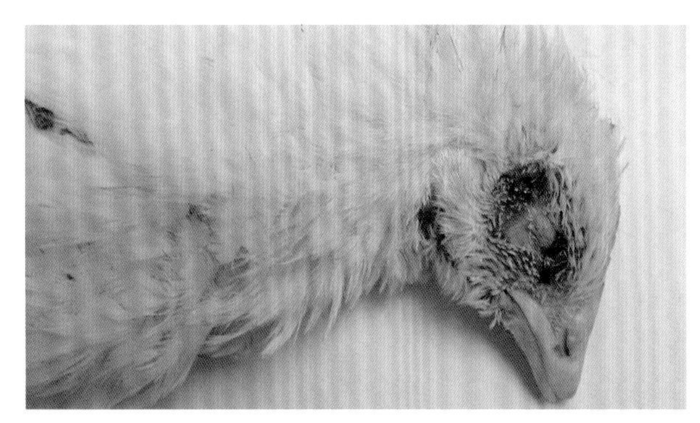
图 4-23-5　头颈部皮肤出血、溃烂（刁有祥　供图）

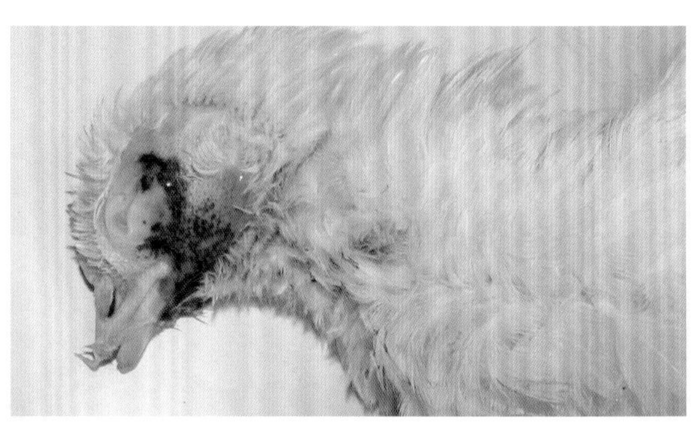
图 4-23-6　头颈部羽毛脱落，出血（刁有祥　供图）

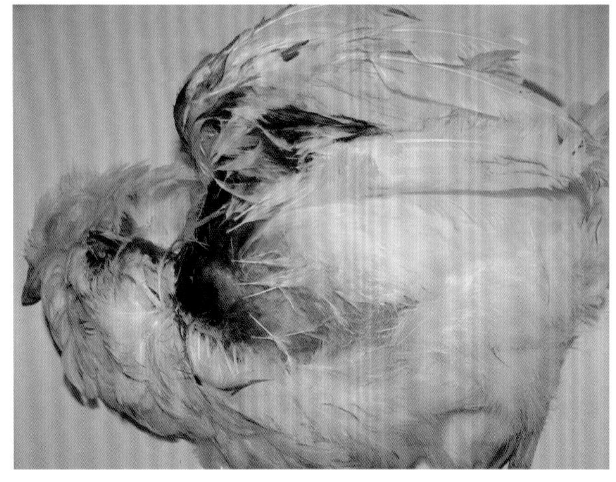
图 4-23-7　胸腹部皮肤溃烂，出血（刁有祥　供图）

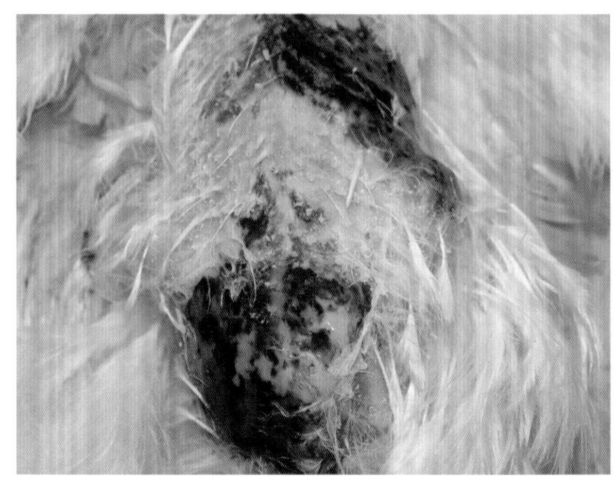
图 4-23-8　胸腹部、背部皮肤溃烂，出血（刁有祥　供图）

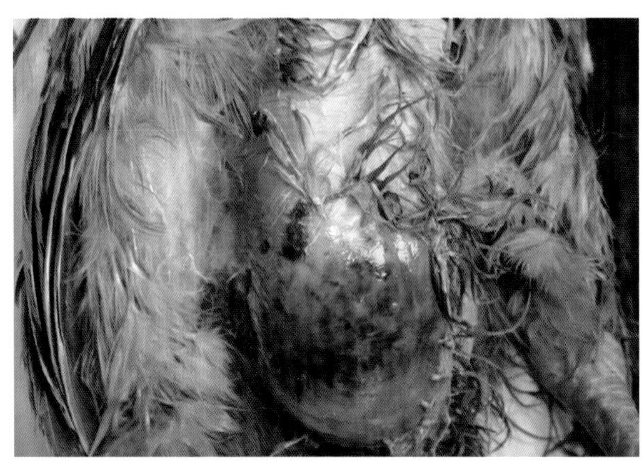
图 4-23-9　胸腹部羽毛脱落，皮肤溃烂，出血（刁有祥　供图）

图 4-23-10　翅膀皮肤溃烂，出血（刁有祥　供图）

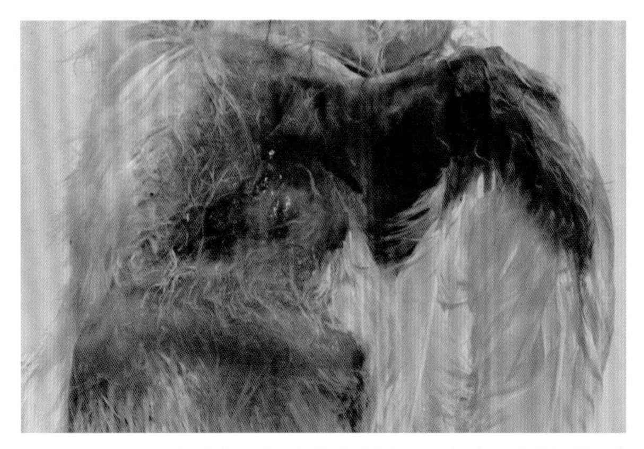
图 4-23-11　胸腹部、翅膀皮肤溃烂，出血（刁有祥　供图）

图 4-23-12　脚趾关节肿胀，形成脓肿（刁有祥　供图）

图 4-23-13　脚趾部皮肤出血（刁有祥　供图）

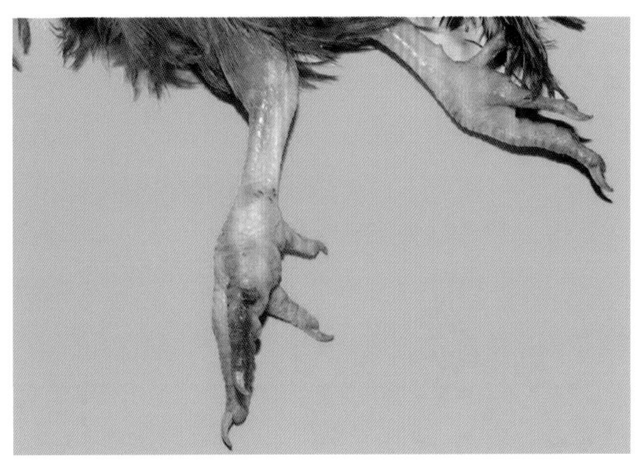

图 4-23-14　脚趾关节肿胀、坏死（刁有祥　供图）

五、病理变化

（一）剖检变化

1. 急性败血型

病死鸡局部皮肤增厚、肿胀，胸部、前腹部羽毛稀少或脱毛，皮肤出血、液化，皮肤呈紫黑色或浅绿色浮肿，有的自然破溃局部沾污，胸腹部皮下充血、溶血，呈弥漫性紫红色或黑红色，积有大量粉红色、浅绿色或黄红色胶冻样渗出物，水肿可蔓延至两腿内侧、后腹部，前达嗉囊周围，但以胸部为多（图 4-23-15、图 4-23-16）。有的胸腹部或腿、翅内侧见有散在出血斑点或条纹状出血，皮下有灰黄色胶冻样水肿液，特别是胸骨柄处肌肉以弥散出血斑或出血条纹为重，病程久者还可见坏死。肝脏肿大，呈淡紫红色，有花纹或花斑样变化，小叶明显（图 4-23-17）。在病程稍长的病例，肝脏表面还可见数量不等的白色坏死点；脾脏、肾脏肿大，紫红色，有白色坏死点。肺脏出血，呈紫红色或紫黑色，质地柔软，无弹性（图 4-23-18）。腹腔脂肪、腹腔内膜、肌胃浆膜等有时可见紫红色水肿或出血（图 4-23-19）。心包积液，呈黄红色半透明，心冠脂肪及心外膜偶见出血。有时还可见肠内容物呈水样，肠黏膜有出血性炎症。

2. 关节炎型

关节肿大，皮肤、关节和滑膜水肿、出血（图 4-23-20），滑膜增厚，充血或出血，关节腔内有浆液性、黏液性或黄色脓性或维素性渗出物；肌腱、腱鞘肿胀变形，有的关节软骨处出现糜烂和干酪样物；病程较长的慢性病例形成干酪样坏死，关节周围结缔组织增生致关节畸形；肝脏肿大，呈黄白色、青紫色（图 4-23-21）、黄绿色，质脆，表面有数量不等的灰白色坏死点；肺脏紫黑色。

3. 脐炎型

脐部肿大，发炎，呈紫红色或紫黑色，有暗红色或黄红色渗出液，时间稍久则为脓样或干酪样坏死物；脐孔不合，积有脓血样物，液体状或内混絮状物，有时稀薄如水；卵黄吸收不良，呈黄红或黑灰色；肝脏有出血点，胆囊肿大。因葡萄球菌死亡的胚胎枕下部皮下水肿，有胶冻样浸润，色泽不一，杏黄或黄红色，甚至粉红色；严重者头部及胸部皮下出血，胸腔积有暗红色液体。

4. 眼病型

病鸡眼结膜发炎，充血、出血；眼睛肿胀突出，闭眼，眼角流出黄色脓性黏液，严重者眼眶下窦肿胀突出，有肉芽肿；病程较长者，眼球下陷干缩；部分病鸡胸腹部皮下有出血斑点，心冠脂肪有少量出血点。

5. 肺型

肺部以淤血、水肿和实变为特征，有时可见肺脏呈黑紫色、质地变软，有脓性坏疽样病变。

（二）组织学变化

组织学变化表现为肝细胞肿胀，肝细胞空泡变性，细胞质内出现大小不一的脂滴，脂滴相互融合，将细胞核挤向一侧，肝细胞结构消失、坏死，血管周围单核细胞和异染性白细胞浸润（图4-23-22）。脾脏红髓体积增大，白髓体积缩小；淋巴细胞因弥漫性坏死、崩解而减少；脾髓中出现散在的、大小不等的坏死灶（图4-23-23）。肾小管管腔变窄或闭锁；肾小管上皮细胞变性、坏死（图4-23-24）。肺脏肺房壁毛细血管扩张、充血；肺房内有红细胞、炎性细胞等，炎性细胞中以中性粒细胞为多（图4-23-25）。心脏出血，心肌纤维断裂、间隙增宽，有大量炎性细胞浸润（图4-23-26）。法氏囊出血，大量淋巴细胞崩解、坏死（图4-23-27）。关节滑膜和腱鞘增厚，可见圆形细胞、异染性白细胞和葡萄球菌菌块。

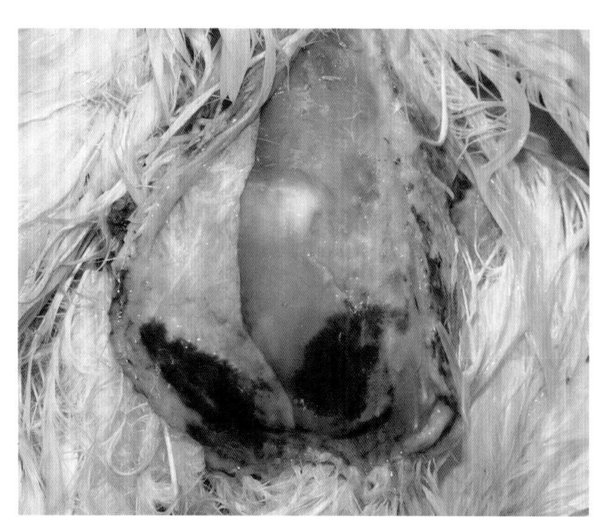

图4-23-15　腹部皮下出血（刁有祥　供图）

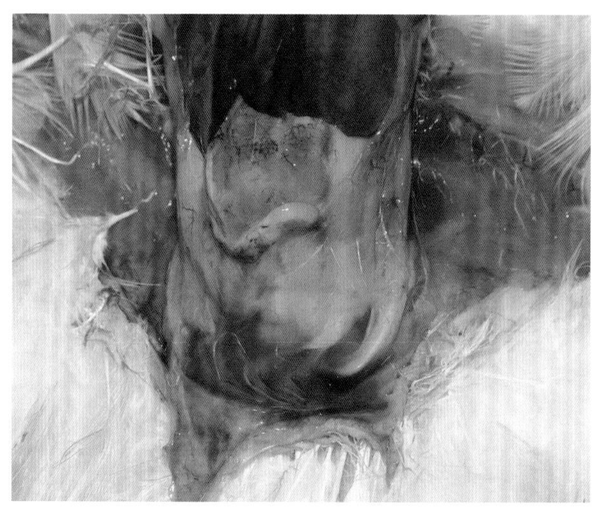

图4-23-16　腹部皮下出血、水肿（刁有祥　供图）

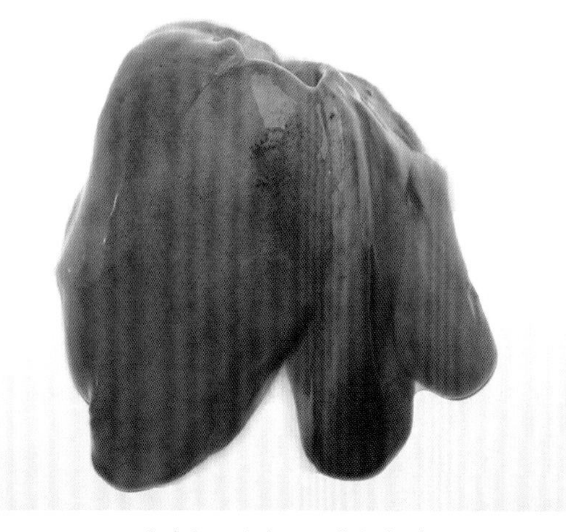

图4-23-17　肝脏肿大、出血，呈紫红色（刁有祥　供图）

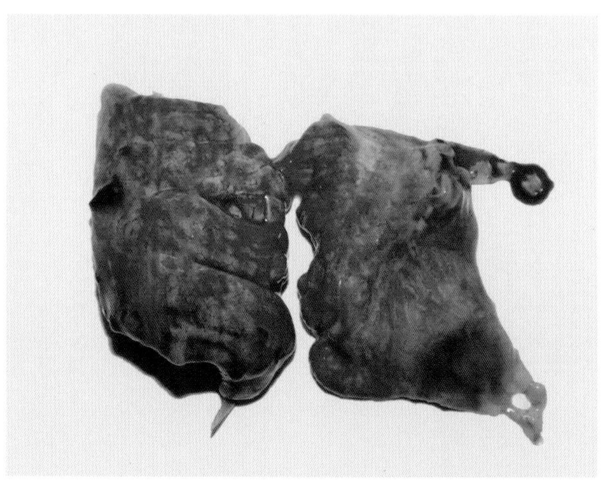

图4-23-18　肺脏出血，呈紫红色（刁有祥　供图）

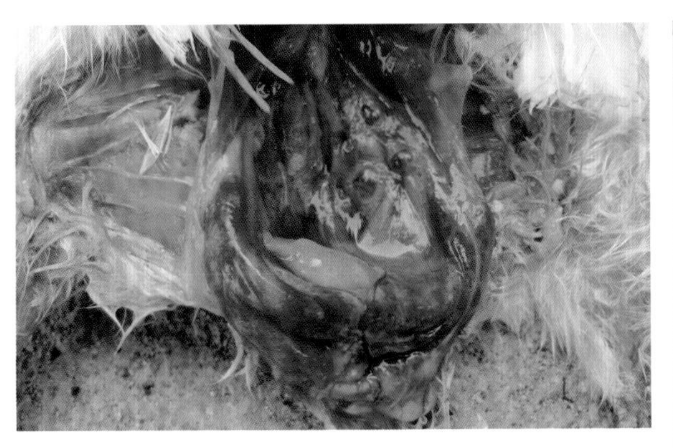

图 4-23-19　腹腔内膜出血，肾脏肿大（刁有祥　供图）

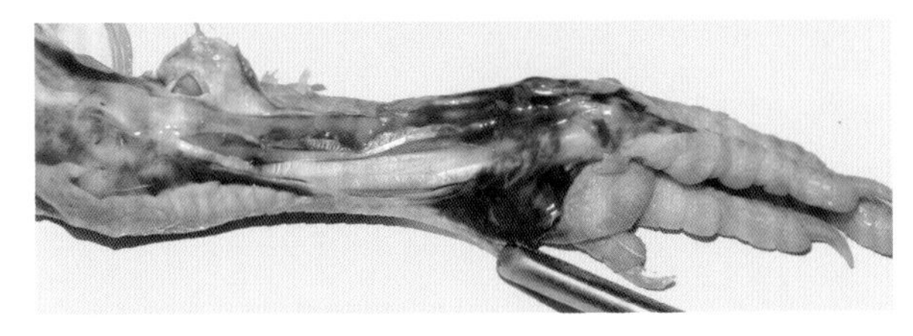

图 4-23-20　腿部皮下出血（刁有祥　供图）

图 4-23-21　肝脏肿大，呈紫黑色（刁有祥　供图）

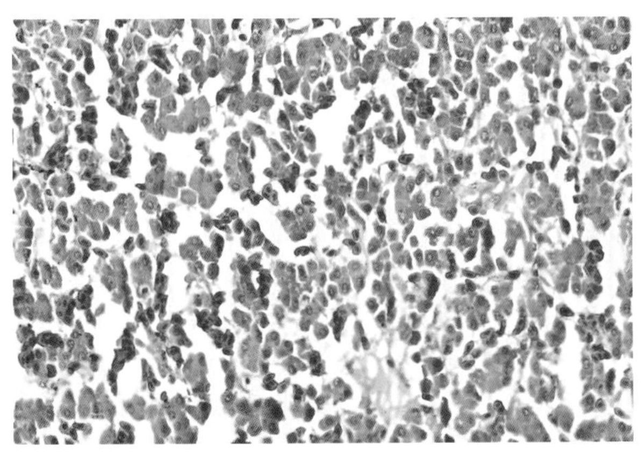

图 4-23-22　肝细胞索结构紊乱，肝细胞崩解坏死（刁有祥　供图）

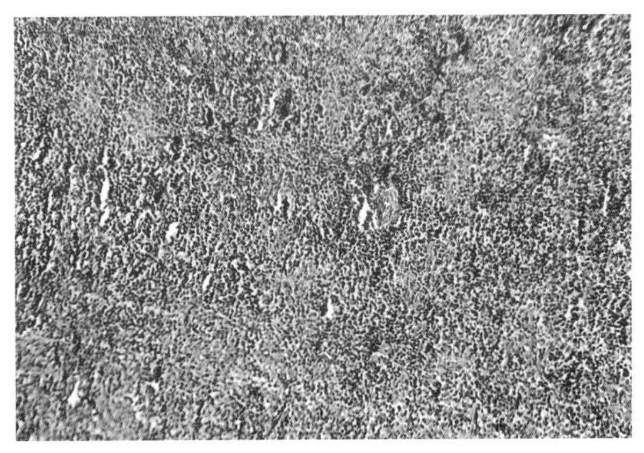

图 4-23-23　脾脏出血，淋巴细胞崩解坏死（刁有祥　供图）

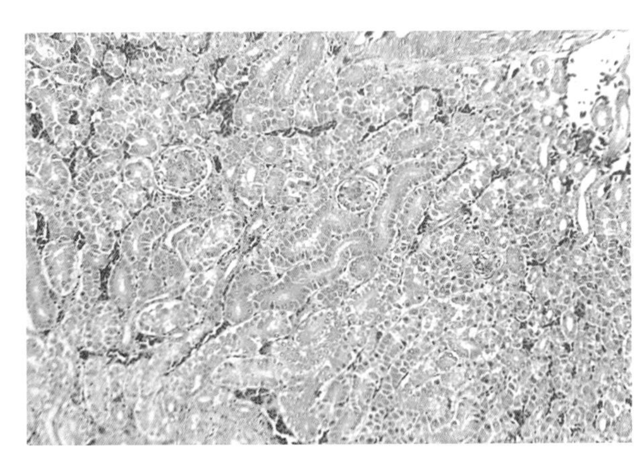

图 4-23-24　肾脏出血，肾小管上皮细胞变性、坏死（刁有祥　供图）

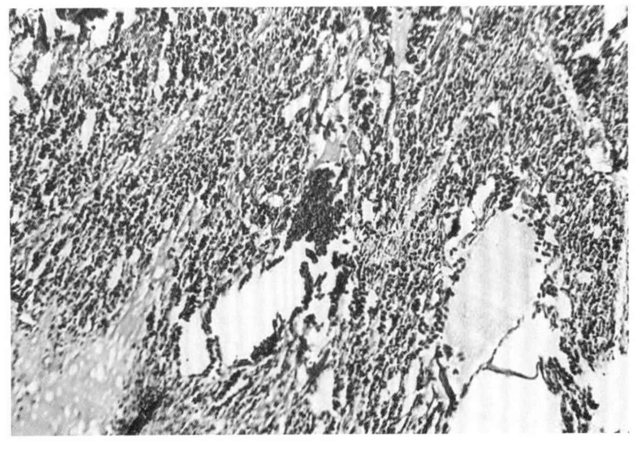

图 4-23-25　肺脏出血，淋巴细胞浸润，肺房中大量炎性渗出（刁有祥　供图）

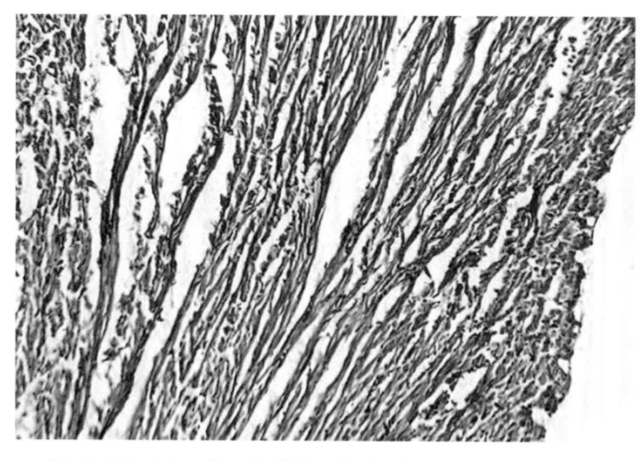

图 4-23-26 心肌纤维断裂、间隙增宽，有大量炎性细胞浸润（刁有祥 供图）

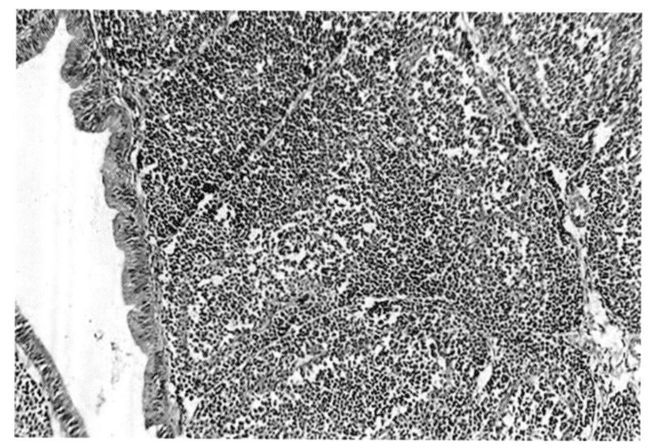

图 4-23-27 法氏囊淋巴细胞崩解、坏死（刁有祥 供图）

六、诊断

鸡葡萄球菌病的诊断，主要根据发病特点（有外伤等外部因素存在，40 ～ 60 日龄多发，饲养管理不良）、症状（败血型、关节炎型、脐炎型、眼病型等病型）及病理变化（胸腹部皮下有大量渗出液，体表皮肤出血、坏死，病程稍长病例肝脾坏死，关节炎及雏鸡脐炎等），可作出初步诊断，确诊需要进行实验室检查。

（一）病料的采集与处理

对有特征症状或死后有特异性病变的病死鸡，常采集皮下渗出液、脓汁、肝、脾、关节腔渗出液，雏鸡卵黄囊等。由于该菌抵抗力较强，在病料的运送过程中不需要特殊的保护措施。

（二）直接镜检

根据不同病型采取病变部位病料（关节液、脐部、肝脏、脾脏、皮下渗出液，雏鸡卵黄囊、肝、死胚）涂片、镜检、染色，可见到大量球菌，根据细菌形态、排列和染色特性，可作出初步诊断。视野内可见到大量单个、成对或排列成葡萄串状的革兰氏阳性球菌。

（三）分离培养与鉴定

无菌采集皮下、关节囊内分泌物或取肝脏、脾脏、心血等病料，接种到普通琼脂培养基、5%绵羊血液琼脂平板或高盐甘露醇琼脂上进行分离培养。接种普通琼脂平皿上 37℃培养 18 ～ 24 h 形成湿润、表面光滑、隆起的圆形菌落，直径一般为 1 ～ 3 mm。菌落初成灰白色，继而为金黄色、白色或柠檬色；接种血液琼脂平板，可见生长菌落较大，致病性菌株菌落周围有明显的溶血环（β溶血）；污染严重的病料，应同时接种盐甘露醇琼脂平板，37℃培养 24 h 后，置于室温 1 ～ 2 d，血平板上出现金黄色、周围有溶血环的菌落，高盐甘露醇培养基上形成周围有黄色晕圈的菌落。取典型菌落涂片染色镜检，可见大量典型的葡萄串状球菌。

分离得到的葡萄球菌毒力强弱及致病性如何，尚需进行一些试验方可确定，凝固酶阳性、金黄色菌落产生溶血反应、分解甘露醇者均为致病菌。

1. 生化反应

取上述菌落样品进行生化试验。致病菌株多能分解甘露醇，还原硝酸盐，产生过氧化氢酶和凝固酶，多数菌株能分解葡萄糖、麦芽糖、乳糖，产酸不产气。

2. 凝固酶试验

凝固酶试验常用于鉴定葡萄球菌致病性，一般有两种方法。一种为玻片法，即用新鲜分离培养物与兔血浆混合后，出现颗粒为阳性反应；另一种为试管法，挑取新鲜菌落按 1∶4 比例与兔血浆混合均匀，37℃培养 24 h，管内血浆呈胶冻状凝固者为强阳性；管内血浆沿管壁凝固者为弱阳性；管内血浆完全不凝固者为阴性，该方法较为准确。

3. 动物试验

取 24 h 细菌培养物 1 mL 皮下注射家兔，局部皮肤溃疡、坏死；静脉接种 0.1 ～ 0.5 mL，于 24 ～ 48 h 死亡。剖检可见浆膜出血，心脏、肾脏等器官有大小不等的脓肿，取病料检查可见葡萄球菌。用分离到的葡萄球菌培养物皮下接种 40 ～ 50 日龄健康鸡，经 20 h 可见注射部位出现炎性肿胀，破溃后流出大量渗出液，24 h 后开始死亡，症状、病变与自然病例相似，并可从接种后的发病鸡体内重新分离到金黄色葡萄球菌。

七、类症鉴别

该病要注意与坏疽性皮炎、病毒性关节炎、大肠杆菌病、禽霍乱、滑液囊支原体病和硒缺乏症等疾病相区别。

（一）葡萄球菌病与坏疽性皮炎

坏疽性皮炎由魏氏梭菌和腐败梭菌引起的，且易与葡萄球菌混合感染，镜检可发现大量革兰氏阳性大杆菌。坏疽性皮炎多发生于 4 ～ 16 周龄的鸡和火鸡，病死鸡大腿、胸腹部皮肤和深层组织、翅尖和趾可见坏死。另外，还可见出血性心肌炎，肝脏呈棕绿色、有坏死点。

（二）葡萄球菌病与病毒性关节炎

病毒性关节炎多发生于肉鸡，有关节肿大、腿外翻、跛行等症状，但体表没有化脓、溃烂，细菌分离检查常呈阴性，且病鸡精神、食欲无明显变化，很少死亡。感染葡萄球菌的鸡群关节肿大、发热、触摸有疼痛感，卧地不起，常因不能采食、被践踏而死，细菌学检查可确诊。

（三）葡萄球菌病与大肠杆菌败血症

大肠杆菌败血症由致病性大肠杆菌引起，病鸡排黄绿色稀便，特征性病变为纤维素性心包炎、肝周炎和气囊炎，剖开腹腔有腐败气味。而葡萄球菌败血症不表现这些特点。取病死鸡病变组织触片、革兰氏染色，镜检可见粉红色杆菌，而葡萄球菌则为蓝紫色球菌。

（四）葡萄球菌病与禽霍乱

禽霍乱的病原为多杀性巴氏杆菌，瑞氏染色呈两极着色，葡萄球菌则没有这种特点；病鸡主要表现为口鼻流出黏液，呼吸困难，张口呼吸，常摇头，而葡萄球菌败血症呼吸道症状不明显；霍乱剖检病变主要表现为心肌和心冠脂肪出血，肝脏表面有针尖或小米粒大小白色坏死点，十二指肠和空肠出血明显。而葡萄球菌败血症主要表现为皮肤肿胀、溃烂、出血，内脏器官病变不明显，这是两者区别。

（五）葡萄球菌病与滑液囊支原体感染

滑液囊支原体感染多发生于 9 ～ 12 周龄的鸡，多经蛋传播，非外伤引起。临床表现也有关节肿胀及跛行等症状，关节腔内有黏稠、灰白色渗出物，但病程较长，体表各部位不出血、化脓或溃烂，链霉素或泰乐菌素治疗有效，而青霉素和磺胺类药物无效，经血清学检查即可确诊。葡萄球菌引起的关节炎，其肿胀关节呈紫红色或紫黑色，这是两者的区别。

（六）葡萄球菌病与硒缺乏症

硒缺乏症多发生于 15 ～ 30 日龄雏鸡，渗出液蓝绿色，局部羽毛不易脱落，有明显神经症状出现。主要病变为胰腺变性坏死和纤维化，病鸡躯体较低部位皮下充血，呈蓝紫色，并有浅绿色水肿，若无继发感染，镜检一般见不到细菌，补硒后可很快控制。而葡萄球菌病多发生于 40 ～ 60 日龄的雏鸡，渗出液紫黑色，局部羽毛易脱落，无明显神经症状。

八、防治

（一）预防

葡萄球菌是环境中广泛存在的细菌，也是一种条件致病菌，因此可以通过加强饲养管理、做好鸡场的卫生防疫工作来有效预防该病发生。

1. 加强饲养管理

加强饲养管理，提高鸡的抵抗力。饲料中要保证合适的营养物质，特别是要供给足够的维生素和矿物质；保持良好通风和干燥，避免拥挤；保持合理的光照、密度，保持舍内安静；避免鸡只发生外伤，鸡舍、笼具铁丝网结构要合理，防止铁丝刺伤皮肤；彻底清除鸡舍内的污染物和尖锐的杂物如铁丝、碎玻璃等，防止外伤发生；适时断喙，防止互啄，及时检修笼具，防止鸡划伤；在断喙、带翅号、免疫接种时要做好消毒工作；对有外伤的鸡只应及时进行处理，防止感染。保持鸡舍、用具和饲养环境的清洁、卫生，并做好消毒工作，减少感染机会；定期用 0.3% 过氧乙酸进行鸡舍的带鸡喷雾消毒，可以减少环境中的含菌量，消除传染源；做好孵化场内的卫生和消毒工作，做好种蛋的消毒，入孵前对种蛋、孵化器、育雏器都应按规定定期消毒；此外，也应做好工作人员的清洁、卫生和消毒工作，防止污染葡萄球菌，引起鸡胚、雏鸡感染或发病。

做好鸡痘的免疫接种是预防该病的重要手段，在鸡痘常发地区应适时接种鸡痘疫苗，防止发生鸡痘，大大减少发病机会；在刺种鸡痘疫苗或注射接种其他疫苗时，要做好皮肤消毒工作。

2. 免疫预防

国内用于鸡葡萄球菌防治的疫苗有油乳剂菌苗和氢氧化铝菌苗，经广泛试验证明安全，有一定的预防效果。在 20 ～ 25 日龄（新城疫二免前后）左右免疫接种，14 d 左右产生免疫力，保持免疫期达 2 个月左右，对鸡葡萄球菌病可起到良好的预防效果。疫苗免疫时做好注射用具及注射部位的消毒工作。种鸡开产前 2 周左右可接种多价葡萄球菌灭活疫苗，可降低该病发生。

（二）治疗

鸡群一旦发病，应及时治疗，并对整个鸡场实行全面消毒，对于严重的病鸡要及时淘汰。常用的抗生素都会有一定治疗效果，但葡萄球菌的耐药性问题很严重，在用药上应充分给予重视，治疗前应做好药敏试验。发病初期有食欲时，立即全群用药，可口服抗生素类药物使鸡体内达到有效的药物浓度。常用药物和使用方法如下。0.01% 环丙沙星饮水，连用 3 ～ 5 d；磷霉素饮水 250 mg/L，连用 3 ～ 5 d，或每千克饲料中添加 500 mg，连用 3 ～ 5 d；用头孢类药物饮水有较好的治疗效果。当口服不能达到有效药物浓度时，可肌内注射抗生素类药物。青霉素肌内注射，每千克体重 3 万～ 5 万 U，连用 2 ～ 3 d，效果较好；重症鸡可肌内注射新诺明，每千克体重 20 ～ 30 mg，每天 1 次，连用 3 d。某些菌株会产生耐药性，交替用药对该病治疗效果最佳。

同时，饲料中可增加维生素含量，尤其是维生素 K。鸡舍、饲养管理用具及外周环境要严格消毒，消灭散播在环境中的病原体，尽快扑灭疫病。金黄色葡萄球菌能产生葡萄球菌肠毒素，是引起人类毒素性食物中毒的重要原因之一，故患有该病鸡只或其副产品严禁出场销售，禁止食用。

第二十四节　链球菌病

鸡链球菌病（Chicken streptococosis）是由非化脓性、有荚膜链球菌所引起的鸡的一种传染病，常散发出现，多被忽视。患病鸡群以疲乏无力，高度昏睡为主要特征，又名禽睡眠病。禽类链球菌病在世界各地均有发生，有的表现为急性败血症，死亡率高，有的呈慢性感染，死亡率较低，产蛋率下降，死亡率为 0.5% ～ 50%。链球菌在自然界中广泛存在，在家禽饲养环境中分布亦广泛，该病多为继发感染。

一、历史

Agirmi（1956）报道了患病母鸡经畸形蛋而传递的粪链球菌，Harry（1957）报道从 411 个死胚中有 75 个分离到肠球菌。我国何维明和刘慧珍（1980）从陕西省两个疫区鸡场的雏鸡中分离出鸡链球菌菌株。

二、病原

链球菌病的病原是链球菌，链球菌属于乳酸杆菌目（Lactobacillales）、链球菌科（Streptococcaceae）、链球菌属（*Streptococcus*）。根据兰氏分类方法，目前已确定 20 个血清群，A ～ V，导致鸡链球菌病的是 C 群的马链球菌兽疫亚种和粪肠球菌。

（一）形态与染色特性

链球菌是革兰氏阳性球菌，有较厚的荚膜，不能运动，不形成芽孢，兼性厌氧，卵圆形或圆形，直径小于 2 μm，单个、成对或呈短链存在（图 4-24-1）。在家禽体内以双球菌或 6 ～ 8 个菌排列成链状存在，在液体培养基中呈长链状，在固体培养基上呈双球状。

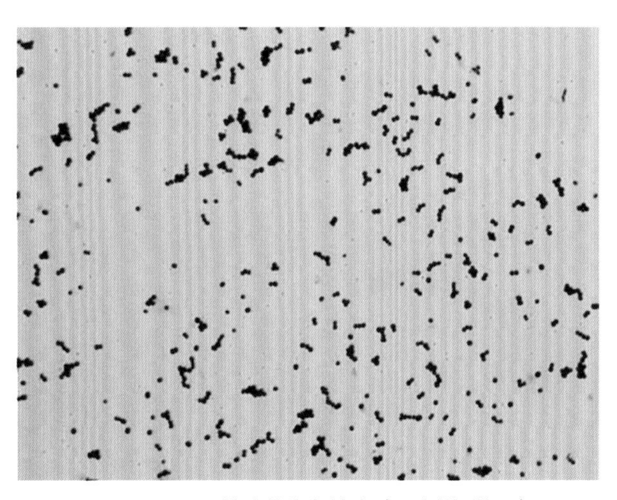

图 4-24-1　链球菌染色特点（刁有祥 供图）

（二）生化特性

禽源链球菌能发酵葡萄糖、蔗糖、乳糖、山梨醇、L-阿拉伯糖和水杨苷，产酸不产气，不能发酵海藻糖、棉籽糖、甘露醇等，接触酶阴性，过氧化氢酶试验阴性。在牛乳中生长旺盛，不使牛乳凝固。

（三）培养特性

最适生长温度为 37℃，最适生长 pH 值为 7.4 ～ 7.6，对营养要求较高，普通培养基上生长不良，菌落为细小、圆形、灰白色、光滑、隆起的露滴状，需要添加血液、血清、葡萄糖等。在血液琼脂培养基上生长良好，形成 0.1 ～ 1.0 mm、灰白色、表面光滑、边缘整齐、隆起的小菌落，马链球菌兽疫亚种呈 β 溶血，粪肠球菌呈 α 溶血或不溶血，产杀细胞毒素。在血清肉汤培养基中生长成絮状沉淀，起初轻度浑浊，继而变清亮，于管底形成颗粒状沉淀。马链球菌兽疫亚种不能在麦康凯培养基上生长，可与其他链球菌鉴别。

（四）致病性

链球菌能产生多种毒素和酶，可致人、马、牛、猪、羊、犬、猫、鸡、实验动物和野生动物等发生多种疾病。链球菌的不同致病菌株，分别产生链球菌溶血素、致热外毒素、链激酶、链道酶、透明质酸酶等，其性质和作用与葡萄球菌的酶类似，这些产物与该菌的致病性密切相关。致病性链球菌细胞壁上的脂磷壁酸等与动物皮肤及黏膜表面的细胞具有高度的亲和力，其荚膜成分、M 蛋白等具有抗吞噬作用，后者是菌毛样物，还有黏附作用。

（五）抵抗力

链球菌对理化因子的抵抗力不强，对热敏感，煮沸很快被杀死，80℃、5 min 即可致弱。一般消毒药均有效，对青霉素、磺胺类药物敏感，在尘埃或鸡舍中可存活数月。

三、流行病学

链球菌在自然界中广泛存在，同时又是禽类肠道菌群的组成部分，当鸡群中存在其他疾病或有应激因素时，往往易导致鸡群发病，常与新城疫病毒、卡氏住白细胞虫、大肠杆菌、葡萄球菌、多杀性巴氏杆菌混合感染，单独感染发病时，易继发呼吸道疾病。鸡、鸭、鹅、火鸡、鸽子等对该病均易感，成年鸡一般不发病，雏鸡和鸡胚感染最为严重，死亡率为 1% ～ 50%。链球菌主要通过消化道和呼吸道传播，也可通过损伤的皮肤传播，蜱等也是传播者。

该病传染源为带菌鸡群或病鸡，受到污染的饲料、饮水、空气可传播该病，也可经种蛋垂直传播，当蛋壳受到污染后感染鸡胚，孵化成为带菌鸡，造成该病的暴发和流行。应激因素如气候突变、温度过高、密度过大、长途运输、卫生条件差、饲养管理不良、鸡体抵抗力下降等，均可促使该病发生。该病无明显的季节性，通常为散发或地方流行，各日龄、各品种的鸡也都能感染，以 2 月龄以内的雏鸡发病较多。实验条件下，火鸡、鸽子、鸭、鹅、家兔、小鼠均对其敏感，气雾感染兽疫链球菌和粪链球菌时，可引起鸡发生急性败血症和肝脏肉芽肿，死亡率较高。鸡场首次发病后，若治疗不彻底和未施行严格彻底消毒，往往连续发病，有并发症时死亡率升高。

四、症状

马链球菌兽疫亚种感染的表现主要是精神倦怠，组织充血，羽毛蓬松，排出黄色稀粪，病鸡消瘦，冠和肉髯苍白。粪肠球菌感染鸡群表现为急性和亚急性（或慢性）两种病型。

（一）急性型

呈败血症经过，鸡群突然发病，精神委顿、缩颈嗜睡，怕冷，体温升高，黏膜发绀，有时喉头水肿；食欲下降或废绝，持续下痢，排水样淡黄色或灰绿色稀便；羽毛粗乱无光泽，呼吸困难，鸡冠和肉髯苍白或发紫，有时可见肉髯肿大；雏鸡头部轻微震颤，腿和翅麻痹，胸部皮肤呈黄绿色，行走摇摆，痉挛，成年鸡出现腹膜炎，产蛋鸡产蛋下降或停止。该病型病程短，死亡率一般在30%以上，通常于12～24 h死亡。

（二）亚急性（或慢性型）

病鸡表现精神沉郁，喜卧，食欲废绝；鸡冠、肉髯呈紫色或苍白色，有时水肿；有的病鸡下痢，粪便稀软，呈淡黄色，有时带血，严重者胸部皮下呈黄绿色；结膜潮红，消瘦，不能站立；跛行和头部震颤，或仰于背部，嘴朝天，头藏于翅下或背部羽毛中；有的病例出现眼睑肿胀，流泪，有纤维素性渗出物，严重时导致上下眼睑结痂、闭合，甚至失明；有的病鸡出现羽毛翅膀坏死与神经症状，如两肢轻瘫，运动失调，阵发性转圈运动，角弓反张。

部分鸡感染粪肠球菌后，一定时间内（2～3 d）白细胞增多，其中增多幅度大的鸡发生心内膜炎，在增多的白细胞中，异嗜性粒细胞占优势，而单核细胞只轻度增多。经种蛋传播或入孵种蛋被粪便污染时，可造成晚期胚胎死亡以及雏鸡不能破壳的数量增多。

五、病理变化

（一）急性型

马链球菌兽疫亚种与粪肠球菌所引起的急性型的大体病变相似。

特征是脾脏肿大呈圆球状，肝脏肿大淤血，呈暗紫色，表面可见局灶性密集的小出血点或出血斑，有时见表面有大小不一的红色或黄褐色或白色的坏死点，质地柔软（图4-24-2）。肺脏淤血，发绀，局部水肿，气囊增厚浑浊；喉头充血并有黄白色干酪物，肾肿大充血；心冠脂肪及心外、内膜出血，心包有时见有积液，呈血红色；皮下、浆膜、肌肉水肿，有黄色胶冻样渗出物，肌肉有点状出血；胸腔腹腔内有血红色液体；小肠黏膜红肿，肠道呈卡他性肠炎变化，严重病例盲肠内容物混有大量血液，盲肠壁也有出血；胸腺肿胀，出血，严重的有坏死；有的胸腹部皮下组织水肿；有时可见腺胃黏膜出血或乳头有脓性分泌物。产蛋鸡可见卵黄性腹膜炎及出血性肠炎。若孵化过程中发生感染，常见到脐炎。

（二）慢性型（或亚急性型）

病变主要表现为纤维素性关节炎、腱鞘炎、输卵管炎、纤维素性心包炎和肝周炎、坏死性心肌炎、心瓣膜炎、心内膜炎，还可引起脑炎。瓣膜的疣状赘生物常呈黄色、白色或黄褐色，表面粗糙并附着于瓣膜表面（图4-24-3）。瓣膜病变常见于二尖瓣其次是主动脉或右侧房室瓣。此外，瓣膜性心内膜炎常伴有心脏增大、苍白、心肌迟缓。发生心肌炎的病例在瓣膜基部或心尖部有出血区，肝脏、脾脏或心肌发生梗死，肺脏、肾脏及脑有时也有发生，肝脏梗死多发生于肝脏的腹后缘，并扩展到肝实质，界限分明，随着病程的延长，梗死颜色较浅，形成狭长锋利的带状区。病程长者常见关节炎、输卵管炎、卵黄性腹膜炎和肝周炎等。

图 4-24-2 肝脏肿大，表面有大小不一的黄白色坏死点
（刁有祥 供图）

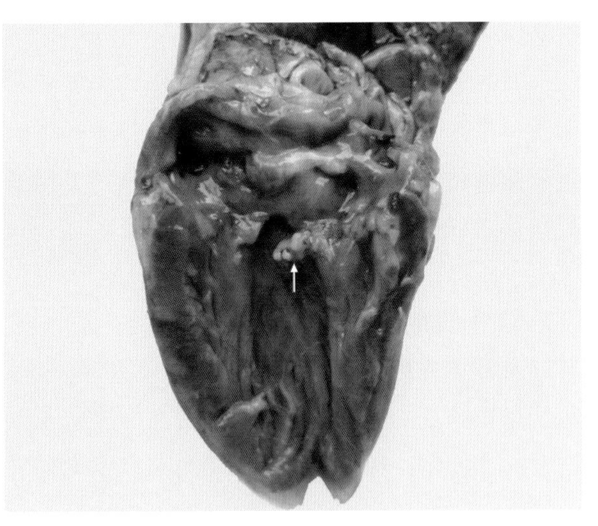

图 4-24-3 心脏瓣膜上有黄白色赘生物
（刁有祥 供图）

六、诊断

链球菌病根据其流行情况、发病症状、病理变化结合涂片检查可以作出初步诊断，确诊需要进行实验室诊断。

（一）涂片镜检

取病死鸡脓汁、关节液、肝脏、脾脏、心血、卵黄囊等病料涂片，用亚甲蓝、瑞氏或革兰氏染色法染色，镜检，可见蓝紫色或革兰氏阳性的单个、成对或短链状排列的球菌，不形成芽孢，可作出初步诊断。

（二）分离培养与鉴定

1. 分离培养

无菌取肝脏、脾脏、心血样本，接种于麦康凯培养基上，粪链球菌生长良好，而兽疫链球菌不能生长；再取样接种于鲜血琼脂平板上，37℃、pH 值为 7.4～7.6，培养 24～48 h，长出灰白色透明、湿润、圆形、光滑、隆起的露滴状小菌落，且菌落周围有 1～2 mm 宽的草绿色溶血环或 2～4 mm 宽、完全透明的溶血环。C 群兽疫链球菌产生 β 溶血，D 群链球菌呈 α 溶血或不溶血。培养物中细菌涂片、染色、镜检，呈双球状或呈短链，菌体周围有荚膜。血清肉汤培养基中，多数管底呈绒毛状或呈颗粒状沉淀物生长，上清液清亮。

2. 生化试验

取上述菌落样品，将其分别加入糖发酵管中，于 37℃培养 24 h，链球菌能发酵葡萄糖、蔗糖、乳糖、山梨醇、L–阿拉伯糖和水杨苷，产酸不产气，不能发酵海藻糖、棉籽糖、甘露醇等，接触酶阴性，过氧化氢酶试验阴性。

3. 分子生物学诊断

随着分子生物学技术的发展，链球菌核酸检测方法越来越受到人们的关注。根据 16S rRNA 作为靶基因，设计引物进行 PCR 检测，可对链球菌病作出快速诊断。

七、类症鉴别

诊断链球菌病时，要注意与其他细菌性败血性疾病，如葡萄球菌病、沙门菌病、禽霍乱、大肠杆菌病及丹毒等相区别。

（一）大肠杆菌病

病鸡症状与病变多样（雏鸡脑炎、卵黄性腹膜炎、气囊炎、关节炎、眼炎、大肠杆菌肉芽肿、败血症等），肝脏肿大呈紫红色或铜绿色，镜检可见革兰氏阴性、无芽孢、有周身鞭毛、两端钝圆的小杆菌。

（二）葡萄球菌病

病鸡外伤感染明显，皮下水肿、充血，呈紫黑色，皮下肌肉有条纹状出血，镜检可见葡萄串状堆集的革兰氏阳性球菌。

（三）沙门菌病

禽副伤寒病鸡饮水增加，排白色水样稀便，怕冷喜热，剖检可见肝脏、脾脏、肾脏有条纹状出血斑或针尖大小坏死灶，小肠出血性炎症，镜检可见革兰氏阴性、两端稍圆的细长杆菌。

（四）禽霍乱

病鸡鸡冠、肉髯呈紫黑色，剖检可见心冠脂肪及心外膜出血，肝脏表面有大量灰白色小坏死点，镜检可见革兰氏阴性、两极着色的圆形小杆菌。

（五）丹毒

丹毒主要造成病鸡体温升高至43℃以上，全身多处脂肪组织出血。

八、防治

（一）预防

该病的发生与环境应激因素的存在密切相关，如气候突变、舍内温度偏低和湿度过大、饲养密度过大、饲养管理不良等，均会促进该病的发生、发展和流行。因此在预防工作上，应采取一般综合性预防措施与合理的饲养管理。

（1）加强饲养管理，提高鸡群对病原菌的抵抗力。保证鸡群营养均衡，全面，饲喂全价饲料；保持鸡舍内合理的饲养密度、温度、湿度，注意空气流通；地面平养的鸡要定期更换垫料，保持场、舍和环境的清洁卫生，消除虫、鼠和野鸟进入的可能；实行封闭管理，严格控制进出鸡场的车辆、人员；在引进外来品种时，要进行隔离观察，只有确认新引进鸡完全健康后才能混群饲养。

（2）做好场舍清洁卫生工作，保持禽舍清洁干燥。建立健全消毒制度，定期对鸡舍进行全方位杀菌消毒，对鸡舍墙壁、饲槽等地方进行全面彻底的消毒，消灭可能存在的病原菌；孵化场的清洗、消毒要严格，种蛋在收集后进行孵化前，采用福尔马林熏蒸消毒或用消毒药浸泡消毒，以大大减少种蛋表面所污染的病原微生物；定期进行带鸡消毒；做好其他降低机体免疫功能疾病的预防工作，提高鸡群抗病力。

一旦发病，经确诊后立即隔离鸡群，并对鸡舍、用具及周围环境进行彻底的清洗和严格的全面消毒，选择安全、高效的消毒剂，每天喷洒 1 ～ 2 次，最大限度杀灭鸡舍及周围环境中的病原微生物。

（二）治疗

确诊后应立即给药，应注意进行药敏试验，选择敏感药物进行治疗。可用头孢噻呋肌内注射，每千克体重 10 ～ 15 mg，连用 3 d，全群用 0.01% 强力霉素饮水，连用 3 d，可控制该病的流行。

还可选用中草药治疗：射干、山豆根各 15 g，1 500 mL 水煎至 1 300 mL，加冰片 0.15 g，灌服供 500 只鸡 1 d 用；野菊花、金银花藤、筋骨草各 50 g，犁头草 40 g，七叶一枝花 25 g，加水煎浓，分 2 次～ 3 次给 500 只鸡灌服或拌料；一点红、蒲公英、犁头草、田基黄各 40 g，积雪草 50 g 加水浓煎，分 3 次灌服或拌料喂给 500 只鸡，每天 1 剂，连用 3 ～ 4 d；金银花、麦冬各 15 g，连翘、蒲公英、紫花地丁、大黄、山豆根、射干、甘草各 20 g，共煎灌服或拌料喂，供 500 只鸡用。

第二十五节　结核病

鸡结核病（Tuberculosis）是由禽分枝杆菌（*Mycobacterium avium*）引起的一种慢性、传染性、消耗性疾病。临床上以多种组织器官形成肉芽肿和干酪样、钙化结节为特征；鸡群一旦被感染则长期存在，难以治愈、控制和消灭，造成鸡只生产能力下降，甚至死亡。因此，必须给予重视。

一、历史

禽结核病由 Cornil 和 Megnin 于 1884 年首次发现，多年来，Roch 一直坚持认为结核杆菌无论分离于哪种动物都是相同的。然而，后来有人证明，禽结核病病原体与牛结核病的病原体不同，与人结核病的病原体也不同，而且人的结核病与牛结核病也不相同。在我国王锡祯等于 1978 年首次证实鸡结核病的存在和流行，首次在实践中提出了简便、易行的全血平板凝集试验，并改进了变态反应诊断方法，大大提高了检出率。

二、病原

（一）分类

禽分枝杆菌是一种环境分枝杆菌，在自然界中普遍存在，可从自然来源的水、土壤、植物、垫料中分离得到。禽分枝杆菌能感染多种禽群，引起以肠道、肝脏和脾脏结核性结节为特征的病变，也可感染人、猪、牛、羊等动物。禽分枝杆菌可分为 4 个亚种，即引起禽结核病的禽分枝杆菌禽亚种（*M. avium* subsp. *Avium*，MAA）；从环境、人及猪分离出的禽分枝杆菌人猪型亚种（*M. avium* subsp. *Hominissuis*，MAH）；引起牛羊等反刍动物副结核病的禽分枝杆菌副结核亚种（*M. avium* subsp. *Paratuberculosis*，MAP）；可导致林鸽禽结核病的禽分枝杆菌森林土壤亚种（*M. avium* subsp.

Silvaticum，MAS）。

（二）形态与染色特点

鸡结核病的病原为禽分枝杆菌禽亚种（MAA），该菌是一种对酸有强耐受性的抗酸性菌。禽分枝杆菌菌体短小，具有多形性，细长、正直或略带弯曲，有时呈杆状、球菌状或链球状等。菌体两端钝圆，平均长 1 ～ 5 μm，宽 0.2 ～ 0.5 μm，无鞭毛，无芽孢，无荚膜，也不运动，以简单的分裂形式繁殖，革兰氏染色呈阳性。与一般革兰氏阳性菌不同，该菌细胞壁不仅有肽聚糖，还有特殊的糖脂。由于糖脂的影响，禽分枝杆菌用常规染色方法很难着色，其常用的染色方法为齐尼（Ziehl-Neelsen）抗酸染色法，以 5% 石炭酸复红染色液加温固定染色，3% 盐酸乙醇脱色并水洗，再加吕氏（Loeffier）亚甲蓝复染液进行复染，水洗晾干，镜检结果分枝杆菌呈红色，其他细菌为蓝色。

（三）培养特点

禽分枝杆菌为需氧菌，在 37 ～ 45℃环境下均可生长，但最适培养温度为 39 ～ 45℃，最适 pH 值为 6.5 ～ 6.8，含 5% ～ 10% 二氧化碳的环境可促进其生长。初次分离该菌时，需营养丰富的特殊酸性培养基，常用的有罗氏固体培养基，内含蛋黄、甘油、马铃薯、无机盐和孔雀绿等，孔雀绿可抑制杂菌生长，便于分离和长期培养。培养基中有无甘油均可促进其生长，若培养基中含有甘油则可形成较大的菌落。禽分枝杆菌接种在含有全蛋和蛋黄培养基上，置 37.5 ～ 40℃培养，10 ～ 21 d 常形成明显的、小而微凸起的、独立分散的、灰白色菌落。在盐类培养基上继代培养，几天内可长出菌落，最长达 4 周。培养物常呈潮湿和油状，表面最后变得粗糙。在液体培养基内除表面可形成黏性的菌膜外，还可以形成颗粒状的沉淀，培养液一般保持清澈，摇振后形成浑浊的悬浮液，这一点不同于哺乳动物型结核杆菌，后者生长成颗粒状或絮状。菌落形态与毒力之间有一定关系，光滑、透明菌落的纯培养对鸡有致病性；而圆顶形的变异菌或粗糙菌落，则对鸡无致病性。禽分枝杆菌在培养基上由光滑透明到圆顶形菌落的变化是逐渐失去毒力的。

（四）血清型

目前研究表明禽分枝杆菌有 20 个血清型，血清 1 ～ 3 型对鸡有致病力，血清 4 ～ 20 型对鸡致病力较低，但不同血清型之间无明显的生化特性差异，其共用的生化特性可与其他分枝杆菌的种或群相区别。禽分枝杆菌不产生烟酸，不水解吐温-80，过氧化物酶阴性；不产生尿酸酶或芳基硫酸酯酶，也不还原硝酸盐，这些特性是不固定的，尤其是芳基硫酸酯酶的实验结果。

（五）抵抗力

该杆菌对环境抵抗力强，特别是对干燥的抵抗力最强。分泌物中的细菌在干燥环境中可存活 6 ～ 8 个月，在阳光下可存活 18 ～ 31 d，在粪便和水中能存活 5 个月，土壤中可存活 2 年或以上。对化学药剂的抵抗力也较强，对脂溶性的离子清洁剂敏感，2% 来苏尔、5% 石炭酸、3% 甲醛、10% 漂白粉、75% 酒精敏感。在 4% 氢氧化钠、3% 盐酸和 6% 硫酸中可耐受 30 min，活力不受影响。该菌对湿热抵抗力弱，60℃作用 30 min 失去活力，但对低温抵抗力强，0℃以下可存活 4 ～ 5 个月。

三、流行病学

该病的流行没有明显的季节性。所有鸟类都可被禽结核杆菌感染，其中以鸡最易感，火鸡、鸭、鹅和鸽子也可感染。禽结核病的病程发展缓慢，早期无明显症状，加之老龄鸡经过较长时间的暴露而有较多的机会感染该病，因此，在老龄鸡中，特别是淘汰、屠宰的鸡中感染、发病率较高。

尽管老龄鸡比幼龄鸡感染严重，但在幼龄鸡中也可见严重的开放性肺结核，这种幼龄鸡是散播强毒禽分枝杆菌的重要来源。病鸡肺空洞形成，气管和肠道的溃疡性结核病变，可经呼吸道的粪便排出大量禽分枝杆菌。被病鸡分泌物和排泄物中的禽分枝杆菌污染的周围环境，如土壤、垫料、用具、禽舍以及饲料、饮水等，是该病传播给健康鸡群的最重要因素。另外，人也可通过其被污染的鞋服将致病菌从一个地方传播到另一个地方。病鸡产的卵也可能是传播禽结核杆菌的来源之一。

结核病的传播途径主要是呼吸道和消化道，呼吸道传染主要是通过禽分枝杆菌污染的空气造成空气传染或飞沫传染；消化道传染则是病鸡的分泌物、粪便污染饲料、饮水，被健康鸡摄取而引起传染。此外，还可发生皮肤伤口传染，鸡只间的互相争啄在该病的传播中也起到了一定的作用。被污染的种蛋可使鸡胚感染，但在该病传播中不起重要作用。鸡群的饲养管理条件、气候因素等，也可促进该病的发生和流行。

四、症状

该病的病情发展缓慢，潜伏期常为 2 ～ 12 个月。感染早期通常无明显症状。当病情发展到一定程度时，病鸡表现为精神沉郁，食欲变化不大，体重减轻，呈现明显的进行性消瘦；全身肌肉萎缩，尤以胸肌最为明显，胸骨突出，甚至变形。严重病鸡脂肪消失，体形明显小于正常鸡。

随着病情的发展，病鸡表现为精神沉郁，羽毛蓬松、粗乱无光，鸡冠、肉髯苍白、变薄，有时鸡冠和肉髯呈淡蓝或褪色。体温正常或偏高。母鸡产蛋减少或停产，触摸腹部可触到节状或块状物。多数结核病鸡呈现肠道病变，若肠道有溃疡性病变时，会发生严重的腹泻，或间歇性腹泻，肠道紊乱引起病鸡极度衰弱，病鸡常呈蹲坐姿势。当感染侵害腿骨骨髓时，病鸡呈现跛行，或以痉挛性跳跃式步态行走。当感染侵害肱骨时，可表现一侧翅膀下垂。结核性关节炎可引起鸡瘫痪。脑膜结核可见兴奋或抑制等神经症状，肺结核病鸡表现呼吸困难。

五、病理变化

（一）剖检变化

鸡结核病内脏器官萎缩（图 4-25-1），主要病变特征是在亲嗜的内脏器官如肝脏、脾脏、肺脏、肠系膜、腹壁等形成不规则的浅灰黄色或灰白色、大小不等的结核结节（图 4-25-2 至图 4-25-5）。结节坚硬，外面包裹一层纤维组织性包膜，切开后可见不同数量的黄色小病灶，或在其中心形成柔软的黄色干酪样坏死区（图 4-25-6）。有时在肝、脾中可观察到部分实质成分有淀粉样变性。结核结节也可在骨骼等部位形成，最常受侵害的是股骨和胫骨。

（二）组织学变化

禽结核病的组织学病变主要是形成结核结节。感染早期，组织发生变质性炎症，之后，损伤处周围组织充血及浆液性、纤维素渗出性病变，在变质、渗出的同时或其之后，产生网状内皮组织细胞的增生，形成淋巴样细胞、上皮样细胞和多核巨细胞。因此在结节形成初期，中心有变质性炎症，其周围被渗出物浸润，而淋巴样细胞、上皮样细胞和多核巨细胞在外围部分。病变进一步发展，中心发生干酪样坏死。结核结节形成的最后阶段是包膜区的产生，主要由纤维组织、组织细胞、一些淋巴细胞及偶有存在的嗜伊红性粒细胞组成。新的结核结节多在紧贴着巨细胞周围的上皮样细胞区产生。一般的结核结节常有中心的干酪样坏死、其周围围绕的上皮样细胞层及最外缘的纤维组织包膜三部分构成。

禽结核病结核结节很少发生钙化，有时在肝、脾中可观察到部分周围的实质成分有淀粉样变性。病变组织，特别是中心坏死区与边缘组织交界的组织标本，涂片或切片，可见到大量抗酸性染色的杆菌。

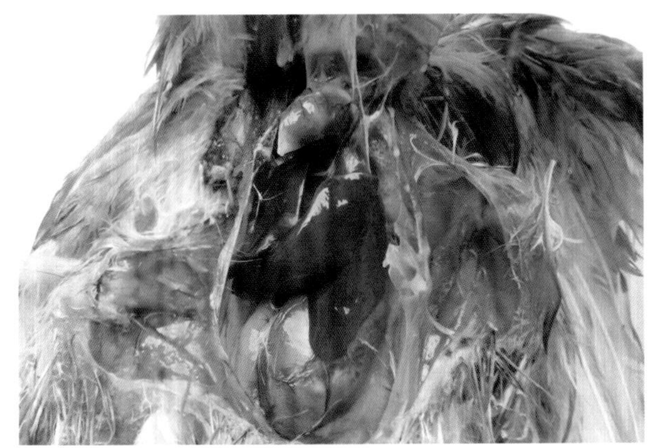

图 4-25-1　鸡消瘦，内脏器官萎缩（刁有祥　供图）

图 4-25-2　在腹壁、胸壁上的结核结节，肾脏颜色苍白（刁有祥　供图）

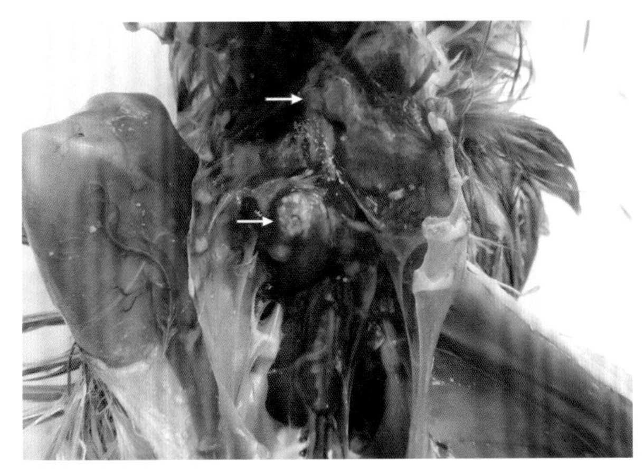

图 4-25-3　在肾脏、肺脏上的结核结节（刁有祥　供图）

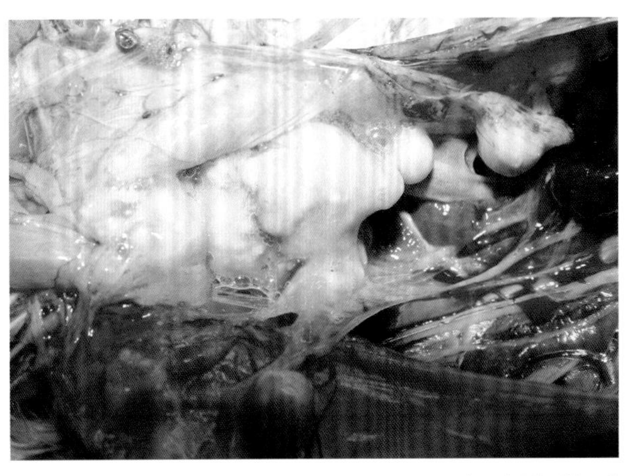

图 4-25-4　在腹腔中大小不一的结核结节（刁有祥　供图）

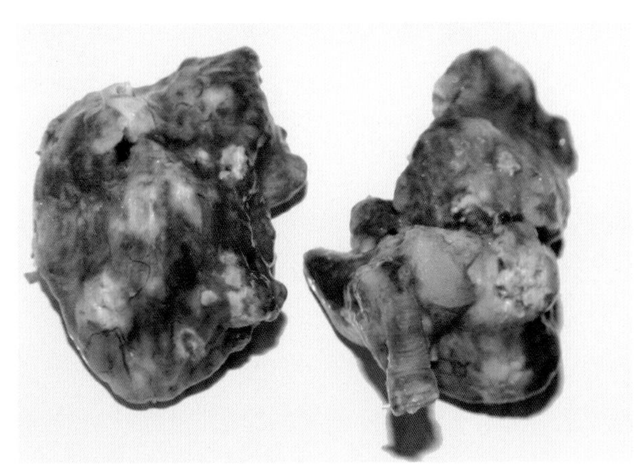

图 4-25-5　在肺脏的结核结节（刁有祥　供图）

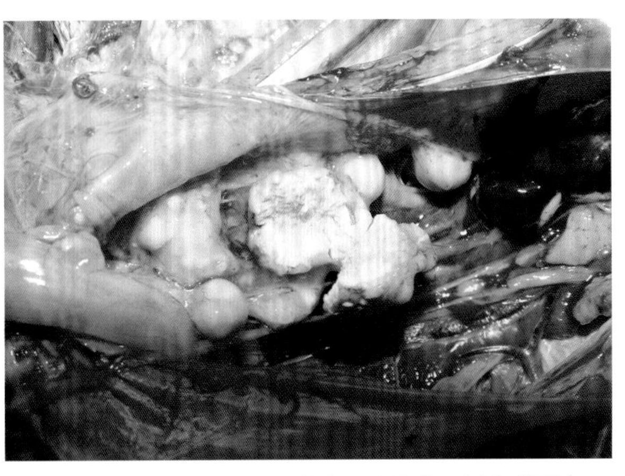

图 4-25-6　结核结节呈黄色干酪样（刁有祥　供图）

六、诊断

根据症状及剖检时典型结核病变可作出初步诊断，但确诊需要结合实验室方法进行综合判定。

（一）涂片和切片

采取典型的结核病变，制成涂片或组织切片，进行抗酸染色，如检查到有抗酸性结核杆菌，即可确诊为禽分枝杆菌感染。

（二）平板凝集试验

鸡冠穿刺采集鸡只全血 1 滴，立即和 1 滴抗原在温热洁净的平板上充分混合，若在 1 min 内出现凝集现象则判为阳性反应。抗原是用 0.5% 石炭酸生理盐水将禽分枝杆菌纯培养物配制成的 10% 悬液。该方法比结核菌素试验更为有效，但存在假阳性情况。

（三）ELISA 方法

主要用于血清中禽结核杆菌抗体的检测，该方法敏感性高，特异性强，快速、简便，可迅速进行大批量样本的检测。

（四）结核菌素试验

结核菌素试验是检测禽结核病在鸡群中感染情况的一种有效且可靠的方法。其操作方法为取 0.05 ～ 0.1 mL 禽结核菌素注射到鸡一侧肉髯内，形成一痘疹状隆起或泛白区，以对测未注射的肉髯作对照。48 h 后检查，注射侧肉髯明显水肿增厚，即可判定为阳性。

（五）病原分离鉴定

进行细菌培养时，组织样本选择的次序为脾脏、肝脏、腹膜表面的结节。无菌操作采取病料与适量无菌生理盐水匀浆制成混悬液。因禽分枝杆菌生长缓慢，容易受其他外界微生物的污染，因此，在整个样品采取和制备过程中，要求严格无菌以保证分离培养的成功，若怀疑有被污染的可能，被检材料用 5% 草酸处理，以杀灭其他杂菌，或用 10% 磷酸三钠，4% 氢氧化钠或 20% 安替伏明进行去污染处理。

将组织样本无菌操作接种于全蛋或蛋黄培养基，置于 37 ～ 41℃且含 5%～ 10% 二氧化碳的环境中培养。第 1 周每天检查 1 次，弃掉污染的培养物，以后每周检查 1 次，连续培养 8 周。通常 2 ～ 3 周可长出微隆起、分散的灰白色菌落。若样本中含菌量高时，趋向于多个菌落连接成颗粒状的团块。菌落呈圆形、光滑且富有光泽，并且可能嵌入培养基中。随着培养时间的延长，菌落由灰白色逐渐变为淡红色，并随培养时间的增加颜色逐渐变深。

（六）多重 PCR 鉴定亚型

DNA-J 基因是禽分枝杆菌 4 个亚种中均含有的片段，*IS*900 基因是禽分枝杆菌副结核亚种（MAP）特有的片段。通过检测 *IS*901 基因、*IS*1245 基因和 *DNA-J* 基因可确定禽分枝杆菌禽亚种（MAA）/ 禽分枝杆菌森林土壤亚种（MAS）的存在，通过检测 *IS*1245 基因和 *DNA-J* 基因可确定禽分枝杆菌人猪亚种（MAH）的存在。

七、类症鉴别

该病应注意与鸡白痢、曲霉菌病、马立克病相鉴别。

（一）结核病与马立克病

内脏型马立克病可见病鸡肝脏、脾脏、肾脏等器官表现有明显突起的肿瘤结节，切面致密、平整、闪光。而结核结节粗糙、不规则，切开后呈干酪样。

（二）结核病与鸡白痢

鸡白痢沙门菌侵害肺脏后，在肺脏中形成不规则坏死灶，与结核结节类似。但结核主要发生于成年鸡，对病变组织进行抗酸染色后可检出大量的红色杆菌。

（三）结核病与曲霉菌病

鸡曲霉菌病在肺脏、气囊中形成黄白色霉菌结节，与结核结节类似，但霉菌结节相对小，很规则，而结核结节较大、不规则。

八、防治

（一）预防

禽结核杆菌对外界环境有较强抵抗力，其在土壤中可生存并保持毒力达数年之久，一个感染结核病的鸡群即使被全部淘汰，其场舍也可能成为一个长期的传染源。因此，消灭该病最根本的措施是建立无结核病鸡群。

一是淘汰感染鸡群，废弃老场舍、老设备，在无结核病的地区建立新场舍。

二是引进无结核病的鸡群。对养鸡场新引进的鸡群，要重复检疫 2 ～ 3 次，并隔离饲养 60 d。

三是检测雏母鸡，净化新鸡群。对全部鸡群定期进行结核检疫，以清除传染源。

四是禁止使用禽分枝杆菌污染的饲料，淘汰其他患结核病的动物，消灭传染源。

五是采取严格的管理和消毒措施，限制鸡群运动范围，防止外来感染源的侵入。

六是口服卡介苗（干粉苗）可预防鸡结核病。2 ～ 2.5 月龄幼龄鸡混饲喂服卡介苗，每只 0.25 ～ 0.5 mg，隔日 1 次，共用 3 次。

（二）治疗

该病一旦发生，通常无治疗价值。但对价值高的珍禽，可在严格隔离状态下进行药物治疗。选择异烟肼（30 mg/kg）、乙二胺二丁醇（30 mg/mL）、链霉素等进行联合治疗，可减轻病禽症状。

第二十六节　坏死性肠炎

坏死性肠炎（Necrotic enteritis）是由产气荚膜梭状芽孢杆菌（*Clostridium perfringens*）引起的鸡和火鸡肠黏膜坏死的一种散发性传染病。其特征是发病急、死亡快。该病也被称为梭菌性肠炎、肠毒血症和内脏腐烂病。

一、历史

该菌最初由英国人 Welchii 和 Nutall 在 1892 年从一具腐败的人类尸体产生气泡的血管中分离得到，并以 Welchii 命名为魏氏梭菌。1961 年英国 Parish 成功地用一株产气荚膜梭状芽孢杆菌复制了该病，随后世界各地都有该病发生和流行的报道。近年来，坏死性肠炎频繁发生，对家禽养殖业的影响较大。

二、病原

（一）形态与染色特性

产气荚膜梭状芽孢杆菌又称魏氏梭菌，该菌是一种革兰氏阳性大杆菌，长 1.3 ～ 19 μm，宽 0.6 ～ 2.4 μm，菌体两端钝圆，单独或成双排列，属兼性厌氧菌。该菌在自然界中形成芽孢较慢，芽孢呈卵圆形，位于菌体中央或近端，在机体内形成荚膜（图 4-26-1、图 4-26-2），没有鞭毛，但具有菌毛可介导其运动。

（二）培养特性

最适培养基为血液琼脂平板（多用兔、绵羊血），37℃厌氧培养过夜，可形成圆形、光滑、半透明的菌落（图 4-26-3），直径 2 ～ 5 mm，周围有 2 条溶血环，内环完全溶血，外环不完全溶血。对牛乳培养基暴烈发酵，培养 8 ～ 10 h，因发酵牛乳中的乳糖使牛乳酸凝，同时产生大量气体使凝乳块破裂成多孔海绵状，严重时凝乳块被冲成数段。

图 4-26-1　产气荚膜梭状芽孢杆菌染色特点（刁有祥　供图）

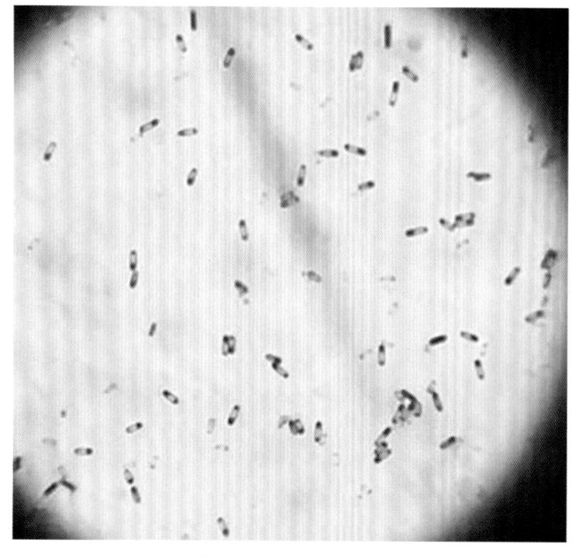

图 4-26-2　形成芽孢的产气荚膜梭状芽孢杆菌染色特点（刁有祥　供图）

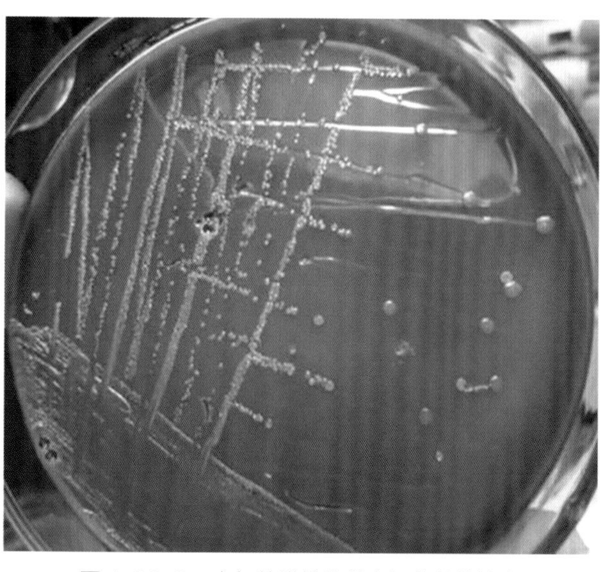

图 4-26-3　产气荚膜梭状芽孢杆菌菌落特点（刁有祥　供图）

（三）生化特性

产气荚膜梭状芽孢杆菌能发酵葡萄糖、麦芽糖、乳糖和蔗糖，不发酵甘露醇，不稳定发酵水杨苷；主要糖发酵产物为乙酸、丙酸和丁酸；液化明胶，分解牛乳，不产生吲哚；在卵黄琼脂培养基上生长显示可产生卵磷脂，但不产生脂酶。此外，该菌能够分泌胶原酶、透明质酸、溶纤维蛋白酶以及 DNA 酶等，均与组织的水肿、坏死、分解、产气、病变的蔓延以及和全身中毒性症状有关。

（四）毒素及分型

目前已知产气荚膜梭状芽孢杆菌能够产生多种毒素或毒力相关的酶，包括 α、β、γ、δ、ε、κ、η、ι、λ、μ、ν、ϕ 等共 23 种，而 α、β、ε 和 ι 是主要的致死毒素。根据产气荚膜梭状芽孢杆菌产生的主要致死性毒素与其抗毒素的中和试验可将此菌分为 A、B、C、D、E 五个型。A 型菌只产生 α 毒素；B 型菌主要产生 α、β、ε 毒素；C 型菌主要产生的毒素是 α、β；D 型菌主要产生的毒素是 α、ε；E 型菌主要产生的毒素是 α 和 ι。产气荚膜梭状芽孢杆菌肠毒素主要是由 A 型产气荚膜梭状芽孢杆菌在芽孢生长的Ⅳ期末和Ⅴ期产生的，部分 C、D 型菌也可产生，它不同于产气荚膜梭状芽孢杆菌的其他毒素，肠毒素能够迅速作用于十二指肠、空肠和回肠引起组织损伤，小肠对肠毒素最为敏感，出现严重的组织损伤。外毒素和酶类是产气荚膜梭状芽孢杆菌的主要致病因子。这些致病因子能够以一种可以游走转移的毒素或者酶基因的形式在产气荚膜梭状芽孢杆菌间传播，无致病性的产气荚膜梭状芽孢杆菌，转移另一宿主体内后表现出致病性。

（五）抵抗力

该菌芽孢对外界环境和许多常用的酚类和甲酚类消毒剂有较强的抵抗力。在 90℃条件下处理 30 min 或 100℃条件下处理 5 min 死亡，食物中的菌株芽孢可耐煮沸 1 ～ 3 h。健康鸡群的肠道中以及发病养殖场中的粪便、器具等均可分离到该菌，其致病性与环境和机体状态密切相关。

三、致病机制

鸡坏死性肠炎又称肠毒血症，家禽感染后，其病原进入肠道，利用肠道中的营养物质进行繁殖并产生大量毒素。α 毒素是一种依赖锌离子的多功能金属酶，有磷脂酶 C 和鞘磷脂酶双重活性，可通过水解细胞膜上的卵磷脂和鞘磷脂破坏细胞膜的完整性，使细胞破裂；β 毒素为成孔毒素，该毒素对胰蛋白酶敏感，能够使 K^+ 外流，Na^+、Ca^{2+} 和 Cl^- 内流，从而导致细胞的肿胀和裂解；ε 毒素也为成孔毒素，该毒素在肠道任何部位均可被吸收，再随血液循环扩散至组织器官，可通过血脑屏障，增加脑部血管渗透性，引起血管源性水肿；ι 毒素是由一种腺苷二磷酸核糖基转移酶组件和一种绑定组件组成的二元毒素，引起细胞架的分解和细胞死亡。这些毒素会造成肠壁细胞分泌功能的增强，导致鸡腹泻，而且还对细胞膜造成损伤，最终导致细胞裂解，引起感染动物的肠道损伤，激发炎症反应，造成坏死性肠炎发病。肠黏膜细胞因此也越来越少，消化功能下降。肠黏膜对毒素的识别和排斥功能变弱，多数毒素很容易穿透黏膜屏障进入血液，引起全身症状。肠黏膜坏死脱落后，肠壁变薄且易破裂，引起异物性腹膜炎，最终加速死亡。

另外，肠黏膜被破坏后，会影响其对饲料的消化吸收，利用率明显下降，导致大部分病鸡排出的粪便往往存在过料现象，有时甚至会直接排出饲料，造成饲料浪费。

四、流行病学

该病主要感染 2 ～ 5 周龄的肉鸡，3 ～ 6 周龄蛋鸡，开产以后的鸡也有发生。该病一年四季均可发生，但以夏季最为严重。病鸡和带菌鸡为主要传染源，被污染的饲料、饮水、垫料及粪便、土壤、灰尘等对该病的传播起着重要的媒介作用。该病主要经过消化道感染或由于机体免疫机能下降导致肠道中菌群失调而发病。球虫感染及肠黏膜损伤是引起或促进该病发生的重要因素。某些应激因素，如饲料中蛋白含量过高，滥用抗生素导致菌群失调，感染免疫抑制性病原如禽流感病毒、呼肠孤病毒、白血病病毒、鸡传染性贫血病毒、马立克病病毒、网状内皮组织增生症病毒等均会导致机体免疫机能降低，产气荚膜梭状芽孢杆菌大量繁殖继发坏死性肠炎的发生。高蛋白、低纤维饲料，机体肠道蠕动减慢，为产气荚膜梭状芽孢杆菌的繁殖创造了条件。此外，如鸡群免疫、转群、更换饲料、饲料霉变、天气突变等均会导致机体免疫功能下降，继发坏死性肠炎的发生。在生产上，种鸡或蛋鸡接种灭活疫苗时由于捉鸡、接种及疫苗中的灭活剂等应激因素极易诱发坏死性肠炎的发生。

五、症状

病鸡精神萎靡不振，闭眼嗜睡，羽毛粗乱（图 4–26–4），失去光泽且容易折断，生长发育缓慢伴有腹泻，有时排出糊状的黄褐色臭粪，或排出黄白色、灰色、黑色稀粪。特征性症状为病鸡排红色甚至黑褐色的煤焦油样粪便，有时其中混杂血液或者肠结膜组织；食欲明显降低，采食量可降低超过 50%。如果并发小肠球虫病，病鸡会排出橘红色的粪便，有时排出肉样粪便。如出现内毒素中毒会表现出神经症状，双翅、双腿颤动、麻痹，无法站立，瘫痪在地，并用双翅拍地。慢性病例病鸡异常消瘦，部分病鸡胸肌出现明显萎缩，最后衰竭死亡。

图 4–26–4　病鸡精神沉郁，羽毛蓬松（刁有祥 供图）

六、病理变化

（一）剖检变化

尸体明显脱水（图 4–26–5），肝脏肿大，呈浅黄色，表面有黄白色且大小不一的坏死斑点。脾脏肿大，呈紫黑色。病变主要集中在小肠后 1/3 段，以弥漫性黏膜坏死为特征。肠管肿胀，是正常肠管的 1 ～ 2 倍，肠道表面呈黑绿色或者灰黑色，肠道浆膜有大小不一的出血斑点（图 4–26–6、图 4–26–7）。肠腔内充满大量的黄白色或者灰白色脓样渗出物；严重的肠管中充满由凝血块和脱落的肠黏膜组成的内容物（图 4–26–8、图 4–26–9）。肠黏膜坏死，表面有黄白色纤维蛋白渗出，呈麸皮样，或肠黏膜表面覆盖一层黄白色、灰白色伪膜（图 4–26–10），结构致密或者疏松，易于剥离。

有时肝脏和胆管发生肿大，肝脏表面存在灰黄色的坏死灶，还伴有多发性囊肿，呈黄豆大小。将肿大的胆管切开，胆管内含有大量浓稠的胆汁。

（二）组织学变化

该病组织学病变特征是肠黏膜严重坏死，坏死灶表面黏着大量纤维素及细胞碎片。病变最先发生在肠绒毛顶端，上皮细胞脱落，细菌在暴露的固有层上定植，伴有凝固性坏死（图 4-26-11、图 4-26-12）。坏死灶周围有异嗜细胞包围。随着病程延长，坏死区域由微绒毛顶端向隐窝深入。坏死可深入肠道黏膜下层和肌层。细胞碎片上常黏附许多大杆菌。

图 4-26-5　尸体脱水、干燥（刁有祥　供图）

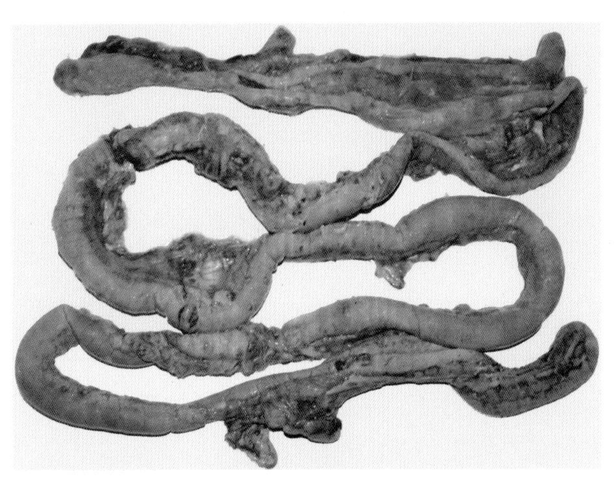

图 4-26-6　肠管肿胀，肠道浆膜呈灰黑色（一）（刁有祥　供图）

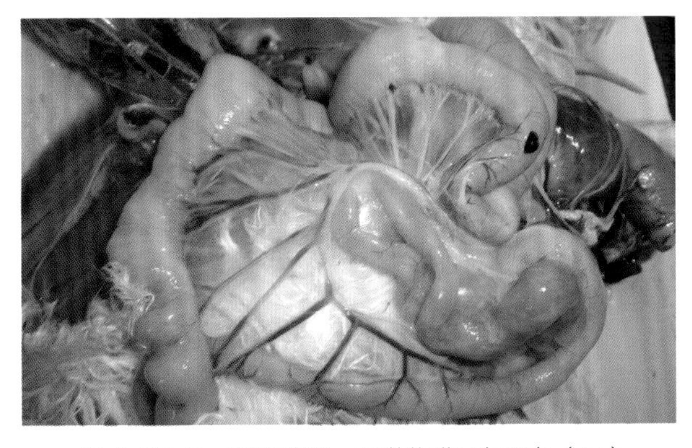

图 4-26-7　肠管肿胀，肠道浆膜呈灰黑色（二）（刁有祥　供图）

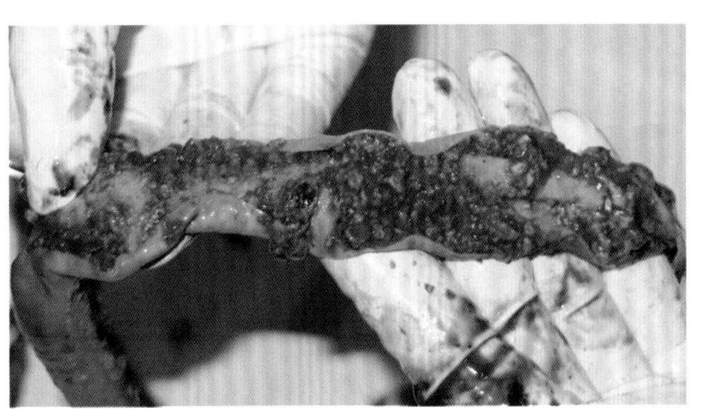

图 4-26-8　肠道中充满由凝血块和脱落的肠黏膜组成的内容物（刁有祥　供图）

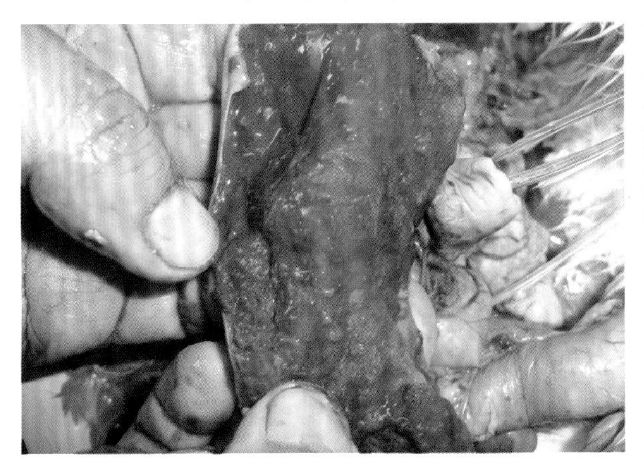

图 4-26-9　肠管肿胀，肠道中充满由凝血块和脱落的肠黏膜组成的内容物（刁有祥　供图）

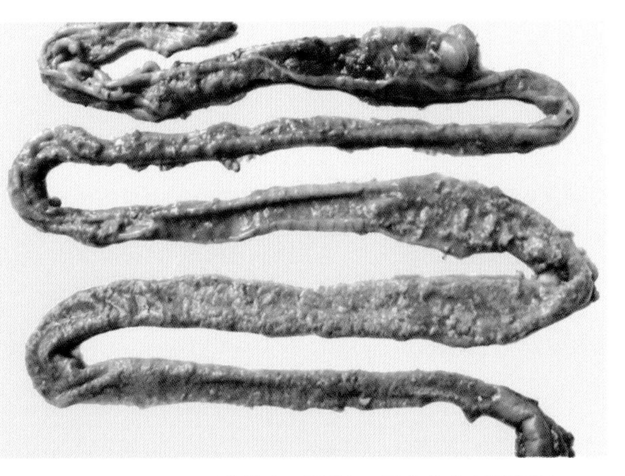

图 4-26-10　肠黏膜表面覆盖一层黄白色纤维蛋白（刁有祥　供图）

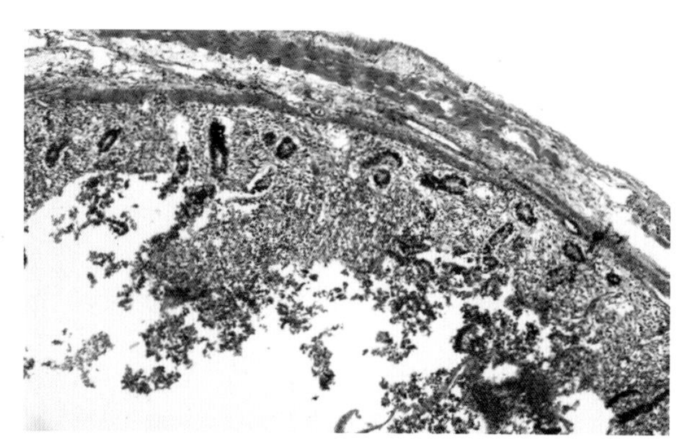

图 4-26-11　肠绒毛脱落，黏膜下层和肌层疏松，有大量炎性细胞浸润（一）（刁有祥　供图）

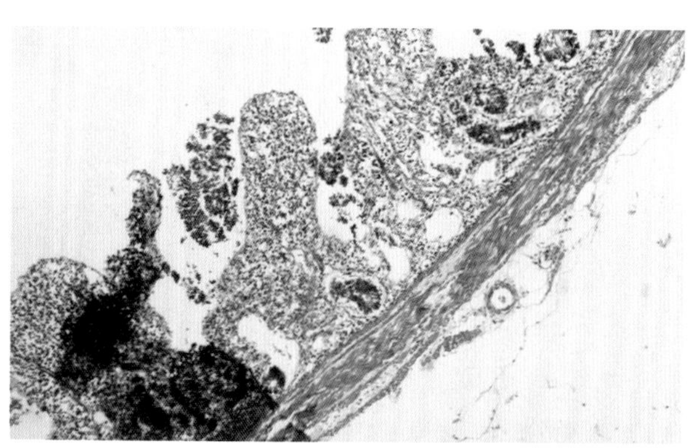

图 4-26-12　肠绒毛脱落，黏膜下层和肌层疏松，有大量炎性细胞浸润（二）（刁有祥　供图）

七、诊断

根据症状及典型的剖检变化可作出初步诊断，确诊还需要结合实验室诊断。

（一）镜检

无菌条件下，取病变肝脏和肠黏膜制附着物涂片，经革兰氏染色，镜检，均可发现大量革兰氏阳性大杆菌，菌体两端钝圆，单个散在或成对排列，着色均匀，有荚膜，可形成芽孢，呈卵圆形，位于菌体中央或近端。

（二）病原的分离与培养

无菌采取鸡肠内容物、病变肠道黏膜附着物等画线接种于血液琼脂平板，37℃厌氧条件下培养过夜后，可见直径为 2 ～ 4 mm 的圆形、光滑隆起的大菌落，表面有辐射状条纹，呈现双重溶血环，内环完全溶血，外环不全溶血。挑取引起溶血的菌落进行纯培养，再进行相应的染色和镜检处理，可见革兰氏阳性两端钝圆的杆菌。

（三）动物接种试验

将液体培养物高速离心，取上清液接种小白鼠，每只小白鼠腹腔注射 0.5 mL，8 ～ 24 h 死亡，可见毒性反应，即为该病。

（四）免疫学诊断方法

（1）间接 ELISA 检测方法。鲍长磊等（2016）根据 GenBank 已发表的产气荚膜梭菌 α 毒素基因序列，设计并合成针对成熟肽的特异性引物。表达重组蛋白使用复性的重组蛋白作为包被抗原，通过优化间接 ELISA 的试验条件，确定最佳反应条件，抗原最佳包被浓度为 5.0 g/mL，血清的最佳稀释度为 1∶50，酶标二抗的最佳稀释度为 1∶5 000。采用已建立的间接 ELISA 对 58 份阴性血清和 50 份阳性血清进行检测，结果表明建立的间接 ELISA 的特异性为 96.5%，敏感性为 98%。

（2）双抗体夹心 ELISA 检测方法。陈长俊等（2018）以抗产气荚膜梭菌 α 毒素单克隆抗体（MAb）为捕获抗体，抗产气荚膜梭菌 α 毒素多克隆抗体为检测抗体，建立了检测 α 毒素的 DAS-ELISA。采用该方法测定产气荚膜梭菌 α 毒素的最低检测限为 0.353 倍的小鼠 LD_{50}，可定量范围为 0.353 ～ 90.368 倍小鼠 LD_{50}。结果表明该 DAS-ELISA 方法具有良好的特异性、灵敏性和重复性，可以用于大批量样品检测。

（五）分子生物学诊断

（1）PCR 检测方法。许笑等（2019）以产气荚膜梭菌 α 毒素的编码基因 *plc* 为基础设计、合成引物和探针，建立了鸡源产气荚膜梭菌的重组酶聚合酶扩增（RPA）检测方法。该方法可在 38℃、25 min 内对产气荚膜梭菌的 α 毒素编码序列进行快速特异性扩增，最低检测限量可达 10 个拷贝 / L，灵敏度良好。该方法在检测鸡源产气荚膜梭菌时具有操作简单、快速灵敏的特点，适用于鸡源产气荚膜梭菌的临床检测。董洁等（2013）根据 GenBank 中已发布的产气荚膜梭菌 α、β、ε、ι 毒素基因序列，分别设计并合成针对 4 种毒素基因的特异引物，通过优化多重 PCR 反应条件，建立一种简单的产气荚膜梭菌定型菌落多重 PCR 方法。该方法对 A、B、C、D、E 5 个型产气荚膜梭菌参考菌株均扩增出了相应的预期目的条带，而大肠杆菌、巴氏杆菌和芽孢杆菌则均未能扩增出相应条带；将单个菌落稀释 100 倍，仍能扩增出相应的目的片段，该方法对 B 型和 E 型参考菌株最低检测量分别为 2.6×10^4 CFU/mL、1.2×10^4 CFU/mL。

（2）LAMP 检测方法。王朋冲等（2020）根据 GenBank 发布的产气荚膜梭菌 α 毒素基因序列，在线设计 LAMP 引物。通过对扩增条件优化，建立了产气荚膜梭菌 LAMP 检测方法。该方法除产气荚膜梭菌外其他细菌检测结果均为阴性，对该菌 DNA 最低检测量为 10 ng/L，菌液的最低检出量为 37 CFU/mL，分别是 PCR 方法的 100 倍和 10 倍。

（3）荧光定量 PCR 检测方法。张蓉蓉等（2017）根据产气荚膜梭菌 α 毒素和肠毒素 *cpe* 相对保守的序列，设计合成 2 对引物和 1 对探针，建立了产气荚膜梭菌肠毒素 *cpe* 阳性双重荧光定量 PCR 方法。该方法具有很好的特异性和重复性，外毒素 *cpa* 的灵敏度为 1.5×10^{-2} ng/mL，且在 $1.5\times10^{-4}\sim1.5\times10^{-2}$ ng/mL 内 Ct 值与阳性质粒浓度的对数值呈良好的线性关系，R^2 值达到 0.991。肠毒素 *cpe* 的灵敏度为 1.8×10^{-2} ng/mL，且在 $1\times10^{-3}\sim1.8\times10^{-2}$ ng/mL 内 Ct 值与阳性质粒浓度的对数值呈很好的线性关系，R^2 值达到 0.996；该方法对大肠杆菌、沙门菌、巴氏杆菌等细菌核酸无交叉反应；批间和批内重复性良好。

八、类症鉴别

（一）坏死性肠炎与鸡球虫病

二者均出现腹泻症状。鸡球虫病的病变主要集中在小肠中段，肠壁增厚，剪开后肠段出现自动外翻现象，肠黏膜出血严重，肠黏膜直接涂片镜检，可见多数球虫卵囊。坏死性肠炎则以回肠、盲肠、结肠黏膜的弥漫性纤维素性坏死和溃疡为特征。

（二）坏死性肠炎与溃疡性肠炎

溃疡性肠炎由肠道梭菌感染所致，其特征性剖检病变为小肠远端及盲肠上有多处坏死和溃疡病灶，肝脏也有坏死灶。坏死性肠炎的病变仅局限于空肠和回肠，肝脏和盲肠很少发生病变，以此可进行区分。或可用病死鸡的体组织饲喂鹌鹑，如为溃疡性肠炎，幼鹑几乎 100% 死亡，而坏死性肠炎的病死鸡的体组织饲喂鹌鹑则不发病；肝组织涂片镜检，溃疡性肠炎病死鸡的体组织可见菌体和芽孢，鸡坏死性肠炎仅见菌体。

（三）坏死性肠炎与大肠杆菌病

二者均出现腹泻等症状。大肠杆菌病是由致病性大肠杆菌引起的一种细菌性传染病。该菌是革兰氏阴性菌，无芽孢，病变主要表现为心包增厚，外有黄白色纤维素性渗出物，肠系膜上形成肉芽肿。当产蛋期鸡感染大肠杆菌时，腹腔上有黄褐色纤维素性渗出物，常粘连在一起，卵黄破裂。

九、防治

（一）预防

加强饲养管理，保持养殖环境卫生，及时清除粪便，定期交替使用不同消毒剂进行消毒，在多雨和湿热季节适当增加消毒次数和消毒剂数量。尽量采取高架隔式饲养方法，调控温度、湿度适宜，确保通风良好。适当调节日粮中蛋白质含量，避免使用劣质饲料原料；避免密饲和垫料堆积，合理贮藏饲料，避免细菌污染，严格控制各种内外因素对机体的影响，可有效预防和减少该病的发生。此外，一些酶制剂和微生态制剂等也有助于预防该病的发生。

（二）治疗

多种抗生素，如多黏菌素、新霉素、泰乐菌素、林可霉素、环丙沙星、恩诺沙星以及头孢类药物对该病均有良好的治疗效果。对于发病初期的鸡群采用饮水或拌料均可，病程较长且发病严重的病鸡可采用肌内注射的方式进行治疗，同时应注意及时补充电解质，可在配合饲料中添加复合多维，连续使用 5 ～ 7 d。可采用硫酸新霉素按 0.02% 的比例拌料，连喂 4 ～ 5 d，也可用 0.2% 氟苯尼考饮水，连用 4 ～ 5 d，同时饲料中添加复合多维，提高机体抵抗力；大观霉素和林可霉素对该病也有较好的治疗效果，可用大观霉素每升水 500 ～ 1 000 mg，连用 3 ～ 5 d。坏死性肠炎易复发，治疗时需连用两个疗程。

第二十七节　溃疡性肠炎

溃疡性肠炎（Ulcerative enteritis，UE）是近年来世界各地日渐重视的禽病之一，是由肠道梭菌（*Clostridium colinum*）引起的鹌鹑、雏鸡等的一种急性、细菌性传染病。其临床特征为突然发病和迅速大量死亡。

一、病原

（一）形态与染色特性

禽溃疡性肠炎是由肠道梭菌引起的。根据 16S rRNA 序列分析表明，肠道梭菌与其他 6 种梭菌属归属于ⅩⅣ–b 亚群。该菌为革兰氏阳性大杆菌，大小为 1 μm×（3 ～ 4）μm，单个菌，多形态，菌体平直或稍弯，两端钝圆，菌体近端见芽孢，有周鞭毛，无荚膜。在人工培养基上很少形成芽孢，一旦形成芽孢，芽孢呈卵圆形，位于次级端。产生芽孢的菌体比不产生芽孢的菌体稍长、粗。

（二）生化特性

肠道梭菌能发酵葡萄糖、甘露糖、棉籽糖、蔗糖及海藻糖，微发酵果糖和麦芽糖。发酵的主要产物为乙酸和甲酸。不发酵纤维二糖、赤藓醇、肌醇、阿拉伯糖、糖原、乳糖、松三糖、木糖和山梨醇。能水解七叶苷，能产生硫化氢。不产生亚硝酸盐、吲哚、过氧化氢酶、脲酶、接触酶、卵磷脂酶及脂酶，不利用丙酮酸盐和乳酸盐，对牛乳无变化，不液化明胶，不消化酪蛋白。

（三）培养特性

肠道梭菌需要丰富的营养和厌氧条件。分离培养该菌的最佳培养基为含 0.2% 葡萄糖、0.5% 酵母提取物和 8% 马血浆的胰蛋白胨–磷酸盐琼脂。其最适生长温度为 35 ～ 40℃，在固体培养基上厌氧培养 24 h 后，出现 1 ～ 2 mm 的菌落，呈白色、圆形、突起、半透明、具有丝状边缘。如用肉汤培养，需去掉上述培养基的琼脂，接种病料 12 ～ 16 h 即可观察到生长情况。生长活跃的菌株可持续产气 6 ～ 8 h，其后菌体沉于管底。

（四）抵抗力

该菌在恶劣环境下可由繁殖体转变为芽孢体，芽孢体位于菌体的一端，周身有鞭毛，表面无荚膜。形成芽孢后菌体对紫外、高温、高压、干燥等恶劣条件都有抵抗力，在沸水中能存活 5 min，70℃条件下能存活 3 h 以上。土壤中的鹌鹑梭状芽孢杆菌自然环境下能存活数年之久。芽孢体形成后，大多数消毒剂对其都失去敏感性，如常用的新洁尔灭、过硫酸氢钾、过氧乙酸、碘伏、消毒酒精、高锰酸钾、戊二醛等。

二、流行病学

溃疡性肠炎多见于大部分幼龄禽类，鹌鹑最易感。鸡的发病日龄多见于 4 ～ 12 周龄，火鸡为 3 ～ 8 周龄，成年鸡也能感染发病。尽管鸡经常自然感染该病，但实验感染比较困难，只有鹌鹑容易复制发病。该病一年四季均可发生，以高温高湿的夏季发病率最高。鸡溃疡性肠炎常并发或继发于鸡球虫病、传染性法氏囊病、鸡传染性贫血或应激状态。该病主要通过粪便经消化道传播，发病后康复的鸡或耐过带菌鸡是主要传染源，常见的传播途径是污染病原的粪便、饮水、饲料以及设备，一些昆虫或节肢动物也是该病的传播媒介。死亡率一般为 2% ～ 10%，雏鸡可达 100%。

三、症状

急性病例通常不见明显症状而突然死亡。病程稍长的病鸡食欲不振，精神委顿，羽毛粗乱、无光泽，排白色稀便，严重时排绿色或褐色稀粪。随着病程的延长可见鸡体消瘦，胸肌明显萎缩。

四、病理变化

（一）剖检变化

急性病例的特征病变是十二指肠发生明显的出血性肠炎，肠壁上布满出血点。慢性病例在小肠和盲肠的任何部位都能见到溃疡。从肠壁的浆膜和黏膜面上都能看到一种边缘出血的黄色小溃疡灶，随着溃疡灶的增大，边缘出血逐渐消失。溃疡灶呈凸起或粗糙的圆形，有时相互融合而形成大的坏死性斑块。溃疡可深达肌层，但陈旧的溃疡可能较浅表，周边隆起（图 4–27–1）。位于盲肠的溃疡灶中心凹陷，溃疡灶中充满深灰色的物质（图 4-27-2 至图 4-27-4）。肝脏可见点状或大片边缘不规则的黄色坏死区，有时为黄色或灰色的圆形小坏死灶（图 4-27-5 至图 4-27-8）。脾脏充血、出血和肿大。

图 4-27-1　小肠黏膜有大小不一的溃疡灶（刁有祥　供图）

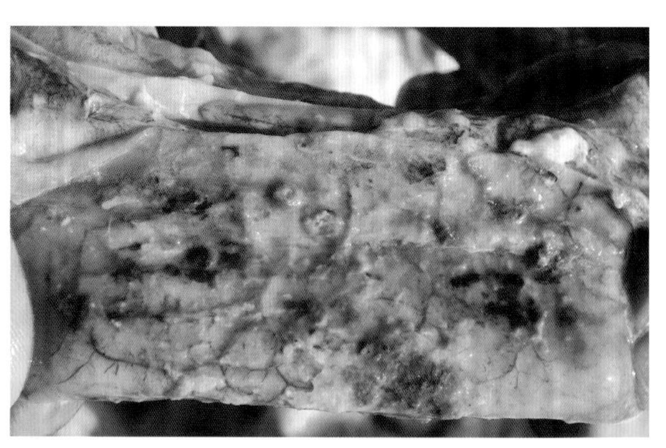

图 4-27-2　盲肠黏膜有大小不一的溃疡灶（一）（刁有祥　供图）

图 4-27-3　盲肠黏膜有大小不一的溃疡灶（二）（刁有祥　供图）

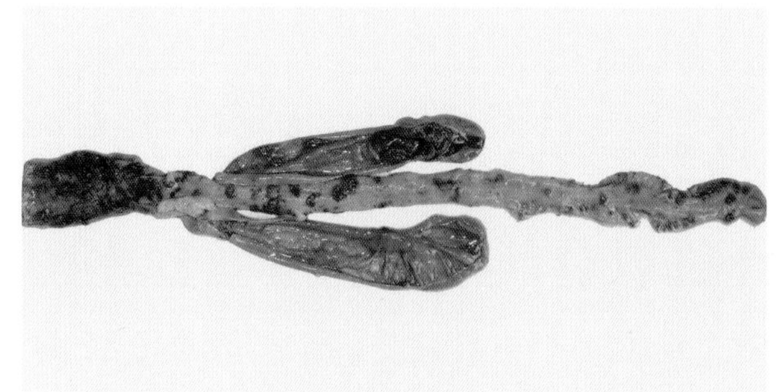

图 4-27-4　盲肠、直肠黏膜有大小不一的溃疡灶（刁有祥　供图）

图 4-27-5　肝脏肿大，表面有大小不一的黄白色的坏死点和坏死灶（一）（刁有祥　供图）

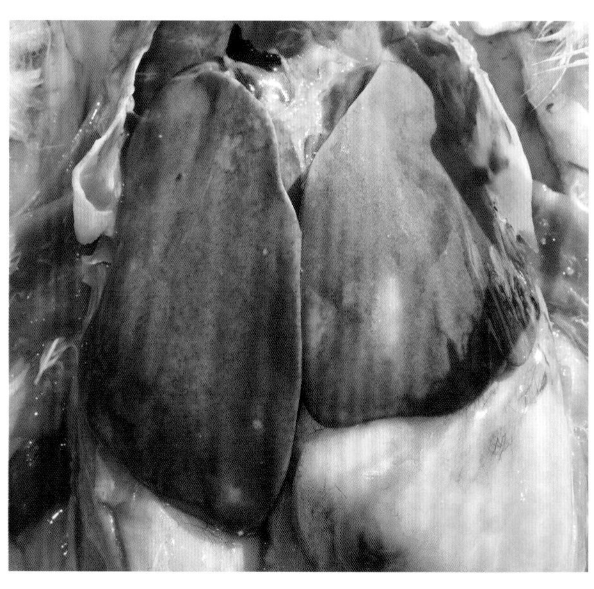

图 4-27-6　肝脏肿大，表面有大小不一的黄白色的坏死点和坏死灶（二）（刁有祥　供图）

图 4-27-7　肝脏肿大，表面有大小不一的黄白色坏死灶（三）（刁有祥　供图）

图 4-27-8　肝脏肿大，表面有成片的坏死（刁有祥　供图）

（二）组织学变化

组织学变化表现为急性病例的肠管切片可见黏膜上皮脱落，肠壁水肿，血管充血和淋巴细胞浸润。肠腔内有脱落的上皮、血细胞和黏膜碎片。溃疡灶初期肠绒毛出现小出血点、坏死区，而后侵及黏膜下层。坏死灶周边细胞发生凝固性坏死，胞核崩解、溶解。溃疡灶周边组织有淋巴细胞和粒细胞浸润（图 4-27-9）。坏死组织中常有少量革兰氏阳性菌丛。陈旧溃疡灶上覆盖一层厚的颗粒状嗜酸性凝固性血清蛋白，内混有细胞碎片和病原菌。溃疡灶周边组织有粒细胞和淋巴细胞浸润。溃疡灶附近和肝中的小血管有时被血小板和病原菌阻塞。整个肝实质可见界线不清的凝固性坏死灶，肝细胞崩解、坏死（图 4-27-10），伴有轻微的炎性反应，偶尔在病变组织内有革兰氏阳性菌。

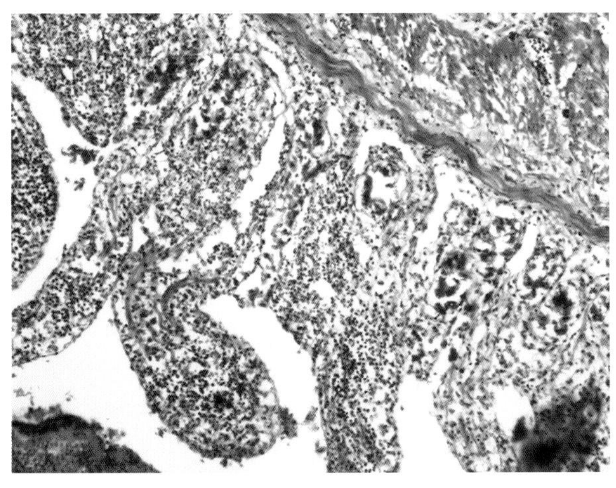

图 4-27-9　肠绒毛脱落，变短，黏膜下层有大量炎性细胞浸润（刁有祥　供图）

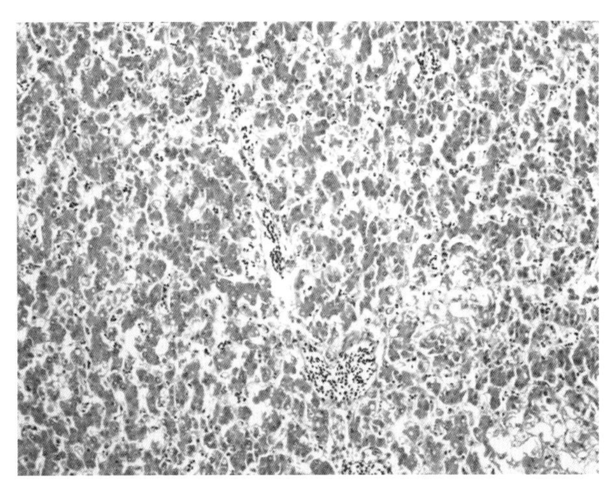

图 4-27-10　肝细胞索紊乱，肝细胞崩解、坏死（刁有祥　供图）

五、诊断

根据症状以及肝脏坏死、肠道溃疡、脾脏肿大、出血等特征性剖检变化可作出初步诊断，必要时需要进行实验室诊断。

（一）直接镜检

无菌采取病鸡肝脏组织进行涂片，经革兰氏染色后镜检，可见杆状、两端钝圆、一端具有芽孢的单个革兰氏阳性杆菌，具有鞭毛，能运动。

（二）鸡胚卵黄囊接种

采取病鸡肝悬液接种 7 日龄鸡胚卵黄囊，鸡胚在接种 72 h 内死亡，卵黄染色涂片也可看到与上相同的病原菌。

（三）病原的分离培养与鉴定

从病鸡的肝脏、脾脏及肠道溃疡处无菌采集病料，接种于含 0.2% 葡萄糖、8% 马血浆和 0.5% 酵母浸出液的胰蛋白胶体磷酸盐琼脂的培养基。在 35 ～ 42℃厌氧条件下培养 1 ～ 2 d，在培养基平皿上形成白色，圆形、隆起及半透明的菌落。

将上述菌落样品进行病原形态和生化特性鉴定。肠道梭菌为两端钝圆的单个直的或稍弯曲的杆状菌，如形成芽孢，则位于菌体亚末端，呈圆形；肠道梭菌能发酵各种糖类物质，如葡萄糖、蔗糖、棉籽糖、甘露糖等，但不能发酵阿拉伯糖、乳糖、木糖、鼠李糖和肌醇。不能水解淀粉，不液化明胶。不还原硝酸盐，不产生吲哚。

六、类症鉴别

（一）溃疡性肠炎与坏死性肠炎

坏死性肠炎是由 A 型或 C 型厌氧性产气荚膜梭菌引起鸡的传染性疾病，病变主要集中在小肠，肝脏和脾脏没有明显的病变。而溃疡性肠炎则是由肠道梭菌引起，病变主要集中在肝脏、脾脏及肠道上，肝脏肿大，表面有大小不等的黄色或灰白色的坏死灶，脾脏肿大且淤血。

（二）溃疡性肠炎与鸡球虫病

鸡球虫病是由球虫引起的寄生虫病，主要寄生在盲肠上，鸡球虫病以排血色稀粪或带有黏液的粪便为主要症状，剖检可见肝脏无病变，盲肠肿大呈棕红色，肠壁增厚，内容物为血液或血凝块样的干酪样物质，粪便涂片后，可见到球虫卵。

（三）溃疡性肠炎与组织滴虫病

组织滴虫病是由组织滴虫引起的寄生虫病，剖检可见肝脏表面形成边缘隆起的圆形溃疡灶，溃疡处呈浅黄色或浅绿色，盲肠肿大且有干酪样栓子，栓子断面外层为浅黄色，里面呈黑紫色，取新鲜盲肠内容物，用 40℃生理盐水稀释后涂片，可见活动的虫体。

（四）溃疡性肠炎与鸡白痢

鸡白痢是由沙门菌引起的传染病，主要侵害 2 周龄内的雏鸡，剖检可见肝脏肿大，有出血条纹或针尖大小的灰白色坏死点；其他器官也有充血；肾脏肿大淤血；输尿管有尿酸盐沉积；盲肠扩张，内有浅黄色的干酪样物。

七、防治

（一）预防

加强饲养管理，消除各种应激因素。做好鸡舍内外的环境卫生，及时清除粪便和垫料，并进行生物热消毒，以减少病原扩散造成的危害。避免拥挤、过热、过食等不良因素刺激，有效地控制球虫病的发生，对预防该病有积极的作用。对该病污染场要及时隔离带菌、排菌动物，对病鸡进行隔离治疗。对同场健康鸡要采取药物预防措施，控制该病蔓延。

（二）治疗

环丙沙星、恩诺沙星以及头孢类药物对该病均有良好的治疗效果，可用 0.01% 环丙沙星饮水，连用 4 ～ 5 d。或用硫酸新霉素按 0.02% 的比例拌料，连用 4 ～ 5 d，也可用 0.2% 氟苯尼考饮水，连用 4 ～ 5 d。

第二十八节　肉毒梭菌毒素中毒

肉毒梭菌毒素中毒简称肉毒中毒（Botulism），是由于摄入肉毒梭菌外毒素引起的中毒。该病以急性肌肉麻痹、共济失调、头下垂为特征，故又名“软颈病”。

一、历史

1896 年 Vahermengen 首先分离出肉毒梭菌并证实它能在厌氧环境中生长且可产生肉毒毒素。1910 年获悉肉毒毒素在抗原性上有所不同，按免疫学上的差异分为 A、B、C、D、E、F、G 7 个型别，因而将肉毒梭菌也分为对应的 7 个型，1917 年在美国的鸡群中首次报道肉毒中毒。在随后的 25 年中，该病在鸡、火鸡以及水禽中频发。1900—1950 年，人和鸡有时死于误食含有肉毒杆菌毒素的罐头食品。以后在世界各地都见有该病发生的报道。

二、病原

（一）染色与形态特点

该病的病原为肉毒梭菌（*Clostridium botulinum*），革兰氏阳性，大小为（4 ～ 6）μm×1 μm，两端钝圆，多单个散在，偶有成对或呈短链排列，无荚膜，有 4 ～ 8 根周生性鞭毛，能运动，但运动力弱，芽孢因菌株不同而各异，通常在无糖培养基中易生成芽孢，芽孢呈椭圆形，位于菌体近端，比菌体略宽，偶尔芽孢位于菌体顶端。老龄培养物常引起革兰氏染色特性改变。

（二）培养特性

肉毒梭菌是最为严格的厌氧菌，对营养要求并不高，在普通的琼脂糖固体培养基上面生长良好，在平板上可形成直径 3 ～ 5 mm 不规则菌落，菌落半透明表面呈颗粒状，边缘不整齐，界线不明显向外扩散，呈绒毛网状，常常扩散成菌苔。在血平板上出现与菌落几乎等大或者较大的β-溶血环。可产生脂酶，在乳糖卵黄牛奶平板上，菌落下培养基为乳浊，菌落表面及周围形成彩虹薄层，不分解乳糖，分解蛋白的菌株菌落周围出现透明环。最适生长温度为 28 ～ 37℃，pH 值为 6.8 ～ 7.6，产毒最适温度为 20 ～ 35℃，最适 pH 值为 6.0 ～ 8.2。当 pH 值小于 4.5 和大于 9.0 时，或者温度小于 15℃和大于 55℃时，肉毒梭菌就失去繁殖和产生毒素的能力。

（三）毒素及细菌分型

根据毒素的抗原性可将肉毒梭菌分成 7 个毒素型（A、B、C、D、E、F、G），根据 16S rRNA，可将肉毒梭菌分为 4 个生物群（Ⅰ～Ⅳ）。Ⅰ群包括所有 A 型菌、B 型和 F 型分解蛋白质菌株，Ⅱ群包括所有 E 型菌、B 型和 F 型非分解蛋白质菌株，Ⅲ群包括 C 型和 D 型菌，Ⅳ群包括 G 型。

肉毒毒素是一种单链多肽复合体形式的蛋白质，包含有毒素和非毒素成分。非毒素成分主要具有保护神经毒素免受外部环境干扰，并协助神经毒素可以被顺利吸收的作用。

肉毒毒素在酸性条件下可以保持稳定，遇碱性物质反应敏感，容易遭到碱性物质与热处理的破坏，若毒素见光，立即失去毒力作用。A 型菌株的肉毒物质经过 60℃加热 2 min 处理，毒力可以被完全破坏，B、E 两种类型的毒素物质经过 70℃加热 2 min 处理，才能被破坏，C、D 两种类型的毒素物质对热处理抵抗力较强，C 型菌株肉毒毒素经过 90℃加热 2 min 处理，才能完全被破坏。但若煮沸 1 min 或者 75℃加热处理 5 ～ 10 min，所有的毒素物质都可以被彻底破坏。C 型毒素的毒力最强和分布最广，鸡、鸭、鹅、鸵鸟、山鸡和火鸡在自然和商品饲养环境下肉毒中毒病主要由产 C 型毒素的肉毒梭菌引起，A 型和 E 型毒素中毒不常见。

（四）抵抗力

肉毒梭菌的抵抗力不强，加热 80℃、30 min 或 100℃、10 min 即可将其杀死。但芽孢的抵抗力很强，可耐煮沸 1 ～ 6 h，于 180℃干热 5 ～ 15 min，115℃高压蒸汽 22 min，120℃高压蒸汽下 10 ～ 20 min 可被杀死，10% 盐酸经 1 h 才能破坏芽孢，在酒精中可生活 2 个月。毒素的抵抗力也较强，在 pH 值为 3 ～ 6 时，毒性不减弱，可被胃肠道吸收而中毒，但在 pH 值为 8.5 以上即被破坏。可被 1% 氢氧化钠、0.1% 高锰酸钾、80℃作用 60 min、100℃作用 20 min 破坏。

三、流行病学

由于 C 型肉毒梭菌广泛存在于土壤、污泥、健康动物肠道和粪便等处，许多种禽类均可发生 C 型肉毒梭菌毒素中毒。禽类死亡时，消化道的肉毒梭菌可能侵入肌肉，在缺氧条件下生长并产生毒素，毒素在蝇蛆的体内和体表积聚。肉毒梭菌也可以在死鱼、烂虾、饲料等其他缺氧的有机物质中产生毒素。一般认为，鸡群误食蛆蝇和被毒素污染的饲料是该病发生的主要原因。该病一年四季均可发生，尤其在夏季和秋冬发病较多。经皮下、静脉或口腔给鸡接种 C 型毒素后产生的临床表现与自然病例完全一样。该病的潜伏期决定于摄入的毒素量。接种高剂量毒素后几小时即可见到临床表现，接种低剂量时则需 1 ～ 2 d 才会出现麻痹症状。禽肉毒中毒病的死亡率和发病率也与采食毒素的多少有关。采食的毒素量多，可以在数小时内发病，采食的毒素量少，1 ～ 2 d 可能会出现症状。肉鸡群发病时，死亡率会达 40% 以上，有的甚至高达 90% ～ 100%。

四、症状

病鸡的特征性症状表现为腿、翅膀、颈和眼睑松软无力，麻痹。麻痹由全身四肢末梢向中枢神经发展，即从双腿向双翅、颈部和眼睑处。病鸡初期喜卧，不愿走动，驱赶时跛行。双翅麻痹后自然下垂。头颈软弱无力，颈羽逆立。由于眼睑麻痹，病鸡看似昏睡，甚至像死鸡。病鸡羽毛蓬乱，捕捉时易脱落，羽毛颤动。肉鸡发病时伴有腹泻，粪便稀软，含有大量的尿酸盐。

五、病理变化

病鸡发生 C 型肉毒中毒后，无明显的大体或组织病变。偶尔病鸡嗉囊中有蛆或羽毛。

六、诊断

肉眼观察无明显变化。剖检时可发现羽毛松乱（尤其是颈部的羽毛），翅膀、腿部及颈部都呈现麻痹状态，嗉囊、腺胃及肌胃中有腐败物质或蛆蝇或两者都有，口腔中积有黏液。根据上述发病症状、病理变化可以作出初步诊断，进一步确诊还需要进行实验室诊断。

（一）病原的分离与鉴定

无菌采集可疑的饲料、病鸡嗉囊或胃肠内容物，在 4℃的条件下用生理盐水浸泡病料 12 h 左右，离心 20 min，取上清液接种在厌氧肉汤中，在 37℃条件下培养 5 ～ 10 d，然后移植于血液琼脂、乳糖蛋黄牛乳琼脂上进行厌氧培养，选择典型菌落进行鉴定。

（二）血清学诊断

设攻毒和对照组来进行诊断。攻毒组，取小白鼠 2 只，每只小白鼠腹腔注射可疑鸡的血清 0.5 mL；对照组，将 1.2 mL 的可疑鸡血清和 0.3 mL 的肉毒中毒抗毒素混合后，放置 30 min。取 2 只小白鼠，每只小白鼠腹腔注射 0.75 mL 混合物。如果攻毒组的小白鼠死亡，对照组的不发生死亡，肉毒中毒即为阳性。

（三）分子生物学诊断

（1）荧光定量 PCR 检测方法。改进肉毒梭菌毒素基因质粒作为标准品用于荧光定量 PCR 检测技术，建立一种实时荧光定量 PCR 方法，该方法可实现对肉毒梭菌核酸扩增初始量定量的方法。

（2）质谱分型方法。使用质谱方法并结合毒素基因序列信息开发了鉴别肉毒毒素的新方法。该方法的原理是基于肉毒毒素是一种蛋白酶其可将一个底物切割为两个多肽而设计。在培养物或成分复杂的混合物内，应用可识别不同毒素型的单克隆抗体或多抗来结合相应型别的肉毒毒素，再与型别特异性的底物相互作用，采用质谱仪检测底物被切割情况来鉴别。

七、防治

（一）预防

加强饲养管理，改善养殖环境，在饲料中添加适量的维生素 A、维生素 D，增强鸡群的抗病力。定期清扫鸡舍，并进行彻底消毒处理，确保舍内环境清洁、干燥，及时清除鸡群腐败饲料，严禁饲喂腐烂的草料、青菜和鱼粉等，注意饲料卫生，防止饲料腐败。炎热夏天做好防暑、防应激工作。

（二）治疗

无特效药物，一般情况下主要结合症状采用对症治疗措施。为了加速有毒的肠内容物的排出，按照 450 g 泻盐用于 75 ～ 100 只成年鸡的剂量进行拌料，再用 5% 葡萄糖和电解多维及阿莫西林饮水 3 d。1∶3 000 高锰酸钾饮水有助于治疗该病。在经常发生该病的地区，用同型类毒素或明矾菌苗进行免疫预防。

第二十九节　坏疽性皮炎

坏疽性皮炎（Gangrenous dermatitis）是一种细菌性散发病，表现为突然急性死亡。病鸡的主要病变是皮肤和皮下组织坏死，常波及胸部、腹部、翅膀和腿部。该病又称为坏疽炎、蜂窝织炎、气性水肿病、禽恶性水肿等，可引起鸡和火鸡的皮肤、皮下组织及肌肉坏死。其病原有腐败梭菌（*Clostridium septicum*）、A 型产气荚膜梭状芽孢杆菌（*Clostridium perfringens*）、金黄色葡萄球菌（*Staphylococcus aureus*），可单独感染，或同时混合感染，一般混合感染者病情较重。其他如污泥梭菌、诺维梭菌等也可引起坏疽性皮炎，但较少见。各国对坏疽性皮炎的命名不尽一致，曾一度有坏死性皮炎、坏疽性蜂窝织炎、坏疽性肌炎、禽恶性水肿、气性水肿病及腐翅病等名称。多数人认为坏疽性皮炎常继发于破坏免疫系统的传染病如鸡传染性贫血及禽腺病毒感染等。

一、病原

坏疽性皮炎的主要病原为腐败梭菌、产气荚膜梭状芽孢杆菌及金黄色葡萄球菌，后两者分别在葡萄球菌病及坏死性肠炎中叙述，在此主要介绍腐败梭菌。

（一）形态与染色特性

腐败梭菌是革兰氏阳性厌氧杆菌，菌体呈长杆形，多个菌体聚集时通常呈 3 个左右首尾相连。腐败梭菌为无荚膜细菌，可以产生芽孢，芽孢通常位于菌体的偏端或者中央，其大小为（0.6 ～ 1.9）μm×（1.9 ～ 35）μm。腐败梭菌的 DNA 中 G+C 含量的摩尔百分数为 24%。

（二）生化特性

腐败梭菌能分解葡萄糖、麦芽糖、乳糖及水杨苷，不能分解蔗糖和甘露醇。糖发酵产物为乙酸和丁酸。能液化明胶，不消化牛乳，MR 试验阳性。VP 试验阴性，不产生靛基质，能还原硝酸盐为亚硝酸盐，不产生吲哚。在蛋黄琼脂平板上生长，但不产生卵磷脂和脂酶。

（三）毒力因子

该菌可产生多种毒素，包括 α 毒素、β 毒素、γ 毒素、δ 毒素、神经氨酸酶和血凝素、几丁质酶、弱脂肪酶和唾液酸酶。α 毒素是主要的致死因子，可在肌细胞中形成 Ca^{2+} 可渗透的孔，导致细胞内 Ca^{2+} 水平的增加，引发一系列反应导致细胞的程序性坏死。Ca^{2+} 内流与钙蛋白酶激活和组织蛋白酶从溶酶体的释放有关。同时，线粒体活性的失控，导致活性氧物质水平升高，ATP 水平急剧下降，引发多方面的细胞坏死反应。β 毒素主要是一种 DNA 酶，可以杀死白细胞；γ 毒素是一种透明质酸酶，能使透明质酸低分子化作用，而透明质酸是构成宿主结缔组织细胞外基质的主要成分；δ 毒素是一种不耐氧的溶血素，γ 毒素和 δ 毒素均可使毛细血管的通透性增强，从而导致肌肉组织坏死。

（四）抵抗力

此菌繁殖型的抵抗力不强，常用浓度的普通消毒剂在短时间内可将其杀死。但芽孢的抵抗力强，在腐败尸体中可存活 3 个月，在土壤中可存活 20 ～25 年，煮沸 2 min 即可杀死，0.2% 升汞、3% 福尔马林在 10 min 内可将其杀死，对磺胺类及青霉素敏感。

二、流行病学

该病可发生于鸡、火鸡，自然感染情况下多发生于鸡，鸡发生坏疽性皮炎的日龄为 2 ～ 20 周龄，肉鸡一般为 4 ～ 8 周龄，产蛋鸡为 6 ～ 20 周龄，肉用种鸡为 20 周龄。主要发生在肉鸡、肉种鸡，雏鸡和蛋鸡病例较少见。发病率、病变严重程度和死亡率取决于感染的特殊菌株及其产生毒素的能力。

垫料过湿、饮水管理不当、通风不良、饲养密度大、圈舍拥挤、光照强度过大、舍内聚集氨气等有害气体以及不及时清除病死鸡等均可促进坏疽性皮炎的发生。饲料中缺乏蛋白质或蛋白质品质不佳；日料中缺乏必要氨基酸或 B 族维生素，常引起鸡群自啄或互啄，造成皮肤损伤，导致坏疽性皮炎的发病率增加。该病的发病率还与季节相关，春季是发病高峰。

三、症状

鸡群突然发生，病死率急剧增加，饮水和饲料消耗量降低。由于发病鸡死亡迅速，有时候甚至难以找到活的受感染的病鸡。这些鸡体温升高，精神沉郁，嗜睡，对外界刺激的反射消失。强行驱赶时，病鸡站立不稳、虚弱或发生共济失调的症状。典型的坏疽性皮炎表现病变部位肿胀、增厚、柔软、湿润、渗出浆液和呈暗紫红色。当轻压病变皮肤时，常常可以听到气泡破裂的声音，皮肤表层易于剥离。感染部位的羽毛脱落，在邻近的其他部位，羽毛也容易被拔去。感染鸡皮肤易发生病变的部位为腹部、髋和尾部、胸、大腿、小腿、趾和翅，最后是背部。该病病程短，多在 24 h 内，常不表现任何明显症状而呈急性死亡，死亡率在 1% ～ 60%。

四、病理变化

（一）剖检变化

病鸡出现坏疽的部位常见于翅、胸、腹部及腿部，坏疽部位的皮肤出现紫红色肿胀、柔软、有炎性渗出物，轻轻触压肿胀部位，有些病例表现气性肿胀，用针头穿刺可流出红色、暗红色的腥臭液体。有些病例皮肤呈紫红色干枯样，羽毛脱落，病变周围的羽毛容易拔除。特征性病变为患部皮下血样水肿，有气体或无气体产生，病变深部肌肉呈灰白色或褐色，肌束间有气体或水肿。有些病例皮下组织发生气肿，并伴有血样浆液。大多数病例脏器无病变，仅偶尔可见肝脏散在白色坏死灶，骨骼肌充血、出血、坏死。

（二）组织学变化

特征性组织学病变为皮肤及皮下组织水肿、气肿、坏死，并伴有大量嗜酸性大杆菌和小球菌。骨骼肌常见充血、严重出血和坏死。如肝脏受损，可见到散在的凝固性小坏死灶，坏死灶内有病原菌。并发传染性法氏囊病时，法氏囊的特征性病变为淋巴滤泡广泛坏死和萎缩。

五、诊断

（一）病原的分离培养与鉴定

无菌采集病变肌肉组织和水肿液接种于含 2.5% 的血琼脂培养基，37℃厌氧培养 12 ～ 24 h，通过生化试验可鉴定。腐败梭菌的培养特性如下。菌落为圆形、淡灰色，革兰氏染色后镜检为革兰氏阳性的细丝状。魏氏梭菌的菌落为圆形、光滑、隆起的淡灰色菌落，有些菌落周围呈锯齿状，菌落周围有棕色的溶血环，有个别菌落呈双溶血环、内环透明，外环淡绿色。革兰氏染色后镜检为革兰氏阳性的单个或成双排列的大杆菌。挑取菌落接种于 30 ～ 35 日龄肉鸡的大腿外侧，5 ～ 8 h 接种部位的肌肉出现明显的气性肿胀，肌肉坏死，10 h 后大腿外侧变为紫红色。

无菌采集病变肌肉组织和水肿液接种到普通琼脂培养基、5% 绵羊血液琼脂平板或高盐甘露醇琼脂上进行分离培养。接种普通琼脂平皿上 37℃培养 18 ～ 24 h 形成湿润、表面光滑、隆起的圆形菌落，直径一般为 1 ～ 3 mm。菌落初成灰白色，继而为金黄色、白色或柠檬色；接种血液琼脂平板，可见生长菌落较大，致病性菌株菌落周围有明显的溶血环（β 溶血）；污染严重的病料，应同时接种盐甘露醇琼脂平板，37℃培养 24 h 后，置于室温 1 ～ 2 d，血平板上出现金黄色、周围有溶血环的菌落，高盐甘露醇培养基上形成周围有黄色晕圈的菌落。取典型菌落涂片染色镜检，可见大量典型的葡萄串状球菌。

（二）分子生物学诊断

腐败梭菌的 α 毒素基因，有 270 bp 片段在 24 种细菌溶血素中无同源性，可以用 PCR 快速作出准确诊断，这是腐败梭菌与气肿疽梭菌常用的鉴别诊断方法，获得病料模板进行 PCR 扩增 α 毒素的特异性序列可以快速诊断和鉴定腐败梭菌。

六、类症鉴别

许多皮肤真菌病需要与坏疽性皮炎鉴别诊断，如白色念珠菌病、烟曲霉菌感染等，经组织压片发现真菌后，结合真菌分离培养和生化鉴定即可诊断。

七、防治

（一）预防

1. 加强饲养管理，消除应激因素

加强饲养管理，使用全价配合日粮，注意饲料中必需氨基酸的平衡，提高饲料中维生素 A 和维生素 E 的含量。提高垫料质量，降低垫料湿度，酸化垫料 pH 值，降低饲养密度，改变光照。损坏的笼具要及时修理，以免损伤鸡的皮肤。鸡舍中有啄癖的种鸡和病弱被啄的种鸡及时挑出单独饲养，以免引起啄癖的蔓延。

2. 制定切实可行的生物安全制度

对经常发生坏疽性皮炎的鸡舍每天消毒 1 次，鸡舍周围的环境每周消毒 1 次。一个生产周期结束后鸡舍应彻底清洗消毒。腐败梭菌和魏氏梭菌对酸、碱消毒剂较敏感，在消毒时可选择氢氧化钠和过氧乙酸交替使用，以提高消毒效果，保证鸡群健康。

（二）治疗

饮水中加入适量的环丙沙星、红霉素、青霉素、阿莫西林、林可霉素及头孢类药，对坏疽性皮炎可起到有效的预防和治疗作用。可用 0.01% 环丙沙星饮水，连用 4 ～ 5 d。

第三十节　传染性鼻炎

传染性鼻炎（Infectious coryza，IC）是由副鸡禽杆菌（*Avibacterium paragallinarum*）引起的鸡的一种急性或亚急性呼吸道传染病。主要特征是鼻黏膜发炎、流鼻涕、眼睑水肿。该病多发生于育成鸡和产蛋鸡群，使产蛋鸡产蛋量下降 10% ～ 40%；育成鸡生长停滞，开产期延迟和淘汰率增加，经济损失严重。

一、历史

1920 年 Beach 首次对该病症状进行报道，1932 年 De Blieck 首次分离到该病的病原体，我国冯文达于 1987 年在北京分离到引起鸡传染性鼻炎的致病菌，目前该病在世界许多地方均有发生和流行。

早期的研究发现该病原菌生长条件中需要 X 因子（血红素）及 V 因子（烟酰胺腺嘌呤二核苷酸，NAD），后来发现了有的菌株只需要 V 因子，因此曾将该菌命名为鸡嗜血杆菌（*Haemophilus gallinarum*）、副鸡嗜血杆菌（*Haemophilus paragallinarum*）。后来，在南非、墨西哥等地陆续从患鼻炎的鸡中分离到不依赖 V 因子及 X 因子的副鸡嗜血杆菌菌株。2005 年，Blackall 等根

据 16S rRNA 碱基序列的同源性和生化特性方面的相似性，将副鸡嗜血杆菌和另外 3 个禽源菌划归为一个新的属：禽杆菌属（*Avibacterium*），沿用多年的副鸡嗜血杆菌由此改名为副鸡禽杆菌（*Avibacterium paragallinarum*）。

二、病原

（一）形态及染色特点

副鸡禽杆菌是一种革兰氏阴性、两极浓染、不形成芽孢、无荚膜、无鞭毛、不能运动的小球杆菌。在 24 h 的培养物中，该菌呈杆状或球杆状，长 1 ～ 3 μm，宽 0.4 ～ 0.8 μm，并带有形成丝的倾向，在 48 ～ 60 h 培养物中，该菌发生退化，出现碎片和不整形态，如再移植于新鲜培养基，又可重新形成单个的、成对的和短链的短杆状或球杆状菌体。

（二）生化特点

氧化酶和碱性磷酸酶阳性，不水解尿素或液化明胶，能还原硝酸盐，能发酵葡萄糖、蔗糖但不产气，而对甘露糖、糊精、木糖的分解能力因菌株而异，不能发酵半乳糖和海藻糖，过氧化氢酶反应阴性。

（三）培养特点

副鸡禽杆菌对营养的要求较为苛刻，在普通培养基上不生长，大部分分离株需要在培养基中添加还原型 NAD（NADH）或在培养基中加入 5% ～ 10% 鸡血清或牛血清。该菌兼性厌氧，在 10% 二氧化碳环境中生长良好，37 ～ 38℃ 培养 24 h 在琼脂表面可长成直径 0.1 ～ 0.3 mm，圆形、光滑、柔嫩、有光泽、半透明、灰白色、露滴状菌落，毒力菌株菌落在 45° 斜射光下会产生蓝灰色的荧光，但培养基上体外传代时，荧光会逐渐减弱或消失，并且菌落会逐渐变大。

由于该病原体培养中需要 NAD（NADH），而葡萄球菌能产生 NAD（NADH），所以与葡萄球菌同在一个培养皿中培养时，在葡萄球菌附近常出现布满副鸡禽杆菌菌落的现象，称为卫星现象。副鸡禽杆菌可分为 A、B、C 三个血清型，其中 A 型和 B 型有荚膜，致病力较强；C 型无荚膜，致病力较弱或无，各个血清型之间不存在交叉保护力，但同一血清型下的不同亚型之间存在部分交叉保护力。1987 年冯文达在北京分离到 A 型副鸡禽杆菌，1995 年林毅报道在一个发病鸡场分离到 A 型和 C 型。2003—2005 年，国内陆续有 B 型副鸡禽杆菌的报道。近几年来，从国内分离到的多数为 B 型副鸡禽杆菌。

（四）抗原结构

副鸡禽杆菌的毒力因子较复杂，包括血凝素抗原（HA）、荚膜和质粒等。但 HA 抗原是决定其致病性和免疫原性的关键因素，重组血凝素抗原，HA 抗原中存在的高变区、三聚体自转运蛋白或一些优势模拟表位均可成为具有免疫原性的抗原，在阐明副鸡禽杆菌致病机制及研发新型疫苗方面具有重要意义。

（五）抵抗力

副鸡禽杆菌主要存在于病鸡的鼻、眼分泌物和面部肿胀组织中。对外界环境的抵抗力很弱，在自然环境中数小时即死。对热、阳光、干燥和常用消毒药均十分敏感，培养基上的细菌在 4℃时能存活两周，在 45℃存活不过 6 min。但该菌对寒冷抵抗能力强，低温下可存活 10 年，因此，在真空冻干条件下可以长期保存。

三、流行特点

各个日龄的鸡都能感染，以 4 ～ 12 月龄的鸡最易感，特别是初产蛋鸡易感性最高，13 周龄鸡可 100%被人工感染，病情也比幼龄鸡严重，幼龄鸡通常不会出现严重发病。成年鸡感染后具有较短的潜伏期，急性发病，表现出严重症状，病程持续时间长。笼养鸡在鸡舍角落的鸡最先发病，当空气不流通，氨气浓度过高，湿度较大，尘埃较多时，自然感染发病率可达 70%～ 100%，1 月龄内雏鸡也会出现症状。

该病全年任何季节都能够发生，其中秋冬季节较为常见，以 5—7 月和 11 月至翌年 1 月较多发。气候寒冷、舍内过于潮湿、通风不良、鸡群饲养密度过大以及不同年龄鸡群混养等都可诱发该病。

病鸡和带菌鸡是该病的主要传染源，主要经由尘埃和空气传播，还可通过污染病菌的饲料、饮水、用具、流动的饲养人员及其衣物进行传播，其他易感鸡主要通过呼吸道感染。由于病原体抵抗力很弱，离开鸡体后 4 ～ 5 h 即死亡，故通过人、鸟、兽、用具等传播的机会不大，通过空气、尘埃等远距离传播的可能性很小。

四、症状

该病具有很短的潜伏期，且可快速传播，一般在 1 ～ 3 d 就会扩散至全群。该病有很高的发病率，尤其是鸡群初次感染后往往呈现暴发，发病率能够超过 70%，甚至达到 100%，但死亡率低。流行周期较长，短时只有几周，长时达到几个月。

发病初期，病鸡流稀薄的浆液性鼻液，甩头次数增多，病鸡面部出现浮肿性肿胀，眶下窦肿胀，眼肿胀，且流泪增多，并发生结膜炎（图 4-30-1）。发病后期，病鸡流黏液脓性分泌物，并逐渐变得浓稠，往往粘在鼻孔处形成结痂，将鼻孔堵塞（图 4-30-2、图 4-30-3），或腭裂有黄白色干酪样渗出物（图 4-30-4）。病鸡面部严重肿胀时，会导致上下眼睑粘在一起，造成一时性失明（图 4-30-5 至图 4-30-7）。病鸡气管内有分泌物，喉部肿胀，呼吸困难，呼吸时发出“咕噜、咕噜”声音，有时甩头，欲将积在咽喉部的分泌物甩出（图 4-30-8）。病鸡腹泻和排绿色粪便，肉髯肿胀（图 4-30-9、图 4-30-10），青年鸡下颏或咽喉部浮肿。母鸡产蛋减少或停止。如转为慢性或并发其他疾病，病鸡群发出一种恶臭气味。如咽喉部积有大量黏稠分泌物，病鸡可能窒息而死。

图 4-30-1　病鸡流清亮眼泪，眶下窦肿胀（刁有祥　供图）

图 4-30-2　病鸡眼肿胀、流眼泪，眶下窦肿胀，鼻孔有黏稠分泌物（刁有祥　供图）

图 4-30-3　病鸡眼肿胀，眶下窦肿胀，鼻孔黏附脓性分泌物（刁有祥　供图）

图 4-30-4　病鸡眼肿胀，流脓性分泌物，鼻孔、腭裂有黄白色干酪样渗出物（刁有祥　供图）

图 4-30-5　病鸡眼肿胀，上下眼睑粘在一起（一）（刁有祥　供图）

图 4-30-6　病鸡眼肿胀，上下眼睑粘在一起（二）（刁有祥　供图）

图 4-30-7　病鸡眼肿胀，上下眼睑粘在一起，鼻孔有脓性分泌物（刁有祥　供图）

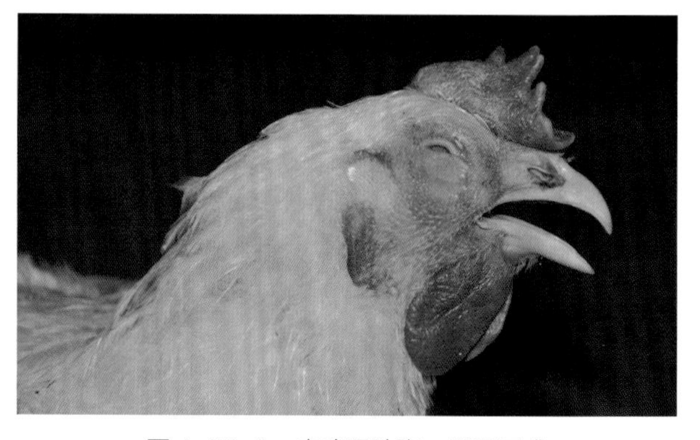

图 4-30-8　病鸡眼肿胀，呼吸困难（刁有祥　供图）

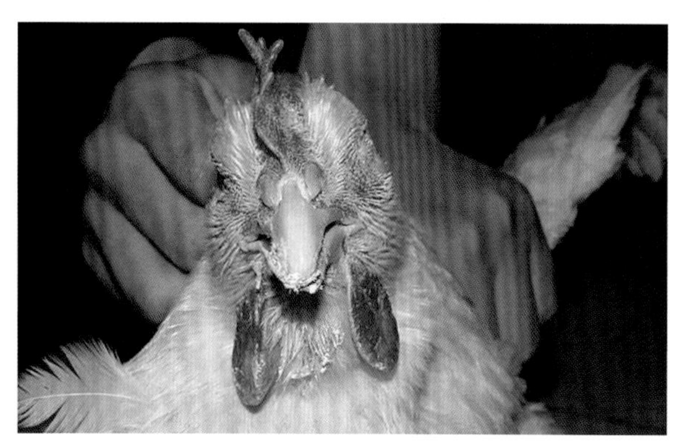

图 4-30-9　病鸡肉髯肿胀，呈“八”字形（刁有祥　供图）

图 4-30-10　病鸡肉髯肿胀，眼肿胀，鼻孔有黄白色结痂（刁有祥　供图）

五、病理变化

（一）剖检变化

该病的病理变化表现为面部、眼睑、肉髯明显水肿，脸部及肉髯皮下水肿，有黄白色胶冻样渗出物（图 4-30-11）。鼻腔和眶下窦黏膜呈急性卡他性炎，充血肿胀，表面覆有大量黏液、窦内有渗出物凝块，后成为干酪样坏死物（图 4-30-12）。有时眼、鼻流出恶臭的黏性、脓性分泌物，并在鼻孔周围形成痂皮。发生结膜炎时，结膜充血肿胀（图 4-30-13），严重的可引起眼睛失明。病程较长时，可见尸体消瘦，胸骨突出，多数消化道内空虚无食物。气管和支气管出血，管腔中有黄白色渗出物（图 4-30-14、图 4-30-15），严重者因干酪样物质阻塞呼吸道而造成肺炎和气囊炎（图 4-30-16）。其他器官如心脏、肺脏、肝脏、肾脏、胃肠等均无严重病变。育成鸡发病死亡较少，流行后期死淘鸡不及产蛋鸡群多，产蛋鸡输卵管内有黄色干酪样分泌物，卵泡松软、血肿、坏死或萎缩，卵泡破裂形成卵黄性腹膜炎（图 4-30-17、图 4-30-18），公鸡睾丸萎缩。

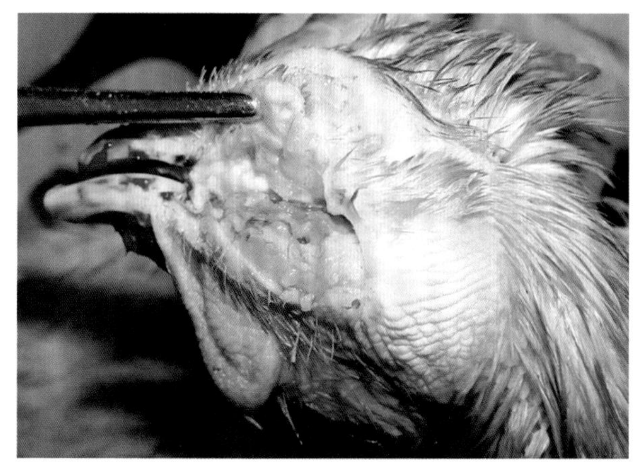

图 4-30-11　面部皮下有黄白色胶冻样渗出物（刁有祥　供图）

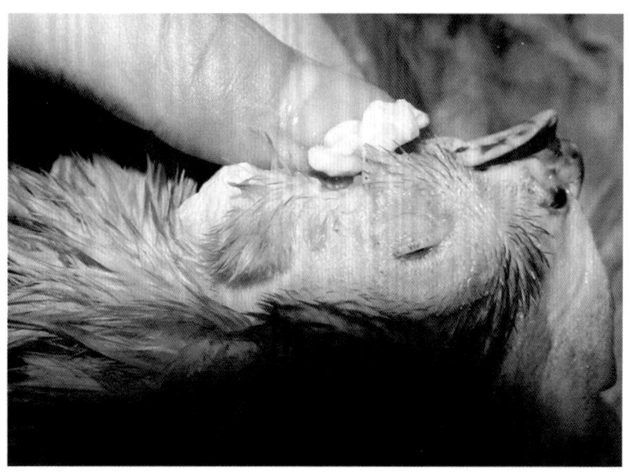

图 4-30-12　眶下窦中有黄白色干酪样渗出物（刁有祥　供图）

图 4-30-13　眼结膜充血、潮红（刁有祥　供图）

图 4-30-14　气管黏膜充血、肿胀，表面覆有大量黏液（刁有祥　供图）

图 4-30-15　气管环出血，管腔中有黄白色分泌物
（刁有祥　供图）

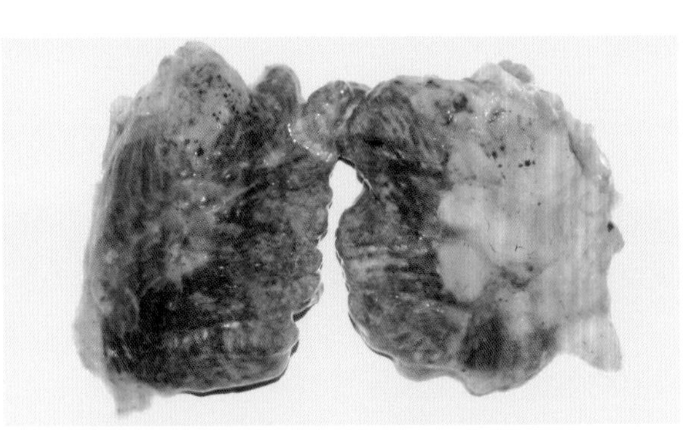

图 4-30-16　肺脏出血
（刁有祥　供图）

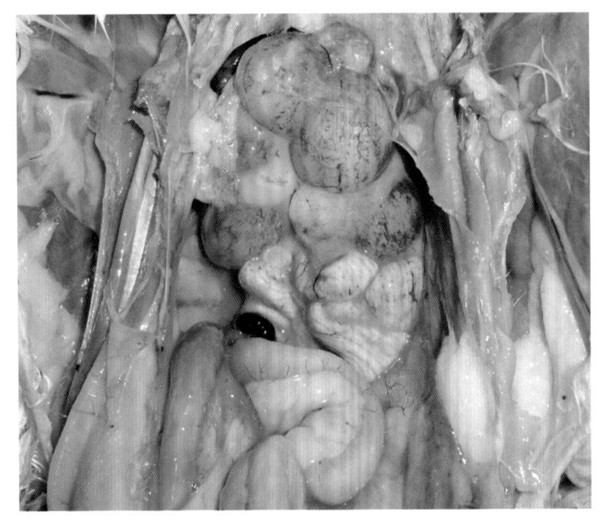

图 4-30-17　卵泡变形
（刁有祥　供图）

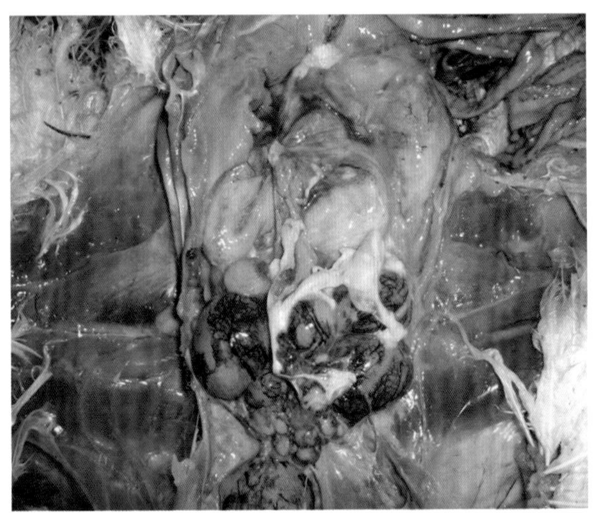

图 4-30-18　卵泡破裂，腹腔中充满凝固的卵黄
（刁有祥　供图）

（二）组织学变化

组织学变化表现为眶下窦巨噬细胞和异嗜性粒细胞浸润，水肿及结缔组织疏松；鼻腔内组织异嗜性粒细胞浸润，水肿，充血出血、结缔组织结构疏松。气管黏膜上皮细胞肿胀、增生、裂解、脱落，黏膜固有层到黏膜下层组织有明显炎性水肿及异染细胞浸润。下呼吸道受到损害的鸡，呈现急性卡他性支气管肺炎，第 2 和第 3 支气管的管腔内充满异染细胞和细胞碎片，毛细管上皮细胞肿胀、增生。气囊的卡他性炎症，其特征是细胞肿胀、增生并有大量异染细胞浸润。

六、诊断

根据流行特点、症状及剖检变化即可作出初步诊断，确诊需要进行实验室检查。

（一）细菌的分离鉴定

用无菌棉拭子取病鸡鼻腔、眶下窦分泌物，以画线方式直接接种在血琼脂平板上，接着在同一平面以划交叉横线的方式接种葡萄球菌，放入有螺旋盖的大广口瓶内，同时在瓶内点燃一支蜡烛，接着立即旋紧螺盖，当蜡烛熄灭后放在 37℃下进行 24 ～ 48 h 培养，可见葡萄球菌菌落周边生成有细小的卫星菌落。挑取单个菌落进行涂片、镜检，可见革兰氏阴性小杆菌，呈椭圆形，由此可怀疑是副鸡禽杆菌。

（二）玻片凝集试验

常用已知的传染性鼻炎抗血清对分离的被检菌进行检验。在干净载玻片上各滴加 1 滴（50 μL 左右）抗血清和 1 滴生理盐水，接着分别向其中滴加 1 滴被检菌制备的抗原（抗原含有 60 亿个 /mL 左右的病菌），混合均匀，静置 3 ～ 5 min 观察，如果滴加血清处发生凝集而滴加生理盐水处没有发生凝集，则可判断被检菌是副鸡禽杆菌。

（三）PCR 检测方法

研究者参照 GenBank 中已发表的血凝素基因设计合成了 1 对特异性引物，对培养后产物进行 PCR 扩增，成功扩增出大小约 412 bp 的特异片段，这是一种灵敏度较高的 PCR 方法，最低可检出 1.7×10^4 CFU/mL 的副鸡禽杆菌。而在相同反应条件下对巴氏杆菌、大肠杆菌、沙门菌未扩增出任何片段，证明该法有较好的特异性。根据副鸡禽杆菌 16S rDNA 基因序列设计引物建立了 PCR 诊断方法，该方法可以检测到 10 pg 副鸡禽杆菌模板 DNA，特异性强、敏感性高。

（四）LAMP 检测方法

梅晨等（2018）利用在线引物设计软件，针对副鸡禽杆菌 16S rRNA 基因序列设计两组 LAMP 引物，建立了检测副鸡禽杆菌 LAMP 方法。结果显示，优化后的反应条件为 65℃恒温反应 60 min，内引物 1.60 pmol/μL、外引物 0.20 pmol/μL。该方法对 13 株副鸡禽杆菌均发生了扩增反应，而对大肠杆菌、多杀性巴氏杆菌、空肠弯杆菌等 14 株其他病原微生物没有扩增反应；最低检出量为 0.17 pg/ 反应，敏感性远高于常规 PCR 的 56 pg/ 反应。所建立的副鸡禽杆菌 LAMP 方法具有快速、高效、方便操作等特点，适用于基层兽医部门进行副鸡禽杆菌的快速检测。

七、防治

（一）预防

1. 加强卫生管理

加强鸡群的饲养管理，特别注意消除发病诱因。管理不善导致的气温突变、高温高湿、鸡群过分拥挤、鸡舍通风不佳、环境卫生差、外来人员出入频繁及消毒不及时等均可能成为发病的诱因。应保持鸡群的饲料营养合理，多饲喂含有维生素 A 的饲料，以提高鸡群的抵抗力。杜绝引入病鸡和带菌鸡，远离老鸡群，进行隔离饲养。防止其他传染病的发生，如葡萄球菌等病原微生物的感染。该病发生后，应隔离病鸡，加强消毒和检疫。病鸡即使经过治疗康复但也不能留作种用。要从鸡场中清除病原，必须全部清除感染鸡或康复鸡，对鸡舍和设备进行清洗和消毒后，重新饲养清洁鸡前，鸡舍应空闲 2 ～ 3 周。

2. 疫苗接种

疫苗是预防传染性鼻炎的重要手段，目前使用的疫苗都是灭活苗，有单价（A 型）、二价（A+C 型）和三价（A+B+C 型）灭活疫苗。由于传染性鼻炎灭活疫苗只对疫苗中含有相应血清型的副鸡禽杆菌具有保护性，因此疫苗中含有靶鸡群中存在的血清型菌株是预防该病的关键。已证实血清型 A 型和 C 型灭活疫苗间几乎没有交叉保护作用，血清型 B 型是真正存在的具有完全致病性的血清型，这表明在存在血清型 B 型菌株的地区所使用的灭活苗必须含有这一血清型。且血清型 B 型的不同菌株间只能提供部分交叉保护，因此在血清型 B 型流行的地区可考虑使用包含多个 B 型分离株的疫苗。

对未污染地区，首免于 40 ～ 50 日龄进行，肌内注射 0.3 mL/ 只；二免于 110 ～ 120 日龄进行，肌内注射 0.5 mL/ 只，可以保护整个产蛋周期。对污染严重地区，应进行 3 次以上的免疫，即在 75 d 左右加强免疫 1 次；蛋鸡和种鸡开产后免疫 1 次，必要时过 3 ～ 4 个月再接种 1 次。

（二）治疗

该病发生后可采用以下药物治疗。

（1）磺胺间二甲氧嘧啶。以 0.05% 比例溶于加有小苏打的饮水中，连用 4 ～ 5 d。

（2）强力霉素。按 0.01% 饮水，连用 4 ～ 5 d。

（3）环丙沙星。按 0.01% 饮水，连用 4 ～ 5 d。

（4）中药治疗。防风、白芷、益母草、猪苓、乌梅、泽泻、诃子各 100 g，黄芩、辛夷、半夏、桔梗、葶苈子、甘草、生姜各 80 g，充分粉碎后过筛，混合均匀后添加在饲料中饲喂，以上为 100 只鸡 3 d 的用量，连续使用 5 d。

治疗时注意，副鸡禽杆菌耐药性较强，应通过药物敏感试验选择敏感的药物，传染性鼻炎易复发，用药时应连用 2 个疗程。

第三十一节　禽波氏菌病

禽波氏菌病（Avian bordetellosis）又称火鸡鼻炎，是由禽波氏菌（*Bordetella*）引起的一种急性、持续性，并具有高度接触传染性的上呼吸道传染病。该病首次报道于 20 世纪 60 年代的加拿大，之后在欧洲、美国和澳大利亚等地都有发生。我国以山东、江苏、安徽、广东、河南和黑龙江等省份发生较多，祖代鸡的带菌率可达 40% 以上，父母代为 20% ～ 60%。禽波氏菌主要寄生于上呼吸道纤毛上皮中，引起上呼吸道黏膜持续炎症和变性，以眼内有分泌物、鼻炎和气管炎等为主要特征。该病对胚胎、雏鸡危害严重，可造成胚胎死亡，孵化率降低，弱雏增多，雏鸡急性死亡。

一、历史

1967 年，Filion 首次在加拿大报道了由波氏菌属的细菌引起的火鸡波氏菌病，后来德国和美国也发生了相同疾病，1978 年西德 Hing 等和美国 Simmons 等通过试验鉴定病原体为类支气管败血性波氏菌。1984 年，Kersters 对这种疾病的病原进行了系统研究，认为该病原是一个新的波氏菌菌种，定名为禽波氏菌。1984 年 Berkhoff 等对该菌进行了一系列的分子生物学特性的试验，证明禽波氏菌与百日咳波氏菌、副百日咳波氏菌和支气管败血波氏菌同属于产碱杆菌科的波氏菌属。

二、病原

（一）分类

禽波氏菌，在分类学属于产碱杆菌科（Alcaligenaceae）、波氏菌属（*Bordetella*）。

（二）形态与染色特性

禽波氏菌为革兰氏阴性，有 5 ～ 7 根周身鞭毛、能运动、有荚膜和菌毛、两端钝圆的产碱小杆菌，不产生芽孢，大小为（0.4 ～ 0.5）μm×（1 ～ 2）μm，多为单个分散存在。G+C 含量的摩尔百分数为 61.6 % ～ 70%。

（三）培养特性

该菌可在普通琼脂平板、血液琼脂平板、麦康凯培养基、牛肉浸液、脑心浸液（BHI）、胰酶大豆血琼脂、改良蛋白胨琼脂平板及许多其他固体培养基上生长。搅拌通气培养时，该菌在胰酶大豆和 BHI 肉汤中生长最佳。改良选择培养基不仅适合用于波氏菌生长，而且适用于波氏菌与多杀性巴氏杆菌的分离，并可抑制杂菌生长，但不能在 MEM 中生长。在麦康凯琼脂平板上 37℃培养 48 h，可长出 3 种菌落，其中 Ⅰ 型菌落直径 0.3 ～ 0.6 mm，边缘整齐，表面光滑，中心浅棕色；Ⅱ 型菌落较大，直径为 1.2 ～ 1.6 mm，表面粗糙，呈圆形，边缘不整齐，中心浅棕色；Ⅲ 型菌落直径 1.5 ～ 3.0 mm，大部分呈菱形，不规则，表面平坦，中心淡棕色。在改良蛋白胨琼脂平板上呈致密、半透明、边缘整齐、表面平滑的针尖样小菌落，培养基变为蓝色。在血平板培养基上呈 β 溶血，菌落分为两种类型，分别为粗糙型（直径 1.2 ～ 2.0 mm）和光滑型（直径 0.8 ～ 0.9 mm），若倾注培养，菌落呈星状。接种胰酶大豆琼脂或脑心浸液琼脂培养基，可形成纯培养。在普通肉汤培养基内生长旺盛，培养 24 h，肉汤浑浊，有厚厚的一层菌膜，3 ～ 4 d 可产生淡绿色脂溶性色素，若先放冰箱，再取出放室温，色素产生更快。试验证明，禽波氏菌在选择培养基上生长良好，并能抑制呼吸道共栖菌的生长。

（四）生化特性

不分解葡萄糖、乳糖、蔗糖、麦芽糖、棉籽糖、木糖、鼠李糖、阿拉伯糖、甘露醇、卫矛醇、山梨醇、侧金盏花醇、肌醇、七叶苷、水杨苷、鸟氨酸、精氨酸；硫化氢试验、靛基质试验、VP 试验、甲基红试验均为阴性；能利用枸橼酸盐，氧化酶和过氧化氢酶试验阳性，能利用枸橼酸盐，三糖铁琼脂斜面变红（产碱）而底部无变化。

（五）抗原性与毒素

该菌具 6 种表面抗原，Ⅰ 型菌具有血凝活性，有致病力；Ⅱ 型菌无血凝性，致病力弱或无。具有组胺敏感因子、淋巴细胞增多促进因子、皮肤坏死毒素、热稳定毒素、骨毒素和气管细胞毒素。

琼脂扩散试验、交叉凝集试验及免疫印迹试验研究表明，禽波氏菌和相关细菌（其他不同来源的波氏菌）均有密切相关的抗原性。通过对不同来源的禽波氏菌的研究表明，在禽波氏菌的菌株间，虽然遗传性、分子特性和抗原性很相似，但在毒素产生、对气管的黏着作用、质粒的形状、致病性、对抗生素的敏感性和菌落形态方面，均有大小不同的差异。

（六）抵抗力

波氏菌对外界不良因素抵抗力较差，不耐高温，大多数常用消毒剂都能将其杀灭。在低温、低湿度及中性条件下，该菌能长期存活。在 10℃、相对湿度 32% ～ 58% 时，该菌能在鸡舍尘埃、粪便等类似的附着物上存活 25 ～ 33 d；60℃、15 min 可将其杀灭，煮沸可使其迅速死亡。

三、致病机制

据周东顺（2016）报道禽波氏菌的致病机制主要为黏着、局部损伤或全身作用。禽波氏菌在呼吸道黏膜纤毛上皮中寄生，导致该部位黏膜持续性炎症和变形。禽波氏菌有黏着作用的表面结构和分子，纤毛和血凝素也起一定作用。细菌最初黏着在口鼻黏膜的纤毛上皮细胞上，寄生部位由气管上部逐渐扩展到初级支气管，菌群沿呼吸道黏膜的扩散引起急性炎症和杯状细胞释放黏液，从而导致甩头和鼻腔阻塞。当具有运动性的菌群游离出微菌落并在黏蛋白层游动从而向其他纤毛细胞转移时，感染就会扩散而不被黏膜纤毛的清洁运动所阻抑。随后，许多禽波氏菌寄生的细胞脱落到气管腔，从而使气管的大部分表面失去纤毛。局部黏膜损伤是由禽波氏菌毒素引起的，热敏感毒素能引起小鼠和火鸡皮肤坏死和出血性病变。气管细胞毒素能特异性地损伤纤毛上皮细胞，从而导致纤毛损伤和清除黏液能力下降。波氏菌内毒素可引起鸡胚和雏鸡的心脏、肝脏、肾脏等实质器官发生急性变性和坏死，肺脏严重淤血、出血和水肿，进而引起呼吸系统衰竭。

四、流行病学

该病以火鸡最易感，尤其是 1 ～ 6 周龄的幼火鸡，其感染发病率可高达 80% ～ 100%，但死亡率低，通常低于 10%，若继发感染其他呼吸道病原微生物，或在饲养管理不良及其他应激因素存在的情况下，则可大大增加死亡率。雏鸡、鹌鹑、鸭、山鸡等也可感染该病，以对雏鸡的危害较为严重，1 月龄以上的禽类具有较强的抵抗力，成年鸡感染后基本上无异常表现，症状轻微。禽波氏菌的火鸡分离株和鸡分离株相似，且能发生种间交叉感染，从鸡和其他禽类中也能分离到禽波氏菌，多不发病，从火鸡以外的禽类中分离出的禽波氏菌对 1 日龄火鸡均有致病性。

波氏菌病是一种高度接触性的传染病，传染源为感染鸡、康复带菌鸡及其污染的垫料、饮水等。易感鸡群可通过这些传染源接触而被感染，被感染鸡群污染的垫料可以持续数月保持感染性；人员流动也可造成鸡场内鸡舍间的相互传染，其自然感染潜伏期为 7 ～ 10 d。该病一般不能通过空气传播，但可经种蛋垂直传播，造成胚胎死亡和孵化率下降。在冬季禽波氏菌流行时，雏鸡感染率为 63%，而在有呼吸道疾病的鸡群中感染率和分离率更高。

五、症状

禽波氏菌也可造成鸡、鸭、山鸡等禽类发病，但成年种鸡基本无异常现象，个别出现排绿色稀便、眼流泪、轻度气喘等症状。健康带菌的鸡所产种蛋进行孵化，孵化率下降 10% ～ 40%，死胚率一般在 30% ～ 40%，高者可达 60%。同时，种蛋孵出的弱雏增多，弱雏率一般为 5% ～ 20%，雏鸡多在 3 ～ 5 日龄发病，弱雏表现气喘、排稀便、食欲降低或废绝，精神沉郁，呆立不动，大多数因衰竭而死。部分病鸡出现颌下水肿，气喘，呼吸困难，鸡冠肉髯发紫，眼结膜发绀，病情严重时，张口呼吸。若有继发感染或饲养管理不良时，可使病情加重。一般发病 2 ～ 4 周症状开始减轻。

眼型波氏菌病多见于成年鸡，初期眼流泪，食欲稍减，3 ～ 5 d 单侧或双侧眼失明，精神不振，逐渐消瘦。随着病情进一步发展，眼部形成坚硬的痂皮，眼结膜囊内充满干酪样物或液体分泌物，多数病鸡最终因衰竭死亡，病程多为 8 ～ 15 d，死亡率 10% ～ 20%。

六、病理变化

（一）剖检变化

雏鸡剖检可见病变主要局限于上呼吸道，呈现卡他性鼻炎、鼻窦炎和气管炎。鼻腔和气管黏膜充血，鼻腔、鼻窦腔和气管内积有大量的分泌物，病初分泌物为浆液性，中后期为黏液性；头部和颈间组织水肿，胸部及大腿两侧皮下有淡黄、黄绿色或土灰色胶冻状物，有坏死灶和出血斑；肝脏淡黄色，肺脏深红色，有出血点或出血斑；肾脏肿大有出血点；腺胃、肌胃黏膜多数坏死，有陈旧性坏死灶，内含有深咖啡色样物质，浆膜层有出血点；个别鸡肠道出血坏死，小脑斑点状出血；气管大面积软化，软骨环变性，背腹部萎陷，并有黏液性纤维蛋白分泌物，气管环壁变厚，管腔缩小。在气管凹陷部位，黏液性分泌物的积累常导致鸡窒息而死。

因波氏菌感染的死亡胚胎大小不一，相差 2 ～ 3 倍，胎毛易脱落，体表有弥漫性出血点或出血斑。剖检 16 ～ 18 日龄死亡胚，尿囊液黏稠，褐色；胚体体表有出血点，皮下有胶冻状物；腹部变黑，肝呈土黄色，有出血斑；肺脏呈紫黑色，肠壁变薄。

（二）组织学变化

组织学变化主要表现为气管黏膜纤毛关联细菌的大量聚集，纤毛上皮细胞的退行性丧失及黏液腺肿胀呈囊状，黏液排空，间质出现淋巴细胞和浆细胞浸润。肺部的病变局限于初级支气管和与支气管相连的淋巴组织，与支气管相连的淋巴样组织变得非常明显，且淋巴样结节突入支气管管腔，早期来源于胸腺的皮质性淋巴细胞消失。

七、诊断

根据易感禽种类、特征性临床及病理变化，可对该病作出初步诊断，确诊需要采取实验室方法进行综合判断。

（一）病原分离

以棉拭子通过喉头插入气管采集样品，也可在颈部切开气管，用棉拭子蘸取气管分泌物。此外，从鼻腔或副鼻窦中采取黏液，也可用于禽波氏菌的分离鉴定。

用棉拭子采取或鸡鼻黏液或病死鸡的鼻腔、眶下窦及气管黏液，接种麦康凯琼脂平板、改良选择培养基或其他培养基上，需氧条件下，37℃培养 24 ～ 48 h，根据菌落形成特征，细菌形态特征（革兰氏阴性、周鞭毛、能运动、有荚膜和菌毛、两端钝圆的小杆菌），及其生化特性（不发酵碳水化合物，硫化氢试验、靛基质试验、VP 试验均为阴性，尿素酶试验与硝酸盐还原试验阴性，氧化酶和过氧化氢酶试验阳性），血凝性（可凝集豚鼠红细胞）等进行鉴定。一般在感染早期，可较容易地从气管获得纯培养物，但在后期可能分离到并发感染菌（如大肠杆菌）及其他条件菌。病原学诊断是该病诊断较为可靠的方法。

（二）血清学试验

已经证明血清学试验能有效检测人工和自然感染病例中的波氏菌血清抗体，通常在感染后 1 周能在血清中检测到抗体，3 ～ 4 周抗体滴度达到高峰。

（1）微量凝集试验。与细菌的分离具有很好的相关性，即使在细菌分离阴性后的一段时间内仍可呈现阳性。因其可检出血清中的 IgM，因此，在检测 1 日龄雏鸡的母源抗体时比酶联免疫吸附试验更敏感。

（2）酶联免疫吸附试验。常用于检测禽波氏菌血清抗体 IgG，其检测结果与微量凝集试验密切相关，因其检测的敏感性高，故当凝集试验查不到抗体时，ELISA 试验仍为阳性。但在感染初期凝集试验测到抗体的时间比 ELISA 试验早。

种鸡检疫可采用禽波氏菌全血平板凝集试验进行。先在载玻片或玻璃板上滴 1 滴禽波氏菌平板凝集抗原，然后取 1 滴被检鸡全血，混匀，室温下放置 3 ～ 5 min。若出现肉眼可见的凝集块，则判断为禽波氏菌病阳性。

（3）间接免疫荧光检测方法。杨萍萍等（2015）利用纯化的兔抗禽波氏菌外膜蛋白 IgG 作为一抗，建立了能进行禽波氏菌抗原定位检测的间接免疫荧光组化法。该方法重复性和特异性良好，人工感染禽波氏菌鸡群气管、肺脏、脾脏、心脏、肾脏等组织器官中均呈现特异性荧光信号。

（三）分子生物学诊断

分子生物学法是利用聚合酶链式反应的原理，将分离的可疑组织或菌落的核酸物质在体外用波氏菌特异性核酸引物进行扩增，该方法具有灵敏度高，检测时间短，结果准确可靠的优点。研究人员根据禽波氏菌 16S rDNA 基因，设计特异性引物，对可疑病料或分离菌进行 PCR 扩增，如果结果为阳性，则表明鸡有波氏菌感染。此外，还可对分离株进行同源性分析与遗传进化分析，为了解波氏菌遗传变异情况奠定基础。

八、类症鉴别

沙门菌病、大肠杆菌、支原体病、衣原体病、呼吸道隐孢子虫病，以及新城疫病毒、腺病毒、流感病毒等病毒引起的疾病，与禽波氏菌病的诸多症状相似，分别可通过流行特点、症状及病变特征，以及病原学诊断加以鉴定。在自然状态下，禽波氏菌虽能单独感染而引起发病，但多数情况常与支原体、新城疫病毒及一些条件性致病菌相伴发病，因此必须认真区别。

在上呼吸道病料样本中分离禽波氏菌时，常同时培养出支气管败血波氏菌和类禽波氏菌。三者的区别：禽波氏菌能凝集豚鼠红细胞，尿素酶试验阴性，在最低营养培养基或含 6.5% NaCl 的肉汤培养基中不能生长；支气管败血波氏菌虽能凝集豚鼠红细胞，但尿素酶试验阳性；而类禽波氏菌不能凝集豚鼠红细胞，但能在最低营养培养基和含 6.5% NaCl 的肉汤中生长。

九、防治

（一）预防

由于该病主要是通过接触感染而传播，因此预防的重点是要避免健康鸡群与病禽、康复带菌禽及禽波氏菌污染的用具、垫料、饲料、饮水等接触。首先要加强人员和车辆流动的管理，并采取严格的清洁和消毒措施，以便最大限度地消灭传染源；改善环境条件，减少应激，也是预防该病的关键措施；该病主要侵害雏鸡，因此实行严格的隔离育雏法，是预防该病的有效方法；由于禽波氏菌病不仅能水平传播，而且可垂直传播，因此做好种禽的净化工作尤为重要。此外，在孵化种蛋前，孵化器要用福尔马林熏蒸消毒，以消灭波氏菌。

一旦发生该病，要迅速隔离病鸡，病鸡用过的饮水、饮水器皿、饲料、垫料等要进行灭菌和销毁。通过全血平板凝集试验检查种鸡血清中的波氏菌抗体，及时淘汰阳性者，阳性鸡产的蛋不可作为种用。病情较重的鸡已无治疗意义，应宰杀后深埋，同时对鸡舍进行彻底消毒，消灭传染源，切断传播途径。

（二）治疗

对发病鸡群的治疗，最好通过细菌分离，在药敏试验的基础上选择药物。一般鸡场发生该病时，应及早投喂敏感性药物，如阿莫西林、氟苯尼考等，以减少损失，防止生产性能降低。此外，在饮水中按 70 mg/L 加入烟酸，可减轻鸡群症状，减少气管黏膜的细菌数量。在治疗期间，可在鸡群饮水或饲料中加入黄芪多糖、电解多维等药物，以提高鸡群抵抗力。

第三十二节　丹　毒

鸡的丹毒（Erysipelas）是由猪丹毒丝菌（*Erysipelothrix rhusiopathiae*）引起的多种禽类共患的一种急性败血性传染病。该病不仅可造成死亡，而且引起公鸡精子受精能力下降，母鸡的产蛋率下降，以及因败血症死亡后导致屠体的废弃和降级等造成很大的经济损失。猪丹毒丝菌还可引起猪丹毒。人通过伤口感染称类丹毒，是从事兽医和鱼类加工人员的一种职业病，因此，在操作时必须加强自身健康防护。1936 年 Beaudette 和 Hudson 报道了北美洲火鸡暴发了丹毒，在此之前，有过多种禽类散发感染的报道。目前该病在我国呈散发状态。

一、病原

（一）形态与染色特性

猪丹毒丝菌，属丹毒丝菌科（Erysipelotrichidae）、丹毒丝菌属（*Erysipelothrix*），该菌为直或微弯曲的细长的小杆菌，大小为（1 ～ 1.5）μm×0.2 μm，常单在或呈栅栏状排列，在白细胞内一般呈丝状排列。老龄培养物中的细菌多为长丝状。不形成芽孢，有荚膜，无鞭毛，不运动。革兰氏染色阳性，老龄菌常变为阴性。

（二）培养特性

该菌为微需氧或兼性厌氧菌，在 5 ～ 42℃范围内均可生长，但最适生长温度为 30 ～ 37℃，pH 值为 6.7 ～ 9.2 均可生长，最适 pH 值为 7.2 ～ 7.6，虽然在普通琼脂上也易生长，但不茂盛，菌落形态有光滑型和粗糙型两种，光滑型菌株有致病性，而粗糙型菌株无致病性。在血液琼脂或血清琼

脂上生长良好。在血液琼脂上培养 24 h 后，形成针尖大、露滴状小菌落，菌落呈圆形、透明、灰白色，其周围有狭窄的 α 溶血环。在肉汤中轻度浑浊。明胶穿刺培养 6 ～ 10 d，呈试管刷状生长，但不液化明胶。

（三）生化特性

在加有 5% 马血清和 1%蛋白胨水的糖培养基内，可发酵葡萄糖、单奶糖、果糖及乳糖，产酸不产气。该菌不产生靛基质，产生硫化氢，不分解尿素、VP 试验和 MR 试验均为阴性。根据热不稳定性蛋白和多糖抗原不同，该菌可分为 25 个血清型和 1a、1b、2a、2b 亚型。

（四）抵抗力

猪丹毒丝菌对外界环境和各种化学因素有较强的抵抗力，对干燥的抵抗力也很强。其抵抗力在无芽孢的细菌中为最强，在腌渍的肉品中可存活 3 ～ 4 个月，在掩埋的尸体中可存活 88 d。但该菌离开组织后，70℃、5 ～ 10 min 或 50℃、15 ～ 20 min 被杀灭。在温暖气候条件下，此菌可在土壤中生存较长时间。对 1∶1 000 的升汞、0.5% 氢氧化钠、3.5% 煤皂酚溶液、5% 石炭酸、1% 漂白粉中可很快杀灭该菌。但对 0.001% 结晶紫、0.5% 锑酸钾有抵抗力，在有 0.1% 叠氮钠存在时能生长。

二、流行病学

猪丹毒丝菌可以从火鸡、鸡、鸭、鹅、鸽子、麻雀、鹌鹑、海鸥等 20 多种鸟类，猪、羊、牛、鱼类以及野生动物中分离到，可见易感动物的广泛性及多样性。但禽类中较多发病的是火鸡，其他禽类发病较少。由于多种动物带菌排菌，排出的病原菌可在外界环境中存活较长时间。因此，多种带菌动物都有可能引起禽类的丹毒。一般认为，鱼粉和鱼或许是造成禽丹毒的来源。传播途径主要为伤口、精液，也可通过消化道感染。禽丹毒在世界范围内存在，虽然多种禽类都可感染发病，但危害最严重的是火鸡，在火鸡群中常突然暴发，发病率从 1% ～ 50% 不等。

该病自然感染时的潜伏期尚未确定。火鸡皮下注射 10^4 ～ 10^6 个细菌人工感染，大部分火鸡一般在 44 ～ 70 h 死亡，少数在 96 ～ 120 h 死亡。经口感染同样菌量，症状出现比皮下注射推迟 2 ～ 3 d，死亡率也低。7 ～ 20 周龄的火鸡或不同性别之间，潜伏期没有变化。

三、症状

（一）火鸡

多发于 18 ～ 20 周龄，急性败血型丹毒常在死亡之前几小时出现症状，在火鸡群中突然发生。少数病火鸡精神不振、委顿、后期精神沉郁，嗜睡，羽毛松乱，无光泽，步态不稳，卧地不起。公火鸡的冠和肉髯常发生浮肿、褪色。患心内膜炎的病例可见渐进性消瘦、衰弱、贫血等症状，也可因心脏内形成细菌性赘生物性栓塞而无前驱症状，突然死亡，皮下及皮内褪色。

（二）鸡

鸡的主要症状是全身虚弱，精神不振，食欲下降或废绝，腹泻和猝死。产蛋鸡的产蛋量下降。

四、病理变化

（一）剖检变化

自然病例的病理变化呈全身性的败血症变化。全身充血，皮下脂肪、腹腔脂肪有出血斑点；肝脏、脾脏、肾脏肿大易碎；心冠脂肪上有出血点。心包内有纤维素性脓性蛋白渗出液，心肌有纤维斑。个别火鸡切开心脏后可见房室瓣的细菌性赘生物；腺胃和肌胃壁增厚并有溃疡，盲肠呈卡他性或出血性炎并有黄色小结节。关节内可能有纤维素性脓性蛋白渗出液。其他禽类的病变与火鸡基本相似。

（二）组织学变化

病理组织学变化为全身器官的血管和窦充血，毛细血管、窦隙和小静脉内经常见到细菌团块和纤维蛋白性栓塞，实质脏器细胞变性坏死。鸡的急性丹毒与火鸡相似。

五、诊断

根据在营养良好、健康生长的青年火鸡群中发生突然死亡，冠、髯水肿、褪色、精神沉郁等症状，剖检时见有全身性败血症病变可作出初步诊断，确诊该病应做细菌的分离和鉴定。

（一）涂片镜检

因急性败血性丹毒死亡的鸡其血液、内脏各实质器官存在丹毒丝菌，可直接进行涂片、抹片或印片，已腐败的尸体可用骨髓抹片，革兰氏染色后镜检，若发现革兰氏阳性、平直或微弯的纤细杆菌，大小为（0.2 ～ 0.4）μm×（0.5 ～ 2.5）μm，散在或丛状，无荚膜，无芽孢的杆菌，即可作出快速的丹毒假定诊断。

（二）分离鉴定

由于急性败血型禽丹毒的血液、各实质脏器含有猪丹毒丝菌，可以直接进行分离培养，用接种环从心血、肝脏、脾脏、肺脏、肾脏、骨髓等组织取病料，在固体培养基上画线，虽然猪丹毒丝菌也能在需氧条件下生长，但在含 5% 氧气、10% 二氧化碳环境中更有利于其生长，37℃培养 24 ～ 48 h，其菌落由针尖大逐渐增大到 0.7 ～ 1.0 mm 的圆形半透明的菌落。在鲜血平板上菌落周围可形成狭窄的 α 溶血环。从混有杂菌的病料中分离时，猪丹毒丝菌的小菌落易被生长旺盛的污染菌落所掩盖，因此，在固体培养基上分离时应特别注意。为提高从污染或腐败病料中丹毒杆菌的分离率，一般选择无污染的实质脏器或骨髓，接种于含抗生素和胰蛋白胨肉汤培养基。由于前者含有抗生素，后者含有叠氮钠、结晶紫，可抑制其他杂菌繁殖，而有利于猪丹毒丝菌的生长。获得纯培养后可进一步做生化鉴定。

该菌接触酶和氧化酶阴性，不产生吲哚，不还原硝酸盐。大部分菌株在三糖铁培养基上产生硫化氢，这一特性被认为是鉴定猪丹毒丝菌最可靠的试验。培养 24 h，可见沿穿刺线变黑，底部和斜面变黄。

（三）动物试验

常将病料乳剂或培养物接种于小鼠，用于纯化菌株和测定致病力。将病料乳剂或将肉汤培养物用棉拭子在耳部皮肤划痕涂擦，一般于接种后 3 ～ 6 d 小鼠死亡。取其心脏、肝脏组织分离培养即可获得纯化的丹毒杆菌。致病力的检查，取猪丹毒丝菌 48 h 的纯培养物 0.1 mL，皮下或腹腔内接种小鼠，并于 3 ～ 6 d 死亡。然而并非所有从禽中分离的菌株都能致死小鼠，因此，有时还必须用纯培养物直接接种于所分离的禽类，以证明其致病力。禽丹毒的其他诊断方法，如血清学方法荧光抗体技术尚未被广泛采用。

六、防治

（一）预防

目前用于预防丹毒免疫的疫苗主要是福尔马林灭活氢氧化铝吸附的全菌苗，在该病高发区，建议对鸡实施免疫。于寰椎后颈部皮下注射，第 1 次注射在 16 ～ 20 周龄，第 2 次在产蛋开始之前。也有报道，用活的 1a 型猪用丹毒活菌苗免疫火鸡，间隔 2 ～ 3 周，进行 2 次免疫，效果很好。

（二）治疗

鸡群中一旦暴发此病，在采取治疗的同时，注意病鸡的隔离、鸡场的消毒、消灭蚊虫、做好病死鸡的消毒处理等控制传染病的一般性措施。改善饲养管理条件，以增强机体的抗病力。可用 0.01% 阿莫西林饮水，连用 4 ～ 5 d，或用 0.01% 恩诺沙星饮水，连用 4 ～ 5 d。或按每千克体重 2 万 U 肌内注射青霉素，连用 3 d，每天 1 次。

第三十三节　弯曲菌病

鸡弯曲菌病（Campylobacteriosis）又称鸡弯曲菌性肝炎或鸡弧菌性肝炎，是由空肠弯曲菌（*Campylobacter jejuni*）感染引起的幼鸡和成年鸡的一种细菌性传染病。该病以肝脏肿大，质脆变硬，并有灰白色或黄白色坏死灶为主要病理特征。其临床特征表现为发病率高、死亡率较低，呈慢性经过，在饲养管理不当或未及时治疗时往往继发其他疾病，发病率、死亡率升高，严重危害养鸡业的健康发展。此外，空肠弯曲菌也是一种重要的食源性致病菌，可引起人类细菌性腹泻，与人类健康密切相关，具有公共卫生意义。

一、历史

1886 年 Theodor Escherich 首次对弯曲菌作了描述，1913 年 Mc Fayden 和 Stockman 从流产绵羊胎儿分离到弧样细菌。1918 年 Smith 从流产的牛胎儿分离到相似的细菌，并命名为胎儿弧菌（*Vibrio fetus*）。1927 年从家畜腹泻的粪便中分离到弧样细菌，命名为空肠弧菌（*Vibrio jejuni*），随后，空肠弧菌从人的临床胃肠样品和流产绵羊胎儿中分离到。1963 年，Sebald 和 Véron 首次对弯曲菌作了分类学研究，将弯曲菌分为 4 个属：胎儿弯曲菌（*C. fetus*）、空肠弯曲菌（*C. jejuni*）、结肠弯曲菌（*C. coli*）和唾液弯曲菌（*C. sputorum*）。

二、病原

（一）形态与染色特性

图 4-33-1 空肠弯曲菌染色特点（刁有祥 供图）

弯曲菌属常见的有胎儿弯曲菌、空肠弯曲菌、结肠弯曲菌、唾液弯曲菌、简洁弯曲菌。导致鸡弯曲菌病病原即为空肠弯曲菌，该菌革兰氏染色阴性，微嗜氧，无荚膜、无芽孢，有鞭毛，可快速直线或者螺旋状运动。菌体两端尖，长度 1 ～ 5 μm，宽度 0.2 ～ 0.5 μm，呈多种形态，如弧形、逗点形、“S” 形、海鸥展翅形或者螺旋形，单个存在或者 3 ～ 5 个呈串状排列（图 4-33-1）。

（二）培养特性

空肠弯曲菌对生存条件要求极其苛刻，氧气含量、温度、pH 值中任何一种因素变化，都会对其生存造成影响。在 5% 氧气、10% 二氧化碳、85% 氮气的微需氧环境中，42℃条件下，pH 值为 7.0 时，生长最为旺盛。该菌对营养条件要求较高，普通培养基难以满足其生长要求，在有该菌不敏感抗生素的血液琼脂培养基上生长良好。在生存条件不适宜，尤其是 pH 值不正常情况下，极容易变成球形进入活而不可培养的状态。菌落一般呈现两种形态，一种为灰白色，湿润而扁平的小菌落；另一种为边缘整齐、略呈灰红色、凸起的菌落。在人工培养基上传代亦较困难，但在鸡胚卵黄囊和绒毛尿囊膜上生长良好，以卵黄囊接种最好，接种 4 d 后鸡胚死亡，表现为卵黄囊和胚体充血。

（三）生化特性

空肠弯曲菌不发酵糖类，可与氧化酶和过氧化氢酶反应；靛基质试验阴性；硝酸盐还原试验阴性；另外，马尿酸盐反应阳性，有很多学者提出可以利用此实验在弯曲菌属区分空肠弯曲菌和其他细菌。

（四）抗原结构

空肠弯曲菌有多个血清型，抗原结构复杂。常见的毒力因子简介如下。

1. 鞭毛

除作为运动器官外，也是主要的抗原决定因子，在细菌与宿主相互作用方面起重要作用。鞭毛蛋白是鞭毛发挥作用的主要物质，是一个重要的毒力因子，该蛋白发生糖基化作用后其抗原性也会发生变化，从而介导空肠弯曲菌与感染细胞的黏附和定居。鞭毛输出系统还能输出非鞭毛蛋白，该蛋白可调节毒力大小。另外，空肠弯曲菌的鞭毛与其他细菌鞭毛存在一个最大的区别，即它没有 Toll 样受体 5 的特异性识别位点，这使得其可以很好地逃避机体自身免疫系统。

2. 内毒素

空肠弯曲菌细胞壁脂多糖中存在一种物质，细菌裂解后就会被释放出来，这种物质被称为内毒素，内毒素是空肠弯曲菌的一种重要致病因子和表面抗原，由类脂 A、核心多糖和 O 抗原 3 个部分组成，其中类脂 A 是主要毒性成分。与其他细菌不同，多数的空肠弯曲菌只合成脂寡糖，即缺乏 O

抗原的脂多糖。

3. 纤连蛋白（CadF）

纤连蛋白是存在于胃肠上皮细胞-细胞结合区域的糖蛋白，是病原体侵入小肠上皮潜在的结合位点。空肠弯曲菌只有与纤连蛋白结合才能在机体内定植，介导空肠弯曲菌结合到纤连蛋白使其成为细胞外基质成分的是一个分子质量为 37 kDa 的外膜蛋白，即 CadF。CadF 是纤连蛋白的结合蛋白，在弯曲菌属内高度保守，属于 OmpA 样蛋白家族。相比于大肠杆菌，空肠弯曲菌更能有效地结合和侵入 INT-407 上皮细胞，但将 *CadF* 基因突变后，两者之间的差异显著降低，说明 CadF 是该菌的一种重要致病因子。

4. MOMP

MOMP 是空肠弯曲菌的主要外膜蛋白，属于孔形成蛋白，由 *cmp* 基因编码，是三聚体细菌孔蛋白超家族成员，具有热可变性，以折叠的单体、变性的单体以及天然三聚体三种形式存在，其中单体或三聚体的存在形式都具有抗原性。蛋白的 C 末端高度保守，且在保守序列间分散着 5 个超变区及 2 个半变动区，可变区位于表面暴露的环内，因此该蛋白具有极强的遗传多样性。

5. PEB1

在空肠弯曲菌的黏附中发挥重要作用，是由 *peb1A* 基因编码，包含 26 个氨基酸的信号肽，成熟蛋白分子量为 25.5 kDa。PEB1 在所有空肠弯曲菌菌株内相对保守，在它的甘氨酸提取物中有 4 种蛋白，分别为 PEB1、PEB2、PEB3、PEB4。它是直接参与营养素 ABC 转运系统的一个主要接合蛋白，又称黏附素，直接参与空肠弯曲菌的黏附入侵过程。

6. Omp50

Omp50 是一种靠温度调控其表达的外膜蛋白，在空肠弯曲菌与外界环境作用过程中起物质交换的作用。Omp50 在空肠弯曲菌中存在而在结肠弯曲菌中不存在，为鉴定空肠弯曲菌和结肠弯曲菌提供了一个重要方向。

（五）抵抗力

该菌能耐受温度变化及长时间保存，在冻干的培养物上可保存 20 年，-25℃至少可保存 2 年，在组织和胆汁中 4℃可保存 6 d，在卵黄培养物中 37.5℃可存活 2 ～ 3 周。该菌中的不同菌株对抗菌药物通常表现出不同程度的敏感性。较多的菌株对杆菌肽锌、多黏菌素、新霉素不敏感，大多数菌株对链霉素、磺胺二甲基嘧啶、红霉素、强力霉素等敏感。

三、流行病学

通常情况下，该病自然流行常见于鸡，并常发于青年鸡和新开产鸡，90% 肉鸡可被感染，100% 火鸡和 88% 鸭带菌。鸽子、鹧鸪、雉和鹌鹑对该菌易感。病鸡和带菌鸡是该病的主要传染源，一般认为禽类是人类空肠弯曲菌感染的潜在传染源。该病可经口传播，病菌通过排泄物污染饲料、饮水及用具等在鸡群中蔓延，给雏鸡人工口服感染空肠弯曲菌，病菌可在鸡盲肠中定居生存，且易被检查出来；与感染鸡同群饲养的健康鸡 1 ～ 2 d 也可从盲肠中分离出该菌。可经卵感染，从病鸡的卵巢中能分离出空肠弯曲菌。家蝇也可通过接触污染的垫料等携带空肠弯曲菌，使易感的健康鸡感染该病。另外，该病的发生与某些疾病和应激因素有关，球虫病、毛细线虫病、大肠杆菌病、支原体病、鸡痘等疾病的混合感染能诱发该病。该病在春季和初夏发病率最高，冬季发病情况下降。

四、症状

病鸡症状严重程度与感染菌株毒力、感染剂量、鸡的日龄、免疫情况、应激因素等有关。该病以缓慢发作、持续期长为特征。

（一）急性型

病初，雏鸡精神倦怠、沉郁，严重者呆立缩颈、闭眼，对周围环境敏感性降低，羽毛杂乱无光，泄殖腔周围污染粪便，多数病鸡腹泻，排黄褐色糨糊样粪便，继而呈水样，部分病鸡因肝脏破裂出血而出现急性死亡，此时鸡只表现鸡冠苍白。发病率一般在10%以下，死亡率在5%～15%（图4–33–2）。

（二）亚急性型

病鸡呈现脱水、消瘦，陷入恶病质状态，最后心力衰竭而死亡。

（三）慢性型

精神委顿，鸡冠苍白、干燥、萎缩，可见鳞片状皮屑，逐渐消瘦，饲料报酬降低。产蛋鸡发病时，产蛋率下降25%～30%。

五、病理变化

（一）剖检变化

1. 急性型

急性型病例可见肝脏肿大、色泽变淡、质脆，表面有大小不等不规则的出血点或腹腔积聚大量血液，或肝脏被膜下有大小不等的血凝块，严重者甚至形成血肿，肝脏破裂（图4–33–3、图4–33–4）。

2. 慢性型

慢性型病例可见肝脏质地变硬，在肝脏表面有灰白色或灰黄色星状坏死灶或在肝脏的背面和腹侧面布满菜花样坏死区（图4–33–5至图4–33–8），其切面可见深入肝脏实质的坏死灶，胆囊内充满黏性分泌物；心脏扩张，心肌变性，心包积液；肾脏肿大、苍白；脾脏肿大（图4–33–9），偶见黄色易碎的梗死灶；十二指肠末端至盲肠分叉处之间的肠管扩张，肠内积有黏液和水样液体，若菌株的毒性强则可引起出血；卵巢可见卵泡萎缩退化，仅呈豌豆大小。

（二）组织学变化

组织学变化表现为肝被膜下血管扩张充血，局部出血，肝细胞变性、坏死，汇管区见淋巴细胞和粒性白细胞浸润。病情严重的病例，除肝细胞呈颗粒变性、脂肪变性和水泡变性外，尚见窦状隙明显充血和出血，肝小叶内散在大小、形态不一的坏死灶，许多肝细胞消失被脂肪细胞所取代，形成明显的肝脏脂肪变性现象，在汇管区、肝小叶内有大量淋巴细胞和粒性白细胞浸润、聚集。胆管增生，肝被膜下常见水肿。肠道固有层充血，单核细胞浸润，肠道内容物中有红细胞、单核细胞和少量多核细胞聚集。在感染48 h内，十二指肠远端可见明显纤毛萎缩。在肠黏膜表面或肠细胞内可见革兰氏阴性的弯曲菌。

图 4-33-2　因弯曲菌病死亡的鸡
（刁有祥　供图）

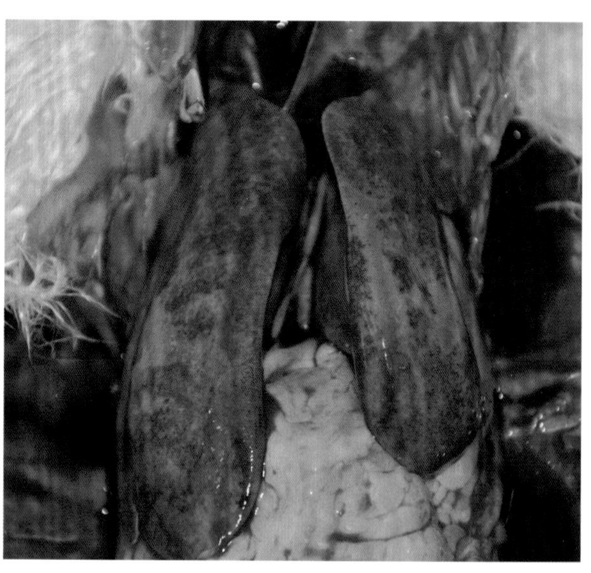

图 4-33-3　肝脏肿大，表面有大小不一的坏死点
（刁有祥　供图）

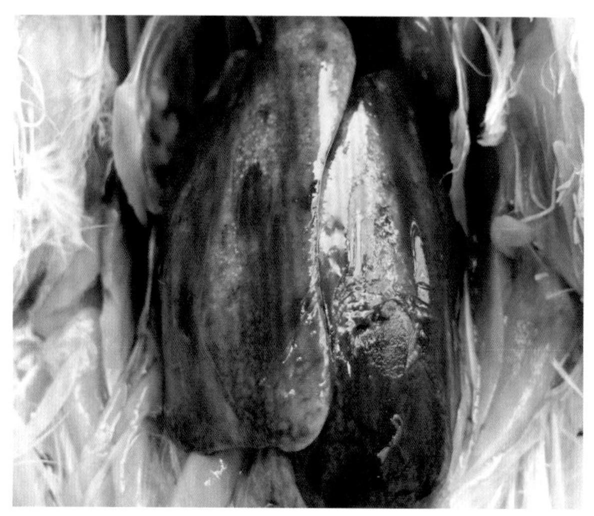

图 4-33-4　肝脏肿大，破裂，表面有大小不一的坏死点
（刁有祥　供图）

图 4-33-5　肝脏肿大，表面有黄白色大小不一的星芒状结节（一）（刁有祥　供图）

图 4-33-6　肝脏肿大，表面有黄白色大小不一的星芒状结节（二）（刁有祥　供图）

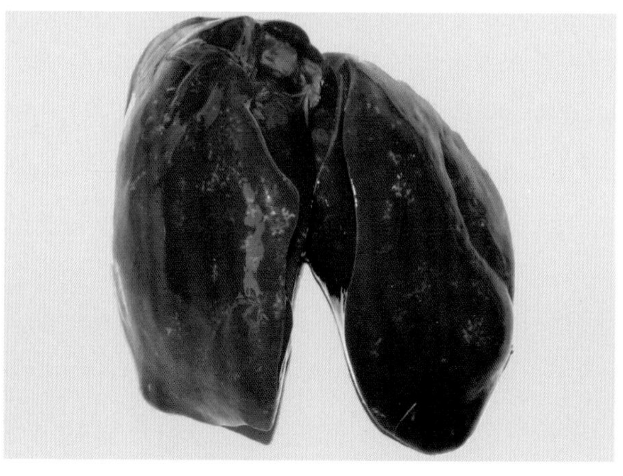

图 4-33-7　肝脏肿大，表面有黄白色大小不一的星芒状结节（三）（刁有祥　供图）

图 4-33-8 肝脏肿大，表面有黄白色大小不一的星芒状结节（四）（刁有祥 供图）

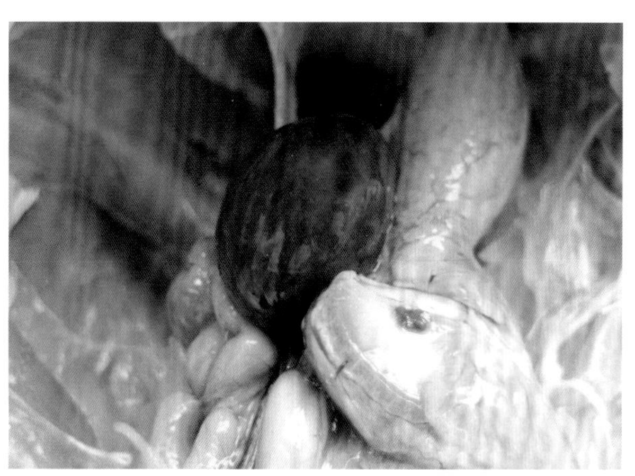

图 4-33-9 脾脏肿大（刁有祥 供图）

六、诊断

该病发病率高，死亡率低，病程长，生前不易诊断，往往突然死亡，此时根据特征性病理变化可以作出初步诊断，确诊需要结合实验室检查进行综合判断。

（一）涂片镜检

无菌条件下取病死鸡新鲜心血、胆汁以及肝脏、脾脏组织进行触片，经革兰氏染色、镜检，可发现革兰氏阴性菌，菌体形态多样化，主要为弧形、“S”形、逗点状、螺旋形及海鸥形。

（二）细菌分离培养

无菌条件下取病死鸡新鲜的胆汁、肝脏，以画线方式在 10% 血琼脂培养基上接种，置于 10% 二氧化碳培养罐中，43℃条件下培养 24 ～ 48 h，可见培养基表面长出微突的圆形小菌落，呈针尖大小，表面光滑，基本完全透明，未发生溶血。挑取典型菌落进行染色、镜检，也可发现革兰氏阴性小杆菌，菌体弯曲，呈逗点状或弧形。

（三）鸡胚分离

无菌条件下取胆汁、肝脏或心包液等病料制成 1∶10 悬液，然后加入该菌不敏感的抗菌药物，如杆菌肽锌、新霉素等，注入 5 ～ 8 日龄 SPF 鸡胚卵黄囊内，0.2 mL/ 枚，37℃孵化箱继续孵化。鸡胚于接种后 3 d 出现死亡，死亡胚体出血、肝脏坏死，收集死胚尿囊液，经革兰氏染色、镜检，发现有螺旋状、“S”形、逗点状的阴性菌。

（四）PCR 方法

常规 PCR 方法是根据空肠弯曲菌的特异性保守序列设计 1 对引物，对目的基因进行扩增，以达到检测该菌的目的。空肠弯曲菌有很多保守序列如 16S rRNA、23S rRNA、*flaA* 或 *flaB*。另外，弯曲菌属内空肠弯曲菌与结肠弯曲菌的亲缘关系较近，临床样品检测极易将二者混淆，应用二者之间差异较显著的基因如 *cadF*、*Omp*50 等设计特异性引物，通过常规 PCR 方法可简便、快捷鉴定出空肠弯曲菌。

（五）ELISA 方法

ELISA 方法灵敏性高、特异性强、结果准确，且能同时进行大量样品的检测，在空肠弯曲菌检测方面得到广泛应用，以空肠弯曲菌鞭毛蛋白作为抗原，建立了特异性良好的ELISA方法，可从棉拭子中检测空肠弯曲菌；以空肠弯曲菌主要外膜蛋白为抗原建立的ELISA方法可用于区分弯曲菌属与其他细菌。

七、类症鉴别

该病借助实验室检查方法很容易诊断，但在临床上要注意与鸡脂肪肝、鸡戊型肝炎、鸡淋巴细胞白血病、鸡沙门菌病、鸡包涵体肝炎等疾病相区别。

（一）弯曲菌病与脂肪肝

一般笼养蛋鸡多发脂肪肝，鸡只肥胖，喜卧，剖检可见皮下、腹腔、肠系膜有大量脂肪沉积，肌胃和腺胃外周有大量脂肪，肝脏肿大、边缘钝圆，有出血点或出血斑，有较强油腻感，部分鸡肝脏破裂，表面覆盖血凝块。但未见有星状坏死点。弯曲菌病可见淤血块、肝脏被膜下出血、肝脏上有星状坏死点，腹腔见较多血水。

（二）弯曲菌病与戊型肝炎

戊型肝炎是由禽戊型肝炎病毒（HEV）感染引起，40～50周龄蛋鸡多发。病鸡肝脏肿大，脾脏肿大，排黄色粪便。

（三）弯曲菌病与淋巴细胞白血病

淋巴细胞白血病病鸡肝脏肿大，与弯曲菌病相似，但淋巴细胞白血病，鸡肝脏、脾脏和法氏囊有肿瘤。

（四）弯曲菌病与沙门菌病

沙门菌病一般雏鸡和青年鸡多发，成年鸡呈隐性感染。病鸡肝脏肿大呈土黄色或古铜色、质脆易碎，表面有灰白色点状坏死灶，且病鸡下痢，排白色粪便，镜检病原为革兰氏阴性短小杆菌，也可通过平板凝集试验快速鉴别。

（五）弯曲菌病与包涵体肝炎

包涵体肝炎是由Ⅰ群禽腺病毒感染引起，病鸡鸡冠、肉髯苍白，并有贫血和黄疸症状，水样下痢，肛门周围有污垢，死亡迅速，死亡率高，一般体况良好。剖检肝脏肿大、有出血点和出血斑，颜色变黄，脾脏肿大不显著，肾脏肿大，心包积液，腹腔未见血凝块和血水，且抗生素治疗无效。

八、防治

（一）预防

应采取综合性措施进行预防。加强卫生管理，对禽舍、食槽、水槽进行定期消毒；对种蛋进行严格消毒，切断传播途径。同时严格按照免疫程序做好其他传染病的预防工作，加强饲养管理，减少或避免各种应激因素，以提高鸡群对弯曲菌病的抵抗力。

病鸡严格隔离饲养，鸡舍每天进行带鸡消毒，药物选用3%次氯酸和2%癸甲溴氨交替消毒；水槽、食槽每天用消毒剂清洗1次；环境用3%热氢氧化钠水溶液消毒，每1～2 d进行1次。对病死鸡、排泄物及被污染物做无害化处理。

（二）治疗

有条件者可根据分离病原菌的药敏结果，选用高敏药物进行治疗。若无分离细菌及药敏试验条件，可选用金霉素、强力霉素、磺胺间二甲氧嘧啶等药物进行治疗，也可试用环丙沙星、恩诺沙星等第三代喹诺酮类药物，一般以 5 d 为 1 个疗程。由于该病在鸡群中常复发，因此治疗该病时无论用哪种药物都必须坚持 2 个疗程以上。

中药治疗可用龙胆泻肝汤合郁金散加减。郁金 300 g，栀子 150 g，黄芩 240 g，黄柏 240 g，白芍 240 g，金银花 200 g，连翘 150 g，菊花 200 g，木通 150 g，龙胆草 300 g，柴胡 150 g，大黄 200 g，车前子 150 g，泽泻 200 g。按每只成年鸡 2 g/d 剂量，水煎饮用，每天 1 次，连用 5 d。

第三十四节　铜绿假单胞菌病

铜绿假单胞菌病（Pseudemonas aeruginosa disease）是由铜绿假单胞菌（*Pseudomonas aeruginosa*）也称为绿脓杆菌引起的，以败血症、关节炎、眼炎等为特征的传染性疾病。目前，随着养殖业规模的不断扩大，由铜绿假单胞菌引起的疫病也呈上升趋势，给规模化养殖场和人类的健康造成了很大威胁。

一、历史

铜绿假单胞菌是由 Gersard 于 1882 年首先从病人伤口脓液中分离到，该菌广泛存在于自然界水、土壤、空气以及动物的肠道和皮肤中，是一种条件性致病菌，在特定的情况下能引起人及动物感染发病。1926 年 Kaupp 和 Dearstyne 首次从家禽中分离到铜绿假单胞菌，其后陆续在一些国家有禽铜绿假单胞菌感染的报道。国内傅先强等（1982）首先报道了雏鸡铜绿假单胞菌感染的病例。

二、病原

铜绿假单胞菌为假单胞杆菌属（*Pseudomonas*），该菌广泛分布于土壤、水和空气中，在正常人畜的肠道和皮肤上也可发现。常引起创伤感染及化脓性炎症，感染后因脓汁和渗出液等病料带绿色，故称铜绿假单胞菌。

（一）形态与染色特性

该菌为革兰氏阴性，中等大小细长的杆菌，长为 1.5 ～ 3.0 μm，宽为 0.5 ～ 0.8 μm。单在、成对或偶成短链，在肉汤培养物中可以看到长丝状形态。具有 1 ～ 3 根鞭毛，能运动，不形成芽孢及荚膜，易被普通染料着染。

（二）培养特性

该菌为需氧或兼性厌氧菌，在普通培养基上易于生长，适宜培养温度为 37℃，最适 pH 值为

7.2。在普通琼脂培养基上，可以产生两种类型的菌落，一种为大而光滑、边缘平坦、中间凸起、“煎蛋样”的菌落。另一种为小而粗糙、隆起的菌落（图 4-34-1）。临床材料培养的多见大菌落，而环境分离的常为小菌落，大菌落易变为小菌落，但极少发生回变。呼吸道和尿道排泄物中还可见到黏液型菌落。由于铜绿假单胞菌在培养过程中能产生水溶性的绿脓素（呈蓝绿色）和荧光素（呈黄绿色），故能渗入培养基内，使培养基变为黄绿色。数日后培养基的绿色逐渐变深，菌落表面呈金属光泽。某些菌株也分泌一些暗红色素。而有些菌株不产生色素，或只在特定的培养基上才产生色素。在普通肉汤中均匀浑浊，呈黄绿色。液体上部的细菌发育更为旺盛，于培养基的表面形成一层很厚的菌膜。该菌在麦康凯琼脂上生长良好，但菌落不呈红色。在血平板上菌落稍微变大，由于铜绿假单胞菌能产生绿脓酶，可将红细胞溶解，故菌落周围出现溶血环。

（三）生化特性

该菌能分解葡萄糖、伯胶糖、单奶糖、甘露糖产酸不产气。不能分解乳糖、蔗糖、麦芽糖、菊糖和棉籽糖。液化明胶，不产生靛基质，不产生硫化氢，MR 试验和 VP 试验均为阴性。

（四）致病性

据韩青松（2012）报道，铜绿假单胞菌能产生近 20 种与毒力有关的物质，重要的有外毒素 A、胞外酶 S、弹性蛋白酶、碱性蛋白酶、杀白细胞素、磷脂酶 C、溶血酶、肠毒素及内毒素等。脂多糖是构成菌体细胞壁成分的内毒素，该毒素的毒力较弱，2 ～ 3 mg 才能致死体重 20 g 的小鼠。铜绿假单胞菌分泌的色素也是毒素之一，它们是抗生素样的物质，有抑制细菌生长的能力，也有抑制机体吞噬细胞的作用。一般来说，分泌色素较少的菌株其毒力较强，反之，大量分泌色素的菌株则毒力较弱。外毒素 A 是一种毒力较强的毒素，可用福尔马林灭活后，制备成类毒素，有防控铜绿假单胞菌感染的作用。磷脂酶 C 是一种溶血毒素，它能给入侵的细菌提供营养，增加铜绿假单胞菌的毒力。

（五）分型

铜绿假单胞菌型别十分复杂，目前还没有统一的分型标准。1903 年 Achard 用病人血清中的凝集抗体与铜绿假单胞菌的抗原进行凝集反应取得成功，为血清学分型打下了基础。血清学分型最初由 Hards 于 1975 年提出，用 12 个热稳定菌体抗原作为分型系统，该系统为世界各国沿用多年。1983 年 Liú 综合德、日、法等国的分型标准，通过国际协作组织提出了一个比较完整的作为暂行国际分型法标准（IATS），此方案将迄今发现的菌株用血清凝集方法分为Ⅰ～ⅩⅦ（1 ～ 17）型。中国的暂行分型方案是王世鹏以袁昕等的分型为基础建立的 12 个血清型（CHN Ⅰ～Ⅻ），该分型方法较为实用。多种方法结合可提高分型率，禽类的主要有 IATS Ⅰ、Ⅲ、Ⅸ与 CHN Ⅲ、Ⅳ、Ⅻ。其中 IATS Ⅲ与 CHN Ⅲ对雏鸡危害最大，往往造成大批死亡。

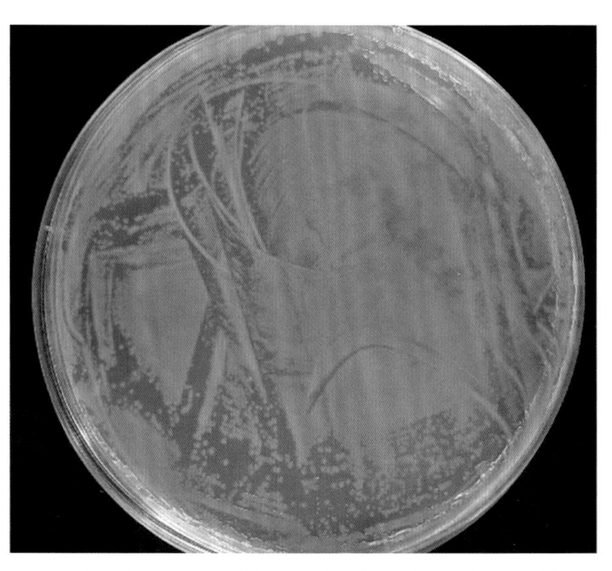

图 4-34-1　铜绿假单胞菌培养特点（刁有祥 供图）

（六）抵抗力

铜绿假单胞菌对外界环境的抵抗力强，对干燥、紫外线的抵抗力也较强，在潮湿处能长期生存，55℃加热 1 h 才能将其杀死。对庆大霉素、大观霉素、头孢他啶、头孢曲松、恩诺沙星、氟苯尼考、多黏菌素 B 和磷霉素高度敏感，对强力霉素中度敏感，对新霉素、头孢噻肟、头孢噻吩、阿莫西林、氨苄西林、红霉素、复方新诺明有耐药。但是不同菌株的药物敏感性不完全相同。

三、流行病学

铜绿假单胞菌可感染鸡、火鸡、鸽子、鹌鹑、鸭等多种家禽和野禽，不同日龄的家禽均能感染，但以雏禽的易感性最高，7 日龄以内的雏鸡常呈暴发性死亡，死亡率可达 85%，随着日龄的增加，易感性越来越低。该病一年四季均可发生，但以春季出雏季节多发。该菌广泛存在于土壤、水和空气中，禽类肠道、呼吸道、皮肤也存在。种蛋在孵化过程中污染铜绿假单胞菌、雏鸡接种马立克病疫苗时注射用具及疫苗的污染是该病近年来常见的发病原因。其次，刺种疫苗、药物注射及其他原因造成的创伤是铜绿假单胞菌感染的重要途径。

四、发病机制

据韩青松（2012）报道，铜绿假单胞菌可存在于动物和人的皮肤、消化道、呼吸道和尿道中，成为健康带菌者。若体内外有创伤，首先在入侵之处定居下来，并迅速分裂繁殖。铜绿假单胞菌的致病性与其分泌或产生的多种毒性因子有关。

外毒素 A 为一条含 613 个氨基酸的多肽，进入细胞内表达毒性作用，以受体介导途径，越膜进入细胞质，经活化为一种 NADase，分解 NAD 为 ADPR（腺苷二磷酸核糖）及烟酰胺，ADPR 转移到延长因子 EF–2 上，使之糖基化而失活，导致蛋白质合成受阻（其中对肝脏抑制蛋白质合成作用最严重）。病理效应为肝细胞坏死、脂肪变性，肾出血，肺水肿、出血，角膜损伤，皮肤坏死，具 T 淋巴细胞、B 淋巴细胞毒作用，抑制抗体产生，对巨噬细胞吞噬功能有明显抑制作用。另外，螯铁蛋白为铁载体，参与外毒素 A 合成的调节、增强致死作用。

铜绿假单胞菌杀白细胞素是与金黄色葡萄球菌杀白细胞素相同毒素效应的一种毒素。近年来，通过一系列的试验研究，已对杀白细胞素的理化性状、毒素活性及毒性效应的生化机理等有了较为深入的了解。杀白细胞素其分子量为 25 ～ 43 kDa，等电点 pH 值为 5.0 ～ 6.3，含 18 种氨基酸，它是一种高疏水蛋白，其中不含胱氨酸，也几乎不含糖脂类，是一种具有毒性效应的酸性纯蛋白。杀白细胞素的受体存在于靶细胞分子量为 50 kDa 的膜蛋白上。该毒素可溶解白细胞和淋巴细胞。研究表明，该毒素杀伤靶细胞的机制是由于毒素与靶细胞膜受体结合后，依赖 Ca^{2+} 激活蛋白激酶 C，导致白细胞膜及溶酶体膜上的分子量为 28 kDa 的蛋白出现强烈的磷酸化反应，使溶酶体酶溢出而造成靶细胞的破坏。

胞外酶 S 是与外毒素不同的另一种具腺苷二磷酸核糖基转移酶活性的毒性成分，其受体是 EF–1，可使肝细胞损伤，肺部广泛出血性损害，支气管、细末支气管中隔大量中性粒细胞浸润及纤维蛋白渗出，支气管上皮细胞和毛细血管内皮细胞进行性损害和坏死，细末支气管中隔结缔组织萎缩，肺小动脉、静脉明显损害。家禽死前出现的呼吸困难症状与此有关。

弹性蛋白酶能水解血管壁的弹性层、动脉血管弹性蛋白层，发生溶解，导致坏死性血管炎，引起溃疡。能引起角膜损伤、溃疡、穿孔、脓肿，角膜上皮、基质肿胀，细胞浸润、角膜浑浊，最后失明。使肺、腹膜、消化道浆膜出血，支气管坏死。皮肤溶解和出血性坏死，黏膜出血，肾损伤。抑制调理作用，抑制溶酶体游离，减弱炎症反应，裂解吞噬细胞表面受体，致吞噬功能受抑制，抑制NK细胞活性。另外，胰肽酶E能降低中性粒细胞的趋化，从而有利于菌体的侵袭。碱性蛋白酶、弹性蛋白酶具抑制淋巴细胞转化的作用。

磷脂酶C和糖脂共同作用使肺组织坏死，糖脂覆盖于细末支气管表面起活性剂样作用，磷脂酶C使细胞膜的卵磷脂分解，释放磷脂。这种具表面活性剂作用的物质对白细胞亦具极强溶解作用，同时可造成或促进局部组织损伤。杀白细胞素初为与菌体呈结合状态的前体，由胰酶样蛋白酶切断，活化后再自菌体中释放出来，特异性作用于白细胞，导致白细胞肿胀与溶解等。

脂多糖除可使机体体温升高、白细胞减少及实质器官营养障碍外，还对肠黏膜的营养障碍的变化和肠腔内出血性渗出液的积聚同样具有重要作用。另外，荚膜（主要成分为藻酸盐）能阻抑白细胞、巨噬细胞的吞噬作用。菌毛具有强黏附作用，使菌体黏附、定居在呼吸道黏膜表面，随后导致肺部感染。

五、症状

因侵入途径不同、易感动物的抵抗力不同，铜绿假单胞菌感染后可有不同的症状。急性病例多呈败血症经过，多见于雏鸡。慢性经过则以眼炎、关节炎、局部感染为主，多见于成年鸡。

（一）急性败血型

发病鸡表现精神沉郁、卧地嗜睡，体温升高，食欲减少甚至废绝。病鸡腹部膨大，手压柔软，外观腹部呈暗青色，俗称“绿腹病”；排泄黄绿色或白色水样粪便，并出现呼吸困难，病鸡的眼睑、面部发生水肿，严重时甚至扩散至两腿内侧。部分病例脚肿胀，出现站立不稳、颤抖、抽搐等运动失调症状，最终由于严重衰竭，突然倒地，在不断抽搐中死去。

（二）慢性型

发病鸡眼睑肿胀，角膜炎和结膜炎，眼睑内有大量分泌物，严重时单侧或双侧失明。关节炎型病鸡跛行，关节肿大。局部感染在感染的伤口处，流出黄绿色脓液。

若孵化器被铜绿假单胞菌污染，在孵化过程中会出现爆破蛋，同时出现孵化率降低，死胚增多。

六、病理变化

（一）剖检变化

1. 败血型

初生雏卵黄吸收不良，卵黄稀薄呈黄绿色，有的黏稠或豆腐渣样，严重的卵黄囊破裂，卵黄散落在腹腔中，形成卵黄性腹膜炎。

病死鸡的颈部、眼睑周围、胸腹部皮下出现不同程度的水肿，呈黄绿色胶冻状浸润（图4-34-2、图4-34-3）；肌肉苍白且有出血点。心包积液，色淡黄，心外膜出血点，心冠脂肪胶冻样水肿。心包膜浑浊或有黄白色纤维素渗出，心肌水肿、色淡，心脏表面有灰白色点状坏死灶，心内膜有针尖大的出血点。肺脏充血，并有出血点，肺叶边缘和表面存在出血斑块，肺小叶炎性病变，呈大理石

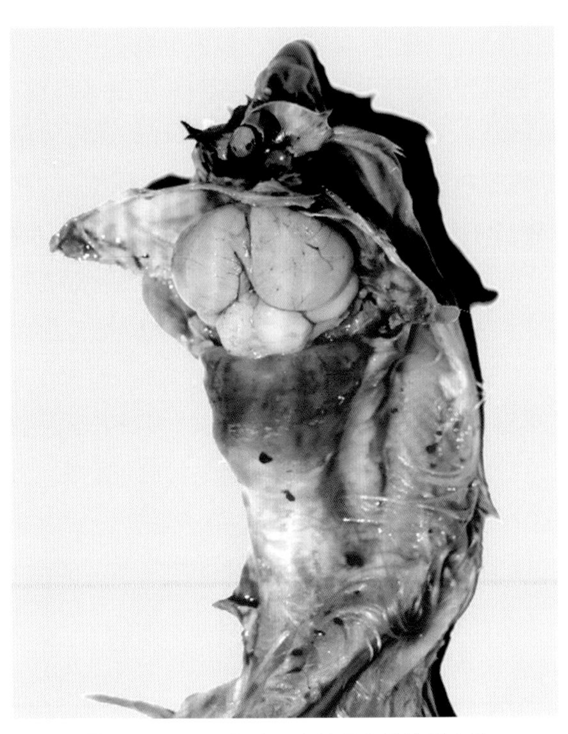

图 4-34-2　颈部皮下有淡黄色胶冻样水肿
（刁有祥　供图）

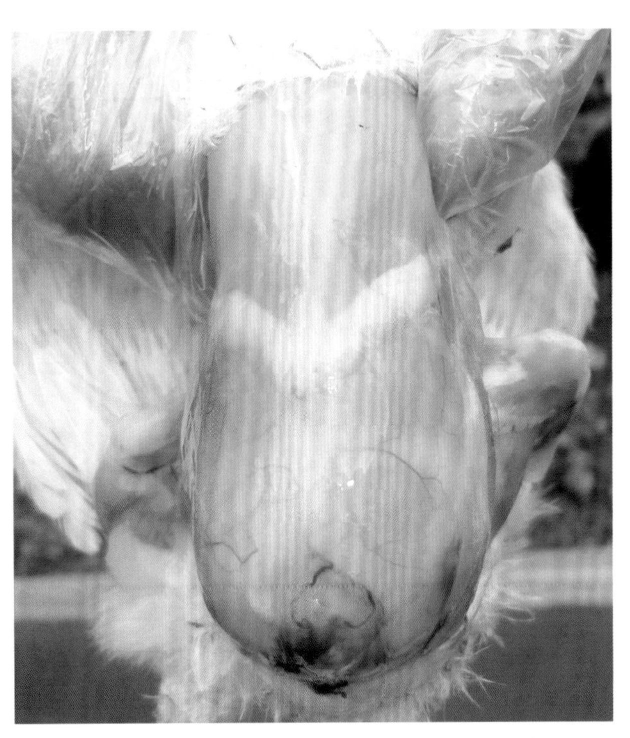

图 4-34-3　胸腹部皮下有黄白色胶冻样渗出物
（刁有祥　供图）

样变化，支气管、气管内存在淡红色泡沫，气囊浑浊；胆囊发生肿大，含有大量稀薄胆汁，且颜色变浅；腺胃黏膜脱落，肌胃黏膜有出血斑，易剥离，肠道黏膜、浆膜发生充血和出血性炎症；脾脏肿大，有出血点；消化道呈卡他性炎症病变；肠黏膜严重充血水肿，盲肠扁桃体发生肿大、出血。肾脏淤血、肿大，色浅淡，输尿管有灰白色尿酸盐沉积。个别法氏囊化脓性坏死、肿大，内积水样液，囊壁菲薄透明。脑膜水肿、增厚，实质有粉红色出血点。

2. 关节炎型

关节肿胀，关节腔中液体增多并浑浊，趾关节肿胀，内有浆液性液体渗出。

3. 眼型

眼睑皮下水肿，眼角膜浑浊、增厚。角膜下有纤维素性渗出物覆盖，眼结膜充血、出血、化脓，眼球被脓性渗出物覆盖。

（二）组织学变化

组织学变化表现为头颈部皮下和肌束之间大量出血、水肿，血管壁崩解，肌肉横纹消失，后期有大量异嗜性粒细胞、淋巴细胞和少量巨噬细胞浸润。大脑、小脑脑膜和实质出血，血管壁和血管周围的脑组织水肿，血管周围单核细胞和异嗜性粒细胞浸润。肺间质水肿增宽，血管壁疏松，水肿液中有异嗜性粒细胞和少量淋巴细胞。脾脏红髓淤血，鞘动脉周围网状细胞变性、坏死和血浆成分渗出，呈均质红染。小肠和盲肠浆膜层水肿增厚，有大量异嗜性粒细胞和淋巴细胞浸润。

七、诊断

根据症状、病理变化等可作出初步诊断，确诊需要进行实验室检测。

（一）细菌分离与鉴定

无菌采取患病或死亡鸡的肝脏、脾脏等器官，接种于普通琼脂培养基和麦康凯琼脂培养基，37℃培养 24 h。挑取单个可疑菌落接种于 NAC 鉴别培养基上培养 18 h，置于室温下逐渐产生明显的色素，该种色素渗透入培养基中。涂片镜检为革兰氏阴性杆菌，即可判定为铜绿假单胞菌。少数菌株在 NAC 培养基上不产生色素，但如果在 42℃和 50 g/mL NaCl 溶液中能够生长，氧化酶、乙酰胺酶和精氨酸阳性者亦可判定为铜绿假单胞菌。血清学分型鉴定方法是用分离菌株的活菌液与诊断血清进行玻片凝集试验判定出其型别。

（二）分子生物学检测方法

（1）常规 PCR 检测方法。张伟等（2005）根据已报道的铜绿假单胞菌外毒素 A（*ETA*）基因序列设计引物，建立了铜绿假单胞菌 PCR 检测方法，该方法快速、特异、敏感，整个检测过程在 4 h 内完成。

（2）实时荧光定量 PCR 技术（Real-time PCR）。以 *ETA* 为靶基因设计特异性引物及 TaqMan 探针，建立了 Real-time PCR 检测铜绿假单胞菌的方法，该方法的灵敏度和特异性较强。

（3）LAMP 检测方法。根据绿脓杆菌基因 240 bp 片段保守序列设计一套 LAMP 特异性引物，对铜绿假单胞菌基因组 DNA 进行 LAMP 扩增。该方法完成反应仅需要 60 min（65℃），特异性强，最低检测限为 1 ng/μL。该方法简单快捷、特异性强、灵敏度高，适合于基层使用，具有广泛的临床应用前景。

（4）基因芯片检测技术。瞿良等（2010）采用 PCR 扩增制备铜绿假单胞菌的靶基因并进行纯化，制备基因芯片进行杂交、洗脱、扫描检测。结果表明，基因芯片检测技术的标本需要量少，检验时间短，敏感性、特异性、准确性高。

（三）动物试验

将分离的细菌给雄性江豚腹腔内注射，可发生类似 Strauss 氏反应的睾丸炎。

八、防治

（一）预防

防止铜绿假单胞菌病的发生，要加强对鸡舍、种蛋、孵化器及孵化场环境的消毒及接触种蛋的孵化室工作人员的消毒。在接种马立克疫苗时，要对所用的器械进行严格的消毒。该病对雏鸡易感，死亡率亦高，耐过鸡发育不良，且成为带菌者，而扩大污染。因此，发病鸡应及时隔离、淘汰，对发病鸡舍进行彻底消毒。

免疫预防是控制该病的有效措施，目前已经研制疫苗有单价苗、多价疫苗、外膜蛋白疫苗、胞外黏液多糖疫苗、LPS 类疫苗、外毒素 A 类毒素疫苗，但目前在家禽生产中，尚未广泛应用。

（二）治疗

铜绿假单胞菌对磺胺、多黏菌素、氟甲砜霉素敏感，但易产生耐药性。可用 0.01% ～ 0.02% 氟甲砜霉素拌料或饮水，连用 4 ～ 5 d。也可用环丙沙星、恩诺沙星饮水，注意药物应交替使用。黄柏、白头翁各 100 g，大黄、栀子，诃子、白芍、木通、黄连、黄芩、甘草各 50 g，加水煎煮，取药液给病鸡饮服也有较好的治疗效果。

第三十五节　螺旋体病

螺旋体病（Spirochetosis）是一种由蜱传播的容易复发的败血性传染病，又称包柔氏病（Borreliosis）。该病通常呈急性、败血性经过，并以显著发病、发病率不一和高死亡率为其特征。

一、历史

该病于1891年首次在俄罗斯外高加索地区的鸡群发现，1903年巴西报道了禽的螺旋体病并发现蜱是该病主要的传播媒介。1946年和1993年出现在美国加利福尼亚州，1961年出现在亚利桑那州。在流行的州，此病在当地是非常重要的疾病。在美国西南各州，因为有波斯锐缘蜱的出现，加剧了螺旋体病传播的可能性。随后，许多国家发现了该病。我国于1983年首次在新疆发现鸡疏螺旋体病，之后相继在甘肃、内蒙古、北京等地区发现该病的存在。

二、病原

（一）形态与染色特性

该病的病原是鹅包柔氏螺旋体（*Borrelia anserina*），亦称鸡螺旋体（*Spirocha etagallinarum*）、鹅螺旋体（*Spirochaeta anserina*）、鸭螺旋体（*Spirochaeta anatis*）。属于螺旋体目、螺旋体科、疏螺旋体属。鹅包柔氏螺旋体是一种能高速运动，有5～8个螺旋的微生物，大小为（8～20）μm×（0.2～0.3）μm，能通过0.45 μm孔径的滤膜。它虽具有鞭毛，但不能在细胞表面自由运动，而是以接近细菌末端的部位穿过细胞膜，附着于细胞膜下的外周胞质空间中。在血液中，可靠自体螺旋伸缩活泼运动于血球之间。该菌易被碱性染料染色，未经染色的病料可用暗视野显微镜直接观察。我国分离的鸡疏螺旋体经扫描电镜观察，其长为7.92～11.4 μm，直径0.21 μm，有4～9个螺旋，两端呈锥形，一端尖细，另一端钝圆。鹅包柔氏螺旋体存在多个血清型，不同血清型交叉免疫保护性有很大差异。Djankov等（1972）报道，免疫荧光技术可用于分型，螺旋体与同型抗血清反应呈明亮的绿黄色荧光，显示密集荧光颗粒，而与异型抗血清反应则显暗蓝绿色荧光，不出现颗粒，据认为这些颗粒代表某些特异性抗原，位于细胞膜。

（二）培养特性

鹅包柔氏螺旋体是微需氧菌，它以二分裂方式进行繁殖，分解葡萄糖产酸，在普通细菌培养基上不能生长。在波斯锐缘蜱体内可长期生存，在鸡胚中可继代培养，也可用禽类人工感染传代，从而达到保种目的。将疏螺旋体接种于加有凝固蛋白质的马、兔或鸡的灭能血清中，并加一层液体石蜡封闭，在30～37℃可以无限代培养，但只有开始时至少每隔4 d，以后每隔2天接种继代1次，才能保持毒力，衰老、无毒的培养物可通过鸡继代而复壮。将疏螺旋体培养于加5%蛋白胨和少许溶血的未灭能兔血清中，并用液体石蜡封闭，可保持毒力达 14 个月，培养基中的血液用抗坏血酸（1∶12 000）代替，则可在有氧条件下培养。

（三）抵抗力

鹅包柔氏螺旋体对外界环境的抵抗力不强，在禽类宿主之间需要有某些昆虫作贮存宿主才能存活。4℃可保存 4 周，-70℃可保存 14 个月，在液氮中贮存可长期保持活力；在 10% 牛胆汁、10% 皂素中易溶。

三、流行病学

禽螺旋体病主要发生在热带及亚热带，在我国的云南、新疆及其他省份均有发生该病的报道。在鸡群中引起的损失最大，而在鹅和鸭仅呈散发，在火鸡也可发生。疏螺旋体可感染几乎所有鸟类，而哺乳动物、两栖动物及水生动物等均不感染。该病自然感染主要是通过蜱的刺蜇传播，传播此病的蜱以软蜱科的一些种为主。蜱叮咬带菌禽时，疏螺旋体随血液进入蜱的消化道生存 3 ～ 4 d，14 d 后出现于蜱的唾液腺中，当蜱叮咬健康家禽时可使其感染。其传染力不因蜱蜕皮而中断，病原体可从幼虫一直保留于若虫和成虫，还可由成虫通过虫卵传给下一代。蜱感染 3 ～ 4 个月后，螺旋体的螺旋形状消失，但仍具感染力，此时螺旋体在体内呈颗粒状，可能为其生活史的一部分，为耐受抵抗型。若感染痊愈鸡红细胞内发现此种颗粒，可为检测无症状带菌者提供诊断依据。据报道，不同种的蜱感染疏螺旋体的情形不同，以波斯锐缘蜱感染最为严重。雄性蜱感染率比雌性蜱感染率高，鸡群感染的严重程度与蜱的数目有关，而与蜱种无关。

鸡刺皮螨、各种鸡羽虱、蚊子也可以将疏螺旋体从病禽传入健康禽，但仅为机械传播，而不能垂直传播。食入或经皮肤伤口进入含病原体的粪便或组织病料也可能引起发病。在无蜱生长的地区，其他昆虫，尤其是蚊子在该病传播中也起着重要作用。人工静脉、肌内、皮下注射，以及由鼻、口腔、眼内、腹腔、直肠给予病料均可引起感染。交配可使该病由雄性向雌性传播。人工感染无性别差异，而在自然条件下雌性家禽比雄性家禽发病率高，鸟类迁移可使该病向外传播。疏螺旋体在病死禽类尸体中迅速死亡，但在死亡 1 ～ 3 d 的尸体中仍可找到，有的甚至还处于繁殖状态中。发病地区多为沙漠干热地带，雨量极少，蜱类繁多。每年 5—9 月为发病季节，7—8 月为发病高峰季节，主要传播媒介为波斯锐缘蜱，同时也已证明内地各种禽类对疏螺旋体均有较强的易感性。

四、发病机理

疏螺旋体进入鸡体后，先在肝脏、脾脏、骨髓中繁殖，4 ～ 6 d 后进入血管，在血液中迅速繁殖，禽的红细胞开始减少，发病的后期减少至最低点，此时血中的疏螺旋体数目也减少，甚至完全消失。如病情好转，则红细胞数目又开始增多，1 ～ 2 周后恢复正常。有时尽管螺旋体已从体内消失，但由于组织已受损伤，病鸡仍旧死亡。螺旋体可被淋巴细胞吞噬，也能抵抗吞噬作用而存活。

螺旋体病引起死亡的主要原因是严重贫血，Lad 等（1983）认为贫血形成的机制类似于疟疾，即机体产生对自身红细胞的吞噬作用，这种作用的产生与机体内出现冷凝素有关。在机体红细胞数目减少，血红蛋白含量降低时冷凝素开始出现，贫血程度达到高峰时血中冷凝素滴度也达到高峰。冷凝素与红细胞膜结合，从而使红细胞被脾脏、肝脏、骨髓中的吞噬细胞吞噬。Soni 等（1982）发现冷凝素是一种 IgM 球蛋白。Joshi 等（1982）还认为螺旋体抗原或抗原–抗体复合物也可能激活机体吞噬自身红细胞的作用。Lad 等（1983）发现感染后 4 ～ 11 d 血液中出现可溶性螺旋体抗体，5 ～ 11 d 出现抗该可溶性抗原的抗体。抗原与抗体形成的免疫复合物与红细胞膜结合，然后吞噬细胞产生吞噬自身红细胞的作用。李东阳等（1988）认为鸡螺旋体的聚集、溶解后消失与机械特异性抗体的产生有关。螺旋体有毒的分解产物可引起机体发热，并在各脏器中引起血管周围组织细胞浸润及浸润区域组织坏死。Dzhankov 等（1983）报道，注射螺旋体分解产物能引起血管内广泛凝血，且对血小板有破坏作用。Buchheim 等（1981）发现蜱能分泌一种毒素，引起感染禽类出现瘫痪。prudovsky 等（1978）发现用 10 条或更少疏螺旋体注射接种即可引起禽类发病，并认为即使注射 1 条致病性螺旋体也能引起感染，只是接种螺旋体数目减少，潜伏期越长。

五、症状

从蜱蜇至体温升高之间的潜伏期为 5 ～ 7 d，有时为 3 ～ 4 d，或长达 8 ～ 10 d，发热前 1 ～ 2 d 血中开始出现疏螺旋体。急性型病例潜伏期非常短，感染鸡表现体温上升，精神差，眼睛半闭，采食量下降，常躲在笼子一角呆立，对外界刺激不敏感。羽毛蓬松，毛色干燥，粪便不成形，呈蛋清样，里面含有绿色或黄色的块状物。随着疾病的发展，病鸡出现贫血表现，鸡冠和肉髯缺血苍白，走路不稳，甚至无法站立，严重的表现神经症状，全身抽搐，扑打翅膀。疾病进入后期时，感染鸡采食废绝，血液中红细胞被大量破坏，血红素含量上升，病鸡呆立一角，闭目缩颈，最终因机体衰竭而死亡，病程一般不到 1 周。该病的发病率和死亡率从 1% ～ 2% 到 100%不等。封闭式鸡舍，由于只接触有限的感染蜱，其发病率低。

慢性型通常发生于日龄较大的鸡场，临床表现和急性型相似，只是病程更长，死亡率较低，大多数感染鸡都能自行耐过。

六、病理变化

（一）剖检变化

病死鸡剖检变化表现为尸体消瘦、脱水，羽毛粗乱，肉髯、鸡冠发绀或苍白，肛周被绿色粪便污染。血液稀薄如水，呈咖啡色，血清呈黄绿色。脾脏比正常体积大 6 倍，呈紫红色或棕红色，被膜下有暗红色斑点状出血与灰白色坏死灶，使脾脏呈斑驳状外观。肝脏肿大、柔软，呈暗红色，偶见被膜下出血。病程稍长者，肝脏肿胀不明显，可见到针尖大至 1 ～ 2 mm 大小的灰白色坏死点，有时偶见梗死。病鸡皮下组织、心外膜、腹腔脂肪消化道浆膜以及内脏器官出现点状或斑点状出血，有时可见黄疸。尸体嗉囊空虚，仅见少量水样液体。肠内容物呈暗绿色，黏膜表面被覆卡他性渗出物或出血性卡他性渗出物。肾肿大，呈苍白或棕红色，有时可见到坏死灶。肺脏高度淤血、水肿，部分区域出血。心肌实质变性，心外膜被覆一层纤维素性渗出物，产蛋鸡常见卵黄破裂。

（二）组织学变化

王训林（2013）报道鸡的螺旋体病组织学变化表现为肾脏血管扩张、充血，肾小球毛细血管内皮细胞增生，肾集合管常发生凝固性坏死，有时可见处于不同消散期的出血性梗死灶，肾间质内经常有淋巴细胞浸润。镀银染色时，急性期肾脏的肾小管上皮细胞和肾间质内可见完整、螺纹清晰的螺旋体。肝脏被膜下出血，肝细胞脂肪变性，有的肝细胞肿胀，细胞质内有红染颗粒，肝实质区散在有大小不等的坏死灶，并可见髓外造血灶。肝窦状隙扩张、充血，枯否氏细胞增生，胆管内有胆汁淤积。肝汇管区见淋巴细胞、巨噬细胞浸润，静脉、胆管系统有特征性淋巴细胞增生，并形成明显的管套。镀银染色可在细胞间隙，肝细胞内以及毛细血管内见到散在或丛状的螺旋体，有的已破碎或卷曲成小环状。脾脏严重充血与大面积出血，中央动脉周围淋巴组织呈滤泡性增生，增生的淋巴细胞核分裂相较多。脾髓内网状内皮细胞大量增生，细胞质内可见大量含铁血黄素，螺旋体在脾脏中呈弥漫性分布。心肌纤维之间有局灶性淋巴细胞、浆细胞、异嗜性粒细胞浸润，肌纤维有时可见空泡变性，肌束间偶见螺旋体。肺房毛细血管扩张、充血，在局灶性肺区有广泛的淋巴细胞浸润，严重时淋巴细胞几乎取代病变的肺组织。大脑、脊髓胶质细胞轻度增生，血管周围间隙增宽，有少量淋巴细胞浸润，脑膜也可见淋巴细胞浸润。肠黏膜在感染后最初的 24 h 内有单核细胞、异嗜性粒细胞浸润。48 h 后绒毛与肠腺变性，绒毛变短、变平。72 h 后，肠黏膜充血与细胞性浸润加重，黏膜水肿，肠上皮局灶性脱落，黏膜和黏膜下有螺旋体。最后黏膜变性、脱落，绒毛萎缩明显。实验感染鸡在感染后 3 ～ 8 d 出现肠炎和含铁血黄素在肠绒毛处沉着，从而出现绿色稀便。

七、诊断

根据病鸡的症状及特征性的病理变化可作出初步诊断，在严重发病鸡的翅下可发现幼蜱，颈部由于蜱的叮咬可发生点状出血，或在环境中发现蜱，均增加了螺旋体病诊断的可能性。但确诊需要进行病原体检查或特异性血清学诊断。

（一）病原检查

有典型症状的病鸡，其染色血片或组织片中能够发现螺旋体，且其数量常与体温成正比。血液涂片瑞氏染色后病原体呈紫红色，复红染色呈淡红色，单个形状呈“U”形或“S”形，有的缠绕在红细胞膜上，有的数根缠绕在一起成团块状或束状。也可采用暗视野显微镜直接观察血液中有动力、活泼运动的呈螺旋状的病原体。在发病早期，检查螺旋体较困难，鹅包柔氏螺旋体集聚在血沉棕黄层中，用血沉棕黄色物质作抹片，进行螺旋体检查，可用于确定早期感染或低毒力感染的流行病学研究。在发病后期，螺旋体会发生聚集并溶解，在血液和组织中查不到病原体，可进行血清学检查。

（二）血清学试验

已有几种血清学方法用于免疫鸡体内抗体的检测，这些方法包括血清平板凝集试验，玻片凝集、琼脂扩散试验和间接荧光抗体试验。血清凝集试验滴度在感染后 7 ～ 10 d 为 1∶（40 ～ 80），15 d 后为 1∶（320 ～ 640），1 年内仍维持较高水平，1∶10 以上即可判为阳性。感染鸡血清内有一种特异性 β-珠蛋白，其为疏螺旋体内的代谢产物，采用免疫电泳与层析方法检测这种蛋白质的存在，可用于该病的诊断。

八、防治

（一）预防

螺旋体对自然界的抵抗力非常弱，加强鸡舍的消毒能很快阻止疾病的传播，故一定要重视消毒，特别是对于疫区鸡场，每周不能低于 3 次的环境消毒。加强鸡舍的通风，保持舍内干燥，每天及时清理粪便。免疫疫苗时要注意针头的消毒，必要时可在做苗前 2 h 大群集中进行含对螺旋体敏感的抗生素饮水，从而防止通过针头感染。疫区鸡场更要加强该病的监控，根据疾病的发展过程，鸡群中一旦发现可疑鸡只，第一时间采用血涂片法染色确诊，并做好隔离和全群防疫工作。波斯锐缘蜱是该病的传播媒介，在炎热高温的季节，这种蜱虫活动最为频繁，鸡场应及时采取措施，对场内这种蜱虫进行灭杀。鸡场环境用菊酯类药物喷洒，如果鸡群已经感染，则使用伊维菌素大群拌料或注射使用，以驱杀体表的蜱虫。鸡舍内要做好环境卫生管理，每天对环境中的杂物、灰土、蜘蛛网等进行清扫，保持环境整洁。

国外已用于预防该病的疫苗有全血灭活苗、脏器组织灭活苗和鸡胚组织灭活苗。鸡胚组织灭活苗免疫保护期达 1 年，鉴于存在若干血清型，在制备疫苗时应尽可能采用多种血清型的病原体制备多价疫苗，疫苗注射后 14 d 血清中即可出现抗体。15 d 达到高峰，28 ～ 63 d 维持较高水平。母鸡免疫后 8 周所产蛋卵黄中出现抗体，此时人工感染鸡胚，无病原体生长或生长很差，孵出的雏鸡有传递性免疫力，早期极强，在 7 ～ 14 日龄消失。免疫效果与年龄也有关，4 周龄时注射免疫无保护作用，6 周龄接种 70 d 后才产生坚强免疫力，而 8 周龄时接种，10 d 后即可产生免疫力，即 8 周龄时开始免疫接种为最佳时机。

（二）治疗

强力霉素按 0.01% 拌料或饮水连用 4 ～ 5 d 效果最为优良；青霉素每只 20 000 U 肌内注射，于 24 h 内分 3 次注射完。也可用泰乐菌素饮水或拌料。治疗期间，一定要做好病死鸡尸体的无害化处理，尽量采用焚烧或深埋的措施，防止病原污染环境。

第三十六节　李斯特菌病

李斯特菌病（Listerosis）是由产单核细胞李斯特菌（*Listeria monocytogenes*），简称李斯特菌，引起的家禽的一种散发性传染病。该病的特征是败血症、肝脏和心脏出现坏死灶、心包炎等。Murry（1926）最先从兔和豚鼠发现该菌，Seatone（1936）首先报道了鸡的李斯特菌病，Felsenfelel（1951）报道宰禽工人感染该菌而患结膜炎，所以该病为人兽共患的传染病，在公共卫生学上具有重要意义。

一、病原

（一）形态与染色特性

产单核细胞李斯特菌为短杆菌，大小为（0.4 ～ 0.5）μm×（0.5 ～ 2.0）μm，两端钝圆，有时呈弧形，多单在或排列成“V”形或“Y”形。18 ～ 24 h 培养物呈现典型的类白喉杆菌样的栅栏状排列。有时呈短链或丝状。R 型菌落中的菌体亦呈长丝状，其长度可达 50 ～ 100 μm。在

20 ～ 25℃下可形成 4 根周鞭毛，能运动。但在 37℃下形成的鞭毛较少。此菌无荚膜，无芽孢，革兰氏染色阳性。

（二）培养特性

该菌需氧或兼性厌氧，生长温度为 1 ～ 45℃，在 4℃可缓慢增殖，但最适温度为 30 ～ 37℃，最适 pH 值为 7.0 ～ 7.2。在普通培养上能勉强生长，如加入少许血液或肝浸液则生长良好，在加有 1% 葡萄糖及 2% ～ 3% 甘油的肝汤琼脂上生长更佳。在血清琼脂上形成圆形、光滑、透明、淡蓝色的小菌落，直径为 1 ～ 2 mm。在血液琼脂上，菌落周围形成狭窄的 β 型溶血环。在肝汤琼脂上形成圆形、光滑、平坦、黏稠、透明的小菌落，当用反射光观察时，菌落呈乳白黄色。在含 0.25% 琼脂、8% 明胶、1% 葡萄糖的半固体培养基中，于 37℃培养 24 h，沿穿刺线向周围呈云雾状生长，以后逐渐扩散到整个培养基。在培养基表面下 3 ～ 5 mm 处，有生长最佳的伞形区，明胶不液化。

（三）生化特性

该菌于 24 h 内可分解葡萄糖、鼠李糖及水杨苷产酸，于 7 ～ 12 d 分解淀粉、糊精、乳糖、麦芽糖、甘油、蔗糖产酸，对半乳糖、蕈糖、山梨醇及木胶糖发酵缓慢或不定。不发酵甘露醇、卫矛醇、阿拉伯糖、菊淀粉及肌醇。该菌不产生硫化氢和靛基质，不还原硝酸盐为亚硝酸盐。MR 试验和 VP 试验均为阳性。接触酶阳性。

（四）抗原结构

李斯特菌具有菌体抗原（O）和鞭毛抗原（H），O 抗原用阿拉伯数字表示，H 抗原用小写英文字母表示。根据 O 抗原和 H 抗原的不同，可将该菌分为 13 个血清型，分别为 1/2a、1/2b、1/2c、3a、3b、3c、4a、4ab、4b、4c、4d、4e 和 7。该菌为间性胞内寄生菌，可穿越宿主的肠道屏障、血脑屏障。一般经口感染，轻则引起肠炎，若细菌能侵袭肠黏膜上皮细胞及肝脾巨噬细胞，并在其内定植，引起菌血症，并引起全身感染，出现败血症、脑膜脑炎等，也可通过鼻腔黏膜、眼结膜感染，侵害末梢神经的鞘膜，进而侵害中枢神经系统。

（五）抵抗力

该菌在饲料、干燥的土壤和粪便中能长期存活，对碱和盐耐受性较大，在 pH 值 9.6 的 10% 食盐溶液内能生存。在 4℃时于 20% 食盐溶液内可存活 8 周。对温度和一般消毒剂的抵抗力不强。58 ～ 59℃、10 min 或 85℃经 50 s 死亡。该菌能抵抗一定限度的反复冻融。3% 石炭酸、75% 酒精及一定浓度的其他常用消毒药均能很快将其杀死。

二、流行病学

产单核细胞李斯特菌能感染多种动物，在家禽中，以鸡、火鸡、鹅较易感，鸭较少发病。该病为散发性，一般只有少数发病，但病死率很高。各年龄的家禽都能感染发病，但以幼龄禽多发，死亡率可达 40% 以上。成年禽抵抗力较强。李斯特菌常见于粪便和土壤中，通过吸入、摄入或创伤污染等途径引起发病。患病家禽和带菌家禽是该病的传染源。病禽通过粪便，眼鼻分泌物排菌，进而污染饲料、饮水，而使其他家禽感染。此外，饲料配合不当，天气突变，有内寄生虫或沙门菌感染时，均可促使该病的发生。

三、症状

自然感染的潜伏期为 2 ～ 3 周，有的可能只有数天，也有的长达 2 个月。多表现为突然死亡，1 ～ 2 d 死亡者常出现急性败血症。病鸡体形消瘦，精神萎靡，缩颈闭眼，食欲减退，羽毛粗乱，有些在鸡笼后侧俯卧，下痢，鸡冠发绀、萎缩，肉髯发绀，腿部皮肤出现干裂，如同鳞片状粗糙，明显脱水，眼睛干涩、怕光、流泪增多，有时眼眶四周轻度肿胀，眼眶周围的皮肤变成暗紫色或者蓝色。病程持续较长时，病鸡双翅下垂，双腿前后叉开或者软弱无力，行走摇晃，往往卧地不起，呈侧卧倒地，且双腿持续划动。个别病鸡会非常兴奋，神志不清，发出尖叫，头颈侧弯、仰头，腿部出现阵发性抽搐。

四、病理变化

病鸡最常见的病变是心肌的多发性变性或坏死区，并常见充血和心包炎。腿部肌肉存在少许出血斑，呈米粒大小，两侧坐骨神经水肿、纹路变得模糊；直肠以及盲肠扁桃体存在少量出血点，呈针尖大小；十二指肠发生弥漫性出血；头部硬壳膜、蛛网膜下以及脑血管发生充血，表现出神经症状时脑组织如同煮熟样；心包有较多积液，心包、心肌有充血、出血现象，心肌发生变性和坏死；肝脏轻度肿大，呈黑色或者深褐色，并存在深褐色瘀斑和针尖状的黄白色坏死灶，质地略脆；胆囊肿大，含有大量胆汁；脾脏肿大呈黑红色，肺气肿，肾脏肿大；腹腔存在脱落的肠系膜，胸腔有血样液体，发生红染；肠黏膜、肌胃以及腺胃都发生卡他性炎症，并伴有出血；卵巢存在正常卵泡，但卵泡系膜血管发生充血。

镜检可在变性、坏死的周围发现病原菌，也可在肝脏星状细胞和大脑的一定区域内见到细菌。淋巴样细胞、单核细胞和浆细胞浸润具有特征性。

五、诊断

该病缺乏特征性的症状及病理变化，确诊需要进行病原的分离及鉴定。

（一）涂片镜检

采血、肝脏、脾脏、肾脏、脑等组织作触片或涂片，革兰氏染色镜检，如见有革兰氏阳性、呈“V”形排列或并列的细小杆菌，可作出初步诊断。

（二）分离培养

病料通常采取具有明显病变的肝脏、脾脏，将病料研磨成乳剂，接种于葡萄糖血清（或鲜血）琼脂平板上培养。该菌可长成露滴状大小的菌落。分离培养可置于 10% 二氧化碳环境中。如初次分离不到细菌时，可将在 4℃保存的病料再次进行分离培养，以提高检出率。从污染病料中分离该菌，则可接种在含 0.2%葡萄糖、0.2%醋酸铊、40%或 6 mg/mL 萘啶酮酸，pH 值为 7.4 的肉汤或琼脂中，于 30℃培养，效果较好。

（三）动物试验

可用家兔、小鼠、幼海猪等进行试验，接种方法为结膜囊内滴入或脑内、腹腔内、静脉内注射，接种后发生败血症死亡。最简单的方法是以病料混液滴入家兔或海猪的结膜囊内，1 d后发生结膜炎，不久发生败血症和死亡。鸡胚对该菌高度敏感，接种后可引起绒毛尿囊膜的局灶性坏死病变。

（四）PCR检测方法

PCR扩增检测李氏杆菌的 *hly A* 基因、*inlAB* 基因、16S rRNA、23S rRNA以及核酸探针杂交方法等都具有快速、敏感、特异的特点。

六、防治

（一）预防

加强饲养管理，防止应激因素的刺激，气候寒冷的初冬早春季节更要重视。确保饲养设备、饮水以及饲料干净卫生，并定期进行灭鼠灭虫，坚持按时进行带鸡消毒，适当通风换气，确保舍内空气清新，调控饲养密度合理，创造安静、舒适、干净的饲养环境。加强消毒，对发病家禽应及时隔离。平时须驱除鼠类和其他啮齿类动物，驱除外寄生虫，不从有病地区引入家禽。

（二）治疗

李斯特菌对青霉素、头孢类药物、喹诺酮类药物敏感，对链霉素也敏感，但易形成抗药性。治疗时，可用0.01%恩诺沙星饮水，连用4～5 d；或氨苄青霉素饮水，按0.01%～0.02%浓度饮水，连续使用5 d。

第三十七节　伪结核病

禽伪结核病（Avian pseudotuberculosis）是家禽和野禽的一种接触性传染病，其特征是病的初期为急性败血症，随后出现慢性局灶性感染，表现在许多器官中形成类似禽结核的干酪样结节。

一、病原

（一）形态与染色特性

该病的病原为伪结核耶尔森菌（*Yersina pseudotuberculosis*），为肠杆菌科、耶尔森菌属（*Yersinia*）。由Pfeiffer于1880年首次发现。该菌为多形态，可为球状、卵圆形或杆状，单个、成短链或成丝状，大小为（0.5～0.8）μm×（1～3）μm，革兰氏阴性。

（二）培养特性

该菌兼性厌氧，最适生长温度为28～30℃，最适生长pH值为7.2～7.4。在37℃培养者不能运动，在22℃的肉汤24 h培养物能运动。在病变组织中呈两极浓染，22℃的肉汤培养用印度墨汁负染以后可见菌体周围的荚膜。在22℃培养的琼脂表面菌落为S型，表面光滑、湿润而黏滑，在 37℃中的菌落为 R 型，菌落干燥粗糙、边缘不整，呈灰黄色。在肉汤培养时不呈浑浊状生长。

（三）生化特性

该菌发酵葡萄糖、麦芽糖、甘露醇、水杨苷、伯胶糖、果糖、半乳糖、鼠李糖与甘油，产酸不产气，不发酵乳糖、卫矛醇、山梨醇、菊糖与棉籽糖，水解尿素，不产生靛基质，不液化明胶，MR 试验阳性，VP 试验阴性，还原硝酸盐为亚硝酸盐。大多数接触酶阳性。

（四）抗原结构与血清型

该菌按 O 抗原有 11 个血清群（O1 ～ O11），其中 1 群和 2 群各有 a、b、c 三个亚群，4 群和 5 群各有 a 和 b 两个亚群，3、6、7、8、9、10、11 群无亚群。

二、流行病学

在自然条件下，该病最常见于火鸡和金丝雀，鸽子和鸭患病的较少，也见于鸡、野鸡及其他禽类，幼龄鸡最为易感。一般雨季发病较多，饲养管理不当、营养不良、受凉或患寄生虫病等可诱发该病。感染途径主要为消化道，皮肤创伤也可感染。病原菌通过破损的皮肤或黏膜，或经过消化道的黏膜进入血液，引起短期菌血症，但细菌没有全部被消灭，其中的一部分散布到肝脏、脾脏、肺脏或肠道器官中建立感染灶，形成结核样结节。

三、症状

最急性者突然死亡。病程 2 ～ 3 d 的病鸡突然下痢，精神沉郁。慢性者可达 2 周以上，病鸡呼吸困难，昏睡，精神沉郁，食欲减少或消失，下痢、消瘦。

四、病理变化

最急性病例可见脾脏肿大和急性肠炎。亚急性或慢性病例，除见卡他性及出血性肠炎外，肝脏、脾脏、肾脏肿大，并在肝脏、脾脏、肾脏、肺脏、胸肌及其他器官中散在有粟粒大、黄白色或灰白色小结节，切面呈干酪样。组织学变化表现为结节中心为坏死的白细胞核碎屑，外围有大量淋巴细胞、巨噬细胞、上皮样细胞和少量成纤维细胞，偶见多核巨细胞增生、浸润。肠黏膜呈明显的急性卡他性炎变化，肠系膜淋巴结和脾脏可见网状细胞增生。肝脏淤血，肝细胞颗粒变性与脂肪变性。

五、诊断

根据症状及病理变化可作出初步诊断，确诊需要进行细菌的分离与鉴定。急性者从血液中分离，慢性者从病变组织中分离，将待检材料按 1% 的比例接种到 pH 值为 7.6 的磷酸盐缓冲液中，至 5℃冰箱增菌 21 d，接种在麦康凯琼脂培养基上，根据菌落特点及 37℃培养者不运动，22℃培养物能运动，即可确诊。血清学试验可用绵羊红细胞做被动凝集试验。

六、防治

（一）预防

控制该病的关键是建立无病鸡群，严格防止鸡群与野鸟及鼠类的接触。加强饲养管理，防止应激因素的发生。

（二）治疗

该菌对氨基糖苷类及头孢类药物敏感，可用0.05%～0.1%安普霉素拌料，连用4～5 d；或用0.01%阿莫西林饮水，连用4～5 d；也可用新霉素饮水，每升水50～75 mg，连用3～5 d。

第三十八节　奇异变形杆菌病

奇异变形杆菌病（Proteus mirabilis disease）是由奇异变形杆菌（*Proteus mirabilis*）引起的一种散发性的细菌性传染病，以张口气喘，气管、肺脏出血、化脓为特征。奇异变形杆菌属于条件性致病菌，随着家禽生产中药物的广泛、大量使用，养殖规模及密度的扩大，该病在我国各地的发生呈上升趋势。

一、历史

1976年Karin等从死亡鸡胚分离到变形杆菌，1981年Bisgaard等从患输卵管炎的产蛋鸡中分离到奇异变形杆菌；在我国，1989年江益民等首次从病死肉鸡中分离到奇异变形杆菌。

二、病原

（一）形态与染色特性

奇异变形杆菌是肠杆菌科、变形杆菌属，是一种常见的条件性致病菌。该菌革兰氏染色阴性，菌体两端钝圆，大小为（0.4～0.6）μm×（0.8～3）μm，无芽孢及荚膜，周身有鞭毛，能运动。

（二）培养特性

该菌在普通培养基上生长良好，10～45℃范围内均可生长，37℃培养24 h，肉汤均匀浑浊，液面有一层薄菌膜，在普通琼脂平板培养基上呈迁徙扩散生长，表面形成一层波纹状薄膜（图4-38-1），打开培养皿盖有强烈的腐败臭味，菌落和菌苔在阳光或日光灯灯光下可发出淡黄色荧光；在血平板培养基上形成β溶血，能迅速分解尿素。在含有胆盐、0.1%碳酸、4%乙醇、0.25%苯乙醇、0.4%硼酸、5%～6%琼脂培养基上或40℃以上培养时，迁徙生长现象消失，形成圆形、较扁平、透明或半透明的菌落。该菌需厌氧培养，在10～43℃范围内均可生长。在SS琼脂平板生长时，呈现圆形、扁薄、半透明的菌落；在麦康凯平板生长时，易于分解单个菌落。在固体平板生长时，其形态特征为短杆菌与纤细状长条菌的交替改变。

图 4-38-1　奇异变形杆菌培养特点（刁有祥 供图）

（三）生化特性

该菌可分解葡萄糖产生少量气体，发酵蔗糖、海藻糖、木糖、纤维二糖，不发酵乳糖、麦芽糖、鼠李糖、甘露糖、松三糖、卫矛醇、肌醇和甘露醇；MR 试验阳性，VP 试验阴性，不产生靛基质，产生硫化氢，并迅速液化明胶。具有苯丙氨酸脱氨酶和鸟氨酸脱羧酶。

（四）毒力因子

奇异变形杆菌的主要毒力因子包括菌毛、鞭毛、尿素酶、外膜蛋白、细胞侵袭力和铁获得物等。该菌致病机理复杂，包括毒力因子黏附到宿主黏膜表面，损伤和侵入宿主组织，逃避宿主免疫系统及铁离子的获取等。鞭毛是奇异变形杆菌的毒力因子之一，存在于细菌表面。鞭毛蛋白能够诱导炎症趋化因子在机体细胞中表达，并且有利于奇异变形杆菌在细胞中定植。此外，该菌的大量定植能够引起先天性免疫反应。奇异变形杆菌胞外金属蛋白酶是泌尿道感染的重要毒力因子，同时也是一种广谱蛋白酶，能够降解血清中的 IgG 和 IgA 等免疫球蛋白，从而逃避宿主的防御系统。奇异变形杆菌能够形成生物膜，生物被膜对细菌具有较强保护作用，常规的物理、化学消毒方法不能将其消灭；此外，其与浮游细菌相比，生物被膜内细菌对宿主免疫系统和抗生素的抵抗力更强，进而导致许多临床疾病难以根除。

（五）药敏性

奇异变形杆菌对克林霉素、利福平、阿奇霉素、红霉素耐药，对头孢拉定、新霉素、环丙沙星、复方新诺明、氨苄西林、头孢噻吩、庆大霉素、大观霉素、卡那霉素较敏感。细菌耐药性的产生与该菌产生的各种 β- 内酰胺酶、胞外金属蛋白酶及生物被膜的形成有关，这些酶能够水解抗生素，从而使抗生素失去抗菌作用；生物被膜的存在使被膜内细菌能够逃避抗生素的杀伤和机体免疫系统的清除，成为潜在感染源，使感染反复发作。

三、流行病学

奇异变形杆菌属于条件致病菌，在自然条件下，奇异变形杆菌即可由内源性感染，也可由外源性感染。其中，内源性感染主要为垂直传播导致，外源性感染主要是鸡摄入被病原污染的饲料或饮水经消化道感染，或吸入含细菌微粒的尘埃经呼吸道感染。此外，各种应激因素如温度变化、饲料变化、卫生条件变差，接种疫苗，转运等均可使机体免疫力降低，从而引发该病。常多发于春夏交替时的潮湿季节及冬春季节交替气温变化较大时。

各个日龄的鸡群都可感染该病，其发病率与死亡率与日龄大小密切相关，日龄越小，感染鸡发病率及死亡率越高。7 周龄以下雏鸡，发病率和死亡率分别可达 80% 和 50% 以上。人工感染的敏感途径按发病率和死亡率高低依次为肌肉、皮下、腹腔、消化道和呼吸道，其中经消化道感染后

3 ～ 7 h 可有 70% 发病，死亡率 60%，潜伏期为 5 h 左右，病程 24 ～ 36 h。育成鸡及成年产蛋鸡，发病率一般在 30% 以下，死亡率不超过 10%。但若治疗不及时，则可造成全群鸡的生长抑制、生产性能降低，特别是对于种鸡，感染该病后可通过种蛋传给后代，从而造成雏鸡的大批死亡。

四、症状

患病鸡体温升高，可达 42℃以上，呼吸困难、急促，常张口呼吸，口流黏液，鸡精神萎靡，翅膀下垂，羽毛蓬松、脏乱，翅膀下垂，缩颈闭眼，站立不稳，常独居于角落，腹泻，粪便呈白色或白绿色，泄殖腔周围常粘有粪便。多数病鸡呈现一侧或两侧肢体麻痹，少数病例出现头向上弯曲等神经症状，多在发病后 1 ～ 3 d 死亡。

五、病理变化

（一）剖检变化

据程相朝等（1996）报道，鸡奇异变形杆菌病眼观病变主要有脑膜充血、出血；胸腺肿大或萎缩，表面出血；心包腔积液，心外膜点状出血；喉头、气管黏膜出血（图 4–38–2），气管内有黏性分泌物或有血凝块，肺脏淤血和斑点出血（图 4–38–3），局部坏死或化脓，气囊有脓性渗出物（图 4–38–4）；肝脏、脾脏肿大、质脆（图 4–38–5）；肾脏肿大、出血（图 4–38–6）；嗉囊内有少量积液，肌胃内容物常为绿色（图 4–38–7），肠管弥散性出血，整个肠管呈紫红色，肠黏膜水肿、脱落（图 4–38–8）；感染严重的病例，会出现纤维素性心包炎和肝周炎。

（二）组织学变化

据龙塔等（1997）报道，鸡奇异变形杆菌病的组织学变化以脾脏、法氏囊、胸腺和盲肠扁桃体等淋巴器官为主。其中脾脏损伤最为严重，脾小体数量减少，淋巴细胞大量变性、坏死，网状细胞增生，散在有较多的填充以粉红色浆液的坏死灶，脾静脉窦淤血，小梁动脉管壁平滑肌空泡变性；法氏囊黏膜上皮组织变性、坏死、滤泡内淋巴细胞数量减少，网状细胞增生，散在大量浓缩、崩解状的淋巴细胞和粉红色团块物质；盲肠扁桃体固有层中淋巴细胞数量也显著减少，残存淋巴滤泡内没有生发中心和小淋巴细胞聚集；胸腺病变稍轻微，主要表现为各级血管扩张充血，皮髓界限不清和淋巴细胞坏死崩解。大脑实质内神经细胞变性、坏死，可见卫星现象和噬神经现象，各级血管扩张充血，血管周围间隙增宽，并见管套现象，小脑软膜上皮轻度增生、变性、坏死，白质区内多见软化病灶。腿部骨骼肌变性、坏死，胃肠黏膜卡他性炎症，心脏、肝脏和肾脏等实质器官淤血，轻度出血，实质细胞变性。

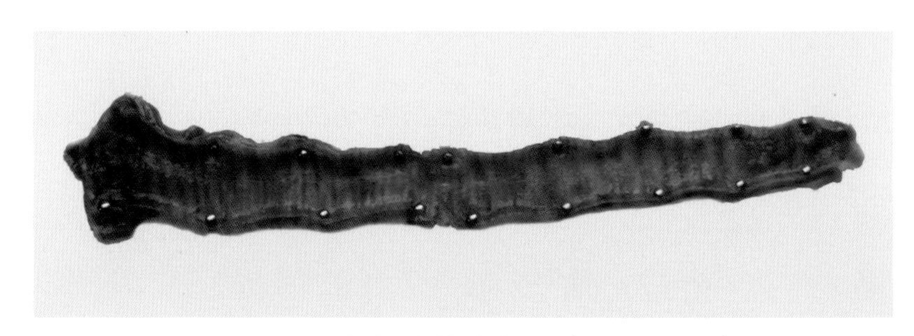

图 4–38–2　喉头、气管黏膜出血（刁有祥 供图）

图 4-38-3　肺脏出血，呈紫红色（刁有祥 供图）

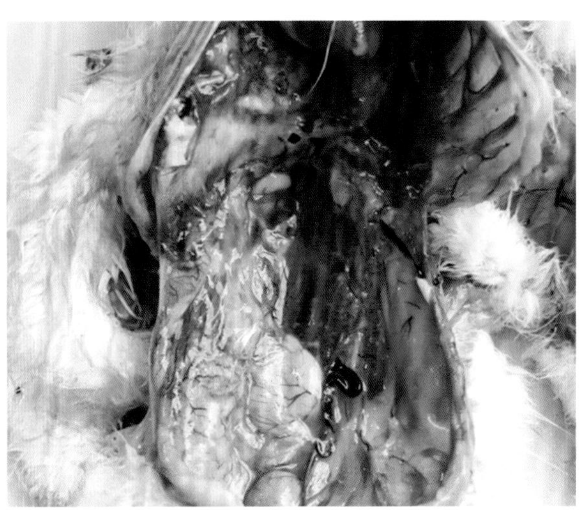

图 4-38-4　气囊有脓性渗出物（刁有祥 供图）

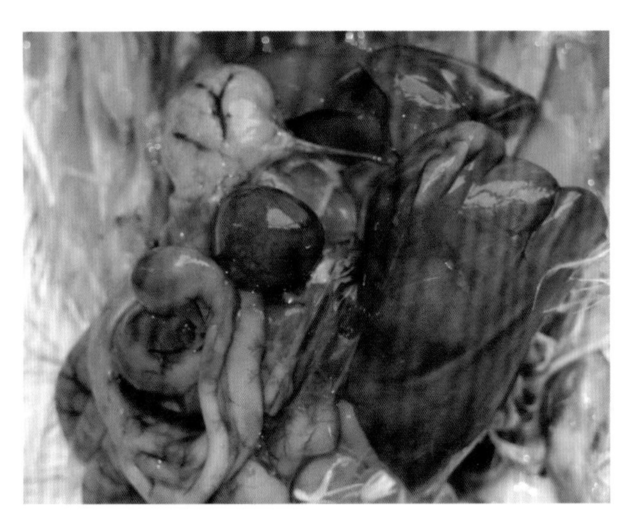

图 4-38-5　脾脏肿大，呈紫黑色（刁有祥 供图）

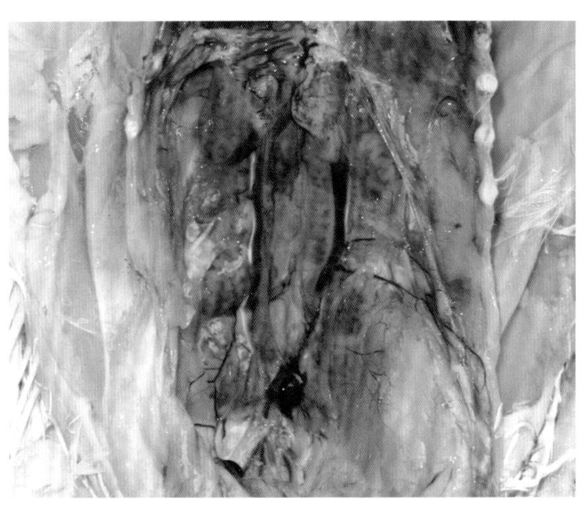

图 4-38-6　肾脏肿大（刁有祥 供图）

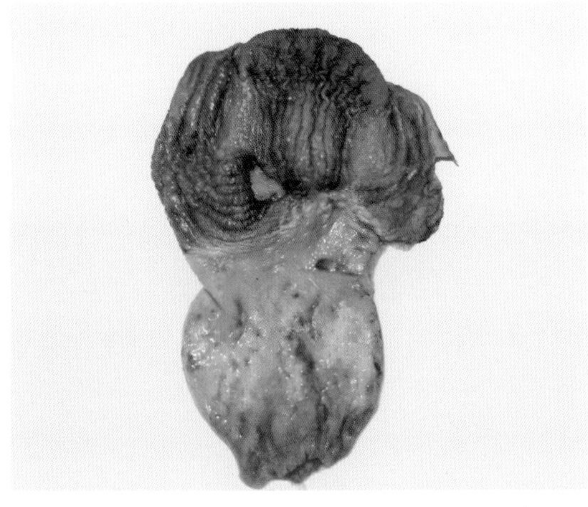

图 4-38-7　肌胃呈浅绿色（刁有祥 供图）

图 4-38-8　肠黏膜弥漫性出血（刁有祥 供图）

六、诊断

由于奇异变形杆菌病并不具有特征性的症状及病理变化，确诊该病需要借助实验室诊断方法进行细菌分离鉴定。可将病料接种于普通琼脂培养基上，根据迁徙生长现象，以及生化试验快速分解尿素即可确诊。

（一）病原分离与鉴定

无菌采集病死鸡的肺脏或肝脏，用接种环画线接种于琼脂培养基，37℃恒温培养 24 ～ 48 h。挑取培养皿上的疑似单菌落进行纯化培养，再挑取优势菌落，分别接种于普通琼脂平板、SS 琼脂平板、麦康凯平板、血琼脂平板，观察细菌在几种培养基上的菌落生长情况。将获得的纯培养物涂片，革兰氏染色显微镜下观察。

分离菌在琼脂培养基、血琼脂培养基上呈现迁移生长，有腐败臭味；在血琼脂培养基上有 β 溶血现象；在麦康凯培养基上菌落呈圆形，光滑、湿润、灰白色；在 SS 琼脂培养基上形成圆形、稍隆起、中等大小，中心呈黑色周围无色的菌落。革兰氏染色后，可在显微镜下观察到菌体呈单个或成对的球状、杆状、球杆状、长杆状的无芽孢杆菌。

（二）PCR 检测技术

随着分子生物学技术的发展，奇异变形杆菌核酸的检测方法越来越受到人们的关注。根据 16S rRNA、*ureC* 作为靶基因，进行 PCR 检测。

（三）LAMP 检测技术

LAMP 是一项新型的核酸扩增技术，核酸链通过在等温环境下的循环置换扩增实现对靶序列的放大，该方法对仪器要求简单，时间较短，操作方便，适合基层兽医工作。

（四）实时荧光定量 PCR 检测技术

荧光定量 PCR 是在 PCR 反应体系中加入荧光基团，利用荧光信号积累实时监测整个 PCR 进程，最后通过标准曲线对未知模板进行定量分析的方法。PCR 定量技术克服了传统 PCR 易污染、后处理步骤繁杂冗长、缺乏准确定量等缺点，具有特异性强、灵敏度高、重复性好、定量准确、速度快和全封闭反应等优点。

七、防治

（一）预防

加强饲养管理，保持场内环境卫生，保持鸡舍通风和干燥，合理控制饲养密度，加强消毒，消毒时尽量选择使用安全、刺激性小、杀菌力强的消毒剂，如过硫酸氢钾溶液、稀碘溶液、过氧乙酸等。饲料配方要科学，根据不同日龄阶段及时调整配方，良好的营养能保持鸡群有较高的免疫力来抵抗感染。降低鸡群的应激反应，夜间防止贼风进入鸡舍。由于该病可通过种蛋传播，应特别注意种鸡群的饲养管理，避免垂直传播的发生。

对于感染严重的地区，可以用对该菌敏感的药物进行预防，有条件的可以选用本地区分离株制备灭活油乳剂菌苗进行免疫接种。

（二）治疗

可用新霉素、安普霉素、氟苯尼考、阿莫西林、强力霉素或林可霉素治疗，如强力霉素按0.01% 饮水，连用 3 ～ 5 d。

由于奇异变形杆菌病对多种抗生素不敏感，且因各养殖场用药情况不同，容易造成奇异变形杆菌产生不同的耐药性。在治疗用药前，应分离病原菌进行药敏试验，选择敏感性好的药物进行治疗。

第三十九节　鼻气管鸟疫杆菌病

鼻气管鸟疫杆菌病（Ornithobacterium rhinotracheale disease）是由鼻气管鸟疫杆菌（*Ornithobacterium rhinotracheale*，ORT）引起的一种传染病。该病以呼吸困难、纤维素性化脓性肺炎、气囊炎为特征，导致鸡群死亡率增高，产蛋率下降，蛋壳质量降低，孵化率下降等。目前在欧洲、美洲、南非流行呈上升的趋势。

一、历史

1981 年德国学者从 5 周龄火鸡的呼吸道中分离出该菌，随后在比利时、法国、英国、荷兰、匈牙利、美国及南非均有该病的报道，1994 年，比利时学者 Vandamme 等对来自欧洲、南非、美国的火鸡和肉鸡的呼吸道中分离出的 21 株类似细菌进行了详尽的分类学研究，并建议使用鼻气管鸟疫杆菌这个名词。2000 年陈小玲报道了我国鼻气管鸟疫杆菌病的发生。

二、病原

鼻气管鸟疫杆菌为黄杆菌科（Flavobacteriaceae）、鸟杆菌属（*Ornithobacterium*）的唯一菌种。

（一）形态特征

该菌是一种生长缓慢、高度多形性、无运动性、无芽孢的革兰氏阴性短小杆菌（图 4-39-1），宽 0.2 ～ 0.7 μm，长 1 ～ 9 μm，有化学器官趋化性和嗜常温的新陈代谢特性。ORT 的质粒 DNA 含有 14 787 个碱基对，其 G+C 含量为 35.7%，而整个基因组的 G+C 含量为 37% ～ 39%，AT 和 GC 在质粒中的分布是不平均的。在包含 4 ～ 9 个编码框的一段序列，GC 含量较高，达 38.8%，高于其他部分（31.2%）。核苷酸序列分析证明质粒的复制及复制数是由质粒的一个复制起点和几个基因决定的。

（二）培养特性

在 5% 血液琼脂、巧克力琼脂培养基，37℃培养 24 ～ 48 h 形成一种针尖大小、灰白色、不透明、无溶血的菌落（图 4-39-2）。5% ～ 10% 二氧化碳条件下，在绵羊血液琼脂上生长良好，培养

18 ～ 24 h 形成一种边缘整齐、表面光滑隆起、直径为 0.1 ～ 0.2 mm 的灰白色圆形菌落，48 h 后形成圆形灰色到灰白色奶酪状的小菌落，有时颜色稍变浅红并产生类似丁酸的气味。菌落在分离初期大小不等，反复继代后形成大小均一的菌落。

（三）生化特性

鼻气管鸟疫杆菌分解 D–葡萄糖、D–甘露糖、D–果糖、乳糖、D–半乳糖、N–乙酰葡萄糖胺、麦芽糖、蔗糖、淀粉产酸，对 D–核糖、L–鼠李糖、棉籽糖、D–甘露醇、m–肌醇、赤藓醇、卫矛醇、纤维二糖、L–阿拉伯糖、戊二醇、D–山梨醇、水杨苷、D–木糖、海藻糖等均不能分解；氧化酶、脲酶、精氨酸水解酶、软骨素硫酸化酶、透明质酸酶、过氧化氢酶、鸟氨酸脱羧酶、赖氨酸脱羧酶、苯基丙氨酸脱氨酶、明胶酶均为阴性；VP 试验、ONPG 试验阳性；不产生吲哚；甲基红试验、硝酸盐还原反应均为阴性，七叶苷水解反应阴性。

（四）血清型

利用琼脂扩散和酶联免疫吸附试验，可分为 18 个血清型，用 A ～ R 依次命名，鸡源分离株大多是 A 型。从火鸡体内分离的菌株多为 A、B 和 D 型，火鸡中未分离获得 G 型，鸡群中未见 D 型和 F 型的报道，所有血清型（A、B、C、D、E）都有不同程度的交叉反应。所有的鼻气管鸟杆菌分离株都有致病力，但不同菌株的致病力不同。高致病力菌株能直接导致鸡发病，而低致病力菌株常在发生病毒性呼吸道疾病或恶劣环境下继发该病。

（五）致病性

所有的鼻气管鸟杆菌分离株都有致病力，但不同菌株的致病力不同。高致病力菌株能直接导致鸡发病，而低致病力菌株常在发生病毒性呼吸道疾病或恶劣环境下继发该病。A 型和 B 型对鸡和火鸡具有相似的高致病力，且流行比较广泛；C、D、E 型对鸡和火鸡来说也具有致病力，相对较弱。鼻气管鸟杆菌的外膜蛋白对鸡的气管上皮具有致病作用，Nofouzi 等制备了抗 ORT 外膜蛋白的免疫血清，并用于细菌黏附抑制配位测定，位点分别在膜蛋白上的 45 kDa、53 kDa、70 kDa。结果显示，78% 的抗 53 kDa 外膜蛋白的抗体能抑制细菌黏附到鸡的气管上皮。

（六）药敏性

鼻气管鸟疫杆菌对阿莫西林、青霉素、丁胺卡那霉素、土霉素、金霉素、磺胺二甲氧嘧啶等具有高度敏感性，对红霉素、恩诺沙星敏感性略低，而对林可霉素、壮观霉素等具有抗药性。

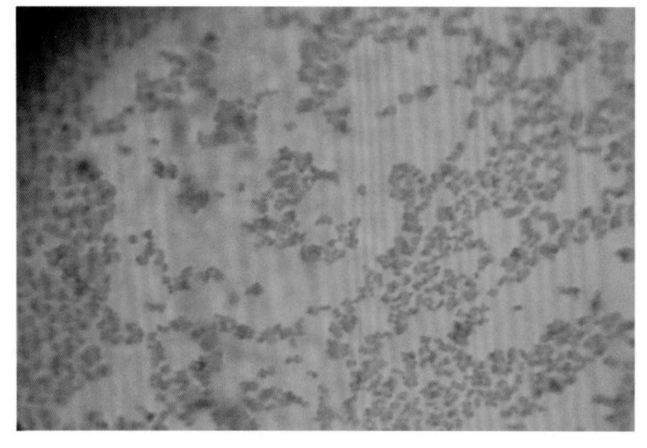

图 4-39-1　鼻气管鸟疫杆菌染色特点（刁有祥　供图）

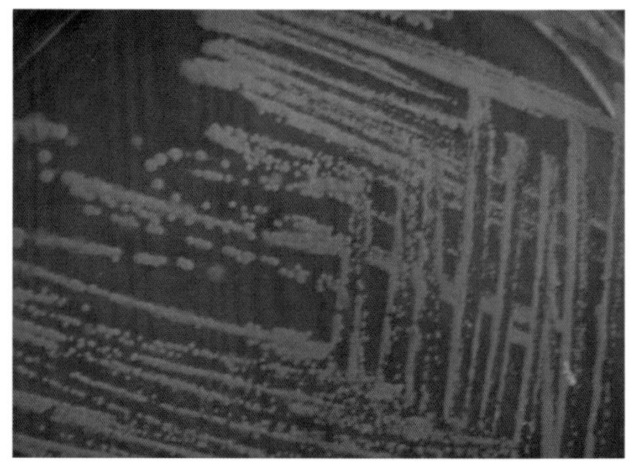

图 4-39-2　鼻气管鸟疫杆菌菌落特点（刁有祥　供图）

三、流行病学

鸡可自然感染该病，死亡率通常为 2%～11%。此外，火鸡、雉、鹌鹑、鸵鸟、麻雀、鹧鸪、鸭、白嘴鸭、山鹑、欧石鸡和鸽子等也可感染发病。不同日龄的鸡均可感染，3 周龄以上肉鸡和 5 周龄以上火鸡，特别是在产蛋高峰期的鸡最易感染，肉用鸡的易感性高于蛋鸡。14 周龄以上的成年火鸡感染该病后病症更为严重，常呈急性感染。肉鸡感染通常发生在 3～6 周龄，呈亚临床症状，或出现临床症状。该病主要通过空气传播，也可通过污染的粪便传播。该菌也可垂直传播感染，可经蛋、卵巢、输卵管和泄殖腔传播，这或许就是其传播迅速和世界性分布的原因。此外，各种应激和不利的环境因素如天气变化、通风、垫料、饲养密度、卫生条件、氨气浓度等对该病有促发或加重的作用。

四、症状

肉鸡表现为精神沉郁，流涕、甩头，面部水肿（图 4–39–3），死亡率增加，生长减慢。在肉种鸡，ORT 引起的临床疾病一般只见于产蛋初期，呼吸道症状通常较为轻微，主要表现为产蛋量下降 2%～5%，蛋重降低，蛋壳质量下降。幼龄鸡呼吸困难（图 4–39–4），死亡率略增加，淘汰率增加。与病毒病、细菌病等并发或继发感染，或气候条件等可加重鼻气管鸟杆菌感染的严重程度。最常见的是与大肠杆菌并发感染，与 NDV 混合感染可导致比 NDV 单独感染更为严重的呼吸道疾病综合征和更高的死亡率。

图 4-39-3　病鸡精神沉郁，面部水肿（刁有祥　供图）

图 4-39-4　病鸡呼吸困难，张口气喘（刁有祥　供图）

五、病理变化

（一）剖检变化

气囊炎和肺炎是鼻气管鸟疫杆菌感染的特征性病变。肉鸡感染后典型病变是胸腔、腹腔气囊浑浊，呈黄色云雾状（图 4–39–5）。气囊内有浓稠、黄色泡沫样渗出物（图 4–39–6）。气管环出血，管腔内含有大量带血的黏液，或有黄白色干酪样渗出物（图 4–39–7）；肺脏常表现为出血（图 4–39–8），单侧或双侧纤维素性坏死性、化脓性肺炎（图 4–39–9）。心外膜出血，心包膜有出血斑点，心包腔积有大量浑浊液体，时间稍长的可见纤维素性心包炎（图 4-39-10），肝脏肿大，表面有黄白色纤维蛋白渗出（图 4-39-11），脾脏肿大，呈紫黑色（图 4-39-12）。亚临床感染的肉鸡仅可见到严重的气囊炎。蛋鸡剖检可见支气管炎、气囊炎、心包炎及卵泡变形和卵黄性腹膜炎。

（二）组织学变化

组织学变化表现为气管上皮细胞弥漫性增生、充血、纤毛丧失（图 4-39-13）。肺脏血管和副支气管管腔内积聚大量的纤维细胞、蛋白，并混有巨噬细胞，偶见少量菌体（图 4-39-14）。软组织极度充血，肺间质可见巨噬细胞和少量的异嗜细胞浸润（图 4-39-15），副支气管管腔周围可见弥漫性坏死灶，且波及邻近的肺实质，坏死灶内有大量坏死的异嗜细胞充盈，呈散在分布。毛细血管扩张，管内充满红细胞，细胞急性凝固性坏死，或形成纤维蛋白性血栓。胸膜和气囊明显膨大，有间质性纤维蛋白性渗出，并有弥漫性异嗜细胞浸润。肺房、气囊严重纤维嗜异性炎症，肺血管周围间质水肿。肝细胞索紊乱，肝细胞急性坏死，肝小叶外周偶见形成血栓，肝脾淋巴细胞减少（图 4-39-16、图 4-39-17）。

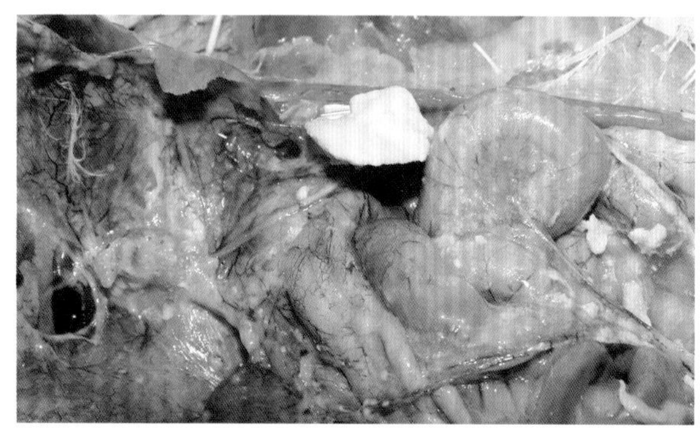

图 4-39-5　气囊浑浊，不透明，有黄白色干酪样渗出物（刁有祥　供图）

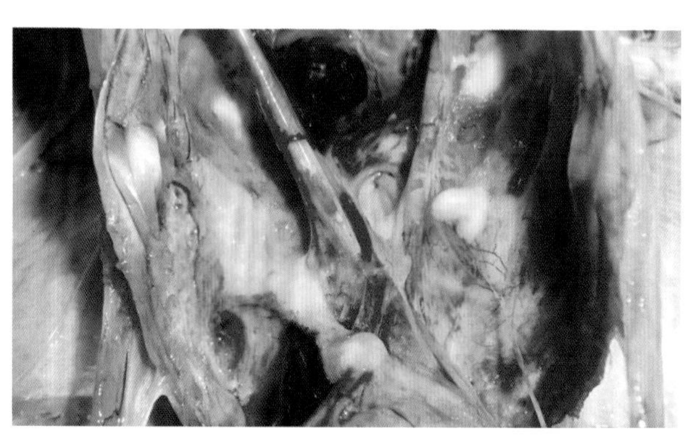

图 4-39-6　气囊囊腔中有泡沫状黄白色脓性渗出物（刁有祥　供图）

图 4-39-7　气管环出血，管腔中有黄白色渗出物（刁有祥　供图）

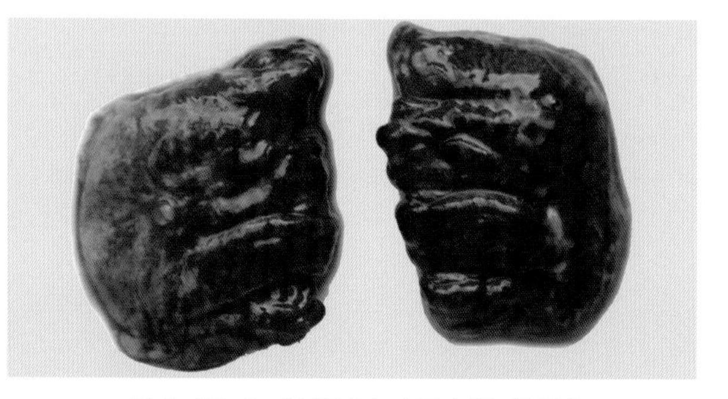

图 4-39-8　肺脏出血（刁有祥　供图）

图 4-39-9　肺脏出血、坏死（刁有祥　供图）

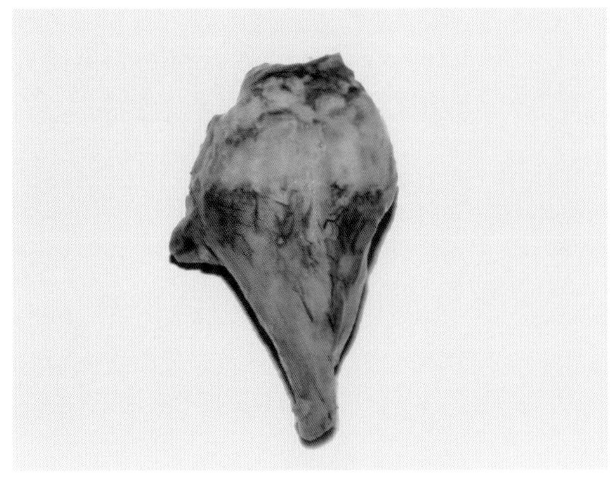

图 4-39-10　纤维素性心包炎
（刁有祥 供图）

图 4-39-11　肝脏表面有黄白色纤维蛋白渗出
（刁有祥 供图）

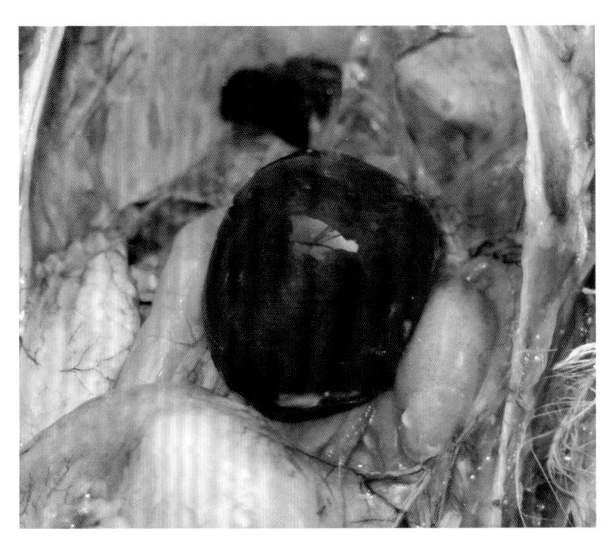

图 4-39-12　脾脏肿大，呈紫黑色（刁有祥 供图）

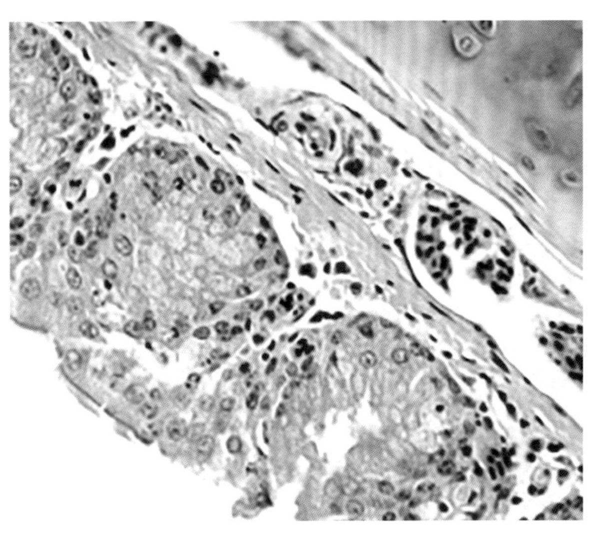

图 4-39-13　气管固有层腺体细胞增大，纤毛脱落，炎性细胞浸润（刁有祥 供图）

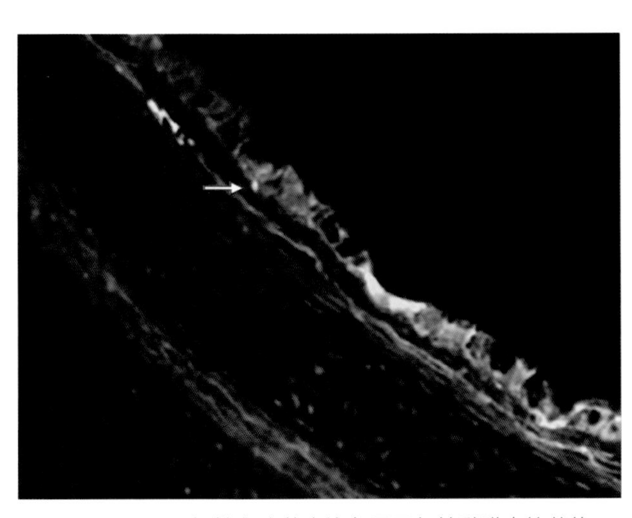

图 4-39-14　间接免疫荧光染色显示气管黏膜中的菌体
（刁有祥 供图）

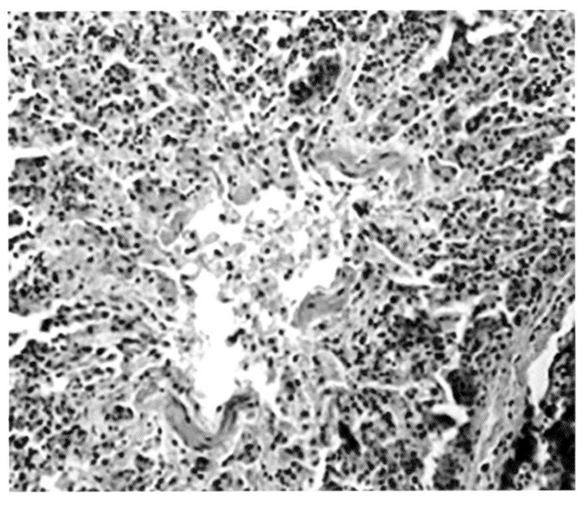

图 4-39-15　肺脏出血，肺脏间质有炎性细胞浸润
（刁有祥 供图）

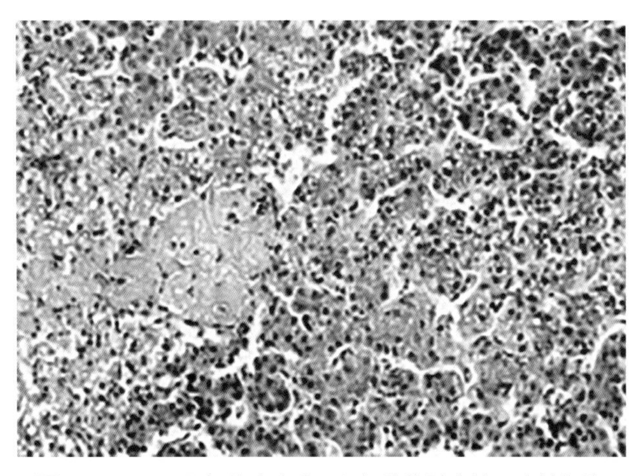

图 4-39-16　肝细胞索紊乱，肝细胞脂肪变性，炎性细胞浸润（刁有祥 供图）

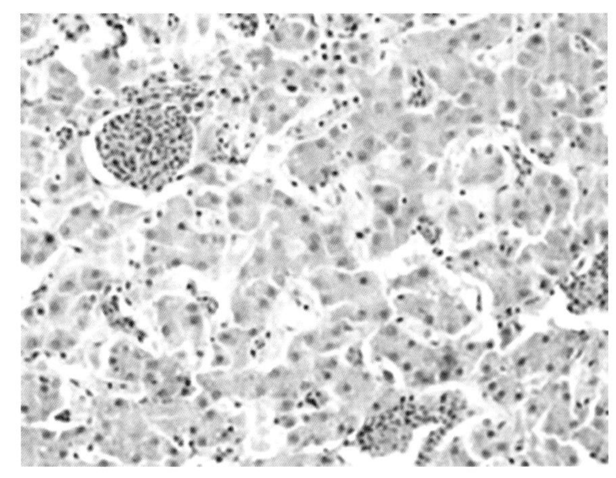

图 4-39-17　肝细胞索紊乱，静脉淤血，炎性细胞浸润（刁有祥 供图）

六、诊断

该病确切诊断依赖于病原菌的分离、鉴定以及血清学试验等。

（一）病原分离与鉴定

采用常规的细菌学分离方法，从鼻气管鸟疫杆菌感染的病鸡肺脏、气囊、气管、鼻窦、肝脏等器官中取样，进行选择性培养和纯培养，结合细菌染色、生化反应特征作出鉴定。鼻气管鸟杆菌在感染后 10 d 内最容易分离，由于鼻气管鸟杆菌主要引起呼吸系统疾病，分离主要以肺脏、气管和气囊为主。不过，Shahata 等证明，ORT 从关节、输卵管、脑和肺脏及气囊中的分离率分别为 17%、22.8%、8.5% 和 34%。同时，眶下窦和鼻腔也适合于 ORT 的分离。由于该菌易被生长旺盛的其他细菌所掩盖，要进行选择性培养和纯培养，结合细菌染色、生化反应特征作出鉴定，还要注意与巴氏杆菌的鉴别。也可把病料制成匀浆，经气囊接种火鸡，出现典型症状和病变，并可检出 ORT 抗体即可确诊。

（二）ELISA 方法

ELISA 可以对 ORT 大部分血清型进行检测，可用于抗体检测和血清分型。用已知抗原作 ELISA 检测抗体时，其血清型特异性依赖于提取抗原的方法。煮沸提取的抗原具有较高的血清特异性，而用其他方法提取的抗原如 SDS 提取的抗原进行 ELISA 时，都非常容易出现交叉反应。由于自然感染后 1 ～ 4 周，抗体水平达到高峰，随后迅速下降，因此要从不同日龄的禽群收集血清。ELISA 方法敏感性相当高，主要用于鼻气管鸟杆菌感染后抗体的监测，对有无临床症状的感染禽类或是 1 日龄的鸡，均可用 ELISA 来检测其抗体水平，所以具有一定的临床诊断意义。

（三）分子生物学检测方法

鼻气管鸟疫杆菌的 16S rRNA 基因是染色体上编码 rRNA 相对应的高度保守而又存在进化变异的 DNA 序列，既可作为分类标志，又可作为临床病原菌检测和鉴定的靶分子。

（1）PCR 检测方法。根据 ORT 16S rRNA 设计引物，用 PCR 扩增 DNA，可对所有的血清型获得特异性片段，可鉴定分离株，还可用于检测蛋、粪、污染物、组织样品中的鼻气管鸟疫杆菌。

（2）荧光定量 PCR 检测方法。根据 ORT 16S rRNA 基因的保守序列设计特异性引物和 TaqMan

探针，通过优化反应条件、特异性、敏感性、重复性试验和临床样品的检测，建立 ORT TaqMan 荧光定量 PCR 检测方法。该方法具有良好特异性；最低可以检测到 1.09×10^2 个拷贝 /μL 的标准品阳性质粒。该方法可以用于鸡 ORT 感染的早期诊断及 ORT 的快速鉴定和定量分析。

（3）地高辛标记探针检测方法。以 ORT 16S rRNA 上相对保守的 DNA 序列为模板设计引物，能够扩增出 ORT 不同血清型的核酸片段，且不同菌株间同源性在 95% 以上，以此片段制备的探针具有较强的通用性。用地高辛标记探针检测病料中已变性为单链的核酸，特异性强，重复性好，结果易于判定。核酸探针检测技术不需要特殊设备，一次可以检测多个样品，更适于基层对鼻气管鸟疫杆菌感染的流行病学调查。

（4）随机扩增多态性 DNA 法（RAPD）。RAPD 技术建立在聚合酶链式反应（PCR）扩增基础上，它利用一系列（通常数百个）不同的随机排列碱基顺序的寡核苷酸单链（一般为 10 碱基聚合体）为引物，对所研究基因组进行扩增。扩增产物通过聚丙烯酰胺或琼脂糖凝胶电泳分离，经染色或放射性自显影来检测扩增产物片段的多态性。RAPD 分析 ORT 菌株，应用 M13（5'—TATGTAAAACGACGGCCAGT—3'）和 ERICl R（5'— ATGTAAGCTCCTGGGGATTCAC—3'）引物经 PCR 指纹图谱分析，可区分不同血清型变异株，并且血清型与 RAPD 结构之间并不存在特定的联系。该方法在鉴定 ORT 的血清型型别和流行病学的调查研究上具有重要意义。

七、防治

（一）预防

加强饲养管理，降低饲养密度，注意通风，降低氨气等有害气体的浓度，对于减少疾病的发生有重要作用。因为该病易与其他疾病并发或继发感染，所以应同时注意免疫抑制性疾病和其他呼吸道传染病的控制。

利用单价（血清型 A 型）和多价灭活疫苗（血清型 A、B、C 型）免疫接种对该病有重要的保护作用。种鸡接种 ORT 油乳剂灭活苗可产生强烈免疫反应，采用灭活疫苗分别在 12 周龄和 18 周龄接种，即可对种鸡在整个产蛋期提供足够的免疫保护。并可传给其后代，所诱导的高水平母源抗体可使其后代免受 ORT 攻击直到 4 周龄。但是，此母源免疫力随雏鸡日龄增加而下降，因此种鸡注射灭活苗后，其后代可在 3 周龄时接种弱毒活苗。

（二）治疗

ORT 对抗生素有较高的抗药性，当前常用于控制家禽细菌性疾病的药物，如喹诺酮、D–内酰胺和大环内酯类抗生素等，尚不能有效抵抗感染鸡循环系统中的 ORT 菌株。应用药物治疗只能减轻临床症状，降低死亡率。发病后可用阿莫西林、环丙沙星、恩诺沙星、大观霉素、林可霉素等敏感药物治疗。如可用 0.01% 环丙沙星饮水，连用 4 ～ 5 d；或用 250 mg/kg 阿莫西林饮水，连续投药 5 ～ 7 d 对于多数病例的防治效果较好。也可使用氟苯尼考按 20 mg/kg 饮水，连用 4 ～ 5 d。

第四十节 支原体病

支原体（Mycoplasma）是一类无细胞壁的细菌，细胞柔软，具有多形性，能在无细胞的培养基中生长繁殖，含有 DNA 和 RNA，以二分裂或芽生方式繁殖。禽支原体有多种，对养鸡业危害严重的主要为鸡毒支原体和滑液囊支原体。鸡毒支原体引起鸡的慢性呼吸道病，滑液囊支原体引起传染性滑液囊炎。

一、慢性呼吸道病

慢性呼吸道病（Chronic respiratory disease，CRD）是由鸡毒支原体（*Mycoplasma gallisepticum*，MG）引起的鸡的一种接触性、慢性呼吸道传染病。其特征为上呼吸道及邻近窦黏膜的炎症，常蔓延至气囊、气管等部位。表现为流鼻液，气喘和呼吸啰音。该病发展缓慢，病程长，极难消灭，严重影响雏鸡生长发育及蛋鸡、种鸡产蛋。若并发其他疾病，病情加重，死亡率增加。该病分布于世界各国，在养鸡业比较集中而且发达的国家和地区危害更加严重。

（一）历史

1905 年 Dodd 首次描述了由支原体引起火鸡的感染，并将这种疾病称之为流行性肺肠炎。1938 年 Dickinson 和 Hinshaw 将此病称为火鸡传染性鼻窦炎。1943 年 Delaplane 和 Stuart 成功用鸡胚培养分离出一种病原，并且把这种病原导致的呼吸道疾病称为慢性呼吸道病。1950 年，Markham 等从鸡和火鸡中分离出了这种病原微生物，并且发现它们具有高度的相似性。1960 年 Edward 和 Kanarck 把这种病原微生物正式命名为鸡毒支原体。1961 年此病正式被称为禽类胸膜肺炎微生物呼吸道病，又称慢性呼吸道病。1976 年我国首次报告从病鸡中分离到了鸡毒支原体。1984 年毕丁仁等从北京、南京两市的鸡体内分离到 61 株支原体，并进行了系统研究。

（二）病原

1. 染色与形态特性

该病的病原为鸡毒支原体，属支原体目、支原体科、支原体属的一个致病种。MG 大小为 250 ～ 500 nm，是最小的原核微生物，比病毒大，比细菌小，能透过 0.45 μm 细菌过滤器。革兰氏染色阴性，着色较淡，吉姆萨染色显示为淡紫色。由于支原体最外层没有细胞壁结构，仅由单独的细胞膜覆盖，导致支原体形态不一，呈现丝状、杆状、球状等不同形态。MG 的运动能力依赖于其末端的小泡状结构，依靠小泡状结构中心顺时针移动。由于 MG 自身条件的限制，它没有合成长链脂肪酸和固醇类物质的能力，因此必须从外界环境中获得相应的营养物质，才能维持 MG 细胞膜的正常形态。

2. 培养特性

MG 好氧或兼性厌氧，对人工培养环境要求较高，在普通培养基中不能生长。液体培养时可用鸡肉浸出汁，另加 10% ～ 15% 的灭活猪、牛或马血清，0.5% 水解乳蛋白和酵母浸出液，1% 葡萄糖，0.05% 酚红，加青霉素（1 000 ～ 2 000 U/mL）和醋酸铊（1∶4 000）以抑制其他细菌生长。MG 在此培养基中 37℃培养 3 ～ 7 d，因分解葡萄糖产酸而使培养基变黄。初次分离时，MG 生长不明显，培养 3 ～ 7 d 连续盲传 2 ～ 3 代，可提高阳性分离率。在上述液体培养基中加入 1% 琼脂即为固体培养基，MG 在固体培养基上生长缓慢，37℃培养 3 ～ 5 d 可形成微小、光滑而透明的露滴状菌落，80 倍放大镜检查，菌落具有较密集的中央隆起，呈“油煎蛋样”。

MG 能在 7 日龄鸡胚卵黄囊中生长繁殖，部分鸡胚于接种后 5 ～ 7 d 死亡。病死鸡胚生长不良，全身水肿，皮肤、尿囊膜或卵黄囊有时可见出血点。死胚卵黄及绒毛尿囊膜中含 MG 浓度最高。

鸡感染 MG 时，常伴随非致病性支原体存在于鸡的呼吸器官、卵巢及输卵管中，并于上呼吸道存在较多。MG 能凝集鸡红细胞，而非致病性支原体则无此特性，感染 MG 的鸡血清中存在血凝抑制抗体，故可利用血凝和血凝抑制试验诊断该病。

3. 抵抗力

MG 对外界环境抵抗力较弱，离开鸡体即失去活力。对干热敏感，45℃作用 1 h 或 50℃作用 20 min 即被杀死，经冻干后保存 4℃冰箱可存活 7 年。在水中，15℃存活 8 ～ 18 d；4℃存活 10 ～ 20 d。对紫外线的抵抗力极差，在阳光直射下很快失去活力。一般消毒药可很快将其杀死。MG 对强力霉素、红霉素、泰乐菌素敏感，对新霉素、醋酸铊、磺胺类药物有抵抗力，故醋酸铊和青霉素常作为添加剂加入支原体培养基中以抑制杂菌的生长。

（三）致病机制

MG 在代谢过程中可产生神经氨酸酶、过氧化氢或者其他溶血素、血卵磷脂酶、内毒素，这些酶或毒素引起细胞损伤或死亡，或使宿主细胞抗原性改变，支原体的感染可引起自身免疫性反应。感染发生时，MG 首先吸附到宿主细胞的表面，在禽的呼吸道内，气管上皮细胞通过其细胞膜上的唾液酸受体与 MG 结合，从而使纤毛运动受阻，细胞变性，最后脱落。在纤毛受到破坏后，导致排出异物以及黏膜分泌的功能减弱和丧失，从而使得异物沉积在细支气管和肺房中，逐渐造成部分肺小叶的病变，使得多数发病的肺小叶相互融合到一起，造成部分区域的肺组织实变、硬变和坏死，以至于使得肺脏功能失调，从而出现呼吸困难。被感染的细胞线粒体肿胀，细胞质呈网状。MG 细胞膜上有特殊的末端结构和黏附蛋白因子，MG 可以借助细胞膜上特殊的末端结构牢固地吸附于宿主细胞表面，同时将其微管插入细胞内，将核酸、酶等物质注入宿主细胞，并将酶所分解的产物，如核苷酸及宿主细胞膜的脂肪酸、甾醇等吸入细胞内，以供菌体利用，从而影响宿主的糖代谢及分子合成。在鸡受到 MG 感染后，组织出现炎症反应，抗原性发生变化甚至出现自身免疫反应，虽然可以产生一定的免疫力，但因为 MG 通过其编码抗原基因的高突变，使抗原特别是黏附素高度变异，使其能够逃避宿主自主产生免疫反应使得病原长期在宿主体内存活。另外，由于支原体细胞膜与动物宿主的细胞膜有共同的抗原成分，不易被宿主非特异免疫监视系统所识别而得以长期寄居，造成免疫逃逸。

（四）流行病学

该病易感动物主要是鸡和火鸡，各种日龄的鸡都有感染，以 4 ～ 8 周龄雏鸡和 5 ～ 16 周龄的火鸡最易感，其病死率、生长抑制程度均比成年鸡显著。火鸡比鸡易感，纯种鸡比杂种鸡易感。潜伏期 10 ～ 21 d，成年鸡常为隐性感染。

该病的传染源是病鸡和隐性带菌鸡。当传染源与易感的健康鸡接触时，病原体通过飞沫或尘埃经呼吸道吸入而传染。也可通过被污染的饲料、饮水和用具经消化道传染。更值得注意的是该病可通过卵垂直传播给下一代，从而构成类似鸡白痢的循环传染，代代相传。通过卵垂直传播，是该病难以消除的主要原因之一。此外，在公鸡的精液中和母鸡的输卵管中都发现有 MG 存在，因此，自然交配和人工授精均有发生传染的可能。

该病一年四季均可发生，但以寒冷季节流行较为严重，大群饲养的肉仔鸡群中更容易发生，而成年鸡多为隐性感染和散发，传播与流行较慢。但在该病发生时，如遇应激因素能促进该病的暴发和复发，加重病情使死亡率增加，如环境卫生较差、密度过大、通风换气不良、有毒有害气体浓度过高、气雾免疫、滴鼻免疫、气候突变、湿度过低和寒冷等。

该病具有发病快、传播慢、病程长等特点。发病率和死亡率的高低取决于是否有其他病毒病或细菌病的并发或继发感染。一般发病率为 10%，有继发感染的情况下，发病率可达 70%，死亡率为 20% ～ 40%。

（五）症状

幼龄病鸡表现鼻孔中流出浆液性或脓性鼻液，鼻孔周围被分泌物沾污，甩鼻。当炎症蔓延至下呼吸道时，则表现气喘及气管内的呼吸啰音，夜间比白天听得更清楚，严重者呼吸啰音很大，似青蛙叫。病鸡生长停滞，食欲稍下降，精神沉郁，逐渐消瘦（图 4–40–1）；继发鼻炎、窦炎和结膜炎时，鼻腔及眶下窦蓄积大量渗出物而表现面部肿胀，结膜潮红，流泪（图 4–40–2），眼睑红肿，眼部突出，似“金鱼眼”，一侧或两侧眼球受到压迫，造成萎缩或失明。成年鸡的症状较轻，死亡率很低。产蛋母鸡产蛋率下降，并维持在较低水平，孵化率降低、弱雏增加。若无病毒和细菌并发感染，死亡率较低。有并发感染或环境差的鸡场，病死率可高达 30% 以上。

图 4-40-1　病鸡精神沉郁，呼吸困难（刁有祥　供图）

图 4-40-2　病鸡眼流泪，呼吸困难（刁有祥　供图）

（六）病理变化

1. 剖检变化

剖检变化主要表现为鼻腔、气管、支气管中含有大量黏稠的分泌物。气管黏膜增厚、潮红。气囊浑浊、水肿、不透明，可见结节性病灶（图 4–40–3、图 4–40–4）。随着病程的延长，气囊增厚，囊腔内有干酪样渗出物，似炒鸡蛋样（图 4–40–5），气囊粘连，有时也可见到肺部存在干酪样物质。横断上颌部可见鼻腔、眶下窦内蓄积大量黏液或干酪样物。结膜发炎的病例可见结膜红肿，眼球萎缩或破坏，结膜中能挤出灰黄色干酪样物质。严重病例常伴有心包炎、肝周炎、腹膜炎等（图 4–40–6）。鸡和火鸡均出现输卵管炎症状。

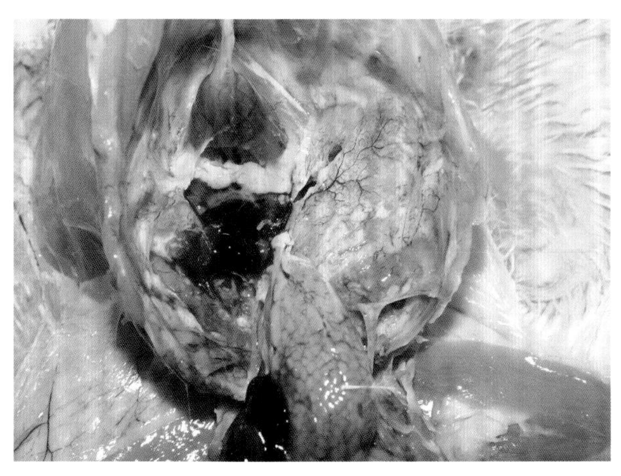
图 4-40-3　气囊有黄白色渗出物（刁有祥　供图）

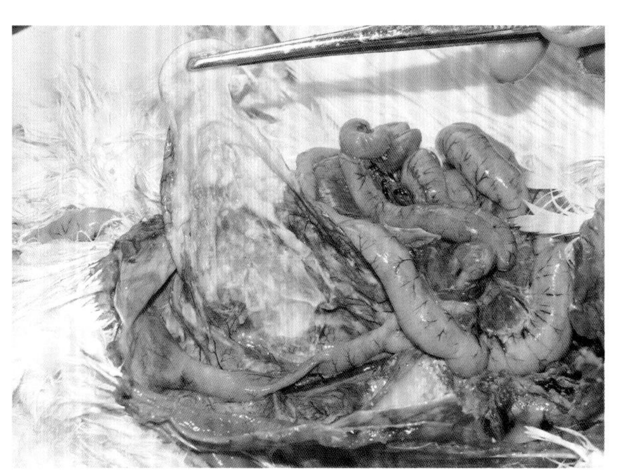
图 4-40-4　气囊有黄白色渗出物，增厚，不透明（刁有祥　供图）

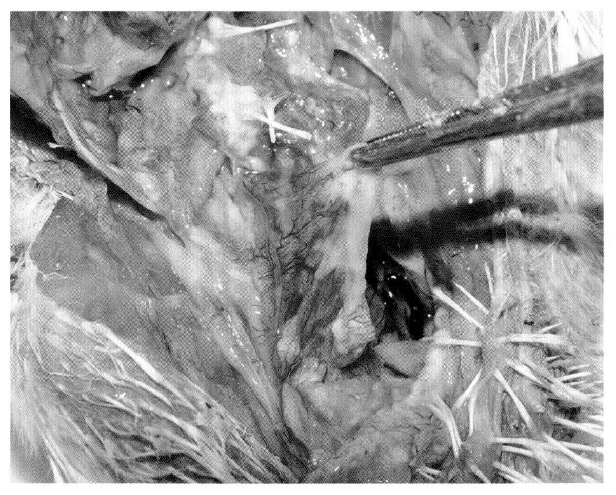
图 4-40-5　气囊增厚不透明，囊腔中有黄白色干酪样渗出物（刁有祥　供图）

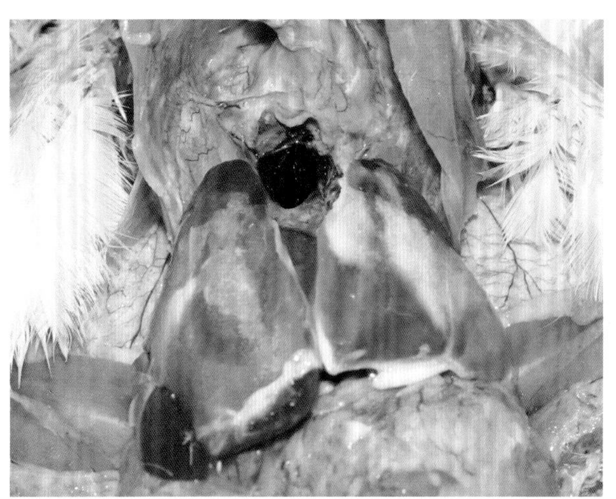
图 4-40-6　心脏、肝脏、气囊表面有黄白色渗出物（刁有祥　供图）

2. 组织学变化

组织学变化表现为呼吸道上皮细胞组织增生，纤毛脱落。上皮下层组织出现淋巴细胞和浆细胞增生。淋巴滤泡中有单核细胞聚集，黏液腺增生。气管黏液腺长而狭小，伸展入整个变厚的黏膜中。肺脏组织有大量单核细胞和异嗜性细胞浸润。

（七）诊断

鸡感染鸡毒支原体产生的呼吸道症状很容易同其他呼吸道疾病相混淆，在实际诊断中，根据慢性呼吸道症状作出初步诊断的同时，必须结合实验室诊断才可确诊。

1. 分离培养法

无菌条件下，采集疑似病鸡的气管、气囊渗出液或鼻甲骨、肺脏等加液体培养基磨碎制成悬液，接种液体培养基，置于 5% 二氧化碳、37℃的湿润条件下培养 5 ～ 7 d，观察培养基颜色是否发生变化。若接种第一代未出现颜色变化，则要继续盲传 3 代。

病料接种于固体培养基中，上述条件下培养 3 ～ 5 d，阳性菌落为透明圆形，边缘整齐，中心区呈乳头状突起，表面光滑，且菌落中心嵌入培养基中，形成特殊的“荷包蛋”状。

2. 平板凝集试验（SPA）

室温（20 ～ 25℃）条件下，取 1 滴鸡毒支原体血清平板凝集试验抗原加至洁净的检测板上，然后取等量检测血清与之混合均匀，并涂散成直径约 2 cm 的液面，2 min 内判定结果：出现明显凝集颗粒或凝集块为阳性，不出现凝集为阴性，介于二者之间为可疑。

若感染滑液囊支原体（其与鸡毒支原体具有交叉反应抗原），或近期接种过油乳剂疫苗，可能会导致鸡群发生非特异性反应或交叉反应，呈现假阳性。

3. ELISA 方法

ELISA 能够检测感染鸡的血清和卵黄中的抗体水平，特异性强，灵敏度高，可完成大量样本的快速检测。目前市场上有很多商品化鸡毒支原体血清抗体 ELISA 检测试剂盒。

4. 血凝抑制（HI）试验

该法准确性好，特异性强，但敏感性较差，往往会出现假阳性，一般在证实 ELISA 或者 SPA 检测结果时应用。抗原可选择新鲜培养物或者保存于甘油中的浓缩菌体，其操作方法和判定方法与新城疫血凝抑制试验方法一致。

5. PCR 方法

PCR 方法以其特异性强，灵敏度高，方便、常规等优势常用于 MG 的临床检测。以 *mgc2* 基因设计引物建立的 MG 套式 PCR 能够检出微量鸡毒支原体 DNA，且与大肠杆菌、沙门菌、鸡滑液囊支原体均无交叉反应；基于鸡毒支原体种特异性黏附蛋白编码基因 *pvpA* 建立的实时荧光定量 PCR 检测方法，特异性强，灵敏度高；基于支原体 16S rRNA 的 RT-PCR 方法与 PCR 联合应用可以检测和区分活鸡毒支原体和死鸡毒支原体。

（八）类症鉴别

慢性呼吸道病与传染性鼻炎、传染性喉气管炎、传染性支气管炎、曲霉菌病的类症鉴别见表 4-40-1。

表 4-40-1　慢性呼吸道病与其他疾病的鉴别

项目	慢性呼吸道病	传染性鼻炎	传染性喉气管炎	传染性支气管炎	曲霉菌病
病原	鸡毒支原体	副鸡禽杆菌	疱疹病毒	冠状病毒	主要是烟曲霉菌
侵害对象	自然感染鸡和火鸡	仅自然感染鸡	仅自然感染鸡	仅自然感染鸡	鸡、鸭、鹅均能自然感染
流行病学	主要侵害 4 ～ 8 周龄幼鸡，呈慢性经过，可经蛋传播	3 ～ 4 日龄幼雏有一定抵抗力，4 周龄以上鸡均易感，呈急性经过	主要侵害成年鸡，传播迅速，发病率高	各种年龄的鸡均可发病，但雏鸡最严重，传播迅速，发病率高	各种禽类均可发病，但幼禽最易感，常因接触发霉饲料和垫料而感染，曲霉菌的孢子可穿过蛋壳，引起胚胎感染
主要症状	流浆液性或黏液性鼻液，甩鼻，呼吸困难，出现啰音；后期，眼睑肿胀，眼球凸出、萎缩，甚至失明	鼻腔与窦发炎，流鼻涕，脸部和肉髯水肿；眼结膜发炎，眼睑肿胀，严重者可引起失明	呼吸困难，呈现头颈上伸和张口呼吸的特殊姿势，呼吸时有啰音，口流出血性黏液	张口呼吸，气管有啰音；鼻窦肿胀，流出黏液性鼻液，产蛋鸡产蛋量下降，产软壳蛋、畸形蛋	沉郁，呼吸困难，气喘，肉髯发绀，饮水增多，常有下痢，鼻和眼睛发炎
病程	1 个月以上，甚至 3 ～ 4 个月	人工感染 4 ～ 18 d	5 ～ 7 d，长的可达 1 个月	1 ～ 2 周，有的可延长到 3 周	2 ～ 7 d，慢性者可延至数周

续表

项目	慢性呼吸道病	传染性鼻炎	传染性喉气管炎	传染性支气管炎	曲霉菌病
病理病变特征	鼻、气管、支气管和气囊内有黏稠渗出物，气囊膜变厚和浑浊，表面有结节性病灶，内含干酪物	鼻腔和鼻窦黏膜卡他性炎症，表面有大量黏液；严重时，鼻窦、眶下窦和眼结膜囊内有干酪样物	轻者喉头和气管黏膜呈卡他性炎症；重者该黏膜变性、出血、坏死，上面覆有纤维素性干酪样伪膜，气管内有血性渗出物	鼻腔、鼻窦、气管、支气管黏膜呈卡他性炎症，有浆液性或干酪样渗出物	肺脏、气囊和胸腔浆膜上有针帽大至小米粒大的灰白色或淡黄色的霉斑结节，内含干酪样物
实验室诊断方法	分离培养支原体；取病料接种 7 日龄鸡胚卵黄囊，5 ~ 7 d 死亡，检查死胚；活鸡检疫可用凝集试验	分离培养副鸡禽杆菌；取病料接种于健康雏鸡，1 ~ 2 d 可观察鼻炎症状	取病料接种于 9 ~ 12 日龄鸡胚绒毛尿囊膜，3 d 后绒毛尿囊膜出现增生性病灶，细胞核内有包涵体	取病料接种于 9 ~ 11 日龄鸡胚尿囊腔，可阻碍鸡胚发育，胚体缩小呈小丸状，羊膜增厚，紧贴胚体，卵黄囊缩小，尿囊液增多	取霉斑结节，涂片检查曲霉菌菌丝，或取病料做曲霉菌分离培养
治疗	强力霉素及四环素类抗生素有效	磺胺类药物、强力霉素	尚无有效药物	尚无有效药物	制霉菌素、硫酸铜、碘制剂有一定效果

（九）防治

1. 预防

鸡慢性呼吸道病在鸡场中普遍存在，且传播方式多样，所以必须采取综合措施防控。

（1）建立无病鸡群。种鸡或种蛋必须从确实无支原体病的鸡场引进，定期用平板凝集试验等对鸡群进行检疫，淘汰病鸡和带菌鸡。种鸡自 2 月龄始，每隔 1 个月抽检 1 次，每次检测的阳性鸡应做淘汰处理，无病鸡留为种用。坚持做好鸡群净化工作，培育健康种鸡群。

（2）加强饲养管理，切断传播途径，消灭传染源。防止患病鸡与健康鸡接触，降低饲养密度，注意通风，保持舍内空气新鲜，防止过热过冷，定期清理粪便，防止氨气、硫化氢等有毒有害气体的刺激等。严格执行消毒制度，饲料全价，采用“进全出全”制饲养方式，避免或减少一切不良应激因素。

（3）对种蛋进行严格消毒。垂直传播是该病的主要传播方式，对种蛋进行严格消毒可明显降低该病垂直传播的风险，起到一定的预防效果。种蛋收集完成后，2 h 内用甲醛熏蒸消毒再贮存于蛋库。入孵前用甲醛进行熏蒸消毒，密闭 2 ～ 6 h，然后通风。

（4）免疫接种。使用弱毒疫苗或灭活疫苗免疫是有效控制慢性呼吸道病的有效措施之一。

MG 弱毒疫苗有 G250 株、CP 株、F 株、Ts–11 株及 6/85 株疫苗，其中 G250 株、CP 株由于毒力极度减弱，需要频繁使用，效果不佳。现在应用较广泛的有 F 株、6/85 株和 Ts–11 株。F 株疫苗是相对较温和的株菌，比野毒株致病性低，在鸡产蛋之前和被 MG 野毒感染前使用可降低商品蛋鸡的产蛋损失，减少病原体经卵传递，该疫苗应用于不同年龄的产蛋鸡群，以降低 MG 引起的产蛋下降，MG 弱毒常具有置换和传播功能，F 株可通过置换强毒而使感染鸡得到保护。Ts–11 株是通过化学诱变，经过温度敏感性筛选而得到，Ts–11 株疫苗在鸡与鸡之间传播很差，激发产生缓慢的低水平的循环抗体，对 MG 野毒感染具有保护作用。此菌苗免疫鸡群后，终生存在于上呼吸道中，并且能产生长期的免疫力。6/85 株菌苗对鸡的毒力很小，个体之间很少传播，并且能抵抗强毒株的攻击，F 株菌苗比 6/85 和 Ts-11 菌苗取代强毒株的能力强，并且能在多种年龄商品产蛋区取代野毒株。

MG 弱毒活疫苗常采用点眼或喷雾的方式免疫，且均能取得较好的免疫效果。点眼免疫能够较好刺激黏膜免疫反应以及产生分泌型抗体。缺点在于存在一定的毒力或致病性，尤其是 F 株对火鸡具有高致病性和对蛋鸡产蛋量有不利影响。由于弱毒活疫苗能在体内增殖和排毒，因此还存在毒株扩散和毒力返强的风险。此外，MG 弱毒疫苗株还可能会干扰野毒株血清学检测。

MG 灭活疫苗通常指 MG 通过甲醛等灭活后加入白油等佐剂所制成的疫苗，具有抗原含量高、易保存、安全和稳定等优点。油乳剂疫苗以油包水的形式存在，注射到机体后起到了抗原库的作用，缓慢释放抗原，诱导机体产生抗体持续时间较长；油佐剂为抗原在淋巴系统中转运提供载体，增加单核细胞的形成和集聚；油佐剂还可刺激致敏淋巴细胞的分裂和浆细胞产生抗体，增强免疫反应。研究发现，在开产前接种 2 次 MG 油乳剂灭活疫苗，可以有效避免 MG 造成的产蛋量下降，降低 MG 的蛋传播概率。用油乳剂灭活疫苗对 MG 阳性鸡群连续免疫 2 代后，第三代鸡群 MG 血清学检测为阴性，提示油乳剂灭活疫苗起到了阻断经蛋传播的作用。

灭活疫苗的主要优点为抗原含量较高、安全性好，缺点为免疫效果不及活疫苗，价格比活疫苗高并且需要每只鸡接种，不利于大规模免疫。MG 灭活疫苗虽然能起到阻断经蛋传播的作用，但不能诱导有效的黏膜免疫应答和细胞免疫应答，因此不能清除鸡体内的 MG 野毒，只能使感染时症状减轻。

由于活疫苗和灭活疫苗各有优缺点，在生产中活疫苗、灭活苗可联合使用，先用活疫苗，再用灭活苗。接种鸡毒支原体弱毒疫苗前后 7 d 应停药，以免药物将支原体疫苗株杀死而影响免疫效果。

推荐免疫程序如下。活疫苗，3 ～ 5 日龄初免，60 ～ 80 日龄二免；灭活苗，15 ～ 20 日龄初免，68 ～ 80 日龄二免，种鸡在产蛋期间再免疫 1 次。活疫苗灭活苗联合使用，先用活疫苗，再用灭活疫苗。

2. 治疗

大环内酯类、喹诺酮类、四环素类、截短侧耳素类药物均有较好的治疗效果，但支原体易产生耐药性，使用药物时，要注意交替用药，但应注意同类药不要交替使用。治疗时可选用下列药物之一使用。

（1）替米考星。按 100 mg/kg 饮水，连用 4 ～ 5 d。

（2）泰乐菌素。按照 500 mg/kg 饮水，连用 4 ～ 5 d。

（3）恩诺沙星或环丙沙星。按 0.01% 饮水，连用 4 ～ 5 d。

（4）强力霉素。按 0.01% 饮水，连用 4 ～ 5 d。

（5）泰妙菌素。饮水，250 mg/L，连用 4 ～ 5 d。

（6）沃尼妙林。10% 沃尼妙林，50g 加水 500kg，连用 4 ～ 5 d。

在生产中该病常与大肠杆菌混合感染或继发于其他疾病。此情况下，应以控制大肠杆菌或原发病为主。

二、滑液囊支原体感染

鸡滑液囊支原体感染（Mycoplasma synoviae infection），又称滑液囊支原体病、传染性滑液囊炎，是由滑液囊支原体（*Mycoplasma synoviae*，MS）感染鸡引起的一种急性或慢性传染病。临床上主要表现为关节渗出性滑液囊膜炎、腱鞘滑膜炎。该病呈世界范围性分布，给家禽养殖业造成巨大经济损失。

（一）历史

1954 年 Olson 等报道了鸡的传染性滑膜炎，并认为与支原体有关，这是首次在美国发现该病的存在；随后在法国、意大利、澳大利亚及葡萄牙等国发现该病。1960 年 Leece 首先进行了传染性滑膜炎的病原分离鉴定，证实其可在葡萄球菌定植的琼脂平板上生长。1964 年 Olson 等正式将其病原命名为滑液囊支原体，该病原不同于其他支原体，可导致滑膜炎、关节肿大。1982 年 Jordan 等对 MS 生化和血清学特征进行验证，证明其为支原体的新种属。1982 年，李跃庭报道我国广西壮族自治区发生鸡滑液囊支原体病，当时为罕见病例，随后我国其他省份也检测到 MS 感染。我国鸡群中滑液囊支原体的感染率超过 69%，已高于鸡毒支原体的感染率。当前，MS 呈世界范围性分布，对鸡群产生的危害不容小觑。

（二）病原

支原体属于柔膜体纲（Mollicutes）支原体目（Mycoplasmatales）支原体科（Mycoplasmataceae）。支原体是最小的自我复制原核生物，具有最小的基因组（500 ～ 1 000 个基因）。它们的特征是缺乏细胞壁。支原体细胞含有生长和复制所必需的最小细胞器组：质膜、核糖体和由双链环状 DNA 分子组成的基因组。在家禽中，致病力最强的物种是滑液囊支原体（*Mycoplasma synoviae*，MS）和鸡毒支原体（*Mycoplasma gallisepticum*，MG）。

1. 形态与染色特点

该病病原为 MS，革兰氏染色阴性，直径 0.2 ～ 0.4 μm，比 MG 小。由于无细胞壁，在电子显微镜下观察形态不一，有的呈球状，有的呈丝状。MS 表面被 3 层膜所包裹，囊膜中嵌入一些蛋白质分子，细胞内含颗粒性核糖体及其他内含物。基因组大小约为 890 kb，G+C 比例低（28.3% ～ 34.2%）。

2. 生化与培养特性

MS 能发酵葡萄糖和麦芽糖，产酸不产气，不发酵乳糖、卫矛醇、水杨苷或蕈糖。MS 自身合成氨基酸的能力弱，人工培养时比 MG 营养要求高。首次培养时，培养基内必须加入烟酰胺腺嘌呤（NAD）、动物血清，传代后 NAD 可以由烟酰胺（Nicotinamide）代替。最适培养条件为一定的湿度、5% 二氧化碳、37℃恒温。研究者研发出一套较为成熟的 MS 培养基，配方包括 Frey 氏基础培养基、NAD、半胱氨酸、葡萄糖、青霉素钾、1% 醋酸铊、酚红。MS 在 Frey's 固体培养基上培养 3 ～ 7 d，形成中心隆起、圆形的菌落，形似“荷包蛋”，直径为 1 ～ 3 mm；培养 10 d 以上，菌落表面可见结晶状的薄膜。由于支原体的增殖不会使液体培养液变浑浊，无法观察其生长状况，因此根据支原体发酵葡萄糖产酸的特性，液体培养 MS 时，需在培养基中加入酚红（酚红具有遇酸变黄的特性），以培养基颜色变化来判断其生长状况。另外，体外培养该菌有很大的细菌污染风险，可在培养基中添加高毒性的醋酸铊防止分离污染。MS 在 5 ～ 7 日龄鸡胚卵黄囊和鸡气管培养物上生长良好。

3. 血清型与基因型

MS 只有一个血清型，不同菌株的致病力存在差异。许多学者用不同方法对 MS 菌株基因型进行区分。通过分析 16S rRNA 和 23S rRNA 之间的间隔序列（Intergenic spacer region，ISR）差异，有学者将 MS 毒株分成了 10 个基因型。扩增长度多态性分析（AFLP）和数字化随机扩增多态性 DNA（RAPD）的方法，也可以用于区分不同基因型的 MS 分离株。有研究建立了通过分析 *vlhA* 基因 5' 脯氨酸富集重复区（PRR）和遗传多态区保守区域，鉴别不同基因型 MS 分离株的方法，认为 *vlhA* 基因 5' 端 PRR 和 R Ⅲ 在大多数分离株中非常保守，较适合作为菌株分型的目的基因。目前，*vlhA* 基因已广泛用于 MS 菌株的分子流行病学分析和进化分析。将 2013—2014 年从我国 16 个省份中分离出 110 株 MS 的 *vlhA* 基因序列进行比对，结果表明，MS 分离株被分成了 17 个不同基因型（A ～ K），其中 K 为新基因型。A ～ J 亚型主要分离自白羽鸡、火鸡和麻雀，K 亚型分离自我国本土鸡品种，主要是黄羽肉鸡，包括太湖鸡、广西三黄鸡、竹丝鸡、山坑风、清远麻鸡等。

4. 抵抗力

MS 细胞膜主要由蛋白质和脂质构成，对外界的抵抗力较弱，对酸、高温抵抗力差，例如，pH 值低于 6.9 或温度高于 39℃不稳定，MS 对常用消毒剂和抗生素敏感，如泰乐菌素、强力霉素等，对青霉素有抵抗力。耐低温，-20℃条件下可存放 1 ～ 2 年，-80℃可存放 7 年，若想长期保存 MS，可制成冻干粉，能存活 10 年以上。

（三）流行病学

鸡和火鸡是 MS 的自然宿主，最为易感，鸭、鹅、鸽子、日本鹌鹑和红腿鹧鸪也有自然感染的报道。各日龄鸡只均易感，急性感染通常见于 4 ～ 12 周龄的鸡或 10 ～ 24 周龄的火鸡，慢性感染可见于任何年龄，成年鸡常为隐性感染。鸡群感染率最高可达 100%，发病率一般为 1% ～ 10% ，最高可超过 20%。

病鸡和带菌鸡是主要的传染源，此外，污染滑液囊支原体的疫苗也是一个非常重要的传染来源。该病主要通过病鸡或带菌鸡分泌物污染的饲料、空气、羽毛、饮水、垫料等接触传播，也可通过带菌的种蛋垂直传播，但潜伏期、感染率、发病率和症状都存在一定差异。鸡群直接接触易发生水平传播，MS 经呼吸道传播很少发生关节病变。人工感染途径，包括静脉注射、肌内注射、爪垫注射、呼吸道接种，都可使鸡群感染发病，但人工呼吸道感染发病率较低，症状与体内注射的方式有所区别，可引起气囊炎。经卵黄囊接种 18 日龄鸡胚可引起雏鸡同时发生滑膜炎和气囊炎。

MS 的流行没有明显的季节性，应激条件（断喙、季节交替导致的气温骤变等）下更为多见。

（四）致病机制

MS 的致病机制包括对宿主靶细胞的黏附、释放毒素、诱导细胞凋亡、免疫逃逸、掠取宿主细胞营养成分等，导致支气管上皮细胞脱落、纤毛破坏与黏液-纤毛系统损伤等。

1. 与宿主细胞表面受体结合侵入其内部

目前普遍认为 MS 感染机体后，通过自身蛋白与宿主细胞表面受体结合，吸附于上皮细胞并侵入固有层，使上皮细胞纤毛脱落，上皮细胞逐渐退化死亡，出现炎症反应，干扰细胞的正常功能，产生的有毒物质能够通过宿主细胞膜进入细胞，造成细胞功能缺失，从而导致宿主发病。MS 黏附于上皮细胞后，其释放的过氧化氢和超氧化物自由基及炎性细胞因子可加剧细胞病变效应。MS 与宿主相互作用主要依靠膜蛋白来实现，通过黏附宿主细胞，破坏宿主免疫应答能力。

2. 逃避免疫应答

MS 的膜蛋白包含可变脂蛋白和 vlhA 蛋白，具有逃避宿主免疫应答的特性。*vlhA* 多个位点突变形成的假基因与表达的 *vlhA* 5' 端重组致抗原决定簇和黏附结构域的变化，从而逃避免疫系统，促使慢性感染。支原体的黏附作用使其黏附、定植于宿主细胞上是免疫逃避的前提条件，其与宿主细胞具有相似的抗原成分，通过分子模拟逃避宿主的免疫防御。近年来又发现，在转录水平上通过（GAA）$_n$ 基序数量的改变可引发 *pMGA* 基因的选择性转录，造成 pMGA 蛋白的抗原发生变异，干扰宿主正常免疫功能的发挥，从而使支原体对宿主产生严重的免疫逃逸。

3. 掠取宿主细胞营养成分，产生有毒代谢产物

MS 自身基因组较简单，生长时对营养需求较高，但其生物合成能力相对较弱，需从宿主细胞内掠取大量的营养物质，如维生素、氨基酸、胆固醇、脂肪酸及辅助因子等，进而生长繁殖，此过程可能引起宿主细胞损伤。同时，MS 在生长过程中会释放神经毒素、溶细胞酶、过氧化氢酶等，也可引起宿主细胞损伤或死亡。

4. 影响机体钙的代谢

大量研究表明，MS 会严重影响蛋鸡和种鸡钙代谢，引起蛋壳品质下降，出现蛋壳顶端异常。MS 能导致输卵管黏膜上皮细胞变性、坏死、脱落及腺体水肿，管内纤维蛋白分泌物增多，巨噬细胞和异嗜性细胞显著浸润，从而使蛋壳品质、蛋重和产蛋量下降，产生蛋壳顶端异常，受影响的鸡蛋不能恢复原有的质量，种蛋孵化率下降。

（五）症状

鸡接触感染后潜伏期为 11 ～ 21 d，而经种蛋垂直传播感染的鸡潜伏期短。感染初期，病鸡精神沉郁，食欲减少，闭眼缩颈，鸡冠苍白，生长迟缓。随着病情发展，病鸡头颈部羽毛蓬松，排含大量尿酸盐的黄绿色稀粪，消瘦，喜卧，站立不稳，行走困难，轻者跛行，步态呈“八”字，或呈“踩高跷”状；严重者瘫痪，跗关节着地，一侧或两侧跗关节、跖关节（图 4-40-7、图 4-40-8）、爪垫明显肿胀（图 4-40-9），跖关节肿大变形，手触关节有波动感、热感，胸骨突出，胸骨滑液囊处明显肿胀。有的病例出现流鼻涕、甩鼻、呼吸啰音等呼吸道症状。产蛋鸡群产蛋率下降，蛋品质下降，如蛋重减轻，软壳蛋、破壳蛋数量增多。

（六）病理变化

1. 剖检变化

病鸡消瘦（图 4-40-10），常见滑膜炎、腱鞘炎和骨关节炎。表现为爪垫肿胀，剪开后有透明黏液（图 4-40-11、图 4-40-12），时间长的有黄白色脓性渗出（图 4-40-13）或黄白色干酪样渗出（图 4-40-14）。跗关节肿胀，皮下及关节腔中有黄白色脓性渗出，时间长的有黄白色干酪样渗出（图 4-40-15）。龙骨滑膜囊内有黏稠的、乳酪色至黄白色渗出物（图 4-40-16）。肝脏、脾脏肿大，肾肿大，有尿酸盐沉积，呈斑驳状。有呼吸道症状病鸡出现气囊炎。

2. 组织学变化

病理组织学变化主要表现为关节腔和腱鞘中有异嗜性粒细胞浸润，有时异嗜性粒细胞炎性变化扩展到下层骨时，形成纤维素样变性。滑液囊膜因绒毛形成和滑膜下层淋巴细胞、巨噬细胞的结节性浸润而增生。

图 4-40-7　两侧跖关节肿胀（刁有祥　供图）

图 4-40-8　跖关节肿胀（刁有祥　供图）

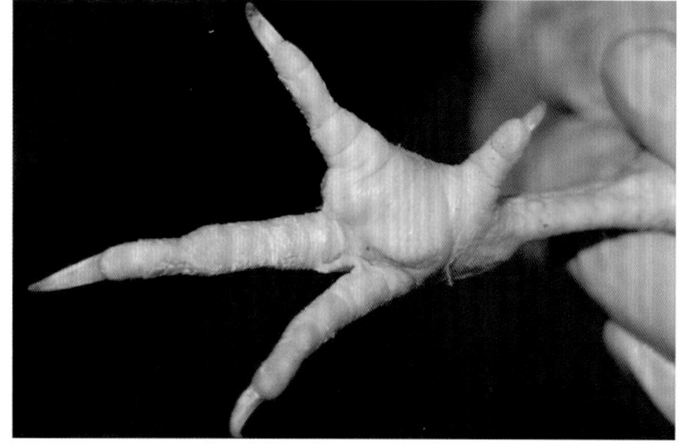

图 4-40-9　爪垫肿胀（刁有祥　供图）

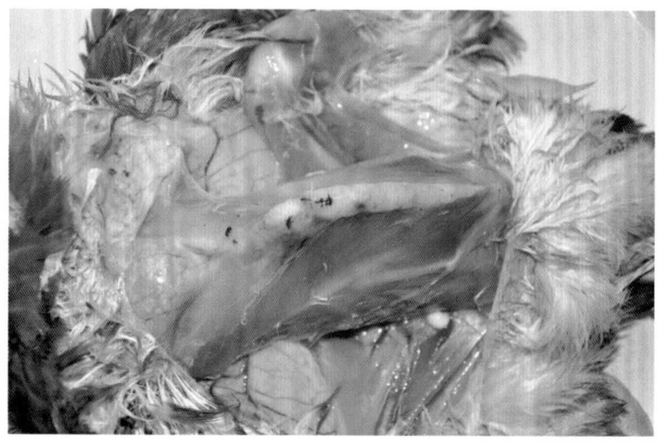

图 4-40-10　病鸡消瘦，龙骨滑膜囊内黄白色渗出物（刁有祥　供图）

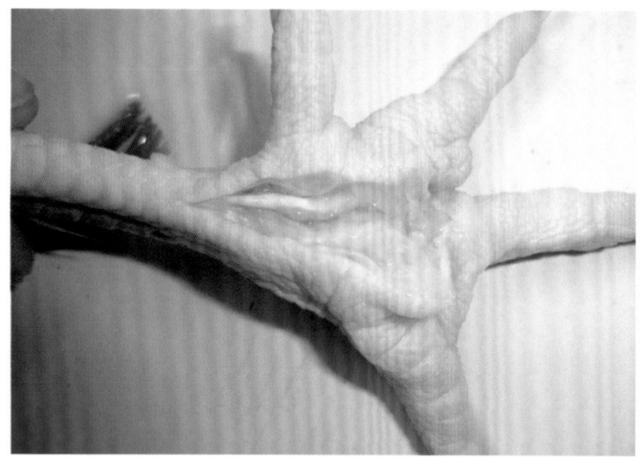

图 4-40-11　关节腔中有透明黏液（一）（刁有祥　供图）

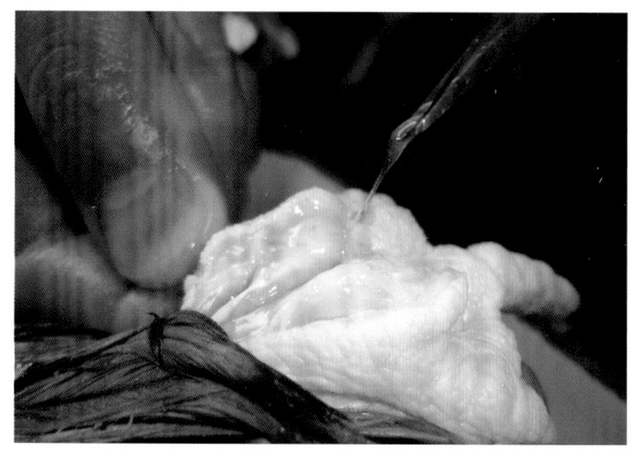

图 4-40-12　关节腔中有透明黏液（二）（刁有祥　供图）

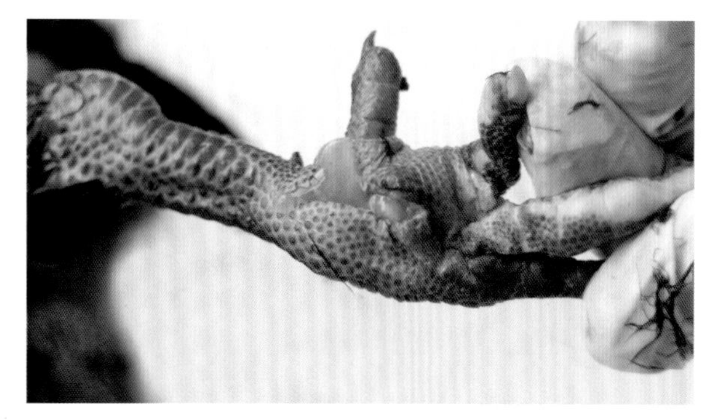

图 4-40-13　关节腔中有黄白色脓性渗出物（刁有祥　供图）

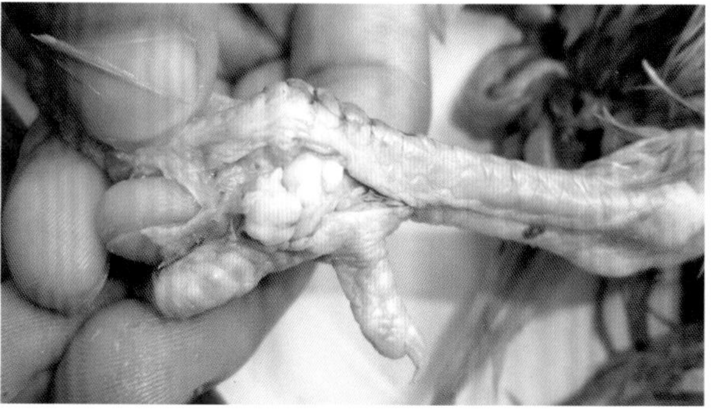

图 4-40-14　关节腔中有黄白色干酪样渗出物（刁有祥　供图）

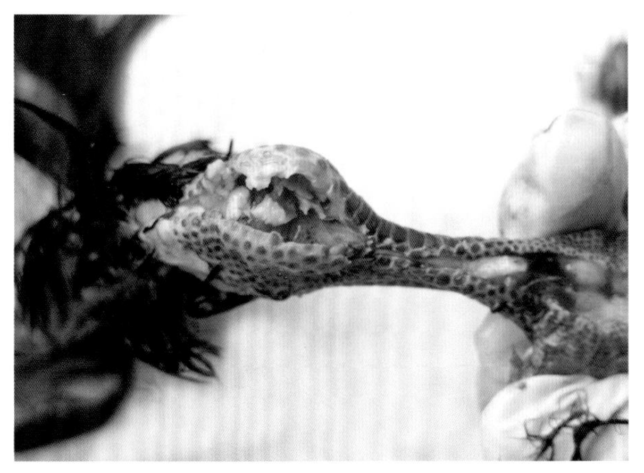

图 4-40-15　跗关节皮下有黄白色干酪样渗出物
（刁有祥　供图）

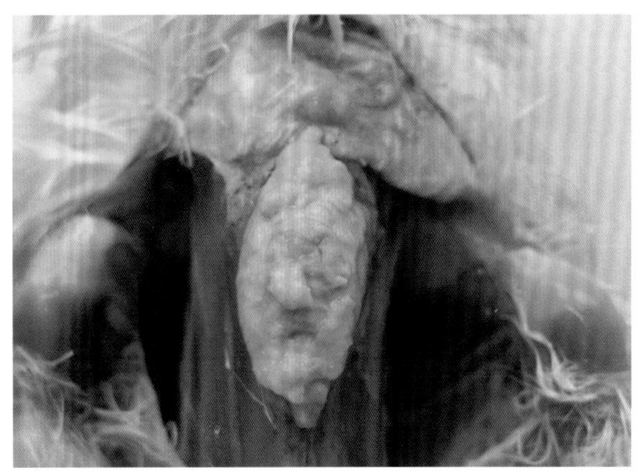

图 4-40-16　龙骨滑膜囊有黄白色渗出物
（刁有祥　供图）

（七）诊断

根据病鸡鸡冠苍白、消瘦、跖关节肿胀及胸骨滑液囊黄白色渗出等可作出初步诊断，确诊需结合实验室诊断综合判定。

1. 病原的分离培养

分离培养是 MS 感染鉴定的金标准。无菌取病变关节内容物或有呼吸道症状的气囊内容物，接种于 3 ～ 5 mL 的 Frcy 氏改良培养基中，37℃培养 3 ～ 7 d，当酚红指示剂的颜色从红色变成橘红或黄色时，应立即停止培养，尽快移植到新的液体培养基或固体培养基上。也可将病料直接接种于固体培养基上，培养结束后，30 倍显微镜下观察菌落形态，若菌落符合 MS 的菌落特征，可用免疫荧光检测，也可进一步纯化后用 PCR 或血清学方法进行鉴定。

2. ELISA

ELISA 可应用于血清和蛋中 MS 抗体的检测，是目前应用最广泛、稳定的方法。抗 vlhA 膜蛋白抗体是 MS-ELISA 检测的主要靶蛋白，商品化的 MS-ELISA 抗体检测试剂盒已广泛应用于 MS 感染和流行的分析。

3. 平板凝集试验（SPA）

SPA 检测的靶蛋白为 IgM 抗体，适用于 MS 的早期感染检测，具备方便、快捷和操作简单等特点，但存在交叉反应性，易出现假阳性，敏感性差，不适合作为单一的技术方法进行鉴定诊断。火鸡感染 MS 产生的凝集抗体效价很低，因此，以 SPA 诊断火鸡的 MS 感染是无效的。

4. 血凝抑制试验（HI）

MS-HI 检测的靶蛋白为血清中的 IgG 抗体，较适合感染中后期的检测，具备快速和简单的特点，可有效区分 MG 和 MS 感染，但敏感性较差。

5. PCR 方法

PCR 是 MS 最常用的一种分子生物学检测方法，可迅速对 MS 感染作出诊断，常用的目的基因包括 16S rRNA、23S rRNA、*vlhA* 等。参考滑液囊支原体 16S rRNA 和 23S rRNA 之间的基因间隔区序列差异建立的 PCR 检测方法，能成功应用于 MG 和 MS 的鉴别诊断和检测，具有较高的稳定性和准确性。*vlhA* 基因也是 MS 检测的重要靶基因，基于 *vlhA* 基因 5' 端保守序列建立的 PCR 方法，不仅可用于 MS 的检测，还可用于 MS 的遗传进化分析。

（八）类症鉴别

该病需要与金黄色葡萄球菌、沙门菌等细菌引起的滑膜炎相区别，也应与病毒性关节炎相区别。

滑液囊支原体病引起的关节炎，典型特征表现为龙骨肿胀，龙骨滑膜囊内有黏稠的、乳酪色至灰白色渗出物。

（1）金黄色葡萄球菌引起的关节炎，病鸡虽有肿胀、跛行，但多有趾瘤，爪垫上有黄豆大小褐色的溃疡或结痂，皮肤发红、出血，并可从患部镜检或分离出葡萄球菌。

（2）沙门菌感染可引起关节炎，但鸡有排白色稀粪的症状，且心脏、肺脏等内脏器官有白色米粒大小结节，在特征性病变内脏组织中易分离到沙门菌。

（3）病毒性关节炎是由禽呼肠孤病毒感染引起的一种病毒性传染病。病鸡出现跛行，关节炎、腱鞘炎，但病鸡关节腔内有淡红色血样渗出物，慢性病例腓肠肌腱断裂，关节软骨糜烂，在病变组织中易分离出禽呼肠孤病毒。

（九）防治

1. 预防

（1）种鸡净化。鸡滑液囊支原体病的主要传播途径是经种蛋垂直传播，种鸡场的疫病净化是防控该病的首要措施。种鸡必须定期进行检疫，及时剔除阳性鸡，一般来说，种鸡场在开产前应完成 MS 抽检（按 10% 比例采集鸡群血样），要求所测样本均为阴性，若有阳性样本，则必须全群逐只抽血检测，并淘汰所有阳性鸡和可疑鸡只，之后每隔 3 个月重复检测，最终才可以确定为无 MS 感染鸡群。种鸡净化是一项费时费力的长远工程，必须持之以恒。

（2）加强饲养管理。加强鸡群的饲养管理，降低饲养密度，加强舍内卫生消毒工作，特别强调鸡舍、鸡笼、用具的彻底消毒和干燥。其次，要采用“全进全出”饲养模式，避免不同日龄鸡群混养，防止病原交叉感染。另外，用于鸡群免疫的各类活疫苗必须是由 SPF 鸡胚研制而来，防止鸡场因疫苗污染 MS 病原而造成鸡群感染。

（3）免疫接种。疫苗接种是减少和预防鸡滑液囊支原体病的有效方法。预防滑液囊支原体病的疫苗有活疫苗（弱毒疫苗）、灭活疫苗。理想的免疫程序是先免疫活疫苗，再免疫灭活疫苗，父母代种鸡开产前再用灭活疫苗加强免疫。

鸡滑液囊支原体活疫苗有两种，分别为滑液囊支原体病弱毒疫苗 MS-H 株和 MS1 株。

鸡滑液囊支原体病弱毒疫苗 MS-H 株是一种对温度敏感的商品化疫苗，其疫苗株由分离自澳大利亚的野生株 86079/7NS 经化学诱变获得。

MS-H 株在 -20℃条件下最多只能储存 4 周，在 -70℃或更低的温度条件下可长期保存。MS-H 株在 33℃条件下活性最高，而在 37℃以上时无法大量繁殖。该疫苗一般采用点眼和喷雾两种方式接种，以点眼为主，常免疫 3 ～ 6 周龄的鸡，不具有致病性，可定植在上呼吸道，持续对机体形成免疫保护，避免感染野毒。但 MS 疫苗能促进 AIV 复制，免疫 MS 后接种 AIV 毒株，AIV 感染会更加严重，可能是疫苗株定植家禽呼吸道，损伤呼吸道黏膜所致。该疫苗主要用于商品肉鸡和蛋鸡，且要求在育雏早期使用；适合健康鸡群接种，对已感染滑液囊支原体病的鸡群效果不佳。另外，接种活苗的前 2 周和免疫后 4 周禁止使用抗菌药物。

鸡滑液囊支原体病弱毒疫苗 MS1 株，是由体外传代培养时自发突变得来，其生长过程中不需要添加 NAD。鸡滑液囊支原体灭活疫苗（YBF-MS1 株）在我国生产使用。

2. 治疗

治疗滑液囊支原体病的药物很多，包括延胡索酸泰妙菌素、盐酸沃尼妙林、酒石酸泰万菌素、泰乐菌素、替米考星、盐酸多西环素、盐酸大观霉素、恩诺沙星、氟苯尼考等，不同鸡场鸡群耐药性不同，对各种药物的敏感性也存在差异。临床上，常见的治疗方法有替米考星+盐酸多西环素、延胡索酸泰妙菌素+盐酸多西环素、酒石酸泰万菌素+盐酸多西环素、恩诺沙星+替米考星等联合使用，5 ～ 7 d 为 1 个疗程。尽管上述药物对滑液囊支原体都有不同程度的杀灭作用，但这些药物均不易通过血液循环到达气囊、关节囊等靶器官，造成体内的 MS 不能根除。因此，临床上在该病的高发期每间隔 20 d 反复使用治疗药物 3 ～ 4 个疗程。

对已出现明显病症的病鸡（如软脚、关节肿大）应肌内注射相应的治疗药物，如选用盐酸林可霉素 + 盐酸大观霉素、硫酸链霉素，每天注射 1 次，连续注射 2 ～ 3 d。

第四十一节　真菌病

真菌病是由各种真菌引起的一类传染性疾病。真菌是一大类真核微生物，大多数呈分支或不分支的丝状体，能进行有性和无性繁殖，从形态上分为酵母菌、霉菌和担子菌。对养鸡业危害严重的主要为曲霉菌、念珠菌和禽小孢子菌。

一、曲霉菌病

鸡曲霉菌病（Aspergillosis avium）是由曲霉菌（*Aspergillus*）引起的，以侵害呼吸器官为主的真菌病。该病以呼吸困难，肺及气囊形成霉菌结节为主要特征，又名曲霉菌性肺炎。该病主要发生于幼禽，发病率高，往往呈群体性、急性暴发，且具有较高的致死率，给养禽业造成较大的经济损失。

（一）病原

曲霉菌是一种有菌丝形成的真菌，分布相当广泛。引起曲霉菌病的主要病原为烟曲霉（*A. fumigatus*）、黄曲霉（*A. flavus*），黑曲霉、构巢曲霉、青霉菌及毛霉菌等也有不同程度的致病力。曲霉菌分类学上属于丝孢目、丛梗孢科、曲霉菌属的真菌，菌丝分支分隔，分生孢子梗生长在足细胞上，不分支。顶端膨大呈圆形为顶囊，顶囊上长着许多小梗，小梗单层或双层，小梗上着生分生孢子，分生孢子呈链状。

1. 烟曲霉

烟曲霉是曲霉菌属致病性最强的霉菌。其繁殖菌丝呈圆柱状，色泽有绿色、暗绿色至熏烟色。菌丝分化后形成的分生孢子梗较短（小于 300 μm），孢子梗向上逐渐膨大，顶端形成烧瓶状顶囊（直径 20 ～ 30 μm），于顶囊的 1/2 ～ 2/3 部位产生孢子柄。孢子柄外壁光滑，常为绿色，不分枝，其末端生出一串链状的分生孢子。孢子呈球形或卵圆形，并含有黑绿色色素，直径 2 ～ 3.5 μm。本菌在沙氏葡萄糖琼脂培养基上生长迅速，初为白色线毛状，之后变为深绿色或绿色，随着培养时间的延长，颜色变暗，最终为接近黑色绒状（图 4-41-1）。该菌产生的毒素对家禽、兔、犬都有毒害作用，这种毒素具有血液毒、神经毒和组织毒的特征，动物试验证明，急性中毒可引起组织严重坏死，慢性中毒可诱发恶性肿瘤。

2. 黄曲霉

黄曲霉是一种常见的腐生真菌，多见于发霉的粮食、粮食制品及其他霉腐的有机物上。其菌丝分支分隔，分生孢子梗壁厚，无色，多从基质中生出，长度小于 1 mm，梗粗糙，顶囊早期稍长，晚期呈烧瓶状或近似球形。在所有顶囊上着生小梗。小梗呈单层、双层或单双层同时生在一个顶囊上。该菌的孢子头呈典型的放射状，大部分菌株为 300 ～ 400 μm，较小的孢子偶尔呈圆柱状为 300 ～ 500 μm，黄曲霉的孢子呈球形或近似球形，大小一般在 3.5 μm×4.5 μm 左右。该菌对生长条件要求不严格，在 6 ～ 47℃均可生长，一般在 25℃左右，要求基础水分 15% 以上，相对湿度 80% 以上。该菌对营养要求不严格，在多种培养基上均可生长。在察氏琼脂培养基上菌落生长较快，24 ～ 26℃下培养 10 d，生长快的菌落直径可达 6 ～ 7 cm，生长缓慢的菌落直径也在 3 cm 以上。其菌落呈扁平状，偶见放射状，初期暗色略带黄色（图 4-41-2），然后变为黄绿色，久之颜色变暗，其反面无色或带褐色。该菌能够产生黄曲霉毒素，毒素具有强烈的肝脏毒性。雏鸡对黄曲霉毒素 B_1 的毒性试验证明，LD_{50} 为 0.33 mg/kg。其毒性比氰化钾大 100 倍，仅次于肉毒毒素，是霉菌毒素中毒性最强的一种。

（二）流行病学

曲霉菌及它们所产生的孢子在自然界中分布广泛，禽类常通过接触发霉的饲料、垫料、用具而感染。该病多发生于雏鸡，4 ～ 12 日龄最为易感。常呈急性暴发，发病率为 26% ～ 80%，死亡率一般为 10% ～ 50%。若初生雏鸡在孵化过程中感染烟曲霉菌，出壳后 48 h 即可发病死亡，5 日龄时出现典型病变。4 ～ 12 日龄达到死亡的高峰，以后逐渐减少，至 30 日龄时基本停止死亡。成年鸡散发，而且主要是慢性型。成年鸡带菌率很高，可达 90% ～ 95%。该病可通过多种途径感染，污染的饲料（图 4-41-3、图 4-41-4）、垫料（图 4-41-5）、木屑、土壤、用具（图 4-41-6）是引起该病流行的传染媒介，雏鸡通过呼吸道和消化道而感染发病，也可通过外伤感染而引起全身曲霉

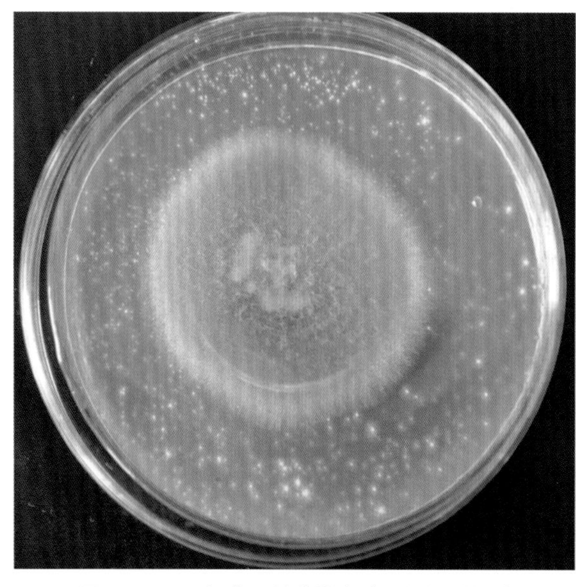

图 4-41-1　烟曲霉菌落特点（刁有祥　供图）

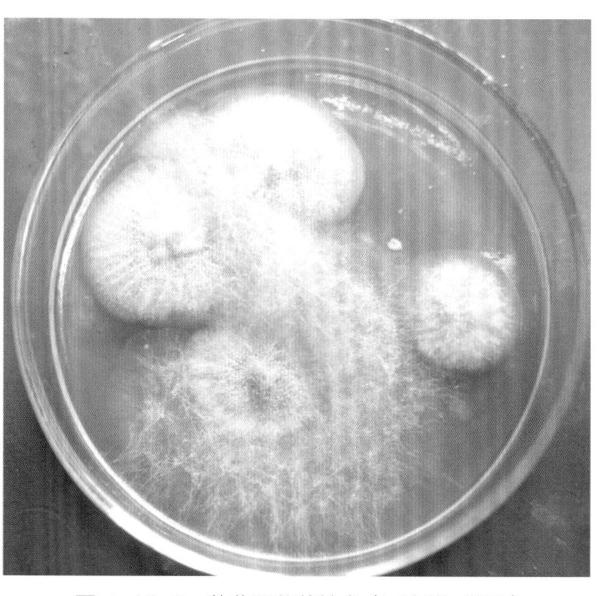

图 4-41-2　黄曲霉菌落特点（刁有祥　供图）

菌病。育雏阶段的饲养管理及卫生条件不良是引起该病暴发的主要诱因。育雏室内日夜温差大、通风换气不良、密度过大、阴暗潮湿以及营养不良等因素，都能促使该病的发生和流行。另外，在孵化过程中，孵化器污染严重时，在孵化时霉菌可穿过蛋壳而使胚胎感染，刚孵出的幼雏不久便可出现症状。该病一年四季均可发生，多雨潮湿季节常呈暴发，在适宜条件下，曲霉菌在饲料或垫料中大量生长繁殖，形成曲霉菌孢子，严重污染环境与种蛋，造成曲霉菌病的发生。

图 4-41-3　霉变的玉米（刁有祥 供图）

图 4-41-4　霉变的饲料（刁有祥 供图）

图 4-41-5　霉变的垫料（刁有祥 供图）

图 4-41-6　饮水器表面存在大量的霉菌（刁有祥 供图）

（三）症状

雏鸡发病多呈急性经过，最明显的症状是精神沉郁，食欲减少，饮水量增加，羽毛松乱，翅膀下垂，闭眼嗜睡，鸡冠和肉髯发紫（图 4-41-7）。若霉菌侵害呼吸道，出现呼吸困难，伸颈呼吸，有时张口喘气，但与其他呼吸道疾病不同，一般不发出明显的咯咯声。若食道黏膜受侵害，出现吞咽困难，口腔黏膜有大小不一的霉菌结节（图 4-41-8），病程一般在 1 周左右，发病后如不及时采取措施，死亡率可达 50% 以上。若霉菌侵害眼睛，主要表现一侧性眼炎，有时两侧发病，眼角的瞬膜下形成绿豆大的球状结节，致眼睑肿胀、突出，有时角膜浑浊，眼球中央出现溃疡，以至失明。若霉菌侵害脑，表现全身痉挛，运动失调，全身麻痹等神经症状。急性病例多在出现症状后 2～3 d 死亡，死亡率为 5%～50%。皮肤感染时，感染部位的皮肤发生黄色鳞状斑点（图 4-41-9），感染部位的羽毛干燥、易折。

成年鸡多呈慢性经过，症状轻微。表现生长缓慢，消瘦，体重急剧下降，羽毛松乱、无光泽，贫血，鸡肉垂及眼睑苍白。蛋鸡感染主要表现产蛋下降。

（四）病理变化

1. 剖检变化

病变主要在肺脏和气囊上，肺脏表面和气囊壁出现散在性粟粒大及黄豆粒大的黄白色结节，质地柔软有弹性，切开后，其中心为黄色干酪样，内含大量菌丝体，有的小结节互相融合，形成较大的圆盘状结节（图 4–41–10、图 4–41–11）。肺脏呈紫红或灰红色，有小米至绿豆大的、灰白或黄白霉菌结节，质地较硬，结节中心为干酪样坏死灶，结节外围呈暗红色（图 4–41–12）。有多个结节时，肺组织质地变硬，失去弹性（图 4–41–13）。肋骨内侧胸膜有时也见散在的霉菌结节。在肺脏、气囊及胸膜上，还可见深褐或烟绿色、大小不等、圆形、稍凸起、中间凹陷、呈灰尘状的霉菌斑，严重时在气囊、肺脏中及腹壁上有成团的霉菌（图 4–41–14、图 4–41–15）。脑炎型曲霉菌病其病变表现为在脑的表面有界限清楚的白色至黄白色区域（图 4–41–16）。

2. 组织学变化

组织学病变表现为局部淋巴细胞、部分巨噬细胞和少量巨细胞积聚，后期病变由肉芽肿组成，肉芽肿中心坏死，内含异嗜细胞，外围有多核巨细胞和上皮样细胞。支气管黏膜表面有浓厚的菌丝存在，支气管腔内存在孢子。脑病变为孤立的脓肿，中心坏死并有异嗜细胞浸润，周围有巨噬细胞，在一些病灶中心区可见菌丝。眼病变的特征为瞬膜水肿，大量异嗜细胞及单核细胞浸润，瞬膜上可见到典型的肉芽肿，在眼房和视网膜内可见菌丝、异嗜细胞、巨噬细胞和细胞碎片。

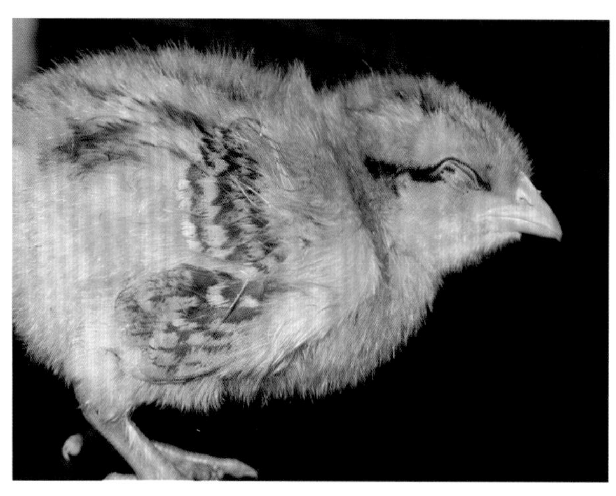

图 4–41–7　病鸡精神沉郁，闭眼嗜睡（刁有祥　供图）

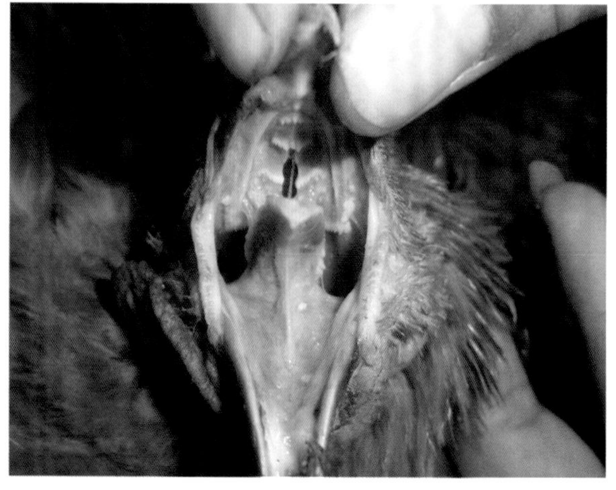

图 4–41–8　口腔黏膜有大小不一的霉菌结节（刁有祥　供图）

图 4–41–9　肉髯表面有大小不一的黄白色霉菌结节（刁有祥　供图）

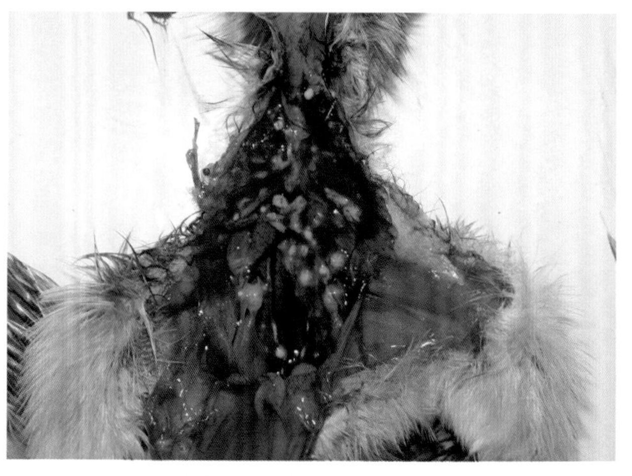

图 4–41–10　肺脏、气囊表面有大小不一的霉菌结节（一）（刁有祥　供图）

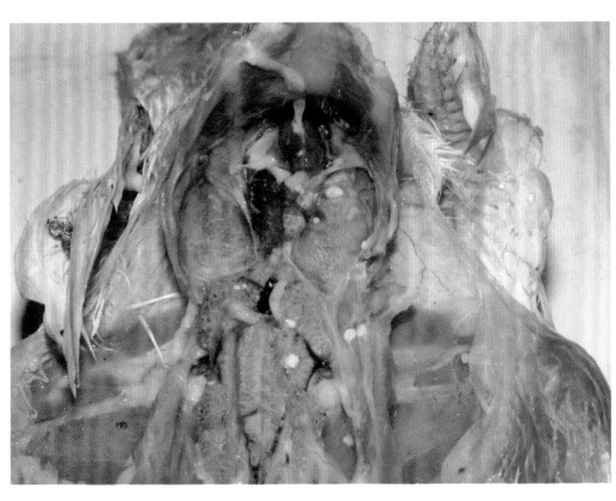

图 4-41-11　肺脏、气囊表面有大小不一的霉菌结节（二）
（刁有祥　供图）

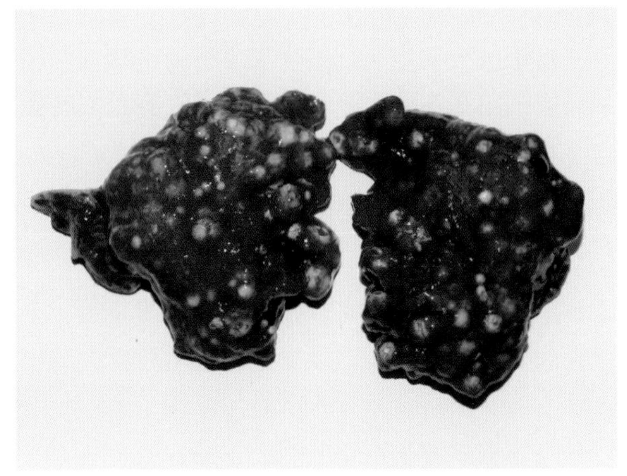

图 4-41-12　肺脏布满大小不一的黄白色霉菌结节
（刁有祥　供图）

图 4-41-13　肺脏布满大小不一的霉菌结节，肺脏实变
（刁有祥　供图）

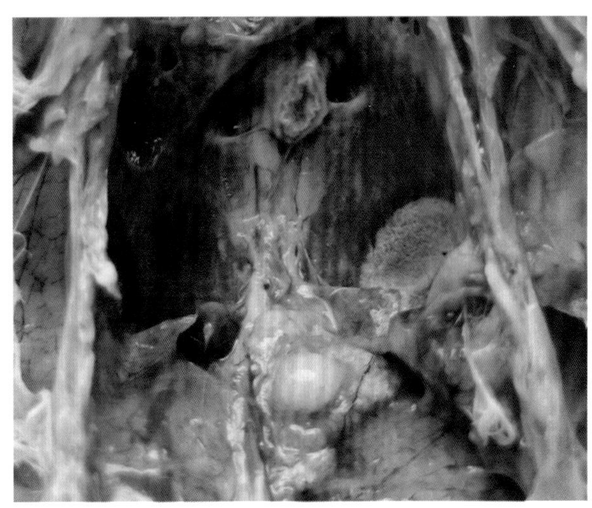

图 4-41-14　肺脏表面有成团的霉菌（刁有祥　供图）

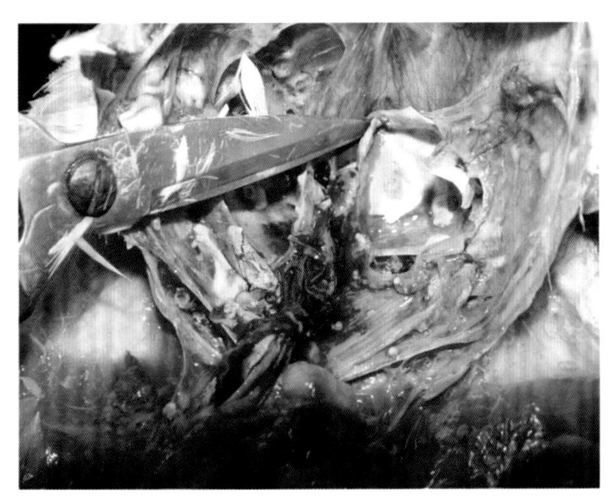

图 4-41-15　气囊中有成团的霉菌
（刁有祥　供图）

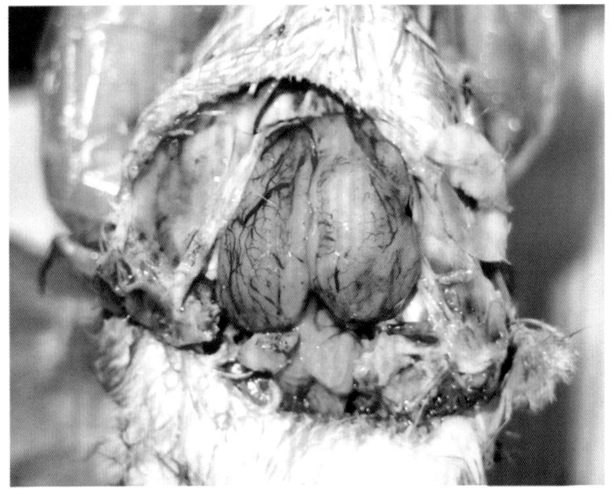

图 4-41-16　脑组织黄白色坏死
（刁有祥　供图）

（五）诊断

根据流行病学调查（呼吸道感染，特别是发霉的垫料和饲料）和病理剖检（肺和气囊等部位出现黄白色结节）可作出初步诊断，但进一步确诊还需要进行实验室诊断。

1. 压片镜检

取病鸡肺脏或气囊结节上的干酪样组织置于载玻片上，加生理盐水 1 ～ 2 滴或适量 15% ～ 20% 氢氧化钠（或 15% ～ 20% 氢氧化钾）浸泡，加盖玻片后用酒精加热，轻压盖玻片，使之透明，在显微镜下观察。在肺部结节中心，可见曲霉菌的菌丝；在气囊、支气管等接触空气的组织器官上，可见到分隔菌丝特征的分生孢子柄和孢子。

2. 病原的分离培养与鉴定

（1）曲霉菌的分离培养。无菌挑取霉菌结节置于沙堡氏培养基或马铃薯培养基上，于 37℃培养 24 h，可见有灰黄色绒毛状菌落，36 h 后菌落呈面粉状，蓝绿色，形成放射状突起。取培养物触片镜检，可见许多葵花状孢子小梗。

（2）曲霉菌的鉴定。取 1 滴乳酸苯酚棉蓝液于洁净的载玻片上，挑取少量菌丝并与之混匀，并用针将菌丝体分开，勿使其成团，加盖玻片，置于 100 倍光学显微镜下观察可见散在分布的霉菌菌体，每个菌体由分生孢子梗和分生孢子头组成。进一步通过 400 倍镜检观察，分生孢子梗光滑，呈微绿色。在分生孢子梗茎的顶端具有膨大的分生孢子头，分生孢子头包含烧瓶状的绿色顶囊、单层辐射状小梗和球形分生孢子，顶囊与分生孢梗茎存在一定角度。分生孢子同样为绿色，呈圆形或卵圆形。

3. 分子生物学诊断

（1）荧光定量 PCR 检测方法。邱桂霞等（2012）建立一种能同时鉴定烟曲霉、黄曲霉和黑曲霉菌的多重荧光定量 PCR 诊断方法，该方法只与烟曲霉、黄曲霉、黑曲霉的 DNA 发生特异性反应，无非特异性扩增，最低检测浓度孢子为 1×10^2 个 /mL，Ct 值标准差为 0.12 ～ 0.20，变异系数为 0.37% ～ 0.80%。

（2）随机扩增多肽性 DNA（PAPD）分析。PAPD 分析是利用随机合成的单个寡核苷酸引物（8 ～ 12 bp，多为 10 bp），通过 PCR 扩增靶核苷酸细胞 DNA，经凝胶电泳进行 DNA 片段大小及数量的多肽性分析，已用于曲霉菌的鉴定、分类和流行病学研究，该方法简便，便于大规模使用。

（六）类症鉴别

该病在症状上易与传染性支气管炎，鸡白痢等混淆。传染性支气管炎是由病毒引起，各日龄段的鸡均可感染，成年蛋鸡感染后产蛋量迅速下降，并产畸形蛋。剖检见生殖器官发生病变，但肺脏不形成曲霉菌病特征性肉芽肿结节。

鸡感染鸡白痢除表现出呼吸道症状外，还排石灰样白色粪便，但不形成曲霉菌病特征性同心圆结节。

（七）防治

1. 预防

（1）加强饲养管理，搞好鸡舍卫生。注意通风，保持舍内干燥，经常检查垫料，不饲喂霉变饲料，降低饲养密度，防止过分拥挤，是预防曲霉菌病发生的最基本措施之一。因此，在饲养过程中，饲养人员应对鸡舍实施集约化管理，营造良好的生长环境。首先，应严格控制垫料情况，选用干净的谷壳、秸秆等作垫料。垫料要经常翻晒，阴雨天气时要注意更换垫料，以防霉菌的滋生。同时，在饲料选择方面，尽量选择正规厂家生产的全价饲料，饲料要存放在干燥仓库，避免无序堆放造成局部湿度过大而发霉，杜绝饲喂变质饲料。育雏室应注意通风换气和卫生消毒，保持室内干燥、整洁。育雏期间要保持合理的密度，做好防寒保温，避免昼夜温差过大。

（2）饲料中添加防霉剂。在饲料中添加防霉剂是预防该病发生的一种有效措施。目前国内外最常用的霉菌抑制剂包括多种有机酸，如丙酸、醋酸、山梨酸、苯甲酸、甲酸等，以及各种染料如龙胆紫和硫酸铜等化学物质。

（3）处理发霉饲料，更换霉变垫料。鸡舍垫料霉变，要及时发现，彻底更换，并进行鸡舍消毒，可用福尔马林熏蒸消毒或 0.4% 过氧乙酸或 5% 石炭酸喷雾后密闭数小时，通风后使用。停止饲喂霉变饲料，霉变严重的要废弃，并进行焚烧。

2. 治疗

鸡群发病后，要立即清理粪便，更换干净垫草，加强通风换气。制霉菌素等具有一定的治疗效果。制霉菌素喷雾或拌料，雏鸡每只按照每千克体重 5 000 ～ 8 000 U 使用，成年鸡只按照每千克体重 2 万～4 万 U 使用，每天 2 次，连用 3～5 d。也可用 0.05% 的硫酸铜溶液饮水，连用 2～3 d。5 ～ 10 g 碘化钾溶于 1 L 水中，饮水，连用 3 ～ 4 d。

中草药对于防治曲霉菌病也有较好的疗效，其治疗原则为解毒、清热、消肿、散结、定喘、宣肺。可用鱼腥草、水灯芯、金银花、薄荷叶、枇杷叶、车前草、桑叶各 100 g，明矾 30 g，甘草 60 g，100 ～ 200 只雏鸡煎水服用，每天 2 次，连用 3 d。鱼腥草 100 g，蒲公英、筋骨草、桔梗、山海螺各 30 g，煎水喂服 50 只雏鸡，每天 1 次，连用 7 d。

二、念珠菌病

鸡念珠菌病（Moniliasis）是由白色念珠菌（*Candida albicans*）引起的一种真菌性传染病。主要侵害上消化道，在口腔、食道、嗉囊及腺胃上形成白色伪膜或溃疡，故又称“鹅口疮”。该病多侵害幼禽，发病率、死亡率较高。近年来临床上屡有发生，应引起重视。

（一）历史

1932 年，Gierke 首先报道了火鸡疑似感染白色念珠菌的病例，随后在 1933 年，Hinshaw 确定鸡与火鸡口疮的病原为白色念珠菌，后来陆续报道了多次多种禽类暴发该病。

（二）病原

1. 分类与染色特性

白色念珠菌属于半知菌纲、念珠菌属，为酵母样真菌，在自然环境中广泛存在，健康禽肠道和呼吸道中有时也能分离到该菌，作为条件致病菌存在于机体。在病变组织、渗出物及普通培养基上能产生芽生孢子和假菌丝，不形成有性孢子。出芽细胞呈卵圆形，直径 2 ～ 4 μm，革兰氏染色呈阳性，但内部着色不均匀（图 4–41–17），假菌丝是由真菌出芽后发育延长而成。

2. 培养特性

白色念珠菌体外培养时对营养的要求不高，兼性厌氧。该菌在吐温–80 玉米琼脂培养基上可产生分枝的菌丝体、厚膜孢子及芽生孢子。在沙氏琼脂培养基上 37℃培养 24 ～ 48 h 即能长出酵母样的菌落，外观如乳脂状，半球形，明显凸出于培养基表面（图 4–41–18），略带酒味。在显色培养基上 37℃培养 24 ～ 48 h，形成绿色、明显凸起的菌落（图 4–41–19）。幼龄培养物由卵圆形出芽酵母细胞组成，老龄培养物显示菌丝有横隔，偶尔出现球形的肿胀细胞，细胞膜增厚。

3. 生化特性

该菌能发酵葡萄糖、果糖、麦芽糖和甘露糖，产酸、产气；在半乳糖和蔗糖中轻度产酸，不产气；不能发酵糊精、菊糖、乳糖和棉籽糖。明胶穿刺出现短绒毛状或树枝状旁枝，但不液化培养基。2% 甲醛溶液或 1% 氢氧化钠溶液处理 1 h 可抑制该菌；5% 氯化碘液处理 3 h，也能达到消毒的目的。家兔或小鼠静脉注射该菌的生理盐水悬液，4 ～ 5 d 可引起死亡，剖检可见肾脏皮质发生许多白色脓肿。

图 4-41-17　白色念珠菌染色特点（刁有祥 供图）

4. 分型

在念珠菌中，白色念珠菌是寄主范围最广和致病力最强的种类。其结构的复杂性和基因组广泛的可塑性决定了该物种具有丰富多样的基因型和表现型。DNA 的酶切分析及核酸探针检测发现，该菌不同菌株的 DNA 酶谱存在细微差别，可分为 10 个亚型。

5. 致病性

目前已知的白色念珠菌致病相关的特性包括形态可塑性、黏附和侵入、分泌水解酶类、生物膜形成、群体感应、溶血性、免疫逃避与细胞损伤、触感与向触性、pH 值感知与应变、代谢适应、环境胁迫反应、热休克蛋白和金属元素获得等方面，这些因素之间存在各种复杂的联系。例如，形态可塑性与细胞疏水性、黏附、侵入、分泌水解酶类、生物膜形成、群体免疫、免疫逃逸与细胞损伤、向触性、pH 值感知与应变和环境胁迫反应等都有一定关系。

6. 抵抗力

白色念珠菌对热的抵抗力不强，加热至 60℃、1 h 后即可死亡。但对干燥、日光、紫外线及化学制剂等抵抗力较强。2% 甲醛溶液或 1% 氢氧化钠溶液处理 1 h 可抑制该菌，5% 氯化碘液处理 3 h，也能达到消毒的目的。

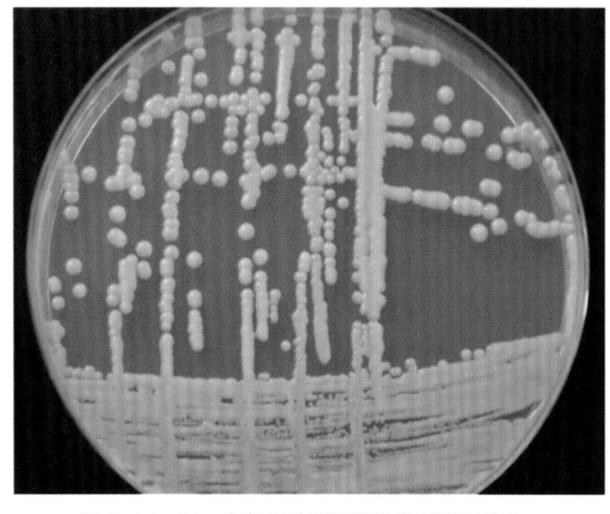

图 4-41-18　白色念珠菌沙氏培养基菌落特点（刁有祥 供图）

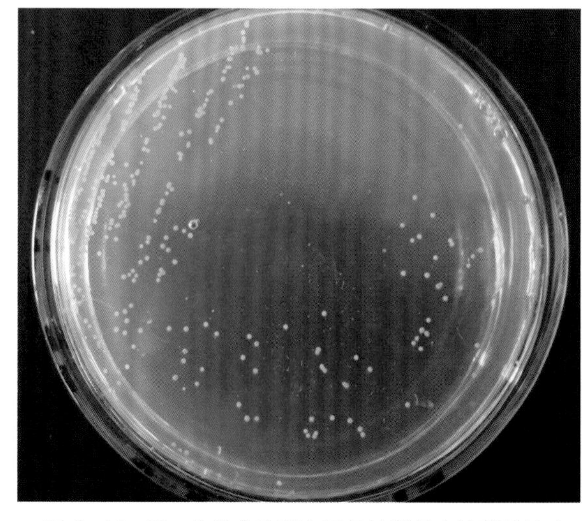

图 4-41-19　白色念珠菌在显色培养基上的菌落特点（刁有祥 供图）

（三）流行病学

白色念珠菌是念珠菌属中的致病菌，通常以无害的酵母方式与其他微生物群共栖于正常禽体内，一般不引起发病，在某些特定的条件下，如抗生素广泛使用，破坏了鸡体内，特别是消化道菌群，致使微生物不能相关制衡，导致念珠菌异常繁殖，诱发白色念珠菌病发生。免疫抑制病导致机体抵抗力下降，增加了白色念珠菌感染机会，加重了白色念珠菌病病情；环境污染，卫生条件差，在鸡舍气溶胶和鸡的粪便及排泄物中，存在大量白色念珠菌，作为直接的感染源，造成白色念珠菌病的发生；各种原因导致的黏膜损伤，为念珠菌的感染创造了机会。念珠菌引起浅部或深部的黏膜感染，进一步可引起内脏和血液等系统感染，导致侵袭性念珠菌病，即所谓条件致病性。各种年龄鸡均易感，雏鸡对该病的易感性比成年鸡高，且发病率和死亡率也高，随着感染日龄的增长，它们往往能够耐过。病鸡和带菌鸡是传染源。病鸡的粪便含有大量的病菌，这些病菌污染环境后，通过消化道而传染，黏膜的损伤有利于病原体的侵入。饲养管理不当，卫生条件不良，以及其他疫病都可以促使该病的发生。该病也能通过蛋壳传染。在潮湿季节，特别是我国南方的雨季，该病的发生较常见。

近年来由于饲养规模增大、饲养密度增加、环境污染、应激、免疫抑制病的普遍发生以及对该病不够重视等因素，其流行特点有了新的变化。一是较少出现大规模暴发和高死亡率，但经常出现零星发病和小规模流行；二是该病即使在死亡率不高的情况下，也会严重影响鸡的生长发育和生产性能，显著增加养殖成本，减少收益；三是念珠菌尤其是白色念珠菌对环境适应性很强，可以在养殖环境和动物体内长期存活和增殖，一旦条件具备就会导致发病，并且迁延不愈；四是念珠菌病可以降低鸡体免疫力，往往会引起伴发疾病，导致混合感染，从而增加损害程度；五是由于条件致病，且致病症状特异性差，该病往往被漏诊、误诊或延诊，丧失最佳治疗机会。

（四）症状

病鸡表现多为全身消瘦，发育不良，喜饮水，精神委顿，少食或食欲废绝，呆立，羽毛松乱，嗉囊积食，有时可见嗉囊下垂，触摸松软，用力挤压嗉囊，有酸臭液体流出。严重病例可出现吞咽困难，不能进食，逐渐消瘦，最后衰竭死亡。

（五）病理变化

1. 剖检变化

病变主要发生于上消化道的口腔、咽喉、食道、嗉囊及腺胃，有时也可侵害到肌胃和肠道黏膜，其中以嗉囊的病变最为明显和常见。急性病例可见嗉囊、食道及腺胃黏膜表面附着一层灰白色似凝固牛乳样的薄膜（图 4-41-20 至图 4-41-22），用刀刮后，黏膜潮红，表面光滑（图 4-41-23）。慢性病例可见嗉囊壁增厚，黏膜面覆盖厚厚一层皱纹状黄白色伪膜，伪膜湿润，呈绒毛状（图 4-41-24、图 4-41-25）。有时伪膜也可见于下段食道及腺胃和肌胃。胸、腹气囊浑浊，常有淡黄色粟粒状结节。

2. 组织学变化

病理组织学变化表现为嗉囊黏膜复层上皮出现广泛性破坏，深达生发层，并常出现分隔的溃疡或固膜样至固膜性伪膜。上皮细胞碎屑内有许多酵母样菌体，在角化层的下部可发现假菌丝，但后者却很少穿透到生发层。刮下嗉囊黏膜坏死物制涂片，染色后镜检，可发现酵母样真菌。

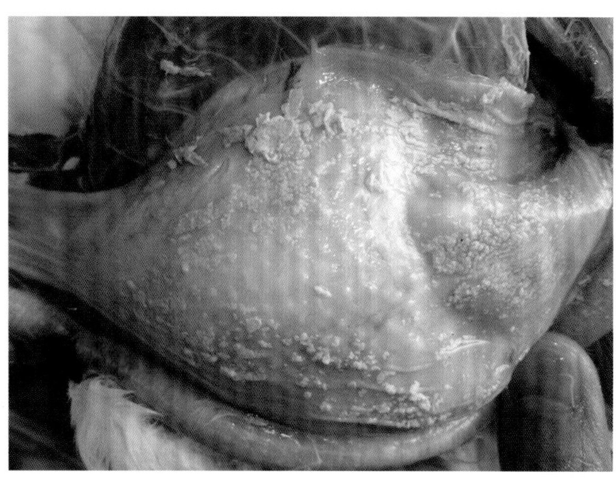

图 4-41-20　嗉囊黏膜表面有黄白色凝乳状渗出物（一）
（刁有祥　供图）

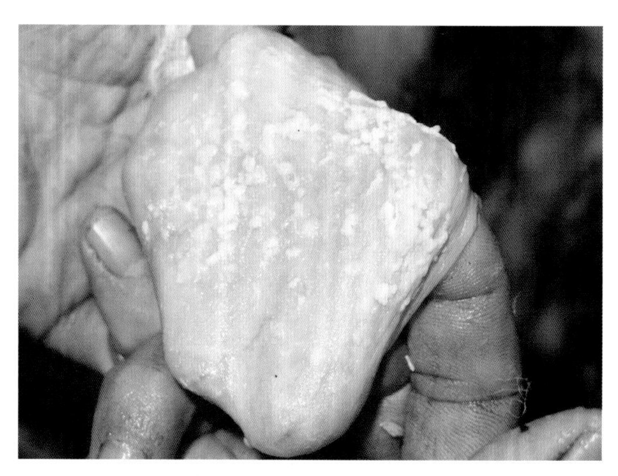

图 4-41-21　嗉囊黏膜表面有黄白色凝乳状渗出物（二）
（刁有祥　供图）

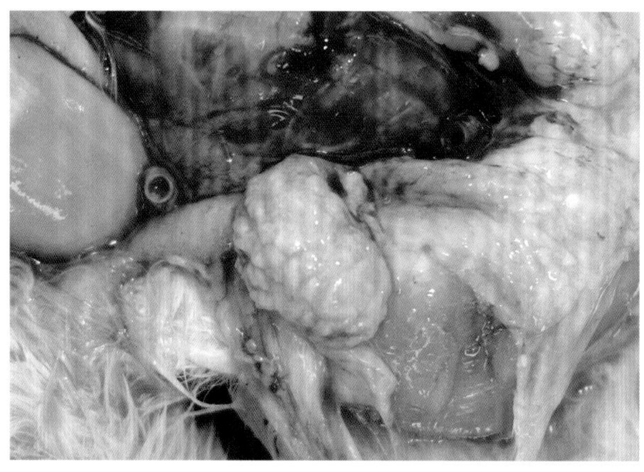

图 4-41-22　嗉囊黏膜表面有黄白色渗出物
（刁有祥　供图）

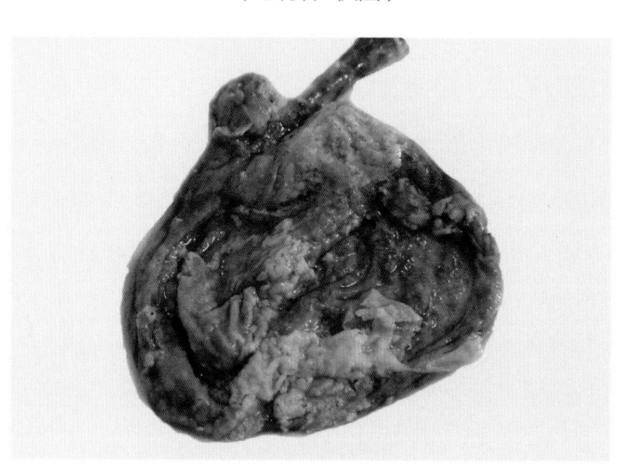

图 4-41-23　嗉囊表面有黄白色渗出，黏膜潮红
（刁有祥　供图）

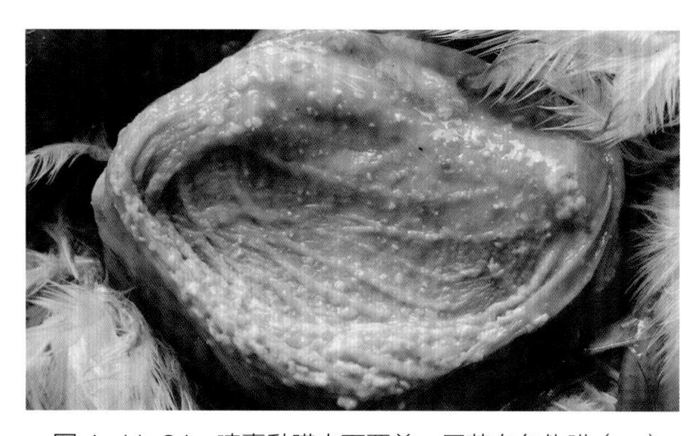

图 4-41-24　嗉囊黏膜表面覆盖一层黄白色伪膜（一）
（刁有祥　供图）

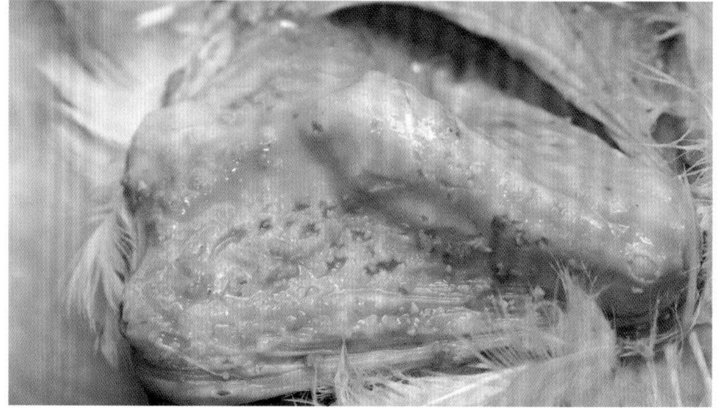

图 4-41-25　嗉囊黏膜表面覆盖一层黄白色伪膜（二）
（刁有祥　供图）

（六）诊断

该病多发生在高温多雨的季节。根据消化道黏膜特征性增生和溃疡灶；口腔、食道内有伪膜；嗉囊黏膜增厚、褶皱加深、附着大量豆腐渣样坏死物等典型剖检变化，可作出初步诊断。但进一步确诊还需要进行实验室诊断。

1. 镜检

刮取食管分泌物或嗉囊黏膜制成压片，在 600 倍显微镜下检查，可见一束束短小枝样菌丝和卵圆形芽生孢子，呈芝麻大小，革兰氏染色为阳性，并可见边缘暗褐，中间透明。

2. 病原的分离培养与鉴定

取上述病料接种沙氏琼脂平板上，置于 37℃恒温箱培养 24 h，形成 2 ～ 4 mm 大小、白色、奶油状、凸起的圆形菌落，菌落表面湿润，光滑闪光，边缘整齐，不透明，较黏稠，略带酒酿味。涂片镜检见两端钝圆或卵圆形的菌体，菌体粗大，呈杆状酵母样芽生，菌体呈单个散在。用乳酸酚棉蓝真菌染色法染色，芽生孢子和厚膜孢子染成深天蓝色，厚膜孢子的膜和菌丝不着色。

3. 动物接种试验

取培养物制成 10% 该菌生理盐水混悬液 1 mL，经静脉注射家兔 1 只，4 ～ 5 d 家兔死亡。剖检可见肾脏肿大，在肾皮质部散布许多小脓肿，皮下注射可在局部产生脓肿，在受害组织中发现菌丝和孢子。

4. ELISA 方法

用白色念珠菌临床分离株免疫家兔，并经纯化获得特异性抗体，建立了检测临床标本中白色念珠菌抗原的 ELISA 一步法，此法的敏感性高，特异性强，与其他念珠菌和临床常见细菌均无交叉反应，整个反应只需 1 h 即可完成。ELISA 试剂成本低，可同时大规模操作，实用性强。

5. 分子生物学诊断

（1）PCR 检测方法。根据 GenBank 上已经发表的白色念珠菌核苷酸序列设计 1 对扩增片段长度为 471 bp 的特异性引物，经过条件优化，确定建立了一种白色念珠菌 PCR 检测方法。对其检测灵敏度、重复性评价结果显示，该方法对白色念珠菌最低检测浓度为 2.042 ng/μL。该方法操作简便，对设备条件要求低，能够满足临床检测需要，具有较高的实用价值。

（2）荧光定量 PCR 检测方法。在白色念珠菌核糖体 RNA 编码基因（rRNA）中的内转录间隔区（ITS2）上设计特异性引物和 TaqMan-MGB 探针，建立了白色念珠菌实时荧光定量检测方法，最低检测浓度为 10^2 CFU/mL，实时荧光定量 PCR 技术检测白色念珠菌不仅具有较高的敏感性和特异性，还能够对白色念珠菌进行定量检测。

（七）类症鉴别

常见的导致鸡嗉囊肿大的原因还有毛滴虫病和球虫病、断水断料后暴饮暴食，食道下段阻塞（如布条、毛发、橡胶条等）、某些药物（阿托品等）和毒素的毒副作用、黏性大的饲料（小麦粉）等。毛滴虫病与念珠菌病极相似，且常常混合感染。取消化道黏膜上的干酪样物镜检即可鉴别。

球虫病引起的嗉囊肿大主要发生于感染早期，病鸡饮水增多，嗉囊内积累饮水和饲料，随着病程发展，或死亡或康复，一般无明显后遗症。断水断料后的暴饮暴食均容易追溯到病因，且多为急性发作，一般容易诊断。食道异物的阻塞多见于放养鸡，剖检在嗉囊内可找到阻塞的异物即可诊断。药物或毒素引起嗉囊肿大，可对使用的饲料成分和药物的分析找到原因。

（八）防治

1. 预防

加强饲养管理，改善卫生条件。该病的发生与环境卫生条件密切相关。由于病原集中在消化道，且能随肠道内容物以粪便的形式排出体外，对环境造成污染，临床上一定要加强粪便的清理，定期更换垫料，特别是散养模式下的养殖场，病原很容易经口摄入而大面积扩散，因此，加强卫生管理对预防该病至关重要。要确保鸡舍清洁、干燥、通风良好。控制合理的饲养密度，减少应激因素，防止饲料霉变。加强消毒，舍内可用2%福尔马林或1%氢氧化钠进行消毒。由于蛋壳表面常带菌，所以孵化前应用碘制剂处理种蛋防止垂直传播。此外，可在饲料中定期加喂制霉菌素或在饮水中添加硫酸铜。

2. 治疗

如果大群出现感染，可在疾病蔓延的早期进行大群投药，按照0.1%浓度在饮水中加入乳酸菌类微生态制剂饮水，连用15 d以上，通过“以菌治菌”的方式降低该病的损害。每千克饲料中添加0.22 g制霉菌素拌料使用，连用5～7 d。按照1 g克霉唑用于100只雏鸡的剂量进行拌料，连用5～7 d。1∶2 000硫酸铜饮水，连用5 d。对于病情严重病例，可轻轻撕去口腔伪膜，涂碘甘油或甲紫溶液进行杀菌。

由于白色念珠菌对人也能造成感染，故兽医人员在治疗过程中一定要做好自身防护，操作时戴橡胶手套，穿专用防护衣，所有与病灶接触的器械需要用开水蒸煮消毒。如若接触病禽后出现身体不适，如生殖系统炎症、皮炎和肺部感染等要第一时间就医。

三、冠癣

冠癣（Favus）是鸡的一种慢性皮肤霉菌病。它的特征是在头部的无毛部分，特别是在鸡冠表面形成黄白色、鳞片状的癣痂。

（一）病原

冠癣的主要致病因子为禽小孢子菌（*Microsporun gallinae*）。禽小孢子菌在27℃、1～2周或20℃、4周左右长出菌落。最初，菌落是白色、天鹅绒似的，随着培养时间的延长变成淡粉色。菌落背面最初是淡黄色，逐渐变成红色。镜下观察，菌落由纤细的、被隔膜分开的菌丝构成，菌丝上长有大量的小分生孢子和大分生孢子。小分生孢子呈梨形，2 μm×4 μm，大分生孢子（6～8）μm×（15～50）μm，有细长光滑或刺突4～10个细胞组成的室，小室底部与菌丝有一个弯曲或逐渐变细的连接。

小孢子菌对外界具有较强的抵抗力，耐干燥，100℃干热1 h方可致死，但对湿热抵抗力不强。对一般消毒剂耐受性很强，1%醋酸需1 h；1%氢氧化钠数小时；2%福尔马林30 min。对一般抗生素及磺胺类药均不敏感，制霉菌素、两性霉素B和灰黄霉素等对该菌有抑制作用。

（二）流行病学

该病主要发生于鸡，各种年龄的鸡都能感染，实验室小动物人工接种可以发病，人也偶有发生感染的报告。该病主要通过皮肤伤口传染，鸡群直接接触也可以相互传染，逐渐散播。温暖、潮湿、污秽、阴暗、拥挤的鸡舍能促使该病的发生和发展，因此，该病多发于夏秋季节。

（三）症状

鸡冠病变部有白色或黄白色的圆斑或小丘疹，皮肤表面有一层麦麸状的鳞屑，好像撒落的面粉。由冠部逐渐蔓延至冠部、肉髯、眼睛四周以及头部无毛部分的皮肤和躯体，羽毛逐渐脱落，整个鸡冠表面盖着一层灰白色的癣痂，呈石棉状（图4-41-26）。随着病情的发展，鳞屑增多，形成厚痂，使病鸡痒痛不安、体温升高、精神萎靡、羽毛松乱、流涎、行走不便、排黄白色或黄绿色稀粪，进而逐渐消瘦、生长发育受阻、贫血、黄疸，母鸡产蛋量下降甚至停产。

（四）病理变化

该病的病原菌只寄生于表皮，一般不侵入真皮层以下，主要在表皮角化层、毛囊、毛根鞘及其细胞中繁殖；有的穿入毛根内生长繁殖。霉菌的代谢产物，可引起真皮充血和水肿，发生炎症，使皮肤发生丘疹、水疱和皮屑；有毛区发生脱毛、毛囊炎或毛囊周围炎，有黏液性分泌物。有些严重的病例，病菌也可以侵入内脏器官，在上呼吸道黏膜上形成一种坏死结节和淡黄色的干酪样沉着物，偶尔也可能发生在支气管和肺，甚至引起嗉囊和小肠黏膜发生坏死性炎症。

图 4-41-26　鸡冠表面覆盖一层灰白色的癣痂（郝彭友 供图）

（五）诊断

根据病鸡头部皮肤的局部病变，即可作出初步诊断。如有必要可进行实验室检查。

1. 镜检

刮取皮肤鳞屑或粘有渗出物的被毛置于玻片上，加入 10% 氢氧化钾 1 滴，以盖玻片覆盖，缓慢加热，用低倍镜和高倍镜观察，可见病灶部完整的菌丝及菌丝碎片。

2. 培养

将病料用 70% 酒精或 2% 石炭酸浸渍数分钟，再以无菌盐水冲洗，接种在沙氏培养基（内含氯霉素 50 μg/mL、放线酮 500 μg/mL）上，25 ～ 28℃培养 2 ～ 3 周，观察菌落特点，镜检观察真菌的菌丝和孢子。

3. 动物试验

用豚鼠或家兔进行试验，用病料进行皮肤擦伤感染，阳性者经 7 ～ 8 d 出现炎性反应、脱毛和癣痂。

（六）防治

1. 预防

加强饲养管理，搞好环境卫生。空舍时对鸡舍地面、墙壁、天花板、用具彻底清洗，然后用 2% 氢氧化钠或 0.5% 过氧乙酸消毒，平时用二氯异氰尿酸钠带鸡消毒。发现病鸡后，轻者隔离治疗，重者立即淘汰。

2. 治疗

大群治疗时，可用 1∶（1 000 ～ 2 000）的硫酸铜或 0.5% 五氯酚溶液进行药浴，能控制疾病的发展。个别治疗时，先把病鸡鸡冠和肉髯等处的结痂用肥皂水浸软后剥去，待干燥后局部涂擦克霉唑软膏或达克宁霜，也可用 10% 水杨酸软膏或 2% 福尔马林溶液，均有一定疗效。此外，也可应用福尔马林软膏涂擦患部皮肤。配制方法：福尔马林 1 份，凡士林 20 份。先将凡士林装在玻瓶或其他容器内，水浴加热，融化后加入福尔马林，振摇均匀，凡士林凝固后即成软膏。

第四十二节 衣原体病

鸡衣原体病（Avian chlamydiosis，AC）是由鹦鹉热亲衣原体（*Chlamydia psittaci*）引起的一种高度接触性传染病，可在多种禽类中发生流行，以鹦鹉感染率最高，故该病又称为鹦鹉病、鹦鹉热、鸟疫。该病以纤维素性心包炎、气囊炎、结膜炎、肝脾肿大为特征，可引起雏鸡或肉仔鸡大批死亡，产蛋鸡产蛋率下降。该病为人兽共患传染病，可引起人的沙眼，与人类健康密切相关，具有公共卫生意义。

一、历史

1893 年法国巴黎发生一起由鹦鹉传染给人的疾病，引起像流感一样的症状，当时按鹦鹉的拉丁词（Psittacus）取名鹦鹉热。1907 年人们发现该病的病原为一种特征性的细胞内寄生的微生物。1929—1930 年的一次大流行中，至少有 12 个国家受到波及，该病由此引起关注。在美国，该病的发生是由于从南美进口亚马逊鹦鹉引起的，而其他国家由于限制进口鹦鹉从而控制了该病的大流行。以后的 20 年人们逐渐明确该病不仅仅局限于鹦鹉，而且在几乎所有的禽类中广泛流行，并且其他禽类发病后也能传染给人。1939 年，南非诊断实验室在其送检的两只鸽子中分离出衣原体，很快加利福尼亚州从信鸽中分离出衣原体，纽约的两例病人感染查明是由于接触野鸽引起。1942 年，血清学检测表明鸭和火鸡能够自然感染。20 世纪 50 年代早期，才从火鸡和接触火鸡的人群中分离到衣原体。1966 年 Page 提议设立衣原体属，并被美国微生物学会接纳。我国于 1959 年从家禽和人的鸟疫开始了对鹦鹉热亲衣原体的研究。

二、病原

1. 分类

病原为鹦鹉热亲衣原体，属衣原体目、衣原体科、亲衣原体属，是一类介于立克次体与病毒之间的微生物。

2. 染色与形态特征

衣原体细胞呈圆形或椭圆形，革兰氏染色阴性，含有 DNA 和 RNA 两种核酸，其细胞壁含有属特异性脂多糖及丰富的主要外膜蛋白。衣原体有较为复杂的、能进行一定代谢活动的酶系统，但不能合成带高能键的化合物，因此需要利用宿主细胞的三磷酸盐和中间代谢产物作为能量来源，专性细胞内寄生，不能在细胞外生长繁殖。

衣原体在宿主细胞内生长繁殖时，可表现独特的发育周期，并以二等分裂的方式繁殖，不同发育阶段的衣原体在形态、大小和染色特性上有差异。在形态上可分为个体与集团两类形态。个体形态有大小两种，一种是小而致密的，称为原体，可侵入柱状上皮细胞内，也称为感染形态；另一种是大而疏松的，是细胞内代谢旺盛的一种增殖形态，称为网状体。

（1）原体。呈球状、椭圆形或梨形，直径 0.3 μm，电镜下可见其内含大量核物质和核糖体，中央致密，有细胞壁；吉姆萨染色呈紫色，马基维罗氏染色呈红色；原体在细胞外有高度传染性，但无繁殖能力。当原体吸附于易感细胞表面后，经吞饮作用进入细胞内，此时宿主细胞膜包围在原体外形成空泡，原体在空泡内逐渐增大，演变为网状体。原体发育成熟，可导致宿主细胞破裂，新的原体从细胞质内释放出来，再感染其他新的细胞。

（2）网状体。较大，直径为 0.7 ～ 1.2 μm，呈圆形或椭圆形，无细胞壁，由原体发育增大而成；吉姆萨染色与马基维罗氏染色均呈蓝色；网状体在细胞空泡中以二分裂方式繁殖形成中间体，中间体成熟后变小即成子代原体。网状体是繁殖型，可以反复分裂，无传染性，每个发育周期为 2 ～ 3 d。

集团形态是指衣原体在细胞空泡内繁殖过程中所形成的一种包涵体样结构，其在细胞内可出现多个包涵体，一个包涵体内有 100 ～ 500 个子代原体。成熟的包涵体吉姆萨染色呈深紫色，内含无数的原体和正在分裂的网状体，革兰氏染色阴性。

3. 培养特性

衣原体具有严格的寄生性，必须在活的细胞内才能生长繁殖。绝大多数鹦鹉热亲衣原体能在 5 ～ 7 日龄鸡胚或 8 ～ 10 日龄鸭胚卵黄囊中生长繁殖；小鼠经脑内和腹腔接种也能增殖；此外，衣原体可在易感动物组织培养细胞中生长，但经细胞分离增殖效果不佳，一般先经鸡胚 / 鸡胚卵黄囊增殖后，再接种细胞。衣原体能产生内毒素，注射于小鼠体内，能迅速使动物死亡，这种毒性作用能被特异性抗体所中和。细胞培养可用鸡胚原代细胞或 HeLa 细胞、Vero 细胞等传代细胞系来增殖培养。动物接种一般用于严重污染病料中衣原体的分离培养。衣原体主要在细胞质小泡中繁殖，在许多细胞包括巨噬细胞中，衣原体可以形成细胞质内包涵体，后者可以在染色抹片或组织切片中发现，所有衣原体对四环素类药物敏感。

4. 抗原结构

衣原体有三种不同类型的抗原。

（1）属特异性抗原。衣原体属的共同抗原，位于细胞壁，是一种分子量较大的脂多糖。

（2）种特异性抗原。位于细胞壁的外膜蛋白，与致病性和免疫性相关，外膜蛋白能刺激机体产生中和抗体。

（3）型特异性抗原。外膜抗原还可以区分种内的血清型或生物型，决定这种型特异性差异的分子基础是外膜抗原中可变区氨基酸的顺序变化。

5. 抵抗力

衣原体对能影响脂类成分或细胞壁完整性的化学因子非常敏感，即使在组织碎片中，衣原体也很快被表面活性剂如季铵盐类和脂溶剂杀死，超声波或去氧胆酸钠处理能将其破坏。对热及常用的消毒药十分敏感，56 ～ 60℃仅能存活 5 ～ 10 min，37℃、48 h 或 22℃、12 d 可使其失去活力；4℃条件下可保存 24 h，-20℃可长期保存，冻融后抗原滴度下降，经 6 次冻融后即可失去感染性；-50℃可保存 1 年以上。常用的消毒剂如 2% 碘酊、0.5% 石炭酸、0.1% 甲醛、3% 过氧化氢、1% 福尔马林溶液、0.1% 季铵盐类消毒液及 75% 酒精可在 30 min 内使其死亡，但对煤酚类需 50 d 才能灭活；青霉素、金霉素、红霉素及多黏菌素 B 等可抑制衣原体生长繁殖，而链霉素、庆大霉素、卡那霉素及新霉素等则不能抑制。鸡胚卵黄囊或小鼠体内具感染性的原生小体，在-20℃下可保存若干年。衣原体耐低温、耐干燥，在干燥的粪便中可存活数月。

三、流行病学

衣原体的宿主范围十分广泛，自然情况下，各种家禽如火鸡、鸡、鸭、鹅、鸽子等均能感染发病，且可交叉传播。鸡对鹦鹉热亲衣原体有较强的抵抗力，鸡群感染后多呈隐性经过。该病一年四季均可发生，以秋冬和春季发病较多。不同日龄的鸡对该病的易感性不同，雏鸡较成年鸡更易感。具有高度感染性的原体侵入宿主体内，即吸附于易感细胞表面，通过细胞吞饮作用而进入细胞内，在细胞质内增殖，衣原体微菌落散于整个细胞质内，其致病作用是通过产生的内毒素而实现。饲养管理不当、营养不良、气温突变、通风不良等应激因素以及继发或并发沙门菌、多杀性巴氏杆菌、大肠杆菌等细菌感染时，均可增加该病的发病率和死亡率。

该病可经消化道、呼吸道、空气、眼结膜、皮肤伤口等传播。患病或带病原鸡群可通过血液、鼻腔分泌物、粪便等排出大量病原体，污染水源和饲料，健康鸡群通过吸入含有衣原体尘埃或飞沫经呼吸道而感染，也通过采食被病鸡污染的饲料、饮水等经消化道而感染，各类染病动物之间可互为传染源，吸血昆虫如蝇、蜱、虱等可促进衣原体在动物之间的迅速传播，隐性感染的带病原鸡群以及中间禽类宿主是主要传染源。此外，也有研究报道鸡、鸭、海鸥和长尾鹦鹉等也可经种蛋垂直传播。由于该病可通过病死鸡的羽毛、粪便和鼻液经呼吸道感染人，因此兽医及饲养管理人员处理疑似患病鸡群时应当特别注意。

根据对鸡群致病力的差异性，可将禽源鹦鹉热亲衣原体分为两类。一类是强毒株，能引起急性流行，可导致自然宿主和实验宿主死亡，死亡率为 5% ～ 30%，重要脏器出现广泛性血管充血和炎症，并可使接触患病禽的人员和实验研究人员发生感染；另一类是低致病毒株，可引起慢性进行性流行，感染后不产生严重的临床症状，若无并发感染，死亡率一般低于 5%。

四、症状

发病初期鸡群症状不明显，仅见食欲不振。随着病情发展，病鸡精神沉郁，食欲降低；体温升高，羽毛松乱；结膜发炎，眼睑肿胀流泪，呼吸困难；粪便稀软，呈黄绿色或白色，肛门周围污染，眼内和鼻腔中分泌物增加，有时在眼睛周围羽毛上有脓性分泌物干燥凝结成的痂块。雏鸡或肉仔鸡严重感染可引起大批死亡，死亡率为 10% ～ 30%；蛋鸡严重感染，腹部膨大下垂，喜卧，行走困难，呈企鹅状，触诊腹部有波动感，产蛋性能降低，无高峰期，产蛋率下降 40% ～ 50%。部分病鸡耐过后生长严重受阻，为僵鸡，失去经济价值。

五、病理变化

（一）剖检变化

雏鸡或肉仔鸡以纤维素性心包炎、气囊炎、肝周炎、腹膜炎、肺炎和肝脾肿大、有坏死点为特征。一般可见脾脏肿大 2 ～ 3 倍，表面有灰黄色坏死灶或出血点；肝脏肿大，质脆，色变淡，有小的坏死灶；气囊膜增厚浑浊，有时被黄色纤维素性脓性渗出物覆盖，严重者形成黄色干酪样物；肺脏淤血，心包腔内有浆液性或浆液纤维素性炎症反应；十二指肠黏膜出血，肠道内容物呈黄绿色胶冻样或水样；泄殖腔内容物内含较多尿酸盐。

蛋鸡病变主要集中在卵巢和输卵管。卵泡膜树枝状充血，卵黄稀薄；输卵管水肿，内有大小不一的囊泡，充满清亮的液体（图 4-42-1）；输卵管系膜增厚发白，膜上有大量黄色硬块，输卵管浆膜有黄色干酪样纤维蛋白渗出，输卵管蛋白分泌部位被大量浆液充满而呈囊肿样，切开流出大量液体。

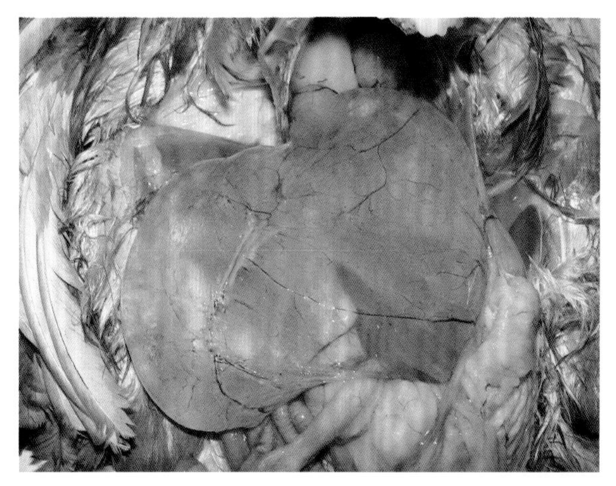

图 4-42-1　输卵管有大量透明液体（刁有祥 供图）

（二）组织学变化

组织学变化表现为气管黏膜固有层和黏膜下层可见单核细胞、淋巴细胞和异染性细胞浸润，黏膜上皮纤毛消失；肺脏水肿，细支气管周围有单核细胞浸润和纤维素性渗出；心包和心外膜充血，亦见有单核细胞和不同数量的淋巴细胞与异染性细胞浸润及纤维素渗出，并常伴发心肌炎。大多数患病鸡发生肝炎变化，肝细胞变性、坏死，窦状隙因单核细胞、淋巴细胞和异染性细胞浸润而扩张，星状细胞肿胀、增生并吞噬细胞碎屑和含铁血黄素；脾细胞坏死，单核细胞浸润，巨噬细胞增生；肠黏膜脱落、坏死；肾小管上皮细胞变性，间质内有淋巴细胞和单核细胞浸润。许多组织中单核细胞、巨噬细胞及上皮细胞内见有包涵体。

六、诊断

根据该病临床症状和剖检变化可作出初步诊断，确诊需要进行病原分离鉴定以及实验室诊断。

（一）直接镜检

无菌采集新鲜渗出物、肝脏、脾脏、气囊、心包或心外膜组织做触片，自然干燥，甲醇固定 5 min，用吉姆萨染色，镜检细胞内包涵体中的原生小体颗粒为深紫色；Gimenez 法染色、触片干燥后用火焰加热固定，原生小体颗粒为红色或呈紫红色。

（二）病原分离鉴定

无菌操作收集病鸡的组织器官（气囊、脾脏、心脏、肝脏和肾脏）或活鸡的喉头 / 泄殖腔棉拭子，经常规处理后进行病原分离培养与鉴定。

1. 动物接种

用于感染较为严重的病料中衣原体的分离培养。常用 3 ～ 4 周龄小鼠经腹腔或脑内接种。腹腔接种的小鼠可引起腹膜炎、腹腔积水、腹部膨大、不能行动，在接种后 4 ～ 7 d 扑杀，剖检可见脾脏明显肿大。以表面有淡黄色渗出物的脏器浆膜制成触片，染色后镜检可见细胞质内有衣原体各发育阶段的形态及其包涵体；脑内接种的小鼠可出现后躯麻痹或瘫痪等神经症状，用肺脏、脑脏、肝脏、脾脏制成触片染色，可观察到衣原体。同时，可从小鼠体内分离到衣原体，并进行传代培养。

2. 鸡胚 / 鸭胚培养

衣原体可在 5 ～ 7 日龄鸡胚或 8 ～ 10 日龄鸭胚卵黄囊内生长繁殖。胚体一般在接种 3 ～ 5 d 死亡，取死胚卵黄囊膜制成涂片，染色镜检，可见有包涵体、原体和网状体颗粒。卵黄囊膜可用于制备衣原体的各种诊断抗原和免疫材料。鸡胚不死亡的有时需要盲传几代。

3. 细胞培养

可用鸡胚、小鼠等易感动物组织的原代细胞培养，也可用 HeLa、Vero、BHK21 等传代细胞系增殖。由于衣原体对宿主细胞的穿入能力较弱，可加入二乙氨基乙基葡聚糖增强其吸附能力。通常直接用细胞分离培养的效果不好，因此一般先进行鸡胚或鸡胚卵黄囊分离，再进行细胞增殖。

（三）免疫学诊断

1. 间接血凝试验

该方法操作简便，灵敏性与特异性较强。具体操作步骤为每孔加稀释液 75 μL，吸取被检血清 25 μL 加入第一孔，以 4 倍稀释梯度递增稀释到第 3 孔，即 1∶4、1∶16、1∶64，弃去第 3 孔；每孔加入抗原 25 μL，置于微型振荡器振荡 2 min，37℃作用 2 h 后判定结果；在同一板上设置阳性、阴性和空白对照 2 孔。若对照组各孔结果成立，被检血清 1∶16 孔出现“++”以上者为阳性；1∶4 孔出现“+”以下为阴性；1∶4 孔出现“++”至 1∶16 孔“+”以下者判定为可疑。

2. 补体结合试验

可以检测衣原体在鸡群中的感染，所用补体来源于无衣原体感染的豚鼠。抗体滴度在 1∶64 时，表明为近期感染；若间隔 10 ～ 14 d，作二次检测，抗体滴度上升 2 个滴度，表明正在感染期。微量法直接补体结合试验，所用抗原是经细胞培养增殖的衣原体制备的；改良的直接补体结合试验，是在补体中加入 5% 新鲜正常的鸡血清，优点是对不能正常与豚鼠补体结合的鸡血清抗体，也可检测出来。

3. 荧光抗体法

本方法简便、快速、特异性好，其敏感性和特异性随样品采集部位的不同而有差异。衣原体类型的鉴别与所用荧光标记抗体种类有关，用多克隆荧光抗体检测可诊断衣原体感染，但不能区别其类型；单克隆荧光抗体可直接定型，识别的是衣原体的原生小体，而非较大的包涵体。常采用间接染色法，检测感染的细胞培养物、禽类组织切片或涂片中的衣原体抗原。所用第一血清是用感染鸡胚卵黄囊免疫家兔后制成；第二血清是羊抗兔球蛋白荧光抗体。稀释液浓度为 1∶20 以上，阳性标本的细胞质内包涵体呈明亮的荧光。

4. ELISA 方法

ELISA 方法是用来检测临床标本中衣原体抗原的一种有效方法。所用抗体多为衣原体属脂多糖单克隆或多克隆抗体，特异性较强。本方法简便、快速，适用于大量标本的快速检测，但与革兰氏阴性细菌有交叉反应，可出现假阳性。此外，敏感性受临床标本中衣原体数量影响。

5. 琼脂凝胶沉淀试验

常用于大量血清样品调查、鸡群衣原体病定性诊断、病原体的分离鉴定。

（四）分子生物学诊断

分子生物学方法已被广泛用于鹦鹉热亲衣原体外膜主要蛋白基因的检测和多形态膜蛋白基因的检测。目前国内外学者已成功应用衣原体主要外膜蛋白基因、热休克蛋白、脂多糖靶基因序列，通过 PCR、DNA 杂交及 Real-time PCR 等技术实现衣原体的快速检测。分子生物学技术的特异性、敏感性较高，且操作较为简便，对扩增产物还可进行测序、同源性分析、遗传进化分析及实时定量分析，适用于临床样本准确诊断和快速检测。

七、类症鉴别

该病在临床症状和剖检变化应与支原体病、沙门菌病、肾型传染性支气管炎及巴氏杆菌病等具有相似性，需要进行鉴别。

（一）衣原体病与巴氏杆菌病

二者病鸡均可表现为腹泻等症状。但巴氏杆菌感染病鸡排灰白色或绿色稀便，衣原体感染病鸡排黄绿色水样稀便，且病鸡有眼部病变；巴氏杆菌染色镜检可见两级着色的卵圆形短杆菌，而衣原体染色镜检后可观察到单核细胞细胞质内存在深紫色球状包涵体；此外，病鸡肝脏接种巧克力琼脂培养基后，巴氏杆菌可生长，而衣原体则不能。

（二）衣原体病与沙门菌病

二者均可表现为腹泻，眼、鼻有分泌物，且剖检可见肝脏、脾脏肿胀。但鸡沙门菌感染病鸡表现为神经症状，而鸡衣原体感染则无；病鸡肝脏接种麦康凯琼脂平板，沙门氏菌可长出白色半透明菌落，衣原体则不能；沙门菌感染病鸡慢性病例常表现为病鸡关节肿胀、跛行，而鸡衣原体感染的鸡则无。

（三）衣原体病与支原体病

衣原体感染病鸡呼吸道症状严重，而支原体感染病鸡发出轻微的呼噜声，声音小。衣原体病前期有单侧性肺炎，严重时出现黄色或白色纤维素性渗出物，后期双侧性肺炎，形成黄色或白色纤维素性渗出物，支原体则没有肺炎。

（四）衣原体病与肾型传染性支气管炎

衣原体病鸡的输卵管水肿，液体呈透明状，鸡只呈企鹅状态，且透明液体逐渐增多，液体在真皮下和肌肉层之间。肾型传染性支气管炎是萎缩的输卵管内含有黏液，必要时应进行病原分离鉴定。

八、防治

（一）预防

目前尚未有商品化疫苗，加强饲养管理、做好鸡舍环境的卫生消毒工作和药物预防仍是控制衣原体感染的主要手段。

避免应激因素发生，保持鸡舍的温度、湿度、通风，饲喂新鲜的全价饲料，供给干净饮水；保证合理的饲养密度，增强鸡群的抵抗力；做好卫生消毒工作，保持良好的卫生条件，对鸡舍和运动场进行日常清洁和消毒。鸡舍可用 0.1% 新洁尔灭带鸡消毒，饮水器、料槽用 0.01% 高锰酸钾消毒，鸡场外环境每天用 2% ～ 3% 火碱进行消毒；杜绝引入传染源，新引进的鸡群必须隔离观察，严格检疫，确认无病原后方可合群饲养；鸡场禁止养鸟或其他禽类，以防外来病原的污染；从小到大饲养过程中每批鸡应以整群为单位，不应中途补充新鸡；粪便、垫料和脱落的羽毛要堆积发酵，进行无害化处理，勤换垫料；对已发病鸡群要及时隔离治疗，病死鸡深埋或焚烧，并对环境、料槽、水

槽、饲料、用具等进行严格消毒。由于鹦鹉热亲衣原体可以传播给人，并引起严重的疾病，因此在处理感染鸡群和污染材料时必须格外小心，注意做好个人防护工作。

（二）治疗

常用的抗生素如青霉素、强力霉素、氟甲砜霉素、多黏菌素、泰乐菌素、替米考星、阿莫西林等可抑制衣原体的生长繁殖。治疗时可在饲料中加入 0.01% 强力霉素，连用 5 ～ 7 d，效果较好；也可使用泰乐菌素饮水，每升水加 500 mg，连用 3 ～ 5 d，拌料可按每千克饲料 1 000 mg，连用 3 ～ 5 d；也可用阿莫西林饮水，每升水 60 ～ 120 mg，连用 4 ～ 5 d。

第五章 鸡寄生虫病

第一节　概　述

鸡寄生虫病（Chicken parasitic disease）是指各种寄生虫暂时或永久性寄生于鸡的体内或体表而引起的一类疾病的总称。寄生于鸡的寄生虫种类众多，包括原虫、吸虫、绦虫、线虫、棘头虫等。

鸡感染寄生虫的途径有很多。一是经口感染，即寄生虫通过鸡群的采食、饮水，经口腔进入其体内，经口感染是寄生虫入侵鸡体的主要方式；二是经皮肤传染；三是接触感染，寄生虫通过与鸡群的直接或间接接触，或通过用具、饲养人员等间接接触，造成该病的传播流行，主要是一些外寄生虫；四是经节肢动物感染，即寄生虫需要通过节肢动物对鸡群的叮咬、吸血进行传播，主要是血液原虫等。其中最常见的感染途径是鸡群经口摄入了感染阶段的寄生虫卵、幼虫或带有感染性幼虫的中间宿主而感染发病。

寄生虫感染对鸡的危害主要包括四个方面。一是寄生虫生长发育繁殖所需的营养物质来源于鸡体，寄生虫会通过经口吞食或体表吸收的方式掠夺宿主鸡的营养物质，导致感染鸡营养不良、生长缓慢、消瘦贫血、抵抗力下降以及生产性能降低等，严重时甚至造成死亡。二是寄生虫或其幼虫在侵入宿主鸡后，可在宿主寄生部位如腔道、组织、器官和细胞内移行，对其造成机械性损伤，如腔道堵塞、组织细胞损伤、黏膜损伤、炎性反应、穿孔、破裂等，使宿主的组织、脏器受到不同程度的损伤。三是寄生虫分泌的组织溶解酶、代谢产物及死亡虫体的崩解物，可造成寄生部位增生、坏死，尤其是对神经和血液系统造成较大的损害，还能作为抗原诱导鸡产生免疫病理反应，如在肝脏、肠等部位形成肉芽肿。四是除寄生虫本身外，寄生虫在侵入鸡体或迁移过程中，可能会携带并引入其他病原体，如某些细菌、病毒等，某些寄生虫也能够传播其他疾病，造成鸡群的混合感染。

各种家禽寄生虫病严重危害着鸡群和人类的健康，严重影响着鸡肉、鸡蛋等副产品的产量和质量，因此为保障鸡群健康，降低寄生虫病对鸡群的危害，应重视对鸡寄生虫病的综合防控。在养殖过程中，必须针对不同寄生虫的生活史、感染方式、传播规律和流行特性，采取综合措施预防和控制鸡寄生虫病。

第二节　原虫病

一、球虫病

鸡球虫病（Chicken coccidiosis）是由一种或多种球虫寄生在鸡的肠黏膜上皮细胞引起的一种急性或慢性原虫病，是鸡群中最为常见且危害严重的寄生虫病。耐过鸡群长期不能恢复，生长发育也受到严重的影响；成年鸡多为带虫者，增重和产蛋能力下降。该病在世界养鸡地区普遍存在，给养鸡业带来严重的经济损失，危害十分严重。

（一）病原

鸡球虫属原生动物门，孢子虫纲，球虫目，艾美耳科（Eimeridae），艾美耳属（*Eimeria*）。目前国际公认的球虫有 9 种，其中 7 种为有效虫种，分别为毒害艾美耳球虫（*E. necatrix*）、柔嫩艾美耳球虫（*E. tenella*）、堆形艾美耳球虫（*E. acervulina*）、布氏艾美耳球虫（*E. brunetti*）、巨型艾美耳球虫（*E. maxima*）、和缓艾美耳球虫（*E. mitis*）、早熟艾美耳球虫（*E. praecox*）、变位艾美耳球虫（*E. maviti*）、哈氏艾美耳球虫（*E. hagani*）。变位艾美耳球虫和哈氏艾美耳球虫为无效虫种。在 7 种有效虫种中，柔嫩艾美耳球虫和毒害艾美耳球虫致病力较强，其他球虫致病性较弱。球虫卵囊形态为卵圆形、椭圆形或圆形。

1. 柔嫩艾美耳球虫

对鸡致病力最强，寄生于盲肠的一侧或两侧，存在于盲肠及附近上皮细胞。卵囊较大，呈淡褐色，卵囊壁呈淡绿色，为宽的卵圆形或椭圆形，大小为（20 ～ 25）μm×（15 ～ 20）μm。

2. 毒害艾美耳球虫

致病力强，寄生在小肠中段黏膜内，裂殖生殖在小肠段上皮细胞内，配子生殖在盲肠上皮细胞内。卵囊中等大小，卵圆形，无色，大小为 20.1 μm×16.9 μm。

3. 和缓艾美耳球虫

在小肠前半部上皮细胞内寄生，卵囊小，近圆形，卵囊无色，卵囊壁淡绿黄色，大小为（12.75 ～ 19.5）μm×（12.5 ～ 17）μm。

4. 变位艾美耳球虫

寄生在小肠前段和中段上皮细胞，延伸到直肠和盲肠，卵囊小，呈卵圆形或椭圆形，大小为（11.1 ～ 19.3）μm×（10.5 ～ 16.2）μm。

5. 巨型艾美耳球虫

寄生在小肠中段上皮细胞，卵囊大，为宽的卵圆形，一端顿圆，一端窄。卵囊呈黄褐色，卵囊壁呈淡黄色，大小为（21.75 ～ 40）μm×（17.5 ～ 33）μm。

6. 哈氏艾美尔球虫

寄生在小肠前段，为宽的卵圆形，卵囊中等大小，无色，大小为（15.5 ～ 20）μm×（14.5 ～ 18.5）μm。

7. 布氏艾美耳球虫

寄生在小肠后段和盲肠，卵囊较大，呈卵圆形，大小为（20.7 ～ 30.3）μm×（18.1 ～ 24.2）μm。

8. 堆型艾美耳球虫

寄生在小肠前段和十二指肠的上皮细胞内，具有一定的致病作用（中等致病性）。卵囊中等大，卵圆形，卵囊无色，壁呈淡黄绿色，大小为（17.5 ～ 22.5）μm×（12.5 ～ 16.75）μm。

9. 早熟艾美耳球虫

寄生在小肠前段，呈椭圆形，大小为（20 ～ 25）μm×（17.5 ～ 18.5）μm，病变不明显。

（二）生活史

所有艾美耳球虫的生活史基本相似，均为直接发育型。整个生活史包括裂殖生殖（在鸡肠内）、配子生殖（在鸡肠内）和孢子生殖（体外阶段）三个阶段。随宿主粪便排到自然界的是球虫卵囊，其一般为卵圆形，内含一个圆形或近圆形的合子（或称卵囊质、成孢子细胞）。在适宜的温度和湿度条件下，卵囊内的合子分裂为四个孢子囊，每个孢子囊内含两个子孢子，此时的卵囊称孢子化卵囊，对宿主具有感染力，故也称感染性卵囊。当鸡进食或饮水时将孢子化卵囊食入之后，卵囊壁被消化液溶解，子孢子逸出，侵入肠上皮细胞内，核进行无性复分裂，形成多核的裂殖体，这一无性繁殖过程即裂体增殖。裂殖体分裂成数目众多的裂殖子（图 5-2-1），并破坏上皮细胞。从破溃上皮细胞释放出的裂殖子侵入新的上皮细胞内，并以同样的方式进行繁殖。裂体增殖进行若干代之后，某些裂殖子转化为有性的配子体，即大配子体和小配子体，一个大配子体发育成一个大配子，一个小配子体分裂成很多有活动性的小配子，大配子和小配子结合，形成一个合子，合子分泌物形成被膜，即成为卵囊。最后，卵囊由宿主细胞内释出，落入肠道，随鸡粪排出体外。

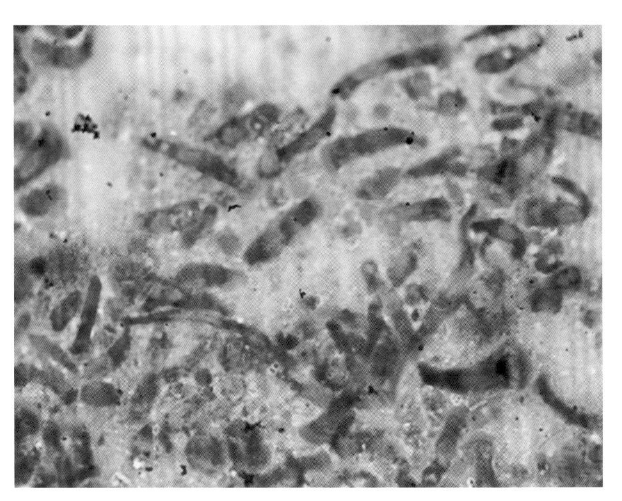

图 5-2-1　球虫裂殖子（李宏梅 供图）

（三）流行病学

鸡是所有球虫的唯一宿主，各个品种和日龄的鸡都对球虫具有易感性。3 月龄以内，尤其是 15 ～ 50 日龄的鸡群发病率和致死率较高，死亡率可达 80%；成年鸡多因前期感染过球虫，具有一定的抵抗力，当再次被感染时没有症状，但却是带虫者和传染源。1 月龄左右的鸡多感染盲肠球虫病，2 月龄以上的鸡主要感染小肠球虫病。鸡感染球虫的途径和方式为啄食感染性卵囊，环境中被粪便污染过的饲料、饮水、土壤、用具等都是传染源；其他鸟类、家畜和某些昆虫以及饲养管理人员，都可以成为球虫的机械性传播者；被苍蝇吸吮到体内的卵囊，可以在其肠道中保持活力达 24 h。

球虫卵囊对外界不良环境有较强的抵抗力，不易死亡，在土壤中可保持活力达 86 周。26 ～ 32℃的潮湿环境有利于卵囊的发育，但其对高温、低温和干燥的抵抗力较弱，55℃或冰冻能很快杀死卵囊，37℃维持 2 ～ 3 d 也会对卵囊产生极大影响。鸡球虫病的发病时间与气温和降水量密切相关，在潮湿多雨、气温较高的梅雨季节易暴发鸡球虫病，每年的 5—8 月为流行和高发季节，其中 7—8 月最为严重。

饲养管理条件不良能促进该病的发生。卫生条件恶劣、鸡舍潮湿、饲养密度大、饲养管理不当时最易发生。此外，某些细菌、病毒或其他寄生虫感染，及饲料中缺乏维生素 A、维生素 K，也可促进该病的发生。

（四）致病作用

球虫在鸡体内要经过裂殖增殖和配子生殖阶段，其中当裂殖增殖阶段的裂殖体在肠道上皮细胞中大量增殖时，破坏肠黏膜完整性，引起肠管出血和上皮细胞的崩解，发生消化机能障碍，营养物质不能吸收，且大量失血。上皮细胞的崩解能产生毒素，引起自体中毒。由于肠黏膜完整性被破坏，细菌易于入侵而发生继发感染。

（五）症状

1. 急性型

多见于雏鸡，病鸡精神沉郁，羽毛逆立蓬松；闭眼缩颈，食欲减退，泄殖腔周围的羽毛被排泄物粘在一起（图 5–2–2）。由于肠上皮细胞被大量破坏和自体中毒加剧，病鸡共济失调，鸡冠发白，贫血；嗉囊内充满液体，粪便呈水样、稀薄、带血；后期病鸡抽搐或昏迷，若不及时采取措施，致死率可达 50% ～ 80%，甚至更高。感染不同种的球虫病鸡所排粪便有差异，感染毒害艾美耳球虫，病鸡排橘红色、胶冻状粪便（图 5–2–3）；若感染柔嫩艾美耳球虫，病鸡最初排咖啡色稀便，随后排血便（图 5–2–4）；若为多种球虫混合感染，则粪便中带有血液，并含有大量脱落的肠黏膜。

2. 慢性型

常见于 4 ～ 6 月龄及 6 月龄以上的鸡。病程较长，持续数周到数月，症状较轻，病鸡日渐消瘦，产蛋减少，间歇性下痢，仅少数病鸡会出现死亡现象。

（六）病理变化

柔嫩艾美耳球虫主要侵害盲肠，可见一侧或两侧盲肠显著肿大，呈紫红色或紫黑色，是正常盲肠的 3 ～ 5 倍（图 5–2–5、图 5–2–6）；肠腔内充满新鲜或凝固的暗红色血液，盲肠黏膜斑点状或弥漫性出血；盲肠黏膜增厚、糜烂，严重者黏膜坏死、脱落，与盲肠内容物、血凝块混合凝固，形成“肠栓”（图 5–2–7、图 5–2–8）。组织学变化表现为黏膜下层水肿，嗜伊红细胞增多。黏膜与黏膜下层中，淋巴细胞、单核细胞和浆细胞增多。肌束间有淋巴细胞浸润，并有局灶性坏死。

毒害艾美耳球虫损害小肠，可见肠管肿胀，浆膜有大小不一的出血斑点、淡白色斑点（图 5–2–9、图 5–2–10）。肠壁增厚，肠管中有橘红色内容物（图 5–2–11、图 5–2–12），严重者肠管中充满紫红色或紫黑色血液，肠黏膜出血（图 5–2–13、图 5–2–14）。在裂殖体繁殖部位的肠黏膜上有明显淡白色斑点状坏死病灶和许多小出血点相间杂，或呈弥漫性出血。

堆型艾美耳球虫多在上皮表层发育，而且同期发育阶段的虫体常聚集在一起，因而被损害的十二指肠和小肠前段出现大量淡白色斑点，排列成横行，外观呈阶梯样（图 5–2–15）。病理组织学变化发生于绒毛上皮，绒毛变粗厚，远端部剥脱，常相互融合。裂殖体和配子体均寄生于上皮细胞核的上方。

巨型艾美耳球虫损害小肠中段，肠壁增厚，肠管扩张，内容物黏稠，呈淡灰色、淡褐色或淡红色（图 5-2-16）。肠黏膜充血、水肿、淤血和上皮下组织增厚，被寄生的上皮细胞肿大，突入上皮下组织区域。配子体在细胞核的下方发育，裂殖体则通常寄生于核的上方。

哈氏艾美耳球虫损害小肠前段，肠壁上出现大头针大小的红色圆形出血斑点，引发卡他性炎症、毛细血管充血和肠内容物呈水样等病变。

若多种球虫混合感染，肠管肿胀 4～5 倍（图 5-2-17），肠道浆膜有大量的出血斑点（图 5-2-18），肠壁增厚，肠黏膜严重出血，肠管中充满带有大量脱落上皮组织和出血形成的紫红色或紫黑色胶冻状内容物（图 5-2-19 至图 5-2-21）。

图 5-2-2　病鸡精神沉郁，羽毛蓬松（刁有祥　供图）

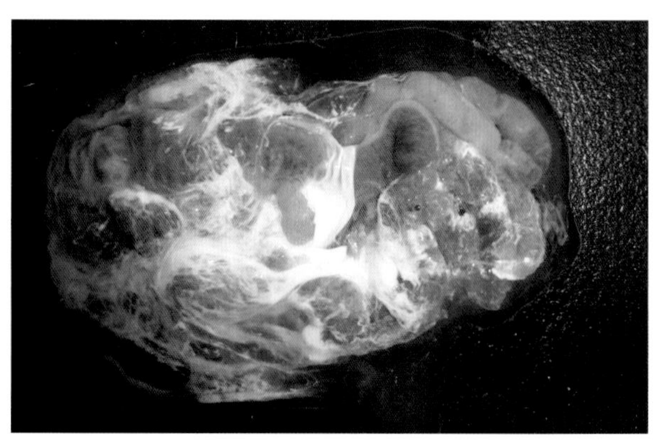
图 5-2-3　病鸡排橘红色、胶冻状粪便（刁有祥　供图）

图 5-2-4　病鸡排血便（刁有祥　供图）

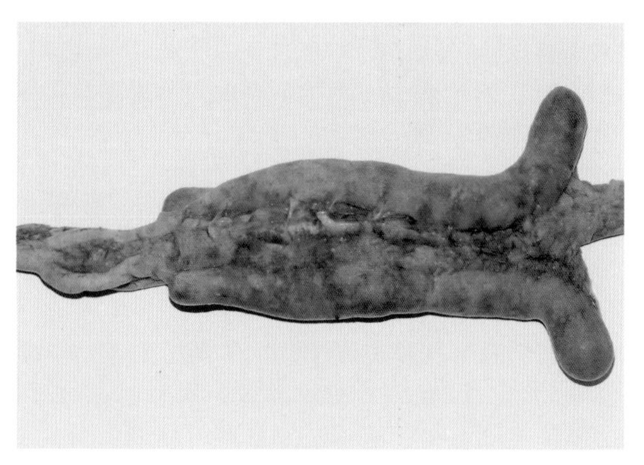
图 5-2-5　两侧盲肠肿胀（刁有祥　供图）

图 5-2-6　两侧盲肠肿胀，呈紫红色（刁有祥　供图）

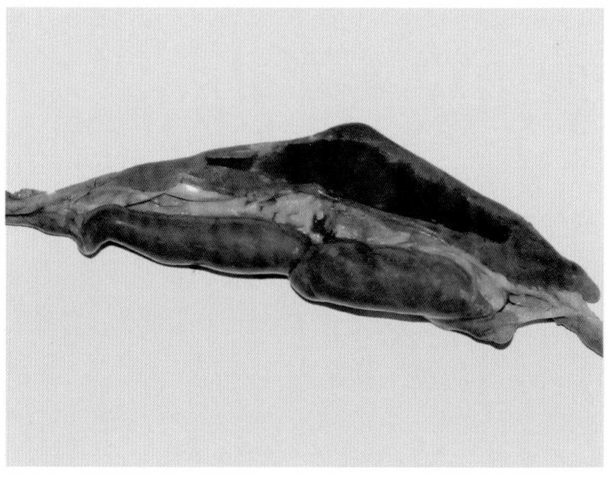
图 5-2-7　两侧盲肠肿胀，肠管中充满紫红色的血液（刁有祥　供图）

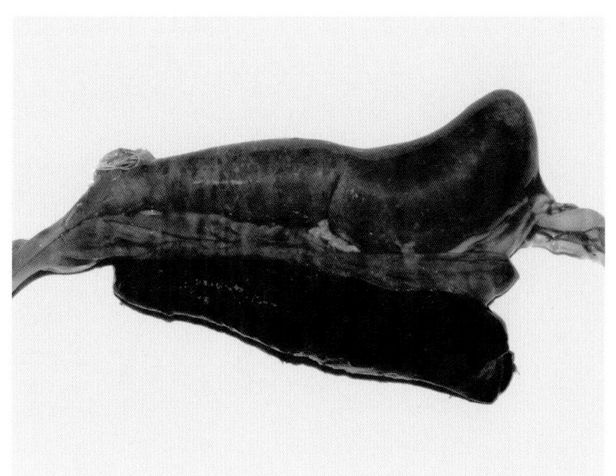

图 5-2-8　两侧盲肠肿胀，肠管中充满紫红色的凝血块，形成肠栓（刁有祥　供图）

图 5-2-9　肠管肿胀，浆膜淤血呈紫红色（一）（刁有祥　供图）

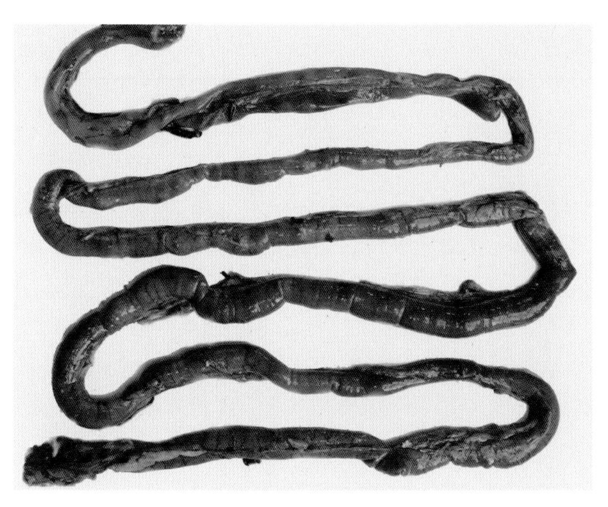

图 5-2-10　肠管肿胀，浆膜淤血呈紫红色（二）（刁有祥　供图）

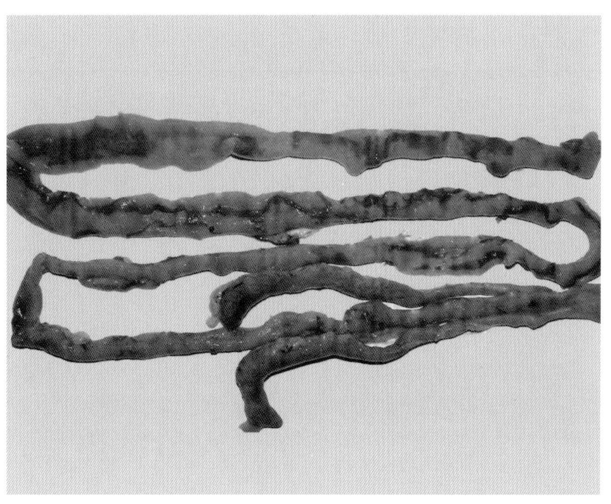

图 5-2-11　肠管中充满橘红色内容物（刁有祥　供图）

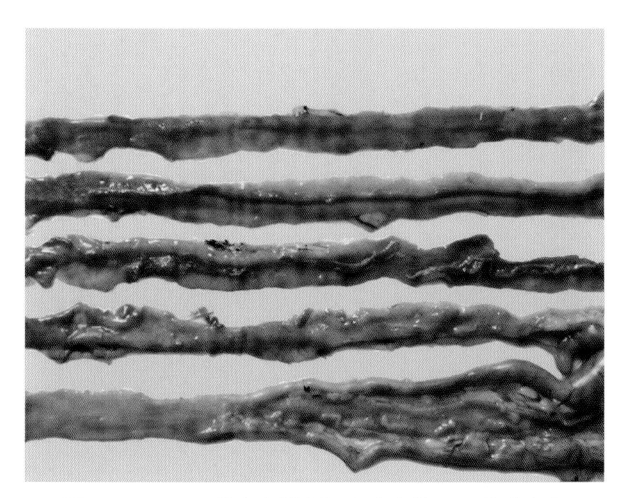

图 5-2-12　肠管中充满橘红色内容物，肠黏膜出血（刁有祥　供图）

图 5-2-13　肠管中充满紫红色血液，肠黏膜出血（一）（刁有祥　供图）

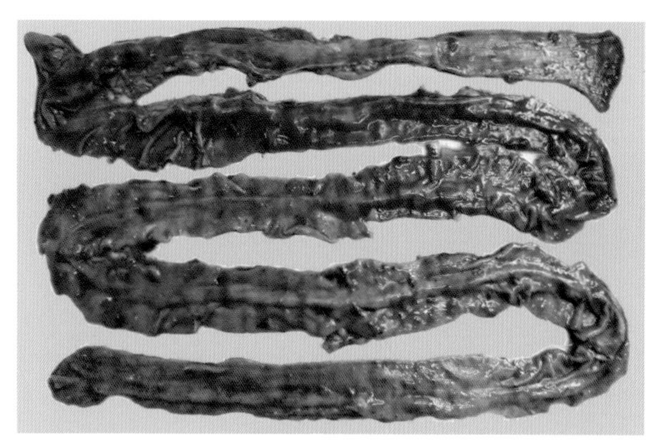

图 5-2-14 肠管中充满紫红色血液，肠黏膜出血（二）（刁有祥 供图）

图 5-2-15 肠黏膜有大量淡白色斑点，呈阶梯样（刁有祥 供图）

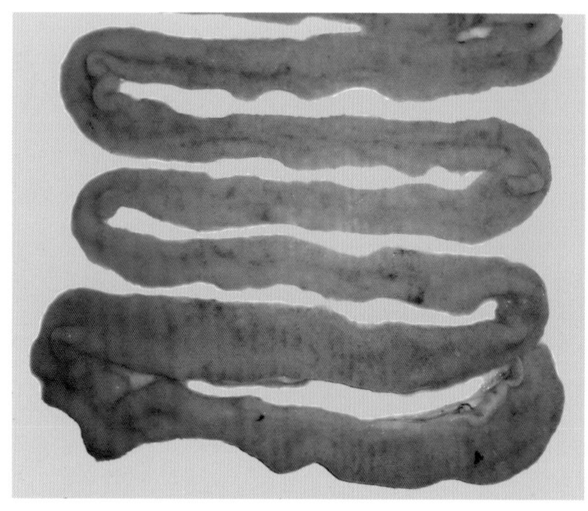

图 5-2-16 肠壁增厚，肠黏膜出血（刁有祥 供图）

图 5-2-17 肠管肿胀（刁有祥 供图）

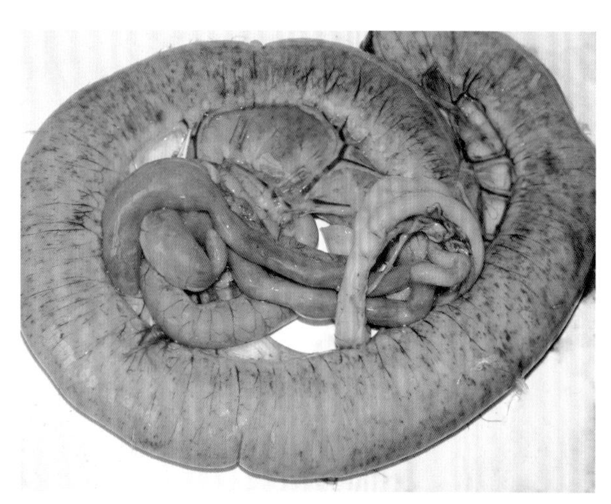

图 5-2-18 肠管肿胀，浆膜有大量出血斑点（刁有祥 供图）

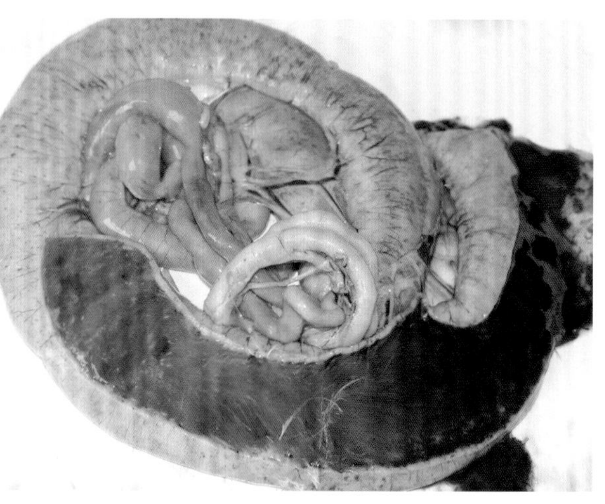

图 5-2-19 肠管肿胀，肠壁增厚，肠道中充满大量紫红色胶冻状内容物（刁有祥 供图）

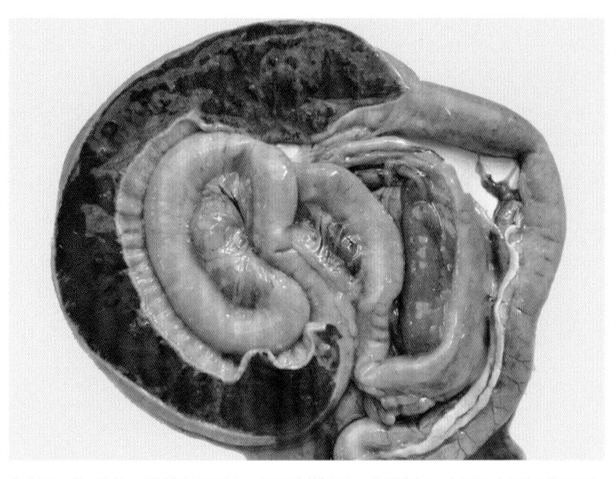

图 5-2-20　肠管肿胀，肠壁增厚，肠道中充满大量紫红色内容物（刁有祥　供图）

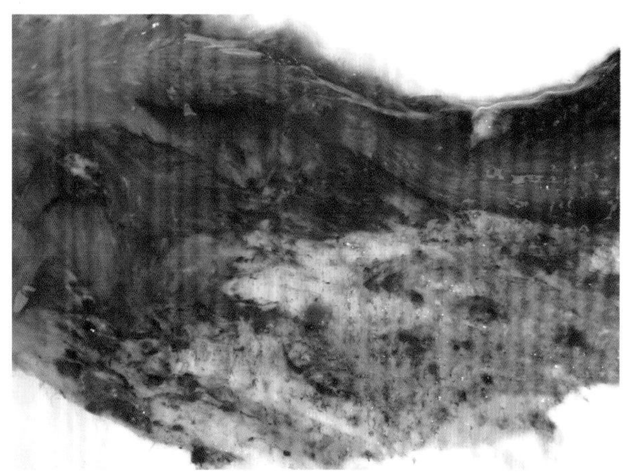

图 5-2-21　肠黏膜出血，肠道中充满大量紫红色内容物（刁有祥　供图）

（七）诊断

根据感染鸡的症状和剖检变化可作出初步诊断。确诊需要实验室球虫卵囊的检查，以及对病死鸡进行剖检来诊断球虫病。生前采用饱和盐水漂浮法或粪便涂片检查到球虫卵囊，或在死后取疑似感染鸡的肠黏膜触片或刮取黏膜涂片发现裂殖体、裂殖子或配子体，可确诊鸡球虫病。由于鸡的带虫现象十分常见，是否由球虫引起的鸡群发病和死亡，不能将粪便中是否存在球虫卵囊作为诊断依据，应将症状、病理变化、流行病学资料和病原检查结果等综合起来进行判断。

1. 镜检

无菌条件下采集病死鸡病变黏膜组织置于载玻片内，将生理盐水和丙三醇按 1∶1 比例混合后，滴加到载玻片病变组织上，使溶液完全覆盖到病变组织上即可，盖上盖玻片后置于显微镜下观察，若发现有椭圆形或卵圆形的卵囊或裂殖体，该虫体中间颜色深，四周呈透明状，且外侧有一个壳膜可初步认定为鸡球虫。

2. 盐水漂浮法

采集鸡群病鸡粪便 5 ～ 10 g 置于无菌烧杯内，加入 100 ～ 200 mL 生理盐水，玻璃板搅拌均匀后，室温静置 20 min，溶液分层，弃最上层液体，再用生理盐水冲洗，室温静置 20 min 后，蘸取上层液体置于载玻片上，在显微镜下观察，若发现卵囊即可确诊。

（八）防治

1. 预防

（1）加强饲养管理。保持鸡舍清洁干燥，通风良好，严格控制鸡舍湿度，有条件尽量保持鸡舍湿度和温度的相对恒定，使球虫卵囊不能或减缓形成孢子化卵囊；及时清理粪便和垫料，对鸡粪进行堆积发酵等处理，以杀灭球虫卵囊。采用笼养及网上平养可使鸡群不直接接触粪便，减少鸡与球虫接触的机会，是控制球虫病最为理想的饲养模式；供给清洁的饮水和饲料，减少粪便对饮水的污染，最好采用乳头饮水器；保证优质全价的饲料，满足鸡群的营养需要；雏鸡在饮水时可以添加多维，如维生素 A、维生素 K、维生素 C，以提高鸡群对球虫病的抵抗力。

（2）严格执行消毒措施。防治球虫病必须严格执行消毒卫生制度，消毒时应注意不要有遗漏区域，对饲养过程中用到的笼具、饲槽、饮水器、用具等要经常洗刷和消毒。对木质、塑料器具采用 2% ～ 3% 热碱水浸泡洗刷消毒；对料槽、饮水器等应每周使用热碱水或开水浸泡杀毒（在流行季节，需增加消毒次数）；鸡舍执行常规球虫消毒程序后，建议使用酒精喷灯对鸡舍墙面、地面和一些金属器具进行火焰消毒；出入鸡场的车辆及人员要严格消毒，并要杜绝外来人员参观。

（3）免疫预防。目前，可供选择的球虫疫苗有强毒苗、弱毒苗与基因工程苗。使用强毒株球虫可采用少量多次感染的涓滴免疫法给鸡接种，可使鸡获得免疫力，但需要注意的是，选用强毒苗进行免疫时，容易造成病原传播，导致球虫病的暴发；鸡胚传代致弱或早熟选育的致弱虫株免疫鸡群，有较好的预防效果。

（4）药物预防。药物预防鸡球虫病是目前最为有效和切实可行的方法。常用预防药物如下。

①氨丙啉：可混饲或饮水给药，按 0.012 5% 混入饲料，从雏鸡出壳第 1 天到屠宰上市为止，无休药期。

②尼卡巴嗪：按 0.012 5% 混入饲料，休药期 4 d。

③莫能菌素：按 0.01% ～ 0.012 1% 混入饲料，无休药期。

④盐霉素：按 0.005% ～ 0.006% 混入饲料，无休药期。

⑤马杜霉素：按 0.000 5% 混入饲料，无休药期。

2. 治疗

鸡群感染鸡球虫后要及时采取有效治疗措施，使用药物时注意交替用药，以及药物治疗的阶段性。治疗时可选用以下药物。

（1）马杜霉素。0.000 5% 混入饲料连用 4 ～ 5 d。

（2）盐霉素。按 0.005% ～ 0.006% 混饲连用 4 ～ 5 d。

（3）氨丙啉。0.025% 混入饲料，连用 1 ～ 2 周，然后减半，连用 2 ～ 4 周。

（4）妥曲珠利。按 0.002 5% ～ 0.003% 浓度饮水，连用 2 d。

（5）复方磺胺-5-甲氧嘧啶。按 0.03%拌料，连用 4 ～ 5 d。

（6）磺胺氯吡嗪。以 0.03% 饮水 3 d，休药期 5 d。16 周龄以上鸡和产蛋鸡禁用。

二、住白细胞虫病

住白细胞虫病（Leucocytozoonosis）是禽类的一种血液原虫病，由住白细胞虫属的多种住白细胞虫寄生于鸡的白细胞和红细胞而引起的一种急性血液病。因红细胞被破坏及广泛性出血，病鸡的鸡冠呈苍白色，故又名白冠病。该病对养禽业危害严重，常引起幼禽大量死亡，死亡率可达 91%。该病最初由 Mathis 和 Legar 于 1909 年在越南北部发现。1980 年，张泽纪在广州地区分离出卡氏住白细胞虫，并证实了该病在中国大陆的存在。

（一）病原

住白细胞虫属于孢子虫纲，球虫目，血孢子虫亚目（Haemosprorina），疟原虫科（Plasmodiidae），住白细胞虫属（*Leucocytozoon*）。目前在我国发现的寄生于鸡的住白细胞虫有两种，即卡氏住白细胞虫（*L. caulleryi*）和沙氏住白细胞虫（*L. schoutodeni*）。

1. 卡氏住白细胞虫

致病力最强，它的发育需要库蠓（*Culicoides*）参与才能完成，鸡是该虫的唯一宿主。成熟的配子呈圆形，存在于宿主的肥大细胞、红细胞和白细胞周围，大小约为 15.5 μm×15.0 μm。被寄生的宿主细胞呈纺锤形，大小为 17.1 μm×20.9 μm，细胞核被挤压成扁平的长杆状，围于虫体的一侧，或挤压至细胞核消失。

2. 沙氏住白细胞虫

其成熟配子体呈长圆形，大小为（22 ～ 24）μm×（4 ～ 7）μm，寄生在宿主的白细胞。被寄生的宿主细胞呈纺锤形，细胞核呈深色狭长的带状，围绕在虫体的一侧，有时在虫体两侧，呈半月形。染色后虫体的细胞质呈暗蓝色，细胞核呈紫红色。

（二）生活史

住白细胞虫的发育过程可分为三个阶段：裂殖增殖、配子生殖和孢子生殖。裂殖增殖和配子体形成在鸡体内完成，大小配子体的结合和孢子生殖是在媒介昆虫体内完成的，卡氏住白细胞虫的传播媒介是库蠓，沙氏住白细胞虫的传播媒介是蚋。库蠓体小，呈黑褐色，成虫 1 ～ 3 mm，在库蠓中，荒川库蠓（*C. arkawal*）、原野库蠓（*C. homotomus*）和尖嘴库蠓（*C. schultoi*）覆盖面积广，为主要的传播媒介。

以卡氏住白细胞虫为例，其生活发育史如下。

1. 裂体增殖

库蠓在感染卡氏住白细胞虫后，体内含有成熟的子孢子。当其叮咬鸡体吸血时，成熟的子孢子通过唾液进入鸡的血管网状内皮细胞内进行增殖，一个子孢子至少形成十几个裂殖体，其裂殖体有两种类型，即肝裂殖体和巨型裂殖体。前者在肝实质细胞内通过裂殖生殖形成肝裂殖体。宿主在感染后 9 ～ 10 d，宿主细胞破裂，裂殖体随血液流至心脏、肝脏、脾脏、肺脏、肾脏、胰腺、肌肉、肠道、卵巢、睾丸及脑等组织器官内继续发育，14 ～ 15 d 裂殖体破裂，释放出成熟的球形裂殖子。肝裂殖体所产生的裂殖子有三个去向，可以再次进入肝实质细胞形成肝裂殖体，或被巨噬细胞吞噬形成巨型裂殖体，或进入红细胞或白细胞开始配子生殖。肝裂殖体和巨型裂殖体可以重复繁殖 2 ～ 3 代，裂殖体增殖阶段周期为 14 ～ 15 d。

2. 配子生殖

进入血液的成熟裂殖子到发育为成熟的大、小配子体，这一过程是在鸡的末梢血液组织中完成的，其宿主是红细胞、成红细胞、淋巴细胞和白细胞。配子生殖后期，即大、小配子体成熟后释放出大配子和小配子是在库蠓体内完成。卡氏住白细胞虫的配子生殖阶段所需的时间平均为 8 ～ 12 d。

3. 孢子增殖

库蠓对鸡体吸血时，大小配子体被吸食到库蠓的胃里。在库蠓的胃中，大、小配子体成熟，释放出大配子和小配子，两者结合形成合子，进一步发育为动合子、囊合子。囊合子在库蠓体的胃里进行孢子生殖，形成具有感染力的子孢子，当库蠓再次吸血时又将子孢子传播到健康鸡中，重复上述的发育史，使健康鸡感染。这一阶段（配子生殖后期和孢子增殖期）需要 2 ～ 7 d。形成子孢子的最适温度为 25℃，在此温度下，2 d 即可完成。

（三）流行病学

该病的发生与库蠓和蚋的活动密切相关，因此该病的发生有明显的季节性，夏秋季节，库蠓、蚋大量繁殖，大大增加了家禽感染住白细胞虫的机会。库蠓和蚋在活动季节，每天有清晨和傍晚两次活动高峰。而鸡住白细胞虫在鸡外周血液中具有昼夜周期性出没的规律，该规律恰与媒介的活动和吸血规律相关，有利于更多的配子体在媒介和鸡之间交流、繁殖，导致该病的广泛传播。当气温在 20℃以上时，库蠓和蚋的活动力强、繁殖速度快，该病流行严重；南方多发于 4—10 月，北方多发于 7—9 月。临近水源的地方、雨水多的年份，有利于库蠓和蚋的繁殖，该病的发病率高。各个日龄的鸡都能感染，以 3 ～ 6 周龄雏鸡发病率较高，死亡最多，死亡率可高达 50% ～ 80%，中鸡也会严重发病，但死亡率不高，一般在 10% ～ 30%；8 ～ 12 月龄的成年鸡或 1 年以上的种鸡感染率高，但死亡率不高，公鸡的发病率比母鸡高。

（四）症状

自然病例的潜伏期为 6 ～ 12 d，病鸡食欲不振或废绝，精神沉郁；体温升高，乏力昏睡；流涎，下痢，排白绿色水样稀便；严重者因咯血、出血、呼吸困难而突然死亡，死前口流鲜血。1 ～ 3 月龄雏鸡发病率高，可造成大批量死亡，中鸡和成鸡贫血，鸡冠和肉髯苍白，有的可在鸡冠上出现圆形出血点，故该病也称为“白冠病”（图 5-2-22、图 5-2-23）。中鸡和大鸡感染后，死亡率一般不高。主要由于虫体侵入红细胞内寄生，引起暂时性贫血过程，表现为鸡冠苍白，排水样的白色或绿色粪便。中鸡发育受阻，产蛋鸡产蛋下降或停止，无壳蛋、软壳蛋多，后期个别鸡出现瘫痪。

图 5-2-22　鸡冠苍白（刁有祥　供图）

图 5-2-23　病鸡精神沉郁，鸡冠苍白，表面有大小不一的出血点（刁有祥　供图）

（五）病理变化

死亡鸡剖检时的特征病变为口流鲜血或口腔内积存血液凝块，血液稀薄，鸡冠苍白；全身皮下出血，肌肉和某些器官有灰白色小结节以及骨髓变黄，这些小结节是住白细胞虫的裂殖体在肌肉或组织内增殖形成的集落。

全身性出血是由寄生在小血管内皮细胞里的裂殖体破裂使血管壁损伤导致的。包括全身皮下出血，肌肉尤其是胸肌和腿部肌肉存在明显的点状或斑块状出血；肝脏肿大，在其表面有散在的出血斑点；严重者可见气管出血，管腔中有凝血块，两侧肺脏出血，呈紫红色或紫黑色（图 5-2-24）；肾脏周围常有大片的出血，肾被膜下集聚大量血液或血凝块，严重者大部分或整个肾脏被血凝块覆盖（图 5-2-25）；腺胃黏膜、肠黏膜弥漫性出血（图 5-2-26），法氏囊有针尖大小的出血点。其他器官如心脏、脾脏、胸腺、胰腺等也有点状出血。产蛋鸡卵泡变形，腹腔中有破裂的卵黄、腹水和血液形成的淡红色液体（图 5-2-27、图 5-2-28），输卵管黏膜有弥漫

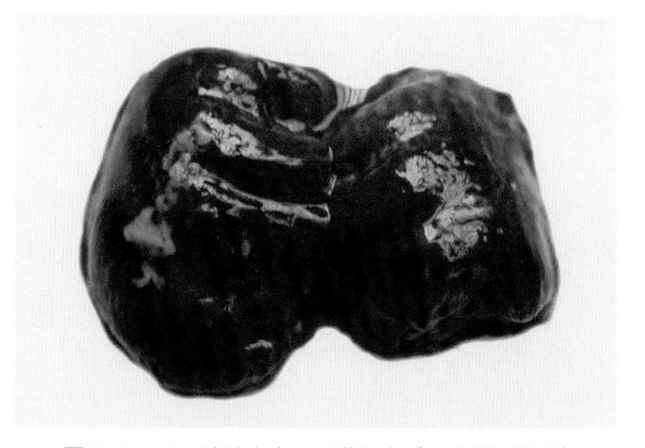

图 5-2-24　肺脏出血，呈紫红色（刁有祥　供图）

性针尖大到粟粒大的小结节（图 5-2-29、图 5-2-30）。

灰白色的小结节最常见于肠道浆膜（图 5-2-31）、肠系膜、心肌（图 5-2-32）、胸肌表面，也可见于胰脏、肝脏、脾脏等器官，大小为针尖大到粟粒大，与周围的组织存在明显的界限。

血液稀薄，不易凝固；全身皮下出血，肌肉出血，尤其是胸肌、腿肌有大小不等的出血点和出血斑，内脏器官广泛出血，肝脾肿大、出血，表面有灰白色的小结节；肾肿大、出血；心肌有出血点和灰白色小结节；气管、胸腹腔、腺胃、肌胃和肠道有时见有大量积血；十二指肠有散在出血点。

组织学变化表现为肝细胞索排列紊乱，肝细胞颗粒变性，部分肝细胞内含有深蓝色、圆点状裂殖子，并由于裂殖子发育而使肝组织呈不规则的坏死。坏死的肝细胞核消失，呈均质状。窦状隙扩张，偶见裂殖子聚集。星状细胞肿胀，有的吞噬较多的裂殖子。在一些肝小叶内可见一个或数个聚集一起的巨型裂殖体。裂殖体呈圆形或椭圆形，具有较厚的均质性包膜，细胞质充满深蓝色、圆点状裂殖子。裂殖体所在部位的肝组织坏死、消失，有时有少量淋巴细胞和异染性细胞浸润。肺房壁毛细血管扩张充血，有的并混杂大量裂殖子，肺房与细支气管蓄积浆液，伴发出血和坏死。在坏死灶中见有不同发育阶段的裂殖体。肾小管上皮细胞颗粒变性与脂肪变性乃至渐进性坏死。肾小球呈急性或慢性肾小球炎变化。在一些肾组织、血管壁或其外膜见有不同发育阶段的裂殖体，裂殖体聚结处的肾组织出血、坏死和炎性细胞浸润。脾组织呈现广泛出血、坏死与网状细胞肿胀、增生，并吞噬裂殖子。脾白髓显示不同程度的坏死，中央动脉内皮细胞肿胀，管壁纤维素样变。红髓可见巨噬细胞吞噬大量裂殖子。心肌纤维肿胀、变性与断裂以至坏死，心肌纤维间尚见不同数量的成纤维细胞增生和少量淋巴细胞浸润。

（六）诊断

根据发病季节、症状和病理变化可初步诊断，确诊需要进行病原学检查。取病鸡的外周血，涂成薄片或制作脏器触片，用吉姆萨或瑞氏染色法染色，在高倍镜下如果可以发现鸡住细胞原虫虫体即可确诊。病鸡死后取组织器官上的灰白色小结节置于载玻片上，将结节压碎，盖上盖玻片在高倍显微镜下观察，或取新鲜组织切一新鲜切面放在有甘油的载玻片上按压数次，盖上盖玻片，若发现有大量的裂殖体和裂殖子，结合症状即可确诊。

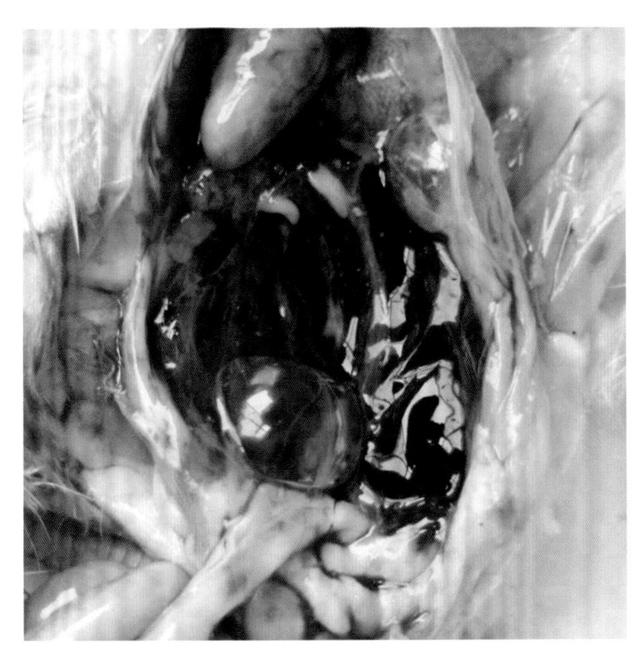

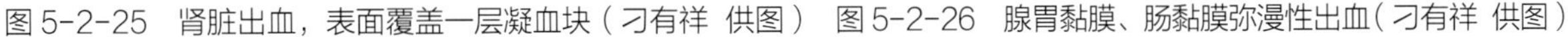

图 5-2-25　肾脏出血，表面覆盖一层凝血块（刁有祥　供图）　图 5-2-26　腺胃黏膜、肠黏膜弥漫性出血（刁有祥　供图）

图 5-2-27　卵泡变形、破裂，腹腔中充满稀薄的卵黄（刁有祥　供图）

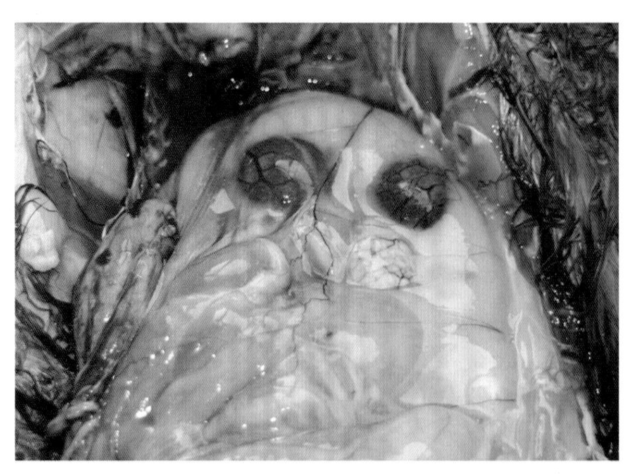

图 5-2-28　腹腔中充满淡红色稀薄的卵黄（刁有祥　供图）

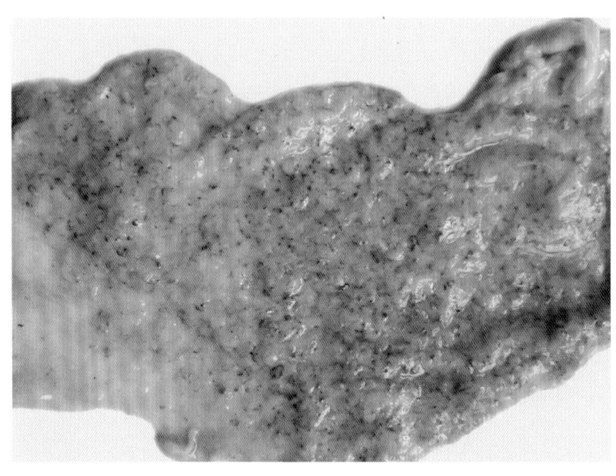

图 5-2-29　输卵管黏膜表面有弥漫性大小不一的小结节（刁有祥　供图）

图 5-2-30　输卵管黏膜表面有大小不一的小结节（刁有祥　供图）

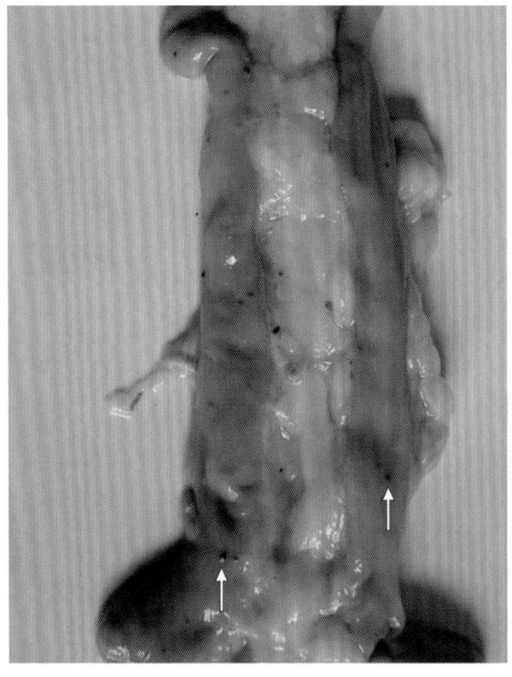

图 5-2-31　肠道浆膜表面的小结节（刁有祥　供图）

图 5-2-32　心脏表面的小结节（刁有祥　供图）

（七）类症鉴别

该病应注意与新城疫、禽霍乱、曲霉菌病以及磺胺类药物中毒相区别。

1. 住白细胞虫病与新城疫

鸡住白细胞虫病的病鸡胸肌出血，腺胃、直肠和泄殖腔黏膜出血，这与新城疫较为相似。但患住白细胞虫病时，病鸡鸡冠苍白，整个腺胃、肾脏出血，肌肉和某些器官有灰白色小结节，而新城疫仅见腺胃乳头出血。

2. 住白细胞虫病与禽霍乱

住白细胞虫病的病鸡排绿色稀粪，全身出血，肝脏表面散布灰白色病灶，与禽霍乱相似。不同的是禽霍乱呈急性败血症经过时，病程短，死亡率高；慢性者可见肉髯肿胀和关节炎，肝脏的病变为弥漫性坏死灶，而住白细胞虫病的肝脏病变为散在的坏死灶，且表面有出血斑点。禽霍乱肝组织触片镜检，可发现两极浓染的巴氏杆菌。

3. 住白细胞虫病与磺胺药物中毒

住白细胞虫病的病鸡呈现全身广泛性出血，此与磺胺药物中毒相似。不同的是磺胺药物中毒的病鸡具有饲喂磺胺药物过量的病史，病鸡头部、面部皮下呈大片出血，肾脏周围无出血变化，但肾脏肿大，色泽发白，输尿管明显肿胀，管内充满白色的尿酸盐。肝脏、肌肉颜色发黄。

4. 住白细胞虫病与曲霉菌病

住白细胞虫病可在肺脏引起灰白色小结节，伴发肺出血，多发生于炎热潮湿季节，这与曲霉菌病相似，不同的是曲霉菌病呈急性暴发，常见于雏鸡，肺脏可见豆粒大、圆盘状黄白色结节。触片镜检可见大量有分隔的菌丝和孢子。

（八）防治

1. 预防

该病的传播与库蠓和蚋的活动密切相关，主要应防止鸡群和昆虫媒介接触，消灭中间宿主，切断传播途径。可以在鸡舍中安装细孔的纱门、纱窗防止媒介昆虫的进入；在库蠓和蚋的活动季节，每隔 6 ～ 7 d 在鸡舍内外用除虫菊酯或戊酸氰醚酯等杀虫剂喷洒除虫，可以降低疾病的死亡率和发病率，但不能完全防止鸡群的感染。

2. 治疗

常用的治疗药物包括：磺胺二甲氧嘧啶 0.05% 浓度饮水 2 d，浓度减半后再用 2 d；乙胺嘧啶按 0.000 5% 混料；泰灭净钠粉首次以 0.01% 饮水 3 d，后改用浓度 0.001% 混料投喂 14 d，效果较好。

据报道，同时应用乙胺嘧啶（1 mg/kg）和磺胺二甲氧嘧啶（SDM，10 mg/kg）有预防作用，但不能治愈；也可用复方泰灭净以 0.025% 混料长期投服。

中药青蒿叶按每千克体重 2 g，加 2 倍量水熬煮浓缩后加入饮水中，连用 2 周，既能清热解暑，又能预防和治疗住白细胞虫病，且成本低，副作用小，无耐药性。据报道，常山 40 g、白芍 25 g、生地 20 g、甘草 15 g，粉碎后按 每千克饲料 25 g 拌料饲喂，连用 5 d，具有较好的治疗效果。

三、组织滴虫病

鸡组织滴虫病（Histomoniasis）是由组织滴虫属（*Histomonas*）的火鸡组织滴虫（*Histomonas meleagridis*）寄生于鸡群盲肠和肝脏而引起的一种原虫病，又称为盲肠肝炎，以采食量减少、排土黄色粪便或血便，以及盲肠和肝脏有坏死等为特征。该病主要危害雏火鸡和鸡，成鸡也可以感染，但症状不明显。该病由 Smith 于 1895 年首次描述，其发病学则在 1964—1974 年得到进一步阐明。该病多发生于雏火鸡和雏鸡，野鸡、孔雀、珠鸡及鹌鹑等也可感染。

（一）病原

火鸡组织滴虫属鞭毛虫纲、单鞭毛科，为多形性虫体，大小不一，近似圆形或变形虫样，伪足钝圆，只有滋养体，无包囊阶段。组织滴虫可分为两种类型：一种是组织型原虫，虫体呈卵圆形或者圆形，常为单个或成堆存在。长度为 4 ～ 21 μm，有动基体，无鞭毛，主要在肝细胞内寄生，在肝脏中形成大小不一的铜钱样病变；另一种是肠腔型原虫，长度为 5 ～ 30 μm，有 1 根鞭毛，显微镜下可见鞭毛呈上下左右运动，核呈泡囊状，主要在盲肠腔的内容物中寄生，可导致盲肠呈现出血性坚硬的梗死样病变。

（二）生活史

火鸡组织滴虫以二分裂法繁殖，侵入肠道的虫体只会轻度损伤机体，由粪便排出体外的虫体抵抗力非常弱，不能长期存活。但当鸡体内寄生有异刺线虫（主要在盲肠内寄生，也叫作盲肠虫），同时还感染组织滴虫，就会使组织滴虫侵入异刺线虫体内卵巢处不断繁殖，同时还可侵入异刺线虫的虫卵内，随虫卵通过肠道排到体外。由于组织滴虫受到异刺线虫虫卵保护，其对外界环境抵抗力显著增强，此时感染力至少能够持续 6 个月，而异刺线虫及其虫卵则成为组织滴虫的贮存宿主。当蚯蚓吞食了土壤中的异刺线虫虫卵时，组织滴虫可随虫卵生存于蚯蚓体内，鸡在采食过程中吞入了这种蚯蚓后，或采食了含有异刺线虫虫卵的饲料就会同时感染组织滴虫病。从口腔摄入的鸡异刺线虫虫卵通过胃至盲肠内迅速孵化，组织滴虫即从虫卵内游离出来钻入盲肠黏膜，在肠道某些细菌的协同作用下，组织滴虫在盲肠黏膜内大量繁殖，引起盲肠黏膜出血和坏死，进而炎症向肠壁深层发展，可波及肌层和浆膜，最终使整个盲肠都受到严重损伤。在肠壁寄生的组织滴虫也可进入毛细血管，随门静脉血流进入肝脏，破坏肝细胞而引起肝组织坏死和炎症。此时的血液学检查表现血清蛋白降低、β 和 γ 球蛋白增加，血清中谷草转氨酶和谷丙转氨酶及乳酸脱氢酶活性升高。

（三）流行病学

组织滴虫病的主要传染源是病鸡，以 4 ～ 6 周龄的雏鸡易感性最高，8 周龄至 4 月龄的成年鸡也可感染。该病主要经由消化道传播，病鸡可排出存在大量虫卵的粪便，导致土壤、饮水、饲料、垫料和用具等被污染，当健康鸡食入后就会感染发病。该病呈现一定的季节性，多在温暖潮湿的春夏季节发生。球虫病可加重组织滴虫病的严重程度，特别是将组织滴虫从盲肠传播至肝脏过程中起相当重要的作用。因此，控制球虫病也有助于减少组织滴虫病的发生。组织滴虫的致病力与盲肠厌氧菌密切相关，因而在发病早期给予高水平的抗菌药物控制细菌性感染有助于病鸡康复。

（四）症状

组织滴虫病的潜伏期一般为 15 ～ 21 d，最短的仅 3 d。病鸡精神萎靡，食欲减少，羽毛松乱，翅膀下垂，嗜睡，下痢，粪便呈淡黄色至深黄色，有时带血。经过 2 ～ 3 周，病情迅速扩散，表现为采食停止，饮水减少，逐渐消瘦，鸡冠、嘴角、喙、皮肤呈黄色，病程通常为 1 ～ 3 周，如不及时治疗，10 d 左右即可死亡。康复鸡体内仍有虫体存在，可带虫数周至数月，5 月龄以上的成年鸡很少表现出症状。

（五）病理变化

该病的特征性病变在肝脏和盲肠。肝脏肿大，表面有散在或密集的圆形或凹陷碟状、边缘隆起的黄绿色或黄白色火山口样坏死灶，边缘较为整齐或呈锯齿状，切开可见坏死灶有扩散至肝实质的趋势（图 5-2-33 至图 5-2-35）。有些病例肝脏散在许多小坏死灶，使肝脏外观呈斑驳状，少数坏死灶的边缘会出现融合，形成较大的坏死灶。盲肠单侧或双侧出现肿大，肠壁增厚变硬，失去伸缩性，形似香肠。肠腔内充满大量干燥、坚硬、干酪样凝固物质，如将肠管内容物横切，可见干酪样凝固物呈同心圆层状结构，其中心为暗红色血凝块，外层为淡黄色干酪化的渗出物和坏死物（图 5-2-36 至图 5-2-39）。盲肠黏膜表面被覆着干酪样坏死物，黏膜失去光泽，可见出血、坏死或形成溃疡，严重时可见溃疡与组织之间发生粘连，有时还会出现穿孔，从而诱发腹膜炎。脾脏肿大，呈紫红色或暗紫色（图 5-2-40）。

病理组织学变化可见肝脏坏死灶中心部肝细胞已完全坏死崩解，只见数量不等的核破碎的异嗜性粒细胞，外围区域的肝细胞索排列紊乱，并显示变性、坏死和崩解，其间可见大量组织滴虫和巨噬细胞及淋巴细胞浸润。许多巨噬细胞的细胞质内吞噬有组织滴虫，组织滴虫呈嗜伊红的不规则圆形。有时还出现多核巨细胞，其细胞质内也有 2 ～ 3 个组织滴虫。盲肠最初表现为黏膜充血，异染性细胞浸润和浆液、纤维性渗出，黏膜上皮变性、坏死、脱落，渗出液中可见组织滴虫。固有层可见组织滴虫以及异染性细胞、淋巴细胞和巨噬细胞浸润；重症病例可见盲肠呈现出血性坏死性肠炎，黏膜上皮坏死、脱落，固有层出现广泛坏死、充血、出血以及炎性细胞浸润；病程较长的病例肠壁出现肉芽组织增生。胰腺坏死灶部位结构严重破坏，残留的细胞与各种炎性细胞及组织滴虫混在一起。坏死灶周边的膜腺上皮及导管上皮细胞均发生变性、坏死，呈空泡状或细胞质凝固，细胞核浓缩、淡染或消失。

（六）诊断

根据症状和盲肠、肝脏的特征性病变可作出初步诊断，确诊需要进行实验室诊断。

1. 镜检

取病鸡盲肠黏膜刮取物加温热的生理盐水进行稀释，并制成悬滴标本滴在载玻片上，在显微镜下进行检查。若镜检发现如同钟摆样可来回运动的小球形原虫，且虫体一端生长一根短鞭毛，可判断为组织滴虫。组织滴虫病要注意与球虫病进行鉴别。

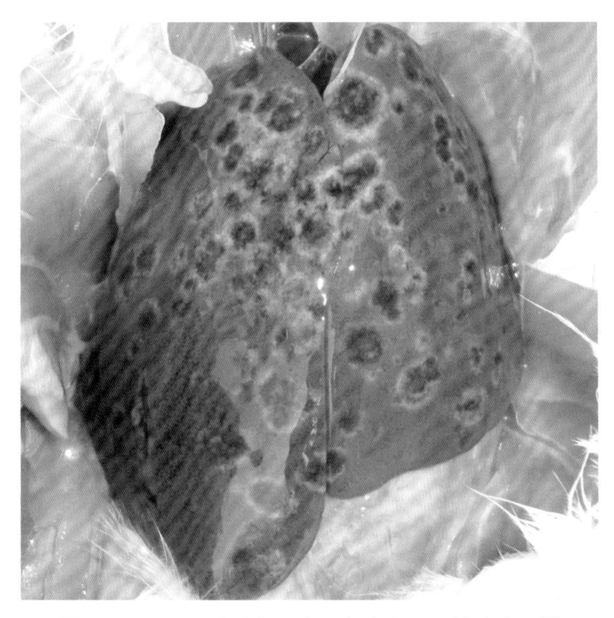

图 5-2-33　肝脏肿大，表面有大小不一的火山口样坏死灶（一）（刁有祥　供图）

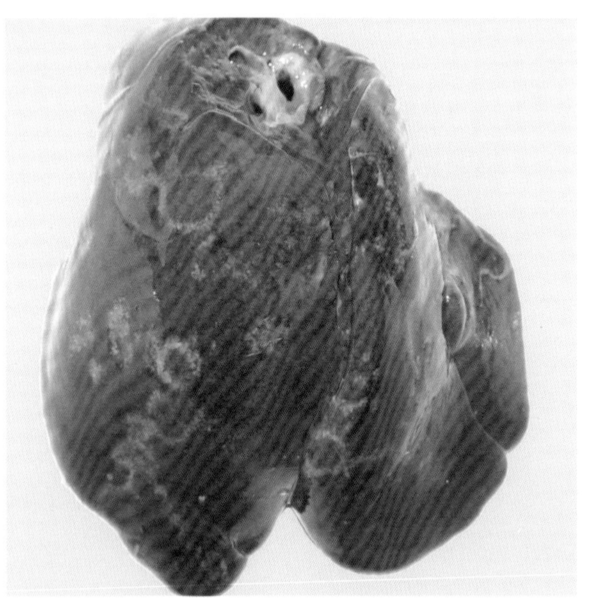

图 5-2-34　肝脏肿大，表面有大小不一的火山口样坏死灶（二）（刁有祥　供图）

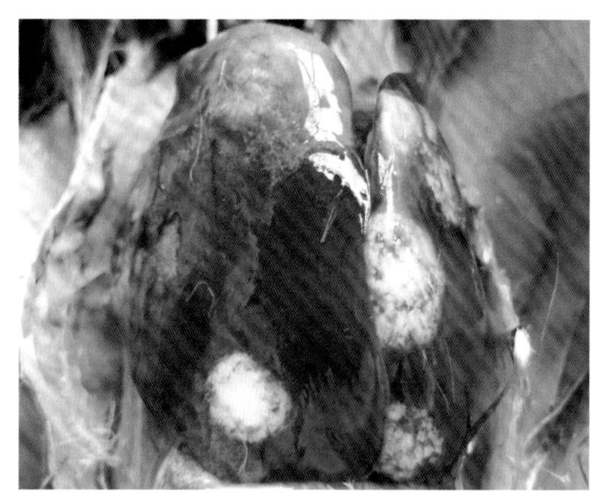

图 5-2-35　肝脏肿大，表面有大小不一的黄白色坏死灶（三）（刁有祥　供图）

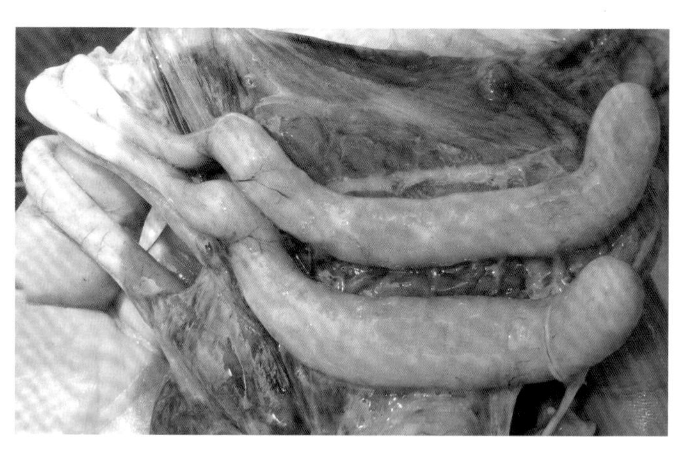

图 5-2-36　两侧盲肠膨大，形似香肠（一）（刁有祥　供图）

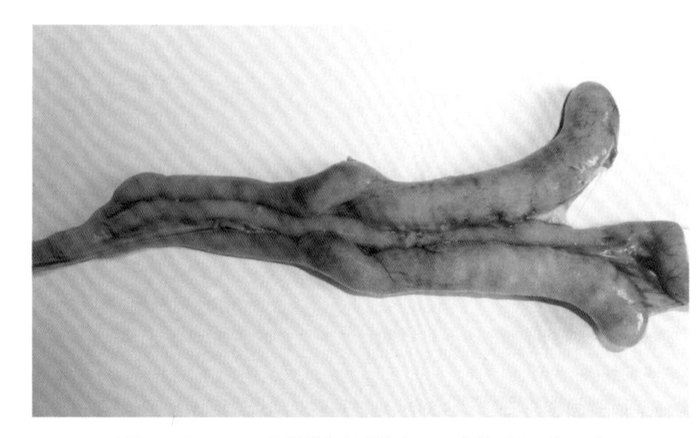

图 5-2-37　两侧盲肠膨大，形似香肠（二）（刁有祥　供图）

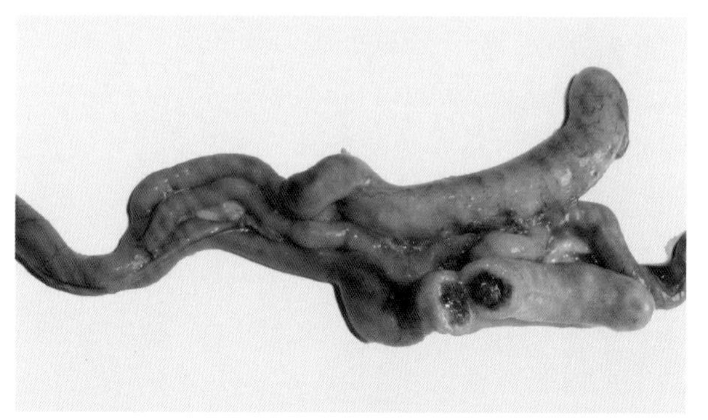

图 5-2-38　肠壁增厚，盲肠中充满暗红色内容物（刁有祥　供图）

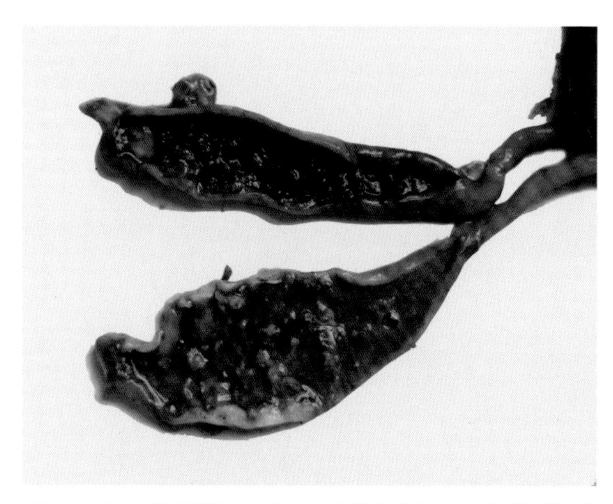

图 5-2-39　肠壁增厚，盲肠中充满凝血块（刁有祥　供图）

图 5-2-40　脾脏肿大，呈暗紫色（刁有祥　供图）

2. 免疫组化技术

利用兔源多克隆抗体建立了火鸡组织滴虫免疫组化检测技术，结果发现火鸡组织滴虫不仅寄生于肝脏和盲肠，在其他组织中如肺脏、脾脏、骨髓等组织和部位中均不同程度地寄生，火鸡组织滴虫的繁殖可在多个器官中引起病理变化。

3. PCR 技术

有报道只用一种引物从盲肠粪便中同时检测到火鸡组织滴虫和鸡四毛滴虫 18S rRNA 基因的

PCR 技术，扩增出来的片段相差 28 bp，组织滴虫为 209 bp 的小片段，可通过扩增出来的核苷酸片段的大小来区分两种病原体。

（七）防治

1. 预防

加强日常管理及环境卫生和消毒工作，定期对鸡群进行驱虫。可在饲料中加入驱虫药物，如丙硫咪唑、左旋咪唑等，将盲肠内的异刺线虫驱除，消灭组织滴虫的传播媒介，此为预防该病的重要措施。同时，要将成年鸡和雏鸡分开饲养。该病易通过垫料传播，所以要加强对垫料的熏蒸消毒。

2. 治疗

鸡群感染组织滴虫后，要立即对鸡群使用针对性的药物治疗，常用药物为灭滴灵和二甲硝基咪唑等。灭滴灵（甲硝唑）添加到饲料中混匀，可按每千克体重 40 mg，连续使用 3 ～ 5 d。也可用二甲基咪唑，按 0.05% 的浓度拌料，连用 7 ～ 14 d。为驱除异刺线虫可同时在饲料中加入左旋咪唑或丙硫苯咪唑，每千克体重 25 mg。

四、禽隐孢子虫病

隐孢子虫病（Cryptosporidiosis）是一种重要的人兽共患原虫病，其宿主范围广，可以感染包括人在内的多达 240 余种动物。目前证实隐孢子虫可感染 30 多种禽类，其中可引起鸡隐孢子虫病的主要为孢子虫纲、球虫目、隐孢子虫科（Cryptosporidiidae）、隐孢子虫属（*Cryptosporidium*）的贝氏隐孢子虫（*C. baileyi*）和火鸡隐孢子虫（*C. meleagridis*）。鸡群感染该病后主要以呼吸困难或腹泻为主要特征，导致其生产性能下降或死亡，当与免疫抑制性病原或其他呼吸道和消化道疾病共同感染时，造成的经济损失更为严重。近年来，我国不少地区相继报道了家禽隐孢子虫病。1907 年美国寄生虫学家 Tyzzer 在小鼠胃上皮细胞 中发现鼠隐孢子虫以来，几乎在世界范围内所有脊椎动物均发现有隐孢子虫感染。1929 年 Tyzzer 首次在鸡盲肠上皮细胞中发现了鸡隐孢子虫，1955 年 Salvin 报道了火鸡隐孢子虫，命名为火鸡隐孢子虫，它能引起火鸡的腹泻与死亡。1986 年 Current 等从鸡分离到贝氏隐孢子虫。后来又从其他一些禽类分离到隐孢子虫，目前公认的禽隐孢子虫为贝氏隐孢子虫和火鸡隐孢子虫两种。

（一）病原

隐孢子虫卵囊呈圆形或卵圆形，卵囊壁光滑无色、薄而均匀，无卵膜孔、孢子囊和极粒，卵囊内含 1 个明显凸出的颗粒状残体和 4 个香蕉状长形弯曲的裸露子孢子，残留体由颗粒状物和 1 个空泡组成。卵囊内子孢子排列在残体一侧，无折光体，其核偏于后部。贝氏隐孢子虫可寄生于呼吸道、法氏囊和泄殖腔等多种器官，卵囊大小为（6.0 ～ 7.5）μm×（4.8 ～ 5.7）μm，卵囊指数为 1.05 ～ 1.79；火鸡隐孢子虫主要寄生于小肠和直肠，大小为（4.5 ～ 6.0）μm×（4.2 ～ 5.3）μm，卵囊指数为 1.0 ～ 1.33。

（二）生活史

隐孢子虫的生活史包括裂体增殖、配子生殖和孢子生殖三个阶段，均在宿主体内完成。卵囊随粪便排出，污染家禽的饲料、饮水等。易感鸡摄入被卵囊污染的饲料或饮水后，卵囊在胃肠道内脱囊，释放出子孢子，当其与胃肠道或呼吸道上皮黏膜细胞表面接触时，逐步发育形成球形的滋养体，经裂殖增殖形成第一代裂殖体。贝氏隐孢子虫成熟的第一代裂殖体含有 8 个裂殖子，其破裂后，裂殖子侵入新的上皮细胞，形成第二代裂殖体。第二代裂殖体含有 4 个裂殖子，第二代裂殖体进一步发育为第三代裂殖体，第三代裂殖体含有 8 个较短的裂殖子。其裂殖子随后进入有性生殖阶段，进一步发育为大、小配子体，再进一步发育为大、小配子，二者结合后在宿主黏膜上皮细胞表面的带虫空泡中形成合子，随后很快发育为两种类型的卵囊，即薄壁卵囊和厚壁卵囊，前者可在宿主体内自行脱囊，逸出后可直接入侵宿主肠上皮细胞，继续无性繁殖，使宿主自身体内重复感染；后者抵抗力较强，腔内孢子化形成子孢子，可随宿主粪便排出体外，此时已具感染性，可再感染宿主。从感染到排出卵囊需要 2 ～ 9 d，整个生活史需 5 ～ 11 d 完成。

（三）流行病学

禽隐孢子虫广泛分布于世界各地，感染鸡群是重要的传染源。除家禽外，候鸟迁徙和觅食也可增加隐孢子虫卵囊的扩散和传播机会。除经口感染外，鸡群亦可经过呼吸道或鸡胚感染隐孢子虫。各日龄的鸡均可感染，8 周龄以内的鸡易感性最高。该病一年四季均可发生，无明显的季节性，冬季较少。

（四）症状

火鸡隐孢子虫寄生于肠道、法氏囊和泄殖腔，但仅可引起火鸡腹泻和中等程度的死亡。贝氏隐孢子虫寄生于呼吸道（鼻窦、咽、喉、气管、支气管、气囊）、法氏囊和泄殖腔等组织，自然感染主要引起鸡呼吸道疾病，偶尔引起肠道、肾脏等疾病，但每次暴发一般只以一种疾病为主。病鸡精神沉郁，食欲减退或废绝，嗜睡，呼吸困难，流黏液性鼻液，眼睛分泌浆液性黏液，体重减轻甚至死亡；有的病例可见腹泻，排血便等；隐性感染时，虫体多局限于泄殖腔及法氏囊。

（五）病理变化

剖检可见呼吸道或肠道等虫体寄生部位呈现卡他性及纤维素性炎症，严重者有出血点。虫体发育阶段可存在于心脏、肺脏、肝脏、肾脏、睾丸及卵巢等内脏器官组织，可见有灰白色小坏死灶。鼻腔、鼻窦、气管充满黏液，眼结膜水肿、充血，鼻窦肿大，气囊浑浊，法氏囊萎缩。

组织学变化主要表现在呼吸道和法氏囊。气管黏膜上皮细胞表面附着大量不同发育阶段的虫体，上皮细胞变性、坏死、脱落，上皮细胞间有大量淋巴细胞和异染性细胞浸润；上皮细胞增生形成不规则皱褶，固有层内淋巴细胞和异染性细胞大量浸润，黏膜明显增厚；终末支气管内含有大量坏死、脱落的上皮细胞和淋巴细胞等。法氏囊淋巴滤泡萎缩、坏死，以局灶性到弥漫性黏膜上皮细胞增生和不同的异染性细胞浸润为主；囊腔内蓄积细胞碎屑，在黏膜上皮细胞表面有大量隐孢子虫寄生；许多上皮细胞的细胞质内有空泡，其中有形状不定的残屑，上皮细胞内层和固有层中度异染性细胞浸润。

（六）诊断

该病没有特征性的临床和剖检变化，因此不能作为诊断的依据。确诊需要实验室诊断，常用的诊断方法为虫体检查法、免疫学方法以及分子生物学方法。

1. 粪便涂片染色检查法

取病鸡的黏性或糊状粪便用林格氏液或生理盐水按 1∶1 稀释，匀浆后进行涂片。水样粪便或黏膜（喉头、气管和法氏囊等）刮取物可直接进行涂片，涂片用甲醇固定，吉姆萨染色后镜检观察。隐孢子虫卵囊呈透明环形，细胞质为蓝色或蓝绿色，内含 2 ～ 5 个红色颗粒。观察到上述特征可作出诊断。

由于粪便中常含酵母样真菌，吉姆萨染色往往难以与隐孢子虫卵囊区分。可采用乌洛托品硝酸银染色法，酵母样真菌染成黑褐色，而隐孢子虫卵囊不着色。此外，也可采用金胺酚-改良抗酸染色，镜检卵囊明亮，其他构造染成红色。还可用 HE 染色、亚甲蓝染色、藏红花染色等方法，效果较好。

2. 粪便漂浮检查法

取 5 ～ 10 g 粪便加入 15 ～ 20 mL 生理盐水中混悬，用 4 层纱布过滤后，500 r/min 离心 10 min，弃上清。沉淀物混悬于比重为 1.27 的漂浮液中（蔗糖 454 g，液体石炭酸 6.7 mL，水 355 mL），500 r/min 离心 10 min，取漂浮物于载玻片上，覆上盖玻片后，于高倍镜（400 倍或 1 000 倍）下观察。隐孢子虫卵囊呈圆形，为 5 ～ 6 μm，细胞质呈微细颗粒状，偶见较暗的黑点，有一层薄的质膜包裹。

也可采用重铬酸钾溶液漂浮法进行检查。用 2.5% 重铬酸钾溶液和饱和蔗糖溶液（1.26 g/mL）处理病料，效果较好。在试管中加入 1 g 小肠内容物或粪便，再加入重铬酸钾溶液 2 mL 和蔗糖溶液 5 mL 与蒸馏水 5 mL。搅拌试管中内容物 10 min，800 r/min 离心 10 min，然后用接种环取试管表面被检材料于玻片上，加盖玻片，在 400 倍镜下观察，在视野其他物质的暗背景中卵囊明亮可见。

粪便漂浮法对禽隐孢子虫感染的检出率较高，但应掌握以下几点。

①隐孢子虫卵囊比用吉姆萨染色后所观察的略大，但比蛲虫卵和球虫卵囊小得多。

②隐孢子虫卵囊浮力大，常位于液体最表面。

③隐孢子虫卵囊在高渗漂浮液中 1 h 以上可造成脱水，检查时可能不易识别。

3. 组织学检查

鸡呼吸道感染时，镜检可见隐孢子虫吸附于鼻窦和气管黏膜上皮细胞表面；法氏囊感染时，可见隐孢子虫吸附于法氏囊黏膜上皮细胞微绒毛缘上。

4. 免疫学方法

利用与隐孢子虫体卵囊具高亲和力的单克隆抗体进行检测。单克隆抗体荧光检测卵囊，在荧光显微镜下可见黄绿色荧光，特异性好，敏感性强；酶联免疫吸附试验既可以检测卵囊抗原，也可检测血清样本，不需要显微镜观察；流式细胞术可用于卵囊计数，评估治疗效果。

5. 分子生物学技术

目前报道的有 PCR、RT-PCR、RFLP，以及免疫磁性分离与 PCR 结合的技术等。考虑到粪检法的敏感性低，以及和隐孢子虫间的形态相似性的弊端，分子生物学技术不失为一种高度敏感的隐孢子虫病检测方法。

（七）防控

目前尚无治疗隐孢子虫的有效方法，该病的防控方案还处于试验阶段。加强饲养管理，做好卫生消毒工作，粪便堆积发酵、生物热处理，对该病的防控具有一定的作用。

一旦出现病鸡，应及时隔离、治疗。可试用抗球虫药物，并配合饮食疗法，给予抗生素、葡萄糖和维生素制剂。此外，应对污染的环境、料槽、水槽等进行消毒，可采用 50% 氨水、30% 过氧化氢、10% 福尔马林进行熏蒸消毒或喷洒消毒，以杀灭隐孢子虫卵囊。

感染隐孢子虫的鸡可产生很强的免疫保护力，因此，探索有效的治疗药物和免疫防治方法是未来控制该病的两个重要途径。

第三节 绦虫病

绦虫病（Taeniasis）是养鸡生产中一种危害非常严重的寄生虫病，感染鸡群的通常为戴文科（Davaineidae）赖利属（*Raillietina*）和戴文属（*Davainea*）的多种绦虫，两者均呈世界性分布。各个日龄的鸡都可感染，以雏鸡感染最为严重，造成的危害也较大。虫体常寄生于鸡体的十二指肠、空肠、回肠等处，引起采食量下降、贫血、消瘦、下痢、产蛋率下降甚至停止。

（一）病原

1. 鸡赖利绦虫

鸡赖利绦虫主要包括三种，分别是四角赖利绦虫（*R. tetragona*）、有轮赖利绦虫（*R. cesticillus*）和棘盘赖利绦虫（*R. echinobothrida*），通常寄生于鸡、火鸡、雉的小肠中。

（1）四角赖利绦虫。虫卵直径为 25 ～ 50 μm，虫体长度在 25 cm 左右，头节较小，有吸盘和顶突。其中吸盘呈卵圆形，有 4 个，上面存在 8 ～ 10 行小沟；顶突上存在 1 ～ 3 排小沟，共 90 ～ 130 个，吸盘和顶突上的小钩均易脱落。

（2）有轮赖利虫。虫卵直径 75 ～ 88 μm，成虫体长 12 cm，生有较大头节，顶突厚且宽，歪斜如同轮状。其基部存在 2 行小沟，共 400 ～ 500 个；有 4 个圆形吸盘，但吸盘上无小沟。

（3）棘盘赖利绦虫。虫卵直径 25 ～ 40 μm，虫体大小接近四角赖利绦虫，体长可达 25 cm。有 4 个圆形吸盘，上面存在 8 ～ 10 行小沟；顶突上只存在 2 排小沟，共 200 ～ 240 个。

2. 节片戴纹绦虫

成虫虫体短小，长度仅有 0.3 ～ 3.0 mm，整体似舌形，由前向后逐渐增宽。由 3 ～ 9 个节片组成，生有较小头节，吸盘和顶突上都存在小沟，顶突有 60 ～ 100 个小沟，吸盘有 3 ～ 6 列小沟，但容易发生脱落，虫卵直径 35 ～ 40 μm。

（二）生活史

1. 鸡赖利绦虫

（1）四角赖利绦虫。颈节细长，每个成节均具有一套生殖系统，生殖孔开口于同侧；睾丸 18 ～ 35 个。孕节为近方形，孕节中子宫分为很多的卵袋，每个卵袋内均含有 6 ～ 12 个虫卵，寄生于鸡、火鸡的小肠内。中间宿主为蚂蚁和家蝇。

（2）有轮赖利绦虫。每个成节内有一套生殖器官，生殖孔呈现为不规则地开口于虫体两侧；睾丸有 15 ～ 30 个。孕节呈近圆形，似鼓；孕节子宫崩解为很多的卵袋，每个卵袋内仅有 1 枚虫卵。中间宿主为蝇类和步行虫科、金龟子科和伪步行虫科的甲虫。

（3）棘盘赖利绦虫。寄生于鸡、火鸡和雉的小肠内。每个成节内均有一套生殖系统，上有 8 ～ 15 圈小沟，生殖孔开口于一侧或不规则地开口于两侧，睾丸 20 ～ 40 个。孕节子宫崩解为许多的卵袋，每个卵袋内含有 6 ～ 12 个虫卵。成熟的孕节常沿着中央纵轴线收缩而呈现哑铃形，并在孕节和孕节之间形成小孔。中间宿主为蚂蚁。

2. 节片戴文绦虫

生殖孔规则交替地开口于节片侧缘前角；睾丸 12 ～ 21 个，在节片后部排列成 2 行；雄茎囊发达，横列于节片前部，其长度占节片宽度的一半以上。孕节内子宫分裂为许多的卵袋，每个卵袋内含有 1 枚虫卵。节片戴文绦虫主要在鸡的小肠内（十二指肠内）寄生，中间宿主为蛞蝓。

当鸡感染绦虫时，虫卵会经由粪便排到体外，当被中间宿主如蚂蚁、甲虫、蝇类，以及陆地螺或蛞蝓吞食后，可在这些中间宿主体内经 2 ～ 3 周继续发育为具有感染能力的似囊尾蚴。鸡群采食带囊尾蚴的中间宿主而受感染，在小肠内经 2 ～ 3 周即发育为成虫。该病多发生在中间宿主活跃的 4—9 月，各日龄的鸡均可感染，但以雏鸡易感性最强，25 ～ 40 日龄雏鸡发病率和死亡率最高。

（三）症状

虫体可在鸡体内掠夺养分，影响肠道正常的消化吸收功能，使机体营养流失，从而导致肉鸡增重缓慢，或蛋品质变差。初期鸡群精神状况良好，病鸡轻度感染时不会表现出明显的临床病状，随着病情发展，病鸡表现食欲不振，羽毛松乱，精神沉郁；消化不良，下痢，粪便稀薄或混有血样黏液，或混有白色绦虫节片；渴欲增加，消瘦，生长缓慢。严重者出现贫血，鸡冠和黏膜苍白，常发生瘫痪，最后极度衰弱死亡。产蛋鸡产蛋下降或停止。

绦虫的代谢产物可造成鸡只中毒而出现神经症状，部分病鸡呈进行性麻痹，麻痹从两爪开始逐渐波及全身，个别感染严重者常因继发感染细菌性疾病或病毒性疾病而死亡。部分病例经一段时间后可自愈，但生产性能受到影响。

（四）病理变化

剖检可见小肠恶臭、黏液增多、增厚，呈点状出血；小肠中可见虫体（图 5-3-1、图 5-3-2），严重者虫体可阻塞肠道，引起肠管破裂和腹膜炎；棘盘赖利绦虫感染时，肠壁可见中央凹陷的结节，结节内含黄褐色干酪样物；产蛋鸡卵泡变性、坏死。鸡因长期处于自体中毒状态而呈现营养衰竭和抗体抑制的现象。

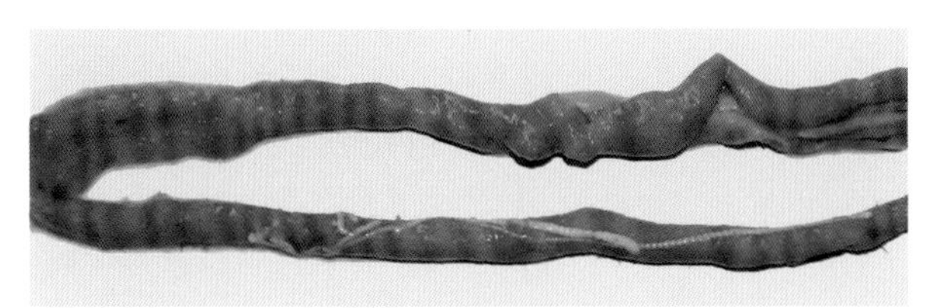

图 5-3-1　肠道中的绦虫（一）（刁有祥 供图）

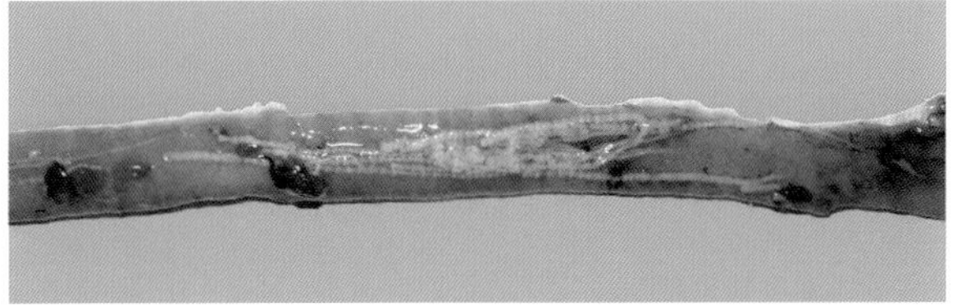

图 5-3-2　肠道中的绦虫（二）（刁有祥 供图）

（五）诊断

对病鸡的粪便进行虫体检查，以是否发现虫卵或者节片作为确诊依据。粪便中可找到白色米粒样的孕卵节片，在夏季气温高时，可见节片向粪便周围蠕动，取此类孕节镜检，可发现大量虫卵。对部分重病鸡可作剖检诊断，当在其体内发现虫体，即可确诊该病。

（六）防治

1. 预防

鸡绦虫的生存必须依靠特定种类的中间宿主，因此预防和控制鸡绦虫病的关键是消灭中间宿主，以抑制虫体发育、繁殖。一般来说，鸡绦虫的中间宿主通常有蚂蚁、苍蝇、金龟子等，因此消灭这些昆虫可有效预防发病。在鸡舍四周禁止堆放垃圾、腐木、碎石，定期使用低毒消毒药对鸡舍环境进行喷洒消毒，能够在一定程度上抑制蚂蚁生存及蝇类滋生；夏秋季节，鸡舍可安装纱窗、纱门，避免苍蝇进入舍内，同时还要定期带鸡消毒；鸡群采取网上饲养时，必须及时对网眼大小进行调整，确保粪便都能够漏下，避免鸡体接触粪便。另外，粪便要及时清除，并运送至指定地点进行发酵处理；在该病的流行地区，要根据不同类型绦虫的发育史，有计划地预防性驱虫，在绦虫发育为成虫前进行驱虫。

2. 治疗

当发生鸡绦虫病时要立即对整个鸡群进行驱虫。可用硫双二氯酚，成年鸡按每千克体重100 ～ 200 mg，小鸡可适当减量；丙硫咪唑剂量为每千克体重15 ～ 20 mg，与面粉做成丸剂，一次性投服；氯硝柳胺剂量为每千克体重50 ～ 60 mg，一次性投服。

第四节　线虫病

鸡线虫病（Chicken nematodosis）是由线虫纲中多种线虫引起鸡的数种寄生虫病的总称。线虫种类繁多，感染鸡的营寄生生活。虫体通常呈圆柱状、棒状或毛发状，雌雄异体，雄虫常小于雌虫，不分节，眼观多呈乳白色、浅黄色，吸血的线虫呈红褐色，体表具有闪耀的色彩。线虫虫体分为头、尾、背、腹及两侧各部，头端一般稍钝圆，雌虫尾端较尖锐；雄虫尾端有的弯曲，有的有交合伞或其他与生殖器官有关的辅助结构，易与雌虫区别。

不同线虫生活史各异，一般分为直接发育和间接发育两种。直接发育型的线虫不需要中间宿主，雌虫直接将卵排出体外，在适宜的条件下，孵育成为感染性幼虫，被易感动物采食后，在其体内发育为成虫；而间接发育型的线虫需要一些软体动物、昆虫作为中间宿主。线虫是对鸡危害最为严重的蠕虫之一，感染鸡的线虫主要包括蛔虫、异刺线虫、四棱线虫、裂口线虫、禽胃线虫和毛细线虫等。

一、鸡蛔虫病

鸡蛔虫病（Chicken ascariasis）是由鸡蛔虫寄生于鸡小肠内引起的一种常见的蠕虫病之一。该病在全国各地普遍存在，可抑制鸡群生长发育、生产力降低，甚至造成鸡群死亡，严重影响着我国养鸡业的健康发展。

（一）病原

该病的病原为鸡蛔虫（*Ascaridia galli*），属于禽蛔科（Ascardiidae），禽蛔属（*Ascaridia*），可寄生于鸡、火鸡、番鸭、鹅、鹌鹑等家禽和野鸟体内。蛔虫是鸡体内最大的一种线虫，虫体呈淡黄白色或淡黄色，长线状，外被有横行线纹的角皮（图 5–4–1）。头端有 3 个唇片，1 个背唇和 2 个亚腹唇，在背唇上有 1 对乳突，每个亚腹唇上各有 1 个乳突。雄虫长为 26 ～ 70 mm，尾端向腹面弯曲，有膨大的尾翼和 10 对尾乳突，以及 1 个圆形或椭圆形的泄殖腔前吸盘，吸盘上有明显的角质环，末端有 1 对近等长的交合刺；雌虫长 65 ～ 110 mm，阴门开口于虫体中部，尾端钝直。虫卵呈深灰色、椭圆形，卵壳较厚，表面光滑或不光滑，大小为（70 ～ 90）μm×（47 ～ 51）μm，新排出的虫卵内含有一个椭圆形胚细胞。

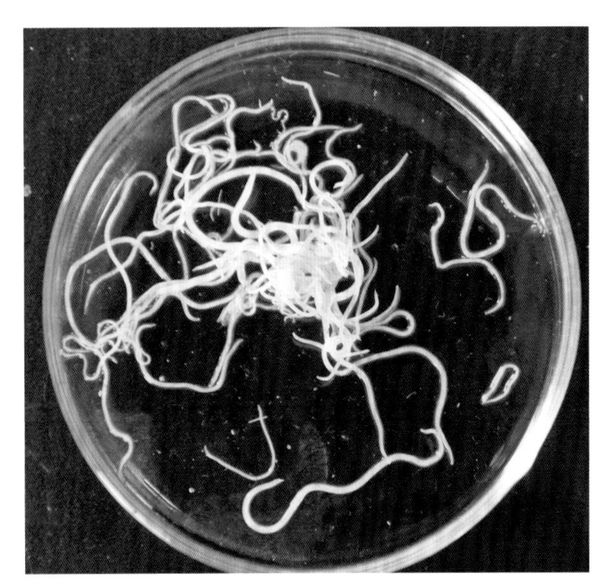

图 5-4-1　鸡蛔虫（刁有祥　供图）

（二）生活史

蛔虫的发育不需要中间宿主。受精后的雌虫在鸡小肠内产卵，卵随粪便排出体外。虫卵对外界各种环境因素和常用消毒药物抵抗力很强，在严寒冬季，经过 3 个月的冻存仍能存活；在阴暗潮湿的地方，虫卵可存活较长时间；适宜条件下，感染性虫卵可在土壤中保持 6 个月以上的活力；但在 50℃以上的高温、干燥和阳光直射等环境中很快死亡。虫卵在适宜的温度、湿度等条件下，经 1 ～ 2 周可发育为含有感染性幼虫的虫卵，即感染性虫卵，鸡一旦摄入含有感染性虫卵的饲料、饮水等，便可发生感染。幼虫在鸡体肌胃或腺胃中破壳而出，随食物进入小肠，在小肠内发育为成虫，整个过程需 35 ～ 50 d。除小肠外，在鸡的腺胃和肌胃内有时也可见大量虫体。

（三）流行病学

虫卵在 19 ～ 39℃和 90% ～ 100% 的相对湿度下，最易在体外发育为感染性虫卵。该病主要经口感染，鸡摄入被感染性虫卵污染的饲料或饮水，或啄食带有虫卵的蚯蚓等便可感染。各日龄、各品种鸡均易感，其中以 3 ～ 4 月龄以内雏鸡较易感染和发病，5 ～ 6 月龄以上的鸡抵抗力较强，1 年以上的鸡多为带虫者。此外，饲养管理水平与该病的发生有很大关系，当环境消毒工作不完善、卫生条件差及饲料中维生素 A 和 B 族维生素缺乏，会造成机体抵抗力下降，鸡群更易感染发病。

（四）症状

病雏鸡常表现为生长发育不良，精神沉郁，食欲不振；呆立不动，两翅下垂，羽毛蓬乱，黏膜和鸡冠苍白；下痢和便秘交替，有时稀粪中混有带血黏液，或蛔虫虫体；最后逐渐消瘦、衰弱而亡。成年鸡一般不表现出症状，但严重感染时表现下痢、产蛋量下降和贫血等。

（五）病理变化

剖检病鸡可见肠黏膜出血、有炎性渗出物等，肠壁上常见有颗粒状化脓灶或结节。大量虫体在肠道聚集时，相互缠绕成团（图 5-4-2、图 5-4-3），可导致肠道机械性堵塞甚至肠破裂，进而继发腹膜炎，最后导致鸡死亡。

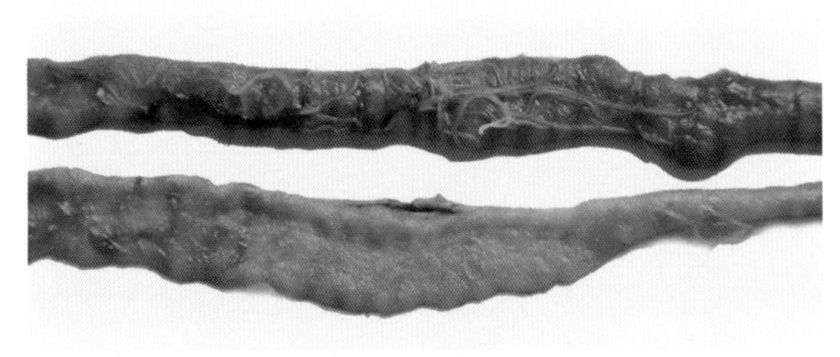

图 5-4-2　肠道中的蛔虫（一）（刁有祥　供图）

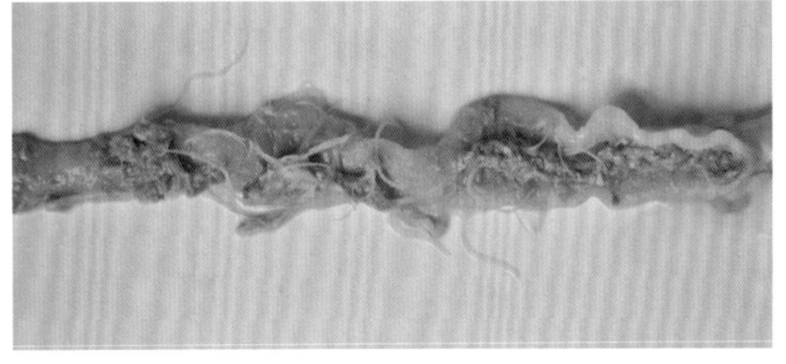

图 5-4-3　肠道中的蛔虫（二）（刁有祥　供图）

（六）诊断

根据流行病学特点和症状可作出初步诊断。饱和盐水漂浮法检查粪便发现大量虫卵，或驱虫药检查粪便中发现虫体可确诊。此外，在尸体小肠、肌胃或腺胃内发现有大量虫体即可确诊。

（七）防治

1. 预防

加强饲养管理，饲喂全价饲料，尤其注意饲料中维生素 A 和 B 族维生素的含量，增强机体对蛔虫的抵抗力；鸡舍内应保持清洁、干燥、通风，经常更换垫料，定期消毒饮水器和料槽；及时清理鸡舍粪便，堆积发酵，以杀灭虫卵；雏鸡和成年鸡要分群饲养，严禁混群，实行“全进全出”制度；易感鸡群每年应进行 2 ～ 3 次定期驱虫。

2. 治疗

鸡群一旦发病，可选用下述方案之一进行治疗。

（1）枸橼酸哌嗪（驱蛔灵）。按每千克体重 0.25 g，一次性内服，对成虫和幼虫均有效。

（2）左旋咪唑。按每千克体重 25 ～ 30 mg，一次性内服；也可溶于半日饮水中，集中饮水，对成虫和幼虫的驱虫率高达 100%。

（3）丙硫咪唑（抗蠕敏）。按每千克体重 10 ～ 15 mg，一次性内服。

（4）噻苯唑。按每千克体重 500 mg 配成 20% 悬液内服。

二、异刺线虫病

异刺线虫病（Heterakosis）又称盲肠虫病，由异刺科（Heterakisae）、异刺属（*Heterakis*）的多种异刺线虫（*Heterakis gallinae*）寄生于鸡、火鸡、鸭、鹅、鹌鹑等家禽和鹧鸪、雉和孔雀等鸟类盲肠内引起的一种线虫病。异刺线虫不仅对禽类具有致病性，其虫卵还可携带组织滴虫，诱发鸡的盲肠肝炎。该病在鸡群中普遍存在。

（一）病原

异刺线虫虫体细小，虫体呈淡黄色或白色，头端略向背面弯曲，口缘有 3 个不明显的唇片围绕口孔，分别为 1 个背唇和 2 个亚腹侧唇，背唇有 1 对乳突，两亚腹唇各有 1 个双乳突，1 个单乳突和 1 个化感器。食道前部为圆柱管状，末端有一膨大的食道球。雄虫长 7 ～ 13 mm，尾直，末端尖细；交合刺 2 根，不等长，不同形；排泄孔前有 1 个圆形泄殖腔前吸盘，尾翼发达，含有尾乳突 12 对。雌虫长 10 ～ 15 mm，尾部细长，阴门位于虫体中部偏后方。虫卵呈灰褐色，椭圆形，大小为（65 ～ 80）μm×（35 ～ 46）μm，具有两层膜，卵壳厚，内含 1 个胚细胞，卵的一端较明亮，可将其与鸡蛔虫卵鉴别开来。

（二）生活史

异刺线虫为直接发育型，生活史中不需要中间宿主。性成熟雌虫在鸡盲肠内产卵，卵随粪便排出体外。虫卵在适宜的湿度和温度（18 ～ 26℃）条件下，约经 2 周发育成含幼虫的感染性虫卵。蚯蚓等可充当保虫宿主，其吞食异刺线虫感染性虫卵后，可在蚯蚓体内保持 1 年以上的活力，鸡群直接摄入感染性虫卵或者啄食带有虫卵的蚯蚓而感染。幼虫在鸡小肠内 1 ～ 2 h 即可脱掉卵壳，经 24 h 移行至盲肠并进入肠黏膜中，约经 5 d 返回盲肠腔中继续发育为成虫。从感染性虫卵被鸡摄入直至发育为成虫需 24 ～ 30 d，成虫在鸡体内可存活约 1 年。此外，异刺线虫还是鸡盲肠肝炎病原体火鸡组织滴虫的传播者。当1只鸡体内同时有异刺线虫和组织滴虫时，后者的虫卵可以侵入异刺线虫虫卵中，卵随粪便排出体外。当鸡摄入这种虫卵时，可同时感染这两种寄生虫，使病情更为严重和复杂，死亡率大大增加。

（三）流行病学

异刺线虫的传染源广泛，可在鸡、火鸡、鸭等各种家禽和孔雀等多种鸟类的体内寄生。虫卵对外界环境因素的抵抗力较强，在阴暗潮湿的环境中10个月仍可保持感染性；在10%硫酸和0.01%升汞液中均能发育；能耐干燥16～18 d，但在干燥和阳光直射条件下很快死亡。鼠妇类昆虫吞食异刺线虫卵后，可起机械传播作用。各日龄鸡均易感，尤其是营养不良或饲料中缺乏矿物质（钙、磷）的幼雏鸡更为易感。

（四）症状

该病症状表现与感染强度有关。当鸡群盲肠有少量异刺线虫寄生时，一般无明显症状；严重感染时病雏鸡主要表现为生长发育不良、精神萎靡、食欲不振或废绝，贫血、下痢，常因摄食量不足而营养不良，逐渐消瘦，不愿走动，伏地而卧，最终衰竭而亡；成年鸡一般不表现症状，但严重感染时表现下痢、贫血等；产蛋鸡产蛋量急剧下降，甚至停止产蛋。

（五）病理变化

剖检病鸡可见特征性病变在盲肠，表现为盲肠肿大，甚至可以透过肠壁观察到白色丝状虫体在肠腔内蠕动；有的盲肠壁出现炎症，肠壁明显增厚，产生结节病变，间或有溃疡和结石；剪开盲肠可查见虫体，尤其以盲肠尖部虫体最多。

（六）诊断

根据症状和剖检变化可对该病作出初步诊断，确诊需要结合进一步的病原学检查。可采用饱和盐水漂浮法和直接涂片法检查粪便虫卵，注意与鸡蛔虫卵相区别：鸡异刺线虫虫卵呈灰褐色，壳厚，内含单个卵细胞，呈长椭圆形，比鸡蛔虫虫卵小；异刺线虫感染的鸡剖检时可见盲肠出血、肿大，在盲肠尖部有大量虫体。

（七）防治

1. 预防

该病多与饲养环境和营养条件密切相关。首先应提高饲养管理水平，鸡场应严格遵守"全进全出"制度，不同日龄鸡应分群、分舍饲养；提供营养全面且比例合理的日粮，根据不同生长阶段及时调整日粮配方，饲料中可添加适量的维生素A和B族维生素，能够提高鸡群抵抗力，预防或减少该病的发生；做好日常的清洁卫生工作，保持鸡舍干燥，勤换垫料；对鸡舍定期进行消毒，包括地面、料槽、水槽以及其他设施设备。杀灭畜禽舍内及运动场中的蚯蚓和鼠妇类昆虫；每天及时清理粪便，于指定位置进行堆肥发酵，彻底杀灭虫卵。

2. 治疗

鸡群一旦发生该病，应及时隔离饲养，可选用以下方案之一进行药物治疗。

（1）丙硫苯咪唑（抗蠕敏）。按每千克体重20 mg拌料饲喂。

（2）左旋咪唑。按每千克体重20～30 mg拌料饲喂，一次性内服。

（3）枸橼酸哌嗪（驱蛔灵）。按每千克体重250 mg拌料饲喂，一次性内服，效果较好。

（4）噻苯咪唑（驱虫净）。按每千克体重40～50 mg拌料饲喂，一次性内服。

（5）硫化二苯胺（酚噻嗪）。成年鸡按每千克体重0.5～1.0 g，幼鸡用量减半，与饲料1∶15混

合饲喂，每只不超过 2 g。此外，可在饲料或饮水中适量添加维生素 A 和 B 族维生素，增强机体抵抗力。

三、胃线虫病

鸡胃线虫病是由华首科（Acuariidae）、华首属（*Acuaria*）和四棱科（Tetrameridae）、四棱属（*Tetrameres*）的线虫寄生于鸡食道、肌胃、腺胃和小肠内引起的一种寄生虫病。鸡群感染该病后主要以消化道症状为特征，影响其正常生长发育，危害着养鸡业的健康发展。

（一）病原

该病的病原主要包括美洲四棱线虫（*T. americana*）、旋形华首线虫（*A. spiralis*）和斧钩华首线虫（*A. hamulosa*）等。

1. 美洲四棱线虫

主要寄生于腺胃内，虫体无饰带，雄虫和雌虫形态各异。雄虫纤细，长 5 ～ 5.5 mm，细线状；雌虫血红色，呈亚球形，长 3.5 ～ 4 mm，宽约 3 mm，在纵线部位形成 4 条纵沟，其前端和后端自体部突出。虫卵大小为（42 ～ 50）μm×24 μm，内含 1 条幼虫。

2. 旋形华首线虫

寄生于腺胃和食道，偶尔可寄生于小肠。虫体常卷曲呈螺旋状，前部的 4 条饰带呈波浪形，由前向后，在食道中部折回，但不吻合。雄虫长 7 ～ 8.3 mm，交合刺 2 根，不等长；雌虫长 9 ～ 10.2 mm。虫卵大小（35 ～ 40）μm×（18 ～ 25）μm，卵壳厚。

3. 斧钩华首线虫

寄生于肌胃角质膜下。虫体呈淡黄色，前端尖削，虫体表皮有 4 条平行的绳索状隆起的饰带，从口部开始，呈波浪状向后延伸，不折回也不相互吻合。雄虫长 9 ～ 14 mm，泄殖腔前乳突 4 对，后乳突 6 对，两根交合刺不等长，右刺细长，左刺粗短。尾圆锥形，弯向腹面；雌虫长 16 ～ 19 mm，阴门位于虫体中部偏后方。虫卵呈淡黄色，椭圆形，卵壳较厚，内含 1 条“U”形幼虫，大小为（40 ～ 45）μm×（24 ～ 27）μm。

（二）生活史和流行病学

四棱线虫和华首线虫的发育都必须有中间宿主参与。虫体在寄生部位发育成熟后，周期性排出成熟的虫卵，随粪便一起排出体外，散落在舍内。

美洲四棱线虫的中间宿主为直翅类昆虫，如蚱蜢、蜚蠊等。鸡吞食含有感染性幼虫（第三期幼虫）的昆虫后，幼虫逸出，在胃黏膜中停留 14 d 以上，蜕皮为第四期幼虫，随后雌虫进入胃腺交配，到 45 d 在子宫中可见到含有胚胎的虫卵；斧钩华首线虫的中间宿主为蚱蜢、甲虫、象鼻虫等。鸡吞食含有感染性幼虫的昆虫后，先钻入其肌胃角质层下，经 35 d 移行到肌胃壁内，经 67 d 发育成熟；旋形华首线虫中间宿主为鼠妇虫，虫体被中间宿主甲壳纲足类节肢动物吞食后，在其体内经 26 d 发育为感染性幼虫。鸡吞食含有感染性幼虫的昆虫后，经 27 d 发育为成虫。鸡若直接吞食虫卵（非感染性虫卵），虫卵无法在体内发育，则不会感染胃线虫。

（三）症状

四棱线虫和华首线虫主要寄生于鸡的胃和肠道，与宿主竞争营养物质，导致鸡体营养不良和抵抗力下降。虫体寄生量少时病鸡症状不明显；当大量虫体寄生时，病鸡表现为精神沉郁、食欲减退甚至废绝、生长发育停滞，消瘦、贫血、羽毛凌乱，缩颈、下痢，最后衰弱而亡；严重感染病鸡可因胃溃疡或胃穿孔而死亡。产蛋鸡产蛋量下降甚至绝产，体重减轻。

（四）病理变化

四棱线虫主要寄生于鸡的腺胃，吸食血液，引起腺胃卡他性炎症。表现为腺胃黏膜溃疡出血，从腺胃的外表面可看见组织深处有暗黑色的成熟虫体；斧钩华首线虫主要寄生于肌胃角质层下方，可导致寄生部位溃疡、出血，胃壁变薄，部分可见到软而带红黄色的小瘤。

（五）诊断

根据流行病学资料和症状，可对该病作出初步诊断，确诊需要结合进一步的病原学检查。取病鸡新鲜粪便，采用饱和盐水漂浮法检查虫卵。四棱线虫寄生时，剖检病死鸡可见腺胃壁肿胀、增厚，切开胃壁发现有成熟的血红色雌虫；斧钩华首线虫寄生时，剥离肌胃角质层可发现虫体。

（六）防治

1. 预防

做好鸡舍和运动场的卫生清洁工作，定期消毒；及时清理粪便，可采用堆肥发酵以杀灭虫体和虫卵；消灭中间宿主，可采用 0.015% ～ 0.03% 的溴氰菊酯喷洒鸡舍和运动场；做好鸡群的定期预防性驱虫，每年 2 ～ 3 次。

2. 治疗

鸡群一旦发生该病，应在日粮中增加蛋白质和维生素，并按下述方案进行药物治疗。

（1）左旋咪唑。按每千克体重 20 ～ 30 mg 拌料饲喂，一次性内服，或者配成 5% 水溶液嗉囊内注射。

（2）噻苯唑。按每千克体重 300 ～ 500 mg 拌料饲喂，一次性内服。

四、毛细线虫病

禽毛细线虫病（Avian capillariasis）主要是由毛首科（Trichuridae）、毛细线虫属（*Capillaria*）的一类如毛发样的线虫寄生于禽类食道、嗉囊、小肠和盲肠黏膜引起的一种寄生虫病。主要包括有轮毛细线虫、鸽毛细线虫、膨尾毛细线虫、鹅毛细线虫、鸭毛细线虫和捻转毛细线虫等。上述病原除鹅毛细线虫和鸭毛细线虫外，鸡全都易感。该病在我国多地均有发生，严重感染时可导致鸡的死亡。

（一）病原

该病的病原为毛细线虫，虫体细小，呈毛发状。身体的前部短于或等于身体的后部，前部细，为食道部；后部粗，内含肠管和生殖器官。雄虫有 1 根交合刺，雌虫阴门位于粗细交界处。虫卵呈棕黄色，腰鼓形，卵壳厚，两端有卵塞，卵内含一个椭圆形胚细胞。

1. 有轮毛细线虫（*C. annulata*）

前端有一个球状角皮膨大，雄虫长 15 ～ 25 mm，雌虫长 25 ～ 60 mm。主要寄生于鸡的嗉囊和食道，中间宿主为蚯蚓。

2. 鸽毛细线虫（*C. columdae*）

雄虫长 8.6 ～ 10 mm，尾部两侧有铲状的交合伞，雌虫长 10 ～ 12 mm。主要寄生于鸡的小肠，属直接型发育史，不需要中间宿主。

3. 膨尾毛细线虫（*C. caudinflata*）

雄虫长 9 ～ 14 mm，尾部两侧各有 1 个大而明显的伞膜，雌虫长 14 ～ 26 mm。寄生于鸡的小肠，中间宿主为蚯蚓。

4. 捻转毛细线虫（*C. contorta*）

雄虫长 8 ～ 17 mm，有 1 根细而透明的交合刺；雌虫长 15 ～ 60 mm，阴门呈圆形，突出。寄生于火鸡、鸭等的食道和嗉囊，属直接型发育史，不需要中间宿主。

（二）生活史和流行病学

根据生活史是否需要中间宿主，可将毛细线虫生活史分为直接型发育史和间接型发育史。成熟雌虫在寄生部位产卵，虫卵随粪便排出体外。直接型发育史的毛细线虫虫卵在外界环境中发育成感染性虫卵，被宿主食入后，幼虫透出，进入寄生部位黏膜内，约经 1 个月发育为成虫。成虫在肠道内的寿命约为 9 个月；间接型发育史的毛细线虫虫卵被中间宿主蚯蚓食入后，在其体内发育为感染性幼虫，鸡啄食了带有感染性幼虫的蚯蚓后，蚯蚓被消化，幼虫释出并移行到寄生部位黏膜内，经 19 ～ 26 d 发育为成虫。成虫的寿命约 10 个月。

虫卵对外界的抵抗力较强，在外界能长期保持活力。未发育的虫卵比已发育的虫卵的抵抗力强，耐寒。

（三）症状

病鸡轻度感染时不显症状。严重感染者食欲减退或废绝，精神萎靡；双翅下垂，常离群独处；头下垂，蜷缩在地上、栖架下或屋角；消瘦、贫血、下痢；嗉囊膨大，压迫迷走神经引起呼吸困难、运动失调和麻痹。感染严重时各日龄的鸡都可发生死亡。

（四）病理变化

轻度感染时，嗉囊、腺胃、肌胃或肠道有轻微的炎症和增厚；严重感染时，虫体寄生部位黏膜增厚、出血，表面覆盖有絮状渗出物或黏液脓性分泌物，黏膜溶解、脱落甚至坏死。感染初期为带有淋巴细胞浸润的充血，接着形成黄白色结节，出现淋巴细胞和其他细胞浸润，而后黏膜坏死，淋巴滤泡明显增大，最后形成伪膜。黏膜上覆盖有气味难闻的纤维蛋白性的坏死物质。病变程度因虫体寄生的多少而不同。

（五）诊断

根据该病的症状，结合病理剖检和粪便检查虫卵，即可确诊。可采用饱和盐水漂浮法检查粪便发现特征性虫卵（毛细线虫虫卵两端栓塞物明显），以及剖检病死鸡，在消化道黏膜中存在大量虫体进行确诊。

（六）防治

1. 预防

对于直接发育型的毛细线虫，首先应做好鸡舍内外的清洁卫生工作，及时清理粪便，并进行堆肥发酵处理以杀死虫卵，同时鸡舍内应保持通风干燥。对于间接发育型毛细线虫的预防除做好上述工作外，还应注意消灭鸡舍中的中间宿主蚯蚓，提倡笼养；育雏鸡群应单独饲养，避免与成年鸡活动区域交叉，发生感染；疫区鸡群做好定期预防性驱虫工作，每隔 1 ～ 2 个月驱虫 1 次。

2. 治疗

当鸡群发病时，应进行大群驱虫，可按照下述方案之一进行治疗。

（1）甲氧啶。按每千克体重 200 mg，用灭菌蒸馏水配成 10% 水溶液后，皮下注射或口服，均有较好的效果。

（2）甲苯咪唑。按每千克体重 20 ～ 30 mg 拌料饲喂，一次性内服，对 6 日龄、12 日龄、24 日龄虫体有良好的疗效。

（3）左咪唑。按每千克体重 20 ～ 30 mg 拌料饲喂，一次性内服，对成虫和 16 日龄虫体有较好的疗效。

（4）噻苯唑。按每千克体重 1.0 g 拌料使用，可驱除机体内约 93% 的 11 日龄虫体和部分成虫。

五、比翼线虫病

比翼线虫病（Syngamiasis）又称交合虫病、开嘴虫病、张口线虫病，是由比翼科（Syngamidae）、比翼属（*Syngamus*）的线虫寄生于鸡、火鸡、雉、珠鸡等禽类气管引起的一种呼吸系统疾病。该病主要侵害雏鸡，成年鸡极少感染发病，病鸡常因呼吸困难而窒息死亡，严重影响养禽业的发展。

（一）病原

比翼线虫种类繁多，但目前国内仅发现气管比翼线虫。雌虫和雄虫永久结合，外观像“Y”形，又叫“杈子虫”。比翼线虫虫体因吸血呈血红色，头端膨大呈球状，口囊宽阔呈杯状，其底部有三角形小齿，口囊外源由切迹分割成彼此相对的 6 块花缘。雌虫大于雄虫，阴门位于体前部，以交合伞附着于雌虫阴门部，永成交配状态。斯克里亚平比翼线虫雌虫成虫长 9 ～ 25 mm，口囊底部有 6 个齿，雄虫长 2 ～ 4 mm。虫卵椭圆形，大小为 90 μm×49 μm，两端有卵盖；气管比翼线虫雄虫长 2 ～ 4 mm，雌虫长 7 ～ 20 mm，口囊底部有 6 ～ 10 个齿。虫卵大小为（78 ～ 110）μm×（43 ～ 46）μm，两端有厚卵盖，卵内含 16 个卵细胞。

（二）生活史和流行病学

比翼线虫的生活属于直接发育型。比翼线虫雌虫在寄生的鸡气管内产卵，虫卵随气管黏液到达口腔，大部分虫卵被咽入消化道，随粪便排到外界，此时虫卵不具有感染性。在适宜温度（27℃左右）和湿度条件下，虫卵约经 3 d 发育为感染性虫卵，或孵化为外被囊鞘的感染性幼虫。感染性虫卵或幼虫被蚯蚓、蛞蝓、蜗牛、蝇类及其他节肢动物等延续宿主吞食后，在其肌肉内形成包囊，虫体不发育但保持着对禽类宿主的感染力。禽类宿主因吞食了感染性虫卵或幼虫，或带有感染性幼虫的贮藏宿主而感染。幼虫钻入肠壁，经血液循环移行至细支气管、支气管和气管，于感染后 18 ～ 20 d 发育为成虫并产卵。

在自然环境中，感染性虫卵、幼虫对环境抵抗力较差，在土壤中可存活 8 ～ 9 个月，但在蚯蚓体内对鸡的感染力可保持 4 年以上，在蛞蝓和蜗牛体内达 1 年以上。该病主要发生在鸡舍、运动场、潮湿的草地，尤其是大量幼鸡密集饲养时，感染更加严重。雏鸡发病率和死亡率较高，成年鸡感染一般无明显症状，是主要的带虫者和传染源。体外感染性虫卵和幼虫经过各种野生和家养鸟类体内排出，当幼体经过蚯蚓后，其感染性增强。鸡体内缺乏维生素 A、钙和磷时，对气管比翼线虫的易感性增高。

（三）症状

病鸡伸长头颈，张口呼吸；左右摇甩头部，从口腔和鼻腔排出黏液性分泌物，有时可见虫体；精神不振，食欲减退甚至废绝；消瘦，贫血，垂头闭目，蜷伏在地；口内充满泡沫性唾液；最后因呼吸困难窒息死亡。该病主要侵害雏鸡，死亡率几乎达 100%；成年鸡症状轻微或不显症状，极少死亡。

（四）病理变化

尸体消瘦，贫血。剖检病鸡可见气管黏膜出血，有大量黏液附着；气管黏膜上有虫体附着（雄虫始终牢固附着在气管壁，雌虫则时而附着时而脱离），并被带血的黏液所覆盖；幼虫移行肺脏时，可见肺淤血、水肿和肺炎病变；感染严重时，病鸡可出现大、小叶性肺炎病灶。

（五）诊断

根据病鸡呼吸困难、伸颈张口呼吸等特征性症状，结合粪便或口腔黏液检查有虫卵，或剖检病鸡在气管或喉头附近发现虫体即可确诊。临床上，注意与鸡传染性支气管炎及新城疫等相鉴别。

（六）防治

1. 预防

加强鸡场的饲养管理，雏鸡群和成年鸡群应分开饲养，避免场地交叉使用；鸡舍和运动场保持干燥和良好的通风，防止野鸟飞入鸡舍；做好鸡舍的清洁卫生工作，定期对鸡舍和运动场进行消毒，尤其是地面平养的鸡舍要保持洁净，注意杀灭蛞蝓、蜗牛等中间宿主；及时清理粪便，并进行堆肥发酵等无害化处理，杀死虫卵；在比翼线虫流行的地区，鸡群每年应进行预防性驱虫，可将甲苯咪唑按 0.006 4% 混饲投服，连用 14 d。

2. 治疗

一旦发生该病，病鸡应及时隔离治疗，同时对鸡舍、运动场和器具等进行严格的消毒处理，鸡群改为舍内封闭饲养，并进行驱虫。

（1）稀碘溶液。碘 1 g、碘化钾 1.5 g，溶于蒸馏水 1 500 mL 配成稀碘溶液，按每只 1.0 ～ 1.5 mL 注入雏鸡气管。

（2）丙硫咪唑。按每千克体重 30 ～ 50 mg 拌料饲喂，一次性内服。

（3）噻苯唑。按 0.05% ～ 0.1% 比例拌料饲喂，连用 10 ～ 14 d，或者按每只 0.3 ～ 1.5 g，一次性内服。

（4）甲苯咪唑。按 0.012 5% 比例拌料饲喂，连用 3 d。

第五节　吸虫病

鸡吸虫病（Chicken trematodiasis）是多种吸虫寄生于鸡体内引起的各种疾病的总称。吸虫种类繁多，大多营寄生生活，其发育过程中需要中间宿主（如软体动物或昆虫），为间接发育型。感染鸡的吸虫主要包括前殖吸虫、棘口吸虫、背孔吸虫和后睾吸虫。

一、前殖吸虫病

前殖吸虫病（Paragonimiasis）是由前殖科（Prosthogonimidae）、前殖属（*Prosthogonimus*）的多种吸虫寄生于鸡、鸭、鹅等禽类和鸟类的直肠、泄殖腔、法氏囊和输卵管内，导致产蛋鸡产蛋异常，甚至死亡的一种寄生虫病。该病易继发感染卵黄性腹膜炎，导致病鸡死亡，给养禽业带来巨大经济损失。

（一）病原

卵圆前殖吸虫虫体呈梨形、扁平，前端狭窄，后端钝圆，大小（3～6）mm×（1～2）mm，体表有小棘，新鲜虫体呈鲜红色，固定后为灰白色。口吸盘位于虫体前端，呈椭圆形，大小为（0.15～0.17）mm×（0.17～0.21）mm，腹吸盘位于虫体前1/3处，大小为0.4 mm×（0.36～0.48）mm。卵圆前殖吸虫的前咽不发达、较小，直径为0.10～0.16 mm，食道长0.25～0.4 mm，盲肠末端终止于虫体后1/4处。有1对睾丸呈椭圆形，不分叶，位于虫体的后1/2处；卵巢位于腹吸盘背侧，分叶，卵黄腺位于虫体两侧，前端起始于肠管分叉部稍后处，向后延伸至睾丸后缘；子宫颈与雄茎并行，生殖孔开口于口吸盘左侧。虫卵较小，大小为13 μm×（22～24）μm，卵壳薄，一端有卵盖，另一端有疣状突起，内有1个胚细胞和多个卵黄细胞。

透明前殖吸虫呈椭圆形，体表较小，皮棘仅分布在虫体前半部，大小为（5.86～9.0）mm×（2.0～4.0）mm。口吸盘呈近圆形，大小为（0.63～0.83）mm×（0.59～0.90）mm；腹吸盘呈圆形，直径为0.77～0.85 mm，透明前殖吸虫盲肠末端伸达虫体后部。有1对睾丸呈卵圆形，左右并列或者稍微倾斜排列于虫体中央两侧，大小为（0.67～1.03）mm×（0.48～0.79）mm；卵巢分为3～4叶，位于腹吸盘与睾丸前缘之间；雄茎囊弯曲，位于口吸盘与食道的左侧，生殖孔开口在口吸盘左侧；卵黄腺位于虫体两侧，起始于腹吸盘后缘，向后延伸至睾丸后部；子宫呈盘曲状，分布于腹吸盘和睾丸后的空隙内，内部含有大量的虫卵。虫卵与卵圆前殖吸虫卵基本相似，为深褐色，一端具有卵盖，另一端有小刺，大小为（26～32）μm×（10～15）μm。

（二）生活史和流行病学

前殖吸虫需要两个中间宿主，为间接发育型。第一中间宿主为淡水螺（如椎实螺、扁卷螺、豆螺等），第二中间宿主为蜻蜓。虫卵被第一中间宿主（淡水螺类）吞食，在其体内孵化为毛蚴，钻入螺肝发育为胞蚴，再由胞蚴发育为尾蚴；尾蚴离开螺体后，进入水中，在第二中间宿主（蜻蜓的幼虫和稚虫）体内发育为囊蚴；鸡吞食了含有囊蚴的蜻蜓幼虫或成虫后，在消化道内，囊蚴的囊壁被消化，幼虫被释放出来，沿着肠腔向消化道移行，到达输卵管、直肠或法氏囊中，发育为成虫。

前殖吸虫病呈地方性流行，其发生和流行的时间与蜻蜓出现的时节一致。每年5—6月蜻蜓的幼虫聚集在水池岸旁，并爬到水草上变为成虫，鸡啄食体内含有前殖吸虫的蜻蜓后，感染发病。

（三）症状

感染初期病鸡不会表现出明显的症状，采食、活动以及产蛋都正常。雏鸡一般多感染法氏囊；1日龄雏鸡多感染直肠、泄殖腔、输卵管和法氏囊；成年鸡多发生在输卵管。当前殖吸虫侵害鸡的输卵管黏膜和腺体（分泌蛋白及蛋壳）时，可使蛋壳形成障碍，畸形蛋、软壳蛋、无壳蛋增多，产蛋率逐渐降低，有时只可排出少量蛋清或者蛋黄。随着病程的加重，病鸡食欲下降、体形消瘦、精神萎靡；蹲卧墙角，做出似要产蛋的姿势；羽毛凌乱，停止产蛋，往往呆立于笼中，或排乳白色石灰水样液体；有的腹部膨大，步态不稳；肛门潮红、突出，泄殖腔周围沾满粪便，严重者因腹膜炎而死亡。

（四）病理变化

剖检病鸡可见输卵管炎和泄殖腔炎，黏膜充血、肿胀、增厚，在输卵管管壁上可见多条成虫，虫体为鲜红色，呈扁平的梨形，大小接近米粒。有的输卵管破裂引起卵黄性腹膜炎，并可见外形皱褶、不整齐，内有褐色内容物的卵存在；腹腔中有大量黄色浑浊的渗出液，并有干酪样凝集物导致脏器发生粘连；肠内存在浓缩的卵黄；浆膜发生严重充血和出血，有时还会出现腹膜炎。

（五）诊断

根据该病的流行特点以及病鸡的症状（排畸形蛋、变质蛋）、剖检变化（输卵管炎，输卵管黏膜的充血、增厚，卵黄性腹膜炎）等作出初步诊断，确诊则要进行实验室诊断。

采集粪便进行检查，如果发现其中含有前殖吸虫的成虫或虫卵即可确诊。取适量病鸡排出的新鲜粪便，通过水洗沉淀，弃去上清液，取沉淀物放于盖玻片上，在 400 倍显微镜下进行观察，可见非常小的椭圆形虫卵，呈棕褐色。

（六）防治

1. 预防

该病的发生常与环境因素密切相关。鸡舍尽可能选择在距离水域较远的地方，做好卫生清洁工作，适当通风，保证鸡群合理的饲养密度；鸡舍及各种饲养器具要经常进行清理，并定期进行消毒，可用 2% 氢氧化钠溶液；定期清理粪便，可采用堆肥发酵的方法处理，以杀死虫卵，同时防止鸡粪落入水中；定期对鸡舍内的鸡进行检疫，发现病鸡立即隔离，并对鸡群污染的环境严格消毒，病死鸡要采取焚烧或者深埋等无害化处理，防止病原传播；此外，定期对鸡群进行药物驱虫，尤其是每年 4—6 月，常用药物有吡喹酮、硫双二氯酚、丙硫苯咪唑、氯硝柳胺等。

2. 治疗

鸡群一旦发生该病，应对大群进行药物驱虫。

（1）四氯化碳。每只用量按 2 ～ 3 mL，灌服，或直接用注射器注入嗉囊。给药后 18 ～ 20 h，开始有虫体排出，排虫持续 3 ～ 5 d。发病初期进行治疗效果较好。

（2）丙硫苯咪唑。用量根据鸡体重来喂药，按照每千克体重 30 mg，拌料后一次性饲喂，7 h 开始排虫，排虫高峰为给药后 16 h，32 h 左右排虫完毕。

（3）硫双二氯酚。用量根据鸡体重来投服，按照每千克体重 100 ～ 200 mg，拌料后一次性饲喂。当剂量稍大时，部分鸡会出现副作用，如腹泻、精神沉郁、食欲下降、产蛋下降等，经数日可逐渐恢复。

二、棘口吸虫病

棘口吸虫病（Echinostomiasis）是由棘口科（Echinostomatidae）、棘口属（*Echinostoma*）的棘口吸虫寄生于鸡、鸭、鹅等禽、鸟类直肠、泄殖腔、盲肠和输卵管内所引起的一种寄生虫病，常导致产蛋鸡产蛋异常，甚至死亡。该病对鸡的致病力与感染时机体内虫体数量密切相关，一般来说，感染虫体较少时，病鸡不表现明显症状，但饲料报酬降低，生长速度较慢，免疫力下降；如果鸡体内虫体较多，严重时可造成大量死亡。

（一）病原

该病的病原为卷棘口吸虫（*E.revolutum*），成虫呈长叶状，大小为（7.6 ～ 12.6）mm×（1.26 ～ 1.60）mm，体表被有小棘，头襟发达，具有头刺。新鲜虫体呈淡红色或淡黄色，死亡后呈灰白色。卷棘口吸虫口吸盘较小，呈圆形，位于虫体前端，周围膨大，大小为 0.54 ～ 0.78 mm。具有口领，上有头棘 37 枚；腹吸盘为口吸盘的 2 ～ 3 倍，肌肉发达，位于虫体近前端 1/3 处的腹面。

口吸盘和腹吸盘距离较近，消化道开口位于口吸盘，下与前咽、咽、食管及肠支相接，两肠支直到虫体末端。2个睾丸呈椭圆形，前后排列，边缘光滑，位于卵巢后方；贮精囊位于腹吸盘前和肠管分叉之间，生殖孔开口在腹吸盘的前侧；卵巢呈圆形或扁圆形，位于虫体中央或中央稍前，向后伸出输卵管；卵黄腺呈滤泡状，分布在虫体后半部，腹吸盘后缘虫体两侧与子宫相接；子宫在卵巢的前方弯曲盘绕，经腹吸盘下方向前通至生殖腔，子宫内充满虫卵；排泄囊呈“Y”形。虫卵为椭圆形，呈淡黄色或金黄色，长为114～126 μm，宽为64～72 μm，一端有卵盖，内含一个胚细胞与很多卵黄细胞。

（二）生活史和流行病学

卷棘口吸虫的发育为间接型，一般需要两个中间宿主，第一中间宿主为淡水螺类，第二中间宿主有淡水螺类、蛙类及淡水鱼。成虫寄生在鸡的直肠或盲肠中产卵，虫卵随粪便排出，落于水中的虫卵在31～32℃的温度下，孵化为毛蚴。毛蚴在水中游动，遇到第一中间宿主时，在30℃温度发育成胞蚴，胞蚴在螺的心室中发育成熟，内含母雷蚴。母雷蚴脱囊而出，随其发育过程而向螺的消化腺及围心腔移动，母雷蚴成熟，内含子雷蚴；子雷蚴成熟，内含成熟尾蚴，尾蚴成熟后从螺体逸出。当成熟尾蚴遇到第二中间宿主后，尾部脱落形成囊蚴，有时成熟尾蚴不离开螺体而直接形成囊蚴，囊蚴呈圆形或扁圆形，有透明的囊壁。终末宿主鸡吞食含有囊蚴的螺蛳、蝌蚪、鱼等而感染卷棘口吸虫。囊蚴进入机体后，在消化道处囊壁被消化液溶解，童虫脱囊而出，吸附在终末宿主的直肠和盲肠黏膜上发育为成虫。

鸡感染棘口吸虫通常因食入含棘口吸虫囊蚴的第二中间宿主，尤以散养的鸡多发。由于螺和蝌蚪多与水生植物一起滋生，因此当以浮萍或水萍作为鸡的饲料时，鸡群更易感染。该病在我国家禽养殖地区广泛流行，尤其是南方，且对雏鸡危害较为严重。该病一年四季均可发生，夏末秋初发病率较高。

（三）症状

当体内寄生少量卷棘口吸虫时，对鸡群危害较轻，病鸡主要表现为生长不良，消瘦，羽毛蓬乱，轻度肠炎和腹泻。当有大量虫体寄生时，由于虫体分泌的毒素可导致鸡消化机能障碍，此时鸡群表现为食欲不振，排白色或红色恶臭稀粪，粪便中混有黏液，机体消瘦，贫血，生长发育受阻甚至停滞，严重的衰竭而死。

（四）病理变化

小肠、盲肠、直肠中有大量密集虫体，虫体呈粉红色细叶状，一端埋入肠黏膜内，且吸附部位有溃疡，将虫子夹起可见有口钩样结构紧紧地叮在肠壁上。肝脏肿胀充血，胆囊肿大，心包积液；空肠段可见黑褐色、条状血凝块，肠壁变薄；直肠和盲肠的肠黏膜被破坏，肠道点状出血，内容物充满黏液，黏膜上可见淡红色虫体附着；盲肠肿胀，为正常的2～4倍，呈花斑样，并散在有出血点或出血斑，其内容物呈黑褐色的黏稠状物质，有恶臭。盲肠后半段黏膜上覆有一层糠麸状干酪样物质。其他脏器无肉眼可见病变。

（五）诊断

根据病鸡的症状以及盲肠和直肠的出血性肠炎等病理性变化，且在黏膜上可观察到附有大量虫体，即可作出初步诊断，确诊需要进行实验室检查。

采用直接涂片法或者离心沉淀法检查粪便中是否有虫卵。用生理盐水冲洗虫体，然后滴加甘油压片镜检，根据虫体形态学特征可确诊该病。

（六）防治

1. 预防

该病主要是由于鸡吞食含有囊蚴的第二中间宿主螺、蝌蚪和鱼类而导致感染发病，因此，高发季节应定期清理放牧水体内水生动物，水生植物经杀灭囊蚴后方可作为饲料，严禁以生鱼或螺类喂养，以防止感染；疫区鸡群应定期进行预防性驱虫，排出的粪便应进行堆肥发酵等无害化处理，以杀灭虫体和虫卵；改良土壤或用化学药物杀灭中间宿主；引进鸡群和饲养过程中，应定期进行虫体和虫卵检查，一旦发现感染，应改为舍饲，并用药物预防鸡群发病。

2. 治疗

一旦鸡群感染发病，应加强饲养管理，同时在饲料或饮水中添加多种维生素或葡萄糖等，并提高饲料品质。可选用以下药物之一治疗。

（1）氯硝柳胺。按每千克体重 100 ～ 200 mg，一次性口服。

（2）丙硫咪唑。按每千克体重 15 mg，一次性口服，效果良好。

（3）吡喹酮。按每千克体重 10 mg，一次性口服。

（4）硫双二氯酚。按每千克体重 150 ～ 200 mg，拌料后一次性饲喂。

（5）槟榔煎剂。槟榔粉 50 g，加水 1 000 mL，煮沸制成槟榔液，按照每千克体重 7 ～ 12 mL 的剂量，采用食道内灌服或嗉囊内注射。

（6）砜苯咪唑。按每千克体重 40 mg，一次性喂服。

此外，应添加适当的抗生素药物，以预防和治疗继发感染。

三、背孔吸虫病

背孔吸虫病是由背孔科（Notocotylidae）、背孔属（*Notocotylus*）的多种吸虫引起的一种以消化机能障碍和贫血为主要特征的寄生虫病。背孔吸虫通常寄生于鸡、鸭、鹅等禽类的盲肠和直肠内，虫体的种类很多，常见的为细背孔吸虫（*N. attenuatus*），在我国普遍存在。

（一）病原

细背孔吸虫成虫呈扁叶状，腹面向内侧凹陷，背面隆起，两端钝圆，大小为（3.84 ～ 4.32）mm×（1.12 ～ 1.28）mm。体前部腹面有皮棘，阴茎囊后皮棘逐渐稀疏，腹面有三纵列的圆形腹腺，每列 15 个。细背孔吸虫只有口吸盘，直径约为 0.2 mm，近圆形，肌质较发达。两肠支简单，光滑无突起，始端呈弧形，沿两体侧延伸至卵巢后缘。2 个睾丸位于虫体后端两侧，其内侧发出一条输出管，至梅氏腺前端合并为输精管，向前行至阴茎囊后缘进入储精囊；阴茎常突出体外，表面有皮棘，生殖孔开口于肠管分支下方；卵巢分叶，位于两睾丸之间；输卵管进入卵膜，在输卵管前方有卵黄总管通入卵膜，分为左右两支后，伸向体侧两肠支外缘至体侧为卵黄腺；子宫经数次弯曲上升后，回旋于左右两肠支之间，后接阴茎囊的右侧弯曲上升连接阴道，开口于生殖孔，子宫中含有大量虫卵。排泄孔开口于卵巢与体末端之间，两排泄管伸向前方，经两肠支的外侧，至口吸盘的后缘汇合。虫卵细小，大小为（15 ～ 21）μm×12 μm，壳厚，两端各有卵丝 1 条，长约 0.26 mm。

（二）生活史和流行病学

背孔吸虫为间接发育，其中间宿主为淡水螺类，细背孔吸虫的中间宿主主要为椎实螺。虫体发育包括虫卵、毛蚴、胞蚴、雷蚴、尾蚴、囊蚴和童虫等七个阶段。寄生在鸡肠道内的成虫产卵，虫卵随粪便排出，在适宜条件下，在水中很快孵化为毛蚴。毛蚴在水中游动直至侵入螺体内，移行至螺肠管外壁和肝脏中，发育成圆形的胞蚴。胞蚴内含 1 ～ 2 个幼小雷蚴和 3 ～ 4 个胚胞，分别继续发育子雷蚴和胚球。成熟的子雷蚴移行至螺的消化腺中继续发育，形成具有两个眼点的尾蚴。尾蚴在原处继续发育，近成熟时由螺体自行逸出，吸附于螺的外壳或其他支撑物表面。由于眼点具有趋光性，成熟尾蚴游至阳光处形成囊蚴。

背孔吸虫不仅感染鸡，也可感染其他家禽和多种鸟类。该病一年四季均可发生，尤其在夏季更易发生。

（三）症状

感染初期病鸡精神沉郁，食欲减退甚至废绝，渴欲增加；常离群独处，呆立，不愿行走，闭目嗜睡；贫血，消瘦，羽毛糙乱且无光泽。随着病程的发展，病鸡表现出神经症状，脚软站立不稳，两翅垂下；行走摇晃，易跌倒，常倒向一侧；部分病鸡呈犬蹲坐姿态，严重者不能站立；排淡绿色至棕褐色水样或胶样稀便，有时混有血丝或血块；有的病鸡出现假死状态，角弓反张，双腿呈游泳状，最后衰竭而亡，病程为 2 ～ 6 d。

（四）病理变化

剖检病鸡可见肝脏肿大，质地变脆，胆囊内胆汁充盈；小肠充血、出血，肠管壁肥厚、坚硬，管腔缩小甚至闭塞，尤其以十二指肠和回肠最为严重；小肠和盲肠内充满粉红色小叶样虫体，虫体一端有 1 个小黑点；直肠肿大近 1 倍，内容物充盈，黏膜上有出血点。

（五）诊断

根据症状和剖检变化进行初步诊断，确诊应进行实验室诊断。饱和盐水漂浮法采集虫卵后，可见淡黄色至深褐色的卵圆形虫卵，两端各有 1 根长的卵丝；对虫体进行检查，可见虫体有口吸盘，无腹吸盘，后端稍尖，根据其典型形态可确诊。

（六）防治

1. 预防

应加强鸡场的饲养管理，及时清理鸡舍粪便，并进行堆肥发酵等无害化处理，杀灭虫卵；引进鸡群时应进行严格的检疫，避免病原的引入；定期对水体进行消毒、灭螺，以杀灭中间宿主，减少疾病传播；疫区应对鸡群定期进行预防性驱虫。

2. 治疗

一旦鸡群感染发病，应及时隔离饲养并进行治疗。病鸡可采用下述其中之一治疗方案：

（1）槟榔。按每千克体重 0.6 g，研磨后煎水，混合丙硫咪唑，按每千克体重 20 mg，拌匀后，用橡皮管灌服至食道处，连用 2 d。

（2）硫双二氯酚。按每千克体重 150 mg 口服，次日按每千克体重 300 mg 口服，治疗效果较好。

此外，应对大群进行预防性驱虫：槟榔按每千克体重 0.5 g，研磨后煎水，混合丙硫咪唑，按每千克体重 15 mg，拌料后一次性饲喂，连用 2 d。

四、后睾吸虫病

后睾吸虫病（Opisthorchosis）是由后睾科（Opisthorchiidae）中的后睾属（*Opisthorchis*）、次睾

属（*Metorchis*）、对体属（*Amphimerus*）和支囊属（*Clonorchis*）等多种吸虫寄生于鸡、鸭、鹅等家禽的肝胆管和胆囊内引起的一种寄生虫病。该病以鸡的肝功能受损为主要特征，在我国多个地区流行且分布广泛。该病对散养鸡的危害较为严重，可引起胆管堵塞、胆汁分泌受阻，最后导致病鸡黄疸、贫血、消瘦而亡。

（一）病原

感染鸡的后睾吸虫主要为东方次睾吸虫。东方次睾吸虫虫体呈叶状，前端稍窄，后端钝圆，体表有皮棘，大小为（2.4 ～ 4.7）mm×（0.5 ～ 1.2）mm，腹吸盘位于体前部 1/4 处。睾丸分叶，呈前后排列于体后端；卵巢呈椭圆形，卵黄腺分布于肠叉稍后与睾丸前缘之间；排泄腔开口于体后端腹面，在睾丸前缘或其附近分两支排泄管。虫卵呈卵圆形，有卵盖，另一端有小突起，大小为（28 ～ 32）μm×（14 ～ 17）μm。

（二）生活史

后睾吸虫为间接发育型，需要两个中间宿主，第一中间宿主主要为淡水螺类，第二中间宿主主要为一些鲤科类的小鱼，其他水生动物如黄鳝、泥鳅和蛙类等也是重要的第二中间宿主。其发育过程包括虫卵、毛蚴、胞蚴、雷蚴、尾蚴和囊蚴等。成虫寄生在鸡的肝胆管或胆囊中产卵，虫卵随胆汁进入小肠，混合食糜进入大肠，随粪便排出体外。虫卵落入水中后迅速孵化为毛蚴，毛蚴在水中游动，侵入淡水螺体内，移行至肝脏处进一步发育成胞蚴。胞蚴移行至螺肠管中，释放其内部的雷蚴，雷蚴在此继续发育形成尾蚴，成熟后从螺体自行逸出。在水中游动的尾蚴可侵入第二中间宿主鱼类等水生动物的体内，在其肌肉或皮层下形成囊蚴，鸡吞食了携带囊蚴的鱼类或其他水生生物而感染发病。囊蚴通过消化道，到达宿主的肝胆管和胆囊处发育为成虫。

（三）流行病学

该病的发生与鸡群散养密切相关，多发生于每年的 7—9 月，1 月龄以上的雏鸡感染率较高，感染强度可达数百条虫体。由于后睾吸虫的中间宿主种类较多，分布广泛，特别是第二中间宿主中囊蚴感染严重，因此该病在我国各地鸡群中广泛存在。

（四）症状

感染初期病鸡主要表现为食欲减退，机体进行性消瘦；缩头闭眼，精神萎靡；两脚发软，伏卧不动。随着病情的加剧，病鸡羽毛松弛凌乱，食欲急剧下降；眼结膜发绀，有黏液样分泌物；呼吸困难，排灰白色水样稀便，经 1 ～ 2 d 很快死亡。

（五）病理变化

虫体机械性刺激和分泌毒素，可导致机体消瘦、贫血和水肿。东方次睾吸虫寄生的病鸡，肝脏表现出不同程度的炎症和坏死，常呈橙黄色花斑样；肝脏结缔组织增生，肝细胞变性、萎缩、硬化；肝胆管被大量虫体堵塞，胆汁分泌受到影响。有时肾脏、心脏、脾脏以及其他脏器也可出现一些病变。

组织学变化主要为胆囊炎、胆管炎和肝脏病变。肝细胞脂肪变性，胆小管和结缔组织广泛增生，嗜酸性细胞浸润；胆囊黏膜上皮细胞脱落，黏膜下血管明显充血、出血，嗜中性粒细胞浸润。

（六）诊断

根据流行病学、症状、病理变化，以及粪便中虫卵检查可确诊该病。饱和盐水漂浮法收集虫卵，镜检观察其形态特点，或在肝胆管和胆囊中可见大量细长的虫体，形态符合后睾吸虫，即可确诊。

（七）防治

1. 预防

对该病应采取综合性防治原则，包括消灭中间宿主和预防性驱虫，同时还可施用农药和化肥等，进行灭螺。根据该病流行季节和后睾吸虫生活史周期，有计划地对鸡群定期驱虫，阻止病原的扩散；及时清理粪便，并进行堆肥发酵等无害化处理，彻底杀灭虫卵；引进鸡群时应严格检疫，避免病原的引入；定期对水体进行消毒、灭螺，杀灭中间宿主，减少疾病传播；疫区应定期对鸡群进行预防性驱虫。

2. 治疗

一旦鸡群发生该病，应立即对病鸡进行隔离饲养治疗。可按以下方案进行治疗。

（1）吡喹酮。按每千克体重 10 ～ 15 mg，拌料后一次性饲喂，治疗效果较好。

（2）丙硫咪唑。按每千克体重 20 ～ 25 mg，拌料后一次性饲喂，治疗效果较好。

（3）硫双二氯酚。按每千克体重 150 ～ 200 mg，一次性内服，治疗效果良好。

第六节　外寄生虫病

一、虱病

虱（Louse）属于节肢动物门，昆虫纲，食毛目（Mallophaga），是鸡、鸭、鹅常见的外寄生虫。它们寄生于禽的体表或附于其绒毛或羽毛上，严重影响鸡群的健康和生产性能，给养鸡业带来较大的经济损失。

（一）病原

虱个体较小，一般体长 1 ～ 5 mm，由头、胸、腹三部分组成，呈淡黄色或淡灰色。头部一般比胸部宽，上有一对触角，由 3 ～ 5 节组成，头部腹面有咀嚼式口器，背腹扁平，有 3 对足，无翅。虱的种类有很多，常见寄生于鸡群的虱有广幅长羽虱（*Lipeurus heterographus*）（又称鸡头虱）、鸡翅长羽虱（*L. variabilis*）、鸡圆羽虱（*Goniocotes gallinae*）、鸡角羽虱（*Goniodes gigas*）和鸡羽虱（*Menopon gillinae*）等。

1. 广幅长羽虱

雄性体长 1.0 ～ 2.4 mm，雌性体长 1.4 ～ 2.6 mm，虫体黄白色，头部为三角形，头前部顿圆，后颊部稍圆。雄性触角第一节十分膨大，具有 1 个后突起，前胸节呈梯形，胸侧缘有 2 根长毛，后缘列有 4 根长毛，各腹节背板中央有 4 根长毛。广幅长羽虱主要寄生于鸡的体表（头、颈）。

2. 鸡翅长羽虱

虫体长 1.8 ～ 2.2 mm，头部呈长半圆形，唇基缘呈半圆形，有缘毛 4 根。头呈长条形，前部略窄，角前突呈指状，腹部细长，两颊部比头前部略宽，触角 5 节，呈丝状。鸡翅长羽虱主要寄生于鸡的体表（翅）。

3. 鸡圆羽虱

虫体体形较小，呈黄色，宽而短，头部扁宽，胸部椭圆形。虫体长 0.9 ～ 1.5 mm，后颊部较圆，有 2 根长毛，腹节后角有 1 ～ 3 根长毛。鸡圆羽虱主要寄生在鸡的背部、臀部。

4. 鸡角羽虱

头前部宽圆，头后缘形成头角，有背刺 1 根，第一节触角粗大，第三节与第四节形成直角。前胸小，有侧缘毛 1 根，中后胸愈合，侧缘毛各 2 根。腹部宽大且长，呈长卵形，各节两侧有波纹状褐斑。鸡角羽虱主要寄生于鸡的体表。

5. 鸡羽虱

雄性长 1.0～1.7 mm，雌性长 1.8～2.0 mm，体呈淡黄色，头部后颊向两侧突出，有红褐色斑，有数根长毛，后足腿节与第四节腹面有刚毛簇，主要寄生于鸡的体表。

（二）生活史和流行病学

虱的全部生活发育过程都在鸡体进行，是永久性寄生虫，其发育为不完全变态。鸡羽虱的发育过程包括卵、若虫和成虫三个阶段，雌虱产的虫卵一般簇结成块，黏附于羽毛的基部，经 5 ～ 8 d 孵化为若虫；若虫有 3 个龄期，在 2 ～ 3 周内经 3 ～ 5 次蜕皮变为成虫，自卵发育为成虫需要 30 ～ 40 d，每年可繁殖 6 ～ 15 代。若虫外形与成虫相似，仅体形大小、皮肤骨化和生殖器官发育的程度有所不同。虱的寿命只有几个月，一旦离开宿主，它们只能存活数天。

虱病一年四季均可发生，尤其在冬春季节虱可大量繁殖，造成疾病的流行。鸡虱通过直接接触或间接接触传播，当母鸡抱窝时，由于鸡舍狭小，地面潮湿，也常耳内生虱。饲养管理条件差，鸡舍卫生条件不好，公共用具未消毒使用时，会造成该病流行。

（三）症状

鸡虱以啮食鸡的羽毛和皮屑为生，有时也吞食皮肤损伤部位的血液。由于鸡虱啮食羽毛、皮屑等，或虱爬行使病鸡皮肤发痒，鸡群啄食羽毛，引起机械性损伤，继发湿疹、丘疹脓疮等细菌感染，造成全身脱毛。严重感染时，由于瘙痒，病鸡表现明显不安，精神萎靡，食欲不振，体重减轻，贫血，生长发育受阻，产蛋下降，局部皮肤裸露，皮下可见有出血块。用手翻开鸡耳旁羽毛，可见耳内有黄色虱子，甚至全身毛根下、皮肤上均可发现黄色虱子，如不及时治疗，可引起病鸡死亡。

（四）诊断

根据症状，在鸡的体表或在窝巢处查见虱或虱卵即可确诊，但虫体较小且爬动很快，若不注意则不易发现。

（五）防治

1. 预防

鸡场应制定严格的卫生消毒和生物安全措施，做好鸡舍、器具的消毒工作及疾病的预防检疫工作，减少疾病的发生，每 2 个月检查鸡群有无虱子；尽量避免野禽与鸡群接触，绝不能将带虱病鸡放入健康鸡群中；新引进鸡群时，应进行严格的检疫，若发现感染鸡虱，立即隔离治疗，待痊愈后，方可混群饲养。

2. 治疗

鸡场若发现流行鸡虱，应立即将病鸡隔离饲养，并进行彻底的清扫和消毒，包括宿主鸡群体表灭虱和环境灭虱。为消灭体表鸡虱，可使用喷雾法或药浴法，即20% 杀灭菊酯乳油按 3 000 ～ 4 000 倍用水稀释，或 2.5% 溴氰菊酯按 400 ～ 500 倍用水稀释，直接向鸡体喷洒或药浴，均有良好效果，一般间隔 7 ～ 10 d 再用 1 次药，效果更好；或使用砂浴法，用 1 份硫黄粉加 10 份黄沙拌匀，铺成 10 ～ 20 cm 厚，让鸡自行砂浴灭虱。为消灭环境中鸡虱，可用 0.03% 除虫菊酯（或 0.5% 敌百虫溶液，或 2% ～ 3% 氢氧化钠溶液）喷洒墙壁、栏梁、饲槽、饮水器及工具等，以彻底消毒灭虱，或用喷枪进行火焰消毒，效果也很好。

此外，还应对病鸡进行治疗，如内服阿维菌素，按照每千克体重 1 ～ 3 mg，一次性内服，15 ～ 20 d 再次给药，治疗效果良好；如果病鸡感染严重，可按每千克体重皮下注射 0.2 mg 伊维菌素注射液或混饲，但应在屠宰前 28 d 开始停药。

二、鸡刺皮螨病

鸡刺皮螨（*Dermanyssus gallinae*）属节肢动物门，蛛形纲，寄螨目（Parasitiformes），刺皮螨科，是一种常见的外寄生虫，肉眼可见，寄生于鸡、鸽子等宿主体表，以刺吸血为食，也可侵袭人吸血，危害较大。

（一）病原

虫体呈长椭圆形，后部稍宽，身体呈黑色或红色（依据吸血程度不同而异），体表布满短绒毛（图 5-6-1）。体长 0.6 ～ 0.75 mm，吸饱血后长可达 1.5 mm；肢纤细，背面有盾板 1 块，后部较窄，不完全覆盖背部；腹面胸板宽大于长，前缘突出，后缘内凹，有 2 对刚毛；生殖板呈舌状，有 1 对刚毛；肛板呈倒圆三角形，有 3 根刚毛；口器为刺吸式，1 对螯肢呈细长针状，以此穿刺皮肤吸血；腹面有 4 对足（幼虫 3 对），均较长。

（二）生活史和流行病学

鸡刺皮螨属于不完全变态的节肢动物，其生活史分为虫卵、幼虫、第一若虫、第二若虫和成虫。虫体白天隐匿在鸡巢、墙壁缝隙或灰尘等隐蔽处，主要在夜间侵袭吸血，但笼养蛋鸡在白天也有被吸血的现象。雌虫吸饱血后，离开宿主到隐蔽处产卵，在 20 ～ 25℃虫卵经 2 ～ 3 d 孵化出有 3 对足的幼虫，不采食的幼虫经 2 ～ 3 d 蜕化为第一若虫，第一若虫吸血后，经 3 ～ 4 d 蜕化为第二若虫，第二若虫再经 1 ～ 2 d 蜕化发育为成虫。在最适宜条件下，一个完整的生活史仅需 7 ～ 9 d。

鸡刺皮螨对鸡、鸭、鸽子等家禽均有致病性，有时也会吸人血。除吸血外，鸡刺皮螨还能够传播禽霍乱、螺旋体等病原，卫生条件不好的鸡舍中的鸡群和陈旧的笼养蛋鸡群均有可能感染发病。一个鸡场一旦有该病发生，就容易成为疫源地且病原不易根除。

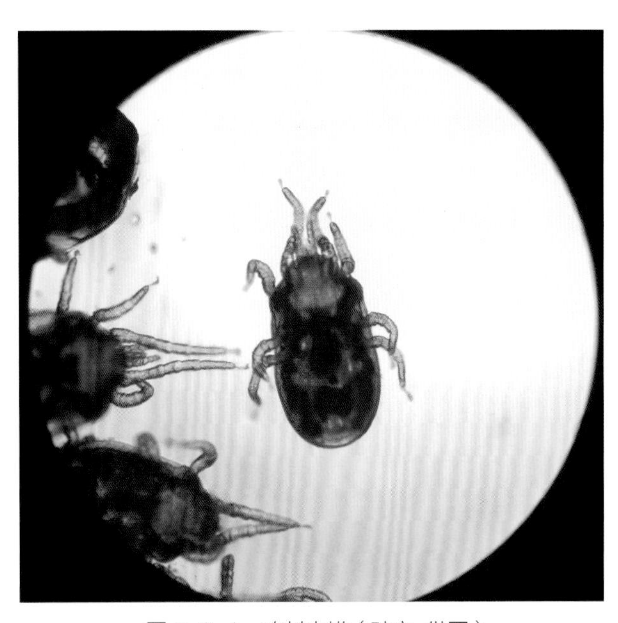

图 5-6-1　鸡刺皮螨（孙宁 供图）

（三）症状

轻度感染无明显症状。侵袭严重时，病鸡躁动不安，采食减少，贫血，日益消瘦，生长缓慢，产蛋率下降，鸡冠发白，孵化出的小鸡成批死亡，仔细观察可见鸡体表的羽毛杆上（特别是尾部羽毛）有许多黑色或红色的小虫在爬动。当人受侵袭时，虫体在皮肤表面爬动，并穿刺皮肤吸血引起轻微痒痛，接着被咬部位皮肤巨痒，出现针尖大到指头肚大的红丘疹，丘疹中央有一个小孔。

（四）诊断

在宿主体表或窝巢等处发现虫体即可确诊。

（五）防治

用药方法同灭虱方法，可使用 0.01% ～ 0.02% 溴氰菊酯或氰戊菊酯溶液喷洒鸡体、鸡舍、用具等，每周 1 ～ 2 次；若使用垫草做窝，则要及时更换垫草，并把旧垫草烧毁；感染严重的鸡群，可配合伊维菌素预混剂拌料进行治疗。

三、波斯锐缘蜱病

波斯锐缘蜱（*Argas persicus*）又称软蜱、鸡蜱，属蛛形纲、寄螨目的软蜱科（Argasidae）锐缘蜱属（*Argas*），主要寄生于鸡、鸭、鹅和野鸟，偶见于牛、羊、犬和人。

（一）病原

软蜱体扁平，呈卵圆形，淡灰黄色。体缘扁锐，被腹面间以缝线分界，体背面无盾板，表皮革质，上有一层细小的皱褶和许多呈放射状排列的凹窝，无眼。头位于腹面前方，幼虫 3 对足，成虫 4 对足。

（二）生活史和流行病学

软蜱的生活史有虫卵、幼虫、若虫和成虫 4 个阶段。幼虫寄生于鸡体，成虫吸血后离开宿主，隐藏于土壤、墙隙或植物中产卵，每只雌蜱可产数百、上千个卵。在温暖季节，由虫卵发育到幼虫需要 6 ～ 10 d，凉爽季节约需要 3 个月。幼虫在 4 ～ 5 d 寻找宿主吸血，吸血 4 ～ 5 次后离开宿主，经过 3 ～ 9 d 蜕皮变为第一若虫；第一若虫寻找其他宿主吸血 10 ～ 45 min，离开宿主隐藏 5 ～ 8 d，蜕皮后变为第二若虫；第二若虫在 5 ～ 15 d 内吸血，再隐藏 12 ～ 15 d 蜕化为成虫；大约 1 周后，雄虫和雌虫交配，3 ～ 5 d 雌虫产卵，整个生活史需要 7 ～ 8 周，寒冷季节需要的时间稍长。软蜱的各活跃期都是鸡螺旋体的传播者，并且是布鲁氏菌病、炭疽和麻风病病原体的带菌者。

（三）症状

由于鸡被蜱叮咬，表现为皮肤损伤，疼痛不安，食欲减退，贫血消瘦，生长缓慢，产蛋下降，并能引起蜱性麻痹，甚至死亡。

（四）防治

主要是用药物杀死鸡体上和生活环境中的软蜱。药物和用法参照虱的防治措施。

四、鸡膝螨病

鸡膝螨病是由疥螨科（Sarcoptidae）、膝螨属（*Cnemidocoptes*）的突变膝螨（*C. mutans*）和鸡膝螨（*C. gallinae*）寄生于鸡体引起的。

（一）病原

突变膝螨虫体灰白色，足较长，虫体背面的褶壁呈鳞片状，尾部有 1 对长毛。雄虫体长为 0.195 ～ 0.20 mm，卵圆形，足较长，足端各有 1 个吸盘；雌虫体长 0.4 ～ 0.44 mm，近圆形，足极短，足端均无吸盘，雄虫和雌虫的肛门均位于体末端。鸡膝螨虫体与突变膝螨相似，但较小，直径仅 0.3 mm。

（二）生活史和流行病学

突变膝螨的生活史全部在鸡体完成，常寄生于鸡腿上的无毛处及脚趾部，是永久性寄生虫。成虫在鸡的皮下穿行，在皮下组织中形成隧道，在隧道内产卵。幼虫经蜕化发育为成虫，匿居于皮肤的鳞片下；鸡膝螨寄生在鸡的羽毛根部，可刺激皮肤引发炎症。

健康鸡群与病鸡直接接触，或通过与被螨及其卵污染的鸡舍、用具的间接接触引起感染；此外，饲养人员或兽医人员的衣服和手也可传播病原；鸡舍潮湿，舍内及鸡体卫生状况不良，皮肤表面湿度较高等均适合螨的发育繁殖。

鸡螨病主要发生于冬季和秋末春初，由于这些季节日光照射不足，若鸡舍潮湿，鸡体卫生状况不良，皮肤表面湿度较高，则会促进螨的发育繁殖。而夏季皮肤表面常受阳光照射，皮温增高，鸡体干燥，则不利于螨的生存和繁殖，会造成大部分虫体死亡，仅有少数螨潜伏于被毛深处，这种带虫鸡没有明显的症状。但到了秋季，随着条件的改变，螨又重新活跃起来，可造成该病复发，同时，这种带虫鸡成为最危险的传染源。

（三）症状

突变膝螨感染时，病鸡腿上先起鳞片，接着皮肤增生，变得粗糙，并产生裂缝，渗出物干燥后形成灰白色痂皮，如同涂有石灰，故称“石灰脚”病。严重的病鸡瘸腿，行走困难，食欲减退，生长缓慢，产蛋下降。

鸡膝螨感染时，病鸡皮肤发红发痒，表现为自啄羽毛，羽毛变得脆且容易脱落，造成“脱羽症”，多发于翅膀和尾部的大羽。严重者羽毛几乎完全脱光，行走困难，跛行，影响采食。

（四）防治

1. 预防

发现病鸡立即隔离治疗，对新购进的鸡严格检疫，保持鸡舍的干燥卫生，加强消毒，保持良好的饲养环境。

2. 治疗

将病鸡腿部浸泡在温肥皂水中，使痂皮泡软，除去痂皮，涂抹 20% 硫黄软膏或 2% 石炭酸软膏；或将病鸡腿部浸泡在机油、柴油或煤油里，间隔数天再处理 1 次；也可用 20% 杀灭菊酯乳油用水稀释 1 000 ～ 2 500 倍，或 2.5% 敌杀死乳油用水稀释 250 ～ 500 倍，涂抹于病鸡腿部或患部，间隔数天再用药 1 次；也可用上述杀灭菊酯或敌杀死水悬液喷洒病鸡或药浴。

第六章 鸡代谢病

第一节　痛　风

痛风（Gout）是由于动物体内肾脏的原发性损伤导致尿酸排泄障碍和蛋白质代谢异常产生过多尿酸引起的一种营养代谢性疾病。该病主要特征是尿酸晶体或尿酸盐大量沉积于内脏、输尿管、关节腔和其他间质组织等组织器官中，常伴随高尿酸血症的发生。

该病在世界各地均有发生，尤其是规模化养殖的商品肉雏鸡和笼养鸡多发。其他禽类如鸭、鹅、鹌鹑、鸽子等亦可发生该病。该病以群发为主，一般呈慢性经过，发病率和死亡率较高，严重影响机体生长发育和生产性能。鸡患该病后排白色稀便，运动迟缓、腿和翅关节肿胀、食欲减退、机体消瘦、衰竭而死。痛风是鸡群常见疾病之一，是危害我国养鸡业健康发展的一种重要的营养代谢病。

一、病因

由于家禽的生理特点，肝脏中缺乏精氨酸酶和氨甲酰磷酸合成酶，不能将蛋白质代谢产生的氨合成尿素，而是合成嘌呤，转变为尿酸排出。因此鸡体内的蛋白质和嘌呤在体内最终合成尿酸进入血液。此生理特性使家禽容易发生高尿酸血症和痛风。鸡痛风的致病病因较复杂，如饲料配制、药物中毒、传染性疾病、饲养环境、遗传易感性和其他因素等，均可引起肾脏损伤或尿酸盐排泄障碍而导致痛风的发生。

（一）饲料营养因素

（1）饲料中蛋白质含量过高，特别是核蛋白和嘌呤碱代谢终产物，如鱼粉、豆粕、肉骨粉和动物内脏等。核蛋白是由核酸与组蛋白、精蛋白等碱性蛋白结合而成为细胞核的主要成分。核蛋白水解时产生核酸和蛋白质，核酸进一步水解生成核苷酸，核苷酸的降解产物是嘌呤碱和嘧啶碱。腺嘌呤和鸟嘌呤水解脱氨生成次黄嘌呤和黄嘌呤，在黄嘌呤氧化酶作用下氧化生成尿酸。家禽体内缺乏精氨酸酶，含氮代谢物不能直接生成尿酸，而是通过合成嘌呤、次黄嘌呤和黄嘌呤，再氧化生成尿酸，最终经肾和输尿管，由泄殖腔排出体外。鸡的肾功能正常时，尿素可及时有效排出，血液中尿素含量维持在 15 ～ 30 mg/L。当肾脏损伤时，尿酸排泄障碍，血尿酸水平上升至 100 ～ 160 mg/L。当血液中尿酸浓度超过 64 mg/L 时，大量积累的尿酸与阳离子形成尿酸钠、尿酸钙等，析出并沉积在关节、心包膜、胸膜、腹膜、肠系膜和内脏器官表面，引起痛风。研究发现，当鸡群发生痛风时，将饲料中蛋白质含量降低至 20% 以下，痛风则停止发生，病鸡逐渐康复。

（2）饲料中矿物质配比不当。许多报道表明，高钙饲料是造成痛风的重要原因之一。饲料中钙含量过高，经吸收后发生高钙血症，可导致代谢性碱中毒，血液中阴阳离子比例增高，破坏了尿酸盐胶体的稳定性，促进了尿酸盐的析出，引起痛风。钙超载可引起线粒体内氧化磷酸化过程障碍，线粒体膜电位降低，组织细胞 ATP 含量下降，以及细胞质内磷脂酶、蛋白酶等激活，可导致并促进细胞的不可逆性损伤。高钙血症可引起甲状旁腺分泌增多，肾小管和输尿管上皮细胞内钙离子浓度升高并沉积，引起鸡肾脏肾小管上皮的广泛性坏死，导致慢性肾功能不全和排泄障碍，引起痛风。另外，钠、钾比例失衡也会导致代谢性碱中毒，进而诱发痛风。饲料中氯化钠含量过高会减弱肾小球滤过能力和肾小管重吸收排泄功能，使血液中尿酸浓度升高，增加发生痛风的概率。

（3）饲料中维生素含量不均衡。维生素 A 能保持上皮细胞组织的完整和健全，饲料中长期缺乏维生素 A，导致肾小管和输尿管上皮细胞角质化，导致上皮细胞黏液分泌减少，尿酸盐排出受阻形成栓塞物–尿酸盐结石，阻塞管腔造成代谢障碍，引起痛风。缺乏维生素 D 可导致体内钙磷代谢紊乱，比例失调而引起痛风。泛酸、生物素等缺乏也可以直接或间接导致肾脏损伤而引起痛风。此外，高钙饲料中加入较高水平的维生素 D，可增强肠道对钙离子的吸收，发生高钙血症而引起痛风。

（4）其他一些营养因素也可引起鸡发生痛风。鸡饮水不足，尤其在炎热的夏季或长途运输过程中，尿液浓缩，尿量下降，也会导致尿酸排泄障碍引起痛风。

（二）中毒性因素

中毒性因素包括一些致肾脏损伤化学毒物、药物和细菌毒素等。能引起肾脏损伤的化学毒物有石炭酸、丙酮、锌、铅、重铬酸钾、镉、铊、草酸等。有些肾毒性药物与血浆蛋白结合后，具有抗原性可以引起机体的过敏反应使肾脏发生弥漫性损伤，肾小管上皮细胞变性、坏死、脱落、聚集成团，造成尿酸排泄受阻而引起痛风。在疫病防治过程中用药不当，过量使用抗生素类、磺胺类以及氯环烃类杀虫剂等肾毒性药物，降低肾脏排泄尿酸能力，造成尿酸大量积累而引起痛风。尤其是磺胺类药物，在酸性环境下容易从输尿管中析出结晶，肾脏对磺胺类药物结晶排泄能力较差，导致肾小管受阻和尿酸排泄障碍，引起痛风。霉菌毒素如黄曲霉毒素、赭曲霉毒素、镰孢菌素、橘青霉素等都具有较强的肾毒性，可造成肾脏损伤严重引起高尿酸血症和内脏型痛风。非甾体抗炎药物如双氯芬酸钠等，对家禽敏感，误用后易引起急性间质性肾炎、肾功能不全，导致尿酸盐排泄障碍，而引发痛风。

（三）传染性因素

一些病原微生物具有肾脏嗜性，如传染性支气管炎病毒（肾型）、传染性法氏囊病病毒、I 群禽腺病毒、禽流感病毒、禽肾炎病毒、鸡白痢沙门菌、球虫和组织滴虫等，可导致感染鸡肾脏表现出不同程度的损伤性变化，引起肾炎和肾功能下降，尿酸排泄障碍而引起痛风。

（四）遗传因素

某些品系的鸡对痛风具有易感性，主要引起关节型痛风。这些品种的鸡肾小管对尿酸的分泌存在缺陷性，即使饲喂正常蛋白质水平的饲料也会引起痛风。一些研究者还从关节型痛风高发鸡群中选育出一些遗传性高尿酸血症系鸡。高蛋白饲料可促进高尿酸血症系鸡发生关节型痛风，可通过限制饲料蛋白水平以延缓或防止高尿酸血症系鸡关节型痛风的发生。

二、症状

该病多呈慢性经过。病鸡精神沉郁，食欲减退，逐渐消瘦，冠和肉髯苍白，羽毛松乱，不愿走动，泄殖腔松弛，常不自主地排出白色黏液样稀便，含有大量尿酸盐。产蛋期母鸡产蛋量下降，甚至完全停产，有时可见突然死亡。根据症状可分为内脏型痛风和关节型痛风。在生产中，鸡痛风多以内脏型为主，关节型痛风较为少见。

（一）内脏型痛风

病鸡食欲不振，精神较差，贫血，鸡冠苍白，脱毛，羽毛无光泽，爪失水干瘪，排白色石灰渣样粪便。肛门周围羽毛常沾有大量白色尿酸盐，厌食，衰弱，不愿行走，贫血，有的突然死亡。有的病例眼结膜等可视黏膜有白色尿酸盐沉积（图 6–1–1）。内脏型痛风若不能及时确定病因并改善，易导致较高的死亡率。

（二）关节型痛风

一般呈慢性经过。病鸡食欲减退，羽毛松乱，多在趾前关节、趾关节发病，也可侵害跗关节和膝关节，关节肿胀（图 6–1–2）。初期软而痛，界限多不明显，中期肿胀部逐渐变硬，微痛，形成不能移动或稍能移动的白色结节，一般为豌豆或蚕豆大小。后期结节软化或破裂，露出灰黄色干酪样物质，局部形成出血性溃疡灶。病鸡多呈蹲坐或独肢站立姿势，行动困难，跛行，生长发育缓慢，有时在翅、脊椎等部位的关节处会出现肉眼可见的结节性肿胀。

图 6–1–1　眼结膜有白色尿酸盐沉积（刁有祥　供图）

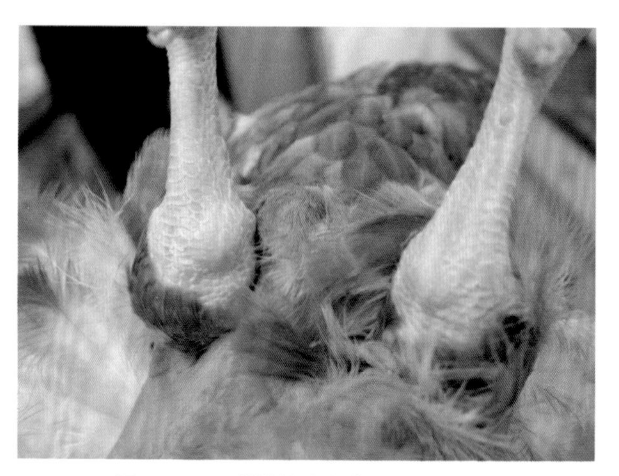

图 6–1–2　跗关节肿大（刁有祥　供图）

三、病理变化

（一）剖检变化

1. 内脏型痛风

内脏型痛风可见多个内脏组织器官弥漫性尿酸盐沉积，输尿管管腔扩张。内脏型痛风最典型的变化是肌肉（图 6–1–3）、内脏器官浆膜上（如心包膜、胸膜、腹膜、肝脏、脾脏、肠系膜和气囊表面）覆盖有一层白色的尿酸盐沉积物。肾脏肿胀，呈白垩样，肾实质有白色坏死灶，灶内有白色尿酸盐结晶，输尿管中有白色尿酸盐沉积，严重的形成结石（图 6–1–4 至图 6–1–7），这些尿结石形态不规则，成分多为尿酸钙、尿酸钠和尿酸钾等。肝脏、心脏、脾脏、胃肠道表面有白色尿酸盐沉积，时间稍长的内脏器官粘连（图 6–1–8 至图 6–1–13）。病情严重时，喉头黏膜、肌肉、腱鞘和关节表面也出现尿酸盐沉积。

2. 关节型痛风

关节型痛风症状典型，关节肿胀，关节腔中有白色尿酸盐沉积（图 6–1–14）。关节周围结缔组织由于尿酸盐沉积而呈白垩颜色，关节周围组织和近关节处肌肉系统偶见点状的尿酸盐沉积。

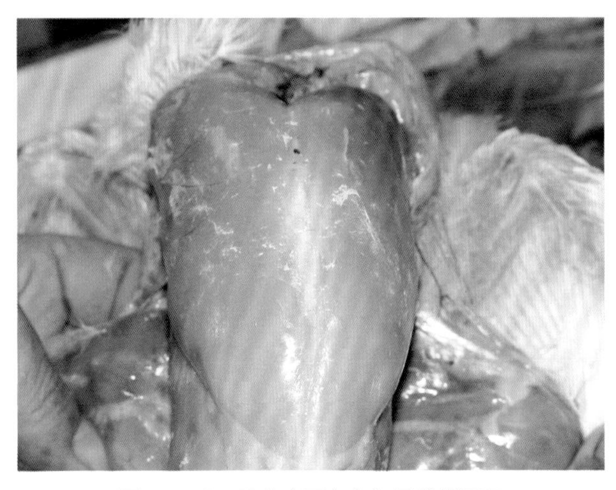
图 6-1-3　肌肉表面有白色尿酸盐沉积
（刁有祥　供图）

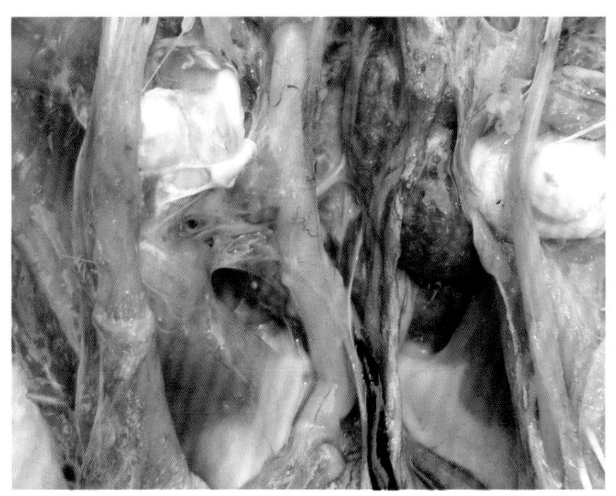
图 6-1-4　肾脏肿大，有白色尿酸盐沉积（一）
（刁有祥　供图）

图 6-1-5　肾脏肿大，有白色尿酸盐沉积（二）
（刁有祥　供图）

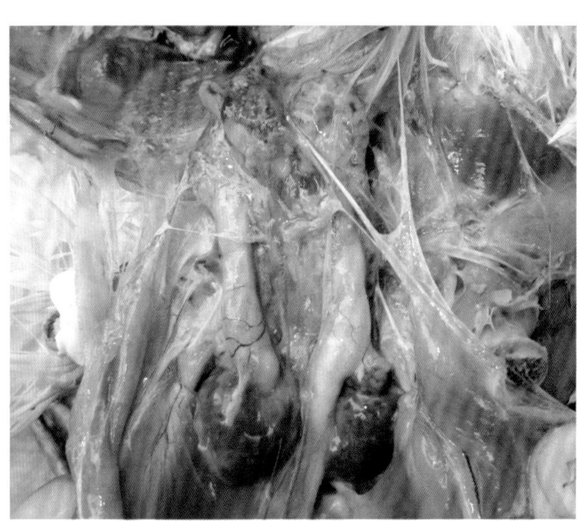
图 6-1-6　输尿管中有白色尿酸盐沉积
（刁有祥　供图）

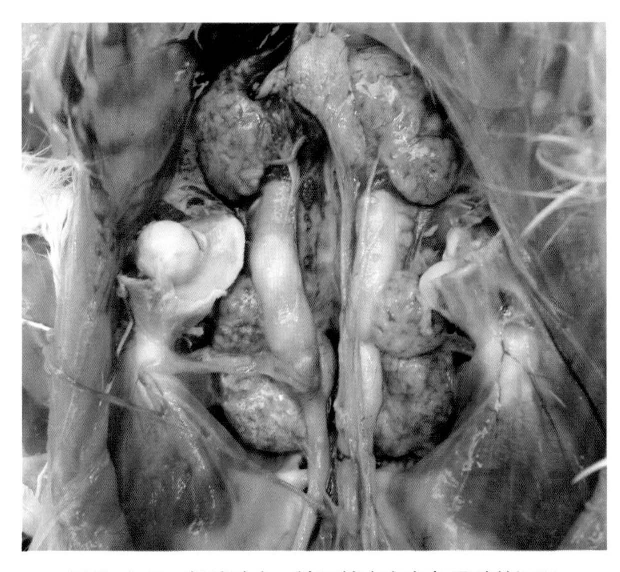
图 6-1-7　肾脏肿大，输尿管中有白色尿酸盐沉积
（刁有祥　供图）

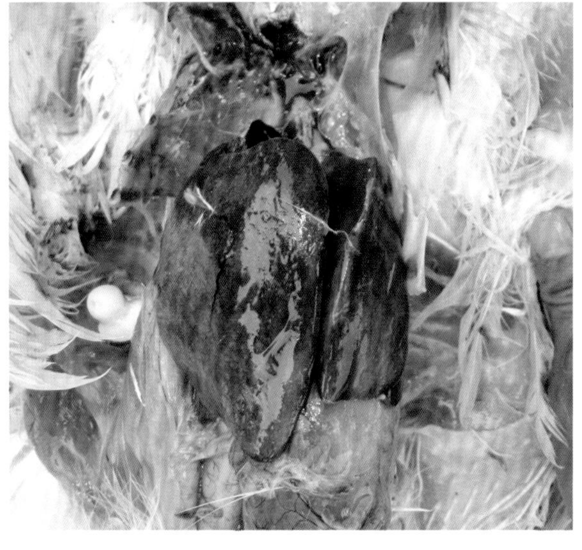
图 6-1-8　肝脏、心脏表面有白色尿酸盐沉积（一）
（刁有祥　供图）

图 6-1-9　肝脏、心脏表面有白色尿酸盐沉积（二）
（刁有祥　供图）

图 6-1-10　肝脏、心脏表面有白色尿酸盐沉积（三）
（刁有祥　供图）

图 6-1-11　肝脏、心脏、胸壁有白色尿酸盐沉积
（刁有祥　供图）

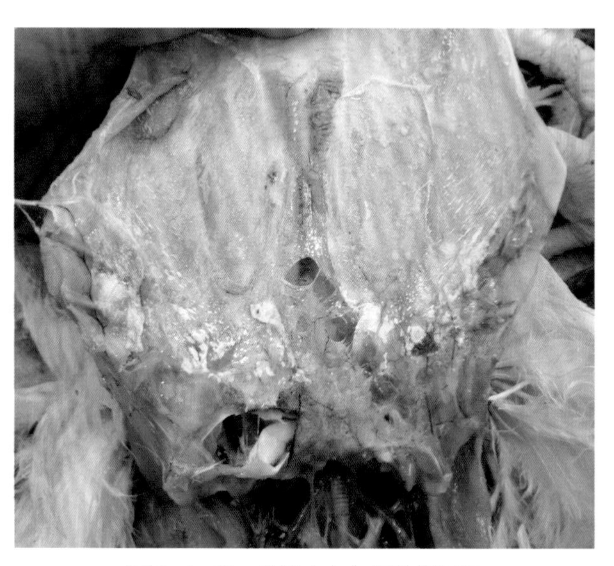

图 6-1-12　胸壁有白色尿酸盐沉积
（刁有祥　供图）

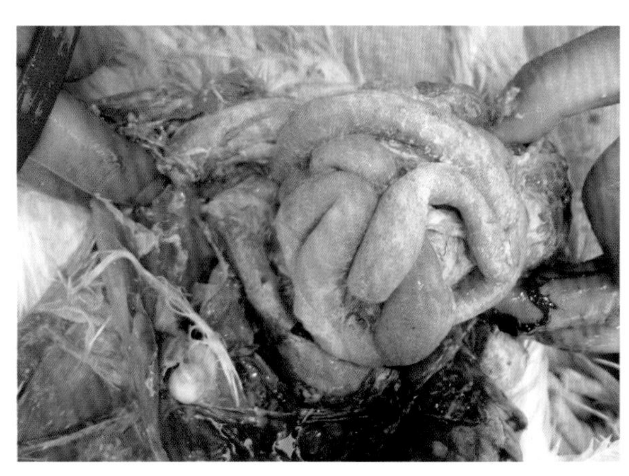

图 6-1-13　胃肠道粘连，表面有尿酸盐沉积
（刁有祥　供图）

图 6-1-14　关节腔中有白色尿酸盐沉积
（刁有祥　供图）

（二）组织学变化

1. 内脏型痛风

内脏型痛风组织学变化主要集中在肾脏。肾脏皮质部和髓质部均有大量大小不等的痛风结节，呈放射状。肾小球肿胀，毛细血管内皮细胞坏死，肾小球中有嗜酸性粒细胞，间质中有淋巴细胞浸润；肾小囊囊腔狭窄，近曲和远曲小管上皮细胞肿胀，颗粒变性，部分核浓缩、溶解。肾小管管腔变窄呈星状甚至闭锁，有的管腔内有细胞碎片和尿酸盐形成的管型。输尿管分支和肾小管扩张，肾小管变性或消失，管腔内积有尿酸盐结晶和细胞管型以及不同的纤维化。特征性变化是肾脏组织中可见由于尿酸盐沉积而形成的痛风石为特征的肾炎–肾病综合征。心外膜有纤维素渗出及巨噬细胞为主的炎性细胞浸润，表面覆盖有大尿酸盐结晶，心脏内一些大血管壁周围可见明显的尿酸盐沉积。肝被膜下肝细胞索结构模糊，肝细胞变性、坏死，近被膜处血管壁外可见尿酸盐沉积，肝小叶内局灶性坏死。脾小体数量减少，残存脾小体内淋巴细胞数量减少，脾脏内散在分布局灶性坏死灶，内有尿酸盐沉积。

不同因素引起的内脏型痛风，其组织学变化略有不同。维生素 A 缺乏可引起阻塞性痛风。早期主要损害输尿管和集合管系统，在发生高尿酸血症和内脏尿酸盐沉积的同时，还会在近曲小管中形成痛风石，出现炎症和间质纤维化等病变。在肾型传染性支气管炎病鸡中，肾小管上皮细胞中有病毒粒子，感染细胞周围细胞质液化，细胞器溶解，间质有大量淋巴细胞、浆细胞浸润。高钙 / 高蛋白饲料引起的痛风，肾小球肿胀，毛细血管内皮细胞坏死，肾小囊囊腔狭窄，近曲小管、远曲小管上皮肿胀、颗粒变性，细胞核浓缩、溶解，近曲小管中线粒体增多。

2. 关节型痛风

关节型痛风组织学变化包括受损关节腔内有尿酸盐结晶，滑膜呈急性炎症；受损肌肉中有尿酸盐结晶，周围有单核巨噬细胞浸润。在痛风性损伤部位如滑膜、软骨、肌肉系统和皮下组织等处偶见痛风石。

四、诊断

根据发病情况、症状、病理变化可作出初步判断。实验室诊断可取病鸡的患处，如血液、关节液或其组织内容物，涂片后置于低倍显微镜下进行观察，如有针尖状的尿酸盐结晶物即可确诊。有必要时需进行病因分析。

五、防治

（一）预防

对于该病应采取综合的预防措施。首先采取科学的饲养管理措施。痛风的发生多与营养性因素有关，应根据鸡的品种和不同的生长发育阶段，合理配制饲料营养，饲料中蛋白质含量要适当，注意氨基酸的平衡，确保饲料中各成分的比例，尤其是钙、磷含量，添加一定量的多种维生素、微量元素。在饲料的原料采购、加工、运输和存储过程中不受污染。保持舍内环境卫生，注意通风，降低舍内氨气等有害气体浓度和湿度。在使用磺胺类及氨基糖苷类药物进行相应疾病治疗时，要防止过量使用，一般不超过 4 d。针对传染性病原体引起的鸡痛风，严格执行免疫程序，保持环境清洁，定期消毒，减少病原感染的机会。

（二）治疗

发现鸡群发生痛风时，由于发病原因比较复杂，首先应查明病因。针对不同病因采取相应的治疗方案。对于高钙 / 高蛋白饲料引起的痛风，应停用或减少钙 / 蛋白质含量高的饲料，同时给予充足的饮水，加快尿酸的排泄。因磺胺类等药物使用过量引起的痛风，应控制药物使用量以降低其对肾脏的损伤，并提供充足的饮水和适量的维生素（尤其是维生素 A），停止对肾脏有毒性的药物和消毒剂，有利于肾功能恢复并加速尿酸 / 尿酸盐的排出。

该病没有特效的治疗方法。对于发病鸡群可试用阿托品（Atophon，又名苯基喹啉羟酸），每千克体重 0.2 ～ 0.5 g，每天 2 次，口服 5 d 为 1 个疗程，伴有肝脏、肾脏疾病时禁止使用，阿托品可增强尿酸的排泄、减少体内尿酸的积累并减轻关节疼痛。也可试用别嘌呤醇（Allopurinol，7- 碳-8-氯次黄嘌呤），每千克体重 10 ～ 30 mg，每天 2 次，口服 3 d 为一个疗程，其化学结构与黄嘌呤相似，是黄嘌呤氧化酶的竞争性抑制剂，减少尿酸的形成。使用该药时可导致急性痛风，建议与秋水仙碱联合使用，每千克体重 50 ～ 100 mg，每天 3 次。也可以在鸡的饮水中加入碳酸氢钠，配制 0.1% ～ 0.5% 小苏打可以中和尿酸，减轻症状。此外，一些具有肾消肿、肾解毒的中草药对痛风具有一定的治疗效果。

第二节　肉鸡猝死综合征

肉鸡猝死综合征（Sudden death syndrome，SDS）又称肉鸡急性死亡综合征，是肉鸡饲养过程中较为多见的一种非传染性疾病，以体形大、肌肉丰满、外观健康的肉鸡突然死亡为特征。该病一年四季均可发生，其中夏季和冬季发病率较高。世界各地肉鸡养殖地区均有发生，生长速度快的快大型肉鸡易发生该病。近年来，随着我国肉鸡集约化生产的快速发展，该病发生率不断提高，严重影响我国肉鸡产业健康发展。

肉仔鸡和开产期肉种鸡易发生猝死综合征。一般肉仔鸡在 1 ～ 2 周龄开始发病，3 周龄时达到发病高峰，之后逐渐降低，有时发病高峰在 6 ～ 7 周龄，8 周龄以上肉鸡基本不再发病；肉种鸡多在开产初期 26 ～ 28 周龄发病。该病从发病到死亡仅数十秒，死亡率一般为 1% ～ 5% 不等。

一、病因

该病的发病原因比较复杂，与许多因素相关，如遗传因素、营养因素、饲养管理和环境因素等。

（一）遗传因素

遗传因素主要包括肉鸡品种、日龄、性别、生长速度和体形等。为了提高肉鸡的生产性能选择快大型肉鸡，其生理功能不能满足肉鸡生长速度，如肉仔鸡前期生长速度快，自身的一些系统功能（心血管系统、呼吸系统等）的发育无法满足其快速生长的要求，在饲养前期（2 ～ 3 周）易发病；

彼得逊肉种鸡后期生长速度快，出现猝死现象较多。该病的发生与阶段性生长速度过快密切相关，肉仔鸡中公鸡发病率远高于母鸡，而肉种鸡群中母鸡和公鸡发病率接近，明显低于肉仔鸡。在同一品种/品系，与母鸡相比，公鸡的生长速度快，体形较大，可能是导致公鸡猝死率高的重要原因。

（二）营养因素

饲料中营养水平和配比不平衡等，如蛋白质、矿物质、脂肪和维生素等与猝死的发生有关。蛋白质与脂肪的比例明显影响该病的发病率。蛋白质可减少腹部脂肪，增强机体抵御热应激能力。饲料中蛋白质含量越低，脂肪含量越高，猝死发生率越高；添加动物脂肪会增加该病的发生，尤其在肉仔鸡的生长前期，更换植物油可显著降低鸡群的猝死率。

饲料中矿物质如钠、钾、钙、氯和磷是影响肉鸡体液酸碱平衡的重要成分，当某些矿物质元素缺乏或过量时，酸碱平衡被破坏，心和脑血管系统受到损害而造成肉鸡猝死。肉鸡猝死的发生与饲料中磷、钾含量和比例相关。不同生长阶段对矿物质元素需求不同。当肉用母鸡性成熟时，其生理上的改变增加了其对营养物质的需求。胸肌的发育需要大量的磷和钾，此时饲料中缺乏磷和钾是导致肉鸡猝死的主要原因。育成期母鸡未进行限饲管理，摄入过量的营养物质造成肉鸡营养过剩，腹腔脂肪堆积，加重心脏等器官的负担，容易引发该病。

饲料中维生素缺乏与猝死综合征的发生也有关系。维生素 A 和维生素 D 的缺乏容易造成蛋白质合成减少，矿物质利用受阻，内分泌机能紊乱等；生物素缺乏致肝脏、心脏等细胞膜中脂肪酸成分改变，影响了生物膜的流动性和多种酶活性正常发挥。

（三）饲养管理和环境因素

在肉鸡饲养过程中，饲养管理不当会造成肉鸡生产环境出现问题，增加肉鸡猝死综合征发生的机会。饲养密度过大，随着肉鸡的快速生长，舍内鸡群过于拥挤，空气对流效果差，尤其在夏季易导致温度过高，有害气体如氨气、硫化氢和一氧化碳等浓度严重超标，对鸡群产生强烈应激，从而引发该病。光照时间过长、强度过大，会强烈刺激肉仔鸡的神经系统，造成神经系统紊乱和多系统正常机能破坏，增加该病的发病率。此外，一些其他外界应激因素，如更换饲料、转群、噪声、抓鸡、色彩鲜艳的着装等，使肉仔鸡受到惊吓，交感神经异常兴奋，肾上腺素分泌增加，心脏冠状动脉收缩引起心脏营养和供氧障碍，最终导致心脏骤停而亡。肉鸡饲养过程中使用离子载体类抗球虫药物，如马杜霉素、莫能霉素和盐霉素等，会导致体内酸碱平衡失调，增加发生该病的机会。

二、症状

病鸡生长发育良好，体形较大，肌肉丰满，外观健康无异样，无任何明显征兆而突然发病，身体失去平衡，向前或向后跌倒，翅膀剧烈扑动，肌肉强直性痉挛，伴随尖叫倒地呈仰卧姿势，背部着地，颈部、腿部伸直（图 6-2-1），很快死亡，从发病到死亡一般不超过 1 min。死亡鸡只可见鸡冠、肉髯略显潮红，腹部、腿部皮肤略显苍白。

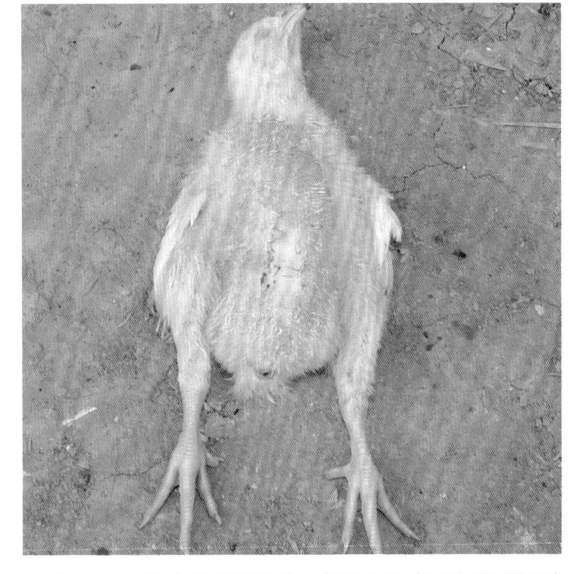

图 6-2-1　死亡鸡背部着地，营养良好（刁有祥　供图）

三、病理变化

病鸡剖检可见多处肌肉组织苍白，颈部皮下和肌肉出现严重淤血，嗉囊和肌胃内积有未消化的饲料（图 6–2–2），肠道充盈，内有大量内容物；心脏呈收缩状态，偶见心冠脂肪上出现少量出血点；肺脏水肿，淤血，呈暗红色（图 6–2–3），气管内有泡沫状内容物；肝脏略肿大，色淡，有的病例肝脏破裂，肝脏表面覆盖一层凝血块（图 6–2–4、图 6–2–5）；脾脏肿大；肾脏呈灰白色。

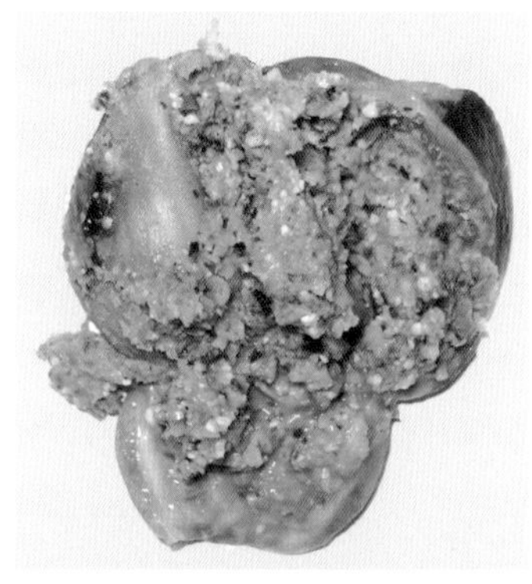

图 6-2-2　肌胃中积有大量未消化的饲料（刁有祥　供图）

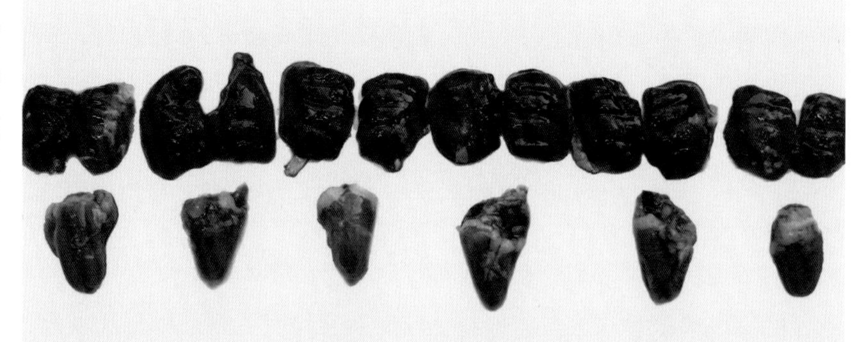

图 6-2-3　肺脏淤血呈暗红色，心脏呈收缩状态（刁有祥　供图）

图 6-2-4　肝脏肿大，破裂，表面覆盖凝血块（一）（刁有祥　供图）

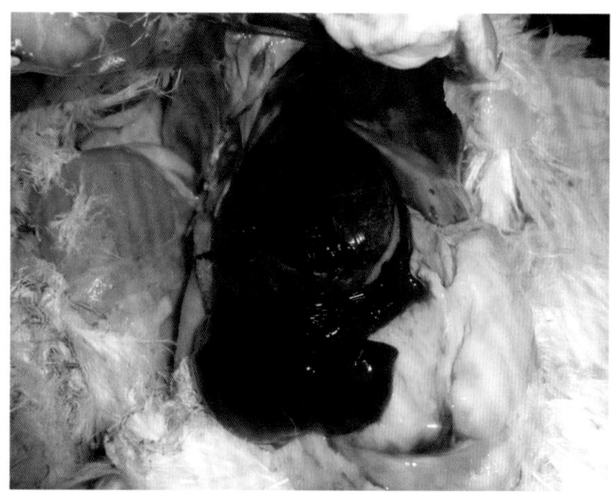

图 6-2-5　肝脏肿大，破裂，表面覆盖一层凝血块（二）（刁有祥　供图）

四、诊断

该病发病急，死亡快，一般应结合症状、剖检变化和实验室检查确诊。在生长良好、外观健康的肉鸡群中出现背部着地、强直痉挛姿势死亡鸡只，在鸡舍内散在存在，且死亡个体体形较大、营养良好，剖检可见心脏呈收缩状态，可初步判断为肉鸡猝死综合征。取心肌固定后制备石蜡病理切片，经 HE 染色后显微镜观察，心肌细胞和浦肯野细胞胞质空泡化，嗜酸性粒细胞增多和核固缩，最终确诊该病。

五、防治

（一）预防

由于诱发该病的因素较多，因此，预防该病应消除各种诱因。

1. 合理配制肉鸡饲料营养

低蛋白质饲料饲喂肉鸡更易发生该病，在肉鸡饲养过程，尤其在育雏阶段，适当提高鸡群日粮中的蛋白质水平（一般为 19% ～ 20%），减少腹脂的形成，降低鸡群对热环境的应激，减少肉鸡猝死的发生率。在肉仔鸡生长前期，在日粮中减少动物油脂，同时添加葵花籽油等植物油脂，可显著降低猝死的发生。提高饲料中维生素的含量，添加抗氧化剂如维生素 A、维生素 D、维生素 E、硒和锌等对预防该病具有一定的辅助作用，在饲料中添加生物素被证实可有效降低肉鸡猝死的发病率，添加维生素 B_1、维生素 B_6、维生素 K 等可促进脂肪的消化吸收。在饲料中添加一定量的电解质，如碳酸氢钾、碳酸氢钠和氯化钾等，有助于维持酸碱平衡，预防猝死的发生。此外，夏季防治球虫时，减少离子载体类药物的使用，育雏前期可在饮水中加入葡萄糖，有助于缓解酸碱平衡失调，减少猝死的发生。

2. 科学的饲养管理措施

在肉鸡饲养过程中可采取限制饲喂的措施，将肉鸡的生长率降低至 40% 以下，可有效减少该病的发生。在该病高发期前 1 周，根据测定的平均体重，对 1 ～ 2 周龄、5 ～ 6 周龄的肉仔鸡和 26 ～ 27 周龄的肉种鸡实行隔日限饲，按照采食量的 80% ～ 90% 投喂，也可在颗粒料中加入 5% 粉料，限饲持续 1 ～ 2 周恢复正常饲喂量，这样既不影响肉鸡生产性能，又能有效控制肉鸡体重的快速增加。

（1）减少舍内外的应激因素。养殖密度不宜过大，特别是炎热的夏天，不宜超过 15 羽 /m^2。保持舍内外环境安静，尽量避免噪声和长时间强光应激。在分群、转舍或抓鸡时，应循序渐进，动作要轻柔，减少各种不良应激的影响。在疫苗免疫、饲料更换和恶劣天气等不可避免应激时，可在饲料中添加延胡索酸等抗应激药物，饮水中加入一定量的维生素 C，提高鸡群的抗应激能力，减少肉鸡猝死的发生。

（2）控制光照时间和强度。从第 2 周开始缩短光照时间，在 1 ～ 3 周龄将光照时间改为 12 ～ 16 h，4 ～ 6 周龄光照时间逐渐延长至 18 h。6 周龄以后每天光照时间为 20 h。夜晚熄灯后不要随意开关灯，以免引起鸡群光应激而造成猝死。1 ～ 2 周龄时，应有 2.7 W/m^2 的光照，3 周龄改为 1.3 W/m^2，4 周龄以后改用弱光。光照强度控制在 0.5 ～ 2 lx 为宜（光照强度 =$0.9\times W/H^2$，W 为灯泡瓦数，H 为灯泡与鸡群之间的距离）。

（二）治疗

由于病鸡病程较短，一旦出现肉鸡猝死综合征，应对鸡群采取合理的治疗方案。

①在饲料或饮水中加入碳酸氢钾，按照 0.62 g/ 只溶于饮水中，连用 3 ～ 5 d，或按照每吨饲料 3.6 kg 拌料使用，饲喂 10 d。

②在每千克饲料中添加 400 mg 的生物素，可有效降低猝死率，也可适当添加抗应激药物，如维生素 C、亚硒酸钠和电解多维等，有一定的治疗效果。

③在雏鸡开食料中添加 2.5% 乳糖，既可增加体重，又可降低死亡率。

第三节　肉鸡腹水综合征

肉鸡腹水综合征（Ascites symdrome，AS）又称肺动脉高压综合征或右心衰竭征，是由多种致病因素引起快大型肉鸡以腹腔积液、右心室扩张、肺脏淤血水肿和肝脏病变为特征的一种营养代谢性疾病。该病自 1946 年在美国艾奥瓦州火鸡群发生，肉鸡发生该病最早报道于 1958 年。随着商品肉鸡养殖的集约化，养殖范围不断扩大，该病的发病率呈逐渐上升趋势，对肉鸡生产的影响日益严重。据不完全统计，我国每年因该病造成的经济损失高达数十亿元。

该病一年四季均可发生，尤其以冬春季节较为多发。不同品种（系）的鸡均有报道发生，在火鸡、肉鸭中也偶有发生。其易感性与品系有关，以快大型肉仔鸡易发，公鸡的发病率高于母鸡。该病最早可见于 2 ～ 3 日龄肉仔鸡，该病多发于 4 ～ 10 周龄，其中以 3 ～ 5 周龄发病率最高。该病导致肉鸡屠宰合格率和产品品质下降，甚至造成死亡，严重时鸡群死亡率高达 75% 以上。

一、病因

引起肉鸡腹水综合征发病的因素包括遗传性因素、营养性因素、环境因素和疾病因素等，其中遗传性的生理学缺陷是发病的基础，其他的因素是重要的诱发因素。

（一）遗传性因素

该病多发生于生长速度快的肉鸡品系，在长期的遗传选育过程中，通常获得生长速度快、饲料转化率高的品系，新陈代谢旺盛，但其心脏、肺脏机能不能有效满足机体的需求。在其代谢过程中，心肺供氧能力不足，机体极易处于缺氧状态，同时肉仔鸡的前腔静脉和肺部毛细血管发育不全，肉鸡的红细胞体积较大，易造成肺静脉淤血，引起肺动脉高压、右心室衰竭，导致腹水综合征。鸡的肺脏紧贴胸腔背侧，大部分被胸肋骨包围，限制了肺脏的扩张，在肉鸡长期的选育过程中，心脏、肺脏占机体体重比值越来越小，当血流量增加时，受到肺脏的限制，极少有备用闭锁毛细血管来容纳增加的血流量，导致毛细血管充盈度高，肺部血管内血液流动阻力增大，也易引起肺动脉高压。与母鸡相比，公鸡代谢率高，生长速度更快，耗氧量高，并且公鸡的全血黏滞性、红细胞数和红细胞压积均高于母鸡，增加了血液流向肺脏的阻力，更容易发生肺动脉高血压和右心衰竭。

（二）营养性因素

饲喂高能量、高蛋白质饲料。育雏前期常使用高蛋白质、油脂高的饲料，肉仔鸡生长发育速度快，新陈代谢加快，需氧量增加，心脏、肺脏生理机能不足导致出现相对缺氧。高蛋白质饲料代谢过程需要消耗更多的氧，蛋白质代谢转化为能量及其代谢产物排泄也需要氧，同时，高蛋白质饲料提高了肌肉组织中蛋白质的沉积，相应提高了需氧量，加重了心肺的工作负荷，进而诱发肉仔鸡腹水综合征。饲料中动物油脂的含量超过 4%，有利于促进肉鸡肺动脉高压综合征的发生。相同的饲料配方，与粉料相比，饲喂颗粒饲料的肉鸡更易发生该病。颗粒饲料可以增加肉鸡的采食量，同时肉仔鸡对颗粒料中的营养成分的吸收利用率更高，代谢率强，生长速度更快，导致机体相对缺氧。

维生素 C、维生素 E 和微量元素硒缺乏。维生素 E 和硒具有抗氧化功能，避免体内过氧化物造成组织损伤而对保护细胞以行使其正常生理功能。当机体缺乏时，过氧化物造成腹腔及腹腔组织器官细胞膜和毛细血管上皮细胞的损伤，体液渗出并积聚在腹腔中，形成腹水。维生素 C 促进胶原蛋白的合成，当缺乏时，细胞间质中胶原纤维和基质成分的黏多糖减少甚至消失，血管通透性强，导致腹腔及腹腔内组织器官的毛细血管渗出液增多，形成腹水。

饲料或饮水中食盐含量过高。肉鸡摄入过多的食盐，高浓度的钠离子导致血液渗透压升高，血液中潴留大量的水，红细胞变形性下降，血红蛋白运输氧能力下降，同时心脏收缩强度增大，引起心脏代偿性扩张、肥大，导致心力衰竭，从而诱发肺动脉高压综合征。

（三）环境因素

1. 舍内通风不良

冬春季节由于舍内外温差较大，为了减少舍内热量散失，避免鸡群冷应激，通风换气不良，导致舍内氧气含量减少，有害气体如二氧化碳、一氧化碳和氨气等浓度过高。这些有害气体进入肺脏，刺激呼吸系统产生炎症，减弱了肺脏的气体交换功能，造成慢性缺氧，并引起鸡肺部毛细血管收缩、管腔狭窄，导致肺动脉压升高，继而出现右心室扩张、肥大，甚至衰竭，最终导致内脏组织血管中液体向腹腔渗出，形成腹水。

2. 环境低压缺氧

血氧饱和度水平随海拔升高引起血液黏稠，从而导致肺动脉高压综合征。种蛋在缺氧环境中孵化，鸡胚发育缺氧，血管系统发育不良，血液流动不畅，阻力增大，新生雏鸡心脏适应性肥大，导致肺动脉血压升高，进而引发腹水综合征。

3. 饲养密度过大

鸡群饲养密度过大，个体所占空间不足，其所处空间氧浓度降低，吸入氧气减少，同时环境中二氧化碳、氨气浓度增加，造成呼吸系统上皮损伤，肺的气体交换功能减弱，从而引发该病。

（四）疾病因素

能够引起心脏、肺脏或其他实质性脏器组织损伤的疾病因素都可以造成心包积液或肺动脉高压综合征，包括药物使用不当、中毒和传染性疾病等。某些药物如新霉素、乙酰甲喹、磺胺类药物等会导致肉鸡心脏、肝脏和肾脏等损伤，血管通透性增强，加重心脏负担，引发腹水综合征。肉鸡摄入霉变饲料或被黄曲霉毒素污染的饮水时，肝脏受损影响血液循环，肝脏血压升高，毛细血管通透性增强，液体从肝表面渗出，形成腹水。传染性支气管炎、沙门菌病、禽流感和慢性呼吸道病等都会导致肺脏、心脏或肝脏等实质性器官损伤，造成供氧不足或血液循环障碍，从而诱发该病。

二、症状

急性病鸡常突然发生死亡，大部分病鸡表现出精神不振，不愿走动，缩颈嗜睡，离群独处，羽毛蓬乱，反应迟缓，食欲减退，无法站立或用腹部着地。

发病初期，病鸡羽毛松乱，站立不动，采食量减少，饮欲增加，呼吸不畅，排白色稀便，腹部明显膨大，皮肤逐渐变薄。随着病程的延长，腹部皮肤逐渐下垂，皮下可见明显淤血，行动缓慢。

张口急促呼吸，腹部肿胀，严重时腹部可至地面，触之有明显的波动感。病鸡体重不断减轻，生长发育停止，一般会在发病 2 ～ 3 d 后出现死亡。

三、病理变化

（一）剖检变化

剖检可见腹部膨大，皮肤变薄（图 6-3-1、图 6-3-2），腹腔中流出大量清亮透明或淡黄色的液体，有时伴随黄白色的纤维素样沉淀（图 6-3-3 至图 6-3-6）；胸肌、腿肌颜色变浅，斑状淤血，腹部皮下有深色液体或胶状物；心包积液增多，呈淡黄色，心脏变形、肿大，质地柔软，特别是右心房明显扩张，心肌变薄（图 6-3-7），心肌颜色变浅并有条纹状坏死，心房和心室内积有大量血凝块；肺动脉和主动脉明显扩张，管腔内含有大量血液。肝脏变形，表面凹凸不平，偶见肿胀，淤血、出血，质地变硬（图 6-3-8）；胆囊明显肿胀，胆汁充盈；肺脏水肿、淤血，呈斑驳状或暗红色，间质有灰白色条纹，切面有夹杂小气泡的血样液体流出；脾脏呈暗红色；肾脏略肿，淤血，有时可见白色的尿酸盐沉积；脑外膜血管大量充血；肠壁水肿增厚，肠系膜和腹膜充血，肠黏膜有出血（图 6-3-9、图 6-3-10）。

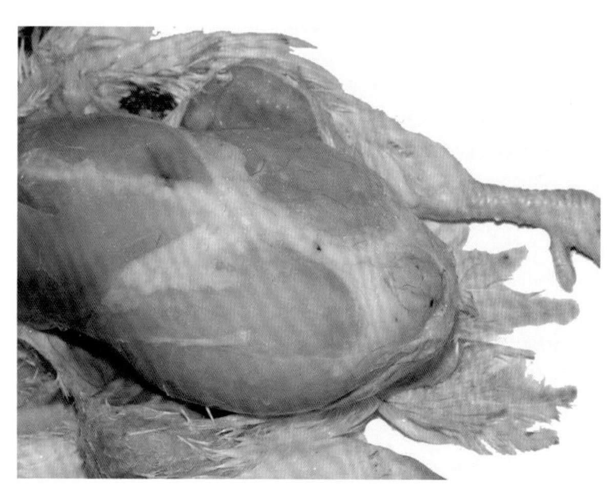

图 6-3-1　腹部膨大，皮肤变薄（一）
（刁有祥　供图）

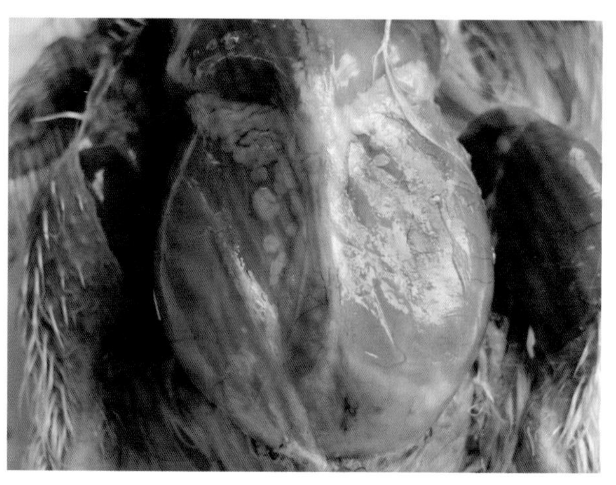

图 6-3-2　腹部膨大，皮肤变薄（二）
（刁有祥　供图）

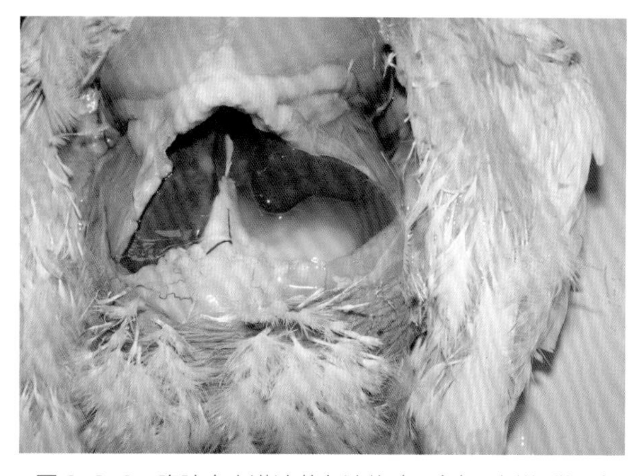

图 6-3-3　腹腔中充满淡黄色液体（一）（刁有祥　供图）

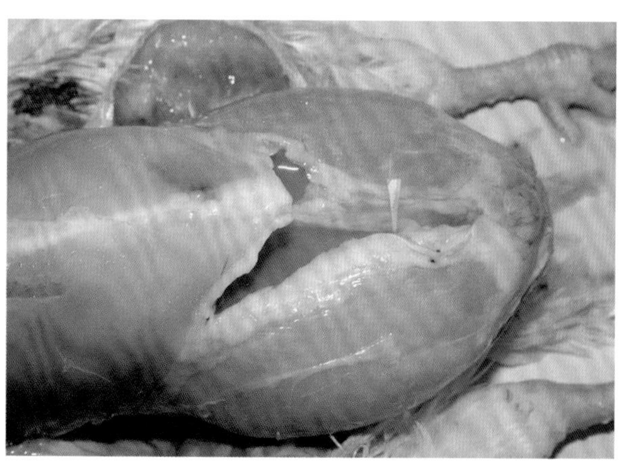

图 6-3-4　腹腔中充满淡黄色液体（二）（刁有祥　供图）

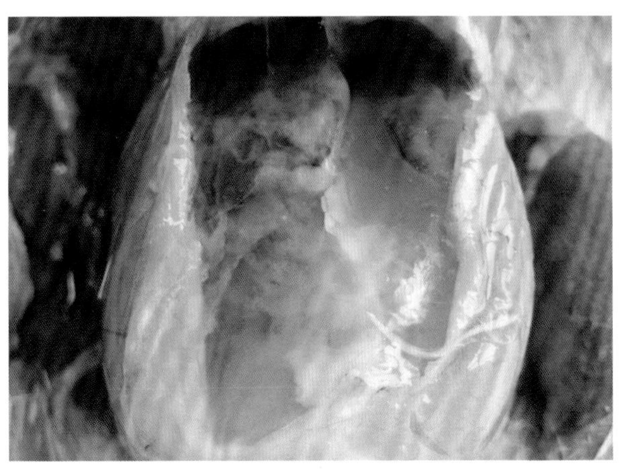

图 6-3-5 腹腔中充满淡黄色液体及纤维素渗出（刁有祥 供图）

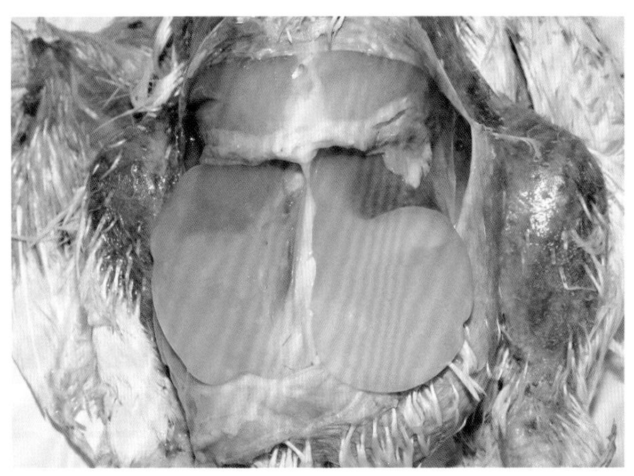

图 6-3-6 腹腔中充满淡黄色纤维蛋白凝块（刁有祥 供图）

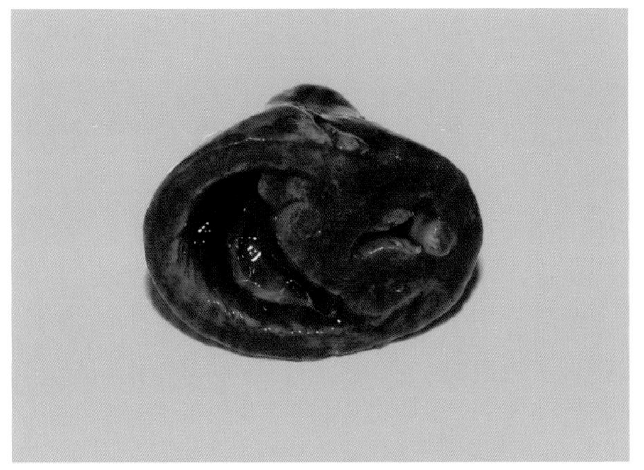

图 6-3-7 右心房扩张，心肌变薄（刁有祥 供图）

图 6-3-8 肝脏变厚，凹凸不平，表面有纤维蛋白渗出物（刁有祥 供图）

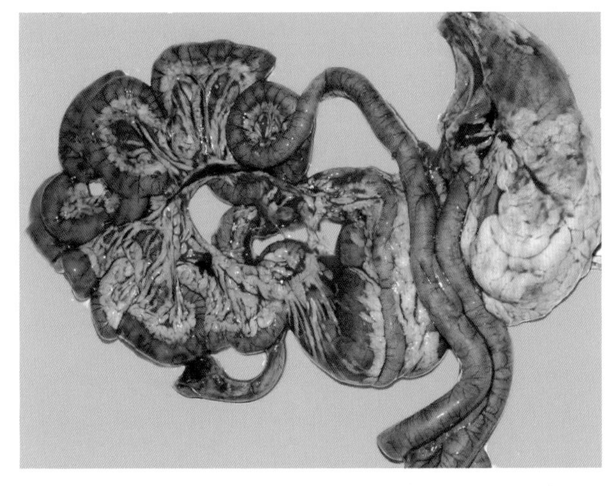

图 6-3-9 肠系膜、肠道浆膜淤血（刁有祥 供图）

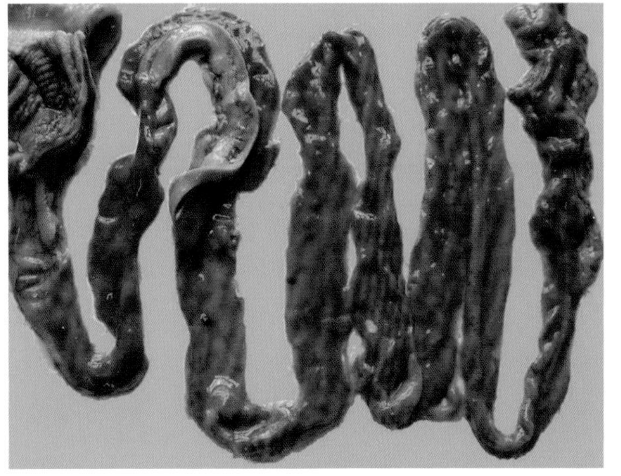

图 6-3-10 肠黏膜弥漫性淤血呈暗红色（刁有祥 供图）

（二）组织学变化

镜检可见心肌纤维肿胀，排列紊乱，心肌细胞颗粒化空泡变性，部分肌原纤维断裂，肌浆溶解消失，肌纤维间或间质间充满大量液体，毛细血管堵塞，小动脉管壁变形，有的内有大量凝集状红细胞。间质中疏松结缔组织散乱，静脉极度扩张，管腔内充满红细胞。心外膜与心肌间充满液体，可见结缔组织增生、断裂。肝脏肝被膜增厚、水肿，表面覆有纤维素，淋巴管和窦状隙扩张。肝细胞发生颗粒变性、空泡变性、脂肪变性，偶见坏死灶，部分肝细胞萎缩，肝窦和中央静脉扩张、淤血，窦壁增厚，小叶间静脉或汇管区血管扩张、充血。血管周围结缔组织增生，其周围肝细胞坏死、溶解。肺脏中支气管上皮细胞部分脱落，黏膜固有层结缔组织疏松，毛细血管、小动脉和小静脉扩张，内有大量凝集状红细胞。平滑肌层肌纤维疏松。肺小叶间质中部分血管壁破裂出血，静脉血管严重淤血。细支气管管腔扩张，充满混杂红细胞的浆液，周围平滑肌萎缩，上皮和部分结缔组织增生。肺房内有大量红细胞和液体，呼吸性毛细支气管萎缩，周围毛细血管网极度扩张。肺小叶内有数量不等、大小不一和形态多样的粉红色小体。肾小球充血，血管内皮细胞肿胀，肾小管上皮细胞肿胀、颗粒变性、空泡变性和脂肪变性，严重时甚至坏死，管腔内可见透明管型；肾间质水肿、疏松，血管充血并伴有少量出血。脾脏中淋巴细胞减少，脾小体萎缩，髓质脾窦水肿，积有大量红细胞；脾索和脾小体处的淋巴细胞间散在少量红细胞。肠黏膜上皮细胞坏死、脱落，固有层水肿、淤血，黏膜下层水肿、淤血、出血，杯状细胞增生。

四、诊断

根据症状、病理变化可初步诊断。该病临床表现通常为多数病鸡腹部膨胀、皮下淤血，触之有波动感，从发病到死亡病程 3 ～ 4 d。病理变化为病死鸡腹腔有大量液体，肺脏水肿出血，心脏衰弱、质地变软。同时结合饲养管理措施进行综合性诊断。

五、防治

（一）预防

该病需要以预防为主。首先选择优质品种 / 品系的肉鸡进行培育，选育抗缺氧、心肺发育和功能良好的肉鸡进行饲养。其次应合理配制日粮成分，增加蛋白质含量，减少能量饲料含量，尤其是减少或禁用动物性油脂，必要时可采取适当的限饲措施；饲料营养要全面均衡，保证各种维生素、微量元素等能够充分摄入；防止饲料在运输、储存过程中发生霉变，及时清理料槽、水线上残留的饲料残渣和霉菌斑。还需要采取合理的饲养管理措施，保证鸡舍环境卫生。控制好饲养密度，保证鸡舍通风顺畅、适宜的温度和湿度，增加空气中氧含量，减少有害气体以降低发病率。合理使用预防和治疗药物，一些可能对心脏、肺脏和肝脏以及其他实质性脏器造成损伤的药物要慎重使用，舍内日常操作如免疫接种、转群等抓鸡动作应轻缓，减少对鸡群的应激。最后，加强对呼吸道疾病的防控措施，选择优质、高效的疫苗预防传染性支气管炎、禽流感等疫病，定期监测沙门菌并淘汰阳性个体，或隔离饲养治疗，减少诱发慢性呼吸道疾病的因素，如有害气体浓度过高等，出现轻微症状时，可使用泰乐菌素、恩诺沙星等以减轻症状，从而防止腹水综合征的发生。

（二）治疗

鸡群一旦发生该病，应及时查明病因，采用相应的治疗措施。

①在饮水中加入 0.05% 维生素 C，饲料中添加适量的利尿剂或有健脾利水的中草药，治疗 2 ～ 5 次可痊愈，未康复鸡应及时淘汰处理。

②在饲料中添加维生素 E 和硒等对于降低发病率和死亡率有一定作用。

③对于大群应加强综合饲养管理措施。控制肉鸡的生长速度，如 3 周龄前饲喂粉料、限饲和控

制光照等；科学孵化和育雏，保证良好的通风以提供充足氧气，保持育雏时必需的温度，并缓慢降低育雏舍内温度；鸡舍内要做到保温和通风的平衡，可采用先加温后通风的方式，避免风直接吹到鸡群；勤换垫料或及时清理粪污，降低舍内有害气体浓度，减轻对呼吸道的破坏。

第四节 脂肪肝综合征

脂肪肝综合征（Fatty liver syndrome，FLS）又称脂肪肝出血综合征（Fatty liver hemorrhagic syndrome，FLHS），是由于饲料中营养物质过剩或微量元素不足，导致鸡体内脂肪代谢紊乱，大量脂类物质沉积在肝脏，引起以过度肥胖和肝脏脂肪变性为特征的一种营养代谢病。该病最早于1953年在美国发生，1956年由美国得克萨斯农工大学的Couch报道，被称为蛋鸡脂肪肝综合征（FLS）。随后全球多个研究团队对该病进行了广泛、深入的研究和报道。该病最常出现在蛋鸡，尤其是笼养高产蛋鸡，肉用仔鸡也时有发生。除明显肝脏脂肪变性和脂肪堆积外，病鸡常伴有肝脏出血和肾脏不同程度肿大。该病主要发生在炎热的6—9月，发病急，病死率高，发病率一般为5%～10%，严重时可达30%，产蛋率下降2%～50%不等，产蛋期变短，对我国养鸡业尤其是蛋鸡产业造成了较大的经济损失。

一、病因

鸡脂肪肝综合征的发生与许多因素有关，一般由遗传因素、营养因素、环境因素、饲养因素、毒物和毒素以及内分泌因素等一种或多种因素诱导发生。

（一）遗传因素

不同品种/品系的鸡对FLS的敏感性不同。肉种鸡的发病率高于蛋种鸡，商品蛋鸡发病率远高于肉鸡。为提高产蛋性能而进行的遗传选择是该病的重要诱因之一。高产蛋频率使雌激素代谢增强，肝脏脂肪沉积加快，容易诱发脂肪肝综合征。

（二）营养因素

饲料中能量、蛋白质、矿物质、维生素和微量元素等组分的配比不当和种类不全均可诱发该病。

一是过量的能量摄入可引起肝脏脂肪沉积，主要由于过量的碳水化合物经糖异生过程转化生成脂肪；饲料中能量蛋白比例过高也可促使蛋鸡发生脂肪肝综合征。鸡的脂肪主要在肝脏合成，必须与蛋白质结合后才能从肝脏转运至全身各处，当产蛋鸡饲喂高能量蛋白比饲料（66.94），该病发生率达30%，脂肪的合成过多，而低水平蛋白不能与过量脂肪结合，导致大量脂肪沉积于肝脏；蛋鸡日粮中能量饲料的种类也影响其肝脏的脂肪含量。饲喂以玉米为基础的日粮，产蛋鸡亚临床脂肪肝综合征的发病率高于以小麦、黑麦或大麦等为基础的日粮，主要因为这些谷物中含有多聚糖。以碎米或小米为能源的日粮可使肉种鸡肝脏和腹部积累大量脂肪。

二是低钙日粮可加重肝脏的出血程度，增加体重和肝重，产蛋量减少。影响程度与钙的缺乏量成正比。鸡通过增加采食量增加钙的摄入需求，同时摄入了过量能量和蛋白质，进而诱发 FLS。低钙水平下可抑制下丘脑，促性腺激素分泌量减少，导致产蛋减少甚至停产。此时鸡的采食量不变，摄入过量的营养物质在肝脏转化为脂肪并储存。

三是能量、蛋白质和脂肪水平相当的日粮配比，饲喂玉米–大豆日粮的蛋鸡更易发生 FLS，而饲喂玉米–鱼粉日粮的蛋鸡较少发病。

四是饲料中氯化胆碱、叶酸、生物素、维生素 B_{12}、维生素 C、维生素 E 和蛋氨酸等在参与脂蛋白的合成和转运及自由基和抗氧化机制的平衡过程中发挥重要作用。因此，当缺乏这些物质时，在肝脏加工或合成的脂肪转运不出去，过氧化作用加剧，沉积于肝细胞内，形成脂肪肝。

五是多种微量元素如锌、硒、铜、铁和锰等影响自由基和抗氧化机制的平衡，脂类过量的过氧化作用可能是 FLS 肝脏出血的重要诱因。

（三）环境因素

诱发 FLS 的环境因素主要是应激和温度。任何形式的应激如噪声、光线骤变、疫苗接种和恶劣天气等都可能是 FLS 的诱因。应激条件下可增加皮质酮的分泌。外源性皮质酮或应激释放的其他糖皮质激素可导致生长速度减缓。皮质类固醇刺激糖原异生，促进脂肪合成。应激会使体重增加缓慢，但脂肪沉积速度加快。周围环境温度升高，使机体能量需求减少，进而导致脂肪的分解减少。因此，FLS 发病大多集中在炎热的夏季，尤其是热带地区。从冬季到夏季的环境温度波动，可能会引起能量摄入的调节不当，导致脂肪大量沉积，进而发生脂肪肝综合征。

（四）饲养因素

该病在笼养蛋鸡中高发。笼养是该病的一个重要诱因。目前大部分蛋鸡养殖场都是笼养式的集约化养殖。一方面限制了鸡的日常运动，导致其活动量减少，从而使过多的能量转化为脂肪。另一方面笼养蛋鸡无法接触到粪便，不能从粪便中补充 B 族维生素等营养物质，仅通过采食补充不能满足其生理需求，容易导致发生该病。此外，笼养鸡活动区域狭小，并易形成部分区域温度过高，也是笼养方式的一个弊端。

（五）毒物和毒素

很多毒物和毒素的摄入是导致 FLS 发生的原因之一。蛋鸡饲料中黄曲霉毒素含量为 20 mg/kg，可导致产蛋量下降，蛋重下降，肝脏肿胀、易碎、颜色变黄，肝脏中脂肪含量可增至 55% 以上。当长期饲喂含低水平黄曲霉毒素的饲料时，鸡群也会发生脂肪肝综合征。饲料中含有 10% ～ 20% 菜籽饼或 20% 菜籽油，可造成中度或严重的脂肪肝，数周内引起肝脏出血。可能由于菜籽饼中含有硫葡萄苷引起肝脏出血。一些重金属离子、棉粕和药物等会使肝脏功能受损，其合成脂蛋白的能力下降，不能及时将脂肪转运而沉积在肝脏中。四环素类药物使肝脏释放极低密度脂蛋白的功能发生缺陷，造成肝脏内甘油三酯积聚。环已烷、蓖麻碱和铅、汞等重金属可通过抑制蛋白质合成而导致脂肪肝。

（六）内分泌因素

肝脏脂肪变性的产蛋鸡，其血浆中的雌二醇浓度较高，说明内分泌与 FLS 的发生相关。过量的雌激素或外源性雌激素可诱导肝脏脂肪的形成和沉积，而后者不与反馈机制相对应。机体的甲状腺素具有降低肝内脂肪和防止出血的作用，甲状腺的状况可影响肝脏脂肪的沉积，甲状腺产物硫尿嘧啶和丙基硫尿嘧啶可导致产蛋鸡发生脂肪沉积。在一些疾病治疗时用药不当，如糖皮质激素类药物使用过多，也可诱发脂肪肝综合征。此外，体内寄生虫大量感染或某些慢性传染性疾病发生过程中，也可发生脂肪肝。

二、症状

该病无特征性症状，多发生于高产鸡群，主要表现为过度肥胖和产蛋量下降。当病鸡体重超过正常的25%，则产蛋率波动较大，可从60%～75%下降至30%～40%，严重时低至10%。病鸡腹部膨大，触之柔软，为厚实的脂肪组织。病鸡冠和肉髯苍白贫血，冠顶端发绀，继而变黄甚至青紫色，精神萎靡，喜卧，不愿走动。个别病鸡食欲减退，鸡冠苍白，排黄绿色水样稀便。当拥挤、驱赶或抓捕方法不当时，可引起病鸡强烈挣扎甚至死亡。该病发病率为5%～10%，严重时可达30%。

三、病理变化

（一）剖检变化

剖检突然死亡的鸡只，可见皮下脂肪增多，肌肉白嫩，腹腔和肠系膜均有大量黄色脂肪沉积，肝脏和心脏周围有脂肪覆盖，肝脏肿胀2～4倍，质地变脆，易碎，呈淡黄色或浅黄褐色，部分病鸡肝脏出血，甚至破裂出血，周围有凝血块（图6-4-1至图6-4-4）。肌胃表面沉积有大量脂肪。心肌变性呈黄白色，肾脏呈微黄色。脾脏、心脏、肠道有不同程度的小出血点。

（二）组织学变化

组织学观察可见广泛性颗粒变性、脂肪变性，肝细胞肿胀、紊乱，细胞内可见大小不等圆形脂肪空泡，周围可见单核细胞浸润。有的肝细胞被脂肪小滴充满，肝窦隙受压萎缩，有的肝窦隙淤血，严重时肝细胞坏死崩解和增生。肾小管上皮细胞颗粒变性、水泡变性，肾小管上皮严重坏死、脱落，管腔不规则，甚至形成蛋白管形，间质淤血，肾小球呈急性增生性肾小球肾炎。心脏心肌外膜与心肌纤维间有大量脂肪积聚，心肌细胞受压变形、萎缩；心肌纤维萎缩，间质水肿，少数病例伴有心肌纤维断裂、崩解，肌纤维间隙明显增宽，充满脂肪组织，且呈不同程度变形。

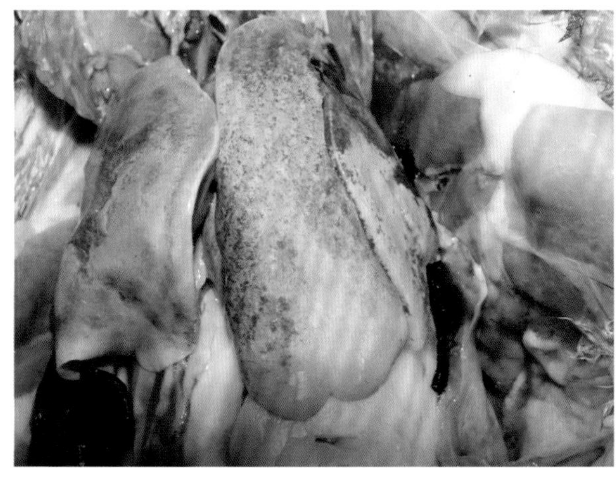

图6-4-1　肝脏肿大呈浅黄色，质地变软，易碎（刁有祥 供图）

图6-4-2　肝脏肿大呈浅黄色，易碎，出血（一）（刁有祥 供图）

图6-4-3 肝脏肿大呈浅黄色，易碎，出血（二）
（刁有祥 供图）

图6-4-4 肝脏肿大呈浅黄色，易碎，出血（三）
（刁有祥 供图）

四、诊断

该病的临床表现通常为病鸡营养良好，体形较大，无典型的症状而突然死亡。根据病因、发病特点、症状和病理变化特点可作出诊断。

五、预防

（一）预防

对于该病的预防，首先应合理搭配日粮组分。降低能量与蛋白质含量的比例，可减少该病的发生。在日粮中添加蛋氨酸、胆碱、B族维生素、维生素E和微量元素，可有效降低肝脏中脂肪含量，产蛋率显著提高。在日粮中添加不饱和脂肪酸也有助于缓解脂肪肝。加强饲料的储存，严禁饲喂霉变饲料。改善饲养管理条件，通过限饲以控制育成期鸡和产蛋高峰期前的增重速度，合理控制鸡群密度，保证合适的温度与光照，防止环境有害应激因素的影响。

（二）治疗

鸡群一旦发生该病，应尽快查明病因，采取针对性的治疗措施。如提高饲料中蛋白质含量1%～2%，降低饲料的能蛋比；饲料霉变后应停止饲喂。根据饲料营养配方和发病情况，通常在饲料中添加足够量的维生素、矿物质和其他营养物质，一般按照每吨饲料添加1 kg氯化胆碱、1万IU维生素E、1 g硒、900 g肌醇、12 mg维生素B_{12}、0.5 kg蛋氨酸，以及叶酸、泛酸、生物素、吡哆醇、核黄素、卵磷脂等，连用2周，可有效防止脂肪在肝脏中沉积，控制该病的发生。对于病情严重或过于肥大的鸡只，治疗价值不大，建议及时淘汰处理。病情较轻的病鸡可在每千克饲料中加入1 g氯化胆碱、900 mg肌醇、1万IU维生素E和12 mg维生素B_{12}，连用25～30 d；或逐只饲喂0.1～0.2 mg氯化胆碱，连用8～12 d。一般治疗2周后鸡群基本恢复，产蛋量逐渐提高。

第五节 笼养蛋鸡疲劳症

笼养蛋鸡疲劳症（Cage layer fatigue，CLF）又称笼养产蛋鸡骨质疏松症（Cage layer osteoporosis），是由于饲料中维生素 D、钙磷元素缺乏或钙磷比例严重失调导致成年笼养蛋鸡进行性骨钙流失，造成骨骼变形、骨质疏松的一种营养代谢病。该病以产蛋鸡瘫痪、骨骼质地变脆，易骨折，软壳蛋、无壳蛋增多为特征。

1955 年 Couch 首次报道了一群母鸡突然发生腿衰弱症，1968 年 Riddell 等将该病命名为笼养鸡疲劳症，该病在世界各国均有发生。该病一年四季均可发生，尤其在夏季，高温、高湿引发鸡热应激，导致采食量下降而引发该病。该病主要发生于产蛋母鸡，尤其产蛋高峰期蛋鸡更易发生，发病率为 2% ～ 20%。该病是目前影响蛋鸡养殖最重要的骨骼疾病。

一、病因

引起该病的因素较多，一般认为该病的发生主要由于鸡群饲养环境以及矿物质、电解质等平衡失调，机体生理机能紊乱引起钙缺乏，蛋壳形成时需要利用骨骼中的钙，造成骨钙流失，导致鸡骨质疏松而出现瘫痪，生产性能下降。

（一）营养因素

一是日粮中钙和磷缺乏或比例不当。蛋鸡不同生长期对钙的需求不同，高产蛋鸡的钙代谢率很高，产蛋期鸡每天需摄入 2 ～ 3 g 钙以形成蛋壳。蛋壳中钙 60% ～ 70% 直接来源于饲料，其他则来自骨钙。鸡体内储钙能力有限，需要持续不断从饲料中补充足够的钙以维持其高产蛋性能。当饲料中钙缺乏时，则需动用更高比例的骨钙，导致钙负平衡，病鸡骨骼变软，瘫痪。只有当钙、磷比例适当时，肠道对钙和磷的吸收和利用能力最强，钙、磷比例不当会导致吸收率和利用率下降，影响蛋壳的形成和钙在骨骼中的沉积，最终造成机体钙磷代谢障碍而发病。

二是饲料原料中骨粉、鱼粉、肉骨粉和贝壳粉等质量参差不齐，劣质的钙源也会导致钙缺乏。

三是石粉或贝壳粉过细，机体吸收快，排泄也快，而蛋壳是在夜间形成，需要钙盐时，机体已排出体外。蛋壳在形成过程中，会动用骨骼中的钙。

四是产蛋后期对钙的需求量增加。产蛋后期对钙的吸收率降低：母鸡产蛋后期对钙的吸收率和存贮能力降低，加之蛋重增加，若日粮中钙的含量还保持原来的水平，则会出现钙缺乏，蛋壳在形成过程中，会动用骨骼中的钙。产蛋期蛋鸡饲料钙含量需超过 3.2%，磷为 0.4%，随着日龄增大，对钙的需求也会增加，后期需达到 3.5%，磷略降至 0.38% 左右。

五是日粮中维生素 D_3 不足和脂肪缺乏影响钙的吸收。维生素 D_3 代谢中间产物 1,25- 二羟维生素 D_3 既可促进肠道黏膜对钙和磷的吸收，也可促进破骨细胞区对钙和磷的利用。若维生素 D_3 摄入不足或代谢障碍，也会引起该病的发生。维生素 D_3 对肾小管重吸收功能有重要影响，缺乏时会使肾脏对钙的重吸收功能减弱，大量钙随尿液排出，导致骨质疏松。维生素 D_3 属于脂溶性维生素，其在体内的吸收需要油脂作为溶剂，夏季高温下油脂和维生素 D_3 极易氧化变质，影响机体吸收。

（二）饲养管理因素

一是产蛋鸡疲劳症主要发生在笼养蛋鸡群。日常运动对骨骼的发育起非常关键的作用，育成期上笼过早，笼内饲养密度过大，笼养环境下蛋鸡长期缺乏运动，机体运动系统、消化系统和呼吸系统等功能减退，体质下降。长期的运动不足降低了肌肉兴奋性，影响钙、磷代谢进而引起该病。

二是夏季通风不合理、光照不足和过量饮水等因素也会引发该病。炎热的夏季，养殖户在白天和夜晚光照时开启风机降温，后半夜熄灯后常关闭风机，黑暗中蛋鸡不能正常饮水，更易受到热应激的影响。蛋鸡在舍内饲养，无法接触到阳光，体内合成维生素 D_3 时主要依赖于人工光照，光照不足时减少了维生素 D_3 的合成量，从而影响了机体对钙的吸收，造成钙缺乏。夏季高温天气，鸡为了排出体内的热量，呼吸加快，呼吸过程中，会排出体内大量的二氧化碳，导致体内碳酸根离子减少。而蛋壳的成分为碳酸钙，由于碳酸根离子减少，碳酸钙无法形成。机体为形成蛋壳势必会动用骨骼中的钙，而引起骨钙缺乏。

三是开产过早也会引发该病。蛋鸡性成熟和体成熟不同步，开产过早的蛋鸡在初产期生殖系统尚未发育完全，此时更换钙含量较高饲料，会导致甲状旁腺功能异常，不能正常调节钙、磷代谢。此外，后备母鸡在开产前 2 ～ 4 周由于性激素分泌引起骨骼中钙、磷沉积加速，饲料中钙、磷含量应逐渐提高，否则不能满足机体需求而导致产蛋期骨钙沉积不足，鸡发生骨质疏松，所以，该病多发于初产蛋鸡，也称为新母鸡病。

（三）遗传因素

选育蛋鸡时常考虑体重轻、能量利用率高、产蛋率高和产蛋期长等性状，培育出多个产蛋率高、蛋重大、早熟、体重低和能量利用率高的优良品种，在一定程度上忽视了蛋鸡代谢因素。即使给蛋鸡饲喂科学合理的配方日粮，机体吸收的钙也不能满足产蛋的需求而动员骨钙，因此，高产蛋鸡易发该病。

（四）疾病因素

夏季一些传染性病原如大肠杆菌、沙门菌、产气荚膜梭菌等可引起蛋鸡发生肠道疾病，肠黏膜被破坏并长期下痢，机体电解质失调，肠道吸收功能减弱，导致钙、磷和维生素 D_3 等吸收不足，进而诱发该病。

二、症状

多数病鸡呈慢性经过。患病初期食欲和精神状态无明显变化，表现为轻度的站立不稳，喜蹲伏，或两腿交替站立，以减轻对另一侧腿的压力（图 6-5-1、图 6-5-2），薄壳蛋、软壳蛋，鸡蛋破损率明显增高（图 6-5-3）。随着病程的发展，病鸡出现站立不稳，跛行，采食量下降，严重者不能站立而蹲伏于笼内，以翅着地（图 6-5-4 至图 6-5-7），后期完全不能站立（图 6-5-8），此时若及时发现并治疗，多数病鸡可在 3 ～ 5 d 恢复。发病鸡不能正常采食和饮水，逐渐消瘦、脱水，衰竭而亡。死亡多发生于夜间。

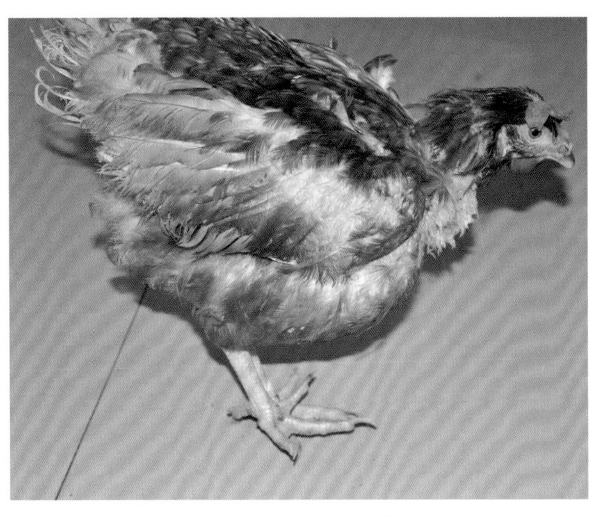

图 6-5-1　病鸡以一侧腿站立（一）
（刁有祥　供图）

图 6-5-2　病鸡以一侧腿站立（二）
（刁有祥　供图）

图 6-5-3　病鸡所产软壳蛋、无壳蛋、褪色蛋
（刁有祥　供图）

图 6-5-4　病鸡瘫痪，不能站立，以翅着地（一）
（刁有祥　供图）

图 6-5-5　病鸡瘫痪，不能站立，以翅着地（二）
（刁有祥　供图）

图 6-5-6　病鸡瘫痪，不能站立，以翅着地（三）
（刁有祥　供图）

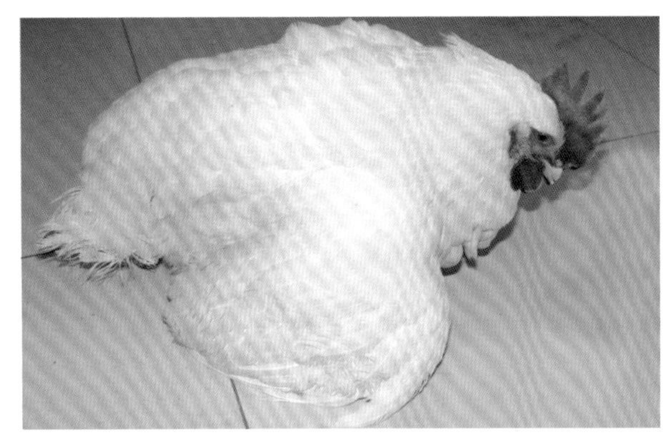

图6-5-7 病鸡瘫痪，不能站立，以翅着地（四）（刁有祥 供图）

图6-5-8 病鸡完全不能站立，瘫痪（刁有祥 供图）

三、病理变化

死亡鸡骨骼变软，易弯曲（图6-5-9、图6-5-10），胸骨变形、变软，胸骨的龙骨呈“S”状弯曲（图6-5-11），肋间隙增宽，肋骨与胸骨、椎骨连接处内陷，呈内向弧形，肋骨两端形成串珠状结节。胸肌、腿肌苍白，质地变软。输卵管黏膜充血，管壁变薄，卵泡发育正常，由于体内钙缺乏，导致输卵管收缩无力，所以，输卵管中常有未产出的蛋（图6-5-12至图6-5-15）。肺脏出血、水肿，呈紫红色（图6-5-16、图6-5-17）。肝脏肿大，呈紫红色，质地变脆易碎。腺胃变薄、变软，弹性降低（图6-5-18）。心包有淡黄色液体渗出。肾盂有时呈急性扩张，肾实质囊肿，偶见尿酸盐沉积。

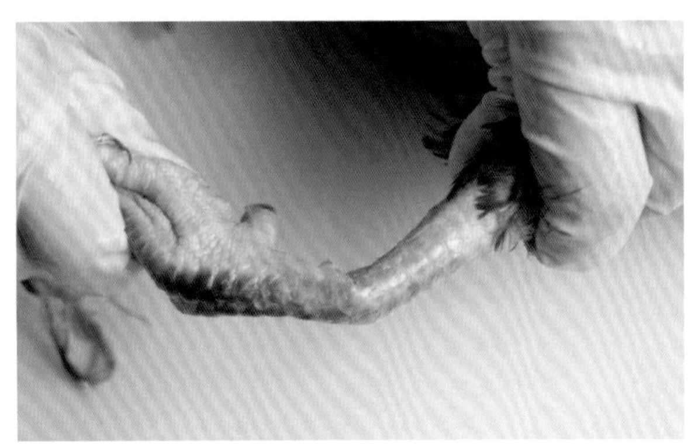

图6-5-9 胫骨软，易弯曲（一）（刁有祥 供图）

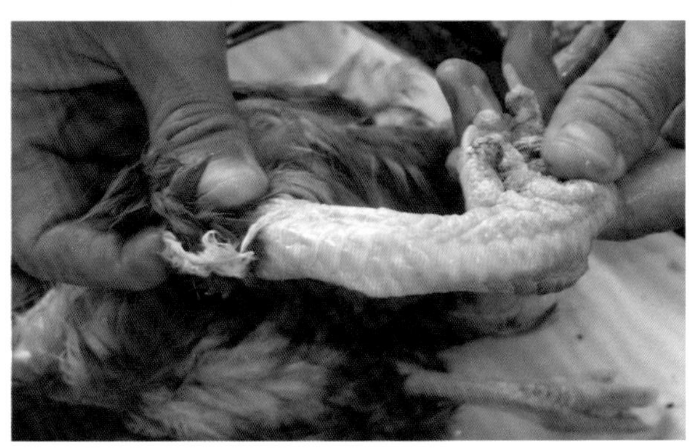

图6-5-10 胫骨软，易弯曲（二）（刁有祥 供图）

图6-5-11 胸骨弯曲呈“S”状（刁有祥 供图）

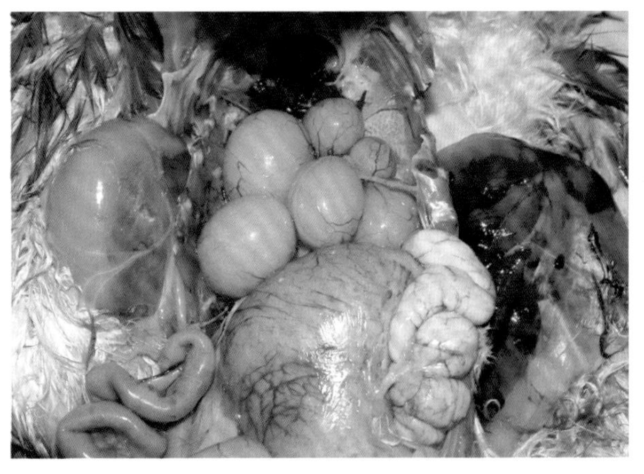

图6-5-12 卵泡发育正常，输卵管中有未产出的蛋（一）（刁有祥 供图）

图 6-5-13　卵泡发育正常，输卵管中有未产出的蛋（二）
（刁有祥　供图）

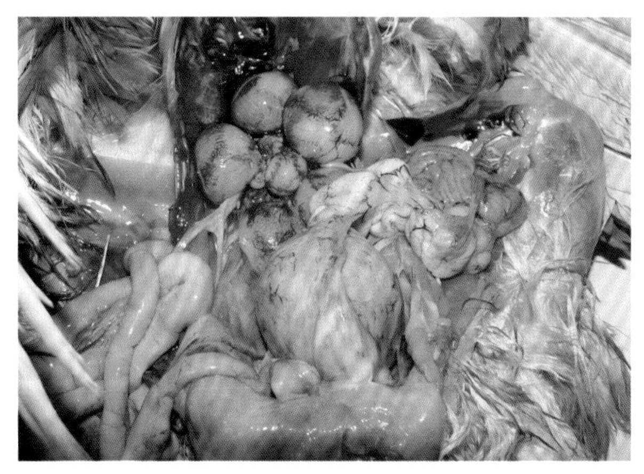

图 6-5-14　卵泡发育正常，输卵管中有未产出的蛋（三）
（刁有祥　供图）

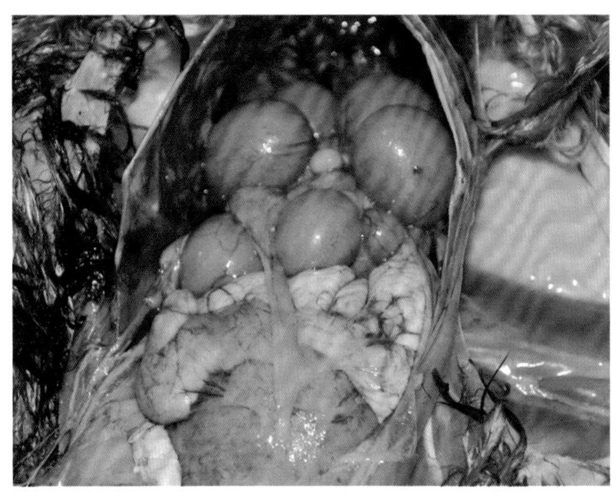

图 6-5-15　卵泡发育正常，输卵管中有未产出的蛋（四）
（刁有祥　供图）

图 6-5-16　肺脏出血、水肿，呈紫红色（一）
（刁有祥　供图）

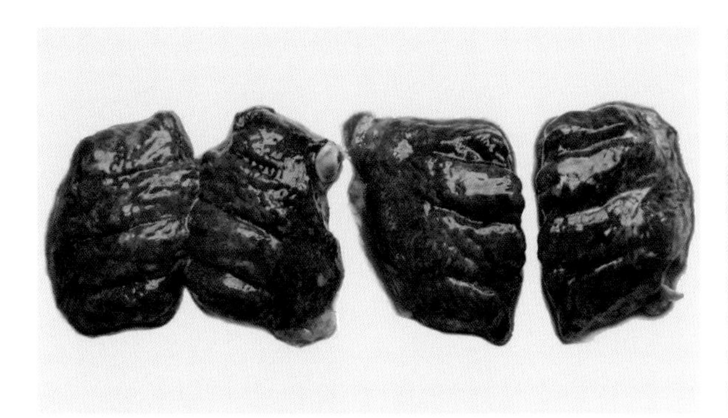

图 6-5-17　肺脏出血、水肿，呈紫红色（二）
（刁有祥　供图）

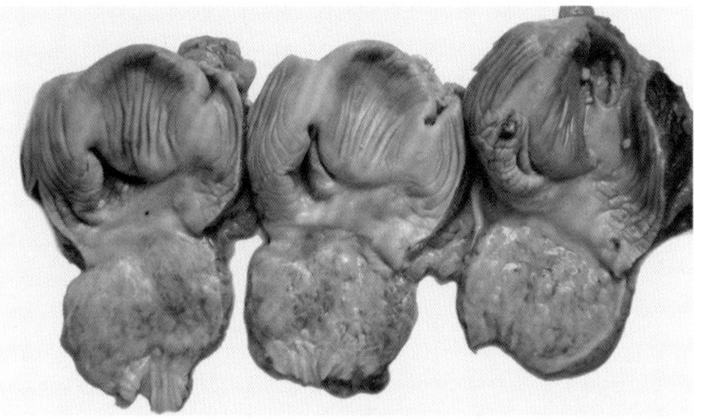

图 6-5-18　腺胃变薄、变软
（刁有祥　供图）

四、诊断

根据病史和病鸡特征性症状和病理变化，如薄壳蛋、无壳蛋增多，产蛋量下降，站立不稳，蹲伏或侧身躺卧，长骨质脆易骨折，断端骨质变薄，骨髓腔增大，肋骨两端串珠状结节等，可作出初步诊断。可进行血清生化分析检测碱性磷酸酶活性，如有升高则确诊为该病。

五、防治

（一）预防

该病的诱因较多，因此需要采用多种措施进行综合预防。日粮配比时使用优质的原料，如磷酸氢钙、鱼粉、肉骨粉和贝壳粉等，保证全价营养，满足产蛋鸡钙和磷的需求，开产前 2 ～ 4 周饲喂含钙量 2% ～ 3% 的饲料，增加骨钙含量，提高蛋壳质量；产蛋高峰期钙含量不低于 3.5%，磷为 0.4%，并在饲料中添加多种维生素，尤其是维生素 D_3，每天摄入量不低于 2 500 IU。夏季高温时，蛋鸡采食量下降，可将饲料中含钙量提高至 3.8%，磷降低至 0.38%，维生素 D_3 提高至每天 3 000 IU，饮水中可适量添加电解多维防止热应激。产蛋鸡应提供合理的光照，光照强度为 10 lx，光照时间每天约 16 h，以保证机体维生素 D_3 的正常代谢和钙吸收利用。增加育成鸡群的运动，上笼时间以 100 日龄为佳，育雏和育成期采用平养方式。保持舍内外环境卫生，减少细菌性疾病的发生，出现下痢时应及时诊治，并选择不与钙形成络合物的药物进行治疗。适当添加一些药物或微生态制剂保护肠道，减少肠道疾病的发生，保证钙、磷等的吸收，有助于减少该病的发生。

（二）治疗

在饲养过程中，应勤于观察，一旦发现患病鸡只，应及时挑出并隔离饲养。症状较轻的病鸡改为地面平养为宜，便于自由活动采食，在饲料中添加足量的骨粉或颗粒性碳酸钙，一般经 4 ～ 7 d 可恢复。一些停产的病鸡需单独饲喂，保证其正常的进食和饮水，一般不超过 1 周即可恢复。个别病情严重的病鸡可肌内注射维丁胶性钙注射液，2 mL/ 只，连用 3 ～ 4 d，或注射维生素 D_3，每千克体重 1 500 IU，每天 2 次，连用 3 ～ 4 d。对于已发生多处骨折的病鸡，应尽早淘汰处理，无治疗价值。此外，大群饲料中添加 2% ～ 3% 的颗粒性碳酸钙，每千克饲料中添加 2 500 IU 的维生素 D_3，再添加 0.2% ～ 0.5% 鱼肝油，连用 20 d，鸡群血钙含量可恢复至正常水平，长骨钙化，大群康复。

第六节　维生素缺乏症

维生素（Vitamin）是机体维持正常生理功能所必需的一类低分子的微量营养成分，其主要以辅酶或者催化剂的形式广泛调节和控制碳水化合物、蛋白质和脂肪的代谢过程，以维持动物体的健康和正常生理活动。

鸡对维生素的需求量很低，仅需微量维生素便可满足机体生理需要。维生素对鸡的健康生长极为关键，每种维生素的生理功能都无法被其他物质代替。有些维生素可由动物本身或寄生于消化道内的微生物合成，但大多数维生素不能在体内合成或合成量较少，必须从饲料中摄取。维生素或其前体广泛存在于大多数动植物性饲料中。如果体内维生素不足或缺乏，就会引起一系列营养代谢病，称为维生素缺乏症。鸡体内维生素缺乏的主要原因是饲料中供给不足或遭到破坏。此外，消化吸收不良、阶段性生理消耗或需求增加等也可以导致维生素的缺乏。因此，在配制饲料时，通常适当添加高于鸡只需求量的各种维生素，避免因加工、运输和储存等过程中造成的维生素损失引起的维生素缺乏。

一、维生素 B_1 缺乏症

维生素 B_1（Vitamin B_1）也称为硫胺素或抗神经炎素，纯净的硫胺素盐酸盐为白色结晶性粉末，易潮解，有苦味，易溶于水，稍溶于乙醇，不溶于脂肪和有机溶剂中。干燥状态下可耐 100℃高温，在酸性条件下较稳定，耐热、耐氧化，光照易分解，在碱性条件下极不稳定，易被分解破坏。维生素 B_1 天然存在于大多数谷物、油籽和酵母发酵物中，胚芽和种皮中含量尤为丰富。维生素 B_1 在动物体内多沉积于代谢活性高的组织器官，但无法储备，因此，当机体摄入过多时，会经泌尿系统排出或由胆汁进入肠道随粪便排出。

维生素 B_1 在鸡肝脏中被转化为具有代谢活性的酶——硫胺焦磷酸（TPP），是碳水化合物氧化脱羧反应和醛代谢转换过程中的重要辅助因子。维生素 B_1 缺乏症是指体内硫胺素缺乏或不足引起机体糖代谢障碍，能量供给不足，血液中蓄积大量丙酮酸和乳酸，导致神经机能障碍，以角弓反张和脚趾屈肌麻痹为主要症状的一种营养代谢病。该病可发生于不同品种鸡，尤其以雏鸡和青年鸡较为多发。

（一）生理功能

1. 维生素 B_1 作为辅酶参与糖代谢

维生素 B_1 可与 ATP 作用，生成焦磷酸硫胺素（TPP），TPP 是维生素 B_1 主要辅酶形式，在体内参与 2 个重要的反应，即 α-酮酸氧化脱羧反应和磷酸戊糖途径转酮醇酶反应。前者是发生在线粒体的生物氧化过程的关键环节，从葡萄糖、脂肪酸、支链氨基酸衍生来的丙酮酸和 α-酮戊二酸经氧化脱羧，产生乙酰辅酶 A 和琥珀酰辅酶 A，才能进入三羧酸循环（柠檬酸循环）彻底氧化。后者主要在细胞质中通过转酮醇酶进行，可把来自 5-磷酸木酮糖的 α-酮基转移给 5-磷酸核糖，形成 7-磷酸景天庚酮糖和 3-磷酸甘油醛，此反应是可逆的。虽然不是葡萄糖氧化供能的重要途径，但却是核酸合成所需戊糖及脂肪和类固醇合成所需还原型烟酰胺腺嘌呤二核苷酸磷酸（NADPH）的重要来源。因乙酰辅酶 A 和琥珀酰辅酶 A 是生热营养素分解代谢关键环节，同时又是其合成代谢联结点，因此，维生素 B_1 严重缺乏时，可对机体造成广泛损伤。正常情况下，神经组织所需能量主要来源于糖代谢供给，因此维生素 B_1 缺乏时，神经组织损伤最为严重，易导致多发性神经炎。

2. 维生素 B_1 是胆碱酯酶的抑制剂

维生素 B_1 使胆碱酯酶的降解维持合适的速率，保证胆碱能神经在神经纤维间的正常传导，其可支配消化腺的分泌和胃肠道的运动。当维生素 B_1 缺乏时，胆碱酯酶的活性增强，使乙酰胆碱分解加速，导致胆碱能神经兴奋传导障碍，胃肠蠕动缓慢，消化液分泌减少，导致鸡消化不良，食欲减退，采食量下降，骨骼肌收缩无力。

3. 维生素 B_1 的其他生理功能

研究表明，维生素 B_1 能够维持髓磷脂鞘合成，为中枢神经系统和外周神经系统提供保护膜，避免神经细胞损伤导致神经紊乱；还可通过能量代谢保持心肌的力量，还可通过对外周血管的作用调节到达心脏的血流量。此外，维生素 B_1 还在畜禽生长发育、繁殖、免疫、抗氧化和肉品质改善等方面发挥重要的作用。

（二）病因

虽然鸡肠道后半段可以合成维生素 B_1，但不能满足机体正常生理需求，必须从饲料中额外补充。在正常使用的配制饲料中都含有充足的硫胺素，一般不需要额外添加，但动物仍发生维生素 B_1 缺乏症，其主要原因在于饲料中硫胺素被破坏或吸收障碍。

一是饲料加工过程中经蒸煮加热、碱化处理和用水浸泡等步骤，导致饲料中维生素 B_1 流失或被破坏而引起缺乏症。

二是饲料中添加了某些碱性物质和硫胺素拮抗因子等。拮抗因子主要有两类，一种是硫胺素结构类似物，如吡啶硫胺、羟基硫胺、氯乙基硫胺等，能够竞争性抑制硫胺素在肠道内的吸收；另一种是天然的抗硫胺素化合物，如鱼粉、贝壳粉中含有硫胺素酶Ⅰ，一些肠道细菌中含有硫胺素酶Ⅱ，能够分解饲料中的硫胺素并改变其活性，引起缺乏症。此外，一些治疗性药物如抗球虫药物氨丙啉，能够竞争性抑制硫胺素，降低其代谢功能。

三是饲料运输、储存不当，导致饲料发生霉变或污染霉菌毒素，会破坏饲料中的硫胺素或因霉菌毒素中毒而增加机体对硫胺素的代谢需求，从而增加机体对硫胺素的需求量。

四是发酵饲料以及蛋白质饲料不足，而碳水化合物含量过高，或消化系统功能紊乱、长期慢性腹泻和大量使用抗生素等，破坏了肠道微生物菌群平衡，导致硫胺素合成障碍，引发该病。

五是肠道疾病导致肠道上皮细胞或微绒毛细胞断裂、脱落，食糜运动加快，一方面鸡群采食量下降引起硫胺素的摄入量减少，另一方面肠道受损、功能减退降低了硫胺素的吸收利用率；高温高热或下痢时，鸡群饮水量增加导致硫胺素随水排出体外。

（三）症状

雏鸡对维生素 B_1 缺乏十分敏感，饲料中缺乏 10 d 即可出现明显的症状，主要为多发性神经炎症状。发病初期，雏鸡采食量下降，精神不振，腿软无力。随着病程的发展，病鸡体重下降，行走困难，双腿痉挛缩于腹下，趾爪伸直，严重时角弓反张呈观星状（图 6-6-1），腿部麻痹而不能站立和行走，多以跗关节着地，蹲坐在地上或倒地侧卧，最后因衰竭而亡。成年鸡发病缓慢，维生素 B_1 缺乏 3 周左右才出现症状。发病初期病鸡食欲减退或废绝，生长缓慢，羽毛松乱无光泽，腿软无力，步态不稳，鸡冠常呈蓝紫色。随着病程的延长，病鸡神经症状逐渐明显，一开始脚趾屈肌麻痹，随后腿、翅膀和颈部的伸肌出现麻痹，出现明显的头颈后仰，有些病鸡伴随贫血和腹泻，体温下降至 35.5℃，呼吸频率进行性下降，最后衰竭而亡。种鸡缺乏维生素 B_1 时，种蛋在孵化后期胚胎死亡率明显升高，常见一些雏鸡啄壳困难，无法完成出壳，孵化的雏鸡在前 20 周内死亡率较高，即使能够存活，也多为残鸡。蛋鸡发生该病可见产蛋率下降，蛋重变小。

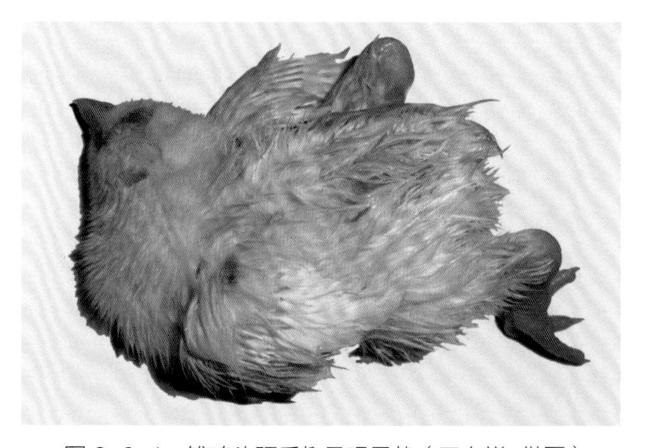
图 6-6-1　雏鸡头颈后仰呈观星状（刁有祥　供图）

（四）病理变化

维生素 B_1 缺乏症死亡鸡只皮肤呈广泛性水肿，其水肿程度取决于肾上腺的肥大程度。母鸡的肾上腺肥大更为明显，肾上腺皮质部的肥大比髓质更明显，肾上腺内的肾上腺素含量增加。雏公鸡睾丸发育受到抑制，母鸡卵巢萎缩，睾丸的萎缩程度更严重。心脏轻度萎缩，右侧心脏扩张，右心房扩张明显。肉眼可见胃和肠壁萎缩，十二指肠固有层的肠腺扩张。组织病理观察可见十二指肠肠腺的上皮细胞有丝分裂明显减少，后期黏膜上皮消失，只留下一个结缔组织的框架。肿大的肠腺内积聚大量坏死细胞和细胞碎片。胰腺外分泌细胞的细胞质呈空泡化，并有透明体形成。

（五）诊断

通常根据饲养管理情况、发病日龄、流行病学特点、多发性神经炎等特征性症状和病理变化作出初步诊断。结合饲养管理并进行治疗性诊断更为准确，常给予病鸡注射或口服维生素 B_1，观察疗效，有助于该病的诊断。此外，还可测定血液中丙酮酸、乳酸和维生素 B_1 的浓度，有助于该病的确诊。

（六）防治

1. 预防

该病应加强饲料生产、运输和储存的管理。合理配制含维生素 B_1 的全价日粮，鱼粉、肉骨粉应高温处理使硫胺素酶失活；饲料生产过程中避免或减少导致维生素 B_1 流失和降解的过程，注意控制添加硫胺素的拮抗因子成分，严禁使用霉变的原料进行饲料生产。另外，应保证机体合成和吸收维生素 B_1，加强饲料、饮水和环境卫生，减少肠道疾病的发生。合理使用治疗药物，避免长期使用抗球虫药物如氨丙啉和过量使用抗生素，以保证维生素 B_1 的正常合成、吸收利用和代谢过程。

2. 治疗

当鸡群发生该病时，应针对性进行治疗。大群饲料中添加维生素 B_1，按照每千克饲料中加入 10 ～ 20 mg 维生素 B_1，也可以饮水，1% 的维生素 B_1 水溶液自由饮水，连用 7 d，治疗效果较好。若饲料中含有磺胺类、氨丙啉等硫胺素拮抗因子成分，应多添加维生素 B_1 以防拮抗作用。发病鸡只应隔离小群进行治疗，由于病鸡多食欲不振，多采用口服给药或注射。口服饲喂复合 B 族维生素溶液，每千克体重 0.5 ～ 1 mL，每天 2 次；皮下或肌内注射盐酸硫胺素注射液，每千克体重 0.25 ～ 0.5 mg，由于维生素 B_1 代谢速度较快，每隔 3 ～ 6 h 注射 1 次，连用 3 ～ 4 d。

二、维生素 B_2 缺乏症

维生素 B_2（Vitamin B_2）也称核黄素，是橙黄色结晶化合物，微溶于水，在水溶液中呈黄绿色荧光。常温下性质稳定，耐热，不易氧化。在中性和酸性环境下，短时间的高压加热性质稳定，但在碱性条件下容易受到破坏。紫外光对核黄素破坏力强。饲料中核黄素主要以结合形式存在，与磷酸和蛋白质等形成复合物，结合型核黄素对光比较稳定。植物性饲料和动物性蛋白中富含维生素 B_2，且成年鸡肠道微生物也能合成少量的维生素 B_2，因此，一般较少发生该病。

维生素 B_2 缺乏症是指由于机体内核黄素缺乏或不足引起的核黄素相关酶形成减少，生物氧化机能障碍，导致机体生长发育受阻和繁殖性能下降的一种营养代谢病。特征性症状为病鸡被毛粗乱，趾爪蜷缩，跗关节着地而行或瘫痪，坐骨神经肿大。

（一）生理功能

核黄素是组成机体内 12 种以上酶系统的活性部分，参与机体多种生理活动。

一是维生素 B_2 在体内主要以黄素腺嘌呤二核苷酸（FAD）和黄素单核苷酸（FMN）两种黄酶辅基形式参与氧化还原反应，起到传递氢原子的作用，参与碳水化合物、蛋白质、核酸和脂肪的代谢，提高机体对蛋白质的利用率并增加蛋白质的体内沉积，促进禽类正常生长发育。维护皮肤和细胞膜的完整性。具有保护皮肤毛囊黏膜及皮脂腺的功能。

二是维生素 B_2 参与脂质代谢。维持肝脏对脂质的正常转运，降低甘油三酯、游离脂肪酸、低密度脂蛋白和极低密度脂蛋白水平。抑制胆固醇的生物合成，显著降低血清中胆固醇的含量。可增强 FAD 依赖性谷胱甘肽还原酶活性，加速还原性谷胱甘肽的形成，谷胱甘肽的氧化还原循环可以清除脂质过氧化物，防止脂质的过氧化。

三是维生素 B_2 参与细胞的生长代谢，为机体组织代谢和修复提供必需营养，如强化和修复肝功能，调节肾上腺素的分泌等。

四是维生素 B_2 参与维生素 B_6 和烟酸的代谢，FAD 和 FMN 作为辅基参与色氨酸转化为烟酸，维生素 B_6 转化为磷酸吡哆醛的过程。

五是维生素 B_2 维持机体正常的能量代谢，对中枢神经系统营养、毛细血管的机能活动有重要影响，还会影响上皮和黏膜的完整性。

（二）病因

该病多由饲料中维生素 B_2 流失和破坏或机体吸收利用障碍引起。

1. 饲料中维生素 B_2 含量不足

配制全价饲料中富含维生素 B_2，但在饲料加工、储存过程不合理会导致维生素 B_2 的流失和分解。饲料中添加碱性物质、高温处理导致维生素 B_2 分解。饲料原料质量差或饲料储存不当，含有霉菌毒素或霉变，阳光暴晒或暴露于紫外线时间过长，都会导致维生素 B_2 的分解和流失。

2. 治疗药物的拮抗作用

鸡群长期使用大量的抗生素，导致肠道微生物菌群失衡或肠道吸收功能下降，影响机体对维生素 B_2 的吸收和利用。此外，抗球虫药物氯丙嗪的使用也会影响维生素 B_2 的吸收利用。

3. 应激和疾病因素

低温环境下机体对维生素 B_2 的需求量增加；饲喂高能量、低蛋白饲料时，对维生素 B_2 的需求量增加。当鸡群发生胃肠道疾病时，影响维生素 B_2 的吸收和转化。如鸡发生中毒贫血和慢性腹泻时，多继发该病。

4. 机体需求量增加

当机体处于生理旺盛期，如雏鸡快速生长阶段和蛋鸡产蛋高峰期，对维生素 B_2 的需求量增加，也易发生该病。

（三）症状

雏鸡发生该病临床经过急且症状明显。多发生于 2 ～ 4 周龄雏鸡，最早可见于 1 周龄雏鸡。病鸡主要表现为羽毛蓬乱，绒毛稀疏，生长缓慢，消瘦衰弱，多伴随下痢。特征性症状包括趾爪向内蜷曲（图 6–6–2 至图 6–6–4），无法站立，多以跗关节着地，行走困难，张开翅膀以维持身体平衡，腿部肌肉萎缩和松弛，两腿瘫痪，皮肤干燥而粗糙，眼睛多出现结膜炎和角膜炎。随着病程的延长，患病雏鸡多因无法采食衰竭而亡。育成鸡症状不明显，后期两腿叉开卧地，瘫痪。产蛋鸡产蛋量明显下降，蛋白稀薄。种蛋孵化率降低，胚胎多于 12 ～ 14 d 大量死亡，死亡胚胎皮肤上绒毛呈结节状，颈部弯曲，发育不良，关节变性，水肿，贫血等。弱雏增加，新生雏鸡个体瘦小，水肿，腹泻，精神不振，趾爪弯曲蜷成钩状，喙弯曲，绒毛发育受阻，羽毛短粗，也称为棒状羽（图 6–6–5）。

图 6-6-2　爪向内蜷曲（一）（刁有祥　供图）

图 6-6-3　爪向内蜷曲（二）（刁有祥　供图）

图 6-6-4　爪向内蜷曲（三）（刁有祥　供图）

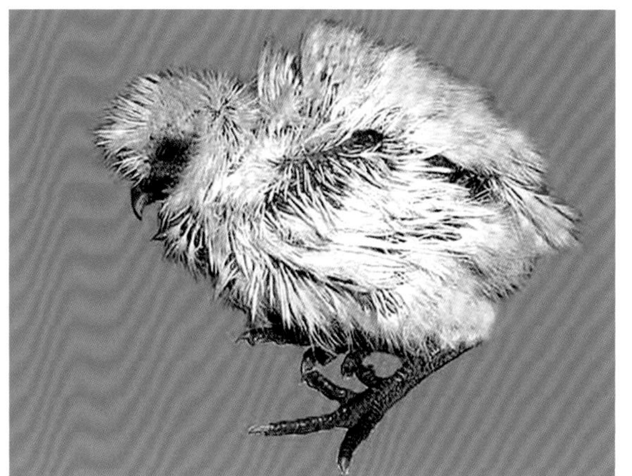
图 6-6-5　羽毛短粗（岳华　供图）

（四）病理变化

剖检病鸡可见皮下水肿，胸部、腿部肌肉表面有出血点，胃肠道黏膜萎缩，肠壁变薄，有时存在出血点，管腔内有大量泡沫状内容物，心冠脂肪减少甚至完全消失。病情严重的病鸡肱骨神经和坐骨神经肿胀，严重时可达正常的 4 ～ 5 倍，肝脏肿胀，脂肪变性，小脑肿胀，质地变软，表面散在小出血点。

（五）诊断

根据饲养管理、发病情况和特征性症状可作出初步诊断。采集血液测定维生素 B_2 的含量有助于确诊该病。

（六）防治

1. 预防

加强饲养管理，湿热天气时饲料储存要注意通风和干燥，防止霉变，同时应避免阳光直射；不同生长阶段的鸡需及时更换相应的饲料，以满足其快速生长发育和生产性能的需求；使用药物进行其他疾病治疗时，应避免长期过量使用造成肠道菌群失衡，在使用某些抗球虫药物时，应在饲料中适当添加复合 B 族维生素，以减弱拮抗作用。另外，在饲料生产加工过程中，避免过度蒸煮，控制碱性物质和拮抗物质的添加量。

2. 治疗

鸡群发生该病后，在饲料中添加维生素 B_2，连用 2 周，同时在饮水中添加复合维生素。雏鸡每千克饲料添加 4 mg，育成鸡每千克饲料添加 2 mg，产蛋鸡 / 种鸡每千克饲料添加量为 5 ～ 6 mg，连用 7 d，治疗效果较好，产蛋率和孵化率经 2 ～ 3 周恢复正常。也可皮下或肌内注射盐酸核黄素进行治疗，雏鸡用量为 1 ～ 2 mg/ 羽，成年鸡为 5 ～ 10 mg/ 羽，每天 1 次，连用 2 ～ 3 d，种鸡疗程延长至 1 周。对于病情严重的病鸡，表现出趾爪蜷曲，坐骨神经肿胀，瘫痪，无法完全治愈，应及时淘汰。

三、烟酸缺乏症

烟酸（Nicotinic acid）也称为维生素 B_3（Vitamin B_3）、尼克酸或抗鸡皮炎因子，在机体内以烟酸和烟酰胺的形式存在。烟酸为无色针状结晶。易溶于水和乙醇，不溶于丙二醇、氯仿、碱溶液、醚及脂类溶剂。能升华，无气味，微有酸味。烟酸和烟酰胺的性质比较稳定，酸、碱、氧、光或加热条件下不易被破坏。在高压下加热至 120℃，20 min 也不被破坏，但会随水分流失。烟酸广泛存在于动植物饲料中，但玉米和豆粕中含量较少，并且谷物饲料中烟酸大部分以多糖复合物形式存在，利用率较低，动物胃肠道微生物也可以合成少量的烟酸。

烟酸缺乏症是由于机体烟酸缺乏或不足导致辅酶 A（CoA）合成减少，碳水化合物、脂肪和蛋白质代谢障碍，以皮肤粗糙、下痢、跗关节肿大等为主要临床特征症状的一种营养代谢病。

（一）生理功能

烟酸在体内经连续酶促反应与腺苷酸结合生成烟酰胺腺嘌呤二核苷酸（NAD^+）和烟酰胺腺嘌呤二核苷酸磷酸（$NADP^+$），NAD^+ 和 $NADP^+$ 是多种重要脱氢酶的辅酶，是氧化还原酶的辅因子，对于脂肪酸、氢的传递、碳水化合物和氨基酸的合成与分解都具有重要的作用。

1. 烟酸的吸收与代谢

烟酸和烟酰胺以辅酶形式存在于食物，可以通过简单扩散进入肠黏膜，烟酸在肠黏膜中转化成烟酰胺。部分以烟酸形式经门静脉进入肝脏，转化为 NAD^+ 和 $NADP^+$。肝内未经代谢烟酸和烟酰胺随血液流入其他组织，再形成含有烟酸的辅酶。肾脏直接将烟酰胺转变为 $NADP^+$。过量烟酸大部分经甲基化从尿中排出，其排出形式为 N1–甲基烟酰胺和 N1 甲基–2 吡啶酮–5–甲酰胺（简称 2–吡啶酮）。NAD^+ 主要在生物氧化还原反应中起递氢体作用，而 $NADP^+$ 则参与还原性合成代谢。

2. 烟酸对脂肪代谢的影响

肝脏是鸡体内脂肪酸合成的主要场所，乙酰 CoA 羧化酶是释放合成的限速酶，肝脏组织中脂肪酸的合成受乙酰 CoA 羧化酶磷酸化作用的调控。烟酸可引起鸡肝脏组织中的 cAMP 含量和蛋白激酶活性升高，从而导致乙酰 CoA 羧化酶活性降低，同时降低了肝脏中苹果酸脱氢酶活性和血浆雌二醇含量，抑制肝脏中脂肪酸的合成。

3. 烟酸对糖类代谢的影响

葡萄糖耐量因子（GTF）是三价铬与烟酸、谷胱甘肽组成的复合体，是胰岛素的辅助因子，具有增加葡萄糖的利用及促进葡萄糖转化为脂肪的作用。细胞内糖的代谢离不开烟酸，果糖的代谢对烟酸的需要比葡萄糖要多。烟酸作为辅酶参与机体氧化还原反应对维持正常组织的完整性发挥重要作用，特别是维持皮肤的正常生理功能和消化液的分泌，提高中枢神经的兴奋性。

4. 烟酸的其他生理功能

此外，烟酸还有两种生理功能，一是对末梢血管的扩张作用；二是能降低血清胆固醇的含量。

（二）病因

该病主要由于饲料中烟酸含量不能满足鸡对烟酸的需求量所致。烟酸广泛存在于动植物饲料中，但谷物中烟酸多以结合形式存在，不能被机体有效地吸收利用，经过碱化处理、蒸煮的玉米、豆类，烟酸的利用率大幅提高，但为减少其他性质不稳定的维生素流失和降解，饲料加工过程中这些步骤进行得往往不够充分。饲料中维生素 B_6 缺乏，导致烟酸合成受阻。饲料中含有过量的烟酸拮抗成分，如磺胺吡啶、三乙酸吡啶和亮氨酸等，都会导致烟酸的吸收不良。

随着现代选育技术的发展，肉鸡体内营养素的代谢水平越来越旺盛，对烟酸的需求量也增加。长期使用广谱抗生素，破坏了肠道微生物菌群平衡，影响了烟酸的合成。鸡群在某些特定条件下（如应激状态、快速生长、高产期、热应激、寄生虫病、腹泻或肝脏机能障碍等），机体对烟酸的需求量增加，也可引起烟酸缺乏症。

（三）症状

雏鸡甚至鸡胚具有合成烟酸的能力，但合成速度太慢，无法满足快速生长的需要。雏鸡发生该病时，从 2 周龄开始出现典型的“黑舌”病，病鸡整个口腔及食道黏膜红肿，生长迟缓，采食量下降，发育不全，羽毛稀少，消化不良和下痢。随着病程的延长，病鸡出现跗关节肿大、增生、发炎，胫骨短粗，腿骨弯曲，呈罗圈腿状，与滑腱症类似，但其跟腱极少发生滑脱。皮肤裸露部位如眼睛周围、面部和脚踝等粗糙角化。产蛋鸡发生该病时，体重减轻，产蛋量和孵化率下降。

（四）病理变化

剖检病鸡可见口腔和食道黏膜有炎性渗出物，腺胃黏膜萎缩、充血，小肠黏膜萎缩，盲肠和结肠黏膜上有豆腐渣样覆盖物，肠壁增厚而易碎。肝脏萎缩并有脂肪变性，皮肤过度角质化而增厚。严重病例可见骨骼、肌肉及内分泌腺发生不同程度的病变，以及许多器官发生明显的萎缩。

（五）诊断

该病在发生早期无特征性表现，随着病程的发展，后期表现出口炎、下痢、跗关节肿大、胫骨短粗等特征性症状。该病常根据发病经过、特征性症状作出诊断，必要时可测定饲料中烟酸含量。该病与锰缺乏、胆碱缺乏等引起的骨短粗症相似，但病鸡的跟腱极少从踝部滑脱。

（六）防治

1. 预防

为了预防该病的发生，应避免饲喂单一的饲料，调整饲料中玉米比例，适当添加啤酒酵母、米糠、麦麸、鱼粉等富含烟酸的原料，应控制饲料加工过程中碱化处理和蒸煮，将结合型烟酸转变成可吸收利用烟酸。此外，雏鸡体内色氨酸也可转化为烟酸，因此，也可以在饲料中适当添加色氨酸以预防该病。

2. 治疗

对于该病的治疗，症状较轻的患病鸡群，可每千克饲料添加烟酸 10 ～ 20 mg，病鸡也可按照 2 ～ 3 mg/ 只内服，每天 2 ～ 3 次，连用 2 ～ 3 d。症状严重如骨短粗、跗关节严重肿大的病鸡，治疗效果差，应及时淘汰处理。若病鸡有肝脏疾病存在时，可添加胆碱和蛋氨酸联合使用，同时提高饲料中烟酸添加量至每千克饲料 30 ～ 50 mg。

四、胆碱缺乏症

胆碱（Choline）也称维生素 B_4，属于抗脂肪肝维生素，是卵磷脂和乙酰胆碱等的组成成分。饲料添加剂中的胆碱形式主要是氯化胆碱，为白色结晶固体，易吸湿潮解，易溶于水和乙醇，不溶于乙醚、石油醚、苯和二硫化碳，在碱液中性质不稳定。广泛存在于自然界中，动物性饲料（鱼粉、肉粉和骨粉等）、青绿植物、麦麸、酵母以及饼粕中含有丰富的胆碱，谷实类饲料中含量较低。

胆碱缺乏症是指由于动物体内胆碱缺乏或不足引起的脂肪代谢障碍，以脂肪肝或脂肪肝综合征为特征性症状的一种营养代谢病。病鸡表现为生长缓慢、消化不良、运动障碍、腿骨短粗等症状，多发生于肉雏鸡和营养状况良好的蛋鸡。

（一）生理功能

1. 胆碱参与肝脏脂肪的转运和代谢

胆碱作为卵磷脂的重要组成成分，与脂肪的代谢相关。卵磷脂是动物细胞膜的主要成分，而脂肪酸是合成细胞膜磷脂的主要物质。肝脏内合成的脂肪酸只有以脂蛋白的形式才能被转运至肝脏以外，在肝脏内胆碱负责合成大约 70% 的卵磷脂，参与极低密度脂蛋白的合成，将甘油三酯转运至血液，减少肝脏中脂肪的沉积。胆碱可以通过甜菜碱提供的甲基，提高胆碱的合成，促进脂肪酸的 β 氧化，减少肝脏脂肪合成。当机体缺乏胆碱时，肝脏内卵磷脂合成不足，影响脂肪酸的氧化，促进生成甘油三酯，合成的极低密度脂蛋白减少，导致肝脏内过多的脂肪无法转运至肝外而沉积于肝细胞中，导致肝细胞脂肪变性，肝脏功能减弱，最终导致脂肪肝或脂肪肝综合征。

2. 胆碱参与细胞膜磷脂的合成

由胆碱生成的磷脂酰胆碱是磷脂的重要组成成分，磷脂是细胞膜和各种细胞器（线粒体、内质网、细胞核、高尔基器体）膜的重要组分，几乎细胞所含有的全部磷脂都集中在生物膜中。生物膜的许多特性，如物质交换、通透性、信息传递、神经传导等与其密切相关。此外，胆碱也参与细胞膜上脂蛋白的合成。

3. 乙酰胆碱作为重要的神经递质参与神经传导过程

在胆碱能神经末梢，胆碱乙酰化酶催化乙酰辅酶 A 和胆碱结合形成乙酰胆碱，以高浓度储存于囊泡内。正常机体在神经兴奋时，神经细胞末梢释放出微量乙酰胆碱，支配细胞兴奋或抑制，从而产生各种生理效应。乙酰胆碱可促进动物大脑发育和降低神经系统发育障碍风险。

4. 胆碱促进体内转甲基代谢

胆碱需氧化为甜菜碱才能提供甲基，该氧化过程在线粒体内进行。胆碱在体内可作为甲基供体，参与蛋氨酸、肾上腺素和甲基烟酰胺等合成。

（二）病因

动物体内的胆碱需要量主要受生长阶段、日粮营养水平和其他一些营养物质影响，这些因素容易造成胆碱缺乏。

1. 日粮中胆碱添加量不足

不同生长阶段的鸡群对胆碱的需求量不同，产蛋期蛋鸡会流失大量卵磷脂，容易导致胆碱缺乏。雏鸡基本没有合成胆碱的能力，需要大量的胆碱完成细胞的增殖和分化。肉鸡日粮中脂肪含量较高，胆碱需求量也应适量增加。

2. 日粮中叶酸、维生素 B_{12}、维生素 C 以及合成胆碱所需的蛋氨酸和丝氨酸缺乏

蛋氨酸和丝氨酸缺乏影响机体合成胆碱。叶酸、维生素 B_{12} 和维生素 C 缺乏时，机体对胆碱的需求量增加，如果日粮中未提高胆碱的添加量，可引起胆碱缺乏症。

3. 日粮中烟酸、维生素 B_1 和胱氨酸含量过高

过量烟酸降低乙酰 CoA 羧化酶活性，抑制乙酰胆碱的合成，导致胆碱利用受阻；维生素 B_1 和胱氨酸能够促进糖类转化成脂肪，引起脂肪代谢障碍，易导致胆碱缺乏症的发生。

4. 长期应用抗生素和磺胺类药物等

长期应用抗生素和磺胺类药物等也会影响机体内胆碱的合成。鸡群在发生疾病时常使用磺胺类药物和抗生素等进行治疗，使肝脏功能受损，影响胆碱在体内的合成。此外，一些其他致肝脏或胃肠道的疾病会影响胆碱的吸收，进而导致胆碱缺乏症的发生。

（三）症状

鸡的胆碱需求量 20% ～ 30% 必须依赖于日粮添加供给，机体合成胆碱的能力随日龄增加而增强。临床上胆碱缺乏症多发生于 8 周龄以内的鸡，尤其是肉仔鸡更易发生。患病雏鸡发病初期表现为生长停滞，骨质疏松，跗关节轻度肿胀，并散在针尖大小出血点。后期腿部弯曲，胫骨短粗，无法正常站立，行走困难，瘫痪，腿伸向一侧或两侧（图 6–6–6 至图 6–6–8），跗骨扭转而使跗关节明显变平，严重时跗骨过度扭转弯曲呈弓形，导致双腿无法支撑身体。关节灵活性变差或关节软骨移位，跟腱从踝骨头滑脱，发生滑腱症。青年鸡易发生脂肪肝后期多因肝脏破裂导致急性内出血而死亡。成年蛋鸡产蛋量下降，孵化率下降，脂肪酸含量增高，母鸡发病率明显高于公鸡，多伴有卵黄性腹膜炎，病程呈渐进性，体形较大的个体更易发生该病。

图 6-6-6　病鸡瘫痪，腿伸向一侧（刁有祥　供图）

图 6-6-7　病鸡瘫痪，腿伸向一侧或两侧（一）（刁有祥　供图）

图 6-6-8　病鸡瘫痪，腿伸向一侧或两侧（二）（刁有祥　供图）

（四）病理变化

患病雏鸡肝脏肿大，呈黄褐色，质地较脆，表面有出血斑或血凝块，触之有油腻感，甚至可见脂肪滴。肝脏细胞被大量脂肪浸润，胞内有大小不等的脂肪颗粒。肾脏因游离水分重吸收、肾小球过滤、钠分泌和肾脏出血等异常导致肾脏损伤，脂肪浸润和变性。

（五）诊断

根据症状和剖检变化，结合日粮分析进行综合诊断。当出现胫骨短粗、滑腱症和脂肪肝症状时，可确诊为该病。

（六）防治

1. 预防

日粮中添加足量的胆碱，并注意叶酸、维生素 C、维生素 B_{12}、蛋氨酸和胱氨酸等含量的合理搭配，尤其在育雏和育成后期最为重要。当长时间使用抗生素或磺胺类药物时，或饲喂高脂肪、高蛋白的日粮以及其他致肝脏损伤情况发生时，应适当提高胆碱的添加量。此外，应注意减少使用高脂肪日粮，减少采食时间，增加饮水量。

2. 治疗

当鸡群发生该病时，发生滑腱症的病鸡治疗价值低，应及时淘汰处理。大群按照每吨饲料添加氯化胆碱 400 g，配合维生素 E 100 000 IU 和肌醇 1 kg，连用 7 ～ 10 d，治疗效果较好；也可单独肌内注射治疗，雏鸡按照每天 130 mg，青年鸡按照每天 500 mg，连用 1 周。此外，应及时调整日粮配方，降低饲料中脂肪含量。

五、泛酸缺乏症

泛酸（Pantothenic acid）又称维生素 B_5 或遍多酸，性质偏酸性并广泛存于多种食物中。是由 2-羟 2-甲基丁酸与 β-氨基丙酸缩合而成的酸性化合物，游离的泛酸是一种黏性的油状物，不稳定，易吸湿，易溶于水和乙醇，中等程度溶于乙醚，不溶于苯和四氯化碳，在 pH 值 5 ～ 7 时最稳定。饲料中泛酸多以钙盐或钠盐的形式存在，少量以游离态存在。

泛酸缺乏症是由于动物机体泛酸缺乏引起辅酶 A 合成不足，导致糖类、脂肪和蛋白质等物质代谢障碍，以生长缓慢、皮炎、神经症状、消化机能障碍、羽毛发育障碍和脱落为特征性症状的一种营养代谢病。病鸡表现为精神沉郁、生长阻滞、羽毛松乱、粗糙、卷曲和脱落、裸露皮肤处皮炎、角质化增生和结痂等症状。该病多发生于雏鸡，青年鸡和育成鸡偶有发生。

（一）生理功能

一是泛酸是辅酶 A 的辅基。辅酶 A 是糖类、脂肪和蛋白质代谢过程中许多可逆乙酰化反应的一个重要辅酶。泛酸合成酰基载体蛋白参与脂肪酸代谢反应。泛酸是脂肪酸合成类固醇所必需的物质；也可参与类固醇紫质、褪黑激素和亚铁血红素的合成；还是体内柠檬酸循环、胆碱乙酰化、合成抗体等代谢所必需的中间物。泛酸通过辅酶 A 在所有细胞代谢中发挥作用，参与大量的生命活动。当鸡缺乏泛酸时，辅酶 A 合成量不足，三羧酸循环受阻，三大营养物质代谢、脂肪酸的合成和降解都受到影响，引起一系列的代谢性疾病症状。

二是泛酸在体内可作用于正常的上皮器官如神经、肾上腺、消化道及皮肤，提高动物对病原体的抵抗力。泛酸可以增加谷胱甘肽的生物合成从而减缓细胞凋亡和损伤，也可以降低胆固醇和甘油三酯的浓度。泛酸及其衍生物还可以减轻抗生素等药物对肝脏的毒副作用，参与多种营养成分的吸收和利用，提高饲料利用率。

（二）病因

鸡对泛酸的需要量有所差异。雏鸡、肉鸡和种鸡为每千克饲料 10 mg，产蛋鸡为每千克饲料 2.2 mg，由于禽类机体无法合成泛酸，全部需要从日粮中获得。

一是日粮中玉米比例过高，未提高泛酸的添加量。

二是饲料中维生素 B_{12} 含量不足。种鸡饲料中维生素 B_{12} 不足时，对泛酸的需要量增加，需要量为每千克饲料 20 mg。若泛酸供应量未及时增加，也会引起泛酸缺乏症。

三是饲料在加工、运输和储存过程中，加热、酸或碱性条件极易破坏泛酸，发生水解，导致实际泛酸含量降低，影响鸡的利用率而造成泛酸缺乏。

四是当鸡群发生消化系统疾病时，导致机体对饲料消化和吸收能力减弱，也会造成泛酸的缺乏。

（三）症状

泛酸缺乏导致机体代谢紊乱，鸡只出现多种缺乏症。患病雏鸡精神沉郁，食欲减退，消瘦，羽毛发育不良且粗糙，骨短而粗，尾部下垂。眼睛逐渐肿胀，上下眼睑粘连，视力受阻，扒开有乳白色的液体分泌物或干酪样分泌物，眼睑边缘呈颗粒状并有小结痂形成。病鸡口角出现局限性痂样病变，严重时整个口角溃烂。裸露处如头部、脚底和趾间等皮肤发炎，外层角化、脱落，形成小的破裂和间隙。这些裂隙逐渐扩大并加深，导致病鸡较少走动。有些病鸡的脚部皮肤角质化严重，在跖球上形成黑紫色的疣状隆起。

泛酸的缺乏对成年鸡的影响较轻，母鸡仍正常产蛋，但孵化率较低。鸡胚常在孵化后期大量死亡，死亡鸡胚因缺乏泛酸常表现出皮下出血和严重水肿，雏鸡成活率低。

（四）病理变化

剖检可见病鸡消瘦，胸骨呈刀锋状。两侧眼球凹陷，口中有脓样物。腺胃黏膜微红，内有不透明灰白色渗出物。肝脏肿大，呈浅黄色至深黄色。脾脏略萎缩。肾脏轻微肿胀。法氏囊、胸腺和脾脏等免疫器官明显的淋巴组织减少和淋巴细胞坏死。脊髓的神经和有髓纤维呈现髓磷脂变性。

（五）诊断

根据发病情况、症状和剖检变化可作出初步诊断，补充泛酸后治疗效果明显可确诊。雏鸡发生泛酸缺乏症和生物素缺乏症易混淆，注意类症鉴别。

（六）防治

1. 预防

根据不同发育阶段鸡对泛酸的最小需求量标准，在饲料中添加足量的泛酸。在当前集约化生产条件下，为了充分发挥动物的生产潜能，并综合考虑饲料原料中泛酸的生物利用率、疫病以及应激等多种因素的影响，泛酸的推荐添加量通常高于鸡对泛酸的需求量。商品肉鸡、种鸡和育雏蛋鸡饲料中泛酸添加量为每千克饲料 10 ～ 15 mg，青年蛋鸡饲料的推荐添加量为每千克饲料 7 ～ 10 mg，产蛋鸡饲料的推荐添加量为每千克饲料 8 ～ 10 mg。尤其饲喂以玉米为主要原料的配合饲料时，更要注意添加足量的泛酸。

2. 治疗

发病鸡群可在每千克饲料中添加 10 ～ 20 mg 的泛酸钙，连用 2 周，治疗效果明显。病情严重的病鸡，可口服或肌内注射泛酸钙，每次按照 15 mg/ 只，每天 1 ～ 2 次，连用 3 ～ 5 d；口服饲喂泛酸钙按照每千克体重 4 ～ 5 mg 进行饲喂，每天 1 次，连用 5 ～ 7 d。由于维生素 B_{12} 与泛酸关系密切，当鸡群发生维生素 B_{12} 缺乏时，对泛酸的需求量增加，雏鸡的泛酸需求量为每千克饲料 20 mg。因此，鸡群发生泛酸缺乏症时，应适当提高维生素 B_{12} 的添加量，治疗效果更佳。

六、维生素 B_6 缺乏症

维生素 B_6（Vitamin B_6）与机体代谢密切相关，维生素 B_6 是易于相互转化的吡哆醇、吡哆醛和吡哆胺等三种吡啶化合物的总称。维生素 B_6 缺乏症是动物体内由于三种相关物质缺乏或不足引起的转氨酶和脱羧酶合成受阻，引起蛋白质代谢障碍，以生长不良、皮炎、贫血等为主要症状的一种营养代谢病。维生素 B_6 为白色或类白色的结晶或结晶性粉末，无臭，味酸苦，易溶于水和乙醇，在酸性溶液中稳定。在碱性溶液中，吡哆醛容易失活。强光或高温时均可使其破坏。三种衍生物中吡哆醇性质稳定，便于加工和储存，饲料工业中常添加盐酸吡哆醇。雏鸡多发生该病，但单纯的维生素 B_6 缺乏症极少发生。

（一）生理功能

维生素 B_6 在大多数食物中或饲料中以吡哆醇、吡哆醛和磷酸吡哆胺的蛋白质复合体形式存在。谷物类饲料原料的种皮中含有丰富的吡哆醇，吡哆醇的效力高于吡哆醛和吡哆胺。动物消化道微生物也能合成少量的吡哆醇，多随粪便排出。饲料中的吡哆醇经消化作用释放，再从蛋白质结合状态游离出来，在小肠的空肠段以磷酸化状态经扩散作用被吸收，然后通过血液循环输送至肝脏。磷酸吡哆醇在肝脏处转化为磷酸吡哆醛，它广泛分布于所有机体组中，这是维生素 B_6 参与代谢的最具有活性的形式，常以磷酸化态的形式结合于酶系统。磷酸吡哆醛在氨基酸、脂肪和碳水化合物之间的相互作用中以及在通过三羧循环产生能量的过程中起着重要作用。

1. 转氨基作用

磷酸吡哆醛的醛基与氨基酸的 α- 氨基结合成醛亚胺的复合物，再根据不同酶蛋白的功能特点，将氨基从一个供体氨基酸转移至一个受体氨基酸中，以生成另一种氨基酸，这是生成非必需氨基酸的重要过程。

2. 脱羧作用

参与氨基酸的脱羧基作用，是氨基酸脱去羧基转化为相应的生物胺。如将色氨酸、酪氨酸和组氨酸转化合成 5- 羟色胺、去甲肾上腺素和组胺的过程中，脱羧基反应发挥重要的作用。

3. 脱氨基作用

脱掉生长不需要的氨基酸的氨基。

4. 转硫作用

将甲硫氨酸的巯基转移至丝氨酸形成半胱氨酸。

5. 参与烟酸的形成

机体内可将少量色氨酸转化成烟酸。

6. 其他作用

维生素 B_6 参与辅酶 A 的生物合成、抗体的形成和信使核糖核酸的合成，并与核酸代谢和内分泌腺有关。同时，维生素 B_6 也在中枢神经系统代谢过程中起作用，它被认为有助于脑和神经组织中的能量转化，而与中枢神经系统的功能有关。

（二）病因

饲料中广泛存在有吡哆醇、吡哆醛和吡哆胺，而且动物肠道微生物也可以合成少量的维生素 B_6，因此，动物一般极少发生维生素 B_6 缺乏症。但是，当饲料中维生素 B_6 受到破坏，如加工、蒸煮、储藏或与碱性溶液共用，或饲料中含有维生素 B_6 拮抗剂，如巯基化合物、氨基脲、羟胺等，影响维生素 B_6 的吸收和利用。此外，鸡群发生肠道疾病限制了吡哆醇的吸收，一些亚临床疾病导致鸡群采食量下降，或为缓解免疫应激而提高代谢活动导致需求量增加，也会导致吡哆醇缺乏。

（三）症状

发生维生素 B_6 缺乏症时，雏鸡表现为食欲减退，生长缓慢，骨短粗症和特征性的神经症状。雏鸡表现出异常兴奋，不由自主地奔跑，并发出吱吱声，听觉紊乱，运动失调，严重时甚至死亡。成年鸡盲目转圈走动，两翅无力下垂，腿软，多以胸着地，头颈伸直，剧烈痉挛直至衰竭而亡。骨短粗，表现为一侧严重跛行，一侧或两侧爪的中趾在第一关节处向内弯曲。倒地后翻仰在地，头和腿剧烈摆动。严重缺乏时，产蛋鸡的卵巢、输卵管和肉髯萎缩、退化，产蛋率下降，胚胎多于孵化第二周死亡，孵化率降低。成年公鸡睾丸、冠和肉髯退化，长期缺乏时会导致死亡。此外，雏鸡和成年鸡还表现出体重下降、生长缓慢，羽毛发育受阻，饲料转化率低，下痢，贫血，肌胃糜烂，眼睑炎性水肿等症状。

（四）诊断

根据症状和病史，结合测定血液中吡哆醛、磷酸吡哆醛和维生素 B_6 的含量进行初步诊断。可通过添加吡哆醇观察鸡群治疗效果进行确诊。

（五）防治

1. 预防

在高蛋白或高氨基酸日粮中，应提高吡哆醇的添加量以提高机体对蛋白质或氨基酸的利用率。在环境应激和生理应激条件下应适当提高吡哆醇的添加量。

2. 治疗

鸡群发生该病后，可以在日粮中补充维生素 B_6 或复合维生素。饲料中的吡哆醇添加量根据鸡的不同发育阶段而定，雏鸡为每千克饲料 6.0 ～ 8.0 mg，青年鸡和种鸡为每千克饲料 4.0 ～ 6.0 mg，连用 2 周。

七、生物素缺乏症

生物素（Biotin）又称维生素 H，与硫胺素相似，生物素的结构为含硫的脲基环带一戊酸侧链，它具有 8 种不同结构的异构体，其中只有 δ-生物素具有生物活性。生物素是一种白色结晶，熔点为 232 ～ 233℃，游离态生物素溶于热水和稀碱液中，不溶于乙醇、乙醚等有机溶剂。通常条件下生物素固体粉末对空气、光和热较稳定，但亚硝酸、强酸、强碱和甲醛可破坏生物素，酸败的脂肪和胆碱也可使其失活。

生物素缺乏症是由于动物机体内生物素缺乏或不足引起的三大营养物质代谢障碍，以皮炎、角化和开裂等为主要症状的一种营养代谢病。生物素广泛分布于动植物体内，如豆类、肝脏、卵黄等含量较高。在谷物和动物性饲料原料中，生物素以与蛋白质结合的形式存在，即生物素侧链羧基与赖氨酸或与蛋白质之间形成共价键。

（一）生理功能

结合态的生物素不能直接被机体吸收利用，必须经生物素酶的降解释放出来，在小肠内转运吸收。机体内生物素主要贮存在肝脏和肾脏中，多余的与其代谢物一起随尿液排出。生物素是中间代谢过程催化羧化作用的多种酶的辅酶，与糖类、脂肪和蛋白质的代谢有关。它也是机体多种酶的辅助因子，在改善物质代谢、提高动物生产性能和疫病防治等方面有着重要作用。

1. 参与碳水化合物的代谢

生物素是碳水化合物代谢过程中必须羧化酶的辅酶。生物素在羧化和脱羧过程中发挥重要作用。丙酮酸羧化生成草酰乙酸，苹果酸转化成丙酮酸，琥珀酸和丙酸的互相转化，草酰琥珀酸转化生成 α-酮戊二酸，均为生物素依赖反应。生物素是丙酮酸羧化酶的组成成分，丙酮酸羧化酶是糖异生作用的限速酶，当机体摄食量不足时，机体通过糖异生过程，将脂肪和蛋白质生成葡萄糖，从而维持正常的血糖水平。生物素缺乏导致糖异生途径受阻，血糖浓度降低，不能维持机体正常生理需求，易导致肉仔鸡猝死综合征的发生。

2. 参与脂类的代谢

生物素参与长链脂肪酸的生物合成。脂肪酸合成过程中有三种羧化酶为生物素依赖性。乙酰辅酶羧化酶将乙酰辅酶 A 羧化成丙二酰辅酶 A，是脂肪酸合成的限速酶。丙酰辅酶 A 是奇数碳脂肪酸生物合成的前体，丙酰辅酶 A 羧化酶是丙酰辅酶 A 代谢所必需的。丙酮酸羧化酶是一种线粒体内的酶，参与细胞质中 NADPH 的再生，而 NADPH 是脂肪酸生物合成所必需的。生物素缺乏可降低乙酰辅酶 A 羧化酶的活性，进而抑制脂肪酸的生物合成。

3. 参与蛋白质和核酸的代谢

在蛋白质代谢过程中，生物素酰化酶在蛋白质合成、氨基酸脱氨基、嘌呤合成和核酸代谢过程中发挥重要作用。3-甲基丁烯酰辅酶 A 羧化酶是亮氨酸支链分解的限速酶，一旦亮氨酸分解受阻，会影响糖类、脂肪和蛋白质之间的转化。丙酰辅酶 A 羧化酶在丙酸代谢过程中发挥重要作用，如异亮氨酸、蛋氨酸、苏氨酸、胆固醇侧链和奇数碳脂肪酸代谢均需丙酰辅酶 A 羧化酶的参与。

（二）病因

一是日粮中生物素添加量不足。种鸡的繁殖生产性能提高，对生物素的需要量增加；现代育种技术使肉鸡生长速度加快，对生物素的需要量增加；生物素合成多由盲肠和大肠中微生物合成，而吸收主要位于小肠前段，集约化养殖使鸡失去食粪特点，无法有效利用微生物合成的生物素。

二是现代工业饲料中酵母、苜蓿草粉等富含生物素的原料使用量减少。

三是饲料生产、运输或储存不当。饲料中氧化酸败的脂肪会降解生物素，饲料和垫料中霉菌产生的生物素拮抗剂降低生物素的利用率。

四是肠道疾病和腹泻影响生物素的吸收。

（三）症状

种鸡生物素缺乏时，对产蛋率没有明显影响，但种蛋的孵化率降低。种蛋在孵化的前 5 d 和 17 d 以后，胚胎出现死亡高峰。胚胎出现并趾，即第 3 趾和第 5 趾间形成延长的蹼，鸡胚体形较小，鹦鹉嘴。孵化过程中，死胚较多，出壳后的雏鸡，弱雏较多（图 6-6-9），雏鸡先天性骨短粗症和特征性骨骼变形，胫骨短，严重弯曲，跗跖骨变短或扭曲，翅与颅骨变短，肩胛骨变短且弯曲。公鸡缺乏生物素，性功能减退，精子畸变增多，导致母鸡受精率降低。

雏鸡和青年鸡缺乏生物素时，表现为生长迟缓，食欲减退，生长发育受阻，两腿关节肿大，强直，胫骨短粗，鸡的爪、胫、嘴和眼睛周围等裸露皮肤炎症、角化、开裂出血，凝固后形成结痂（图 6-6-10 至图 6-6-12）。该症状与泛酸缺乏症类似。生物素缺乏时皮炎多从脚部开始，泛酸缺乏症的损伤首先在嘴角和面部。

肉用雏鸡、肉杂鸡生物素缺乏时常见爪向内或向外弯曲（图 6-6-13 至图 6-6-15），30 日龄以上体形较大、生长速度较快的肉鸡常出现脂肪肝和肾综合征，发生不明原因死亡。心脏、肝脏和肾脏脂肪浸润。血糖降低，心脏和血管中有凝血块和脂肪块，腹腔因肝脏破裂积有大量凝血块。肉鸡猝死综合征和脂肪肝肾综合征也被认为与泛素缺乏密切相关。生物素缺乏可改变组织脂肪中不饱和脂肪酸的分布情况，减少了亚油酸向花生四烯酸的转化。花生四烯酸是前列腺素、前列腺环素和凝血素烷 A_2 的前体物质，这些物质对心血管系统具有明显的作用。

（四）病理变化

病鸡肝脏肿胀，严重时破裂出血，肝细胞脂肪变性，细胞内有大量的脂肪滴；肾脏肿大、苍白，肾小管和输尿管中尿酸盐沉积；体内脂肪呈粉红色，肌胃和小肠内有大量黑色内容物，十二指肠内容物呈苍白油乳状；支气管上皮细胞和肺房间隙内有大量脂肪滴。组织学检查可见心肌纤维变性、水肿，异嗜性粒细胞浸润；肺脏血管淤血，结缔组织和三级支气管水肿，炎性细胞浸润；胆管周围淋巴细胞浸润，胆管中度增生。

图 6-6-9　死亡的鸡胚和出壳后的弱雏
（刁有祥　供图）

（五）诊断

根据发病情况、症状，结合血液中生物素含量检测进行诊断，结合添加生物素后鸡群治疗效果进行确诊。

图 6-6-10　病鸡爪部皮肤开裂出血、结痂（一）
（刁有祥　供图）

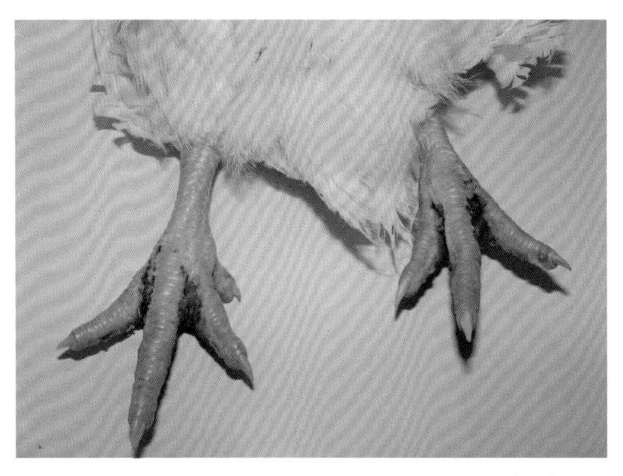
图 6-6-11　病鸡爪部皮肤开裂出血、结痂（二）
（刁有祥　供图）

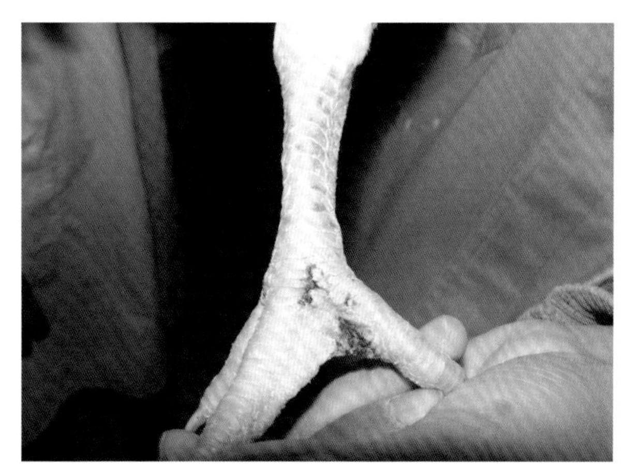

图 6-6-12　病鸡爪部皮肤开裂出血、结痂（三）（刁有祥　供图）

图 6-6-13　病鸡脚趾弯曲（一）（刁有祥　供图）

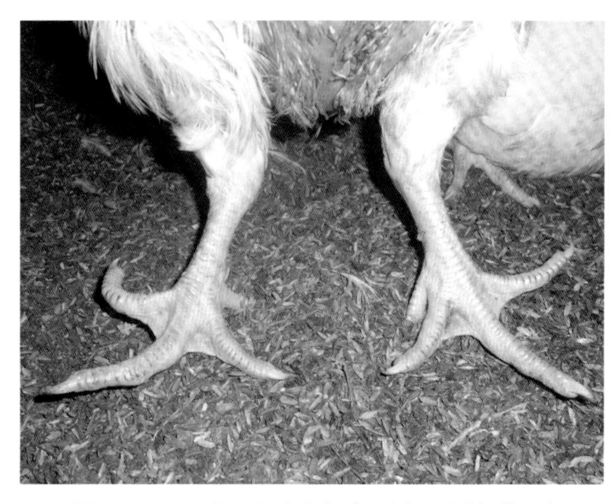

图 6-6-14　病鸡脚趾弯曲（二）（刁有祥　供图）

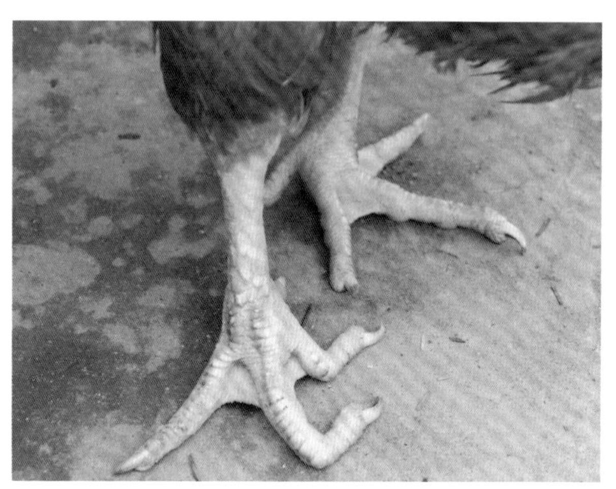

图 6-6-15　病鸡脚趾弯曲（三）（刁有祥　供图）

（六）防治

1. 预防

不同生长发育阶段的鸡对生物素的需要量有所不同，肉雏鸡的需要量不低于每千克饲料 0.18 mg，蛋雏鸡的需要量为每千克饲料 0.15 mg，青年鸡的需要量为每千克饲料 0.1 mg，产蛋鸡和种鸡的需要量不低于每千克饲料 0.2 mg。生物素易受到氧化、加热等条件破坏，可在饲料中加入维生素 C、维生素 E 等抗氧化剂。在饲料加工、运输和储存过程中，降低加热、碱性环境和霉变等因素的影响。

2. 治疗

当鸡群缺乏生物素发病后，在日粮中添加生物素每千克饲料 0.2 mg，若鸡群出现脂肪肝综合征时，需要添加生物素每千克饲料 0.25 ～ 0.30 mg，以降低死亡率。

八、叶酸缺乏症

叶酸（Folic acid）又称维生素 B_{11} 或蝶酰谷氨酸，属于抗贫血因子，因其广泛存在于植物绿叶中而得名。它由蝶啶环、对氨基苯甲酸和 L-谷氨酸三部分组成，其中蝶呤和对氨基苯甲酸结合成为蝶酸。叶酸可含一个或多个谷氨酸基团，通常为 3 ～ 7 个。自然存在的叶酸为还原性叶酸，即四氢叶酸和二氢叶酸。叶酸为淡黄色至橙黄色结晶粉末，无臭无味，微溶于水，易溶于稀酸、稀碱，不溶于乙醇、乙醚、丙酮和三氯甲烷，熔点为 250℃。叶酸对空气和热稳定，在可见光和紫外线辐射下降解。酸、碱和氧化剂对叶酸具有破坏作用，还原性物质有利于叶酸的保存。

叶酸缺乏症是指动物机体叶酸缺乏或不足引起的核酸和核蛋白代谢障碍，以贫血和头颈麻痹为特征性症状的一种营养代谢性疾病。叶酸除大量存在于植物绿叶中，豆类和动物产品中也含有丰富的叶酸。此外，动物的肠道微生物能合成少量叶酸。

（一）生理功能

饲料中的叶酸多以无活性的蝶酰谷氨酸形式存在，在体内水解为谷氨酸和自由态叶酸，经加氢还原生成有活性的 5,6,7,8-四氢叶酸。四氢叶酸是体内一碳基团如甲酰、亚胺甲酰、亚甲基和甲基等物质代谢的辅酶，参与嘌呤、嘧啶和甲基的合成等代谢过程。

一是作为一碳单位的载体，参与氨基酸之间的相互转化，如丝氨酸与甘氨酸的互换，组氨酸转化为谷氨酸，同型半胱氨酸与甲硫氨酸的互换，苯丙氨酸转化为酪氨酸等；影响组蛋白的甲基化修饰。

二是在转甲酰酶的作用下，参与嘌呤环的合成，进而合成嘌呤和嘧啶，最后生成 DNA 和 RNA。

三是与维生素 B_{12} 和维生素 C 共同参与红细胞和血红蛋白的生成，促进免疫蛋白的生成，提高机体对谷氨酸的利用率，保护肝脏并增强解毒作用。

四是促进乙醇胺形成胆碱，使烟酰胺转化为 N-甲基烟酰胺并由尿排出。

五是参与调控肝脏的脂代谢过程，同时参与肝脏中极低密度脂蛋白的形成及甘油三酯的转运。

（二）病因

一是长期饲喂低蛋白质含量的饲料，或饲料中甲硫氨酸、赖氨酸缺乏，叶酸含量不足或合成障碍；现代育种技术选育的肉鸡生长速度快，营养物质代谢旺盛，对叶酸的需要量增加，尤其是育雏阶段，容易发生该病。

二是维生素 C、维生素 B_{12} 和维生素 B_6 是使叶酸具有活性的必需物质，当这些物质缺乏时，导致叶酸活性下降而表现出叶酸缺乏症症状。

三是种鸡和蛋鸡在产蛋期对叶酸的需要量增加，容易发生该病。

四是饲料加工过程中高温蒸煮、酸碱处理，以及储存过程中阳光暴晒等条件，能够加速叶酸分解，导致叶酸含量不足。

五是当鸡群发生消化系统疾病，机体吸收不良、代谢失常或长期使用磺胺类药物时，也容易发生该病。

（三）症状

鸡叶酸缺乏症的典型症状是颈麻痹，骨质疏松。雏鸡食欲减退，羽毛发育受阻，易折断，有色羽毛褪色、脱落，站立不稳，颈部麻痹，质地柔软，多以喙部着地，形成喙、两爪的三点式（图 6-6-16）。后期腿麻痹，两翅下垂，倒地后两腿伸直（图 6-6-17、图 6-6-18），此时颈特别软，可任人摆布毫无反应，若不及时治疗，2 d 内就会死亡。有些雏鸡还会发生胫骨短粗，贫血，伴有水样白痢等。种鸡生产性能降低，产蛋率和孵化率均下降，畸形胚胎增多，死亡率高。胚胎喙变形，胫跗骨弯曲。

图 6-6-16　颈软，以喙着地（刁有祥　供图）

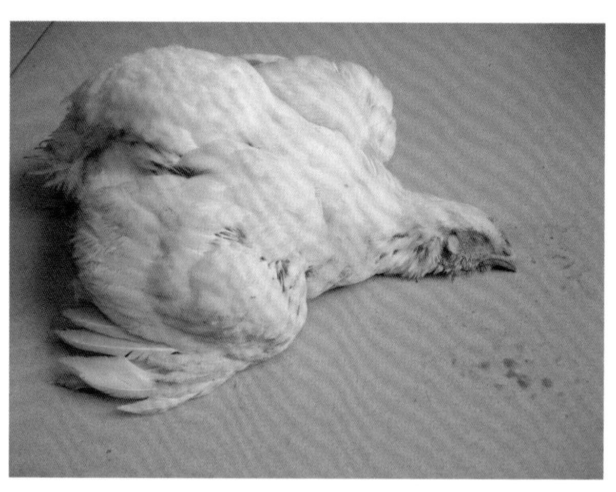

图 6-6-17　腿麻痹、倒地，颈软（一）（刁有祥　供图）

（四）病理变化

剖检可见内脏器官贫血，肌肉苍白，肝脏脂肪沉积，法氏囊、胸腺、脾脏发育不良。巨型红细胞发育停滞，颗粒性白细胞缺乏。

（五）诊断

根据病史、症状和血液检查（巨幼红细胞性贫血、白细胞减少），可进行初步诊断。结合叶酸治疗效果可进行确诊。

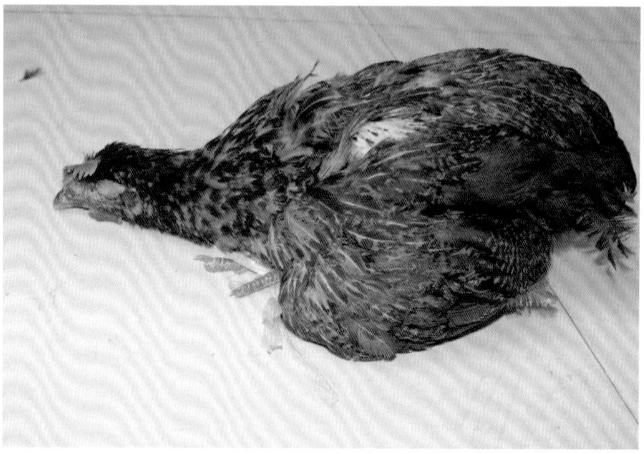

图 6-6-18　腿麻痹、倒地，颈软（二）（刁有祥　供图）

（六）防治

1. 预防

在配制饲料中增加富含叶酸的原料，如酵母、豆类、苜蓿和草粉等，可防止叶酸缺乏。在使用以玉米为主的饲料时，要特别注意补充富含叶酸的饲料或添加叶酸，添加量为每千克饲料 0.5 ～ 1 mg，可有效预防该病的发生。

2. 治疗

鸡群发生叶酸缺乏症时，症状较轻时，可在每千克饲料中添加 5 mg/kg 叶酸，连用 3 d。症状较重时，按照 10 mg/ 只口服叶酸制剂，每天 1 次，连用 3 d；或按照每千克体重 0.3 ～ 1 mg 肌内注射，每天 1 次，连用 3 d。也可按照每天每只注射 0.3 g 谷氨酸，连用 3 d，效果较好。若配合使用维生素 C、维生素 B_{12} 等治疗，治疗效果更佳。

九、维生素 B_{12} 缺乏症

维生素 B_{12}（Vitamin B_{12}）是一种结构复杂的红色晶体化合物，分子中含有金属钴和许多酰胺基，因其分子中含有氰和约 4.5% 的钴，故又称钴胺素或氰胺素，是唯一一种含有金属元素的维生素。该物质最早在 1948 年从肝脏中分离出一种具有控制恶性贫血效果的红色晶体物质，是一类含有钴为中心的咕啉环的类咕啉化合物。维生素 B_{12} 分子中的钴与氰基、羟基、甲基或 5–脱氧腺苷等基团相连，分别称为氰钴胺、羟钴胺、甲基钴胺和 5–脱氧腺苷钴胺，其中羟钴胺是自然界中普遍存在的维生素 B_{12}，氰钴胺是人工合成的维生素 B_{12} 形式。维生素 B_{12} 的两种辅酶形式包括甲基钴胺

和 5-脱氧腺苷钴胺，在机体代谢过程中发挥重要作用。

维生素 B_{12} 是褐红色结晶粉末，无臭无味，可微溶于水，易溶于乙醇，但不溶于乙酮、氯仿和乙醚。正常的条件下性质稳定，在正常饲料加工过程中损失很少，但在强酸、强碱、日光、潮湿、氧化剂和还原剂的作用下易分解。由于肠道微生物合成的羟钴胺、甲基钴胺和腺苷钴胺等性质不稳定，在工业生产中常添加氰化钠，使其以性质稳定的氰钴胺形式存在。常用的饲料添加剂类型包括 0.1%、1.0% 和 2.0% 等剂型。

维生素 B_{12} 缺乏症是机体维生素 B_{12} 摄入不足或吸收不良，导致的巨幼红细胞性贫血、神经系统紊乱和皮肤黏膜受损的一种营养代谢性疾病。该病多发于育雏期和产蛋期。

（一）生理功能

维生素 B_{12} 通过主动吸收进入机体。胃黏膜处食物结合的维生素 B_{12} 在胃酸和酶的作用下与蛋白质解离，与咕啉结合后，转运至回肠肠腔内，在胰蛋白酶的作用下与咕啉解离，最后与内因子结合形成复合物，进入回肠末端与黏膜细胞的微绒毛上的受体结合，通过胞饮作用进入黏膜细胞，最后进入血液循环。血液循环的维生素 B_{12} 中约 30% 与转钴胺素Ⅱ结合，到达各处组织发挥其生理功能。维生素 B_{12} 在机体内主要以两种辅酶形式如甲基 B_{12}（甲基钴胺）和辅酶 B_{12}（腺苷钴胺）存在，参与许多物质的代谢活动，如蛋白质、脂类、核酸等物质合成和代谢过程。

一是参与体内一碳基团的转移反应。维生素 B_{12} 与叶酸一起参与甲基转移的过程。甲基 B_{12} 是 N5-甲基四氢叶酸甲基转移酶的辅酶，催化 N5-甲基四氢叶酸和同型半胱氨酸之间不可逆的甲基转移，生成四氢叶酸和蛋氨酸。甲基 B_{12} 促进 N5-甲基四氢叶酸和 N6，10-亚甲基四氢叶酸之间的转化，加速叶酸的周转利用，利于胸腺嘧啶脱氧核苷酸和 DNA 的合成。当缺乏维生素 B_{12} 时，会引起胸腺嘧啶核苷酸合成异常，延迟甚至破坏正常细胞特别是黏膜细胞和骨髓细胞的分化，出现巨幼红细胞性贫血、黏膜损伤等症状。

二是维生素 B_{12} 是甲基丙二酰辅酶 A 变构酶的辅酶，参与体内丙酸的代谢。体内某些氨基酸、奇数碳脂肪酸和胆固醇分解代谢产生丙酰 CoA，经羧化反应生成甲基丙二酰 CoA，再经甲基丙二酰 CoA 变构酶和辅酶 B_{12} 的作用下转变成琥珀酰 CoA，最后进入三羧酸循环而被氧化利用。当缺少辅酶 B_{12} 时，导致甲基丙二酰 CoA 在细胞内积聚，异常脂肪酸合成，神经髓鞘合成障碍，神经细胞甲基化反应受损，引起神经退行性病变，出现神经症状。血液中甲基丙二酸浓度升高，导致甲基丙二酸血症。

三是参与同型半胱氨酸代谢。生物体内的同型半胱氨酸主要有高半胱氨酸和 S-腺苷半胱氨酸等。维生素 B_{12} 缺乏会使同型半胱氨酸积累，同时促使其向胱氨酸转化，使得胱氨酸过多，由于氨基酸的木桶效应，胱氨酸得不到充分利用而分解形成的含氮物质刺激神经系统，从而引起病变。同型半胱氨酸代谢异常与神经血管的畸变密切相关。

四是参与胆碱的合成。胆碱是组成磷脂的重要成分，磷脂在肝脏参与脂蛋白的合成和脂肪转运过程中发挥重要作用。缺少胆碱会影响脂肪代谢，引起脂肪肝。

（二）病因

动物性蛋白质饲料中含有丰富的维生素 B_{12}，而植物性饲料中含量甚微。泥土以及动物消化道内一些异养微生物能够利用钴元素和蛋氨酸合成维生素 B_{12}，但家禽体内合成维生素 B_{12} 能力有限，无法满足机体正常生理需求，必须从日粮中摄取补充。

一是长期饲喂维生素 B_{12} 含量较低的植物性饲料，饲料中钴蛋氨酸缺乏或不足，鸡群容易发生该病。

二是种鸡缺乏维生素 B_{12} 会导致孵出的雏鸡发生维生素 B_{12} 缺乏症。

三是当鸡群发生胃肠道疾病或肝脏疾病时，抗生素类药物导致消化道微生物菌群失调，造成维生素 B_{12} 吸收合成障碍，易发生该病。

四是不同品种和日龄的鸡对维生素 B_{12} 的需求量不同，在快速生长阶段和产蛋期应适当提高饲料中维生素 B_{12} 的添加量。

五是饲料中蛋白含量过高，对维生素 B_{12} 的需求量增加，也可引发该病。

六是粪便和垫料中含有大量的维生素 B_{12}，笼养和网上养殖的鸡群无法与之接触，机体内合成维生素 B_{12} 的微生物较少，更易发生该病。

（三）症状

缺乏维生素 B_{12} 时，雏鸡表现为食欲下降，生长阻滞，消瘦，羽毛粗乱，贫血，鸡冠、肉髯和肌肉苍白，血液稀薄，发生脂肪肝，大量死亡。单纯缺乏维生素 B_{12} 死亡的鸡，无特征性症状。当同时缺乏胆碱和蛋氨酸时，胫骨短粗，多伴有滑腱症，表现为腓肠肌肌腱从跗关节滑脱，病鸡无法站立，小腿垂直外展，肌胃角质层糜烂，黏膜肿胀。成年鸡产蛋量下降，蛋小而轻，孵化率急剧下降，胚胎多在孵化的第 17 天左右死亡。死亡胚胎特征性症状包括发育畸形，胚体较小，生长缓慢、水肿，腿部肌肉萎缩，长骨短粗，心脏、肺脏等多处弥漫性出血，肝脏脂肪变性。孵化的雏鸡体弱多畸形，死亡率高。

（四）诊断

根据病史、饲养管理措施和症状可作出初步诊断。确诊需要检测血液中钴、维生素 B_{12} 含量和尿中甲基丙二酸浓度，血液检查中有无巨幼红细胞贫血。

（五）防治

1. 预防

天然的维生素 B_{12} 均来自微生物，发酵残渣中含量最丰富。在饲料中补充鱼粉、肝粉、酵母和肉骨粉等，或饲喂氯化钴和能合成维生素 B_{12} 的微生物，均可预防该病的发生。每千克饲料中维生素 B_{12} 的添加量为雏鸡 9 μg，育成鸡和产蛋鸡为 3 μg，能够满足鸡对维生素 B_{12} 的需要。种鸡饲料中维生素 B_{12} 添加量可提高至每千克饲料 4 μg，能够保持高孵化率，同时使孵化的雏鸡体内储备足量的维生素 B_{12} 以防止出壳后数周内缺乏维生素 B_{12}。

2. 治疗

当鸡群发生维生素 B_{12} 缺乏症时，饲料中维生素 B_{12} 的添加量提高至正常的 2 ～ 4 倍，连用 10 d，可明显改善鸡群状况。对于症状严重的病鸡，可按照 2 ～ 4 μg/ 只，肌内注射维生素 B_{12} 制剂，每天 1 次，连用 3 ～ 5 d，治疗效果明显。

十、维生素 A 缺乏症

维生素 A（Vitamin A）是含有 β-白芷酮环的不饱和一元醇类，由四个异戊二烯单位构成，有维生素 A_1 和维生素 A_2 两种，维生素 A_1 又称为视黄醇，维生素 A_2 也称 3-脱氢视黄醇，通常所说的维生素 A 是指视黄醇。视黄醇是黄色片状结晶体，熔点为 64℃，在有氧条件下受热或紫外线的照射均可使其破坏。视黄醇的醛、酸、酯和苷形式分别为视黄醛、视黄酸、棕榈酰视黄酯和视黄酰-β-葡萄糖苷酸等。维生素 A 家族还包括具有视黄醇活性的胡萝卜素等，水果、蔬菜中含有的胡萝卜素在动物体内可转化成维生素 A，也称为维生素 A 前体或维生素 A 原。

自然界中维生素 A 主要以脂肪酸酯的形式存在于动物的肝、乳和蛋中。动物体内没有合成维生素 A 的能力，必须从饲料中获取维生素 A 或维生素 A 原，才能满足机体对维生素 A 的需要。各种青绿饲料尤其是青干草、胡萝卜和黄玉米中维生素 A 原含量较高。

维生素 A 缺乏症是由于维生素 A 或胡萝卜素供应不足或消化吸收障碍引起的动物体内维生素 A 不足或缺乏的一种营养代谢病。病鸡以上皮组织角质化、眼结膜粘连、口腔和食道黏膜上散在白色小结节甚至形成伪膜为特征性症状。该病多发生于雏鸡和产蛋鸡，育成鸡较少发病。

（一）生理功能

β 胡萝卜素在动物小肠黏膜加氧酶催化内生成两分子维生素 A，与脂肪酸结合成酯，然后掺入乳糜微粒，通过淋巴吸收进入体内。动物的肝脏为储存维生素 A 的主要场所。

一是维持上皮组织结构的完整与健全。维生素 A 能够促进上皮细胞合成分泌黏多糖，从而促进黏蛋白的合成。黏蛋白是细胞间质的主要组分，有黏合和保护细胞的作用，有利于维持上皮细胞完整性。当缺乏维生素 A 时，上皮细胞萎缩，分泌细胞不能从未分化的上皮母细胞中分化和发育出来，逐渐被没有分泌能力的复层角质化上皮细胞代替，表现为皮肤黏膜干燥，易受细菌感染。其中受影响最严重时为上皮丰富的部位，如眼、呼吸道、消化道、皮肤和泌尿生殖道等。

二是维持正常的视觉。视网膜上杆状细胞感受暗光，主要依赖于细胞内的感光物质——视紫红质，它是由维生素 A 产生的视黄醛与蛋白质结合而成。视紫红质经光照后分解为视黄醛和视蛋白，黑暗时呈逆反应。当缺乏维生素 A 时，视紫红质生成量减少，导致动物对暗光适应能力减弱，从而导致功能性夜盲症。

三是促进正常的生长发育。维生素 A 能促进肾上腺皮质类固醇的生物合成，促进糖蛋白的合成，对核酸代谢和电子传递链都有促进作用。缺乏维生素 A 时，动物机体组织器官 DNA 含量减少，黏多糖生物合成受阻，导致发育缓慢。

四是促进蛋白质的生物合成和骨细胞的分化。当缺乏维生素 A 时，成骨细胞和破骨细胞之间的平衡受到破坏，导致骨质增生和骨质吸收不良。种鸡缺乏时会影响胚胎孵化，造成死亡。

五是提高机体免疫力。维生素 A 具有改变细胞膜和免疫细胞溶菌膜的稳定性，促进生成免疫球蛋白，能加强对传染病，特别是呼吸道感染和寄生虫感染的抵抗力。当缺乏维生素 A 时，机体免疫力显著下降。

六是提高繁殖能力，促进性激素的形成。维生素 A 缺乏时，影响雄性动物精索上皮产生精母细胞。维生素 A 缺乏还引起诸如催化黄体酮前体形成所需要的酶的活性降低，使肾上腺、生殖腺中类固醇的产生减少，影响生殖功能。

（二）病因

饲料中含有充足的维生素 A 或其前体，多由于消化、吸收或代谢障碍引起该病。

一是长期饲喂维生素 A 或胡萝卜素缺乏或不足的饲料。以小麦和碎米为原料的饲料中维生素 A 含量较低，易发生该病。

二是饲料加工、储存不当，如加工过程中温度过高，储存时间过长、温度过高，阳光暴晒，霉变等，可导致胡萝卜素的含量降低，维生素 A 的活性下降，极易氧化。

三是种鸡缺乏维生素 A，导致种蛋中维生素 A 的含量不足，影响胚胎的发育和雏鸡的生长发育。

四是饲料中蛋白质含量较低，维生素 A 不能被很好利用，造成功能性维生素 A 缺乏。

五是当鸡群患有肝脏疾病或消化道疾病时，肠道对维生素 A 的消化吸收能力减弱，肝脏储存能力减弱，导致维生素 A 缺乏或不足。

六是雏禽、产蛋期成年鸡等对维生素 A 的需要量明显增加，环境温度过高或下痢的鸡群对维生素 A 的需要量也增加，而饲料中未及时提高维生素 A 的供给量，也会导致该病的发生。

（三）症状

当缺乏维生素 A 时，出生雏鸡因种蛋中维生素含量不足，出壳多双目失明或眼部炎症；雏鸡多于 6 ～ 7 周龄发病，主要表现为生长阻滞，运动失调，鼻眼部发炎等症状，若未及时治疗，会造成大批死亡。成年鸡多于缺乏后 2 ～ 3 个月出现明显症状。种鸡发病后，孵化率下降，雏鸡死淘率高，病鸡精神不振，食欲减退，生长阻滞，消瘦、衰弱，羽毛松乱无光泽，趾爪弯曲，站立、步态不稳，多以腹部着地（图 6-6-19）。病鸡特征性症状是眼中流出乳白色渗出物，眼睑肿胀、粘连，严重时眼眶内有干酪物沉积，眼球凹陷，角膜浑浊变软，甚至失明，多因采食困难衰竭而亡。种公鸡睾丸上皮变性，精子成活率低，母鸡卵巢退化，产蛋率下降，孵化率急剧下降，弱雏增多。由于肾小管上皮变性，滤过功能减退，尿酸盐沉积并排出白色石灰样粪便。

（四）病理变化

病鸡鼻腔、口腔、咽、食道、嗉囊等处的黏膜上有灰白色小结节（图 6-6-20），严重时融合成片，形成伪膜。肾脏肿胀，颜色变浅，呈灰白色网状花斑肾，输尿管变粗，有尿酸盐或尿结石。心脏等内脏器官表面有碎片状尿酸盐沉积。

图 6-6-19　雏鸡瘫痪，腹部着地（杨金保　供图）

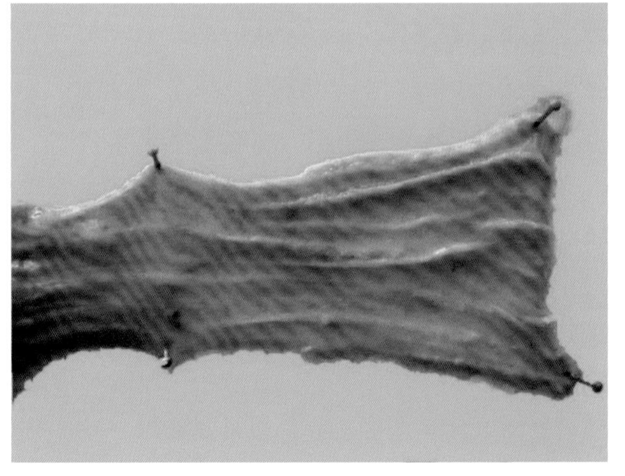

图 6-6-20　食道黏膜有灰白色小结节（杨金保　供图）

（五）诊断

根据饲养管理情况、病史和症状可作出初步诊断。确诊需要检测血液和肝脏中维生素 A 的含量。

（六）防治

1. 预防

配制饲料，尤其是以小麦或碎米为主的饲料时，应搭配优质的动物源性饲料，以保证饲料中含有充足的维生素 A。减少或避免使用长期存放的玉米等原料，以及受潮、暴晒和发霉变质的原料。饲料中添加维生素 A 应现配现用，防止氧化破坏。在动物应激或疾病状态下，应适当提高饲料中维生素 A 的含量，并适当提高蛋白质含量。每千克饲料中维生素 A 的添加量：雏鸡和青年鸡为 1 500 IU，种鸡和产蛋鸡为 4 000 IU。

2. 治疗

当鸡群发生该病后，饲料中添加 2 ～ 4 倍量的维生素 A 进行治疗；症状严重的病鸡可口服鱼肝油，每只 0.1 ～ 0.5 mL，每天 3 次，也可按照每千克体重 1 200 IU 皮下注射维生素 A 制剂；可用 3% 硼酸对眼部进行冲洗，每天 1 次，效果较好。若病鸡失明，应尽快淘汰。

十一、维生素 D 缺乏症

维生素 D（Vitamin D）又称钙化醇，是具有抗佝偻病活性的脂溶性类固醇衍生物一类家族，其中以维生素 D_2 和 D_3 较为重要。其中维生素 D_2 活性低，仅为维生素 D_3 的 1/30 ～ 1/20。维生素 D_2 又称麦角固醇、麦角钙化固醇，为白色至黄色的结晶粉末，易溶于乙醇、丙酮，微溶于油脂，几乎不溶于水，熔点为 113 ～ 118℃，在光照、氧和酸的条件下迅速被破坏。维生素 D_3 又称胆钙化固醇，为白色针状物，易溶于乙醇、三氯甲烷，微溶于油脂，不溶于水，熔点为 82 ～ 88℃，在光照和氧的条件下也能被破坏，但性质比维生素 D_2 稳定。

维生素 D 在鱼肝油中含量最为丰富，在动物的肝脏和禽蛋中含量也比较丰富。一般植物性饲料中含量较少或不含维生素 D，在青绿饲料中存在大量麦角固醇，在紫外线的照射下可形成维生素 D_2。动物的皮肤和脂肪组织中合成 7–脱氢胆固醇，经紫外线照射转变为维生素 D_3。

维生素 D 缺乏症是由于机体维生素 D 摄入或合成不足引起的钙、磷吸收和代谢障碍，以生长受阻和骨发育异常为特征性症状的一种营养代谢病。该病常发生于雏鸡和笼养蛋鸡，散养鸡群极少发生该病。

（一）生理功能

在小肠吸收或由皮肤形成的维生素 D 被转运至肝脏，在肝脏生成了 25–羟维生素 D_3，然后运输至肾脏，进行至少两次附加的羟化衍生反应，生成 1,25–二羟维生素 D_3 和 24,25–二羟维生素 D_3。其中代谢产物 1,25–二羟维生素 D_3 能够引发小肠钙的运输和吸收，在骨骼矿化过程中发挥重要功能，也能够调节磷酸盐的吸收和排泄。维生素 D_3 及其活性代谢产物与降钙素、甲状旁腺激素一起参与机体钙、磷代谢调节，促进小肠近端对钙的吸收，远端对磷的吸收，促进肾小管对钙、磷的重吸收，减少钙从尿中流失。保持血液钙、磷浓度的稳定以及钙、磷在骨骼中的沉积。

维生素 D 还能提高饲料利用率和热能。当维生素 D 缺乏时，机体代谢率下降，生产性能降低。

（二）病因

舍饲动物长期缺乏阳光照射，机体无法合成维生素 D，同时饲料中维生素 D 前体物质缺乏是引起动物维生素 D 缺乏的根本原因。

一是日粮中维生素 D 添加量不足或加工、储存不当，导致维生素 D 缺乏或不足。

二是日粮中钙、磷比例不当。日粮中钙、磷比例以 2∶1 为最佳，高于或低于这个最佳比例都会提高维生素 D 的需要量。

三是日粮中磷来源低劣。当日粮中含有可利用性差的磷，如植酸磷或其他形式的磷，需增加维生素 D 的用量。

四是日粮中存在抗维生素D因子。维生素A和维生素D可发生拮抗作用。当饲料中维生素A或胡萝卜素含量过高时，可干扰或阻碍维生素D的吸收。饲料中含有霉菌毒素时，机体对维生素D的需要量大大增加。

五是日粮中其他矿物质和营养物质比例失调。饲料中锰、铁和锌等矿物质含量过高可抑制钙的吸收，过多的脂肪酸和草酸也会抑制钙的吸收。氯化钠、碳酸钙和维生素D混合后，会大量破坏维生素D_3。

六是胃肠道疾病和肝肾功能下降影响维生素D的吸收和转运。小肠的消化吸收功能障碍影响维生素D的吸收。维生素D在肝脏和肾脏的代谢产物具有生物活性，肝脏和肾脏受损后其生物活性大大降低。

七是育雏期和产蛋期对维生素D的需要量增加，若补充不足，则易发生该病。

（三）症状

发生维生素D缺乏时，雏鸡于2～3周开始出现症状，病鸡食欲正常，生长迟缓甚至完全停止生长，羽毛发育不良。初期站立呈“八”字形（图6–6–21），随后，病情逐渐发展，病鸡不能站立，以跗关节着地（图6–6–22、图6–6–23），最后，病鸡完全不能站立，腿伸向一侧或两侧（图6–6–24至图6–6–26）。此时，胫骨软、易弯曲，不易折断（图6–6–27至图6–6–29）。脊椎在荐部和尾部向下弯曲，长骨质地变软，胸骨侧弯，胸廓正中内陷，使胸腔变小。肋骨变软，向内弯曲，肋骨和肋软骨、肋骨与椎骨结合处肿大，呈串珠状。产蛋期病鸡，发病初期薄壳蛋、软壳蛋、无壳蛋增多（图6–6–30），随后产蛋量明显下降，甚至停产，孵化率也随之下降。雏鸡出壳困难，弱雏增多。严重时胸骨变形、弯曲，喙、肋骨和爪变软，呈企鹅状蹲伏，胸骨和椎骨连接处内陷。

（四）病理变化

主要病变在骨骼和关节。全身各处骨骼呈不同程度肿胀、疏松，长骨表面粗糙不平，骨密质变薄，骨髓腔变大，易弯曲。在背肋、胸肋连接处向内弯曲，在胸部两侧出现肋骨内陷现象（图6–6–31至图6–6–33），肋骨与椎骨连接处软骨增生呈串珠状突起（图6–6–34）。关节面软骨肿胀，有的软骨有缺损或纤维状物质附着。成年鸡龙骨弯曲呈“S”状（图6–6–35）。

（五）诊断

根据鸡的日龄、饲养管理状况、病史和症状，可作出初步诊断。确诊需要测定血液中钙、磷浓度，碱性磷酸酶活性、维生素D及其代谢产物含量。

图6–6–21 病鸡呈“八”字形站立（刁有祥 供图）

图6–6–22 病鸡以跗关节着地（一）（刁有祥 供图）

图 6-6-23　病鸡以跗关节着地（二）
（刁有祥 供图）

图 6-6-24　病鸡瘫痪，腿伸向两侧
（刁有祥 供图）

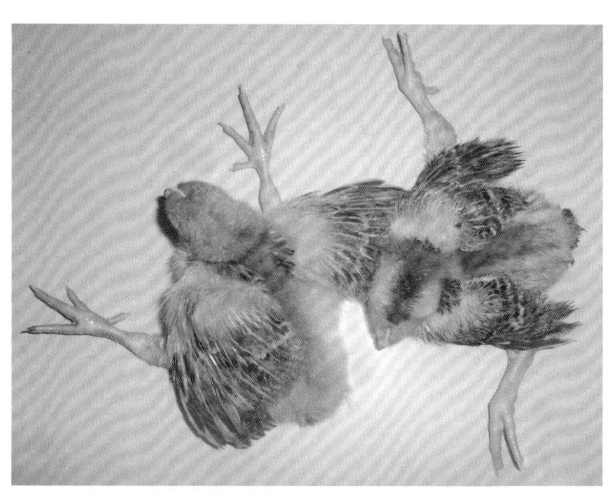
图 6-6-25　病鸡瘫痪，腿前伸或伸向两侧（一）
（刁有祥 供图）

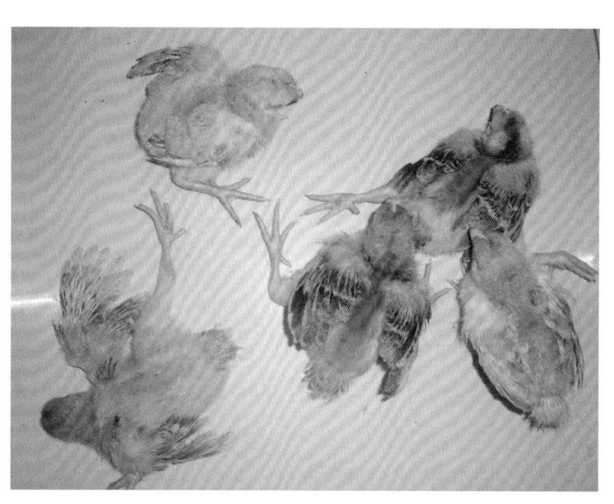
图 6-6-26　病鸡瘫痪，腿前伸或伸向两侧（二）
（刁有祥 供图）

图 6-6-27　胫骨软，易弯曲（一）
（刁有祥 供图）

图 6-6-28　胫骨软，易弯曲（二）
（刁有祥 供图）

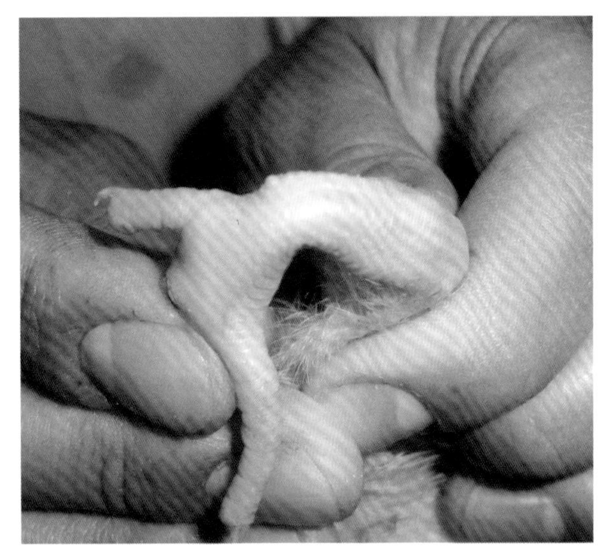

图 6-6-29　胫骨软，易弯曲（三）（刁有祥　供图）

图 6-6-30　产蛋鸡产薄壳蛋、软壳蛋（刁有祥　供图）

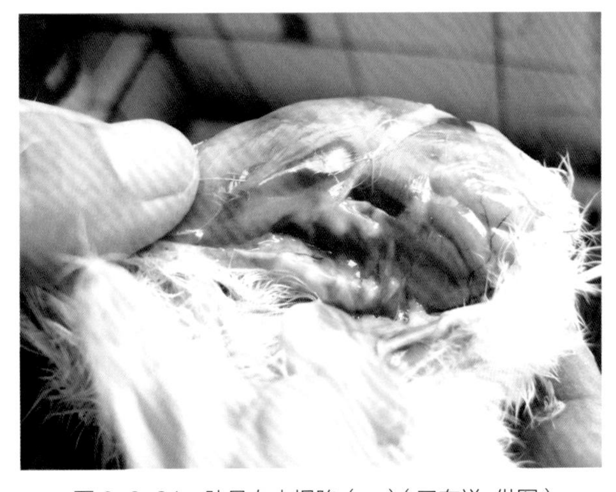

图 6-6-31　肋骨向内塌陷（一）（刁有祥　供图）

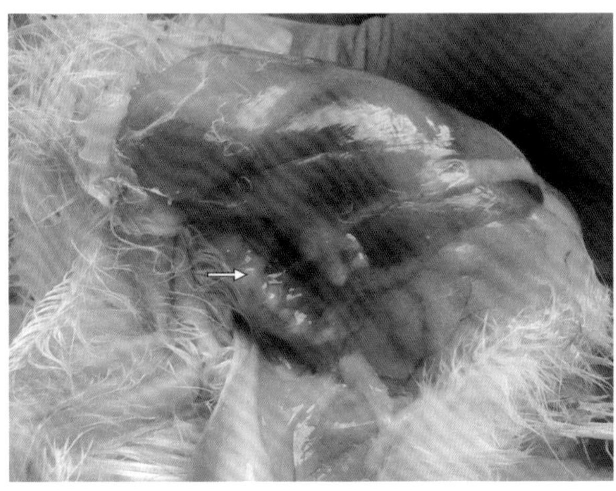

图 6-6-32　肋骨向内塌陷（二）（刁有祥　供图）

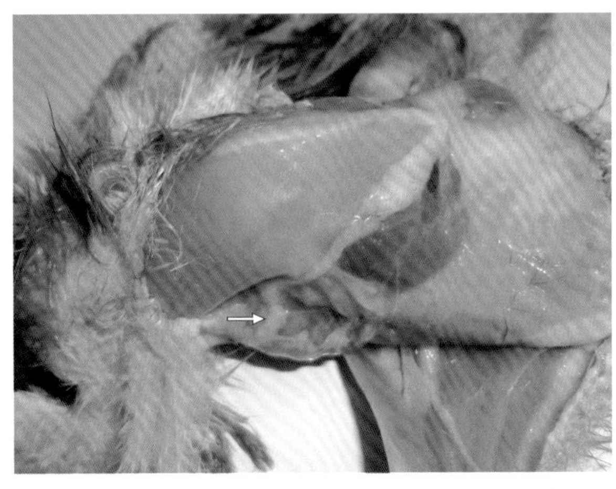

图 6-6-33　肋骨向内塌陷（三）（刁有祥　供图）

图 6-6-34　肋骨与肋软骨交界处增生（刁有祥　供图）

（六）防治

1. 预防

①保证饲料中含有充足的维生素 D。散养鸡的饲料中加入青干草、鱼肝油等，同时加强日光照射。集约化舍饲鸡群必须在饲料中加入维生素 D。每千克饲料的添加量：雏鸡和青年鸡为 200 IU，产蛋鸡和商品鸡为 500 IU。

②保证饲料中钙、磷含量，并保持适当比例。雏鸡饲料钙磷比例以（2 ～ 3）∶1 为宜，产蛋鸡饲料钙磷比例以（6 ～ 8）∶1 为宜。

③加强青年蛋鸡的运动，促进骨骼发育，增强骨骼的功能。蛋鸡上笼不宜过早，开产前 1 个月上笼为宜。

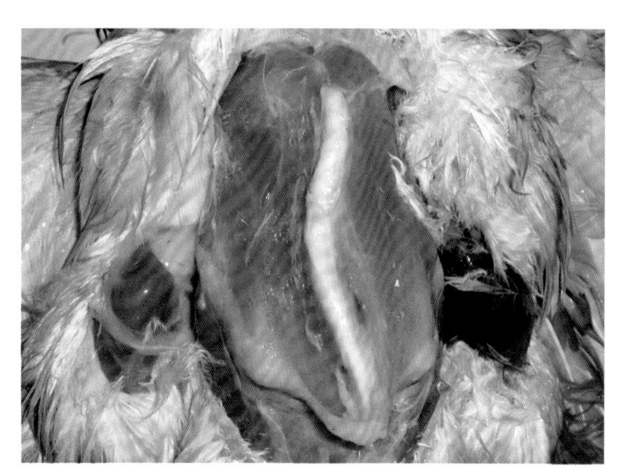

图 6-6-35　龙骨呈“S”状弯曲（刁有祥 供图）

2. 治疗

当鸡群发生该病时，饲料中维生素 D 的添加剂量为正常添加量的 2 ～ 4 倍，连用 2 周。对于产蛋鸡应提高钙的添加量。发病严重的病鸡可口服鱼肝油，按照 0.5 ～ 1 mL，每天 1 次，连用 5 ～ 7 d。成年病鸡可肌内注射 0.5 mL 维丁胶性钙，治疗效果较好。

十二、维生素 E 缺乏症

维生素 E（Vitamin E）又称生育酚，是一组有生物活性、化学结构相近似的酚类化合物的总称。目前已知的至少有 8 种，均为苯并二氢呋喃的衍生物，结构上的差异在于甲基的数量和位置，其中较为重要的有 α-生育酚、β-生育酚、γ-生育酚和 δ-生育酚等，其中 α-生育酚的生物活性最高，最为普遍。

维生素 E 为微黄绿色至浅黄色透明油状物，溶于脂肪和乙醇等有机溶剂，不溶于水，无异味，化学性质极不稳定，易于被氧化分解，对热和酸稳定，对碱不稳定。主要储存在脂肪组织和油脂中，在饲料中受矿物质和不饱和脂肪酸的氧化而失去活性；与鱼肝油混合后，也易因鱼肝油的氧化作用而丧失活性。植物种子的胚乳和植物油中含有丰富的维生素 E，青绿饲料中含量也较高，在动物内脏和肌肉中也含有一定量的维生素 E。

维生素 E 缺乏症是由于机体中维生素 E 缺乏或不足引起以神经系统发育障碍、繁殖性能下降的一种营养代谢病。该病主要发生在育雏期和产蛋期，若未及时治疗，鸡群大量死亡。

（一）生理功能

一是维生素 E 具有抗氧化作用。维持生物膜的正常功能，可抑制或减缓多价不饱和脂肪酸产生游离根和超过氧化物的作用，从而防止含有多价不饱和脂肪酸的细胞膜发生过氧化，特别是含有丰富不饱和脂质的生物膜，如细胞的线粒体、内质网和质膜。维生素 E 可防止维生素 A、维生素 C、含硫酶和 ATP 的氧化。维生素 E 和硒在体内具有协同抗氧化作用。

二是维生素 E 具有促进毛细血管及小血管的增生，以及促进毛细血管末端扩张和抗凝血作用，从而改善血液微循环，防止血液凝固，减少血栓形成。

三是调节性腺的发育和功能，维持机体正常的生殖功能。α-生育酚可以促进垂体分泌促性腺激素，促进精子的生成和活动，增加卵巢功能，卵泡增加，黄体细胞增大并增强孕酮的作用。

四是维生素 E 能抑制透明质酸的活性，保持细胞间质的通透性。缺乏时可使透明质酸分解加强，血管上皮细胞通透性增强，使组织发生水肿。

五是维生素 E 进入皮肤细胞更能直接帮助肌肤对抗自由基、紫外线和污染物的侵害，防止皮肤受损、老化。

（二）病因

该病的发生多与饲料的加工和储存密切相关。饲料加工过程中碱处理，劣质油脂的使用均可造成维生素 E 的分解失活。储存过程中阳光暴晒、不饱和脂肪酸的存在均可导致维生素 E 的丧失。

（三）症状

当缺乏维生素 E 和微量元素硒时，雏鸡发生脑软化病。病鸡表现运动共济失调，发病初期呆立，喜蹲伏，羽毛松乱，随后逐渐出现摇头，食欲废绝，头缩向前下方或向一侧扭转，有时后仰，行走困难，常呈“八”字形叉开站立，两腿阵发性痉挛和抽搐。倒地后病鸡一侧躺卧，两脚不停滑动后卧地不起，1 ～ 2 d 衰竭而亡。硒和维生素 E 缺乏还会引起渗出性素质。病鸡颈部、胸部皮下组织水肿，呈紫色或蓝绿色，腹部皮下积有大量液体（图 6-6-36），破裂后流出淡蓝色黏液。种公鸡缺乏维生素 E 时，性欲降低，排精量减少，精液质量和精子活性降低；种母鸡缺乏维生素 E 时，产蛋率基本正常，孵化率下降，鸡胚从孵化第 4 天开始死亡，出壳前达到死亡高峰，弱雏增多（图 6-6-37），头部尤其是枕后部水肿、出血，不能站立，多数很快死亡。

（四）病理变化

剖检可见病鸡小脑软化、肿胀，脑膜水肿，有时有出血斑，大小脑表面有散在出血点，有时可见大脑间纵裂，脑实质呈灰黄色。严重时可见小脑质软变形，甚至软不成形，切开呈乳糜状液体。胸腹部皮下有淡黄色、蓝绿色或紫红色渗出（图 6-6-38、图 6-6-39），腿部和胸部肌肉因营养不良呈苍白色，表面有出血斑点或灰白色、黄白色条纹（图 6-6-40）。心包积液，心脏扩张，心肌变薄，少数冠状脂肪出血或胶冻样渗出。肌胃松软、颜色变浅。出壳雏鸡呈现脑软化，雏公鸡睾丸退行性变性。

病理组织学变化主要是小脑充血、水肿，有局灶性出血、软化灶。脑实质因水肿而使组织结构疏松、分离，严重时出现裂隙和空洞，小脑的浦肯野细胞严重变性、坏死，细胞核崩解甚至消失，细胞轮廓模糊。大脑、中脑和延脑充血、水肿，神经细胞变性、坏死，程度较轻。骨骼肌、心肌和肌胃肌水肿，肌纤维间隙增大，肌纤维萎缩。

（五）诊断

该病的表现形式有所差异，应结合饲养管理状况、症状和剖检变化作出初步诊断。通过检测谷胱甘肽过氧化物酶、肌酸磷酸激酶、乳酸脱氢酶的活性，结合过氧化氢溶血试验进行确诊。

图 6-6-36　胸腹部皮肤呈淡绿色（刁有祥　供图）

图 6-6-37　弱雏和死亡的雏鸡（刁有祥　供图）

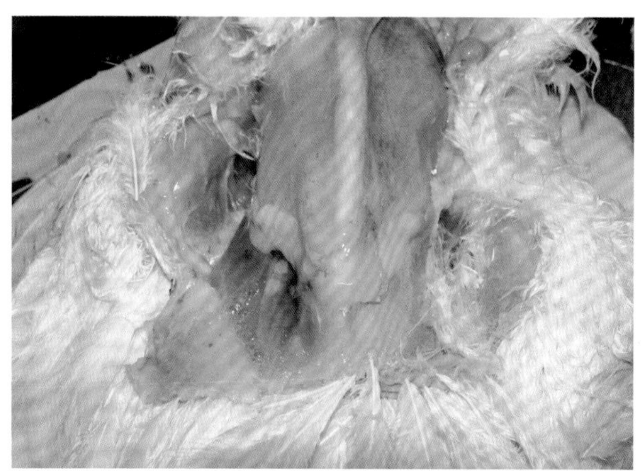
图 6-6-38　皮下有淡黄色胶冻状渗出（刁有祥　供图）

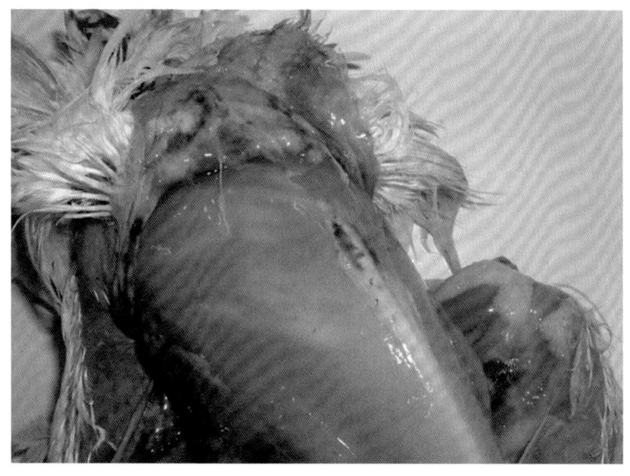
图 6-6-39　皮下有蓝绿色胶冻状渗出（刁有祥　供图）

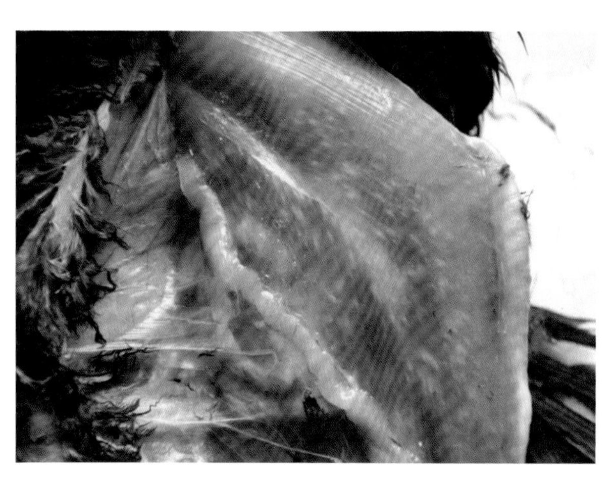
图 6-6-40　胸肌黄白色条纹状（刁有祥　供图）

（六）防治

1. 预防

多种饲料原料中含有维生素 E，但储存过久或经加工处理的饲料维生素 E 的含量减少。为了预防该病，首先应注意饲料的储存和加工，防止久置或暴晒等。添加优质油脂，避免因不饱和脂肪酸含量过高或脂肪酸败导致维生素 E 的丧失。每千克饲料中维生素 E 的添加量：雏鸡和种公鸡为 10 IU，青年鸡和产蛋鸡为 5 IU。

2. 治疗

当鸡群发生维生素 E 缺乏时，可在饲料中添加 2 倍量的维生素 E。当病鸡发生脑软化病和渗出性素质时，应同时提高硒的添加剂量，每千克饲料中硒添加量由 0.1 mg 提高至 0.2 mg。当出现肌营养不良时，除提高维生素 E 和硒的添加量外，还应提高含硫氨基酸的含量，连用 3 ～ 5 d。也可在饮水中加入 0.005% 亚硒酸钠维生素 E 注射液，治疗效果较好。病情严重的病鸡可肌内注射亚硒酸钠-维生素 E 注射液，0.3 mL/ 只，隔天 1 次，连用 2 ～ 3 次，治疗效果最佳。

十三、维生素 K 缺乏症

维生素 K（Vitamin K）是几种与凝血有关的维生素的总称，又称为叶绿醌、抗凝血因子。以天

然的维生素 K_1 和维生素 K_2，以及人工合成的维生素 K_3 和维生素 K_4 较为常见。维生素 K_1 在绿色植物和动物肝脏中含量丰富，其化学形式为 2–甲基–3–植基–1,4–萘醌，为黄色黏稠油状物。维生素 K_2 是腐败肉质的细菌和动物肠道微生物代谢产物，其化学形式为多异戊烯甲基萘醌，为黄色结晶。维生素 K_1 和 K_2 不溶于水，能溶于油脂及醚等有机溶剂，对热和酸稳定，对光敏感，易受紫外线和碱的破坏。天然维生素 K 对胃肠道刺激性较大。目前临床和饲料工业上多使用人工合成的水溶性维生素 K_3，是亚硫酸氢钠和甲萘醌的加成物。

维生素 K 缺乏症是由于动物机体维生素 K 缺乏或不足引起的一种以凝血酶原和凝血因子减少、血液凝固障碍、凝血时间过长、易于出血为主要症状的营养代谢病。

（一）生理功能

一是维生素 K 是肝脏合成凝血酶原（凝血因子Ⅱ）和凝血因子Ⅻ、凝血因子Ⅸ、凝血因子Ⅹ所必需的。凝血因子Ⅱ、凝血因子Ⅻ、凝血因子Ⅸ和凝血因子Ⅹ蛋白在肝脏总以无活性的前体存在，在维生素 K 的作用下，凝血因子前体中某些谷氨酸残基羧化为 γ–羧基谷氨酸残基，转变为具有生物活性的蛋白，参与血液凝固。当缺乏维生素 K 时，维生素 K 依赖性凝血因子减少，影响血液的凝固速度，凝血时间延长，在皮下、肌肉和胃肠道多发生出血，且血液流出后难以凝固。

二是维生素 K 参与合成维生素 K 依赖蛋白质（BGP），BGP 能调节骨骼中磷酸钙的合成。

三是维生素 K 溶于线粒体膜的类脂中，在氧化磷酸化过程中起着电子转移作用。维生素 K 具有萘醌式结构，能够还原无色氢醌，在电子呼吸链中参与黄酶与细胞色素之间传递氢和电子。当缺乏维生素 K 时，肌肉中 ATP 和磷酸肌酸含量下降，ATP 酶活性明显降低。

此外，维生素 K 还具有促进肠道蠕动和分泌、利尿的功能，并能降低血压，延缓糖皮质激素在肝中的分解，增加甲状腺的内分泌活性，强化肝脏的解毒能力。

（二）病因

维生素 K 的合成和代谢受多方面因素的影响。

一是饲料储存不当导致维生素 K 含量降低。虽然家禽肠道能合成一定量的维生素 K，但无法满足机体需求。维生素 K 在日光下极易被破坏，导致饲料中维生素 K 含量不足。饲料霉变产生的霉菌毒素，对维生素 K 具有很强的抑制作用。

二是饲料中缺少维生素 K 吸收所必需的胆盐，或脂肪水平过低，而其他脂溶性维生素含量较高，影响维生素 K 的吸收。

三是长期使用磺胺类或抗生素等药物，导致肠道微生物菌群紊乱，维生素 K 合成不足。

四是饲料中存在维生素 K 拮抗因子，如双羟香豆素、磺胺喹噁啉、丙醛苄羟香豆素等，与维生素 K 化学式相似，通过酶的竞争性抑制，降低维生素 K 的活性。

五是其他疾病如腹泻、肝胆疾病、球虫病、毛细线虫病或其他寄生虫病等，也会阻碍维生素 K 的代谢和合成。

（三）症状

当缺乏维生素 K 时，雏鸡通常经 2 ～ 3 周出现症状，病鸡血液凝固时间延长和出血，严重缺乏时，凝血时间可由正常的 17 ～ 20 s 延长至 5 ～ 6 min 甚至更长。病鸡多蜷缩聚在一起，发抖，轻微擦伤或其他损伤会引起血流不止而死亡。在胸部、翅膀、腿部、腹膜、皮下和胃肠道处可见出血的紫色斑点，出血程度与病鸡病情严重相关，出血持续时间较长，导致贫血，病鸡冠、肉髯、皮肤干燥、苍白。肠道出血严重的病鸡常发生腹泻，蜷缩在一起，发抖，直至死亡。种鸡缺乏维生素 K

时，孵化率降低。

（四）诊断

根据日粮分析、饲养管理状况、症状剖检变化可作出初步诊断。确诊需要检测血液和肝脏中维生素 K 含量、凝血酶原含量和血液凝固时间。

（五）防治

1. 预防

①提供富含维生素 K 的饲料，保证雏鸡有充足的青绿饲料供应，育雏期可添加适量的血粉和肝粉，以及维生素 K 制剂，每千克饲料添加量为 1 ～ 2 mg。

②饲料存放时应注意避光保存，防止因日光暴晒而失活。

③合理使用磺胺类、抗生素和某些抗球虫药物，防止过量长时间用药。对胃肠道疾病和肝胆疾病应及时治疗。

2. 治疗

一旦确诊该病，应在饲料中添加维生素 K，并适当补充青绿饲料和动物性饲料。当用维生素 K_3 治疗时，经 4 ～ 6 h 血液凝固时间恢复正常，但完全恢复需要数天疗程，治疗效果显著。可同时给予钙制剂，疗效更好。应注意过量的维生素 K 可引起中毒。

第七节　矿物质缺乏症

矿物质是一类无机营养物质，存在于生物机体组织，是维持正常生理功能必需的，为除碳、氮、氧、氢等组成有机物的其他各种元素的总称。这些矿物质大多数以无机盐形式存在于机体内，占体重的 1% ～ 5%，不能在体内自行合成，必须由外界环境供给。除作为骨骼的结构原料和血液、体液、软骨以及某些分泌物的组成部分外，它们还能调节机体多项生理功能。

矿物元素供应不足，就会导致矿物质缺乏症。在动物的新陈代谢过程中，每天都有一定数量的矿物质通过粪便、尿液、汗液和毛发等途径排出体外，因此必须通过食物摄入加以补充。极少因矿物质缺乏而死亡的病例，但动物所需要的 18 种矿物元素，任何一种元素的供应不足，都会导致动物体质衰弱，生长受阻和生产性能下降，往往不受重视。只有当矿物质缺乏十分严重时，导致动物生长发育严重受阻，生产性能明显下降，甚至死亡，才引起人们重视。

动物所需的 18 种矿物元素，根据其在机体内的含量分为两类：一类是常量元素，占体重的 0.01% 以上，包括钙、磷、钠、钾、镁、铝、硫等 7 种，另一类是微量元素，占体重的 0.01% 以下，包括碘、锰、铁、锌、铜、钼、氟、铬、硒、硅、钴。

机体内矿物质特点：无法在体内合成，必须从食物和饮水中摄取；在机体内组织器官中的分布不均匀；矿物元素之间存在协同或拮抗效应；机体对部分矿物质的需要量很少，需要量与中毒剂量的范围较窄，过量摄入容易导致中毒。

各种矿物元素的功能：动物机体组织的生长和维持所必需；维持体液渗透压和酸碱平衡；调节

许多生理生化代谢过程；作为酶的辅助因子或激活剂参与酶促反应；维持肌肉和神经的正常兴奋性。

一、钙缺乏症

钙（Calcium，Ca）是维持家禽生理功能的重要矿物元素。动物机体总钙量的98% 和 85% 的磷是以羟磷灰石形式存在于骨骼中，饲料中钙、磷主要在小肠吸收，经血液循环运送至骨骼和全身各组织，以保证骨骼中钙、磷的需求；骨骼中的钙、磷也在不断地分解更新，并释放至血液循环，共同调节血钙、血磷的动态平衡。由于钙、磷比例失调或钙补充不足，导致血钙浓度降低和骨钙流失，骨骼钙化不全或骨质疏松，使家禽发生佝偻病或软骨病。

（一）生理功能

一是钙有利于促进骨的生长和骨化作用，提高血钙浓度。

二是维生素 D_3、甲状旁腺激素和降钙素相互配合，通过对骨组织、肾脏和小肠的作用，调节血钙浓度的相对稳定。促进小肠对钙、磷的吸收。增强肾小管对磷的重吸收，提高血磷含量。血钙降低时，增强破骨细胞对骨盐的溶解，释放钙盐。

三是钙离子在血液凝固、维持心脏正常活动、肌肉收缩、维持酸碱平衡和细胞通透性，以及神经活动过程中发挥重要的作用。

（二）病因

该病主要由于饲料和饮水中钙、磷缺乏或比例不当，或维生素 D 缺乏引起。

一是日粮中钙含量不足或钙源利用率低，或钙、磷比例不当等。钙含量过高影响磷的吸收，磷过多影响钙的吸收。饲料中许多金属离子如锰、铁、锌等含量过高，能够拮抗钙的吸收。此外，饲料中植酸磷和草酸等物质较多，机体利用率低，导致钙、磷吸收障碍。

二是日粮中维生素 D 添加量不足，导致钙、磷在机体中的吸收和利用障碍。当维生素 D 缺乏时，单纯提高饲料中钙、磷含量，治疗效果不佳。光照不足或缺乏运动，皮肤中的 7–脱氢胆固醇无法转化为有活性的维生素 D_3，影响钙的吸收。

三是种蛋中的钙无法满足雏鸡快速生长发育的需要，产蛋期因蛋壳形成也需要大量的钙源以满足其高生产性能。若育雏期无法额外供应足量的钙，则会导致雏鸡生长发育障碍和其他症状，引起钙、磷缺乏症。

四是消化系统疾病也会导致钙的吸收和利用障碍。肝脏和肾脏疾病影响维生素 D 在体内的活化，消化道尤其是小肠损伤，直接影响钙的吸收。钙、磷吸收与肠道内 pH 值密切相关，偏酸性环境有利于钙、磷的吸收。

（三）症状

鸡缺钙主要症状为骨骼病变。雏鸡发生佝偻病，成年鸡发生软骨病。雏鸡缺钙时，骨基质钙化不足，导致骨骼柔软，表现为精神轻度沉郁，食欲减退，消化不良，生长缓慢，消瘦，异嗜，腿骨弯曲，膝关节和跗关节肿胀、变形，喙和趾爪变软，骨端粗大，负重的腿骨多跛行，瘫软无力，严重时卧地不起。成鸡缺钙时，早期表现为薄壳蛋和软壳蛋增多，产蛋量下降甚至停产，孵化率降低，随着骨钙大量流失，髓质中钙完全丢失，骨密质中钙也动员、分解，骨壁变薄，甚至胫骨和股骨发生自发性骨折。病鸡无力行走，站立困难或瘫卧，肌肉松弛，两腿麻痹两翅下垂，胸骨凹陷、弯曲（图 6–7–1）。

（四）病理变化

剖检可见全身骨骼呈不同程度的疏松、肿胀，脊椎骨弯曲，肋骨弓平直，肋骨与肋软骨连接处肿胀呈串珠状，骨质表面缺乏光泽，粗糙多孔。病理组织学变化表现为未钙化的骨样组织增多，软骨内骨化障碍，表现为软骨细胞增生，软骨细胞增生带变宽，成骨组织中钙盐减少变为骨样组织。

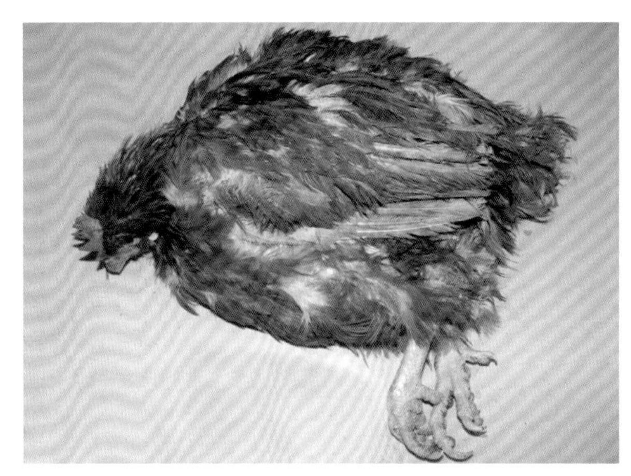

图 6-7-1　病鸡瘫痪，不能站立（刁有祥　供图）

（五）诊断

根据日粮组分、饲养管理状况、临床变化和特征性病变可作出初步诊断，确诊需要检测血液中钙、磷含量和碱性磷酸酶活性。

（六）防治

1. 预防

预防该病关键在于饲料中钙、磷含量和比例，以及添加适量的维生素 D。保持鸡群适当的运动和光照时间。选择优质的骨粉、贝壳粉、石粉、磷酸氢钙等，计算正确的钙添加剂量。不同生长阶段的鸡饲料中钙的添加剂量有所差异，雏鸡为 0.9%，育成鸡为 0.6%，产蛋鸡为 3.25%。雏鸡饲料中钙、磷比例以 2∶1 为宜，产蛋期对钙的需求量较大，饲料中钙、磷比例为 5∶1。

2. 治疗

当鸡群发生钙缺乏症时，应及时调整饲料配方，根据饲料中钙、磷含量和比例选择合适的钙源，如维丁胶性钙、葡萄糖酸钙、乳酸钙、磷酸钙、氯化钙、骨粉和鱼粉等。同时提高饲料中维生素 D 的添加剂量至正常剂量的 2 倍，连用 3 ～ 5 d，治疗效果显著。对于症状严重的鸡，可口服鱼肝油，雏鸡每次 2 ～ 3 滴，每天 3 次，成年鸡肌内注射 0.5 mL 维丁胶性钙，治疗效果较好。若病鸡腿骨严重变性或骨折，无法恢复正常，应及时淘汰处理。

二、硒缺乏症

硒（Selenium，Se）具有抗氧化作用，保持细胞脂质膜免遭破坏。机体在代谢过程中会产生一些能破坏细胞和亚细胞结构如线粒体、溶酶体等脂质膜的过氧化物，导致细胞的变性坏死。谷胱甘肽过氧化物酶在分解这些过氧化物过程中发挥重要的作用，而硒是该酶的活性中心元素。它能破坏过氧化物并还原成羟基化合物，从而防止细胞的氧化。含硫氨基酸四谷胱甘肽的底物，而谷胱甘肽又是谷胱甘肽过氧化酶的底物，从而保护细胞内酶的—SH 基团。当机体缺硒时，该酶的活性降低，补充硒后，酶的活性也相应提高。目前已发现 20 余种含硒蛋白质和亚单位，其生理功能也逐渐被人认识。

硒对动物的影响主要通过土壤-植物体系发生作用，硒缺乏症是世界性的常发病和群发病之一。我国约有 2/3 的地区缺硒，主要从东北到西南的狭长缺硒地带，以及东南沿海地区，其中黑龙江是缺硒最严重的省份，全省 76 个县市的饲料平均含硒量低于 0.02 mg/kg。缺硒地区自然地理环境的共同特点是地势较高，通常以半山地、丘陵、漫岗和高原地区发病严重。

硒缺乏症主要由于机体内微量元素硒和维生素 E 缺乏和不足，引起的以骨骼肌、心肌和肝脏组织变性、坏死为特征的营养代谢病。该病主要发生于雏禽，表现为小脑软化病、白肌病和渗出性素质。

（一）生理功能

一是抗氧化作用。硒和维生素 E 都是动物机体必需的营养元素，二者在抗氧化作用中互相补偿和协同，共同组成了细胞的抗氧化系统。硒-半胱氨酸作为谷胱甘肽过氧化物酶的活性中心，发挥其抗氧化作用。该酶普遍存在于机体各组织器官和体液中，以多种谷胱甘肽过氧化物酶同工酶的形式发挥不同的抗氧化作用。清除脂质过氧化自由基的中间产物。分解脂质过氧化物。修复水化自由基引起的硫化合物的分子损伤。在水化自由基破坏生命物质前将其清除或转化为稳定化合物。催化巯基化合物作为保护剂的反应。正常生理状态下，体内活性自由基如超氧阴离子、羟自由基、过氧化氢和脂质过氧自由基等不断生成，参与新陈代谢、储能、防御、解毒，识别、破坏和清除癌细胞，又不断被清除，维持相对动态平衡，因此，自由基不表现出对机体组织的氧化损害或生理功能破坏作用。当缺乏硒或维生素 E 时，自由基的产生和清除之间失去了动态平衡，导致自由基蓄积过多，化学性质活泼的自由基破坏蛋白质、核酸、碳水化合物和花生四烯酸的代谢，使丙二醛交联成 Schiff 碱，在细胞内堆积，加速细胞衰老；自由基还会导致细胞脂质过氧化反应，破坏细胞膜，导致细胞结构和功能受损，影响细胞分裂、生长、发育、繁殖和遗传等，使组织发生变性、坏死等一系列病理变化和功能减退，最终出现多种症状。

二是抗衰老作用。自由基是机体衰老的主要原因之一，它的主要机制是脂质过氧化，在有氧的存在下，自由基诱发剂可诱发细胞内外多种生化成分的过氧化，使细胞膜上的不饱和脂肪酸交联成脂褐素进而造成细胞膜、细胞内部结构和功能的损伤，引起生理生化反应紊乱，表现出多种病变。因此，多种含硒蛋白质能消除自由基或抗过氧化物，也具有抗细胞衰老功能。

三是预防和辅助治疗癌症作用。含硒蛋白质一方面能阻止正常细胞癌变，另一方面可以抑制癌细胞的生长或杀伤作用。

四是增强机体的免疫功能。免疫刺激产生的自由基会抑制免疫功能的发挥。当补充硒后，血液、淋巴细胞及其他免疫组织器官中硒水平升高，抗氧化性增强，可防止或降低免疫细胞的氧化损伤，促进免疫应答。提高机体内巨噬细胞和 NK 细胞（自然杀伤细胞）的含量，调节免疫细胞的增殖、分化，增强体液免疫，刺激免疫球蛋白的产生。

五是调节甲状腺激素的代谢。碘是甲状腺激素合成的重要原料。下丘脑通过释放促甲状腺激素释放激素（TRH），来促进垂体合成和分泌促甲状腺激素（TSH），TSH 则可以促进甲状腺的活动，合成和释放甲状腺激素。缺硒引发血清三碘甲腺原氨酸（T_3）、游离三碘甲腺原氨（FT_3）含量下降，四碘甲腺原氨酸（T_4）、游离四碘甲腺原氨酸（FT_4）含量上升，TSH 含量升高，甲状腺组织抗氧化功能的降低，影响甲状腺激素的合成。

六是硒参与辅酶 A 和辅酶 Q 的合成，促进 α-酮酸脱氢酶系的活性，在三羧酸循环及呼吸链电子传递过程中发挥重要作用。

七是硒能拮抗某些有毒元素及物质的毒性。硒可在体内减弱汞、镉、铊、砷、氟等的毒性作用。

虽然硒在动物机体内发挥重要的生理功能，但过量的硒会导致机体中毒。硒中毒剂量与补充剂量十分接近，因此，切忌超剂量或长期补硒。

(二)病因

硒缺乏症的病因较为复杂，不仅有微量元素硒缺乏的因素，也包括含硫氨基酸、不饱和脂肪酸、维生素 E 和其他抗氧化剂缺乏或代谢障碍因素。

一是含硫氨基酸是谷胱甘肽的底物，而谷胱甘肽又是谷胱甘肽过氧化物酶的底物，进而保护细胞和细胞器的脂质生物膜，免遭过氧化物破坏。含硫氨酸的缺乏可促进该病的发生。

二是维生素 E 和某些抗氧化剂可降低不饱和脂肪酸的过氧化过程，减少不饱和脂肪酸过氧化物的产生。不饱和脂肪酸过氧化酶具有一个嘌呤结构，该酶的合成需要维生素 E 的参与，维生素 E 和硒具有协同作用，含硒酶类能够破坏体内过氧化物。维生素 E 的缺乏或不足也可导致该病的发生。饲料中不饱和脂肪酸含量过高，也会产生过多的不饱和脂肪酸过氧化物，从而诱发该病。

三是饲料中硒含量不足或缺乏，而饲料中硒的含量与土壤中可利用的硒水平呈正相关。酸性土壤由于硒易与铁形成难溶性的复合物，植物难以吸收利用，导致硒缺乏。硒缺乏导致谷胱甘肽过氧化物酶活性降低，对过氧化物的分解作用下降，导致过氧化物积聚，造成细胞膜损伤，最终破坏细胞结构和功能丧失。

四是雏鸡生长发育迅速，代谢旺盛，对营养物质需要量增加，对硒缺乏最为敏感。冬春季节舍饲鸡群缺乏青绿饲料，某些营养物质缺乏，而春季是孵化旺季，春季是该病的高发季节。

(三)症状和病理变化

该病主要发生于 3 ～ 7 周龄雏鸡，表现为小脑软化病、白肌病和渗出性素质。

1. 小脑软化病

多因硒和维生素 E 缺乏所致。患病雏鸡表现为运动共济失调，头向下弯曲或向一侧扭转，有时头颈后仰，行走困难，常向前或一侧倾斜。神经机能紊乱，表现为兴奋、痉挛、抽搐等多种神经症状。两腿阵发性痉挛或抽搐，向两侧呈“八”字状分开，有时以跗关节着地行走，两翅麻痹下垂，倒地后无法站立，直至衰竭而亡。小脑发生软化和肿胀，脑膜水肿，有时可见出血斑，小脑表面常散在有小的出血点。严重时小脑软化变形，甚至呈流体状，切开为乳糜状液体。轻症病鸡一般无明显症状。产蛋鸡产蛋量下降，孵化率降低。

2. 白肌病

多因硒和含硫氨基酸缺乏所致。病鸡消瘦、无力，运动失调。病理变化主要表现为骨骼肌特别是胸肌、腿肌，以及肠道肌层，因营养不良而呈苍白色，肌肉松软，呈灰白色或黄白色的点状、条状或片状。骨骼肌横断面有灰白色、浅黄色斑纹，质地变脆、变软。心内、外膜也有黄白色和灰白色与肌纤维平行的条纹斑，偶见出血点。肌胃切面呈深红色夹杂黄白色条纹。组织病理学变化为肌纤维颗粒变性、透明变性或蜡样坏死、钙化，肌间成纤维细胞增生。

3. 渗出性素质

常因硒和维生素 E 共同缺乏导致。病鸡的颈部、胸部和腿部等处皮下组织水肿，呈蓝绿色或紫色。腹部皮下常积有大量液体，切开流出淡蓝色黏液。胸部和腿部肌肉有点状或条状出血。心包积液，心脏扩张，心肌变薄。胰腺萎缩，质地变硬，呈灰白色。偶见肠系膜水肿。组织病理学变化为多处毛细血管壁变性、坏死，血管通透性增强，血浆蛋白渗出，胰腺边缘纤维化，胰腺外分泌部空泡变性，肌胃和心肌变性。

(四)诊断

根据流行病学特点、症状和特征性剖检变化可作出初步诊断。为了进一步确诊可测定饲料、血液或组织中的含硒量，也可以通过测定谷胱甘肽过氧化物酶的活性进行确诊。由于维生素 E 与硒的协同作用，肝脏中维生素 E 的含量也可以推测机体内是否硒缺乏。

（五）防治

1. 预防

预防该病的关键在于补充硒。由缺硒或低硒地区生产的日粮或饲料，应直接在饲料或饮水中添加硒制剂。各日龄鸡对硒的需要量均为每千克饲料中添加 0.1 mg 硒。由于硒的作用与维生素 E 有密切关系，饲料中维生素 E 的含量与对硒的需要量也密切相关，当两者之一缺乏时，对另一种的需要量增加。在饲料加工和储存过程中应避免维生素 E 的损失，如久置的日粮、高温、潮湿、霉菌污染和过量的不饱和脂肪酸等，均可加快维生素 E 的氧化和损耗，导致对硒的需要量增加。正常生长发育的鸡群，每千克饲料中硒的添加量为 0.1 mg、维生素 E 的添加量为 10 IU。

2. 治疗

当鸡群发生该病时，可在饮水中加入亚硒酸钠–维生素 E 注射液，按照 20 kg 水加入 0.005% 亚硒酸钠–维生素 E 注射液 10 mL，连用 3 ～ 5 d；对于病情严重的病鸡，可按照 0.2 ～ 0.5 mL/ 只肌内注射亚硒酸钠–维生素 E 注射液，隔天 1 次，连用 2 ～ 3 次，治疗效果较好。

三、锰缺乏症

锰（Manganese，Mn）在机体组织各处均有分布，在骨、肝脏、肾脏和胰腺中含量最高，骨骼中含锰量约占体内锰总量的 25%，它在机体内参与多种物质的代谢活动。

锰缺乏症是指由于日粮中锰供应不足或机体对锰的吸收障碍引起的一种营养代谢病。临床上以生长发育受阻、骨骼畸形、繁殖机能障碍以及共济性运动失调为主要症状。该病多发生于雏鸡和蛋鸡，雏鸡多发生骨短粗症或滑腱症，产蛋鸡蛋壳硬度下降，孵化率降低，胚胎畸形，弱雏增多。

（一）生理功能

锰主要在肠道吸收，由于食物中锰的溶解性较低，吸收率也低。体内的锰多通过肝随胆汁排入粪便，少量可由肠道再吸收。锰在机体内主要作为金属酶类的组成成分或激活剂参与多项生理活动。

一是促进骨骼的生长发育。锰参与活化硫酸软骨素和黏多糖的合成，黏多糖是骨和软骨的主要组分，硫酸软骨素和蛋白质复合物是维持骨骼硬度的重要物质，维系骨骼结缔组织的发育。当锰缺乏时，导致软骨发育不良和骨质疏松，易骨折。

二是促进糖代谢过程。锰是丙酮酸羧化酶的组成成分，调节葡萄糖异生过程。

三是提高机体的免疫机能。锰与嗜中性粒细胞和巨噬细胞之间有相互作用，可以促进机体内免疫球蛋白和一些细胞因子的分泌。钙是补体的激活剂，钙与锰协同激活淋巴细胞。锰缺乏时会引起白细胞机能障碍，机体免疫力下降。

四是与蛋白质生物合成、生长发育有密切关系。锰是精氨酸酶、脯氨酸酶、丙酮酸羧化酶、RNA 聚合酶、超氧化物歧化酶的组成成分，又是磷酸化酶、醛缩酶、半乳糖基转移酶等的激活剂。

五是参与造血、卟啉合成，改善机体对铜的利用。锰可使血红蛋白、中幼红细胞、成熟红细胞和循环血量增加。锰可促进胰岛素的分泌，促甲状腺发育和促红细胞形成。锰缺乏时，胰腺功能障碍，胰岛素分泌量减少，降低葡萄糖的利用率。

六是参与脂肪代谢。锰具有促进脂肪动员作用，并具有抗肝脏脂肪变性的功能。

七是维持机体正常生殖功能。锰能促进机体性腺发育和内分泌功能。缺锰时，生殖功能发生障碍，导致雄性动物睾丸变性，精子减少，细精管退行性变，甚至失去交配力，有时导致性欲减退，雌性动物的性周期紊乱。

（二）病因

一是由于某些地区为地质性缺锰，这些地区生长的植物性饲料含锰量较低，当土壤中锰含量低于 3 mg/kg 时，容易诱发该病。

二是机体对锰的吸收发生障碍也会导致锰缺乏症。当饲料中钙、磷、铁和植酸盐含量过多时，可影响机体对锰的吸收利用。家禽饲喂高磷酸钙的饲料，锰被固体的矿物质吸附导致可溶性锰减少，加重锰缺乏症。

三是患有慢性胃肠道疾病时，也会妨碍小肠对锰的吸收和利用。

（三）症状

该病多发生于 2 ～ 10 周龄雏鸡。病雏表现为生长发育受阻，骨骼畸形，胫骨扭转，向外弯曲，跗关节肿大、变形（图 6–7–2），长骨缩短变粗，腓肠肌腱从踝部滑脱而偏斜，腿垂直外翻，无法站立和行走（图 6–7–3 至图 6–7–8）。产蛋鸡蛋壳变薄，硬度变低，易碎，孵化率明显降低，胚胎发育不良、畸形，常在出壳前 1 ～ 2 d 死亡。新生雏鸡由于锰缺乏表现出共济失调，受刺激后头向前和向身下弯曲或缩向背后，羽毛稀疏，骨骼发育迟缓，腿短粗，两翅较短，鹦鹉嘴，头呈球形，腹部外突。

（四）病理变化

剖检变化表现为骨骼畸形，跗关节肿大和变形，胫骨扭转，弯曲，长骨短缩变粗以及腓肠肌腱从其踝部滑脱，又称滑腱（图 6–7–9）。

（五）诊断

根据骨短粗症和滑腱症等特征性症状，结合产蛋率和孵化率下降，胚胎畸形等可作出初步诊断。可检测血液中碱性磷酸酶活性，肝脏中精氨酸酶活性，并对饲料和组织中锰含量进行测定以确诊该病。

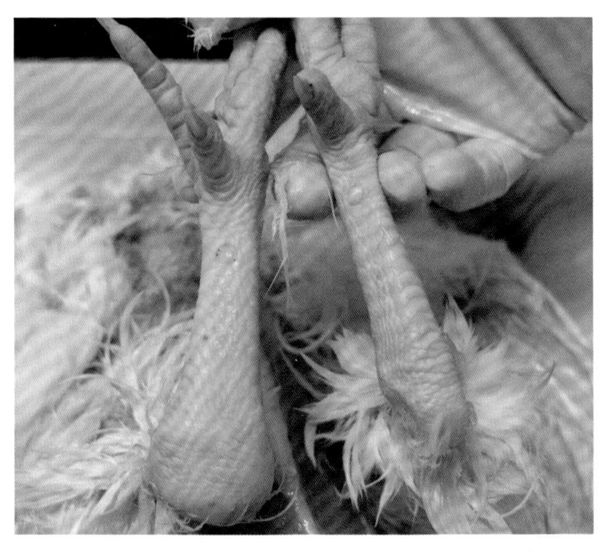

图 6-7-2　跗关节肿大、变形（刁有祥　供图）

图 6-7-3　病鸡瘫痪，腿外展（一）（刁有祥　供图）

图 6-7-4　病鸡瘫痪，腿外展（二）（刁有祥　供图）

图 6-7-5　病鸡腿垂直外伸（一）（刁有祥　供图）

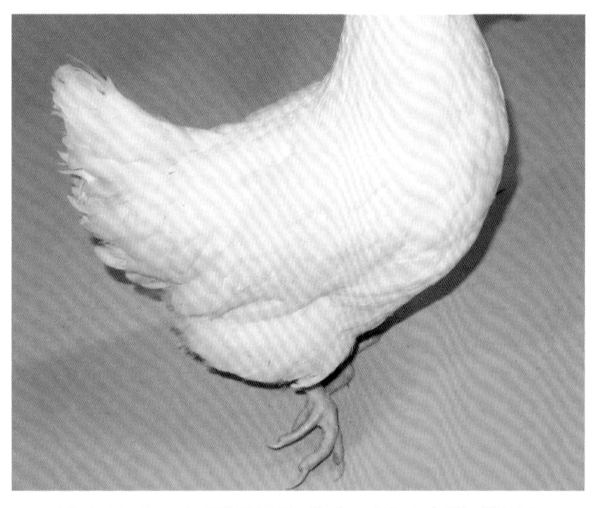

图 6-7-6　病鸡腿垂直外伸（二）（刁有祥　供图）

图 6-7-7　病鸡腿垂直外伸（三）（刁有祥　供图）

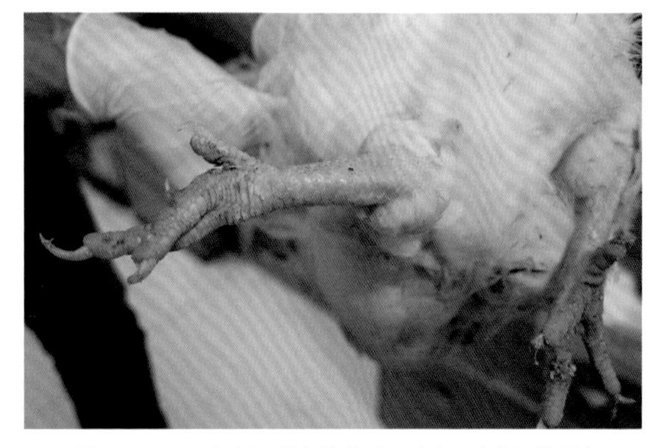

图 6-7-8　病鸡腿垂直外伸（四）（刁有祥　供图）

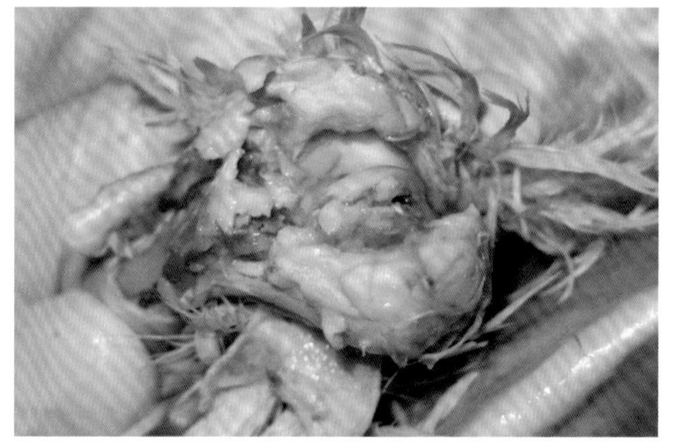

图 6-7-9　关节腔有脓性渗出，肌腱脱落（刁有祥　供图）

（六）防治

1. 预防

鸡对锰的需要量较高，饲料中大多需要额外添加。各饲养阶段对锰的需要量不同，每千克饲料中锰的添加量：0 ～ 8 周龄雏鸡为 55 mg，8 ～ 18 周龄育成鸡和产蛋鸡为 25 mg，种鸡为 33 mg。一般常用硫酸锰进行补充。

2. 治疗

当鸡群发生锰缺乏症时，可将饲料中锰添加量提高至正常量的 2 ～ 4 倍，也可用 0.15% 的高锰酸钾溶液饮水，每天 2 次，连用 2 d，停药 2 d，再用 2 d，具有较好的治疗效果。已发生骨短粗症和滑腱症的病鸡很难康复，应及时淘汰。

四、锌缺乏症

锌（Zinc，Zn）广泛分布在机体组织各处，其中以肝脏、骨骼、肌肉、胰腺、肾脏、性腺、皮肤和被毛中含量较高。血液中的锌主要存在于血浆、红细胞和白细胞中。锌在体内是多种酶的组成成分或激活剂，参与机体多种生理功能。

锌缺乏症是由于饲料中锌含量不足或存在干扰锌吸收、利用的因素，无法满足动物体内锌需要量引起的一种营养代谢病。临床上以生长缓慢、皮肤角质化异常和骨骼发育异常为特征性症状。

（一）生理功能

一是参与体内多种蛋白质和核酸的合成。锌在含锌酶中起催化、结构、调节和非催化作用。当锌缺乏时，含锌酶活性降低，胱氨酸、蛋氨酸等氨基酸代谢紊乱，谷胱甘肽、DNA 和 RNA 合成减少，细胞分裂、生长和再生受阻，动物生长停滞，增重缓慢。锌是胱氨酸脱羧酶的抑制剂，也是脑细胞中含量最高的微量元素，促进脑细胞的生长。

二是参与成骨过程。锌作为碱性磷酸酶的组成成分，该酶是一种成骨细胞的代谢活性物质。当锌缺乏时，谷中碱性磷酸酶活性降低，长骨和成骨活性降低，软骨形成减少，软骨基质增多，长骨随缺锌程度增加而缩短变厚。

三是有支持、营养和分化味蕾的作用。锌是有味物质结合到味蕾特异膜受体上所必需的。当锌缺乏时，味觉机能衰退，导致食欲减退。

四是增强免疫功能。锌是免疫器官胸腺发育的营养素，只有锌量充足才能有效保证胸腺发育，维持 T 淋巴细胞正常分化，促进细胞免疫功能，以及促进补体和免疫球蛋白的分泌。缺锌常导致机体免疫力下降。

五是参与维生素 A 的代谢过程。锌是视黄醛酶的组成成分，该酶能够促进维生素 A 合成和转化为视紫红质。缺锌时可引起内源性维生素 A 缺乏。

六是可直接或间接作用于生殖器官，影响生殖组织细胞的功能和形态，或直接影响精子和卵子的形成和发育。当锌缺乏时，公鸡睾丸萎缩，精子发育障碍。

（二）病因

一是饲料中的锌含量不足。鸡对饲料中锌的一般正常需要量为 35 ～ 65 mg/kg，饲料中的锌含量与植物种类相关，玉米和块根类植物含锌量较低，尤其在低锌土壤上生长的植物，含锌量较低，饲料中含锌量仅为 10 mg/kg，无法满足机体的正常生理需求，易引起该病。

二是饲料中存在一些干扰锌吸收和利用的因素。饲料中钙盐和植酸盐含量过高，可与锌形成不溶性复合物而降低吸收效率，增加粪便中锌的排泄量，导致锌缺乏。饲料中磷、镁、铁、铜、锰、镉、铬、维生素 D 含量过多以及不饱和脂肪酸的缺乏也能影响锌的代谢，降低其吸收和利用。

三是机体患有慢性消耗性疾病，尤其是慢性胃肠疾病时，会妨碍锌的吸收而导致缺锌。

四是一些遗传因素对锌缺乏也有一定的影响，主要由于染色体隐性遗传基因作用而导致锌的吸收量减少。

（三）症状

病鸡食欲减退，生长发育受阻，体质衰弱，营养不良，羽毛发育不良，卷曲、蓬乱，缺乏光泽，质脆易折，皮肤出现鳞屑，胫部皮肤容易成片脱落，脚部皮肤角质化异常，粗糙，皮炎。胫骨短粗，跗关节肿大，骨骼两端软骨细胞增生导致骨骼变形，关节增大且僵硬，两翅发育受阻，常蹲伏在地面。母鸡产蛋量下降，孵化率降低，胚胎死亡率升高，死胚畸形，表现为躯干和肢体发育不全，弱雏比例增多。

（四）诊断

根据饲料中低锌和高钙的病史，结合生长缓慢、皮肤角化异常和骨骼畸形等症状，可作出初步诊断。通过测定饲料、血清中锌含量可进行确诊。注意该病与烟酸缺乏症和维生素 A 缺乏症的鉴别诊断。

（五）防治

1. 预防

预防该病主要采用添加足量的锌并消除妨碍锌吸收和利用的因素。通常在饲料中添加碳酸锌或硫酸锌，也可以加入含锌量较高的肉粉和骨粉，并适当限制钙的水平，使钙、锌比例为 100∶1。

2. 治疗

当鸡群发生锌缺乏症时，可在饲料中添加硫酸锌或碳酸锌，使饲料中锌含量达到 100 mg/kg。待症状消除后，将锌的添加量降为正常水平，过量的锌会对机体产生不良影响。影响钙在消化道内的吸收，干扰蛋白质的代谢，妨碍锰和铜等元素的吸收，导致蛋鸡产蛋量急剧下降和换羽。

五、铜缺乏症

铜（Cuprum，Cu）在禽体内含量较少，但在体内各种组织中均有分布，以肝脏、肾脏、脑、心脏和羽毛中含量较高。铜参与铁形成血红蛋白的过程，铜也是许多酶的组成成分，参与多种酶的合成，在机体正常生命活动中发挥重要作用。

铜缺乏症是由于饲料中铜不足或机体存在干扰铜吸收和利用的因素引起的一种营养代谢病。该病常呈地方性发病。

（一）生理功能

一是参与造血和铁的代谢，影响铁的吸收和储存。血液中铜形成铜蓝蛋白，具有氧化酶的性质，能将 Fe^{2+} 氧化为 Fe^{3+}，并使之与转铁蛋白结合，动员机体储存铁和加速血浆中铁的代谢。

二是铜是酪氨酸酶、单胺氧化酶、细胞色素 C 氧化酶等多种酶的组成成分或激活剂，参与细胞色素 C、抗坏血酸氧化酶、半乳糖酶的合成，在维持中枢神经系统、儿茶酚胺、黑色素和多巴胺转化等发挥重要作用。这些含铜酶和产物在维持正常羽毛发育、色素沉着、骨骼发育、生殖及其他多种生物学功能中发挥作用。当铜代谢障碍时，会造成骨骼发育障碍、原发性眼视网膜色素变化和其他眼疾病。

三是超氧化物转化铜是超氧化物歧化酶的成分，能够催化超氧离子成为氧和过氧化氢，保护细胞免受超氧离子的损害。

四是铜是赖氨酰氧化酶的构成成分，该酶催化赖氨酸与羟脯氨酸的交联，增强胶原纤维的韧性，从而使骨骼更加坚韧。

（二）病因

一是饲料中含量不足，禽类对铜可反复利用，排出量极少，对铜的需要量也小，但铜的吸收率很低，仅为饲料中铜含量的 10% ～ 20%，当饲料中铜含量很低时，会发生铜缺乏症。一般来说，饲料中铜含量不低于 3 mg/kg。饲料中一般不额外添加铜，多数因植物性饲料生长的土壤中铜含量不足或缺乏引起，有两种土壤含铜量较低：一类是缺乏有机质且高度风化的沙土；另一类是沼泽地带的泥炭土和腐殖土。

二是饲料中钼酸盐和含硫化合物对铜的吸收利用具有拮抗作用。当土壤中含钼量高时，会导致植物性饲料中钼浓度增高，妨碍铜的吸收和利用，引起禽类缺铜。含硫化合物与铜可形成难溶的铜硫钼酸盐复合物，降低铜的利用率。此外，铜的拮抗因子还有锌、铅、锰、镉、铁等。此外，高氮、高磷的土壤不利于植物对铜的吸收。

三是饲料中的植酸盐可与铜形成稳定难溶的复合物，从而降低铜的吸收率。维生素 C 摄入量过多，不仅降低铜的吸收率，还能增加铜的排出量，导致铜在体内的贮存量减少。

（三）症状

铜缺乏症主要表现为贫血，运动障碍，神经功能紊乱，骨和关节变性，被毛褪色以及产蛋量下降等。病鸡表现为食欲下降，生长发育受阻，贫血、消瘦，羽毛无光泽，有色羽毛颜色变浅，甚至褪色。雏鸡骨骼质地变脆，易折断，长骨两端软骨增厚。母鸡产蛋量下降，蛋壳表面有白垩状物沉积，使蛋壳两端粗糙如沙。无壳蛋、畸形蛋和皱皮蛋增多，蛋重减轻，种蛋孵化率较低，胚胎在孵化过程中常发生死亡。弱雏较多，饲养困难，有时可见病雏运动共济失调、痉挛性麻痹等症状，最终导致大量死亡。

（四）诊断

根据病史和症状可作出初步诊断。确诊需要测定饲料和动物组织、体液的含铜量。

（五）防治

1. 预防

为预防鸡群发生铜缺乏症，可在每千克饲料中添加 6 ～ 8 mg 的铜元素，即每吨饲料中加入 20 g 硫酸铜为宜。

2. 治疗

当鸡群发生铜缺乏症时，可加入 0.05% 硫酸铜进行饮水治疗，连用 3 ～ 5 d 即可。但需要注意的是，过量的铜会引起鸡群中毒，轻度中毒仅有轻微抑制，严重中毒时先兴奋，继而表现抑制、衰弱，临死前昏迷、麻痹。

第七章

鸡中毒病

第一节 药物中毒

一、高锰酸钾中毒

高锰酸钾（Potassium permanganate）又名过锰酸钾、灰锰钾、锰强灰，化学式为$KMnO_4$，具有消毒和补锰的作用，其水溶剂与有机物接触能释放出新生态氧，依靠氧化作用而杀菌，因此养鸡场常用作饮水的消毒和补充微量元素锰，以预防鸡的某些肠道疾病和传染病，其饮水浓度一般为0.01%～0.03%。由于高锰酸钾溶于水后产生新生态氧并释放大量热量，其浓度较大（超过0.1%）或溶解不完全时被鸡饮用后可腐蚀消化道黏膜，引起中毒。成年鸡的致死量为1.95 g/d，0.04%～0.05%的高锰酸钾溶液连续给鸡饮水3～5 d，可使白蛋壳变灰，但受精率、孵化率不受影响。

（一）症状

中毒剂量的高锰酸钾，病鸡在死前一般无明显症状。自然中毒鸡表现为精神沉郁，张口呼吸，呆立，不愿运动，口腔、舌、咽部黏膜水肿，呈红紫色，有时出现腹泻。成年鸡产蛋减少或停止。

（二）病理变化

高锰酸钾结晶与组织器官接触部位有广泛的出血。病鸡口腔、舌、咽部表面呈现红褐色（图7-1-1），黏膜水肿，有炎性分泌物；嗉囊壁被严重腐蚀，有出血，嗉囊下部黏膜和食道黏膜呈黑褐色（图7-1-2至图7-1-4）；严重者腺胃黏膜被腐蚀、出血，嗉囊穿孔，肌胃角质膜被腐蚀，粗糙，呈浅褐色（图7-1-5、图7-1-6）；肠黏膜脱落，十二指肠黏膜出血。这些腐蚀作用仅限于药物接触的组织。

（三）诊断

该病根据鸡群用药史、高锰酸钾与水配制比例，结合剖检变化可作出诊断。

（四）防治

1. 预防

（1）应用高锰酸钾溶液给鸡饮水时，一定要注意剂量并严格控制饮水浓度，如用高浓度溶液进行消毒时，应防止鸡群接触和饮用。

（2）高锰酸钾为固体状颗粒，用作饮水消毒时，必须使颗粒充分溶解后再给鸡群饮用，防止由于颗粒溶解不均，造成中毒。

（3）用干粉料喂鸡时，需要供给充足饮水。尤其是在夏季，由于饮水不足或饮水器设置得较少，鸡群饮水量不均，容易引起中毒。

2. 治疗

一旦鸡群发生中毒，应立即停止高锰酸钾饮水，改用清洁水，并在饮水中加入维生素、电解多维。挤出嗉囊内容物后，灌服大量药用炭或木炭细粉末的水混悬液。同时也可在饮水中加入 2% ～ 3% 的鲜牛奶或鸡蛋清、豆汁，供鸡饮用，以保护胃肠黏膜。

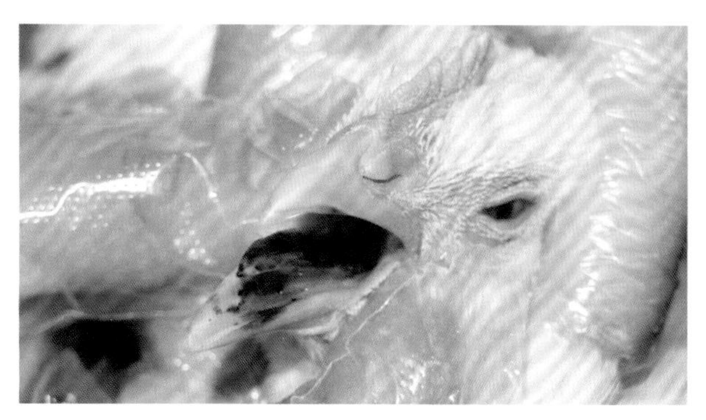

图 7-1-1　口腔、舌黏膜呈紫褐色（刁有祥　供图）

图 7-1-2　食道黏膜有大小不一的褐色溃疡（刁有祥　供图）

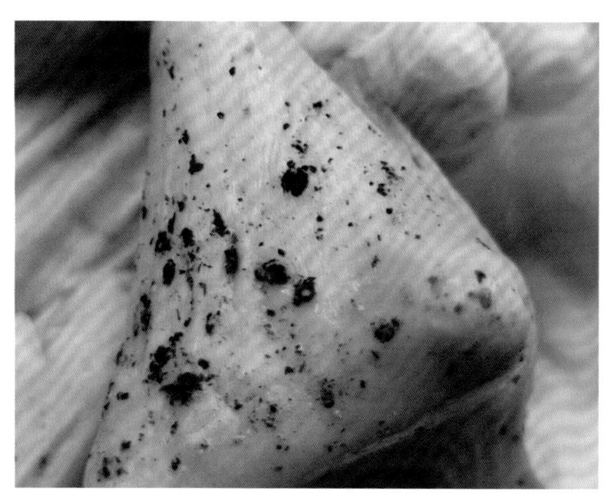

图 7-1-3　嗉囊黏膜被腐蚀，形成紫黑色溃疡斑（刁有祥　供图）

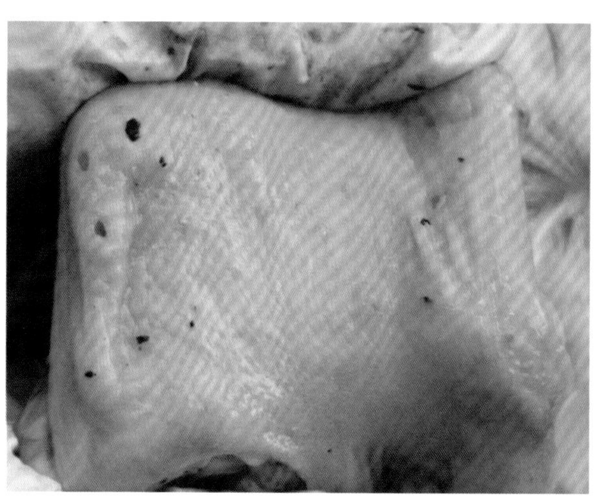

图 7-1-4　嗉囊黏膜表面有大小不一的溃疡斑（刁有祥　供图）

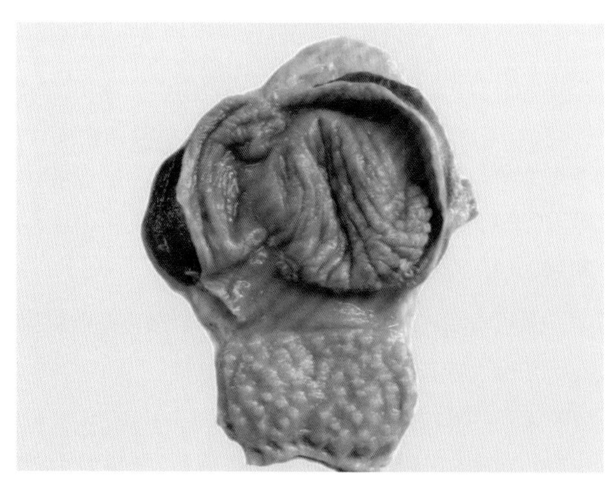

图 7-1-5　肌胃角质膜粗糙，呈浅褐色（刁有祥　供图）

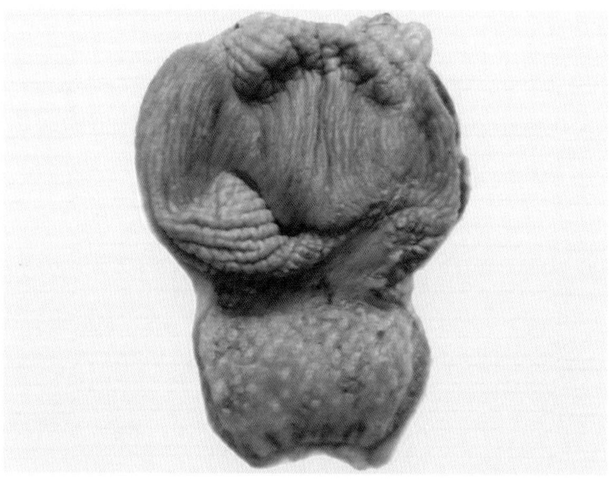

图 7-1-6　腺胃黏膜、肌胃角质膜呈褐色糜烂（刁有祥　供图）

二、痢菌净中毒

痢菌净学名乙酰甲喹（Mequindox，MEQ），化学名称为3–甲基–2–乙酰基–1,4–二氧喹噁啉，是一种人工合成的新型广谱抗菌药，为喹噁啉类化合物，具有较强的抗菌和抑菌作用，常用于禽霍乱、沙门菌病和大肠杆菌病的治疗。该药抗菌谱广，不易产生抗药性，价格低廉，在养禽生产中广泛使用。

痢菌净为鲜黄色的结晶，无臭，味微苦，遇光颜色变深，可溶于水。痢菌净为广谱抗菌药，对革兰氏阴性菌作用较强。口服和注射给药均易吸收，体内消除快，半衰期为2 h，体内破坏少，其中1/2以原形随尿排出。该药对哺乳动物较为安全，对禽类较为敏感，在使用过程中易导致中毒的发生。

（一）病因

1. 搅拌不均

痢菌净是治疗禽霍乱、大肠杆菌病、沙门菌病等的理想药物，鸡的规定用量为每千克体重2.5～5 mg，每天2～3次，3 d为1个疗程，一般经饮水或拌料给药，使用方便。当搅拌不匀时，可引起部分鸡只中毒，尤其是雏鸡症状更为明显。

2. 重复、过量用药

由于痢菌净原料易得，价格低廉，市场上含痢菌净的药物较多，有的虽然没标含乙酰甲喹，但实际上含有该药物。两种药物合用时加大了痢菌净的用量，造成中毒。

3. 计算错误，称重不准确

有的养殖场在用药时，由于计算上的错误或称重不准确，使用药物加大数倍，结果导致鸡中毒。

（二）症状

鸡群表现精神沉郁，羽毛松乱，无光泽，采食、饮水减少或废绝（图7–1–7、图7–1–8）；头部皮肤呈暗紫色，喙、爪皮肤发绀；体温降低，排淡黄色、灰白色水样稀便。雏鸡瘫痪，两翅下垂，逐渐发展成头颈部后仰，扭曲，角弓反张、抽搐倒地死亡（图7–1–9）。该病发病率和死亡率较高，死亡率多在5%～15%，以20日龄以内的雏鸡更为严重。该病与其他药物中毒不同之处是病程长，停药后死亡持续时间可达15～20 d，而其他药物中毒停药后症状很快消失，死亡随即停止。

（三）病理变化

尸体脱水，皮肤发绀，肌肉呈暗紫色（图7–1–10）。腺胃肿胀、出血、糜烂，腺胃乳头呈暗红色出血、陈旧性坏死、溃疡（图7–1–11）；腺胃与肌胃交界处有陈旧性溃疡面，呈黑褐色（图7–1–12）；肌胃角质层脱落，角质层下有出血或溃疡。小肠前部有黏稠淡灰色稀薄内容物；小肠黏膜弥漫性出血或有大小不一的出血斑（图7–1–13、图7–1–14）；盲肠黏膜弥漫性出血，盲肠内容物红色，肠壁变薄，肠腔空虚；泄殖腔充血；肝脏肿大，呈紫红色至暗红色，质脆易碎（图7–1–15、图7–1–16）；肺脏出血呈紫红色或紫黑色（图7–1–17、图7–1–18）；肾脏肿大；心脏松弛，心内膜及心肌有散在性出血点。产蛋鸡腹腔内有发育不良的卵泡掉入及严重的腹膜炎。

（四）诊断

根据病史、症状及剖检变化可作出诊断。但应与盲肠球虫病、禽流感、新城疫等进行鉴别诊断。

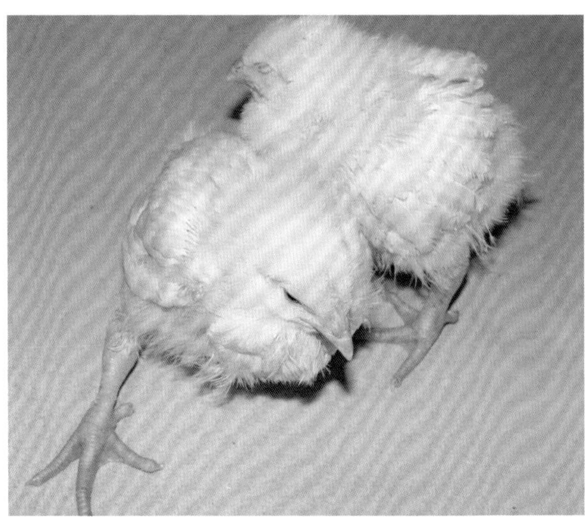

图 7-1-7　病鸡精神沉郁，闭眼嗜睡
（刁有祥　供图）

图 7-1-8　病鸡精神沉郁，缩颈
（刁有祥　供图）

图 7-1-9　因痢菌净中毒死亡的雏鸡
（刁有祥　供图）

图 7-1-10　死亡鸡胸腹部皮肤发绀
（刁有祥　供图）

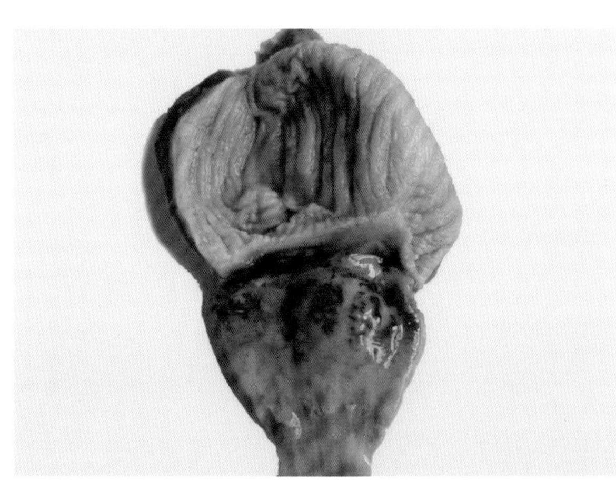

图 7-1-11　腺胃出血，腺胃与肌胃交界处有陈旧性溃疡
（刁有祥　供图）

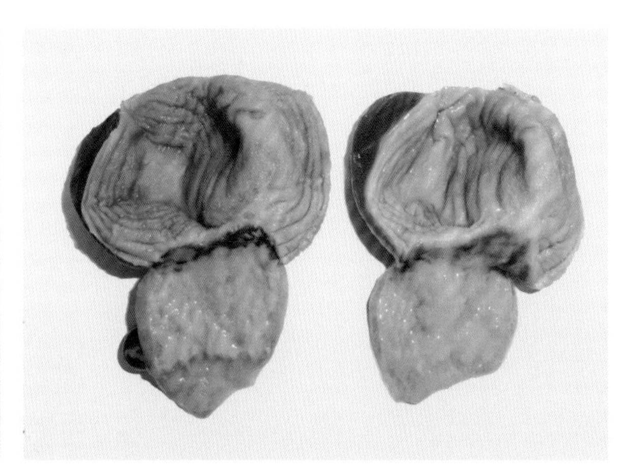

图 7-1-12　腺胃与肌胃交界处有陈旧性溃疡
（刁有祥　供图）

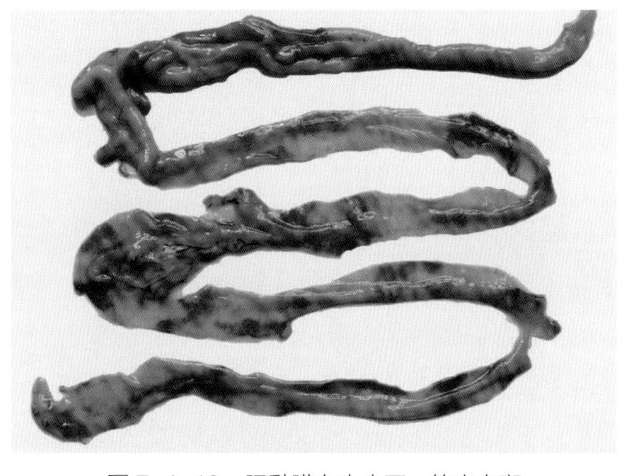

图 7-1-13　肠黏膜有大小不一的出血斑
（刁有祥　供图）

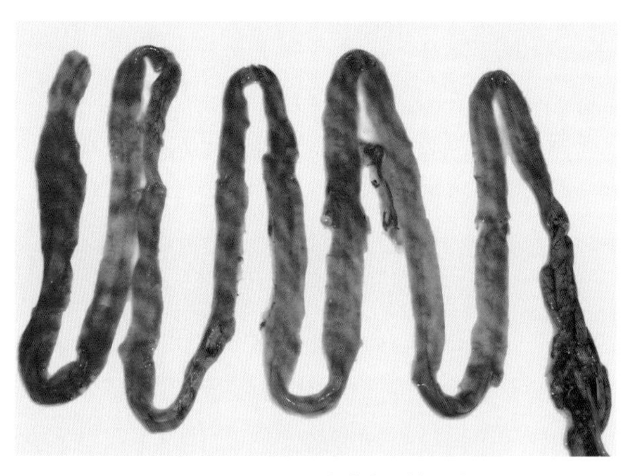

图 7-1-14　肠黏膜弥漫性出血
（刁有祥　供图）

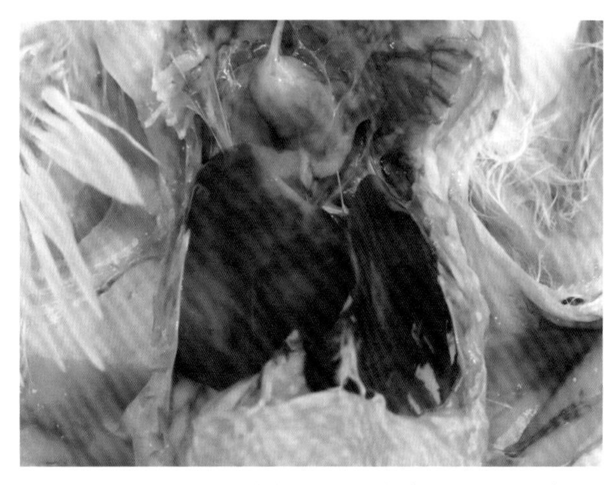

图 7-1-15　肝脏肿大，呈紫红色（刁有祥　供图）

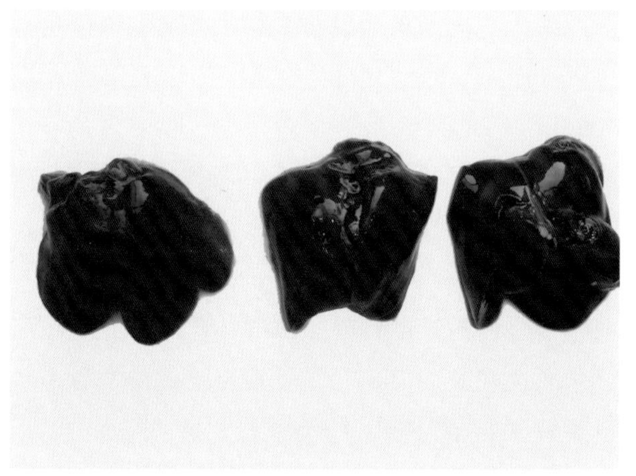

图 7-1-16　肝脏肿大，呈暗红色（刁有祥　供图）

图 7-1-17　肺脏出血，呈紫红色（刁有祥　供图）

图 7-1-18　肺脏出血，呈暗红色（刁有祥　供图）

（五）防治

1. 预防

预防该病的关键是合理使用痢菌净，不超量使用；2 周龄以内雏鸡尽量不要使用该药；明确所用兽药中的有效成分，禁止使用无药物成分标识的兽药；不得长期连续使用该药；兽药主管部门要加大检查力度，严厉查处假冒伪劣兽药。

2. 治疗

发现中毒可对症治疗，立即停止饲喂含有痢菌净的饲料或饮水，用 2% ～ 3% 葡萄糖或电解多维、0.01% 维生素等饮水，连用 4 ～ 5 d。也可在每 50 kg 饲料中加入维生素 AD 粉、含硒维生素 E 粉各 50 g 拌料，连用 5 ～ 7 d。还可在饮水中加入复合维生素制剂，连用 3 d，对缓解药物中毒有一定的作用。引起腹膜炎及其他细菌感染的病例，可在饲料中加入 0.25% 大蒜素，连用 4 ～ 6 d。对于发病严重的鸡，及时淘汰。

三、碳酸氢钠中毒

碳酸氢钠（Sodium bicarbonate）俗称小苏打，化学式为 $NaHCO_3$，具有防治酸中毒、健胃和抗应激的作用，可提高饲料转化率和鸡群生长率，尤其在夏季高温季节蛋鸡饲料中添加碳酸氢钠可促进蛋壳的生成，因此在养殖业中被广泛应用。但当大剂量或小剂量长时间应用就会导致鸡的肾炎和内脏型痛风，在病理上常发现患有内脏型痛风的鸡，多有服用碳酸氢钠的病史。用 2.49% 碳酸氢钠溶液给予 1 周龄的鸡饮用可引起中毒，并在第 5 天开始死亡；2 周龄雏鸡给予 0.6% 碳酸氢钠溶液可中毒但无死亡；若将剂量提高 1 倍，则可引起鸡群中毒并于 4 d 后发生死亡。

（一）病因

养殖场对碳酸氢钠毒性认识不够，易造成临床用量过大，当计量不准确时，可引起鸡群中毒，雏鸡较成年鸡敏感性高。

（二）症状

病鸡精神沉郁，闭眼嗜睡，两翅下垂，对外界刺激反应冷漠（图 7-1-19）；呼吸困难，食欲降低，饮水增多，腹泻，排水样稀便（图 7-1-20）；鸡体脱水，体重减轻，若长时间中等程度中毒时，可发生水肿或腹水。

图 7-1-19　病鸡精神沉郁，闭眼嗜睡（刁有祥　供图）

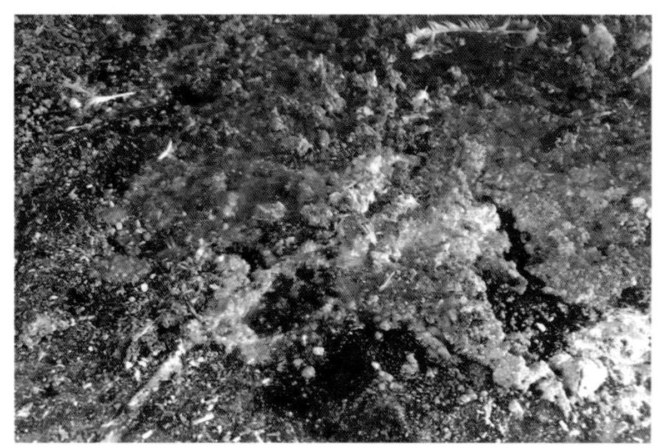

图 7-1-20　病鸡排未消化完全的水样稀便（田茂泉　供图）

（三）病理变化

剖检与内脏型痛风相似，肾肿胀，呈苍白色，肾小管和输尿管有尿酸盐沉积扩张，内为白色的尿酸盐（图 7-1-21）。脾脏、胸腺肿大，严重者出血（图 7-1-22、图 7-1-23）。在心外膜、肺、肝表面亦可见到尿酸盐沉积，伴有心脏扩张。有时可见皮下水肿和腹水，此时可见肺水肿、心包积液、右心室肥大、心肌出血等病理变化。严重者可见嗉囊黏膜脱落、萎缩，内有大量灰白色不透明黏液（图 7-1-24）。

（四）诊断

根据病鸡用药史及腹泻、排水样便可作出初步诊断。

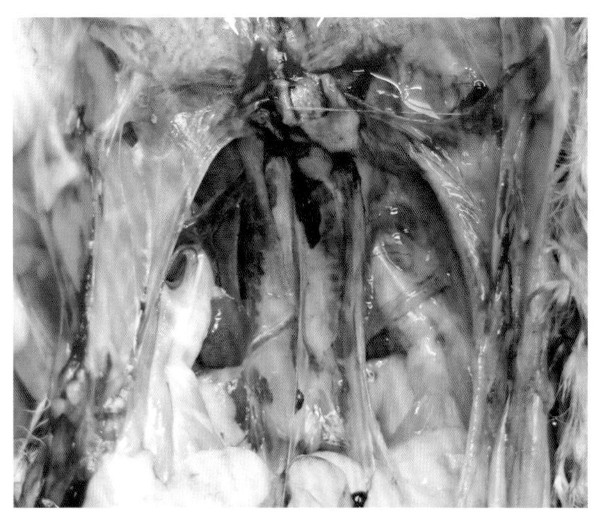

图 7-1-21　肾脏肿胀（刁有祥　供图）

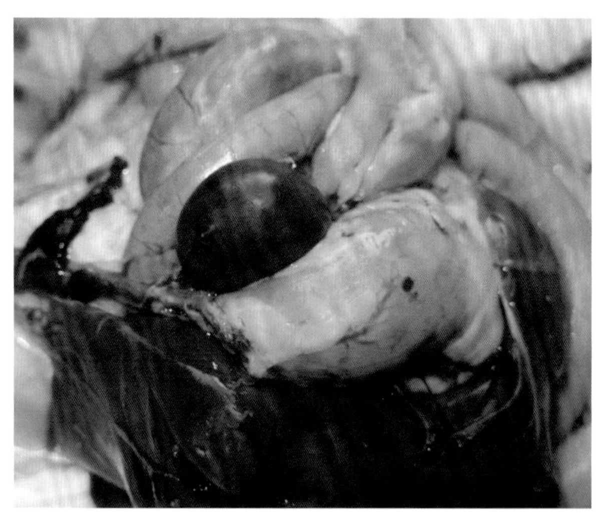

图 7-1-22　脾脏肿大（刁有祥　供图）

图 7-1-23　胸腺肿大（刁有祥　供图）

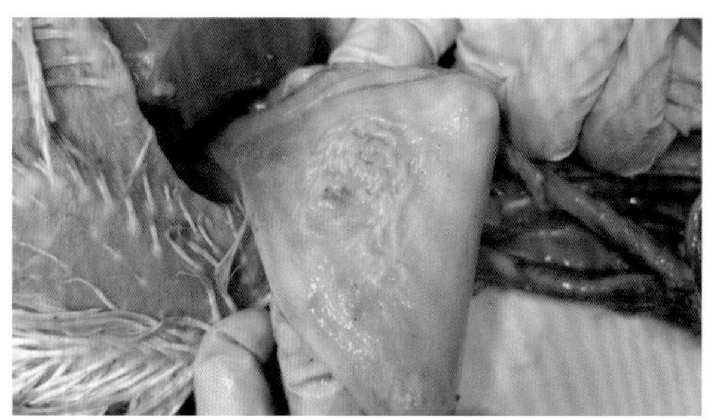

图 7-1-24　嗉囊黏液增多，黏膜萎缩（刁有祥　供图）

（五）防治

1. 预防

在使用碳酸氢钠时，要严格控制剂量，一般情况在饮水中加入万分之二或在日粮中加入 1/10 000，若碳酸氢钠使用量超过 1/1 000，则有可能对机体产生危害。雏鸡不宜添加。

2. 治疗

一旦发生中毒，立即给予病鸡 2% ～ 3% 糖盐水或充足的洁净饮水，并在饮水中加入 1/1 000 食醋，直至症状消失。

四、磺胺类药物中毒

磺胺类药物（Sulfonamides）是化学合成的抗菌药物，其抗菌谱较广，可抑制大多数革兰氏阳性细菌和革兰氏阴性细菌，以及某些放线菌与螺旋菌，具有显著的抗球虫作用，价格低廉，保存期长，是防治家禽疾病常用的药物。

常用的磺胺类药物可分为两类，一类是肠道不易吸收的磺胺类药物，如磺胺脒（SG）、酞磺胺醋酰（PSA）等，这类药物主要用于治疗肠道感染，一般不易引起中毒；另一类是肠道内易吸收的磺胺类药物，如磺胺噻唑（ST）、磺胺嘧啶（SD）等，由于这类药物安全范围小，中毒量很接近治疗量，甚至治疗量也会对造血及免疫系统有毒性作用，若用药不当，如用药量过大或用药时间过长，就会引起中毒，造成大批鸡的死亡。当雏鸡采食含 0.25% ～ 1.5% 磺胺嘧啶饲料或口服 0.5 g 磺胺类药物时，便可导致鸡只发生黄疸、过敏、肝病、消化机能障碍、酸中毒及免疫抑制等。给鸡饲喂含 0.5% 磺胺甲基嘧啶 SM1 或磺胺二甲嘧啶 SM2 饲料 8 d，可引起鸡脾出血性梗死和肿胀，饲喂至第 11 天即开始死亡；复方敌菌净在饲料中添加至 0.036%，第 6 天即可引起死亡；复方新诺明混饲用量超过 3 倍以上，即可造成雏鸡严重的肾脏肿大。

（一）病因

一是用药剂量过大。磺胺类药物种类较多，达十几种，各种药物使用量和安全使用期限也较大，从 0.025% ～ 1.5% 不等，如磺胺喹噁啉的混饲浓度为 0.025% ～ 0.05%，磺胺脒的混饲浓度为 1% ～ 1.5%。因此，如果对磺胺类药物的用量一概而论，盲目加大用药量或延长药物使用时间就会引起中毒。每种药物都要严格遵守药物使用说明，合理用药，不得超剂量服用。

二是长期应用治疗量的磺胺类药物。各类药物都有其安全使用期限，磺胺类药物一般连用 5 ～ 7 d，若连续使用时间较长，就会发生中毒现象。如在 19 周龄的鸡群中，连续饲喂含 0.05% 磺胺喹噁啉的饲料 4 周，其死亡率为 11%，而在连续使用 7 d 的情况下则没有死亡现象。

三是当使用片剂或粉剂的磺胺类药物添加于饲料中搅拌不均匀时，可使个别鸡只摄入量过大，引起中毒。

四是当鸡患有肝脏、肾脏疾病时，更易造成药物在体内蓄积而造成中毒，尤其是 1 月龄内雏鸡因肝脏与肾脏等器官发育不完全，对磺胺类药物的敏感性较高，极易中毒。

五是饲料中缺乏维生素 K 或体弱的鸡更易发生中毒。磺胺类药物口服后，经肾脏排出体外，一般服后 3 ～ 6 h，血液中便达到最高浓度，以肝脏和肾脏含量最高。因磺胺药的原产物或乙酰化产物的溶解度较小，所以当 pH 值偏低时，常在肾小管内析出结晶，严重损伤肾小管上皮细胞，从而使病鸡出现酸碱平衡障碍、尿酸盐沉积等。此外，还会使机体产生溶血性贫血、再生性障碍贫血及过敏反应等。

（二）症状

磺胺类药物可造成骨髓造血机能减弱，免疫器官抑制，肾脏、肝脏功能障碍及碳酸酐酶活性降低。急性中毒多见于大剂量服用药物，病鸡主要表现厌食、兴奋不安、摇头、腹泻、痉挛、麻痹、共济失调、肌肉震颤、惊厥、呼吸加快等症状，短时间内死亡。慢性中毒病例常见于大量或长期用药引起。病鸡表现为羽毛松乱，精神沉郁、食欲减退、饮水增多，双翅下垂；体温升高，便秘或腹泻，粪便呈暗红色（图 7–1–25）；增重缓慢、严重贫血；冠、髯、面部、可视黏膜苍白或黄染，有出血；头部肿大呈蓝紫色，翅下出现皮疹。引起肾脏病变的病鸡常排出带有大量尿酸盐的粪便。产蛋鸡产蛋量下降或停产，软壳蛋、薄壳蛋数量增多，蛋壳粗糙，最后因衰竭死亡。

（三）病理变化

磺胺类药物中毒死亡的鸡，喙、腿皮肤呈黄色（图 7–1–26），最常见的病变为皮肤、肌肉和内脏器官的出血，出血可发生在冠、髯、眼睑、面部（图 7–1–27）、眼前房及胸和腿部的肌肉。胸肌呈弥漫性斑点状或涂刷状出血（图 7–1–28），肌肉苍白色或呈透明样淡黄色，腿肌散在有鲜红色出血斑（图 7–1–29 至图 7–1–31）；血液稀薄，凝血时间延长；骨髓由正常的暗红色变为淡红色或黄色；肠道有点状或斑点出血（图 7–1–32），盲肠内含有血液；腺胃黏膜、肌胃角质膜下有出血斑；肝脏肿大，颜色变浅，呈淡红色或黄色，有大小不一的出血斑点和局灶性坏死（图 7–1–33、图 7–1–34）；脾脏肿大，有出血点和灰白色的梗死区；肾脏肿大，呈土黄色，表面有红色出血斑（图 7–1–35）；心包腔积液，心肌呈刷状出血，有的病例心肌出现灰白色病灶（图 7–1–36）。肺脏出血，呈紫红色或紫黑色（图 7-1-37、图 7-1-38）。严重的腹腔脂肪、内脏器官表面的脂肪出血（图 7-1-39、图 7-1-40）。病程稍长的病鸡肾脏肿大出血，呈花斑样，输尿管增粗，肾小管与输尿管内充满尿酸盐；脾脏、法氏囊发育不良，其体积、重量均低于正常水平。

除以上变化外，病鸡还会出现红细胞、白细胞总量的减少，血色素降低或溶血性贫血；肾小管中有可见磺胺药结晶；组织中磺胺药含量超过 20 mg/kg。

图 7-1-25　病鸡精神沉郁，排红褐色稀便（刁有祥　供图）

图 7-1-26　死亡鸡腿、爪、喙呈浅黄色（刁有祥　供图）

图 7-1-27　面部皮肤出血（刁有祥　供图）

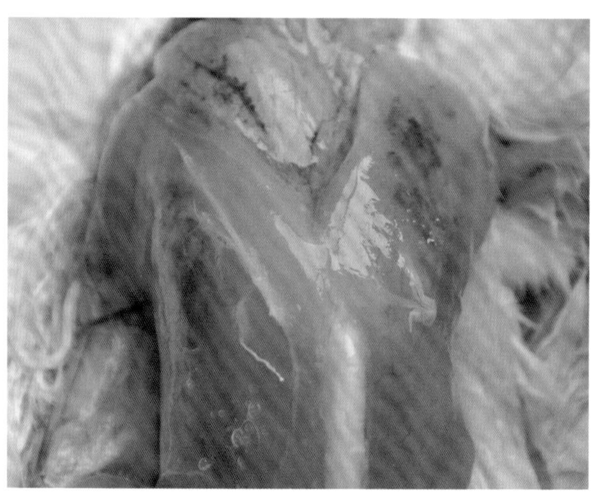

图 7-1-28　胸肌弥漫性出血（刁有祥　供图）

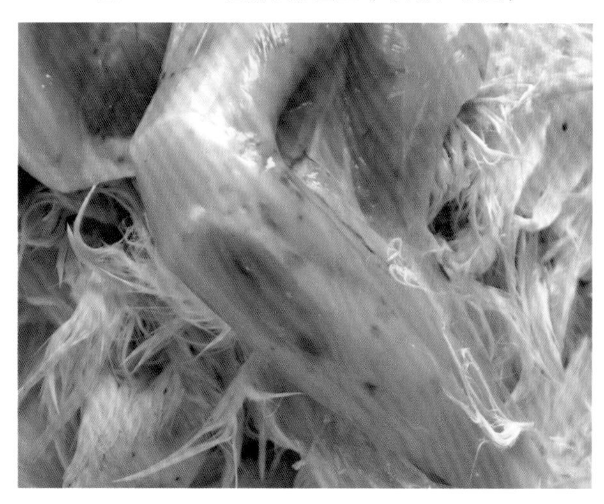

图 7-1-29　腿肌有大小不一的出血斑点（一）（刁有祥　供图）

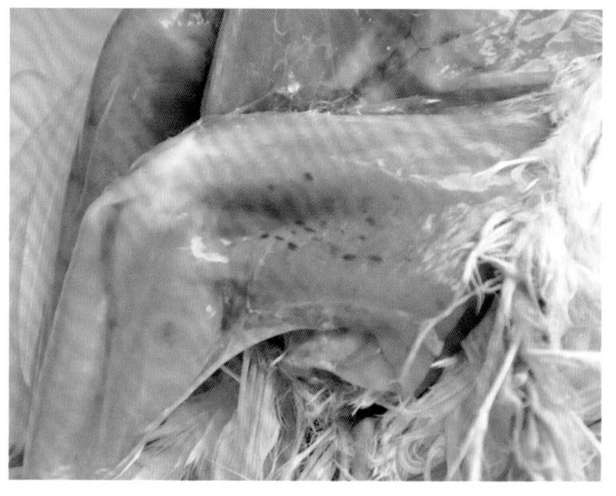

图 7-1-30　腿肌有大小不一的出血斑点（二）（刁有祥　供图）

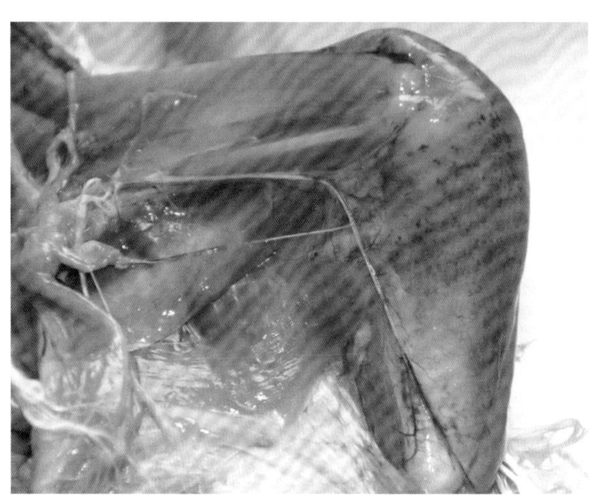

图 7-1-31　腿肌有大小不一的出血斑点（三）
（刁有祥　供图）

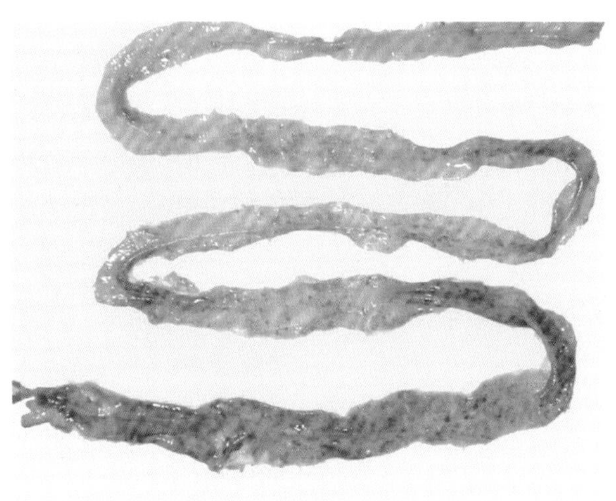

图 7-1-32　肠黏膜有弥漫性点状出血
（刁有祥　供图）

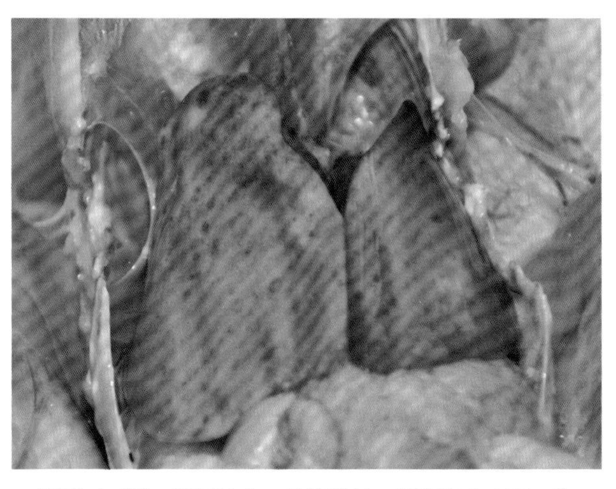

图 7-1-33　肝脏肿大，呈浅黄色，表面有大小不一的出血斑点（刁有祥　供图）

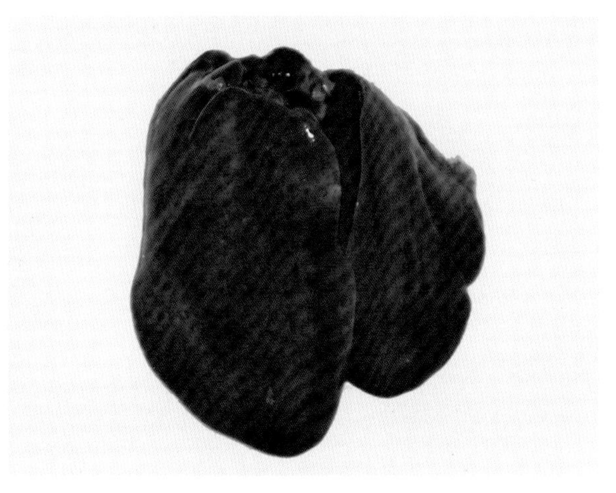

图 7-1-34　肝脏肿大，表面有大小不一的出血斑点
（刁有祥　供图）

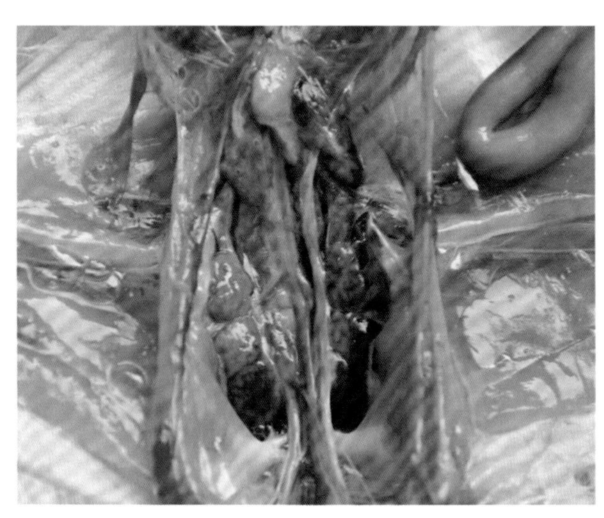

图 7-1-35　肾脏肿大，出血（刁有祥　供图）

图 7-1-36　心肌呈刷状出血（刁有祥　供图）

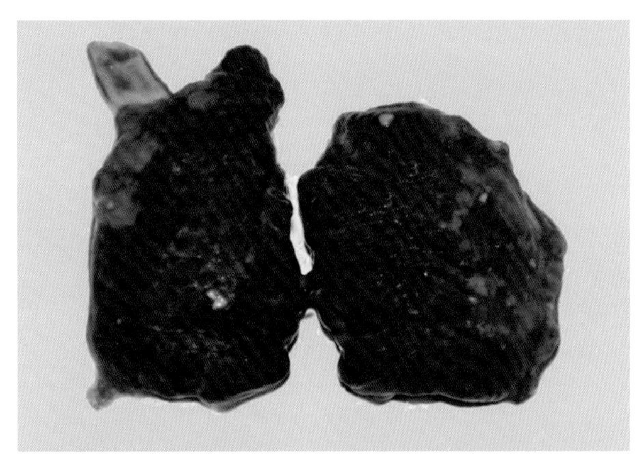

图 7-1-37　肺脏出血，呈紫黑色（刁有祥　供图）

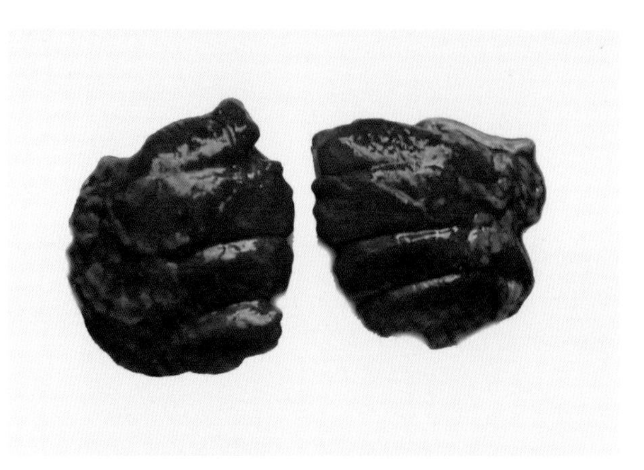

图 7-1-38　肺脏出血，呈紫红色（刁有祥　供图）

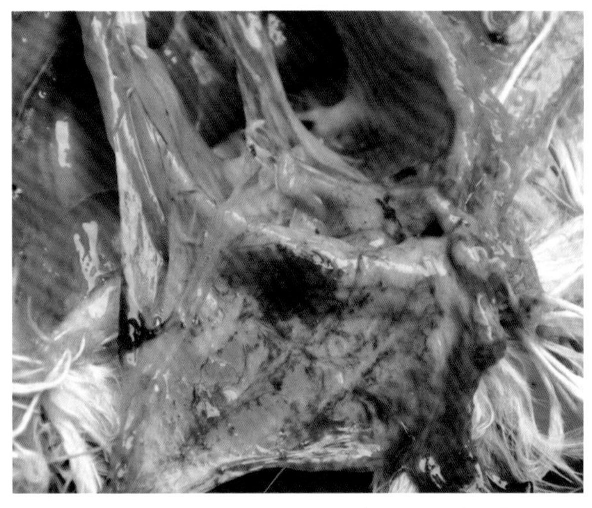

图 7-1-39　腹腔脂肪出血（刁有祥　供图）

图 7-1-40　肌胃表面脂肪出血（刁有祥　供图）

（四）诊断

根据病鸡有使用或大量、长期使用磺胺类药物的病史；出现以上急性或慢性中毒的症状及剖检变化等，一般可作出诊断。必要时可以测定肌肉、肾脏、肝脏中磺胺药物的含量。应注意该病与鸡传染性贫血、传染性法氏囊病和鸡球虫病的鉴别诊断。

（五）防治

1. 预防

① 3 周龄以内雏鸡或产蛋鸡应少用或禁用。同时，有肝脏、肾脏疾病的鸡应尽量避免使用磺胺类药物。

②应用磺胺类药物时，应严格掌握磺胺类药物适应证，并严格控制用药剂量及用药时间，一般用药不超过 5 d，每种磺胺药的预防与治疗剂量应严格按照药物说明使用。

③应用容易吸收或溶解度较低的磺胺类药物期间，应给予鸡群充足的饲料与饮水，并配合碳酸氢钠同时服用，其剂量为磺胺类药物剂量的 1 ～ 2 倍，以防止痛风的发生。同时应提高饲料中维生素 K 和 B 族维生素的含量。

④在临床上可选用含有增效剂的磺胺类药物，因其用量小，毒性也较低，有利于防止药物对鸡群产生毒性。治疗球虫病等肠道疾病时，应选用肠内吸收率较低的磺胺类药物，如复方敌菌净等。

⑤对于生长较快的肉仔鸡，要准确计算饲料和饮水的消耗量，以便通过饲料和饮水给药时使每只

鸡得到正常的日剂量，且饲料与药物一定要混合均匀，防止鸡群采食药物剂量较大的饲料造成中毒。

2. 治疗

发现鸡群出现磺胺类药物中毒时，应立即停止用药，更换饲料，供给充足饮水。轻度中毒的鸡，可用 0.1% 碳酸氢钠、2% ～ 3% 葡萄糖代替饮水，并在每千克饲料加入维生素 K_3 5 mg 与适量 B 族维生素进行治疗，连续使用，直至症状消失；重症病鸡可用 1% ～ 2% 的碳酸氢钠饮水，促进体内药物排泄，还可肌内注射维生素 B_{12} 2 μg 及维生素 B_{11} 50 ～ 100 μg。为提高机体耐受能力与解毒能力，可饮用车前草水或 2% ～ 3% 葡萄糖，均具有一定疗效。

五、有机磷农药中毒

有机磷农药（Organophosphorus pesticide）是化学合成的一类农药的总称，是我国使用较为广泛、用量较大的杀虫剂和高效农药，其毒性短暂，对防治农作物病虫害起到很大的作用，也用于兽医临床上的驱虫和灭虱等。有机磷农药的种类很多，主要包括敌敌畏、对硫磷、甲拌磷、甲胺磷、倍硫磷、杀螟松、内吸磷、乐果、敌百虫、马拉硫磷等。当鸡误食或临床用药不当时，可引起以流泪、流涎、腹泻为特征的中毒。

有机磷经呼吸道、皮肤和消化道进入鸡体内后，迅速与胆碱酯酶结合，生成磷酰化胆碱酯酶，使胆碱酯酶丧失了水解乙酰胆碱的能力，导致胆碱能神经递质大量积聚，作用于胆碱受体，乙酰胆碱堆积，引起消化腺分泌增多、胃肠蠕动增快及严重的神经功能紊乱。家禽体内胆碱酯酶含量低，所以对有机磷农药较其他动物敏感，中毒鸡常呈急性经过，临床上主要表现为运动失调，大量流涎，肌肉震颤，瞳孔明显缩小，呼吸困难，黏膜发绀，最后抽搐、昏迷而死亡。

（一）病因

有机磷农药可经消化道、呼吸道、皮肤、黏膜进入动物体内，引起动物中毒。鸡对此类农药尤为敏感，每千克体重的鸡接触 0.01 ～ 0.04 g 有机磷农药便可中毒。常见病因有以下几种。

一是常见的有机磷农药主要有敌百虫、甲胺磷、对硫磷、乐果、马拉硫磷、敌敌畏等，鸡群采食被有机磷农药污染的饲料和饮水，或食入喷过有机磷农药的蔬菜，或误食拌过 / 浸过有机磷农药（甲拌磷、乙拌磷、棉安磷）的种子而中毒。

二是鸡舍附近喷洒有机磷农药，含农药的空气进入鸡舍引起鸡群中毒。雏鸡较成年鸡更为敏感，更易发生中毒。

三是水源被有机磷农药污染。如在池塘、水槽等饮水处配制农药，或洗涤装过剧毒有机磷农药的器具时不慎污染了水源，引起鸡群中毒。

四是农药管理不善或使用不当。如农药在运输过程中包装破损，农药与饲料未能严格分开贮藏，鸡群食入了受到污染的饲料引起中毒。当违反保管有机磷农药的安全操作规程，在同一仓库内贮存饲料和农药，或在饲料仓库中拌料和配制农药，污染饲料引起鸡群中毒。

五是有的鸡舍应用蝇毒磷、敌敌畏、敌百虫杀灭螨、蚊、虱、蝇等体外寄生虫时用药过量或不当而致中毒。

（二）症状

最急性中毒不见任何先兆症状而突然死亡。中毒鸡表现为精神沉郁，口鼻多流出带泡沫的液体，出现吞咽或甩头动作；食欲下降或完全消失，频频排血便，可视黏膜发绀或苍白；运动失调，步态不稳，或两腿麻痹，不能站立，常以龙骨或跗关节着地；瞳孔缩小，鸡冠发紫，体温下降；呼吸困难，肌肉震颤无力，最后因呼吸中枢麻痹、心力衰竭或呼吸道被黏液堵塞而窒息死亡。

（三）病理变化

剖检可见皮下或肌肉有出血点，口腔、喉头和气管充满气泡样黏液；胃肠黏膜淤血、出血、肿胀、易脱落，并伴有溃疡（图 7-1-41、图 7-1-42）；嗉囊、肌胃、腺胃内容物有大蒜味；肝脏、脾脏肿大质脆，胆囊肿胀出血，充满胆汁；心内膜、心外膜有小出血点；肾脏浑浊肿胀，弥漫性出血，被膜不易被剥离；肺脏出血、水肿，切面有大量泡沫样液体流出。病程长者肠管易发生扭转、套叠而导致坏死性肠炎（图 7-1-43、图 7-1-44）。

图 7-1-41　肠管肿胀、淤血（一）（刁有祥　供图）

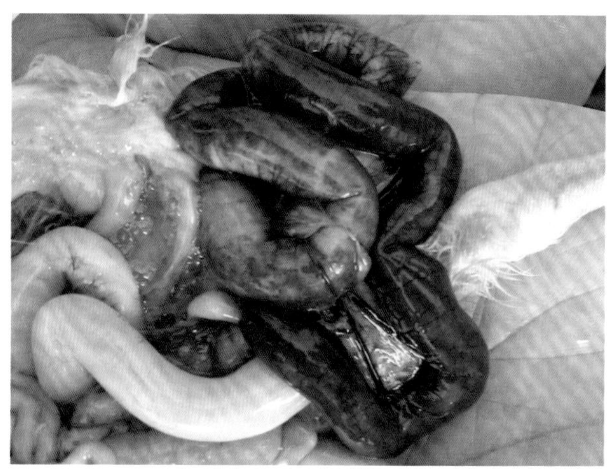

图 7-1-42　肠管肿胀，淤血（二）（刁有祥　供图）

图 7-1-43　肠扭转而致肠管严重淤血（刁有祥　供图）

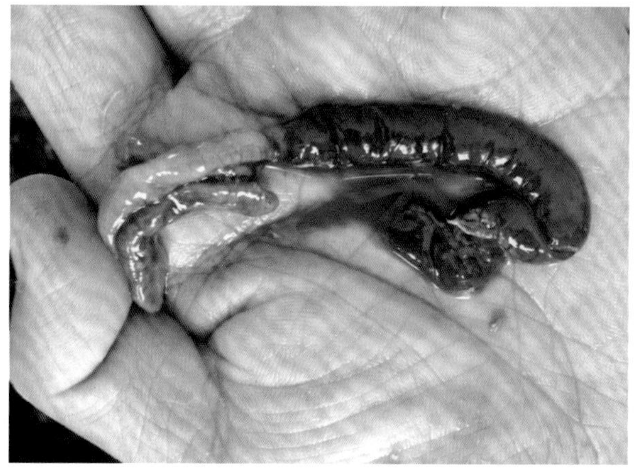

图 7-1-44　肠套叠而致肠管严重淤血、坏死（刁有祥　供图）

（四）诊断

根据病鸡有接触或吸入有机磷农药，或食入含有机磷农药的饲料及饮水的病史，表现出流涎、流泪、呼吸困难、瞳孔缩小、共济失调等，同时剖检肌胃内有大蒜臭味等症状和病理变化，可作出初步诊断。确诊还需要实验室诊断，病鸡血液中胆碱酯酶活性降低可作为确诊依据。常用诊断方法有以下几种。

1. 血液胆碱酯酶活性测定

称取溴麝香草酚蓝 0.14 g、氯乙酰胆碱 0.185 g，二者溶于 20 mL 无水乙醇中，用 0.4 mol/L 氢氧化钠调 pH 值，由橘红色至黄绿色，再将白色定性滤纸完全浸湿于上述溶液后取出，室温下晾干，贮存于棕色瓶中备用。测定时，将胆碱酯酶试纸放在载玻片上，取病鸡血 1 滴于试纸中央，将其夹在两玻片之间，37℃作用 20 min 后，观察血滴中心部颜色，对照标准色图卡判断胆碱酯酶活性率，进而确定中毒程度。红色为未中毒，紫红色为轻度中毒，深紫色为中度中毒，蓝色为严重中毒。

2. 饲料、饮水及病鸡胃内容物的有机磷定性检验

取饲料或胃内容物 20 g 研碎后，加入 20 mL 95% 乙醇，50℃水浴加热 1 h，过滤，滤液在 80℃以下水浴中蒸干。残渣用苯溶解后过滤，滤液在 50℃水浴中蒸干，残渣溶于乙醇供检验用。饮水可直接加苯萃取，萃取液在水浴中加热蒸干，残渣溶于乙醇供检验用。检验时，取上述检测样液 2 mL，置于试管中，加入 4% 硫酸 0.2 mL、10% 过氯酸 2 滴，在酒精灯上徐徐加热到溶液呈无色时为止。液体冷却后，加入 2.5% 钼酸铵 0.25 mL，加水至 5 mL，再滴加 0.4% 氯化亚锡 3 滴，1 min 内观察颜色变化。如检测样品中含有有机磷农药，则试液呈蓝色。

3. 治疗试验

用治疗量的阿托品或解磷定给病鸡静脉注射，注射后病情确实有好转的，可证明是有机磷中毒。

（五）防治

对于该病，应以预防为主，治疗为辅。

1. 预防

（1）健全对有机磷农药的购销、保管和使用制度，农药要严格管理，必须专人负责，防止饲料、饮水、器具被有机磷农药污染。

（2）用有机磷拌过的种子必须妥善保管，禁止堆放在鸡舍周围。

（3）普及有机磷农药使用和预防家禽有机磷中毒的知识，使用过有机磷农药的农田禁止放养鸡群，也不能在刚施过有机磷农药的田地或水域采集野菜、野草喂鸡，更不能在鸡舍周围喷洒有机磷农药。

（4）如使用有机磷药物杀灭鸡体外寄生虫时，必须要严格掌握用药浓度和用药剂量，浓度不要超过 0.5%，且投药面积不要过大，最好是先以小群进行试验，确认安全后再大群投药，一般不要用敌百虫作为鸡的内服驱虫药。对于怀疑被有机磷农药污染的饲料，应该立即停止饲喂，不要因其毒性较低而盲目加大用药量（鸡每千克体重致死量为 0.07 g，内服驱虫浓度不应超过 0.1%）。

2. 治疗

（1）发现有机磷中毒后，应立即停喂可疑饲料和饮水，彻底清除毒源，并进行排毒、解毒及对症治疗。若鸡群刚采食不久，则可灌服盐类泻剂，或用手挤压，将嗉囊与胃肠内有机磷农药排出。还可内服颠茄酊，每只 0.1 mL。

（2）经皮肤接触染毒的，可用生理盐水或清水冲洗。冬季冲洗时药液可稍加温，但不可太热，以防促进农药吸收。

（3）若毒物经由消化道食入，鸡群灌服硫酸钠 1 ～ 2 d 有利于消化道毒物的排出。

（4）有机磷中毒后可用特效解毒药物进行治疗，解磷定、氯磷定、双解磷、碘磷定、双复磷等均为特效解毒剂。解磷定每千克体重 0.2 ～ 0.5 mg 肌内注射；氯磷定每只鸡注射 10 ～ 20 mg，双复磷每千克体重 40 ～ 60 mg 肌内注射或皮下注射，然后视情况 24 ～ 48 h 可重复 1 次，并给充足饮水。还可肌内或皮下注射硫酸阿托品（0.5 mg/mL），每只鸡 0.1 ～ 0.25 mg，雏鸡酌减。阿托品为抗胆碱药物，氯磷定为胆碱酯酶复活剂，二者配合应用效果更好。若发现及时，迅速采用解磷定和阿托品急救效果皆好。

（5）在以上治疗措施的基础上，同时配合采取 50% 葡萄糖溶液 20 mL 腹腔注射、维生素 C 0.2 g 肌内注射，每天 1 次，连续 7 d，症状大都可减轻。

（6）在饮水中添加 2% ～ 3% 葡萄糖溶液和电解多维，可使鸡群恢复。

六、聚醚类抗生素中毒

聚醚类抗生素（Polyether antibiotics）是 20 世纪 70 年代发展起来的一类离子载体类药物，主要包括盐霉素、莫能菌素、拉沙里菌素与马杜拉霉素，其中马杜拉霉素应用较为广泛，是常用的抗球虫药。此类抗生素在化学结构上含有多个醚基和一个一元有机酸，具有促进离子通过细胞膜的能力，对鸡常见的六种艾美耳球虫均有抗虫活性；此外，聚醚类抗生素在鸡的增重和饲料报酬方面均优于传统抗球虫药氨丙啉，因此被广泛用于养鸡业。

聚醚类药物的作用机理基本相似，该类药物妨碍细胞内外阳离子（Ca^{2+}、K^+、Na^+）的传递。聚醚类抗生素与金属离子易形成离子复合物，复合物的脂溶性较低，容易进入生物膜的脂质层，使细胞内外离子浓度发生变化，进而影响渗透压，最终使细胞崩解。在细胞内外离子浓度发生变化的同时，各种代谢物的摄取与排泄出现障碍，使代谢微环境发生变化。不同聚醚类药物对金属离子的亲和力不同，盐霉素、马杜拉霉素与 K^+ 和 Na^+ 的亲和力高，莫能菌素对金属离子亲和顺序为 $Na^+>K^+>Rb^+>Li^+>C_s^+$，拉沙里菌素不仅与一价离子亲和力高，对二价离子也有很高的亲和力。低浓度或正常浓度使用时，球虫的细胞膜对药物特别敏感，高浓度使用时对宿主的细胞产生与球虫细胞同样的高渗透压作用。中毒量的离子载体使 K^+ 离开细胞，Ca^{2+} 进入细胞，导致细胞坏死，中毒症状与细胞外高钾和细胞内高钙有关。

聚醚类抗生素中的马杜拉霉素临床上常用其铵盐，为白色结晶粉末，性质稳定，不溶于水，可溶于有机溶剂。由于其抗球虫广谱高效，耐药性小，应用十分广泛。但其用量极小，安全范围非常窄，推荐使用剂量与中毒剂量很接近，生产实践中常因使用不当，造成家禽中毒，经济损失严重。

（一）病因

一是聚醚类抗生素规定用量与中毒量很接近，药物用量过大是目前造成鸡聚醚类抗生素中毒的主要原因。当配料时不细心、计算错误或盲目加大剂量使用聚醚类抗生素药物时，易造成鸡群中毒。

二是由于盐霉素、马杜拉霉素、莫能菌素等药物均属于聚醚类抗生素，饲料生产厂家已在饲料中添加了该药，而未在标签或包装袋上注明，养殖场在饲料中又重复添加该药，造成鸡群用药量过大，发生中毒。当成分相同而商品名不同的药物同时使用，或对药物有效成分了解不清时，易造成鸡群中毒。

三是由于饲料搅拌不均，尤其用纯粉拌料，更易引起鸡群采食药物浓度不均而中毒。

（二）症状

鸡聚醚抗生素中毒偶发，病程发展迅速，病鸡初期兴奋亢进，口流黏液，乱飞乱跳。随后表现出抑制状态，如精神不振，两翅下垂，羽毛蓬松；采食骤减，饮水量增加，嗉囊积食；脚软蹲伏，驱赶行走困难或张开两翅支撑行走，不愿活动；严重的瘫痪，侧卧地面，两腿向前或向后伸直（图 7–1–45 至图 7–1–47）；鸡冠、肉髯等处发绀或呈紫黑色；排绿色稀软粪便，体温降低，最后口吐黏液而死。成年鸡除了表现共济失调、神经麻痹等症状外，还表现为产蛋率下降，呼吸困难。慢性中毒的病例除表现一般症状外，还表现为食欲不振，羽毛粗乱，脱落（图 7–1–48）；腹泻、腿软、增重和饲料转化率低，生长发育受阻。中毒后，最初死亡的均是体况良好、生长较快的鸡，停药后，鸡的死亡仍可持续 10 d 左右，应引起注意。

（三）病理变化

肌肉失水，呈暗红色，有的轻度出血、萎缩；脑膜充血水肿、出血；肝脏肿大，质脆易碎，呈暗红色或浅黄色，胆囊肿大（图 7-1-49）；十二指肠弥漫性出血，肠壁增厚，肠道黏膜充血水肿，肠内容物为黏液样物质；肌胃内容物呈绿色，角质层易剥离，肌层有轻微出血；腺胃内容物发绿，黏膜充血水肿；肺脏出血、水肿；心冠脂肪出血，心外膜上出现不透明的纤维素斑；肾脏肿大、淤血（图 7-1-50），有的输尿管有尿酸盐沉积。

组织学变化主要表现为肌肉坏死、肌纤维变性，有异嗜细胞、巨噬细胞浸润，及肝脏脂肪变性。

图 7-1-45　病鸡双腿前伸（刁有祥　供图）

图 7-1-46　病鸡腿伸向一侧（刁有祥　供图）

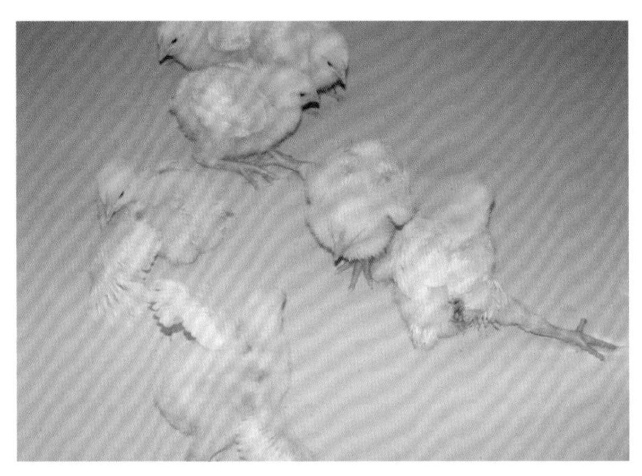

图 7-1-47　病鸡瘫痪，腿伸向一侧（刁有祥　供图）

图 7-1-48　羽毛脱落（刁有祥　供图）

图 7-1-49　肝脏肿大，呈浅黄色（刁有祥　供图）

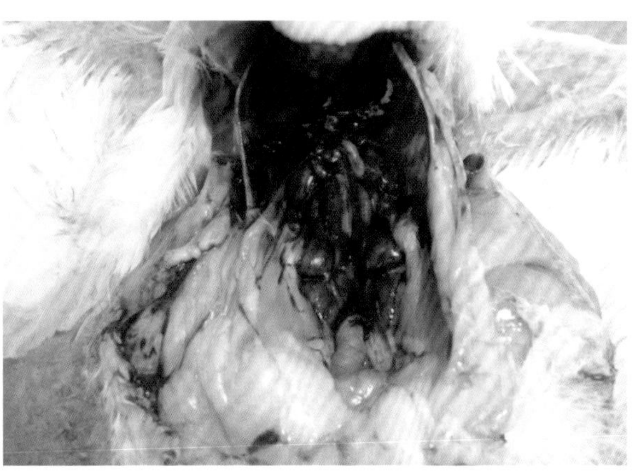

图 7-1-50　肾脏肿大，淤血（刁有祥　供图）

（四）诊断

该病主要根据鸡群有食用过含有聚醚抗生素饲料的病史，结合出现厌食、瘫软、肢体无力、腹泻等症状，及剖检内脏器官广泛性出血、充血等病变，可作出初步诊断。必要时可进行动物毒性试验，来进一步确诊。

聚醚类抗生素中毒应与传染性脑脊髓炎、维生素 B_2 缺乏症等鉴别开来。鸡维生素 B_2 缺乏症主要表现为绒毛卷曲、爪向内侧屈曲、关节肿胀和跛行。在添加大剂量的维生素 B_2 后，轻症病例可以恢复，大群中不再出现新的病例；禽传染性脑脊髓炎主要表现为头颈震颤与共济失调等，而聚醚类抗生素中毒时，病鸡瘫痪，不能站立，无头颈震颤的现象。

（五）防治

1. 预防

①预防该病发生，首先应注意按照说明用药，不要盲目加大用药剂量，并在使用时做到计算和称量准确。如马杜拉霉素虽然对于鸡球虫病具有很好的防治作用，但安全范围小，使用时一定要严格按照规定应用，即以纯品 5 mg/kg 拌料且混合均匀，如果超过 6 mg/kg 即有发生中毒的危险。

②严禁将同类药物混合使用。使用前应注意药物有效成分，勿将同一成分不同名称的两种药物同时应用，产蛋鸡禁用。

③给鸡群用药时，要将饲料与药物搅拌均匀，颗粒料不宜使用本药。

2. 治疗

对聚醚类抗生素中毒的治疗首要原则为排毒、保肝、补液和调节机体钾、钠离子平衡。

①中毒鸡应立即停止用药，及时清除食槽与地面的残留饲料，更换饲料，并在饲料中添加维生素 K_3 等。

②用 2% ～ 3% 葡萄糖饮水，同时添加 0.01% ～ 0.02% 维生素 C，对排除毒物、减轻症状、提高鸡群抗病力有一定效果。

③对不能站立、走动的鸡，可腹腔或皮下注射 5% 葡萄糖生理盐水，每只 5 ～ 10 mL，同时肌内注射维生素 C，每只 50 mg，每天 1 ～ 2 次，有一定效果。还可注射抗氧化剂维生素 E 和亚硒酸钠溶液，降低聚醚类抗生素的毒性作用。

④防风 15 g、甘草 30 g、绿豆 500 g，水煎取汁，加入葡萄糖 50 g，混匀后饮水服用。

七、喹诺酮类药物中毒

喹诺酮类药物（Quinolones）是一类人工合成的广谱、高效、低毒、新型的抗菌药，包括诺氟沙星（氟哌酸）、培氟沙星（甲氟哌酸）、氧氟沙星（氟嗪酸）、环丙沙星、洛美沙星、恩诺沙星、达氟沙星、二氟沙星、沙拉沙星等。其中，后 4 种为动物专用的氟喹诺酮类药物，洛美沙星、培氟沙星、氧氟沙星、诺氟沙星 4 种人兽共用抗菌药物已被农业农村部禁止用于食品动物。由于此类药物抗菌谱广、杀菌力强，广泛用于家禽细菌性疾病的防治，但常常由于使用不当导致药物中毒。喹诺酮类药物通过抑制 DNA 解旋酶作用，阻碍 DNA 合成而导致细菌死亡。根据试验研究，氟喹诺酮类药物并不是直接与 DNA 解旋酶结合，而是与 DNA 双链中非配对碱基结合，抑制 DNA 抑螺旋酶的 A 亚单位，使 DNA 超螺旋结构不能封口，这样 DNA 单链暴露，导致 mRNA 与蛋白合成失控，最后细菌死亡。

近年来，因喹诺酮类药物的超量使用导致鸡中毒的病例较多，中毒鸡所表现的神经症状和骨骼发育障碍与氟有关。氟是家禽生长发育必需的微量元素，主要参与骨骼生理代谢，维持钙磷平衡，同时与神经传导介质和多种酶的生化活性有关。超量氟进入肠道后，一部分能与饲料中的营养钙结合生成非溶性氟化钙，破坏钙磷平衡，引起生理性钙源匮乏；一部分能与血钙结合经肾随尿排出，这样更加重了营养性钙源不足，影响了机体的生理需要，此时为了保持血钙平衡，只有动用骨骼中的钙储备，使已经钙源不足的骨组织再度脱钙，势必造成骨钙缺乏，引起骨质松软，影响机体的运动功能，发生一系列的病理变化。

（一）病因

喹诺酮类药物为高效低毒的抗菌类药物，当临床应用中用药量计算错误，或使用时盲目加大剂量，或长时间连续用药，可导致鸡群中毒或蓄积中毒。喹诺酮类药物极易使鸡群产生耐药性，当长期使用造成治疗效果不佳时，养殖户便随意加大剂量。此外，拌料投药时混合不均，部分鸡只摄取过量引起中毒。

（二）症状

中毒鸡群主要表现为神经系统和消化道反应。中毒初期对外界变化十分敏感，尤其是对光、声敏感；站立不稳，运动失调，时而出现惊厥症状。随着病程发展，鸡群精神不振，垂头缩颈，眼半闭或全闭，呈昏睡状态；羽毛蓬松无光泽，采食饮水减少（图 7-1-51、图 7-1-52）；病鸡不愿走动，双腿不能负重，匍匐卧地，刺激有反应，但不能自主站立，瘫痪，腿伸向一侧或两侧（图 7-1-53、图 7-1-54）；喙趾、爪、腿、翅、胸肋骨柔软，可随意弯曲，不易断裂；粪便稀薄，呈石灰渣样。死前神经症状更为明显，表现为尖叫、转圈、头颈及两肢强直，痉挛而死。

图 7-1-51　病鸡精神沉郁，羽毛蓬松，缩颈（刁有祥　供图）

图 7-1-52　病鸡精神沉郁，缩颈，闭眼嗜睡（刁有祥　供图）

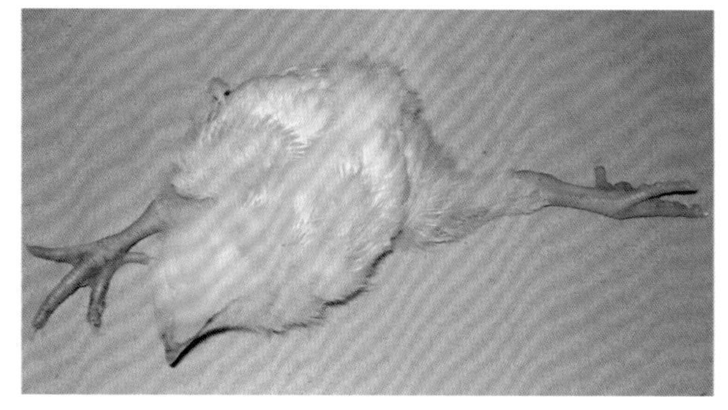

图 7-1-53　病鸡瘫痪，腿伸向两侧（刁有祥　供图）

图 7-1-54　病鸡瘫痪，腿伸向一侧或两侧（刁有祥　供图）

（三）病理变化

嗉囊、肌胃、腺胃内容物较少，胃肠空虚，有出血性炎症；肠黏膜脱落，肠壁变薄，有轻度出血；肝脏淤血、肿胀，胆囊胀满；肾脏肿胀出血；输尿管、皮下、胸腿肌与关节腔内充满白色尿酸盐沉积；肌胃角质膜、腺胃与肌胃交界处出现溃疡，肌胃内含较多黏性液体，肌胃黏膜易剥离；脑组织充血、水肿。雏鸡出现软骨和骨骼发育不良，关节软骨有不同程度的损伤。

组织学变化表现为肝脏、肾脏、心脏等实质器官发生明显的颗粒变性、水泡变性或脂肪变性，并出现不同程度的充血、出血，腺胃、小肠黏膜充血、出血；脑部水肿充血；肺脏充血、出血、水肿；法氏囊、胸腺、脾脏发育不良、充血出血。

（四）诊断

根据病鸡群有使用或长期、大量使用过喹诺酮类药物的病史，以及上述中毒症状、病理变化等，可作出初步诊断。必要时进行动物毒性试验确诊。

（五）防治

1. 预防

①严禁大剂量或长期给鸡群使用喹诺酮类药物，严格控制用药剂量和用药时间，以免使鸡群产生耐药性，避免鸡群因使用过量喹诺酮类药物引起中毒。

②对于肾脏功能损伤的鸡应慎用喹诺酮类药物；雏鸡勿用恩诺沙星等氟喹诺酮类药物。

③喹诺酮类药物不宜与其他抗生素同时使用，防止增强其毒性引起鸡群中毒。

2. 治疗

当鸡群发生中毒时，应立即停止使用喹诺酮类药物，停止饲喂含有喹诺酮类药物的饲料或饮水，更换成新鲜的饲料与饮水。同时，应对中毒鸡群采取对症治疗，可在饲料中加入钙制剂，同时用 2% ～ 3% 葡萄糖和 0.01% 维生素 C 饮水。

八、金刚烷胺中毒

金刚烷胺（Amantadine）与金刚乙胺（Rimantadine）是最早用于抑制流感病毒的抗病毒药，对某些 RNA 病毒有干扰病毒进入细胞，阻止病毒脱衣壳及其核酸释放等作用，能特异性抑制甲型流感病毒，对其敏感株有明显的化学预防效应。金刚烷胺为对称的三环癸烷，其抗病毒作用无宿主特异性，口服易吸收，在胃肠道吸收迅速且完全，在体内不残留，90% 以上以原形经肾脏排出。金刚烷胺、金刚乙烷常用治疗量为拌料每千克饲料 200 mg，每升饮水添加 100 mg。金刚烷胺的治疗剂量与产生副作用的剂量很接近，当其用量过大时，对肾脏的损害很大，进入体内的金刚烷胺不能正常排出，造成在体内蓄积中毒。

金刚烷胺、金刚乙胺为人用抗病毒药物，国家已禁止用于畜禽，但仍有个别违法使用现象，致使出现中毒。

（一）症状

轻度中毒时，病鸡兴奋性增加，出现乱飞、乱跳现象。严重时病鸡群精神沉郁，食欲下降，羽毛蓬松，生长发育迟缓，排绿色稀便；发病鸡不愿走动，躯体贴地，闭眼缩颈；濒死期共济失调，出现神经症状，头颈震颤，角弓反张，最后抽搐而死。

种鸡产蛋期间不宜使用，否则会使其在种蛋中蓄积，导致孵化率降低，孵化出的雏鸡畸形，羽毛发育障碍，呈米粒状，严重者皮肤无毛（图 7-1-55、图 7-1-56）。

（二）病理变化

心肌、心冠脂肪有出血斑，严重的心脏破裂（图 7-1-57、图 7-1-58），心包腔内充满大量血液，心肌有条纹状出血；腺胃出血、肌胃角质膜溃疡；肝脏肿大，呈土黄色；脾脏肿大；腿部和颈部肌肉出血，肾脏肿大，有出血点，输尿管有尿酸盐沉积；肠黏膜脱落，弥漫性出血、充血，内容物混有血液，泄殖腔黏膜出血；肺脏充血、出血，气管、喉头弥漫性充血、出血。

（三）治疗

当鸡群发生中毒后，立即停喂金刚烷胺，使用 2% ～ 3% 葡萄糖和 0.01% 维生素 C 饮水，连用 3 ～ 5 d。

图 7-1-55　受精蛋前期胚胎死亡
（刁有祥　供图）

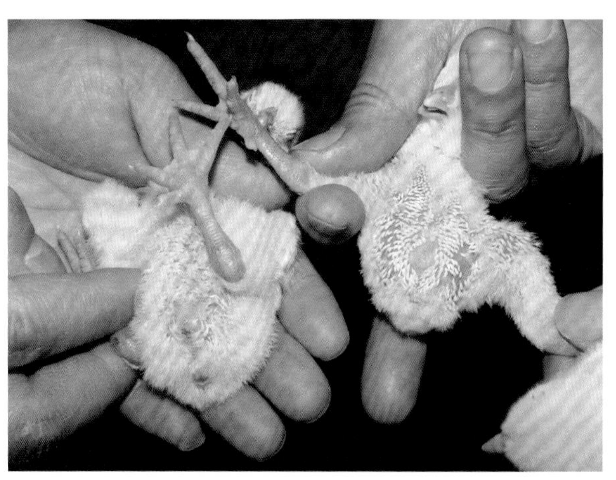

图 7-1-56　腹部羽毛发育障碍，呈米粒状
（刁有祥　供图）

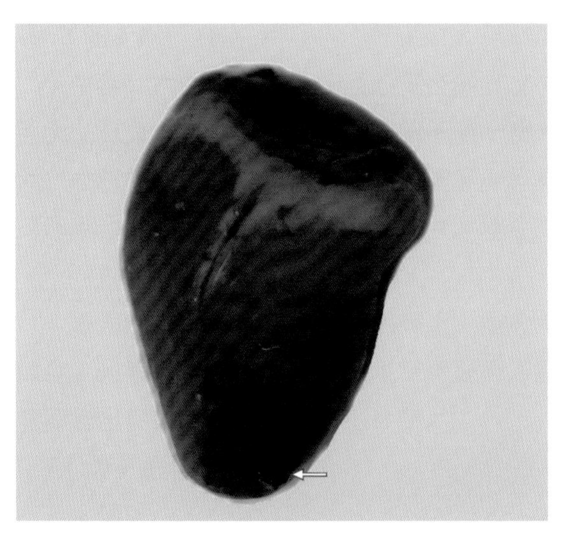

图 7-1-57　心脏破裂，心外膜出血
（刁有祥　供图）

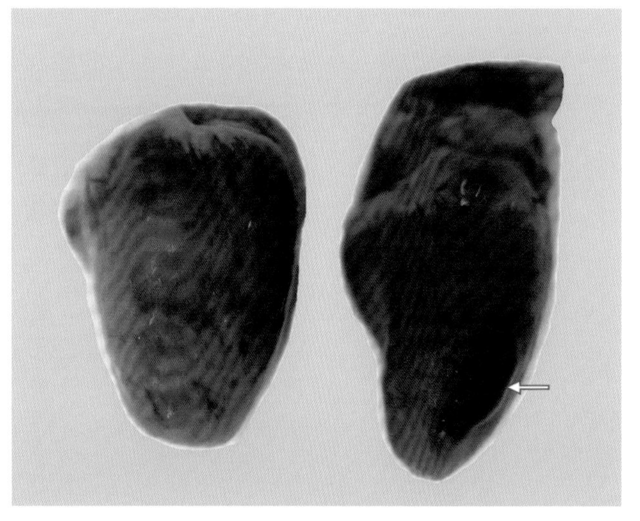

图 7-1-58　心外膜条纹状出血，心脏破裂
（刁有祥　供图）

第二节　矿物质中毒

一、硫酸铜中毒

硫酸铜（Copper sulfate）又称蓝矾，化学式为 $CuSO_4$，是一种透明、蓝绿色、易溶于水与有机溶剂的化学物质。硫酸铜应用较为广泛，农业上以 0.5% ～ 1.4% 浓度与 1.5% 石灰乳混合成波尔多液用于防治果树、蔬菜及大田作物的病虫害。在畜禽养殖业主要用作微量元素添加剂，其在动物机体造血、新陈代谢、生长繁殖、维持生产性能、增强抵抗力等多方面均发挥着不可替代的作用。在饲料中添加硫酸铜可防止饲料发霉变质，当家禽发生曲霉菌中毒时用硫酸铜作为治疗药物。但硫酸铜加入剂量过大，常会引起家禽中毒病的发生。高浓度硫酸铜对局部皮肤和黏膜有腐蚀和刺激作用，大剂量的硫酸铜能引起肝脏、心脏、肾脏等的损伤，对甲状腺素、肾上腺素及一些酶的活性均有抑制作用。

（一）病因

硫酸铜对局部皮肤、黏膜有刺激作用，吸收后可损伤肝、肾和神经系统，慢性中毒可发生溶血性贫血。

1. 急性中毒

①鸡群采食了刚喷洒过含有硫酸铜农药的蔬菜、作物及饲草。

②用作饮水时，硫酸铜溶液配制浓度过高。其浓度应为 1∶（2 000 ～ 3 000），连续饮用不得超过 10 d，若浓度达到 1∶1 500 即能引起鸡群中毒，1∶400 可迅速致死。

③当鸡群出现铜缺乏症，或治疗、预防曲霉菌病和口疮炎等疾病时，过量使用了硫酸铜。

④个别鸡吃进未融化的硫酸铜颗粒。据报道，1.0 ～ 1.3 g 的结晶盐水溶液可引起家禽死亡，鸡的最小致死量为每千克体重 0.9 g 硫酸铜结晶。

2. 慢性中毒

①饲料中硫酸铜添加量过大，或未碾碎拌匀。

②用作饮水时，硫酸铜溶液使用时间过长。

③长期使用长有铜绿的铜制器皿喂料喂水。

（二）症状

临床上依据发病的时间和临床表现将鸡硫酸铜中毒分为急性中毒和慢性中毒两种。

1. 急性中毒

病鸡主要表现为流涎、腹泻，呼吸困难，步态不稳。严重中毒的鸡初期表现兴奋，易惊厥，继而精神沉郁、消瘦，食欲废绝，行走无力（图 7–2–1）。粪便混有绿色黏液或黑褐色黏液（图 7–2–2），有的混有脱落的黏膜碎片，死前出现痉挛、麻痹和昏迷等现象。通常于发病后 2 ～ 3 d 死亡。

图 7-2-1 病鸡精神沉郁，闭眼嗜睡（刁有祥 供图）

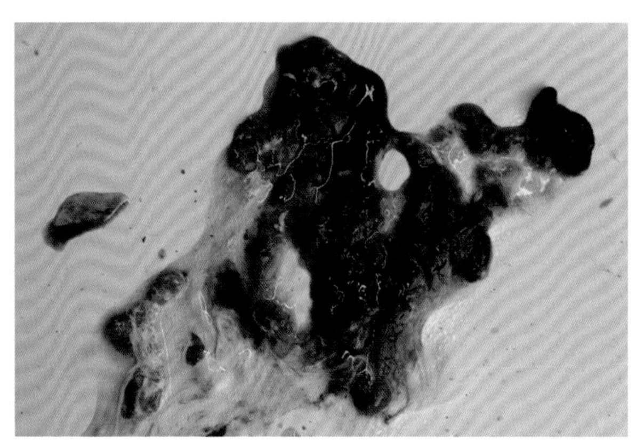

图 7-2-2 病鸡排绿色稀便（刁有祥 供图）

2. 慢性中毒

非中毒量的硫酸铜连续给予可在鸡体蓄积，早期为铜积累阶段，肝脏铜的浓度大幅度升高，当肝脏蓄积到一个危险量时，铜被释放到血液，肝脏功能明显异常，血浆铜的浓度逐渐升高，后期发生严重的溶血。病鸡表现为精神沉郁，厌食，黏膜黄疸，粪便变黑，并表现不同程度的生长抑制，雏鸡还表现出发育不良的症状，产蛋鸡产蛋量下降。

（三）病理变化

急性硫酸铜中毒时，病鸡口腔黏液增多（图 7-2-3），口腔、舌、食道下部和嗉囊黏膜水肿、坏死，有溃疡灶（图 7-2-4）；胃肠内容物呈蓝绿色；腺胃黏膜肿胀或脱落，有灰白色或淡黄色黏液；肌胃角质层增厚或龟裂、脱落，肌层坏死，呈黄褐色或浅绿色（图 7-2-5、图 7-2-6）；小肠前段肠腔有灰黄色较稀薄的内容物，黏膜充血、出血甚至溃疡（图 7-2-7），后段充满干燥的铜绿色或黑褐色内容物，黏膜肿胀潮红；胸腹腔内有红色积液；肝肾实质器官发生脂肪变性或坏死、肿大，呈古铜色，被膜有散在斑状或点状出血；有不规则充血区；胆囊肿大，充满蓝绿色胆汁（图 7-2-8）；胰腺呈灰白色。脾脏肿大，胸腺肿大、出血（图 7-2-9、图 7-2-10）。

慢性硫酸铜中毒则以全身性黄疸和溶血性贫血为主要特征。血液呈巧克力色；腹腔内有大量淡黄色腹水；肝脏肿大、质脆，呈淡黄色；肾脏肿大，心外膜有出血点，肠道内容物呈深绿色。

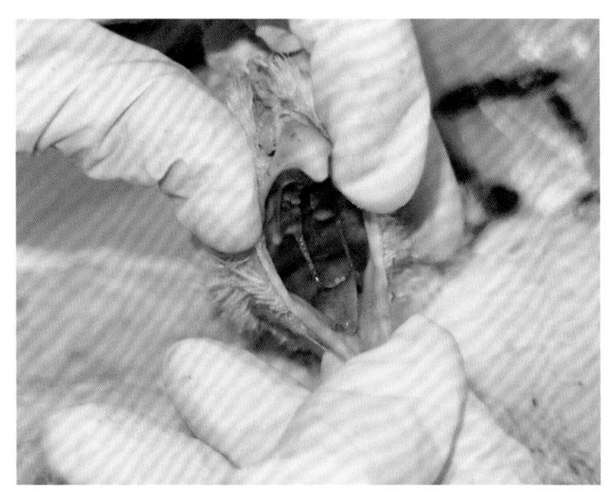

图 7-2-3 病鸡口腔黏液增多，舌黏膜呈浅绿色（刁有祥 供图）

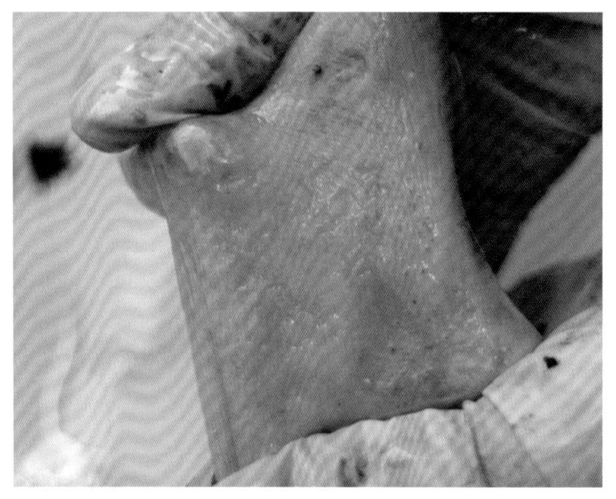

图 7-2-4 嗉囊黏膜水肿、溃疡（刁有祥 供图）

图 7-2-5　腺胃黏膜肿胀，肌胃角质膜呈浅绿色，糜烂（刁有祥　供图）

图 7-2-6　腺胃黏膜肿胀，肌胃角质膜呈褐色，糜烂、脱落（刁有祥　供图）

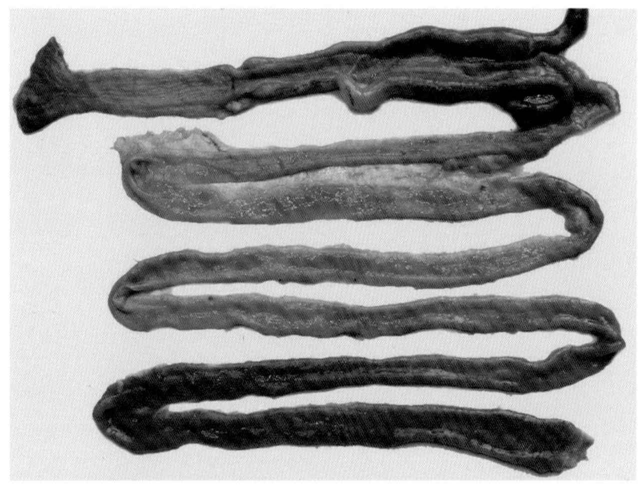

图 7-2-7　十二指肠黏膜充血（刁有祥　供图）

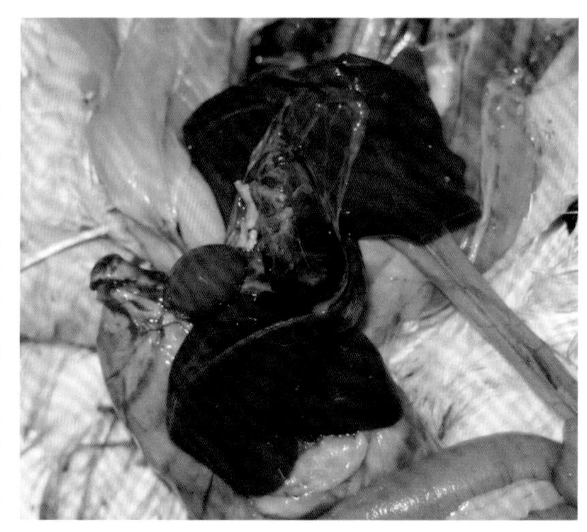

图 7-2-8　胆囊充满胆汁（刁有祥　供图）

图 7-2-9　胸腺肿大、出血（一）（刁有祥　供图）

图 7-2-10　胸腺肿大、出血（二）（刁有祥　供图）

组织学病变主要表现在肝脏、消化道、肾脏和心脏。肝脏呈现颗粒变性和空泡变性，死亡病例还可见中央静脉、肝窦以及间质小血管扩张充血；消化道病变主要表现在肌胃角质层显著增厚，呈条索状，肌层平滑肌可见坏死灶；肠黏膜变性、脱落，肠绒毛断裂，肌层平滑肌着色不均，竹节状，或可见空泡变性；肾脏呈现颗粒变性、空泡水肿，多数病例可见肾小管上皮细胞核浓染，死亡病例可见肾小管间质增宽水肿，中央静脉、间质小静脉以及肾小管之间的毛细血管扩张充血；心肌表现为颗粒变性，纤维肿胀。

（四）诊断

本病根据病鸡有内服硫酸铜或食入含有硫酸铜的饲料或蔬菜的病史，出现腹泻、胃肠炎，血液呈褐色、易凝固等症状及病理剖检变化，可作出初步诊断。必要时，可做硫酸铜的定性检验。取胃肠内容物或粪便，加入氨水，胃肠黏膜及粪便由蓝绿色变为灰黑色可协助诊断。

（五）防治

1. 预防

预防鸡群发生硫酸铜中毒最重要的措施是严格控制硫酸铜摄入剂量。

①为预防鸡硫酸铜中毒，临床用硫酸铜进行饮水治疗时应严格限制使用浓度和时间。饮水浓度应掌握在 1 :（3 000 ～ 15 000），待完全溶解后给鸡群饮水，连用 3 d，时间不宜过长。

②定期监测饲料中硫酸铜含量，超过动物耐受量时，可喷洒磷钼酸盐，或在饲料中添加少量钼、锌、硫等，以预防硫酸铜中毒。禁止硫酸铜与油类和酸类药物同时使用。

③对喷洒过硫酸铜或波尔多液的蔬菜、青草等应冲洗后再饲喂鸡群。

④配制溶液时最好用蒸馏水，不用河水或溪水。

2. 治疗

治疗硫酸铜中毒的原则是立即停止饲喂含有硫酸铜的饮水、饲料。若鸡群出现轻度中毒，及时停用硫酸铜，保证鸡群安静，在更换饲料或饮水后，同时给予牛奶、蛋清、豆浆等水溶液饮水，鸡群可逐步康复；对急性中毒的鸡，可灌服硫酸镁，同时灌服少量牛奶，或加入少许鸡蛋清拌匀后灌服，每只 5 ～ 10 mL，以保护胃肠黏膜，减少硫酸铜的吸收，随后再灌服硫酸钠 2 g，效果会更好。也可在饮水中添加 2% ～ 3% 葡萄糖，以提高机体解毒能力。

二、食盐中毒

食盐（Salt）的主要成分是氯化钠，化学式为 $NaCl$，是禽类保持正常生理活动必需的营养物质，一般占日粮的 0.25% ～ 0.5%。食盐作为一种电解质，主要用于补充钠，以维持鸡体内的酸碱平衡和肌肉的正常活动，同时还可增加饲料适口性，增强鸡群食欲，以促进机体的消化和代谢。缺乏食盐则会引起鸡群食欲减退，疲乏无力，影响机体发育，甚至出现低渗性脱水；若摄入食盐过多，则会引起大量氯化钠进入血液，导致组织细胞脱水，血钾增高，红细胞运输氧的能力下降，造成组织缺氧。此外，细胞通透性增强，细胞内的酶和钾离子大量进入细胞外液，细胞内渗透压增高，酶活性降低，造成整个机体代谢紊乱。此外，食盐中的氯离子可直接作用于中枢，使运动中枢障碍；钠离子可增强神经肌肉的兴奋性，使鸡群出现共济失调、肌肉痉挛等神经症状。鸡食盐中毒是由于摄入食盐搭配过多的饲料，加之饮水不足而引起的中毒症，其主要以神经系统和消化系统紊乱为主要临床特征。

（一）病因

鸡对食盐最小致死量为每千克体重 4 g，鸡饲料中的食盐含量为 0.25% ～ 0.5%，可保证鸡群正常的需要。不同品种、不同日龄的鸡对食盐的敏感性略有不同：0 ～ 4 周龄肉用仔鸡的食盐添加标准为 0.37%，5 周龄以上为 0.35%；蛋用雏鸡日粮中食盐的安全量小于 0.6%，中度量为 0.8% ～ 1.0%，致死量为 1.2%；成年蛋鸡日粮中食盐的安全量为 1%，超过 1% 产蛋率下降，当食盐含量为 2.5% 时，6 d 则出现死亡。鸡食盐中毒的常见原因如下。

一是饲料搭配不当或计算错误，日粮中加入食盐过多或配料时称取食盐不准确，盲目添加而引起鸡食盐中毒并造成鸡群死亡。鸡饲料中食盐含量通常为 0.25% ～ 0.5%，当雏鸡饲料中含盐量达 0.7%、成年鸡饲料中含盐量达到 1% 时，即会引起鸡群明显的口渴和粪便含水量增加；若雏鸡饲料中含盐量达 1%，成年鸡饲料含盐量达 3% 时，即可引起中毒。

二是当饮水中含盐量超过 0.5% ～ 0.8%，即可使鸡中毒。雏鸡对食盐尤其敏感，当雏鸡饮水中含 0.9% 食盐时，5 d 之内死亡率可达 100%。成年鸡比雏鸡耐受力大。

三是配料时忽视非常规饲料（如酱渣、出口肠衣下脚料、骨粉、骨油、肉品加工的汤油、脱核酵母等原料）中所含食盐，或者未测定鱼粉、鱼干等含盐量，导致重复加盐而引起鸡食盐中毒。

四是当饲料中缺乏维生素 E、含硫氨基酸、钙和镁时，可增加鸡群对食盐的敏感性，进而促进该病的发生。

五是尽管饲料中总体含量不高，但混合不均，粒度不一，部分鸡采食量过多，也会发生中毒。

六是与饮水质量和数量有关。饲料质量正常但饮水质量较差，含有较高的盐分（往往与地区有关，有的地区中含盐量均较高），饮水不足则会加重食盐中毒。

七是饲养管理不当，饮水槽内水太少，鸡只得不到足够饮水，或水的质量差，不清洁，鸡舍环境卫生差，也能诱发食盐中毒。喂料不及时，造成鸡群饥饿，大量啄食料槽底部残存的含食盐过多的沉积细粉料，都会使食盐在鸡体内含量相对增加，造成中毒。此外，养殖环境恶劣等会导致鸡群的抗病能力下降，生理机能失调，导致摄入的营养物质不能正常在体内吸收和利用，有毒物质在胃肠道内大量蓄积，从而引发食盐中毒。

八是环境温度较高，机体水分大量丧失，可降低机体对食盐的耐受量。

九是饮口服补液盐过量。口服补液盐中含有食盐和碳酸氢钠，若过量饮用就会引起中毒。

（二）症状

当鸡群摄入大量食盐后，其血液中一价阳离子增多，使中枢神经处于兴奋状态。初期病鸡表现为惊恐，兴奋不安，食欲减少或废绝。过多食盐被摄入后，大部分滞留于消化道，直接刺激胃肠黏膜引起炎症反应，胃肠内容物渗透压升高，组织失水，导致病鸡争抢喝水，饮水量增加；嗉囊扩张，较软，含有大量液体，口鼻内有黏液流出；腹泻，排水样稀粪，有的出现皮下水肿；不久转为两肢无力，运动失调，不愿走动，精神委顿，重则完全瘫痪。后期病鸡出现呼吸困难，嘴不停地张合，伸颈摇头，有时出现神经症状，头颈痉挛性扭转，口腔黏膜干燥，鸣叫呻吟，胸腹朝天，抽搐，最后衰竭死亡。产蛋鸡产蛋量下降，软壳蛋、无壳蛋等畸形蛋增多，蛋壳变薄，白壳蛋增多，蛋清较稀呈水样，排稀便，饮水增多，采食减少，全群精神沉郁。

雏鸡食盐中毒后发病急，死亡快，常出现神经症状，兴奋不安，不断鸣叫，盲目冲撞；头颈后仰，胸腹朝天，或用脚蹬地，头颈不断旋转；疯狂饮水，食欲不振或废绝，嗉囊软胀，倒提鸡只或轻轻挤压嗉囊有大量液体流出。后期精神沉郁，弓背缩颈、垂头闭眼，排水样稀便，最终因麻痹死亡（图 7-2-11、图 7-2-12）。慢性中毒后主要表现为持续性腹泻、厌食或发育迟缓等。

（三）病理变化

鸡群发生食盐中毒后，病变主要表现在消化道，消化道黏膜因大量食盐的刺激而出现出血性卡他性炎症。头颈、胸腹部皮下有淡黄色、胶冻样水肿（图 7-2-13 至图 7-2-17），腹部膨胀，腹腔中充满大量淡黄色液体（图 7-2-18）；嗉囊充满黏性分泌物，黏膜脱落；食道、腺胃黏膜充血、出血，有时表面形成伪膜；肌胃角质层变黑，质软、易脱落，轻度充血、出血；肠道明显充血和出血，肠黏膜脱落，肠道内有稀软带血的粪便（图 7-2-19）。肝脏肿大，呈土黄色（图 7-2-20、图 7-2-21）；肾脏肿大，呈土黄色，肾脏及输尿管充满尿酸盐沉积；胆囊充盈；肺脏淤血、水肿（图 7-2-22）；腹腔和心包腔积液，心冠脂肪周围有胶冻样渗出物，表面有针尖状出血点；全身血液浓稠，凝固不良；脑膜充血、水肿，脑软化（图 7-2-23、图 7-2-24），有时可见针尖状出血点。慢性食盐中毒的鸡群，其主要病变在脑部，表现为大脑皮层软化、坏死，而胃肠道病变不明显。

（四）诊断

食盐中毒可根据病鸡过饲食盐或限制饮水等病史，以及出现神经症状等临床表现诊断。为进一步确诊，可采饮水、饲料、胃内容物，以及肝脏等组织进行氯化钠含量测定。

取嗉囊、肌胃内容物、肝脏、肌肉或脑组织 25 g，放于烧杯中，加入蒸馏水 200 mL 放置 4 ～ 5 h，其间振荡；再加入 250 mL 蒸馏水混合均匀后过滤；取 25 mL 滤液，加入 0.1% 刚果红溶液 5 滴，再用硝酸银溶液滴定，出现沉淀后继续滴至液体呈轻微透明为止。记录硝酸银溶液的用量，即可得出食盐含量。若肝脏、脑和肌肉中的氯化钠含量分别超过 1 800 mg/kg、2 500 mg/kg、700 mg/kg 即可认为是食盐中毒。

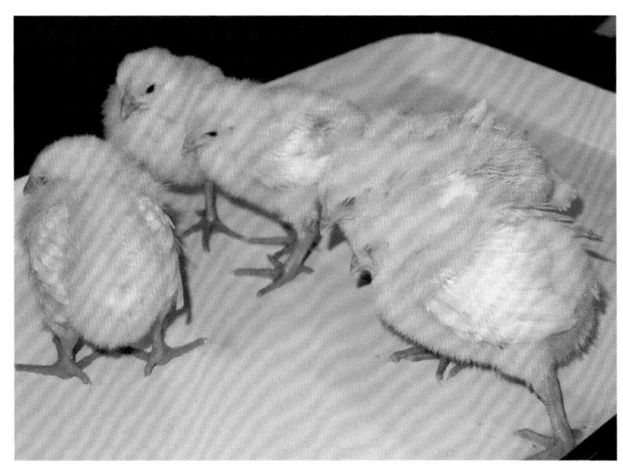

图 7-2-11　病鸡精神沉郁，垂头缩颈（刁有祥 供图）

图 7-2-12　病鸡精神沉郁，胸腹下垂（刁有祥 供图）

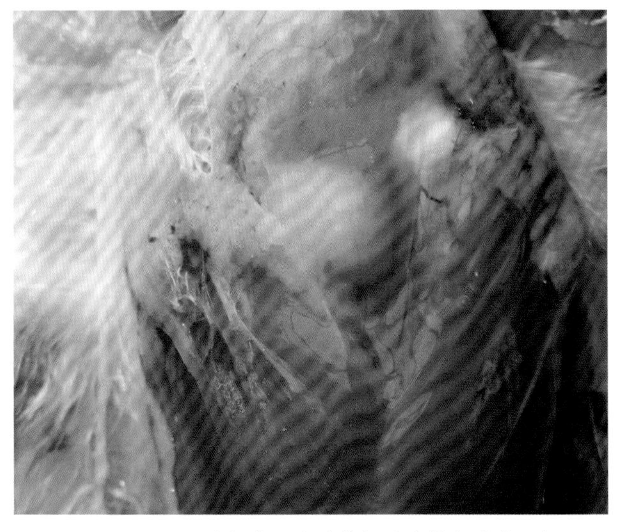

图 7-2-13　胸部皮下有淡黄色胶冻状水肿（一）（刁有祥 供图）

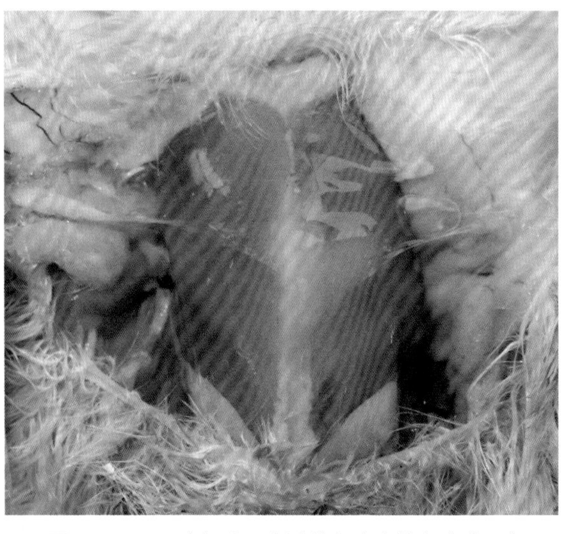

图 7-2-14　胸部皮下有淡黄色胶冻状水肿（二）（刁有祥 供图）

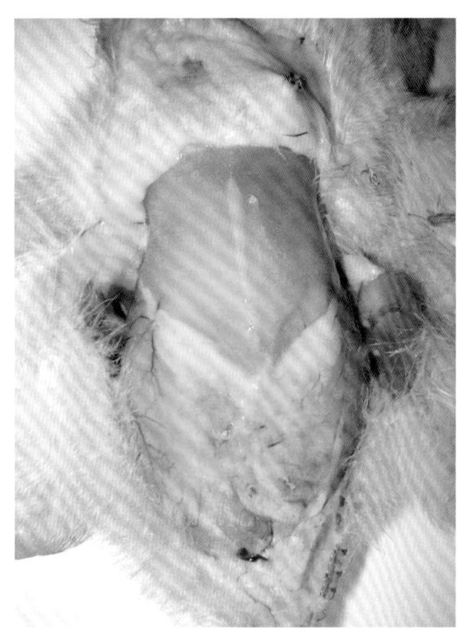

图 7-2-15 腹部皮下有淡黄色胶冻状水肿（一）（刁有祥 供图）

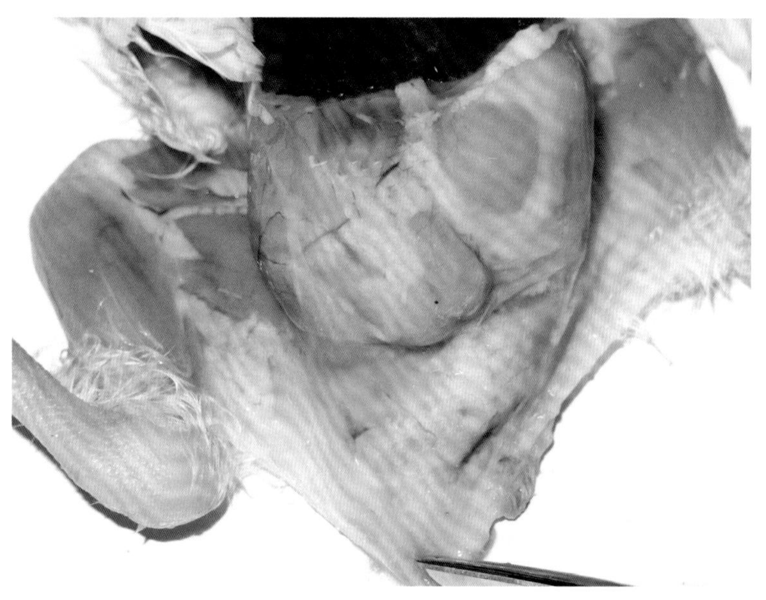

图 7-2-16 腹部皮下有淡黄色胶冻状水肿（二）（刁有祥 供图）

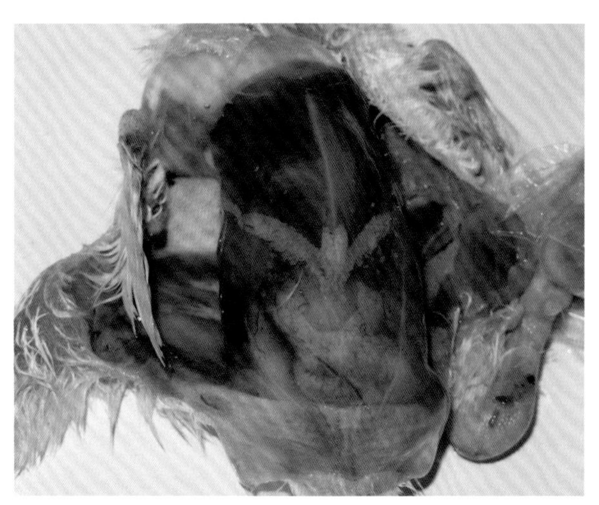

图 7-2-17 胸腹部皮下有淡黄色胶冻状水肿（刁有祥 供图）

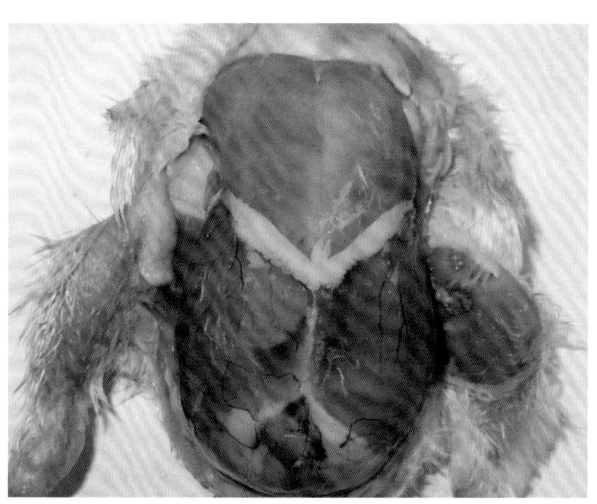

图 7-2-18 腹部膨胀，腹腔中充满淡黄色液体（刁有祥 供图）

图 7-2-19 肠黏膜弥漫性出血（刁有祥 供图）

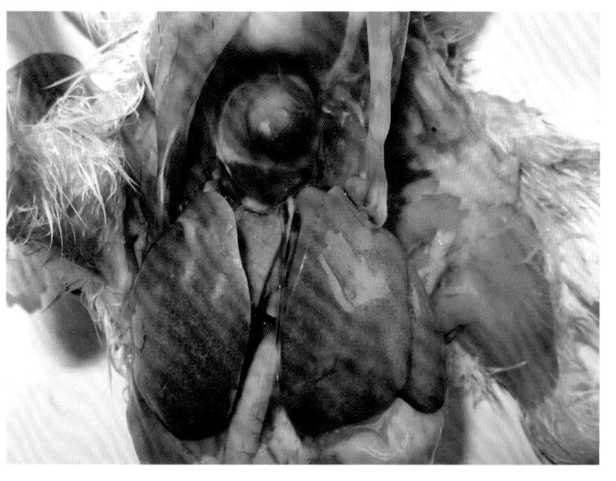

图 7-2-20 肝脏肿大，呈土黄色（一）（刁有祥 供图）

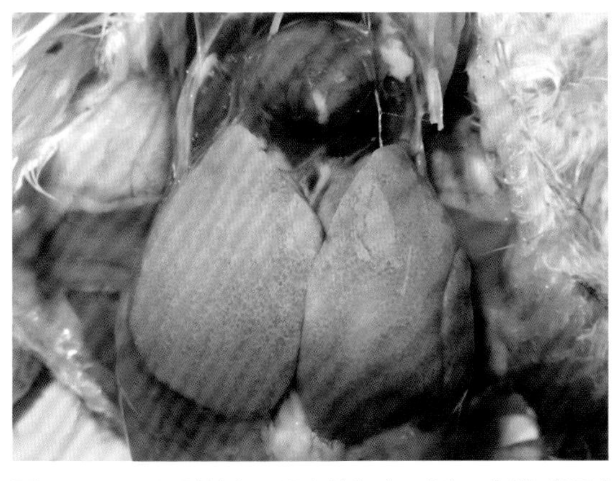

图 7-2-21　肝脏肿大，呈土黄色（二）（刁有祥　供图）

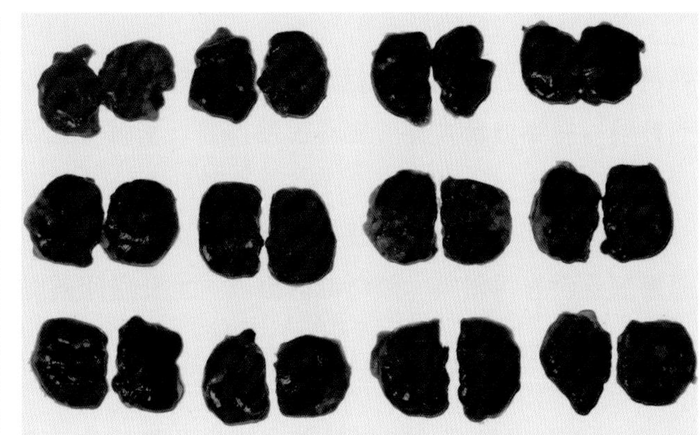

图 7-2-22　肺脏淤血、水肿（刁有祥　供图）

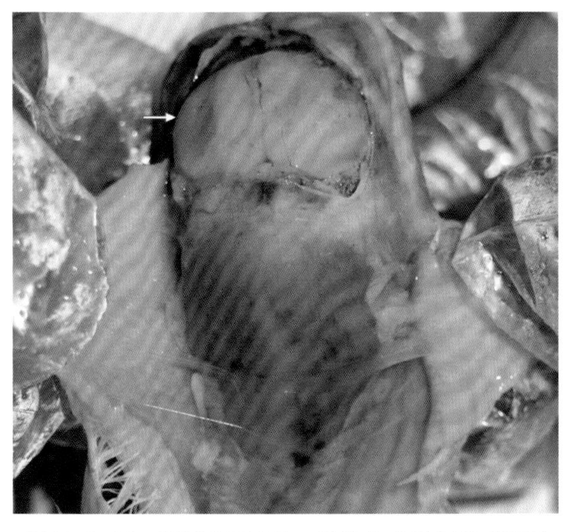

图 7-2-23　颈部皮下水肿，脑软化（刁有祥　供图）

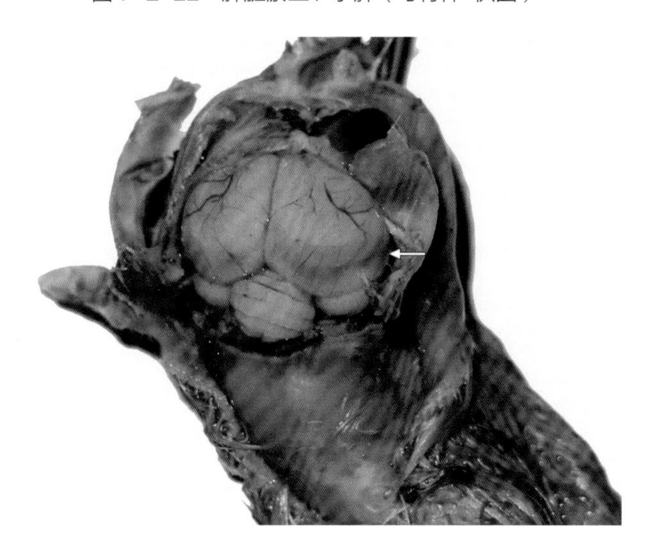

图 7-2-24　脑水肿（刁有祥　供图）

（五）防治

1. 预防

①预防食盐中毒，要严格控制饲料中食盐的含量，精确计算，准确称量。

②加强饲料的管理与配制工作，在配制饲料时要注意根据鸡不同的生长阶段计算含盐的需求量。选择饲料原料时要注意其中的含盐量，尤其对雏鸡更应慎重。配制饲料时，粗盐一定要磨细，混合均匀，并保证供给清洁新鲜的饮水。在搅拌饲料时要充分，防止造成局部饲料中含盐浓度过高。

③充分考虑增加摄取食盐量的因素。除饲料中日常添加的食盐外，还应考虑鱼粉、鱼干、地下水中含盐量，以免发生重复用盐的情况。有条件的应对每批鱼粉、鱼干含盐量进行测定后再应用。

2. 治疗

①一旦发现中毒，应立即停喂原有的饲料和饮水，改喂新鲜充足的糖水或清洁饮水，少量多次，防止一次性给予大量饮水，使盐分大量吸收，造成鸡群大批死亡；改喂无盐、易消化的饲料，以加快体内钠离子排出、恢复机体水盐平衡、保护胃肠黏膜等，轻度或中度中毒的鸡群便可恢复。中毒严重时，要限制供给饮水，每隔 1 h 让其自由饮水 15 min，避免一次性大量饮水加重组织水肿。

②中毒较轻的鸡只可供给 2% ～ 3% 葡萄糖水饮用，并加适量维生素 C，连用 3 ～ 4 d，以保护肝脏提高其解毒机能，同时消除心包及腹腔内积水，还可选用 10% 葡萄糖饮水，并在饮水中加入适量的氯化钙或葡萄糖酸钙，病情严重者另加 0.3% ～ 0.5% 醋酸钾溶液，连用 3 ～ 4 d，不能自饮的，可逐只灌服。中毒不严重者一般可自愈，重者往往预后不良。

③此外，病鸡可饲喂淀粉、牛奶、豆浆等包埋剂以保护胃肠黏膜，或灌服适量植物油，以排出胃肠道内的食盐，防止食盐进一步损伤消化道黏膜。有条件可以肌内注射葡萄糖酸钙，雏鸡 0.2 mL、成年鸡 1 mL，也可以肌内注射 20% 安钠咖，雏鸡 0.1 mL、成年鸡 0.5 mL。

④可用鲜芦根 50 g、绿豆 50 g、生石膏 30 g、天花粉 30 g，水煎服；也可用甘草 500 g、绿豆 2 500 g，水煎服；亦可用生葛根 100 g、甘草 10 g、茶叶 20 g、加水 1 500 mL，煮沸 30 min，过滤去渣，供 100 只鸡自由饮用。

三、硒中毒

硒（Selenium）是一种微量元素，对维持细胞质膜的稳定及一些酶的活性具有重要的生理功能。一般情况下，由于土壤中含硒量很低，临床上常见的是因硒的营养不足而发生的各种硒缺乏症。但若鸡群硒的摄入量过高（饲料中浓度若超过 4 mg/kg），则会发生中毒，严重者可导致急性死亡。低价硒比高价硒的毒性强。

（一）病因

硒对动物毒性较大，安全范围窄，当鸡的日粮中硒含量较高且长期摄入时，可发生蓄积中毒，种鸡生产性能下降。鸡对硒的需要量为每千克体重 0.1 ～ 0.2 mg，研究显示，当日粮中硒含量为 0.000 5% 时，可导致孵化率降低，鸡胚畸形；当日粮中硒含量为 0.001% 时，则种蛋完全丧失孵化能力。鸡硒中毒常见的原因如下。

一是紫云英等植物能选择性地吸收硒，硒在这些植物中含量较高，若作饲料成分使用，则有可能导致鸡群中毒。

二是饲料添加元素硒时，剂量使用过高使鸡群发生蓄积中毒，或鸡群一次性摄入过量含硒的饲料发生急性中毒。

三是在使用硒制剂治疗鸡硒缺乏症时，剂量掌握不准确、计算失误等，造成其使用量过高。亚硒酸钠经口服用时，其 LD_{100} 为每千克体重 4 mg。

（二）症状

鸡急性硒中毒表现为精神沉郁，呼吸极度困难，食欲废绝；运动失调，倒地，闭目呆立（图 7-2-25、图 7-2-26）；双翅下垂，流涎；死前发出尖叫，全身抽搐，痉挛；鸡冠、肉髯发紫，最后衰竭而亡。

鸡慢性硒中毒表现为食欲减退、精神不振；羽毛粗乱，体重下降；排白色稀便，发育迟缓，但死亡较少。

（三）病理变化

胸腹部皮下有淡黄色胶冻样水肿，胸肌有出血点或出血条斑（图 7-2-27）；心包积液，心内外膜有出血点，心肌色淡，质地柔软，心腔内有积血，心内、外膜有出血点或出血斑；肝脏肿大，呈土黄色，表面有针尖大的出血点和黄白色坏死灶；胆囊肿大，胆汁稀薄；肌胃角质膜易剥离，肌层有小米粒大小的出血点和溃疡灶；肠道黏膜弥漫性出血；肺脏水肿，局部有散在的出血点，切面湿润并流出大量暗红色血液，气管和支气管内充满白色泡沫状液体，黏膜有点状出血。肾脏肿胀、出血（图 7-2-28）。

组织学变化表现为心肌纤维间充血、出血、肿胀、颗粒变性，部分心肌纤维坏死、断裂；肝小叶中央静脉及小叶间静脉扩张、淤血、出血，肝小叶周边肝小管结构被严重破坏，肝细胞间界限不清，有红染颗粒。肝细胞肿胀、脂肪变性和空泡变性，细胞质呈网状，局部出现核溶解，汇管区胆管上皮轻度增生；肾小管间充血、出血，管腔呈裂隙状，肾小管上皮细胞肿大，颗粒变性，内有很多红染颗粒。肾小管间隙增大，毛细血管淤血，肾小球囊内有红染蛋白，部分肾小管上皮细胞坏死，细胞质进入管腔形成蛋白性管型，有的基膜被破坏失去管状结构；肺小叶界限不清，肺间质及小叶内血管充血扩张。三级支气管内有红染浆液，内有大量红细胞；脾脏白髓萎缩，淋巴细胞减少，红细胞散在或聚集于脾髓内。脾静脉扩张、淤血；肠黏膜上皮细胞变性，大量脱落，黏膜固有层水肿，炎性细胞浸润。

（四）诊断

根据病鸡采食过含硒量过高的饲料，或治疗硒缺乏症时用药量过大的病史，结合特征性症状（消化紊乱、呼吸困难、神经症状等）及病理剖检变化（内脏器官有不同程度的充血或出血等），可作出初步诊断。进一步确诊可检测饲料及肝脏、肾脏中的硒含量。

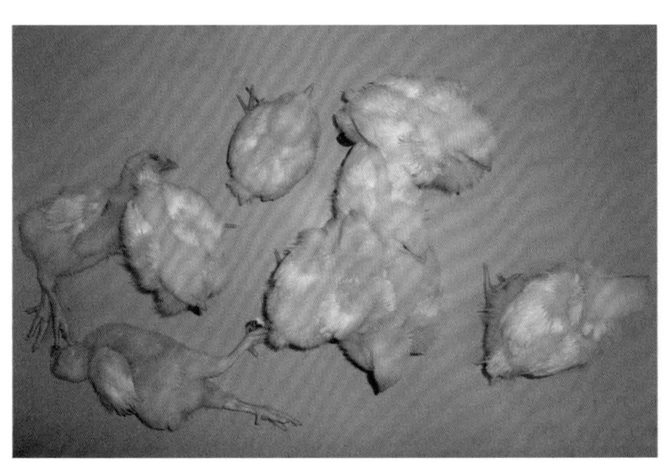
图 7-2-25　病鸡精神沉郁，瘫痪（一）
（刁有祥　供图）

图 7-2-26　病鸡精神沉郁，瘫痪（二）
（刁有祥　供图）

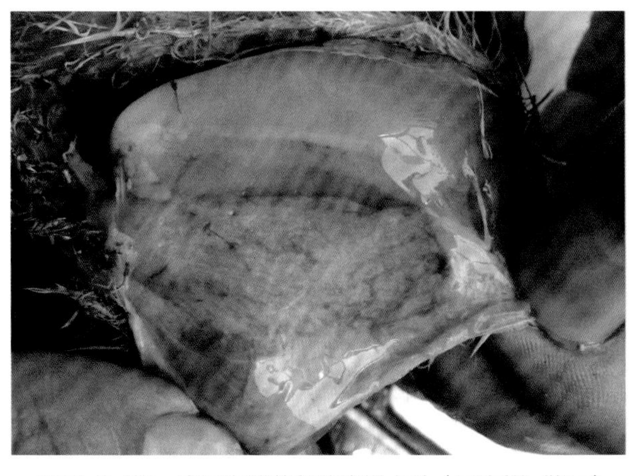
图 7-2-27　皮下有淡黄色胶冻样水肿（刁有祥　供图）

图 7-2-28　肾脏肿大、出血，肺脏出血（刁有祥　供图）

（五）防治

1. 预防

要避免鸡群采食含硒量过高的饲料，且饲喂前要混合均匀；在使用硒制剂进行治疗时，要严格控制剂量，不可因急于治疗而加大使用量。如饮水投服时，严格控制剂量，1 mg 亚硒酸钠纯粉溶解于 100 mL 水中，待其充分溶解后，方可供鸡群饮用；给大群鸡补硒时，最好先做小群投喂试验，确认安全后，再大群治疗。

2. 治疗

一旦发现硒中毒，立即停用含硒的饲料、饮水，使用硫酸亚铁和氧化镁混合溶液进行治疗，以防毒物的进一步吸收。硫酸亚铁 10 g 溶于 250 mL 水中，氧化镁 15 g 溶于 250 mL 水中，将两液混合，每只鸡每次饮用 5 ～ 10 mL，每隔 4 h 饮 1 次。饲料中补充复合维生素，在饮水中添加 2% 葡萄糖及维生素 C。同时肌内注射二巯基丙醇，每千克体重的鸡注射 0.1 mL，每天注射 1 次，连用 6 d。

四、氟中毒

氟（Fluorine）是非常活泼的卤族元素，多以化合物的形式存在，最常见的有萤石、冰晶石、磷灰石等，分布极广。氟参与机体的正常代谢，可以促进骨骼的钙化，对于神经兴奋性的传导和参与代谢的酶系统都有一定的作用，因此常作为畜禽日粮中不可或缺的微量元素之一。一般情况下畜禽饲料不会出现氟缺乏现象，但在生产实践中氟含量过高却多有发生，造成鸡群食后出现氟中毒，给养殖业造成损失。

氟中毒可分为无机氟中毒和有机氟中毒两大类，在禽类主要以无机氟中毒多见，特别是采用未经脱氟的过磷酸钙作家禽的矿物质补充饲料，当每千克饲料中氟化钠含量达到 700 ～ 1 000 mg 时，鸡群就会发生氟中毒。氟中毒可以引起机体广泛性病理损害，造成多种机能和形态的异常改变。近年来由于一些含高氟的劣质饲料原料进入市场，导致鸡氟中毒的现象越来越多。

（一）病因

鸡对氟的耐受力因品种和日龄的不同而有改变，肉鸡比蛋鸡敏感，雏鸡比成年鸡敏感。一般情况下，肉鸡饲料中氟的安全范围为 200 ～ 250 μg/g，产蛋鸡 300 ～ 400 μg/g，最大安全量 500 ～ 800 μg/g，一般认为钙和氟有拮抗作用，会影响氟在肠道内的吸收率。蛋鸡比肉鸡耐受性强，主要是产蛋鸡日粮中钙含量较高的缘故。我国制定的全价饲料标准中，肉仔鸡饲料中氟的安全量应低于 250 μg/g，产蛋鸡低于 350 μg/g，石粉、磷酸盐的含氟量应低于 2 000 μg/g。鸡的急性氟中毒主要是一次性食入大量氟化物或氟硅酸钠而引起的中毒；鸡慢性氟中毒是指长期连续摄入少量氟，并在体内蓄积，引起全身器官和组织的毒性损害。主要见于以下原因。

一是自然环境因素。由于氟化物的地理迁移，氟在陆地表面分布很不均匀，致使陆地表面存在很多高氟区。高氟地区的饮水和土壤及生长的植物含氟量都很高，会引起人、畜、禽共患的氟病。我国规定饮水氟含量卫生标准为 0.5 ～ 1.0 μg/mL，一般认为，动物长期饮用氟含量超过 2 μg /mL 的水就可能发生氟中毒。在动物体内，氟主要存在于骨骼、牙齿中，动物骨骼含氟量为 3 ～ 4 g/kg，以此制成的骨粉、肉骨粉是饲料中的高氟原料，使用不当也可能导致饲料氟超标，引起鸡群慢性氟中毒。

二是工业污染。氟中毒经常发生在炼铝厂、磷肥厂及金属冶炼厂周围地区，这些工厂排出的氟化氢和四氟化硅等废气可污染这些地区生长的植物、土壤与水源等，当达到 40 mg/kg 饲料时，可造成鸡群的氟中毒。

三是过磷酸钙、天然磷灰石可作为饲料中的钙磷来源，当鸡群长期饲喂含有未经脱氟处理的过磷酸钙、天然磷灰石的饲料，是导致鸡群氟中毒的主要原因。大多数磷矿石中含有较高水平的氟，达 0.9% ～ 2%，用这些磷矿石提炼生产的饲料级磷酸钙盐矿物添加剂如不经脱氟工艺处理或脱氟不彻底，其含氟量很高，添加到配合饲料中对鸡造成较大危害。

四是有机氟化合物是一种高效杀虫剂和灭鼠药，其毒性很强，鸡的口服致死量为每千克体重 10 ～ 30 mg，毒物可经消化道、呼吸道进入体内导致中毒。鸡群采食了被有机氟化合物污染的饲料、蔬菜或饮水而中毒，也可因误食灭鼠的有毒饵料引起中毒。

（二）致病机理

氟中毒可引起鸡胃、肠、肝脏、肾脏、睾丸等发生病理变化，广泛损害鸡体内脏器官，生殖器官以及免疫组织，导致缺钙、组织变性、坏死，以及贫血等症状。氟中毒还能引起甲状腺激素合成和分泌障碍，以及甲状腺调节因子功能紊乱，直接影响整个机体的生长发育及新陈代谢过程。而且高氟（饮水含氟量大于 0.219 g/L）对鸡染色体有损伤作用，可能是致基因突变物。

大量氟进入机体后，在胃内酸性环境中形成氢氟酸，直接刺激胃黏膜发生炎症反应。高氟吸收后，主要抑制乌头酸，使柠檬酸不能转变为异柠檬酸而堆积于组织中，造成三羧酸循环中断，糖代谢障碍，能量供应不足，心肌、脑等生命重要器官遭到严重损伤。氟经胃肠吸收入血，血氟升高后同血钙结合，形成氟化钙，使钙代谢障碍，骨骼不断释放钙补偿血液中的钙，从而引起产蛋鸡脱钙。鸡体内缺钙，磷含量相对升高，并以磷酸钙的形式排出，加剧了体内缺钙，导致骨质松脆软化，鸡出现不同程度的瘫痪，如行走困难，喜卧，长期则出现胸部坏死。

氟能抑制肾小管对磷的重吸收，使尿磷增高，影响钙磷代谢平衡，造成鸡生产性能降低。氟可作用于酶系统，凡是对需要钙、镁、锰等的酶都可与其形成金属复合物，而抑制这些酶的活性，直接损害机体的肝脏、心脏、肾脏、肌肉、神经等组织，使其出现变性或坏死，还可引起胚体发生氟中毒，卵黄停止发育，凝结而皱缩干固。氟还可引起机体组织、器官活性氧自由基代谢紊乱，脂质过氧化产物蓄积，同时，氟破坏了机体清除自由基的能力，以及抗氧化防御系统，抗氧化功能降低，氧化应激反应强烈而损伤细胞、生物膜、生物分子的结构和功能，破坏物质和能量代谢：氟明显影响机体内一氧化氮的代谢，引起一氧化氮过量产生，加重了对机体的损害。

鸡氟中毒时红细胞数量和血红蛋白含量会减少，且呈明显的剂量–效应关系。说明氟可直接或间接损伤红细胞和血红蛋白，干扰其生理功能，引起贫血。

（三）症状

鸡的氟中毒在临床上主要表现为急性中毒或慢性中毒，其中以慢性中毒最为常见。

1. 急性氟中毒

鸡群一次性采食过量氟化物后，表现为食欲减少或完全废绝，一般在半小时左右出现厌食与腹泻等急性胃肠炎症状。严重者出现呼吸困难、抽搐及虚脱，在数小时内死亡，有的粪便中带有血液和黏液等。

2. 慢性氟中毒

鸡的慢性氟中毒多经消化道引起。氟长期、少量进入机体时同血液中的钙结合，形成不溶的氟化钙，致使血钙降低，为补充血液中的钙，骨钙不断地释放，导致骨骼脱钙，骨质疏松。主要症状

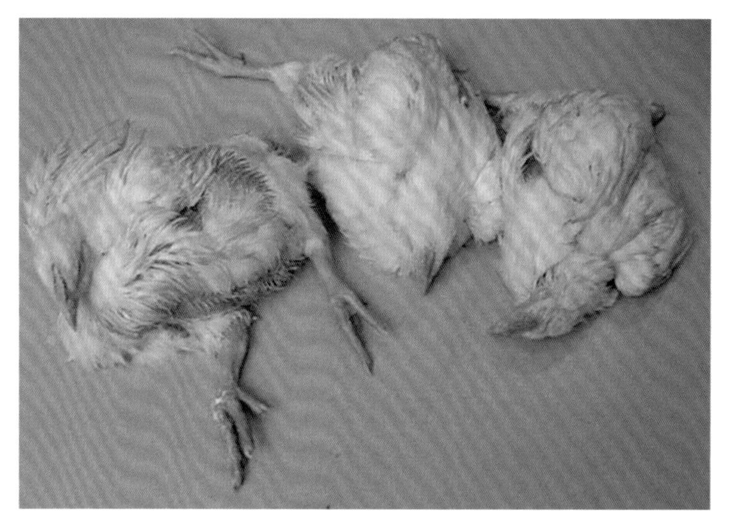

图 7-2-29　病鸡瘫痪（刁有祥　供图）

表现为病鸡精神不振，羽毛松乱无光泽，很快出现双腿无力、站立不稳、共济失调，严重的以跗关节着地，两脚呈现“八”字形外翻，呈典型软脚症（图 7-2-29）；喙变软变白，质地如橡皮，啄食困难；后期症状逐渐加重，出现骨骼变形，跗关节肿大，脚趾变软易折；由于血液中镁降低，神经兴奋性增高，病鸡易惊恐，肌肉震颤，甚至呈僵直性痉挛；采食减少，冠髯苍白，有屑状物附着，病鸡最后常因极度衰竭死亡。

产蛋鸡产蛋率下降 8% ～ 25%，蛋重逐渐变小，蛋壳质量低下，软壳蛋、薄壳蛋、畸形蛋和砂壳蛋增多。严重者精神沉郁，冠髯苍白，羽毛松乱，易脱落、易折断，伴有灰白色液状腹泻物。种蛋受精率下降 15% ～ 18%，孵化率明显下降，畸形蛋、死胎、雏鸡死亡率明显升高。单纯调整饲料中钙磷比例及补充钙质，疗效不明显，且死亡率较高，这是该病与钙的代谢失调最明显的区别。

（四）病理变化

1. 急性氟中毒

病鸡主要表现为急性胃肠炎症状甚至严重的出血性胃肠炎症状，如胃肠黏膜潮红、肿胀、脱落，并有斑点状出血和坏死；心脏、肝脏、肾脏均明显淤血、出血，心肌松软；急性氟中毒死亡的病鸡血液稀薄，不易凝固。

2. 慢性氟中毒

慢性氟中毒早期无明显病变，病程较长的病鸡表现为消瘦、贫血、全身黄染；长骨和肋骨较柔软，肋骨与肋软骨、肋骨与椎骨结合部呈球状突起；腿骨变形增粗、变软，骨膜、腱鞘钙化；喉头、气管黏膜有出血斑点，气管内有黏液，嗉囊空虚；腺胃浆膜层、肌胃黏膜下层有出血斑；腺胃体积增大，黏膜增厚；小肠肠系膜充血，黏膜增厚，十二指肠及肠道广泛出血；肝脏轻度肿大，质脆，呈暗红色，表面有坏死灶；脾脏肿大，呈紫黑色，质脆；全身脂肪呈胶冻样浸润，皮下组织出现不同程度的水肿；肾脏苍白肿大，质地较脆，色泽暗淡，被膜及表面有大小不一的出血点，输尿管中有大量尿酸盐沉积。有些病鸡还可能出现心包、腹腔、胸腔积液，心肌、肝脏、脂肪变性。

氟中毒对鸡的肝脏、肾脏损伤较为严重，组织学变化表现为肝细胞肿胀，细胞质、细胞核内出现大小不一的空泡，细胞呈蜂窝状或网状，变性严重者小泡相互融合，细胞核悬于中央，或被挤到一侧，严重淤血；肾包膜和肠系膜上的脂肪呈胶冻样水肿，严重者肾脏近端小管上皮细胞肿胀、坏死、脱落于管腔，形成细胞性管腔，部分肾小体血管球内皮细胞坏死；腺胃腺小管结构模糊，上皮细胞严重坏死，脱落于腺泡腔中；肠绒毛的单层柱状上皮部分细胞增生、坏死、脱落，固有膜内严重出血。氟主要通过肾脏排泄，其量可达总排泄量的 85%，毒物在排泄过程中，可对肾小管的上皮细胞产生长期的毒害作用而造成其变性和坏死。

（五）诊断

1. 临床诊断

急性氟中毒主要结合病鸡有一次大量摄入氟化物的病史，出现胃肠炎、肌肉震颤等症状，作出初步诊断；慢性氟中毒病程较长，可依据病鸡表现为日益加重的跛行、骨骼变形及骨质疏松等特征症状作出初步诊断。若要进一步确诊，可对饲料、骨骼、饮水中的氟含量进行定性检测。

2. 定性试验

取病鸡胃肠内容物、饲料、饮水等，加入饱和碳酸钠溶液 5 mL，使检测样品湿润，置于干燥箱中烘干，再于电炉上炭化，继续在 550℃灰化，残渣用蒸馏水溶解后过滤。取一试管，将数小粒重铬酸钾溶于 1 ～ 5 mL 浓硫酸中加热，使混合液将管壁全部覆盖，以去其油迹。此时加入处理过的检测样品混合后加热，转动试管，若硫酸流动不均匀，不易将管壁沾湿，则表明有氟的存在。

鸡氟中毒早期诊断指标：血清唾液酸（SA）含量异常升高，糖胺多糖（GAG）含量异常降低是鸡氟中毒早期诊断最有价值的指标；血清 SA/GAG 值降低 30% 作为鸡氟中毒早期诊断的敏感、可靠指标；血清羟脯氨酸（HYP）含量、血清钙含量、血清磷酸肌酸激酶（CK）活性，以及趾甲、血清、骨、肝脏、肾脏、皮肤、脑、肺脏、脾脏等组织中氟含量的异常变化，可作为鸡氟中毒早期诊断重要的、有价值的参考指标。

3. 类症鉴别

氟中毒应与维生素 B_1 缺乏症、维生素 B_2 缺乏症、铜缺乏症、聚醚类抗生素中毒以及病毒性关节炎等疾病相鉴别。

维生素 B_1 缺乏症主要表现为头颈扭曲，呈观星状，肌内注射维生素 B_1 后大多能恢复；维生素 B_2 缺乏症主要表现为绒毛卷曲、肢爪向内侧弯曲、关节肿胀和跛行，但添加维生素 B_2 后，轻症状病例可恢复，大群不再出现新病例；铜缺乏症表现生长不良、羽毛无光，骨骼变脆，易于折断，这与氟中毒症状不同；聚醚类抗生素中毒的病鸡主要表现为瘫痪，脚爪痉挛内收，冠髯发紫，这不同于氟中毒症状；鸡感染病毒性关节炎时，表现为不愿走动，跛行，瘫痪症状，但在跗关节常有血染积液或纤维素性渗出，且有传染性。

（六）防治

1. 预防

①我国规定饲料中氟含量标准：鱼粉 500 mg/kg，石粉 2 000 mg/kg，磷酸盐 2 000 mg/kg，饲料碳酸氢钙中的氟含量应低于 1 800 mg/kg，肉用仔鸡、生长鸡配合饲料应小于 50 mg/kg，产蛋鸡配合饲料需小于 350 mg/kg。因此应掌握好饲料中氟的含量，防止日料中氟含量超标。

②尽量避开污染区或高氟区。若无法避开，可采取改换水源的措施，降低饮水中的氟含量，也可在饮水中加入熟石灰或明矾沉淀水中的氟。避免饲料和饮水被氟污染，不要以含氟量很高的水源作为鸡群的饮用水。

③禁止鸡群到喷洒过有机氟农药的地区或采食喷洒过农药的农作物。被农药喷洒过的农作物必须在收割后贮存 2 个月以上，使其残毒消失后方可用来饲喂。

④在给动物补充含磷的矿物质饲料时，选择有生产脱氟磷酸氢钙的厂家进货，防止购进假劣磷酸氢钙，并确切了解其中氟的含量，供给量不超过日粮的 2%。某些地区生产的骨粉有时氟的含量较高，不宜作为矿物质补充料。

⑤在饲料中加入乳酸钙、磷酸二氢钙、氧化钙等，也可减轻氟的毒性。饲料中使用植酸酶，可

提高植酸磷 30% ～ 40% 利用率，减少碳酸氢钙使用量，达到降氟的目的。

2. 治疗

①对于已发生氟中毒的鸡群要及时治疗，首先应立即停喂含氟量高的饲料，更换合格饲料，在日粮中添加 800 mg/kg 硫酸铝，以减轻氟中毒。同时，在饮水中加入葡萄糖溶液、B 族维生素、维生素 C、维生素 D，也可添加硼砂、硒试剂、铜制剂、补液盐等，以保肝解毒、增强机体抵抗力、缓解氟中毒。

②选择特效解毒药——解氟灵（乙酰胺），剂量为每千克体重 0.1 ～ 0.3 g，以 0.5% 奴佛卡因稀释，分 2 ～ 4 次肌内注射，轻度中毒的鸡可明显恢复。或用乙二醇乙酸酯 100 mL 溶于 500 mL 水中饮水，具有明显的解毒效果。同时，饲料中添加乳酸钙，维生素 A、维生素 D_3 等多种维生素，直至跛行消失。

③另外，可对症添加钙、磷制剂。在饮水中加入 0.5 ～ 10.0 g/kg 氯化钙，饲料中加入 10 ～ 20 g/kg 骨粉和磷酸钙盐，以提高血钙、血磷水平。在疾病发生期间，要注意防止其他细菌、病毒性疾病的并发感染。

第三节　饲料中毒

一、棉籽饼中毒

棉籽饼是棉籽经脱壳或部分脱壳去油后的副产物，含有 36% ～ 42% 的蛋白质，其必需氨基酸的含量在植物饲料中仅次于大豆粕，是一种有效的、经济的蛋白补充饲料，可作为全价畜禽日粮蛋白质来源。但因棉籽饼中含有毒的棉酚，如果棉籽蒸炒不充分，榨油时加工不当，或在饲料中的配比过高，则易引起鸡群中毒。同时，日粮中的维生素和矿物质缺乏，可促进病情的发展。

（一）病因

棉籽中的有毒成分主要是各种棉酚、棉紫素、棉绿素等，它作用于血管、神经细胞，引起血管通透性增加，使血浆和血细胞渗出管壁，形成组织水肿、坏死等。引起鸡棉籽饼中毒的原因有以下四方面。

一是用带壳的土榨棉籽饼配料。这种棉籽饼游离酚含量高达 0.2% ～ 0.47%，不能用于饲喂鸡群。

二是棉籽饼配料比例过大（鸡可于食用后 2 ～ 3 d 发病或死亡），或饲喂时间过长。大部分棉酚被采食后以结合棉酚的形式由粪便排出，而有一部分棉酚则进入鸡体中，因此长期饲喂棉籽饼就会引起鸡群棉酚蓄积中毒。一般成年鸡日服 30 g 未经脱毒处理的棉籽饼即可中毒。

三是棉籽饼在贮存时发热变质，其游离酚含量升高，增加鸡群中毒危险。

四是日粮中缺乏维生素 A 及钙、铁，可促进中毒的发生。

（二）中毒机理

棉籽饼中含有一定量的有毒物质：棉酚、环丙烯脂肪酸、单宁和植酸，这些有毒物质是棉籽饼致病的主要原因。

游离棉酚可降低非反刍动物血液携带氧的能力，加重呼吸循环器官的负担，以致产生被动性肺充血和水肿。棉酚对胸膜、腹膜和胃肠道有刺激作用，引起这些组织发炎，增强血管壁通透性，组织发生浆液性浸润和出血性炎症。由于棉酚在类脂中的易溶性，常蓄积于脑组织内，对神经系统发生毒害作用。棉酚还可降低动物对氨基酸和铁元素的利用。此外，有人认为棉酚的中毒机理可能是干扰蛋白质代谢，使机体代谢功能紊乱，出现中毒。

环丙烯脂肪酸是棉籽饼中的另一种有毒物质，主要引起产蛋鸡卵巢和输卵管萎缩，饲喂前期会引起孵化率降低。产蛋鸡日粮中使用的棉籽饼常因棉酚和环丙烯脂肪酸的作用致使鸡蛋在保存过程中变褐变硬，俗称橡皮蛋；有时也会出现蛋白呈粉红色，蛋黄呈橙色，使蛋的品质下降。试验表明，蛋鸡日粮中含有 50 mg/kg 棉酚时，蛋黄就会变色。我国规定配合饲料中棉酚允许量：肉用仔鸡和生长鸡小于 100 mg/kg，产蛋鸡小于 20 mg/kg。

棉籽饼中还含有单宁和植酸。单宁是一种含有多羟基的酚类物质，易与消化道中蛋白质、消化酶结合，阻碍蛋白质和多种营养物质的消化吸收，影响饲料蛋白质、氨基酸及其他营养物质的利用。植酸含量高还会降低鸡群对饲料中钙、磷、镁的利用，因而在使用棉籽饼作为饲料时，还应考虑磷的有效利用率及单宁和植酸的抗营养作用，制定饲料配方时应注意采取适当的预防措施。

（三）症状

病鸡精神沉郁，食欲减退，饮水量增多；羽毛松乱，卧地缩颈，两翅下垂；消瘦，四肢无力，肌肉震颤，抽搐；腹泻，粪便颜色变淡；呼吸困难，冠和肉髯发绀；血红蛋白和红细胞下降，血清蛋白质和清 / 球蛋白比下降，最终因循环和呼吸中枢麻痹而死亡。产蛋鸡产蛋率降低，所产蛋变小，在贮存过程中蛋白变成粉红色，蛋黄变茶青色；种鸡睾丸萎缩，种蛋受精率、孵化率降低。急性中毒则病鸡的口、鼻、泄殖腔等天然孔出血，排血色稀便。

（四）病理变化

中毒死亡的鸡有急性肠炎、肾炎的病变。胃肠呈现出血性炎症，肠黏膜脱落，肠壁变薄；肝脏肿大、充血，有许多空泡和泡沫状间隙，质地变脆；胆囊肿大，胰腺肿大，肺水肿；肾脏出血、肿大；心肌松软，心外膜出血；胸腔腹腔内均有淡红色渗出液，盲肠内外有大量淡黄色内容物。产蛋鸡卵巢和输卵管萎缩变小，色泽灰白。慢性病例呈现慢性炎症的病变。

（五）诊断

根据病鸡群有饲喂棉籽饼的病史，结合相应症状（蛋黄膜增厚，蛋白呈粉色，蛋黄呈茶色至深绿色）与病理变化（病死鸡可见有胃肠炎、肝脏肾脏肿大，肺脏水肿，胸腹腔积液，产蛋鸡卵巢和输卵管出现高度萎缩）可作出诊断。

（六）防治

1. 预防

①使用棉籽饼要进行脱毒处理。不同脱毒方法效果不同，根据需要可选择煮沸法、硫酸亚铁溶液浸泡法、碱浸泡法、蒸汽脱毒法、发酵中和法等。其中煮沸法、碱水浸泡法、硫酸亚铁溶液浸泡法较为常用。

煮沸法：将粉碎的棉籽饼在温水中浸泡 8 ～ 10 h，将浸泡液倒掉，再加入适量水，以没过棉籽饼为宜，煮沸 1 ～ 2 h，边煮边搅碎，冷却后即可饲喂。此外，85℃干热 2 h 可使有毒的棉酚失去活性。

碱水浸泡法：5% 生石灰、2.5% 草木灰或小苏打浸泡 24 h，然后倾去浸泡液，清水洗滤 3 遍后，可起到一定的脱毒作用。

硫酸亚铁溶液浸泡法：将棉籽饼用 0.2% ～ 0.5% 硫酸亚铁溶液浸泡 24 h，使游离棉酚与铁结合，形成不易被动物吸收的复合物，不仅降低棉酚毒性，同时也补充了动物体内因棉酚作用而降低的铁，浸泡后除去浸泡液可直接饲喂。据报道，经上述处理后可使棉酚破坏 81% ～ 100%。

②严格控制日粮中棉籽饼的添加量和饲喂时间，在蛋鸡配合饲料中游离棉酚含量不得超过 20 mg/kg，肉鸡不超过 100 mg/kg，并多给清洁饮水。由于不同榨油方法生产的棉籽饼游离棉酚含量不同，用土榨法其含量为 0.213% 甚至更多，螺旋压榨为 0.069%，压榨浸出为 0.044%，所以添加棉籽饼时应注意区分。

③经去毒的棉籽饼不要长期配入，每隔 2 个月左右要停用半月，以免棉酚在体内蓄积中毒。严禁用发霉变质的棉籽饼。

④蛋鸡饲喂棉籽饼会造成鸡蛋在贮存期间发生变色反应，即蛋白呈现粉红色，蛋黄呈现黄绿或暗红及斑点状。种鸡应避免使用，以免影响其繁殖性能。

⑤棉籽油酯与铁离子结合导致动物缺铁性贫血，因此在饲喂棉籽饼时，一定要添加钙、铁等矿物质及各种维生素。

⑥饲料营养要全面。增加日粮中蛋白质、维生素、矿物质和青绿饲料，实验结果证明，在上述物质充足的条件下，鸡群对棉籽毒的抵抗力增加，当上述物质不足或缺乏时，可提高鸡群对棉籽毒的敏感性。充足的维生素（主要为维生素 A、维生素 D）、矿物质（主要是铁、钙、食盐）对预防该病具有很好的作用。此外，棉籽饼的赖氨酸含量很低，且利用率差，因此，使用棉籽饼配制日粮要注意氨基酸平衡，适当添加赖氨酸。

2. 治疗

发生中毒时应立即停喂含有棉籽饼的饲料，多喂青绿饲料，同时添加硫酸铁、碳酸钙和多种维生素，饮服葡萄糖水，并保证充足饮水。病鸡可饮用 1 :（20 000 ～ 30 000）的高锰酸钾溶液，以破坏胃肠道内残存的棉酚。饲料中添加 0.01% 维生素 C/ 维生素 A 和维生素 D_3 粉，对治疗该病有一定疗效。症状较重的病鸡可在饮水中添加 10% 硫代硫酸钠，每天 2 次，采取上述措施 1 ～ 2 周，鸡群可恢复正常。

二、黄曲霉毒素中毒

黄曲霉在自然界分布广泛，是粮食、饲料与种子的主要霉菌之一，通常寄生于玉米、大麦、小麦、豆类、花生、稻米、鱼粉及肉类制品上，若在粮食收获、加工、贮藏过程中处理不当，黄曲霉菌极易大量繁殖。黄曲霉适宜的繁殖温度范围为 24 ～ 30℃，27℃最佳，在 2℃以下和 50℃以上不能繁殖；最适宜的繁殖湿度在 80% 以上。黄曲霉毒素是黄曲霉菌、寄生曲霉菌和软毛曲霉菌产生的一种有毒代谢产物，其基本结构为二呋喃环和氧杂萘邻酮，在二呋喃末端有双键者毒性较强，并有致癌性。目前已发现的黄曲霉毒素及其衍生物有 B_1、B_2、B_{2a}、G_1、G_2、G_{2a}、M_1、M_2、P_1、Q、H_1、GM 等 20 余种，在天然污染物中以黄曲霉毒素 B_1 最为常见，且毒性和致癌性也最强，属剧毒毒物，为氰化物的10倍，砒霜的68倍，比眼镜蛇、金环蛇的毒汁毒性还要大，比剧毒农药1605、1059的毒性强28～33倍，故在食品监测中常以黄曲霉毒素B_1作为污染指标。

1960年苏格兰首次报道发生黄曲霉毒素中毒病，称为“火鸡X病”，后在美国、巴西及南非等多个国家报道。我国长江沿岸及其以南地区黄曲霉毒素污染饲料的情况较为严重，而华北、东北等北方地区黄曲霉毒素污染的情况较少。黄曲霉毒素理化性质稳定，难溶于水，易溶于甲醇、乙醇、氯仿、丙酮等有机溶剂中，但不溶于石油醚、己烷和乙醚中。一般在中性及酸性溶液中较稳定，但在强酸性溶液中稍有分解，在pH值为9～10的碱性溶液中分解迅速。其纯品为无色结晶，耐高温，黄曲霉毒素B_1的分解温度为268℃，紫外线对低浓度黄曲霉毒素有一定的破坏性。黄曲霉毒素可在紫外光照射下发出强烈荧光，黄曲霉毒素B_1、黄曲霉毒素B_2发蓝色荧光（425 nm），黄曲霉毒素G_1、黄曲霉毒素G_2发绿色荧光（450 nm）。

黄曲霉毒素中毒是指鸡采食和接触了含有黄曲霉毒素的饲料与垫料而引起的一种中毒病。各日龄的鸡均可发病，以2～6周龄雏鸡最易发病，且死亡率很高。该病无明显季节性，但以温暖潮湿的夏秋季节多发。中毒鸡群以发育受阻、肝脏损害及神经症状为特征，如果长期小剂量摄入，还有致癌作用，对我国养禽业危害严重，造成巨大的经济损失。

（一）病因

黄曲霉菌和寄生曲霉菌广泛存在于自然界中，在温暖潮湿的条件下，玉米、花生、黄豆、棉籽、大米、秸秆等未及时晒干，或贮存、运输不当最易受黄曲霉菌的污染并产生毒素。鸡群食入被黄曲霉菌或寄生曲霉菌污染的发霉饲料，就会发生中毒。由于玉米、花生等一旦受到黄曲霉菌的污染，其产生的毒素可渗入内部，因此即使漂洗掉表面霉层，毒素仍然存在。该病一年四季都有发生，但多雨季节或在霉菌适宜产毒的条件下更容易发生。

鸡群摄入黄曲霉毒素后可迅速被胃肠道吸收，随门静脉进入肝脏，经代谢转化为有毒的代谢产物。吸收的黄曲霉毒素主要分布于肝脏，因此，肝脏中毒素含量最高，而肌肉中一般不能检出。黄曲霉毒素是目前已知较强的致癌物，长期持续摄入较低剂量的黄曲霉毒素或较短时间大剂量摄入黄曲霉毒素，都可诱发原发性肝细胞癌。在黄曲霉毒素群化合物中，黄曲霉B_1急性毒性最大，其顺序为$B_1 \geqslant M_1 > G_1 > B_2 > M_2 > B_{2a}$。雏鸡经口半数感染量为每千克体重0.335 mg。急性毒性的特征为肝细胞坏死和胆管增生，亦可见肾脏损伤，慢性毒性的特征为肝癌。黄曲霉B_1在肝细胞线粒体脱甲基化酶、羟化酶、环氧化酶、还原酶的作用下，代谢产物毒性明显减弱，但由于线粒体末端的二呋喃活化成2,3–环氧化物而富于反应性，与DNA中的鸟嘌呤反应产生DNA结合物，导致基因突变而致癌。

（二）症状

黄曲霉毒素的靶器官为肝脏，鸡中毒后以肝脏的损害为主，同时伴有血管通透性的破坏与中枢神经的损伤等。因鸡的品种、日龄和摄入量的不同，可表现为急性、亚急性、慢性和致癌性4种类型。雏鸡多表现为急性中毒，2～6周龄雏鸡最为敏感，常没有明显症状而突然死亡。病程稍长的病例表现为精神委顿，食欲不振；两翅下垂，排白色稀便，腿部、脚部皮下可出现紫红色出血斑；贫血，鸡冠苍白，腿麻痹或跛行，步态不稳；生长发育缓慢，体重减轻，死亡前常见有抽搐、角弓反张等神经症状，死亡率较高，可达80%～90%。成年鸡耐受性强，通常呈慢性经过，其症状不明显，主要表现为采食量降低，消瘦，不愿活动，贫血，体质虚弱，排血色或绿色稀便，后期表现恶病质，中毒病程长者可发生肝癌。产蛋鸡则产蛋量下降，孵化率降低。

（三）病理变化

鸡黄曲霉毒素中毒后特征性剖检病变在肝脏。

急性中毒的鸡肝脏显著肿大，可为正常大小的 2 ～ 3 倍，呈灰黄色，稍硬，表面粗糙有颗粒感，有时可见有肿瘤结节，有时有出血斑，肝表面及切面上散在数量不等的灰白色坏死点。

亚急性中毒时，胸、腹部皮下和腿部皮下有胶冻样渗出物，肌肉有条纹状出血（图 7-3-1、图 7-3-2）。心外膜有出血点，严重的心脏破裂；肝脏呈淡黄褐色、网格状，有多灶性出血（图 7-3-3 至图 7-3-5）。胆囊扩张，充满稀薄的胆汁；脾脏肿大，呈淡黄色，有出血点和坏死点（图 7-3-6）；胰腺有出血点，浆膜有不同程度出血；腺胃浆膜、黏膜出血（图 7-3-7 至图 7-3-9），肌胃角质膜有褐色溃疡、严重的龟裂、脱落（图 7-3-10 至图 7-3-12），肠道充血、出血，十二指肠卡他炎症或出血性炎症；肾脏肿大，颜色苍白，质地脆弱（图 7-3-13）。慢性中毒时肝脏常硬化萎缩，呈黄色，偶见紫红色，表面有白色点状或结节状增生的病灶和多灶性出血。肝脏脂肪含量增加，肝细胞增生，纤维化，时间较长者可出现肝癌结节；心包和腹腔常有积水。若种鸡饲料中黄曲霉毒素超标，出壳后 1 日龄雏鸡在剖检时可见肌胃糜烂（图 7-3-14）。在非致死性黄曲霉毒素中毒病例中，肝脏损害为肝细胞肿胀，呈空泡变性，核过大以及大量的核分裂相。病程长达 1 年以上者，多诱发肝癌结节或胆管癌。

图 7-3-1　皮下有淡黄色胶冻状水肿（刁有祥　供图）

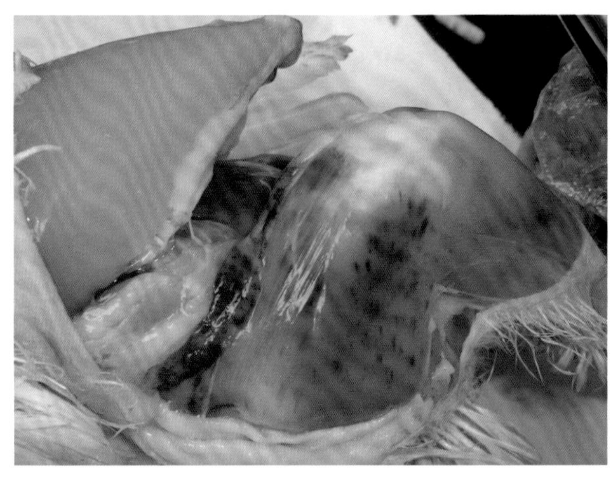

图 7-3-2　腿肌有条纹状出血（刁有祥　供图）

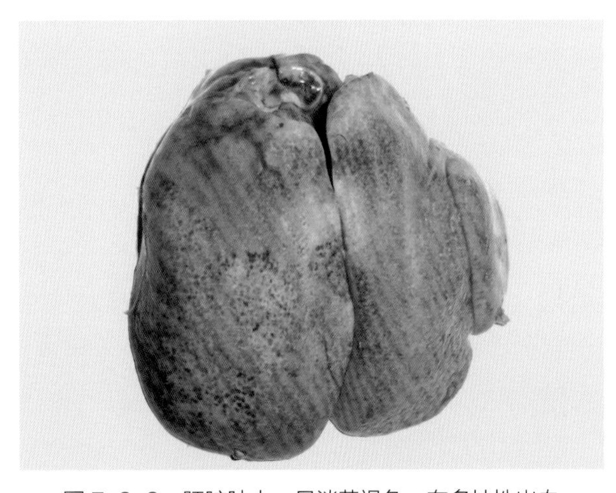

图 7-3-3　肝脏肿大，呈淡黄褐色，有多灶性出血（刁有祥　供图）

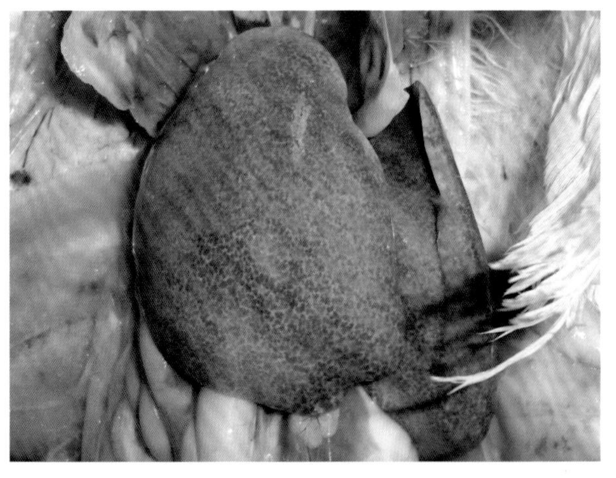

图 7-3-4　肝脏肿大，呈黄褐色、网格状（刁有祥　供图）

图 7-3-5　肝脏肿大，呈黄褐色，腿肌出血
（刁有祥　供图）

图 7-3-6　脾脏肿大、出血
（刁有祥　供图）

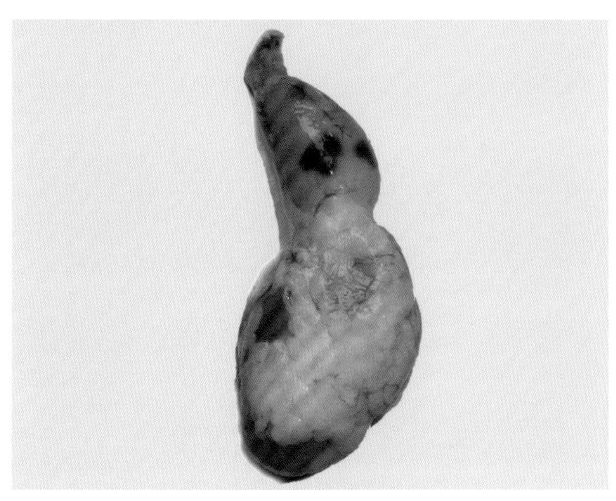

图 7-3-7　腺胃浆膜出血
（刁有祥　供图）

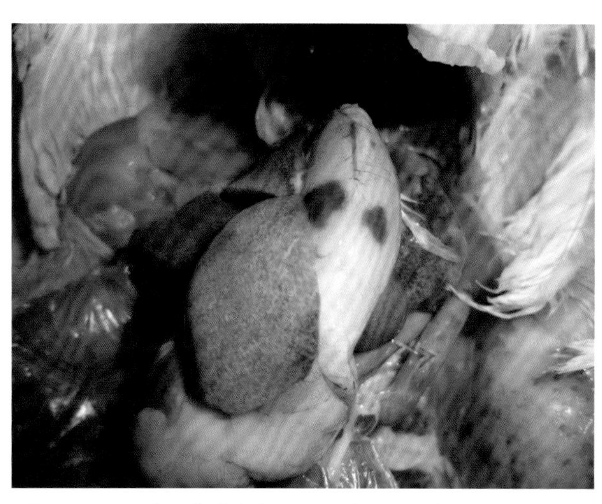

图 7-3-8　腺胃浆膜出血，肝脏肿大呈浅黄色，腿肌出血
（刁有祥　供图）

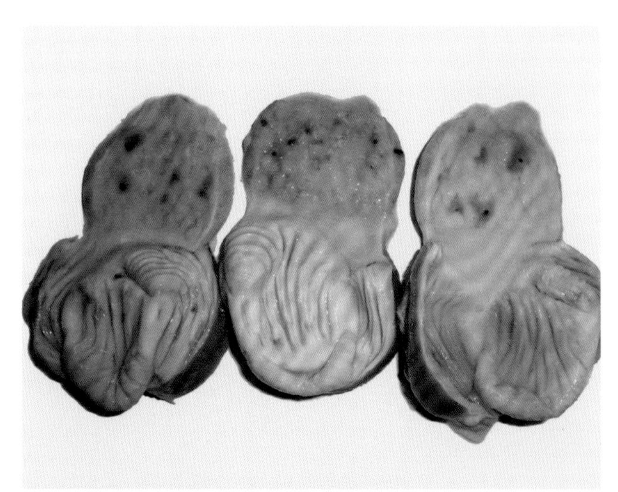

图 7-3-9　腺胃黏膜出血
（刁有祥　供图）

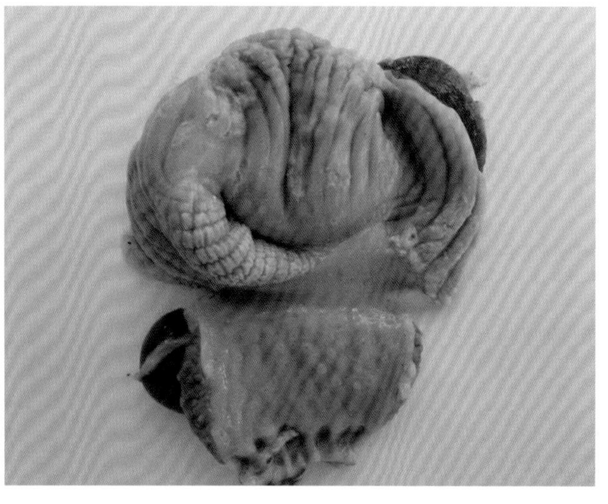

图 7-3-10　肌胃角质膜有褐色溃疡
（刁有祥　供图）

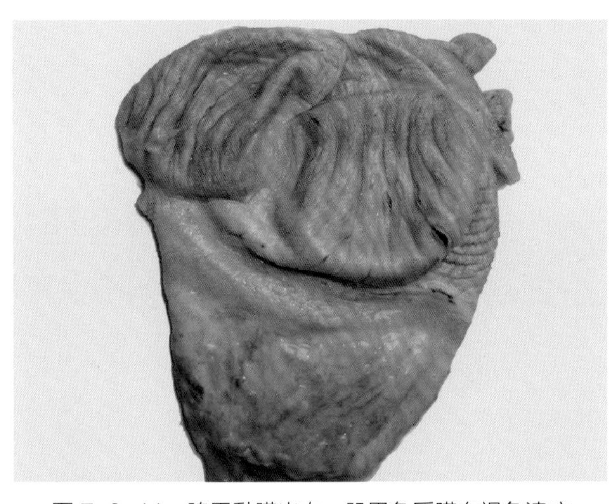

图 7-3-11　腺胃黏膜出血，肌胃角质膜有褐色溃疡
（刁有祥　供图）

图 7-3-12　肌胃角质膜有褐色溃疡、龟裂
（刁有祥　供图）

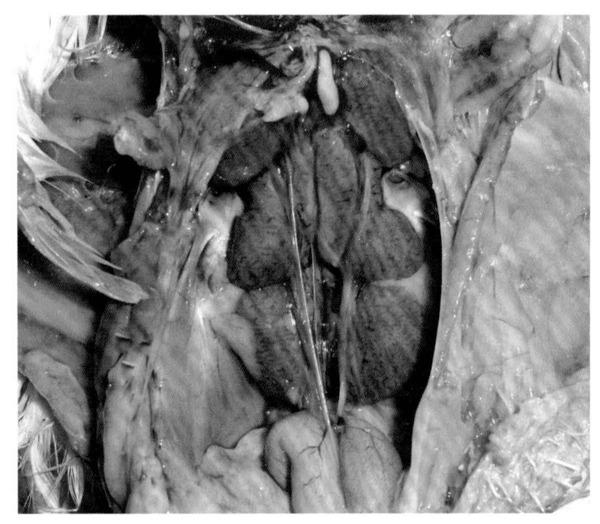

图 7-3-13　肾脏肿大，颜色变浅（刁有祥　供图）

图 7-3-14　1 日龄雏鸡肌胃角质膜有褐色溃疡、龟裂
（刁有祥　供图）

（四）诊断

对黄曲霉毒素中毒的诊断，根据病死鸡有长期、大量采食被黄曲霉菌污染的饲料的病史，并有食欲不振、生长不良、贫血等症状，同时伴有急性中毒性肝炎等剖检变化可作出初步诊断，确诊必须对可疑饲料进行真菌的分离培养及饲料中黄曲霉菌毒素的定性、定量检验。目前黄曲霉毒素的检验方法主要有生物鉴定法、免疫学方法和化学法，而化学法是常用的实验室分析法。但由于化学检测方法操作复杂、费时，通常在对一般的样品进行毒素检测前，先用直接过筛法，若为阳性，则再进行化学检测。可按照以下操作进行：取饲料样品盛于盘内，堆成薄层，在 365 nm 波长的紫外灯下观察荧光。若饲料样品发出蓝色荧光，则证明含有 B 族黄曲霉毒素；若发出黄绿色荧光，则含有 G 族黄曲霉毒素。

此外，还可取病鸡血液进行检测，黄曲霉毒素中毒的鸡只血液检验结果呈现重度低蛋白血症；红细胞数量明显减少，白细胞总数增多，凝血时间延长；谷草转氨酶、瓜氨酸转移酶和凝血酶原活性升高；异柠檬酸脱氢酶和碱性磷酸酶活性明显升高。

（五）防治

1. 预防

①防止饲料霉变，不饲喂发霉饲料是预防饲料被黄曲霉菌污染的根本措施。严禁使用霉变饲料饲喂鸡群，应全部废弃。但对于发霉较轻的饲料，若直接废弃，则造成较大的经济损失与浪费。因此，对于霉变较轻的饲料进行去毒处理后，仍可饲喂鸡群，但仍要限量饲喂，并搭配其他饲料共同饲喂。常用的去毒方法有以下几种。

连续水洗法：此方法简单易行，成本低，省时省事。将霉变的饲料粉碎后，按 1∶3 的比例与水混合浸泡，反复多次进行，直至浸泡液由黄色变为无色时，可供动物饲用。

化学去毒法：黄曲霉毒素可被强碱和强氧化剂破坏，去除饲料中黄曲霉毒素最常用的方法是 pH 值超过 9.0 的碱性溶液处理法。在碱性条件下，黄曲霉毒素的内酯环结构被破坏，形成香豆素钠盐溶于水，再用水洗法可将毒素去除；也可在每千克饲料中加入 12.5 g 的农用氨水，搅拌均匀，倒入缸内，封口 3 ～ 5 d，去毒效果可达 90% 以上，但在饲喂前应挥发掉残余的氨气；用浓度 5% ～ 8% 石灰水浸泡霉变饲料 3 ～ 5 h，再用清水洗净，晒干后便可饲喂鸡群；同时，还可用 0.1% 的漂白粉水溶液浸泡处理。据报道，用 1.2% 石灰水浸泡霉玉米 8 h 可获得 98.7% ～ 99.9% 的去毒效果。

微生物去毒法：据报道，米根霉、无根根霉、橙色黄杆菌可使黄曲霉毒素转变为毒性低的物质，对去除饲料中的黄曲霉毒素也有较好的效果。

物理吸附法：在饲料中加入吸附剂，如活性炭、黏土、白陶土、高岭土、沸石等，可牢固吸附黄曲霉毒素，从而避免黄曲霉毒素被鸡群胃肠道吸收中毒。还可向饲料中加入抗菌剂以防止发霉，常用药物有 4% 丙二醇或 2% 丙酸钙，或加入霉菌毒素吸附剂。

②加强饲料保管工作，注意干燥、通风，特别是在温暖多雨的谷物收割季节更要注意防霉。饲料储存在 24 ～ 28℃，相对湿度 80% 以上时，饲料最易受黄曲霉菌的污染，并大量繁殖产生毒素，当温度低于 2℃或高于 50℃时则不能繁殖。因此，在饲料、玉米、花生、种子、饲草收获后应及时进行干燥处理，充分晒干，切勿雨淋，使其含水量下降到 15% 以下；饲料应储存在干燥阴凉处，切勿置于阴暗潮湿处，以防饲料霉变。

③在温暖多雨季节，可在每吨饲料中添加 1 ～ 2 kg 防霉剂丙酸钠、丙酸钙等，来抑制饲料中霉菌生长；饲料中加入叠氮化钾、硼酸等可阻止毒素形成；水合硅铝酸钙钠用作饲料抗黏结剂时，可吸附黄曲霉菌毒素，从而减弱黄曲霉毒素对鸡群的影响。饲料仓库若被霉菌污染，可用福尔马林与高锰酸钾的水溶液熏蒸，或 0.5% 过氧乙酸、5% 石炭酸喷雾，以杀灭霉菌孢子。还可用二溴乙烯、溴甲烷熏蒸消毒，也可用 20% 石灰水或 2% 次氯酸钠溶液消毒。

④正确处理中毒鸡只。中毒鸡只的脏器内部含有毒素，要进行销毁或深埋，不能食用，以免影响公共卫生。中毒鸡的排泄物也含有毒素，因此其粪便要彻底清除，集中用漂白粉处理，以免污染水源和地面。被毒素污染的用具可用 2% 次氯酸钠溶液消毒，或在浓石灰乳中浸泡消毒。

2. 治疗

发现鸡群黄曲霉毒素中毒后，应立即检查饲料是否发霉，若饲料发霉，应立即停喂发霉的饲料，改用易消化的青绿饲料，同时多给富含碳水化合物的饲料和高蛋白饲料，减少或不喂脂肪含量过多的饲料。一般轻症病例，不给任何药物治疗，便能逐渐康复。

对于重症病例，应及时投服盐类泻剂如硫酸钠（每只鸡每天 1 ～ 5 g 溶于水中，连用 2 ～ 3 d）、人工盐等，加速胃内毒物的排出。日粮中添加 1 ～ 2 倍多维素和 1% 奶粉有助于病鸡的恢复。为保护肝脏，可在饮水中添加 2% ～ 3% 葡萄糖溶液，以及 0.01% 维生素 C 等进行解毒，连用 7 ～ 15 d。据报道，饲料中蛋白质含量增加至 20% ～ 30%，可明显降低黄曲霉毒素对雏鸡的毒性作用。此外，0.5% 碘化钾饮水有一定疗效。

鸡体内谷胱甘肽具有对抗黄曲霉毒素 B_1 毒性的作用。口服蛋氨酸、N−乙酰半胱氨酸和谷胱甘肽均能提高和维持体内谷胱甘肽的生理水平，故有解除黄曲霉毒素 B_1 的毒性作用。口服亚硒酸钠可提高谷胱甘肽过氧化物酶的活性，也能对抗黄曲霉毒素 B_1 的毒性，因此，可在更换的新鲜饲料中加入 0.5% 白芍粉或 0.5% 还原型谷胱甘肽。对被霉菌污染的料槽、水槽及鸡舍内外用 0.2% 次氯酸钠进行消毒，以杀灭霉菌孢子。为避免继发细菌感染，可投喂阿莫西林等抗菌药物。

防风 15 g、甘草 30 g、绿豆 500 g，水煎取汁，加入葡萄糖 50 g，混匀后饮水服用；或茵陈 20 g、栀子 20 g、大黄 20 g，水煎取汁，待凉后加入葡萄糖 30 ～ 60 g，维生素 C 0.1 ～ 0.5 g，混合后饮水服用。

三、菜籽饼中毒

油菜属十字花科，芸薹属植物，是我国广为栽培的越年生油料作物，其种子榨油后的菜籽饼可用作饲料。菜籽饼是一种蛋白质含量丰富的优质饲料，其中含粗蛋白质 28% ～ 44%，可消化蛋白 27.82%，粗纤维 23.2%，比玉米高 2.8 倍，比米糠高 1.7 倍，同时含有赖氨酸等 18 种氨基酸、多种无机盐、胆碱和多种维生素，是比较理想的饲料。但若不经处理直接饲喂鸡群，则会引起中毒。菜籽饼中的主要有害成分是芥子苷（硫葡萄糖苷）、芥子酶、芥子酸、芥子碱、植酸和单宁等有毒物质和抗营养因子。芥子苷在芥子酶的作用下，可水解形成异硫氰酸丙烯酯、噁唑烷硫酮、葡萄糖及硫酸氢钾等，毒性较强，长期饲喂会引起鸡群中毒。

菜籽饼的含毒量因油菜品种、加工方法和土壤中含硫量而异。芥菜型品种异硫氰酸丙烯酯含量较高，甘蓝型品种噁唑烷硫酮含量较高，白菜型品种两种毒素的含量均较高。

（一）发病机理

菜籽饼含有较高的硫代葡萄糖苷，其被肠道中菜籽饼本身存在的芥子酶水解后，会产生对动物有害的异硫氰酸丙烯酯和噁唑烷硫酮等有毒物质使动物中毒，这样使其营养价值大打折扣，严重影响菜籽饼的适口性和应用范围。

异硫氰酸丙烯酯进入肝脏后，肝脏解毒功能增强，负担加重，久之则肝脏的解毒能力逐渐减弱，异硫氰酸丙烯酯长期潴留，导致肝中毒、萎缩，进而使红细胞和血红蛋白减少。异硫氰酸丙烯酯和噁唑烷硫酮可抑制甲状腺对 ^{131}I 的摄取，使甲状腺功能亢进，形成甲状腺肿大；同时对肾上腺、脑垂体和肝脏也有毒害作用，可使血液中硫氰基升高。异硫氰酸丙烯酯对皮肤和黏膜有显著的刺激作用，可引起严重的肠炎，浓度高时可导致肺水肿。此外，还可使心容量和心率下降。

（二）症状

病鸡精神沉郁，食欲减退；反应迟钝，冠髯苍白，羽毛干燥粗乱；粪便稀薄呈水样，口渴喜饮；鼻腔流出泡沫状液体，甩头；少数体大、肥胖的鸡只死亡，死前呼吸困难，卧地不起，头颈伸直，或弯向一侧，两腿伸直前后划动，最后痉挛死亡。产蛋鸡产蛋率下降，发病鸡生长速度降低。

（三）病理变化

病鸡肝脏萎缩，呈黄绿色；肺脏淤血、水肿；肌胃内容物呈墨绿色，肠黏膜出血，黏膜易脱落；心尖部有点状出血；血液凝固不良，呈暗红色，稀薄；有时腹腔积血，有大量血凝块；卵黄萎缩变硬。

（四）诊断

根据鸡群有饲喂过菜籽饼的病史，结合症状及剖检变化可作出初步诊断。确诊可进行异硫氰酸丙烯酯的定性和定量检验。

1. 异硫氰酸丙烯酯定性检验

称取胃内容物与剩余饲料各 20 g，加等量蒸馏水混合搅拌，静置过夜，取浸出液 5 mL，加浓氨水 3 ～ 4 滴，若迅速呈现明显的黄色，则胃内容物和剩余饲料中异硫氰酸丙烯酯定性检验为阳性。

2. 异硫氰酸丙烯酯定量检验

称取菜籽饼 10 g 于 100 mL 容量瓶中，加 20 ～ 25℃温水至刻度，塞紧瓶塞摇匀，放置 24 h 后蒸馏。将蒸馏液收入到预先加入氨水及乙醇各 10 mL 的 200 mL 三角瓶中，当蒸馏液至 40 ～ 50 mL 时，停止蒸馏。冷却后加入 0.1 mol/L 硝酸银 20 mL，摇匀，在瓶口放一小漏斗作冷凝器用，水浴加热 1 h，冷却后注入 100 mL 容量瓶中，加水至刻度线，摇匀过滤。取滤液 50 mL，注入 200 mL 烧杯中，加入硝酸 6 mL 及硫酸铁铵 5 mL，以 0.1 mol/L 硫酸化钾滴定，至呈红色时为终点。按公式计算检材中异硫氰酸丙烯酯含量。

（五）防治

1. 预防

（1）饲喂要适量。在鸡的日粮中，菜籽饼的搭配比例不宜过高。一般来说，生长鸡用量可占精料的 5% ～ 10%，占干物质量的 5% ～ 8%，这样不经去毒也可与其他饲料搭配使用。但油菜品种不同，所含硫代葡萄糖苷差异很大，实际饲喂量应根据当地油菜品种、榨油工艺和土壤含硫量而酌情增减。

（2）菜籽饼脱毒处理。为安全利用菜籽饼，尤其是在鸡日粮中的搭配量超过 10% 时，应进行必要的脱毒处理。目前主要的脱毒方法有酸化法、碱化法、水浸法、有机溶液浸取法、热处理、水洗、化学脱毒工艺及微生物发酵等脱毒方法。常用的方法有以下几种。

①坑埋法。选择地势高燥、土质较好的地方，挖长方形坑，内铺 3 cm 的麦草，将粉碎成末的菜籽饼以 1∶1 加水拌湿后埋入坑内，上铺一薄层麦草，再覆土 40 cm。四周开排水道，以防雨水渗入，2 个月后，即可开坑利用，此方法可去毒 99.8%。开坑后四周发霉结块的部分不宜作饲料，同时避开梅雨和高温季节。

②发酵中和法。即将菜籽饼进行发酵处理，以中和其有毒成分，本法可去毒 90% 以上。

③蒸煮法。散养户养鸡量少，可将粉碎的菜籽饼用温水浸泡 8 ～ 12 h，倒去水，加清水煮沸 1 h，使毒物蒸发，即可喂鸡。

（3）增喂青绿饲料。青绿饲料可以改善日粮的适口性，减轻菜籽饼对鸡群的毒害作用，但不宜饲喂富含芥子酶的十字花科植物，如白菜、萝卜、甘蓝等。此外，还应适当搭配动物性饲料。

2. 治疗

停喂含菜籽饼的饲料，更换饲料。可用硫酸钠 40 g、碳酸氢钠 8 g、鱼石脂 1 g，加水 1 L 混合，

使病鸡自由饮用；还可以 2% ～ 3% 葡萄糖或 0.01% 维生素 C 饮水；也可使用中药龙胆泻肝散，每只鸡每天 1 ～ 2 g 拌料。与此同时，加强饲养管理，保持鸡舍内空气流通新鲜。

四、尿素中毒

尿素含氮量达 45% ～ 46%，是一种中性高效化肥，呈白色或淡黄色的针状或颗粒状结晶，性质稳定，除作肥料外，在工业和医药上亦有应用。鸡的尿素中毒除误食外，主要是采食掺假鱼粉所致。不法鱼粉生产商为了提高鱼粉的含氮量，在鱼粉中掺入 4% ～ 8% 的尿素，有的高达 13%，这样的鱼粉在雏鸡饲料中占 5% ～ 7%，就会引起鸡群中毒。

（一）发病机理

尿素被机体吸收后，在肠道微生物产生的尿素酶的作用下分解产生氨气，经肠道吸收进入血液，当其含量超过肝脏和肾脏等器官的处理能力时，可对中枢神经系统产生直接损害。同时直接吸收的尿素在体内酶的作用下形成尿酸排出体外，过量的尿酸则导致机体发生痛风。

（二）症状

1 月龄内的雏鸡表现精神沉郁，鸡冠苍白，羽毛松乱；足肢软弱不能站立，食欲降低或不食，渴欲增加；口腔内有黏液，嗉囊发软或充满气体；排出灰白色或棕色软便；呼吸困难，呼吸频率增加，张口呼吸；后期嗉囊空虚，日渐消瘦，最后两翼和颈部肌肉抽搐死亡。1 月龄以上的雏鸡除上述症状外还表现为喜卧，不愿走动，呈犬坐姿势，排灰黑色粪便，最后昏迷而死。日龄较大的鸡则表现痛风和脱水。

（三）病理变化

1 月龄以内的雏鸡剖检时，可见胃和肠壁肿胀、增厚，并覆盖一层黏液，用刀刮时黏膜易脱落，伴有点状或片状出血；肝实质松软、肿大，呈黄褐色；肾脏肿大、充血，肾和输尿管含有大量尿酸盐；喉头和气管有散在出血点；肺脏水肿、贫血。30 日龄以上的雏鸡腹腔和胃肠浆膜粗糙，内脏表面有散在的小出血点；肾脏肿大 1 ～ 3 倍；切开肾脏和输尿管，其内含有大小不等的褐色尿酸盐结晶，切面为灰白与暗紫色相间的虎皮斑纹。日龄再大一些的鸡胸腹腔液、心包液和关节液消失，心包内有白色尿酸盐；剖开肠管时，尿酸盐在肠壁上呈片状脱落；肾脏及输尿管内充满尿酸盐，肾脏肿大。

（四）诊断

根据症状和剖检变化，可作出初步诊断。确诊该病需对所用的鱼粉和饲料中的尿素含量进行检测。

1. 物理学检查

鱼粉潮湿，用手抓容易成团，用鼻闻有氨气味。

2. 化学检查

取少量鱼粉放入三角瓶内，然后放入等量的水。将烧瓶在酒精灯下慢慢加热，使尿素分解，进行缩二脲反应。若嗅到氨气，且将石蕊试纸放于烧瓶上试纸变蓝，则表明鱼粉中含有尿素。

（五）防治

1. 预防

预防该病最重要的是选择无尿素鱼粉喂鸡，尤其是雏鸡。为了避免误用尿素，最好不要把尿素和饲料放在一起。如要给鸡添加尿素，一定注意不要过量。

2. 治疗

如发现鸡尿素中毒，应立即停喂原饲料，更换其他饲料，尤其多喂青绿多汁的饲料。对病鸡进行紧急治疗，用 0.1% 高锰酸钾溶液让其自由饮用 2 d；饲料中可混入酵母粉，每只每天 0.25 ～ 0.5 g，让其自由采食；对发生痛风的鸡，可给 0.05% 人工盐溶液让病鸡自由饮用。同时在饲料内还可添加鱼肝油，每只每天 5 000 IU，连喂 3 ～ 5 d。

第四节　有害气体中毒

一、一氧化碳中毒

一氧化碳（Carbon monoxide）俗称煤气，是煤炭在氧气供应不足的情况下燃烧产生的一种无色、无臭、无味、无刺激的气体，化学式为 CO。一氧化碳中毒也称煤气中毒，是由于鸡吸入一氧化碳气体所引起的以机体缺氧为特征的中毒性疾病。一氧化碳中毒常发生于 0 ～ 6 周龄阶段的雏鸡，慢性中毒多没有明显的病理变化，但可引起雏鸡生长缓慢，不易诊断。在寒冷季节育雏期间，室内烧无烟煤，不用烟囱，通风不良或煤炉装置不当，煤炭燃烧不完全，可引起空气中的一氧化碳浓度增加，造成鸡群中毒。当空气中一氧化碳浓度达到 0.007%，可造成鸡群高发右心衰竭和腹水症；室内空气中一氧化碳浓度达 0.04% ～ 0.05% 时，足可以引起雏鸡中毒；空气中一氧化碳浓度达到 0.2% ～ 0.36%，1.5 ～ 2 h 即可引起雏鸡窒息死亡。如果鸡群长期生活在低浓度一氧化碳环境中，则会发生慢性中毒，引起雏鸡贫血，生长发育受阻，免疫功能下降，给养鸡场带来严重损失。

（一）病因

一氧化碳主要是煤炭（或木炭）在供氧不足的状态下燃烧不完全而产生的。冬春季节，特别是北方，在鸡舍和育雏室内烧煤取暖，煤炭燃烧不完全会产生大量一氧化碳，加之舍内或育雏室通风不良、烟道不通畅、煤炉布置不合理、饲养密度过大等，都会造成室内空气中一氧化碳聚集超标而引起鸡群中毒。同时，鸡舍建在矿厂附近，鸡群也易发生一氧化碳中毒。

（二）致病机理

一氧化碳主要通过上呼吸道吸入肺内，并在肺内通过气体交换进入血液循环。一氧化碳的毒性主要表现在它与血红蛋白的亲和力远远高于氧的亲和力，一般比氧气高 200 ～ 300 倍，而结合后解离的速度却比氧低 3 600 倍，因此一氧化碳一经吸入，即与氧争夺血红蛋白，结合形成碳氧血红蛋白后不易分离，故妨碍了氧合血红蛋白的正常结合与分离，使血液失去携氧能力，造成机体组织缺氧，动物因缺氧而窒息死亡。由于碳氧血红蛋白呈鲜红色，因此病鸡的血液、可视黏膜和内脏器官呈樱桃红色。同时，当一氧化碳浓度高时，还可与细胞色素氧化酶的铁结合而抑制细胞的呼吸过程，阻碍其对氧的利用。由于中枢神经系统对缺氧最为敏感，故首先受到侵害，发生神经细胞机能障碍，致使机体各脏器功能失调而发生一系列的全身症状。

（三）症状

中毒较轻者主要表现精神沉郁，羽毛蓬松，全身无力，运动减少，食欲减退，流泪，呼吸困难等。有的病鸡皮肤和鸡冠呈樱桃红色，并且容易罹患其他疾病，如右心衰竭和腹水症的发病率较高。若能让其呼吸新鲜空气，无须治疗即可康复，但如果环境空气没有得到及时改善，则会转入亚急性中毒。

亚急性和慢性中毒鸡群表现为羽毛粗乱，食欲减退，精神呆滞，达不到应有的生长速度和生产能力，容易罹患其他疾病。病鸡主要表现精神不振、羽毛松乱，食欲减退。

急性中毒的雏鸡表现为不安、昏睡、呆立，临死前发生呼吸困难、运动失调、倒向一侧，角弓反张，头后伸痉挛或惊厥。严重中毒的雏鸡可视黏膜呈粉色，血液呈樱桃红色，主要表现为震颤、烦躁不安，继而出现昏迷、嗜睡、呼吸困难，运动失调、呆立、头向后仰，最后不能站立，痉挛或抽搐而死。若救治不及时，严重时则可全群覆没。一般于夜间封火 3 h 后，鸡群即可出现中毒症状，4 h 后出现死亡。靠近通风口处的鸡只可能存活下来，但生长发育迟缓，3 周内饮食不正常。

（四）病理变化

气管、支气管中有干酪样栓子，气囊浑浊增厚。特征性剖检可见血管和各脏器的血液呈鲜红色或樱桃红色，黏膜和肌肉呈樱桃红色（图 7-4-1），各部位均有充血、出血现象，血液凝固不良，尤其以肺脏最为明显。嗉囊、胃肠道内空虚，肠系膜血管呈树枝状充血，肠黏膜出血；皮肤和肌肉充血、出血；肝脏肿大、淤血；心包积液，心包膜、心冠脂肪有针尖样的出血点，心肌坏死；胆囊肿胀，充满胆汁；脑部水肿、充血；肺脏表面有小出血点或出现肺气肿。亚急性和慢性中毒病例缺乏明显病理变化。

图 7-4-1　肺脏呈樱桃红色（刁有祥　供图）

（五）诊断

在对一氧化碳中毒进行诊断时，可以根据舍内是否使用燃煤取暖，舍内的通风情况，结合病鸡的症状（鸡冠呈樱桃红色），以及剖检病理变化（血液呈鲜红色或樱桃红色），一般即可对该病作出初步诊断，必要时进行实验室检验，检测病死鸡血液中碳氧血红蛋白即可确诊。

抽取病鸡的血液观察，在一至几小时内血液都呈樱桃红色。蒸馏水中加入 1 滴血使其只有微红状态，同时用此法同正常鸡的血液比较，病鸡的血液始终保持微红。

1. 氢氧化钠法

取 3 滴血加入 3 mL 蒸馏水，再加入 1 滴 5% 氢氧化钠，血液中若有碳氧血红蛋白，则仍保持原来的淡红色，而对照组血液则变为棕绿色。

2. 煮沸法

在 10 mL 蒸馏水中，加病鸡血液 3 ～ 5 滴，若有碳氧血红蛋白，煮沸后仍为红色。

3. 片山氏试验

在 10 mL 蒸馏水加 5 滴病鸡血液摇匀，再加入 5 滴硫酸溶液使其呈酸性，同时用正常者作为对照，正常血液呈柠檬色，一氧化碳中毒者呈玫瑰红色。

4. 鞣酸法

取 1 份血于 4 份蒸馏水中，加入 3 倍量 1% 鞣酸溶液充分摇匀。一氧化碳中毒者血液呈洋红色，而正常血液数小时后呈灰色，24 h 后尤为显著。也可取血用水稀释 3 倍，再用 3% 鞣酸稀释 3 倍，剧烈混合。一氧化碳中毒时可产生深红色沉淀，正常者产生绿褐色沉淀。

（六）防治

1. 预防

①冬季气温较低，对雏鸡一氧化碳中毒要引起足够的重视。因为一氧化碳是一种无色、无味、无刺激性的气体，不易被察觉，很容易造成鸡群中毒，尤其对长期饲养在一定浓度一氧化碳气体环境中的鸡群，即使不表现出中毒症状也会造成其生长迟缓，免疫功能低下，引起免疫失败。

②正确使用煤炉取暖设施，育雏室内烧煤取暖一定要设置通风孔，注意室内的通风和换气，保持室内通风良好，防止烟囱漏烟、倒烟。鸡舍和育雏室内采用煤火取暖装置应注意通风条件，保温的同时切不可忘记通风换气，也不可松懈炉灶的管理和维修。烟囱要排放通畅，防止倒烟、漏烟，煤质要好，发现问题时要及时采取措施解决。

③加强巡视观察，怀疑雏鸡有中毒现象时，在雏鸡不受凉风侵袭的情况下，打开通风窗，或迅速将鸡群转移到通风良好、空气新鲜的地方，中毒不深的可很快康复。

④改进保温设备，提倡使用电热保温设备，达到既安全又保暖的作用。

2. 治疗

①若发现中毒应立即打开门窗，通风换气，以排除室内集聚的一氧化碳气体。在通风换气时要注意保暖，尽量保证鸡舍温度。同时，给予清洁饮水，并添加水溶性多维和葡萄糖，连用 5 d，以增强鸡群抵抗力，并配合适当的抗菌药物，防止继发感染呼吸道疾病。

②鸡群中毒后，立刻将鸡群移至于空气新鲜的舍内，病鸡吸入新鲜空气后，轻度中毒鸡可逐渐康复。

③检修炉灶，消除隐患。有时为促进鸡只恢复，可皮下注射生理盐水、5% 葡萄糖注射液或强心剂等。

④重度中毒的鸡，无养殖价值应予以淘汰。

二、氨气中毒

氨气（Ammonia）是一种具有剧烈刺激性臭味的无色气体，比重为 0.596，化学式为 NH_3，正常情况下氨气在空气中含量很低，不会对人和动物造成危害。鸡舍中氨气的产生是由于微生物分解鸡的粪便、饲料和垫料中的含氮物质，其含量与鸡群的饲养密度、饲养管理水平和粪便清除情况等有关。若鸡舍通风条件较差，便会造成氨气等有害气体大量蓄积，引起鸡群急性或慢性中毒。

鸡群氨气中毒主要发生于冬春季节，通常由于过分注意保暖而忽视通风，使鸡舍内氨气浓度增高而引起。高浓度的氨气不仅能降低鸡群饲料消耗和生长率，也可使产蛋率下降。同时，氨气溶解度较高，常被吸附在鸡的皮肤黏膜和眼结膜上，产生氢氧化铵，引起黏膜和眼角膜的炎症，甚至失

明。鸡对氨气比较敏感，且氨气中毒易诱发鸡新城疫、大肠杆菌病及其他慢性呼吸道疾病，严重者可引起鸡群死亡。

（一）病因

鸡舍内氨的浓度应低于 20 mg/m^3，超过这个浓度后，鸡群会出现不同程度的中毒现象。浓度在 50 ～ 75 mg/m^3 时，可引起鸡饲料消耗降低，产蛋下降 9% 以上；浓度超过 75 mg/m^3 后，鸡心率和呼吸异常，气管和支气管出血，产蛋率严重下降。氨气的大致浓度比较容易衡量：当人进入鸡舍后，若闻到有氨气味，但不刺鼻、刺眼时，其氨气浓度大致在 10 ～ 20 mg/m^3，对鸡群无害；若人进入鸡舍后感觉刺鼻、流泪，鼻黏膜有酸辣感觉，数分钟后才能适应，说明氨气浓度在 25 ～ 35 mg/m^3；如果人感觉到呼吸困难、胸闷、睁不开眼，泪流不止时，说明鸡舍氨气浓度已达到 40 ～ 60 mg/m^3。后两种均超出了规定标准，应立即通风换气。此外，还可通过紫外-可见分光光度法、发光光度法、荧光光度法等许多新的测量方法和体系对氨气浓度进行测定。鸡氨气中毒的原因有以下几个方面。

1. 饲料过剩

养殖场为了使鸡增重加快、提高经济效益而缩短饲养期，整个饲养周期均提供营养丰富的全价饲料，特别对肉鸡采用自由采食的饲养方式，这样在短时间内产生并积累的粪便就会增加，而粪便中未消化的成分如蛋白质等也会增加。当舍内温度适宜且湿度较高时，污染的垫料、积累的粪便或其他有机物被细菌分解、发酵，在短时间内便产生大量的氨气、硫化氢和粪臭素等有害气体。鸡群对氨气极为敏感，一旦吸入氨气后，可引起鸡群呼吸系统障碍、肿眼流泪、中枢神经麻痹与机体抵抗力下降等，从而诱发一系列的疾病。

2. 鸡舍通风不良

全封闭式鸡舍无良好的通风条件与通风系统，以及适宜的温度和湿度，很容易造成氨气的大量蓄积，引起鸡群氨气中毒。

3. 管理水平落后，饲养密度过大

当鸡群密度过大、饮水器漏水、垫料潮湿时，如果不及时清除粪便和通风换气，蓄积的粪便和垫料就会发酵产生大量氨气。舍内通风条件不良或长期处于封闭状态，当舍内温度达到 25.8℃以上，湿度 83.2%以上时，粪便、垫料与混入其中的饲料等有机物在微生物的作用下一起发酵，便产生了大量的氨气等有害气体。当鸡舍氨气超过 75 ～ 100 mg/m^3，并持续较长时间时，就会降低饲料消化率与鸡只生长率，造成鸡群中毒。

4. 疾病因素

如鸡发生球虫病和肠炎时，其肠腔内环境、微生物群落发生改变，消化机能紊乱，导致粪便中未消化蛋白质成分含量增加，在细菌作用下产生较多氨气。

（二）症状

由于氨气溶解度高，常被吸附在鸡的皮肤和眼结膜上，引起角膜发炎和结膜炎，病鸡出现羞明、流泪，角膜浑浊，严重时眼睑黏合，有黏性分泌物，甚至因溃疡、穿孔而致失明。病鸡躁动不安、鸣叫，采食减少，生长缓慢，达不到应有的生长速度，产蛋鸡产蛋量下降。严重时，病鸡出现呼吸困难，伸颈张口呼吸，颜面部水肿、鸡冠发绀，鼻流稀薄黏液并有灰白色分泌物。病情进一步加重时，可见病鸡食欲减少或完全废绝，共济失调，双腿抽搐，呼吸减慢、昏迷，最后麻痹而死。人进入鸡舍亦感到空气对眼睛有刺激。

（三）病理变化

病鸡眼结膜坏死，常与周围组织粘连，不易剥离；鸡冠和颜面青紫色，皮下组织充血呈深红

色，有时在皮下及浆膜处可见出血点；喉头水肿、充血并有渗出物；气管壁潮红、充血，内积有大量泡沫状黏性渗出物；肺脏淤血水肿，呈深紫色，气囊轻度浑浊；肝脏肿胀淤血、色淡、质脆易碎；心肌变性，色浅，心包积液，心冠脂肪有点状出血；十二指肠黏膜充血，小肠有轻度炎症变化，直肠黏膜条状出血；肾脏、脾脏微肿；脑膜有轻度出血点；胸腺肿大、充血；皮肤、腿和胸肌苍白贫血，血液稀薄；有淡红色或淡黄色胸腔积液，尸僵不全。

组织学变化可见整个气管上皮细胞脱落坏死，充血、出血，并有炎性细胞浸润；肺脏出血、淤血明显，三级支气管内充满大量红细胞，肺支叶间因为淤血水肿而增宽；心肌有轻度病变，由于成纤维细胞增生而产生了炎性浸润灶；肝脏颗粒变性、水泡变性。有些肝细胞崩解坏死，肝血窦变窄；肾脏轻度出血。

（四）诊断

该病可根据病鸡的症状和死亡后的病理剖检变化，以及舍内环境等作出初步诊断。采取病鸡血液，测定其血氨、血糖、乳酸脱氢酶、碱性磷酸酶、肌酸激酶水平，可为诊断提供可靠依据。

（五）防治

1. 预防

①加强饲养管理，及时清除粪便污染物，更换垫料。预防该病的发生，主要措施是及时清扫粪便，勤于更换垫料及清理舍内的其他污物。在夏季高温高湿的养殖环境下，及时对鸡舍进行通风换气，及时清除鸡粪等有机物，避免舍内鸡群饲养密度过大。有条件的养殖场应定期检测鸡舍内的空气含氮量。肉鸡在地面平养时，更应注意粪便、垫料的清除，及时更换垫料，并保持干燥。

②科学配料，合理使用添加剂。在日粮配制过程中，从选料到饲喂的整个过程中应注意合理使用饲料添加剂。据报道，丝兰属植物具有储存氨气，在雨天释放后可被其利用，作为养分，即称为自肥效应。在肉鸡和蛋鸡饲料中添加丝兰属植物丝兰竹，可达到抑制氨气释放的效果。此外，饲料中添加微生态制剂有助于维持鸡群胃肠道菌群平衡，促进肠道内的非蛋白氮合成氨基酸、蛋白质，提高饲料转化率，同时抑制大肠杆菌等有害菌的腐败作用，降低粪便含氮量，从而大大降低鸡舍中氨气浓度，一般添加量为 0.5% ～ 1%。此外，在饲料中添加 1% ～ 2% 木炭渣或 0.5% 腐殖酸钠，可以使粪便干燥，减少臭味。

③鸡舍内空气的净化。过磷酸钙可与粪便中的氨气结合，形成无味的固体磷酸铵盐，起到降低鸡舍内氨气浓度的良好效果。一般每 10 m^3 撒 0.5 kg 左右，每周 1 次。

④加强通风换气，保持鸡舍内空气新鲜，特别是冬季，在做好保温工作的同时，重视鸡舍内的排污除湿。饲养人员平时要注意鸡舍内氨气浓度变化。

⑤定期对鸡舍进行消毒，尤其是带鸡喷雾消毒，不仅可杀死或减少鸡体表或舍内空气的细菌和病毒，还可阻止粪便的分解，抑制氨气的产生，利于净化空气和环境。

⑥做好肠道疾病的防治工作。防止鸡发生球虫病、鸡白痢等导致消化机能紊乱的疾病。

2. 治疗

①当发现鸡群中有氨气中毒症状时，及时打开门窗、排气孔、排气扇、天窗等所有通风口和排气设备，对鸡舍进行通风换气，同时更换垫料，清除鸡舍粪便，用草木灰铺撒地面，有条件的可把鸡群转移至环境较好的另一鸡舍。在冬季应做好保温工作。

②当鸡舍内氨气浓度过高而无法及时通风的情况下，应往舍内墙壁、棚壁喷洒稀盐酸，可迅速降低氨气浓度。

③全群鸡饮服或灌服1%稀醋酸，每只1～2 mL，或用1%硼酸水溶液洗眼；增加饲料中多种维生素的添加量；饮水中添加2%～3%葡萄糖，维生素C片每只0.05～0.1 g，一般经1～2 d即可痊愈。对出现排稀便等中毒症状的鸡，饮水中添加适量环丙沙星，或在每千克饲料中添加110～330 mg的北里霉素防止继发感染。对有眼部病变的鸡，用红霉素进行点眼，效果良好。

三、甲醛中毒

甲醛（Formaldehyde），化学式为HCHO，30%～40%的甲醛水溶液称为福尔马林。甲醛有极强的还原活性而使蛋白质变性，呈现强大的杀菌作用，在养禽业广泛使用，主要用于各类物品的熏蒸消毒，也可用于浸泡消毒和喷洒消毒，不仅可杀死繁殖型细菌，而且能杀死芽孢、病毒和霉菌。因熏蒸时甲醛气体能分布到每个角落，消毒效果好，但甲醛对呼吸道、消化道黏膜以及眼结膜等具有很强的刺激性和腐蚀性，在生产实践中，因甲醛使用不当导致鸡群中毒的情况时有发生。带鸡熏蒸时每立方米使用7 mL甲醛为正常浓度，若熏蒸后气体大部分未排出或者带鸡熏蒸时浓度使用不当，时间过长，可使鸡群甲醛中毒，造成巨大的经济损失。

（一）病因

甲醛是原生质毒，能凝固蛋白质，接触后即发生皮肤和黏膜强烈的刺激作用。鸡群吸入甲醛后，对眼和呼吸道黏膜产生明显的刺激。鸡的甲醛中毒常由以下原因引起。

1. 出雏器内甲醛熏蒸时浓度太高

有些孵化场为了预防脐炎，雏鸡出壳后用甲醛自然挥发熏蒸，如使用甲醛浓度超过7 mL/m^3，导致雏鸡甲醛中毒。

2. 甲醛气体未排尽

对育雏舍封闭消毒后，舍内尚有高浓度甲醛蒸汽时便让雏鸡进入。尤其是冬季，温度低暂无刺激性气味，当温度升高时甲醛气体蒸发，刺激性增强。

（二）症状

甲醛具有强烈的刺激作用，鸡接触高浓度甲醛0.5～1 h便出现异常。表现为精神沉郁、不喜欢走动，扎堆，部分鸡开始流泪、尖叫、张口呼吸。随后出现眼紧闭，不能寻食寻水，口腔中黏液增多（图7–4–2），嗉囊普遍空虚；眼烧灼、畏光、流泪，眼睑水肿、角膜炎、结膜炎；喙部乌青，鼻部呈紫黑色，流涕，口腔内可见坏死性伪膜，脚趾干燥；呼吸困难，喉头和气管痉挛，肺水肿甚至昏迷死亡，有的腹部明显肿胀。通常于中毒后8～24 h出现死亡高峰，一般死亡率为10%～50%，病程8～10 d。慢性中毒者嗜睡、采食量下降，软弱无力，肺炎，肾脏损伤，酸中毒甚至昏迷死亡。

此外，甲醛熏蒸消毒也是控制种蛋细菌污染，提高孵化率和健雏率的有效措施，被各地孵化场广泛应用。但在操作上使用不当，容易造成种蛋中毒，尤其是夏季高温季节，有空调贮藏种蛋条件的孵化场，种蛋“出汗”现象较为普遍，此时进行熏蒸消毒，甲醛气体挥发后易溶解到种蛋表面的水珠中去，然后通过气孔渗透到种蛋内造成种蛋甲醛中毒，影响孵化效果。表现为受精率正常，但孵化率下降，死胚增加，严重的全部死亡。

（三）病理变化

病死鸡皮下水肿，腹腔积液。喉头、气管、支气管黏膜水肿，有黏液样渗出物，潮红（图7–4–3），有的可见坏死性伪膜（图 7-4-4、图 7-4-5），肺脏潮红、充血（图 7-4-6、图 7-4-7），后期出血、坏死增多；口腔、鼻腔、喉头出血，病程长的死亡鸡肺脏有散在性、局限性的炎症或坏死灶。

（四）防治

1. 预防

生产中一定要注意甲醛用量和消毒维持时间。空舍消毒时每立方米使用甲醛 16 ～ 24 mL，高锰酸钾 8 ～ 12 g，水 8 ～ 12 mL。鸡舍封闭熏蒸消毒后于进雏前 4 ～ 5 d 前打开门窗排出甲醛气体，育雏舍内在高温下无刺激眼、鼻气味时方可进雏。

2. 治疗

中毒后应立即将甲醛气源移走，打开门窗和风机，加强排风，尽快将鸡群转移到新鲜空气处，或用 0.8% 稀氨水在舍内间断喷雾，让病鸡吸入蒸汽以中和甲醛；同时，可在饮水中添加 2% ～ 3% 豆汁或牛奶，适量添加维生素 C、葡萄糖和电解多维等供其自由饮用；为减轻甲醛对黏膜的刺激作用，给病鸡口服 3% 碳酸铵或 15% 醋酸铵溶液，使甲醛变为毒性较小的乌洛托品；对发生结膜炎的病鸡，眼内可用清洁水或 2% 碳酸氢钠溶液清洗，加强科学饲养管理，精心护理。为预防因呼吸道损伤导致的继发感染，可用抗生素 3 ～ 5 d。

图 7-4-2　口腔中黏液增多，黏膜潮红（刁有祥 供图）

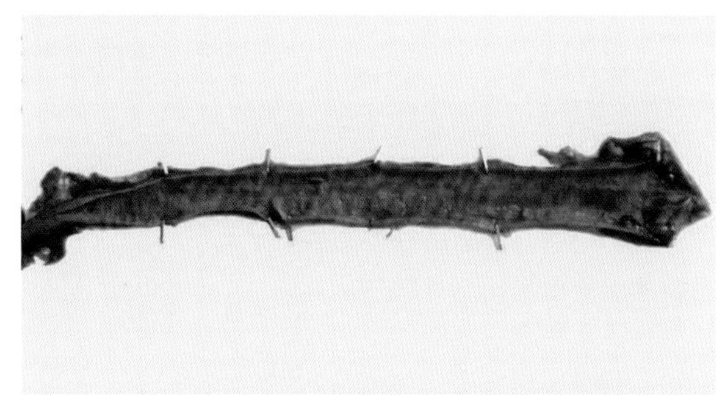

图 7-4-3　气管环出血，气管黏膜表面有黄白色纤维蛋白渗出（刁有祥 供图）

图 7-4-4　气管黏膜表面有黄白色纤维蛋白渗出（刁有祥 供图）

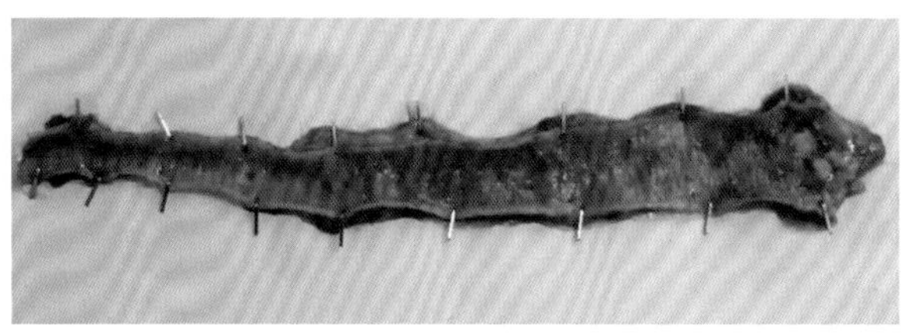

图 7-4-5　喉头、气管黏膜有黄白色纤维蛋白渗出（刁有祥 供图）

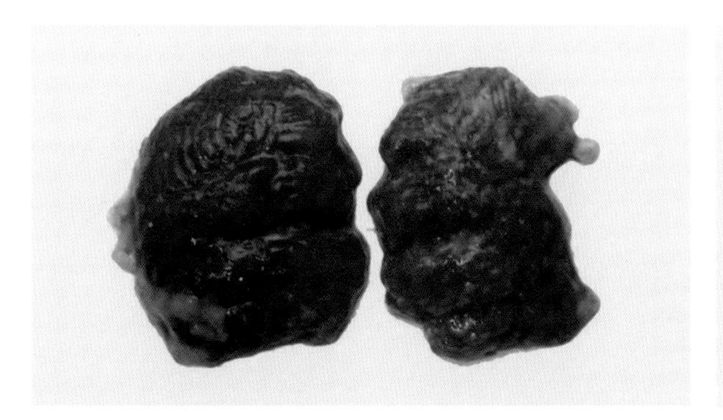

图 7-4-6　肺脏潮红、充血（一）（刁有祥 供图）

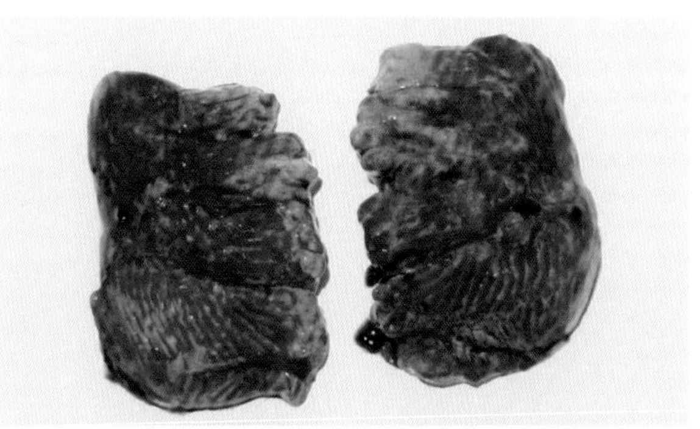

图 7-4-7　肺脏潮红、充血（二）（刁有祥 供图）

第五节 灭鼠药中毒

一、安妥中毒

安妥也称甲萘硫脲（Methionine），通常将其按 2% 的比例加入食物内配制毒饵，用以杀灭鼠类。纯品为白色结晶，商品为灰色的粉剂。3 ～ 5 周龄雏鸡饲料中含有 3% 安妥，24 h 内即中毒死亡，其致死量为每千克体重 2.5 ～ 5.0 g。集约化养鸡场投放毒饵，如不采取预防措施，被鸡群误食后，往往发生中毒。

（一）发病机理

安妥经肠道吸收后，分布于肺脏、肝脏、肾脏和神经组织中。其分子结构中的硫脲部分可在组织液中水解成二氧化碳、氨气和硫化氢等，故对局部组织具有刺激作用。但对机体的主要毒害作用则为经由交感神经系统对血管收缩神经所起的阻断作用，造成肺部微血管壁的通透性增加，以致血浆大量透入肺组织和胸腔，而导致严重的呼吸障碍。此外，该药能抑制血中凝血酶原的生成及其活性，从而降低了血液凝固性，致使中毒鸡群有出血性倾向。

（二）症状

病鸡精神委顿，食欲消失，呼吸困难，共济失调，衰弱，昏迷。中毒严重的很快死亡。

（三）病理变化

安妥中毒死亡的病例，以肺部的病变最为显著，可见肺脏呈暗红色，水肿，气管内充满大量血色泡沫，气管环出血。肝脏稍肿大，呈暗红色。脾脏呈暗红色，表面有出血斑。心包积液，心包膜有大量的出血斑。肾脏肿大，充血。肠黏膜呈卡他性炎症。

（四）防治

1. 预防

加强对安妥的保管，在制订灭鼠计划时，应有专人负责，采取必要的防护措施，以防发生意外。

2. 治疗

发病后可采用对症疗法。可用 2% ～ 3% 葡萄糖饮水，同时在水中加入维生素 C，以保肝解毒。饲料中可加入维生素 K_3，以防止出血。

二、磷化锌中毒

磷化锌（Zinc phosphide）是使用较早的灭鼠药和熏蒸杀虫剂，分子式为 Zn_3P_2，纯品为暗灰色带光泽的结晶，常用 2.5% ～ 5% 的比例同食物配制毒饵用以灭鼠。磷化锌暴露于空气中会散发出磷化氢气体，在酸性环境中，散发更快，散发出来的磷化氢气体有剧毒。磷化锌不仅可毒杀灭鼠类，而且对人和畜禽都有毒害作用。当灭鼠用的毒饵管理不善，被鸡误食，或磷化锌污染了鸡的饲料，可使鸡发生中毒。鸡的磷化锌致死量为每千克体重 20 ～ 30 mg。

（一）发病机理

磷化锌在酸性条件下，释放出剧毒的磷化氢气体，并被消化道所吸收，进而分布在肝脏、心脏、肾脏以及横纹肌等组织，引起所在组织的细胞发生变性、坏死。在肝脏和血管受损伤的基础上，发展至全身的广泛性出血。

（二）症状

急性中毒鸡群在 1 h 内出现症状。病鸡精神沉郁，羽毛松乱；口渴、下痢、口角流涎，呼吸困难，黏膜发绀；运动不稳，两翅下垂；双腿外伸，共济失调，呈进行性衰弱。后期病鸡倒于一侧，头向背后弯曲，两爪外伸，症状越来越重，直至死亡，死前可能出现惊厥。慢性中毒主要表现为消化机能紊乱的症状，排绿色稀便，病鸡精神沉郁，呈进行性消瘦。

（三）病理变化

切开胃或嗉囊时，散发出带蒜叶的特殊气味，将其内容物移置暗处时，可见有磷光。肠道充血、出血，肠黏膜脱落；胃黏膜充血、糜烂；肝脏、肾脏淤血、肿胀；肺水肿，气管内充满泡沫状液体；心包积水，腹腔中也有少量积水。

（四）防治

1. 预防

加强灭鼠药的保管和使用，杜绝露天放置；使用磷化锌类灭鼠药要十分小心，毒饵应放置在鸡群接触不到的地方；毒死的老鼠不能乱丢，应深埋或烧毁。

2. 治疗

该病无特异性解毒方法，早期发现可灌服 0.1% 高锰酸钾或 0.2% ～ 0.5% 硫酸铜溶液，使之与磷化锌形成不溶性的磷化铜，从而阻滞吸收而降低毒性。此外，饮水中也可加入 2% ～ 3% 葡萄糖饮服，以保肝、解毒。

三、砷中毒

砷（Arsenic）及其化合物多作农药、灭鼠药、兽药之用。虽然砷本身毒性不大，但其化合物的毒性却极其剧烈，当用药不慎便可引起鸡的砷中毒。

（一）病因

鸡砷及其化合物中毒较为常见的病因如下。

一是鸡误食含有砷的农药处理过的种子、喷洒过含砷农药的农作物或饮用被砷化物污染的饮水而引起中毒。

二是鸡误食毒鼠时的含砷毒饵，亦能引起中毒。

（二）发病机理

砷及砷化物，经由消化道或呼吸道进入机体，吸收后首先聚集于肝脏，然后逐渐分布到其他组织。砷及砷化物属于细胞原浆毒，主要作用于机体酶系统。亚砷酸离子能抑制酶蛋白的巯基，尤其易与丙酮酸氧化酶的巯基结合，使其丧失活性，从而减弱酶的正常功能，阻碍细胞的氧化和呼吸作用，导致组织细胞死亡。砷也可麻痹血管平滑肌，破坏血管壁的通透性，造成组织器官淤血、出血，并能损害神经细胞，引起广泛的神经损害。

（三）症状

病鸡翅膀下垂，运动失调，头部痉挛，向一侧扭曲；冠和肉髯呈青紫色；口流黏液，排带血稀便，体温下降。

（四）病理变化

嗉囊、肌胃和肠道呈卡他性炎，并有黏液性渗出物。肌胃中有液体蓄积，胃壁上的角质膜容易剥落，角质膜下有出血和胶冻样渗出物；肝脏质地脆弱，呈黄棕色，有的病例肝脏表面可能出现黄绿色、形状不规则的坏死区；肾脏肿胀、变性；脂肪组织柔软、水肿，呈橘黄色。慢性中毒的病例，心脏体积增大，心肌质地松软，血液呈深红色和水样，不易凝固。

（五）防治

1. 预防

严格遵守毒物保管制度，防止含砷农药污染饲料、植物或饮水。应用含砷药物时，应严格控制剂量。

2. 治疗

鸡急性中毒时，首先应用 2% 氧化镁溶液或 0.1% 高锰酸钾溶液，也可用 5% ～ 10% 药用炭内服。为防止毒物吸收，一般可采用下列解毒液内服：4% 硫酸亚铁 250 mL、6% 氧化镁 250 mL，应用时将两液混合振荡成粥样，每 4 h 灌服 1 次，每次 5 ～ 10 mL。

第八章 鸡普通病

第一节 中 暑

中暑（Heatstroke）又称热应激（Heat stress），是指鸡在高温环境下，体温调节及生理机能趋于紊乱而发生的一系列异常反应，同时伴随生产性能下降，出现热休克，甚至死亡。中暑多发生于夏秋季节，尤其在集约化饲养条件下，鸡舍饲养密度大，通风、散热条件差易导致中暑的发生。一般来说，当环境温度长时间超过 35℃，鸡群将出现中暑，当温度达到 40℃以上时，就有可能导致大批死亡，严重损害养鸡生产的经济效益。

一、发病机理

鸡属恒温动物，体温维持在 41 ～ 42.5℃。体温的恒定是在下丘脑体温调节中枢的精细调节下，使体内产热与散热保持一种动态平衡而得以实现。鸡在生命进程中，不断进行新陈代谢，并产生热量。除维持机体健康、体温和正常新陈代谢外，多余的热量必须及时通过各种方式散发，以保证最适的体内环境。

鸡的皮肤没有汗腺，因而不能像哺乳动物那样在高温条件下利用汗液蒸发散热，在天气炎热时鸡体热的散发主要有四种方式：一是传导散热，即通过爪和身体其他部位与温度低于体温的地面、栖架或其他物体接触而将体热传递给接触的物体；二是对流散热，即当周围环境温度低于机体温度时，机体周围的空气受鸡体的影响而受热上升，外界温度较低的空气随之进行补充，如此循环往复而带走部分体热；三是辐射散热，即体热通过向外发射红外线的方式而散发；四是蒸发散热，即通过水分的蒸发而带走部分体热。

当外界环境潮湿，气温升高，体内积热。热刺激反射性地引起呼吸加快，以促进热的散发。但因环境温度高，机体不能通过传导、对流、辐射散热，只能通过呼吸、排粪、排尿散热，产热与散热不能保持相对统一与平衡，鸡群会出现明显的热应激乃至中暑等不良反应，并引起不良生理变化。

（一）热喘息

适当的热喘息可增加体热的散发，但是过度的喘息将会致体内二氧化碳和水分大量排出，血液中二氧化碳分压下降，H^+ 浓度下降，pH 值升高，出现呼吸性碱中毒；若代偿性热喘息后期，呼吸中枢受抑制，体内积聚过量的 H_2CO_3 又可能导致酸中毒。产蛋鸡由于二氧化碳排出增多，体内 CO_3^{2-} 减少，影响输卵管蛋壳腺分泌 $CaCO_3$，不利于蛋壳的形成，同时，高温条件下碳酸酐酶降低，钙、磷、维生素D吸收率降低，体内钙缺乏，蛋壳形成困难，所以，热应激时蛋鸡产软壳蛋、无壳蛋、褪色蛋增多。为形成蛋壳，机体会动用骨骼中的$CaCO_3$，导致骨钙缺乏，骨骼的负重能力下降，所以，蛋鸡在产蛋过程中，易发生瘫痪，不能站立。Ca^{2+}缺乏后，Ca^{2+}与钙调蛋白结合形成的钙–钙调蛋白复合物减少，肌细胞中Ca^{2+}下降，输卵管平滑肌处于舒张状态，输卵管收缩无力，此外，热应激时8–精催产素分泌减少，所以，产蛋鸡发生热应激时，输卵管中常有未产出的蛋。此外，热喘息可损伤呼吸道黏膜，造成呼吸道充血、出血，继发病原感染。

（二）心率增加，体温升高

由于热应激和热喘息导致血液中含氧不足，心率代偿性加快、血压升高，由此可导致脑内压升高、充血甚至出血、昏厥；心率过速后引起心衰，导致静脉回流障碍，肺淤血、水肿，机体缺氧。

（三）排卵数减少，产蛋下降

热应激导致下丘脑促性腺激素释放激素（GnRH）和垂体前叶促性腺激素的分泌减少，所以促卵泡激素（FSH）、促黄体激素（LH）和催乳素（LTH）生成减少，从而影响了卵泡的生长发育和成熟，使排卵数减少，导致产蛋下降。

（四）影响肾上腺素和甲状腺素等分泌

高温导致鸡肾上腺素皮质类固醇先急剧增加，而后降低；分泌醛固酮增加，使肾小球保钠排钾作用增强，破坏了无机离子的平衡，血液中钾、钙、磷均有所下降，甲状腺素分泌减少；维生素的合成能力降低，如抗坏血酸减少。

（五）导致采食量下降

热应激时，采食中枢的兴奋性受到抑制，导致消化机能减弱，食物在消化道停留时间延长，感受器受压迫而食欲不振；高温时循环血液充盈机体表面，使整个消化系统供血不足，食欲减退，消化能力减弱，生产性能下降。

（六）饮水量增加、粪尿排泄增多

为了增加散热，粪尿排泄增多，导致机体钾、钠及多种微量元素流失，电解质平衡失调、失水，鸡群会大量饮水，来补充水分流失。

（七）肠道屏障功能紊乱

导致益生菌与病原菌的菌群失衡，肠道屏障功能紊乱，内毒素进入血液引发全身性炎症，使鸡只出现死亡；严重影响鸡肠道益生菌的代谢作用，使肠道中短链脂肪酸合成减少，破坏肠道完整性与营养物质的有效吸收。

（八）降低鸡的免疫机能

热应激对免疫机能的影响主要是由于应激过程中糖皮质激素分泌增加的结果。由于糖皮质激素抑制了机体的免疫器官和淋巴组织的蛋白质合成，降低血液中IgG水平；热应激还会导致免疫器官发生坏死或萎缩，引起淋巴细胞和嗜酸性粒细胞下降，进而降低细胞免疫和体液免疫功能，最终导致免疫机能的降低。

二、病因

中暑是由于鸡舍及周围环境温度的升高超过了机体耐受能力而出现的明显热应激，造成鸡舍及环境温度升高的因素主要有以下几方面。

（一）夏季强烈阳光照射，屋顶及地面产生大量辐射热

大量的热通过辐射、传导、对流等途径进入鸡舍内，使舍内环境温度升高。

（二）饲养密度过大

由于密集饲养，每个个体所占空间较小而不利于个体体热的散发，甚至可因拥挤而造成高于周围环境温度的小环境。

（三）舍内积集的热量散发出现障碍

如舍内通风不良、停电、风扇损坏等。

（四）温度高，湿度大，散热困难

夏季温度高，雨水多，湿度大，热应激指数升高。热应激指数是舍内华氏温度与舍内湿度的和，即热应激指数 =（普通温度计的温度 ×1.8 + 32）+ 舍内湿度。

当热应激指数为 150 时，在鸡可承受的热应激范围内，鸡不会有任何影响。155 时，鸡对热应激的承受能力达到底线。达到 160 时，鸡开始采食减少，饮水增多，生产性能下降。达到 165 时，鸡开始死亡，肺脏、心血管系统受到严重损伤。热应激指数达到 170 时，鸡大量死亡，多数鸡当时窒息死亡，少数晚间死亡。

三、症状

鸡中暑最先出现的症状是呼吸加快，心跳增速，体温明显升高，往往超过 45℃。当环境温度超过 32℃时，呼吸次数显著增加，出现张口伸颈气喘（图 8-1-1、图 8-1-2），腿伸展，翅膀张开下垂（图 8-1-3），体温升高为特征的热喘息；同时伴随食欲下降，饮水增加。当环境温度进一步升高时，热喘息由间歇性转变为持续性，病鸡表现精神沉郁，食欲废绝，但饮水量大幅度增加，排水便（图 8-1-4）；呼吸急促，且口流白沫，部分鸡喉内发出明显的"呼噜声"；鸡冠先鲜红后发绀，有的苍白；皮肤干燥，黏膜发紫；可见战栗、痉挛倒地，甚至昏迷（图 8-1-5），濒死前可见深而稀的病理性呼吸，最后因神经中枢的严重紊乱而死亡。死亡鸡大多营养良好，体形偏胖或过胖，尸僵缓慢、嗉囊积食，压迫鼻腔时有灰白色黏液流出。长期慢性热应激的鸡可见部分脱毛现象。

产蛋鸡产蛋量下降，蛋重减轻，软壳蛋、无壳蛋、褪色蛋增多（图 8-1-6），鸡瘫痪，不能站立（图 8-1-7），如不及时发现，瘫痪病鸡很快死亡；处于生长期的病鸡，其生长发育受阻，增重缓慢；种公鸡精子生成减少，活力降低，母鸡受精率下降，种蛋孵化率降低。

四、病理变化

病鸡及刚病死的鸡皮肤温和但深部体温高，有烫手感，鸡冠、肉髯呈紫黑色（图 8-1-8）；剖检可见肌肉苍白、柔软，呈熟肉样（图 8-1-9）；血液呈紫黑色，凝固不良，尸僵缓慢；有的心脏和胸腔黏膜粘连，心包膜及胸膜弥漫性出血（图 8-1-10），心冠脂肪点状出血（图 8-1-11）；肺脏高度充血、淤血，肺水肿（图 8-1-12）；肝脏肿大，表面有大小不一的出血斑点或肝脏破裂（图 8-1-13）；腺胃变薄变软（图 8-1-14、图 8-1-15），肠管松弛无弹性，肠黏膜脱落；脑及脑膜血管淤血，并伴有出血点，脑组织水肿。种鸡或蛋鸡卵泡膜淤血，死亡病例可见输卵管中有待产蛋（图 8-1-16），输卵管黏膜水肿（图 8-1-17）。

图 8-1-1　鸡张口气喘（一）（刁有祥 供图）

图 8-1-2　鸡张口气喘（二）（刁有祥 供图）

图 8-1-3　鸡腿呈伸展状态，张口气喘（刁有祥 供图）

图 8-1-4　粪便稀薄，粪水流入走道（刁有祥 供图）

图 8-1-5　病鸡昏迷，精神沉郁（刁有祥 供图）

图 8-1-6　蛋鸡所产软壳蛋、无壳蛋（刁有祥 供图）

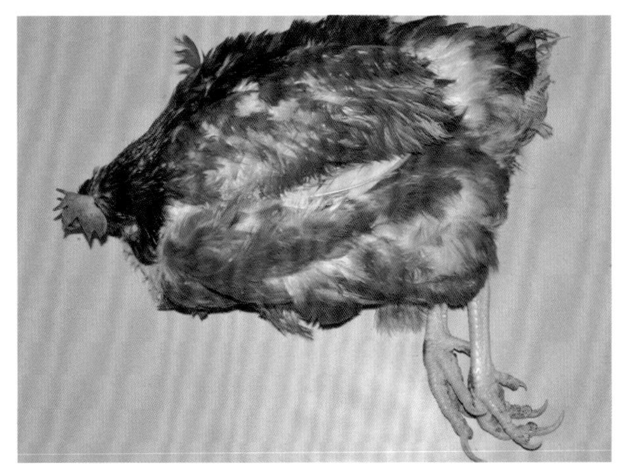
图 8-1-7　蛋鸡瘫痪，不能站立（刁有祥 供图）

图 8-1-8　死亡鸡，鸡冠、肉髯呈紫黑色（刁有祥 供图）

图 8-1-9　肌肉苍白呈熟肉状
（刁有祥　供图）

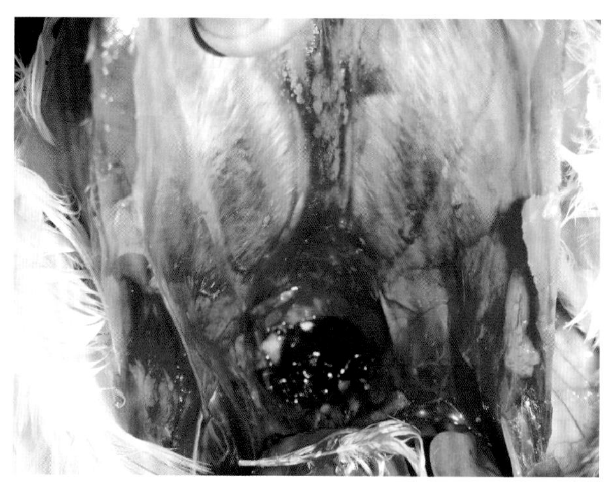

图 8-1-10　胸膜弥漫性出血
（刁有祥　供图）

图 8-1-11　心冠脂肪有大小不一的出血点
（刁有祥　供图）

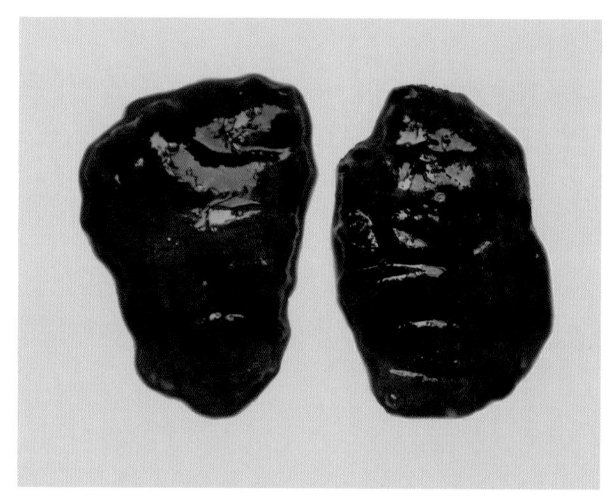

图 8-1-12　肺脏淤血、水肿，呈紫黑色
（刁有祥　供图）

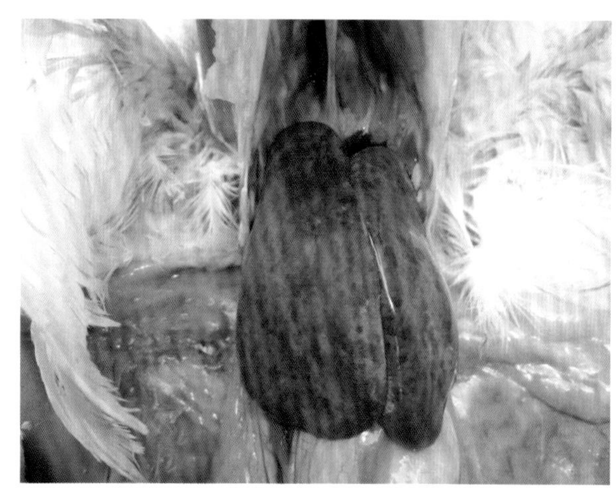

图 8-1-13　肝脏肿大，表面有大小不一的出血斑点
（刁有祥　供图）

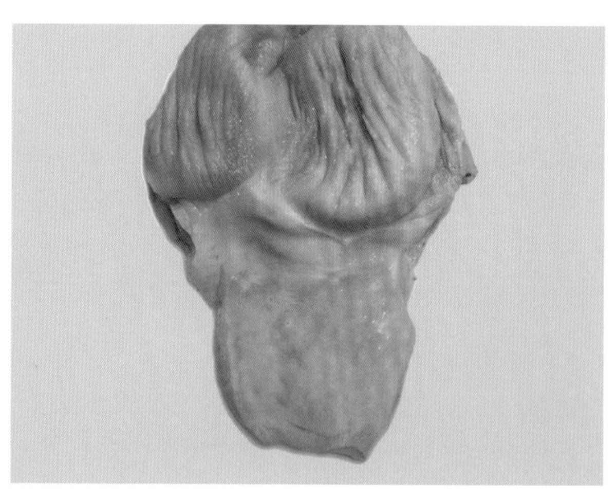

图 8-1-14　腺胃变薄、变软
（刁有祥　供图）

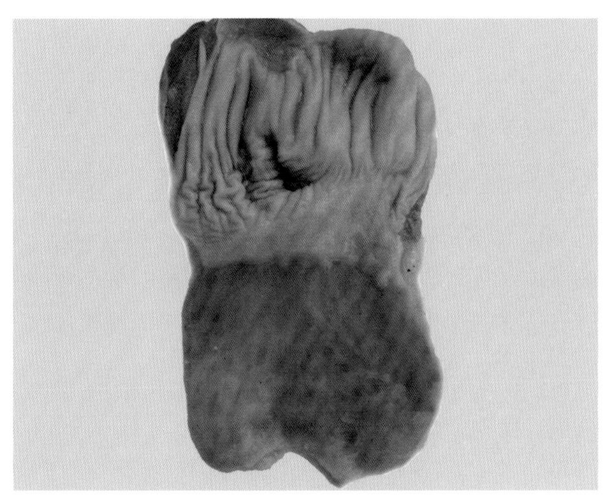
图 8-1-15　腺胃变薄、变软，水肿
（刁有祥　供图）

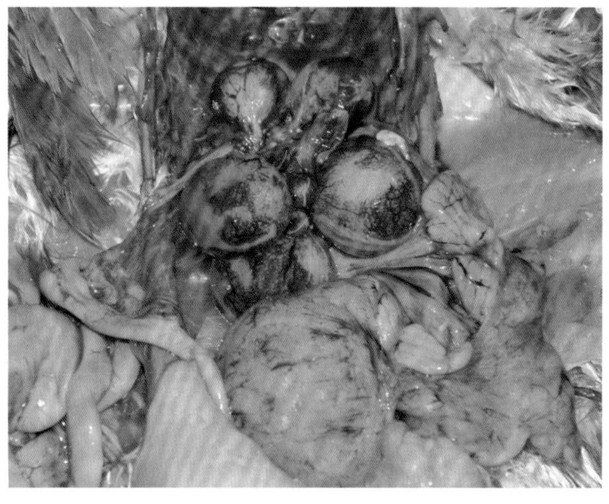
图 8-1-16　卵泡膜淤血，输卵管中有未产出的蛋
（刁有祥　供图）

图 8-1-17　输卵管黏膜水肿
（刁有祥　供图）

热应激时，胃肠道先缺血，后持续性淤血，并发水肿，胃酸、胃蛋白酶合成增多，同时黏液分泌减少，并因蛋白质合成抑制而降低上皮细胞的更新率，胃肠黏膜上皮细胞的再生能力下降。热应激对腺胃、十二指肠、空肠、回肠均有明显的病理性损伤，主要表现为黏膜上皮细胞脱落、黏膜固有层水肿、肠绒毛断裂等器质性病变。肺充血、出血、呼吸毛细管与肺房结构损伤，肺气血屏障超微结构有明显破坏，脑膜血管充血，神经细胞肿胀变性。延脑神经原细胞器肿胀、溶解、变性，肾上腺皮质与髓质细胞超微结构变性、坏死，髓质细胞明显脱颗粒；卵泡膜和输卵管膜充血、肝淤血。肺与延脑神经细胞病变为热休克的直接死因。

五、诊断

该病根据发病季节、发病时舍内环境（是否通风不良，温湿度过高等），发病症状及剖检变化即可确诊。

六、防治

（一）预防

1. 降低环境温度

鸡舍建筑不能太矮，开设足够的通风孔，安装必要的通风降温设备，如风扇、水帘、喷水等，可采用水帘加纵向通风的最佳通风系统；改平地饲养为棚架饲养，注意棚底的通风换气；尽可能降低暑热季节的饲养密度，出栏前的白羽肉鸡不要超过 8 只 /m^2；增加鸡舍周边的绿荫，朝阳面使用遮阳网遮挡，特别是进风口处应设置在阴凉处，但应注意鸡舍周边的植被不能阻挡舍内与外界空气的对流。

2. 减少机体产热，增加散热

适当改变饲喂制度，改白天饲喂为早晚饲喂，进食活动会产生较大量的体热，而且鸡群在早上饱食后会安静憩息，减少了活动散热；白天适当减弱栏舍的光线，光线过强可刺激机体下丘脑体温调节中枢引起机体产热，而光线过弱、光照时间过短会影响蛋鸡的产蛋量，暑热季节应适当进行调节；保证清凉水饮用量，以饮水降低体热和尿液排热，如在饮水中添加适量氯化钠或氯化钾，可使饮水量增加，降温效果加强；调整饲料中能量来源，增加脂肪，减少碳水化合物含量，因为机体利用脂肪产能比碳水化合物产能过程产热值低。

3. 提高机体抗热应激能力

①在日粮中补充维生素 C。常温条件下，家禽能合成足够的维生素 C 供机体利用，但在热应激时，机体的合成能力下降，而此时对维生素 C 需要量却增加，一般可在日粮中添加 0.02% ～ 0.04% 维生素 C。

②在日粮或饮水中补充氯化钾。饲料中含钾量较高，常温下不需要在日粮中补充，但热应激时，由于病鸡会出现低血钾症，所以必须从外界补充钾，一般饮水中补充 0.15% ～ 0.3% 氯化钾或在日粮中补充 0.3% ～ 0.5% 氯化钾。

③在日粮或饮水中补充氯化铵。鸡热应激时，会出现呼吸性碱中毒，在日粮或饮水中补充氯化铵能明显降低血液 pH 值，一般在饮水中补充 0.3% 氯化铵或在日粮中添加 0.3% ～ 1% 氯化铵。

④在日粮中补充碳酸氢钠。高温条件下，鸡群呼出的二氧化碳随之增加，导致鸡体内二氧化碳分压降低，碳酸氢根存储量降低，碳酸氢盐缓冲系统破坏，必须要针对性地调整饲料中碳酸氢钠的含量，通过中和作用调整血液中酸碱度及二氧化碳浓度。所以在日粮中可补充碳酸氢钠，同时减少氯化钠的用量，一般在饲料中补充 0.5%。

⑤在日粮中补充柠檬酸。补充柠檬酸可使鸡血液中 pH 值下降，添加量在 0.25% 左右。

⑥投喂或投饮清热中草药，包括清热泻火、清热燥湿、清热解毒、清热凉血和清热解暑中草药，能够起到抑菌，促进体表血管扩张，加速体热释放，增加血管通透性，减少血容量，降低脑颅内压，稀释血液，缓解热应激的作用。

⑦投喂抗惊镇静中药类制剂等。使鸡群避免骚动，保持安静。

（二）治疗

一旦发现鸡群有中暑症状，必须立即急救。将病鸡转移到阴凉通风处，大群鸡可用冷水喷雾降温，病鸡可饮服藿香正气水缓解症状。

第二节　肌胃糜烂症

肌胃糜烂症（Gizzard erosion，GE），又称肌胃角质层炎，是一种病因复杂的消化道疾病，主要表现为肌胃角质膜炎症、糜烂、溃疡，甚至穿孔，以病鸡精神委顿、食欲不振、口腔流出黑色黏液为特征。该病多发生于日龄较大的肉仔鸡或 5 月龄以下的蛋鸡、种鸡。

一、病因

(一) 非传染性因素

该病的发生与饲料中鱼粉的添加有密切关系。通常，日粮中鱼粉添加量过多，或添加的鱼粉质量低下、腐败变质均会导致鸡群发生肌胃糜烂症。这是因为鱼粉在生产加工、贮运过程中会产生或污染有害物质，如溃疡素（肌胃糜烂素）、组胺、霉菌毒素或细菌等。

1. 溃疡素

溃疡素，分子式为 $C_{11}H_{20}O_2N_4$，化学成分为 2–氨基–9–(4–咪唑基)–7–氮诺氨酸，难挥发，是鱼粉在加热干燥处理时，鱼粉中的游离组氨酸及其代谢产物组胺与鱼粉中的蛋白质（赖氨酸的 ε–氨基）发生反应而形成。溃疡素是褐色鱼粉直火干燥制造加工过程中产生的一种生物胺，由鱼粉中的游离组氨酸及其代谢产物组胺与鱼粉中的蛋白质（赖氨酸）反应而形成。溃疡素既是组胺的衍生物，又是赖氨酸的衍生物，是鱼粉中最强的致肌胃溃疡物质，其活性为组胺的 1 000 倍以上，促胃酸分泌作用是组胺的 10 倍，引起肌胃溃疡症的能力是组胺的 300 倍。它可使胃内 pH 值下降，胃内总酸量增加，胃酸分泌亢进，使细胞耗氧量增加，细胞内环腺苷酸（cAMP）浓度上升，最终导致胃肠内环境改变，胃肠角质膜受腐蚀，发生糜烂和溃疡。溃疡素的产生主要与加工鱼粉时的温度有关，当加工温度超过 120℃时，其含量上升，且温度越高，毒素越易产生；当温度达到 190℃，溃疡素的生成达到最大 0.002 5%。另外，鱼粉运输和贮存不当也会导致溃疡素的生成。鱼粉变质、发霉或腐败等也会协同引起肌胃糜烂症。

2. 组胺

鱼粉中的组氨酸在细菌的作用下，可以转化为有毒的组胺。组胺理化性质较稳定，可引起唾液、胰液、胃液大量分泌，平滑肌痉挛，腐蚀胃肠黏膜，也可造成肉鸡支气管黏膜肿胀、肺气肿、毛细血管和小动脉扩张、腹泻等。鱼粉中组胺的含量与加工时鱼类新鲜程度有关，鱼新鲜，制出的鱼粉组胺含量少；濒死期长，被细菌污染、腐败严重的鱼，制出的鱼粉组胺含量高。组胺在日粮中的比例达到 0.4% 即可引起鸡群发生肌胃糜烂症。

3. 细菌和霉菌毒素

鱼粉中含有较高蛋白质和其他营养成分，在运输和贮存过程中易滋生沙门菌和志贺氏菌而产生毒素；或某些鱼粉在加工前就腐败变质、滋生霉菌，生成霉菌毒素，霉菌毒素种类繁多，腐蚀性较强的霉菌毒素有 T–2 毒素、镰孢菌毒素和二乙酸镰草镰孢菌烯醇。细菌和霉菌产生的具腐蚀性的毒素，对鸡的胃肠道有较强的刺激作用，可引起肌胃糜烂病变，也易引起消化系统紊乱造成腹泻。

4. 硫酸铜中毒

硫酸铜作为促生长剂或抑霉菌剂，常以 500 g/t 的剂量加入饲料中。当饲料受到霉菌污染时，添加浓度常常提高至 1 kg/t。高浓度的硫酸铜对鸡的胃肠黏膜可产生强刺激作用，导致嗉囊和食道下部发生凝固性坏死，肌胃黏膜卡他性炎症，并伴有出血点，严重时导致肌胃糜烂。

5. 其他因素

据报道，饲料中菜籽饼或棉仁饼含量过高、蛋氨酸含量过低、维生素类如维生素 B_6、维生素 B_{12}、维生素 K、维生素 E 以及微量元素如硒、锌等缺乏会引起肌胃糜烂症。鸡群拥挤、卫生不良、粪水淤积也会促进该病的发生。

（二）传染性因素

一些传染性疾病也可引起鸡发生腺胃炎或肌胃糜烂症，但为少数。

1. 禽腺病毒感染

血清 1 型禽腺病毒（FAdV-1）和血清 8 型禽腺病毒（FAdV-8）感染可造成鸡肌胃糜烂，称为“腺病毒性肌胃糜烂”。据报道，从临床表现肌胃糜烂的产蛋鸡中分离到了血清 1 型禽腺病毒毒株 K181，回归试验发现鸡群不表现症状，但是剖检可观察到肌胃糜烂的病变。在日本，因 FAdV-1 感染导致鸡肌胃糜烂已经引起了巨大经济损失。

2. 产气荚膜梭菌感染

有研究表明在表现肌胃糜烂的病鸡肌胃黏膜中分离得到了一株产气荚膜梭菌，使用抗产气荚膜梭菌敏感药物可明显降低鸡群肌胃糜烂的发生率。胆汁对肌胃黏膜有保护作用，而产气荚膜梭菌能够水解胆汁盐的酰胺键，使其失去生物活性。因此在肌胃糜烂部位，产气荚膜梭菌并非条件致病菌，而是直接病原。

二、症状

该病多呈慢性经过，病程长者表现为渐进性消瘦，最后常因衰竭死亡。病鸡早期表现采食量减少，体重偏低。随着病情恶化，病鸡出现精神萎靡、闭目缩颈，食欲减退或废绝，羽毛松乱，不少发病鸡的冠、肉髯发绀或贫血苍白，甚至萎缩。病鸡嗉囊外观呈黑色，口角或鼻孔常可见黑色分泌物或褐色流出物，倒提时可见黑褐色酱油样液体从口中流出，死亡鸡口腔中也可见黑褐色残留物。病情较重者出现腹泻，排棕色、黑褐色软便或稀便，肛门周围羽毛粘有黑褐色稀粪，严重者迅速死亡。

三、病理变化

多数病死鸡嗉囊呈黑色，肌肉苍白，从口腔到直肠消化道内有暗褐色液体内容物，尤其是嗉囊、腺胃及肌胃内积满黑色内容物（图 8-2-1）；肌胃角质膜呈棕褐色，表面粗糙，呈树皮样，刀刮有不同程度的脱落，黏膜出血、溃疡或糜烂（图 8-2-2、图 8-2-3）；腺胃松弛，无弹性，刀刮时有褐色液体流出，或有溃疡。肌胃与腺胃结合部以及十二指肠开口部有不同程度的糜烂或米粒大小散在性溃疡。严重病例在腺胃与肌胃间穿孔（图 8-2-4、图 8-2-5），流出大量棕褐色黏稠液体，污染十二指肠或整个腹腔（图 8-2-6、图 8-2-7）。肠黏膜出血，整个肠道中充满黑色内容物，尤以十二指肠最为严重（图 8-2-8）。心脏、肝脏、脾脏色泽苍白、萎缩，胆囊扩张，呈暗绿色。输尿管扩张，管腔内有白色尿酸盐沉积。肾脏多肿胀、出血。胸腺及法氏囊萎缩，有的胸腺有出血点，泄殖腔黏膜充血，盲肠扁桃体可见不同程度的出血。

组织学病变主要表现为肌胃组织松散，肌胃角质层及腺胃腺体组织结构消失，类角质下的腺管主细胞和上皮细胞肿胀，并有脱落的细胞碎片、灶性病变；类角质下层的组织液化糜烂，固有层水肿，炎症反应不显著，主要呈急性坏死，严重者浆膜肌层发生断裂，断裂边缘有少量单核细胞浸润。十二指肠有卡他性、出血性炎症，绒毛脱落，黏膜表面有局灶性坏死。

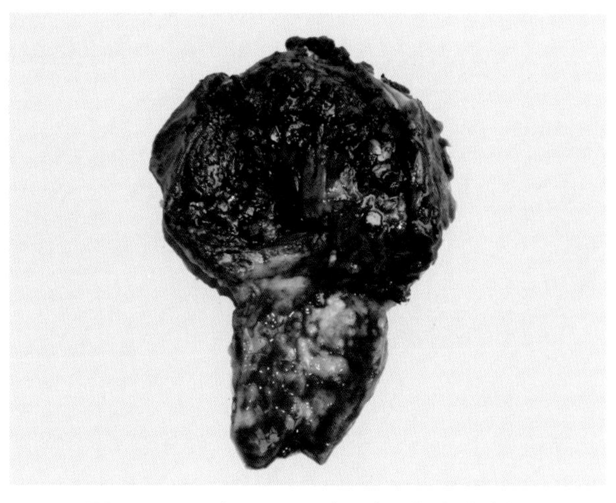
图 8-2-1 腺胃和肌胃表面有黑褐色内容物
（刁有祥 供图）

图 8-2-2 肌胃角质膜粗糙、糜烂，呈黑褐色（一）
（刁有祥 供图）

图 8-2-3 肌胃角质膜粗糙、糜烂，呈黑褐色（二）
（刁有祥 供图）

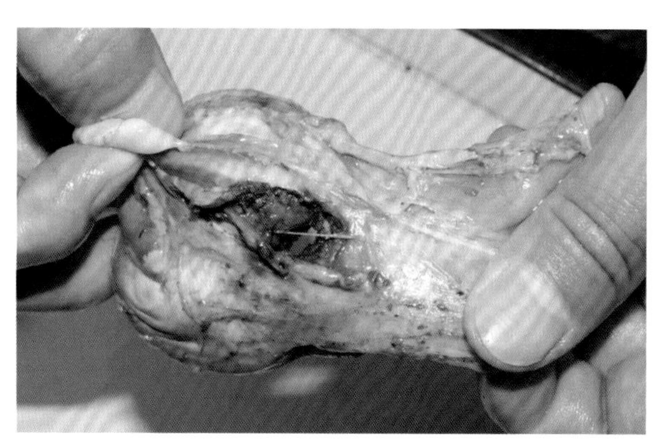
图 8-2-4 腺胃与肌胃之间形成穿孔
（刁有祥 供图）

图 8-2-5 腺胃与肌胃表面有黑褐色内容物，交界处形成穿孔（刁有祥 供图）

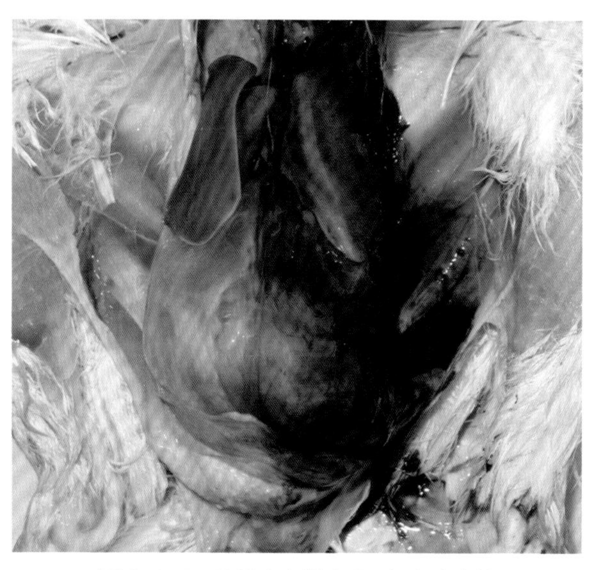
图 8-2-6 腹腔中充满大量黑褐色内容物
（刁有祥 供图）

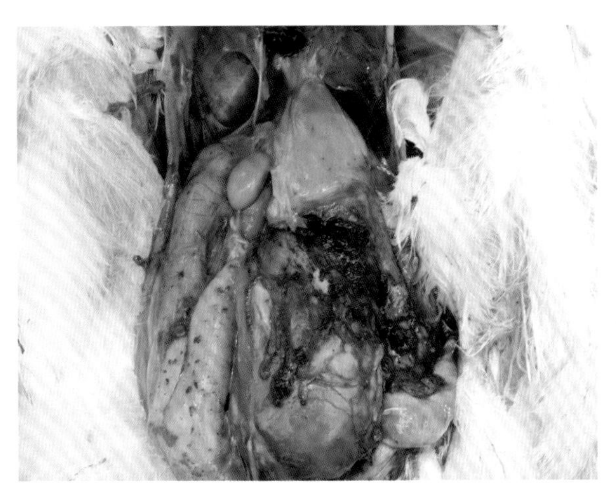

图 8-2-7　腹腔中充满黑褐色内容物（刁有祥　供图）

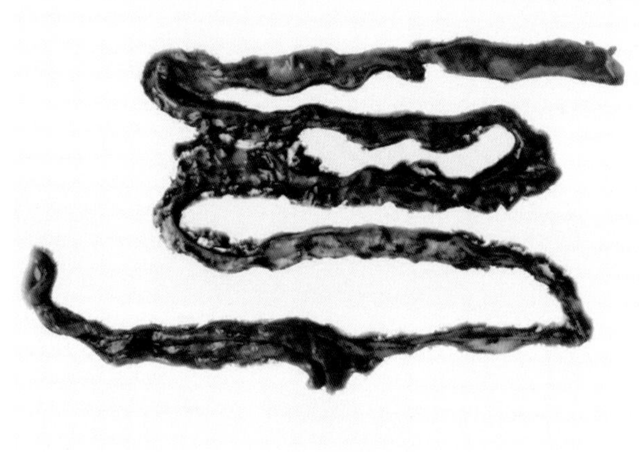

图 8-2-8　肠道中充满黑褐色内容物（刁有祥　供图）

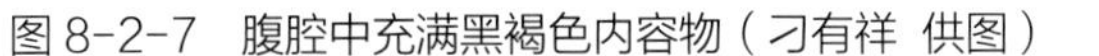

四、诊断

该病可根据病死鸡症状（倒提可见黑褐色酱油样液体从口中流出）和剖检变化（肌胃、腺胃及其结合部、十二指肠有溃疡及糜烂，消化道内容物呈黑色）作出初步诊断，同时结合饲料中鱼粉含量及质量等指标进行分析，一般可以确诊。若非饲料原因，可通过实验室诊断进行病毒检测或细菌分离进一步确诊。

五、防治

（一）预防

1. 采购鱼粉时，要注意鱼粉色泽、气味

正常鱼粉色泽应呈黄棕色或黄褐色，气味咸腥。鱼粉为红色，组胺与溃疡素含量高；鱼粉呈黑色，或有褐色油污状，表明氧化严重而变质，大大降低或失去使用价值；气味若为腐臭、腥臭及刺鼻氨气为异常。优质鱼粉松散、手捻柔软，若手感粗糙，则表明掺有骨粉、贝壳粉、沙子等。

2. 正确把握鱼粉的用量

鱼粉的营养价值很高，是植物性蛋白难以替代的饲料，但必须正确使用，才能起到恰如其分的效果。当日粮中各营养成分较平衡时，鱼粉的需要量：雏鸡和育成鸡饲料中，含 3% 左右，产蛋鸡含 2% 左右；肉鸡前期 3% ～ 4%，后期 2% ～ 3%；超过 5% 则易发生肌胃糜烂症。

3. 注意观察鸡群

使用鱼粉配制基础饲料时，必须经常观察鸡群状态，一旦发现鸡只口内有黑褐色残留物，应及时更换或减少鱼粉用量，以减少至 5% 以下为宜。

4. 关注饲料的贮存情况

平时应多留意饲料是否发生霉变、结块现象，尤其在阴雨季节，若因雨淋等因素导致细菌、霉菌滋生，也会促使有害物质及毒素含量升高，发生肌胃糜烂。一旦发现饲料异常，应及时更换，切勿继续饲喂。

5. 采用酸碱对抗剂

由于肌胃糜烂症在酸性条件下发病率高，在中性或碱性条件下发病率较低，可在饲料或饮水中添加 0.2% ～ 0.4% 小苏打。

6. 加强对肌胃糜烂症的监测

雏鸡采食含溃疡素的鱼粉 3 h 后，便可在血液中检测出溃疡素。通过检测鸡血液中是否含有溃疡素，便可了解鸡群是否发病。

（二）治疗

大群一旦发病，应立即更换饲料，使用优质鱼粉，并调整饲料中鱼粉的添加量。发病初期，饮水中加入 0.2% ～ 0.4% 碳酸氢钠，早晚各饮 1 次，连用 3 d，使用维生素 K_3 或止血敏控制胃肠道出血；在饲料中添加维生素 B_6（5 mg/kg）、维生素 C（50 mg/kg）提高鸡群抵抗力。发病鸡群可使用保肝护肾类药物一起治疗，必要时配合抗生素，防止继发细菌感染。

对于病毒性因素引起的肌胃糜烂症，应配合使用抗病毒中药加以治疗；对于产气荚膜梭菌引起的肌胃糜烂症，应使用抗产气荚膜梭菌敏感药物进行治疗。

第三节　嗉囊阻塞

嗉囊阻塞（Crop obstruction）又称嗉囊秘结、嗉囊积食、硬嗉症等，是因为嗉囊被大量粗硬难以消化的饲料或异物过度充满导致的阻塞不通，临床上以发病急、嗉囊变大、变硬为特征，轻者影响食物的消化和吸收，导致生长发育迟缓；严重时，可导致肌胃、腺胃和十二指肠全部发生阻塞，整个消化道处于麻痹状态，最后引起死亡。各日龄的鸡均会发生此病，但以雏鸡多发。

一、病因

一是饲喂管理不善，日粮突然增加或更换，使鸡饱饿不均，过食或积食。

二是鸡采食过量的干硬谷物（如玉米、高粱、大麦等）或误食异物（如鸡毛、破布、麻绳、铁丝、玻璃片、橡皮筋、纽扣、骨片、金属片等），使其阻塞于嗉囊内。

三是鸡食入大量体积大、干硬而易膨胀的饲料，如豆类等，吸收水分后过度膨胀，积聚于嗉囊内。

四是矿物质、维生素、微量元素缺乏时，因异食而发生嗉囊阻塞。

五是突然添加沙砾时，因采食过量也可发生嗉囊阻塞。

二、症状

病鸡嗉囊显著膨大，手触嗉囊坚硬，里面充满坚固的食物或异物，并长时间不能排出。由于食物或异物积于嗉囊，长时间消化停滞，病鸡疼痛不安，食欲废绝，呼吸困难，冠、髯发紫，常张口呼吸并甩头。倒提病鸡，有的从口中流出恶臭的淡黄色液体；有的排出酸败气体。轻症病鸡消化系统障碍，生长发育迟缓，迅速消瘦；严重病鸡的腺胃、肌胃和十二指肠全部发生阻塞，整个消化道处于麻痹状态，甚至造成嗉囊破裂或穿孔，多数死亡。

三、诊断

根据采食饲料的性质，发病急、嗉囊大而硬的症状可作出诊断。

四、防治

（一）预防

嗉囊阻塞最好的预防措施是加强饲养管理，合理搭配饲料，坚持定时、定量饲喂，不频繁更换饲料，保证饮水充足，经常清理舍内卫生，清除各种异物。有条件的鸡场可在饮水中加入微生态制剂，通过益生菌的促消化作用降低疾病的发生率。

（二）治疗

该病的治疗原则主要是排出嗉囊的阻塞物，同时加强护理。

鸡群出现轻微嗉囊积食，可采用健胃消食方法进行治疗。碳酸氢钠 2 g、健胃散 1 g、食母生 1 g，充分混合后，分 10 包，每只鸡每次内服 1 包，每天 2 ～ 3 次；或用薄荷浸剂 10 mL、稀盐酸 1 mL、马钱子酊 0.1 mL，充分混合后，成年鸡每次内服 0.5 mL，每天 2 ～ 3 次，连用 2 d。

阻塞不严重时，可采用保守疗法，即将温热的生理盐水或 1.5% 碳酸氢钠（50 ～ 100 mL）注入嗉囊内，轻轻按摩嗉囊，让嗉囊内的积食与水混合为稀液，再将病鸡倒提，轻轻按压嗉囊，使稀液由口排出。此法反复应用，直到嗉囊阻塞物排尽为止。嗉囊排空后，灌服食用植物油 20 ～ 30 mL，通常第 2 天即可恢复。

阻塞严重且价值高的病鸡可施行嗉囊切开术。先将嗉囊处的羽毛拔掉洗净，2% 碘酊消毒，然后沿嗉囊内侧切开皮肤，在嗉囊处纵切 1.5 ～ 2 cm 切口，用镊子取出内容物，再用 0.1% 高锰酸钾溶液冲洗，纱布擦去伤口血液，丝线连续缝合嗉囊、皮肤，再涂上鱼石脂软膏。手术后不喂料、不饮水，1 ～ 2 d 再饲喂易消化饲料，一般 1 周后拆去皮肤缝线，即可恢复正常。

第四节　嗉囊卡他

嗉囊卡他（Crop catarrh），又称嗉囊炎、软嗉病，是嗉囊黏膜发生的一种卡他性炎症，临床上以嗉囊显著膨胀、柔软，内容物发酵产酸、产气为特征。不同日龄的鸡均可发生，但多见于雏鸡，尤其是肉用雏鸡，偶见于育成鸡和成年鸡。

一、病因

该病发生主要是由于饲养管理不善所致。

一是鸡采食了发霉变质、容易发酵的饲料，饲料在嗉囊内发酵腐败，产生有害液体或气体，刺激黏膜发病。

二是鸡过食了干硬、难以消化的饲料（如玉米、麦粒等），或误食无法消化的杂物（如烂布、线头、塑料碎片等），其长期停滞于嗉囊内，刺激黏膜而发病。

三是鸡误食酸、碱、毒物等刺激黏膜的物质而发炎。

四是一些慢性病、寄生虫病或传染病等也可诱发该病。如维生素 A 缺乏，嗉囊黏膜发育不完整，易诱发该病；白色念珠菌（致病性真菌）经口进入消化道后最先定植于嗉囊，引发嗉囊炎，该菌感染引发的软嗉病主要在南方地区流行。另外，新城疫、鸡胃线虫病也能继发该病。

二、症状

病鸡嗉囊明显膨大，触之柔软而富有弹性，发热并伴有痛感，充满液体或气体，压迫嗉囊时有恶臭气体或液体内容物等从口中排出（图 8-4-1）。病鸡精神沉郁，食欲减退甚至不食，羽毛蓬松，两翅下垂，头向下垂，鸡冠呈紫色。严重者常见反复伸颈，吞咽困难，频频张口，呼吸极度困难，由于消化机能紊乱，病鸡迅速消瘦、衰弱，最终因窒息而死亡。该病多呈急性经过，转为慢性时，嗉囊常常膨大而下垂。

图 8-4-1　嗉囊肿胀（刁有祥 供图）

三、病理变化

病死鸡极度消瘦，全身肌肉萎缩，剖检病变主要集中在嗉囊，其内充满酸臭的液体内容物，颜色呈淡黄色，嗉囊黏膜潮红，严重的黏膜脱落，囊壁变薄，有时会有溃疡灶（图 8-4-2 至图 8-4-4）。严重病鸡嗉囊可见穿孔，内容物流入胸腹腔。胃肠道内无食物，仅有少量黄绿色液体，少数病例肠道黏膜有轻度炎症变化；肌胃内有少量沙砾。

四、诊断

该病特征性病变表现为鸡冠呈紫色，嗉囊显著膨大，触之柔软而有弹性，并伴有痛感，黏膜易脱落，结合病史即可作出诊断。该病应与硬嗉病触诊坚硬相区别。

图 8-4-2　嗉囊黏膜充血，潮红（刁有祥　供图）

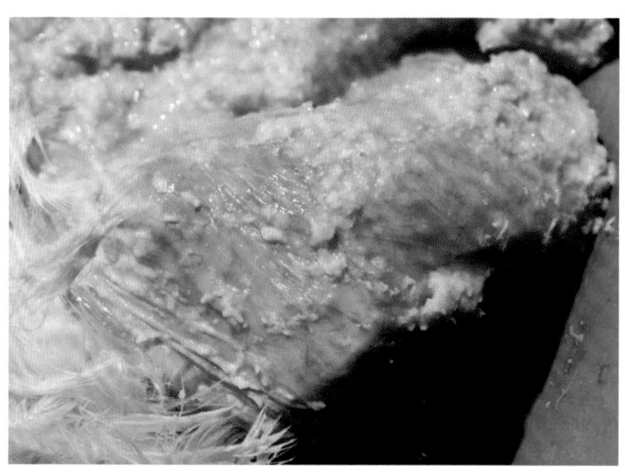
图 8-4-3　嗉囊黏膜充血，表面有黄白色渗出（刁有祥　供图）

五、防治

（一）预防

该病预防的主要措施是加强饲养管理，雏鸡舍内注意保暖，防止潮湿，及时清理舍内卫生，清除杂物；饲料配比要适当，饲喂时间、数量要有规律，不喂发霉变质和易发酵的饲料，保证饮水充足；要防止各类毒物中毒及其他疾病的发生，提高鸡体抵抗力。

（二）治疗

图 8-4-4　嗉囊黏膜脱落，囊壁变薄（刁有祥　供图）

治疗该病主要以排除内容物及消炎为主。倒提病鸡，轻轻挤压嗉囊，排出恶臭内容物，用 0.1% 高锰酸钾溶液、3% 硼酸溶液或 1% 明矾水等消毒收敛药物进行冲洗。排出嗉囊内容物后，每千克体重病鸡投喂氨苄青霉素 5 000 U；也可用大蒜一瓣，加酵母片 0.5 g，大黄苏打片 0.15 g 饲喂，每天 2 次。

上述方法不便用于雏鸡发病后的治疗。雏鸡发病后，除更换饲料外，可饮用 0.1% ～ 0.5% 碳酸氢钠溶液，另外，每千克饲料中拌入 20 ～ 30 g 木炭末、3 ～ 6 片 B 族维生素、4 片大黄苏打片，连喂 3 d。或绿茶叶 30 g 煎水，喂 1 000 只雏鸡，每天 2 次，具有中和酸、健胃、助消化、利尿、杀菌等作用。

第五节　卵黄性腹膜炎

鸡卵黄性腹膜炎（Vitelline peritonitis）是由于卵黄未进入输卵管伞而直接掉入腹腔引起的腹膜

炎症。其临床特征为产蛋鸡突然停产，能观察到产蛋行为，但无蛋产出。该病常发生于产蛋鸡，尤其多发于初次开产鸡的产蛋高峰期。在实际蛋鸡养殖中，卵黄性腹膜炎的发生率很高，发病前期症状不明显，仅有零星鸡发病，易被养殖户忽略，发病后期会造成鸡产蛋量显著下降，鸡群死淘率显著升高，养殖生产面临较大经济损失。

一、病因

临床上引起卵黄性腹膜炎的原因很多，通常由养殖管理不当或各种病原微生物侵染所致。

（一）日粮配比不合理

饲料中钙、磷比例失调或维生素 A、维生素 D、维生素 E 缺乏，会导致机体代谢障碍，使卵巢、卵泡膜或输卵管伞损伤，致使卵黄落入腹腔中；饲料中蛋白质含量过高会造成卵泡过早发育成熟并出现排卵，此时生殖器官尚未发育完全，尤其是输卵管和喇叭口未发育完全，较难接纳卵子，卵子易坠入腹腔中，引起卵黄性腹膜炎。

（二）应激因素

产蛋鸡受惊或暴力击打造成机械性内伤可引发该病，尤其当产蛋鸡处于成熟卵黄向输卵管伞落入的时间段，鸡受到惊吓或其他因素应激，突然上下飞跃，运动过猛，使得腹压过大，卵泡破裂，输卵管伞无法接纳卵子，卵子误入腹腔，引起卵黄性腹膜炎。

（三）疾病因素

输卵管炎症或其他输卵管疾病所致的输卵管机能障碍或输卵管峡部破裂，将无壳蛋直接排入腹腔，导致该病的发生。病毒性疾病与细菌性疾病也可能继发卵黄性腹膜炎。常见的引发鸡卵黄性腹膜炎的病毒病有禽流感、新城疫、传染性支气管炎、产蛋下降综合征、传染性喉气管炎、禽脑脊髓炎等。病毒侵入机体后，会造成卵泡高度充血出血，卵泡破裂，落入腹腔。引发卵黄性腹膜炎的细菌病主要有沙门菌病、巴氏杆菌病、大肠杆菌病等。当鸡舍环境差，致病细菌超标，这些病原进入鸡体后，会造成输卵管炎、卵巢炎，卵泡高度充血变形、皱褶或破裂，输卵管伞部发生粘连，卵泡落入腹腔。另外，鸡群出现热应激后也易引发卵黄性腹膜炎。

（四）其他因素

给光不当，如光照时间过长或过短，会造成鸡群生长发育差异化，鸡群异常开产，此时输卵管发育不成熟，产道狭窄，无法完成对卵子的接纳。人工授精过程中对输卵管等部位造成损伤也会引起卵黄性腹膜炎。

二、症状

该病多呈慢性经过，往往发生贫血、下痢及进行性消瘦。病初产蛋鸡产蛋率明显下降，容易产出畸形蛋、薄壳蛋或软壳蛋，随后表现产蛋行为却无蛋产出。病鸡精神不振，食欲减退，鸡冠萎缩，缩头闭目，羽毛蓬乱、失去光泽，且肛门四周羽毛附着卵黄或者蛋清碎块排泄物；皮肤呈青紫色，腹部明显膨大下垂，触诊有痛感或波动感，有的似大而硬的面团，行动迟缓，站立、行走呈企鹅样，多数母鸡腹部拖地，还可能伴有明显下痢症状，排出蛋花汤样粪便，并混有蛋清凝固蛋白或者蛋黄块，散发恶臭味。

三、病理变化

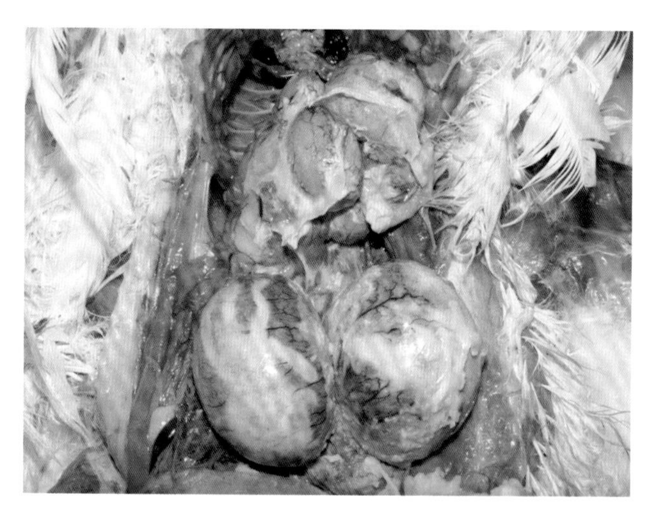

图 8-5-1　腹腔中充满凝固的卵黄（刁有祥　供图）

剖检可见腹腔中存在多个大小不等的卵子，或腹腔中充满黄色腥臭液体和破裂卵黄，腹腔内脏器官表面覆盖一层淡黄色、凝固的卵黄（图 8-5-1）；卵泡变形萎缩，或破裂，未成熟的卵泡凝结成干酪样物。严重病例可见肠系膜与脏器相互粘连，肠系膜变性，表面有针尖状出血点；腹腔中积留时间较长的卵黄凝固呈硬块，已破裂的卵黄则凝结呈大小不等的碎块；输卵管壁水肿、充血、变厚，有时黏膜有出血点，管腔内可见多个聚集在一起的大块干酪样物质。有的病鸡发生心包炎、心包积液。细菌性感染病例，腹腔中还会散发出腥臭味，病毒感染引发的卵黄性腹膜炎会出现病毒病的其他特征病变。

四、诊断

根据发病情况、症状，尤其是病理解剖变化可以作出初步诊断，确诊需要进行实验室诊断。

（一）细菌检测

无菌条件下取病死鸡腹腔卵黄液、肝脏或脾脏进行涂片、革兰氏染色、镜检，观察到一定数量的革兰氏阴性杆菌，菌体呈短粗、两端钝圆形态，可确诊引起该病的原因为细菌感染。

（二）病毒检测

无菌条件下取病死鸡肝脏或脾脏进行研磨，提取组织总 RNA，经 RT-PCR、qPCR 等方法分别对新城疫病毒、禽流感病毒、鸡传染性支气管炎病毒等进行检测，阳性病毒确定为引起该病的病原。

五、防治

（一）预防

预防卵黄性腹膜炎应从综合角度入手，加强鸡群的管理，减少各种诱因，提高鸡群抵抗力，预防各种病毒性、细菌性疾病的发生与流行。

1. 加强饲养管理

制定合理的环境卫生制度，鸡舍应保持适当通风换气，适宜温、湿度，及时清除粪便，保证鸡舍清洁卫生，定期进行用具、饮水、环境以及带鸡消毒，给鸡群营造舒适、稳产、高产的饲养环境。减少鸡群应激，确保鸡舍周围环境安静，减少噪声的产生，避免其受到惊吓，在进行免疫接种、人工授精工作时，要及时采取相应的抗应激措施，建议在饮水或饲料中加入抗应激药物任其自由饮食。

2. 合理配制日粮

产蛋鸡群应该饲喂全价日粮，注意蛋白质、维生素及钙磷的添加量及添加比例，密切关注产蛋量变化，根据产蛋变化情况及时调整饲料配比。禁止饲喂霉变、腐败饲料。

3. 疾病预防

根据国家相关规定以及免疫程序，及时免疫接种禽流感疫苗，并在开产前检测抗体水平，如发现抗体水平低应立即进行补免。另外，做好新城疫的免疫，定期检测鸡群抗体水平，及时加强免疫，确保抗体在产蛋期维持在高且整齐的水平。在商品蛋鸡饲养过程中可定期投放微生态或中药制剂，以提高机体抵抗力，预防疾病发生，尤其是加强输卵管炎、大肠杆菌病的预防。

（二）治疗

出现该病时，应明确具体病因对症治疗。病毒感染引发的卵黄性腹膜炎，首先应确定是何种病毒引起，由高致病性禽流感、新城疫等重大传染性疾病引发，应全部扑杀并进行无害化处理。对于其他病毒性疾病引起的卵黄性腹膜炎，应采取抗病毒原则进行治疗，同时加抗生素防止继发感染。细菌感染引发的卵黄性腹膜炎，需明确具体致病菌，先进行药敏试验，据此筛选出敏感抗生素进行对因治疗，并配合使用加速卵黄吸收、抑制输卵管炎症、清除毒素的药物，同时在饮水中添加复合维生素供鸡群自由饮用。饲养管理不当或应激因素造成的卵黄性腹膜炎，可在饲料中加入 0.01% 恩诺沙星或环丙沙星，连用 4 ～ 5 d，具有较好治疗效果。

第六节　输卵管炎

鸡输卵管炎（Salpingitis）是指输卵管炎症导致的分泌、运动机能障碍，临床上以输卵管分泌大量白色或黄白色脓样物并从泄殖腔排出为特征。该病是蛋鸡生产中较为普遍的一种疾病，多发于产蛋高峰的初产鸡，主要由条件致病性大肠杆菌感染引起，也常继发于禽流感、衣原体感染、寄生虫病等。该病一旦发生，直接影响产蛋率及蛋品质，严重损害经济效益。

一、病因

（一）病原微生物感染

通常情况下，输卵管不存在病原菌，而输卵管炎主要是在致病因素影响下引发的炎性病变，大肠杆菌和沙门菌是最常见的病原菌。输卵管感染病原菌主要有两种途径：一是菌血症引发，致病菌通过其他方式进入血液，如呼吸道途径、黏膜接触、共用针头等，进入血液的致病菌在侵染部位先行定植和繁殖，数量达到一定程度后，逐渐进入血液形成菌血症，随着血液流动到达输卵管部位，引发输卵管炎；二是病原菌经肠道感染途径进入腹腔，当发生严重肠炎时，肠黏膜脱落、变薄，病原菌可穿过变薄的肠黏膜进入腹腔，而鸡输卵管存在于腹腔中，且和肠道紧挨，进入腹腔的病原菌可顺势侵染输卵管，引发输卵管炎症。支原体感染引起输卵管炎的情况也较常见；另外，该病也继发于禽流感、新城疫、传染性支气管炎等病毒性疾病。

（二）饲料配制不当

饲喂动物性饲料过多，微量元素不足或饲料中缺乏维生素 A、维生素 D、维生素 E 等。

（三）饲养管理不当

鸡舍内卫生条件差，有害气体（如氨气、硫化氢等）浓度过高；或人工授精操作不规范，器具消毒不彻底或不消毒也可引起输卵管损伤或感染，从而发生输卵管炎。

（四）蛋壳破裂，损伤输卵管

鸡产蛋过大、或产双黄蛋，蛋壳在输卵管中发生破裂，损伤输卵管，继而导致输卵管炎。

二、症状

病鸡精神沉郁、食欲不振，行动迟缓或卧地不起，腹部有时膨大；病鸡疼痛不安、产蛋困难，产蛋量下降，砂壳蛋、畸形蛋、破壳蛋、无壳蛋比例升高，还会产出血斑蛋，严重时甚至出现停产；多数病例排出乳白色蛋清样或黄、白色脓样稀便，污染肛门周围及其下面的羽毛。患输卵管炎的病鸡，往往会引起输卵管脱垂，蛋滞留、排出困难等，当炎症扩散至腹腔时可引起腹膜炎，输卵管破裂时可引起卵黄性腹膜炎。

三、病理变化

该病的主要剖检病变集中在生殖系统，伴发其他实质器官病变。剖检病死鸡可见输卵管极度肿胀、充血，严重者呈深红色或暗红色，局部高度扩张，管壁变薄，内有畸形鸡蛋状物质或大量黏液性黄、白色分泌物（图 8-6-1、图 8-6-2），黏膜有出血点，有时也可见大量脓性干酪样物质；卵泡膜充血，卵泡变形、萎缩、坏死，数量变少；或卵泡破裂，产生卵黄性腹膜炎，致使肠管间或肠管与其他脏器发生粘连，被大量黄色纤维素性渗出物附着，腹水严重；卵巢萎缩；肝脏有黄色条纹斑，质脆易碎；有的病例泄殖腔充血、出血。

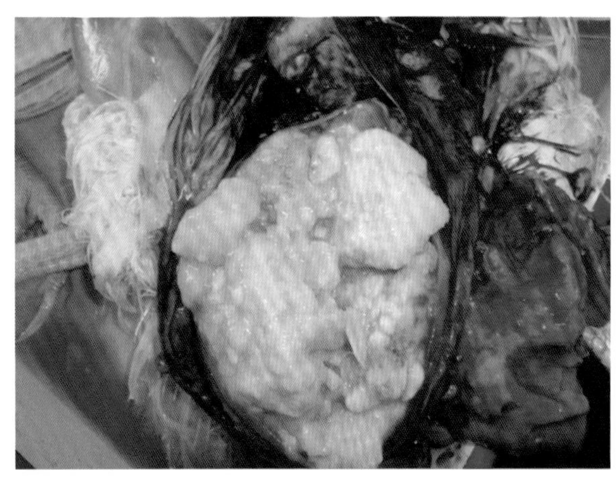

图 8-6-1　输卵管中充满大量黄白色渗出物
（刁有祥　供图）

图 8-6-2　输卵管中充满凝固的鸡蛋样渗出物
（刁有祥　供图）

四、诊断

根据病情、症状和病理变化可作出初步诊断，结合实验室细菌分离、涂片镜检等可确定其致病菌。

五、防治

（一）预防

加强饲养管理，制定合理的环境卫生制度，定期进行用具、饮水、环境以及带鸡消毒，降低饲养密度，保证舍内温度、湿度和光照时间适宜，注意减少鸡群应激反应和损伤。合理配制日粮，各营养素的含量及配比要适当，不能过高或过低，禁止饲喂霉变、腐败饲料。做好疾病预防工作，饲养过程中可定期投放微生态或中药制剂，以提高机体抵抗力，预防疾病发生，尤其加强大肠杆菌病及其他病毒性疾病的预防。

（二）治疗

该病的治疗应采取对因治疗和对症治疗相结合的方法。若为继发性，要积极治疗原发性疾病如禽流感、新城疫、传染性支气管等。若为大肠杆菌、沙门菌感染引起，育成期鸡可用氟苯尼考、环丙沙星、阿莫西林等抗菌药物进行治疗，以防疫病蔓延，如若条件允许，最好进行药敏试验，筛选敏感药物治疗；产蛋鸡可采用中成药等进行治疗，含淫羊藿、何首乌、当归、党参、丹参、神曲、丁香等成分的中成药在治疗鸡输卵管炎和卵黄性腹膜炎方面有一定作用。需要注意的是，该病的发生多由细菌感染引起，因此，痊愈后的鸡不宜留作种用。

第七节　泄殖腔炎

泄殖腔炎（Cloacitis）是指泄殖腔受到机械性、化学性、细菌性等致炎因素的刺激而发生的一种炎症疾病，以泄殖腔红肿、出血，黏膜附有黄白色伪膜为临床特征。该病多发于产蛋期的蛋鸡、种鸡，雏鸡也有发生。

一、病因

一是营养物质不平衡造成的啄癖，鸡只相互啄食泄殖腔，造成泄殖腔壁创伤性损伤，引起炎症；或产蛋后外翻的泄殖腔受到舍内各种物质或材料的刺激和损伤而引发炎症。

二是维生素 A、维生素 D_3、维生素 E、维生素 B_1、维生素 B_2 等缺乏或钙、磷比例不平衡会造成泄殖腔黏膜上皮角质化，还能造成尿酸盐排泄增多，刺激泄殖腔黏膜，从而引起炎症。

三是过多的皮下脂肪和腹腔脂肪沉积、高强度的产蛋、产双黄蛋及低血钙症或产蛋鸡产的蛋过大，都会造成泄殖腔损伤或脱垂，引发泄殖腔炎。

四是人工授精操作不当，如器具消毒不彻底或不消毒，采精或输精技术不熟练，刺激泄殖腔黏膜或继发病原菌感染引发炎症。

五是继发于一些传染性疾病，如大肠杆菌病、沙门菌病、新城疫等。

二、症状

病鸡精神不振，食欲较差，羽毛逆立，无光泽，消瘦。泄殖腔红肿，有时出血，黏膜处附有黄白色伪膜，且有尿酸盐及炎性渗出物，污染周围羽毛；重症鸡泄殖腔部分组织溃烂（图 8-7-1），有的蔓延至直肠部分。泄殖腔炎高发鸡群往往泄殖腔脱垂发生率也很高，鸡群会发生啄肛癖，病鸡用力努责，仅排出少量粪便或无粪便排出，粪便稀、软，有时呈水样，尿酸盐含量增多。死亡个体往往存在泄殖腔、肛门及周围组织严重损伤，病变从轻微出血、肿胀到严重出血和显著弥漫性或不规则性肿胀，严重者泄殖腔黏膜区发生坏死。

图 8-7-1　因啄癖而导致泄殖腔溃烂（刁有祥 供图）

三、病理变化

剖检病死鸡可见泄殖腔黏膜红肿、充血、出血，病程长的病例黏膜溃疡、坏死，呈红紫色或黑色；直肠黏膜出血，输卵管内有大量黏液，卵破碎流出卵黄和卵白，严重时形成蛋白凝块，同时发出臭味。

病理组织学病变在发病范围和严重程度上各不相同，主要表现为黏膜血管充血、出血，黏膜上皮细胞减少，皮下组织区域扩大。严重病例泄殖腔黏膜出现多灶性坏死和溃疡，坏死区有大量异嗜性粒细胞；坏死黏膜表面有密集的细胞碎片，其中分布着大量的革兰氏阴性和阳性细菌。

四、诊断

泄殖腔炎应与脱肛相区别。脱肛多发生于 4 ～ 5 月龄刚开产的母鸡，其中高产鸡多发，主要症状为直肠部分脱出肛外。泄殖腔炎一般表现为泄殖腔外翻且黏膜发炎。

五、防治

（一）预防

一是加强饲养管理，防止各种应激情况的发生；保持适宜的光照强度；彻底搞好鸡舍内的卫生，定期消毒，最大限度地减少和杜绝有害病原微生物的传播。

二是合理搭配日粮。喂给鸡群全价日粮，同时日粮中应当含有足够维生素以及适当的钙磷水平。

三是掌握正确、熟练的人工授精操作技术。为防止该病的发生，可在每毫升稀释精液中各加入2 000 U的青霉素、链霉素。

（二）治疗

发生该病时，应根据具体病因采取相应措施。因鸡啄癖而发，应更换饲料、调整饲料中各营养素的配比，以满足鸡只对各种营养物质的需求，纠正啄癖，同时进行断喙；因尿酸盐排泄过多而发，应及时调整钙、磷比例及饲料中蛋白质含量，以减少尿酸盐的排泄，增强机体抵抗力；因机械性损伤引起，可使用0.2%高锰酸钾局部冲洗；继发泄殖腔炎时，要对其原发病进行治疗。

第八节 啄 癖

啄癖，又称异食癖或恶食癖，是因为多种营养物质缺乏、代谢障碍或饲养管理不当等引起的一种复杂的味觉异常反应，临床类型较多，常见的有啄肛、啄羽、啄背、啄头、啄蛋、啄趾等。任何品种、日龄的鸡都能够发病，一般雏鸡发病率最高，其次是产蛋鸡，笼养鸡比平养鸡发生率高，尤其在现代集约化、规模化、全舍饲立体养殖模式下，该病的发生率呈上升趋势。个别鸡发病后，其他鸡纷纷效仿，如不及时采取有效措施，啄癖会很快蔓延，造成创伤，影响生长发育，重者可造成死亡，带来很大经济损失。

一、病因

引起鸡啄癖的原因很多，主要有以下原因。

（一）饲料营养不全

日粮单一，饲喂量不均或营养搭配不当，会导致微量元素和维生素缺乏而引起啄癖。日粮中蛋白质、纤维素缺乏易引起啄肛；含硫氨基酸（蛋氨酸、胱氨酸）缺乏易引起啄羽、啄肛；钙含量不足或钙、磷比例失调，会引起啄蛋；矿物质元素缺乏，尤其是食盐不足也易引发啄癖；饲料中糠麸太少，鸡只缺乏饱腹感，或种禽限饲等也可引起啄癖。

（二）饲养管理不当

饲喂不定时、定量，长期缺水、缺料；饲养密度过大，鸡群拥挤，通风换气不良，舍内温、湿度过大；鸡粪清理不及时，发酵产生的硫化氢、氨气等有害气体浓度过高，刺激鸡体表皮肤发痒，引发自啄互啄；舍内光线过强，照射时间过长，光线明暗分布不均，鸡群兴奋发生互啄；不同日龄、不同群的鸡混养混饲，或鸡的整齐度差；产蛋箱设置不合理或垫料不合适、蚊虫叮咬等也会诱发该病。

（三）疾病因素

球虫病、大肠杆菌病、鸡白痢、消化不良等疾病可引起啄癖；慢性肠炎造成营养吸收差引起互啄；输卵管炎或泄殖腔外翻引起啄癖；皮肤有疥癣或其他外寄生虫寄生会刺激皮肤，病鸡先自行啄羽，有创伤后，其余鸡群啄创伤处；某些疾病引起的长时间腹泻脱水，外伤出血，产蛋期脱肛也会诱发啄癖。

（四）应激因素

环境突变或外界惊扰，如噪声、防疫、高温、转群、换料及开产等一系列应激因素均能引起啄癖的发生。

（五）生理因素

鸡群内分泌变化易引起啄癖，鸡在性成熟阶段，体内分泌较多性激素，使其攻击性变强，如公鸡在性成熟阶段雄激素水平升高，刚开产的蛋鸡，由于尚未完全适应产蛋过程，非常敏感，加之血液中孕酮和雌激素水平升高，易诱发啄癖；鸡换羽期，羽根呈鲜红色，加之长羽伴有皮肤发痒，可引起鸡只自啄或者互啄。另外，鸡换羽后，若未及时清理褪下的羽毛，易使其出现食羽癖。

二、症状

（一）啄肛癖

这是最严重的一种啄癖，高产或初产母鸡群较多发，也发生于腹泻、脱肛及泄殖腔炎症的雏鸡群。高产或初产鸡群产蛋后肛门括约肌不能及时回缩，泄殖腔外翻引起其他鸡追逐啄肛，可造成输卵管脱垂或泄殖腔炎，严重者甚至肠道及内脏完全脱出肛外，造成死亡。鸡群患鸡白痢、腹泻等疾病时，引起其他鸡啄食病鸡肛门，肛门破裂出血，严重时直肠被啄出，垂脱在地（图 8–8–1、图 8–8–2）。

（二）啄羽癖

啄癖中最为常见的一种，多发于幼鸡长新羽或换羽阶段，也发生于产蛋高峰期。表现为病鸡相互追逐啄食羽毛，集中啄食头部、翅膀、背部、尾部周围羽毛，特别是翼羽和尾羽（图 8–8–3、图 8–8–4）。被啄食的鸡羽毛稀疏残缺，有的仅留有羽根，皮肤出现破损出血，个别鸡翅尖出血严重，被啄食严重的鸡全身羽毛被啄光，形成“秃鸡”，皮肤出现损伤、出血、结痂，生长发育受阻。破损严重的鸡只，甚至会出现啄肉现象，严重影响品质。

（三）啄蛋癖

多发于产蛋高峰期，常由于饲料中钙含量不足或蛋白质缺乏引起，产蛋箱设置不合理，收蛋不及时，产软壳蛋、薄壳蛋、破壳蛋等也是啄蛋癖发生的诱因。病鸡随意啄食产的蛋或破碎蛋壳。

（四）啄趾癖

多发生于雏鸡，饥饿常诱发这种恶癖，表现为啄食爪趾，一般先是自啄，使鸡爪出现伤痕，轻者鸡运动能力下降，重者导致鸡爪完全坏死。一旦鸡爪再被螨虫感染，外观异常，极易导致鸡群出现互啄，严重影响鸡群整体发育。

（五）啄食癖

表现为鸡只啄食异物，如陶瓷碎片、石子、粪便、垫料、羽毛等。病鸡常出现羽毛蓬乱、消化不良、消瘦等症状，该症状多见于成年鸡。

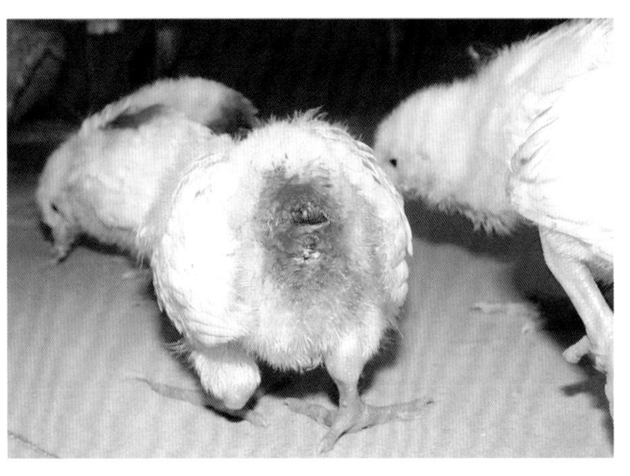
图 8-8-1　啄肛（刁有祥　供图）

图 8-8-2　被啄鸡肛出血（刁有祥　供图）

图 8-8-3　啄尾羽（刁有祥　供图）

图 8-8-4　啄羽（刁有祥　供图）

三、病理变化

单纯啄癖的病鸡在病理剖检时内脏器官无明显的眼观变化，死于啄肛的鸡可见直肠或输卵管撕裂，断端有血凝块。

四、诊断

该病依据啄食恶癖现象即可作出诊断。

五、防治

（一）预防

1. 断喙

断喙是控制鸡啄癖的最佳方法。一般在 5 ～ 9 日龄完成第一次断喙，10 ～ 12 周龄对母鸡进行修整。为防止断喙后出血，手术前应饲喂适量维生素 K，并喂以清凉饮水。

2. 合理配制日粮

根据鸡种、生长速度、饲养目的合理配制日粮，饲料日粮配比中除植物蛋白外，还应具备氨基酸、动物蛋白等，促进鸡群的进食和吸收；供给足量的维生素；供给一定比例的粗纤维。一般来说，蛋鸡日粮中粗纤维应维持在 2.5% ～ 4.5%；后备鸡群应控制在 3% ～ 5%；雏鸡应控制在 3% ～ 4%。钙、磷、锌等微量元素也必不可少。在上述营养物质的基础上，还可加入浓度 0.2% 蛋氨酸或羽毛粉，能够有效降低啄癖出现的概率。

3. 合理分群

按鸡的品种、年龄、公母、大小和强弱合理分群饲养，避免啄斗的发生。

4. 加强管理

鸡舍要通风良好，舍温保持在 18 ～ 25℃，相对湿度以 50% ～ 60% 为宜。饲养密度以雏鸡 20 只 /m^2、育成鸡 7 ～ 8 只 /m^2，成年鸡 5 ～ 6 只 /m^2 为宜，设置足够的水槽和食槽。科学使用光照，在必要情况下使用暖光灯泡，避免早熟现象引发啄癖。

5. 及时处理，防止蔓延

有外寄生虫时，鸡舍、地面、鸡体可用 0.2% 溴氰菊酯进行喷洒，对皮肤疥螨病可用 20% 硫黄软膏涂擦。被啄伤的鸡应及时取出单独饲养，防止蔓延。

6. 增加鸡可啄食的食物

平养鸡群可在运动场上悬挂青菜让鸡群啄食，既可分散鸡的注意力，减少啄癖，又可补充维生素。

（二）治疗

1. 及时隔离

一经发现有被啄食的鸡只，应立即挑出隔离饲养，被啄伤部位应尽快涂抹龙胆紫药水、碘酊或鱼石脂等消毒药物。

2. 药物治疗

出现啄癖时，应及时分析原因，对症治疗。可在饲料中添加 1% ～ 2% 石膏连用 5 ～ 7 d。或在饲料中添加 0.2% 食盐，饲喂 4 ～ 5 d。对单纯啄羽群体可用 1% 盐水饮水，连用 3 ～ 5 d。也可用硫酸亚铁和维生素 B_{12} 治疗，方法是体重 0.5 kg 以上者，每只鸡每次口服 0.9 g 硫酸亚铁和 2.5 g 维生素 B_{12}；体重小于 0.5 kg 者，用药量酌减，每天 2～3 次，连用 3～4 d。对外寄生虫感染引起的异食癖，可应用抗寄生虫药物进行驱虫。对大肠杆菌、鸡白痢引起的啄癖，可应用抗生素药物进行治疗。

第九节　饱食性休克

饱食性休克，是指鸡在饥饿状态下快速进食与饮水，使嗉囊急剧扩张，压迫呼吸系统和心脏，造成呼吸困难，甚至引起鸡只死亡。该病多发于肉种鸡育成阶段的限饲过程中，往往在限饲后喂料时最常见。

一、病因

该病主要发生于肉种鸡的限饲过程中，主要是由于鸡处于严重饥饿状态下，血液中血糖浓度过低，而突然激烈的抢食会消耗大量能量，造成低血糖性休克。限饲强度过大极易导致该病的发生，如肉种鸡在育雏后期（4～6周龄），即最初对鸡群进行限饲时最易发生；育成前期（6～12周龄），采用“四·三”或“五·二”限饲程序后的第一个喂料日易发生。饮水量不足，采食速度过快等也会导致鸡群发生饱食性休克。

过度限饲还会导致鸡在限饲日胃肠道极度空虚，胃肠道异常收缩，而引起鸡的大量死亡。

二、症状与病理变化

鸡群在发病前状态良好，无异常现象，一般采食后1～4 h发病，尤以1～2 h高发；越是体重大、体格健壮的鸡越易发生。病初个别鸡卧地不起，两翅下垂，全身震颤，呼吸困难，张口摇头，口边有饲料或食糜流出；随后病鸡增多，症状加剧，两腿使劲后伸，头颈无力，喙触地，排灰白色稀粪，手触嗉囊饱满硬实，病情严重鸡只出现死亡。

剖检病死鸡可见嗉囊坚实、充盈，肌胃、腺胃内仅有少量饲料，肠道空虚无物，其他器官未见明显眼观病变。

过度限饲导致胃肠道异常收缩的鸡，剖检可见腺胃被吸入到肌胃中，肌胃极度膨胀（图8–9–1、图8–9–2），腺胃黏膜糜烂、坏死，肌胃角质膜糜烂（图8–9–3、图8–9–4），极易脱落。

图8-9-1　腺胃被吸入肌胃中（刁有祥　供图）

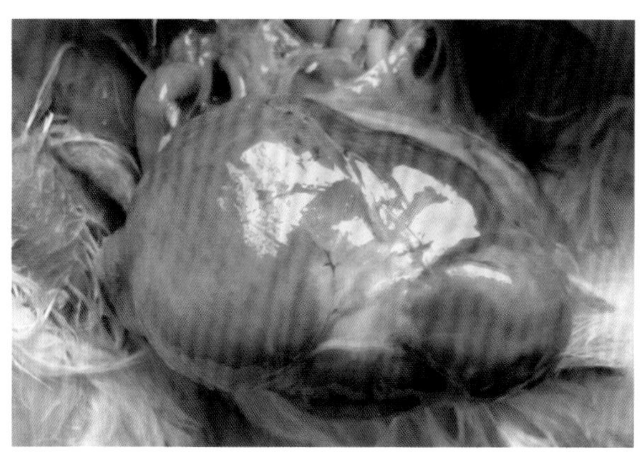

图8-9-2　腺胃被吸入肌胃中，肌胃膨胀（刁有祥　供图）

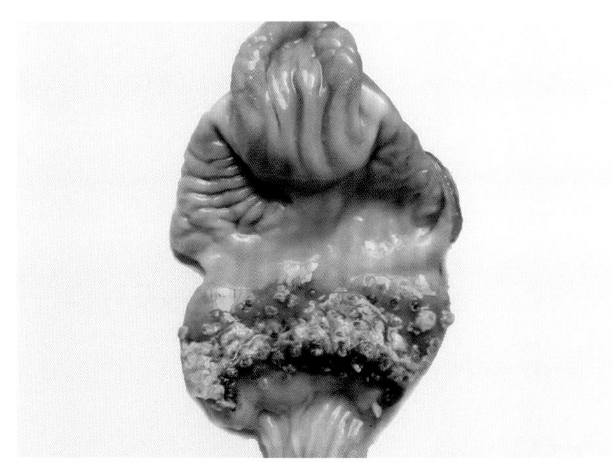

图8-9-3　腺胃黏膜糜烂、坏死（刁有祥　供图）

图8-9-4　肌胃角质膜糜烂，腺胃黏膜糜烂、坏死（刁有祥　供图）

三、诊断

该病可根据采食后 1 ～ 4 h 的发病时间及症状得以诊断。

四、防治

（一）预防

1. 变更限饲方案

“四・三”或“五・二”法限饲时易发生饱食性休克，此时应及时调整为限饲强度较缓和的“六・一”或“每天”限饲法，并保证料量准确，投喂时要做到快、准、匀，保证饲料在最短时间内均匀布满料槽，无漏料、溢料，避免鸡只激烈抢料和采食过多料量发生饱食性休克。

2. 保证饮水充足

保证水位充足，尤其是乳头式饮水器，至少每 8 只鸡有 1 个饮水乳头；保证水质清洁，按时消毒、清洗饮水系统，去除管内杂质、细菌、药物残留物等。另外，在喂料前应喂给鸡充足饮水，一般供水 1 h 后，再进行喂料。

3. 观察鸡群采食情况

限饲后喂料时，饲养人员应认真观察鸡群采食情况，保证鸡采食到适宜料量，缓解鸡只争抢进食的速度。

（二）治疗

鸡出现饱食性休克后，应立即将鸡挑出、放置于通风良好的宽敞地带，供应充足饮水，但不可强行灌给。饮水后，轻症鸡 1 ～ 2 h，重症鸡 6 ～ 7 h 即可恢复，一般不需要药物治疗。

参考文献

鲍长磊，何亚鹏，张琪，等，2016. 产气荚膜梭菌 α 毒素的原核表达及间接 ELISA 的建立与应用 [J]. 中国兽医科学，46（8）：939-945.

蔡俊呈，任涛，陈礼斌，等，2021. 鸡传染性支气管炎病毒研究进展 [J]. 广东畜牧兽医科技，46（3）：6-12.

蔡丽娅，秦爱建，2009. 我国禽白血病病毒生物学特点及其控制 [J]. 中国兽药杂志，43（11）：46-48.

曹琛福，刘建利，陈兵，等，2014. 鸡病毒性关节炎实时荧光 RT-PCR 检测方法的建立 [J]. 上海畜牧兽医通讯（4）：12-14.

曹伟胜，廖明，张桂红，等，2003. 禽衣原体病 [J]. 北方牧业（8）：16.

曹文博，刘立元，赵越，等，2016. 中药复方制剂治疗鸡住白细胞虫病的疗效观察 [J]. 黑龙江畜牧兽医（8）：164-166.

陈光源，1997. 鸡病防治实用技术 [M]. 北京：中国农业大学出版社 .

陈健，2021. 鸡毒支原体病的流行病学、临床表现、诊断与防控措施 [J]. 现代畜牧科技（11）：87-88.

陈蕾，2019. 鸡痢菌净中毒的诊治 [J]. 中国畜禽种业，15（6）：191.

陈明秋，曲永成，郑永利，2013. 肉鸡一氧化碳中毒的诊断与治疗 [J]. 现代畜牧科技（5）：87.

陈溥言，2015. 兽医传染病学 [M]. 6 版 . 北京：中国农业出版社 .

陈仁桃，1995. 鸡尿素中毒 [J]. 浙江畜牧兽医（3）：42.

陈新谦，金有豫，汤光，2007. 新编药物学 [M]. 16 版 . 北京：人民卫生出版社 .

陈秀芳，2021. 2019—2020 年规模化蛋鸡场副鸡禽杆菌的分离鉴定、致病性研究与耐药性分析 [D]. 扬州：扬州大学 .

陈玉霞，2008. 隐孢子虫致病性和种系发育研究 [D]. 郑州：河南农业大学 .

陈长俊，刘伟，陈端端，等，2018. 产气荚膜梭菌 α 毒素双抗体夹心 ELISA 检测方法的建立 [J]. 中国预防兽医学报，40（6）：514-517.

陈长友，2017. 鸡碳酸氢钠中毒的诊治 [J]. 畜禽业（12）：81.

陈杖榴，曾振灵，2020. 兽医药理学 [M]. 4 版 . 北京：中国农业出版社 .

陈忠波，2011. 聚醚类抗生素对肉鸡的毒性作用及合理应用 [J]. 现代畜牧科技（11）：206.

程安春，2000. 鸡病诊治大全 [M]. 北京：中国农业出版社 .

程相朝，张春杰，1996. 鸡奇异变形杆菌病 [J]. 养禽与禽病防治（4）：39.

崔治中，2015. 种鸡场禽白血病防控和净化技术方案 [J]. 中国家禽，37（23）：1-7.

崔治中，2016. 禽白血病及其防控百问百答（一）[J]. 中国家禽，38（23）：72-76.

代豪庆，李景芝，2020. 鸡卵黄性腹膜炎发生原因及防治措施 [J]. 中国畜禽种业，16（11）：178-179.

代立平, 2019. 鸡磺胺类药物中毒的原因与防治分析 [J]. 当代畜牧(2): 69.
戴亚斌, 丁铲, 2002. 禽隐孢子虫病 [J]. 中国禽业导刊(24): 2-4.
邓紫艳, 项勋, 段纲, 等, 2017. 新城疫病毒分子生物学研究进展 [J]. 上海畜牧兽医通讯(1): 11-13.
刁有祥, 2008. 禽病学 [M]. 北京: 中国农业科学技术出版社.
刁有祥, 2014. 鸡场用药手册 [M]. 北京: 金盾出版社.
刁有祥, 2018. 鸡病诊治彩色图谱 [M]. 2 版. 北京: 化学工业出版社.
刁有祥, 2019. 鹅病图鉴 [M]. 北京: 中国农业科学技术出版社.
刁有祥, 2021. 鸭病诊治彩色图谱 [M]. 北京: 化学工业出版社.
丁永龙, 2005. 新编禽病诊疗手册 [M]. 北京: 科学技术文献出版社.
董建伟, 崔继良, 李新国, 2009. 家禽热应激研究进展 [J]. 中国畜牧业通讯(17): 11-12.
董洁, 杨晓静, 苗承霞, 等, 2013. 产气荚膜梭菌菌落多重 PCR 方法的建立及初步应用 [J]. 中国兽医学报, 33(12): 1842-1847.
董鹏超, 2020. 鸡一氧化碳中毒的病因及综合防治 [J]. 兽医导刊(9): 121.
段德勇, 刘国华, 程天印, 2019. 波斯锐缘蜱的形态学和分子标记特征 [J]. 中国兽医科学, 49(8): 990-997.
樊向东, 徐芳吉, 2019. 蛋鸡输卵管炎的防治 [J]. 养殖与饲料(9): 102-103.
范庆红, 2006. 散养鸡棘口吸虫病的诊治 [J]. 家禽科学(7): 27.
高波, 杨文平, 2004. 鸡病防控与治疗技术 [M]. 北京: 中国农业出版社.
耿江, 刘兆辉, 殷爽, 2018. 鸡嗉囊炎病防治 [J]. 中国畜禽种业, 14(8): 157-158.
宫强, 魏景利, 孔梁宇, 等, 2014. 禽多杀性巴氏杆菌 *ptfa* 基因 PCR 检测方法的初步建立 [J]. 中国家禽, 36(12): 47-49.
韩青松, 简永利, 涂宜强, 等, 2012. 绿脓杆菌研究进展 [J]. 畜牧与饲料科学, 33(1): 122-124.
韩文格, 2014. 肉种鸡发生饱食性休克的原因与防治措施 [J]. 北方牧业(12): 23.
韩雨, 曹伟胜, 王培强, 2020. 鸡传染性喉气管炎的免疫防控技术 [J]. 养禽与禽病防治(4): 20-24.
何玉珍, 2006. 禽病病理剖检诊断技术研究 [J]. 广西农学报(12): 36-39.
胡功政, 2000. 家禽用药指南 [M]. 北京: 中国农业出版社.
胡功政, 邱银生, 2010. 家禽常用药物及其合理使用 [M]. 郑州: 河南科学技术出版社.
胡海霞, 赵伟, 于庆忠, 2012. 禽偏肺病毒分子生物学及基因工程疫苗研究进展 [J]. 中国家禽, 34(12): 1-5.
胡顺林, 刘秀梵, 2016. 新城疫病毒的遗传进化 [J]. 生命科学, 28(3): 295-302.
胡璇, 温贵兰, 张喜懿, 等, 2021. 禽白血病的研究进展 [J]. 贵州畜牧兽医, 45(1): 36-40.
黄宝钦, 2019. 浅析规模化鸡场鸡病诊断技术 [J]. 畜牧兽医科技信息(3): 127-128.
黄金林, 2008. 我国部分地区鸡源空肠弯曲菌流行病学及运送 *fla A* 基因的壳聚糖纳米 DNA 疫苗免疫生物学特性研究 [D]. 扬州: 扬州大学.
黄利梅, 覃健波, 蒋柳平, 等, 2012. PCR 在诊断鸡传染性喉气管炎中的应用 [J]. 中国畜禽种业(6): 123.
黄梦姣, 张芸, 薛春宜, 等, 2019. 应对日益严峻的挑战: 中国禽传染性支气管炎研究 [J]. 微生物学报, 46(7): 1837-1849.

黄秀英，贾立才，刘长清，等，2014. 养殖场生物安全体系建设 [J]. 家禽科学，(12)27–31.
黄印尧，1995. 克雷伯氏杆菌病 [J]. 养禽与禽病防治 (8): 16.
姬晓琪，2017. 血根碱对蛋鸡输卵管炎的治疗作用及其机理研究 [D]. 长沙：湖南农业大学 .
汲如芬，马金波，侯金婵，等，2021. 鸡球虫病诊断与防治的研究 [J]. 北方牧业 (20): 22.
江斌，陈晓华，2021. 鸡滑液囊支原体病的诊断与防控技术 [J]. 福建畜牧兽医，232 (6): 65–67.
姜楠，姜利建，孙福亮，等，2020. 禽偏肺病毒研究进展 [J]. 中国动物检疫，37 (3): 86–90.
焦库华，2003. 禽病的临床诊断与防治 [M]. 北京：化学工业出版社 .
金灵，杨琳，2010. 家禽热应激机制研究进展 [J]. 饲料研究 (2): 24–27.
金永生，2020. 鸡食盐中毒的原因、临床症状、诊断、治疗和预防 [J]. 养殖技术顾问 (3): 125–126.
景广宇，2014. 鸡大肠杆菌病发病原因和防治措施 [J]. 畜禽业 (12): 11–14.
李安，2015. 鸡空肠弯曲菌 CadF 蛋白的原核表达及间接 ELISA 方法的建立 [D]. 哈尔滨：东北农业大学 .
李桂明，潘力，于可响，等，2020. 鸡传染性支气管炎研究进展 [J]. 动物医学进展，41 (5): 111–115.
李桂喜，张含英，何元顺，等，1993. 鸡棉籽饼中毒 [J]. 河南畜牧兽医 (4): 2.
李浩然，2017. 禽白血病的研究进展 [J]. 养禽与禽病防治 (1): 2–6.
李华柱，2021. 鸡卵黄性腹膜炎的发生原因、临床症状与防治措施 [J]. 现代畜牧科技 (10): 113–114.
李锦群，王培强，2020. 鸡毒支原体的免疫防控技术 [J]. 养禽与禽病防治 (9): 26–32.
李景雷，2021. 浅析鸡的生理特点和用药注意事项 [J]. 吉林畜牧兽医 (7): 45–46.
李娟娟，2009. 霉菌毒素吸附剂对饲料中黄曲霉毒素 B_1 吸附效果及特性研究 [D]. 北京：中国农业科学院 .
李克斌，蒋君梅，1994. 肉鸡雏甲醛中毒的表现特征及急救方法 [J]. 甘肃农业科技 (10): 38.
李伟，黄彬，2015. 分子诊断学 [M]. 北京：中国医药科技出版社 .
李孝波，何宝贵，2010. 鸡硬嗉病的发病原因及防治措施 [J]. 吉林畜牧兽医，31 (4): 33–34.
李玉昌，2021. 禽螺旋体病的诊断和防治措施 [J]. 畜牧兽医科技信息 (4): 170.
李志春，2018. 家禽常见嗉囊病防治 [J]. 中国畜禽种业，14 (10): 163–164.
李祝田，2015. 肉鸡高锰酸钾中毒病的防控 [J]. 畜牧兽医科技信息 (4): 109–110.
梁海航，2020. 浅谈鸡啄癖的防治措施 [J]. 畜牧兽医科技信息 (12): 177.
梁玉荣，王雪敏，吕学泽，等，2011. 副鸡禽杆菌分子生物学研究进展 [J]. 安徽农业科学，39 (19): 11595–11596.
廖敏，李康然，谢芝勋，2000. 禽呼肠孤病毒分子生物学研究进展 [J]. 广西农业生物科学，19 (2): 116–120.
林琳，2018. 闽北地区白羽肉鸡鸡毒支原体感染的病原学调查及其流行菌株的分离鉴定 [D]. 福州：福建农林大学 .
林维庆，丘振芳，钟淑薇，1981. 鸡葡萄球菌病的研究 [J]. 华南农学院学报，2 (1): 57–64.
凌云志，程小果，何福庆，等，2016. 鸡传染性鼻炎疫苗防控研究进展 [J]. 动物医学进展，37 (8): 94–98.
刘宝元，孙亚妮，陈宜阳，等，2016. 在肝脏肿大和产蛋率下降综合征病鸡中检出禽戊型肝炎病毒核酸 [J]. 中国兽医杂志，52 (11): 35–37.

刘国艳，柴春彦，康世良，2000. 一氧化氮自由基在鸡氟中毒机理中的作用 [J]. 中国兽医学报，20（6）：69–71.
刘红玉，王君玮，王娟，等，2013. 禽大肠杆菌毒力因子的研究进展 [J]. 中国动物检疫，30（3）：25–29.
刘怀武，李晓东，贺凤亭，2016. 浅析鸡肌胃糜烂综合征的病因分析及防控措施 [J]. 中国动物保健，18（5）：53–54.
刘君，李志山，2003. 肉仔鸡饲喂含尿素鱼粉引起中毒 [J]. 黑龙江畜牧兽医（2）：64.
刘丽，2021. 鸡绦虫病的流行病学、临床症状、实验室检查、药物驱虫和预防措施 [J]. 现代畜牧科技（1）：137–138.
刘丽，冯艳凤，段俊红，2007. 鸡磷化锌中毒救治 [J]. 四川畜牧兽医（3）：56.
刘丽敏，2021. 鸡卵黄性腹膜炎病因及防治措施 [J]. 吉林畜牧兽医，42（6）：51.
刘胜，2021. 鸡啄癖症的诊断及治疗方法 [J]. 吉林畜牧兽医，42（4）：42，44.
刘田生，李建颖，宁艳春，2004. 鸡氟中毒临床及病理学观察 [J]. 中国家禽，26（17）：25–26.
刘霞，钱祥，2020. 热应激对鸡群产生的影响及防控措施 [J]. 当代畜牧（6）：3.
刘贤先，2020. 鸡球虫病的诊断与防控 [J]. 养禽与禽病防治（7）：21–23.
刘贤勇，索勋，2006. 鸡球虫病及其控制策略 [J]. 中国农业科技导报，8（5）：7.
刘兴旺，2014. 禽流感病毒分子生物学研究进展 [J]. 吉林畜牧兽医（10）：17–19.
刘燕云，柴家前，2017. 奇异变形杆菌研究进展 [J]. 中国兽医学报，37（1）：196–200.
龙塔，程相朝，江益民，等 . 1997. 鸡奇异变形杆菌病病理学研究 [J]. 中国畜禽传染病（4）：15–18.
鲁长豪，1993. 食品理化检验学 [M]. 北京：人民卫生出版社 .
陆承平，2012. 兽医微生物学 [M]. 5 版 . 北京：中国农业出版社 .
罗青平，2019. 基于蛋白质组学的禽多杀性巴氏杆菌重要免疫原性相关蛋白的发掘及功能研究 [D]. 武汉：华中农业大学 .
吕荣修，2004. 禽病诊断彩色图谱 [M]. 北京：中国农业大学出版社 .
马佳佳，2020. 养鸡场常见鸡虱病的防控分析 [J]. 家禽科学，306（4）：31–32.
马利，张琳，张秀美，等，2014. 基于荧光显色的环介导等温扩增技术（LAMP）检测禽呼肠孤病毒 [J]. 中国兽医学报，33（2）：166–170.
马铁峰，2013. 肉鸡有机磷类农药中毒的防治 [J]. 畜牧兽医科技信息（6）：52.
马洲，关明，邢志芳，等，2020. 流感病毒研究现状与进展 [J]. 检验医学，35（12）：1315–1318.
梅晨，李淑芳，徐玉智，等，2018. 副鸡禽杆菌 LAMP 检测方法的建立 [J]. 动物医学进展，39（1）：47–51.
孟立根，许丽，马清河，等，2007. 蛋鸡菜籽饼中毒的诊治 [J]. 中国兽医杂志，43（6）：66.
宁宜宝，2007. 鸡毒支原体病的预防控制 [J]. 中国家禽，29（11）：6–8.
齐岩，张贺楠，刘有昌，2010. 禽白血病的危害及防控 [J]. 家禽科学（6）：5–9.
邱桂霞，卓超，2012. 分子生物学方法在侵袭性曲霉菌病早期诊断中的应用及进展 [J]. 今日药学，22（12）：3.
邱占全，2018. 蛋鸡硒中毒症的原因、症状、诊断及防治措施 [J]. 现代畜牧科技，37（1）：102.
曲昌宝，刘聪，郭平，等，2013. 组织滴虫病诊断技术的研究进展 [J]. 中国病原生物学杂志，8（4）：379–381.

瞿良，王惠萱，谭德勇，等，2010. 铜绿假单胞菌的基因芯片检测研究 [J]. 国际检验医学杂志，31（11）：1021–1022.
荣世阳，夏彬，慕宗晓，2019. 鸡群肉毒梭菌毒素中毒防治 [J]. 畜牧兽医科学（电子版）（14）：2.
塞夫，2012. 禽病学 [M]. 苏敬良，高福，索勋，译 . 12 版 . 北京：中国农业出版社 .
商文柱，刘敏，于洪勋，等，2006. 肉鸡金刚烷胺中毒报告 [J]. 贵州畜牧兽医，30（4）：34.
师汇，高建广，2006. 现代鸡场兽医手册 [M]. 北京：中国农业出版社 .
施少华，陈红梅，程龙飞，等，2010. 检测禽多杀性巴氏杆菌环介导等温扩增（LAMP）方法的建立 [J]. 福建农林大学学报，39（4）：388–391.
首汉伟，杨小萍，周丽，2000. 警惕食源性砷价态转化导致鸡砷中毒 [J]. 中国家禽，22（1）：32.
舒港亮，胡才喜，1991. 肉用鸡硫酸铜中毒诊断报告 [J]. 江西畜牧兽医杂志，10（4）：58.
宋立华，2019. 鸡舍通风控制管理 [J]. 畜牧兽医科学（22）：27–29.
宋明德，1991. 鸡砷中毒的临床特征与病理解剖变化 [J]. 动物毒物学，6（1）：54.
宋占恒，2014. 根据家禽的生理特点合理用药 [J]. 养禽与禽病防治（10）：40–41.
宿海娟，2021. 鸡常见嗉囊疾病及防治 [J]. 畜牧兽医科技信息（7）：205–206.
孙宝华，2013. 禽组织滴虫病的剖检变化与实验室诊断 [J]. 养殖技术顾问（11）：137.
孙皓，2007. 均匀有效抗体是构建新型生物安全体系的核心 [J]. 中国畜牧杂志（16）：16–18.
孙惠玲，张培君，陈小玲，等，2012. 鸡传染性鼻炎研究进展 [J]. 中国家禽，34（19）：42–44.
孙莉，2011. 卵圆前殖吸虫病的诊治 [J]. 黑龙江畜牧兽医（12）：79.
孙石开，2018. 本地品种鸡传染性关节炎的病因鉴定、流行病学分析及防控技术研究 [D]. 南宁：广西大学 .
孙卫东，孙久建，2014. 鸡病快速诊断与防治技术 [M]. 北京：机械工业出版社 .
孙云柱，2021. 鸡啄癖的发生原因、常见类型、临床症状及防治措施 [J]. 现代畜牧科技（7）：135–136.
孙之伟，孟春辉，2016. 肉鸡绦虫病的临床症状、诊断与防治措施 [J]. 现代畜牧科技（11）：124.
万洁妤，2015. 中药治疗鸡砷中毒机理研究 [D]. 贵阳：贵州大学 .
王刚，刘思当，韩燕燕，等，2007. 肉仔鸡氟喹诺酮类药物中毒的病理诊断及发病机制 [J]. 家禽科学（9）：34.
王贵，1991. 实用禽病 [M]. 北京：北京农业大学出版社 .
王纪宝，于克媛，陈立符，2019. 鸡前殖吸虫病的防治 [J]. 中国畜禽种业，15（9）：184.
王建权，2019. 蛋鸡霉菌毒素中毒的临床症状、实验室检查和防治措施 [J]. 现代畜牧科技，38（2）：57–58.
王楷宬，王素春，孙亚伟，等，2020. 鸡传染性喉气管炎病毒实时荧光 PCR 检测方法的建立与应用 [J]. 中国动物检疫，37（3）：98–102.
王朋冲，潘奕帆，许大伟，等，2020. 环介导等温扩增技术检测产气荚膜梭菌 α 毒素方法的建立及应用 [J]. 中国兽医学报，40（5）：953–959.
王庆芝，2011. 鸡葡萄球菌病的临床症状与综合防治 [J]. 农技服务，28（4）：502.
王茹，2019. 禽呼肠孤病毒疫苗株筛选及免疫原性分析 [D]. 南京：南京农业大学 .
王锡祯，2001. 我国禽结核病的研究概况 [J]. 中国禽业导刊，18（14）：3.
王相芹，2013. 山东省部分地区结核分枝杆菌的分离鉴定及其抗体间接 ELISA 检测方法的初步建立

[D]. 泰安：山东农业大学.
王小燕，陈新哲，孙静华，2010. 鸡病临床诊断技术 [J]. 养禽与禽病防治（4）：1.
王新华，2002. 鸡病诊治彩色图谱 [M]. 北京：中国农业出版社.
王雪敏，崔岩，2004. 禽波氏杆菌病研究进展 [J]. 动物科学与动物医学，21（1）：56–57.
王训林，2013. 禽疏螺旋体病的临床症状及剖检变化 [J]. 养殖技术顾问（11）：141.
王艳丰，张丁华，朱金凤，2021. 鸡滑液囊支原体病流行现状及防控技术研究进展 [J]. 中国畜牧兽医，48（8）：3038–3049.
王艳玲，时宝印，2004. 笼养蛋鸡氨气中毒的诊治 [J]. 黑龙江畜牧兽医（8）：93.
王莹，王华，2021. 浅析光照管理对肉种鸡的影响 [J]. 中国畜禽种业（10）：167–169.
王永峰，庞国治，徐有均，2013. 鸡链球菌病的流行特点及防治措施 [J]. 畜牧与饲料科学，34（6）：109–110.
王志君，孙继国，2014. 鸡场兽医 [M]. 北京：中国农业出版社.
危粹凡，胡志能，1988. 鸡卡氏白细胞原虫病的研究 [J]. 中国兽医科技（9）：10–12.
韦圣友，2011. 鸡葡萄球菌病的综合防治措施 [J]. 农技服务，28（1）：2.
魏刚才，张海棠，2013. 规模化鸡场兽医手册 [M]. 北京：化学工业出版社.
魏宏宇，2018. 鸡传染性鼻炎的流行特点、症状、诊断与防控 [J]. 现代畜牧科技，45（9）：78.
魏文康，2003. 鸡氨气中毒及其防治对策 [J]. 畜禽业（2）：44–45.
吴红专，刘福安，1998. 禽传染性喉气管炎病毒 *TK* 基因狄高辛探针的研制及应用 [J]. 中国兽医学报，18（5）：424–426.
夏成，李欣，刘佳明，2002. 鸡有机磷农药中毒试验的研究 [J]. 黑龙江八一农垦大学学报，14（4）：45–47.
向中莉，段纲，项勋，等，2016. 禽传染性喉气管炎的分子生物学研究进展 [J]. 上海畜牧兽医通讯（1）：20–23.
项丰娟，2015. 肉毒梭状芽孢杆菌芽孢萌发条件及鸡肉罐头低温杀菌方法的研究 [D]. 新乡：河南科技学院.
谢迪，2020. 2016—2019 年我国部分地区鸡滑液囊支原体的分子流行病学调查 [D]. 扬州：扬州大学.
谢志勤，谢芝勋，邓显文，等，2012. 鸡传染性喉气管炎病毒 LAMP 检测方法的建立 [J]. 畜牧与兽医，44（11）：52–55.
徐步，高明燕，龚建森，2009. 采用全菌抗原干燥包被法 ELISA 检测禽霍乱血清抗体的研究 [J]. 中国家禽，31（5）：30–33.
徐海洪，2018. 蛋鸡一氧化碳中毒的原因，诊断方法及其防治 [J]. 现代畜牧科技，37（2）：1.
许腾林，邢桂玲，刘家森，等，2018. 多杀性巴氏杆菌 TaqMan 荧光定量 PCR 检测方法的建立与应用 [J]. 中国预防兽医学报，40（8）：706–710.
许笑，王艳华，MUMAR ZAFAR KHAN，等，2019. 鸡源产气荚膜梭菌重组酶聚合酶扩增检测方法的建立 [J]. 中国兽医科学，49（12）：1475–1483.
阎继业，2007. 畜禽药物手册 [M]. 北京：金盾出版社.
杨桂香，曾振灵，陈杖榴，2001. 聚醚类抗生素对肉鸡的毒性作用及其合理应用 [J]. 养禽与禽病防治（2）：13–14.

杨恒广，2002. 封闭式鸡舍湿度控制的重要性 [J]. 山东家禽（12）：34–36.
杨宁，2010. 家禽生产学 [M]. 北京：中国农业出版社.
杨萍萍，刘静静，赵雪，等，2015. 鸡组织中禽波氏杆菌间接免疫荧光组化定位检测方法的建立 [J]. 中国畜牧兽医，42（11）：3087–3092.
杨嵘长，2021. 鸡李氏杆菌病的流行病学、临床症状、实验室诊断及防治 [J]. 现代畜牧科技（1）：141–142.
杨英超，张华捷，马霄，2021. 肉毒梭菌及其毒素分型方法概述 [J]. 疾病监测，36（5）：1–10.
杨元杰，狄伯雄，1994. 雏鸡绿脓杆菌病的病理形态学研究 [J]. 畜牧兽医学报，25（1）：66–70.
殷丽霞，朱二勇，曲立春，等，2014. 鸡毒支原体免疫研究进展 [J]. 畜牧与饲料科学，35（3）：122–123.
殷中琼，汪开毓，贾仁勇，等，2002. 鸡卡氏住白细胞虫各期虫体形态结构的观察研究 [J]. 畜牧兽医学报，33（5）：4.
尹媛媛，何芳，赵光夫，等，2021. 多杀性巴氏杆菌主要毒力因子研究进展 [J]. 中国兽医学报，41（6）：1210–1218.
于新友，李天芝，2018. 鸡弧菌性肝炎的诊断与防控措施 [J]. 养禽与禽病防治（9）：5.
于洋，李敬双，何玉喜，2006. 肉仔鸡金刚烷胺中毒的诊治 [J]. 黑龙江畜牧兽医（2）：96.
原丽，端青，1993. 用免疫荧光法快速诊断鸡衣原体性输卵管炎 [J]. 动物检疫，10（4）：1.
张春杰，2009. 家禽疫病防控 [M]. 北京：中国农业出版社.
张丁华，王艳丰，2010. 禽大肠杆菌病病原检测方法 [J]. 黑龙江畜牧兽医（10）：74–75.
张洪辉，曹守林，李宁，等，2012. 鸡传染性喉气管炎的研究进展 [J]，农业灾害研究，2（2）：57–61.
张华，向瑞平，2005. 肉鸡低血糖–尖峰死亡综合征 [J]. 贵州畜牧兽医，29（5）：13–14.
张蕾，冯婧，韩静，等，2019. 冬季地面平养蛋鸡舍温湿度对氨气浓度的影响 [J]. 畜禽业，30（11）：1–5.
张蓉蓉，张腾飞，艾地云，等，2017. 产气荚膜梭菌肠毒素 cpe 阳性双重荧光定量 PCR 方法的建立及应用 [J]. 黑龙江畜牧兽医，1（上）：167–170.
张守发，何茂金，1997. 雏鸡硒中毒的临床及病理形态学观察 [J]. 中国兽医科学，27（1）：27–28.
张涛，鲁明鹤，宋岩，2011. 鸡减蛋综合征的症状及预防措施 [J]. 畜禽业（12）：68–69.
张伟，李闻，张伟尉，等，2005. 基于 PCR 技术的绿脓杆菌快速检测方法研究 [J]. 中国卫生检验杂志，15（9）：1065–1067.
张文玉，张锡钢，赵秀伟，等，1999. 鸡尿素中毒的观察报告 [J]. 辽宁畜牧兽医（1）：2.
张西臣，李建华，2017. 动物寄生虫病学 [M]. 4 版. 北京：科学出版社.
张毅强，2012. 家禽主要体外寄生虫与预防控制 [J]. 广西畜牧兽医，28（2）：122–126.
张玉琦，2016. 鸡克雷伯氏杆菌病诊断与治疗 [J]. 当代畜牧（11）：69.
张志，王锡乐，庄国庆，等，2005. 用单抗介导的免疫荧光试验检测组织切片中的禽网状内皮组织增生病病毒 [J]. 中国兽医学报，25（2）：122–124.
赵丽青，吴延功，王志亮，2006. 禽网状内皮组织增殖病的特异性荧光 PCR 检测方法的研究 [C]// 中国畜牧兽医学会. 中国畜牧兽医学会禽病学分会第 13 次学术研讨会论文集. 长沙：中国畜牧兽医学会禽病学分会委员会：442–444.
赵强，孟醒，张正茂，2015. 禽病诊断新技术的研究进展 [J]. 青海畜牧兽医杂志，45（4）：49–50.
赵钦，孙亚妮，周恩民，2012. 禽戊型肝炎病毒在中国的检出及病原特性 [J]. 微生物学报，52（3）：

279–285.

赵双正，倪秉玉，2010. 动物中毒病防治手册 [M]. 成都：四川科学技术出版社 .

赵希雅，杨皓，2020. 鸡病毒性关节炎的免疫防控技术 [J]. 养禽与禽病防治（7）：14–17.

郑丽荣，苏海龙，张英，等，2019. 禽流感病毒抗原变异的研究进展 [J]. 中国家禽，41（7）：47–50.

郑姗姗，李重九，毕陶桃，2008. 鸡肉和鸡肝中有机磷农药残留的检测 [J]. 中国畜牧兽医，35（8）：4.

中国兽药典委员会，2011. 兽药使用指南化学药品卷（2010 年版）[M]. 北京：中国农业出版社 .

中国兽药典委员会，2017. 兽药质量标准（2017 年版）[S]. 北京：中国农业出版社 .

中国兽药典委员会，2021. 中华人民共和国兽药典（2020 年版）一部 [S]. 北京：中国农业出版社 .

中国兽药典委员会，2021. 中华人民共和国兽药典（2020 年版）二部 [S]. 北京：中国农业出版社 .

钟丽，2017. 禽呼肠孤病毒流行株的进化及致病性研究 [D]. 北京：中国农业科学院 .

钟泽篪，2012. 禽呼肠孤病毒研究进展 [J]. 广西畜牧兽医，28（4）：251–253.

周东顺，贾玉萍，朱瑞良，2006. 禽波氏杆菌病的研究现状 [J]. 中国兽医杂志，42（12）：40–46.

周庆雨，2003. 肉鸡低血糖–尖峰死亡综合征的发生与防治 [J]. 中国家禽，25（23）：26–27.

周生，姜逸，唐梦君，等，2016. 鸡传染性支气管炎病毒毒力变异的分子机制研究进展 [J]. 中国家禽，38（7）：1–4.

周希广，2019. 鸡绦虫病的流行病学、诊断方法及防治措施 [J]. 现代畜牧科技（10）：143–144.

周云，2021. 鸡螺旋体病的防治 [J]. 吉林畜牧兽医（8）：58–60.

CUI Z Z, LEE L F, SILVA R F, et al., 1986. Monoclonal antibodies against *avian reticuloendotheliosis virus*: identification of strain-specific and strain-common epitomes[J]. Journal of Immunology, 136: 4237–4242.

索　引

K

L

M

N

P

Q

R

S

T

W

X

Y

Z